Comment sélectionner vos plantes

Hélène Dubé

Broquet

97-B, Montée des Bouleaux
Saint-Constant (Qc) J5A 1A9
Tél. : (450) 638-3338, Téléc. : (450) 638-4338
Web : www.broquet.qc.ca / Courriel : info@broquet.qc.ca

Catalogage avant publication de Bibliothèque et Archives Canada

Dubé, Hélène

Comment sélectionner vos plantes

ISBN 2-89000-740-5

1. Plantes d'ornement - Sélection. 2. Horticulture d'ornement. 3. Plantes d'ornement - Sélection - Québec (Province). I. Titre.

SB407.D82 2006   635.9   C2005-942465-6

Tous droits réservés. Aucune partie du présent ouvrage ne peut être reproduite ou utilisée par quelque procédé que ce soit, y compris les méthodes graphiques, électroniques ou mécaniques, les enregistrements ou systèmes de mise en mémoire et d'information, sans l'accord préalable des propriétaires des droits.

Pour l'aide à la réalisation de son programme éditorial, l'éditeur remercie :
Le Gouvernement du Canada par l'entremise du Programme d'Aide au Développement de l'industrie de l'Édition (PADIÉ) ;
La Société de Développement des Entreprises Culturelles (SODEC) ;
L'Association pour l'Exportation du Livre Canadien (AELC) ;
Le Gouvernement du Québec - Programme de crédit d'impôt pour l'édition de livres - Gestion SODEC.

Photographies : Hélène Dubé, Gratien Dubé

Révision scientifique : Christian Dufresne

Révision : Pierre Sénéchal

Conception graphique : Brigit Lévesque

Infographie : Sandra Martel

Copyright © Ottawa 2006, Broquet inc.
Dépôt légal - Bibliothèque nationale du Québec
2ᵉ trimestre 2006

Imprimé au Canada

ISBN : 2-89000-740-5

Remerciements

Je ne pourrais présenter ce livre sans remercier tous ceux qui, par leur encouragement et leur soutien, m'ont permis de réaliser cette magnifique aventure. Plus particulièrement, je tiens à remercier Benoit, mon conjoint, pour sa collaboration à la rédaction des textes, à ses conseils ainsi qu'à sa patience pendant ces longs mois de recherche. Sans son appui indéfectible, un tel projet n'aurait jamais pu voir le jour. J'exprime aussi toute ma reconnaissance à mon frère Gratien pour avoir été non seulement le catalyseur du projet mais aussi pour son implication technique et artistique au niveau de la photographie.

Je tiens également à remercier Christian Dufresne, agronome, professeur à l'école d'horticulture de Laval et chroniqueur horticole à Météo Média, d'avoir accepté de faire la révision scientifique de l'ouvrage, et ce, malgré un emploi du temps déjà très rempli.

D'autre part, ce travail m'a permis de découvrir et de rencontrer une équipe professionnelle et attentive qui a su mettre sa compétence à la réalisation de ce volume. Grand merci à l'équipe des Éditions Broquet !

Hélène Dubé

Table des matières

INTRODUCTION, 7

Choisir selon l'emplacement — section 1

TYPES DE SOLS, 16

Texture, 18

Structure, 20

Matière organique, 22

PH (potentiel d'hydrogène), 26

Importance du sol, 27

Comment améliorer le sol, 28

    Améliorer le sol argileux, 28

    Améliorer le sol pour la pelouse, 28

    Une rocaille malgré un sol pauvre, 30

    Améliorer le sol pour la plantation d'un arbre, 31

Truc   *Analyse de la texture du sol*, 33

Tableaux   Plantes pour sols secs, 34

            Plantes pour sols pauvres, 57

            Plantes pour sols lourds, 66

            Plantes pour sols acides, 73

            Plantes pour sols calcaires, 85

SOLS HUMIDES ET ZONES AQUATIQUES, 92

Milieu naturel, 94

    Types de plantes en fonction des zones, 95

Bassin artificiel, 96
- Équilibre de l'eau par les plantes, 97
- Problèmes et solutions, 98
- Méthodes de plantation, 100
- Emplacement, 100
- Entretien, 101

Trucs   *1-Un jardin d'eau en pot*, 102
2-Petit marais, 102

Tableau   Plantes pour sols humides et plantes aquatiques, 103

ENSOLEILLEMENT, 122

Zones ombragées, 123

Sous les arbres, 127

Trucs   *1-Plate-bande sous les arbres*, 130
2-Richesse des feuilles mortes, 131

Tableaux   Plantes pour ombre et mi-ombre, 132
Plantes qui peuvent vivre sous les arbres, 149

Choisir selon la période de floraison — section 2

MOIS DE FLORAISON, 162

Classement bien utile, 163

Truc   *Carnet de bord*, 164

Tableaux   Plantes fleurissant à partir du mois d'avril, 165
Plantes fleurissant à partir du mois de mai, 170
Plantes fleurissant à partir du mois de juin, 189
Plantes fleurissant à partir du mois de juillet, 212
Plantes fleurissant à partir du mois d'août, 227
Plantes fleurissant à partir du mois de septembre et octobre, 232

Choisir selon la plante — section 3

ARBRES, 236

Dimention, 237

Forme, 238

TABLE DES MATIÈRES

Emplacement, 241

Comment planter un arbre, 242

Trucs   *1-Les arbres à racines nues*, 244
           2-Forme pleureuse pour les arbres fruitiers, 244

Tableaux Arbres à grand déploiement, 245
           Arbres à moyen déploiement, 248
           Arbres à petit déploiement, 256
           Arbres à port pleureur, 268
           Arbres à port étroit, 273

HAIES, 276

Types de haies, 278

Plantation, 280

Entretien, 280

Truc   *Haie de saule tressée*, 285

Tableaux Haies hautes (plus de 2 m), 286
           Haies basses (moins de 2 m), 294

PLANTES AU FEUILLAGE COLORÉ, 300

Couleurs et harmonie, 301

    Psychologie des couleurs, 302

    Comment intégrer des couleurs, 302

Truc   *Taille pour éliminer la réversion*, 303

Tableaux Feuillages panachés, 304
           Feuillages jaunes, 316
           Feuillages bleutés et gris, 326
           Feuillages pourpres, 346

VIVACES POUR MASSIFS COLORÉS, 358

Plate-bande à l'anglaise, 359

Tableau Vivaces pour massifs colorés, 364

GALERIE DE PHOTOS, 376

BIBLIOGRAPHIE, 426

GLOSSAIRE, 427

INDEX, 430

Scilla sibirica / **Scille de Sibérie**

Introduction

Vingt années passées au sein de ma propre entreprise de production et de vente au détail en horticulture ornementale m'ont fait découvrir les besoins d'un ouvrage exhaustif sur la classification thématique des végétaux. Les multiples demandes des jardiniers amateurs concernant les caractéristiques des plantes m'ont amené, pour économiser du temps, à les classer par thèmes ou par caractéristiques spécifiques. Ainsi, l'on pouvait y retrouver entre autres sur les étalages les plantes par mois de floraison, par couleur, et par type de sol. Pour le consommateur, le choix et l'achat des végétaux s'en trouvèrent grandement simplifiés.

Les nombreuses recherches qu'il m'a fallu effectuer, pour mes clients, afin de leur fournir les bonnes réponses techniques sur le choix optimal des végétaux m'ont demandé de fouiller une multitude de livres, revues et notes de cours. Toutes ces informations ont été colligées et composent maintenant une impressionnante banque de données qui est la base de ce livre.

À QUI S'ADRESSE CE LIVRE

Cet ouvrage s'adresse aux jardiniers, tant amateurs que professionnels, désirant trouver par un coup d'œil et dans un même volume, toute l'information nécessaire pour les guider dans leurs recherches de la plante qui correspond à leurs besoins spécifiques.

Que ce soit pour un paysagiste professionnel à la recherche d'une plante pouvant vivre sous un conifère, un pépiniériste qui doit répondre rapidement aux demandes spécifiques de ses clients, des étudiants ou des professeurs qui désirent monter un projet ou simplement le jardinier amateur qui doit consulter trois ou quatre livres afin de trouver toutes les caractéristiques nécessaires à créer son aménagement, tous peuvent y trouver leur compte. Ce livre est conçu de façon à ce qu'il puisse répondre à toutes les questions.

NOTE DE L'AUTEURE

Les renseignements contenus dans ce livre proviennent des résultats de mes recherches et de mon expérience.

Dans plusieurs documents consultés, j'ai découvert, que la hauteur mentionnée des arbres était inégale dû au fait que certains auteurs indiquaient la grandeur de l'arbre à maturité dans son pays d'origine alors que d'autres indiquaient plutôt la grandeur probable de l'arbre au Québec. Il était donc préférable d'indiquer deux grandeurs possibles plutôt que de faire une moyenne, surtout que la dimension d'un végétal est souvent directement reliée à son environnement et à sa localisation géographique et peut quelquefois différer de la théorie. Le même phénomène se reproduit pour les végétaux herbacés, certains indiquent la hauteur lorsqu'ils sont en fleur alors que d'autres préfèrent indiquer la hauteur avant la floraison. Ces deux pôles ont souvent été mentionnés dans les grilles descriptives. Le but étant d'avoir un aperçu de la dimension approximative d'une plante, je ne me suis pas attardée à ces différences.

Tel que mentionné au chapitre sur les mois de floraison, dans le présent livre, les mois que vous retrouvez dans la colonne « Mois de floraison » indiquent la période à laquelle la fleur commence à fleurir et celle à laquelle elle se termine. Donc si vous lisez juin et juillet, ceci signifie que le début de floraison a lieu quelque part en juin et se termine un peu plus tard en juillet. La mention de ces deux mois n'indique aucunement que la plante va nécessairement fleurir durant ces deux mois consécutifs.

De plus certains types de végétaux, tels les conifères vedettes, les hostas, les hémérocalles, les heuchères et les tiarelles sont en pleine expansion et le nombre faramineux de nouveaux cultivars m'a obligé à limiter la liste. J'ai donc indiqué le plus grand nombre possible de végétaux pour chaque thème en sachant très bien que tous ne peuvent pas y figurer. Vous trouverez des listes beaucoup plus complètes de ces types de végétaux dans des ouvrages spécialisés que vous pourrez consulter à votre guise. Ils sont de bons compléments surtout si vous optez pour un jardin de collection.

INTRODUCTION

À PROPOS DE L'AUTEURE ?

Après avoir œuvré pendant près de 9 ans dans les domaines de la recherche en environnement et de l'assainissement des eaux, Hélène Dubé s'est réorientée vers l'horticulture et a démarré sa propre entreprise de production de tomates de serres. Au milieu des années 1980, elle diversifia la vocation de son entreprise en intégrant la production et la mise en marché de plantes vivaces et annuelles. Le centre horticole « Au jardin d'Hélène » offrant la gamme complète des produits de jardinage était bel et bien sur les rails. À l'intérieur des ces quelques 19 ans d'horticulture, un volet de conception et de réalisation de projets d'aménagement paysager s'est établi pendant 7 années. Plus tard, le bonheur ressenti à continuer d'aider les gens dans leurs projets horticoles a amené madame Dubé à présenter chaque semaine des séminaires sur de nombreux sujets reliés à l'art paysager et aux soins des plantes. De plus elle a donné de nombreuses conférences et cours culturels dans sa région. Hélène Dubé est maintenant horticultrice en chef et responsable des jardins de la Maison Antoine-Lacombe situés à St Charles-Borromée dans la région de Lanaudière où elle continue d'y donner des séminaires, effectue des visites guidées des jardins et participe aux nombreuses activités livrées sur ce site enchanteur.

Forte de son expérience et convaincue qu'un tel livre peut répondre à un besoin, c'est avec enthousiasme qu'elle a entrepris la rédaction de cet ouvrage afin de faciliter la vie et la recherche de tout jardinier désireux de passer plus de temps dans son jardin.

Kniphofia x 'Pfitzeri' / **Tritoma**

INTRODUCTION

COMMENT UTILISER CE LIVRE

Le livre a été conçu en 3 sections de façon à répondre à 3 contraintes réelles auquel le jardinier est fréquemment confronté lors d'une planification de projet d'aménagement paysager. Il s'agit de l'emplacement, la période de floraison et les caractéristiques inhérentes à chacune des plantes.

La première partie du livre concerne la sélection des plantes en fonction de l'emplacement du projet selon qu'il se situe dans un sol sec, lourd ou acide ou encore que la plantation se retrouve dans un milieu mi-ombragé ou directement sous les arbres. Le milieu physique est en grande partie responsable du choix de base de nos végétaux. Plutôt que de tester plusieurs types de plantes pour finalement découvrir lesquels réussiront à s'adapter au jardin, les tableaux élaborés dans cet ouvrage permettent de trouver rapidement et efficacement les végétaux qui correspondent à un environnement donné. Cette première partie du livre est donc un classement de base pour tout projet horticole.

Par contre, nos choix peuvent aussi se situer dans le contexte d'une recherche en relation avec les mois de floraison. Pour réussir un enchaînement de fleurs du printemps à l'automne, il peut être utile de se référer à des tableaux pour sélectionner les arbres, les arbustes et les fleurs qui égaieront le jardin mois après mois et ce, sans 'trou' dans le rythme de la floraison. Cette seconde partie 'Choisir selon la période de floraison' permet de réaliser ce besoin.

Finalement, la dernière section 'Choisir selon la plante' offre un choix plus spécifique, c'est-à-dire qu'elle répond à un besoin plus particulier ou plus restreint. Elle apporte des suggestions de plantes selon des caractéristiques qui leur sont propres, par exemple les arbres à petit déploiement pour la cour arrière, une liste d'arbustes pouvant former une haie taillée pour clôturer un espace, des plantes à feuillage panaché, bleu ou pourpre pour apporter des contrastes ou encore un choix de vivaces intéressant pour réussir une plate-bande à l'anglaise.

Plusieurs autres thèmes seront abordés dans un prochain volume et viendront compléter ceux traités dans celui-ci. Ils vous permettront de créer facilement des jardins thématiques, par exemple des jardins pour oiseaux, dont les colibris et même pour les papillons, ou encore des rocailles et des auges. On parlera également des fleurs comestibles ou toxiques ainsi que des fleurs d'autrefois, des plantes parfumés ou géantes. Tout comme dans ce premier volume, on y retrouvera une série de plantes classées par leurs caractéristiques tels les plantes couvre-sol, les feuillages attrayants, les feuillages d'automne et les vivaces à floraison prolongée. Le regroupement de plantes selon des thèmes ou caractéristiques permet de recréer facilement, chez soi, son jardin de rêve.

11

COMMENT UTILISER LES TABLEAUX ?

Afin de faciliter vos recherches, les végétaux sont toujours classés dans le même ordre, c'est-à-dire les arbres en premier lieu, ensuite les arbustes, suivis des persistants, conifères, rosiers, vivaces, vivaces grimpantes, graminées, fougères, bulbes, annuelles et finalement les annuelles grimpantes. Selon le thème choisi, toutes ces catégories ne se retrouvent pas nécessairement dans le tableau, mais lorsqu'elles y sont insérées, elles sont classées selon cet ordre.

Pour chaque plante mentionnée ses caractéristiques principales sont décrites afin de voir d'un seul coup d'œil la hauteur, la largeur, l'ensoleillement, la zone de rusticité, le type de sol préféré, sans oublier le mois de floraison, la forme et la couleur de la fleur. J'ai ajouté à la fin de cette description une courte remarque se rapportant à cette plante selon les besoins qui lui sont propres ou selon le thème en cour. Vous éviterez ainsi d'avoir recours à une panoplie de livres pour trouver les données de bases de chacune des plantes sélectionnées.

J'attire ici votre attention sur quelques particularités des tableaux concernant les conifères, les graminées et les bulbes :

J'ai choisi de traiter les conifères dans une section qui leur est propre plutôt que de les répartir dans deux tableaux malgré le fait qu'ils puissent être des arbres ou des arbustes. Le fait est que souvent dans la plupart des livres ou catalogues et même dans les centres de jardins ils font bande à part. Leur caractéristique d'aiguilles, souvent persistantes, domine sur leurs autres particularités.

Vous découvrirez également que les bulbes rustiques et tendres ne sont pas traités séparément. Il suffit de vérifier dans la colonne de la zone de rusticité si un chiffre apparaît. Cela indique que vous avez affaire à un bulbe rustique, c'est-à-dire si c'est le cas, qui peut passer l'hiver sous la terre sans dommage et le voir refleurir dès le printemps suivant. (Les bulbes rustiques fleurissent en général entre avril et juin). Sinon, vous avez affaire à un bulbe tendre, souvent tropical, et qui doit être rentré à l'intérieur dès la fin de la période estivale. (Ce type de bulbe fleurit généralement entre juin et septembre).

La même description s'applique aux graminées. Si pour la plante choisie on indique une zone de rusticité (zone 4 par exemple) vous êtes alors en présence d'une graminée vivace et dans le cas contraire cela indique que la graminée est cultivée comme une annuelle et mourra au passage de l'hiver.

INTRODUCTION

VIVACES POUR MASSIFS COLORÉS

VIVACES	H	L	☀	TYPE DE SOL	Z	MOIS ✿	FORME ✿	COULEUR ✿	REMARQUES
Acanthus spp. **Acanthes**	1 à 1,5m	1m	☀☁	Riche, profond	5	7 à 8	Long épi	lilas, rose	Grandes feuilles découpées. Pour jardin protégé. Massif.
Achillea filipendulina **Achillée jaune**	1m	60cm	☀☁	Sec drainé	2b	6 à 8	Ombelle	jaune or	Feuillage gris vert aromatique, découpé. Massif, fleur séchée.
Achilea millefolium 🌿 **Achilé millefeuilles**	50cm	50cm	☀☁	Ordinaire	2b	6 à 8	Panicule, corymbe	blanc à rose	Tailler les fleurs séchées après la 1ère floraison. Feuillage très fi
Aconitum spp. **Aconites**	0,8 à 1,5 m	60cm	☀☁	Riche, frais	2 à 4	var.	Long épi	crème, bleu, rose	Toxique. Tous intéressants pour de grands massifs. Érigé. Lent.
Adenophora liliifolia Syn. : *Adenophora suaveolens*	75cm	30cm	☀☁	Riche, léger, humide	3	7 à 8	Épi de clochettes	bleu violacé	Surtout pour massif naturel. Por dressé, stable, très vigoureux.
Ajania pacifica **Ajania argent et or**	45cm	45cm	☀☁	Tous sols drainés	5	9 à 10	Pompon, corymbe	jaune doré	Feuillage en rosette coriace, denté et marginé d'argent.
Alcea ficifolia **Rose trémière**	2m	60cm	☀	Riche, humide	3	8	Longue hampe	var.	Fleur simple. Feuilles palmées. Po érigé. Résistant aux maladies.
Alcea rosea **Rose trémière**	2m	60cm	☀	Riche, meuble	3b	6 à 8	Longue hampe	var.	Bisannuelle. Plusieurs à fleurs doubles. Grosses feuilles ondulé
Alchemilla mollis **Manteau de Notre-Dame**	40cm	45cm	☀☁☁	Frais, humide	3	6 à 7	Grappe lâche	jaune verdâtre	Feuillage attrayant, lobé, glauque. Massif, rocaille, bordur
Alyssum saxatile **Corbeille d'or**	25cm	45cm	☀	Pauvre, sec, calcaire	3	5 et 6	Grappe, corymbe	jaune or	Feuilles grises persistantes. Bordur rocaille. Ne pas trop fertiliser.
Amorpha nana **Faux indigo odorant**	1m	40cm	☀	Plutôt sec, chaud	3	6	Épi dense effilé	rose pourpre	Port buisson. Longues feuilles pennées type fougère. Odorant
Amsonia tabernaemontana **Amsonie étoile bleu**	60cm	45cm	☀☁	Lourd, humide à sec	4	5 à 7	Fleur étoilée	bleu	Beau en massif. Belle couleur d'automne. Port évasé, dense.

LÉGENDE

1 - Hauteur en mètre (m) ou centimètre (cm)

2 - Largeur en mètre (m) ou centimètre (cm)

3 - Ensoleillement :
- ☀ = soleil
- ☁ = mi-ombre
- ☁ = ombre

4 - Zone de rusticité

5 - Mois (✿) de floraison :
- 4 = avril
- 5 = mai
- 6 = juin
- 7 = juillet
- 8 = août
- 9 = septembre
- 10 = octobre

6 - Forme de la fleur (✿)

7 - Couleur de la fleur (✿) ou de la feuille (🍃)

8 - Nom scientifique

9 - Nom français

10 - Catégorie de plante

11 - 🌿 = Plante potentiellement envahissante

⚜ = Plante indigène ou naturalisée

Exemple : 4-5 indique que la période de floraison débute en avril et se termine quelque part en mai.

Choisir
le bon emplacement

section 1

Types de sols

Le sujet de ce chapitre est parmi les plus importants. Il est la pierre angulaire de tous travaux horticoles ou agricoles. Pour bien réussir une plantation, il faut d'abord et avant tout connaître les caractéristiques du sol. Je sais pertinemment, pour avoir donné plusieurs séminaires et cours sur les sols, qu'il sagit d'un sujet plutôt complexe pour la majorité des jardiniers.

Trop souvent on ignore ou on ne s'arrête pas au fait que les racines doivent plonger dans le sol pour respirer, se nourrir et boire et que c'est entre les particules du sol que l'échange se fait. Sans pour autant devenir un expert en la matière, on doit être en mesure de reconnaître facilement si un sol est trop lourd, trop léger et si il correspond réellement aux besoins des plantes que nous avons choisies. Notre diagnostic doit être le plus précis possible afin de nous permettre de poser les meilleures actions pour enrichir et améliorer le sol que nous disposons.

Les informations sont ici volontairement simplifiées pour en faciliter la compréhension. Le but étant de faire un survol assez clair pour permettre de saisir toute l'importance du sol et d'apprendre comment le travailler, le nourrir et surtout le maintenir en vie et en santé.

« Souvent malmené, on oublie qu'un sol est structuré et vivant ! »

La qualité d'un sol passe par la compréhension de deux principes fondamentaux : la texture et la structure. C'est deux principes sont étroitement liés à la notion de matière organique qui permet de relier le tout et d'engendrer la vie.

TYPES DE SOLS

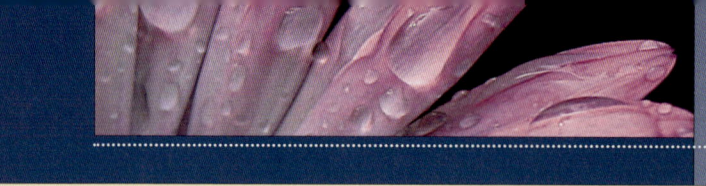

TEXTURE

Au toucher, nous pouvons facilement reconnaître si un objet est rugueux, lisse, raboteux, gluant, etc. Il en est de même pour le sol. La première notion à retenir, c'est la texture du sol. Celle-ci vous en dira long sur la dimension et le pourcentage des unités qui le composent, c'est-à-dire sur sa teneur en sable, en limon et en argile. Sans faire d'analyse granulométrique poussée, on peut, en observant un échantillon, avoir une idée approximative mais tout de même révélatrice du type de sol qui nous intéresse.

Sable grossier sans coloïdes pour lier le tout. Sol trop filtrant.

Sable grossier colmaté par des limons et des sables fins. Sol tassé imperméable à l'air et à l'eau.

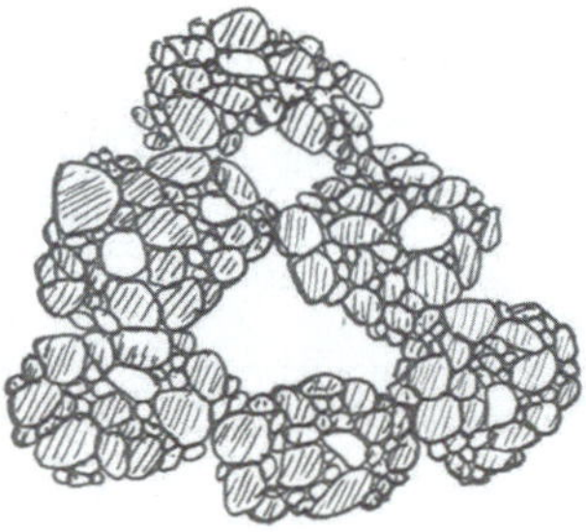

Sable grossier cimenté par un colloïde d'argile et d'humus formant des grumeaux permettant à l'eau et à l'air de bien circuler. Structure fragmentée recherchée.

TYPES DE SOLS

	AVANTAGES	INCONVÉNIENTS
SOL SABLEUX : sol léger principalement composé de sable (particules grossières entre 2 mm et 0,5 mm) et qui possède une texture râpeuse au toucher. Lorsqu'on le presse dans nos mains, il est trop friable pour former une motte.	Se travaille facilement. / Bon échange gazeux entre le sol et la plante. Se réchauffe rapidement au printemps.	Plutôt pauvre, car se lessive facilement. / Trop poreux, il retient peu l'eau ; drainage excessif. Sol souvent sec.
SOL LIMONEUX : sol constitué de sable fin et de limon, (particules entre 0,5 mm et 0,002 mm) à la texture douce au toucher. Lorsqu'on le presse dans nos mains, il forme une motte friable qui se désagrège facilement, mais est assez consistant pour faire une pâte qui peut être aplatie de 3 mm à 5 mm d'épaisseur.	Retient bien l'eau et les éléments nutritifs. / Se travaille mieux qu'un sol argileux.	Forme une croûte en surface, le rendant imperméable. / Tendance à se compacter.
SOL ARGILEUX : sol lourd qui contient plus de 25 à 30 % d'argile (particules microscopiques ou inférieures à 0,002 mm). Texture très douce, même visqueuse si elle est mouillée. Lorsqu'on le presse dans nos mains, il forme une motte qui conserve sa forme ; on peut le façonner comme de la pâte à modeler. Il peut être aplati plus mince que le sol limoneux, c'est-à-dire jusqu'à une épaisseur de 2 mm à 3 mm. Desséché, il devient dur comme de la brique.	Sol très fertile, chargé de minéraux. / Retient bien l'eau.	Prend du temps à s'assécher et à se réchauffer au printemps. / Tendance à se compacter, difficile à travailler. Sol lourd. / Sol asphyxiant, faible échange gazeux entre le sol et les racines.

Vous trouverez à la fin de ce chapitre, à la rubrique *Trucs*, une façon simple de connaître le pourcentage de sable, limon, argile que contient votre sol. En répétant ce test sur deux ou trois parcelles différentes de terre, le jardinier amateur se sensibilisera rapidement à la notion de texture et pourra plus facilement savoir comment améliorer sa terre avant d'y planter quoi que ce soit.

Un sol constitué d'environ 40 % à 50 % de sable, de 20 % à 40 % de limon, de 15 % à 20 % d'argile et de 3 % à 5 % de matière organique est considéré comme un sol à consistance intéressante et facile à travailler. C'est ce type de sol qui est généralement recherché pour la majorité des cultures, à quelques exceptions près.

STRUCTURE

Maintenant que la première notion est assimilée, que vous savez que le sol est constitué d'éléments de différentes grosseurs, (microscopiques à grossières), passons à la deuxième notion qui est celle de la structure. Lorsque nous parlons de structure du sol, nous parlons de la quantité relative des particules de sable, de limon et d'argile ainsi que de la façon dont elles sont assemblées et liées entre elles.

Que se passe-t-il dans un sol pour que les différentes particules s'agglomèrent? Nous savons tous que des roches empilées les unes sur les autres ne se tiennent pas bien. D'accord, les petites roches pourront être intercalées entre les grosses mais que fera le sol pour bien se tenir, ne pas s'effriter et ne pas trop se compacter? C'est là qu'intervient la notion la plus importante dans la structure, la notion de « colloïdes ».

Toujours en simplifiant les définitions, disons qu'il existe dans le sol une sorte de mortier qui vient s'intercaler entre les roches. Ce sont des particules microscopiques d'argile ou de matière organique, chargées négativement, qui s'intercalent entre le sable et le limon pour venir cimenter le tout un peu comme un mortier entre des briques.

Donc, pour pouvoir agglomérer les particules des différents éléments entre elles, vous devez savoir qu'un pourcentage de particules d'argile ou de matière organique incorporées dans votre sol servira de colloïdes. Il est important de connaître ces deux types de colloïdes, car c'est avec l'aide de ces deux matériaux que votre sol s'améliorera.

TYPES DE SOLS

Dans un sol trop sableux, les vides entre les grains de sable étant trop grands, les colloïdes ont de la difficulté à faire leur travail et sont vite entraînés vers le fond par percolation, c'est pourquoi ce type de sol est si friable et ne tient pas.

Au contraire, dans un sol argileux, les particules d'argile et les colloïdes sont intimement cimentés. Le sol est alors très dense et compact. Il ne laisse aucun vide.

Finalement, dans un sol limoneux, constitué de sable et de limon, les colloïdes travaillent mieux. Ils forment ainsi de petits grumeaux qui s'agglomèrent en laissant des poches vides où l'air, l'eau et les fertilisants peuvent circuler, sans entraîner les colloïdes par percolation.

Un dernier mot sur les colloïdes. Sachez que les colloïdes d'argile, chargés négativement, se repoussent et se dispersent dans l'eau souterraine. Cette dispersion rend le sol plus vulnérable lors de fortes pluies. Cette « colle » qui gardait les particules sous forme de petits grumeaux se fait alors lessiver laissant le sol sans structure. Les colloïdes de matière organique sont eux aussi chargés négativement, mais ont un pouvoir de fixation beaucoup plus grand que l'argile et peuvent également retenir plus facilement l'eau. Il y a donc moins de risques de lessivage.

Toutefois, ces deux types de colloïdes gagnent à être combinés au calcium et au magnésium (chaux), car les charges positives de ces deux éléments viendront neutraliser les charges négatives des colloïdes, renforçant du même coup l'effet de « mortier ». Le tout devient alors plus stable et moins vulnérable au lessivage. D'où l'importance d'incorporer un peu de chaux horticole à votre sol à la suite d'une analyse de pH.

Donc, dans un sol trop sableux, l'apport d'argile ou de matière organique permettra de former ce précieux mortier. À l'opposé, dans un sol argileux, l'apport de sable ou de

Note : tout comme nos os ont besoin de calcium et de magnésium pour renforcer leur structure, le même principe s'applique au sol et aux tissus des plantes. Le calcium incorporé au sol viendra solidifier sa structure en se liant aux colloïdes. De plus, une partie du calcium sera assimilée par les plantes, rendant leurs tissus, eux aussi, beaucoup plus solides et résistants.

Note : il n'est pas recommandé de mettre en même temps la chaux et le compost, car ils réagiront entre eux au détriment du sol. Il est préférable de laisser le temps au compost de se lier au sol avant d'y incorporer la chaux.

matière organique viendra briser la compaction et permettra au sol de prendre de l'expansion, de respirer et de mieux se structurer. La stabilisation de la structure d'un sol passe par l'apport de matières organiques, qu'il soit limoneux, sableux ou argileux.

MATIÈRE ORGANIQUE

Par matière organique, nous entendons tout matériau végétal ou animal qui, incorporé au sol, sera dégradé, décomposé et digéré par les micro-organismes ainsi que par l'action de l'eau et du climat (compost, fumier, engrais vert, feuilles mortes, brindilles, etc.). Comme nous venons de le voir, la matière organique joue un rôle très important sur le plan de la structure, mais plus encore, en se transformant en humus, elle apporte souplesse, humidité, nourriture et vie au sol.

- **SOUPLESSE :** répétons-le, la matière organique, en venant s'intercaler entre les particules du sol sous forme de colloïdes, empêche le sol de s'effondrer et de s'empiler, c'est-à-dire de se compacter. Le sol sera donc souple et aéré, les plantes et les micro-organismes pourront bien s'y installer et respireront plus facilement.

- **HUMIDITÉ :** de plus, cet humus incorporé entre les particules du sol servira également de réservoir d'eau. En effet, c'est un peu comme si vous intercaliez de petites éponges entre les particules dans lesquelles les plantes viendront puiser leur eau. Il est prouvé qu'un sol qui contient 4 à 5 % de matière organique peut absorber un volume d'eau quatre fois supérieur à un sol qui n'en contient que 2 %. D'où l'importance d'ajouter annuellement du compost au sol.

- **NOURRITURE :** en décomposant la matière organique les micro-organismes du sol libèrent des fertilisants, cette fameuse nourriture essentielle aux plantes. Un sol qui peut nourrir lui-même ses plantes est un sol vivant, vous n'avez alors pas à intervenir pour fertiliser chimiquement vos plantes à moins que ne prévale une situation de carence. La nature devrait normalement pouvoir faire ce travail si elle reçoit un apport régulier de matière organique (apport provenant de vos interventions : compost, fumier, engrais organiques, ou de la nature : feuilles mortes, brindilles, etc.).

- **LA VIE :** et voilà le mot clé ! Un sol où l'air, l'eau et la nourriture sont présents, est un sol vivant, car les micro-organismes du sol y trouvent tout ce dont ils ont besoin pour y vivre et se reproduire. Leurs actions sur leur milieu y sont très bénéfiques, car ils agissent de façon mécanique, chimique et biologique sur le sol. Leur présence y est donc essentielle.

> **Action mécanique :** en fragmentant les particules minérales et la matière organique, la faune du sol aide à la formation d'agrégats stables. En digérant les particules, leurs sécrétions viennent renforcer l'effet des colloïdes améliorant par le fait même la porosité du sol.
>
> **Action chimique :** mieux encore, l'activité de cette faune joue un rôle d'intermédiaire entre le sol et la plante. Leurs déjections sont beaucoup plus riches en potassium, phosphore et magnésium assimilables que la matière organique initiale.
>
> **Action biologique :** cette faune stimule la flore microbienne du sol. En consommant bactéries, algues et champignons contenus dans le sol, elle rajeunit et active la bonne flore microbienne et élimine une partie de la flore destructrice contenue dans la matière organique.

DIFFÉRENTS TYPES DE MATIÈRES ORGANIQUES

Tout au long de ce chapitre, je vous ai parlé de matière organique soit à titre de stabilisateur de la structure du sol ou encore de pivot de la vie et de la fertilité du sol. Pour mieux vous y retrouver, voici deux groupes de matériaux classés selon leurs propriétés et leurs principaux rôles dans le sol : les amendements et les engrais

AMENDEMENTS

Ils ont pour principaux rôles d'améliorer les propriétés physiques (structure), chimiques (liaisons colloïdales) et biologiques du sol (faune et flore). Les principaux amendements sont : l'argile, le sable, les différents types de chaux,

les composts et fumiers, les paillis, le bois raméal fragmenté (BRF), les résidus de cultures, les mycorhizes et les engrais verts.

Les engrais verts sont des plantes cultivées rapidement dans le but de les enfouir dans le sol juste avant la fin de leur cycle vital (souvent au début de la floraison) afin d'en améliorer la structure et la fertilité. Ils ne remplacent pas les autres amendements, mais servent plutôt d'apport complémentaire.

Le bois raméal fragmenté est constitué de jeunes branches feuillues, de petit diamètre, réduites en copeaux. Le BRF incorporé au sol apporte un humus très stable. Déposé sur le sol, il peut également servir de paillis. Par contre, il faut savoir que, lorsque nous utilisons du BRF, il faut pouvoir apporter un peu plus d'engrais azoté au sol pour compenser la quantité extraite par les bactéries qui décomposent le BRF.

Les mycorhizes sont des champignons microscopiques qui vivent en symbiose avec les racines des plantes. Ces champignons, en s'installant sur les racines hôtes, leur permettent d'augmenter leur surface d'absorption. La plante peut donc mieux absorber son eau et sa nourriture. De plus, les plantes mycorhizées sont plus résistantes aux maladies et aux stress. En échange, les racines fourniront aux champignons les sucs nécessaires à leur croissance. Ce champignon mycorhizien ne peut s'installer que dans un sol sain, vivant et nourricier, c'est-à-dire que, dans un sol mort, chimiquement appauvri, le mycorhize finira par mourir lui aussi.

ENGRAIS ORGANIQUES OU D'ORIGINE MINÉRALE

Ce deuxième groupe a pour rôle d'augmenter la fertilité du sol, par conséquent de nourrir les plantes. Plusieurs matériaux peuvent être incorporés à la terre pour la nourrir. Voici les principaux engrais organiques et minéraux disponibles : la poudre d'os, les farines de sang, de plumes, de cornes ou d'algues, les émulsions de poissons, les algues liquides, les purins ou les thés de plantes, les purins de compost ou de fumier, les phosphates de roche, la poudre de roche de balsate, la pierre serpentine, le Sul-Po-Mag, et autres engrais prémélangés commerciaux ou maison.

TYPES DE SOLS

Les engrais ont une action plus rapide dans le sol, ils peuvent donc déséquilibrer leur milieu plus facilement, c'est pourquoi les amendements sont utilisés en premier lieu pour équilibrer le sol, puis sont ajoutés les engrais selon les besoins spécifiques des plantes ou les carences du sol. Même si les engrais biologiques sont plus doux pour l'environnement que les engrais chimiques, ils ne devraient jamais être utilisés à outrance. Respectez les quantités recommandées sur les contenants ou selon les besoins précisés par votre analyse de sol.

Les purins et les thés sont des macérations fermentées de végétaux ou de compost. Ils sont principalement utilisés pour tonifier les végétaux. Les éléments qu'ils contiennent sont solubles donc directement assimilables par les plantes, c'est pourquoi ils sont souvent utilisés en application foliaire, c'est-à-dire en aspersion sur les feuilles. Selon les plantes choisies, les purins seront utilisés soit pour fertiliser ou encore pour leur action tonifiante, antifongique, insectifuge ou insecticide.

RECETTES

Pour fabriquer un purin, il suffit de laisser tremper dans un contenant rempli d'eau les plantes choisies. Brassez le tout quotidiennement durant une à deux semaines. Récoltez le surnageant et diluez-le fortement (environ une partie de purin pour trente parties d'eau) puis vaporisez-le sur le feuillage.

Pour le thé de compost, la durée de macération est plus courte, de vingt-quatre à quarante-huit heures, et la dilution est d'environ une partie de thé pour trois parties d'eau.

PH (POTENTIEL D'HYDROGÈNE)

Jetons un bref regard sur le pH du sol, c'est-à-dire sur l'activité des ions hydrogène dans le sol. Selon la concentration de ces ions, un sol peut être acide (pH de 0 à 7), neutre (pH de 7) ou alcalin (pH de 7 à 14). Dans la nature, la majorité des plantes préfèrent un sol presque neutre (pH de 5,5 à 6,5). Toutefois, certaines plantes sont favorisées par un sol acide alors que d'autres ont une croissance optimale dans un sol alcalin.

Plusieurs conditions peuvent influencer le pH. Alors que la majorité des sols du Québec se situent entre 6 et 7 (faiblement acide) et que l'activité microbienne est à son meilleur à l'intérieur de ce rang, certains sols sablonneux contenant de la matière organique en décomposition ont un pH inférieur à 5,5 donc classés acide et d'autres riches en carbonate de chaux sont classés alcalin.

Ces deux extrémités, acide et alcalin, ont l'inconvénient de venir bloquer l'apport d'engrais aux plantes puisque la vie microbienne est ralentie dans de telles conditions. Heureusement il existe des plantes qui sont favorables à ces milieux. Ainsi les rhododendrons vivront bien sous les conifères là où le sol est plutôt sec et acide et à l'opposé plusieurs types d'œillets auront une croissance optimale dans un sol calcaire.

Note : la meilleure façon de cultiver dans un sol acide ou alcalin est de choisir les plantes qui s'y plaisent. Mais lorsque l'on désire ramener un sol à un niveau plus neutre la méthode la plus simple est de faire un apport de chaux ou de cendre dans un sol acide et à l'opposé d'incorporer annuellement de la mousse de tourbe ou du soufre afin d'abaisser le pH d'un sol alcalin.

Attention ! Le pH d'un sol ne se voit pas à l'œil nu, certaines plantes indicatrices peuvent croître sur les lieux, mais lorsque l'on veut améliorer le pH d'un sol, il est primordial de recourir à une analyse du sol. Vous saurez ainsi la quantité exacte d'amendements à incorporer pour ramener le pH à un niveau plus neutre.

TYPES DE SOLS

IMPORTANCE DU SOL

Chaque secteur d'un terrain a son écosystème qui lui est propre. Un coin peut-être plutôt sec et ombragé dû à la présence d'arbres matures, un autre, en flan de montagne, peut être calcaire ou encore un secteur mal drainé peut se retrouver humide ou inondé pendant la majeure partie de l'année et finalement un sol lourd, riche en argile, peut vous causer des problèmes.

Quelles que soient les conditions de culture que présente votre terrain, vous trouverez dans les tableaux ci-dessous les plantes qui accepteront ou du moins toléreront ces conditions. Ils sont classés selon les écosystèmes les plus fréquemment rencontrés dans la nature.

Sol acide : souvent très riche en matière organique en décomposition, en humus peu stable. Exemple : terre de sous-bois, sous les conifères, terre de tourbière ou de bruyère.

Sol calcaire : conditions que l'on retrouve dans les rocailles ou sols riches en carbonate de chaux. Exemple : sol riche en pierre calcaire.

Sol pauvre : souvent sableux, maigre en matières organiques parce que trop poreux. Exemple : rocaille, dune ou encore terre surexploitée, mal amendée et sans vie.

Sol sec : sableux ou excessivement drainé. Exemple : haut de colline, rocaille, terrain drainé par la présence de racines, dunes ou sous les corniches des maisons.

Sol lourd : terre riche en argile. Exemple : terre argileuse, terre forte.

Sol humide : sol riche en matières organiques qui possède une certaine capacité drainante.

Sol très humide à inondé : sol saturé en eau durant une bonne partie de l'année dû à une nappe phréatique haute ou à la présence d'une couche d'argile sous le sol. Exemple: marécage, tourbière.

Note : les sols humides et inondés sont traités dans le chapitre suivant avec les plantes aquatiques.

« Comprendre ce qui se passe dans le sol aide à poser les bons gestes et à réussir nos cultures »

COMMENT AMÉLIORER LE SOL

Pour mieux assimiler ces nouvelles notions, voici quatre exemples spécifiques où le type de sol est analysé et les interventions expliquées pour le ramener à une structure agréable et à un milieu vivant.

PREMIER EXEMPLE : AMÉLIORER LE SOL ARGILEUX

Dans un sol contenant 50 % de sable, 18 % de limon, 30 % d'argile et 2 % de matières organiques, nous voulons faire une plate-bande à l'anglaise, c'est-à-dire un massif regroupant plusieurs types de vivaces.

Nous sommes donc en présence d'un sol argileux (plus de 25 % d'argile). Plusieurs plantes ont de la difficulté à croître dans un sol lourd, il faudra donc l'alléger et le rendre plus poreux. Pour fragmenter cette structure trop dense, nous y incorporons des amendements, c'est-à-dire du sable et de la matière organique dans une proportion de 25 % environ (trois quarts sol, un quart amendements). Cet apport permettra à l'argile et au sable de s'agglomérer en grumeaux et laissera des vides où l'air, l'eau et les fertilisants prendront place pour le bien-être des plantes et de la faune du sol.

La matière organique jouera non seulement un rôle sur la fragmentation de la structure, mais apportera au sol et aux êtres vivants nourriture et humidité. Ce nouveau type de structure répondra mieux à un plus grand nombre de végétaux, tel qu'exigé par ce type d'aménagement. Dans les années suivantes, vous aurez probablement à incorporer à nouveau en surface du sable et du compost, mais avec le temps, la structure grumeleuse étant bien stable, vous n'aurez qu'à rajouter en surface une mince couche de compost ou BRF et un peu de chaux à l'occasion pour stabiliser le tout (toujours faire une analyse de sol avant d'ajouter de la chaux afin de vous assurer que vous ne déséquilibrez pas le pH).

SECOND EXEMPLE : AMÉLIORER LE SOL POUR LA PELOUSE

Vous avez installé des rouleaux de gazon sur 10 cm (4 po) de sol limoneux il y a environ deux ans. Vous découvrez que votre belle pelouse commence à

TYPES DE SOLS

montrer des signes de faiblesse. Elle s'éclaircit, quelques mauvaises herbes commencent à apparaître, surtout des pissenlits car votre sol s'est compacté et vous craignez que les punaises de céréales de votre voisin viennent élire domicile chez vous. Comment ramener ce sol un peu trop tassé et sec en un sol souple et frais ?

1. Au printemps, lorsque le gazon sort de sa dormance et que le sol s'est asséché, aérez toute la surface de votre pelouse. L'aérateur devra être du type à extraire les carottes de terre et non du type clous qui viennent trouer le sol en l'enfonçant et en le compactant. Laissez les carottes extraites joncher du sol, elles se décomposeront en quelques jours et retourneront au sol la nourriture extraite. Les années subséquentes, si vous désirez savoir si votre sol est encore trop compact, enfoncez-y un tournevis (10 cm à 15 cm). S'il pénètre avec facilité, vous n'avez pas à aérer, si vous rencontrez une résistance, passez à nouveau l'aérateur.

2. Profitez de la présence de ces trous pour épandre à la volée une mince couche de compost. Une partie du compost s'intercalera entre les brins d'herbes et l'autre tombera dans les trous au niveau des racines, ainsi votre compost agira sur deux plans. Lorsque vous incorporez du compost au sol, vous ensemencez la vie. Des milliards de micro-organismes inclus dans cet or noir viendront prendre en charge la digestion des matières organiques. Ils agiront même sur le chaume, réduisant considérablement cette partie sèche du brin d'herbe en surface du sol, vous libérant ainsi de la corvée de déchaumage. Le compost apportera au sol souplesse, porosité, fraîcheur en plus de la vie.

3. Profitez de cette opération pour faire un léger semi de pelouse (un quart de la dose à chaque année), car si vous ne resemez pas, c'est la nature qui s'en chargera et elle sèmera pissenlit, plantain ou tout autre type de végétaux non désirés. Puis faites deux applications d'engrais biologique. Une au printemps et la seconde à l'automne. Ces engrais biologiques nourriront la faune du sol, qui elle, en décomposant la matière organique, libérera les éléments nutritifs nécessaires aux plantes. Bref, vous nourrirez le sol qui, à son tour nourrira les plantes. Si vous optez pour un engrais chimique, vous interviendrez alors directement au niveau de la plante, au détriment du sol. En effet, les engrais de synthèse n'ont pas à passer par la digestion des micro-organismes pour se faire décomposer, ils entrent directement dans la plante sans l'intervention de la faune du

sol, ceux-ci finissent donc par dépérir en laissant le sol appauvri et compact. Et le cycle se répète sans cesse.

Note : utilisez des engrais biologiques pour pelouses. Certains contiennent du fer chélateur, ce qui est excellent pour ce type de végétaux. Vous pouvez aussi utiliser du gluten de maïs, car il agit à deux niveaux : il nourrit le sol, mais aussi il agit à titre antigerminatif sur les mauvaises herbes. Le gluten ne détruit pas les pissenlits déjà en place, mais empêche toutes graines de germer. Attention, c'est parfait lorsque vous voulez freiner la prolifération des mauvaises herbes, mais si vous avez à semer de la pelouse, le gluten empêchera également la germination des graminées. Donc, n'appliquez le gluten que lorsque vos semis de pelouse ont levé.

4. Tondez votre pelouse entre 7,5 cm et 10 cm (3 à 4 po) et laissez les résidus de tonte sur le sol. Encore une fois, vous retournerez à la terre ce qu'elle vous a donné. En ramassant les tontes, vous accélérez l'appauvrissement du sol. Arrosez votre pelouse régulièrement. Il est préférable de ne pas arroser trop souvent, mais plutôt de le faire en profondeur. Si vous arrosez souvent, mais sur de courtes périodes, les racines resteront en surface et brûleront à la moindre sécheresse. Par contre, si vous arrosez une à deux fois par semaine, mais assez longtemps pour que l'eau pénètre profondément, les racines plongeront dans le sol pour recueillir cette eau précieuse et elles seront ainsi protégées en cas de canicule.

5. Et, pour venir cimenter et solidifier le tout, ajoutez, tard à l'automne ou très tôt au printemps, un peu de chaux, conformément aux résultats des analyses. Il est à noter que l'application annuelle de chaux n'est pas nécessaire si le pH de votre sol correspond à votre type de culture. Seule une petite quantité de calcium et de magnésium est nécessaire pour renforcer la structure de votre sol.

TROISIÈME EXEMPLE : UNE ROCAILLE MALGRÉ UN SOL PAUVRE

Vous avez une belle dénivellation sur votre terrain et votre sol est plutôt pauvre et sablonneux. Vous voulez en profiter pour faire une rocaille. Comment améliorer le sol ?

TYPES DE SOLS

Dans ce cas-ci, les conditions sont presque idéales pour réaliser une rocaille. Très peu d'interventions seront entreprises au niveau de la texture du sol, car les plantes de montagne aiment bien ce type de sol. Tout ce que vous aurez à faire au départ sera d'incorporer environ 10 % à 15 % de compost au sol existant, surtout en haut de pente, pour le nourrir et s'assurer que le drainage n'est pas trop excessif. Une partie de votre compost peut être enfoui un peu plus en profondeur qu'à l'ordinaire pour que les racines des plantes alpines puissent plonger plus profondément. Par la suite, vous pourrez ajouter annuellement un peu de compost à la base des plantes pour garder le sol vivant au niveau des racines. De plus, un soupçon de cendre ou de chaux aidera à maintenir sa structure.

QUATRIÈME EXEMPLE : AMÉLIORER LE SOL POUR LA PLANTATION D'UN ARBRE

Vous aimeriez planter quelques arbres sur votre terrain pour apporter un peu de fraîcheur à votre environnement.

Lorsque nous voulons construire une nouvelle plate-bande, il est souvent bien facile de changer ou d'améliorer toute la terre de cette plate-bande. Mais lorsque nous voulons planter plusieurs arbres sur notre terrain, nous ne pouvons pas tout décaper et remettre de la nouvelle terre, il faut donc travailler avec le sol en place.

- Donc, en premier lieu, faites le test de décantation du sol (rubrique *Trucs*) pour connaître le type et le pourcentage de vos particules.

- À la suite des résultats de votre analyse, choisissez dans ce livre les arbres qui correspondent au type de sol que vous avez ainsi qu'aux qualités des arbres que vous recherchez. Votre choix étant finalisé, creusez un trou plus profond et plus large que la motte de racines de votre arbre. Vous réservez une partie de la terre excavée, surtout celle de surface, car c'est la partie vivante.

- Préparez un bon mélange de terreau qui pourrait ressembler à ceci :

    2 parties de terre franche, c'est-à-dire de terre bien structurée
    1 partie de mousse de tourbe
    1 partie de compost ou de fumier

- Mélangez ce terreau à la terre réservée précédemment (un quart de terreau, trois quarts de terre). Le but n'est pas de changer complètement la terre dans le trou de plantation, mais de l'améliorer. Si vous changer entièrement la terre dans votre trou, les racines y croîtront allègrement les premières années, mais elles subiront un choc lorsqu'elles arriveront dans leur vrai milieu quelques années plus tard. En mélangeant un peu de terreau à votre sol, vous aidez à la bonne reprise, mais vous leur indiquez dès le départ le milieu dans lequel elles auront à vivre.

- Par la suite, vous pourrez continuer à pourvoir à leurs besoins en eau et en nourriture en les irriguant et en appliquant en surface, au printemps ou à l'automne, une couche de compost et en incorporant au sol un engrais biologique pour arbres riches en azote (type 8-4-4) ou encore, si ces arbres montrent des signes de détresse ou si vous voulez les rendre résistants aux maladies et aux rigueurs de l'hiver, donnez leur un engrais riche en potassium (type 4-4-8, biologique).

En résumé

La santé de vos végétaux dépend d'un sol vivant. N'oubliez jamais que les racines de vos plantes ont à s'infiltrer entre les grumeaux de terre et que plus la structure est fragmentée, plus les racines peuvent s'enfoncer facilement. Si vous nourrissez votre terre, les micro-organismes se chargeront de digérer la matière organique et libéreront les fertilisants nécessaires à la survie de vos plantes. Vous aurez donc complété le cycle (sol, micro-organismes et plantes).

Si au contraire, vous négligez de nourrir votre sol, que vous n'appliquez que des engrais chimiques, vos plantes auront l'essentiel, mais les micro-organismes mourront de faim et disparaîtront. De cette disparition résultera un sol asphyxiant et compact où les racines auront de la difficulté à respirer et à se nourrir. Toute cette faune qui vit en symbiose avec les racines disparaîtra.

TYPES DE SOLS

TRUC

Analyse de la texture du sol :

Dans un bocal de verre pouvant se fermer, déposez environ une demi-tasse de terre à analyser et remplissez les trois quarts du bocal avec de l'eau. Fermez le couvercle et brassez légèrement le tout pendant quelques secondes puis laissez reposer encore quelques secondes. Mélangez à nouveau. Finalement, laissez décanter jusqu'à ce que l'eau soit redevenue claire (de trois à vingt-quatre heures).

Après décantation, les particules grossières se retrouveront au fond et les particules fines sur le dessus. Vous pourrez ainsi déterminer l'épaisseur des différentes couches qui apparaîtront et connaître leur pourcentage, la totalité de l'épaisseur étant de 100 %. Un sol qui contient plus de 50 % de sable est dit léger et sableux, plus de 50 % de limon est dit limoneux et, finalement, plus de 25 % d'argile est lourd et argileux.

Si votre sol contient de la matière organique, vous devriez la voir flotter à la surface de l'eau. Une mince couche noire de matière plus ou moins décomposée devrait apparaître et constituer environ 3 % à 5 % de la totalité.

Une terre à texture intéressante devrait contenir environ 40 % à 50 % de sable, de 20 % à 40 % de limon, de 15 % à 20 % d'argile et de 3 % à 5 % de matières organiques.

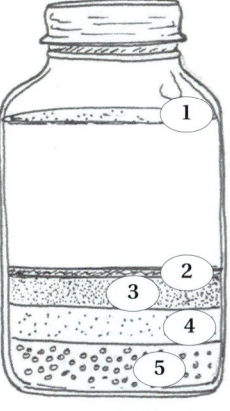

1- Matières organiques en surface de l'eau
2- Couche d'argile
3- Couche de limon
4- Couche de sable fin
5- Couche de sable grossier

PLANTES POUR SOLS SECS

ARBRES	H	L	☀	TYPE DE SOL	Z	MOIS ✿	FORME ✿	COULEUR ✿	REMARQUES
Acer x *freemanii* 'Jeffersred' **Érable freeman** 'Autumn Blaze'	15m	12m	☀	Peu exigeant, sec	4	—	Sans intérêt	—	Croissance rapide, forme ovale. Tournant au rouge orangé.
Acer negundo **Érable à Giguère** ⚜	15m	14m	☀☁	Tolère tous les sols	2b	—	—	—	Port globulaire, étalé. Très rapide. Pour lieux défavorables. ± esthétique.
Acer saccharum 'Monton' **Érable à sucre** 'Crescendo'	15 à 20m	10 à 15m	☀☁	Riche, profond, léger	5	—	Sans intérêt	—	Très résistant à la sécheresse. Passe du vert foncé au rouge orangé.
Acer tataricum 'Bailey Compact' **Érable de l'Amur** 'Bailey Compact'	3m	2m	☀☁	Peu exigeant, sec	3a	5	Grappe	blanc parfumé	Port globulaire. Rapide. Tourne rouge vif à l'automne. Haie.
Acer tataricum ssp. *ginnala* **Érable de l'Amur sur tige**	7m	6m	☀☁	Peu exigeant, sec	2	5	Grappe	blanc parfumé	Samare rouge. Tourne au jaune à rouge vif. Rarement en arbre.
Amelanchier canadensis ⚜ **Amélanchier du Canada**	7m	4m	☀☁	Acide, frais, drainé	2	5	Grappe	blanc	Feuillage vert bleuté. Fruits. À la mi-ombre tolère mieux le sec.
Betula pendula / verrucosa / alba **Bouleau européen pleureur**	13 à 18m	10m	☀	Profond, sec, drainé	2	5	Chaton sans intérêt	brun	Port irrégulier. Rameaux pendants. Supporte aussi l'humidité.
Betula pendula 'Fastigiata' **Bouleau européen fastigier**	12m	4m	☀	Profond, sec, drainé	2	5	Chaton sans intérêt	brun	Port colonnaire ± étroit. Écorce blanche. Écran rapide pour lieux exigus.
Betula pendula 'Laciniata' / 'Gracilis' **Bouleau à feuilles laciniées**	10 à 15m	10m	☀	Sableux, frais à sec	2b	—	Sans intérêt	—	Semi-pleureur comme l'espèce mais à feuilles très découpées.
Betula pendula 'Tristis' **Bouleau européen triste**	11m	1m	☀	Sableux, frais à sec	2	—	Sans intérêt	—	Port semi-pleureur, arrondi, gracieux. Tuteurer jeunes plants.
Betula pendula 'Trost's Dwarf' **Bouleau à feuilles découpées**	1,25m	1,25m	☀	Sableux, sec, drainé	3	—	—	—	Sur tige. Petit pleureur plumeux. Tourne au jaune à l'automne.
Betula populifolia ⚜ **Bouleau à feuilles de peuplier**	10m	5m	☀	Pauvre, sableux, frais	3a	5	Chaton	verdâtre	Colonnaire, irrégulier. Feuilles en triangle. Grand écran en lieux défavorable.
Betula utilis jacquemontii **Bouleau** 'Jacquemontii'	13m	10m	☀	Sableux, frais à sec	5a	—	Sans intérêt	—	Port pyramidal. Peu sensible à la mineuse. À l'abri des vents.
Caragana arborescens 'Lorbergii' **Caraganier de Loberg sur tige**	3,5m	2,5m	☀	Peu exigeant, plutôt sec	2b	6	fleur de pois	jaune pâle	Plus arqué que pleureur. Très léger, vaporeux. Tuteurer.
Caragana arborescens 'Pendula' **Caraganier pleureur sur tige**	2m	1,5m	☀☁	Peu exigeant, plutôt sec	2	5 et 6	fleur de pois	jaune pâle	Bel effet cascade, jusqu'au sol. Populaire en espace restreint.
Caragana arborescens 'Walker' **Caraganier** 'Walker' **sur tige**	2m	1m	☀☁	Peu exigeant, plutôt sec	2	5 et 6	fleur de pois	jaune pâle	Tiges vaporeuses, texturées jusqu'au sol.
Caragana aurantiaca **Caraganier orangé**	1m	80cm	☀☁	Peu exigeant	2	6 et 7	fleur de pois, suspendue	jaune orangé	Port dégagé, arqué. Épineux, vert grisâtre. Greffé sur tige.
Caragana frutex 'Globosa' **Caraganier** 'Globe' **sur tige**	1,5m	40cm	☀	Tous sols secs	2a	6	fleur de pois	jaune	Port rond dense. Presque sans épines. Haie ou greffé sur tige.
Caragana pygmaea **Caraganier pygmée sur tige**	1,5 à 2m	1,25m	☀☁	Peu exigeant, sec	3b	6 et 7	fleur de pois, suspendue	jaune vif	Plus étalé que *C. aurantiaca*. Haie basse ou greffé sur tige.
Caragana rosea **Caraganier rouge greffé sur tige**	1m	50cm	☀☁	Peu exigeant, sec	2	6 et 7	fleur de pois	jaune et rose	Port en dôme étalé, épineux. Boutons rouges. Peu connu.
Caragana roborovskyi **Caraganier de Roborovsky sur tige**	2m	1,25m	☀☁	Peu exigeant, sec	3b	6 et 7	fleur de pois	jaune vif	Greffé sur tige, globulaire argenté. Moins maladif que Pygmea.
Caragana tragacanthoides **Caragana à dessus plat**	1,5 à 2m	1,25m	☀☁	Peu exigeant, sec	3b	6 et 7	fleur de pois	jaune	En forme de parasol. Épines rouges contrastantes. Greffé.
Carya ovata **Caryer ovale à noix douces**	20 à 25m	12 à 17m	☁	Riche, frais, drainé	4b	5	Chaton	jaunâtre	Port ovoïde irrégulier. Feuilles composées. Racine pivot.

ARBRES (suite)	H	L	☼	TYPE DE SOL	Z	MOIS	FORME	COULEUR	REMARQUES
Catalpa speciosa Catalpa de l'Ouest	15m	7m	☼	Calcaire, fertile	5b	6 et 7	Panicule, cloche	blanc jaunâtre	Rapide, conique. Larges feuilles longues gousses. Tolère le sec.
Celtis occidentalis Micocoulier occidental	15m	12m	☼☁	Profond, riche	4	5	Simple sans intérêt	verdâtre	Arrondi, irrégulier. Peu malade. Tourne jaune or. Résistant. Fruit.
Cercis canadensis Gainier rouge du Canada	3 à 6m	2 à 6m	☼	Riche, meuble, drainé	5	4	Grappe	pourpre, rose	Arrondi, irrégulier. Feuillage léger. Accepte sol sec à la mi-ombre.
Chitalpa x tashkentensis Chitalpa 'Pink Dawn' sur tige	2,5m	1,5m	☼	Très tolérant au sec	6	6 et 7	Trompette, panicule	rose lavande	Variété compacte sur tige. Port irrégulier. Longues feuilles alternes.
Crataegus sp. Aubépines	5 à 8m	3 à 8m	☼	Tous sols profonds	2 à 5	5 et 6	Corymbe	blanc, rosé	Préfère un sol humide. Supporte la sécheresse. Fruit rouge.
Elaeagnus angustifolia Olivier de Bohème	6m	6m	☼	Riche, profond, frais	2b	6	Sans intérêt	jaunâtre	Ouvert, irrégulier. Rameaux et feuilles argentés. Accepte sol sec.
Fraxinus pennsylvanica Frêne rouge de Pennsylvanie	17 à 20m	7 à 10m	☼	Peu exigeant, même sec	3	5	grappe	verdâtre	Port arrondi, dense. Rapide. Rustique. Bon brise vent.
Ginkgo biloba Arbre aux quarante écus	15 à 20m	10m	☼	Profond, léger, frais	4	—	arbre dioïque	—	Port conique. Choisir plant mâle sans fruits. Feuilles en éventail bilobées. Unique.
Gleditsia triacanthos inermis Févier d'Amérique	12 à 20m	10 à 18m	☼	Profond, fertile, sec	4b	—	Sans intérêt	—	S'accomode de sols secs. Éviter les sites venteux.
Hippophae rhamnoides Argousier Faux-nerprun	3 à 5m	3m	☼	Pauvre, sec	3	4 et 5	Sans intérêt	jaunâtre	Arbuste argenté que l'on peut tailler pour le garder en petit arbre. Épineux.
Juglans cinerea Noyer cendré	15 à 20m	14 à 16m	☼	Profond, riche, calcaire	3b	5	Chaton	jaunâtre	Port globulaire, aplatie. Grandes feuilles composées. Noix comestibles.
Juglans nigra Noyer noir	16 à 22m	18 à 20m	☼	Profond, riche, calcaire	3b	5	Chaton	jaunâtre	Ovoïde, irrégulier, dense. Grandes feuilles composées. Bonnes noix.
Maackia amurensis Maackia de l'Amur	4 à 6m	3m	☼	Tous sols drainés	4b	7	Racème érigé	blanc parfumé	Petit arbre ou arbrisseau, port globulaire. Feuilles composées.
Nyssa sylvatica Nyssa sylvatica	25m	6 à 10m	☼☁	Humide à sec	5b	5 et 6	Sans intérêt	verdâtre	Port pyramidal, branches horizontales sinueuses. Vert lustré puis rouge.
Ostrya virginiana Ostryer de Virginie	10m	8m	☼☁	Humide à sec	3	5	chaton	verdâtre	Très versatile. Préfère les sols riches. Écorce brun orangé.
Prunus sp. Cerisiers / Amandiers	5 à 10m	3 à 7m	☼☁	Peu exigeant, drainé	2b	5	Grappe dense	blanc léger parfum	Conviennent presque tous à un sol sec et drainé.
Pyrus salicifolia 'Pendula' Poirier décoratif pleureur sur tige	4m	2,5m	☼	Peu exigeant, même sec	5	4 et 5	Corymbe	blanc crème	Feuilles petites, linéaires, gris argenté. Fruit avec duvet argent.
Pyrus ussuriensis 'Prairie Gem' Poirier déco. 'P. Gem' / 'Mordak'	6m	4m	☼	Peu exigeant, même sec	3	5	Corymbe	rosé puis blanc	Plus petit que la majorité des poiriers. Port rond. Fruit jaune.
Quercus coccinea Chêne écarlate	20 à 25m	15 à 20m	☼	Acide, frais, sableux	4b	5	Chaton	jaune verdâtre	Ovoïde, irrégulier. Feuilles lobées, très découpées. Glands.
Quercus macrocarpa Chêne à gros fruits	20m	18m	☼	Profond, frais, drainé	2b	5	Chaton	verdâtre	Port globulaire. Feuilles lobées. Orangé à l'automne. Glands.
Quercus x 'Regal Prince' Chêne 'Regal Prince'	15m	7m	☼	Sec à humide	5	—	Sans intérêt	—	Port érigé, ovale. Feuillage foncé résistant au mildiou.
Quercus rubra Chêne rouge / Chêne boréal	24m	18 à 22m	☼	Riche, sableux, acide	3	—	Chaton sans intérêt	—	Port pyramidal. Feuillage dense virant rouge vif. Rapide ! Glands.
Rhus typhina Vinaigrier	5m	4m	☼☁	Tous sols drainés	3	6	Panicule dioïque	verdâtre	Port et feuillage exotique ! Fruit duveteux très décoratif.
Robinia ambiga x 'Idahoensis' Robinier rose de l'Idaho	8m	5m	☼	Riche, plutôt sec	5	6	Grappe parfumée	rose	Ovale, irrégulier, bouts de branches retombants. Grousses.

TYPES DE SOLS

ARBRES (suite)	H	L	☼	TYPE DE SOL	Z	MOIS	FORME	COULEUR	REMARQUES
Robinia pseudoacacia **Robinier faux-acacia**	10 à 15m	8m	☼	Tous sols fertiles	4b	6	Grappe pendante	blanc	Craint les sols innondés. Feuillage composé. Drageonne.
Robinia pseudoacacia 'Tortuosa' **Robinier Tortueux sur tige**	10m	6m	☼⛅	Pauvre à fertile	4b	6	Grappe éparse	blanc, parfumé	Feuilles composées, cascade tiges tordues. Débourre tard.
Sorbus aria 'Magnifica' **Alisier blanc** 'Magnifica'	10 à 12m	6 à 8m	☼	Peu exigeant, frais	4a	5	Corymbe	blanc	Port ovoïde, vert puis doré. Fruits orangés. Tailler les branches malades.
Sorbus decora **Sorbier des montagnes**	7m	5m	☼	Acide, sableux	2	5 et 6	Corymbe	blanc	Arbuste ou petit arbre ovoïde. Feuilles vert bleuté. Fruit rouge. Pas malade !
Syringa reticulata 'Golden Eclipse' **Lilas japonais** 'Golden Eclipse'	6m	3,5m	☼⛅	Léger, frais, drainé	4	7	Panicule parfumée	blanc crème	Ovoïde. Panaché 2 tons de vert puis vert et jaune doré à l'été.
Syringa reticulata 'Ivory Silk' **Lilas japonais** 'Ivory Silk'	8m	6m	☼⛅	Léger, frais, drainé	2b	7	Panicule parfumée	blanc crème	Oval, compact, vigoureux. Peu malade. Pour petits terrains.
Tilia cordata sp. **Tilleul à petites feuilles**	10 à 15m	6 à 9m	☼⛅	Riche, tolère sol sec	3	6 et 7	Cyme pendante	jaunâtre parfumée	Conique à ovoïde. Plusieurs variétés intéressantes. Feuilles en cœur.
Tilia tomentosa / Tilia argentea **Tilleul argenté**	15m	9m	☼⛅	Tous sols riches	5b	6 et 7	Cyme pendante	jaunâtre parfumée	Port pyramidal, ± régulier. Résistant. Feuilles au revers argenté.

ARBUSTES	H	L	☼	TYPE DE SOL	Z	MOIS	FORME	COULEUR	REMARQUES
Acer tataricum ssp. *ginnala* **Érable de l'Amur**	7m	6m	☼⛅☁	Tous les sols	2b	5	Grappe	samare rose	Fleurs odorantes. Croissance rapide. Rougit à l'automne.
Acer tataricum 'Bailey Compact' **Érable de l'Amur** 'Bailey Compact'	3m	2m	☼⛅	Peu exigeant, sec	3a	5	Grappe	blanc parfumé	Port globulaire. Rapide. Tourne rouge vif à l'automne. Haie.
Amorpha canescens **Amorpha blanchâtre**	0,9m	0,9m	☼⛅	Calcaire, pauvre	3a	6 et 7	Épi érigé	bleu foncé	Son feuillage fin et ses fleurs bleus le démarque.
Aralia elata **Angélique du Japon**	3 à 6m	2 à 4m	☼⛅	Riche, léger, frais	4	8 et 9	Grosse panicule	blanc crème	Port en tonelle. Feuilles découpées virant rouge. Épineux. Fruits.
Aralia spinosa **Aralie canne du diable**	5m	2,5m	☼⛅	Riche, léger, frais	6	8 et 9	Grosse panicule	blanc crème	Feuilles plus grosses que *A. elata* et tournent jaune. Plus fragile. Épineux.
Aronia melanocarpa **Aronie noire**	1,5m	1,5m	☼⛅	Tous sols drainés	4	5 et 6	Corymbe	blanc rosé	La variété Automn Magic est plus ornementale que l'espèce.
Aronia prunifolia **Aronie à feuilles de prunier**	1,5m	1,5m	☼⛅	Acide, sablonneux	5	5	Corymbe	blanc	Celui qui supporte le mieux un sol sec. Rougit à l'automne.
Berberis thunbergii sp. **Épine-Vinette**	0,3 à 2m	0,3 à 2m	☼⛅	Peu exigeant	4a	—	Sans intérêt	—	Un arbuste qui n'a que des qualités même en sol sec.
Betula pendula 'Trost's Dwarf' **Bouleau à feuilles découpées**	1,25m	1,25m	☼	Sableux, sec, drainé	3	—	—	—	Port retombant avec l'âge. Feuilles d'aspect plumeux. Rocaille.
Buddleia davidii **Arbre aux papillons**	1,5m	2m	☼	Fertile, drainé	5	8 et 9	Épi courbé	bleu, violet	Le sol doit être drainé même en hiver. Port arqué.
Caragana arborescens **Caraganier de Sibérie**	1 à 4m	1 à 2,5m	☼⛅	Fertile à pauvre, plutôt sec	2	6	Parsemée Pendante	jaune pâle	Haie ou écran vert clair. Libre ou taillé. Fruit : gousse. Rapide.
Caragana frutex 'Globosa' **Caraganier** 'Globe'	40cm	40cm	☼	Tous sols secs	2a	6	Simple rare	jaune	Port rond dense. Presque sans épine. Haie ou greffé sur tige.
Caragana rosea **Caraganier rouge**	1 à 2m	0,8 à 1,2m	☼	Tolère sols secs	2	6	Simple	jaune à rouge	Dôme plutôt étalé d'un beau vert. Bouton rose, fleur bicolore.
Caryopteris clandonensis **Caryopteris clandonensis**	60cm	60cm	☼	Ordinaire, drainé	6	8 et 9	Cyme, tubulaire	bleu odorante	Plutôt rare et fragile. Rabattre au sol au printemps. Port diffus.

ARBUSTES (suite)	H	L	☀	TYPE DE SOL	Z	MOIS ✿	FORME ✿	COULEUR ✿	REMARQUES
Caryopteris 'Dark Knight' **Caryopteris 'Dark Knight'**	75cm	75cm	☀	Ordinaire, chaud, drainé	5	8 et 9	Cyme, tubulaire	bleu odorante	Nouveau, plus rustique. Port diffus, feuilles étroites gris-vert aromatiques.
Ceanothus americanus ⚜ **Céanothe d'Amérique**	1m	1,5m	☀⛅	Pauvre, drainé	4	6 et 7	Panicule plumeux	blanc	Convient aux endroits chauds et secs. Ressemble à un lilas.
Comptonia peregrina ⚜ 🌿 **Comptonia voyageuse**	0,6 à 1m	1m	☀⛅	Acide, sablonneux	2	—	Chaton	—	Couvre-sol pour naturalisation. Feuilles type fougère. Aromatique.
Cornus alba sp. **Cornouillers blancs**	1,5 à 2m	1 à 2,5m	☀⛅	Sec à humide	2	5 et 6	cyme	blanc crème	Plusieurs cultivars. Préfère sols humides, supporte sols secs.
Cornus racemosa / paniculata **Cornouiller à grappes** ⚜ 🌿	3m	2m	☀⛅	Peu exigeant, frais	2b	6 et 7	Panicule	blanc crème	Gris-vert virant pourpre. Fruits blancs. Écran là où il peut s'étendre. Oiseaux.
Corylus avellana **Noisetier commun**	3 à 4m	1,5 à 2m	☀⛅	Riche, frais, drainé	5	5	Chaton	jaune verdâtre	Noisetier européen formant lentement un écran en lieu abrité.
Cotinus coggygria sp. **Arbre à perruque**	3m	3m	☀	Léger, neutre, sec	4b	6 et 7	Panicule chevelue	crème rose	Pourpre ou vert. Plus coloré dans un sol pauvre.
Cotoneaster apiculatus **Cotonéaster apiculatus**	90cm	1,25m	☀	Peu exigeant, drainé	4b	6	fleur simple	rose	Plant étalé, foncé, luisant, lisse. Fruits écarlates. Plusieurs tailles.
Cytisus sp. **Cytises**	0,15 à 1m	0,4 à 1m	☀⛅	Pauvre, sableux	2	5	Groupée par 3	jaune claire	Certaines peuvent même pousser dans un sol caillouteux.
Deutzia gracilis **Deutzia gracile**	0,5 à 0,9m	70 à 90cm	☀⛅	Argileux, frais, drainé	4	6 et 7	Grappe érigée	blanc pur	Port compact, arqué vert foncé à feuilles dentées. Peu florifère.
Diervilla lonicera / canadensis **Diéreville chèvrefeuille** 🌿	1m	1m	⛅	Acide, sablonneux	3	7 et 8	Clochette par 3	jaune	Culture facile, il s'adapte partout. Buisson drageonnant.
Elaeagnus sp. **Olivier / Chalef / Gourmi**	2 à 8m	2 à 8m	☀	Préfère sol sec	2 à 5	5 et 6	Petite	jaunâtre	Pour sites secs, bord de mer ou route salée. Feuilles argentées.
Eleuterococcus sieboldianus Syn.: *Acanthopanax sieboldiana*	2m	2m	☀⛅☁	Tous sols drainés	5	6	Sans intérêt	—	Feuilles palmées. Culture très facile, même à l'ombre et au sec.
Eleuterococcus s. 'Aureo marginata' **Aralie de siebold marginé**	2m	2m	☀⛅☁	Tous sols drainés	5	6	Sans intérêt	—	Feuilles palmées verte à bordure jaune irrégulière. Méconnue.
Euonymus nanus **Fusain nain à feuilles de romarin**	50cm	50cm	☀⛅	Peu exigeant, sec	2a	5	Sans intérêt	brun pourpre	Petit coussin, feuillage très fin. Fruits rouges. Tourne rouge.
Genista sp. **Genêts**	0,6m	0,9m	☀	Pauvre, sec	5	6	Épi érigé	jaune	Pour conditions extrêmes de sécheresse. Feuillage linéaire.
Hacquetia epipactis **Hacquetia**	15cm	15 à 20cm	☀⛅	Sec à frais	3	4	Petite touffe	jaune doré	Les fleurs se retrouvent entourées d'une couronne de feuilles. Jardin alpin.
Halimodendron halodendron **Caragana argenté**	2m	1,5m	☀	Ordinaire, pauvre	3	6 et 7	Grappe parfumée	rose pourpré	Pour lieux incultes, même pour dunes près des eaux salées.
Hippophae rhamnoides **Argousier Faux-nerprun**	3 à 5m	3m	☀	Pauvre, sec, calcaire	3	4 et 5	Sans intérêt	jaunâtre	Mâle + femelle = Fruits orange. Feuilles argentées. Lieux incultes.
Hypericum calycinum **Millepertuis**	30cm	50cm	☀⛅	Profond, drainé	5	7 et 8	Bouquet d'étamines	jaune	Ne pas rabattre au printemps. Semi-persistante, vert glauque.
Hypericum frondosum / H. aureum **Millepertuis doré**	1m	1m	☀	Rocailleux à sec	4b	7 et 8	Solitaire, étamines	jaune orangé	Port arrondi, irrégulier, dense. Feuilles glauques. Bonne floraison.
Hypericum frondosum 'Sunburst' **Millepertuis 'Sunburst'**	80cm	80cm	☀	Rocailleux à sec	4b	7 et 8	Solitaire, étamines	jaune orangé	Plus dense et vraiment plus florifère que la précédente.
Hypericum kalmianum ⚜ **Millepertuis de Kalm**	90cm	90cm	☀	Tous sols humide à sec	3	7 et 8	Grappe	jaune vif	Buisson érigé, branche carrée. Fleurit sur le bois de l'année.
Hypericum prolificum **Millepertuis prolifère**	90cm	90cm	☀	Rocailleux	4	7 et 8	Grappe	jaune brillant	Ressemble à notre kalmianum indigène, à fleurs plus grosses.
Kolkwitzia amabilis **Kolkwitzia aimable**	2 à 3m	2 à 3m	☀	Riche à pauvre, drainé	5	6 et 7	Trompette Abondante	rose, rouge	Vert-grisâtre tournant jaune rouge. Port infléchi. Croule sous les fleurs.

TYPES DE SOLS

ARBUSTES (suite)	H	L	☀	TYPE DE SOL	Z	MOIS ✿	FORME ✿	COULEUR ✿	REMARQUES
Lespedeza bicolor **Lespedeza**	2m	2m	☀	Léger, pauvre, sec	5	8 et 9	Panicule lâche	rose pourpre	Globulaire. Feuilles trifoliées vert foncé et vert-gris. Plus florifère en sol sec.
Ligustrum amurense **Troène de l'amour**	2m	1,5m	☀☁	Peu exigeant, drainé	5	6 et 7	Panicule poilue	blanc crème	Surtout utilisé pour haie. Port érigé. Supporte les sols secs. Fruits noirs.
Lonicera sp. **Chèvrefeuilles**	1 à 4,5m	1,5 à 4m	☀☁	Sec à humide	2 à 5b	5 et 6	tube pétalé	crème rose	Classé ici parce qu'il n'est pas capricieux, même en sol sec et pauvre.
Paulownia tomentosa 'Imperialis' **Paulownia tomentueux** 'Imperialis'	5 à 10m	5 à 10m	☀	Tolère sols secs	4	—	Grappe, tubulaire	pourpre, parfumée	Arbre classé vivace au Québec, qui ne fleurit pas. Feuilles 1m diamètre gigantesque !
Physocarpus opulifolius **Physocarpe à feuilles d'obier**	2m	2m	☀☁	Équilibré, drainé	4	6	Corymbe	blanc	Très versatile, accepte bien un sol sec. Vert, doré ou pourpre.
Physocarpus opulifolius 'Snowfall' **Physocarpe** 'Snowfall'	2,5 à 3m	2,5 à 3m	☀☁	Peu exigeant, sec	2b	5 et 6	Corymbe	blanc	Branches semi-pleureuses. Fleurs plus visibles. Peu connu.
Polygala chamaebuxus **Polygale faux-buis**	15cm	25cm	☁	Riche, humifère	5	6 et 7	Tube ailé	jaune, carmin	Originaire des Alpes. Éviter les coins chauds. Sous-bois sec.
Potentilla fruticosa **Potentille frutescente**	0,5 à 1,5m	0,5 à 1,5m	☀☁	Tous sols drainés	2a	6 à 10	Simple	blanc, jaune	Un immense choix pour toutes conditions. Feuillage fin.
Prinsepia sinensis **Prinsepia chinois**	2m	2m	☀	Riche, humide, drainé	2b	5 et 6	Petite, cachée	jaune pâle	Semi-pleureur, feuilles pennées. Très épineux. Fruits rouges. Résistant au sec.
Prunus besseyi **Cerisier des sables de l'Ouest**	1,5m	1,5m	☀	Sec, chaud, drainé	2b	5	Multitude	blanc	Port irrégulier, diffus vert gris. Fruits comestibles. Naturalisation.
Prunus depressa **Cerisier de sable**	40cm	2m	☀	Sableux, plutôt sec	3b	5 et 6	Ombelle	blanc rosé	Rampant. Pousse sur le sable ou gravier des rivages. Cerises.
Prunus maritima **Cerisier des sables**	0,9 à 1,5m	1 à 2m	☀	Sableux, plutôt sec	4a	5 et 6	Ombelle	blanc	Un autre cerisier rampant qui aime les dunes.
Prunus tomentosa **Cerisier tomenteux**	2,5m	2,5m	☀☁	Sol sain et fertile	3	5	Petite simple	rosé	Comestinble et décoratif. Port globulaire irrégulier.
Ptelea trifoliata **Orme de Virginie-3 feuilles**	4m	4m	☀☁	Peu exigent, drainé	4	6	Corymbe	blanc vert	Autant en terre marécageuse, que sèche. Port irrégulier.
Pyracantha angustifolia **Buisson ardent**	1m	1,5m	☀☁	Drainé, non calcaire	6b	—	Sans intérêt	—	Semi-persistant au Québec. Très fragile. Taille sévère au printemps. Fruits rouges ardents.
Rhamnus cathartica **Nerprun**	5m	5m	☀	Peu exigeant, pauvre	2b	—	Sans intérêt	—	L'écorce et les baies sont toxiques. Se ressème. ± esthétique.
Rhodotypos scandens **Rhodotypos**	1,2m	1,5m	☀☁	Tous sols drainés	5b	6 et 7	Simple	blanc	Ressemble à un Kerria mais blanc. Fruits noirs. Port diffus.
Rhus aromatica **Sumac aromatique**	0,8 à 1,5m	2 à 3m	☀	Tous sols secs	3b	4 et 5	Chaton	jaune	Rampant trifolié pour grands espaces. Mâle et femelle.
Rhus glabra **Sumac glabre / Vinaigrier**	3m	2 à 3m	☀☁	Tous sols drainés	3a	6 et 7	Panicule dioïque	verdâtre	Ressemble au vinaigrier de Virginie mais sans les poils et plus compact.
Rhus typhina **Vinaigrier**	5m	4m	☀☁	Tous sols drainés	3	6	Panicule dioïque	verdâtre	Port et feuillage exotique ! Fruit duveteux très décoratif.
Ribes alpinum **Gadelier alpin**	1 à 2m	1 à 2m	☀☁	Riche, plutôt sec	3	4 et 5	Petite	jaune	Le classique pour la haie basse taillée. Feuilles type érable, petites.
Ribes alpinum aureum **Gadelier alpin doré**	60cm	90cm	☀☁	Riche, plutôt sec	3b	4 et 5	Petite	jaune	Variété aux feuilles jaunes puis jaune verdâtre à l'été. Dense.

ARBUSTES (suite)	H	L	☀	TYPE DE SOL	Z	MOIS ✿	FORME ✿	COULEUR ✿	REMARQUES
Ribes alpinum 'Smithii' / 'Schmidt' **Gadelier alpin** 'Schmidt'	1,25m	1,5m	☀☁	Riche, plutôt sec	3	5	Petite abondante	jaune	Haie basse et ordonnée. Moins maladive que l'espèce. Dense.
Robinia hispida **Acacia rose**	2m	2m	☀	Pauvre, sec	5	6	Panicule pendante	rose foncé	Haie libre, épineuse. Retient les pentes sableuses. Lieu abrité.
Robinia pseudoacacia **Robinier faux-acacia**	4 à 10m	2 à 6m	☀	Peu exigeant, drainé	4b	6	Grappe pendante	blanc, rose	Port gracieux, feuillage délicat, fleurs au parfum léger.
Robinia viscosa **Robinier visqueux**	2,5m	3 à 4m	☀	Pauvre, sec	4a	6	Panicule pendante	rose foncé	Ressemble à *hispida* mais à tige collante. Plus rustique.
Rosa rugosa sp. **Rosier rugueux**	var.	var.	☀☁	Riche, drainé	2 à 4	6	Simple, double	rose, rouge, blanc, jaune	*R. rugosa* sont ceux qui s'accomodent le mieux en sol sec.
Rubus odoratus **Ronce odorante**	2m	2m	☀☁	Fertile et sec	4b	6	Fleur simple	rose	Framboisier pour naturalisation, fleurs et fruits intéressants.
Sambuscus canadensis **Sureau du Canada**	4m	3m	☀☁	Peu exigeant, même sec	3	7	Corymbe	blanc	Pour sous-bois, écran, naturalisation, massif. Port évasé.
Shepherdia argentea **Shépherdie argentée**	4m	3m	☀	Ordinaire, drainé	2	4 et 5	Petite, dioïque	jaunâtre	Peut remplacer l'olivier de bohème souvent malade. Port érigé.
Shepherdia canadensis **Shépherdie du Canada**	1 à 2m	1 à 2m	☀	Ordinaire, drainé	2	4 et 5	Petite, dioïque	jaunâtre	Plus compact et moins épineux que *S.argentea*. Argenté puis gris en été.
Sorbaria sorbifolia **Sorbaria à feuilles de sorbier**	1,8m	1,5m	☀☁	Peu exigeant, même sec	2	6 à 8	Panicule vaporeuse	blanc crème	Haie libre, à texture légère. Ressemble au vinaigrier. Drageonne.
Sorbus decora **Sorbier des montagnes**	7m	5m	☀	Acide, sableux	2	5 et 6	Corymbe	blanc	Arbuste ou petit arbre ovoïde. Feuilles vert bleuté. Fruit rouge. Pas malade !
Sorbus reducta **Sorbier nain**	35cm	50cm	☀☁	Bien drainé	3	5 et 6	Ombelle terminale	blanc	Même nain, il se parre de fleurs puis de baies. Feuilles composées.
Spirea sp. **Spirées**	var.	var.	☀☁	Peu exigeant	2 à 4	var.	Ombelle	blanc, rose, rouge	Préfère un sol fertile et frais mais supporte la sécheresse.
Symphoricarpos sp. **Symphorines**	1m	1m	☀☁	Peu exigeant	3	6	Grappe	rosé	Plante intéressante par ses fruits blanc à rose vif.
Syringa reticulata **Lilas du Japon**	10m	8m	☀	Léger, frais, drainé	2	7	Panicule	blanc crème	Imposant écran érigé. Léger parfum. Le plus tardif des lilas.
Syringa vulgaris sp. **Lilas commun** / L. français	2,5 à 5m	2 à 4m	☀	Léger, frais, drainé	2	5 et 6	Abondante panicules	blanc rose bleu lilas	Parfumée ! Pour haie informelle ou écran. Fleur coupée.
Tamarix pentendra ramosissima **Tamaris de Russie**	1,5 à 2m	1 à 2m	☀☁	Ordinaire à pauvre	4	7 à 9	Panicule vaporeuse	rose brillant	Haie très désordonnée mais à feuilles et fleurs très vaporeuses. Différent.
Viburnum cassinoides **Viorne cassinoïde**	1,5m	1,2m	☀☁	Acide, humide à sec	2a	6 et 7	Cyme aplatie	blanc crème	Feuilles ovales, vert lustré tournent rouge orangé à pourpres. Fruits.
Viburnum lantana **Viorne commune**	4m	3m	☀☁	Peu exigeant, fertile	2b	5 et 6	Corymbe	blanc	S'adapate facilement aux conditions difficiles. Port robuste.
Vitex agnus castus **Gattilier** / Petit poivre	2m	1,5 à 2m	☀	Humide à sec	5	9	Long épi odorant	bleu violacé	Port ouvert, évasé. Rabattre au printemps. Odeur de verveine.
Vitex negundo 'Heterophylla' **Gattilier en arbre**	2m	2,5m	☀	Sableux, chaud, sec	5b	9	Panicule lâche	lilas bleu	Pour jardiniers avertis. Rabattre au printemps. Pour lieux chauds.
Zanthoxylum americanum **Clavalier d'Amérique**	2 à 5m	3 à 4m	☀☁	Ordinaire à pauvre	4a	5 et 6	Grappe	verdâtre	Très particulier, très grosses épines. Arôme de citron. Haie.

ARBUSTES PERSISTANTS	H	L	☀	TYPE DE SOL	Z	MOIS ✿	FORME ✿	COULEUR ✿	REMARQUES
Arctostaphylos 'Uva-Ursi' **Raisin d'ours**	15cm	1m	☀☁	Acide, rocheux	2	5	Bouquet	blanc rosé	Couvre-sol lustré, pour pente douce et dessus de muret.

TYPES DE SOLS

ARBUSTES PERSISTANTS (suite)	H	L	☼	TYPE DE SOL	Z	MOIS ✿	FORME ✿	COULEUR ✿	REMARQUES
Cornus canadensis ⚜ Quatre-temps	20cm	30cm	☼☁	Acide, drainé à sec	2	5 et 6	Bractée	blanc	Sous-bois ou rocaille ombrés. Feuillage unique en rosette surélevée. Fruit rouge vif.
Cotoneaster horizontalis sp. Cotonéaster rampant	15 à 80cm	1 à 1,5m	☼	Fertile, drainé	5	5	Solitaire	rose	Petites feuilles rondes, lustrées vertes, tournent rouges. Fruits.
Epigaea repens ⚜ Épigée rampante / Fleur de mai	0,2m	0,3m	☁	Acide, humide	2	5	Grappe cloche	rosé	Bon couvre-sol de sous-bois. Différent, grandes feuilles.
Gaultheria procumbens ⚜ Thé des bois	10cm	0,6m	☁	Acide, frais à sec	2b	5	Penchée, discrète	rosé	Couvre-sol aromatique, fruits et feuilles comestibles. Médicinale.
Hebe sp. Hebe	30 à 70cm	20 à 80cm	☼	Poreux, drainé	6	var.	Grappe effilée	blanc à violet	Très rare. Pour culture en bac. Rentrez l'hiver.
Ilex glabra Houx glabre	1m	1m	☼☁	Acide, léger, frais	5b	—	Sans intérêt	—	Plants mâle + femelle = fruits noirs. Peut remplacer le buis. Protéger.
Ilex verticillata ⚜ Houx verticillé	2m	1,8m	☼☁	Riche, acide, frais	3	6	Cyme	jaune	Feuilles non persistantes. Fruits rouges décoratifs. Jardin d'hiver.
Potentilla tridentata ⚜ Potentille tridentée ⚜	10 à 15cm	60cm	☼	Sableux, acide, drainé	2	6 et 7	Simple	blanc	Port rampant, feuillage lustré. Très résistant et sans entretien.
Potentilla tridentata 'Nuuk' Potentille tridentée 'Nuuk'	10cm	40cm	☼	Sableux, acide, drainé	2	6 et 7	Simple	blanc	Plus dense et décoratif que l'espèce. Lent et sans entretien.
Ptilotrichum spinosum Alyssum épineux	20 à 30cm	40cm	☼	Ordinaire, chaud, drainé	6	5 et 6	Grappe globe	blanc, rose	Arbrisseau ramifié. Ressemble à l'alyssum annuelle. Feuilles linéaires grises. Auge.
Rhododendron catawbiense Rhododendron catawbiense	1 à 3m	1 à 2m	☁	Léger, acide, drainé	4 à 5b	5 et 6	Grand corymbe	var.	Variété supportant bien un sol plutôt sec. Protection hivernale.
Yucca filamentosa Yucca filamenteux	1m	60cm	☼	Sableux, chaud	4	7 et 8	Grande grappe	blanc jaunâtre	Feuillage élancé, rigide vert bleuté en rosette. Léger parfum.
Yucca flaccida 'Golden Sword' Yucca panaché 'Golden Sword'	80cm	60cm	☼	Sol sec	4	7 et 8	Épi clochette	blanc crème	Feuilles étroites linéaires, rigides vertes au centre jaune.
Yucca flaccida 'Ivory Tower' Yucca 'Ivory Tower'	80cm	60cm	☼	Sabloneux, chaud	4	7 et 8	Épi clochette	blanc ivoire	Feuillage en forme d'épée, vert pâle à bordure argentée. Léger parfum.

CONIFÈRES	H	L	☼	TYPE DE SOL	Z	MOIS ✿	FORME ✿	COULEUR ✿	REMARQUES
Abies concolor Sapin blanc du Colorado	18m	6m	☼	Riche, profond	4	—	—	—	Supporte les sols pauvres et secs. Éviter les sites venteux.
Chamaecyparis nootkatensis 'B. W.' Faux-cyprès 'Blue Weeping'	4m	2m	☼	Léger un peu acide	5	—	—	—	Port très pleureur et pyramidal. Tolère bien la sécheresse.
Juniperus chinensis sp. Genévrier de Chine	var.	var.	☼	Tous sols calcaires	4	—	—	—	Le sol doit être perméable. Préfère les endroits abrités.
Juniperus chinensis 'San José' Genévrier 'San José'	60cm	1,5m	☼	Peu exigeant, sec	4	—	—	—	Port étalé, irrégulier. Vert grisâtre constant. Lent.
Juniperus communis sp. Genévrier commun	var.	var.	☼	Tous les sols, sec	3b	—	—	—	Parmi les plus résistant même en sol stérile et sec.
Juniperus conferta 'Blue Pacific' Genévrier 'Blue Pacific'	15 à 30cm	1à 2m	☼	Très bien drainé, sec	5	—	—	—	Peu connu, port rampant, feuillage épineux gris-bleu.
Juniperus sabina Genévrier sabine	var.	var.	☼	Peu exigeant, drainé	3a	—	—	—	Une variété facile de culture et rustique. Plusieurs variétés.
Juniperus scopulorum Genévrier des Rocheuses	var.	var.	☼	Plutôt sec	4	—	—	—	Craint l'excès d'eau. Un peu moins rustique.
Juniperus virginiana Genévrier de Virginie	3 à 5m	0,4 à 1,5m	☼	Peu exigeant, drainé	3	—	—	—	Supporte les sols pierreux et très secs.

CONIFÈRES (suite)

	H	L	☼	TYPE DE SOL	Z	MOIS	FORME	COULEUR	REMARQUES
Larix decidua **Mélèze d'Europe**	20m	8m	☼	Sableux, drainé, sec	3b	—	—	—	Accepte les innondations temporaires et sols lourds. Port pyramidal.
Larix laricina / Larix americana **Mélèze laricin d'Amérique**	20 à 25m	6m	☼	Humide à sec léger	2	—	—	—	Pyramidal, étroit. Rosette d'aiguilles caduques tournant doré. Brise-vent.
Microbiota decussata **Cyprès de Russie ou de Sibérie**	0,2m	1,5m	☼☁	Calcaire et sec	3	—	—	—	Parfait pour les rocailles à l'ombre. Port rampant.
Picea pungens sp. **Épinette verte du Colorado**	18 à 20m	4m	☼	Profond, frais à sec	2	—	—	—	Port conique uniforme, piquant, vert bleuâtre. Brise-vent, écran.
Pinus aristata **Pin à cônes épineux**	2,5m	2m	☼	Sec, pauvre	3	—	—	—	Port très particulier, irrégulier. Protection hivernale. Bleuâtre.
Pinus banksiana / Pinus divaricata **Pin gris**	15m	7m	☼☁	Pauvre, sec, sableux	1a	—	—	—	Peu utilisé en ornemental, pour la naturalisation. Aiguilles par 2.
Pinus cembra **Pin cembro** / Pin cembro	10m	4m	☼☁	Acide, sableux	4	—	—	—	Port conique, étroit, régulier. Vert foncé luisant. 5 aiguilles.
Pinus flexilis **Pin blanc de l'Ouest**	12m	6m	☼☁	Pauvre, drainé	2b	—	—	—	Port pyramidal à arrondi. Vert foncé bleuâtre. Lent. 5 aiguilles.
Pinus mugo sp. **Pin mugo**	1,2m	3m	☼☁	Peu exigeant, drainé	1b	—	—	—	Tolère même les sols pauvres, calcaires et secs.
Pinus nigra 'Austriaca' **Pin noir d'Autriche**	18 à 22m	8 à 10m	☼☁	Peu exigeant, consistant, sec	4	—	—	—	Pyramidal, dense. Tolérant à la salinité. Écran, brise-vent.
Pinus resinosa **Pin rouge**	24m	12m	☼	Acide, sableux	3	—	—	—	Port ovoïde, droit. Aiguilles par 2, longue, flexible. ± décoratif.
Pinus sylvestris 'Fastigiata' **Pin Sylvestre fastigié**	10m	8m	☼	Peu exigeant, même sec	4	—	—	—	Pin greffé. Port pyramidal. Lent à croître. Pour site protégé.

GRIMPANTES (Vivaces)

	H	L	☼	TYPE DE SOL	Z	MOIS	FORME	COULEUR	REMARQUES
Campsis radicans **Vigne trompette** / Bignone	8m	1m	☼☁	Riche, frais, drainé	5b	8 et 9	Racème Trompette	rouge orangé	Rusticité faible. Longue feuilles pennées 20cm de long. Rapide.
Celastrus scandens **Bourreau des arbres**	7 à 10m	1m	☼☁	Peu exigeant	3	6	Grappe	blanc	Plus vigoureux et productif au soleil. Mâle + femelle = fruits.
Clematis virginiana **Clématite de Virginie**	6m	4m	☼☁	Peu exigeant, drainé	4	6 et 7	Panicule feuillée	blanc	Superbe clématite indigène. Très long rameaux. Aigrette argentée.
Hedera helix 'Bulgaria' **Lierre arbustif** 'Bulgaria'	20cm	2m	☼☁	Tous type de sol	5b	—	Sans intérêt	—	Le plus rustique des lierres. Résiste au sec. Couvre-sol aussi.
Lonicera x brownii 'Drop. Scarlet' **Chèvrefeuille** 'Dropmore Scarlet'	2 à 5m	2 à 3m	☼☁	Ordinaire, riche, frais	3	6 à 9	Trompette parfumée	rouge écarlate	Grimpant qui s'enroule. Feuillage décoratif légèrement bleuté. Facile.
Lonicera x heckrottii 'Gold Flame' **Chèvrefeuille** 'Gold Flame'	5m	3m	☼☁	Ordinaire, riche, frais	3	6 à 9	Trompette parfumée	rouge et jaune	Vigoureux, feuillage ovale, lisse, vert bleu. Volubile. Culture facile.
Parthenocissus sp. **Vigne vierge**	12m	1,5m	☼☁	Indifférent à riche	3	—	Sans intérêt	—	Plante coriace. Feuilles virent rouge à l'automne.
Polygonum aubertii **Renouée du Turkestan**	8m	1m	☼☁	Tous sols profonds	5b	7 à 9	Fine grappe	blanc	Abondante floraison. Peu vite devenir envahissante.
Vistis riparia **Vigne des rivages**	10m	1,5m	☼☁	Humide à sec, profond	3	6 et 7	Petite parfumée	blanc verdâtre	Raisin sauvage pour le bord des bois ou des rives.

VIVACES

	H	L	☼	TYPE DE SOL	Z	MOIS	FORME	COULEUR	REMARQUES
Acaena sp. **Acaénas**	10cm	35cm	☁	Sec, bien drainé	4b	7 et 8	Sans intérêt	Blanc	Feuilles finement dentées. Fruit épineux. Tapis en sol frais à sec.

TYPES DE SOLS

VIVACES (suite)	H	L	☀	TYPE DE SOL	Z	MOIS	FORME	COULEUR	REMARQUES
Acanthus spinosus **Acanthe**	1,5m	1m	☀⛅	Léger, drainé,	5	7 et 8	Bractée	blanc, rouge	Géante, résiste très bien en milieu sec. Feuillage découpé.
Achillea sp. **Achillées**	0,2 à 1,2m	20 à 60cm	☀⛅	Sec, chaud, drainé	2b	var.	Ombelle corymbe	Teintes chaudes	Famille très nombreuse, facile et décorative.
Adonis vernalis **Adonide de printemps**	10 à 30cm	15cm	☀	Pauvre, calcaire, sec	4	6	Capitule double	jaune brillant	Feuillage finement divisé. Fruits secs décoratifs. Ne pas diviser.
Aegopodium podagraria 'Variegatum' **Herbe aux goutteux**	30cm	40cm	☀⛅☁	Tous les sols	2b	6 et 7	Sans intérêt	Blanc	Supporte un sol sec, pousse mieux en sol frais. Panaché.
Agastache 'Blue Fortune' **Agastache** 'Blue Fortune'	90cm	80cm	☀⛅	Peu exigent, sec	5	7 à 9	Épi dense	bleu violacé	Feuilles en cœur à l'arôme d'anis. Cultivar résistant à la chaleur.
Agastache foeniculum **Agastache fenouil**	60cm	60cm	☀⛅	Riche, humide, drainé	4	7 à 9	Épi dense	bleu, odorante	Érigé, tige rigide, feuilles rugueuses. Fleurs et feuilles parfumées.
Agastache foeniculum 'Golden J.' **Agastache** 'Golden Jubilee'	50cm	30cm	☀	Sain, frais, drainé		6 à 8	Épi serré	bleu odorante	Port érigé, feuilles dorées en cœur sur tiges rigides. Odeur de menthe.
Agastache rupestris **Agastache / Menthe pour colibris**	30cm	25 à 40cm	☀	Sain, frais, drainé !	5	7 à 9	Épi lâche	orange et lavande	Port lâche, couché. Feuilles aromatiques, élancées vert grisâtre.
Ajania pacifica **Ajania argent et or**	45cm	45cm	☀⛅	Tous sols drainés	5	9 et 10	Pompon, corymbe	jaune doré	Tolère bien les endroits secs. Très beau feuillage denté, fine bordure.
Ajuga pyramidalis **Bugle pyramidale**	20cm	30cm	☀⛅☁	Frais à sec, drainé	3	5 et 6	Pyramide 4 côtés	bleu pâle	Variété qui accepte mieux les sols secs. Robuste.
Alchemilla mollis **Manteau de Notre-Dame**	40cm	30cm	☀⛅☁	Frais, humide	3	6 et 7	Grappe lâche	jaune vert	Résiste quand même bien à la sécheresse. Jolies feuilles palmées.
Alyssum montanum 'Berggold' **Alyssum** 'Mountain Gold'	15cm	40cm	☀	Pauvre, sec, drainé	3	5	Ombelle	jaune	Port rampant, feuillage gris-vert. Tailler après la floraison.
Amsonia tabernaemontana **Amsonie étoile bleu**	60cm	45cm	☀⛅	Lourd, humide à sec	4	5 à 7	Fleur étoilée	bleu	Très beau en massif. Belle couleur d'automne. Port dense.
Anacyclus depressus **Anacyclus déprimé**	5cm	10cm	☀	Caillouteux, pauvre	4	5 et 6	Capitule petite	blanc revers rouge	Mettre cailloux près de la couronne pour drainer. Texture très fine.
Anacyclus pyrethrum **Anacyclus pyrèthre**	15cm	30cm	☀	Caillouteux, pauvre	4	5 à 7	Capitule petite	blanc revers rouge	Ressemble à une camomille. Pétales se ferment le soir.
Anaphalis sp. **Anaphalis**	20 à 60cm	30 à 50cm	☀	Pauvre, caillouteux	2b	7 à 9	Capitule corymbe	blanc crème	Vraiment très résistant au sec. Fleur immortelle à duvet blanc.
Anemone canadensis **Anémone du Canada**	30cm	80cm	☀⛅☁	Ordinaire	2	6 et 7	Solitaire, massif	blanc	Si facile qu'elle pousse même en sol sec. Feuilles palmées. Tapis.
Antennaria dioica 'Rosea' **Pied de chat**	10cm	30cm	☀	Sec, bien drainé	3	5 à 7	Capitule	blanc, rose	Feuillage gris en rosette. Pour petite rocaille alpine.
Anthemis sp. **Camomilles**	15 à 70cm	40 à 60cm	☀	Maigre, drainé	3	7 et 8	Capitule	blanc, jaune	Feuillage fin. Pour aider la repousse, rabattre en fin d'été.
Anthyllis montana **Anthyllide de montagne**	10 à 25cm	30 à 60cm	☀	Sec, bien drainé	4	5 et 6	Ombelle globe	pourpre	Port étalé, semi dressé. Feuilles pennées attrayantes. Rabattre.
Arabis sp. **Arabette du Caucase**	10 à 25cm	15 à 35cm	☀⛅	Tous les sols	3	4 et 5	Grappes courtes	blanc, rose	Beau, associé à la pierre. Feuilles velues. Résistant au sec.
Arenaria montana **Sabline**	15cm	45cm	☀⛅	Sableux, bien drainé	3	5 et 6	Tapis de fleurs	blanc	Superbe coussin blanc. Rocaille, cascade, muret.
Armeria sp **Gazon d'Espagne**	20cm	40cm	☀	Pauvre, drainé	3	5 et 6	Pompons	blanc rose	La plupart acceptent bien les sols secs. Touffe gazon fleuri.
Arnica montana **Arnica de montagne**	40cm	40cm	⛅	Pauvre, drainé	5	5 à 7	Capitule	jaune or	Plante velue, aromatique. Rare. Rosette d'où émergent les fleurs.
Artemisia sp. **Armoise** presque tous	0,2 à 1,2m	40 à 90cm	☀	Ordinaire, enrichi	3 à 5	—	Sans intérêt	—	Presque toutes se plaisent en sol maigre, chaud, sec. Feuilles grises.
Asclepias tuberosa **Herbe aux papillons**	70cm	45cm	☀	Pauvre, bien drainé	4b	7 et 8	étoilée, cyme	orange	Seule variété pour sol sec. Touffe évasée, feuilles linéaires.

VIVACES (suite)	H	L	☼	TYPE DE SOL	Z	MOIS	FORME	COULEUR	REMARQUES
Asphodeline lutea Baton de Jacob	90cm	50cm	☼	Caillouteux, drainé	5b	5 et 6	Grappe longue	étoile jaune	Le sol peut être sec mais pas pauvre. Jaillit entre les autres.
Aster ericoides Aster d'automne	0,8 à 1,2m	60cm	☼	Léger, drainé,	3 à 5	9 et 10	capitule rayon	blanc, rose, bleu	Se comporte très bien en sol sec. Un nuage de fleurs.
Astilbe chinensis pumila Astilbe nain	0,3 à 1m	40 à 60cm	☼☁	Ordinaire, même sec	4	7 et 8	Panicule plume	rose malvacé	Variété supportant bien les lieux secs. Texture fine. Décoratif.
Astragalus canadensis Astragale du Canada	50 à 90cm	50cm	☼☁	Sec, caillouteux	3	7 et 8	Grappes dressées	blanc verdâtre	Attire les papillons. Indigène près des cours d'eau. Gousse.
Astragalus danicus Astragale du Danemark	10 à 30cm	1 à 2m	☼☁	Rocailleux, sec	3	5 et 6	Grappe type trèfle	rose pourpre	Forme un grand tapis de feuilles délicates, pennées parsemé de fleurs.
Aubrieta deltoidea Aubriète deltoïde	10 à 15cm	60cm	☼	Chaud, sec, alcalin	4	4 et 5	Tapis de fleurs	rose, lilas, mauve	Commune. Rosettes denses, florifères. Feuilles arômatiques.
Aurinia saxatilis / Alyssum saxatile Alyssum corbeil d'or	15 à 30cm	35cm	☼	Pierreux, drainé pauvre	3	5 et 6	Grappe	jaune or	Rampant, argenté. Rabattre légèrement après la floraison.
Baptisia australis Lupin indigo	1 à 1,2m	85cm	☼	Meuble, frais à sec	3	6 et 7	Grappe simple	bleu violacé	Racine pivot le rendant résistant au sec. Feuilles trifoliées. Lent.
Belamcanda chinensis Belamcanda de Chine	80cm	40cm	☼	Ordinaire, drainé	4	7 et 8	Coupe étoilée	orange cuivré	Fleur moustachée, se ressème. Longues feuilles glauques.
Bergenia cordifolia Bergenie à feuilles cordées	50cm	30cm	☼☁	Tous sols	3	5 et 6	Grand panicule	Teintes de rose	Préfère un sol humide, mais tolère un sol sec. Persistant.
Boltonia asteroides Aster à mille fleurs	2m	80cm	☼☁	Riche, frais à sec	3	7 et 8	Ligules rayons	blanc	Une vivace vigoureuse belle en arrière-scène. Feuillage fin.
Calamintha nepeta Calaminte	40cm	40cm	☼☁	Léger, drainé, sec	5	7 à 9	Tubulée verticillée	rose	Celle qui se comporte le mieux en sol sec. Buisson, aromatique.
Callirhoe involucrata Mauve / Pavot	15cm	20cm	☼	Sec, caillouteux	5	6	Coupe simple	rose carmin	Cultiver comme une annuelle. Rampant, diffus. Auge, rocaille.
Campanula sp. Campanules	0,2 à 1m	30 à 60cm	☼☁	Peu exigeant, drainé	4 et 5	var.	Cloche, étoile	bleu, blanc, rose	La plupart supportent très bien les sols secs.
Carlina acaulis Carline	10 cm	50cm	☼☁	Sec, caillouteux	4	7 et 8	Capitule, bracté	blanc argenté	De courte durée. Épineux. Original. Fleur coupée.
Cassia hebecarpa Casse du Maryland	2m	1,5m	☼	Chaud, sec	5	8	Gros épis	jaune profond	Feuilles pennées délicates. Port étagé. Multitudes de gros épis.
Catananche caerulea Cupidone	50cm	40cm	☼	Pauvre, sec, drainé	4	6 à 9	Capitule	bleu	Elle vit longtemps en sol sec et pauvre. Feuilles vert-gris.
Centaurea sp. Centaurées	0,3 à 1,2m	30 à 60cm	☼	Pauvre, calcaire	3	var.	Capitule	bleu, rose, jaune	Tous se plaisent en sol sec. Certaines se propagent vite.
Centrathus ruber Valériane rouge	70cm	60cm	☼	Sec, drainé	4	6 à 8	Panicule dense	rouge carmin	Port lâche, rabattre après la floraison. Mur de pierre, massif.
Cerastium tomentosum Céraïste	10cm	40cm	☼	Sec, drainé	3	5 et 6	Groupée 3 à 5	blanc	Le plein soleil et un sol pauvre la rend plus dense. Feuilles grises.
Cerastotigma plumbago Plumbago / dentelaire	25cm	40cm	☼☁	Meuble, drainé	5	7 à 10	Groupée simple	bleu gentiane	Talus sec ou la base des arbustes. Feuilles rouges à l'automne.
Chrysopsis villosa Syn.: Chrysopsis heterotheca	20 à 80cm	60cm	☼☁	Sec	4b	7-8	Capitule	jaune	Ressemble à un aster doré et résiste bien à la sécheresse.
Convalaria majalis Muguet	20cm	30cm	☁	Préfère humide, tolère sec	3	5	Clochette	blanc, rose	Planter sous de grands arbres. Parfumé. Feuilles larges ovales.
Coreopsis rosea 'Limerock Ruby' Coréopsis 'Limerock Ruby'	45cm	60cm	☼	Pauvre, sec	3	7 à 9	Multitude capitules	rouge vin cœur jaune	Vivace de courte durée mais très florifère. Nuage de fleurs.
Coreopsis verticillata sp. Coréopsis verticillé	30cm	50cm	☼	Sec, meuble, pauvre	3	6 à 9	Capitule	jaune	Variété supportant le mieux un sol sec. Feuillage très fin.
Coronilla varia Coronille	30cm	50cm	☼	Caillouteux	3	6 à 9	Réunie ombelle	Rose	Rampant. Talus ou base des arbustes même en sol pauvre.

TYPES DE SOLS

43

VIVACES (suite)	H	L	☀	TYPE DE SOL	Z	MOIS	FORME	COULEUR	REMARQUES
Delosperma sp. **Pourpier vivace**	10cm	40cm	☀	Pauvre, sec, drainé	5b	6 et 7	Capitule	jaune rose	Son feuillage succulent la rend moins rustique. Rampant.
Dianthus sp. **Œillets**	20 à 50cm	35cm	☀	Sec, chaud	3	6 à 8	Simple à double	teintes de roses	Une belle grande famille qui nous sert bien en sol sec. Coussin.
Diapensia lapponica **Diapensia arctique**	5cm	30cm	☀	Sec, pauvre	2	5 à 7	solitaire, clochette	rosée	Tapis très ras pour régions froides. Chaque tige porte une fleur.
Dictamnus albus **Fraxinelle** / Plante à gaz	70cm	50cm	☀	Caillouteux, calcaire	3	6 et 7	Racème étoilé	blanc rose	Racine pivotante, lent à s'établir. Feuilles composées, cireuses.
Digitalis ferruginea **Digitale rouillée**	1,5m	50cm	☀☁	Perméable, drainé	4	6 à 8	Tubulaire long épi	beige jaunâtre	Celle qui résiste le mieux à un milieu sec. Bisannuelle.
Digitalis purpurea **Digitale pourprée**	0,8 à 1,5m	55cm	☁	Frais à sec, drainé	4	6 et 7	Tubulaire long épi	pourpre	Pour grands massifs ou scènes de lisières. Grandes feuilles.
Dorycnium hirsutum **Dorycnium hirsutum**	40cm	60cm	☀	Sec, drainé, chaud	6	6 à 8	Petite grappe	blanc à rosé	Aussi classé arbuste. Protéger des vents froids. Rosette grise.
Draba sp. **Drave**	5cm	25cm	☀	Sabloneux, drainé	3	4 et 5	Grappe ronde	jaune	Joints entre les pierres de rocailles. Coussin dense, raide.
Dracocephalum **Tête de dragon**	30cm	30cm	☁	Sableux, frais à sec	3	7 et 8	Épi ou racème	bleu violacé	Ressemble à la sauge bleue. En sol sec, placer à la mi-ombre.
Dryas octopelata **Dryas**	15cm	25cm	☀☁	Frais à sec, perméable	3	5 et 6	Coupe ouverte	blanc	Feuilles persistantes, lustrées, plaquées au sol. Fruit en aigrette.
Echinacea sp. **Échinacée**	0,5 à 1m	40 à 60cm	☀☁	Ordinaire, frais	3	7 à 9	Ligule retombant	blanc, rose, cône brun	Plusieurs variétés prospèrent très bien en sol plutôt sec.
Echinops sp. **Boule azurée**	0,6 à 1,2m	40 à 60cm	☀	Meuble, pauvre	3	7 à 9	Capitule globulaire	bleu acier	Plantes originales, épineuses. Préfèrent sol + sec, qu'humide.
Edraianthus graminifolius **Édraianthe à feuilles de graminée**	10cm	20cm	☀	Caillouteux, drainé	4b	7 à 9	Clochette	violet	Pour toutes situations sèches, rocaille, auge, dallage, muret. Rosette étroite.
Epilobium sp. **Épilobe**	0,2 à 1m	40cm	☀☁	Tous les sols	2	6 à 9	Longue grappe	blanc rose	Aiment les lieux incultes et les clairières. Port érigé, dressé.
Eriogonum umbellatum **Ériogone ombelle**	20cm	40cm	☀	Caillouteux, chaud	4	6 à 8	Ombelle	jaune, soufre	Se comporte vraiment très bien en sol chaud et sec. Vert-gris.
Eriophyllum lanatum **Ériophyle jaune**	35cm	20cm	☀	Sec, bien drainé	4	6 à 8	Corymbe capitule	jaune	Plante adaptée aux situations sèches, arides. Velu, vert-gris.
Erodium sp. **Érodium**	5 à 30cm	30cm	☀	Chaud, drainé	5	6 à 9	Simple maculée	blanc rose	Ressemble aux géraniums. Coussin texturé et florifère.
Eryngium sp. **Panicaut** / Chardon	40 à 75cm	30 à 50cm	☀	Sec, bien drainé	3	7 et 8	Capitule et bracté	bleu métal	Plante de chaleur, le sol doit être malgré tout profond. Très originale.
Erysimum linifolium **Vélar**	25 à 70cm	45cm	☀	Calcaire, drainé	4	5 et 6	Grappe rameaux	violet	Feuilles linéaires panachées ou non. Coussin plus ou moins lâche.
Euphorbia sp. **Euphorbe** presque tous	var.	var.	☀☁	Ordinaire, drainé	3	5 et 6	Bractée	jaune	Grande famille, tous à feuillage décoratif. Peu d'entretien.
Fillipendula vulgaris **Fillipendule hexapetala**	60cm	40cm	☀☁	Ordinaire à sec	3	6 à 8	Panicule légère	blanc crème	Celle qui s'adapte le mieux en sol sec. Beau feuillage texturé.
Foeniculum vulgare **Fenouil commun**	150cm	70cm	☀	Profond, frais, drainé	6	7 et 8	Ombelle légère	jaunâtre	Plante à stature haute, feuillage léger, plumeux. Tolère sol sec.
Gaillardia grandiflorum sp. **Gaillarde à grandes fleurs**	20 à 75cm	20 à 30cm	☀☁	Riche, léger, drainé	3	6 à 9	Capitule solitaire	Rouge et jaune	Ultra florifère, peut servir en sol inculte. Touffe lâche.
Galega officinalis **Galéga** / Rue des chèvres	1,2m	1m	☀☁	Profond, perméable	4	7 à 9	Racème dressé	blanc, rose lavande	Tuteurer. Légumineuse à feuilles type pois. Rabattre après la floraison.
Galium odoratum **Aspérule odorante**	20cm	30cm	☀☁☁	Ordinaire, frais à sec	4	5 et 6	Cyme	blanc	En colonie. Croissance rapide. Odorante. Feuilles verticillées.

VIVACES (suite)	H	L	☼	TYPE DE SOL	Z	MOIS ✿	FORME ✿	COULEUR ✿	REMARQUES
Gaura lindheimeri Gaura lindheimeri	0,6 à 1,2 m	60 à 90cm	☼☁	Tous sols drainés	5	7 à 10	Épi gracieux	blanc rose	Vivace de courte durée, se ressème. Buissonnant, dressé.
Geranium sp. Géranium vivace	15 à 60cm	30 à 50cm	☼☁	Ordinaire à sec	3 à 6	5 à 7	Coussin	Rose, lias, blanc	Plusieurs variétés, voir section sous les arbres. Résistants.
Geum sp. Benoîte	30cm	30cm	☁	Frais à sec, meuble	3-4	5 à 7	Solitaire, masse	rouge orangé	Rabattre à la mi-été pour une 2ᵉ floraison. Gros coussin.
Glaucium flavum Pavot cornu	30cm	40cm	☼	Pauvre, perméable	5b	5 à 8	Simple	jaune brillant	Joli feuillage frisé, bleuté. Intéressante dans les sols secs.
Globularia sp. Globulaires	5 à 30cm	15 à 30cm	☼	Caillouteux, frais à sec	5	5 et 6	Pompon	bleu violacé	Disponibilité faible. Facile et longue vie. Feuilles spatulées.
Gypsophila paniculata Soupir de bébé	0,5 à 1m	55cm	☼	Ordinaire, consistant	3	7 et 8	Simple, double	blanc, rosé	Supporte les périodes de sécheresse. Brouillard, monticule.
Gypsophila repens Gypsophile rampante	10cm	40cm	☼	Calcaire, sec, drainé	3	6 à 8	Brouillard de fleurs	blanc rose	Pour couvrir les murets, auges, dallages. Élégant et délicat.
Hedysarum americanum Sainfoin alpin ⚜	30cm	60cm	☼☁	Pauvre, sec, drainé	4	6 à 8	Grappe	violet pourpre	Pour lieux incultes, bord de cap. Feuilles composées. Gousses.
Helianthemum mutabile Hélianthème	20cm	45cm	☼☁	Ordinaire, drainé	4	6 à 8	Corymbe retombant	tous sauf bleu	Port étalé. Supporte vraiment la sécheresse. Éviter l'humidité.
Helianthus atrorubens Tournesol vivace	0,8 à 2m	40 à 90cm	☼☁	Ordinaire, drainé	4	8 à 10	Capitule ligulé	jaune cœur foncé	Fleur plus petite que le tournesol annuel.
Helleborus foetidus Pied de Griffon	55cm	60cm	☁	Drainé, même sec	4	4 et 5	Clochette pendante	verdâtre à marge rouge	Une persistante rare et particulière pour situation chaude.
Helleborus sp. Hellébore / Rose de Noël	40cm	45cm	☁	Sec, drainé	5	4 et 5	Coupe large	blanc verdâtre	Feuilles souvent découpées vert-bleu. Sous les arbres.
Herniaria glabra Herniaire	5cm	30cm	☼☁	Perméable, sableux	3	7 et 8	Grappe bouquet	vert jaunâtre	Très tapissante, peu connu. Ne craint pas la sécheresse.
Hieracium sp. Épervière 🐢	15 à 30cm	30cm	☼☁	Caillouteux, enrichi	2	6 à 8	Pompon plat	rouge jaune	Plus jolie en sol caillouteux, pauvre et sec. Poilue.
Hieracium aurentiacum ⚜ Épervière	20cm	15cm	☼☁	Pauvre, drainé	2	7 à 9	Capitule double	orange, jaune	Les autres épervières supportent aussi un sol sec.
Hosta lancifolia Hosta à feuilles de lance	30cm	45cm	☼☁	Peu exigeant	3	6	Entonnoir	violet	Cultivé depuis longtemps. Populaire et résistant.
Hosta plantaginea Hosta plantain	75cm	75cm	☁	Peu exigeant	3	9	Entonnoir	blanc	Très robuste. Tolère très bien la chaleur et la sécheresse.
Hosta sieboldiana Hosta sieboldiana	75cm	120cm	☁	Peu exigeant	3	7	Entonnoir	blanc	Pointe tôt au printemps. Résiste aux limaces. Bleu-vert, bosselé.
Hypericum olympicum Millepertuis rampant	15cm	30cm	☼☁	Profond, drainé	4	7 et 8	Grande fleur + étamines	jaune	Croissance rapide. Rabattre tôt au printemps. Persistant.
Iberis sempervirens Ibéride	25cm	50cm	☼☁	Riche, drainé	3	5 et 6	Coussin dense	blanc	Tailler les fleurs fanées. Beau coussin lustré. Muret aussi.
Inula ensifolia Aunée	50cm	40cm	☼	Calcaire, riche, poreux	3	7	Capitule rayon	jaune orangé	Coussin très dense et feuillu parsemé de fleurs rayonnantes.
Iris x barbata nana Iris pumila / Iris nain	20 à 40cm	15 à 30cm	☼☁	Peu exigeant	3	5 et 6	3 pétales 3 sépales	jaune, violet, rose	Démontre une bonne adaptabilité en milieu sec. Touffe dressée.
Iris germanica Iris des jardins	0,7 à 1m	30 à 50cm	☼☁	Peu exigeant	3	6	3 pétales 3 sépales	jaune, violet, rose	Feuilles plates, épaisses en forme de lance. Tolère la sécheresse.
Iris setosa ⚜ Iris à pétales aiguës	25cm	30cm	☼	Pauvre, drainé	3	6 et 7	3 pétales 3 sépales	bleu, violet et blanc	Ressemble à *I. versicolor* mais préfère les sols secs.
Isatis tinctoria Pastel des teinturiers	0,5 à 1,5m	60 à 90cm	☼	Pauvre, chaud, sec	4	6	Grosse grappe vaporeuse	jaune moutarde	Bisannuelle. Feuilles type pissenlit, teinture bleue. Hampe florale 1,5m.

VIVACES (suite)	H	L	☼	TYPE DE SOL	Z	MOIS	FORME	COULEUR	REMARQUES
Jasione laevis / J. perennis **Jasione**	25cm	30cm	☼☁	Pauvre, acide	4	7 et 8	Pompon ébouriffé	bleu brillant	Préfère de beaucoup un sol pauvre et drainé. Feuilles velues.
Jovibarba sp. **Joubarbe** / Barbe de Jupiter	15cm	20cm	☼☁	Très peu de terre	3	7 et 8	Étoilée	jaune	Vraiment pour situation sèche. Rocaille, auge, dallage, muret.
Kalimeris incisa **Aster japonais simple**	60cm	30cm	☼☁	Ordinaire à sec	4	9 et 10	Capitule cœur jaune	blanc, lilas	Grande robustesse. Touffe légère de fleurs blanches.
Kitaibelia vitifolia **Kitaibelia**	2m	1m	☼☁	Ordinaire, profond	5	8 à 10	Simple, aisselle	blanc	Très grande résistance à la sécheresse. Fond de massif.
Knautia arvensis **Knautie des champs**	1m	30cm	☼	Sec, alcalin	4-5	7 à 9	Capitule double	bleu-lilas	Naturalisé, supporte toutes conditions. Port lâche, ramifié.
Knautia macedonica **Knautie de Macédoine**	90cm	40cm	☼	Chaud, drainé	5	7 et 8	Capitule double	violet rose	Les fleurs ressortent de la touffe de feuilles. Racine pivot.
Kniphofia sp. / Tritoma **Tison de Satan**	0,6 à 1m	40 à 60cm	☼	Riche, chaud, drainé	5	7	Long épi dense	Teintes orangés	Culture difficile. Protéger l'hiver Touffe érigée, linéaire.
Lamiastrum galeobdolon **Lamier doré**	20 à 40cm	40 à 60cm	☁	Tous sols drainés	4	5 et 6	Petit épi	jaune	Supporte les sols secs s'ils sont à l'ombre. Feuillage argenté.
Lamium maculatum **Lamier maculé**	20cm	40cm	☁	Frais, drainé	3	5 et 6	Épi dense	blanc, rose	À l'ombre, tolère bien le sec. Feuilles argentées bordées de vert.
Lavandula sp. **Lavandes**	60cm	50cm	☼	Sec, drainé, calcaire	4 à 5	7	Épi odorant	mauve, rose	Aime les lieux chauds et secs. Coussin grisâtre, fin, odorant.
Leontopodium alpinum **Edelweiss**	10 à 15cm	25cm	☼	Pauvre, sec, calcaire	4	7 et 8	Bractée laineuse	blanc	Alpine classique pour auge et rocaille. Feuilles linéaires grisâtres.
Leucanthemum vulgare **Marguerite des champs**	60cm	30cm	☼☁	Ordinaire, sec	4	6 à 8	Capitule ligulé	blanc cœur jaune	Plus résistante à la sécheresse que les marguerites cultivées.
Liatris sp. **Liatride à épi**	60 à 90cm	50cm	☼☁	Riche, sec, drainé	3	7 à 9	Long épi dense	blanc, violet	Supporte la sécheresse mais en sol riche. Feuilles linéaires.
Limonium latifolium **Statice vivace**	60cm	50cm	☼	Sableux	3	6 et 7	Voile de petites fleurs	blanc, lilas	Ne manque pas de charme dans un jardin plutôt sec. Feuilles épaisses.
Linaria alpina **Linaire alpine**	10cm	10cm	☼☁	Léger, poreux, sec	3	6 à 8	Gueule de loup	Lilas et orange	Feuillage fin glauque allongé, rosette élevée. Tailler fleurs fanées.
Linaria purpurea 'Canon J. Went' **Gueule de loup vivace**	70cm	30cm	☼	Léger, drainé	5	6 à 9	Gueule de loup	rose violacé	Feuillage gris-vert, tige pourpre. Se ressème abondamment.
Linum perenne **Lin vivace**	25 à 50cm	50cm	☼	Ordinaire, drainé	4	6 et 7	Grappe délicate	blanc, bleu	Sol sec mais léger. Touffe vaporeuse et délicate. Aérien.
Liriope muscari 'Big Blue' **Liriope** 'Big Blue'	30cm	50cm	☼☁☁	Sec, drainé	5	8 et 9	Épi pointu	bleu mauve	Épi émergeant d'un feuillage vert persistant lancéolé.
Liriope spicata **Liriope à épis**	30cm	30cm	☁	Acide, frais, drainé	5	8	Épi étroit	violet	Préfère sol humide, résiste très bien au sec. Feuilles rubanées.
Lotus corniculatus **Lotier**	15cm	30cm	☼	Sec, riche	3	7 et 8	Grappe de 3 à 6	jaune	Plante de pré sec, elle crée de jolie tache jaune, lumineuse.
Lupinus sp. **Lupins**	35 à 60cm	35cm	☼	Léger, sec, acide	3	6 et 7	Long épi	var.	Populaire, belle masse colorée. Feuilles palmées.
Lychnis flos-jovis **Fleur de Jupiter**	30 à 60cm	30cm	☼☁	Sol bien drainé	3	6 à 8	Groupée 4 à 10	rose-rouge	Coussin bas, laineux, gris. Fleurs sur tiges raides.
Lychnis flos-jovis 'Peggy' **Silene de dieu** / Fleur de Jupiter	25cm	40cm	☼☁	Sec, drainé	4	6 à 8	Pétale échancré	rose cerise	Feuillage laineux, gris-vert Variété compacte.
Lychnis viscaria **Attrape-mouches**	45cm	40cm	☼☁	Sec, pauvre	3	6 et 7	Panicule lâche	rose carmin	Coussin bas, fleurs sur tiges raides. Culture délicate.
Malva moschata **Mauve musquée**	70cm	50cm	☼	Ordinaire, sec	3	6 à 9	Grappe lâche	blanc rose	Naturalisée plutôt qu'indigène on la retrouve dans les milieux incultes.
Marrubium sp. **Marrube**	25cm	45cm	☼	Pauvre, sec, drainé	4	6 et 7	Pompon groupé	lilas	Tapis velu, épais, grisâtre. Meilleure alllure en sol sec.

VIVACES (suite)	H	L	☀	TYPE DE SOL	Z	MOIS ❀	FORME ❀	COULEUR ❀	REMARQUES
Minuartia juniperina **Minuarte à feuilles de juniperus**	15cm	15cm	☀	Tous sol bien drainé	3	5 et 6	Petites, simple	blanc vert	Feuilles en aiguilles, type génévrier. Longue hampe florale, mince, souple.
Minuartia verna **Minuartia**	15cm	15cm	☀	Tout sol bien drainé	1	5 et 6	Tapis de fleurs	blanc vert	Pour joints de dallage et muret. Coussin de feuilles étroites.
Monarda fistulosa ⚜ **Monarde fistuleuse**	1,2m	60cm	☀☁	Riche, frais, drainé	3	7 et 8	Couronne ébouriffée	rose	Touffe ébouriffée très parfumées. Tolère les sols secs.
Monarda punctata **Monarde ponctuée**	1m	50cm	☀	Sableux, drainé	4	6 à 8	Bracté plus fleurs	rose et jaune	Bisannuelle.3 étages de bractées coiffées de fleurs jaunes et pourpre.
Morisia monanthos **Morisie de Corse**	5cm	30cm	☀	Caillouteux, drainé	6	5 et 6	Solitaire	jaune d'or	Longue rosette pennée, plaquée au sol. Vivace tendre. Auge.
Nepeta faassenii 'Six Hills Giant' **Népéta 'Six Hills Giant'**	50 à 70cm	40 cm	☀	Sec, drainé	4	6 à 9	Tiges verticillées	bleu	Rabattre en saison pour prolonger la floraison. Port dressé.
Onoethera sp. (jaune) **Onagre**	30cm	40cm	☀	Sols perméables	4	6 à 8	Touffe	jaune	Facile, même en sol sec. Certains ont un feuillage rouge à l'automne.
Oenothera perennis ⚜ **Onagre**	20 à 50cm	30 à 40cm	☀☁	Prairie sèche	3	7	Coupe évasée	jaune	Une indigène aimé des oiseaux. Port ramifié. Tiges feuillées.
Onoethera speciosa **Onagre rose**	45cm	50cm	☀	Perméable, drainé	4	6 à 9	Coussin	rose parfumée	Port lâche, fins rameaux, se ressème facilement. Site chaud.
Onopordum acanthium **Chardon écossais**	1,5 à 1,8m	1,2m	☀	Profond, sec, riche	3	7	fleurs de chardon	rose vif	Feuilles épineuses, argentées. Tiges divergentes type cactus.
Opuntia humifusa **Cactus rustique**	30cm	40cm	☀	Sec, léger, drainé	4	6 à 9	Grande simple	jaune	Demande un endroit chaud et sec. Tige aplatie.
Origanum vulgare **Origan commun**	30cm	60cm	☀	Chaud, drainé	4	7 à 9	Sans intérêt	blanc verdâtre	Fines herbes aromatiques. Ne craint pas la sécheresse.
Paeonia tenuifolia **Pivoine à feuilles ténues**	60cm	70cm	☀	Plutôt sec, chaud	5	5	Grande coupe	rouge	La seule variété qui résiste bien en sol sec. Feuilles segment fin.
Papaver nudicaule **Pavot d'Islande**	40cm	40cm	☀	Drainé	3	6 à 9	Grosse, simple	var.	Plus florifère en région froide. Se ressème. Rosette de feuilles lobées.
Papaver orientalis **Pavot d'Orient**	0,5 à 1m	40cm	☀	Profond, calcaire	3	6	Très grosse	blanc rose rouge	Supporte un sol pauvre et sec. Grandes feuilles pennées, poilues.
Paronychia kapela **Rue de muraille**	3cm	40cm	☀	Sol poreux, drainé	3	6 et 7	Groupe dense	argenté	Non seulement en sol sec mais aussi rocheux. Tapis très serré.
Penstemon sp. **Galane**	15 à 90cm	35cm	☀	Riche, sain, drainé !	4	7 et 8	Grappe tubulée	var.	Aime les jardins secs. Touffe rosette. Tailler fleurs fanées.
Perovskia abrotanoides **Sauge de Russie**	75cm	40cm	☀	Poreux, chaud	5	7 à 9	Longue grappe	bleu, lilas	La taille s'effectue au printemps. Port très dressé, texture fine.
Perovskia atriplicifolia **Sauge de Russie**	90cm	60cm	☀	Perméable, sec	4	8 et 9	Épi vaporeux	bleu	Sous-arbrisseau argenté, dressé, évasé. Aromatique.
Petrorhagia illyriaca **Pétrorhagia tunica**	30cm	25cm	☀	Sec, calcaire	4	7 et 8	Brouillard	rose veiné	Couvre-sol pour petit espace sec. Auge. Petit coussin léger.
Phlomis tuberosa **Phlomis**	1,5m	1m	☀	Profond, drainé	4	6 et 7	Tubulée verticillée	rose à blanc	Jolie en fond de massif en situation chaude. Feuilles coriaces.
Phlomis viscosa Syn. : *Phlomis russeliana*	1m	90cm	☀☁	Ordinaire, drainé	3	7 et 8	Tubulée verticillée	jaune	Épi de couronne superposée. Sol sec sous les arbres.
Platycodon grandiflorus **Platycodon à grandes fleurs**	20 à 70cm	20 à 60cm	☀☁	Riche, profond, drainé	3	7 à 9	Grosse étoile	blanc bleue	Boutons en ballons. Débour tard. Coussin plutôt lâche.
Polygonum affine 'Dimity' **Renouée** 'Dimity' / Persicaire	20cm	30cm	☀☁	Ordinaire, sec à humide	3	7 à 9	Petites fleurs	rouge carmin	Variété particulièrement résistante à la sécheresse. Couvre-sol.
Potentilla alba **Potentille blanche**	20cm	20cm	☀☁	Pauvre, sec, chaud	4b	5 à 7	Groupé par 3	blanc	Port coussiné non stolonifère, feuilles composées elliptiques.

TYPES DE SOLS

VIVACES (suite)	H	L	☀	TYPE DE SOL	Z	MOIS	FORME	COULEUR	REMARQUES
Potentilla sp. Potentille herbacée	10 à 50cm	20 à 30cm	☀	Ordinaire	4	7 et 8	Simple, ramifiée	jaune, rose rouge	La plupart des variétés s'en tirent très bien en sol sec. Soyeux.
Prunella vulgaris Prunelle commune	10 à 20cm	30 à 70cm	☀☁	Sec à humide	3	7 à 9	Épi, aggloméré	violet, blanc	Plante rampante ± ordonnée. Très commune sur le bord des routes.
Pterocephallus perennis Syn.: *Pterocephallus parnassii*	5cm	30cm	☀	Calcaire, drainé	5	7 et 8	Capitule	rose pâle	Scabieuse naine qui tolère un sol maigre. Coussin grisâtre.
Pyrole élliptica Pyrole élliptique	20cm	15cm	☁	Acide, sec	3	7	Grappe penchée	blanc odorant	Feuilles ovales, minces, mates. Pour sous-bois conifère, jardin sauvage.
Ranunculus gramineus Renoncule graminée	25cm	40cm	☀	Graveleux, sec	6	5 et 6	Grande simple	jaune vif odorante	Touffe gazon bleuté d'où jaillissent les fleurs. Rentre en dormance.
Raoulia australis Mouton végétal	2 à 5cm	20 à 90cm	☀	Graveleux, drainé	4	7 et 8	Capitules petites	jaune soufre	Croît lentement. Beau tapis très dense, blanchâtre. Rare.
Raoulia glabra Raoulia glabre	5cm	20 à 30cm	☀☁	Graveleux, sec	4	6	Rosette	blanc	Tapis. Minuscules rosette de feuilles persistantes d'où émerge une fleur.
Ratibida columnaris Chapeau mexicain	90cm	45cm	☀	Fertile, drainé	3	7 à 9	Capitule haut, ligule tombant	Jaune ou cuivré	Endure facilement la sécheresse. Port érigé. Feuillage fin. Peu connu.
Ratibida pinnata Chapeau mexicain	1 à 1,3m	45cm	☀	Fertile à pauvre, drainé	3	7 à 9	Capitule haut, ligule tombant	jaune cœur brun	Jardin champêtre. Tolère sols pauvres. Léger parfum d'anis.
Rhodiola sp. Faux sédum	25cm	30cm	☀	Tous sols légers	1	7 et 8	Dense, étoilée	blanc, rose, jaune	Souvent confondu comme un sédum moins charnu.
Romneya coulteri Pavot blanc de Californie	1,8m	1m	☀	Profond, caillouteux	6a	8 et 9	Très grande	blanc parfumée	Fleur froissée large de 15cm sur longue tige. Feuilles vert bleuté. Fragile.
Rudbeckia fulgida Rudbeckie jaune	75cm	55cm	☀☁	Riche, drainé, sec	3	7 à 9	Capitule cône brun	jaune doré	Les autres variétés réussissent mieux en sol frais.
Ruta graveolens Rue	50cm	30cm	☀	Pauvre, sec	4	5 à 7	Sans intérêt	jaune	Odeur désagréable, mais beau feuillage découpé, glauque.
Salvia sp. Sauges	0,3 à 1m	35 à 60cm	☀	Calcaire, sec, drainé	3 à 5	7	Épi	var.	Ont toutes un beau feuillage et aiment les situations chaudes.
Santolina chamaecyparisus Santoline	50cm	60cm	☀	Sec, bien drainé	5b	7 et 8	Sans intérêt	jaune	Tailler son feuillage argenté. Pour mosaïque ou bordure.
Saponaria ocymoides Saponaire rampante	15cm	50cm	☀	Léger, frais	3	5 à 7	Cyme	rose	Cette variété supporte mieux la sécheresse. Touffe étalée.
Saponaria oficinalis Saponaire officinale	60cm	40cm	☀	Fertile, drainé	3	6 et 7	Groupé en cyme	rose pâle	Port érigé, tiges feuillées surmontées des fleurs. Feuilles opposées.
Saxifraga paniculata Saxigraga aizoon	15 à 25cm	15cm	☀	Calcaire, drainé	2	7 et 8	Panicule haute	blanc	Rosette bordée de grains de calcaires. Auge, jardin alpin.
Scabiosa graminifolia Scabieuse à feuilles de graminées	30cm	45cm	☀	Sec, calcaire, chaud	4	7 à 9	Pompon plat	bleu lilas	Touffe de feuilles linéaires vert à duvet argenté. Bordure, rocaille.
Scabiosa japonica alpina Scabieuse alpine du Japon	20cm	20cm	☀	Peu exigeant, drainé	3	6 à 8	Capitule plat	lavande	Bisannuelle. Touffe compacte Résistante à la sécheresse.
Schivereckia doerfleri Shivereckie	15cm	15cm	☀	Bien drainé	5	5 et 6	Panicule solide	blanc	Feuillage grisâtre en rosette plaquée au sol. Culture facile.
Scutellaria sp. Scutellaires	25cm	35cm	☀	Sec, calcaire	3	7 et 8	Épi lâche	violet	Rare, culture difficile. Pour rocaille, dallage sec.
Sedum sp. Orpins	15 à 60cm	30 à 50cm	☀	Ordinaire, drainé, sec	3	var.	Petites étoiles	Jaune, rose rouge	Vraiment une grande famille pour milieu aride. Rampant ou érigé.
Sempervivum sp. Poules et ses poussins	15cm	20cm	☀	Peu de terre, riche	3	6 et 8	Rosette, rare	Jaune, rose rouge	Rosette charnue. Préfère un sol riche, mais survit en sol sec.
Sisyrinchium angustifolium Bermudienne à feuilles étroites	25cm	25cm	☀	Caillouteux, drainé	3	6 et 7	Petite ombelle	violet oeil jaune	Les autres variétés préfèrent les sols plus frais.

VIVACES (suite)	H	L	☀	TYPE DE SOL	Z	MOIS	FORME	COULEUR	REMARQUES
Solidago canadensis **Verge d'or du Canada**	1,2 à 1,5m	60cm	☀	Ordinaire, drainé	2	7 à 9	Panicule lâche	jaune	Imposant par sa masse, sa vigueur et sa couleur. Érigé.
Sphaeralcea coccinea **Fausse mauve** / *Malvastrum*	30cm	50cm	☀	Graveleux, drainé	2	7 à 9	groupe de 2	orangé à rouge	Plante des Rocheuses pour rocaille sèche. Feuilles glauques.
Stachys sp. **Épiaire** / Bétoine	25 à 60cm	30 à 50cm	☀	Ordinaire, drainé	3 à 4	var.	Grappe lâche	rose, pourpre	Les unes utilisées pour les fleurs, les autres pour leur feuillage laineux.
Symphyandra wanneri **Symphyandra**	15 à 30cm	15 à 30cm	☀☁	Frais à sec	5	5 et 6	Cloche penchée	Violet	Fissure. Rosette feuilles dentées, lancéolées. Longue tige florale.
Tanacetum sp. **Tanaisies**	30 à 90cm	30 à 60cm	☀	Léger, drainé	3	7 et 8	Capitule pompon	blanc, jaune	La plupart tolère un sol sec. Tous avec feuillage attrayant.
Teucrium chamaedrys **Germandrée**	30cm	30cm	☀☁	Ordinaire, drainé	4	7 et 8	Tubulaire racème	rose	Sous-arbrisseau persistant. Peu rustique. Petites feuilles.
Thermopsis lanceolata **Thermopsis faux lupin**	40cm	45cm	☀	Meuble, riche, drainé	3	6 et 7	Racème	jaune	Préfère les endroits frais, mais ne craint pas les lieux secs.
Thymus sp. **Thyms**	5 à 20cm	15 à 40cm	☀	Maigre, sec	3	var.	Masse, petite	blanc à pourpre	Bien choisir leur endroit, car elles peuvent envahir ! Tapis.
Townsendia alpina **Townsendia Alpin**	2 à 5cm	3cm	☀☁	Poreux, cailloux	3	5 et 6	Ligulée, acaule	rose	Petite rosette de feuilles d'où émerge une large fleur acaule.
Townsendia rothrockii Syn.: *Townsendia formosa*	5cm	10cm	☀	Sableux, chaud	3	5 et 6	Ligulée, acaule	blanc, rose pâle	Ressemble à un aster nain. Très ras. Craint l'humidité l'hiver.
Trifolium rubens **Trèfle duveteux**	50cm	30cm	☀	Ordinaire, drainé	4	6 et 7	Groupée conique	rose	Couvre facilement de grands espaces incultes. Trifolié.
Verbascum sp. **Molène**	30cm	50cm	☀	Très sec, drainé	4	6 à 8	Grappe lâche	jaune	Les sols pauvres accentuent leur couleur.
Verbascum x 'Letitia' **Molène hybride naine**	30cm	50cm	☀	Très sec, drainé	4	6 à 8	Grappe ramifiée	jaune clair	Feuilles basales en rosette poilue gris-vert. Fleur de 2,5cm.
Veronica cinerea **Véronique cendrée**	10cm	15cm	☀	Pauvre, sec, drainé	4	5 et 6	Petites grappes	bleu, rosé	Feuillage étroit, gris-vert. Coussin rampant. Culture facile.
Veronica repens sp. **Véronique rampante**	5cm	60cm	☀	Ordinaire, sec	4	6	Grappe élancée	bleu pâle	Petites feuilles ovales. Vivace tendre, à protéger.
Veronica rupestris **Véronique prostrée**	5 à 10cm	20 à 30cm	☀	Pauvre, sec	3	6	Grappe abondante	bleu, rose	Coussin de petites feuilles surmontés de grappes allongées.
Veronica spicata sp. **Véronique épi**	25 à 60cm	30 à 40cm	☀	Caillouteux	4	7 et 8	Grandes épis	blanc, bleu, rose	Un grand choix pour toutes situations. Feuilles élancées.
Veronica whittleyii **Véronique whittleyii**	5 à 8cm	30 à 60cm	☀☁	Drainé	3	5 et 6	Petits épis éparse	bleu	Tapis persistant, laineux gris vert parsemé de fleurs.
Waldsteinia ternata **Waldsteinie**	15cm	25cm	☁	Frais à sec	4	5	Fleur simple	jaune	Magnifique couvre-sol à fleur jaune pour ombre.
Zauschneria garretti Syn.: *Epilobium canunmgarretti*	10cm	35cm	☀☁	Ordinaire à sableux	5	7 à 10	Trompette type fuchsia	orange	Coussin rampant chargé de fleurs, pour lieux secs. Colibris.

GRAMINÉES	H	L	☀	TYPE DE SOL	Z	MOIS	FORME	COULEUR	REMARQUES
Achnatherum calamagrostis **Stipa calamagrostis**	0,6 à 1,2m	50cm	☀☁	Ordinaire à sec	4a	6 à 8	Épi lâche beige	vert	Vraiment à leur meilleur en situation chaude et sec.
Andropogon gerardii **Barbon de Gérard**	1 à 2m	75cm	☀	Sableux, frais à sec	4	8 à 10	Épi pourpre puis argent	vert bleuâtre	Majestueuse. Supporte la sécheresse. Écran naturel, haie.
Andropogon scoparius / *Schizachyr. s.* **Andropogon**	50 à 90cm	30cm	☀	Pauvre, sec à frais	3b	8 et 9	Épillet épars soyeux	vert bleuâtre	Graminée érigée, évasée. Gracieux. Pour prairies fleuries.
Bouteloua sp. **Bouteloua**	25cm	40cm	☀	Sec, poreux	—	7 à 9	Épi couché	vert bleuté	Ce type de sol est indispensable pour sa survie.

TYPES DE SOLS

GRAMINÉES (suite)	H	L	☀	TYPE DE SOL	Z	MOIS	FORME	COULEUR	REMARQUES
Briza media **Hochet du vent**	35cm	40cm	☀⛅	Maigre	4	6 et 7	Épi pleureur	vert	Pour rocaille sauvage ou fleurs séchées.
Calamagrostis x aculiflora **Calamagrostide 'Karl Foerster'**	160cm	60cm	☀⛅	Tous sols drainés	4a	6 et 7	Épi doré	vert à doré	Ressemble à des gerbes de blés bien droit. Aspect robuste.
Calamagrostis brachytricha Syn.: *Achnatherum / Stipa*	0,6 à 1,2m	50cm	☀⛅☁	Perméable, sec	4a	8 à 10	Épis duvet argenté	touffe verte	Plantation en isolé ou massif, comme vedette.
Carex brunnescens **Laîche brunâtre**	10cm	10cm	⛅☁	Sec et acide	4	5 et 6	Épillet sans intérêt	vert brun	Un petit carex qui supporte la sécheresse des sous-bois.
Carex communis **Laîche commune**	10cm	20cm	⛅☁	Sec, drainé	4	4	chaton noir	vert	Un carex commun dans tout le Québec. Facile.
Carex firma 'Variegata' **Carex firma panaché**	8cm	10cm	☀	Graveleux, sec	5	5 et 6	Épillet rougeâtre	vert et jaune	Touffe enchevêtrée de feuilles raides, panachées. Compact.
Carex glauca / Carex flacca **Laîche bleutée**	20cm	25cm	☀⛅☁	Tous les sols	4b	6 et 7	Épillet sans intérêt	bleu	Variété décorative qui supporte la sécheresse. ± envahissant.
Coix lacrymae **Larme de Job**	30 à 50cm	25 à 40cm	☀⛅	Humide à sec, chaud	—	6 à 8	Épi pleureur	vert	Graine gris satiné utilisée anciennement pour faire des chapelets.
Corynephorus 'Spiky Blue' **Corynephorus 'Spiky Blue'**	15cm	35cm	☀	Drainé, tolérant au sec	4	6 à 9	Épillets	bleu lumineux	Touffe hérissée, feuillage fin bleu. Massif ou en pot.
Deschampsia flexuosa **Deschampsie flexueuse**	30cm	20cm	☀⛅☁	Rocailleux, sec	3b	6 et 7	Panicule bronze	vert à doré	Moins connu mais parfaite pour les lieux rocheux et secs.
Festuca amethystina 'Superba' **Fétuque 'Superba'**	40cm	40cm	☀	Peu exigeant, sec	3	6 et 7	Épi pourpre orangé	vert bleuté	Feuillage fin et long. Floraison abondante.
Festuca glauca **Fétuque bleue**	30cm	30cm	☀	Sec, calcaire	3b	6 et 7	Épi beige	bleuté	Pour effet désertique et arride. Massif vivace.
Helictotrichon sempervirens / Avena **Avoine bleue**	90cm	60cm	☀	Tous sols drainés	4a	5 et 6	Épi brunâtre	bleu gris	Port touffu, érigé, rigide et évasé. Plus gros que la fétuque.
Holcus lanatus 'Variegatus' **Houque panaché**	20cm	35cm	☀⛅	Ordinaire, frais à sec	5	8 et 9	Épi	vert et blanc	Plus jolie sans épis. Tondre ou couper. Couvre-sol rapide.
Hordeum jubatum **Orge agréable**	25 à 70cm	20 à 30cm	☀	Fertile à ordinaire, drainé	—	7 et 8	Épi penché soyeux	vert puis beige	Souvent cultivée en annuelle. Poils soyeux vert puis beige.
Hystrix patula **Hystrix étalé**	80cm	50cm	☀⛅	Sec à humide	4a	7	Épi beige étalé	vert	Une indigène à découvrir. Épis décoratifs.
Koeleria glauca **Koéléria bleuté**	30cm	30cm	☀	Pauvre, caillouteux	4	5 à 7	Épi doré	bleuté	Joli contraste entre feuilles bleutées et épis dorés.
Lagurus ovatus **Queue de lapin**	35cm	30cm	☀	Chaud, drainé	—	6 à 9	Boule duveteuse crème	vert	Graminée annuelle très originale et jolie. Port dressé, duveteux.
Lamarckia aurea **Lamarckia doré**	30cm	30cm	☀⛅	Léger, sableux, drainé	—	7 et 8	Gros épis duveteux	vert, large	Larges feuilles linéaires légèrement vrillées. Semis successifs.
Leymus sp. / Elymus **Élyme bleu / Blé d'azur**	90cm	40cm	☀	Tous sols drainés	4	6 à 8	Épi compact beige	bleu	Pousse naturellement sur les dunes. Résiste au sel.
Luzula nivea **Luzule argenté**	40cm	40cm	⛅☁	Ordinaire	4	6 et 7	Flocon blanc	vert persistant	Réussit même à travers le feutre des racines.
Melica ciliata sp. **Mélique / Herbe aux perles**	50 à 90cm	20 à 40cm	☀	Chaud, drainé, sain	4 et 5	6 à 8	Plumeau argenté	vert	Différent avec ses épis blancs lumineux. Touffe dense. Feuilles souples.
Panicum virgatum sp. **Panic raide / P. effilé**	0,9 à 1,5m	60 à 80cm	☀	Frais, drainé	4	8 et 9	Panicule aérienne	vert puis cuivre	Celle qui accepte le mieux les lieux secs. Robuste, arrière plan.
Pennisetum sp. **Pennisetum**	75cm	40cm	☀	Ordinaire, léger	—	7 à 10	Épi pleureur	vert	La plupart sont annuelles. Vaste choix. Port érigé ou en fontaine.
Phalaris arundinacea **Ruban de bergère**	90cm	50cm	☀⛅	Tous les sols	3	5 et 6	Sans intérêt	vert ou panaché	Une graminée passe-partout. Aussi en panaché.
Rhynchelytrum nerviglume **Rhynchelytrum n. 'Pink crystals'**	50 à 60cm	30 à 40cm	☀⛅	Léger, fertile, drainé	—	7 à 9	Plumeaux rubis argenté	vert	Annuelle remarquable. Feuillage linéaire très fin.

GRAMINÉES (suite)	H	L	☀	TYPE DE SOL	Z	MOIS ✿	FORME ✿	COULEUR 🍃	REMARQUES
Sesleria sp. Seslériés	30 à 50cm	25 à 40cm	☀☁	Calcaire, frais à sec	4b	var.	Panicule	bleuté ou bicolore	Tolèrent tous très bien la sécheresse. Feuillage bleuté ou bicolore.
Sorghastrum nutans Faux sorgho penché	1,2 à 1,8m	90cm	☀☁	Fertile, humide à sec	4	8 et 9	Panicule	jaune	Imposante si on l'installe en massif. Naturalisation.
Spartina pectinata Foin de grève	150cm	75cm	☀	Sec ou humide	4	8 et 9	Grappe d'épis	vert ou panaché	La variété *S.aureomarginata* est élégante. Naturalisation.
Spodiopogon sibiricus Spodiopogon de Sibérie	150cm	50cm	☀☁	Humide ou sec, lourd	4	8 et 9	Panicule élancé pourpre	vert puis doré	Tolère sols secs. Tiges poupres, feuillées comme le bambou.
Sporobolus heterolepis Sporobole à glumes inégales	30cm	40cm	☀	Sols secs	4b	8 et 9	Panicule ouvert	vert puis doré	Couvre-sol ou comme vedette dans les jardins secs. Odorant.
Stipa sp. Stipes	0,7 à 1m	40cm	☀	Ordinaire, sec, drainé	6	6 à 9	Épi lâche	vert grisâtre	Cultiver comme une annuelle. Très fin, soyeux et flexible.
Stipa pulcherrima 'Wildfeuer' Stipa 'Wildfeuer'	0,5 à 1m	40cm	☀	Ordinaire, drainé	5	6 à 9	Panicule filigrane	bleuâtre puis doré	Port très souple, gracieux, très fin. Se balance sous le vent.

FOUGÈRES	H	L	☀	TYPE DE SOL	Z	MOIS ✿	FORME ✿	COULEUR 🍃	REMARQUES
Asplenium platyneuron Asplénium	20 à 40cm	15 à 25cm	☁	Plutôt sec	4	—	—	vert lustré	Pour jardins alpins, auge ou sous-bois ouvert. Port étoilé à érigé.
Blechnum spicant Blechnum à épis	60 à 90cm	60cm	☀☁	Acide, humifère	5	—	—	—	Tolère les sols secs et le soleil.
Dennstaedtia punctilobula Dennstaedtie odeur de foin	40 à 60cm	45cm	☀☁	Meuble, sec, drainé	3b	—	—	vert pâle	Colonie vigoureuse, pour grands espaces. Frais : odeur fétide.
Dryopteris carthusiana Dryoptère carthusiana	50cm	45cm	☁	Riche, frais à sec	3	—	—	vert foncé	Ses frondes sont arquées. Supporte la sécheresse.
Dryopteris filix-mas Fougère-mâle	40cm	60cm	☁	Tous les sols	3	—	—	vert foncé	Résiste en situation sèche, mais préfère un sol humide.
Dryopteris marginalis Dryoptère marginale	60cm	50cm	☀☁	Peu exigeant, drainé	2	—	—	vert pâle	Frondes régulière, lustrée. Port en couronne érigée.
Dryopteris noveboracensis Fougère de New York	30 à 60cm	40cm	☁	Humide à sec, riche	4	—	—	vert pâle	Tolère sol sec si placé à l'ombre. Vigoureuse.
Gymnocarpium dryopteris Fougère-du-chêne	50cm	30cm	☁	Acide, humide à sec	2b	—	—	2 tons de verts	Colonie dense, même sous les conifères. Vert éclatant.
Polypodium virginianum Polypode de Virginie	10 à 25cm	30 à 50cm	☁	Rocher sec	2b	—	—	vert foncé	Résiste à des conditions de sécheresse extrême.
Pteridium aquilinum Ptéridium des aigles	50 à 90cm	90cm	☀☁	Sablonneux, acide	2b	—	—	vert bleuté	Lieux secs et à découverts. Très commun et facile.
Thelypteris noveboracensis Thélyptère noveboracensis	35cm	30	☀☁	Humide à sec	4	—	—	vert clair	Feuillage presque fluo, bon couvre-sol. Odorante en séchant.
Thelypteris phegopteris Fougère de l'hêtre	20 à 30cm	30cm	☁	Humide à sec	3	—	—	vert moyen	Feuilles très fines, texturées et délicates. Couvre-sol rapide. Ne pas dérangé.
Woodsia ilvensis Woodsia de l'île d'Elbe	15 à 30cm	10cm	☀☁	Rocailleux, frais à sec	2	—	—	vert foncé	Il existe d'autres variétés, toutes utile en rocaille. Érigé, pétiole brun.

BULBES	H	L	☀	TYPE DE SOL	Z	MOIS ✿	FORME ✿	COULEUR ✿	REMARQUES
Allium sp. Ail, ciboulette toutes	30 à 60cm	20 à 30cm	☀	Sec, drainé	1-3	5 à 7	Étoilée globe	blanc, rose, lilas	Nettoyer les fleurs fanées, sinon elles se ressèment.
Allium aflatunense Ail bulbeux	60 à 90cm	30cm	☀☁	Sec, meuble, drainé	4	5 et 6	Ombelle spérique	rose violacé	Ombelle de 10cm. Large feuillage rubané.

TYPES DE SOLS

BULBES (suite)	H	L	☼	TYPE DE SOL	Z	MOIS	FORME	COULEUR	REMARQUES
Allium chistophii Syn.: *Allium albopilosum*	25 à 50cm	20 à 25cm	☼☼	Sec, meuble, drainé	4b	6 et 7	Ombelle sphérique, étoilée	rose métallique	Ombelle étoilée spectaculaire. Très joli avec des vivaces argentés.
Allium giganteum Ail géant	0,8 à 1,5m	30cm	☼☼	Sec, meuble, drainé	4	6 et 7	Ombelle sphérique	violet, rose	Ombelle étoilée de 10 à 15cm. Feuilles rubanées, glauques.
Allium karataviense Ail karataviense	15 à 25cm	40 à 60cm	☼☼	Chaud, drainé	4	5	Sphère 8 à 10cm	gris rosé	3 à 4 grosses feuilles larges, élancées bleues collées au sol.
Anemone 'Blanda' Anémone 'Blanda'	15cm	8 à 15cm	☼☼	Surélevé, chaud	—	5 et 6	Étoilée	blanc, rose, bleu	Non rustique. Cultivé à l'abri d'une roche.
Anthericum sp. Phalangères	60mc	35cm	☼	Sec, perméable		6	Épi léger	blanc	Feuilles type graminées en touffe. Long épi fin de fleurs légères.
Begonia tuberosa Bégonia tubéreux	30cm	30cm	☼☁	Riche, drainé	—	6 à 9	Type Rose double	var.	Non rustique. Mais si facile et peu exigeant.
Brodiaea laxa Syn.: *Triteleia laxa*	45cm	15cm	☼	Sablonneux, chaud		6 et 7	Coupe étoilée	blanc, violet	Ressemble à un crocus. Peu connu, différent.
Calochortus Lis Mariposa	35cm	30cm	☼☁	Bien drainé	5	6 et 7	Grande coupe	violet	Culture délicate. N'est pas aimé des cerfs de Virginie.
Chionodoxa luciliae Gloire des neiges	20cm	15cm	☼	Drainé	4	4 et 5	Grappe	bleu œil blanc	Se naturalise facilement. Peut aussi être forcé.
Crocus sp. Crocus	15cm	10cm	☼☼	Drainé	3	4 et 5	Tube évasé	jaune, violet	Souvent utilisé en couvre-sol dans la pelouse.
Fritillaria Couronne Impériale	var.	var.	☼☼	Très bien drainé !	5	5	Couronne	pourpre jaune rouge	Odeur qui déplait aux cerfs de Virginie et rongeurs.
Ipheion uniflorum Ipheion à fleur unique	15cm	10cm	☼	Tous sols drainés	6	4 et 5	Étoile 6 pointes	blanc, bleu	Touffe arquée, feuilles étroites à odeur d'ail. Ne pas déranger ses caïeux.
Iris reticulata Iris réticulé	15cm	10cm	☼	Drainé	4	4 et 5	3 sépales 3 pétales	bleu, violet	Iris très court, très hâtif. Feuilles élancées surmontées de fleurs.
Muscari armeniacum Muscari	20cm	15cm	☼☼	Consistant, drainé	3	4 et 6	Épi dense	balnc bleu mauve	Se multiplient rapidement si non dérangés. Feuilles effilées, grappe pointue.
Oxalis inops / O. depressa Oxalide déprimée	10cm	20cm	☁	Drainé, sec	5	6 à 9	Pétales superposées	rose gorge jaune	Belles feuilles en forme de trèfle, bleu-vert. Agressif si le lieu lui convient.
Scilla sibirica Scille de Sibérie	15cm	10cm	☼☼	Riche, frais, drainé	4	5 et 6	Grappe lâche	bleu	Elle se ressème. Aussi pour sous-bois, pelouse.
Scilla turbergeniana Scille Turbergie	15cm	10cm	☼☼	Peu exigeant	—	4 et 5	Grappe lâche	bleu ligné	Son feuillage flétri tôt. Utile sous des arbustes.
Sparaxis tricolor Sparaxis tricolore	30cm	15cm	☼	Plutôt sec		6 et 7	Type tulipe	Teintes chaudes	Les fleurs sont à gorge jaune et noir. Rocaille.
Tulipa sp. Tulipes	var.	var.	☼☼	Drainé	3	5 et 6	Cornet	var.	Les tulipes s'accomodent bien d'un sol plutôt sec.
Trigidia pavonia Œil de paon	60cm	20cm	☼	Plutôt sec, chaud		8	Triangle	Teintes chaudes	Fleur en triangle avec œil maculé de jaune et de brun.
Tritonia crocata Tritonie	70cm	10 à 20cm	☼	Sablonneux		8	Coupe dentée	multicolore	Décoratif en massif. Souvent apparenté aux *freesias*.

ANNUELLES	H	L	☼	TYPE DE SOL	Z	MOIS	FORME	COULEUR	REMARQUES
Aeoium arboreum 'Schwarzkof' Aéonium 'Schwarzkof'	30 à 60cm	30 à 60cm	☼	Sableux, sec	—	5	Hampe, grappe	jaune	Un crassula décoratif par ses feuilles presque noires. Potées.
Alyssum maritimum Alysse odorante	15cm	20cm	☼	Ordinaire, drainé	—	5 à 9	Tapis dense	blanc, mauve	Réussit bien aux endroits chauds et secs du jardin.

ANNUELLES (suite)	H	L	☀	TYPE DE SOL	Z	MOIS	FORME	COULEUR	REMARQUES
Amaranthus sp. **Amarantes**	0,9 à 1,5m	60 à 90cm	☀	Tous les sols	—	6 à 9	Épi dressé, retombant	jaune, rouge	Plusieurs variétés peuvent créer un effet géant. Culture facile.
Ammi majus **Ammi élevé**	80cm	30cm	☀	Peu exigeant, drainé	—	6 à 9	Dômes	blanc	Semis successifs. Superbe dôme aérien blanc. Vie courte.
Ammobium alatum **Immortelle** / Ammobium élevé	40 à 70cm	30cm	☀	Sableux, aéré	—	7 à 9	Capitule sec	blanc et jaune	Surtout cultivée pour ses fleurs séchées. Port dressé.
Anagalis monelli linifolia **Anagalis à feuilles de lin**	30cm	40cm	☀	Léger, drainé	—	6 à 10	Ombelle	bleu cœur rouge	Port semi-prostré. Pincé pour ramifier. Rocaille sèche ou potée.
Angelonia angustifolia **Angélonie**	30cm	30cm	☀⛅	Peu exigeant, drainé	—	6 à 10	Racème	lilas, rose, blanc	Port buissonnant. Épi compact mais assez aérien.
Anthirrhinum majus **Muflier** / Gueule de loup	30cm	20cm	☀	Léger à moyen	—	6 à 10	Grappe	var.	Joli coussin, si utilisé en massif. Odeur bonbon.
Arctotis 'Dimorphoteca' **Souci du cap**	40cm	60cm	☀	Sableux, chaud	—	6 à 9	Composé 10cm	Teintes orange	Un beau couvre-sol pour secteur chaud et sec.
Arctotis 'Osteospermum' **Marguerite des Caps**	25 à 40cm	25cm	☀	Ordinaire, drainé	—	6 à 10	Capitule ligulés	blanc, pêche, lilas	Fleurit mieux dans les régions aux nuits fraîches.
Argemone mexicana **Pavot épineux** / Chardon-béni	60cm	40cm	☀	Fertile, léger, sec	—	6 à 8	Semi-double	blanc, jaune, rosé	Tailler fleurs fanées. Feuilles bleutées, épineuses.
Argyranthemum sp. **Argyranthemum**	60cm	40cm	☀	Léger, drainé	—	6 à 10	Capitule simple	Teintes pastels	Arbuste type marguerite traité en annuelle. Facile à hiverner.
Begonia semperflorens **Bégonia fibreux**	15 à 20cm	15cm	☀⛅☁	Riche, léger, frais	—	5 à 9	Grappe	blanc, rose, rouge	Nous la listons car elle a une grande résistance au sec.
Bidens aurea **Bidens**	30 à 45cm	40cm	☀⛅	Riche, frais, drainé	—	6 à 9	Composé simple	jaune	Jolie couvert saisonnier aux couleurs vives. Tolère sol sec.
Borago officinalis **Bourrache**	60cm	30cm	☀⛅	Léger, drainé	—	7 à 10	Étoilée, grappe	bleu vif	Fine herbe intéressante dans un jardin sec. Feuilles grossières.
Brachycome iberidifolia **Brachycome**	25cm	25cm	☀⛅	Sain, riche, drainé	—	6 à 9	Petites capitules	blanc à violet	La texture légère des feuilles est aussi belle que la floraison.
Calandrinia umbellata **Calandrinie de rocaille**	15cm	25cm	☀	Caillouteux, chaud	—	6 à 9	Ombelle	magenta	Surtout pour couvrir un petit espace très sec ou rocailleux.
Calendula officinalis **Souci des jardins**	30cm	30cm	☀⛅	Ordinaire, pauvre	—	6 à 9	Pompon plat	jaune orange	Une annuelle médicinale, comestible et facile.
Catharanthus roseus / *Vinca rosea* **Pervenche**	30cm	30cm	☀⛅	Riche, drainé, chaud	—	7 à 9	Simple	blanc à pourpre	Sols humides à secs. Résistante aux chaleurs. Massif, bordure.
Centaurea cyanus **Centaurée odorante double**	40 à 75cm	25cm	☀	Peu exigeant, frais à sec	—	6 à 9	Capitule frangé	blanc, bleu rose	La variété Imperialis était fort populaire aussi. Grandes fleurs.
Cleome spinosa **Cléome épineux**	1 à 1,5m	60 à 90cm	☀⛅	Tous sols drainés	—	7 à 9	Grosse ombelle	blanc, rose, pourpre	En massif, crée un effet géant intéressant. Feuilles palmées.
Convolvulus sp. **Ipomées**	var.	var.	☀⛅	Tous sols drainés	—	6 à 9	var.	var.	Peu capricieuses, elles aiment toutefois le compost.
Cordyline australis **Dracéna**	0,3 à 1,5m	20 à 80cm	☀⛅	Sableux, drainé	—	—	Sans intérêt	—	Feuilles très étroites érigées en éventail. Couleur varié.
Cotula barbata **Cotula barbu**	10 à 20cm	10cm	☀	Ordinaire, sec	—	7 à 9	Petit pompon	jaune	Comme des marguerites effeuillées. Bordure.
Calliopsis sp. **Coréopsis élégant**	60cm	30 à 40cm	☀	Léger, drainé	—	6 à 9	capitule simple	jaune et marron	C'est un coréopsis annuel jaune ou bicolore rouge et jaune.
Cosmos bipinnatus **Cosmos à grandes fleurs**	0,3 à 1,2m	25 à 40cm	☀⛅	Tous sols drainés	—	7 à 9	Simple, grande	rose	En sol pauvre et sec, elle est compacte et colorée.
Craspedia globosa **Craspédia**	75cm	30cm	☀⛅	Ordinaire, drainé	—	6 à 9	Petit pompon	jaune	Port érigé, dressé. Pour fleurs séchées.
Crepis rubra Syn. : *Barkhausia rubra*	30cm	20cm	☀	Pauvre, drainé	—	7 à 9	Capitule pompon	rose, rouge	Ressemble à un pissenlit rose. Bordure de rocaille.

TYPES DE SOLS

ANNUELLES (suite)	H	L	☼	TYPE DE SOL	Z	MOIS	FORME	COULEUR	REMARQUES
Cuphea Plante cigare	30cm	25cm	☼☁	Tous les sols	—	6 à 9	Tube, cigare	rouge lilas	Culture intérieur ou extérieur. Très jolie. Port plutôt compact.
Cynara cardunculus Cardon / Artichaud décoratif	85cm	80cm	☼	Riche, frais, drainé	6	—	Sans intérêt	—	Cultivé comme une annuelle. Grand feuillage gris, découpé.
Cynoglossum amabile Langue de chien	50cm	25cm	☼☁	Riche, frais à sec	—	6 à 9	Panicule lâche	bleu indigo	Très résistante aux conditions extrêmes.
Datura sp. Stramoise / Trompette des anges	0,5 à 1m	60cm	☼	Chaud, riche, sec	—	6 à 9	Trompette	blanc	Un bon compost l'aide à supporter la sécheresse. Toxique.
Dyssodia tenuiloba Dyssodia	20cm	10cm	☼	Pauvre, froid	—	6 à 9	Petites, capitules	jaune	Minuscules marguerites sur des feuilles de fougère. Jolie.
Echium plantagineum Vipérine	30cm	30cm	☼	Léger, pauvre, sec	—	6 à 9	Clochette tubulée	bleu à rose	Ne pas trop arroser lorsqu'elle est installer. Rare.
Emilia coccinea Cacalie écarlate	50cm	40cm	☼	Ordinaire, sec	—	7 à 9	Pompons	jaune à écarlate	Se plait en bordure de mer. Peu connue, éclatante.
Erigeron karvinskianus Érigéron 'Profusion'	20cm	30cm	☼	Ordinaire, drainé	—	7 à 9	Composé petite	blanc à rosé	Se ressème facilement. Coussin fin, vaporeux.
Eschscholtzia californica Pavot de Californie	30cm	30cm	☼	Ordinaire, pauvre	—	6 à 9	Coupe soyeuse	rose, jaune, orange	Le feuillage bleuté est également intéressant.
Euphorbia marginata Euphorbe panachée	50cm	35cm	☼	Sablonneux, chaud	—	—	Sans intérêt	feuillage panaché	Comme ses sœurs vivaces, elle pousse en sol pauvre. Latex toxique.
Felicia sp. Felicias	30cm	20cm	☼	Ordinaire, drainé	—	7 et 8	Petites capitules	bleu violet	Pour emplacement sec des rocailles.
Gaillarde pulchella Gaillarde annuelle	30 à 60cm	30cm	☼	Plutôt sec	—	7 à 9	Capitule pompon	jaune, rouge	Très florifère. Appréciée la chaleur. Beau en massif.
Gamolepsis tagetes Gamolépide-tagète	20cm	20cm	☼	Sol très sec	—	6 à 9	Composé simple	jaune vif orange	Joli coussin, si utilisé en massif. Rare.
Gazania splendens Gazania	25cm	20cm	☼	Ordinaire, drainé	—	6 à 9	Capitule simple	Teintes chaudes	Pour couvrir un espace chaud et ensoleillé.
Gilia tricolor Gilia tricolore	30 à 45cm	30cm	☼	Riche, drainé	—	7 à 10	Grappe trompette	lavande cœur jaune	Parfum sucré de chocolat. Feuilles type fougère. Beau en massif.
Gomphrena globosa Trèfle immortel	20 à 60cm	10 à 40cm	☼	Ordinaire, drainé	—	7 à 10	Capitule globuleux	blanc, rose violet	Bien connu pour les arrangements floraux. Port dressé.
Gypsophila elegans Souffle de bébé	30 à 75cm	40cm	☼	Calcaire, drainé	—	6 et 7	Brouillard	blanc, rosé	Faire des semis successifs pour une plus longue floraison.
Hedysarum americanum Sainfoin alpin	30cm	60cm	☼☁	Pauvre, sec, drainé	4	6 à 8	Grappe lâche	violet pourpre	Pousse sur le bord des caps. Rocaille naturelle. Légumineuse.
Hedysarum coronarium Hédysarum	60 à 80cm	50cm	☼☁	Pauvre, drainé	4	6 à 8	Racème dense	Carmin parfumée	Légumineuse érigée. Belles feuilles composées. Fruit en gousse.
Helianthus annuus Tournesol annuel	0,3 à 4m	0,2 à 1m	☼	Riche, frais à sec	—	7 à 9	Grosse, capitule	Teintes orange	Préfère les sols frais, mais supporte la sécheresse.
Helichrysum bracteata Immortelle à bractée	20 à 80cm	10 à 40cm	☼	Sableux, sec, drainé	—	6 à 9	Capitule sec	Teintes chaudes	Apprécie la chaleur. Pour jardinière ou au sol.
Hélichrysum petiolaris Immortelle argentée	60cm	60cm	☼☁	Bien drainé	—	—	—	—	Feuillage attrayant d'aspect duveteux, gris.
Helipterum manglesii Accroclinium / Immortelle	45cm	15cm	☼	Relativement sec	—	7 à 9	Capitule incliné	blanc, rose	Une immortelle délicate et vaporeuse. Fleur séchée.
Hunnemannia fumariifolia Hunnemannia à feuilles de fumeterre	60 à 90cm	30 à 50cm	☼	Ordinaire, sec	—	6 à 9	Coupe soyeuse	jaune satiné	Parente à *Eschscholtzia* elle lui ressemble. Feuilles découpées, glauques.
Iberis umbellata Thlaspi en ombelle	30cm	25cm	☼	Ordinaire, équilibré	—	6 à 9	Ombelle	blanc rose	Faire plusieurs semis consécutifs. Peu utilisé.

ANNUELLES (suite)	H	L	☼	TYPE DE SOL	Z	MOIS ✿	FORME ✿	COULEUR ✿	REMARQUES
Kochia scoparia **Cyprès d'été**	30 à 90cm	20 à 30cm	☼☁	Ordinaire à sec	—	—	—	—	Pour haies saisonnières en milieu plutôt sec.
Lantana camara **Lantana**	0,6 à 1,2m	30 à 60cm	☼☁	Tous sols drainés	—	6 à 9	Grappe ronde, tubulaire	Teintes chaudes	Arbustif ou sur tige. Ramifié. Fortement parfumé. Colibri. Toxique.
Lavatera trimestris **Lavatère à grandes fleurs**	30 à 90cm	20 à 40cm	☼	Peu exigeant, drainé	—	7 à 9	Coupe satiné	blanc, rose	Grande fleur type hibiscus. Feuilles type malva. Semi direct.
Leonotis leonurus **Léonotis**	100cm	70cm	☼	Riche, bien drainé	—	7 à 9	Tubulée verticillée	orange vermillon	Cultiver en annuelle, pour lieux secs et chauds. Érigé.
Limnanthes douglasii **Limnanthe de Douglass**	20cm	30cm	☼☁	Ordinaire	—	6 à 9	Simple	jaune bordé blanc	Couvre bien les bordures d'allées. Attire les abeilles.
Limonium sinuatum / dumosum / tatarica / suworowii / **Statice**	var.	var.	☼	Riche, sableux	—	7 à 9	var.	var.	Tous les *Limoniums* se cultivent bien en sol sec.
Linaria maroccana **Linaire du Maroc**	30cm	25cm	☼	Ordinaire, graveleux	—	7 à 9	Gueule de loup	var.	Pour climat frais, sinon les fleurs se font rares.
Linum grandiflorum 'Rubrum' **Lin rouge annuelle**	50 à 60cm	15cm	☼	Peu exigeant, riche	—	7 à 9	simple	rouge vif	Sous utilisé de nos jours. Port très délicat, gracieux.
Lotus berthelottii **Lotus Berthelot**	10cm	25 à 80cm	☼	Ordinaire, drainé	—	—	Sans intérêt	—	Feuillage très fin, gris. Retombant ou rampant.
Malcolmia maritima **Julienne de Mahon**	30cm	15 à 20cm	☼☁	Peu fertile, drainé	—	6 à 9	Grappes éparses	blanc, rose jaune, lilas	Ressemble à la *Matthiola longipetala* mais à floraison diurne.
Melampodium paludosum **Mélampodium**	20 à 80cm	20cm	☼	Plutôt sec	—	6 à 9	Nuage de fleurs	jaune doré	Très florifère. Aime les coins chauds du jardin. Facile.
Mesembryanthemum **Dorotheanthus** / Lunette	15cm	20cm	☼	Pauvre, drainé	—	7 à 9	Composé, rayon	var. brillante	Beau en couvre-sol entre les pavés. Feuillage succulent.
Nierembergia hippomanica **Nierembergie**	20cm	25cm	☼☁	Plutôt sec	—	5 à 10	Masse de fleurs	blanc violet	Surtout en bordure. Bel effet de légèreté. Aime climat frais.
Nigella damascena **Nigelle de Damas**	20 à 60cm	10 à 40cm	☼☁	Ordinaire, drainé	—	6 et 7	Plusieurs pointes	bleu, rose	Feuilles à texture très délicates. Surtout pour fleurs séchées.
Nolana humifusa **Nolana**	30cm	75cm	☼	Ordinaire, sec	—	7 à 9	En forme de coupe	bleu ciel	Ôter fleurs fanées pour prolonger la floraison. Port lâche.
Papaver rhoeas **Coquelicot**	45cm	25cm	☼	Fertile à pauvre	—	6 à 9	Grande, simple	blanc, rose, rouge	Un sol drainé mais pas trop chaud, plutôt frais. Port lâche.
Papaver somniferum **Pavot somnifère**	0,3 à 1,2m	30 à 80cm	☼	Ordinaire, enrichi	—	6 à 8	Grosse, simple ou double	blanc à rouge	Les anciennes variétés étaient à fleurs simples mais tellement jolies !
Pelargonium x citrosum **Géranium citron panaché**	50 à 80cm	40 à 70cm	☼☁☂	Drainé, frais à sec	—	6 et 7	Groupée	violet	Il existe une variété panachée. Odeur de citron. Feuilles découpées.
Pelargonium peltatum **Géranium lierre**	40cm	40cm	☼	Riche, drainé	—	6 à 10	Masse de fleurs	blanc rose rouge	En massif, bacs ou muret. Pour site ensoleillé.
Phacelia campanularia **Phacélie campanulaire**	25cm	20cm	☼	Sablonneux, pauvre	—	5 à 9	Cloche ouverte	bleu lavande	Aime les journées chaudes et les nuits fraîches. Port coussiné.
Phormium **Phormiun**	0,8 à 1,2m	90cm	☼☁	Sableux, drainé	—	—	—	—	Ressemble à un Dracena mais à larges feuilles colorées. Pourpre, orange, jaune.
Phuopsis stylosa Syn.: *Crucianiella stylosa*	20 à 30cm	30 à 60cm	☼☁	Frais à sec, drainé	7	6 à 9	Boule	rose	Vivace traitée en annuelle. Rampante, rapide. Drageonne.
Plectostachys serphyllifolia **Plectostachys**	40cm	40cm	☼☁☂	Ordinaire, drainé	—	—	—	—	Plus petit que l'*helichrysum petiolaris*. Feuilles laineuses grises.
Plumbago auriculata **Dentelaire du Cap**	0,9 à 1,5m	60 à 90cm	☼	Ordinaire, plutôt sec	—	7 à 10	Panicule type Phlox	bleu lilas ou blanc	Buissonnant, semi-persistant. Très longue floraison.
Portulaca grandiflora **Pourpier à grandes fleurs**	15cm	20cm	☼	Pauvre, drainé	—	6 à 9	Simple, double	var.	Sert souvent de couvre-sol entre les pavés et les pierres.

ANNUELLES (suite)	H	L	☀	TYPE DE SOL	Z	MOIS ✿	FORME ✿	COULEUR ✿	REMARQUES
Rudbeckia hirta sp. **Rudbéckie hérissé**	20 à 90cm	10 à 50cm	☀⛅	Fertile à pauvre	—	6 à 10	Capitules ligulés	jaune, orange	Plusieurs cultivars issus de notre indigène. Facile.
Salvia sp. **Sauges annuelles**	var.	var.	☀⛅	Enrichi, drainé	—	6 à 9	Épis variés	var.	Annuelles ou vivaces, tous poussent en sol sec.
Sanvitalia procumbens **Zinnia rampant**	15cm	20cm	☀	Riche en humus	—	6 à 9	Composé simple	jaune centre noir	Pour plate-bande où l'eau se fait rare. Coquette.
Saponaria vaccaria ⚜ Syn.: *Saponaria senegalis*	40 à 60cm	30cm	☀	Peu exigeant	—	7 et 8	Cyme lâche	rose	Port ramifié, grêle, peu feuillé. Semis direct. Tolère sol pauvre.
Scabiosa stellata 'Ping Pong' **Scabieuse étoilée**	45cm	20cm	☀	Peu exigeant, drainé	—	7 à 9	Capitule globe	bleu pâle	Fleur dense laissant place à un globe alvéolé. Fleur séchée.
Senecio cineraria **Cinéraire argenté**	30cm	20cm	☀⛅	Ordinaire, sec	—	—	Sans intérêt	—	Feuillage argenté qui souligne et fait ressortir ses voisines.
Silybum marianum **Chardon** 'Ste-Marie'	2m	90cm	☀	Pauvre, calcaire, sec	7	7 à 9	Fleur de chardon	rose pourpre	Vivace tendre aux feuilles dentelées, épineuses, marbrées d'argent. Port dressé.
Tagetes patula **Œillet d'inde** / Marigold	20cm	20cm	☀⛅	Ordinaire	—	5 à 9	Pompon	Jaune orange	Une variété qui supporte bien la sécheresse.
Tithonia rotundifolia **Soleil du Mexique**	0,8 à 3 m	70cm	☀	Tous sols	—	7 à 9	Grosse, capitule	rouge orangé	Supporte bien la sécheresse surtout en sol riche. Velue.
Trachelium rumelicum **Trachélie**	10cm	20cm	☀	Frais à sec, drainé	—	7 à 9	Capitule rond	bleu-mauve	Port rampant. Aime les murets, les fissures.
Tropaeolum majus **Petite capucine grimpante**	30cm	60cm	☀⛅	Souple, pauvre	—	6 à 9	Courte trompette	jaune à rouge	Ne pas trop fertiliser. Laisser sécher entre les arrosages.
Ursinia anthemoides **Ursinia faux-aneth**	30 à 50cm	30cm	☀	Ordinaire à sec	—	6 à 9	Capitule, ligules	orange	Très florifère. Se ferme la nuit ou par temps couvert.
Venidium fastuosum **Vénidium superbe**	40 à 60cm	30cm	☀	Léger, drainé, sableux	—	7 et 8	Grosse, capitule	orange, disque noir	Comme l'*Ursinia* et le *Gazania*, se referme le soir. Tuteurer.
Verbena bonariensis **Verveine de Buenos Aires**	1,2m	70cm	☀⛅	Chaud, sec	5b	6 à 9	Ombelle	pourpre lilas	Port vaporeux, grands massifs. Se ressème. Sol pauvre ou riche.
Verbena x hybrida **Verveine**	0,3 à 1,5m	30 à 90cm	☀	Fertile, meuble, sec	—	6 à 9	Masse grappe	var.	Tiges rampantes qui s'enracinent au sol. Tapis.
Verbena rigida Syn.: *Verbena venosa*	30cm	30cm	☀	Riche, meuble, sec	—	6 à 9	Grappe en tête	bleu lilas	Ancienne variété redevient populaire. Non maladif, légèrement parfumée.
Vinca rosea / *Catharanthus* **Pervenche**	25cm	20cm	☀⛅	Riche, drainé	—	7 à 9	Simple, grande	blanc, bleu, rose	N'aime pas les endroits venteux et trop froids. Petit buisson.
Zinnia angustifolia **Zinnia du Mexique**	30cm	30cm	☀	Riche ou pauvre, drainé	—	6 à 9	Capitule simple	blanc	Supporte bien les sols secs. Très belle bordure ou massif.

⚜ indique plante indigène ou naturalisée.
❋ indique plante potentiellement envahissante !

PLANTES POUR SOLS PAUVRES

ARBRES	H	L	☼	TYPE DE SOL	Z	MOIS	FORME	COULEUR	REMARQUES
Acer campestre 'Carnival' Érable champêtre panaché	4 à 7m	2 à 6m	☼	Tous, même pauvre	4b, 5b	5	Sans intérêt	blanc	Variété rare au Québec. Lent. Feuillage vert, blanc et rose.
Acer campestre 'Postolense' Érable champêtre 'Postolense'	4 à 7m	2 à 6m	☼	Tous, même pauvre	4b, 5b	5	Sans intérêt	blanc	Passe du jaune doré au vert jaunâtre en été, puis jaune or.
Acer campestre 'Royal Beauty' Érable champêtre 'Royal Beauty'	4 à 7m	2 à 6m	☼	Tous, même pauvre	4b, 5b	5	Sans intérêt	blanc	Feuillage pourpre brillant durant tout l'été. Pour endroits abrités.
Acer campestre 'Royal Ruby' Érable champêtre 'R. Ruby'	4 à 7m	2 à 6m	☼	Tous, même pauvre	4b, 5b	5	Sans intérêt	blanc	Variété au feuillage pourpre moins intense en été. Lent.
Acer campestre 'Schwerinii' Érable champêtre 'Schwerinii'	4 à 7m	2 à 6m	☼	Tous, même pauvre	4b, 5b	5	Sans intérêt	blanc	Pourpre au printemps, puis vert foncé, et tourne orange cuivre.
Acer campestre sp. Érable champêtre	4 à 7m	2 à 6m	☼	Tous, même pauvre	4b, 5b	5	Sans intérêt	blanc	Reste petit au Québec. Port arrondi. Aussi utilisé en haie.
Acer negundo Érable à Giguère	15m	14m	☼	Tolère tous les sols	2b	—	—	—	Port globulaire, étalé. Très rapide. Pour lieux défavorables. ± esthétique.
Alnus crispa / *Alnus viridis* Aulne crispé / Aulne vert	3m	1,5m	☼	Humide, pauvre	1a	4 et 5	chaton	jaune verdâtre	Petit arbre ou arbuste si taillé. Haies libres. Lieux humides ou difficiles.
Alnus glutinosa Aulne noir / Aulne glutineux	8m	4m	☼	Humide, pauvre	4b	4 et 5	chaton	jaunâtre	Haies libres. Stabilise les sols humides et pauvres. Fixe l'azote.
Alnus glutinosa 'Incisa' / 'Imperialis' Aulne à feuilles découpées	4m	2m	☼	Humide, pauvre	3	5	chaton	jaunâtre	Petit arbre pleureur. Écorce noirâtre très décorative. Lent.
Betula populifolia Bouleau à feuilles de peuplier	10m	5m	☼	Pauvre, sableux, frais	3a	5	Chaton	verdâtre	Port collonaire, irrégulier. Feuilles triangulaires. Écran, naturalisation.
Betula utilis jacquemontii Bouleau 'Jacquemontii'	13m	10m	☼	Sableux, frais à sec	5a	—	Sans intérêt	—	Port pyramidal. Peu sensible à la mineuse. À l'abri des vents.
Caragana arborescens Caraganier greffé sur tige	2 à 3,5m	1 à 2,5m	☼	Peu exigeant, plutôt sec	2b	5 à 6	Fleur de pois	jaune pâle	Petits arbres greffés en tête. Ornemental. Feuilles très découpées.
Fraxinus quadrangulata Frêne bleu	15m	10m	☼	Sableneux	5b	—	Sans intérêt	—	Rameaux liégeux, quadrangulaires. Port Ovoïde. Peu rustique.
Gymnocladus dioïcus Chicot du Canada / Gros févier	15 à 18m	10 à 15m	☼	Peu exigeant, frais	5	—	Sans intérêt	verdâtre parfumé	Port ovoïde, noueux. Grandes feuilles doublement composées.
Halimodendron halodendron Caragana argenté	2m	1,5m	☼	Ordinaire, pauvre	3	6 et 7	Grappe parfumée	rose pourpré	Greffé sur tige. Port évasé. Feuillage argenté. Bord de mer.
Hippophae rhamnoides Argousier Faux-nerprun	3 à 5m	3m	☼	Pauvre, sec	3	4 et 5	Sans intérêt	jaunâtre	Arbuste argenté que l'on peut tailler pour le garder en petit arbre. Épineux.
Populus sp. Peupliers	12 à 20m	5 à 10m	☼	Peu exigeant, frais	2a	—	Sans intérêt	—	Arbre colonisateur, il supporte les sols pauvres. Moyen déploiement.
Rhus typhina Sumac de Vriginie / Vinaigrier	5m	4m	☼	Tous sols drainés	3	6	Panicule dioïque	verdâtre	Petit arbre ou arbuste au feuillage exotique ! Fruits duveteux, décoratifs.
Robinia pseudoacacia Robinier faux-acacia	12m	8m	☼	Pauvre à fertile	4b	6	Grappe pendante	blanc parfumé	Port érigé, peu dense. Drageonne. Attention aux insectes. Pente.
Robinia pseudoacacia 'Tortuosa' Robinier Tortueux sur tige	10m	6m	☼	Pauvre à fertile	4b	6	Grappe éparse	blanc, parfumé	Feuilles composées, port cascade tiges tordues. Déboure tard.

ARBUSTES	H	L	☼	TYPE DE SOL	Z	MOIS	FORME	COULEUR	REMARQUES
Acer campestre 'Nanum' Érable champêtre nain	1,2m	2m	☼	Tous, même pauvre	5b	—	Sans intérêt	—	Peu connu au Québec, pour haie libre, feuilles 3 à 5 lobes.

TYPES DE SOLS

ARBUSTES (suite)	H	L	☼	TYPE DE SOL	Z	MOIS	FORME	COULEUR	REMARQUES
Alnus incana 'Pendula' Aulne pleureur	5 à 15m	4 à 8m	☼☁	Peu exigeant, humide	2	5	Chaton	jaunâtre	Port plus petit au Québec qu'en Europe. Retombant. Vert et gris.
Amorpha canescens Amorpha blanchâtre	90cm	90cm	☼☁	Calcaire, pauvre	3a	6 et 7	Épi érigé	bleu foncé	Son feuillage fin et ses fleurs bleues la démarque.
Betula glandulosa Bouleau glanduleux	1,5m	1,5m	☼	Acide, humide, pauvre	2a	5	Chaton sans intérêt	jaunâtre	Feuilles un peu plus grandes que *B. nana*. Haie pour lieux humide.
Caragana arborescens Caragana de Sibérie	1 à 4m	1 à 2,5m	TU	Peu exigeant plutôt sec	2	6	Parsemée, pendante	jaune pâle	Haie ou écran libre ou taillé. Vert clair. Fruit : gousse. Rapide.
Caryopteris clandonensis Caryopteris clandonensis	60cm	60cm	☼	Ordinaire, drainé	6	8 et 9	Cyme, tubulaire	bleu, odorante	Plutôt rare et fragile. Rabattre au sol au printemps. Port diffus
Caryopteris 'Dark Knight' Caryopteris 'Dark Knight'	75cm	75cm	☼	Ordinaire, chaud, drainé	5	8 et 9	Cyme, tubulaire	bleu, odorante	Nouveau, plus rustique. Port diffus, feuilles étroites gris-vert aromatique.
Ceanothus americanus Céanothe d'Amérique	1m	1,5m	☼☁	Pauvre, drainé	4	6 et 7	Panicule plumeux	blanc	Convient aux endroits chauds et secs. Ressemble à un lilas.
Comptonia peregrina Comptonia voyageuse	0,6 à 1m	1m	☼☁	Acide, sablonneux	2	—	Chaton	—	Couvre-sol pour naturalisation. Feuilles type fougère. Aromatique.
Cotoneaster aculifolius Cotonéaster de Pékin	2 à 2,5m	1m	☁	Tous sols drainés	2	5 et 6	Petite	rosé	Confondu avec *lucidus*. Duvet gris sous feuilles vertes. Fruits.
Cytisus decumbens Cytise prostré	15cm	40cm	☼☁	Pauvre, sableux	2	5 et 6	Groupée par 3	jaune claire	Le plus rustique et facile. Croissance lente. Port prostré.
Cytisus sp. Cytises	0,15 à 1m	0,4 à 1m	☼☁	Pauvre, sableux	2	5 et 6	Groupée par 3	jaune claire	Certaines peuvent même pousser dans un sol caillouteux.
Elaeagnus angustifolia Olivier de Bohème	6m	6m	☼	Peu exigeant, sec	4	6	Petites, abondante	jaune odorante	Feuillage argenté fin très contrastant. Rapide. Épineux.
Elaeagnus commutata / *E. argentea* Chalef argenté	2m	3m	☼	Sol pauvre	2	6	Peu apparente	jaune très parfumée	Feuilles et fruit argentés. Pour retenir talus. Drageonnant.
Elaeagnus multiflora / *E. edulis* Chalef multiflore / Gourmi	2m	2m	☼	Peu exigeant, sec	2	6	Petites, abondante	jaunâtre parfumée	Port arqué. Feuilles dessus vert et dessous argenté. Haie. Fruits.
Eleuterococcus sieboldianus Syn.: *Acanthopanax sieboldiana*	2m	2m	☼☁	Peu exigeant, sableux	5	6	Sans intérêt	verdâtre	Buisson érigé, épineux. Feuilles palmées, lustrées. Tailler à 1,5m.
Genista pilosa Genêt velu	10cm	60cm	☼	Pauvre, léger	4b	5 et 6	Grappe	jaune or	Transplantation plutôt difficile. Endroit abrité. Coussin poilu.
Genista sp. Genêt	10 à 80cm	0,6 à 1m	☼	Pauvre, sec	3a	5 et 6	Épi érigé	jaune	Pour lieux secs et bien éclairés. Texture fine.
Genista tinctoria Genêt des teinturiers	60cm	90cm	☼	Pauvre, sec	3a	6	Épi érigé	jaune	Port arrondi, texture fine. Pour endroit chaud et difficile.
Halimodendron halodendron Caragana argenté sur tige	2m	1,5m	☼	Pauvre, même salé	3	6 et 7	Petite	rose	Port évasé. Feuillage argenté, épines décoratives. Bord de mer.
Hippophae rhamnoides Argousier Faux-nerprun	3 à 5m	3m	☼	Pauvre, sec, calcaire	2b	4 et 5	Sans intérêt	jaunâtre	Mâle + femelle = Fruits orange. Feuilles argentées. Lieux incultes.
Kolkwitzia amabilis Kolkwitzia aimable	2 à 3m	2 à 3m	☼	Riche à pauvre, drainé	5	6 et 7	Trompette Abondante	rose, rouge	Vert-grisâtre tournant jaune rouge. Port infléchi. Croule sous les fleurs.
Lespedeza bicolor Lespedeza	1,5m	1,5m	☼	Léger, sec, pauvre	4	8 et 9	Panicule lâche	rose violacé	Port arrondi à feuilles de trèfles. ± rustique, protéger la souche.
Magnolia soulangiana Magnolia de Soulange	5m	4m	☼☁	Riche à pauvre	5b	5	Grosse, tulipe	blanc, rose	Port globulaire, étalé. Fleurs de 10 à 15cm. Accepte les sols pauvres.
Paulownia tomentosa 'Imperialis' Paulownia tomentueux 'Imperialis'	5 à 10m	5 à 10m	☼	Tolère sols pauvres	4	—	Grappe, tubulaire	pourpre, parfumée	Au Québec, arbre classé vivace, qui ne fleurit pas. Feuilles 1m de diamètre, gigantesques.
Rhamnus cathartica Nerprun	5m	5m	☼	Peu exigeant, pauvre	2b	—	Sans intérêt	—	L'écorce et les baies sont toxique. Se ressème. ± esthétique.
Rhamnus frangula 'Asplenifolia' Nerprun à feuilles de capillaire	2 à 3m	1,5 à 3m	☼☁	Frais, drainé, pauvre	3b		Petite, peu visible	verdâtre	Port globulaire, évasé. Feuilles étroites, rubanées. Fruit toxique.

ARBUSTES (suite)	H	L	☀	TYPE DE SOL	Z	MOIS	FORME	COULEUR	REMARQUES
Rhus typhina **Sumac de Vriginie** / Vinaigrier	5m	4m	☀☁	Tous sols drainés	3	6	Panicule dioïque	verdâtre	Petit arbre ou arbuste au feuillage exotique! Fruits duveteux, décoratifs.
Robinia hispida **Acacia rose**	2m	2m	☀	Pauvre, sec	5	6	Panicule pendante	rose foncé	Haie libre, épineuse. Retient les pentes sableuses. Lieu abrité.
Robinia viscosa **Robinier visqueux**	2,5m	3 à 4m	☀	Pauvre, sec	4a	6	Panicule pendante	rose foncé	Ressemble à *hispida* mais à tige collante. Plus rustique.
Salix arbuscula **Saule nain**	40cm	60cm	☁	Frais, pas trop riche	4	4 et 5	chaton	gris	Buisson noueux, s'enracinant facilement. Rocaille fraîche.
Tamarix pentendra ramosissima **Tamaris de Russie**	1,5 à 2m	1 à 2m	☀☁	Ordinaire à pauvre	4b	7 à 9	Panicule vaporeuse	rose brillant	Haie très désordonnée mais à feuilles et fleurs très vaporeuses. Différent.
Zanthoxylum americanum **Clavalier d'Amérique**	2 à 5m	3 à 4m	☀☁	Ordinaire à pauvre	4a	5 et 6	Grappe	verdâtre	Très particulier, très grosses épines. Arôme de citron. Haie.

ROSIERS	H	L	☀	TYPE DE SOL	Z	MOIS	FORME	COULEUR	REMARQUES
Rosa 'Blanc Double de Coubert' **Rosier** 'Blanc Double de Coubert'	1,2m	1,8m	☀☁	Riche, frais, drainé	2	6	Semi-double	blanc parfumée	Érigé, drageonnant. Tolère sol pauvre. Fruits. Très parfumé.
Rosa 'Dart's Dash' **Rosier** 'Dart's Dash'	1,2m	1,2m	☀☁	Riche, frais, drainé	2	6 à 9	Semi-double	rose pourpre	Très parfumé, compact. Tolère bien les sols pauvres. Haie, talus.
Rosa 'F.J. Grootendorst' **Rosier** 'F.J. Grootendorst'	1,5m	1,2m	☀☁	Riche, frais, drainé	3	6 et 7	Grappe, double	rose rouge	Cultivar très connu. Tolère sol pauvre. Léger parfum. Port érigé.
Rosa 'Flower Carpet' sp. **Rosier série** 'Flower Carpet'	30 à 60cm	0,8 à 1m	☀☁	Peu exigeant	4 et 5	6 à 10	Bouquet, semi-double	blanc, rouge, rose saumon	Nouvelle génération de rosiers. Superbe, résistant aux maladies.
Rosa 'George Will' **Rosier** 'George will'	1,2m	1,2m	☀☁	Riche, frais, drainé	3	6	Grappe, double	rose lilas	Très parfumé. Tolère sols pauvres. Grande fleur plutôt plate.
Rosa 'Hansa' **Rosier** 'Hansa'	1,5 à 2m	1 à 1,5m	☀☁	Riche, frais, drainé	3	6 à 9	Double odorante	rose pourpre	Ancien rosier très populaire. Tolère sols pauvres. Vigoureux.
Rosa 'Jens Munk' **Rosier** 'Jens Munk'	2m	1,5m	☀☁	Riche, frais, drainé	2	6	Semi-double	rose, parfumée	Tolère sols pauvres. Parfum épicé. Fruits rouges. Remontant.
Rosa 'Mrs John McNab' **Rosier** 'Mrs John McNab'	1,5m	1,5m	☀☁	Riche, frais, drainé	3	6	Semi-double	blanc rosé	Port arqué peu épineux. Tolère sols pauvres. Parfumée. Plutôt rare.
Rosa 'Pink Grootendorst' **Rosier** 'Pink Grootendorst'	1,2m	1,2m	☀☁	Riche, frais, drainé	3	6	Grappe, double	rose clair	Port érigée. Petites aux pétales frangées. Tolère sols pauvres.
Rosa glauca / *R. rufrifolia* **Rosier à feuilles rouges**	1,75m	1,75m	☀☁	Riche, drainé	2	6	Petite simple	Rouge carmin pâle	Beau feuillage rouge bleuté. Érigé, arqué. Demande des soins.
Rosa gallica versicolor **Rosier versicolore**	90cm	90cm	☀☁	Riche, frais, drainé	4	6 et 7	Semi-double	rouge strié blanc	En sols pauvres, conserve mieux ses stries. Port compact, arqué.

ARBUSTES PERSISTANTS	H	L	☀	TYPE DE SOL	Z	MOIS	FORME	COULEUR	REMARQUES
Arctostaphylos **Raisin d'ours**	15cm	1m	☀☁	Acide, rocheux, pauvre	2	5	Bouquet	blanc rosé	Vraiment un végétal pour toutes situations! Lustré. Fruit rouge.
Ledum groenlandica **Thé du Labrador**	60cm	80cm	☀☁	Acide, meuble, frais	1a	5 et 6	Corymbe	blanc crème	Pour milieux pauvres et frais. Feuille aromatiques aux bords récurvés.
Yucca sp. **Bayonnet**	1 à 2m	1m	☀	Pauvre, bien drainé	4b	7 et 8	Grand panicule	blanc	Feuillage persistant, en bouquet, raide et pointu.

CONIFÈRES	H	L	☀	TYPE DE SOL	Z	MOIS	FORME	COULEUR	REMARQUES
Juniperus communis 'Gnom' **Genévrier** 'Gnom'	3 à 5m	3m	☀	Peu exigeant	3	—	—	—	Port colonnaire, jeunes feuilles gris-vert, reflet bleuté. Compact.

TYPES DE SOLS

CONIFÈRES (suite)	H	L	☼	TYPE DE SOL	Z	MOIS ✿	FORME ✿	COULEUR ✿	REMARQUES
Picea glauca 'Rainbows End' Épinette blanche 'Rainbows End'	3m	1m	☼☁	Pauvre, caillouteux	3	—	—	—	Pyramidale, dense, trapus. Nouvelles pousses jaunes puis crème.
Pinus aristata Pin à cônes épineux	2,5m	2m	☼	Sec, pauvre	3a	—	—	—	Port très particulier, irrégulier. Protection hivernale. Bleuâtre.
Pinus banksiana / *Pinus divaricata* Pin gris	15m	7m	☼☁	Pauvre, sec, sableux	1a	—	—	—	Peu utilisé en ornemental, pour la naturalisation. Aiguilles par 2.
Pinus flexilis Pin blanc de l'Ouest	12m	6m	☼☁	Pauvre, drainé	2b	—	—	—	Port pyramidal à arrondi. Vert foncé bleuâtre. Lent. 5 aiguilles.
Pinus mugo mughus Pin de montagne mughus	2,5m	2,5m	☼☁	Peu exigeant,	2	—	—	—	Buissonnant, étalé. Aiguilles courtes, par 2. Pas maladif.

GRIMPANT	H	L	☼	TYPE DE SOL	Z	MOIS ✿	FORME ✿	COULEUR ✿	REMARQUES
Lathyrus latifolius Pois de cent ans	2m	40cm	☼☁	Ordinaire, meuble	3	6 à 8	Groupé 3 à 8	blanc au rouge	Feuilles composées, foliole allongée ovale. Treillis, couvre-sol.

VIVACES	H	L	☼	TYPE DE SOL	Z	MOIS ✿	FORME ✿	COULEUR ✿	REMARQUES
Adonis vernalis Adonide de printemps	10 à 30cm	15cm	☼	Pauvre, calcaire, sec	4	6	Capitule double	jaune brillant	Feuillage finement divisé. Fruits secs décoratif. Ne pas diviser.
Alchemilla erythropoda Alchemille erythropoda	25cm	25cm	☼☁	Pauvre, bien drainé	3	6 à 8	Grappe, boule	verdâtre	Croissance lente. Tourne à l'orange à l'automne.
Alyssum sp. / *Aurinia* Corbeille d'or	15 à 30cm	40cm	☼	Pauvre, sec, calcaire	3	4 et 5	Grappe, corymbe	jaune or	Tailler après floraison. Ne pas trop engraisser. Feuilles grises.
Anacyclus depressus Anacyclus déprimé	5cm	10cm	☼	Caillouteux, pauvre	4	5 à 7	Capitule, petite	blanc revers rouge	Mettre cailloux près de la couronne pour drainer. Texture fine.
Anacyclus pyrethrum Anacyclus pyrèthre	15cm	30cm	☼	Caillouteux, pauvre	4	5 à 7	Capitule, petite	blanc revers rouge	Ressemble à une camomille. Pétales se ferment le soir.
Anaphalis margaritace Immortelle indigène	65cm	50cm	☼	Pauvre, caillouteux	2b	7 à 9	Capitule, corymbe	blanc crème	Fleur à texture sèche au toucher. Feuilles linéaires vertes et grises. Colonie.
Anaphalis sp. Immortelles	20 à 60cm	30 à 50cm	☼	Pauvre, caillouteux	2b	7 à 9	Capitule, corymbe	blanc crème	Vraiment très résistant au sec. Fleur texture sèche. Feuilles fines, grisâtres.
Androsace carnea Androsace carnea	5cm	20cm	☼	Frais, drainé, pauvre	4	5 et 6	Grappe	blanc, rose	Rosette de feuilles linéaires garnies de jolies petites fleurs.
Androsace primuloides Androsace sarmenteuse	10cm	30cm	☼☁	Pauvre, frais, drainé	3	5 et 6	simple ou grappe	teintes roses	S'étend par stolons. Rosette velue argentée.
Androsace sempervivoides Androsace toujours vivace	5cm	20cm	☼☁	Pauvre, frais, drainé	3	4 et 5	Grappe de 4 à 10	Rose cœur rouge	Ses rosettes de feuilles sont vertes, luisantes.
Antennaria cana Antennaire cana	15cm	30cm	☼	Sec, bien drainé	3	6	Capitule	blanchâtre	Feuillage gris argenté. Tolère sol pauvre, calcaire ou acide.
Anthemis cretica var. *Carpatica* Camomille des carpates	20cm	40cm	☼	Maigre, drainé	3	7 et 8	Capitule	blanc cœur jaune	Florifère et lumineux. Feuillage vert-gris. Coussin plus compact.
Anthemis marschalliana Camomille rudolphie	40cm	50cm	☼	Maigre, drainé	3	6 à 8	Capitule	jaune	Coussin soyeux, argenté. Rabattre après floraison.
Anthemis sancti-johannis Anthémis de la Saint-Jean	45cm	40cm	☼	Pauvre, caillouteux	3	6 à 8	Capitule	jaune orangé	Plus compacte et florifère que la *tinctoria*. Vie plus courte aussi.
Anthemis tinctoria Camomille des teinturiers	60cm	50cm	☼	Pauvre, caillouteux	3	6 à 8	Capitule simple	jaune	Port lâche et fin. Autrefois utilisé pour la teinture. Vie courte.
Anthemis sp. Camomilles	15 à 70cm	40 à 60cm	☼	Maigre, drainé	3	7 et 8	Capitule	blanc, jaune	Feuillage fin. Pour aider la repousse, rabattre en fin d'été.
Arabis procurrens Arabette rampante	15cm	15cm	☼☁	Pauvre, sec	3	4 et 5	Grandes fleurs	blanc	Vigoureuse. Se propage par stolons. Aromatique.

VIVACES (suite)	H	L	☀	TYPE DE SOL	Z	MOIS	FORME	COULEUR	REMARQUES
Armeria juniperifolia Syn.: *Armeria caespitosa*	10cm	20cm	☀	Maigre, drainé	3b	5 et 6	Pompon, court	rose pâle	Feuillage à aiguilles persistantes. Coussin dense. Fissure.
Armeria maritima **Gazon d'Espagne**	20cm	40cm	☀	Pauvre, drainé	3	5 et 6	Pompons	blanc, rose	Touffe de gazon d'où jaillissent des pompons. Tapis pour bordure.
Arnica montana **Arnica de montagne**	40cm	40cm	⛅	Pauvre, drainé	5	5 à 7	Capitule	jaune or	Rosette velu d'où émergent des fleurs dorées. Médicinale. Aromatique.
Belamcanda chinensis **Belamcanda de Chine**	80cm	50cm	☀	Ordinaire, sec, pauvre	5	7 et 8	Coupe étoilée	orange cruivré	Fleur moustachée, se ressème. Longues feuilles glauques.
Catananche caerulea **Cupidone**	50cm	40cm	☀	Pauvre, sec, drainé	4	6 à 9	Capitule	bleu	Elle vit plus longtemps en sol sec et pauvre. Feuilles vert-gris.
Centaurea dealbata **Centaurées**	70cm	60cm	☀	Ordinaire, pauvre	3	6 et 7	Ligules frangées	Rose lumineux	Feuillage tout aussi joli que ses fleurs. Grisâtre au revers.
Centaurea hypoleuca 'John Coutts' **Centaurée** 'John Coutts'	50cm	50cm	☀⛅	Ordinaire, pauvre	3	7 à 9	Ligules frangées	Rose vif	Ressemble à *C.dealbata*. Floraison plus longue, tardive.
Centaurea simplicicaulis **Centaurée tige simple**	30cm	40cm	☀	Pauvre, calcaire	3	5 à 7	Capitule solitaire	rose lilacé	Rare. Tige florale rigide au dessus d'un coussin gris.
Centaurea sp. **Centaurées**	var.	var.	☀	Pauvre, calcaire, sec	3	var.	Capitule	bleu, rose, jaune	Certains à port buissonnant, d'autres dressés. Culture facile.
Centrathus ruber **Valériane des jardins rouge**	70cm	60cm	☀	Ordinaire, sec, drainé	4	6 à 8	Panicule dense	rouge carmin	Port lâche, rabattre après la floraison. Mur de pierre, massif.
Cerastium alpinum lanatum **Céraïste alpin**	5 à 10cm	30cm	☀	Graveleux, pauvre	4	5 et 6	Groupée 3 à 5	blanc	Tapissante et très dense. Beau feuillage gris laineux. Dense.
Cheiranthus allionii **Cheiranthus**	45cm	30cm	☀	Pauvre, perméable	4b	5 et 6	Grappe	doré	Bisannuelle. L'excès d'azote diminue la floraison. Sol drainé !
Delosperma sp. **Pourpier vivace**	10cm	40cm	☀	Pauvre, sec, drainé	5b	6 et 7	Capitule	jaune, rose	Résiste rarement aux hivers rigoureux. Feuilles cylindriques.
Diapensia lapponica **Diapensia arctique**	5cm	30cm	☀	Sec, pauvre	2	5 à 7	Solitaire, clochette	rosée	Tapis très ras pour régions froides. Chaque tige porte une fleur.
Douglasia laevigata ciliolata **Douglasia**	5cm	10cm	☀⛅	Sableux, pauvre	5	5	Tube évasée	rose carmin	Feuilles brillantes. Coussin. Dense comme une saxifrage. Délicate.
Echinops ritro **Boule azurée**	0,6 à 1,2m	40 à 60cm	☀⛅	Meuble, pauvre	3	7 à 9	Capitule globulaire	bleu acier	Contraste avec les jaunes de cette période de l'année. Feuilles grisâtres.
Epilobium sp. **Épilobe**	0,2 à 1m	40cm	☀⛅	Tous sols même très pauvre	2	6 à 9	Longue grappe	blanc, rose	Aiment les lieux incultes et les clairières. Port érigé, dressé.
Euphorbia sp. **Euphorbe** presque tous	var.	var.	☀⛅	Ordinaire, drainé	3	5 et 6	Bractée	jaune	Grande famille, tous à feuillage décoratif. Peu d'entretien.
Glaucium flavum **Pavot cornu**	30cm	40cm	☀	Pauvre, perméable	5b	5 à 8	Simple	jaune brillant	Joli feuillage frisé, bleuté. Intéressante dans les sols secs.
Hedysarum americanum **Sainfoin alpin**	30cm	60cm	⛅	Pauvre, sec, drainé	4	6 à 8	Grappe	violet pourpre	Pour lieux incultes, bord de cap. Feuilles composées. Gousses.
Hieracium maculatum 'Leopard' **Épervière** 'Léopard'	30cm	45cm	☀	Riche à pauvre	5	6 et 7	Capitule, composé	jaune	Feuilles allongées, pointues, vert-gris parsemées de taches pourpres.
Isatis tinctoria **Pastel des teinturiers**	0,5 à 1,5m	60 à 90cm	☀	Pauvre, chaud, sec	4	6	Grosse grappe vaporeuse	jaune moutarde	Bisannuelle. Feuilles type pissenlit, teinture bleu. Hampe florale 1,5m.
Jasione laevis / J. perennis **Jasione**	25cm	30cm	☀⛅	Pauvre, acide	4	7 et 8	Pompon ébouriffé	bleu brillant	Coussin, feuilles lanciolées, velues. Craint l'excès d'humidité.
Jovibarba hirta 'Rax' **Joubarbe** / Barbe de Jupiter	15cm	20cm	☀⛅	Très peu de terre	3	7 et 8	Étoilée	jaune	Rosette charnue pourpre. Ressemble à un sempervivum.
Lavandula sp. **Lavendes**	60cm	50cm	☀	Sec, drainé, calcaire	5	7	Épi odorant	mauve, rose	Aiment les lieux chauds et secs. Coussin grisâtre, fin, odorant.
Lavatera thuringiaca **Lavatère vivace**	1,8m	90cm	☀⛅	Perméable, profond	6	7 à 9	Coupe échancrée	blanc, rose	Rare. Rabattre à 15 cm au printemps. Peu rustique.

TYPES DE SOLS

VIVACES (suite)	H	L	☼	TYPE DE SOL	Z	MOIS ✿	FORME ✿	COULEUR ✿	REMARQUES
Leontopodium alpinum **Edelweiss**	10 à 15cm	25cm	☼	Pauvre, sec, calcaire	4	7 et 8	Bractée laineuse	blanc	Ne pas trop arroser. Aspect velu intéressant. Feuillage fin.
Leontopodium nivale **Edelweiss nain**	5 à 10cm	10 à 15cm	☼	Pauvre, sec, calcaire	4	7 et 8	Bractée laineuse	blanc	Forme très naine du *Leontopodium*.
Lychnis viscaria / Viscaria vulgaris **Attrape-mouches**	45cm	40cm	☼☁	Sec, pauvre	3	6 et 7	Panicule lâche	rose carmin	Coussin bas, fleurs sur tiges raides. Culture délicate.
Malva moschata **Mauve musquée**	70cm	50cm	☼	Ordinaire, sec	3	6 à 9	Grappe lâche	blanc, rose	Touffe plus ou moins stable. Se ressème abondamment.
Malva sylvestris **Grande mauve**	1,2m	60cm	☼	Ordinaire à riche	4	6 à 9	Grappe lâche	mauve, rose	Attention à la rouille en sol trop sec. Spectaculaire. Port stable.
Marrubium sp. **Marrube**	25cm	45cm	☼	Pauvre, sec, drainé	4	6 et 7	Pompon groupé	lilas	Feuillage intéressant, épais, vert-grisâtre. Coussin tapissant.
Mertensia maritima ssp. asiatica **Mertensia maritime**	15cm	40cm	☁	Sableux, rocailleux	3b	6 et 7	grappe panicule	bleu rose	Feuillage plutôt rond, lisse gris-bleu. Rosette persistante.
Mertensia pterocarpa v. yezoensis **Mertensia yezoensis**	30cm	30cm	☁	Sableux, rocailleux	3	5 et 6	grappe panicule	bleu rose	Beau feuillage bleuté à reflet violet. Ne rentre pas en dormance.
Mertensia virginica **Mertensia de Virginie**	60cm	30cm	☁	Sableux, rocailleux	3	5	grappe panicule	bleu rose	Feuilles de souris, rondes, bleu-vert. Rendre en dormance à l'été.
Oenothera remontii **Oenothera fremontii 'Silver Wings'**	15cm	30cm	☼	Léger, drainé, pauvre	4	6 à 9	Coupe	jaune doré	Fleurs s'ouvrent en fin de journée. Feuilles lancéolées gris-vert.
Origanum dictamnus **Dictame de crète**	15cm	30cm	☼	Bien drainé	8	6 et 7	Bractée enfilée	rose lilas	Vivace tendre. Tiges arquées à feuilles laineuses gris-blanc.
Origanum laevigatum **Orégan ornemental 'Herrenhausen'**	45cm	30cm	☼	Pierreux, drainé	8	7 et 8	Grappe	lilas pâle à pourpre	Feuillage pourpre-rougeâtre, s'accentuant à l'automne. Vivace tendre.
Oxytropis halleri **Astragale de Haller**	5 à 10cm	10 à 30cm	☼	Prairie pauvre	4	7 et 8	Groupé en tête	bleu puis pourpre	Feuilles pennées 10 à 15 paires de folioles. Rampant, fleurs dressées.
Potentilla alba **Potentille blanche**	20cm	40cm	☼☁	Pauvre, sec, chaud	5	5 à 7	Groupé par 3	blanc	Port coussiné non stolonifère, feuilles composées elliptiques.
Potentilla atrosanguinea **Potentille de l'Himalaya**	40cm	50cm	☼	Ordinaire à pauvre	4	7 à 9	Grande	rouge	Feuillage gris-vert soyeux. Grandes fleurs.
Potentilla nepalensis **Potentille du Népal**	40cm	50cm	☼	Ordinaire à pauvre	2b	6 à 8	Moyenne	rose, rouge	Rabattre après 1ère floraison. Touffe étalée, vert-grisâtre.
Potentilla nitida **Potentille nitida**	15cm	30cm	☼	Pauvre, drainé	4	5 à 7	6 pétales, coupe	rose	Petites feuilles 3 dents, très jolies. Étamines visibles. Superbe.
Primula sinopurpurea **Primevère pourpre de Chine**	10cm	5cm	☼☁	Frais	5	5	Trompette étoilée, penchée	pourpre	Feuilles élancées, érigées d'où émergent des hampes de fleurs
Pterocephallus perennis **Pterocephallus parnassii**	5cm	30cm	☼	Calcaire, drainé	5	7 et 8	Capitule	rose pâle	Scabieuse naine qui tolère un sol maigre. Coussin grisâtre.
Ratibida pinnata **Chapeau mexicain**	1 à 1,3m	45cm	☼	Fertile à pauvre, drainé	3	7 à 9	Capitule haut, ligule tombant	jaune cœur brun	Jardin champêtre. Tolère sols pauvres. Léger parfum d'anis.
Ruta graveolens **Rue**	50cm	30cm	☼	Pauvre, sec	4	5 à 7	Sans intérêt	jaune	Odeur désagréable, mais beau feuillage découpé, glauque.
Salvia officinalis 'Berggarten' **Sauge de jardin 'Berggarten'**	60cm	45cm	☼	Pauvre, sec	5	6 à 8	Sans intérêt	bleu lilas	Herbe fine utilisée pour son beau feuillage gris-vert, doux, large.
Salvia officinalis tricolor **Sauge commune tricolor**	60cm	45cm	☼	Pauvre, sec	4	6 à 8	Sans intérêt	bleu lilas	Classé fine-herbe, mais tellement décorative.
Salvia officinalis purpurascens **Sauge commune pourpre**	60cm	45cm	☼	Pauvre, sec	4	6 à 8	Sans intérêt	bleu lilas	Une autre herbe fine à utiliser pour décorer nos jardins.
Sisyrinchium angustifolium **Bermudienne**	20cm	30cm	☼	Caillouteux, drainé	3	6 et 7	Groupe de 6 à 8	bleu violacé	Feuilles bleutées comme celui d'un Iris mais beaucoup plus petites.
Sphaeralcea coccinea **Fausse mauve / Malvastrum**	30cm	50cm	☼	Graveleux, drainé	2	6 et 7	groupe de 2	orangé à rouge	Plante des Rocheuses pour rocaille sèche. Feuilles glauques.

VIVACES (suite)	H	L	☀	TYPE DE SOL	Z	MOIS	FORME	COULEUR	REMARQUES
Tanacetum densum amnii **Tanaisie dense**	25cm	30cm	☀	Ordinaire, drainé	4	6 à 8	Petit pompon	jaune	Cultivé pour son feuillage fin, argenté, velouté. Attire papillons.
Tanacetum niveum **Tanaisie blanche**	60cm	60cm	☀	Ordinaire, drainé	3	7 à 9	Brouillard capitule	blanc	Spectaculaire, milliers de fleurs blanches. Feuilles grises.
Tanacetum parthenium 'G. Moss' **Tanacetum** 'Golden Moss'	30cm	30cm	☀	Ordinaire, drainé	4	7 et 8	Capitule pompon	jaune	Feuillage compact, très découpé, d'un beau jaune-lime. Ôter fleurs.
Tanacetum vulgare **Tanaisie commune**	90cm	60cm	☀☁	Ordinaire, drainé	3	7 et 8	Capitule pompon	jaune	Très vigoureuse, aromatique. Feuilles découpées. Grande colonie.
Tanacetum vulgare 'Crispum' **Tanaisie commune crispée**	90cm	50cm	☀☁	Pauvre, drainé	3	7 à 9	Pompon très dense	jaune	Feuillage aromatique, crispé, très découpé, plus décoratif que le commun.
Thymus sp. **Thyms**	5 à 20cm	15 à 40cm	☀	Maigre, sec	3	var.	Masse, petite	blanc à pourpre	Bien choisir leur endroit, car elles peuvent envahir ! Tapis.
Townsendia alpina **Townsendia Alpin**	2 à 5cm	3cm	☀☁	Poreux, caillouteux	3	5 et 6	Ligulée, acaule	rose	Petite rosette de feuilles d'où émerge une large fleur acaule.
Townsendia rothrockii Syn.: *Townsendia formosa*	5cm	10cm	☀	Sableux, chaud	3	5 et 6	Ligulée, acaule	blanc, rose pâle	Ressemble à un aster nain. Très ras. Craint l'humidité l'hiver.
Verbascum bombyciferum 'Arctic S.' **Molène** 'Arctic Summer'	150cm	50cm	☀	Pauvre, sec, chaud	3 et 4	6 et 7	Épi laineux	jaune vif	Sa hauteur et couleur argentée ne passent pas innaperçues.
Verbascum 'Jackie' **Verbascum** 'Jackie'	40 à 60cm	40 à 60cm	☀☁	Très sec, drainé	4	6 à 9	Épi ramifiés	rose ou saumon	Variété compacte. Feuilles duveteuses, plutôt grisâtres.
Verbascum olympicum **Verbascum olympic**	2m	1m	☀	Sec, chaud	3 et 4	7 et 8	Épi ramifiés	jaune	Bisannuelle. Immenses épis ramifiés. Feuilles larges, grisâtres.
Verbascum phoeniceum **Molène pourpre**	0,5 à 1m	45cm	☀☁	Tous sols drainés	4	6 et 7	Épi large	blanc, pourpre violacé	Plusieurs variétés, toutes très jolies. Rosette feuilles étalées.
Veronica cinerea **Véronique cendrée**	10cm	15cm	☀	Pauvre, sec, drainé	4	5 et 6	Petites grappes	bleu, rosé	Feuillage étroit, gris-vert. Coussin rampant. Culture facile.
Veronica rupestris / V. prostata **Véronique prostrée**	5 à 10cm	20 à 30cm	☀	Pauvre, sec, drainé	4	6	Grappe abondante	bleu, rose	Coussin de petites feuilles surmontées de grappes allongées.

GRAMINÉES	H	L	☀	TYPE DE SOL	Z	MOIS	FORME	COULEUR	REMARQUES
Andropogon scoparius / Schizachyr. s. **Andropogon**	1m	30cm	☀	Pauvre, sec	4	7 et 8	Épillet épars soyeux	vert foncé	Graminée érigée, évasée. Pour prairies fleuries.
Arrhenatherum **Avoine à chapelet**	30cm	20cm	☀☁	Maigre, plutôt frais	4	6 et 7	Sans intérêt	vert	Feuillage glauque, panaché de blanc.
Arrhenatherum bulbosum 'Variegata' **Arrhénahtère bulbeuse panaché**	40cm	50cm	☀☁	Pauvre, frais	4	6 et 7	Sans intérêt	vert et blanc pur	Feuilles rubanées, érigées puis arquées. Diviser régulièrement.
Briza media **Hochet du vent**	60cm	40cm	☀☁	Maigre	4	6 et 7	Épi pleureur	vert	Pour rocaille sauvage ou fleurs séchées.
Koeleria glauca **Koéléria bleuté**	30cm	30cm	☀	Pauvre, caillouteux	4	5 à 7	Épi	doré	Joli contraste entre feuilles bleutées et épis dorés.
Koeleria cristata **Koéléria crête-de-coq**	20 à 30cm	20 à 30cm	☀	Léger, caillouteux	4	7 à 9	Épi doré	vert	Couper les épis avant qu'ils ne mûrissent.
Melica ciliata **Mélique** / Herbe aux perles	30 à 50cm	25cm	☀	Sec et pauvre	5	5 à 7	Épi dense	argenté	Feuillage fin. Pour jardin champêtre ou grande rocaille.
Poa chaixii **Pâturin chaixii**	80cm	80cm	☀☁	Maigre, frais à sec	5	6 et 7	épis	vert clair	Donne du relief aux jardins ombragés. Sous-bois, massif.

FOUGÈRES	H	L	☀	TYPE DE SOL	Z	MOIS	FORME	COULEUR	REMARQUES
Dryopteris fragrans **Dryoptère fragrante**	15cm	10cm	☀☁	Pauvre, calcaire, rocheux	1	—	—	Vert moyen	Port très érigé. Frondes dentelées. Odorant calcaire ou pauvre.

TYPES DE SOLS

ANNUELLES	H	L	☀	TYPE DE SOL	Z	MOIS ✿	FORME ✿	COULEUR ✿	REMARQUES
Amaranthus sp. **Amaranthes**	0,5 à 1,5m	50 à 75cm	☀	Pauvre, drainé	—	7 à 9	Épis	rouge, jaune	Plusieurs variétés : érigées, ou cascades, feuilles tricolores, bronze...etc.
Calendula officinalis **Souci des jardins**	30cm	30cm	☀☁	Ordinaire, pauvre	—	6 à 9	Pompon plat	jaune orange	Une annuelle médicinale, comestible et facile.
Clarkia elegans **Clarkie élégante**	60 à 90cm	30cm	☀☁	Pauvre, sec	—	7 à 9	Simple, double	Teintes de roses	Les fleurs sont sur des grappes allongées. Tiges feuillées hautes.
Crepis ruber Syn. : *Barkhausia ruber*	30cm	20cm	☀	Pauvre, drainé	—	7 à 9	Capitule pompon	rose, rouge	Ressemble à un pissenlit rose. Bordure de rocaille.
Dyssodia tenuiloba **Dyssodia**	20cm	10cm	☀	Pauvre, froid	—	6 à 9	Petites capitules	jaune	Minuscules marguerites sur des feuilles de fougères. Jolie.
Echium plantagineum **Vipérine faux-plantain**	30cm	30cm	☀	Léger, pauvre, sec	—	6 à 9	Clochette tubulée	bleu à rose	Ne pas trop arroser lorsqu'installée. Rare. Port érigé ± discipliné.
Eschscholtzia californica **Pavot de Californie**	30cm	30cm	☀	Ordinaire, pauvre	—	6 à 9	Coupe soyeuse	rose jaune orange	Beau feuillage bleuté et texturé. Semer en tapis.
Fines herbes Annuelles ou vivaces	var.	var.	☀	Pauvre, plutôt sec	—	7 et 8	var.	var.	Les herbes ont meilleure saveur dans un sol pas trop riche.
Lavatera trimestris **Lavatère à grandes fleurs**	30 à 90cm	20 à 40cm	☀	Peu exigeant, drainé	—	7 à 9	Coupe satiné	blanc, rose	Grande fleur type hibiscus. Feuilles type malva. Semi direct.
Malcolmia maritima **Julienne de Mahon**	30cm	15 à 20cm	☀☁	Peu fertile, drainé	—	6 à 9	Grappes éparses	blanc, rose jaune, lilas	Ressemble à la *Matthiola longipetala* mais à floraison diurne.
Malope trifida **Malope**	90cm	30cm	☀☁	Léger, pauvre, drainé	—	7 à 9	Coupe peu profonde	teintes de roses	Port pyramidal. Feuilles formes variables, ovales à lobées.
Matthiola incana **Giroflée des jardins**	25 à 35cm	30cm	☀☁	Peu fertile, drainé	—	6 à 9	Grappe simple ou double	var.	Érigé, feuilles grises. Odeur clou de girofle. Taille régulière des fleurs fanées.
Matthiola longipetala ssp. *bicornis* **Giroflée grecque**	30 à 45cm	15 à 20cm	☀☁	Peu fertile, drainé	—	7 à 9	Grappes éparses	lilas, violet	Une giroflée à parfum et fleurs nocturnes. Feuilles grisâtres, tiges entremêlées.
Mesembryanthemum **Lunette** / **Plante cailloux**	15cm	20cm	☀	Pauvre, drainé	—	7 à 9	Composé rayon	var. brillante	Beau en couvre-sol entre les pavés. Feuillage succulent.
Orlaya grandiflora **Caucalis à grandes fleurs**	75cm	40cm	☀	Riche ou pauvre	—	7 à 9	Dôme d'ombelles	blanc	Les fleurs extérieures du dôme ont des pétales, le centre non. Nouveau.
Papaver rhoeas **Coquelicot**	45cm	25cm	☀	Fertile à pauvre	—	6 à 9	Grande, simple	blanc, rose, rouge	Un sol drainé mais pas trop chaud, plutôt frais. Port lâche.
Phacelia campanularia **Phacélie campanulaire**	25cm	20cm	☀	Sablonneux, pauvre	—	5 et 6	Cloche ouverte	bleu lavande	Aime les journées chaudes et les nuits fraîches.
Portulaca grandiflora **Pourpier à grandes fleurs**	15cm	20cm	☀	Pauvre, drainé	—	6 à 9	Simple, double	var.	Sert souvent de couvre-sol entre les pavés et pierres.
Saponaria vaccaria Syn. : *Saponaria senegalis*	40 à 60cm	30cm	☀	Peu exigeant	—	7 et 8	Cyme lâche	rose	Port ramifié, grêle, peu feuillé. Semis direct. Tolère sol pauvre.
Silybum marianum **Chardon** 'Ste-Marie'	2m	90cm	☀	Pauvre, calcaire, sec	7	7 à 9	Fleur de chardon	rose pourpre	Vivace tendre aux feuilles dentelées, épineuses, marbrées d'argent. Dressé.
Tropaeolum majus **Petite capucine grimpante**	30cm	60cm	☀☁	Souple, pauvre	—	6 à 9	Courte trompette	jaune à rouge	Ne pas trop fertiliser. Laisser sécher entre les arrosages.
Tropaeolum majus 'Alaska' **Capucine** 'Alaska'	30cm	60cm	☀☁	Souple, pauvre	—	6 à 9	Courte trompette	jaune à rouge	La variété Alaska a un beau feuillage panaché. Comestible.
Verbena bonariensis **Verveine de Buenos Aires**	1,2m	70cm	☀☁	Chaud, sec	5b	6 à 9	Ombelle	pourpre lilas	Port vaporeux, grands massifs. Se ressème. Sol pauvre ou riche.
Xeranthemum annuum **Immortelle de Provence**	50 à 80cm	30 à 50cm	☀	Pauvre	—	6 à 9	Capitule de papier	blanc, rose	Ressemble à l'*accroclinum*. Pour fleurs séchées.

ANNUELLES (suite)	H	L	☀	TYPE DE SOL	Z	MOIS ✿	FORME ✿	COULEUR ✿	REMARQUES
Zinnia angustifolia **Zinnia du Mexique**	30cm	30cm	☀	Riche ou pauvre, drainé	—	6 à 9	Capitule simple	blanc cœur jaune	Supporte bien les sols secs. Très belle bordure ou massif.

GRIMPANTE (Annuelles)	H	L	☀	TYPE DE SOL	Z	MOIS ✿	FORME ✿	COULEUR ✿	REMARQUES
Tropaeolum peregrinum **Capucine des canaris**	40cm	2,5m	☀ ☁	Pauvre, souple	—	6 à 9	Pétale lacinié	jaune	Grimpante annuelle. Ne pas engraisser.

⚜ indique plante indigène ou naturalisée.
🍃 indique plante potentiellement envahissante !

TYPES DE SOLS

PLANTES POUR SOLS LOURDS

ARBRES	H	L	☼	TYPE DE SOL	Z	MOIS	FORME	COULEUR	REMARQUES
Acer freemanii x 'Armstrong' **Érable freeman** 'Armstrong'	13 à 15m	5 à 8m	☼☁	Peu exigeant	4b	5	Sans intérêt	blanc	Port colonnaire. Branches dressées. Feuilles 5 lobes vert. Lent.
Acer negundo **Érable à Giguère** ⚜	15m	14m	☼☁	Tolère tous les sols	2b	—	—	—	Port globulaire, étalé. Très rapide. Pour lieux défavorables. + ou - esthétique.
Acer rubrum ⚜ **Érable rouge** / Plaine	15 à 20m	15m	☼☁	Acide, humide, lourd	3	4 et 5	Grappe avant feuilles	rouge	Intéressante pour lieu très humide. La pollution l'affecte. Pyramidal.
Acer rubrum 'Armstrong' **Érable rouge** 'Armstrong'	13m	5m	☼	Acide, humide, lourd	4b	—	—	—	Port érigé, colonnaire. Feuilles 3 lobes. Tourne rouge vif. Rapide.
Acer rubrum 'Columnare' **Érable rouge colonnaire**	12m	3m	☼	Acide, humide, lourd	5a	—	Sans intérêt	rouge	Très fastigié, colonnaire. Supporte la pollution. Tourne bronze.
Acer rubrum 'Northwood' **Érable rouge** / Plaine 'Northwood'	15m	10m	☼	Acide, humide, lourd	4	—	Sans intérêt	rouge	Intéressant par sa rusticité et son rouge écarlate à l'automne.
Acer rubrum 'Red Sunset' **Érable rouge** 'Red Sunset'	15m	5m	☼	Acide, humide, lourd	4	4 et 5	Grappe	rouge	Feuillage dense, vert clair lustré tournant rouge. Rapide, fragile.
Acer rubrum 'Schlesingeri' **Érable rouge** 'Schlesingeri'	15m	15m	☼	Acide, humide, lourd	4a	5	Grappe	rouge	Port globulaire. La pollution l'affecte. Grandes feuilles. Écarlate.
Betula utilis jacquemontii **Bouleau** 'Jacquemontii'	13m	10m	☼	Sableux à argileux	5a	—	Sans intérêt	—	Port pyramidal. Peu sensible à la mineuse. À l'abri des vents.
Crataegus lavallei / *C. carrieri* **Aubépine lavallei**	7m	6m	☼	Profond, frais, argileux	5b	6	Corymbe	blanc	Port ovoïde, compact. Feuilles ovales. Maladif. Rouge bronze.
Malus sp. **Pommetiers décoratifs**	2 à 7m	2 à 5m	☼	Fertile, frais, drainé	2 à 5a	5 et 6	Simple ou double	Pommette rouge	Pour endroit restreint. Attirent les oiseaux. Tolèrent sols lourds.
Populus sp. **Peupliers**	15 à 20m	4 à 10m	☼	Argileux à sableux	2b	—	Sans intérêt	—	La plupart tolèrent très bien un sol argileux. Disponibilité faible.
Salix alba **Saule blanc** / Saule argenté	20 à 25m	20m	☼	Plutôt lourd, frais	4	—	Chatons salissants	—	Pour grands espaces et lieux humides. Attention aux racines !
Sorbus aucuparia 'Rossica' **Sorbier des oiseaux** 'Rossica'	12m	7m	☼☁	Peu exigeant, argileux	3	5	Corymbe	blanc	Port pyramidal, évasé. Spectaculaire coloris rouges à l'automne. Fruits.
Ulmus americana **Orme blanc d'Amérique**	25m	20m	☼	Plutôt argileux, frais	2a	—	Sans intérêt	—	Large éventail, majestueux. Sujet à la maladie hollandaise.

ARBUSTES	H	L	☼	TYPE DE SOL	Z	MOIS	FORME	COULEUR	REMARQUES
Caragana sp. **Caraganier**	2m	1,5m	☼☁	Fertile, plutôt sec	2	5 et 6	Fleur de pois	jaune pâle	Peut accepter les sols lourds. Peu exigeant.
Chaenomeles sp. **Cognassiers**	1 à 1,5m	1m	☼	Argileux, frais	5b	5	Globulaire	rouge orangé	Tailler après floraison. Étalé, dense. Protection hivernale.
Cornus alba sp. **Cornouillers blancs**	1,5 à 2m	1 à 2,5m	☼☁	Sec à humide	2	5 et 6	Cyme	blanc crème	Préfère sols humides, supporte sols secs ou lourds. Versatile.
Deutzia gracilis **Deutzia gracile**	50 à 90cm	70 à 90cm	☼☁	Argileux, frais	4	6 et 7	Grappe érigée	blanc pur	Port compact, arqué vert foncé à feuilles dentées. Peu florifère.
Deutzia x hybrida 'Pink-a-Boo' **Deutzia** 'Pink-a-Boo'	1m	1m	☼☁	Riche, plutôt lourd	5	6 et 7	Grappe ronde	bicolore	Port compact, branches arquées fleurs roses et blanches.
Deutzia parviflora **Deutzia à petites fleurs**	1,8m	1,5m	☼☁	Riche, plutôt lourd	5a	6 et 7	Grappe érigée	blanc pur	Port diffus, quelquefois en haie. Fleurs rares au Québec.
Lonicera sp. **Chèvrefeuilles**	2 à 5m	1 à 1,5m	☼☁☂	Sec à humide	2 à 5b	5 et 6	Tube pétalé	crème rose	S'adapte également aux sols lourds. Haie populaire.
Malus 'Jan Kuperus' **Pommetier décoratif** 'Jan Kuperus'	4,5m	1,5m	☼☁	Supporte sol argileur	2	5	Simple	rouge violacé	Port étroit, vigoureux, variété convenant à ce type de sol.

TYPES DE SOLS

ARBUSTES (suite)	H	L	☀	TYPE DE SOL	Z	MOIS ✿	FORME ✿	COULEUR ✿	REMARQUES
Philadelphus viginalis Seringat Virginal	0,7 à 2m	1 à 1,2m	☀☁	Peu exigeant, frais	3	5 et 6	Grappe odorante	blanc pur	Port érigé. Parfum d'oranger. Tolère calcaire et même lourd.
Salix elaengnos / *S. incarna* Saule drapé / Saule chalef	3 à 4m	2m	☀☁	Lourd, humide	4a	4 et 5	Chaton	jaunâtre	Forme une haie si rabattue au 3 ans. Feruillage vert et argent.
Sambuscus canadensis Sureau du Canada ⚜	4m	3m	☀☁☁	Peu exigeant, frais	3	7	Corymbe	blanc	Pour sous-bois, écran, naturalisation, massif. Port évasé.
Sambuscus nigra Sureau noir	4m	4m	☀☁	Peu exigeant, frais	4b	7	Grand Corymbe	blanc	Le plus odorant. Plus ou moins rustique. Très adaptable.
Syringa prestoniae sp. Lilas de Preston	2 à 3m	1,25 à 2m	☀	Riche, plutôt lourd	2	6 et 7	Panicule parfumé	teintes roses	Pas pour longue haie mais pour un bel écran. Ne drageonne pas.
Viburnum opulus sp. Viorne obier	0,6 à 4m	4m	☀☁	Tous sols frais	2	6	Grosse, corymbe	blanc	Feuilles trilobées vertes en été, puis rouges. Pas de fruits. Maladif.
Viburnum trilobum sp. ⚜ Viorne trilobée / Pimbina	1,5 à 4m	1,5 à 3m	☀☁	Fertile, plutôt lourd	2	6	Cyme	blanc pur	Belle teinte rouge pourpre à l'automne. Fruits comestibles.
Viburnum trilobum 'Alfredo' Viorne trilobée 'Alfredo'	1,5m	1,5m	☀☁	Fertile, lourd, frais	2a	6	Cyme	blanc pur	Port arrondi, dense. Feuilles type érable. Belle haie résistante.
Vibrunum trilobum 'Bailay compact' Vione trilobée compacte 'Bailay'	1,5m	1,5m	☀☁	Fertile, lourd, frais	2a	6	Cyme	blanc pur	Belle haie plus intéressante et plus colorée que *Compactum*.
Viburnum trilobum compactum Viorne trilobée compacte	1,5m	1m	☀☁	Fertile, lourd, frais	2a	6	Cyme rare	blanc pur	Populaire pour haie libre. Peu stable et plutôt maladif.
Weigela sp. Weigela variétés rustiques	0,6 à 1m	0,6 à 1m	☀	Peu exigeant, fertile	3 à 4b	6 et 9	Clochette	rose rouge	Accepte les sols argileux mais drainés. Floraison prolongée.
Xanthorhiza simplicissima Santhorhiza à feuilles de céleri	0,5m	1m	☁☁	Argileux, drainé	5	5 avant feuille	Étoilée, panicule	brun rouge	Diviser au printemps pour le limiter. Semi-rampant dense. Rare.

ARBUSTES PERSISTANTS	H	L	☀	TYPE DE SOL	Z	MOIS ✿	FORME ✿	COULEUR ✿	REMARQUES
Cotoneaster horizontalis sp. Cotonéaster rampant	15 à 80cm	1 à 1,5m	☀	Fertile, drainé	5	5	Solitaire	rose	Petites feuilles rondes, lustrées vertes, tournent rouges. Fruits.
Pyracantha coccinea Buisson ardent	1m	1,5m	☀☁	Argileux, drainé	6a	5	Sans intérêt	blanc	Sous climat propice, il semble en feu avec ses fruits rouges.

CONIFÈRES	H	L	☀	TYPE DE SOL	Z	MOIS ✿	FORME ✿	COULEUR ✿	REMARQUES
Abies koreana Sapin de Corée	10m	3m	☀	Riche, frais	4	—	—	—	Pyramidal, très régulier. Cônes décoratifs. Tolère sol argileux.
Chamaecyparis pisifera sp. Faux-cyprès de Sawara	1 à 2,5m	1 à 1,5m	☀	Consistant, frais, drainé	4b	—	—	—	Feuillage plutôt plumeux, souvent pleureur.
Juniperus rigida 'Pendula' Genévrier rigide pleureur	5m	4m	☀	Normal à lourd, frais	5	—	—	—	Branches étalées à rameaux pendants, retroussés. Gracieux.
Larix decidua sp. Mélèze d'Europe	var.	var.	☀☁	Sablonneux, drainé	3b	—	—	—	Tolérant aux innondations et aux sols lourds.
Picea abies 'Acrocona' Épinette de Norvège	3m	1,25m	☀	Argileux, frais	4a	—	—	—	Port conique large, Ramure dense, retombante. Cônes rouges.
Picea abies 'Cupressina' Épinette de Norvège 'Cupressina'	10m	3m	☀	Sablo-argileux	3	—	—	—	Port très étroit. Passe du vert foncé au vert bleuté en hiver.
Picea abies 'Frohburg' Épinette prostrée 'Frohburg'	50cm	3 à 4m	☀	Humide, plutôt argileux	3b	—	—	—	Cultivar pleureur, rampant avec centre plus haut. Texture ± fine.
Picea abies 'Procumbens' Épinette 'Procumbens'	50 à 80cm	1 à 2m	☀	Humide, plutôt argileux	3	—	—	—	Port étalé. Extrémités des branches se relèvent à angle de 45°.
Picea abies 'Prostrata' Épinette prostrée	50cm	1,5m	☀	Humide, plutôt argileux	3	—	—	—	Ressemble au précédent mais l'extrémité est moins relevée.

CONIFÈRES (suite)	H	L	☀	TYPE DE SOL	Z	MOIS ✿	FORME ✿	COULEUR ✿	REMARQUES
Picea abies 'Pumila' **Épinette naine**	60cm	2m	☀	Humide, plutôt argileux	3	—	—	—	Petit coussin puis s'étale avec l'âge. Il existe aussi une variété bleue.
Picea abies 'Pseudoprostrata' **Épinette pseudoprostrée**	60cm	1,5m	☀	Humide, plutôt argileux	3	—	—	—	Forme un coussin puis s'étale avec l'âge. Vert moyen.
Picea abies nidiformis **Épinette nid d'oiseau**	1m	1,8m	☀	Plutôt argileux	2b	—	—	—	Bonne disponibilité. Peu de taille. Rustique.
Picea abies nidiformis 'Little Gem' **Épinette 'Little Gem'**	30 à 80cm	30 à 80cm	☀	Plutôt argileux, frais	5	—	—	—	Forme dense, plus arrondie et plus fragile que l'espèce.
Picea asperata 'Pendula' **Épinette de Chine pleureuse**	5m	2m	☀	Humide, tolère sol lourd	4	—	—	—	Port inégal, branches dans toutes directions avec rameaux pleureurs.
Thuya standshii **Cèdre du Japon**	10m	10m	☀☁	Profond, argileux, frais	5b	—	—	—	Port ± conique, large. Jeunes pousses ± retombantes. Abriter.

GRIMPANTS	H	L	☀	TYPE DE SOL	Z	MOIS ✿	FORME ✿	COULEUR ✿	REMARQUES
Apios americana ⚜ **Patate en chapelet**	7m	1m	☀☁	Rivage argileux	3	7 à 10	Grappe parfumée	rose à marron	Feuillage décoratif composé de 5 à 7 folioles. Comestible.
Humulus lupulus sp. **Houblon**	5 à 7m	2m	☀	Riche, profond, frais	4	7 et 8	Femelle en cône	verdâtre	Rentre dans la composition de la bière. S'adapte au sol argileux.
Schizophrragma hydrangeoides **Fausse hydrangée grimpante**	6 à 9m	3,5m	☀☁	Argileux, riche, humide	5	6 et 7	Corymbe fertile stérile	blanc crème	S'agrippe seul. Feuilles opposées, ovales, dentées. Grimpant ramifié.
Wisteria floribunda **Glycine du Japon**	5 à 10m	4 à 8m	☀	Frais, argileux, drainé	5b	5 et 6	Grappe pendante	blanc, rose, bleu	Très odorant. Lent à s'établir. Fleurit peu au Québec. Toxique.

VIVACES	H	L	☀	TYPE DE SOL	Z	MOIS ✿	FORME ✿	COULEUR ✿	REMARQUES
Aceriphyllum rossii **Aceriphylle**	25cm	30cm	☁	Argileux, frais	5	5	Panicule de cyme	blanc rosé	Rare. Protéger l'hiver. Feuilles palmées 5 lobes. Touffe compacte.
Aegopodium podagraria 'Variegatum' **Herbe aux goutteux** 🌿	40cm	30cm	☀☁	Tous les sols	3	6 et 7	sans intérêt	blanc	Son feuillage panaché illumine les endroits sombres. Facile.
Ajuga reptans sp. **Bugle**	15cm	40cm	☀☁	Frais, humide, drainé	3	5	Petits épis	bleu, rose	Feuillage intéressant après la floraison. Croissance rapide.
Amsonia hubrectii **Amsonie d'Arkansas**	75 à 90cm	60cm	☀☁	Lourd, humide	5	5 et 6	Fleur étoilée	bleu pâle	Long feuillage effilé tourne vraiment doré à l'automne.
Amsonia tabernaemontana **Amsonie étoile bleue**	60cm	45cm	☀☁	Lourd, humide	4	5 à 7	Fleur étoilée	bleu	Très beau en massif. Belle couleur d'automne. Vigoureux.
Anemone canadensis ⚜🌿 **Anémone du Canada**	30cm	40cm	☀☁	Ordinaire	3	6 et 7	Solitaire, massif	blanc	Couvre-sol vigoureux à feuillage palmé attrayant.
Anemone hupehensis japonica **Anémone d'automne**	0,9 à 1,2m	45cm	☀☁	Peu exigeant, drainé	5	9 et 10	Simple, double	rose, blanc	Port plutôt relâché, feuilles composées, palmées.
Arnebia pulchra **Fleur des prophètes**	25cm	30cm	☁	Argileux, frais	5b	4 et 5	Grappe dressée	jaune tache noire	Coussinet à petites feuilles lancéolées. Semence rare.
Aruncus dioicus **Barbe de bouc**	1,25m	1m	☀☁	Argileux, acide, frais	3	6 et 7	Panicule fournie	blanc crème	Pour grand massif ombragé. Impressionnant et gracieux.
Aster alpinus **Aster des Alpes**	30cm	40cm	☀	Léger, drainé	3	5	Capitule	rose, bleu	Tolère les sols lourds mais frais. Vie 3 à 4 ans. Sensible au blanc.
Aster dumosus **Aster d'automne**	30 à 40cm	30 à 40cm	☀☁	Humide, drainé	3b	8 et 9	Capitule	rose, bleu	Tolère les sols lourds mais drainés. À tuteurer.
Aster novae-angliae **Aster de Nouvelle-Angleterre**	1 à 1,5m	70cm	☀	Ordinaire, frais	3	8 à 10	Capitule	violet, rose	Port imposant, dressé, évasé et stable. Feuilles trifoliées, bleutées.
Astrantia major **Astrance**	70cm	40cm	☀☁	Riche, frais, même argileux	4	7 et 8	Ombelle, bractée	blanc à pourpre	Intéressante pour sa longue floraison. Feuilles 3 à 5 lobes.

VIVACES (suite)	H	L	☀	TYPE DE SOL	Z	MOIS ✿	FORME ✿	COULEUR ✿	REMARQUES
Bergenia cordifolia Bergenie	50cm	30cm	☀☁	Humide à sec, tous	3	5 et 6	Grappe	rosé	Beau feuillage lustré. Grande colonie. Tolère sols argileux. Rougit.
Calla palustris ⚜ Souci d'eau	30 à 40cm	25cm	☁	Marécageux, acide, lourd	2	6	Forme de spatule	blanc	Baie décorative, toxique. Plante à rhizome. Feuilles en cœur rampantes.
Caltha palustris ⚜ Populage des marais	30cm	25cm	☀☁	Inondé à humide	3	5 et 6	Simple, double	blanc, jaune	Aime les bords de pièce d'eau marécageux. Feuilles attrayantes.
Campanula formanekiana Campanule formanekiana	15 à 25cm	15cm	☀☁	Argileux, drainé	3b	6 et 7	Grosse, cloche	blanc, bleuté	Bisanuelle, se ressème facilement. Auge, fissure, rocaille.
Campanula lactifolia macrantha Campanule à cloches géantes	0,9 à 1,2m	30 à 60cm	☀☁	Riche, consistant	3	6 à 8	Grosse, tubulée	blanc, violet	Ce sont des plants robustes et solides pour fond de massif.
Campanula persicifolia Campanule à feuilles de pêcher	0,6 à 1,2m	30 à 40cm	☀☁	Consistant, drainé	3	6 à 8	Cloche ouverte	blanc, bleu	Croît lentement, attendre 3 à 5 ans pour diviser. Long épi raide.
Campanula portenschlagiana Campanule muralis	10cm	40cm	☀☁	Riche, drainé	4	6 et 9	Étoilé	bleu, violet	Pour espace restreint, muret, dalles... etc. Texture fine.
Cardamine sp. Cardamines	20 à 40cm	40cm	☁	Argileux, frais	4b	5 et 6	Simple, double	blanc, rose	Robustes, élégantes, texturées. Pour lieux humide, sous-bois clair.
Cardamine trifolia Cardamine à trois feuilles	20cm	40cm	☁	Argileux, riche, frais	5	5 et 6	Double, vaporeux	blanc laiteux	Rare. Fleurs élégantes, feuilles découpées. Rocaille à l'ombre.
Cephalaria gigantea Scabieuse tatarica	2m	90cm	☀	Limoneux, riche	5	6	Capitule double	Jaune pâle	Tailler au printemps. Pour fond de massif. Gros bouquet.
Chelone obliqua Galane / Tête de tortue ⚜	60cm	50cm	☁	Ordinaire, humide	3	8 à 10	Épi dense	blanc, rose	Érigé. Très beau sur le bord de pièce d'eau. Tolère sols lourds.
Cimicifuga simplex 'White Pearl' Cierge d'argent 'White Pearl'	1,2m	60cm	☀☁	Profond, humide	3	10	Épi effilé	blanc parfumé	Nombreux épis plus courts que les autres. Accepte sol argileux.
Crepis aurea Crépis doré	5 à 30cm	10 à 20cm	☀☁	Riche, plutôt lourd	6	5 et 6	Capitule double	orange feu	Rosette de feuilles étroites près du sol. Fleur type épervière.
Delphinium hybride sp. Pied d'allouette	1 à 1,8m	60cm	☀	Riche, drainé, même argileux		7	Longue grappe dressée	var.	Ces géantes doivent être tuteurées. Feuilles découpées.
Doronicum sp. Doronics	45cm	40cm	☀☁	Consistant, drainé	3	5 et 6	Capitule, rayon	jaune or	Parmi les premières à fleurir. Beau feuillage lustré. Illumine !
Eupatorium perfoliatum Herbe à souder	0,9 à 1,2m	50 à 90cm	☀☁	Riche, frais	3	7 à 9	Ombelle	blanc	Pour milieux humides. Feuillage léger ± intéressant.
Eupatorium purpureum Eupatoire tige pourpre	2m	1m	☀	Riche, humide	4	7 à 9	Corymbe aplati	rose, mauve	Lorsque froissées, ses feuilles sentent la vanille. Imposant.
Fillipendula sp. Fillipendules	0,3 à 1,8m	30 à 50cm	☀	Riche, frais	3	var.	Panicule, corymbe	blanc, rose	Mi-ombre légère. Floraison vaporeuse. Textures fines.
Gentiana lutea Gentiane jaune	0,8 à 1m	60cm	☀	Limoneux, riche, frais	5	6 et 8	Hampe, étoilée	jaune	Grosses feuilles 30cm long. Hampes imposantes, fleurs verticillées.
Gypsophila paniculata Soupir de bébé	0,5 à 1m	55cm	☀	Ordinaire, consistant	3	7 et 8	Simple, double	blanc, rosé	Ajoute de la légèreté aux plates-bandes. Brouillard, monticule.
Hedera helix 'Baltica' Lierre anglais 'Baltica'	20cm	45cm	☁	Riche, drainé	4b	—	Sans intérêt	—	Surtout utilisé comme couvre-sol pour ombre. Feuilles angulaires.
Helenium sp. Hélénie d'automne hybride	0,8 à 1,2m	40cm	☀	Supporte sol argileux	3	7 à 9	Capitule	jaune, rouge, brun	Plusieurs nouveaux cultivars de haute taille. Rajeunir aux 2 à 3 ans.
Heliopsis h. scabra 'Summer Nights' Héliopside 'Summer Night'	1,2m	60 à 90cm	☀	Supporte sol argileux	4	6 à 9	Capitule, rayon	jaune disque rouge	Très belle variété érigée, souple. Feuilles et fleurs teintées de rouge.
Hemerocallis sp. Hémérocalles	0,3 à 1,0m	50cm	☀☁	Riche, frais, profond	3	var.	3 pétales, 3 sépales	jaune, rouge, orange	Feuilles rubanées tombant en cascade. Tolère les sols argileux.
Houttuynia cordata Plante caméléon	50cm	55cm	☀☁	Riche, humide	4b	7 et 8	Sans intérêt	blanc	Feuilles rouges, crème, jaunes, vertes. Couvre-sol pour lieux humifères, frais.
Iberis sempervirens Ibéride	25cm	50cm	☀☁	Riche, drainé	3	5 et 6	Coussin dense	blanc	Beau coussin dense. Joli aussi sur muret. Tailler fleurs fanées.

TYPES DE SOLS

VIVACES (suite)	H	L	☼	TYPE DE SOL	Z	MOIS ✿	FORME ✿	COULEUR ✿	REMARQUES
Lamiastrum galeobdolon variegatum **Faux lamier rampant**	25cm	30cm	⛅	Frais, drainé	3	5 et 6	Épi lâche	jaune	Grand rameau à feuilles larges vertes et argent.
Lamium maculatum **Lamier**	20cm	40cm	⛅	Frais, drainé	3	5 et 6	Épi dense	blanc, rose	Feuillage argenté bordé de vert. Couvre-sol.
Lotus corniculatus **Lotier**	15cm	30cm	☼	Sec, riche	3	7 et 9	Grappe de 3 à 6	jaune	Couvre-sol peu cultivé. Résistant au sel. Feuilles à 5 folioles.
Lysimachia clethroïdes **Cou d'oie**	90cm	90cm	☼⛅	Consistant, humide	3	7 à 9	Épi courbé	blanc	Port dressé, vigoureux. À contrôler. Fleur coudée.
Lysimachia punctata **Lysimache ponctuée**	90cm	30cm	☼⛅	Ordinaire, drainé	3 et 4	7 à 9	Épi dense	jaune	Se comporte très bien en sol humide et lourd, quoi qu'en disent les livres.
Lythrum salicaria **Salicaire pourpre**	90cm	60cm	☼	Ordinaire, humide	3	7 à 9	Groupé en verticille	pourpre	Grande colonie en lieu humide. Cultivars moins envahissants.
Monarda didyma **Monarde**	0,6 à 1m	55cm	☼	Riche, frais, drainé	3	7 et 8	Couronne ébouriffée	blanc à rouge	Touffe dense, aromatique. Supporte sol argileux. Maladif.
Oenothera missouriensis **Onoethère du Missouri**	20cm	40cm	☼	Perméable, drainé	3	6 à 9	Grosse fleur	jaune	La fleur s'ouvre dès le soir. Tapis aux feuilles vert-bleuté.
Ophiopogon palniscapus nigrum **Ophiopogon noir**	15cm	25cm	☼⛅	Limoneux, riche	5b	7 et 8	Petite grappe	blanc et rose	Tapis persistant ressemblant à de l'herbe pourpre. Touffe.
Papaver nudicaule **Pavot d'Islande**	40cm	40cm	☼	Drainé	2	6 à 9	Grosse, simple	var.	Plus florifère en région froide. Se ressème. Rosette de feuilles lobées.
Penstemon 'Pink Chablis' **Penstemon** 'Pink Chablis'	30cm	15 à 25cm	☼	Riche, sain, drainé !	4	6 à 9	Grappe, tubulée	rose	Rosette compacte de feuilles brillantes. Variété tolérant les sols argileux.
Phytolaca americana **Raisin d'Amérique**	1,8m	2m	☼⛅	Consistant, profond	3	6 à 9	Épi dense	blanc, rosé	Massif à l'orée du bois. Fruits toxiques, décoratifs.
Polemonium caeruleum **Bâton de Jacob**	70cm	50cm	☼⛅	Léger, frais, drainé	3	6 et 7	Panicule parfumée	blanc, violet	Touffe dressée au feuillage très penné. Facile, même en sol argileux.
Polygonum affine **Renouée / Persicaire**	20 à 25cm	30 à 50cm	☼⛅	Peu exigeant, drainé	4	6 à 9	Épis très mince	rouge	Feuillage rougeâtre en colonie. Tolère sol sec et argileux.
Potentilla aurea **Potentille 5 folioles jaune**	10 à 20cm	20 à 30cm	☼	Ordinaire à lourd, acide	3	6 et 7	6 pétales, coupe	jaune doré	Feuilles palmées à 5 folioles. Coussin érigé parsemé de fleurs.
Primula auricula **Primevère Oreille d'ours**	15cm	25cm	☼⛅	Consistant, poreux	5	4 et 5	Groupée	rose à jaune	Coussinet dense aux feuilles coriaces. Certaines très rares.
Primula elatior **Primevère elatior**	25cm	30cm	☼⛅	Argileux, frais	3	4 et 5	Bouquet	jaune clair	Une primevère rustique ! Feuilles gaufrées en rosette. Se ressème.
Primula florindae **Primevère**	80cm	50cm	☼⛅	Humide, tourbeux à lourd	4b	6 à 8	Ombelle, pendant	jaune, orangé	Fleurs pendantes, parfumées. Feuilles ovales, rétrécies, farineuses.
Primula japonica **Primevère japonaise**	40 à 65cm	50cm	☼⛅	Riche, frais	4b	5 et 6	Grappe, verticillé	blanc à pourpre	Si son milieu est humide, peut se ressemer. Facile. Vigoureux.
Primula juliae **Primevère 'Julia'**	5cm	30cm	☼⛅	Consistant, frais	5	4 et 5	Masse, courte	var.	À cause de sa petite taille, convient bien en auge.
Prunella sp. **Brunelle**	30cm	30cm	☼⛅	Riche, humide	3	6 à 8	Épi trapu dense	teintes rose	Feuilles rugueuses. Couvre-sol. Préfère calcaire, tolère argile.
Rheum palmatum **Rhubarbe ornementale**	1,2 à 2m	1 à 1,5m	☼⛅	Lourd, humide, drainé	4	6 et 7	Panicule plume	blanc, rouge	Grandes feuilles palmées, dentées, vertes. Pourpre au printemps.
Rheum palmatum 'Ace of Hearts' **Rhubarbe ornem.** 'Ace of Hearts'	1,2 à 2m	1 à 1,5m	☼⛅	Lourd, humide, drainé	4	6 et 7	Panicule plume	rose pâle	Grosses feuilles. Port très érigé laissant paraître le dessous pourpre.
Rudbeckia nitida 'Herbstonne' **Rudbeckia** 'Herbstonne'	1,5m	80cm	☼⛅	Riche, drainé	3	7 à 9	Capitule cône vert	jaune citron	Beaucoup plus facile à contrôler que *R. laciniata*. Glauque.
Rudbeckia subtomentosa **Rudbéckie odorante**	1,3 à 2m	60cm	☼	Riche, léger ou lourd	4	8 à 10	Capitule disque noir	jaune clair	Une autre géante un peu moins connue mais jolie.

VIVACES (suite)	H	L	☼	TYPE DE SOL	Z	MOIS ✿	FORME ✿	COULEUR ✿	REMARQUES
Saxifraga umbrosa **Désespoir du peintre**	20cm	30cm	☁	Humide	5	5	Coussin de fleurs	blanc taché rouge	Rosettes aplaties, plus velues et coriaces que *S.urbium*.
Sedum x 'Frosty Morn' **Orpin glacé** 'Frosty Morn'	30cm	20cm	☼☁	Consistant, drainé	3	8 et 9	Étoilé, en cyme	rosé	Se démarque par son beau feuillage blanc pur et vert.
Sedum x 'Matrona' **Orpin** 'Matrona'	45cm	30cm	☼☁	Consistant, drainé	3	8 et 9	Étoilé, en cyme	rosé	Feuillage gris-vert bordé rouge. Tige rougeâtre.
Sedum x 'Mohrchen' **Orpin** 'Mohrchen'	50cm	45cm	☼	Consistant, drainé	3	8 et 9	Étoilé, en cyme	rose foncé	Feuilles et tiges bourgognes. Contraste.
Sedum spectabilis **Orpin remarquable**	40cm	50cm	☼☁	Consistant, drainé	3	8 et 9	Étoilé, en cyme	rose	Plante succulente, résiste à la sécheresse.
Sedum telephium sp. **Orpin telephium**	30 à 60cm	30 à 45cm	☼	Consistant, drainé	3	var.	Étoilé, en cyme	Teintes rouges	Feuillage pourpre plus ou moins prononcé. Jolie.
Symphytum officinale **Consoude**	60cm	75cm	☼☁	Frais, drainé	3b	5 et 6	Grappe penchée	crème	Couvre-sol implacable, massif de sous-bois. Tapis dense.
Trollius sp. **Trolles**	60cm	50cm	☼☁	Riche, humifère	3	5 et 6	Hampe dressée	jaune	Les nouveaux hybrides fleurissent longtemps. Palmé, luisant.
Uvularia grandiflora **Uvule à grandes fleurs**	30cm	30cm	☁	Humifère, lourd, drainé	4	5 et 6	Effilochée pendante	jaune	Pour sous-bois ou ombre. Tige feuillée. Beau en massif.
Vernonia crinita **Vernonie**	1,3m	0,8m	☼☁	Lourd, humide	4	8 et 9	Tubulaire sur cyme	pourpre	Ressemble à l'Eupatoire. Vigoureuse, jolie.
Veronica filiformis **Véronique forme de fil**	10cm	40cm	☁	Limoneux, frais	4	5 et 6	Massif, épi court	bleu cœur blanc	Couvre rapidement. Feuillage persistant.
Veronicastrum virginicum **Véronique de Virginie**	150cm	100cm	☼☁	Riche, humide	4	7 à 9	Épi groupé	blanc, rose, lavande	Port vraiment élancé. Fond de massif.
Vinca minor sp. **Petite pervenche**	15cm	40cm	☁	Riche, humide	4	5	Étoilé, solitaire	bleu violet	Longs rameaux, luisant, persistant vert ou panaché blanc ou or.

GRAMINÉES	H	L	☼	TYPE DE SOL	Z	MOIS ✿	FORME ✿	COULEUR ✿	REMARQUES
Bromus inermis **Brome inerme**	30 à 60cm	30 à 40cm	☼	Peu exigeant, calcaire	3	6 à 8	Épillets	vert et jaune	Feuillage panaché. Très robuste, étalé. Souvent réversion verte.
Calamagrostis x aculifora **Calamagrostide**	1,25m	50cm	☼☁	Supporte sol lourd	4b	6 et 7	Épi doré	vert et blanc	Très beau port érigé, compact et structuré. Vert bordé de blanc.
Deschampsia sp. **Deschampsie**	0,9 à 1,5m	50cm	☼☁	Riche, humide	4b	7 à 9	Panicule pyramide	vert à doré	Vraiment un bel effet de légèreté. Intéressante. Sous-bois.
Fargesia murieliae **Bambou parapluie**	1,5m	1,3m	☼☁	Ordinaire, drainé	4	—	Sans intérêt	vert puis jaune	Non envahissant. Touffe ramifiée arquée. Supporte les sols lourds.
Hakonechloa macra 'Alba Striata' **Herbe du Japon panaché**	50cm	50cm	☁	Argileux, frais, acide	5	8 et 9	Sans intérêt	épillet mince	Feuillage large, retombant, strié vert et crème. Plus érigé que *Aurea*.
Luzula sp. **Luzule**	20 à 40cm	30cm	☁	Riche à ordinaire	4 à 5	5 et 6	épis, flocon	vert ou panaché	Pousse même sous les arbres. Épis décoratifs. Feuillage fin.
Miscanthus sinensis 'Malepartus' **Miscanthus** 'Malepartus'	2m	1m	☼	Peu exigeant, drainé	4	9	Épis plumeux	bleu-vert	Fleurs et tiges pourprées. Bien touffu.
Molinia caerulea ssp. *arundinacea* **Molinie géante**	1m	1m	☼	Frais, fertile, argileux	4b	8 et 9	Panicule ramifié	vert puis doré	Feuillage bas, épis hauts. Gracieux, soigné. Grande rocaille.
Panicum virgatum sp. **Panic raide**	0,8 à 1,5m	60cm	☼	Sec ou humide	4	8 et 9	Panicule aérien	jaune doré	La variété la plus haute. Généralement dressé.
Phalaris arundinacea 'Picta' **Ruban de bergère** 'Picta'	60 à 80cm	—	☼☁	Tous les sols	3	5 et 6	Panicule pourprée	panaché	Vert bordé de blanc. Vigoureux même en eau peu profonde.
Spartina pectinata **Foin de grève**	1,5m	75cm	☼	Sec ou humide	4	8 et 9	Grappe d'épis	vert pourpré	La variété *S.aureomarginata* est élégante. Naturalisation.

TYPES DE SOLS

GRAMINÉES (suite)	H	L	☀	TYPE DE SOL	Z	MOIS	FORME	COULEUR	REMARQUES
Spodiopogon sibiricus **Spodiopogon de Sibérie**	1,5m	50cm	☀	Humide ou sec, lourd	4	8 et 9	Panicule élancé pourpre	vert puis doré	Tolère sols secs. Tiges poupres, feuillées comme le bambou.

FOUGÈRES	H	L	☀	TYPE DE SOL	Z	MOIS	FORME	COULEUR	REMARQUES
Asplenium scolopendrium **Asplénium scolopendrium**	15 à 30cm	15 à 30cm	☁	Calcaire, tolère argileux	5	—	—	vert lustré	Feuilles en triangle, découpées à la base et unies à la partie supérieure.
Matteuccia struthiopteris **Fougère-à-l'autruche**	1 à 1,5m	80cm	☁	Humide, calcaire	2	—	—	vert	Jeune fronde comestible. Sort en jet des massifs. Sol lourd aussi.
Osmonda regalis **Osmonde royale**	0,6 à 1,5m	70cm	☀☁	Acide, humide	3b	—	—	vert cendré	Fougère qui peut devenir haute si le sol est fertile.

BULBES	H	L	☀	TYPE DE SOL	Z	MOIS	FORME	COULEUR	REMARQUES
Anemone nemorosa **Anémone anglaise des bois**	10cm	20 à 30cm	☀☁	Riche, frais, drainé	5	5 et 6	Étoilée	blanc	Feuillage découpé disparaît en août. Sous-bois. Couvre-sol. ± envahissant.
Camassia cusckii **Camassie de Cuscki**	60 à 90cm	40 à 60cm	☀	Argileux	4	4 et 5	Gros épis	bleu, violet	Port évasé, feuilles longues, élancées. Longue hampe florale.
Eranthis cilicica **Éranthe** / Aconite d'hiver	15cm	20cm	☀☁	Consistant, drainé	4	4 et 5	Pétales simples	jaune citron	Sous-bois clair. Les cerfs de Virginie n'y touchent pas.
Muscari armeriacum **Muscari**	20cm	15cm	☀☁	Consistant, drainé	3	5 et 6	Épi dense	blanc bleu mauve	Se multiplient rapidement si non dérangés.

ANNUELLES	H	L	☀	TYPE DE SOL	Z	MOIS	FORME	COULEUR	REMARQUES
Amaranthus caudatus **Amarante queue de renard**	1,2 à 2,5m	50 à 60cm	☀	Tous les sols	—	6 à 9	Long épi retomgant	rouge, jaunâtre	Ancienne fleur aux feuilles et graines comestibles.
Eucalyptus globulus **Eucalyptus**	var.	var.	☀	Léger ou lourd, drainé	—	—	Sans intérêt	—	Port ramifié. Feuillage gris argenté aromatique et médicinal.
Phaseolus coccineus **Haricot d'Espagne**	35cm	2,5m	☀	Substantiel, drainé	—	6 à 8	Grappe	roge écarlate	Fèves comestibles. Peut couvrir le sol ou grimper.

⚜ indique plante indigène ou naturalisée.
❀ indique plante potentiellement envahissante !

PLANTES POUR SOLS ACIDES

ARBRES	H	L	☀	TYPE DE SOL	Z	MOIS ✿	FORME ✿	COULEUR ✿	REMARQUES
Acer freemanii x 'Celzam' Érable freeman 'Célébration'	15m	8	☀☁	Peu exigeant, acide	4b	5	Grappe	rouge	Port pyramidal, compact. Feuilles lobées. Tourne rouge et or.
Acer freemanii x 'Scarsen' Érable 'Scarlet Sentinel'	13m	7m	☀☁☁	Peu exigeant, acide	5b	5	Grappe	rouge	Port ovoïde vert tourne orange. Branches ascendantes. Écran.
Acer freemanii sp. Érable Freeman hybride	13 à 17m	5 à 12m	☀☁☁	Peu exigeant, acide	5b	5	Grappe	rouge	Plusieurs sont utilisés comme arbres d'alignement ou pour écran.
Acer pennsylvanicum ⚜ Bois barré	6m	5m	☁☁	Acide, aéré, riche	3a	—	—	—	Écorce très décorative. Très grandes feuilles lobées.
Acer rubrum 'Bowhall' Érable rouge 'Bowhall'	15m	5m	☀☁	Acide, riche, humide	3b	—	Sans intérêt	—	Arbre d'alignement par excellence. Colonnaire virant rouge.
Acer rubrum 'Columnare' Érable rouge colonnaire	12m	3m	☀☁	Acide, humide, lourd	5a	—	Sans intérêt	rouge	Port fastigié, colonnaire. Écran pour lieux humides ou exigus.
Acer rubrum sp. ⚜ Érable rouge / Plaine	20m	15m	☀	Riche, acide, humide	3	4 et 5	Grappe	rouge	En milieu humide la coloration rouge est plus intense.
Acer spicatum ⚜ Érable à épis / Plaine bâtarde	7m	4m	☁	Acide, humide, drainé	2	6	Épi érigé	jaune verdâtre	Petit arbre ou arbrisseau. Port diffus. Sensible à la pollution.
Amelanchier arborea ⚜ Amélanchier arbre	10m	5m	☀☁	Acide, frais, drainé	5b	5	Grappe	blanc	Ovoïde, régulier, gris argent à l'éclosion puis vert. Fruits.
Amelanchier canadensis ⚜ Amélanchier du Canada	7m	4m	☀☁	Acide, frais, drainé	2s	5	Grappe	blanc	Greffé sur tige. Feuillage légèrement bleuté virant rouge. Fruits.
Amelanchier laevis ⚜ Amélanchier glabre	8m	5m	☀☁	Acide, frais, drainé	4	5	Grappe	blanc	Ovoïde. Comme *canadensis* mais sans duvet sur les feuilles.
Betula lenta ⚜ Bouleau flexible / Merisier rouge	20m	12m	☀☁	Riche, acide, frais	4b	4 et 5	Chaton	verdâtre	Port dressé, tournant jaune doré. Sensible à la pollution.
Betula nigra Bouleau noir	15m	11m	☀	Fertile, acide, frais	4b	4 et 5	Chaton	verdâtre	Port ovoïde. Tronc unique ou en talle. Résiste à l'agrille. Lent.
Betula papyrifera ⚜ Bouleau blanc / Bouleau à papier	18m	10m	☀☁	Acide, siliceux, frais	2a	4 et 5	Chaton	jaunâtre	Port ovoïde. Souvent en talle. Écorce blanc pur. Sensible à la pollution.
Carpinus caroliniana ⚜ Charme de Caroline	8m	7m	☁☁	Profond, riche, acide	3b	5	Chaton	vert rougeâtre	Port globulaire, régulier. Tronc tordu, sillonné. Tourne écarlate.
Cercidiphyllum japonica Arbre de Katsura / A. caramel	10m	4m	☀☁	Riche, frais, drainé	5b	4 et 5	Discrète à l'aisselle	rouge	Port érigé. Tronc court. Feuillage changeant et odorant. Tolère l'acidité.
Fagus grandifolia Hêtre à grandes feuilles ⚜	18 à 22m	12 à 18m	☀☁	Acide, riche, frais	4	4 et 5	Grappe avant les feuilles	brunâtre sans intérêt	Port ovoïde. Feuilles vert bleuté puis caramel, persistant l'hiver.
Fagus sylvatica 'Asplenifolia' Hêtre à feuilles de fougère	15m	12m	☀☁	Acide, drainé	5b	—	Sans intérêt	—	Beau feuillage vert foncé découpé, gracieux. Tourne caramel.
Fagus sylvatica 'Purpurea Tricolor' Hêtre d'Europe 'Tricolor'	8 à 14m	4 à 8m	☀☁	Acide, frais, drainé	5b	—	Sans intérêt	—	Érigé à globulaire. Feuillage vert-pourpre bordé de rose et blanc.
Fagus sylvatica 'Purple Fountain' Hêtre pleureur pourpre	6 à 12m	4m	☀☁	Acide, drainé	5b	—	Sans intérêt	—	Un pleureur à feuillage mauve. Garde sa couleur tout l'été.
Fraxinus nigra ⚜ Frêne noir	15 à 20m	10m	☀	Acide, humide	2b	5	Grappe	verdâtre	Port ovoïde. Feuilles composées Tourne jaune doré. Samares.
Fraxinus nigra 'Fallgold' Frêne noir 'Fall Gold'	16m	7m	☀	Acide, humide	4	—	Sans intérêt	—	Port pyramidal. Pour régions froides, humides. Maladif. Doré.
Hamamelis virginiana Hamamélis de Virginie	3m	3m	☀☁☁	Riche, acide, frais	5	10	Fleur simple	jaune	Fleurit après la chute des feuilles Naturalisation. Fleur léger parfum.
Magnolia x *hybrida* Magnolia à fleurs jaunes	7 à 12m	4 à 5m	☀	Un peu acide, humifère	4b	5	Coupe ou étoile	Teintes de jaunes	Plusieurs variétés. Élisabeth est rustique et vigoureuse.

TYPES DE SOLS

ARBRES (suite)	H	L	☀	TYPE DE SOL	Z	MOIS ✿	FORME ✿	COULEUR ✿	REMARQUES
Magnolia x loebneri 'Merrill' **Magnolia loebneri** 'Merrill'	4 à 8m	5 à 7m	☀	Riche, un peu acide	5	5	Grosse	blanc parfumé	Très florifère et parfumé. Port régulier conique à pyramidal.
Magnolia stellata 'Royal Star' **Magnolia étoilé** 'Royal Star'	3m	3m	☀	Riche, acide à alcalin	4b	5	Grosse 30 pétales	blanc très parfumé	Souvent à troncs multiples. Croissance plutôt lente. Dense, ovale.
Quercus coccinea **Chêne écarlate**	20 à 25m	15 à 20m	☀	Acide, frais, sableux	4b	5	Chaton	jaune verdâtre	Ovoïde, irrégulier. Feuilles lobées, très découpées. Glands.
Quercus rubra ⚜ **Chêne rouge** / Chêne boréal	24m	18 à 22m	☀	Riche, sableux, acide	3	—	Chaton sans intérêt	—	Port pyramidal. Feuillage dense virant rouge vif. Rapide ! Glands.
Salix nigra ⚜ **Saule noir**	25m	20m	☀	Acide, humide	2	—	Chaton	—	Port irrégulier, ouvert. Grands espaces. Attention aux racines.
Salix pentandra **Saule laurier**	10m	8 à 10m	☀	Acide, humide	4	4	Chaton	doré	Feuilles ovales, très lustrées, odorantes si froissées. Aussi en haie.
Sorbus aucuparia sp. **Sorbier des oiseaux**	10 à 12m	7m	☀⛅	Un peu acide, riche	3a	5	Corymbe	blanc	Érigé. Feuilles composées. Fruit rouge. Automne vire au rouge.
Sorbus decora ⚜ **Sorbier des montagnes**	7m	5m	☀	Acide, sableux	2	5 et 6	Corymbe	blanc	Arbuste ou petit arbre ovoïde. Feuilles vert glauque. Fruit rouge. Pas malade !
Sorbus thuringiaca 'Fastigiata' **Sorbier à feuilles de chêne**	8m	3m	☀	Un peu acide, riche	4	5	Corymbe	blanc	Port étroit, régulier. Tronc court. Fruit rouge. Vire à l'écarlate.
Styrax japonica **Styrax du Japon**	3 à 6m	3 à 6m	☀⛅	Fertile, frais, drainé	5bs	6	Clochette pendante	blanc parfumée	Port étalé, buissonnant. Feuilles oblongues 6cm. Tourne orangé.

ARBUSTES	H	L	☀	TYPE DE SOL	Z	MOIS ✿	FORME ✿	COULEUR ✿	REMARQUES
Abelia 'Edward Goucher' **Abélia** 'E. Goucher'	60cm	1m	☀⛅	Acide, frais, drainé	5	5 à 9	Trompette étoilée	rose, pourpre	Feuillage reluisant vert foncé. Longue floraison. Rabattre tôt.
Abelia x grandiflora **Abélia vernissée**	0,8m	1,2m	☀⛅	Acide, riche	5b	7 et 8	Simple, évasée	rosé	Peu rustique. Rabattre au printemps. Beau feuillage lustré.
Abelia mosanensis **Abélia parfumé**	1,5m	1,25m	☀⛅	Riche, frais, acide	5	5 et 6	Trompette étoilée	rose	Variété rustique ! Vert reluisant tourne orange rouge.
Abeliophyllum distichum 'Roseum' **Forsythia rose**	1,25m	1,25m	☀	Riche, frais, drainé	4	4	Grappe effilochée	rose pâle	Port compact. Fleurs avant les feuilles. Rougeâtre à l'automne.
Acer japonica 'Aconitifolium' **Érable du Japon à feuilles d'Aconite**	1,25m	1,5m	☀⛅	Acide, riche, frais	5b	4 et 5	Corymbe	pourpre	Peu rustique. Port arrondi. Passe du vert foncé à rougeâtre.
Acer palmatum sp. **Érable du Japon**	5m	1 à 2,5m	☀⛅	Acide, riche, drainé	5b	5	Corymbe	rougeâtre	Jolie près de grosses pierres. Souvent à feuillage pourpre.
Aesculus parviflora **Marronnier à petites fleurs**	3m	4m	☀⛅	Acide, frais, riche	5	8	Panicule érigé	blanc	Longue floraison. Feuilles palmées. Sensible au gel. Supporte la taille.
Amelanchier canadensis ⚜ **Amélanchier du Canada**	6m	3m	☀⛅	Acide, frais, drainé	2b	5	Grappe	blanc	Fruits comestibles. Feuillage bleuté tournant rouge orangé.
Amelanchier grandiflora **Amélanchier g. à grandes fleurs**	7m	5m	☀⛅	Acide, frais, drainé	4	5	Grappe	blanc	Variété sélectionnée pour sa vive coloration automnale. Port ovale.
Amelanchier laevis **Amélanchier glabre**	8m	5m	☀⛅☁	Acide, frais, drainé	4	5	Grappe	blanc	Celui qui supporte le mieux l'ombre. Orangé à l'automne.
Aronia prunifolia / *A. floribunda* **Aronie à feuilles de prunier**	1,5 à 3m	1,5m	☀⛅	Acide, sableux	5	5	Corymbe	blanc	Port érigé, globulaire. Tourne rouge à l'automne. Fruit noirs.
Betula glandulosa ⚜ **Bouleau glanduleux**	1,5m	1,5m	☀	Acide, humide, pauvre	2a	5	Chaton sans intérêt	jaunâtre	Feuilles un peu plus grandes que *B. nana*. Haie pour lieux humide.
Betula nigra 'Little King' / 'Fox Valley' **Bouleau noir 'Fox Valley'**	3m	3m	☀	Acide, humide, drainé	2a	5	Chaton sans intérêt	jaunâtre	Gros arbuste arrondi. Écorce très décorative l'hiver. Résistant.
Chamaecytisus purpureus Syn. : *Cytisus purpureus*	0,5m	1m	☀	Acide, fertile, léger	5b	5 et 6	Solitaire, sur tiges	rose pourpre	Intéressante pour sa floraison. Peu rustique. 3 folioles.

ARBUSTES (suite)	H	L	☀	TYPE DE SOL	Z	MOIS	FORME	COULEUR	REMARQUES
Chionanthus virginicus **Arbre à franges** / A. de neige	3 à 6m	2,5 à 5m	☀☁	Acide, humide à frais	5	6	Frangée, épi tombant	blanc pur	Buisson gracieux. Feuilles lustrées. Culture très facile. Lent.
Clethra alnifolia **Clèthre à feuilles d'aulne**	1,3m	2m	☀☁	Acide, frais, drainé	4	8 et 9	Épi courbé	crème	Tailler tôt au printemps. À protéger des vents. Odorant.
Clethra alnifolia 'Hokie Pink' **Clèthre** 'Hokie Pink'	1m	1m	☀☁	Acide, frais, drainé	4b	8 et 9	Épi courbé	rosé	Port compact, vert foncé tournant orange. Sous-bois.
Comptonia peregrina **Comptonia voyageuse**	0,6 à 1m	1m	☀☁	Acide, sablonneux	2	—	Chaton	—	Couvre-sol pour naturalisation. Feuilles type fougère. Aromatique.
Cornus alternifolia **Cornouiller à feuilles alternes**	5m	5m	☀☁☁	Riche, drainé, acide	3b	5	Corymbe	blanc	Écran dense en espalier. Tiges pourpre marron. Fruits bleu noir.
Cornus pumila **Cornouiller nain**	0,6 à 1,2m	0,9 à 1,2m	☀☁	Plutôt humide, acide	3	5	Grosse cyme	blanc	Feuilles vertes à pointes rouges. Tourne rouge à l'automne. Fruits noirs.
Corylopsis spicata 'Golden Spring' **Corylopse à épis** 'Golden Spring'	1,8m	2m	☀☁	Riche, meuble, acide	5b	4 et 5	Épis tombants	jaune parfumé	Pour jardinier averti. Fleurs gélives. Plus facile que *Pieris* et *Leucothoe*.
Cytisus sp. **Cytises**	0,15 à 1m	0,4 à 1m	☀	Pauvre, sableux	2	5	Groupée par 3	jaune clair	Certaines peuvent même pousser dans un sol caillouteux.
Diervilla lonicera / *D. canadensis* **Diéreville chèvrefeuille**	1m	1m	☀☁☁	Acide, frais à sec	3	7 et 8	Clochettes de 3	jaune	Dôme, feuilles élancées. Tourne orange. Drageons à contenir.
Dirca palustris **Dirca des marais** / Bois de plomb	1,5m	1,5m	☀☁☁	Acide, humide	4a	4 et 5	Tubulaire, pendante	jaune verdâtre	Très beau port arrondi, régulier. Tourne jaune à l'automne. Fruits.
Elaeagnus umbellata 'Cardinal' **Chalef en ombelle** 'Cardinal'	3 à 4m	3 à 4m	☀	Peu exigeant, sec	5a	5 et 6	Profusion	blanc argenté	Port arqué, souvent épineux. Vert et argenté. Fruits écarlates.
Enkianthus campanulace **Enkianthe en cloche**	1,5m	1m	☁	Riche, acide, frais	5	5	Clochette	crème strié rouge	Port étroit, érigé. Fleurit avant les feuilles, rougit à l'automne.
Fothergilla gardenii 'Blue Mist' **Fothergilla gardinii** 'Blue Mist'	75cm	75cm	☁	Acide, humide, fertile	6	4 et 5	Épi en brosse	blanc odorant	Feuilles ovales, nervurées, très bleutées, odorantes. Compact.
Fothergilla major 'Mount Airy' **Fothergilla** 'Mount Airy'	1,5m	1,25m	☀☁	Acide, humide, fertile	5	5	Épi en brosse	blanc odorant	Port ovoïde bleu-vert. Belle palette automnale. Feuilles ovales nervurées.
Gaylussacia baccata **Gaylussacia à fruits bacciformes**	0,3 à 1m	1m	☀☁☁	Acide, humide, drainé	1-4	5 et 6	Grappe, cloche	blanc, rosé	Semblable au bleuetier mais à feuilles collantes et fruits noirs.
Halesia carolina **Arbre aux cloches d'argent**	4m	6m	☀☁	Riche, acide, frais	5b	5	Clochette pendante groupée	blanc	Rare, peu rustique. Floraison plus intéressante que son port.
Hamamelis intermedia **Hamamélis hybride**	3 à 5m	2,5m	☁	Acide, riche	5	4 et 5	Grappe frisée	cuivré, parfumée	Grands arbustes évasés peu rustiques. Tournent au rouge.
Hamamelis mollis **Hamamélis velouté**	2m	2m	☁	Acide, riche	5	4	Pétales étroits	Jaune parfumée	Plutôt rare et fragile. Port ovale. Jaune orangé à l'automne.
Hamamelis vernalis 'Sandra' **Hamamélis du printemps**	2m	2m	☁	Acide, riche	5	4	Petite, ondulée	cuivré, parfumée	La variété la plus intéressante. Port évasé. Doré à l'automne.
Hamamelis virginiana **Hamamélis de Virginie**	2m	3m	☀☁	Perméable, riche	4b	10	Grappe frisée	Jaune parfumée	Ses fleurs et ses feuilles la rendent irrésistible à l'automne.
Hydrangea arborescens **Hortensia de Virginie**	1,2m	1,2m	☀☁☁	Léger, fertile, peu acide	3	7 à 9	Corymbe aplati	blanc	Ancienne variété, remplacé par Annabelle. Massif ancien, haie.
Hydrangea arborescens 'Annabelle' **Hydrangée** 'Annabelle'	1,2m	1,2m	☀☁	Léger, fertile, un peu acide	3	7 à 9	Gros corymbe rond	blanc crème	Port globulaire, drageonnant. Grosses feuilles. Immenses fleurs.
Hydrangea arborescens 'Grandiflora' **Hydrangée boule-de-neige**	1,2m	1m	☀☁	Léger, fertile, un peu acide	3	7 à 9	Corymbe aplati	blanc	Très utilisée autrefois en massif ou haie. Port globulaire. Facile.
Hydrangea heteromalla **Hydrangée de l'Himalaya**	2,5 à 3m	1,5 à 3m	☀☁	Léger, fertile, acide	3b	7 à 9	Corymbe aplati lâche	blanc, rosé	Port globulaire. Feuilles ovales, veinées jaunes. Écorce rouge.
Hydrangea macrophylla **Hortensia hybride**	80cm	80cm	☁	Riche, acide, frais	5b	7 et 8	Corymbe arrondi	rose, bleu	Souvent associé avec les plantes acides. Port irrégulier.

TYPES DE SOLS

ARBUSTES (suite)	H	L	☼	TYPE DE SOL	Z	MOIS	FORME	COULEUR	REMARQUES
Hydrangea paniculata **Hydrangée paniculée**	2 à 5m	2 à 4m	☼☁	Léger, fertile, acide	4	8 et 9	Panicule	blanc à rose	Érigé à évasé, irrégulier. Pour massif, fleur coupée et quelquefois en haie.
Hydrangea quercifolia **Hydrangéa à feuilles de chêne**	1,5m	1 à 1,5m	☼☁	Riche, acide, frais	6	7 à 9	Panicule érigé	blanc, rosé	Pour amateurs avertis. Belle teinte rouge à l'automne.
Hydrangea quercifolia 'Sike's Dwarf' **H. à feuilles de chêne** 'Sike's Dwarf'	70cm	1,2m	☼☁	Riche, frais, drainé	6	7 à 9	Panicule érigé	blanc, rosé	Variété naine, résistant mieux à nos climats. Fleurs rares, fragiles.
Hydrangea serrata **Hortensia des montagnes**	1m	70cm	☼☁	Acide, frais, drainé	5	6 et 7	Corymbe plat	blanc, rose, bleu	Port diffus, irrégulier plutôt érigé. Inflorescence stérile et fertile.
Magnolia hybride **Magnolia Huit Petites Filles**	3m	3m	☼	Plutôt acide	4	5	Gobelet allongé	rose à pourpre	Série arbustive, floraison remontante. Port arrondi à conique.
Malus ioensis 'Plena' **Pommetier décor.** 'Bechtel double'	8m	5m	☼	Peu exigeant, acide	4a	5 et 6	Double, odorante	rose	Arbuste, rarement arbre. Sensible à la rouille. Vire rouge écarlate à jaune vif.
Myrica gale **Myrique baumier**	1,2m	2m	☼☁	Acide, marécageux	2	5	Chaton	brun doré	La feuille froissée dégage une odeur. Très commun. Port grêle.
Myrica pennsylvanica **Myrique de Pennsylvanie**	1,5m	2m	☼☁	Acide, sablonneux	4b	5	Chaton dioïque	brun doré	Feuillage aromatique, vert dessous gris. Fruits bleu gris.
Paulownia tomentosa 'Imperialis' **Paulownia tomentueux** 'Imperialis'	5 à 10m	5 à 10m	☼	Tolère les sols acides	4	—	Grappe, tubulaire	pourpre, parfumée	Arbre classé vivace, qui ne fleurit pas au Québec. Feuilles 1m diamètre !
Rhododendron canadensis **Azalée botanique** / Rhodora	1m	1,5m	☼☁	Acide, friable, drainé	5a	5	Trompette parfumée	blanc, pourpre	Protéger les premières années. Port buisson, rougit à l'automne.
Rhododendron ssp. azalea **Azalées hybrides**	1 à 2m	1 à 2m	☼☁	Acide, organique, friable	2 à 5	5 et 6	Trompette en grappe	var.	Les variétés 'Lights' sont parfaites pour notre climat. Tourne cuivre.
Rhus aromatica 'Grow-Low' **Sumac** 'Grow-Low'	60cm	2m	☼	Acide, plutôt sec	4	5	Chaton	jaune odorante	Rampant, vert lustré puis rouge flamboyant. Fruit rouge en juillet.
Salix discolor **Saule à chatons**	8m	4m	☼	Acide, humide	2a	4 et 5	Chaton parfumé	gris	Rabattre au sol aux 3 à 4 ans après les chatons. Globe, érigé.
Sorbus decora **Sorbier des montagnes**	7m	5m	☼	Acide, sableux	2	5 et 6	Corymbe	blanc	Arbuste ou petit arbre ovoïde. Feuilles vert bleuté. Fruit rouge. Pas malade !
Spiraea betulifolia aemiliana **Spirée à feuilles de bouleau**	80cm	80cm	☼☁	Acide, humide, drainé	3	6 et 7	Corymbe multitude	blanc	Port dense. Boutons floraux roses. Rougeâtre à l'automne.
Spiraea x billiardii **Spirée de Billiard**	1,5 à 2m	1,5 à 2m	☼☁	Acide, humide	4	7 à 9	Corymbe étroit	rose foncé	Évasé, diffus. Haie libre. Rabattre au printemps. Drageons.
Spiraea latifolia **Spirée à larges feuilles**	1,5m	1,5m	☼☁	Humide, acide	2b	8 et 9	Panicule terminale	blanc, rose	Aussi appelé 'Thé du Canada'. Diffus. Drageonne. Berge.
Stephanandra incisa **Stephanandra crispé**	50cm	1,3m	☼☁	Acide, fertile, drainé	4	6 et 7	Sans intérêt	vert blanc	Étalé, gracieux. À l'orée d'un sous-bois. Tailler au printemps.
Stephanandra incisa 'Crispa' **Stephanandra crispé**	50 à 80cm	1,5m	☼☁	Acide, fertile, drainé	4	6 et 7	Sans intérêt	vert blanc	Port étalé, semi-pleureur. Drageonnant. Tourne pourpre.
Stephanandra tanakae **Stephanandra de Tanakae**	1,5 à 3m	3m	☼☁	Acide, fertile, drainé	4b	6 et 7	Sans intérêt	vert blanc	Port arqué mais pas étalé. Drageonne. Très coloré à l'automne.
Vaccinium sp. **Airelles** / Bleuets	0,2 à 1,5m	0,5 à 1m	☁	Acide, humide, drainé	1-4	5 et 6	Grappe cloche	blanc, rosé	Comestible. Tous aiment un milieu humide. Beau feuillage.
Viburnum acerifolium **Viorne à feuilles d'érable**	2m	2m	☼☁	Acide, humide	3a	6 et 7	Cyme aplatie	blanc crème	Ressemble à la viorne trilobée. Vire au rose, rouge et pourpre.
Viburnum cassinoides **Viorne cassinoïde**	1,5m	1,2m	☼☁	Acide, humide à sec	2	6 et 7	Cyme aplatie	blanc crème	Feuilles ovales, vert lustré tournent rouge orangé à pourpre. Fruits.
Viburnum lantanoides / *V. alnifolia* **Viorne à feuilles d'aulne**	2m	2m	☼☁	Acide, frais	3	5	Corymbe	blanc	Port ovoïde. Feuillage ovale vert tourne pourpre tôt. Fruit noir.
Xanthorhiza simplicissima **Xanthorhiza à feuilles de céleri**	60cm	1m	☁	Acide, humide	4b	5 avant feuille	Étoilée, Panicule	pourpre brun	Arbuste semi-rampant, massif, couvre-sol, naturalisation.

ARBUSTES PERSISTANTS	H	L	☼	TYPE DE SOL	Z	MOIS ✿	FORME ✿	COULEUR ✿	REMARQUES
Andromeda polifolia ⚜ Andromède à feuilles romarin	60cm	60cm	☼☁	Acide, humide	2b	5 et 6	Petits grelots	blanc rosé	Pour endroit frais et humide. Croît lentement.
Andromeda polifolia 'Blue Ice' Andromède 'Blue Ice'	30cm	50 à 80cm	☼☁	Acide, humide, drainé	2	5 et 6	Petits grelots	rose	Feuillage type romarin bleu argenté. Excellent couvre-sol.
Arctostaphylos 'Uva-Ursi' ⚜ Raisin d'ours	15cm	1m	☼☁	Acide, rocheux, drainé	2	5	Bouquet	blanc rosé	Plante passe-partout. Beau feuillage lustré. Fruits rouges.
Calluna sp. Bruyère commune	15 à 50cm	20 à 50cm	☼☁	Frais, acide, drainé	5	8	Grappe	blanc, rose, pourpre	Aime être placé sous les conifères. Feuillage attrayant.
Cassiope lycopodioides Cassiopée	10cm	50cm	☁	Acide, humide, froid	6	4 et 5	Clochette penchée	blanc et rouge	Arbuste qui ressemble à une mousse. Plante de collection. Rare, joli.
Cassiope hypnoides ⚜ Syn.: *Cassiope tetragona*	5 à 15cm	15 à 20cm	☁	Acide, humide, froid	3	4 et 5	Clochette penchée	blanc et rouge	Indigène moins spectaculaire que la précédente. Rare.
Chamaedaphne calyculata ⚜ Cassandre / Faux bleuets	0,6 à 1m	1m	☼	Acide, humide	2a	5 et 6	Solitaire ou grappe	blanc	Jardins d'éricacées, naturalisation. Texture fine, assymétrique.
Daphne burkwoodii Daphné de Burkwood	80cm	80cm	☼☁	Fertile, humifère	5	6	Corymbe odorant	rosé	Tout est beau : feuilles gris-vert, fleurs, fruits et son port arrondi.
Daphne cneorum Daphné canulé	10 à 25cm	50	☼☁	Riche, drainé	3	6 et 7	Grappe odorante	rose	Aussi pour bordure de conifères. Joli dôme persistant. Tolère l'acidité.
Daphne mezereum Daphné 'Bois-joli'	80cm	80cm	☁	Peu exigeant, frais	4	5 et 6	Grappe odorante	teintes de roses	Semi-persistant. Buisson plutôt étalé, branches raides. Vert-gris.
Empertrum 'Nigrum' ⚜ Camarine noire	30cm	50cm	☼	Terre de tourbière	1a	5	Fleur délicate	rose pourpre	Rampante de marécage, facile. Feuilles linéaires. Dense. Fruit noir.
Epigaea repens ⚜ Épigée rampante / Fleur de mai	5 à 10cm	30cm	☼☁	Toujours frais, acide	2	4 et 5	Grappe, cloche	rosé parfumée	Tapis ras. Culture délicate. Grandes feuilles décoratives.
Erica carnea Bruyère d'été	30cm	50cm	☼☁	Acide, humifère,	5	5	Grappe	Blanc, rose, rouge	Feuilles en aiguilles d'allure hérissée. Coussin. Protéger l'hiver.
Erica tetrialis Bruyère d'été	30cm	30cm	☼☁	Acide, tourbeux	5	6 à 8	Tiges serrées	Blanc, rose	Beau avec conifères. Feuilles linéaires. Persistant moins connu.
Gaultheria procumbens ⚜ Thé des bois	10cm	60cm	☁	Acide, frais	2b	5	Peu apparent	rosé	Couvre-sol aromatique, comestible, médicinale, lustré et lent.
Glaucidium palmatum Glaucidium	30 à 60cm	70cm	☁	Humifère, frais	5	4 et 5	Coupe 4 pétales	rose lilas	Culture délicate. Coussin glauque, palmé. Beau, peu connue.
Ilex glabra Houx glabre	1m	1m	☼☁	Acide, léger, frais	5	—	Petite, dioïque	—	Plants mâle+femelle=fruits noirs. Peut remplacer le buis. Protéger.
Ilex meserveae Houx hybride mâle & femelle	1m	50cm	☼☁	Acide, riche, humide	5	6	Sans intérêt	jaune	Surtout utilisé pour ses baies rouges l'hiver. Feuilles de houx.
Kalmia angustifolia ⚜ Kalmia à feuilles étroites	1m	1m	☼☁	Acide et humide	2	6	Corymbe terminal	rose foncé	Une des plus belles indigènes. S'adapte à toutes conditions.
Kalmia latifolia Kalmia des montagnes	1,5m	1m	☼☁	Riche, acide, humide	5b	6 et 7	Corymbe terminal	rose tachée	La plus ornementale. Feuilles étroites, port plus dense. Belle floraison.
Kalmia polifolia ⚜ Kalmia glauque des marais	70cm	70cm	☼☁	Acide et humide	1b	5 et 6	Corymbe terminal	rouse pourpre	Habitat naturel : tourbière. Rare. Feuilles étroites. Port arrondi.
Kalmiopsis leachiana Rhododendron leachiana	30cm	30cm	☼☁	Acide, humide	6	5	Groupe de 6 à 9	rose	Très peu rustique. Pour jardinier averti en serre alpine.
Ledum groenlandica ⚜ Thé du Labrador	60cm	80cm	☼	Acide, meuble, frais	1a	5 et 6	Corymbe, étoiles	blanc crème	Pour milieux pauvre et frais. Feuilles aromatiques aux bords récurvés.
Leucothoe fontanesiana Leucothoë retombant	1m	1m	☁	Riche, acide, frais	6	6	Grappe pendante	blanc	Protéger des vents. Beau feuillage vert-rouge. Semi-pleureur.

TYPES DE SOLS

77

ARBUSTES PERSISTANTS (suite)	H	L	☼	TYPE DE SOL	Z	MOIS ✿	FORME ✿	COULEUR ✿	REMARQUES
Leucothoe x 'Scarletta' **Leucothoë** 'Scarletta'	80cm	1,5m	☼☁	Riche, meuble, acide	6	6 et 7	Épis pendants	blanc parfumé	Très fragile au Québec. Lent. Dôme arqué pourpre violacé.
Paxistima canbyi **Buis du nord**	30cm	30m	☼☁	Acide, léger, drainé	2	—	Sans intérêt	—	Couvre-sol idéal sous les conifères. Petites feuilles linéaires vert foncé.
Pieris floribunda **Piéris des montagnes**	1,5m	1,5m	☁	Acide, frais, drainé	5b	5	Clochette parfumée	blanc	Un *Pieris* rustique sous notre climat. Feuilles et fruit attrayants.
Pieris japonica **Andromède du Japon**	1,5m	1,5m	☁	Acide, frais, drainé	6	5	Cloche	blanc	Son feuillage bicolore est de toute beauté. Fragile !
Potentilla tridentata / *Sibbaldiopsis* **Potentille tridentée**	10 à 15cm	60cm	☼	Sableux, acide, drainé	2	6 et 7	Simple	blanc	Rampant, vert lustré. Sans entretien. Pour coin inculte, drainé.
Potentilla tridentata 'Nuuk' **Potentille tridentée** 'Nuuk'	10cm	40cm	☼	Sableux, acide, drainé	2	6 et 7	Simple	blanc	Plus dense et décoratif que l'espèce. Lent et sans entretien.
Rhododendron carolinianum **Rhododendron de Caroline**	1,25m	1,25m	☼☁	Acide, friable, drainé	5b	5	Corymbe	blanc à pourpre	Espèce utilisés pour plusieurs croisements. Tourne au pourpre.
Rhododendron élépidote **Rhododendron à grosses feuilles**	1 à 1,5m	1 à 1,5m	☼☁	Acide, riche, drainé	5	5	Grosse grappe	var.	Peuvent pousser sous de grands conifères. Protéger.
Rhododendron impeditum **Rhododendron impeditum**	30cm	40cm	☼☁	Acide, drainé	6	6	Grappe globe	pourpre	Le plus petit des rhododendrons. Coussin dense, très petites feuilles.
Rhododendron lépidote **Rhododendron à petites feuilles**	1 à 1,5m	1 à 1,5m	☼☁	Acide, riche, drainé	3b	5	Grosse grappe	var.	Plus rustique que les précédents. Très populaire. Belle floraison.
Rhododendron mucronulatum **Rhododendron de Corée**	1 à 1,5m	1 à 1,5m	☁	Acide, friable, drainé	5b	5	Grosse 4cm	Rose-mauve	Ancienne variété, utile pour les croisements. Devient cuivré.
Vaccinium 'Vistis Idaea' **Airelle rouge**	20cm	50cm	☼☁	Acide, léger	1a	5 et 6	Grappe cloche	blanc, rosé	Lieux tourbeux ou sous les conifères. Feuilles lustrées. Fruit rouge.

CONIFÈRES	H	L	☼	TYPE DE SOL	Z	MOIS ✿	FORME ✿	COULEUR ✿	REMARQUES
Chamaecyparis sp. **Faux-cyprès**	30 à 1,5m	5 à 1,5m	☼	Frais, drainé	5	—	—	—	Beau conifère plumeux, formes et couleurs variés.
Cryptomeria japonica 'Nana' **Cryptomère du Japon**	0,4 à 1m	0,4 à 1m	☼☁	Acide, riche, drainé	5	—	—	—	Petit conifère original, rare. Arroser à l'automne.
Juniperus x 'Shimpaku' **Juniperus chinensis** 'Sargenti'	30cm	60cm	☼	Plutôt acide, drainé	4b	—	—	—	Vert-gris persistant. Ressemble au *j. squamata prostata*.
Juniperus procumbens 'Nana' **Genévrier procumbens** 'Nana'	20cm	1,2m	☼	Plutôt acide	4b	—	—	—	Irrégulier, dressé. Vert glauque. Lent. Aussi utilisé comme bonzaï.
Picea abies 'Inversa' **Épinette de Norvège pleureuse**	5m	2m	☼	Frais, tolère sol acide	3b	—	—	—	Rameaux souples, lustrés qui s'empilent les uns sur les autres.
Picea abies 'Pendula' **Épinette de Norvège pleureuse**	4 à 8m	1,5 m	☼	Frais, tolère sol acide	3	—	—	—	Branches retombantes, peu nombreuses. Cime étroite, dressée.
Picea abies 'Reflexa' **Épinette de Norvège pleureuse**	0,5 à 3m	3 à 4m	☼	Frais, tolère sol acide	3	—	—	—	Si tuteuré, port pleureur, sinon étalé. Jeunes pousses vert pâle.
Picea glauca 'Pendula' **Épinette blanche pleureuse**	5m	2m	☼☁	Acide, frais, drainé	3	—	—	—	Port conique étroit, dense, vert bleuté. Port uniforme.
Picea mariana **Épinette noire**	12m	5m	☼☼	Acide, humide	1a	—	—	—	Peu utilisé en ornemental, pour naturalisation. Feuillage gris vert.
Picea pungens 'Glauca Procumbens' **Épinette bleue** 'Procumbens'	1,5m	2m	☼☁	Acide, frais, drainé	3	—	—	—	Branches courant au sol avec petits monticules qui retombent.
Picea pungens 'Glauca Prostata' **Épinette bleue prostrée**	1,5m	2m	☼☁	Acide, frais, drainé	2	—	—	—	Branches courant au sol avec extrémités relevées, dirigées.
Picea pungens 'Iseli Fastigiata' **Épinette bleue colonnaire**	5m	1m	☼	Acide, frais, drainé	3	—	—	—	Port colonnaire, branches dirigées vers le haut. Bleu argenté.

CONIFÈRES (suite)	H	L	☀	TYPE DE SOL	Z	MOIS	FORME	COULEUR	REMARQUES
Pinus cembra / Pin cembro	10m	4m	☀⛅	Acide, sableux	3a	—	—	—	Port étroit, régulier. Vert foncé luisant. 5 aiguilles. Amandes.
Pinus densiflora 'Umbraculifera' / Pin rouge japonais parasol	2m	3,5m	☀	Sableux, acide	5	—	—	—	La présence d'arbres le protège des vents et insolations.
Pinus resinosa ⚜ / Pin rouge	24m	12m	☀	Acide, sableux	2b	—	—	—	Port ovoïde, droit. Aiguilles par 2, longues, flexibles. ± décoratif.
Pinus strobus 'Pendula' / Pin blanc pleureur	3 à 5m	2m	☀⛅	Plutôt acide, drainé	3	—	—	—	Très pleureur. Branches et aiguilles en cascade. À tuteurer.
Pinus sylvestris / Pin sylvestre / Pin d'Écosse	15 à 18m	6 à 10m	☀	Légèrement acide	2b	—	—	—	Port arrondi, irrégulier. Écorce orangée. 2 aiguilles tordues.
Pinus sylvestris 'Mitsch Weeping' / Pin prostrée 'Mistch Weeping'	0,5 à 1m	1m	☀	Légèrement acide, drainé	2b	—	—	—	Port rampant, plutôt arrondi, irrégulier. 2 aiguilles tordues.
Pinus sylvestris 'Nana' / Pin sylvestre nain	var.	var.	☀	Acide, peu exigeant	3	—	—	—	Aiguilles courtes teintées de bleu. Dense, compact.
Pinus sylvestris 'Watereri' / Pin sylvestre 'Watereri'	3m	2m	☀	Plutôt acide, drainé	3	—	—	—	Pyramide puis arrondi dense. Gris bleuté puis gris. Lent.
Thuyopsis dolabrata 'Nana' / Thuyopsis nain	0,5 à 1m	1m	☀	Acide, sableux, frais	5	—	—	—	Pour grande plate-bande au pied des arbres. Écailles plates.
Tsuga canadensis ⚜ / Pruche du Canada	15 à 20m	9 à 12m	☀⛅	Acide, frais, drainé	4	—	—	—	Pyramidal élégant, souple. Vert foncé luisant. Naturalisation.
Tsuga canadensis 'Pendula' / Pruche de l'Est pleureuse	2m	4m	☀⛅	Acide, frais, drainé	4b	—	—	—	Pleureur si tuteuré. Branches et rameaux longuement arqués.

GRIMPANTES	H	L	☀	TYPE DE SOL	Z	MOIS	FORME	COULEUR	REMARQUES
Hydrangea anomala ssp. petiolaris / Hydrangée grimpante panachée	5m	1,5m	⛅	Léger, fertile, acide	5	7	Corymbe, Ombelle	blanc	Nouveau, maintenant panaché. Vert marginé de jaune. ± rustique.
Hydrangea petiolaris / Hydrangée grimpante	7m	1m	☀⛅	Riche, drainé, acide	5	7	Corymbe	blanc	Aime avoir un paillis au niveau des racines.

VIVACES	H	L	☀	TYPE DE SOL	Z	MOIS	FORME	COULEUR	REMARQUES
Actaea pachypoda (Alba) / Actée pachypoda	70cm	45cm	⛅	Humifère, frais	3	6	Grappe compacte	blanc	Superbe grappe de fruits blancs à gros pédicelles rouges. Toxique.
Actaea rubra ⚜ / Poison de couleuvre	70cm	40cm	⛅	Humifère, frais	2	5 et 6	Grappe compacte	blanc parfumé	Fruit très décoratif mais toxique. Naturalisation.
Actaea rubra neglecta / Actée à fruits blancs	60cm	45cm	⛅	Humifère, frais	2	5 et 6	Grappe compacte	blanc	Cousine de l'actée rouge. Pour sous-bois clair. Toxique aussi.
Aegopodium podagraria 'Variegatum' / Herbe aux goutteux 🌿	30cm	40cm	☀⛅	Tous les sols	2b	6 et 7	sans intérêt	blanc	Facile même en milieu acide. Coussin panaché, lumineux.
Ajuga reptans sp. 🌿 / Bugles	15cm	40cm	☀⛅	Frais, humide, drainé	3	5	Petits épis	bleu, rose	Peut même courir entre les fougères en sol acide.
Alchemilla mollis / Manteau de Notre-Dame	40cm	30cm	☀⛅	Frais, humide	3	6 et 8	Grappe lâche	jaune vert	Beau coussin au feuillage palmé. Même en sol sec, acide.
Androsace carnea / Androsace couleur chair	5cm	20cm	☀	Acide, frais, pauvre	4	5 et 6	Grappe	blanc, rose	Rosette de feuilles linéaires garnie de jolies petites fleurs.
Antennaria cana / Antennaire cana	15cm	30cm	☀	Sec, bien drainé	3	6	Capitule	blanchâtre	Feuillage gris argenté. Tolère sols pauvres, calcaires ou acides.
Antennaria dioica 'Rosea' 🌿 / Pied de chat	10cm	30cm	☀	Sec, bien drainé	3	5 à 7	Capitule	blanc, rose	Tapis très ras de rosettes ± argentées. Accepte sol acide.
Aquilegia alpina / Ancolie des Alpes	20 à 50cm	20 à 40cm	⛅	Léger, humide	3	5 et 6	Coupe, éperon	bleu violet	Cette variété en particulier supporte bien un sol acide. Glauque.

VIVACES (suite)	H	L	☀	TYPE DE SOL	Z	MOIS	FORME	COULEUR	REMARQUES
Aralia nudicaule Aralie à tige nue	60cm	50cm	⛅	Acide, bien drainé	3	7	Ombelle	blanc vert	Feuille unique, composée, émergeant d'un rhizome. Fruit décoratif.
Aralia racemosa Aralie à grappes	1,5m	1m	⛅	Acide, bien drainé	4b	7	Grappe	blanc vert	Utiliser pour aromatiser la « Rootbeer ». Feuillage découpé.
Aruncus aethusifolius Barbe de bouc nain	30cm	30cm	☀⛅	Riche, humide, acide	3	5 et 6	Panicule dense	blanc crème	Pour endroit ombragé. Rocaille, sous-bois. Feuilles de fougère.
Aruncus dioicus Barbe-de-bouc	1,3m	1m	⛅	Riche, acide, frais	3	6 et 7	Panicule fourni	blanc crème	Pour grand massif, sous-bois ou pièce d'eau. Port gracieux.
Aruncus sinensis Aruncus de Chine	1,3m	70cm	⛅	Riche, acide, frais	4	7 et 8	Panicule léger	blanc crème	Élégante touffe dressée. Plus tardive et texturée que *dioicus*.
Astilbe sp. Astilbes	var.	var.	☀⛅	Riche, frais	4	var.	Panicule plume	var.	Tapis texturé, élégant. Aime les conditions humifères.
Astilboïdes tabularis Astilboïde rodgergia	1,2m	1m	⛅	Acide, riche	4	6 et 7	Panicule plume	blanc	Immenses feuilles rondes particulièrement décoratives.
Caltha palustris Populage des marais	30cm	25cm	☀⛅	Marécageux, acide, lourd	3	5 et 6	Simple, double	blanc, jaune	Pour bord de pièce d'eau marécageux. Feuilles attrayantes.
Cardamine pradensis Cardamine des prés	30cm	20cm	⛅	Humide, acide	5	5 et 6	4 pétales en croix	lilas pâle	Comme le cresson de fontaine elle peut être utilisé en salade.
Chimaphila umbellata Chimaphile à ombelle	30cm	30cm	⛅	Acide, drainé	3	6 et 7	Ombelle	blanc, rosé	Pour jardin sauvage sous conifères. Persistant. Feuilles lustrées.
Chiastophyllum oppositifolium Goutte d'or	15 à 20cm	25cm	☀⛅	Humifère, frais	5	6 et 7	Panicule tombante	jaune or	Feuilles charnues, persistantes Les fleurs dominent le feuillage.
Chrysanthemum serotinum Syn.: *Chrysanthemum uliginosum*	1,5m	80cm	☀	Frais à humide	6	9 et 10	Capitule	blanc	Forte touffe dressée, stable. Pour pièce d'eau.
Clintonia borealis Clintonie boréale	20cm	15cm	⛅	Très acide, humide	3b	5 et 6	Ombelle, cloche	jaune vert	Sous-bois de conifère. Feuilles larges, lustrées, ovales. Fruit bleu.
Convalaria majalis Muguet	20cm	30cm	⛅	Frais, humide, acide	3	5	Clochette	blanc, rose	Planter sous de grands arbres. Parfumé. Feuilles larges ovales.
Coptis groenlandica Savoyane	3cm	50cm	⛅	Acide, frais, léger	3	5 et 6	Minuscule	blanc	Couvre-sol pour sous-bois de conifères. Persistant lustré.
Cornus canadensis Quatre-temps	20cm	30cm	☀⛅	Acide, drainé	2	5 et 6	Bractée	blanc	Sous-bois ou rocaille ombrés. Feuillage unique en rosette surélevée. Fruit.
Cypripede acaule Sabot-de-la-Vierge	20 à 40cm	20 à 30cm	☀⛅	Acide, humifère	2b	5 et 6	Sac gonflé 8 à 10cm	rose	Espèce menacée. Ne pas prélever dans les bois. 2 feuilles basales.
Dicentra sp. Cœur saignant	var.	var.	⛅	Frais, humide	3	var.	Grappe pendante	blanc, rose	S'accomode facilement d'un sol acide. Feuilles découpées, glauques.
Digitalis purpurea Digitale pourprée	0,8 à 1,5m	55cm	⛅	Frais, drainé	4	6 et 7	Tubulaire, long épi	pourpre	Variété acceptant un sol acide. Bisannuelle, pour grand massif.
Disporum pullum 'Variegata' Disporum panaché	45cm	60cm	⛅	Tourbeux, humide	6	5	Clochette pendante	blanc vert	Feuilles type Sault de Salomon avec bordure nette, blanche.
Dodecatheon meadia Étoile filante / Gyroselle	20cm	25cm	☀⛅	Acide, frais, drainé	5	5 et 6	Forme papillon	blanc, carmin	Rentre en dormance en mi-été. Ressemble à un *Cyclamen*.
Drosera sp. Rossolis	3 à 40cm	10 à 45cm	☀	Très acide, humide	4 à 6	7 et 8	Épillet unilatéral	rose	Plante carnivore de tourbière. Feuilles se refermant sur leur proie.
Epimedium sp. Fleur des Elfes	25cm	30cm	⛅	Humide, acide, drainé	3b	5 et 6	Petite, éperon	blanc, rose, jaune	Feuilles veinées bronze. Aime la compagnie des rhododendrons.
Galium odoratum Aspérule odorante	15cm	30cm	☀⛅	Ordinaire, frais	4	5 et 6	Nombreuse	blanc	Éclaire les sous-bois. Parfume les vins blanc. Feuilles verticillées.
Gentiana sino-ornata Gentiane sino-ornata	15cm	30cm	☀	Acide, humifère	4	8 à 10	Grande, coupe	bleu clair	Elle a des feuilles linéaires, décoratives.
Gillenia trifoliata Spirée trifoliée	90cm	65cm	⛅	Acide, humide	4	7 et 8	Étoile	blanc laiteux	Port érigé, gracieux. Fleurs aériennes. À découvrir, vaporeux.

VIVACES (suite)	H	L	☀	TYPE DE SOL	Z	MOIS	FORME	COULEUR	REMARQUES
Heuchera sp. **Heuchères**	var.	var.	☀☁	Riche, frais, drainé	3	6 et 7	Hampes clochettes	blanc à rouge	Grand choix de variétés, tous à feuillage très décoratif.
Iris ensata **Iris japonais**	60cm	60cm	☀	Acide, frais, humide	3	6 et 9	3 sépales 3 pétales	bleu foncé	Feuillage érigé, en lame, vert et blanc toute la saison.
Iris sibirica **Iris de Sibérie**	90cm	40cm	☀	Acide, frais, humide	3	6	3 pétales, 3 sépales	blanc, jaune, violet	Tolère la présence d'eau l'été, pas l'hiver. Feuilles rubanées.
Iris versicolor **Iris versicolor**	80cm	50cm	☀☁	Humide à sec	3	6	Pétales, sépales larges	violet lavande	Préfère le soleil, mais supporte bien l'ombre. Feuilles rubanées.
Jasione laevis / J. perennis **Jasione**	25cm	30cm	☀☁	Pauvre, acide	4	7 et 8	Pompon ébouriffé	bleu brillant	Coussin, feuilles lancéolées, velues. Craint l'excès d'humidité.
Jeffersonia diphylla **Jeffersone à deux feuilles**	25cm	15cm	☁	Frais, humifère	4	4 et 5	Simple, 8 pétales	blanc pur	Grande feuilles 40cm divisées en 2 en forme de papillon. Dôme. Unique !
Kirengeshoma sp. **Clochette jaune**	0,9 à 1,5m	65cm	☁	Riche, frais, acide	5	8 et 9	Cloche pendante	jaune crème	Ne pas déranger une fois établie. Toxique. Feuilles palmées, duvet.
Lamium maculatum **Lamier**	20cm	40cm	☁	Frais, drainé	3	5 et 6	Épi dense	blanc, rose	Feuillage argenté bordé de vert. Couvre-sol même en sol acide.
Ligularia sp. **Ligulaire**	var.	var.	☀☁	Riche, humide	4	8 et 9	Épi ou capitule	jaune	Supporte mieux le soleil en sol marécageux. Grandes feuilles.
Linnaea borealis ⚜ **Linnée boréale**	10cm	30cm	☁	Acide, humifère	1	7 et 8	Clochettes penchées	rose odorante	Persistant classé vivace. Grand sous-bois. Petites feuilles rondes, en chapelet.
Liriope muscari **Liriope à feuilles rubanées**	45cm	45cm	☁	Acide, frais, drainé	5	8	Épi dense	violet	Longues feuilles rubanées, longs épis de fleurs. Moins envahissante que *spicata*.
Liriope spicata ⚜ **Liriope à épis**	30cm	30cm	☁	Acide, frais, drainé	5	8	Épi étroit	violet	Longues feuilles rubanées d'où émergent les longs épis de fleurs.
Lupinus sp. **Lupins**	35 à 60cm	35cm	☀	Léger, acide	3	6 et 7	Long épi	var.	Populaire, belle masse colorée. Feuilles élancées, palmées.
Maianthemum canadense ⚜ **Maïanthème du Canada**	10 à 20cm	30 à 60cm	☀☁	Riche, acide	2	5 et 6	Épi	blanc	Floraison abondante et plus serrée au soleil. 2 feuilles élancées. Fruit rouge.
Meconopsis betonicifolia **Pavot bleu**	1m	35cm	☁	Acide, frais, drainé	4	6 et 7	Grosse, inclinée	bleu ciel	Culture très délicate. Ne pas déranger. Longues feuilles ovales.
Mertensia pulmonarioides **Cloche bleue de Virginie**	var.	var.	☁	Acide, riche, frais	2	var.	Tubulée, évasée	bleu ciel	Ses grandes feuilles ovales disparaissent après la floraison.
Mitchella repens ⚜ **Pain de perdrix**	5 à 15cm	20 à 40cm	☀☁	Riche, frais, acide	4	5 et 6	Clochette penchée	blanc	Sous-ligneux, souvent confondu avec la *Linnaea borealis*. Rampant.
Molinia caerulea sp. **Molinie**	0,6 à 2m	0,5 à 0,9m	☀☁	Riche, acide, humide	4	8 à 10	Épi pourpre	vert, panaché	Pour rocaille ordonnée. Doré en automne.
Pachysandra terminalis **Pachysandre**	20cm	35cm	☁	Acide, frais	4	5	Sans intérêt	blanc	Beau feuillage en rosette lustré, persistant. Couvre-sol.
Phlox stolonifera **Phlox rampant à stolon**	10cm	40cm	☁	Humifère, sableux	4	5 et 6	Corymbe	rose, bleu	Différente des autres phlox printaniers. Feuilles persistantes.
Podophyllum sp. **Pomme de mai**	60cm	50cm	☁	Humifère, riche	4	6 et 7	Coupe, solitaire	blanc rosé	Sous-bois clair. Étrange. Gros fruits. Grosses feuilles lobées.
Podophyllum kaleidoscope **Pomme de mai**	50cm	30cm	☁	Humifère, riche	6	6 et 7	Solitaire, penché	blanc rosé	Feuilles hexagonales en parapluie, marbrées de bronze et d'argent.
Podophyllum peltatum **Pomme de mai**	45cm	50cm	☁	Humifère, riche	4	6 et 7	Solitaire, penché	blanc rosé	Grandes feuilles palmées, vertes, lustrées, en parapluie. Gros fruit.
Polygonatum sp. **Sceau de Salomon**	60cm	40cm	☁	Frais, humifère	3	5 et 6	À l'axe des feuilles	blanc	Son port arqué la démarque dans les sous-bois.

TYPES DE SOLS

VIVACES (suite)	H	L	☀	TYPE DE SOL	Z	MOIS	FORME	COULEUR	REMARQUES
Potentilla aurea Potentille 5 folioles jaune	10 à 20cm	20 à 30cm	☀	Ordinaire à lourd, acide	4 à 6	6 et 7	6 pétales, coupe	jaune doré	Feuilles palmées à 5 folioles. Coussin érigé parsemé de fleurs.
Potentilla verna / P. crantzii Potentille de Crantz	10cm	20cm	☀☁	Tous sols légers	3	5 et 6	Simple, évasée	jaune	Originaire des Alpes. Croît lentement. Très jolie.
Pulmonaria sp. Pulmonaires	var.	var.	☁	Riche, humide	3	5	Clochettes, en cyme	bleu, rose	Superbe feuillage. S'accomodent des sols acides de sous-bois.
Primula sp. Primevères	var.	var.	☁	Humide, drainé	4b	5 et 6	Grappe	var.	Plusieurs superbes variétés. Acceptent bien les sols acides.
Pyrole elliptica Pyrole elliptique	20cm	15cm	☁	Acide, sec	3	7	Grappe penchée	blanc odorant	Feuilles ovales, minces, mates. Pour sous-bois conifère, jardin sauvage.
Sanguinaria canadensis Sanguinaire Canada	20cm	40cm	☀☁	Riche, humide	3	4 et 5	Simple ou double	blanc	Rentre en dormance au milieu de l'été. Tapis printanier. Médicinale.
Sarracenia sp. Petits cochons / Herbe-crapaud	30cm	30cm	☀☁	Acide, très humide	3b	5 et 6	Solitaire, penchée	vert, pourpre	Feuilles veinées pourpres en forme de cruche. Carnivore. Tourbière.
Saxifraga urbium 'Aureopunctata' Saxifrage 'Aureopunctata'	30cm	40cm	☀☁	Humifère, frais	5	5 et 6	Hampe, étoilée	rosé	Vigoureux. Feuilles en rosette ± moustachées de jaune-crème.
Saxifraga virginiensis Saxifrage de Virginie	10 à 20cm	15cm	☁	Acide, frais	4	5 et 6	Corymbe	blanc	Rosette de feuilles très denses, Hampes florales et feuilles charnues.
Semiaquilegia Fausse colombine	20cm	25cm	☁	Humifère	4	5 et 6	Pendante	rose pourpré	Ressemble à l'Ancolie, mais en plus délicat. Feuillage gris-vert.
Semiaquilegia ecalcarata Fausse colombine	20cm	25cm	☁	Humifère	5	5 et 6	Pendante	rose pourpre	Une ancolie miniature à feuillage gris-vert.
Sidalcea sp. Fausse mauve	0,7 à 1m	40cm	☀☁	Riche, drainé	4	7,8	Épi satiné	teintes roses	Ressemblent à des roses trémières (*alcea*) miniatures.
Soldanella montana Soldanelle des montagnes	15 à 20cm	10cm	☀☁	Tourbeux, perméable	4	5 à 7	Clochettes frangées	bleu-mauve	Rocaille aux abords des conifères. Touffe à feuilles cordées.
Solidago canadensis Verge d'or du Canada	1,2m	60cm	☀	Ordinaire, même acide	2	7 à 9	Panicule lâche	jaune	Imposant par sa masse, sa vigueur et sa couleur. Érigé.
Stokesia laevis Stokesia	40cm	40cm	☀☁	Meuble, drainé	5	7 et 8	Capitule, ligules	blanc, violet	Fleur de centaurée. Feuilles étroites à nervure centrale blanche. Tolère sol acide.
Tiarella cordifolia Tiarelle	30cm	30cm	☁	Riche, léger	3	5 et 6	Grappe dressée	crème rosé	Feuilles type érable décoratives, fleurs vaporeuses. Tapis.
Tricyrtis hirta Lis crapaud	60cm	60cm	☁	Riche, frais	4b	9 et 10	À l'aisselle	blanc lilas	Touche d'exotisme, fleurs tachetées. Port lâche. Sous-bois.
Trillium grandiflorum Trille à grandes fleurs	35cm	25cm	☁	Profond, riche	3	5	Pétales ouverts ondulées	blanc, rosé	3 feuilles verticillées. Ne pas prélever dans les bois. Unique.
Trollius sp. Trolles	60cm	50cm	☀☁	Riche, humifère	3	5 et 6	Hampe dressée	jaune	Les nouveaux hybrides fleurissent longtemps. Palmé, luisant.
Uvularia grandiflora Uvule à grandes fleurs	30cm	30cm	☁	Humifère, drainé	4	5 et 6	Effilochée, pendante	jaune	Pour sous-bois ou ombre. Tige feuillée. Beau en massif.
Vinca minor Petite pervenche	15cm	40cm	☁	Riche, humide	4	5	Étoilé, solitaire	bleu violet	Longs rameaux, luisant, persistant. Fleurs bleu violet.

GRAMINÉES	H	L	☀	TYPE DE SOL	Z	MOIS	FORME	COULEUR	REMARQUES
Carex brunnescens Laîche brunâtre	10cm	10cm	☁	Sec et acide	4	5 et 6	Épillet	brun	Un petit carex qui supporte la sécheresse des sous-bois.
Deschampsia flexuosa Deschampsie flexueuse	30 à 60cm	15 à 25cm	☀☁	Acide, frais à sec	3b	6 et 7	Panicule bronze	vert glauque	Moins connu mais parfaite pour les lieux rocheux et secs.
Lozula sylvatica 'Marginata' Luzule des forêts	30cm	30cm	☁	Peu exigeant à acide	5	5 et 6	Épillet brun	Vert bordé jaune	Bon couvre-sol même sous les arbres, arbustes.

GRAMINÉES (suite)	H	L	☼	TYPE DE SOL	Z	MOIS ✿	FORME ✿	COULEUR	REMARQUES
Molinia arundinacea 'Skyracer' **Molinie** 'Skyracer'	2m	90cm	☼	Riche, acide, humide	4	7 et 8	Épis vaporeux bronze	vert puis doré	Feuillage délicat surmonté d'inflorescences sur tiges très fermes.
Molinia caerulea sp. **Molinie**	0,6 à 2m	0,5 à 0,9m	☼☁	Riche, acide, humide	4	8 à 10	Épi pourpre	vert, panaché	Pour rocaille ordonnée. Doré en automne.

FOUGÈRES	H	L	☼	TYPE DE SOL	Z	MOIS ✿	FORME ✿	COULEUR	REMARQUES
Adiantum pedatum ⚜ **Capilaire du Canada**	45cm	30cm	☁☂	Riche, acide	2	—	—	vert, pétiole noir	Accompagne bien les massifs de rhododendrons.
Athyrium 'Branford Beauty' **Fougère** 'Branford Beauty'	45 à 60cm	50cm	☁☂	Humifère, riche, frais	4	—	—	vert argenté	Fronde érigée argentée à tiges rouges. Sous-bois, vedette.
Athyrium 'Branford Rambler' **Fougère femelle** 'Branford Rambler'	40cm	60cm	☼☁☂	Humifère, riche, frais	4	—	—	vert et acajou	Feuillage abondant, très découpé. Ses teintes acajou la démarque.
Athyrium 'Ghost' **Fougère peinte géante**	80cm	90cm	☁☂	Humifère, riche, frais	4	—	—	gris-vert	Ressemble à *A. n. pictum* mais en plus grand, plus vigoureux.
Athyrium 'Pewter Lace' **Fougère** 'Pewter Lace'	45cm	60cm	☁☂	Humifère, riche, frais	4	—	—	métallique	Très belles frondes métalliques à centre pourpre.
Athyrium filix-femina 'Lady in Red' **Fougère femelle** 'Lady in Red'	50cm	60cm	☼☁☂	Humifère, riche, frais	2	—	—	Vert	Feuilles vertes avec tiges d'un beau rouge vif. Texturé, facile.
Athyrium pynocarpon **Athyrie à sores denses**	0,8 à 1,2m	50cm	☁☂	Riche, acide, drainé	4	—	—	vert pâle bleuté	Port droit, érigé, légèrement évasé. Frondes denses régulières.
Blechnum sp. **Blechnum**	10 à 50cm	30 à 50cm	☁☂	Acide, humifère	4b	—	—	vert pâle lustré	Les plus petites conviennent mieux en auge. Couvre-sol.
Dryopteris crassirhizoma **Dryoptéris à rhizomes épais**	1m	60cm	☁☂	Riche, acide	5	—	—	vert moyen	Rosette évasée de frondes régulières et longues.
Dryopteris filix-mas ⚜ **Dryoptéride mâle**	40cm	60cm	☁☂	Humide à sec	3	—	—	vert foncé	Fougère versatile, pousse même en sous-bois sec.
Dryopteris goldiana **Dryoptère de Goldie**	0,8 à 1,2m	60cm	☁☂	Riche, acide	2	—	—	vert pâle	Rosette désordonnée, touffe plus ou moins évasée.
Dryopteris marginalis ⚜ **Dryoptéride à sores marginaux**	65cm	60cm	☁☂	Humifère, riche	3b	—	—	vert-bleuâtre	Très commun au Québec elle hiverne sous la neige.
Gymnocarpium dryopteris **Fougère-du-chêne**	50cm	30cm	☁☂	Acide, humide à sec	2b	—	—	2 tons de verts	Colonie dense, même sous les conifères. Vert éclatant.
Osmunda cinnamomea **Osmonde cannelle**	1 à 1,5m	80cm	☼☁☂	Acide, humide	3	—	—	vert tendre	Les frondes qui sont fertiles sont de couleur cannelle. Port évasé.
Osmunda claytoniana **Osmonde de Clayton**	0,9 à 1,2m	70cm	☼☁☂	Acide, humide	3	—	—	vert, brun	Port évasé. Fronde à bout recourbé.
Osmunda regalis ⚜ **Osmonde royale**	0,6 à 1,5m	70cm	☼☁☂	Acide, humide	3b	—	—	vert cendré	Fougère qui peut devenir haute si le sol est fertile.
Polystichum acrostichoides **Fougère de Noël**	0,6 à 1,2m	60 à 80cm	☼☁☂	Humifère, humide, frais	3	—	—	vert	Feuillage finement découpé. Tolère le soleil en sol humide.
Polystichum tsus-simense **Fougère tsus-simense**	20 à 50cm	30 à 40cm	☁☂	Acide, humide	5b	—	—	vert foncé	Port compact. Frondes triangulaires, nervurées.
Pteridum aquilinum ⚜ 🌿 **Ptéridium des aigles**	50 à 90cm	90cm	☼☁	Sablonneux, acide	2b	—	—	vert bleuté	Grande fougère pour lieu sec et ouvert. Éloigne les insectes.
Thelypteris decorsive / T. pinnata **Fougère thelypteris**	40 à 60cm	30cm	☁☂	Acide, humide	5	—	—	vert lime	Fronde plutôt longue au bout retombant. Jeunes frondes érigées.
Thelypteris palustris **Thélyptère des marais**	30 à 60cm	30cm	☁☂	Riche, humide, acide	4	—	—	Vert clair	Plutôt tapissante. Couvre-sol intéressant pour lieu innondé.
Thelypteris phegopteris Syn.: *T. connectilis*	20cm	50cm	☁☂	Acide, frais, riche	2	—	—	vert moyen	La fougère du hêtre a une fronde large, dentelé, pointue et penchée.

TYPES DE SOLS

BULBES	H	L	☀	TYPE DE SOL	Z	MOIS ✿	FORME ✿	COULEUR ✿	REMARQUES
Allium schoenoprasum 🌿 **Ciboulette**	40cm	30cm	☀☁	Frais à sec, drainé	3	5 et 6	Pompon	rose lavande	Comestible, décorative. Feuilles cylindriques. Tolère bien sol acide.
Allium tricoccum **Ail des bois** ⚜	30cm	20cm	☀☁	Humifère	4	5	Ombelle dressée	blanc vert	Interdit de récolter dans les bois, faites vos semis.
Lilium canadensis ⚜ **Lis du Canada**	1,5 à 3m	60cm	☁	Acide, humifère, frais	3	7	Grosse, campanulé, penché	jaune, orangé	Très beau lis, peu disponible. Groupe de fleurs penchées.
Lilium martagon **Lis martagon**	1 à 1,2m	30cm	☀☁	Acide à alcalin	4	7	Lis penché	blanc, rose, rouge	Le + résistant à l'ombre. Grandes tiges à feuilles verticillées.
Liriope sp. 🌿 **Liriopes**	30cm	30cm	☁☁	Acide, frais, drainé	5	8	Épi dense	violet	Touffe. Longue feuilles rubanées d'où émergent de longs épis de fleurs.
Lithophragma parviflora ⚜ **Lithophragme à petites fleurs**	10 à 20cm	10 à 30cm	☁	Acide, tourbeux	5	4 et 5	Grappe, coupe frangée	rose pâle	Cap de roche. Feuilles basales type érable surmonté de hampes florales.

ANNUELLES	H	L	☀	TYPE DE SOL	Z	MOIS ✿	FORME ✿	COULEUR ✿	REMARQUES
Némésia strumosa **Némésie**	25cm	20cm	☀☁	Humide, acide	—	6 à 9	Grappe	Teintes chaudes	Apprécie bien le milieu frais du bord de l'eau. Très colorée.

⚜ indique une plante indigène ou naturalisée.
🌿 indique une plante potentiellement envahissante !

PLANTES POUR SOLS CALCAIRES

ARBRES	H	L	☼	TYPE DE SOL	Z	MOIS ✿	FORME ✿	COULEUR ✿	REMARQUES
Acer platanoides 'Cleveland' **Érable de Norvège** 'Cleveland'	13m	10m	☼☁	Frais, calcaire, drainé	4b	—	Corymbe	jaunâtre	Attention aux racines. Sert aussi d'écran. Port ovoïde.
Acer platanoides 'Columnare broad' **Érable de Norvège** 'Parkway'	12m	7m	☼☁	Frais, calcaire, drainé	5	—	Sans intérêt	—	Ressemble à *Columnare* en plus large. Attention aux racines.
Acer platanoides 'Deborah' **Érable de Norvège** 'Deborah'	15m	12m	☼☁	Frais, calcaire, drainé	4b	5	Sans intérêt	rouge	Plus vert bronzé que pourpre. Élancé, ovoïde. Grand jardin.
Acer platanoides 'Drummondii' **Érable de Norvège** 'Drummondii'	9m	6m	☼	Calcaire, drainé	5	—	Sans intérêt	—	Port arrondi, d'un beau panaché. Taillez toutes pousses vertes !
Acer platanoides 'Emerald Queen' **Érable de Norvège** 'E. Queen'	15m	12m	☼☁	Calcaire, drainé	4b	—	Sans intérêt	—	Port ovoïde, tronc vigoureux. Feuilles lobées vert foncé. Rapide.
Acer platanoides 'Globosum' **Érable de Norvège** 'Globe'	5m	5m	☼	Peu exigeant, calcaire	5	—	Sans intérêt	—	Arbre greffé, globulaire, dense. Feuilles trilobées, lustrées. Lent.
Acer platanoides 'Princeton Gold'/Prigo **Érable de Norvège** 'Princeton G.'	11 à 14m	10m	☼	Frais, calcaire, drainé	4b	—	Sans intérêt	—	D'un beau jaune vif tout l'été. Virant jaune doré à l'automne.
Acer platanoides 'Schwedleri' **Érable de Norvège** 'Schwedleri'	15m	10m	☼	Calcaire, drainé	4b	—	Sans intérêt	—	Port ovoïde devenant plus large avec le temps. Rapide. Se taille.
Acer platanoides 'Summershade' **Érable de Norv.** 'Summershade'	15m	7m	☼	Calcaire, drainé	5a	—	Sans intérêt	—	Port ovale, large, diffus. Arbre d'ombrage. Rapide.
Acer platanoides 'Superform' **Érable de Norvège** 'Superform'	15m	13m	☼☁	Calcaire, drainé	4	5	Sans intérêt	jaunâtre	Très beau port pyramidal, régulier, plus ou moins dense.
Catalpa speciosa **Catalpa de l'Ouest**	15m	7m	☼	Calcaire, fertile	5b	6 et 7	Panicule, cloche	blanc jaunâtre	Conique. Larges feuilles. Fruits : longues gousses. Rapide.
Celtis occidentalis **Micocoulier occidental**	15m	12m	☼☁	Légèrement alcalin	4	5	Simple sans intérêt	verdâtre	Arrondi, irrégulier. Peu malade. Tourne jaune or. Résistant. Fruit.
Elaeagnus angustifolia **Olivier de Bohème**	6m	6m	☼	Peu exigeant, sec	2	6	Petites abondantes	jaune odorante	Feuillage argenté fin très contrastant. Rapide. Épineux.
Juglans cinerea **Noyer cendré**	15 à 20m	14 à 16m	☼	Profond, riche, calcaire	3b	5	Chaton	jaunâtre	Port globulaire, aplati. Grandes feuilles composées. Noix comestibles.
Juglans nigra **Noyer noir**	25m	18 à 20m	☼	Profond, riche, calcaire	3b	5	Chaton	jaunâtre	Ovoïde, irrégulier, dense. Grandes feuilles composées. Bonnes noix.
Magnolia kobus **Magnolia de kobé**	7m	7m	☼	Riche, frais, drainé	4b	5	Grosse, étoilée	blanc léger parfum	Petit arbre ou gros arbuste pyramidale. Vedette ± rustique. Tolère sol alcalin.
Magniola stellata **Magniola étoilé**	3m	3m	☼☁	Acide, frais, fertile	5b	5	Grande, double, étoilée	blanc pur	Port étalé, dense, ramifié. Le plus rustique. Autres variétés parfumées.
Magnolia stellata 'Royal Star' **Magnolia étoilé** 'Royal Star'	3m	3m	☼	Acide, frais, fertile	4b	5	Grande, double, étoilée	blanc très parfumé	Souvent à troncs multiples. Plus lent que de Kobé. Dense, ovale.
Morus alba **Mûrier blanc**	9m	10m	☼☁	Calcaire, léger, frais	3b	6	chaton	verdâtre	Port dense, irrégulier. Feuilles lobées. Produit des mûres en été.
Prunus virginiana **Cerisier à grappes**	6m	5m	☼	Sol calcaire, drainé	2b	5	Simple	blanc	Petit arbre ou gros arbuste. Fruits pourpre comestible. Naturalisation.
Prunus virginiana 'Shubert' **Cerisier de** 'Shubert'	5 à 7m	4 à 5m	☼	Calcaire, drainé	2	5	Grappe pendante	blanc parfumée	Vert tournant au rouge violacé. Fruits comestibles. Oiseaux.
Robinia x slavinii 'Purple Crown' **Robinier** 'Purple Crown'	15m	6 à 8m	☼	Calcaire, frais à sec	3	6	Grappe pendante	pourpre parfumé	Port érigé, rapide. Feuillage composé, léger. Sans épine.
Ulmus carpinifolia **Orme à feuilles de charme**	30m	15m	☼	Riche, calcaire, frais	5	—	Sans intérêt	—	Port conique. Branches horizontales. Résistant aux maladies.
Ulmus 'Morton' **Orme** 'Accolade' / 'Morton'	21m	12m	☼	Riche, calcaire, frais	4	—	Sans intérêt	—	Port évasé, gracieux. Résistant et vigoureux. Jaune vif automne.

TYPES DE SOLS

ARBUSTES	H	L	☀	TYPE DE SOL	Z	MOIS ✿	FORME ✿	COULEUR ✿	REMARQUES
Amorpha canescens **Amorpha blanchâtre**	0,9m	0,9m	☀☁	Calcaire, pauvre	3a	6 et 7	Épi érigé	bleu foncé	Son feuillage fin et ses fleurs bleues le démarque.
Buddleia davidii **Arbre aux papillons**	1,5m	2m	☀	Fertile, drainé !	5	8 et 9	Épi courbé	bleu, violet	Rabattre à 10 cm au printemps. Abrité du vent. Port arqué.
Caragana arborescens **Caraganier de Sibérie**	1 à 4m	1 à 2,5m	☀☁	Fertile, plutôt sec	2	6	Parsemée, pendante	jaune pâle	Haie ou écran vert clair. Libre ou taillé. Fruit : gousse. Rapide.
Cotinus coggygria sp. **Arbre à perruque**	3m	3m	☀	Léger, neutre, sec	4b	6 et 7	Panicule chevelue	crème, rose	Pourpre ou vert. Plus coloré dans un sol pauvre. Tolère le calcaire.
Cotoneaster apiculatus **Cotonéaster apiculatus**	90cm	1,25m	☀	Peu exigeant, drainé	4b	6	fleur simple	rose	Plant étalé, foncé, luisant, lisse. Fruits écarlates. Plusieurs tailles.
Cytisus sp. **Cytises**	0,15 à 1m	0,4 à 1m	☀☁	Pauvre, sableux	2	5	Groupée par 3	jaune clair	Certaines peuvent même pousser dans un sol caillouteux.
Deutzia gracilis **Deutzia gracile**	0,5à 0,9m	70 à 90cm	☀☁	Argileux, frais, drainé	6	6 et 7	Grappe érigée	blanc pur	Compact, arqué, feuilles dentées. Peu florifère. Sol légèrement alcalin.
Elaeagnus sp. **Olivier** / Chalef / Gourmi	2 à 8m	2 à 8m	☀	Préfère sol sec	2 à 5	5 et 6	Petite	jaunâtre	Pour sites secs, bord de mer ou route salé. Feuilles argentées.
Euonymus alatus **Fusain ailé**	3m	1,5m	☀☁☁	Fertile, drainé	4	—	Sans intérêt	—	Feuilles deviennent rouge écarlate à l'automne.
Forsythia sp. **Forsythias**	0,4 à 1,3m	0,9 à 1,2m	☀	Fertile, frais	4	4 et 5	Petites, abondantes	jaune	Tolère un sol légèrement alcalin. Port enchevêtré.
Halimodendron halodendron **Caragana argenté**	2m	1,5m	☀	Ordinaire, pauvre	3	6 et 7	Grappe parfumée	rose pourpré	Pour lieux incultes, même salés ou alcalins. Port globulaire, érigé.
Hippophae rhamnoides **Argousier** / Faux-nerprun	3 à 5m	3m	☀	Pauvre, sec, calcaire	2b	4 et 5	Sans intérêt	jaunâtre	Mâle + femelle = Fruits orange. Feuilles argentées. Lieux inculte.
Hypericum androsaemum **Millepertuis androsace**	0,8 à 1m	90cm	☀☁	Frais, humifère	6	6 et 7	Bouquet d'étamines	jaune or	Accepte bien les sols calcaires. Beau buisson dense. Rapide.
Ligustrum amurense **Troène de l'Amour**	2m	1,5m	☀☁	Riche, frais, drainé	5	6 et 7	Panicule, étoilée	blanc odorant	Port érigé, dense, feuilles luisantes Rapide. Haie taillée. Fruits noirs.
Ligustrum vulgare **Troène d'Europe**	2 à 3m	2,5m	☀☁☁	Frais, drainé	5	6 et 7	Sans intérêt	blanc	Port dressé, vigoureux. Feuilles élancées vert olive. Fruits noirs.
Lonicera sp. **Chèvrefeuilles**	2 à 4m	2 à 4m	☀	Peu exigeant	4a	5 et 6	Tubulaire, pétalée	rose, crème, jaune	Très tolérant à différents types de sols. Certains sont maladifs.
Philadelphus sp. **Seringats hybridés**	0,9 à 1,8m	1 à 1,2m	☀☁	Peu exigeant, frais	3 à 6	5	Simple ou double	blanc	Vaste choix sur le marché. Fleurs très parfumées mais ± rustiques. Haie libre.
Philadelphus viginalis **Seringat Virginal**	0,7 à 2m	1 à 1,2m	☀☁	Peu exigeant, frais	3	5 et 6	Grappe odorante	blanc pur	Beau feuillage. Parfum d'oranger. Tolère calcaire. Port érigé.
Potentilla fruticosa **Potentilles**	0,6 à 1,2m	0,6 à 1,5m	☀☁	Peu exigeant	2 à 4	6 à 9	Simple	jaune, blanc, orange	Font tous de très jolies haies libres ou taillées, fleuris et régulières.
Rosa canina **Églantier**	1 à 1,8m	1 à 1,5m	☀☁	Pauvre, calcaire	2	6 et 7	Simple	blanc	Rosier sauvage pouvant supporté toutes conditions. Odorant, comestible.
Rosa rugosa sp. **Rosier rugueux**	0,4 à 2m	0,6 à 2m	☀☁	Riche, drainé	2 à 3	6 à 9	Simple ou double	Teintes chaudes	Forment des haies libres, fleuries, épineuses. Souvent parfumées !
Shepherdia argentea **Shépherdie argentée**	3m	3m	☀	Ordinaire, drainé	2	4 et 5	Petite, dioïque	jaunâtre	Rabattre pour la garder en haie. Feuilles argentées. Fruit orangé.
Syringa sp. **Lilas**	1,5 à 5m	1 à 3m	☀☁	Tous sauf détrempé	2 à 5	5 et 6	Panicule parfumée	blanc à pourpre	Tous les lilas sont parfumé à différents degrés selon la variété.
Tamarix pentendra ramosissima **Tamaris de Russie**	1,5 à 2m	1 à 2m	☀☁	Ordinaire à pauvre	4	7 à 9	Panicule vaporeuse	rose brillant	Haie très désordonnée mais à feuilles et fleurs très vaporeuses. Différent.

ARBUSTES PERSISTANTS	H	L	☼	TYPE DE SOL	Z	MOIS ✿	FORME ✿	COULEUR ✿	REMARQUES
Buxus sp. **Buis**	0,5 à 1m	80cm	☼☁	Meuble, frais, drainé	5	—	Sans intérêt	vert	Culture délicate. Croît lentement. À protéger l'hiver.
Cotoneaster horizontalis sp. **Cotonéaster rampant**	15 à 80cm	1 à 1,5m	☼	Fertile, drainé, calcaire	5	5 et 6	Petites, simple	rosé	Pour régions clémentes. Petites feuilles rondes, lustrées. Fruits.

CONIFÈRES	H	L	☼	TYPE DE SOL	Z	MOIS ✿	FORME ✿	COULEUR ✿	REMARQUES
Juniperus chinensis sp. **Genévrier de Chine**	var.	var.	☼	Tous sols calcaires	4	—	—	—	Le sol doit être perméable. Préfère les endroits abrités.
Juniperus media x 'Gold Coast' **Genévrier 'Armstrong Gold'**	80cm	1,5m	☼	Frais, alcalin, drainé	5	—	—	—	Port étalé, bouts retombants. Jeunes pousses filiformes dorées.
Microbiota decussata **Cyprès de Sibérie ou de Russie**	20cm	1,5m	☼☁	Calcaire et sec	3	—	—	—	Résiste au froid, maladies, piétinement, sécheresse.
Pinus mugo mughus **Pin de montagne mughus**	2,5m	2,5m	☼	Peu exigeant	2	—	—	—	Buissonnant, étalé. Aiguilles courtes, par 2. Pas maladif.
Pinus nigra 'Austriaca' **Pin noir d'Autriche**	18 à 22m	8 à 10m	☼	Peu exigeant	4	—	—	—	Pyramidal, dense. Tolérant à la salinité. Écran, brise-vent.
Taxus canadensis **If du Canada**	2m	2,5	☁	Calcaire, riche, frais	3	—	—	—	Beau couvre-sol permanent de sous-bois.
Taxus cuspidata 'Nana' **If du Japon nain**	1m	1,5m	☁	Calcaire, frais, drainé	4	—	—	—	Les autres arbres ne le gênent pas si le sol est frais.
Thuya occidentalis ⚜ **Cèdre blanc du Canada**	5 à 12m	2 à 4m	☼☁	Profond, frais, calcaire	3	—	—	—	Pyramidal, large. Atmosphère humide. Haie, écran, naturalisation.
Thuya occidentalis 'Danica' **Cèdre globulaire 'Danica'**	60cm	60cm	☼☁	Profond, frais, calcaire	4	—	—	—	Cèdre nain, dense, vert clair. Peu servir à faire des haies basses.
Thuya occidentalis 'Douglassi Aurea' **Cèdre de Douglas doré**	10m	2m	☼☁	Profond, frais, calcaire	3	—	—	—	Pyramidal, irrégulier, touffu. Peu disponible. Protéger des vents.
Thuya occidentalis 'Fastigiata' **Cèdre occidental fastigié**	4 à 8m	2m	☼☁	Profond, frais, calcaire	3	—	—	—	Colonnaire et fastigié, 2 à 3 têtes. Dense. Protéger des vents.
Thuya occidentalis 'Golden Globe' **Cèdre doré en boule**	1m	1m	☼	Profond, frais, calcaire	4	—	—	—	Port globulaire dense, jaune doré vif au soleil. Peu de taille.
Thuya occidentalis 'Little Giant' **Cèdre globulaire 'Little Giant'**	90cm	90cm	☼☁	Profond, frais, calcaire	3	—	—	—	Compact et uniforme, Aussi, intéressant pour remplacer haie de buies.
Thuya occidentalis 'Nigra' **Cèdre noir**	6m	3m	☼☁	Peu exigeant, calcaire	3	—	—	—	Grand conifère conique, large. Branche semi-érigée. Tailler.
Thuya occidentalis 'Rheingold' **Cèdre 'Rheingold'**	1,5 à 2m	1m	☼	Profond, frais, calcaire	4	—	—	—	Port globulaire, orange doré à croissance lente.
Thuya occidentalis 'Sherwood Frosty' **Cèdre 'Sherwood Frosty'**	80cm	60cm	☼☁	Profond, frais, calcaire	3	—	—	—	Port érigé. Feuillage vert aux jeunes pousses blanc crème !
Thuya occidentalis 'Woodwardii' **Cèdre boule 'Woodwardii'**	1,5m	2m	☼☁	Profond, riche, frais	3	—	—	—	Boule plus large que haute. Très beau en isolé ou en haie basse.

VIVACES	H	L	☼	TYPE DE SOL	Z	MOIS ✿	FORME ✿	COULEUR ✿	REMARQUES
Acantholimon glumaceum **Acantholimon**	15cm	30cm	☼	Calcaire, perméable	4	7 et 8	Épi	rouge carmin	Petit coussinet, hérissé, dur et vert foncé. Fissure de rocher.
Achillea ageratifolia **Achillée à feuilles agérate**	15cm	30cm	☼	Caillouteux, calcaire	2	7	Corymbe	blanc	Feuillage moyen, gris, laineux, aromatique. Port étalé.
Adonis vernalis **Adonide de printemps**	10 à 30cm	15cm	☼	Pauvre, calcaire, sec	4	6	Capitule double	jaune brillant	Feuillage finement divisé. Fruits secs décoratifs. Ne pas diviser.

TYPES DE SOLS

87

VIVACES (suite)	H	L	☀	TYPE DE SOL	Z	MOIS ✿	FORME ✿	COULEUR ✿	REMARQUES
Aethionema spp. **Aethionema**	10 à 35cm	30cm	☀	Calcaire, sableux	4	5 et 6	Grappe dense	rose, blanc	Coussin de feuilles élancées bleu grisâtre. Lieux chauds.
Alyssum sp. / *Aurinia* **Corbeille d'or**	15 à 30cm	40cm	☀	Pauvre, sec, calcaire	3	4 et 5	Grappe, corymbe	jaune or	Tailler après floraison. Ne pas trop engraisser. Feuilles grises.
Androsace villosa **Androsace velue**	5cm	20 à 30cm	☀	Rocailleux, calcaire	6	6	Grappe	rose cœur pourpre	Pousse en groupes de coussins. Tiges et feuilles velues.
Antennaria cana **Antennaire cana**	15cm	30cm	☀	Sec, bien drainé	3	6	Capitule	blanchâtre	Feuillage gris argenté. Tolère sols pauvres, calcaires ou acides.
Aquilegia fragrans **Ancolie fragrans**	90cm	30cm	☀⛅	Calcaire, humide	3	6	Capuchon étoilé	crème violacé	Port buissonnant et érigé. Glauque. Grande fleur odorante.
Artemisia abrotanum **Aurone**	75cm	45cm	☀⛅	Sec, drainé	3	6 à 8	Capitule pendant	jaunâtre	Arrière scène de massif ou haie. Vert-gris. Très aromatique.
Artemisia lanata **Armoise pedemontana**	10cm	10cm	☀	Sec, calcaire	3	7	Sans intérêt	blanc-jaune	Coussin dense, gris argenté, velu. Supporte la sécheresse.
Aubrieta deltoidea **Aubriète deltoïde**	10 à 15cm	60cm	☀⛅	Chaud, sec, alcalin	4	4 et 5	Tapis de fleurs	rose, lilas, mauve	Commune. Rosettes denses, florifères. Feuilles aromatiques.
Campanula alpestris / *C. allionii* **Campanule des Alpes**	10cm	30cm	☀⛅	Caillouteux, calcaire	3	7 et 8	Cloche dentelée	bleu, blanc	Grosses fleurs sur très petit coussin de feuilles luisantes, spatulées.
Campanula pulla **Campanule pulla**	15cn	15cm	⛅	Calcaire, frais, drainé	5	6 à 9	Clochettes pendantes	bleu violacé	Vraiment lumineux. Ses tiges sont trapues.
Campanula radeana **Campanule radeana**	25cm	30cm	☀	Calcaire, riche, drainé	4	5 à 7	Coupe étoilée	bleu foncé	Fleur bleu foncé tachetée de rouge à la base. Coussin lâche.
Centaurea bella **Centaurée bella**	20cm	30cm	☀	Perméable, calcaire	5	6 et 7	Semi-double	rose	Jolie, robuste. Feuillage gris. Fleur coupée. Peu disponible.
Centaurea macrocephala **Centaurée gros cerveau**	110cm	60cm	☀⛅	Ordinaire à calcaire	4	7 et 8	Capitule, bractée	jaune	Grosse touffe imposante terminer par d'énormes capitules. Fleur séchée.
Centaurea montana **Bleuet de montagne** 🌿	50cm	45cm	☀⛅	Ordinaire, calcaire	4	5 à 7	Capitule solitaire	blanc, bleu	S'étend rapidement si elle se plaît. Facile. Touffe lâche.
Centaurea pulcherrima **Centaurée pulcherrima**	45cm	15cm	☀	Perméable, calcaire	3	5 à 7	Capitule solitaire	rose pourpre	Rare. Feuillage grisâtre, penné. Fleurs intéressantes. Dense.
Centaurea simplicicaulis **Centaurée tige simple**	30cm	40cm	☀	Pauvre, calcaire	3	5 à 7	Capitule solitaire	rose lilacé	Rare. Tige florale rigide au dessus d'un coussin gris.
Centrathus ruber **Valériane des jardins rouge**	70cm	60cm	☀	Ordinaire, sec, drainé	4	6 à 8	Panicule dense	rouge carmin	Port lâche, rabattre après la floraison. Mur de pierre, massif.
Dictamnus albus **Fraxinelle** / **Plante à gaz**	70cm	50cm	☀	Caillouteux, calcaire	3	6 et 7	Racème, étoilé	blanc, rose	Racine pivotante, lent à s'établir. Feuilles composées, cireuses.
Digitalis lutea **Digitale jaune**	70cm	50cm	☀⛅	Calcaire	3	6 à 8	Tubulaire, long épi	jaune pâle	Moins spectaculaire que les autres. Feuilles étroites, luisantes.
Dionysia aretioides **Dionysie**	35cm	40cm	⛅☁	Calcaire, poreux	3	5 et 6	Simple	jaune	Coussinet ultra dense de feuilles en rosette grise, entièrement recouverte de petites fleurs.
Doronicum sp. **Doronic**	25 à 50cm	25cm	☀⛅☁	Peu exigeant, frais	3	4 et 5	Capitule ligulée	jaune or	Feuilles en cœur. Touffe ± lâche. Éclaire les massifs printaniers.
Erinus alpinus **Érinus**	10cm	20cm	☀	Calcaire, drainé	3	4 et 5	Grappe, petites	rose violet	Pour tapisser les fissures des pierres de rocailles. Coussin.
Erysimum linifolium **Vélar**	25 à 70cm	45cm	☀	Calcaire, drainé	4	5 et 6	Grappe, rameaux	violet	Très beau feuillage allongé, panaché, parsemé de grappes.
Erysimum pulchellum / *Cheiranthus* **Vélar giroflée**	40cm	60cm	☀⛅	Frais, drainé	5	7 et 8	Grappe	rose, orangé	Coussin étalé, tiges nombreuses. Feuillage gris-vert. Rocaille.
Geranium pratense **Géranium des prés** 🌿	60cm	1m	☀⛅	Humide, tolère le calcaire	5	6 et 7	Simple	bleu strié	Feuilles très découpées. Touffe vigoureuse dressée.

VIVACES (suite)	H	L	☼	TYPE DE SOL	Z	MOIS ❀	FORME ❀	COULEUR ❀	REMARQUES
Geranium sanguineum 'Prostatum' Géranium de Lancaster	20cm	15cm	☼☁	Calcaire, drainé	3	5 et 6	Coussin dense	rosé veiné pourpre	Forme très miniature du géranium sanguin. Coussin.
Gypsophila cerastoides Gypsophila cérastoïdes	10cm	30cm	☼	Calcaire, sec, drainé	4	5 et 6	Brouillard de fleurs	blanc veiné rose	Pour jardins alpins. Feuilles coriaces, ovales, vert-bleu. Différent.
Gypsophila paniculata Soupir de bébé	0,5 à 1m	55cm	☼	Ordinaire, consistant	3	7 et 8	Simple, double	blanc, rosé	Supporte les périodes de sécheresse. Brouillard, monticule.
Gypsophila repens Gypsophile rampante	10cm	40cm	☼	Calcaire, sec, drainé	3	6 à 8	Brouillard de fleurs	blanc rose	Pour couvrir les murets, auges, dallages. Élégant et délicat.
Gypsophila x 'Rosenschleier' Syn.: *Gypsophila* 'Rosy Veil'	40cm	50cm	☼	Sec, calcaire, drainé	3	6 à 8	Coussin, brouillard	rose double	Texture fine, très florifère. Peu d'entretien. Muret, rocaille.
Gypsophila tenuifolia Gypsophila tenuifolia capillipes	5 à 20cm	20cm	☼	Ordinaire, frais, calcaire	4	6 à 8	Petites dispersées	blanc à rosé	Feuillage effilé en aiguille. Port très aérien et divergeant. Auges.
Helianthus sp. Soleil vivace ✿	1,5 à 2,5m	45 à 90cm	☼	Riche, frais, calcaire	4	9 et 10	Simple, double	jaune	Pour grand massif car elles sont hautes et imposantes.
Helleborus foetidus Pied de Griffon	55cm	60cm	☁	Drainé, même sec	4	4 et 5	Clochettes pendantes	verdâtre à marge rouge	Une persistante rare et particulière pour situation chaude.
Helleborus sp. Rose de Noël	30cm	30cm	☁	Calcaire, humide	5	4 et 5	Large inclinée	var.	Persistants, pour jardin de printemps. Protection hivernale.
Hesperis matronalis Julienne des dames	70cm	40cm	☼☁	Riche, frais, calcaire	3	6 et 7	grappe terminale	blanc, mauve	Bisannuelle au port dressé. Odorante. Rajeunir aux 2 à 3 ans.
Horminum pyrenaicum Horminelle des Pyrénées	10 à 30cm	20 à 30cm	☼☁	Caillouteux, calcaire	4	6 et 7	Épi, tubulaire	bleu foncé	Feuilles basales gaufrées, nervurées, mince épi de fleurs.
Hutchinsia alpina Hutchinsie des Alpes	20cm	20cm	☼☁	Ordinaire, léger	3	5 et 6	Grappe lâche	blanc	Coussinet, petites feuilles luisantes. Lieux frais. Aime le calcaire.
Iberis sempervirens Iberide	15 à 25cm	50cm	☼	Riche, drainé, calcaire	4	5	Coussin dense	blanc rose	Aussi joli sur muret. Tailler les fleurs fanées. Persistant.
Inula ensifolia Aunée	50cm	40cm	☼☁	Calcaire, poreux	3	7 et 8	Capitule ligulée	jaune	Buisson dense. Feuilles lancéolées vert foncé à bronze.
Iris pumila Iris nain	20 à 35cm	30 à 60cm	☼	Calcaire à neutre, drainé	3	5 et 6	Énorme, ondulée	bleu, lilas rose	Peut former de grand tapis. Port évasé, raide. Feuilles larges en lame.
Isatis tinctoria Pastel des teinturiers	0,5 à 1,5m	60 à 90cm	☼	Pauvre, chaud, sec	4	6	Grosse grappe vaporeuse	jaune moutarde	Bisannuelle. Feuilles type pissenlit, teinture bleu. Hampe florale 1,5m.
Knautia arvensis ✿ Knautie des champs	1m	30cm	☼	Sec, alcalin	4	7 à 9	Capitule double	bleu-lilas	Naturalisé, supporte toutes conditions. Port lâche, ramifié.
Lavandula sp. Lavandes	60cm	50cm	☼	Sec, drainé, calcaire	5	7	Épi odorant	mauve, rose	Aime les lieux chauds et secs. Coussin grisâtre, fin, odorant.
Leontopodium alpinum Edelweiss	10 à 15cm	25cm	☼	Pauvre, sec, calcaire	4	7 et 8	Bractée laineuse	blanc	Ne pas trop arroser. Aspect velu intéressant. Feuillage fin.
Leontopodium nivale Edelweiss nain	5 à 10cm	10 à 15cm	☼	Pauvre, sec, calcaire	4	7 et 8	Bractée laineuse	blanc	Forme très naine du *Leontopodium*. Aspect velu, gris. Rocaille auge.
Lithospermum officinale (*Lithodora*) Grémil / Herbe aux perles	30cm	30 à 90cm	☼	Calcaire, sec	4	6 et 7	Petite	blanc	Feuillage plutôt décoratif. Pour jardin de fleurs sauvage.
Lithos. prupureocaerulea (*Lithodora*) Grémil rouge-bleu	40cm	50cm	☼☁	Calcaire, sec	6	5 et 6	Grappe étoilée	bleu gentiane	Ne craint pas les racines d'arbres. Tapis vigoureux.
Malva alcea Mauve passerose	1m	70cm	☼	Ordinaire, calcaire	3b	6 à 9	Grappe lâche	blanc, rose	Vie courte, mais fleurit longtemps. Touffe dressée, stable.
Papaver orientalis Pavot d'Orient	0,5 à 1m	40cm	☼	Profond, calcaire	3	6	Très grosse	blanc, rose, rouge	Supporte un sol pauvre et sec. Grandes feuilles pennées, poilues.
Paradisea Lis de Saint-Bruno	40cm	40cm	☼	Calcaire, riche, drainé	3	6 et 7	Trompette odorante	blanc	Fleur odorante à couper. Grand feuillage rubané près de 1m.
Perovskia atriplicifolia Sauge de Russie	90cm	60cm	☼	Perméable, sec	4	8 et 9	Épi vaporeux	bleu	Feuillage argenté, dressé, évasé. Aromatique. Sol calcaire aussi.

TYPES DE SOLS

VIVACES (suite)	H	L	☼	TYPE DE SOL	Z	MOIS ✿	FORME ✿	COULEUR ✿	REMARQUES
Petrorhagia illyriaca Syn.: *Pétrorhagia tunica*	30cm	25cm	☼	Sec, calcaire	4	7,8	Brouillard	rose veiné	Couvre-sol pour petit espace sec. Auge. Petit coussin léger.
Petrorhagia saxifraga **Fleur de Tunique**	30cm	25cm	☼	Sec, calcaire,	5	7,8	Coussin, petites fleurs	rosé	Ressemble à la gypsophile. Petit coussin ramifié. Florifère.
Phlox douglassii **Phlox de Douglass**	5 à 10cm	30cm	☼	Perméable, calcaire	3	5 et 6	Petite, étoilée	Teintes de roses	Plus petit et compact que le Phlox mousse si connu. Coussin dense.
Phyteuma scheuchzeri **Raiponce**	15 à 40cm	20cm	☼☁	Calcaire, léger	5	6 et 7	Corymbe serré	bleu	Ne convient qu'aux rocailles naturelles. Feuilles linéaires en rosette.
Potentilla crantzii / P. verna **Potentille de Crantz**	5 à 15cm	15 à 25cm	☼	Peu exigeant, léger	3	7 à 9	Pétales évasées	jaune et orange	Touffe de tiges garnies de feuilles palmées. Aime le calcaire.
Primula auricula **Primevère Oreille d'ours**	20cm	20cm	☼☁	Calcaire, frais	4b	5 et 6	Fleurs groupées	var. à œil jaune	Éviter les sols secs. Odorante et colorée. Rechausser au printemps.
Primula laurentiana ⚜ **Primevère laurentienne**	20 à 30cm	15cm	☁	Frais, calcaire	3	4 à 6	Grappe sommet	rose	Belle indigène, feuillage farineux. Hampe florale érigé. Fleurit longtemps.
Prunella grandiflora **Brunelle**	20cm	30cm	☼☁	Frais, meuble	3	6 à 8	Épi trapu dense	blanc, violet	Port prostré à épis floraux dressés. Demande peu de soin.
Prunella x 'Webbiana' **Brunelle 'Webbiana'**	30cm	30cm	☼☁	Riche, humide	3	6 à 8	Épi trapu dense	teintes rose	Feuilles rugueuses peu décoratives. Variété vigoureuse.
Pterocephallus perennis Syn.: *Pterocephallus parnassii*	5cm	30cm	☼	Calcaire, drainé	5	7 et 8	Capitule	rose pâle	Scabieuse naine qui tolère un sol maigre. Coussin grisâtre.
Pulsatilla alpina ssp. *apiifolia* **Anémone pulastile sulfureux**	30cm	40cm	☼	Sableux, calcaire	5	4 et 5	Grande fleur	jaune	Fruit plumeux décoratif. Rare et peu rustique.
Ramonda myconi **Ramonda des Pyrénées**	10 à 20cm	20cm	☁	Rocher calcaire	5	5 et 6	Simple, lobée	violet-bleu	Coussin persistant vert mat, en rosettes. Fissures de pierre.
Salvia officinalis **Sauge commune**	60cm	40cm	☼	Calcaire, sec, drainé	5	6 à 8	Grappe longue	rose, violet	Fine-herbe à feuilles et fleurs décoratives.
Salvia officinalis purpurascens **Sauge commune pourpre**	60cm	45cm	☼	Pauvre, sec, calcaire	5b	6 à 8	Sans intérêt	bleu lilas	Une autre herbe fine à utiliser pour décorer nos jardins.
Salvia officinalis tricolor **Sauge commune tricolor**	60cm	45cm	☼	Pauvre, sec, calcaire	5b	6 à 8	Sans intérêt	bleu lilas	Classé fine-herbe, mais tellement décorative. 3 couleurs.
Salvia pratensis (transsylvanica) **Sauge des prés**	70cm	50cm	☼	Riche, calcaire, sec	4	7 et 8	Grappe longue	bleu violet	Touffe dressée. Feuilles larges, rugueuses. Rabattre en août.
Saxifraga paniculata ⚜ **Saxigraga aizoon**	15 à 25cm	15cm	☼	Calcaire, drainé	2	5 et 6	Panicule haut	blanc	Rosette bordée de grains de calcaires. Auge, jardin alpin.
Scabiosa caucasica **Scabieuse du Caucase**	70cm	50cm	☼☁	Riche, drainé	3	6 à 8	Capitule plat	blanc, rose, lilas	Touffe lâche. Les fleurs ressortent mieux devant un fond vert.
Scabiosa graminifolia **Scabieuse à feuilles de graminée**	30cm	45cm	☼	Sec, calcaire, chaud	4	7 à 9	Pompon plat	bleu lilas	Touffe de feuilles linéaires vert à duvet argenté. Bordure, rocaille.
Scutellaria alpina **Scutellaire des Alpes**	20cm	30cm	☼	Sec, calcaire	3	6 à 8	Lèvres, racème	pourpre, jaune	Se développe rapidement. Feuillage épais, gris-vert.
Scutellaria baicalensis **Scutellaire**	25cm	40cm	☼	Sec, calcaire	4	7 et 8	Épi lâche	violet	Rare, culture difficile. Pour rocaille sèche.
Scutellaria scardifolia **Scutellaire**	20cm	35cm	☼	Caillouteux, calcaire	4	6 et 7	Épi court dense	violet, pourpre	Craint l'humidité. Mettre cailloux à la base du plant. Touffe lâche.
Senecio pauperculus **Sénéçon appauvri**	30 à 60cm	30 à 60cm	☼	Calcaire plutôt humide	2	5 et 6	Capitule rayon	jaune vif	Feuilles ovales à la base puis devenant dentées sur la tige. Massif.
Wulfenia carinthiaca **Wulfenia de Carinthie**	25cm	15cm	☁	Calcaire, humide	5	6 et 7	Grappe, unilatérale.	bleu violacé	Large rosette brillante d'où jaillissent des fleurs bleues.

TYPES DE SOLS

GRAMINÉES	H	L	☀	TYPE DE SOL	Z	MOIS	FORME	COULEUR	REMARQUES
Festuca glauca sp. **Fétuque bleue**	30cm	30cm	☀	Frais, fertile, drainé, aussi calcaire	4 à 5	6 et 7	Épi bleu puis doré	bleuté	Pour effet désertique et arride. Touffe fine, drue et arrondie.
Sesleria sp. **Sesléries**	30 à 50cm	25 à 40cm	☀⛅	Calcaire, frais à sec	4b	var.	Panicule	bleuté ou bicolore	Tolèrent tous très bien la sécheresse. Feuillage bleuté ou bicolore.

FOUGÈRES	H	L	☀	TYPE DE SOL	Z	MOIS	FORME	COULEUR	REMARQUES
Asplenium sp. **Asplénium**	15 à 60cm	15 à 30cm	⛅	Calcaire, tolère argileux	5	—	—	vert lustré	Feuilles en triangle, découpées à la base et unies à la partie supérieure.
Cystopteris bulbifera ⚜ **Cystoptéride bulbifère**	35cm	50cm	⛅	Calcaire, riche, frais	3b	—	—	vert léger	De pente rocheuse humide à sous-bois sec.
Dryopteris fragans **Dryoptère fragrante**	15cm	10cm	☀⛅	Pauvre, calcaire, rocheux	1	—	—	vert moyen	Port très érigé. Frondes dentelées. Odorant.
Matteuccia struthiopteris **Fougère-à-l'autruche**	1 à 1,5m	80cm	⛅	Humide, calcaire	2	—	—	vert moyen	Jeune fronde comestible. Sort en jet des massifs.
Pellaea atropoururea ⚜ **Pellaea pourpre**	10 à 15cm	15cm	☀⛅	Calcaire, drainé	4	—	—	vert tige pourpre	Fougère prostrée, fronde peu découpée, parfois effilée.
Phyllitis scolopendrium Syn.: *Asplenium scolopendrium*	40cm	40cm	☀⛅	Sol calcaire, frais à sec	6	—	—	vert clair	Fronde entière, très peu lobée et étoite. Persistant.
Phyllitis scolopendrium 'Cristata' **Scolopendre crispé**	40cm	40cm	⛅	Sol calcaire, frais à sec	5	—	—	vert bleuté	Fronde irrégulière palmée. Plus crispée que la régulière.

BULBES	H	L	☀	TYPE DE SOL	Z	MOIS	FORME	COULEUR	REMARQUES
Lilium candidum **Lis de la madone**	1 à 2m	25cm	☀⛅	Calcaire, riche, frais	6	6 et 7	Trompette 15cm	blanc très parfumé	Pour jardiniers avertis. Tiges feuillées très érigées. Planter en surface.
Lilium martagon **Lis martagon**	1 à 1,2m	30cm	☀⛅	Acide à alcalin	4	7	Lis penché	blanc, rose, rouge	Le + résistant à l'ombre. Grandes tiges à feuilles verticillées.

ANNUELLES	H	L	☀	TYPE DE SOL	Z	MOIS	FORME	COULEUR	REMARQUES
Dianthus chinensis **Œillet de Chine**	20 à 30cm	20cm	☀	Alcalin à neutre	—	7 à 9	Simple, dentée	blanc, rose, rouge	Floraison abondante en milieu pas trop chaud. Coussin.
Gypsophila muralis **Souffle de bébé** / Gypsy	30 à 75cm	40cm	☀	Calcaire, drainé	—	6 et 7	Brouillard	blanc, rosé	Faire des semis successifs pour une plus longue floraison.
Monarda citriodora **Monarde citronnée**	60cm	60cm	☀⛅	Ordinaire, alcalin	—	8 à 10	Étage de fleurs	rose lavande	Grosse touffe texturée parsemée de longues grappes odorantes.
Phaseolus coccineus **Haricot d'Espagne**	35cm	2,5m	☀	Substantiel, drainé	—	6 à 8	Grappe	rouge écarlate	Fèves comestibles. Peut couvrir le sol et grimper. Annuelle grimpante.
Silybum marianum **Chardon** 'Ste-Marie'	2m	90cm	☀	Pauvre, calcaire, sec	7	7 à 9	Fleur de chardon	rose pourpre	Vivace tendre aux feuilles dentelées, épineuses, marbrées d'argent. Dressé.

⚜ indique plante indigène ou naturalisée.
🍃 indique plante potentiellement envahissante !

Sols HUMIDES et zones aquatiques

Depuis toujours, l'eau trouve sa place dans le jardin, sa présence fascine, détend et appelle à la réflexion ou à la rêverie. Elle y est introduite de plusieurs façons soit en cascade, ruisseau, fontaine, bain d'oiseau, mascaron ou même en vasque, mais c'est souvent sous forme de bassin que nous la retrouvons.

« Plantes pour sol humide non inondé, sol marécageux inondé, plantes paludéennes et aquatiques. »

Pour bien réussir un jardin d'eau, il faut d'abord comprendre ce qui se passe dans un milieu aquatique naturel et connaître les zones de plantations qui environnent un plan d'eau. Car, aux abords d'une étendue d'eau, toutes les plantes ont un rôle à jouer et c'est leur présence qui rend le milieu vivant et équilibré. Vous trouverez alors dans ce chapitre les renseignements qui vous aideront à choisir les plantes qui orneront vos jardins d'eau (naturels ou artificiels) en fonction de leurs rôles et des zones qui y correspondent.

Je ne parlerai pas ici des étapes de construction du bassin, plusieurs bons livres répondent déjà à ce besoin. Le but ici est de vous guider dans le choix de la bonne plante et du bon emplacement. Je me contenterai donc de vous présenter les notions qui vous permettront de mieux comprendre ce milieu. Vous aurez ainsi plus de facilité à choisir et placer vos plantes lors de l'aménagement de votre jardin d'eau.

SOLS HUMIDES ET ZONES AQUATIQUES

MILIEU NATUREL

Il existe différentes zones à l'intérieur et autour du bassin. Les connaître facilite notre compréhension du milieu. Voici les trois principales zones :

- **ZONE RIVERAINE :** la bande de terre humide parfois inondée qui se trouve en bordure d'un plan d'eau.

- **ZONE LITTORALE PEU PROFONDE :** la zone qui se trouve immédiatement sous la ligne d'eau à une profondeur de 0 à 45 cm.

- **ZONE LITTORALE PROFONDE :** la zone où il n'y a aucune végétation supérieure avec racines parce que la profondeur dépasse 60 cm. Seuls quelques bactéries et animaux inférieurs y vivent.

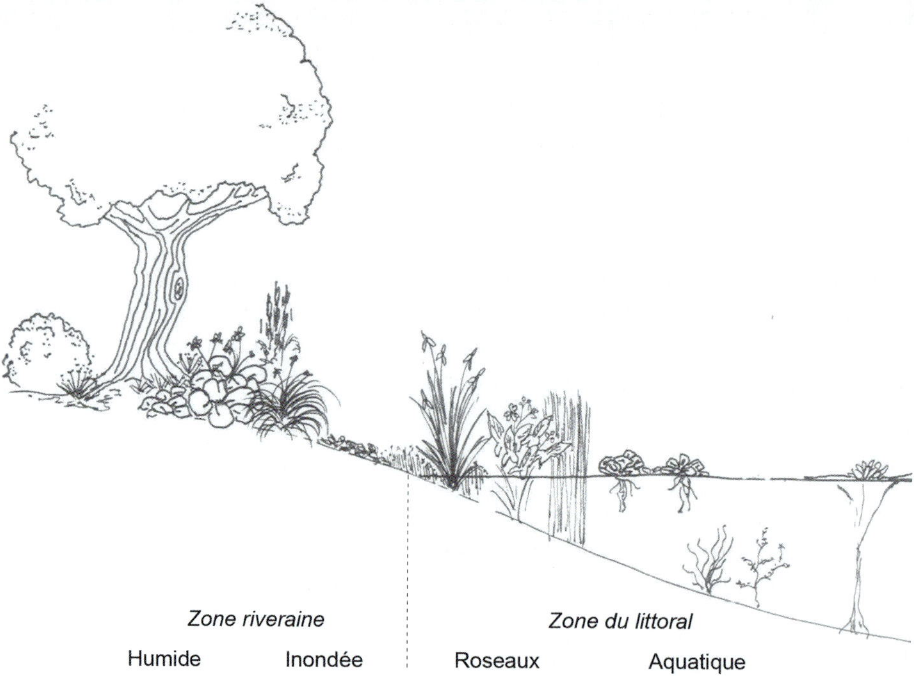

Zone riveraine *Zone du littoral*
Humide   Inondée   Roseaux   Aquatique

SOLS HUMIDES ET ZONES AQUATIQUES

TYPES DE PLANTES EN FONCTION DES ZONES

Reprenons chacune des zones et examinons de près le type de plantes qui s'y trouve et leurs rôles.

ZONE RIVERAINE

La première zone, celle située en bordure du bassin, se divise en deux secteurs. Un premier secteur compris entre la terre ferme et la rive où trouvent place les plantes de bordure. Ce groupe de plantes comprend plusieurs plantes ornementales qui aiment vivre dans un sol plutôt humide, mais non détrempé. Le deuxième secteur, la rive proprement dite, accueille les plantes de rivage. Comme elles vivent plus près de l'eau, elles aiment également les sols humides, mais elles peuvent, en plus, supporter des inondations occasionnelles.

> **RÔLES :**
>
> Ces deux types de plantes ont pour principaux rôles, en milieu naturel, de retenir les berges et d'empêcher l'érosion. Mais elles font aussi fonction de filtre. Un peu à l'exemple des reins qui filtrent le sang, les plantes de berges filtrent les polluants en solution et les empêchent de se déverser directement dans l'eau. Elles sont très esthétiques et variées.

ZONE LITTORALE PEU PROFONDE

Dans la zone du littoral, immédiatement sous la ligne d'eau, nous trouvons les plantes palustres aussi appelées plantes roseaux. Ces plantes ont un feuillage qui émerge au-dessus de l'eau, mais leurs racines, ancrées au sol, ont constamment les pieds dans une profondeur de 0 à 30 cm d'eau.

> **RÔLES :**
>
> Dans cette première zone du littoral, les plantes roseaux poursuivent la filtration entreprise par les plantes de berges. De plus, elles ont comme rôle d'ombrager l'eau et de servir d'abri et de lieux de ponte pour les grenouilles, les insectes, les oiseaux et certains mammifères. Ce milieu est très riche en micro-organismes. C'est une partie très vivante.

ZONE LITTORALE PROFONDE

Toujours dans la zone peu profonde du littoral, mais un peu plus loin à l'intérieur de l'étang, on trouve les plantes dites aquatiques ; celles qui peuvent vivre toute l'année dans une profondeur de 30 à 45 cm d'eau. Ce groupe de plantes est formé de trois catégories : les plantes à feuilles flottantes, les plantes entièrement flottantes et les plantes submergées.

> **RÔLES :**
>
> Que les plantes soient complètement immergées, flottantes ou à feuilles flottantes, toutes aident à l'épuration, à la clarification, à l'oxygénation et à l'ombrage. Elles permettent également à l'eau de rester fraîche. Ces plantes servent aussi d'abri aux poissons et à certaines larves.

BASSIN ARTIFICIEL

Maintenant que vous connaissez les zones naturelles et les types de plantes qui y sont associées, vous pourrez plus aisément transposer vos notions à un bassin construit et lui donner une allure plus réaliste.

Votre bassin devrait donc être construit de façon à posséder trois paliers correspondant aux profondeurs de zones littorales pour pouvoir intégrer vos différents types de plantes.

- Soit quelques secteurs de 10 cm à 30 cm de profondeur sur le pourtour intérieur de votre bassin pour installer vos plantes roseaux. Ces plantes feront le lien entre le milieu aquatique et la terre ferme. Elles sont très utiles et esthétiques. De plus, elles permettent de camoufler la bordure artificielle du bassin.

- Il vous faudra également quelques plateaux ou plates-bandes submergées à une profondeur de 30 cm à 45 cm pour installer vos plantes à feuillage flottant et vos plantes submergées.

- Et, finalement, une section d'eau profonde, sans plantes, variant de 60 à 90 cm et servant de zone tampon et qui permettra à la température de l'eau de rester stable. Cet espace offrant un bon volume d'eau, vous pourrez l'utiliser pour hiverner vos plantes aquatiques en pot. C'est également à cet endroit où l'on place la pompe au besoin.

SOLS HUMIDES ET ZONES AQUATIQUES

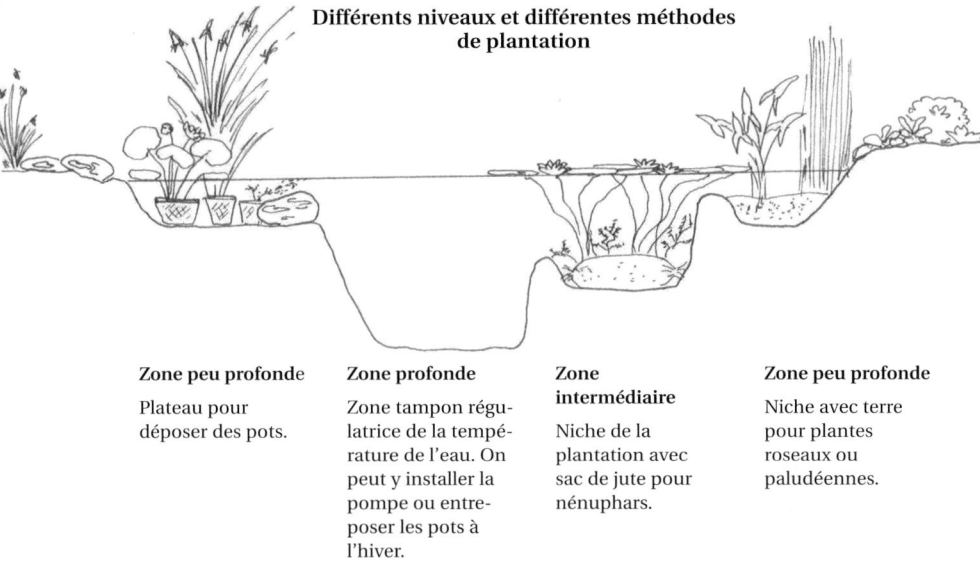

Différents niveaux et différentes méthodes de plantation

Zone peu profonde
Plateau pour déposer des pots.

Zone profonde
Zone tampon régulatrice de la température de l'eau. On peut y installer la pompe ou entreposer les pots à l'hiver.

Zone intermédiaire
Niche de la plantation avec sac de jute pour nénuphars.

Zone peu profonde
Niche avec terre pour plantes roseaux ou paludéennes.

Puis, à l'extérieur du bassin, toujours si vous désirez imiter la nature, vous pouvez également aménager deux autres zones à degrés différents d'humidité.

- La zone près du bassin peut recevoir les plantes de rivage ou, si vous préférez de marais, celles qui acceptent les inondations occasionnelles. Il va sans dire que près d'un bassin artificiel, vous n'aurez pas d'inondation puisque votre niveau d'eau restera constant, vous devrez alors travailler votre terre de façon à ce qu'elle retienne bien son eau (voir section *Trucs* pour construire un marais). Il n'est pas nécessaire que tout le pourtour du bassin ait ces conditions. Si vous le désirez, un ou deux secteurs pourront être créés pour accueillir ce type de plantes.

- Le reste de la plantation se fera avec des plantes de bordure ornementales de sol humide à frais. Plus vous vous éloignez du bassin, plus vous pourrez intégrer des plantes ornementales qui ne correspondent pas nécessairement au profil des plantes de milieux humides.

ÉQUILIBRE DE L'EAU PAR LES PLANTES

La hantise dans un bassin d'eau est de perdre le contrôle des algues microscopiques et de se retrouver avec une eau verte. Savez-vous que, même sans pompe ni cascade, une eau peut rester parfaitement claire simplement en introduisant une quantité adéquate de plantes ?

En effet, en recouvrant environ les deux tiers de la surface de l'eau avec des plantes aquatiques, vous bloquez les rayons du soleil et gardez l'eau fraîche en empêchant du même coup la prolifération d'algues indésirables. De plus, vos plantes en consommant des minéraux et en libérant de l'oxygène, font elles aussi concurrence aux algues. Mais vous avez aussi d'autres alliés dans votre bassin. Avec le temps, un dépôt se formera au fond de celui-ci et les bactéries qui y vivront viendront compléter l'action des plantes, car elles se nourriront également de minéraux et élimineront l'ammoniaque et les nitrites ainsi que certains polluants. Donc, pas de panique, les plantes et les bactéries sauront faire leur travail si vous respectez les proportions.

Il faut savoir que les algues font partie du processus naturel de la vie du bassin. Le but n'est donc pas de les éliminer complètement, mais plutôt de les contrôler pour qu'elles n'altèrent pas la clarté de l'eau.

NOMBRE DE PLANTES AQUATIQUES À AJOUTER À VOTRE BASSIN EN FONCTION DE SA SURFACE

	$1,5m^2$	$2,5m^2$	$3,75m^2$	$5,5m^2$	$8,25m^2$	$11m^2$
Submergées	6	10	12	18	24	30
Flottantes	1	2	3	4	5	6
Feuilles flottantes	1	2	3	4	4	5
Plantes roseaux	6	10	14	18	24	30

PROBLÈMES ET SOLUTIONS

- **EAU VERTE :** ainsi que nous venons de le voir, l'eau verte est due à une trop grande concentration de minéraux dans l'eau qui, sous l'action du soleil, entraîne une prolifération exagérée d'algues. L'eau contient naturellement des minéraux et la nature elle-même en apporte avec le vent, les oiseaux et

SOLS HUMIDES ET ZONES AQUATIQUES

même les sédiments au fond du bassin. Si l'eau verte survient en plein été, augmentez la quantité de plantes aquatiques et l'équilibre se rétablira.

Au printemps, l'eau peut verdir temporairement, le temps que les plantes s'éveillent et viennent recouvrir une partie de la surface. En attendant que la couverture végétale s'installe, vous pouvez ensemencer des bactéries, elles commenceront le travail avant les feuilles. Lorsque votre eau verdit, ce n'est pas une bonne solution que de vider partiellement le bassin pour le remplir avec de l'eau fraîche, car vous apporterez beaucoup de minéraux avec cette nouvelle eau et vous ne faites que retarder l'équilibre.

Les algues filamenteuses sont une autre forme que prend la nature pour se débarrasser de l'excès de minéraux dans l'eau. Si vous êtes aux prises avec ce type d'algues, vous pouvez vous en débarrasser soit en les ôtant manuellement ou en utilisant des produits naturels que l'on retrouve sur le marché et qui contribuent à fixer le phosphate ou à stabiliser le pH. Ce type d'algues est plus fréquemment rencontré dans les bassins où les pierres et les galets sont nombreux, leur présence apporte un surplus de minéraux.

- **EAU BRUNE :** votre eau est constamment brouillée et vous y voyez beaucoup de particules en suspension ? Ce phénomène survient lorsque les sédiments du fond sont remués, soit par votre passage dans le bassin lorsque vous entrez pour fertiliser ou nettoyer vos plantes ou encore par les poissons qui, en fouillant au fond, soulèvent la couche de sédiments. Pour aider à la décantation des particules, il existe des produits sur le marché qui aident à la floculation et qui sont inoffensifs pour les poissons. Respectez bien les doses recommandées.

Note : comme son nom l'indique, les plantes submergées vivent au fond de l'eau ou entre deux eaux et ne sont pas visibles de la surface. C'est peut-être la raison pour laquelle nous négligeons souvent des les utiliser ou encore nous ne respectons pas le ratio recommandé. Nous préférons acheter des plantes aquatiques ornementales... elles sont si jolies ! Ne tombez pas dans le piège, les plantes submergées font partie des plantes essentielles à la santé de votre bassin, elles sont un bon investissement !

- **EAU NOIRE :** ce phénomène est occasionnellement observé tard à l'automne ou tôt au printemps et est dû à la décomposition d'une grande quantité de feuilles mortes ou autres matières organiques qui se sont déposées au fond du bassin. Le problème se règle lorsque vous ratissez le fond et ôtez le surplus de déchets. Il est à noter également que, si vous utilisez de la terre noire pour empoter vos plantes aquatiques, vous risquez de la retrouver en suspension dans l'eau donnant une impression d'eau noire. Il est de loin préférable d'utiliser une terre brune et lourde pour la plantation de vos plantes aquatiques en pots ou en plates-bandes submergées.

MÉTHODES DE PLANTATION

Vos plantes roseaux et aquatiques peuvent être installées dans votre bassin de différentes manières. La plus connue est la plantation en pot ou panier de plantation. Vous n'avez qu'à déposer vos potées sur les différents paliers submergés. Mais si vous optez pour une plantation directement dans le sol, vous devrez alors prévoir, lors de la construction, des plates-bandes submergées qui respecteront la profondeur recommandée pour chaque type de plantes. Ces poches de plantation et hauts-fonds remplis de terre brune, lourde et maintenue par des roches et des galets, donneront un aspect beaucoup plus naturel à votre bassin. Dans ces niches de plantation, vos plantes auront une meilleure croissance et vous éviterez la corvée de rempotage.

Pour les nymphéas, il existe également une méthode intermédiaire qui consiste à planter vos nénuphars dans des poches de jute remplies de bonne terre aquatique brune. Les plantes y croissent durant quelques années et lorsque le jute finit par se décomposer, les racines et la terre font corps et se tiennent bien. Cette méthode est plus souvent utilisée en milieu naturel qu'en milieu artificiel.

Quant aux plantes submergées, elles peuvent être attachées en bouquet et lestées au fond du bassin.

EMPLACEMENT

Pour optimiser la floraison de vos plantes aquatiques et pour minimiser l'entretien, il faut bien souvent tenir compte de deux critères majeurs pour la localisation de votre bassin. Le premier critère est l'ensoleillement : si votre jardin d'eau peut recevoir entre six et huit heures d'ensoleillement par jour, vous aurez plus de succès avec vos plantes à fleurs. En effet, vous pourrez diversifier plus facilement vos végétaux si vous optez pour un lieu de forte luminosité ou d'ensoleillement élevé.

Deuxième point à retenir : la chute des feuilles ou des aiguilles. Il n'y a pas de mal à avoir quelques arbres près du bassin, mais attendez-vous à avoir un peu plus de travail, car la décomposition de la matière organique entraîne le déséquilibre du milieu. Vous devrez alors ratisser plus régulièrement le fond du bassin pour ne pas vous retrouver avec une eau noire telle que décrite précédemment.

ENTRETIEN

Une fois l'équilibre installé dans votre milieu aquatique, l'entretien n'est pas très compliqué et se résume à peu de choses. La présence d'une couche de sédiment dans le bassin aide à l'équilibre biologique de votre jardin d'eau. Cette couche est précieuse, il ne faut donc pas vidanger complètement le bassin pour le nettoyer. Plus votre bassin est grand, moins vous avez à le vidanger. Seuls les très petits bassins où vous notez un dépôt exagéré et éprouvez un problème d'eau trouble doivent être nettoyés à fond. Dans ce cas, tôt au printemps, faites un nettoyage complet, récurez le fond et nettoyez les parois. Puis replacez le tout. Comme votre bassin est petit, l'équilibre devrait revenir après quelques jours seulement.

- Enlevez régulièrement les feuilles jaunes de vos nénuphars et lotus ainsi que les parties endommagées de vos laitues et jacinthes d'eau.

- De mai à août, enfoncez à la base des plantes aquatiques, quelques pastilles d'engrais. Cet apport de nourriture aidera à la santé de vos plantes et produira une meilleure floraison.

- Appliquez, dès le début de saison, des bactéries nitrifiantes et de sédimentation pour aider à l'équilibre du milieu en attendant que les plantes prennent toute leur place et fassent leur travail de purification. En cas de

grande chaleur, il peut être nécessaire d'ensemencer à nouveau des bactéries si le volume de vos plantes n'est pas suffisant ou encore d'ajouter quelques plantes aquatiques.

- Une fois par mois, ôtez les fleurs fanées.

- L'automne venu, procédez à la fermeture du bassin en ratissant les feuilles mortes, en taillant les feuilles de nénuphar et plantes roseaux et en regroupant vos pots dans la partie la plus profonde du bassin. Arrêtez la cascade et, si vous avez des poissons, installez une pompe à air pour que la glace ne se forme pas complètement à la surface du bassin.

TRUCS

Vous aimez les plantes aquatiques et de sol humide ou marécageux, mais vous n'avez pas l'espace ou le budget pour vous créer un jardin d'eau ? Qu'à cela ne tienne ! Vous pouvez facilement recréer un jardin d'eau miniature sur votre balcon ou patio simplement avec un pot étanche ou encore faire un petit coin marécageux sur votre terrain avec une toile de plastique ou une simple petite piscine d'enfant. Voici comment.

1- Jardin d'eau en pot :

Il est très facile de construire un jardin aquatique miniature à partir d'un pot décoratif étanche. Tout contenant pouvant recevoir et retenir de l'eau peut être converti en jardin d'eau. Ajoutez un peu de sable au fond, de l'eau claire et quelques plantes aquatiques décoratives !

L'entretien de ce type de jardin est très simple, il consiste à ajouter un peu d'eau pour compenser l'évaporation, à enlever, au cours de l'été, le surplus de plantes qui s'y développent et à enlever les feuilles jaunies et les fleurs fanées ainsi qu'à mettre une à deux fois par été des pastilles d'engrais que vous enfouissez dans les pots. Même en plein soleil, vous constaterez que votre eau restera claire et fraîche, et ce, tout au long de l'été !

2- Petit marais :

Ce petit marais peut se placer au fond d'une cour ou près d'un bassin d'eau pour augmenter la surface de plantes de lieux humides. Une simple piscine d'enfant ou une toile de plastique perforée de minuscules trous pour en assurer le drainage, remplie d'un terreau riche en mousse de tourbe et en compost suffiront pour vos plantes marécageuses.

Ici aussi, l'entretien est très simple. Il faut ajouter au besoin de l'eau afin de s'assurer que le sol est presque saturé, de diviser les plantes qui prennent trop d'espace et d'ajouter annuellement un peu de compost.

PLANTES POUR SOLS HUMIDES ET PLANTES AQUATIQUES

ARBRES (Sols marécageux)	H	L	☀	TYPE DE SOL	Z	MOIS	FORME	COULEUR	REMARQUES
Acer rubrum ⚜ Érable rouge / Plaine	20m	15m	☀	Riche, acide, humide	3	4 et 5	Grappe	rouge	En milieux humide la coloration rouge est plus intense.
Acer saccharinum Érable argenté	25m	23m	☀☁	Peu exigeant, humide	3	—	Sans intérêt	—	Port ovoïde, vert moyen. Rapide. Attention aux racines.
Acer spicatum ⚜ Érable à épis / Plaine bâtarde	6m	4m	☀☁	Acide, humide, drainé	2a	6	Grappe érigée	jaune verdâtre	Petit érable à tronc court, souvent tordu. Arbustif.
Alnus glutinosa 'Incisa' / 'Imperialis' Aulne à feuilles découpées	4m	2m	☀☁☂	Humide, pauvre	4b	5	Chaton	jaunâtre	Petit arbre pyramidal. Feuillage à lobes étroites, découpées. Joli.
Betula alleghaniensis / *B. lutea* ⚜ Bouleau jaune	20m	15m	☀☁	Riche, humide	3b	5	Chaton	jaune verdâtre	Écorce odorante, décorative. Pour grands espaces.
Betula nigra Bouleau noir	15m	11m	☀	Fertile, acide, frais	4b	4 et 5	Chaton	jaune verdâtre	Port ovoïde. Tronc unique ou en talle. Résiste à l'agrille. Lent.
Betula nigra 'Cully' Bouleau noir 'Cully'	13m	10m	☀	Fertile, acide, frais	5	—	Sans intérêt	—	Port semi-pyramidal. Écorce aux teintes blanc, rose, orange et brun.
Carpinus caroliniana ⚜ Charme de Caroline	8m	7m	☁	Humide à innondé	3b	5	Chaton	vert rougeâtre	Peu connu, globulaire, très ornemental. Plantation difficile.
Fraxinus nigra ⚜ Frêne noir	18m	12m	☀	Humide à innondé	2b	5	Grappe discrète	Sans intérêt	Utile pour les régions froides. Beau en isolé ou en groupe.
Fraxinus pennsylvanica ⚜ Frêne rouge / F. de rivage	15m	10m	☀	Humide à innondé	4	5	Grappe discrète	Sans intérêt	Certains cultivars n'ont pas de fruits donc plus propre.
Nyssa sylvatica Nyssa sylvatica	25m	6 à 10m	☀☁	Humide à sec	5b	5 et 6	Sans intérêt	verdâtre	Port pyramidal, branches horizontales sinueuses. Vert lustré puis rouge.
Populus balsamifera ⚜ Peuplier baumier	20m	10m	☀	Riche, humide	2	5	Chaton	Sans intérêt	Utile mais pas très ornemental. Résine odorante.
Populus canescens 'Tower' Peuplier gris 'Tower'	12m	2m	☀	Ordinaire, humide	3	—	—	—	Port collonnaire très ornemental. Vert luisant au revers argenté.
Populus deltoides ⚜ Peuplier deltoïde / Liard	28m	20m	☀	Humide à innondé	2b	—	Chaton salissant	—	Pour naturalisation, écran très imposant. Attention aux racines.
Populus deltoides 'Siouxland' Peuplier 'Siouxland'	18 à 20m	10m	☀	Tous sols humides	4	—	—	—	Plus petit et moins salissant que l'espèce indigène. Pyramidal.
Populus grandidentata ⚜ Grand tremble	20m	12m	☀	Humide	2b	5	Chaton	Sans intérêt	Écorce décorative. Attention à ses racines puissantes.
Populus nigra 'Afghanica' / 'Thevestina' Peuplier de Thèves	18 à 20m	3 à 5m	☀	Ordinaire, humide	2	—	Sans intérêt	—	Port collonnaire, tronc rectiligne. Croissance rapide. Non maladif.
Quercus bicolor ⚜ Chêne bleu	20m	17m	☀☁	Humide, marécageux	4b	5	Chaton	Sans intérêt	Port globulaire. Pour grands espaces. Grosses feuilles.
Quercus palustris Chêne des marais	20m	10m	☀	Humide à sec	4	4	Chaton	Sans intérêt	Port conique. Feuilles lobées, écarlates à l'automne. Rapide.
Quercus x 'Regal Prince' Chêne 'Regal Prince'	15m	7m	☀	Sec à humide	5	—	Sans intérêt	—	Port érigé, ovale. Feuillage foncé résistant au mildiou.
Salix sp. ⚜ Saules	5 à 25m	4 à 20m	☀	Humide à innondé	var.	4 et 5	Chaton	blanc argenté	Tous conviennent, mais les plus ornementaux sont les pleureurs.
Sorbus decora ⚜ Sorbier plaisant	7 à 15m	5m	☀	Humide à sec	2	6	Corymbe	blanc	Pour région froide. Fruits rouge écarlate. Feuilles composées.

ARBUSTES (Sols marécageux)	H	L	☀	TYPE DE SOL	Z	MOIS	FORME	COULEUR	REMARQUES
Abelia 'Edward Goucher' Abélia 'E. Goucher'	60cm	1m	☀☁	Acide, frais, drainé	5	5 à 9	Trompette étoilée	rose pourpre	Feuillage reluisant vert foncé. Longue floraison. Rabattre tôt.

SOLS HUMIDES ET ZONES AQUATIQUES

ARBUSTES (suite)	H	L	☀	TYPE DE SOL	Z	MOIS	FORME	COULEUR	REMARQUES
Abelia mosanensis abélia parfumée	1,5m	1,25m	☀⛅	Riche, frais, acide	5	5 et 6	Trompette étoilée	rose	Le plus rustique ! Vert lustré virant orange rouge à l'automne.
Aesculus parviflora Marronnier à petites fleurs	2,5m	4,5m	☀⛅	Peu exigeant, drainé	5	7	Gros épi de petites fleurs	blanc crème	Écran pour grand terrain. Belles feuilles palmées. Peut être rabattu.
Alnus sp. Aulnes	3 à 12m	2 à 8m	☀	Humide à innondé	1-4	4 et 5	Chaton	Sans intérêt	Très peu utilisé en ornement mais très utile sur les berges.
Alnus crispa / Alnus viridis Aulne crispé / Aulne vert	3m	1,5m	☀	Humide, pauvre	1a	4 et 5	Chaton	jaune verdâtre	Petit arbre ou arbuste si taillé. Haie libre. Lieux humides ou difficiles.
Alnus glutinosa Aulne noir glutineux	8m	4m	☀⛅	Humide, pauvre	4b	4 et 5	Chaton	jaunâtre	Haies libres. Stabilise les sols humides et pauvres. Fixe l'azote.
Alnus glutinosa 'Aurea' Aulne noir doré	6 à 8m	3 à 4m	☀⛅	Humide, pauvre	5	4 et 5	Chaton	jaunâtre	Variété au feuillage jaune. Disponibilité faible. Croît lentement.
Aronia melanocarpa Aronie noire	1,5m	1,5m	☀⛅	Tous sols drainés	4	5 et 6	Corymbe	blanc rosé	La variété 'Automn Magic' est plus ornementale que l'espèce.
Betula glandulosa Bouleau glanduleux	1,5m	1,5m	☀	Acide, humide, pauvre	2a	5	Chaton sans intérêt	jaunâtre	Feuilles un peu plus grandes que *B. nana*. Haie pour lieux humides.
Betula nana Bouleau nain / Bouleau articque	0,6 à 1,25m	0,6 à 1,25m	☀	Tous sols humides	2	5	Chaton sans intérêt	jaunâtre	Port globulaire. Intéressant en auge, haie ou milieu humide. Rare.
Betula nigra 'Little King' / 'Fox Valley' Bouleau noir 'Fox Valley'	3m	3m	☀	Acide, humide, drainé	2a	5	Chaton sans intérêt	jaunâtre	Gros arbuste arrondi. Écorce très décorative l'hiver. Résistant.
Betula pumila Bouleau nain américain	2,5m	2m	☀	Léger, frais	2	4 et 5	Chaton	Sans intérêt	Supporte les innondations. Croissance lente. Rare.
Calycanthus floridulus Arbre pompadour	2 à 3m	2 à 3m	☀⛅	Humide mais drainé	5b	5 et 6	Double, 5cm	rouge brunâtre	Originale. Fleur type magnolia à odeur fruitier. Beau dôme arrondi.
Cephalanthus occidentalis Bois bouton / Bois noir	2m	4m	☀⛅	Humide à innondé	4	7 et 8	Capitule globuleux	blanc crème	Ruisseaux, bassins, étangs. Port ouvert, lustré. Fleur étrange.
Chionanthus virginicus Arbre à franges / A. de neige	3 à 6m	2,5 à 5m	☀⛅	Acide, humide à frais	5	6	Frangée, épi tombant	blanc pur	Buisson gracieux. Feuilles lustrées. Culture très facile. Lent.
Clethra alnifolia Clèthre à feuilles d'aulne	1,3m	2m	☀⛅	Acide, drainé	4	8 et 9	Épi courbé	crème, rosé	Tailler tôt au printemps. À protéger des vents. Odorant.
Cornus alba 'Bailhalo' / 'Ivory Halo' Cornouiller 'Ivory Halo'	1,5m	1m	☀⛅	Sec à humide	2	5 et 6	Cyme	blanc crème	Port arrondi, dense, uniforme. Vert et ivoire. Tiges rouges.
Cornus alba 'Elegantissima' Cornouiller argenté sur tige	2m	1,5m	☀⛅	Sec à humide	2	5 et 6	Cyme	blanc crème	Panaché à port ouvert. Tiges rouges décoratives. Tourne rose à l'automne.
Cornus alba 'Gouchaultii' Cornouiller de Gouchault	2m	1,5m	☀⛅	Sec à humide	2	5 et 6	Cyme	blanc crème	Panaché de vert, jaune et rose. Rameaux rouges. Rapide.
Cornus alba 'Siberian Pearl' Cornouiller 'Siberian Pearl'	2,5m	2,5m	☀⛅	Frais, drainé	2	—	Sans intérêt	—	Rouge foncé en automne. Tiges rouge clair. Grappe fruits blancs.
Cornus alba 'Sibirica variegata' Cornouiller de Sibérie panaché	2,5m	2,5m	☀⛅	Sec à humide	2	5 et 6	Cyme	blanc crème	Feuilles gris-vert bordées blanc. Feuilles et bois rouges en automne.
Cornus alternifolia Cornouiller à feuilles alternes	5m	5m	☀⛅	Riche, drainé, acide	3b	5	Corymbe	blanc	Écran dense en espalier. Tiges pourpre marrons. Fruits bleu noir.
Cornus amomum Cornouiller soyeux	2,5m	2,5m	☀⛅	Tous sols humides	4	5 et 6	Cyme	jaunâtre	Ressemble à *sirecea* mais moins envahissant. Plutôt rare.
Cornus florida 'Tricolor' Cornouiller fleuri 'Tricolor'	2,5m	2,5m	☀⛅	Riche, humide, drainé	6	5 et 6	Grappe bractée	blanc, rose	Port arrondi. Spectaculaire en fleur. Fragile. Vire rouge pourpre.
Cornus kousa chinensis Cornouiller kousa	2 à 7m	2 à 5m	☀⛅	Riche, humide, drainé	6	5	Grosse, cyme	bractée blanche	Le plus rustique. Bractées pointues. ± résistant aux insectes.
Cornus kousa 'Limon Ripple' Cornouiller kousa 'Limon Ripple'	3m	3m	☀⛅	Riche, humide, drainé	6	5	Grosse, cyme	bractée blanche	Feuillage panaché chartreuse et vert. Le gel le rend plus compact.

ARBUSTES (suite)	H	L	☀	TYPE DE SOL	Z	MOIS	FORME	COULEUR	REMARQUES
Cornus mas 'Aurea' **Cornouiller mâle doré**	6m	4,5m	☀☁	Riche, humide, drainé	5	4 et 5	Petite, bouquet	jaune	Érigé. Cultivé en Europe pour ses fruits rouges comestibles. Abriter du vent.
Cornus mas 'Variegata' **Cornouiller mâle panaché**	6m	5m	☀☁	Riche, humide, drainé	5b	4 et 5	Petite, bouquet	jaune	Grand arbuste à feuillage vert et blanc. Abrité du vent.
Cornus pumila **Cornouiller nain**	0,6 à 1,2m	0,9 à 1,2m	☀☁	Plutôt humide, acide	4	5	Grosse, cyme	blanc	Feuilles vertes à pointes rouges. Tourne rouge à l'automne. Fruits noirs.
Cornus racemosa / *C. paniculata* **Cornouiller à grappes**	3m	2m	☀☁	Peu exigeant, frais	2b	6 et 7	Panicule	blanc crème	Gris-vert virant pourpre. Fruits blancs. Écran là où il peut s'étendre. Oiseaux.
Cornus sericea / *C. stolonifera* **Cornouiller stolonifère**	2m	3m	☀☁☂	Peu exigeant, frais	3	5	Grappe	blanc	Rapide. Tige rouge. Retient les sols en pente. Tourne bronze.
Corylopsis spicata 'Golden Spring' **Corylopse à épis** 'Golden Spring'	1,8m	2m	☀☁	Riche, meuble, acide	5b	4 et 5	Épis tombants	jaune parfumé	Pour jardinier averti. Les fleurs gèlent si mal protégées.
Corylus maxima 'Purpurea' **Noisetier pourpre**	5m	4m	☀	Riche, humide, drainé	5b	5	Chaton	rouge pourpre	Grand, érigé. Feuillage pourpre à bronze, texturé. Peu rustique.
Crataegus crus-galli **Aubépine ergot-de-coq**	8m	8m	☀	Profond, humide	2b	5 et 6	Corymbe	blanc	Haie épineuse, globulaire. Résistante aux maladies. Vire orange.
Dirca palustris **Dirca des marais** / Bois de plomb	1,5m	1,5m	☀☁☂	Acide, humide	4a	4 et 5	Tubulaire pendante	jaune verdâtre	Très beau port arrondi, régulier. Haie pour sous-bois humide.
Fothergilla gardenii 'Blue Mist' **Fothergilla gardinii** 'Blue Mist'	75cm	75cm	☁	Acide, humide	6	4 et 5	Panicule	blanc odorant	Feuillage très bleuté. Plus petit que *F. major*. Peu rustique.
Fothergilla major 'Mount Airy' **Fothergilla** 'Mount Airy'	1,5m	1,25m	☀☁	Acide, humide	5	5	Panicule	blanc odorant	Port ovoïde bleu-vert. Belle palette automnale. Peu rustique.
Gaylussacia baccata **Gaylussacia à fruits bacciformes**	0,3 à 1m	1m	☀☁☂	Acide, humide, drainé	1-4	5 et 6	Grappe cloche	blanc, rosé	Semblable au bleuetier mais à feuilles collantes et fruits noirs.
Hypericum kalmianum **Millepertuis de Kalm**	90cm	90cm	☀☁	Léger, frais, chaud	4	7	Grappe	jaune	Une indigène utile aux oiseaux. Teinture végétale. Feuilles étroites.
Ilex verticillata **Houx verticillé**	2m	1,75m	☀☁☂	Riche, acide, humide	3b	5	Petite, dioïque	jaune avant feuilles	Haie pour jardin d'oiseaux, pour lieux humides. Fruits rouges.
Itea virginica sp. **Itéa de Virginie**	0,6 à 2m	0,7 à 1,5m	☀☁☂	Humide, riche	6a	6	Épi étroit	blanc parfumé	Se colore rouge flamboyant en automne. Peu ramifié. Sous-bois.
Lonicera involucrata **Chèvrefeuille involucré**	1 à 2m	1 à 2m	☀	Frais à humide	4	5 et 6	Bractée, cloche	pourpre, jaune	Grosses feuilles. Baies comestibles. Rabattre au printemps.
Myrica gale **Myrique baumier**	1,2m	2m	☀☁	Acide, marécageux	2		Chaton	—	La feuille froissée dégage une odeur. Très commun. Port grêle.
Physocarpus opulifolius **Physocarpe à feuilles d'obier**	2m	2m	☀☁☂	Équilibré, drainé	4	6	Corymbe	blanc	S'adapte à toutes conditions. Existe en vert, doré et pourpre.
Rosa nidita 'Defender' **Rosier brillant** 'Defender'	1,5m	1m	☀	Riche, frais à humide	2	6	Simple abondant	rose, parfumé	Supporte plus l'humidité que la plupart des rosiers. Fruit rouge.
Salix sp. **Saules**	0,8 à 8m	1 à 4m	☀	Humide à innondé	2 à 5	5	Chaton	gris à jaune	La plupart des saules conviennent. Rampants ou arbustifs.
Sambucus canadensis **Sureau du Canada**	3m	2m	☀☁☂	Peu exigeant, frais	3	7	Corymbe	blanc	Port évasé. Beau en arrière-plan dans les lieux humides.
Sambucus nigra **Sureau noir**	4m	4m	☀☁	Peu exigeant, frais	4b	7	Grand corymbe	blanc	Port irrégulier. Le plus odorant. Croissance très rapide.
Sorbaria sorbifolia **Sorbaria à feuilles de sorbier**	1,5m	1,8m	☀☁☂	Fertile, humide	2	6 à 8	Panicule érigée	blanc crème	Drageonne beaucoup ! Port diffus. Feuilles composées.
Sorbus reducta **Sorbier réduit**	1m	1 à 3m	☀	Humide, drainé	3	5 et 6	Corymbe	blanc	Dôme, s'étend par rhyzomes. Feuilles 9 à 15 folioles. Fruits.

SOLS HUMIDES ET ZONES AQUATIQUES

ARBUSTES (suite)	H	L	☀	TYPE DE SOL	Z	MOIS ✿	FORME ✿	COULEUR ✿	REMARQUES
Spiraea betulifolia aemiliana Spirée à feuilles de bouleau	80cm	80cm	☀☁	Acide, humide, drainé	3	6 et 7	Corymbe multitude	blanc	Port dense. Boutons floraux roses. Rougeâtre à l'automne.
Spiraea x billiardii Spirée de Billiard	1,5 à 2m	1,5 à 2m	☀☁	Acide, humide	5a	7 à 9	Corymbe étroit	rose foncé	Évasé, diffus. Haie libre ou rabattre au printemps. Drageons.
Spiraea latifolia Spirée à larges feuilles	1,5m	1,5m	☀☁	Humide, acide	2b	8 et 9	Panicule terminale	blanc, rose	Aussi appelé « Thé du Canada ». Diffus. Drageonne. Berge.
Staphylea trifolia Staphylier à trois feuilles	3m	2m	☀☁☁	Humide, drainé	4b	5 et 6	Panicule pendant, clochette	blanc verdâtre	Port arrondi. Fruits type lanterne chinoise. Écran drageonnant.
Symphoricarpos sp. Symphorines	1m	1m	☀☁	Peu exigeant,	3	6	Grappe	rosé	Utile pour arrière-fond. Fruits décoratifs l'hiver.
Syringa prestoniae Lilas de Preston	1,5 à 2,5m	2m	☀☁	Peu exigeant,	2	6 et 7	Panicule	rose à pourpre	Celui qui tolère le mieux un sol humide. Parfum léger.
Tamarix pentendra ramosissima Tamaris de Russie	1,5m à 2m	1 à 2m	☀	Tous les sols	3	7 et 8	Panicule vaporeux	rose	Pour sol marécageux ou très sec. Rabattre au printemps.
Vaccinium sp. Airelles / Bleuets	0,2 à 1,5m	0,5 à 1m	☁	Acide, humide, drainé	1-4	5 et 6	Grappe cloche	blanc, rosé	Comestible. Tous aiment un milieu humide. Beau feuillage.
Viburnum acerifolium Viorne à feuilles d'érable	2m	2m	☀☁☁	Acide, humide	3a	6 et 7	Cyme aplatie	blanc crème	Ressemble à la viorne trilobée. Vire au rose, rouge et pourpre.
Viburnum cassinoides Viorne cassinoïde	2m	1,8m	☀☁☁	Humide à innondé	2a	6 et 7	Cyme dense	blanc crème	Indigène sous utilisée, vraiment décorative. Pourpre à l'automne.
Viburnum opulus 'Harvest Gold' Viorne obier 'Harvest Gold'	3m	1,5 à 3m	☀☁	Frais à humide	3a	6	Gros corymbe	blanc	Feuillage jaune marginé de rouge, puis chartreuse en été. Fruits rouges.
Viburnum sargentii 'Onondaga' Viorne 'Onondaga'	2,5m	2m	☀☁	Frais à humide	3	5	Cyme stérile et fertile	blanc et rouge	Feuilles trilobées, vert pourpré. Fleurs et fruits très décoratifs.
Xanthorhiza simplicissima Zanthorhiza à feuilles de céleri	50cm	1m	☁	Argileux, drainé	5	5 avant feuille	Étoilée, panicule	brun rouge	Diviser au printemps pour le limiter. Semi-rampant dense. Rare.

ARBUSTES PERSISTANTS (Sols marécageux)	H	L	☀	TYPE DE SOL	Z	MOIS ✿	FORME ✿	COULEUR ✿	REMARQUES
Andromeda polifolia Andromède à feuilles de romarin	60cm	60cm	☀☁	Acide, humide	2b	5 et 6	Petits grelots	blanc rosé	Pour endroit frais. Lent. Tolère un peu le sec. Feuilles gris-bleu.
Andromeda polifolia 'Blue Ice' Andromède 'Blue Ice'	30cm	50 à 80cm	☀☁	Acide, humide, drainé	2	5 et 6	Petits grelots	rose	Feuillage type romarin bleu argenté. Excellent couvre-sol.
Arctostaphylos 'Uva-Ursi' Raisin d'ours	15cm	1m	☀☁	Acide, rocheux	2	5	Bouquet	blanc rosé	Vraiment un végétal pour toutes situations ! Lustré. Fruit rouge.
Cassiope lycopodioides Cassiopée	10cm	50cm	☀☁	Acide, humide, froid	6	4 et 5	Clochettes penchées	blanc et rouge	Arbuste qui ressemble à une mousse. Plante de collection. Rare, joli.
Chamaedaphne calycutala Cassandre / Faux bleuets	1m	1m	☀☁	Acide, humide	2a	5 et 6	Solitaire	blanc	Jardins d'éricacées, naturalisation. Texture fine, assymétrique.
Empertrum 'Nigrum' Camarine noire	30cm	50cm	☀☁	Terre de tourbière	1a	5	Fleur simple	rose pourpre	Rampante de marécage, facile. Feuilles linéaires, denses. Fruit noir.
Epigaea repens Épigée rampante / Fleur de mai	5 à 10cm	30cm	☁	Toujours frais, acide	2	4 et 5	Grappe, cloches	rosé parfumée	Tapis ras. Culture délicate. Grandes feuilles décoratives.
Gaultheria procumbens Thé des bois	10cm	60cm	☁	Acide, frais	2b	5	Peu apparent	rosé	Couvre-sol aromatique, comestible, médicinal, lustré et lent.
Kalmia angustifolia Kalmia à feuilles étroites	1m	1m	☁	Acide et humide	2	6	Corymbe terminal	rose foncé	Une des plus belles indigènes. S'adapte à toutes conditions.
Kalmia latifolia Kalmia des montagnes	1,5m	1m	☀☁	Riche, acide, humide	5b	6 et 7	Corymbe terminal	rose tachée	Humide mais drainé ! À protéger. Feuilles étroites, port peu dense.

ARBUSTES PERSISTANTS (suite)	H	L	☀	TYPE DE SOL	Z	MOIS ✿	FORME ✿	COULEUR ✿	REMARQUES
Kalmia polifolia ⚜ Kalmia glauque	70cm	70cm	☀☁	Acide et humide	1b	5 et 6	Corymbe terminal	rouge pourpre	Habitat naturel : tourbière. Rare. Feuilles étroites. Port arrondi.
Ledum groenlandicum ⚜ Thé du Labrador	60cm	80cm	☀☁	Acide, meuble, frais	1a	5 et 6	Corymbe	blanc crème	Feuilles aromatiques aux bords récurvés. Pour milieux frais.
Pimelea coarctata Piméléa	5cm	30 à 60cm	☀☁	Humide, drainé	5	5	Groupées	blanc cireux	Rare. Minuscules feuilles gris-vert en rangé sur la tige Se marcotte facilement.
Pyracantha coccinea Buisson ardent	1m	1,5m	☀☁	Argileux, drainé	6a	5	Sans intérêt	blanc	Sous climat propice, il semble en feu avec ses fruits rouge.
Rhododendron canadensis ⚜ Rhododendron du Canada	1m	1,5m	☀☁	Acide, friable, drainé	2b	5	Trompette parfumée	blanc, pourpre	Protéger les premières années. Port buisson, rougit à l'automne.

CONIFÈRES (Sols marécageux)	H	L	☀	TYPE DE SOL	Z	MOIS ✿	FORME ✿	COULEUR ✿	REMARQUES
Larix laricina ⚜ Mélèze laricin	20m	8m	☀	Humide, léger, drainé	1b	—	—	—	Pour terrain mal égoutté, froid. Air non pollué.
Larix laricina / *L. Americana* ⚜ Mélèze Laricin d'Amérique	20 à 25m	6m	☀	Humide à sec	2	—	—	—	Pyramidal, étroit. Rosette d'aiguille caduque tournant doré. Brise-vent.
Metasequoia glyptostroboides Métaséquoia	10 à 20m	4 à 6m	☀☁	Riche, argileux, humide	5b	—	—	—	Demande une culture abritée et avertie. Rare.
Picea abies sp. Épinette de Norvège	var.	var.	☀☁	Riche, humide, drainé	2 4	—	—	—	Aime la proximité d'un bassin. Tolère les sols argileux.
Picea abies / *P. excelsa* Épinette de Norvège	20 à 25mm	9 à 12cm	☀	Humide, drainé	2b	—	—	—	La plus grande et la plus rapide. Port semi-retombant, gracieux.
Picea mariana ⚜ Épinette noire	12m	5m	☀☁	Acide, humide	1a	—	—	—	Peu utilisé en ornemental, pour naturalisation. Feuillage gris vert.
Picea mariana 'Nana' Épinette noir naine	0,6 à 2m	85cm	☀☁	Humide, tourbeux	3	—	—	—	À feuillage doré ou bleuté. Pour lieux froids, humides.
Picea omorika 'Expansa' Épinette de Serbie 'Expansa'	1m	3m	☀☁	Peu exigeant, humide	4	—	—	—	Port étendu avec extrémités des branches relevées. Vert et bleu.
Picea pungens 'Pendula' Épinette du Colorado pleureuse	2 à 3m	1 à 2m	☀	Profond, humide	3	—	—	—	Celui qui accepte le mieux un environnement humide.
Thuya occidentalis sp. ⚜ Cèdre du Canada	var.	var.	☁	Riche, profond	3	—	—	—	S'adapte bien. Toutes formes et toutes grandeurs.
Tsuga canadensis 'Cloud Prune' Pruche 'Cloud Prune'	60cm	80cm	☀☁	Humide, drainé	4	—	—	—	Plutôt rampante, couvre bien les coins ombragés.
Tsuga canadensis 'Coles's Prostrate' Pruche 'Coles's Prostrate'	0,5m	1m	☁	Frais, humide	4	—	—	—	Port rampant plutôt dense en forme de monticule étoilé.
Tsuga canadensis 'Gentsch White' Pruche 'Gentsch White'	0,5 à 1m	90cm	☀☁	Acide, frais, drainé	4	—	—	—	Gracieux, vert foncé aux pousses blanc crème. Éclatant à l'ombre.
Tsuga canadensis 'Pendula' Pruche de Sargent	50cm	3m	☁	Frais, humide, drainé	4	—	—	—	Port rampant plus diffus que le précédent.

VIVACES (Sols humides, non inondé)	H	L	☀	TYPE DE SOL	Z	MOIS ✿	FORME ✿	COULEUR ✿	REMARQUES
Achillea ptarmica Herbe à éternuer	50cm	50cm	☀☁	Frais à humide	2b	7 à 9	Grappe, pompons	blanc	Souvent naturalisé dans nos fossés. Bord de l'eau. Buisson.
Aconitum lamarckii Syn. : *Aconitum pyreanicum*	1m	40cm	☀☁	Humide, drainé	4b	7 à 9	Nombreux épis	jaune soufre	Massif. Feuilles lobées. Aime le bord des ruisseaux.
Aconitum napelus Casque de Jupiter	1m	60cm	☀☁	Riche, frais	2b	7 et 8	Hampes stables	bleu, rose	L'atmosphère des grands bassins leur convient. Feuilles découpées.

SOLS HUMIDES ET ZONES AQUATIQUES

VIVACES (suite)	H	L	☀	TYPE DE SOL	Z	MOIS ✿	FORME ✿	COULEUR ✿	REMARQUES
Ajuga reptans sp. **Bugles**	15cm	40cm	☀☁	Frais, humide, drainé	3	5	Petits épis	bleu, rose	Feuillage intéressant après la floraison. Croissance rapide.
Angelica atropurpurea **Angélique**	1,8m	1,2m	☁	Riche, humide	4	7 et 8	Grappe	blanc verdâtre	Ses tiges pourpres la rendent très décorative. Feuilles divisées.
Angelica gigas **Angélique**	1,5m	1,2m	☀☁	Riche, humide	5	7 à 9	Grappe	pourpre	Feuilles divisées vertes mais tiges et fleurs pourpres.
Angelica pachycarpa **Angélique pachycarpa**	1m	1,2m	☁	Riche, humide	4	7 et 8	Grappe	blanc verdâtre	Espèce unique, aux feuilles pennées, lustrées. Nouveau.
Apocynum cannabinum **Chanvre du Canada**	90cm	50cm	☀☁	Humide	3	6 et 7	Grappes terminales	blanc crème	Feuillage vert clair, tige rougeâtre. Vivace type arbuste.
Aquilegia alpina **Ancolie des Alpes**	55cm	40cm	☁	Léger, humide	3	5 et 6	Grosse, éperon	bleu violet	Préfère les situations fraîches. Feuillage découpé glauque.
Aquilegia chrysantha 'Yellow Queen' **Ancolie** 'Yellow Queen'	30 à 90cm	30cm	☀☁	Humide, drainé	3b	5 et 6	Double munie d'éperon	jaunes 2 tons	Fleur dressée, feuillage élégant glauque. Vigoureux.
Aquilegia fragans **Ancolie fragrans**	90cm	30cm	☀☁	Calcaire, frais	3	6	Capuchon étoilé	crème violacé	Port buissonnant et érigé. Glauque. Grande fleur odorante.
Arisaema triphyllum **Petit prêcheur**	50cm	40cm	☁	Riche, humide	3b	4 et 5	Fleur en spathe	pourpre, vert	Fleurs en forme de feuilles enroulées en cornet, pourpre strié de vert. Lent.
Artemisia lactiflora 'Quizho' **Armoise** 'Quizho'	1,3m	90cm	☀☁	Riche, humide	3b	7 et 8	Grand panicule	blanc laiteux	Très différente des autres avec ses feuilles vertes à tiges noires !
Aruncus dioicus **Barbe-de-bouc**	1,3m	1m	☀☁	Riche, acide, frais	3	6 et 7	Panicule fourni	blanc crème	Supporte bien le soleil si l'humidité est suffisante. Gracieux.
Aruncus sinensis **Aruncus de Chine**	1,3m	70cm	☀☁	Riche, acide, frais	4	7 et 8	Panicule léger	blanc crème	Élégante touffe dressée. Plus tardive et texturée que *dioicus*.
Asarum splendens **Asaret**	15cm	45cm	☁	Riche, humide	6	5	Énorme, étrange	pourpre	Feuilles larges en flèche, vertes tachetées d'argent. Sous-bois.
Asclepias incarnata ⚜ **Asclépiade incarnate**	1m	60cm	☀☁	Riche, marécageux	3	6 à 8	Plusieurs cymes	crème ou rose	La variété qui convient le mieux pour pièce d'eau. Évasée.
Astilbe sp. **Astilbes**	var.	var.	☀☁	Riche, frais	4 et 5	var.	Panicule plume	var.	Supporte mieux le soleil dans un sol humide.
Astilboïdes tabularis **Astilboïde rodgergia**	1,2m	1m	☀☁	Acide, riche	4	6 et 7	Panicule plume	blanc	Immenses feuilles rondes particulièrement décoratives.
Astrantia major **Astrance**	70cm	40cm	☀☁	Riche, frais	4	6 à 8	Ombelle, bractée	blanc à pourpre	Intéressante pour sa longue floraison. Feuilles 3 à 5 lobes.
Bergenia cordifolia **Bergenia**	40cm	50cm	☀☁	Tous sols frais	3	5 et 6	Grappe	rosé	Forme un joli couvre-sol à feuillage très décoratif.
Cardamine pradensis **Cardamine des prés**	30cm	20cm	☀☁	Humide, acide	5	5 et 6	4 pétales en croix	lilas pâle	Comme le cresson de fontaine elle peut être utilisée en salade.
Chelone obliqua ⚜ **Galane** / Tête de tortue	60cm	50cm	☀☁	Ordinaire, humide	3	8 à 10	Épi dense	blanc, rose	Rustique, très beau sur le bord de pièce d'eau. Port érigé.
Cimicifuga simplex 'White Pearl' **Cierge d'argent** 'White Pearl'	1,2m	60cm	☀☁	Profond, humide	3	10	Épi effilé	blanc parfumé	Nombreux épis plus courts que les autres. Le plus tardif.
Cornus canadensis ⚜ **Quatre-temps**	20cm	30cm	☀☁	Acide, drainé	2	5 et 6	Bractée	blanc	Feuilles en rosette surélevées donnant du relief aux rives.
Corydalis cheilanthifolia **Corydale**	30cm	30cm	☀☁	Humide, drainé	4b	5 et 6	Grappe dégagée	bleu, jaune	Rosette de feuilles type fougère gris-vert. Se ressème.
Corydalis flexuosa 'China Blue' **Corydale** 'China Blue'	30cm	30cm	☀☁	Humide, drainé	4b	5 à 7	Grappe dégagée	bleu cobalt	Feuillage type fougère, gris vert. Vigoureux. Léger parfum. Un bleu spectaculaire.
Corydalis flexuosa 'Purple Leaf' **Corydale** 'Purple Leaf'	30cm	30cm	☀☁	Humide, drainé	4b	5 à 7	Grappe dégagée	bleu	Un corydale à feuilles bronze ! Feuilles texturées. Peut rentrer en dormance.

VIVACES (suite)

VIVACES (suite)	H	L	☼	TYPE DE SOL	Z	MOIS ✿	FORME ✿	COULEUR ✿	REMARQUES
Corydalis lutea ⚜ **Corydale doré**	30cm	40cm	☼☁☂	Ordinaire, humide	4	5 à 10	Groupe de 16	jaune	Feuillage très découpé, bleuté. Délicat et joli. Ressemble au cœur saignant.
Corydalis ochroleuca **Corydale blanc**	30cm	45cm	☼☁☂	Humide, drainé	5	5 et 6	Grappe retombante	blanc crème	Coussinet texturé, feuilles type fougère gris-bleu. Se ressème.
Crambe maritima **Chou marin**	75cm	70cm	☼☁	Sableux, humide	4b	6 et 7	Panicule dense	blanc	Aussi pour endroit salé et caillouteux. Grandes feuilles bleutées.
Cryptotaenia japon. f. atropurpurea **Persil japonais**	50cm	60cm	☼☁☂	Riche, humide	4	6 et 7	Sans intérêt	blanc, rose	Feuillage pourpre bronze, accompagne les hostas.
Darmera peltata Syn. : *Peltiphyllum*	80cm	60cm	☁☂	Humide	2	4 et 5	Ombelle hâtive	blanc rosé	Grandes feuilles rondes 45cm décorant bien les pièces d'eau.
Dicentra sp. **Cœur saignant**	var.	var.	☁☂	Frais, humide	3	var.	Grappe pendante	blanc, rose	Ne craint pas les endroits où l'eau stagne.
Disporum pullum 'Variegata' **Disporum panaché**	45cm	60cm	☁☂	Tourbeux, humide	6	5	Clochettes pendantes	blanc vert	Feuilles type Sault de Salomon avec bordure nette, blanche.
Eupatorium sp. **Eupatoires**	1,5 à 2m	50 à 90cm	☼☁	Riche, frais	4b	7 à 9	Panicule large	rose	C'est dans un milieux humide qu'elle est à son meilleur.
Euphorbia palustris **Euphorbe des marais**	90cm	90cm	☼☁	Ordinaire, humide	5	4 et 5	Bractée	vert jaunâtre	Feuillage décoratif spécialement au bord de l'eau.
Epimedium sp. **Fleur des Elfes**	25cm	30cm	☁	Humide, drainé	3b	5 et 6	Petite, éperon	blanc, rose jaune	Fleurs et feuillage veinés bronze décoratifs. Tourne au pourpre.
Fallopia japonica 'Variegata' 🍀 Syn. : *Polygonum cuspidatum*	1,2m	90cm	☼☁	Humide, frais	4	8 et 9	Panicule vaporeux	blanc rosé	Complément d'arbuste sur le bord de l'eau. Moins envahissant que l'espèce.
Farguigium japonic. 'Aureomaculata' **Ligulaire / Plante léopard**	30cm	30cm	☁☂	Humide	6	—	Sans intérêt	—	Beau feuillage rond, lustré parsemé de taches jaunes type léopard.
Fillipendula sp. **Fillipendules**	0,3 à 1,8m	30 à 50cm	☼☁	Riche, frais	3	var.	Panicule, corymbe	blanc rose	Recré les scènes naturelles, vaporeuses, au bord de l'eau.
Galium odoratum **Aspérule odorante**	15cm	30cm	☼☁☂	Ordinaire, frais	4	5 et 6	Nombreuse	blanc	Éclaire les sous-bois. Parfume les vins blanc.
Geranium x 'Ann Folkard' **Géranium 'Ann Folkard'**	40cm	50cm	☼☁☂	Humide, drainé	5	6 à 9	Coussin lâche	Rose cœur noir	Fleurs très contrastantes sur ce feuillage vert-doré. Coussin.
Geranium palustre **Géranium des marais**	45cm	50cm	☼☁	Riche, humide	5	6 à 8	Simple, veinée	magenta	Celui qui accepte le mieux les sols détrempés. Feuilles palmées.
Geranium pratense 🍀 **Géranium des prés**	60cm	1m	☼☁	Humide	5	6 et 7	Simple	bleu strié	Port dressé. Feuilles très découpées. Touffe vigoureuse.
Gunnera sp. **Rhubarbe géante**	2 à 3m	2 à 3m	☼☁	Riche, humide	6	5b	Épi dense	rose	Rare. Immense feuilles à pétiole coloré. Fragile.
Hemerocallis sp. **Lis d'un jour**	var.	var.	☼☁	Riche, frais	var.	var.	Montée sur hampe	var.	Particulièrement beau en bordure de bassins. Beau feuillage rubané.
Heracleum mantegazzianum **Grande Berce**	2 à 3m	1,5m	☼☁	Riche, frais, profond	3	7 et 8	Grande ombelle	blanc	Port majestueux. Feuilles très découpées, irritantes. Placer en retrait.
Hibiscus moscheutos **Ketmie des Marais**	1 à 1,5m	1m	☼	Riche, humide	5	8 à 10	Simple, immense	blanc rose rouge	Se comporte très bien sur la rive de plan d'eau. Imposant, spectaculaire.
Hosta sp. **Lis plantain**	var.	var.	☁☂	Riche, frais	3 et 4	7 et 8	Hampe, cloche	blanc lilas	Coin ombragé de bassin d'eau. Longue vie. Tous à feuillage attrayant.
Houttuynia cordata **Plante caméléon**	50cm	55cm	☼☁☂	Riche, humide	4b	7 et 8	Sans intérêt	blanc	Feuilles rouges, crème, jaunes, vertes. Sur le bord ou directement dans l'eau.
Iris kaempferi / *Ensata* **Iris du Japon**	50cm	60cm	☼☁	Riche, humide		6	3 pétales, 3 sépales	blanc, rouge violet	Tolère la présence d'eau l'été mais pas l'hiver. Feuilles minces.
Iris ensata 'Variegata' **Iris japonais panaché**	60cm	60cm	☼	Humide, puis sec en été	3	6 et 9	3 sépales 3 pétales	bleu foncé	Feuillage érigé, en lame, vert et blanc toute la saison.

SOLS HUMIDES ET ZONES AQUATIQUES

VIVACES (suite)	H	L	☀	TYPE DE SOL	Z	MOIS ✿	FORME ✿	COULEUR ✿	REMARQUES
Iris pallida 'Variegata' **Iris pallida panaché**	70cm	30cm	☀☁	Ordinaire, chaud	3	6 et 7	3 sépales 3 pétales	bleu lavande	Léger parfum. Feuillage vert bleuté panaché de blanc crème. Tolère sol humide.
Iris sibirica **Iris de Sibérie**	90cm	40cm	☀	Frais à sec	3	6	3 pétales, 3 sépales	blanc, jaune, violet	Tolère la présence d'eau l'été, pas l'hiver. Feuilles rubanées.
Kirengeshoma sp. **Clochette jaune**	0,9 à 1,5m	65cm	☁	Riche, frais, acide	4 et 5	8 et 9	Cloche pendante	jaune crème	Ne pas déranger une fois établie. Toxique. Feuilles palmées, duvet.
Kniphofia sp. **Tritoma**	0,6 à 1m	45cm	☀	Chaud, drainé	5	7 à 9	Tubulaire racème	Teintes orangés	Souvent suggéré pour les bassins mais n'aime pas l'humidité, l'hiver.
Leucanthemum serotinum Syn.: *Chrysanthemum uliginosum*	1,5m	80cm	☀	Frais à humide	6	9 et 10	Capitule	blanc	Forte touffe dressée, stable. Pour pièce d'eau.
Ligularia sp. **Ligulaires**	0,6 à 1,2m	50 à 90cm	☀☁	Riche, humide	4	8 et 9	Épi ou capitule	jaune	Supporte mieux le soleil en sol marécageux. Grandes feuilles.
Lobelia cardinalis ⚜ **Lobélie cardinale**	90cm	50cm	☀☁	Riche, frais, drainé	3	7 à 9	Grappe dense	rouge écarlate	Une belle indigène qui vit en bordure de l'eau. Capricieuse.
Lobelia fulgens 'Elmfeuer' **Lobélie** 'Elm Fire' / L. 'Elmfeuer'	90cm	30 à 50cm	☀	Riche, humide	5	7 à 9	Grappe dense	rouge	Port érigé d'où emergent de grands épis rouges. Feuillage bronze.
Lobelia x *speciosa* **Lobélie hybride**	90cm	60cm	☀	Riche, humide	3	7 à 9	Grappe dense	rose, rouge	Plus vigoureux que les précédents. Spectaculaire.
Lobelia siphilitica **Lobélie bleue**	70 à 90cm	60cm	☀☁	Riche, frais, drainé	4	7 à 9	Grappe dense	bleu violacé	Supporte bien les lieux humides aux abords des bassins. Très feuillu.
Lychnis flos-cuculi **Fleur de coucou**	50cm	40cm	☀	Frais et humide	3	5 et 6	Pétales laciniées	rose	Allure indisciplinée. Touffe dressée, ramifiée.
Lysimachia ciliata 'Firecracker' **Lysimaque** 'Firecracker' ⚜	70cm	50cm	☀☁	Riche, humide	3	7 et 8	Épi lâche	jaune	Pourpre foncé tournant jaune orangé vif à l'automne. Massif.
Lysimachia clethroïdes **Cou d'oie**	90cm	60cm	☀☁	Riche, frais à humide	3	7 à 9	Épi courbé	blanc	Longues tiges feuillées fleurs coudées. Tourne orange.
Lysimachia fortunei **Lysimaque de fortune**	50 à 75cm	30cm	☁	Humide	4	7 à 9	Épi allongé	blanc pur	Ressemble au clethroïde mais à épi non courbé. Tiges feuillées.
Lysimachia japonica 'Minutissima' **Lysimaque** 'Minutissima'	2cm	20cm	☁	Frais, humide	4	7 à 9	Coupe évasée	jaune vif	Plante tapissante, très petites feuilles ovales, lisses. Auge.
Lysimachia nummularia ⚜ **Herbe aux écus**	5cm	45cm	☀☁	Riche, humide	3	6 et 7	Solitaire à l'aisselle	jaune	Supporte le soleil si le sol est humide. Rampante doré ou vert.
Lysimachia punctata **Lysimaque ponctuée**	60 à 90cm	60cm	☀☁	Ordinaire, drainé	3	6 à 8	Épi dense	jaune	Se comporte très bien en sol humide quoi qu'en disent les livres.
Lysimachia thyrsiflora ⚜ **Lysimaque thyrsiflore**	70cm	60cm	☀	Marécageux	3	6 et 7	Grappe dense	jaune	Le bord sauvage des ruisseaux lui convient. Tiges dressées.
Lysimachia vulgaris **Chasse-bosse**	1m	70cm	☀☁	Humide	4	6 à 8	Grappe	jaune orné de rouge	Vague ressemblance à *L. punctata*. Riveraine.
Lythrum salicaria ⚜ **Salicaire pourpre**	90cm	60cm	☀☁	Ordinaire, humide	3	7 à 9	Groupée en verticille	pourpre	On la retrouve en grandes colonies là où le sol est humide.
Macleaya cordata **Bocconia**	2,5m	1,5m	☀☁	Riche, profond	3	7 et 8	Panicule plume	crème, beige	Par sa taille il faut lui réserver de grands espaces.
Melissa officinalis **Baume mélisse**	50cm	45cm	☁	Profond, humide, drainé	5	6 à 8	Sans intérêt	blanc	Fine-herbe à feuillage décoratif, en coeur et à odeur de citron.
Oenanthe javanica 'Flamingo' **Céleri d'eau panaché**	25cm	30cm	☁	Riche, humide	5	—	Sans intérêt	—	Feuillage rose, blanc, vert. Aime les bassins d'eau. Couvre-sol.
Omphalodes cappadocica **Omphalodes**	15cm	35cm	☁	Humifère, jamais sec	5	5 et 6	Petite, simple	bleu azur	De la même famille que le myosotis. Aime les berges.
Omphalodes verna ⚜ **Omphalodes verna**	20cm	40cm	☁	Humifère, jamais sec	5	5	Petite, simple	bleu centre blanc	Pousse en colonie. Peut envahir. Fleur de myosotis.

VIVACES (suite)	H	L	☼	TYPE DE SOL	Z	MOIS ❀	FORME ❀	COULEUR ❀	REMARQUES
Peltoboykinia tellimoides **Peltoboykinia**	1m	60cm	⛅	Humifère, humide	5	5 et 6	Petites, cornets	blanc crème	Rare et peu connu. Bord des pièces d'eau. Grandes feuilles dentées.
Petasite sp. **Pétasites**	0,9 à 1,8m	1,2m	☼⛅☁	Ordinaire, humide	4	4	Sans intérêt	—	Pour endroit vaste et humide. Feuille 1 mètre de diamètre.
Physostegia virginiana sp. **Plante obéissante** / Physostégie	90cm	50cm	☼⛅	Riche, frais	3	8 et 9	Épi rangé	blanc, rose	Forme de jolis massifs sur le bord de l'eau. Port dressé.
Podophyllum peltatum **Pomme de mai**	40cm	30cm	⛅☁	Riche, humide	3	5 et 6	Simple, odorante	blanc cireux	Gros fruit toxique. Rare au Québec. Disparaît à la mi-été.
Polemonium caeruleum 'B. d'Anjou' **Polémonium** 'Brise d'Anjou'	60cm	45cm	☼⛅	Riche, humide	3	6 et 7	Groupée, cyme	violet	Tout à fait spectaculaire et originale. Vert et jaune bordé crème.
Polemonium caeruleum 'Snow & S.' **Polémonium** 'Snow & Sapphires'	70cm	60cm	☼⛅	Riche, humide	4	6 et 7	Groupée, cyme	violet	Récent. Ressemble à 'Brise d'Anjou' mais + vigoureux et odorant.
Polemonium reptans 'Epic C. Pearl' **Polémonium** 'Epic Creamy Pearl'	40cm	45cm	☼⛅	Riche, humide	3	5 et 6	Groupée, cyme	bleu pâle	Valérianne ± rampante. Feuilles découpées, marge blanc-crème.
Polemonium reptans 'Stairway to H.' **Valériane** 'Stairway to Heaven'	40cm	50cm	☼⛅	Riche, humide	4	5 et 6	Épi	bleu violet	Aspect exotique, feuilles découpées vertes et jaunes bordées de crème. Touffe lâche.
Polemonium yezoense 'Purple Rain' **Valériane grecque** 'Purple Rain'	50cm	50cm	☼⛅	Riche, humide	4b	6 et 7	Grappe parfumée	bleu lavande	Feuillage type fougère, pourpre-chocolat. Plus coloré au soleil.
Polygonum bistorta **Persicaire** / Renouée	70cm	50cm	☼	Riche, frais	3	5 à 7	Épis dense	teintes roses	Forme de belles colonies non envahissantes. Joli tapis dense.
Polygonum weyrichii **Persicaire** / Renouée	1m	80cm	☼⛅	Riche, frais	4	7 et 8	Panicule vaporeux	crème	Pour grand massif. Complément d'arbustes. Isoler.
Potentilla palustris **Potentille des marais**	30cm	50cm	☼	Humide à innondé	3b	7	Simple, grappe	pourpre	Rôle écologique particulier en servant de support aux autres plantes.
Primula chungensis **Primevère chungensis**	60cm	45cm	☼⛅	Frais, humide	5	6 et 7	Verticillée	jaune cuivré	Peu connue au Québec. Farineuse. Plus tardive.
Primula denticulata **Primevère denticulata**	25cm	45cm	☼⛅	Frais, humide	4	5 et 6	Boule de fleurs	blanc, violet	Fleurit très tôt, même avant les feuilles. Touffe vigoureuse.
Primula florindae **Primevère florindae**	80cm	50cm	☼⛅☁	Tourbeux, humide	4b	6 à 8	Pendante, ombelle	jaune soufre	Parfumée. Farineuse au sommet. Tardive. Feuilles ovales.
Primula helodoxa **Primevère helodoxa**	70cm	50cm	☼⛅	Franc à humide	5	6 et 7	Verticillée	jaune claire	Souvent farineux. Espèce très robuste. Peu connue.
Primula japonica **Primevère japonaise**	65cm	50cm	☼⛅	Riche, frais	4b	5 et 6	Grappe verticillé	blanc à pourpre	Si son milieu est humide, peut se ressemer. Facile. Vigoureuse.
Primula pulverulenta **Primevère pulvérulente**	70cm	50cm	☼⛅	Tourbeux, humide	5	6 à 8	Groupée verticillée	carmin, pourpre	Hampe farineuse. Espèce très jolie en massif.
Pulmonaria sp. **Pulmonaires**	var.	var.	⛅☁	Riche, humide	3	5	Clochette en cyme	bleu rose	Surtout pour leur feuillage décoratif près de scène d'eau.
Ranunculus aconitifolium **Renoncule à feuilles d'aconite**	50cm	50cm	☼⛅	Riche, humide	3	6 et 7	Double	blanc	Pour rocaille humide ou bord de ruisseau. Belles feuilles palmées.
Rheum palmatum **Rhubarbe ornementale**	1,2 à 2m	1 à 1,5m	☼⛅	Lourd, humide, drainé	4	6 et 7	Panicule plume	blanc, rouge	Grandes feuilles palmées, dentées, vertes. Pourpre au printemps.
Rheum palmatum 'Ace of Hearts' **Rhubarbe ornementale**	1,2 à 2m	1 à 1,5m	☼⛅	Lourd, humide, drainé	4	6 et 7	Panicule plume	rose pâle	Grosses feuilles. Port très érigé laissant paraître le dessous pourpre.
Rodgersia sp. **Rodgersia**	1 à 1,5m	1m	☼⛅☁	Riche, frais	4	6 et 7	Panicule plume	crème, rose	Grosses feuilles palmées/ pennées. Gagne en beauté avec l'âge.
Rudbeckia laciniata **Rudbéckie laciniée**	1,5m	65cm	☼⛅	Riche, frais	2	7 à 9	Capitule, cône vert	jaune	Celle qui accepte le mieux les conditions humides.
Rumex montanum 'Rubrifolia' **Oseille vierge**	30cm	30cm	☼⛅	Léger, humide, drainé	4	6 et 7	Épi sans intérêt	rouge	Couleur des feuilles brun rougeâtre, inhabituelle.

SOLS HUMIDES ET ZONES AQUATIQUES

VIVACES (suite)	H	L	☼	TYPE DE SOL	Z	MOIS	FORME	COULEUR	REMARQUES
Rumex sanguineum / Oseille vierge	70cm	50cm	☼☁	Léger, humide, drainé	4	6 et 7	Épi sans intérêt	rouge	Ses longues feuilles sont veinées rouge. Ornementale.
Salvia uliginosa / Sauge des marais	1,5m	80cm	☼	Humide à sec	6a	8 à 10	Grappe serrée	bleu azur	Une des rares sauges qui aiment l'humidité. Port arbustif, indiscipliné.
Sanguisorba sp. / Sanguisorbes	1,1m	70cm	☼☁	Riche, frais, profond	3b	7 à 9	Épi retombant	blanc à pourpre	Longs épis arqués émergeant des belles feuilles découpées, glauques.
Schizostylis coccinea / Lis des Cafres	60cm	50cm	☼☁	Riche, frais, innondé	6	9 et 10	Coupe ouverte	rose, rouge	Pour climat doux, car les gels l'empêchent de fleurir.
Symplocarpus foetidus / Tabac du diable	30 à 60cm	30 à 60cm	☼☁	Humide	3	4	Spathe	marron brun	Fleur en spathe maron suivie de feuilles en belle couronne vert pâle.
Telekia speciosa / Télékia	1,8m	1m	☼☁	Riche, humide	3	6 à 8	Capitule, ligules	jaune	Touffe massive couronnée de grands disques. Exotique.
Thalictrum sp. / Pigamons	0,2 à 1,5m	30 à 60cm	☼☁	Meuble, profond	var.	var.	Inflorescence	blanc, rose, pourpre	Leur port et leur texture conviennent bien en bordure des bassins.
Thalictrum pubescens / Pigamon polygomum	1 à 2m	60cm	☼☁	Riche, frais	3	6 et 7	Longue panicule	blanc	Feuillage découpé et fleurs vaporeuses. Gracieux.
Tradescantia x andersoniana / Éphémère de Virginie	45cm	55cm	☼☁	Riche, frais	3b	7 à 9	3 pétales, étamines	blanc, rose, violet	Se plaît en bordure de bassin d'eau. Rabattre. Feuilles effilées.
Tricyrtis sp. / Lis crapaud	var.	var.	☁	Riche, frais	5	8 et 9	Cyme	var.	Touffes dressées ou couchées. Apporte une touche d'exotisme.
Trollius sp. / Trolles	60cm	50cm	☼☁	Riche, humifère	3	5 et 6	Hampe dressée	jaune	Les nouveaux hybrides fleurissent longtemps. Palmé, luisant.
Valeriana sp. / Valériannes	0,6 à 1m	60cm	☼☁	Riche, frais	3	6 et 7	Légère	blanc rosé	Aime la fraîcheur et l'humidité des rives. Feuilles découpées.
Veratrum nigrum / Vératre / Fausse hélébore	1 à 2m	60cm	☼	Profond, riche, frais	5	7 et 8	Panicule, pyramide	brun pourpré	Étranges hampes raides. Grandes feuilles à nervures parallèles.
Verbena hastata / Verveine hastée	1 à 2m	30 à 50cm	☼☁	Ordinaire, humide	3	8	Épis terminaux	pourpre, violet	Feuilles basales en forme de fer. Nombreux épis ramifiés. Jolie.
Vernonia crinita / Vernonie	1,3m	0,8m	☼☁	Lourd, humide	4b	8 et 9	Tubulaire sur cyme	pourpre	Ressemble à l'Eupatoire. Vigoureuse, jolie.
Veronica longifolia / Véronique à longues feuilles	90cm	50cm	☼☁	Tous sols humide	3	7 et 8	Épis dressés	bleu	Aime particulièrement le bord de l'eau. Plante résistante.
Veronicastrum virginicum / Véronicastrum	1,5m	1m	☼☁	Riche, humide	4	7 à 9	Grands épis	blanc, rose	Feuilles linéaires le long des tiges. Port très élancé, raide.

PLANTES PALUDÉENNES (Marécageux, innondés)	H	L	☼	TYPE DE SOL	Z	MOIS	FORME	COULEUR	REMARQUES
Acorus calamus sp. / Acore roseau / Belle-Angélique	0,7 à 1m	60cm	☼	0 à 15 cm	4	—	Sans intérêt	—	Ses feuilles ressemblent à ceux de l'iris. Panaché ou vert.
Alisma parviflora / Plantain à petites fleurs	45cm	25cm	☼	5 à 15cm	4	6 à 8	Panicule lâche	blanc et rose	Feuillage rond et vert foncé. Plutôt rare.
Alisma plantago-aquatica / Plantain d'eau	30 à 90cm	30cm	☼	5 à 25cm	3	6 à 8	Panicule lâche	blanc, lilas	Croissance très rapide. Tailler après floraison. Feuilles ovales.
Butomus umbellatus / Jonc fleuri	1m	30 à 90cm	☼	5 à 25cm	3b	6 et 7	Ombelle	rose intense	Regrouper pour un meilleur effet. Gracieux. Feuillage étroit.
Calla palustris / Souci d'eau	30 à 40cm	25cm	☁	0 à 20cm	2	6	Forme de spatule	blanc	Baie décorative, toxique. Plante à rhizome. Feuilles en cœur rampante.
Cyperus alternifolia / Plante parapluie	45 à 90cm	30cm	☁	0 à 30cm	—	—	Sans intérêt	—	Vraiment très décorative. À hiverner à l'intérieur. Facile.
Cyperus alternifolia gracilis / Plante parapluie nain	30 à 60cm	30cm	☼	0 à 30cm	—	—	Sans intérêt	—	Aussi appelée *C. involucratus* C'est une variété naine.

PLANTES PALUDÉENNES (suite)	H	L	☀	TYPE DE SOL	Z	MOIS ✿	FORME ✿	COULEUR ✿	REMARQUES
Cyperus diffusus Plante parapluie diffus	45 à 60cm	30cm	☁	0 à 10cm	—	—	Sans intérêt	—	Feuillage gracieux. Très belle plante d'intérieur en hiver.
Cyperus isocladus / *C. haspan* Papyrus nain	40 à 60cm	20 à 30cm	☁	0 à 10cm	—	—	Sans intérêt	—	Similaire au *C. papyrus* mais de forme plus naine, plus léger.
Cyperus papyrus Papyrus géant	2 à 3 m	90cm	☁	0 à 10cm	—	—	Sans intérêt	—	Servait autrefois à la fabrication du papier en Égypte.
Cyperus rustique sp. Souchets	var.	var.	☀☁	0 à 20cm	4	7 et 8	Épis	brun	De la famille des papyrus mais moins décoratif.
Dulichium arundinaceum Dulichium roseau	90cm	90cm	☀☁	0 à 5cm	4	—	Épillets soyeux	—	Talle dense, tourbières, marais. Peu ressembler à un bambou.
Eleocharis sp. Éléocharides	35cm	20cm	☀	0 à 20cm	3	—	Sans intérêt	—	Texture linéaire intéressante. Colonie retenant les rives.
Équisetum fluviatile Prêle fluviale	0,4 à 1,2m	25cm	☀☁	0 à 15cm	3	—	Sans intérêt	—	Tige annelée rose et noire ressemblant à de jeunes asperges.
Equisimum hyemale Prêle d'hiver	50 à 1m	25cm	☀☁	0 à 15cm	3	—	Sans intérêt	—	Ressemble à des tiges de bambou. Vert rayé noir.
Ériophorum sp. Linaigrette	30 à 40cm	30cm	☁	0 à 10 cm	2	5 et 6	Touffe duveteuse	blanc	Ressemble à une graminée ayant des touffes de coton.
Hippuris vulgaris Queue de cheval	20 à 50cm	60cm	☀☁	10 à 80cm	4	—	Sans intérêt	—	Si le bassin est profond seule la tête des tiges dépassera.
Houttuynia cordata Plante caméléon	50cm	55cm	☀☁☁	0 à 10cm	4b	7 et 8	Sans intérêt	blanc	Feuilles rouges, crème, jaunes, vertes. Sur le bord ou directement dans l'eau.
Hydrocotyle vulgaris Écuelle d'eau	10 à 15cm	30 à 90cm	☀	5 à 30cm	4	6 à 9	Ombelle	blanc à rosé	Joli près des cascades. Racines rejuvénantes.
Iris laevigata Iris laevigata	50 à 80cm	30cm	☀☁	0 à 15cm	4	6 et 7	3 pétales 3 sépales	bleu, rose, violet	Supporte mieux l'eau que *sibirica* avec laquelle on la confond souvent.
Iris pseudacorus Iris jaune des marais	0,8 à 1,5m	40cm	☀☁	0 à 15cm	3	6 et 7	3 pétales 3 sépales	jaune	Grand iris majestueux qui apporte du relief au bassin.
Iris versicolor Iris versicolore	80cm	50cm	☀☁	0 à 15cm	3	6 et 7	3 pétales 3 sépales	violet	Belle indigène qui se comporte bien en milieu humide.
Juncus effusus Jonc épars	30 à 80cm	40cm	☀☁	0 à 20cm	3	—	Sans intérêt	—	Très commun. Croît rapidement, touffe serrée. Tige spongieuse.
Juncus effusus spiralis Jonc épars en spirale	45cm	25cm	☀	0 à 15cm	4	—	Sans intérêt	—	Vraiment décoratif avec ses tiges en tire-bouchon.
Justicia americana Carmantine / Dianthera	30 à 60cm	60 à 90cm	☀	0 à 30cm	4	7 et 8	Épi court, terminale	blanc, violet	Généralement que 2 fleurs épanouies à la fois sur l'épi.
Limnocharis flava Limnocharis	30cm	30cm	☁	0 à 30cm	—	7	Simple, gros pétiole	jaune	Fleurs à la base des feuilles dressées, duveteuses.
Lysichitum americanum Lysichiton américain	60 à 90cm	50cm	☀	0 à 10cm	5b	4 et 5	Forme de spatule	jaune	Fleurs sortant avant les feuilles. Forte odeur.
Mentha aquatica Menthe aquatique	40cm	50cm	☀☁	0 à 30cm	3b	7 et 8	Pompon	rose	Camoufle bien les bordures. Embaume l'air. Comestible.
Menyanthes trifoliata Trèfle d'eau	30cm	25cm	☀☁	5 à 20cm	2b	5 et 6	Grappe étoilée	blanc	Surprenante fleur barbue. Tige épaisse. Camoufle les bordures.
Mimulus ringens Mimule à fleurs entrouvertes	50 à 70cm	50cm	☁	0 à 10cm	3b	6 à 8	Simple, lèvres	violet	Vraiment jolie et facile de culture. Robuste. Vert jade.
Myosotis palustris Myosotis des étangs	30cm	40cm	☀☁	0 à 10cm	3b	5 à 8	Petites, dispersées	bleu ciel	Occupe facilement les espaces dénudés. Port rampant.
Myriophyllum proserpinacoides Myriophylle	20 à 50cm	30cm	☀☁	10 à 40cm	4	—	Sans intérêt	—	Une des seules qui soit non-submergée. Oxygénant.
Orontium aquaticum Orante des marais	25 à 50cm	30cm	☀☁	5 à 30cm	5b	6 et 7	Forme de cigarette	blanc bout jaune	Touffes de feuilles épaisses d'où émergent d'étranges fleurs.

SOLS HUMIDES ET ZONES AQUATIQUES

PLANTES PALUDÉENNES (suite)	H	L	☀	TYPE DE SOL	Z	MOIS	FORME	COULEUR	REMARQUES
Peltandra virginica Peltandre de Virginie	40 à 90cm	30cm	☀	0 à 15cm	4b	6 et 7	Spathe étroite	vert	Feuilles en forme de flèche, vert éclatant. Lent. Rare.
Penthorum sedoides Penthorum faux-orpin	20 à 50cm	30 à 50cm	☀☁	0 à 10cm	4	7 et 8	Corymbe	gaine rose	Produit à la fois des rhyzomes et des stolons. Feuilles dentées.
Polygonum amphibium Renouée amphibie	15cm	1m	☀☁	0 à 100cm	3b	6 et 7	Épi court dense	rose	Pour grands bassins. Belles feuilles allongées à plat sur l'eau.
Pontederia cordata Pontédérie à feuilles en cœur	50 à 80cm	45cm	☀	10 à 40cm	4b	7 à 9	Épi dense	bleu	Feuillage attrayant en cœur. Excellent filtreur. Hiverne très bien.
Ranunculus aquatilis Grenouillette	5cm	60cm	☀☁	50 à 80cm	5	6 à 8	Simple, dressée	blanc et jaune	Peuvent être utilisées en eau mouvementée. Feuillage très fin, sous l'eau.
Ranunculus flammula Petite douve	30cm	50cm	☀☁	0 à 20cm	4b	6 à 8	Petites, dispersées	jaune	Convient autant en eau calme qu'en eau agitée. Feuilles allongées, ovales.
Ranunculus lingua Grande douve	0,8 à 1,2m	60cm	☀☁	10 à 40cm	4	6 à 8	Moyenne, dispersée	jaune	Comme *R. flammula* mais plus grande. Feuilles ovales, foncés.
Sagittaria sp. Flèche d'eau	0,3 à 1m	20 à 30cm	☀☁	5 à 30cm	3b	7 et 8	Long épi	blanc	La plupart en forme de flèche. Tous robustes.
Sarracenia sp. Petits cochons / Herbe-crapaud	30cm	30cm	☀☁	0 à 20cm	3b	5 et 6	Solitaire, penchée	vert, pourpre	Feuilles veinées pourpres en forme de cruche. Carnivore. Odorante.
Saururus cernuus Queue-de-lézard	40 à 70cm	30cm	☁	0 à 15cm	4b	7 et 8	Épillet duveteux	blanc	Sa fleur est odorante. Sa feuille en forme de cœur.
Scirpus lacustris Jonc des chaisiers	1 à 3m	30cm	☀	5 à 80cm	3	—	Sans intérêt	—	Pour grands étangs. Clarifie l'eau, atténue les vagues.
Scirpus lacustris albescens Scirpe blanc	0,8 à 1,5m	30 à 45cm	☀	5 à 40cm	3b	—	Sans intérêt	—	Sous-espèce de *S.lacustris*. Tige rayée blanc et vert.
Scripus tabernaemontani zebrinus Scirpe à zébrures	0,4 à 1,2m	20 à 30cm	☀	5 à 30cm	3b	—	Sans intérêt	—	Sous-espèce de *S.lacustris*. Tige annelée blanc et vert.
Sium suave Berle douce	0,9 à 1,2m	60 à 90cm	☀☁	0 à 15cm	4	7 et 8	Ombelle	blanc	Ses feuilles en dentelles, se mangent en salade. Gracieux.
Sparganium sp. Rubaniers	1 à 1,5m	70cm	☁	0 à 30cm	3b	6 et 7	Capitule globuleux	jaunâtre	Port dressé. Vivent souvent mêlés à d'autres plantes de forte taille.
Stachys palustris Épiaire des marais	0,3 à 1m	60cm	☀	0 à 10cm	4	7 et 8	Épi interrompu	rose, mauve	Feuillage devenant rouge maron en automne. Port dressé.
Thalia dealbata Thalia	0,9 à 1,2m	30cm	☀	10 à 30cm	7	8	Épi	mauve	Tropicale. Style canna, mais à tige plus mince, feuilles allongées.
Typha angustifolia Quenouille	0,4 à 2,4m	30cm	☀☁	0 à 30cm	3	7 à 10	Épi compact	brun foncé	Plusieurs variétés de différentes hauteurs. À limiter.
Veronica americana Véronique d'Amérique	25cm	1m	☀☁	0 à 30cm	3	5 et 6	Grappe	bleu	Une rampante qui aime les bords d'eau. Croissance rapide.
Zizania sp. Riz sauvage / Folle avoine	0,3 à 2m	30cm	☀☁	0 à 30cm	3	7 à 9	Panicule, épillets	brun	Une de nos plus intéressantes indigènes aquatiques. Graminés aquatique.

FEUILLES FLOTTANTES (Marécageux, innondés)	H	L	☀	TYPE DE SOL	Z	MOIS	FORME	COULEUR	REMARQUES
Aponogeton dystachyus Aponogéton / Potamot	10cm	30 à 60cm	☁	25 à 50cm	4b	6 à 9	Épi fourchu	blanc	Sent la vanille. Trop de lumière l'empêche de fleurir.
Brasenia schreberi Brasénie de Schreber	30cm	30 à 90cm	☀	15 à 1,8m	4	7	Peu apparente	pourpre	De la famille des *nymphacea*. Presque disparu du reste du globe.
Euryal ferox Euryale	8cm	3m	☀	45 cm	—	6 à 8	Grande 10cm	violet	Tropicale à feuilles très larges. Fleur s'ouvrant la nuit.

SOLS HUMIDES ET ZONES AQUATIQUES

FEUILLES FLOTTANTES (suite)	H	L	☀	TYPE DE SOL	Z	MOIS ✿	FORME ✿	COULEUR ✿	REMARQUES
Hydrocleys nymphoides Hydrocleys / Pavot d'eau	40 à 90cm	30cm	☀	20 à 30cm	6	6 à 9	Ronde, 3 pétales	jaune	Jardin d'eau intérieur ou extérieur. Belles feuilles lustrées, ovales.
Ludwigia sedioides Ludwigia sedioides	1cm	30 à 90cm	☀	20 à 30cm	—	—	Sans intérêt	—	Feuilles en spatule géométriquement disposées en étoile.
Marsilea quadrifolia Trèfle d'eau	1cm	30 à 90cm	☁	0 à 10cm	6	—	Sans intérêt	—	Tropicale. Semi-flottant, semi-paludéen. 3 folioles.
Nelumbo nucifera Lotus des Indes	60 à 90cm	60cm	☀	20 à 40cm	6	6 à 8	Grande 15cm	blanc, rose, jaune	Très grande valeur décorative. Rhizome fragile. Grandes feuilles rondes.
Neptunia aquatica Plante sensitive	1cm	30 à 60cm	☀☁	20 à 30cm	—	8	Fleur de pois	jaune	Feuilles type fougère qui flottent en surface. Se ferme lorsque touchée.
Nuphar sp. Nénuphar jaune	15cm	60cm	☀☁	30 à 1,5m	3	6 à 9	Grosse sphérique	jaune	Indigène ou non, tous de culture facile. Odorante.
Nymphaea / N. rustique Nénuphar / Lis d'eau	var.	25cm	☀	Varie selon cultivar	3b	6 à 9	Grosse double	var.	Se ferme la nuit et jours de pluies. Hiverne bien.
Nymphaea / N. tropicale Lis d'eau diurne	var.	25cm	☀	Varie selon cultivar	—	6 à 8	Grosse double	var.	Fleurit de jour dans une eau tiède. Hiverner à l'intérieur.
Nymphaea / N. tropicale Lis d'eau nocturne	var.	25cm	☀	Varie selon cultivar	—	6 à 8	Grosse double	var.	Fleurit de la fin de l'après-midi au lever du soleil. Non rustique.
Nymphoides peltata Faux nénuphar	25cm	30cm	☀	0 à 20cm	5	7 et 8	Petite, dentelée	jaune	Pour couvrir l'eau tôt en saison en attendant les nymphéas.
Trapa natans Châtaîgne d'eau	2 à 5cm	0,6 à 1m	☀	20 à 30cm	5	7 et 8	Petite, 4 pétales et sépales	blanc	Feuilles triangulaires, dentées, disposées en étoile en surface de l'eau.
Victoria amazonica Victoria	5 à 20cm	7m	☀	45cm	—	6 à 9	Grande 20cm	var.	Grandes feuilles de 2m au rebord relevé. Délicat. Non rustique.

PLANTES NAGEANTES (Feuilles et racines flottent)	H	L	☀	TYPE DE SOL	Z	MOIS ✿	FORME ✿	COULEUR ✿	REMARQUES
Azolla caroliniana Azolla	1cm	1cm	☀	—	—	—	Sans intérêt	—	Fougère flottante. Les spores immergées hivernent.
Eichlornia crassipes Jacinthe d'eau	25cm	25cm	☀	—	—	7 et 8	Grosse grappe	bleu	Tropicale à feuillage balloné. Eau calme. Superbe, ornementale.
Hydrocharis morsus-ranae Hydrocharide grenouillette	5cm	25cm	☀	—	4b	7 et 8	3 pétales	blanc	Bourgeon renflé qui hiverne au fond de l'eau. Feuilles type nénuphar en plus petit.
Lemna minor Lentille d'eau	2mm	5cm	☁	—	3b	—	Sans intérêt	—	Croît rapidement. Les poissons aiment en manger. Feuilles miniatures.
Limnobium spongea Grenouillette spongieuse	2cm	5cm	☀☁	—	—	8 et 9	Pétales fins	blanc	Petites feuilles rondes, reluisantes flottant en surface.
Ludwigia arcuata Ludwigia arcuata	20cm	15cm	☀☁	—	—	6 à 8	Sans intérêt	jaune	Feuilles opposées le long de la tige dressée. Marécage.
Pistia stratiotes Laitue d'eau	25cm	30cm	☀	—	—	—	Sans intérêt	—	Joue le rôle de filtre naturel. Tropicale à hiverner l'hiver. Ornementale.
Salvinia auriculata Salvinia auriculata	3cm	3cm	☁	—	—	—	Sans intérêt	—	Petites feuilles ovales à côtés légèrement refermés sur les autres.

PLANTES IMMERGÉES (Flottant entre deux eaux)	H	L	☀	TYPE DE SOL	Z	MOIS ✿	FORME ✿	COULEUR ✿	REMARQUES
Bacopa caroliniana Bacopa	60cm	30cm	☀☁	0 à 60cm	—	7	Petite, aisselle	lilas	Plante tropicale amphibie pour bassin ou ruisseau.

PLANTES IMMERGÉES (suite)	H	L	☀	TYPE DE SOL	Z	MOIS	FORME	COULEUR	REMARQUES
Cabomba caroliniana Cabomba	30cm	30 à 90cm	☀☁	12 à 15cm	—	7	Simple, 6 pétales	blanc	Excellente oxygénante. Tropicale, hiverner à l'intérieur.
Callitriche sp. Callitriche / Étoile d'eau	1mm	1cm	☀	5 à 30cm	3	—	Sans intérêt	—	À fleur d'eau. Flottante lors de la reproduction. Eau calme, froide.
Ceratophyllum demersum Cornifle nageante	30cm	25cm	☀	30 à 100cm	3	—	Sans intérêt	—	Oxygénante mais rejette beaucoup de CO_2 la nuit.
Chladophora aegagropila Chladophore	20cm	20cm	☀	5 à 45cm	2	—	—	—	Algue étrange, en forme de boule ronde et poilue. Flotte entre 2 eaux.
Crassula recurva Syn. : *Tillea aquatica*	25cm	90cm	☀	30cm	—	—	Sans intérêt	—	Oxygénante. Tapisse facilement un fond de bassin. Feuilles type pourpier.
Elodea canadensis Élodée du Canada	0,3 à 1,2m	0,3 à 1,2m	☀☁	15 à 60cm	3	6 et 7	Minuscule	blanc	Aussi appelée peste d'eau. Tige grêle à feuilles verticillées.
Hottonia palustris Mille-feuilles aquatique	30 à 40cm	var.	☀☁	10 à 50cm	3	6	Simple, grappe	blanc, lavande	Fleurs émergent de l'eau. Feuillage dense, duveteux.
Myriophyllum verticillatum Myriophylle	15 à 25cm	var.	☀☁	0 à 10cm	3b	7	Petite, aisselle	blanc	Variété submergée à fleur émergeante. Oxygénante.
Potamogeton pectinatus Herbes à perchaudes	var.	var.	☀	30 à 150cm	3	—	Sans intérêt	—	Grande purificatrice d'eau même en eau polluée. Feuilles en long fillament.
Riccia fluitans Riccia	1 à 5cm	1 à 5cm	☀☁	15 à 60cm	—	—	Sans intérêt	—	Plante en forme de boule de brindilles enchevêtrées.
Sagittaria graminea Sagittaire à feuilles de graminée	25cm	25cm	☀☁	50cm	3b	7	Grappe	blanc	Une sagitaire immergée en lac peu profond. Feuilles élancées.
Sagittaria subuluta Sagitaire subuluta	10 à 30cm	10 à 15cm	☀☁	5 à 30cm	—	7	Grappe lâche	blanc	Tropicale. Feuilles rubanées qui montent en surface.
Stratiote aloides Faux aloès	15 à 30cm	45cm	☀	30 à 100cm	3	7 et 8	Simple, 3 pétales	blanc	En eau assez chaude, remonte en surface pour fleurir.
Utricularia vulgaris Utriculaire	30 à 60cm	30 à 90cm	☀☁	30 à 100cm	3	5 à 9	Grappe	jaune	Carnivore flottant librement entre les eaux. Fleur aérienne.
Vallisneria americana Vallisnerie d'Amérique	25cm	30 à 90cm	☁	3 à 5 m	3b	7	Dioïque, flottantes	blanc	Pour grands jardins seulement. Longs rubans. Épuratoire.

GRAMINÉES (humides)	H	L	☀	TYPE DE SOL	Z	MOIS	FORME	COULEUR	REMARQUES
Arundinaria veitchii Sasa / Bambou nain	20 à 40cm	40cm	☀☁	Tous sols humides	5	—	Sans intérêt	vert ou panaché	Attention où vous le plantez car il est agressif. Effet exotique.
Arundo donax Roseau de Provence	3m	90cm	☀	Riche, frais	6	—	Rare	vert ou panaché	Ressemble à un plant de maïs. Peu rustique. Différent, géant.
Briza media Brise moyenne / Tremblante	60 à 90cm	60cm	☀	Fertile, humide	4	4 à 6	Épis tremblants	vert	D'aspect fragile, elle bouge sous le vent. Fleurs séchées.
Calamagrostis acutiflora Calamagrostide 'Karl Foerster'	1,5m	55cm	☀	Profond, léger	4a	6 et 7	Épi plumeux	vert puis doré	Son port très droit, comme une gerbe, le démarque.
Carex buchananii Laîche 'Buchananii'	25 à 50cm	60cm	☀	Ordinaire, frais, drainé	5	7	Épillet brun rosé	Rouge cuivré	Port touffu érigé, évasé. Feuilles d'aspect desséché, cuivré.
Carex comans 'Bronze' Laîche 'Bronze'	30 à 60cm	60cm	☀☁	Ordinaire, humide	6	6	Épillet sans intérêt	bronze	Touffe dense. Feuilles étroites, souples et en cascade.
Carex conica 'Marginata' Laîche panachée	20cm	40cm	☁	Riche, humide	3	—	Sans intérêt	vert marge blanche	Pour rocaille ombragée. Touffe plus large que haute.
Carex conica 'Snowline' Laîche 'Snowline'	30cm	50cm	☁	Riche, humide	5	—	Sans intérêt	vert foncé ligne blanche	Croissance très lente. Touffe plus large que haute. Fine panachure.

GRAMINÉES (suite)	H	L	☀	TYPE DE SOL	Z	MOIS ✿	FORME ✿	COULEUR	REMARQUES
Carex divulsa 'Kaga-nishiki' Laîche 'Kaga-nishiki'	45cm	30cm	☁☁	Riche, humide	5	—	Sans intérêt	dorée lignée vert	Port gracieux, feuilles rubanées recourbées, souples. Sous-bois.
Carex elata 'Aurea' / 'Bowles Golden' Laîche élevée 'Bowles Golden'	40 à 75cm	60cm	☁☁	Plutôt humide	5	—	Épillet sans intérêt	jaune bordé vert	Touffe dense, feuilles rubanées, arquées. Apporte de la lumière.
Carex limosa Laîche des bourbiers	1m	30cm	☁	Marécageux	3	—	Épi	vert	Ressemble à une graminée. Épi mâle érigé, épi femelle tombant.
Carex morrowii 'Ice Dance' Laîche japonaise 'Ice Dance'	30cm	60cm	☁☁	Riche, humide	5	—	Sans intérêt	vert marges crèmes	Le plus efficace comme couvre-sol. Feuilles striées plutôt larges.
Carex morrowii 'Variegata' Laîche japonaise panachée	30cm	40cm	☁☁	Humifère, frais	5b	4 et 5	Épi verdâtre	panaché	Supporte le soleil en sol humide. Touffe dense érigée, retombante.
Carex muskinguemensis Laîche à feuilles de palmier	40 à 60cm	40cm	☀☁☁	Ordinaire, humide	5	—	Sans intérêt	vert clair	Excellent couvre-sol pour bord de ruisseau ou bassin.
Carex ornithopoda Laîche pied d'oiseau	25cm	25cm	☁☁	Humifère, léger	5b	—	Sans intérêt	vert strié blanc	Feuillage persistant très décoratif Couvre-sol au port coussiné.
Carex oshimensis 'Evergold' Syn.: Carex hachijoensis 'Evergold'	20cm	30cm	☁☁	Ordinaire, humide	5	—	Rare	vert bordé crème	Feuilles rubanées, en cascade. Superbe variété à panachure.
Carex pendula Laîche pleureuse	0,8 à 1,5m	0,6 à 1m	☁	Riche, très humide	5	—	Épi tombant	vert foncé	Touffe épaisse à port retombant Feuillage persistant, large, coupant.
Carex pseudocyperus Laîche faux-souchet	1m	80cm	☀☁	Riche, très humide	5	5 à 7	Épi long dense, penché	vert jaune vif	Touffe lumineuse, feuilles plutôt larges. Bord des eaux.
Carex sideroisticha 'Island Brocade' Laîche 'Island Brocade'	30cm	30cm	☁☁	Riche, humide	5	—	Sans intérêt	vert bordure doré	Rampant, très grosses feuilles d'aspect exotique.
Carex sideroisticha 'Variegata' Laîche panachée	30cm	40cm	☁☁	Riche, humide	4	6	Panicule lâche	vert	Coussin rampant, non envahissant Panaché, jeunes pousses roses.
Carex x 'Silver Sceptre' Laîche 'Silver Sceptre'	30cm	45cm	☁☁	Riche, humide	5	—	Sans intérêt	vert et blanc pur	Masse dense de longues et larges feuilles rubanées, arquées.
Chasmanthium latifolium Syn.: Uniola latifolia	1,2m	40cm	☀☁☁	Meuble, humide	5	9 et 10	Épi plat, large	brun violacé	Pour sites chauds. Originale, style bambou. Fleurs séchées.
Deschampsia caespidosa Canche cespitueuse	0,6 à 1m	50cm	☀☁☁	Riche, humide	4b	7 à 9	Panicule, pyramide	vert à doré	Vraiment un bel effet de légèreté. Intéressante. Sous-bois.
Erianthus ravennae Syn.: Saccharum ravennae	2 à 3m	90cm	☀	Plutôt humide	5b	8 à 10	Plume argentée	vert foncé	Feuillage érigé, puis arqué vert foncé puis rouge, bronze.
Glyceria aquatica / G. maxima Glycérie aquatique	0,6 à 1m	30cm	☁	Humide à inondé	4b	7 à 9	Long panicule	vert	± ornementale. Surtout pour fixer les berges.
Glyceria maxima 'Variegata' Glycerie maxima 'Variegata'	30cm	40 à 80cm	☀	Humide à sec	4	—	Panicule lâche	vert et blanc	Port tapissant, vert lime strié blanc crème, rosé. Compact.
Hierochloa odorata Foin d'odeur / Herbe St-Jean	0,6 à 1m	50cm	☀☁	Humide, drainé	3	Avant les feuilles	Sans intérêt	vert	Feuilles à odeur de vanille lorsque séchées. Servait à la vannerie. ± ornementale.
Imperata cylindrica 'Red Baron' Imperata 'Red Baron'	30 à 70cm	25cm	☀	Humide, drainé	5b	9 et 10	Panicule étroit	vert et rouge	Feuilles dressées, 2 tons spectaculaires. À protéger.
Miscanthus purpurascens Roseau	1,8m	75cm	☀	Fertile, humide	3	8 et 9	Panicule plume	argenté	Se plaît bien au bord de l'eau. Vigoureux. Tourne rouge.
Miscanthus sacchariflorus Eulalie	1,2 à 2m	80cm	☀	Riche, frais, drainé	3b	8 et 9	Panicule plume	bleu-vert	Pour grands espaces. Comme écran ou massif. S'étend rapidement.
Miscanthus sinensis sp. Roseau de Chine	1 à 2m	1m	☀	Fertile, humide	4b	8 et 9	Panicule plume	vert ou panaché	Fond de massif sur le bord de pièce d'eau. Superbe grande famille.
Molinia caerulea sp. Molinies	0,6 à 2m	0,5 à 0,9m	☀☁	Riche, acide, humide	4	8 à 10	Épi pourpre	vert, panaché	Pour rocaille ordonnée. Doré en automne.
Molinia caerulea ssp. arundinacea Molinies	2m	1m	☀	Frais et fertile	4b	8 et 9	Panicule ramifié	vert puis doré	Feuillage bas, épis hauts. Gracieux et soigné.

SOLS HUMIDES ET ZONES AQUATIQUES

GRAMINÉES (suite)	H	L	☀	TYPE DE SOL	Z	MOIS	FORME	COULEUR	REMARQUES
Panicum virgatum sp. **Panic raide** / Panic effilé	1,8m	60cm	☀	Sec ou humide	4	8 et 9	Panicule aérien	vert, bleu	Plusieurs à coloration automnale intéressante. Généralement dressé et dense.
Pennisetum sp. **Pennisétum**	75cm	40cm	☀	Frais, drainé	—	7 à 10	Épi pleureur	vert, pourpre	La plupart sont annuelles. Forme une fontaine. Jolie.
Phalaris arundinacea **Ruban de bergère**	75cm	50cm	☀⛅	Marécageux à sec	3	5 et 6	Panicule	vert et blanc	Couvre-sol. Stabilisanteur de talus. Abri pour la faune.
Phalaris arundinacea 'Feesey' **Ruban de bergère** 'Feesey'	90cm	—	☀	Tous les sols	4	5 et 6	Sans intérêt	panaché	Strié vert et blanc délavé de rose. Fixe berge, talus. Tapis vigoureux.
Phalaris arundinacea 'Picta' **Ruban de bergère** 'Picta'	80cm	—	☀⛅	Tous les sols	3	5 et 6	Panicule pourprée	panaché	Vert bordé de blanc. Vigoureux même en eau peu profonde.
Phragmites communis Syn.: *Phragmites australis*	3m	70cm	☀⛅	Marécageux	5	8 à 10	Plume, pourpré	vert puis brun	Bordure de grande pièce d'eau. Feuilles raides, horizontales.
Sasa veitchii / *Arundinaria* **Bambou nain**	40cm	40cm	☀⛅	Tous sols humides	5	—	Sans intérêt	vert ou panaché	Attention où vous le plantez car il est agressif.
Sorghastrum nutans **Faux sorgho penché**	1,2 à 1,8m	90cm	☀⛅	Fertile, humide	4	8 et 9	Panicule	vert	Vigoureux et imposant. ± ornemental. Surtout pour naturalisation.
Sorghastrum nutans 'Indian Steel' **Faux sorgho penché**	1,5m	90cm	☀⛅	Fertile, humide	4	8	Plume	bleu métallique	Port touffu, érigé, arqué en fontaine. Tourne au pourpre. Ornemental.
Sorghum bicolore **Sorgho bicolore**	2,5m	90cm	☀	Ordinaire, drainé	—	7 à 9	Épi	vert brun	Annuelle vigoureuse dressée pour centre massif ou arrière-plan.
Spartina pectinata **Foin de grève**	1,5m	75cm	☀	Sec ou humide	4	8 et 9	Grappe d'épis	vert ou panaché	La variété *S.aureomarginata* est élégante. Naturalisation.
Spodiopogon sibiricus **Spodiopogon de Sibérie**	1,5m	50cm	☀	Humide ou sec	4	8 et 9	Panicule élancé	vert	Ressemble à un petit bambou. Tourne au pourpre. Décorative.

FOUGÈRES	H	L	☀	TYPE DE SOL	Z	MOIS	FORME	COULEUR	REMARQUES
Athyrium filix-femina **Fougère femelle**	45 à 90cm	50 à 60cm	☀⛅	Riche, humide	4	—	—	vert	Tolère le soleil si sol humide. Se plaît à l'orée des bois.
Athyrium f. femina minutissimum **Fougère femelle minutissumum**	15cm	10cm	☀⛅	Riche, humide	4	—	—	vert	Pour auge ou rocaille humide. Tollère bien le soleil.
Athyrium nipponicum 'Pictum' **Fougère peinte japonaise**	50cm	40cm	☀⛅	Riche, humide	4b	—	—	vert argenté rouge	Couleur unique. Auge si les conditions du sol sont respectées.
Athyrium nip. 'Pictum Applecourt' **Fougère peinte** 'Applecourt'	50cm	60cm	⛅	Riche, humide	4	—	—	vert argenté rouge	Même teintes que Pictum mais à feuillage plus découpé.
Athyrium othophorum **Fougère à tiges rouges**	40cm	40cm	⛅	Humide, légèrement acide	4	—	—	vert pâle	Frondes larges, pointues, arquées. Tiges et nervures bien visibles.
Athyrium thelypteridoides **Athyrie**	1m	30cm	⛅	Humide, riche	4	—	—	vert bleuté	Port évasé. Tiges foncées. Frondes longues, régulières.
Dryopteris affinis **Fougère-mâle écailleuse**	0,9 à 1,2m	70cm	⛅	Fertile, humide	4b	—	—	vert foncé	Robuste et très répandue. Plus haute en sol fertile.
Dryopteris affinis 'Stableri' **Fougère à écailles dorées** 'Stableri'	60cm	60cm	⛅	Fertile, humide	4	—	—	vert	Fronde assez étroite, en étoile érigé.
Dryopteris cristata **Dryoptéride accrêtée**	40 à 60cm	40cm	⛅	Marécageux, humide	3	—	—	vert glauque	Se retrouve naturellement dans les sous-bois mouillé.
Dryopteris erythrosora **Fougère d'automne**	30 à 40cm	45cm	⛅	Frais, humide	5	—	—	vert et brun rosé	Port en vase relâché, frondes larges. Jeunes pousses cuivrées.
Dryopteris filix-mas **Dryoptéride mâle**	40cm	60cm	⛅	Humide à sec	3	—	—	vert foncé	Fougère versatile, pousse même en sous-bois sec.

FOUGÈRES (suite)	H	L	☀	TYPE DE SOL	Z	MOIS	FORME	COULEUR	REMARQUES
Gymnocarpium dryopteris Fougère-du-chêne	15 à 50cm	10 à 30cm	☀☁	Riche, humide, acide	2	—	—	vert pâle	Différent par ses feuilles courtes, groupées, larges et dentelées.
Matteuccia struthiopteris Fougère-à-l'autruche	1 à 1,5m	80cm	☁	Humide, calcaire	2	—	—	vert moyen	Jeune fronde comestible. Sort en jet des massifs.
Onoclea sensibilis Onoclée sensitive	60 à 90cm	60cm	☀☁	Humide à inondé	3b	—	—	vert clair	Colonise facilement les berges des cours d'eau. Coloration automnale.
Osmunda cinnamomea Osmonde canelle	1 à 1,5m	80cm	☀☁	Acide, humide	3	—	—	vert tendre	Les frondes qui sont fertiles sont de couleur canelle. Port évasé.
Osmunda claytoniana Osmonde de Clayton	0,9 à 1,2m	70cm	☀☁	Acide, humide	3	—	—	vert, brun	Port évasé. Fronde à bout recourbé.
Osmunda regalis Osmonde royale	0,6 à 1,5m	70cm	☀☁	Acide, humide	3b	—	—	vert cendré	Fougère qui peut devenir haute si le sol est fertile.
Polystichum acrostichoides Fougère de Noël	0,6 à 1,2m	60 à 80cm	☀☁	Humifère, humide, frais	3	—	—	vert sombre	Feuillage finement découpé. Tolère le soleil en sol humide.
Polystichum braunii Fougère-à-faucilles	30 à 60cm	50cm	☁	Humifère, humide	3	—	—	vert brillant	Indigène de sous-bois humide. Ses têtes de violon sont décoratives. Superbe.
Thelypteris palustris Thélyptère des marais	30 à 60cm	30cm	☁	Riche, humide, acide	4	—	—	vert clair	Plutôt tapissante. Couvre-sol intéressant pour lieu inondé.
Thelypteris phegopteris Fougère de l'hêtre	20 à 30cm	20 à 30cm	☁	Humide à sec	3	—	—	vert moyen	Feuilles très fines, texturées et délicates. Couvre-sol rapide. Ne pas déranger.
Woodsia ilvensis Woodsia de l'Île d'Elbe	15cm	10 à 20cm	☀☁	Rocailleux, humide	2	—	—	vert moyen	Il exite d'autres variétés, toutes utiles en auge, rocaille, muret.
Woodwardia virginica Woodwardie de Virginie	25 à 40cm	40 à 50cm	☀☁	Humide, acide	3	—	—	vert	Tolère le soleil si le sol reste humide. Pour orée de boisé.

SOLS HUMIDES ET ZONES AQUATIQUES

ANNUELLES	H	L	☀	TYPE DE SOL	Z	MOIS	FORME	COULEUR	REMARQUES
Impatiens balfourii Impatiente de Balfour	1,2m	30cm	☀☁	Riche, humide, drainé	—	7 à 9	Trompette à lèvre	rose, blanc	Plus compact que *glandulifera*. Se ressème.
Impatiens balsamina Balsamine	30 à 60cm	15cm	☀☁	Humide	—	6 à 9	Double, en grappe	var.	Une ancienne fleur encore populaire. Fragile.
Impatiens capensis Impatiente du Cap	0,5 à 1m	30cm	☀☁	Humide à inondé	—	6 à 9	Sac et éperon	jaune orangé	Très commune, mais très jolie près des cours d'eau. Port droit.
Impatiens glandulifera Impatiente de l'Himalaya	1 à 2m	60cm	☀☁	Humide	—	7 à 9	Sac et éperon	rose	Une géante qui n'a pas son pareil pour épater. Port droit.
Impatiens pallida Impatiente pâle	0,5 à 1,5m	30cm	☀☁	Humide à inondé	—	6 à 9	Sac et éperon	jaune citron	Ses fleurs + pâles la différencient de l'impatiente du Cap.
Impatiens walleriana Impatiente mille-fleurs	30cm	30cm	☀☁	Humide	—	6 à 9	Simple, double	var.	Aime les endroits frais, ombragés. Populaire à l'ombre.
Ligularia tussilaginea 'Cristata' Ligulaire crispée	60cm	60cm	☁	Riche, humide	7	7 à 9	Type marguerite	jaune	Vivace tendre. Feuilles très ondulées, crispées, bleu-gris à nervures blanches.
Lysimachia congestiflora Lysimaque à fleurs congestionnées	10cm	25cm	☀☁	Humide,	—	6 à 9	Grappe serrée	jaune doré	La variété à feuillage vert-lime et jaune est très contrastante.
Mimulus x hybrida Mimulus hybride	20cm	30cm	☀☁	Humide	—	6 à 9	Simple, bicolore	jaune, orange, rouge	Trop peu utilisé mais tellement facile et joli.
Nasturtium officinalis Cresson de fontaine	30 à 60cm	60cm	☁	Humide à inondé	—	6 et 7	4 pétales, grappe	blanc	Herbe fine intéressante à utiliser près des bassins. Comestible.

ANNUELLES (suite)	H	L	☀	TYPE DE SOL	Z	MOIS	FORME	COULEUR	REMARQUES
Nemesia strumosa **Némésie**	25cm	20cm	☀☁	Humide, acide	—	6 à 9	Grappe	Teintes chaudes	Apprécie bien le milieux frais du bord de l'eau. Port compact.
Nemesia fruticans **Némésie fruticans**	30cm	30cm	☀☁	Riche, humide	—	6 à 9	Petites, grappes	blanc pur, violet	Feuillage délicat surmonté de grappes. Parfum délicat.
Nemophila maculata **Némophile maculée**	15 à 20cm	30cm	☁	Léger, frais, humide	—	6 à 9	Petite coupe	lilas maculé violet	Annuelle retombante, plutôt fragile. Gracieux, florifère.
Nemophila menziesii / *N. punctata* **Némophile ponctuée**	15 à 20cm	30cm	☀☁	Léger, frais, humide	—	6 à 9	Coupe 2,5cm	blanc, bleu, pourpre	Tige rampante, couvre-sol qui s'étale en touffe gracieuse.
Polygonum orientalis **Renouée orientale** / Persicaire	1,5 à 2,5m	60 à 90cm	☀☁	Humide, bien drainé	—	7 à 9	Épi pendant	rose vif	Port diffus, plus ou moins discipliné. Se ressème.
Torenia bailonii 'Suzie Wong' **Torénie** 'Suzie Wong'	25cm	20cm	☀☁	Riche, humide	—	6 à 9	Trompette bicolore	doré coeur pourpre	C'est la variété idéale pour couvrir un sol dénudé.
Torenia fourneiri **Torénie**	30cm	20cm	☀☁	Riche, humide	—	6 à 9	Trompette avec lèvres	blanc, jaune, lilas	Pour pots, rocaille et même sous-bois. Fleurs bicolores.

BULBES	H	L	☀	TYPE DE SOL	Z	MOIS	FORME	COULEUR	REMARQUES
Allium 'Moly' **Ail doré**	15cm	10 à 15cm	☀☁	Humide, bien drainé	4	6	Ombelle étoilée	jaune vif	Feuilles larges, élancées. Port évasé d'où émergent de grosses ombelles.
Alocasia amazonica **Oreille d'éléphant**	90cm	40cm	☀☁	Humide à inondé	—	7 et 8	Sans intérêt	—	Belles grosses feuilles en cœur, érigées, port évasé. Aquatique.
Alocasia amazonica 'Hilo Beauty' **Oreille d'éléphant érigé** 'H. Beauty'	90cm	40cm	☀☁	Humide à inondé	—	—	Sans intérêt	—	Belles grosses feuilles en cœur, vert tacheté crème. Aquatique.
Bulbocodium vernum Syn. : *Colchicum vernum*	15cm	10cm	☀☁	Rocheux à humide	3	3 et 4	Pétales érigées	pourpre rougeâtre	Feuilles rubanées apparaissant après les fleurs. Crocus printanier.
Caladium sp. **Caladium bicolor**	35cm	30cm	☁	Riche, humide	—	—	—	—	Très grande variété aux teintes pourpre, rouge, argent et vert.
Cannas aquatiques sp. **Cannas tropicales**	1,5 à 1,8m	40cm	☀	Humide à inondé	—	6 à 9	Grosse	var.	Son sol doit être riche. À hiverner à l'intérieur.
Camassia leichtlinii 'Variegata' **Camassia de Leichtlin panaché**	70 à 90cm	40 à 60cm	☀☁	Plutôt humide	3b	5	Épis hauts, étoilées	bleu, pourpre	Fleurs et feuilles toxiques, bulbes comestible. Touffe feuilles étroites.
Colocasia antiquorum **Taro impérial**	1 à 1,5m	60 à 90cm	☀	Humide à inondé, riche	—	7 et 8	Sans intérêt	jaune pâle	Demande un sol riche. À hiverner à l'intérieur. Géant.
Colocasia 'Black Magic' **Oreille d'éléphant** / Taro	90cm	60cm	☀	Riche, Humide	8	—	Sans intérêt	—	Grosses feuilles en cœur d'un pourpre noir très foncé.
Colocasia esculenta 'Fontanessi' **Oreille d'éléphant**	90cm	60cm	☀	Riche, Humide	8	—	Sans intérêt	—	Feuilles en cœur vert veinée pourpre, tiges pourpres aussi.
Colocasia esculenta 'Illustris' **Oreille d'éléphant**	90cm	60cm	☀	Riche, Humide	8	—	Sans intérêt	—	Plant érigé surmonté de grandes feuilles vertes et pourpres.
Commelina tuberosa Syn. : *Commelina coelestis*	50cm	40cm	☀☁	Humide, frais	—	7 et 8	3 pétales	bleu pur	L'hiverner comme un dahlia. Pin cer. Magnifique. Tiges cassantes.
Hymenocallis caribaea **Lis araignée**	30 à 60cm	30cm	☀	Humide	—	7	Trompette, pétales effilées	blanc crème	Longue feuilles retombantes comme une araignée. Odorante.
Lilium canadensis **Lis du Canada**	1,5 à 3m	60cm	☀☁	Frais à humide	4	7	Grosse, campanulé, penché	jaune orangé	Très beau lis, peu disponible. Groupe de fleurs penchées.
Ranunculus asiaticus **Renoncule tubéreux**	30cm	20cm	☀	Riche, humide	—	6 et 7	Très double	Teintes chaudes	Plante capricieuse, vénéneuse mais tellement jolie en massif.
Schizostyle coccinea Syn. : *Hesperantha coccinea*	50cm	30cm	☀☁	Humide à inondé	—	9 et 10	Coupe étoilée	blanc, saumon rose rouge	Peut se naturaliser avec le temps. Glaïeul des marais.
Zantedeschia aethiopica **Calla** / Lis d'Éthiopie	0,6 à 1m	40cm	☁	Humide à inondé	—	6 à 8	Forme de spatule	blanche	Plus décorative que notre *Calla palustris*. Hiverner.

GRIMPANTES	H	L	☀	TYPE DE SOL	Z	MOIS ✿	FORME ✿	COULEUR ✿	REMARQUES
Adlumia fungosa ⚜ **Aldumie fongueuse**	4m	1m	☀☁	Rocheux, humide	5	5 et 6	Cyme retombante	pourpre verdâtre	Tolère l'ombre. Apparence délicate type Dicentra. Bisannuelle.
Apios americana ⚜ **Patates en chapelet**	2 à 3m	1 à 1,5m	☀☁☂	Rivage argileux	3	7 8	Grappe parfumée	rose pourpre	Grimpant à feuilles de 5 à 7 folioles. Comestible. Rivage.
Eccremocarpus scaber **Vigne Chilienne**	3 à 4m	90cm	☀	Riche, humide, drainé	—	7 à 9	Grappe lâche tubulaire	rose, rouge, jaune	Annuelle à croissance rapide. S'accroche avec ses vrilles.
Vistis riparia ⚜ **Vigne des rivages**	10m	1,5m	☀☁	Humide à sec, profond	3	6 et 7	Petite parfumée	blanc	Raisin sauvage pour le bord des bois ou des rives. Léger parfum.

⚜ indique plante indigène ou naturalisée.
🌿 indique plante potentiellement envahissante !

SOLS HUMIDES ET ZONES AQUATIQUES

ENSOLEILLEMENT

Alors que la majorité des plantes préfèrent vivre en plein soleil et n'ont aucune difficulté à recevoir entre 6 et 8 heures d'ensoleillement par jour, il existe certaines variétés de végétaux qui, au contraire, préfèrent la fraîcheur d'un secteur ombragé. Ils ont une faible résistance aux rayons ardents du soleil, surtout lorsque le sol est sec ou qu'ils sont exposés aux vents.

Ne pas tenir compte de leurs besoins peut compromettre la réussite de votre aménagement ou du moins vous apporter plus de travail qu'il n'est nécessaire. Il est bon de les connaître afin de profiter de leur aptitude à croître et à fleurir dans un tel milieu. C'est pourquoi un chapitre complet est consacré aux plantes d'ombre et de mi-ombre.

Nous avons souvent l'impression que le nombre de plantes pouvant réussir dans un secteur sombre du terrain est faible, mais vous constaterez en parcourant ces tableaux qu'un vaste choix s'offre à vous.

ZONES OMBRAGÉES

Aménager un jardin d'ombre, ce n'est pas aménager un jardin monotone, bien au contraire, c'est aménager un jardin de détente ! Un jardin où la lumière tamisée met en relief les contours, où les textures prennent plus d'importance que les fleurs et où les annuelles, par leur éclat, ajoutent une autre dimension aux différents tons de vert. De plus, si votre ombre est créée par la présence de grands végétaux, la protection apportée par cette voûte contre le soleil et les vents donnera un sentiment d'intimité et de recueillement qui peuvent être très agréables à exploiter. Finalement, le jardin d'ombre peut même se prêter, par son type de végétaux, à un jardin d'inspiration orientale.

CONDITIONS D'UN JARDIN D'OMBRE

Un jardin qui reçoit huit heures et plus de soleil direct est considéré comme un jardin de lumière. Si votre jardin reçoit entre cinq et six heures de soleil par jour, ont dit qu'il est mi-ombragé et, moins de quatre heures par jour, c'est un jardin d'ombre. Toutefois, l'ombre peut comporter différents niveaux d'intensité :

- **OMBRE LÉGÈRE :** ici, la lumière filtre à travers les arbres à feuillage fin, les taches de lumière et d'ombre se promènent sur les végétaux, ne laissant au total que trois à quatre heures d'ensoleillement. C'est également un coin de jardin où les plantes ne reçoivent seulement que le soleil du matin ou du soir. Pour ce type d'ombre, le choix des végétaux est assez vaste.

- **OMBRE MODÉRÉE :** elle est caractérisée par une bonne luminosité, mais avec peu ou pas de soleil direct à cause, bien souvent, d'un feuillage plus dense. C'est aussi le type de lumière que l'on retrouve sur la face nord d'un bâtiment ou d'un mur.

- **OMBRE TOTALE :** section sans lumière directe, la lumière est complètement bloquée. Conditions que l'on retrouve souvent sous des conifères ou sous les arbres à feuillage très dense. Le choix des végétaux est beaucoup plus restreint dans un secteur d'ombre totale, d'autant plus que le sol est souvent très sec dans ces conditions (consultez les chapitres *Sous les arbres* et *Les différents types de sol pour ce type de végétaux*).

POUR AUGMENTER LA LUMINOSITÉ DE VOTRE JARDIN

Si vous êtes aux prises avec un secteur un peu trop ombragé et que vous désirez y faire pénétrer plus de lumière, voici quelques méthodes à appliquer :

- Élaguez quelques branches pour créer des percées aux endroits stratégiques. Attention : ne jamais tailler en boule, vous enlevez ainsi tous les bourgeons terminaux obligeant les bourgeons latéraux à se développer en grands nombres. Vous vous retrouvez alors avec plus de branches l'année suivante. Sélectionnez plutôt vos branches et procédez sur quelques années !

- Gardez une distance d'environ 4 m entre le sol et les premières branches charpentières. Cet espacement fera pénétrer plus de lumière.

- N'oubliez pas qu'une clôture ou un mur blanc réfléchira plus de lumière qu'un mur foncé.

ENSOLEILLEMENT

COMMENT CRÉER UNE IMPRESSION DE LUMINOSITÉ

En choisissant des végétaux à fleurs blanches ou des arbustes à feuilles panachées vert et crème ainsi que des plantes à feuillage doré, vous apportez un éclat qui donnera une impression de lumière à votre jardin, comme si des taches de soleil s'étaient installées dans vos plates-bandes. Vous pouvez également utiliser des paillis décoratifs. Étant généralement plus pâles que le sol, ils éclairent leur milieu.

TYPE DE SOL

En règle générale, les plantes d'ombre préfèrent les sols frais à humides. Conditions que l'on trouve naturellement à l'orée d'un bois ou dans un sous-bois. La majorité des plantes d'ombre proposées dans les tableaux suivants proviennent de ces régions, elles apprécieront que soit recréé pour elles un milieu frais, riche en humus et souvent entouré de paillis naturel ou organique. Si vous ne pouvez laisser en place les feuilles tombées à l'automne, assurez-vous d'ajouter annuellement du compost à vos plates-bandes pour compenser la perte de matière organique évacuée lors de votre nettoyage de fin de saison.

La plupart des jardins d'ombre offriront naturellement un sol riche et frais tel que décrit précédemment. Cependant, si vous désirez aménager directement sous un arbre à feuillage dense ou un conifère, vous rencontrerez certainement des conditions qui augmenteront le niveau de difficulté. En plus d'être dans un milieu d'ombre total, vos plantes auront de la difficulté à s'approvisionner en eau et en éléments nutritifs à cause de la présence des racines d'arbres. Dans ces conditions, il est bien important de sélectionner les végétaux qui peuvent supporter un sol sec et une absence de lumière directe ou encore de contourner cet obstacle en préparant une fosse de plantation (voir l'encadré à la fin du chapitre).

Nos belles indigènes des bois

Souvent négligées ou utilisées seulement à des fins de naturalisation, de stabilisation des pentes ou de brise-vent, les plantes indigènes peuvent apporter à vos aménagements un potentiel non négligeable comme plantes d'ornement. Plusieurs étant naturellement aptes à se multiplier dans de telles conditions, vous gagnerez à les intégrer à vos plates-bandes. Il faut toutefois recréer le plus possible l'environnement dans lequel elles se trouvaient pour leur permettre de bien s'établir dans leur nouveau milieu.

Attention, certaines plantes indigènes vivent dans un milieu tellement spécifique qu'il est presque impossible de recréer un tel environnement. Alors, inutile de cueillir ces raretés et ces beautés, elles finiront par mourir chez vous et vous déséquilibrerez leur souche, vous risquez même de faire disparaître l'espèce de l'écosystème. Il n'est pas bien vu de nos jours d'aller chercher les plantes indigènes directement dans leur milieu naturel et, pour cause, puisque plusieurs espèces sont maintenant menacées. Cherchez plutôt du côté de producteurs horticoles sérieux qui respectent l'environnement, ils sont de plus en plus nombreux.

GAZON ET OMBRE

Dans les endroits très ombragés ou directement sous les arbres, la difficulté pour faire pousser une pelouse est plus grande. Les plantes tapissantes (20 cm et moins) et les couvre-sols (hauteurs variables, mais qui recouvrent assez densément la surface où ils sont introduits) assurent un substitut intéressant au gazon. Non seulement ils résisteront durant plusieurs années là où la pe-

Note : les végétaux sélectionnés pour ce chapitre ont été choisis pour leur préférence ou leur endurance à l'ombre. J'ai toutefois ajouté quelques végétaux qui préfèrent le soleil, mais qui tolèrent l'ombre. Ce sont des plantes populaires et aimées des jardiniers qui peuvent trouver leur place dans un tel jardin si elles sont placées de façon à recevoir le maximum de lumière. Dans la section « Remarques » du tableau, vous trouverez une note indiquant qu'elles préfèrent le soleil, mais qu'elles supportent l'ombre. À vous d'en tenir compte, pour obtenir un meilleur succès.

ENSOLEILLEMENT

louse n'aurait survécu qu'un an ou deux, mais ils joueront, bien souvent, un rôle important dans le design de votre aménagement. Plusieurs des plantes proposées ici offrent cette opportunité.

> **En résumé**
>
> Une des premières conditions à respecter est un sol riche en humus. Tous doivent pouvoir y trouver leur compte, des plus grands aux plus petits. Les arbres ne doivent pas épuiser complètement le sol, c'est pourquoi un apport régulier de compost est essentiel. Si vous n'êtes pas habitué à nourrir votre sol avec ce type d'amendement, il faudra vous y mettre obligatoirement, car autrement vous vous battrez continuellement pour la survie de vos vivaces et arbustes et il est à parier que ce sont les arbres qui gagneront.

SOUS LES ARBRES

Ce chapitre suit celui des plantes d'ombre et de mi-ombre car il pousse un peu plus loin le sujet des plantations sous les arbres. Créer une plate-bande directement sous les arbres donne bien du fil à retordre à plusieurs jardiniers. La compétition qu'exercent les racines de vos arbres matures laisse peu de chances à vos jeunes plantations. C'est pourquoi il faut être attentif au choix des végétaux et à la construction d'une telle plate-bande puisque ce ne sont pas toutes les plantes qui peuvent supporter pareille situation.

- Une autre condition qui peut grandement influencer la réussite de votre projet est la luminosité. Le choix des végétaux sera plus vaste si votre site est bien ensoleillé, mais on le sait, sous les arbres, le soleil se fait souvent rare. Voyez au chapitre précédent les rubriques *Conditions d'un jardin d'ombre* ainsi que *Comment augmenter la luminosité d'un jardin,* elles vous aideront à mieux gérer votre site et à contourner quelques obstacles, question de mettre toutes les chances de votre côté.

- Et, finalement, pour ne pas lutter inutilement, sachez que certains arbres à racines voraces offrent une telle compétition que si vous décidez d'aménager sous leur couronne, vous aurez à ameublir la terre plus souvent, car les racines une fois extirpées reviendront vite au galop. C'est le cas des érables argentés, des peupliers et des saules blancs. Les autres arbres ont bien souvent des racines fasciculées ou pivotantes, elles entrent moins en compétition directe avec les plantes ornementales.

Il faut savoir également que certains arbres rejettent des toxines dans leur milieu immédiat, limitant ainsi la croissance des autres végétaux tentant de s'établir à leur pied. C'est le cas du noyer et du chêne. Si vous possédez ces merveilleux arbres et que vous désirez malgré tout cultiver sous leur couronne, tournez vous principalement vers les plantes acidophiles pour les chênes. Et pour les noyers quelques plantes on démontrées une certaine résistance au juglone, cet herbicide naturel sécrété par ceux-ci. Ce sont surtout les hydrangées, chèvrefeuilles, bourreaux des arbres, genévriers, seringats, robiniers, certains rosiers, épinettes, lilas, cerisiers, hostas, lis, hémérocalles, digitales, cœurs-saignants, violettes et enfin les graminées.

OBSERVEZ LA NATURE

La première étape du projet consiste à bien observer ce qui se passe dans la nature. Si vous voulez implanter une plate-bande sous des érables, allez observer l'orée d'une érablière. Si ce sont des conifères que vous voulez aménager, observer alors l'orée d'un boisé constitué principalement de conifères. Observez la texture du sol, l'humus qui s'y trouve, le type de végétaux qui s'y est installé, la luminosité, etc. Ce petit exercice peut vous paraître anodin mais, si vous vous y prêtez, vous découvrirez probablement certains détails qui pourront vous être des plus utiles par la suite.

CRÉER UN MASSIF SOUS LES ARBRES

Que vous vouliez une simple plate-bande sous un arbre imposant ou aménager en bordure d'un boisé ou encore créer un aménagement dans un sous-bois, vous devez :

- Vérifier le degré d'humidité et la texture de votre sol (voir chapitre sur les sols rubrique *Trucs pour déterminer la texture de votre sol*).

- Préparer votre terrain en prenant soin de ne pas abîmer de racines maîtresses. Mieux vaut déplacer de quelques centimètres vos plantes que de sectionner ou blesser les racines principales. Si vous devez couper quelques racines secondaires, procédez comme pour les branches, c'est-à-dire en pratiquant une coupe franche à l'aide d'un bon sécateur ou d'une pelle bien aiguisée. Il faut couper à la jonction d'une autre racine et ne pas laisser de chicots.

- Ajouter une bonne quantité de compost afin de nourrir tous ces végétaux, l'arbre inclus. Attention toutefois de ne pas recouvrir les racines de votre arbre de plus de 15 cm (6 po) de terreau. Vous risqueriez de priver d'oxygène vos racines et les micro-organismes du sous-sol et l'arbre pourrait même en mourir !

- Effectuer la plantation en choisissant bien les végétaux qui correspondent à la texture du sol ainsi qu'à son pH. À titre d'exemple, si vous êtes sous des conifères, le sol sera probablement acide, optez alors pour des rhododendrons ou d'autres plantes acidophiles qui aiment les sols secs et drainés.

- Et pour terminer, vous devrez également arroser abondamment le sol, puis le recouvrir d'une généreuse couche de paillis afin de conserver la fraîcheur et éliminer une deuxième compétition, soit celle des mauvaises herbes. Si à l'emplacement choisi vous aviez une litière forestière riche en matières organiques, vous pouvez la mettre de côté lors de la construction et la remettre en place en guise de paillis à la fin de la plantation. Cette litière est riche de vie et de nourriture.

On trouve plusieurs types de paillis. Plus le paillis sera proche de ce que l'on trouve naturellement dans un sous-bois, plus il sera efficace. Car en plus de limiter l'évaporation, il se décomposera graduellement et nourrira vos végétaux.

TYPES DE PLANTES

Il va sans dire que les types de vivaces qui se prêtent le mieux aux aménagements sous les arbres sont les vivaces et les arbustes indigènes de sous-bois. J'en ai déjà parlé au chapitre précédent. Vous trouverez ces plantes dans deux tableaux, soit celui d'ombre et mi-ombre ainsi que celui-ci. Vous pouvez également choisir parmi les végétaux inscrits dans les tableaux des sols si vous connaissez bien la qualité de votre sol et la luminosité des lieux.

Mais rien ne vous oblige à vous limiter aux plantes indigènes, ni même à les introduire obligatoirement. Étant donné que se sont des plantes qui vivent déjà dans un tel milieu, elles seront de celles qui s'adapteront bien, mais si vos arbres se trouvent en façade et que vous voulez respecter le style et le type de végétaux ornementaux déjà présents sur votre terrain, allez y de vos propres goûts, pourvu que les plantes choisies supportent la compétition.

Vous trouverez donc dans les tableaux suivants les végétaux qui offrent un meilleur taux de réussite et qui devraient s'établir et vivre durant plusieurs années, sans que vous n'ayez à intervenir fréquemment. Vous pouvez élargir cette liste et faire vos propres expériences, mais disons que les végétaux énumérés ici ont déjà pour la plupart, fait leurs preuves.

Voici quelques exemples de paillis (du plus naturel au plus artificiel) :

- Paillis de feuilles : pour les plantes qui ont besoin d'un sol riche en humus.

- Paillis d'aiguilles ou de feuilles de chêne : pour les plantes acidophiles.

- Paillis de bois raméal fragmenté (BRF) : un excellent paillis qui nourrit efficacement le sol qu'il recouvre. C'est un paillis vivant et efficace.

- Paillis de fibres : fait de fibres d'écorce, c'est le paillis le plus utilisé en aménagement. Il peut être appliqué directement au sol. Une mince couche doit être ajoutée chaque année pour compenser la décomposition.

- Paillis d'écorces : le plus décoratif, il est fait de copeaux de bois grossiers. Surtout utilisé pour des aménagements bien visibles, comme en façade d'une maison ou près de passages piétonniers. Ils sont plus propres, plus esthétiques. L'utilisation d'un géotextile entre le sol et le paillis est recommandée pour empêcher les morceaux d'écorce de pénétrer dans le sol.

- Paillis de roches : se marie moins bien à ce type d'aménagement et a le désavantage d'assécher le sol. L'utilisation d'une toile géotextile entre la roche et le sol est obligatoire.

TRUC

1- Plate-bande sous les arbres

Si vous n'avez qu'une petite plate-bande à faire, directement sous un arbre à feuillage dense, vous pouvez contourner le problème de sécheresse et de compétition des racines en faisant une fosse de plantation.

Pour ce faire, il suffit d'excaver une partie du sol, sous l'arbre, (environ 30 cm à 45 cm) en s'assurant de ne pas couper ou blesser les racines charpentières. Recouvrez le fond de la fosse avec une toile géotextile, remplissez la fosse d'un bon terreau meuble et enrichi de compost puis faites votre plantation. Vous pourrez ainsi cultiver un plus grand choix de plantes d'ombres sans avoir à vous soucier de la compétition des racines de l'arbre. De plus, ce riche terreau gardera plus longtemps son humidité, surtout si vous ajoutez un paillis.

ENSOLEILLEMENT

TRUC

2- Richesse des feuilles mortes

Profitez de cette richesse qui tombe de vos arbres, sachez profiter de vos **feuilles mortes**, déchiquetez-les à l'aide de votre tondeuse et utilisez-les :

- En paillis contre les mauvaises herbes.
- Comme isolant dans vos protections hivernales pour les rosiers, conifères et rhododendrons ou pour isoler puits et fondations de maisons.
- En litière dans les étables et écuries.
- Au fond des fosses de plantation pour enrichir le sol à long terme.
- Pour conserver vos légumes racines, en alternant un rang de feuilles humectées et un rang de légumes.
- Directement enfouies dans les premiers pouces de votre potager ou plates-bandes pour enrichir la terre.

Et, finalement, s'il vous en reste, compostez-les !

PLANTES POUR OMBRE ET MI-OMBRE

ARBRES	H	L	☀	TYPE DE SOL	Z	MOIS ✿	FORME ✿	COULEUR ✿	REMARQUES
Acer pennsylvanicum ⚜ Bois barré	6m	5m	☁☁	Acide, aéré, riche	3a	—	—	—	Port arqué. Écorce rayée très décorative. Grandes feuilles trilobées.
Acer saccharinum ⚜ Érable argenté	25m	23m	☀☁	Sablonneux, profond	2b	—	—	—	Pour grands espaces. Racines envahissantes.
Alnus glutinosa 'Incisa' / 'Imperialis' Aulne à feuilles découpées	4m	2m	☀☁	Humide, pauvre	4b	5	Chaton	jaunâtre	Petit arbre pyramidal. Feuillage à lobes étroites, découpées. Joli.
Carpinus caroliniana ⚜ Charme de Caroline	9m	6m	☁☁	Profond, riche	3b	—	—	—	Très bel arbre, bois dur, sensible à la pollution.
Carya cordiformis ⚜ Caryer amère	20m	15m	☁☁	Riche, frais, drainé	4a	—	—	—	Planter en pot : racine pivot, plantation difficile. Port érigé, feuilles composées.
Carya ovata ⚜ Caryer tendre	23m	17m	☁☁	Riche, frais, drainé	4b	—	—	—	Très beau, doré à l'automne. Port ovoïde, feuilles composées.
Cercidiphyllum japonica Arbre de Katsura / A. caramel	10m	4m	☀☁	Riche, frais, drainé	5b	4 et 5	Discrète à l'aisselle	rouge	Port érigé. Tronc court. Feuillage changeant et odorant. Préfère mi-ombre.
Fagus grandifolia ⚜ Hêtre d'Amérique	22m	18m	☀☁	Riche, frais, drainé	4a	—	—	—	Tailler en été, après la montée de la sève. Port globulaire. Tronc court.
Fraxinus americana 'N. Treasure' Frêne 'Northern Treasure'	12 à 15m	7m	☀☁	Profond, frais, drainé	3	—	Sans intérêt	—	Oval, lustré. Résistant aux maladies et à l'ombre. Jaune orangé.
Ostrya virginiana ⚜ Ostryer de Virginie	10m	8m	☀☁	Humide à sec	3	5	Chaton	verdâtre	Très versatile. Préfère les sols riches. Écorce brun orangé.
Prunus padus sp. ⚜ Cerisier à grappes	10m	10m	☀☁	Tous les sols	2b	5	Grappe	blanc	Un des rares arbres à fleurir à la mi-ombre. Port étalé.
Ptelea trifoliata ⚜ Orme à 3 feuilles sur tige	3 à 5m	3m	☀☁	Peu exigeant, franc	4	6 et 7	Étoilée, peu visible	blanc verdâtre	Haie ou arbre sur tige. Samarres visibles. Port érigé. Parfumé.
Tilia americana ⚜ Tilleul d'Amérique	24m	15m	☀☁	Fertile, profond	3	—	—	—	Pour grands espaces. Port pyramidal régulier. Branches étalées.
Ulmus pumila Orme de Sibérie	18m	10m	☀☁	Tous les sols	3b	—	—	—	Supporte bien les tailles répétées. Peu exigeant. Haie, massif ou isolé.
Viburnum lentago ⚜ Viorne lentago / Alisier	5m	2,5m	☀☁	Tous sols drainés	2a	6	Corymbe, cyme	blanc	Arbuste monté en arbre. Vert lustré virant rouge. Non maladif.

ARBUSTES	H	L	☀	TYPE DE SOL	Z	MOIS ✿	FORME ✿	COULEUR ✿	REMARQUES
Acer palmatum sp. Érable du Japon	1,5m	1,5m	☀☁	Acide, frais, riche	5b	—	Corymbe	—	Feuilles doublement dentées, très découpées. Dôme pourpre ou doré.
Acer tataricum ssp. *ginnala* Érable de l'Amur	7m	6m	☀☁	Tous les sols	2b	5	Grappe	samare rose	Fleurs odorantes. Croissance rapide. Rougit à l'automne.
Aesculus parviflora Marronnier à petites fleurs	3m	4m	☀	Acide, frais, riche	5	8	Panicule érigé	blanc	Supporte la taille. Sensible au gel. Feuilles palmées, grandes.
Alnus glutinosa Aulne commun	7m	4m	☀☁	Tous sols humides	4	—	Chaton	—	Utile dans les milieux défavorables, marécageux. Feuilles découpées.
Amelanchier laevis Amélanchier glabre	8m	5m	☀☁	Acide, frais, drainé	3b	5	Grappe	blanc	Celui qui supporte le mieux l'ombre. Orangé à l'automne.
Aronia sp. ⚜ Aronies	1,5m	1,5m	☀☁	Tous les sols	5	5	Corymbe	blanc	Préfère le soleil, supporte la mi-ombre. Rougit à l'automne. Fruits.
Ceanothus americanus ⚜ Céanothe d'Amérique	1m	1,5m	☀☁	Pauvre, drainé	4	6 et 7	Panicule plumeuse	blanc	Ressemble à un lilas. Les jeunes ont besoin de lumière. Pour lieux chaud.

ARBUSTES (suite)	H	L	☼	TYPE DE SOL	Z	MOIS	FORME	COULEUR	REMARQUES
Cephalanthus occidentalis ⚜ Bois bouton / Bois noir	2m	4m	☼☁	Tous sols humides	4	7	Boule hérissé	blanc crème	Près des ruisseaux, bassins ou étangs. Port ouvert, lustré.
Clethra alnifolia Clèthre à feuilles d'aulne	1,2m	2m	☼☁	Acide, drainé	4	8 et 9	Épi érigé	blanc rose	Aime le milieu acide des conifères. Odorant. Port irrégulier.
Comptonia peregrina ⚜ 🌿 Comptonia voyageuse	0,6 à 1m	1m	☼☁	Acide, sablonneux	2	—	Chaton	—	Culture ± facile. Feuilles type fougère. Odeur balsamique. Couvre-sol haut. Naturalisation.
Cornus alba 'Gouchaultii' Cornouiller de Gouchault	2m	1,5m	☼☁	Sec à humide	2	5 et 6	cyme	blanc crème	Panaché de vert, jaune et rose. Rameaux rouges. Rapide.
Cornus alternifolia ⚜ Cornouiller à feuilles alternes	5m	5m	☼☁	Riche, drainé, acide	3b	5	Corymbe	blanc	Écran dense en espalier. Tiges pourpre marron. Fruits bleu noir.
Cornus amomum Cornouiller soyeux	2m	2m	☼☁	Humide, drainé	4a	6	Cyme	jaunâtre	Idéal pour aménager les berges. Port arrondi, dense.
Cornus rugosa ⚜ Cornouiller rugueux	1,5m	2m	☼☁	Frais, drainé	3a	6	Corymbe	blanc	Jeunes tiges vert clair. Pour jardin d'hiver. Globulaire. Fruits bleu.
Cornus sericea / *C. stolonifera* Cornouiller stolonifère	2m	3m	☼☁	Supporte l'humidité	2	6	Cyme	blanc	Tiges rouge pourpre, taille de rajeunissement. Tourne bronze.
Corylus avellana 🌿 Noisetier commun	3m	2m	☼☁	Riche, calcaire	4b	—	Chaton	—	Demande beaucoup d'espace. Drageonne. Port buissonnant.
Daphne mezereum Daphné 'Bois joli'	80cm	80cm	☁	Fertile, frais	4	5 avant feuille	Grappe odorante	teintes rose	Tapis de rosettes de feuilles denses. Fruits rouges, toxiques.
Diervilla sp. Diervillées ⚜	1m	1m	☼☁	Frais, drainé	4	6	Petite cloche par 3	jaune soufre	Pour naturalisation des berges, orée des bois. Buissonnant.
Dirca palustris ⚜ Dirca des marais / Bois de plomb	1,5m	1,5m	☼☁	Riche, humide, acide	4	4 et 5	Tubulaire pendante	jaune verdâtre	Idéal pour naturaliser les sous-bois frais, humide. Port arrondi.
Eleutherococcus sieboldianus Syn.: *Acanthopanax sieboldiana*	2m	2m	☼☁	Tous sols drainés	5	6	Sans intérêt	—	Massif ou haie à l'ombre. Feuilles palmées. Épineux.
Enkianthus campanulace Enkianthe en cloche	1,5m	1m	☁	Riche, acide, frais	5	5	Clochette	crème strié rouge	Port étroit, érigé. Fleurit avant les feuilles, rougit à l'automne.
Euonymus alatus Fusain ailé	4 à 6m	4 à 6m	☼☁	Fertile, drainé	4	—	Sans intérêt	—	Feuilles deviennent rouge écarlate à l'automne. Très beau port dense.
Euonymus alatus 'Compactus' Fusain ailé	3m	1,5m	☼☁	Fertile, drainé	4	5	Peu apparente	rose pourpre	Port arrondi, très dense. Rouge vif à l'automne. Haie ou en isolé.
Euonymus atropurpurea Fusain noir	2m	2m	☁	Frais, léger, fertile	3b	6	Cyme	pourpre	Supportent très bien l'ombre. Feuilles rouges à l'automne.
Forsythia x intermedia sp. Forsythia intermedia	1,25m	90cm	☼☁	Fertile, frais	4	4 et 5	Petite, abondant	jaune	Port irrégulier. Panaché ou veiné. Supporte la mi-ombre.
Forsythia viridissima koreana 'Kumson' Forsythia 'Kumson'	1,25m	1,25m	☁	Fertile, frais	5	4 et 5	Abondant	jaune	Port érigé, arqué. Feuillage vert. Veines argentées. Unique !
Fothergilla gardenii 'Blue Mist' Fothergilla 'Blue Mist'	75cm	75cm	☁	Acide, humide	6	4 et 5	Panicule	blanc odorant	Feuillage très bleuté. Plus petit que *F. major*. Peu rustique.
Fothergilla major Fothergilla robuste	1m	1m	☁	Fertile, humifère	5b	5	Épi en brosse	blanc odorant	Port ovoïde bleu-vert. Belle palette automnale. Feuilles ovales nervurées.
Halesia carolina Arbre aux cloches d'argent	4m	6m	☼☁	Riche, acide, frais	5b	5	Clochette pendante groupée	blanc	Rare, peu rustique. Floraison plus intéressante que son port.
Hamamelis mollis Hamamélis velouté	2m	2m	☼☁	Acide, riche	5b	4	Pétales étroits	jaune parfumée	Plutôt rare et fragile. Port ovale. Jaune orangé à l'automne.
Hamamelis virginiana Hamamélis de Virginie	3m	3m	☼☁	Riche, acide, frais	4b	10.	Fleur simple	jaune	Fleurit après la chute des feuilles. Naturalisation. Léger parfum.
Heptacodium miconoides Heptacodium	2 à 4m	1,5 à 3m	☁	Riche, drainé	4b	8 à 10	Grappe	blanc	À découvrir. Beau en été, apothéose en automne.
Holodiscus discolor Holodiscus discolore	1m	1m	☼☁	Tous sols frais	5	7	Panicule léger	blanc crème	Branche retombante. Tailler au printemps. Gris-vert.

ENSOLEILLEMENT

ARBUSTES (suite)	H	L	☼	TYPE DE SOL	Z	MOIS	FORME	COULEUR	REMARQUES
Hydrangea arborescens Hydrangée arborescente	1,2m	1,2m	☼☁	Léger, frais, riche	3	7 et 8	Corymbe	blanc	Larges feuilles en cœur. Intéressant pour sa longue floraison.
Hydrangea macrophylla Hortensia hybride	80cm	80cm	☁	Riche, acide, frais	5	7 et 8	Corymbe	rose, bleu	Souvent associé avec les plantes acides. Port irrégulier.
Hydrangea paniculata Hydrangée paniculée	2,5m	2,5m	☼☁	Riche, acide, frais	3b	8 et 9	Panicule érigée	blanc, rosé	Magnifique floraison. De plus en plus arqué avec l'âge.
Hydrangea quercifolia Hydrangée à feuilles de chêne	1,5m	1 à 1,5m	☼☁	Riche, frais, drainé	6	7 à 9	Panicule érigée rare	blanc, rosé	Feuilles très décoratives. Rougit à l'automne. Fleurs rares. Fragile.
Hypericum kalmianum ⚜ Millepertuis de Kalm	0,9m	0,9m	☼☁	Léger, frais, chaud	3b	7 et 8	Grappe	jaune vif	Moins difficile à cultiver que les autres et tellement florifère. Port dense.
Ilex verticillata ⚜ 🍀 Houx verticillé	2m	1,8m	☼☁	Riche, acide, frais	3	6	Cyme	jaune	Beau pour jardin d'hiver. Feuilles et fruit décoratifs. Buisson.
Itea virginica sp. Itéa de Virginie	0,6 à 2m	0,7 à 1,5m	☼☁	Humide, riche	5 à 6	6	Épi étroit	blanc parfumé	Se colore rouge flamboyant en automne. Peu ramifié. Sous-bois.
Kerria japonica Corête du Japon	1,2m	1,5m	☼☁	Léger, fertile	5	6	Fleur simple	jaune ou double	Plus ou moins rustique, protection hivernale. Port diffus.
Ligustrum obtusifolium/Regelianum' Troène de Regel	1,5m	2m	☼☁	Peu exigeant	5b	6 et 7	Petite, panicule	blanc	Port étalé, aplati. Moins rustique que *L. vulgare* Tourne pourpre.
Ligustrum vulgare Troène d'Europe	2 à 3m	1,75m	☼☁	Frais, drainé	4b	6 et 7	Sans intérêt	blanc	Port dressé, vigoureux. Feuilles élancées vert olive. Fruits noirs.
Lonicera canadensis ⚜ Chèvrefeuille du Canada	2m	2m	☼☁	Peu exigeant	3	5	Réunie par 2	jaune vert	Intéressante pour ses qualités d'adaptation. Dressé puis arqué.
Lonicera kamchatika Chèvrefeuille kamchatika	1,2 à 2m	1m	☁☼	Frais, drainé	4	5	Grappe de 3 à 4	blanc parfumé	Nouvelles variétés à fruits bleus comestibles! Port érigé, évasé.
Lonicera tatarica Chèvrefeuille de Tartarie	2m	1,5m	☁	Peu exigeant	4	5	Panicule	rose	Plante classique pour haies à la mi-ombre. Souvent malade.
Lonicera xylosteoides Chèvrefeuille nain	1m	1m	☼☁	Peu exigeant	4	5	Sans intérêt	blanc crème	Petit arbuste intéressant par sa forme arrondie, douce. Pas malade.
Magnolia sieboldii Magnolia de Siebold	3 à 4m	3 à 4m	☁	Fertile, humide, drainé	4b	6	Coupe de 10cm	blanc parfumé	Plutôt arbustif. Pour les sites mi-ombragés. Étamines rouges.
Magnolia tripelata Magnolia parasol	6m	5m	☁	Riche, humide, drainé	5b	6	Grandes pétales lâches	blanc, jaune pâle	Exotique avec ses feuilles de 60cm de long et fleurs de 25cm.
Myrica gale ⚜ 🍀 Myrique baumier	1,2m	2m	☼☁	Acide, marécageux	2	5	Chaton	—	La feuille froissée dégage une odeur. Naturalisation. Port grêle.
Paeonia suffruticosa Pivoine arbustive	1,2m	1m	☼☁	Riche, poreux	5	6	Fleur simple	var.	Culture délicate, protection hivernale. Feuilles 3 à 5 lobes.
Philadelphus sp. Seringats	1 à 2m	1,5m	☼☁	Peu exigeant	4b	6	Grappe, cyme	blanc	Arbuste très odorant. Belles fleurs doubles. Port irrégulier.
Physocarpus opulifolius Physocarpe à feuilles d'obier	2m	2m	☼☁	Équilibré, drainé	4	6	Corymbe	blanc	Supporte l'ombre, mais plus cassant. Vert, doré, pourpre.
Potentilla sp. Potentilles	1m	1m	☼☁	Peu exigent	3	6	Fleur simple	blanc, jaune	Préfère le soleil, fleurit un peu moins à l'ombre. Buisson fin.
Ptelea trifoliata Orme de Virginie / 3 feuilles	3m	3m	☼☁	Peu exigent, drainé	4	6	Corymbe	blanc vert	Peu rustique, pour sous-bois, jardin d'ombre. Port irrégulier.
Rhodotypos scandens Rhodotypos à perles noires	1,2 à 1,8m	1,2 à 1,5m	☼☁	Tous sols drainés	4b	6 et 7	Simple	blanc pur	Ressemble à un *Kerria* mais blanc. Fruits perlés. Rabattre tôt.
Rhus aromatica ⚜ 🍀 Sumac aromatique	0,8 à 1,5m	2 à 3m	☼☁	Tous sols secs	4	4 et 5	Chaton mâle	jaune odorante	Rampant trifolié pour grands espaces. Tourne orange. Fruits.
Ribes sp. Gadeliers	1,5m	1,5m	☼☁	Riche, sec	3	5	Grappe	jaune	Surtout utilisé pour haie taillée, libre ou massif à l'ombre.
Rubus odoratus ⚜ 🍀 Ronce odorante	2m	2m	☼☁	Fertile et sec	4	6	Fleur simple	rose	Framboisier pour naturalisation, fleurs et fruits intéressants.

ARBUSTES (suite)	H	L	☼	TYPE DE SOL	Z	MOIS	FORME	COULEUR	REMARQUES
Salix integra 'Hakuro Nishiki' **Saule** 'Hakuro Nishiki'	1,5m	1m	☁	Humide, riche	4b	5	Chaton	—	Protéger des vents. Feuilles crème, vertes et roses !
Sambucus canadensis **Sureau du Canada**	3m	2m	☼☁	Peu exigeant, frais	3	7	Corymbe	blanc	Pour sous-bois, écran, naturalisation, massif. Port évasé.
Sambucus nigra **Sureau noir**	4m	4m	☼☁	Peu exigeant, frais	4b	7	Grand Corymbe	blanc	Le plus odorant. Plus ou moins rustique. Très adaptable.
Sambucus racemosa **Sureau racemosa**	2m	2m	☁	Fertile, consistant	4b	7	Corymbe	blanc	Feuillage très découpé, crée des contrastes. Fruit écarlate.
Sorbaria sorbifolia **Sorbaria à feuilles de sorbier**	1,5m	1,8m	☼☁	Fertile, humide	2	6 à 8	Panicule érigé	blanc crème	Drageonne beaucoup ! Port diffus. Feuilles composées.
Spirea japonica 'Anthony Waterer' Syn. : *Spirea bumalda* 'A. Waterer'	90cm	90cm	☼☁	Fertile, frais, drainé	3	7 à 10	Corymbe large	rouge	Variété tolérant l'ombre. Port arrondi. Très populaire. Facile.
Spirea triloba 'Sawn Lake' **Spirée** 'Sawn Lake'	1,5m	2m	☼☁	Peu exigeant, frais	3	6	Corymbe	blanc	Moins fragile et plus compacte que Van Houtte. Port arqué.
Spirea 'Van Houttei' **Spirée de Van Houtte**	2m	2m	☼☁	Tous sols riches	4	6	Grappe arquée	blanc	Floraison spectaculaire. Port arqué. Tailler après floraison.
Staphylea trifolia **Staphylier à 3 feuilles**	3m	2m	☼☁	Humide, drainé	5	6	Grappe retombant	blanc vert	Bois et fruits décoratifs. Pour naturalisation.
Stephanandra incisa 'Crispa' **Stephanandra crispé**	50cm	1,3m	☼☁	Acide, fertile, drainé	4	6 et 7	Sans intérêt	vert blanc	Une certaine clarté doit tout de même l'atteindre. Étalé, joli.
Symphoricarpos sp. **Symphorines**	1m	1m	☼☁	Peu exigeant	3	6	Grappe	rosé	Plante intéressante par ses fruits blanc rosé. Port frêle.
Viburnum sp. **Viornes**	var.	var.	☼☁	Peu exigeant, fertile	var.	5 et 6	Corymbe cyme	blanc	Plusieurs supportent une ombre intense. Rouge à l'automne.
Weigela x 'Briant Rubidor' **Weigela** 'Briant Rubidor'	1,8m	1,2m	☁	Peu exigeant, frais	5	6	Clochette	rose	Les autres weigelas préfèrent plus de soleil. Port ± arqué. Feuilles dorées.
Xanthorhiza simplicissima **Xanthorhiza à feuilles de céleri**	0,6m	1m	☼☁	Acide, humide	4b	5 avant feuille	Étoilée Panicule	pourpre brun	Arbuste semi-rampant, massif couvre-sol, naturalisation.

ARBUSTES PERSISTANTS	H	L	☼	TYPE DE SOL	Z	MOIS	FORME	COULEUR	REMARQUES
Andromeda polifolia **Andromède à feuilles de romarin**	60cm	60cm	☼☁	Très humide, acide	2	5	Petits grelots	rosé	Pour rocaille située dans un endroit frais et humide. Port rond. Glauque.
Arctostaphylos 'Uva-Ursi' **Raisin d'ours**	15cm	1m	☼☁	Acide, rocheux	2	5	Bouquet	blanc rosé	Plante tapissante lustrée. Fruits moins nombreux à l'ombre. Oiseaux.
Buxus sp. **Buis**	0,5 à 1m	80cm	☼☁	Meuble, frais, drainé	5	—	Sans intérêt	vert	Culture délicate. Croît lentement. À protéger l'hiver. Lustré.
Calluna vulgaris sp. **Bruyère commune**	15 à 50cm	20 à 50cm	☼☁	Frais, acide, drainé	4b	8	Grappe	blanc, rose, pourpre	Aime être placé sous les conifères. Feuillage attrayant.
Cassiope hypnoides Syn. : *Cassiope tetragona*	5 à 15cm	15 à 20cm	☁	Acide, humide, froid	3	4 et 5	Clochettes penchées	blanc et rouge	Une indigène moins spectaculère que la précédente. Rare.
Cassiope lycopodioides **Cassiopée**	10cm	50cm	☁	Acide, humide, froid	6	4 et 5	Clochettes penchées	blanc et rouge	Arbuste qui ressemble à une mousse. Plante de collection. Rare, joli.
Daphne burkwoodii **Daphné de Burkwood**	80cm	80cm	☁	Fertile, humifère	5	6	Corymbe odorant	rosé	Tout est beau : feuilles gris-vert, fleurs, fruits et port arrondi.
Daphne mezereum **Daphné** 'Bois joli'	80cm	80cm	☁	Fertile, frais	4	5	Grappe	teintes de roses	Fleurs odorantes avant l'apparition des feuilles. Buisson étalé, raide.
Empetrum 'Nigrum' **Camarine noire**	30cm	50cm	☼☁	Terre de tourbière	1a	5	Fleur simple	rose pourpre	Rampante pour naturalisation. Feuilles linéaires, denses. Fruit noir.
Epigaea repens **Épigée rampante** / Fleur de mai	5 à 10cm	30cm	☼☁	Toujours frais, acide	2	4 et 5	Grappe, cloches	rosé parfumée	Tapis ras. Culture délicate. Grandes feuilles décoratives.

ENSOLEILLEMENT

ARBUSTES PERSISTANTS (suite)	H	L	☀	TYPE DE SOL	Z	MOIS	FORME	COULEUR	REMARQUES
Euonymus fortunei sp. Fusain de fortune	var.	var.	☀	Fertile, drainé	4 et 5	—	Sans intérêt	—	Panaché plus prononcé au soleil. Couvre-sol, arbustif et grimpant.
Erica carnea Bruyère d'été	30cm	30cm	☀	Acide, humifère,	5	5	Grappe	Blanc rose rouge	Feuilles en aiguilles d'allure hérissée. Coussin. Protéger l'hiver.
Gaultheria procumbens Thé des bois	10cm	0,6m	☁	Acide, frais	2b	5	Penchée, discrète.	rosé	Couvre-sol aromatique, fruits et feuilles comestibles. Médicinale.
Gaylussacia baccata Gaylussacia à fruits bacciformes	0,3 à 1m	1m	☀☁	Acide, léger	1a	5 et 6	Grappe clochette	rose, rouge	Comme un bleuet mais à fruit noir. Comestible.
Ilex meserveae Houx hyb. mâle & femelle	1m	0,5m	☀	Acide, humide	5	6	sans intérêt	—	Plants mâle + femelle donnent des fruits. Beau feuillage épineux.
Kalmia angustifolia Kalmia à feuilles étroites	1m	1m	☀☁	Acide et humide	2	6	Corymbe terminal	rose foncé	Pour naturalisation ou ornementation. Port irrégulier.
Ledum groenlandicum Thé du Labrador	60cm	80cm	☀	Acide, meuble, frais	1a	5 et 6	Corymbe	blanc crème	Pour milieux pauvres, frais. Feuilles odorantes, vert à dessous orange.
Leucothoe sp. Leucothoës	1m	1m	☁	Riche, acide, frais	5b	6	Grappe	blanc	Très fragile au Québec. Lent. Dôme arqué, tourne bronze.
Mahonia aquifolium Mahonie à feuilles de houx	1m	1m	☀☁	Frais, drainé	5a	5	Épi parfumé	jaune	Vert lustré virant rouge violacé. Fruit bleu. Protéger des vents.
Mahonia repens Mahonie rampant	30cm	1,5m	☀☁	Peu exigeant, frais	4b	5	Grappe érigé	jaune or	Couvre-sol bleu-vert, beau durant toute l'année. Fruit noir.
Paxistima canbyi Buis du nord	30cm	1m	☀☁	Acide, léger, drainé	3	—	Sans intérêt	—	Couvre-sol idéal sous les conifères. Petites feuilles linéaires vert foncé.
Pieris floribunda Piéris des montagnes	1,5m	1,5m	☁	Acide, frais, drainé	5b	5	Clochette parfumée	blanc	Le plus résistant. Feuilles et fruit attrayants.
Pieris japonica Andromède du Japon	1,5m	1,5m	☁	Acide, frais, drainé	6	5	Cloche	blanc	Feuillage bicolore de toute beauté. Jeune pousse rougeâtre. Fragile.
Pyracantha angustifolia Buisson ardent	1m	1,5m	☀	Drainé, non calcaire	5	—	Sans intérêt	—	Supporte l'ombre projetée par d'autres arbustes.
Rhododendron sp. Rhododendrons	1m	1m	☀☁	Acide, frais, drainé	4b et 5	5	Grand corymbe	var.	Floraison spectaculaire ! Beau feuillage. Protection hivernale.
Vaccinium 'Vistis Idaea' Airelle rouge	20cm	50cm	☁	Acide, léger	1a	5 et 6	Grappe cloche	blanc, rosé	Couvre-sol pour lieux tourbeux. Feuillage lustré. Fruits rouges.

CONIFÈRES	H	L	☀	TYPE DE SOL	Z	MOIS	FORME	COULEUR	REMARQUES
Abies balsamea Sapin baumier	20m	7m	☀☁	Peu exigeant	2	—	—	—	Odorant. Surtout utilisé pour sapin de Noël. Port très pointu, conique.
Chamaecyparis nootkatensis 'B. W.' Faux-cyprès 'Blue Weeping'	4m	2m	☀☁	Léger un peu acide	5	—	—	—	Très pleureur, pyramidal. Lent. Vert glauque. Supporte l'ombre.
Juniperus 'Old Gold' Genévrier de Chine 'Old Gold'	0,8m	1,5m	☀☁	Peu exigeant, drainé	4	—	—	—	Résiste à la mi-ombre, mais moins coloré.
Juniperus pftzeriana Genévrier de Pfitzer	1,5m	3m	☀☁	Peu exigeant, drainé	4b	—	—	—	Pour couvrir de grands espaces. Couvre-sol haut. Préfère le soleil.
Microbiota decussata Cyprès de Russie ou de Sibérie	40cm	2m	☀☁	Calcaire et sec	3	—	—	—	Parfait pour les rocailles à l'ombre. Rampant, souple.
Picea abies Épinette de Norvège	23m	12m	☀☁	Tous les sols, frais	2	—	—	—	Pour couvrir de grands espaces. naturalisation.
Picea abies 'Nidiformis' Épinette nid d'oiseau	1m	1,5m	☀☁	Humide, drainé	2b	—	—	—	Préfère le soleil, supporte l'ombre. Port rond, déprimé au centre.
Picea glauca albertiana Épinette naine d'Alberta	2m	0,8m	☀☁	Humide, drainé	4b	—	—	—	Protéger des vents glacials d'hiver. Conique, dense.

CONIFÈRES (suite)	H	L	☀	TYPE DE SOL	Z	MOIS ✿	FORME ✿	COULEUR ✿	REMARQUES
Picea glauca 'Pixie' Épinette 'Pixie'	60cm	30cm	☀☁	Léger, perméable	3	—	—	—	Port pyramidal, plus élancé que *P. a. Pygmaea*. Vert très foncé.
Picea glauca 'Rainbows End' Épinette blanche 'Rainbows End'	3m	1m	☀☁	Pauvre, caillouteux	4	—	—	—	Pyramidale, dense, trapus. Nouvelles pousses jaunes puis crème.
Pinus mugho Pin de montagne	2 à 4m	3 à 5m	☀☁	Tous sols, drainés	2	—	—	—	Pour grande rocaille ou grand massif. Port rond, plutôt dense.
Pinus strobus Pin blanc	20m	7m	☀☁	Riche, frais, drainé	2	—	—	—	Pour les grands espaces ou le reboisement.
Taxus canadensis ⚜ If du Canada	2m	2,5m	☀☁	Riche, frais	3	—	—	—	Plus utilisé pour la naturalisation ou couvre-sol. Port étalé.
Taxus cuspidata If du Japon	4,5m	1,5m	☀☁	Riche, frais, drainé	4b	—	—	—	Souvent utilisé dans les jardins taillés (topiaire). Vert foncée.
Taxus cuspidata 'Capitata' If du Japon	3m	2m	☀☁	Peu exigeant, frais	4	—	—	—	Pyramidal compact, régulier, vert foncé reluisant. Beau taillé.
Taxus media x 'Hicksii' If hybride de Hicks	3m	0,3 à 0,6m	☀☁	Peu exigeant, frais	5	—	—	—	Colonne étroite vert foncé luisant. Baies rouges toxiques.
Taxus x media If hybride	1 à 3m	2 à 3m	☀☁	Riche, frais, drainé	4b	—	—	—	Pour rocaille, massif et même pour les haies.
Thuya occidentalis sp. ⚜ Cèdre occidental	1 à 15m	5 à 4m	☀☁	Frais, profond, calc.	3	—	—	—	Il y en a de toutes formes, grandeurs et couleurs. Versatile.
Tsuga canadensis ⚜ Pruche du Canada	15 à 20m	9 à 12m	☀☁	Acide, frais, drainé	4	—	—	—	Pyramidal élégant, souple. Vert foncé luisant. Naturalisation.

GRIMPANTES (Vivaces)	H	L	☀	TYPE DE SOL	Z	MOIS ✿	FORME ✿	COULEUR ✿	REMARQUES
Actinidia kolomikta 'Artic Beauty' Kiwi ornemental mâle	5m	3m	☀☁	Riche, léger, frais	5	5 et 6	Petite, coupe	blanc parfumée	Panaché rose, blanc et vert, plus coloré au soleil. Protéger les racines. Fruit.
Actinidia arguta Kiwi / Groseillier de Sibérie	20m		☀☁	Riche, léger, frais	5	6 et 7	Petite	blanc	Fruit jaunâtre, comestible. Feuillage dense, pointue et vert foncé.
Adlumia fungosa ⚜ Aldumie fongueuse	4m	1m	☀☁	Rocheux, humide	5	5 et 6	Cyme retombante	pourpre verdâtre	Tolère l'ombre. Apparence délicate type *Dicentra*. Bisannuelle.
Ampelopsis Ampelopse vigne vierge	4m	1m	☀☁	Indiférent à riche	5		Sans intérêt		À mettre sur un mur à l'abri des vents. Fruits.
Akebia quinata Akébie à cinq feuilles	6 à 9m	1 à 3m	☀☁	Sableux, drainé	5b	5 et 6	Grappe tombante	rouge pourpre	Feuilles composées, en 5 parties. Très parfumé : vanille. Fruit pourpre rare.
Aristolochia sp. Arbre à pipe	8m	1m	☁	Riche, drainé	4b	6	Forme de pipe	jaune	Pousse rapidement, ses fleurs sont étranges. Grosses feuilles en cœur.
Celastrus scandens ⚜ Bourreau des arbres	7 à 10m	1m	☀☁	Peu exigeant	3	6	Grappe	blanc	Plus vigoureux et productif au soleil. Mâle + femelle.
Hedera helix 'Bulgaria' Lierre arbustif 'Bulgaria'	20cm	2m	☀☁	Tous type de sol	5b	—	Sans intérêt	—	Le plus rustique des lierres. Résiste au sec. Couvre-sol aussi.
Hydrangea petiolaris Hydrangée grimpante	7m	1m	☀☁	Riche, drainé, acide	5	7	Corymbe	blanc	Aime avoir un paillis au niveau des racines. Fleurit rarement.
Humulus lupulus 'Aureus' Houblon doré	5 à 7m	2m	☀☁	Riche, profond, frais	4	7 et 8	Femelle en cône	verdâtre	Cette variété accepte l'ombre et garde sa couleur doré. Rapide.
Lonicera grimpant sp. Chèvrefeuille grimpant	4m	1m	☀☁	Tous sols profonds	3	6	Bouquet tubulaire	rouge orangé	Non envahissant. Fleurit mieux au soleil. Pour endroit aéré.
Lonicera periclymenum 'B. Jubilee' Chèvrefeuille des bois 'B. J.'	5 à 7m	1 à 2m	☁	Riche, frais, drainé	4b	7 et 9	Tubulaire pétalée	jaune crème	Feuillage bleu-vert au revers glauque. Baies rouges. Parfumé.
Lonicera periclym. 'Belgica Select' Chèvrefeuille des bois 'Belgica S.'	6m	1,8m	☁	Ordinaire, frais	5	7 et 9	Tubulaire pétalée	crème, abricot, rose foncé	Très parfumé. Fruits rouges très décoratifs.

ENSOLEILLEMENT

GRIMPANTES (Vivaces) (suite)	H	L	☀	TYPE DE SOL	Z	MOIS ✿	FORME ✿	COULEUR ✿	REMARQUES
Menispermum canadensis ⚜ Ménisperme du Canada	4m	1m	☀☁	Léger, sablonneux	3b	—	Sans intérêt	Mâle + femelle	Accepte mi-ombre, couvre rapidement les murs. Fruit toxique.
Parthenocissus sp. ⚜ Vigne vierge	12m	1,5m	☀☁ ☁	Indiférent à riche	3	—	Sans intérêt		Plante coriace. Feuilles virent rouge à l'automne. Vrilles et vantouse.
Polygonum aubertii 🌿 Renouée du Turkestan	8m	1m	☀☁ ☁	Tous sols profonds	5b	7 à 9	Fine grappe	blanc	Abondante floraison. Peu vite devenir envahissante.
Polygonum baldschuanicum ⚜ Renouée de Boukhara	10 à 15m	3 à 4m	☀☁	Frais, riche, drainé	4	7	Grappe vaporeuse	blanc puis rose	Croissance rapide. Fruits rouges brun, décoratifs.
Schizophrragma hydrangeoides Fausse hydrangée grimpante	6 à 9m	3,5m	☀☁ ☁	Argileux, riche, humide	5	6 et 7	Corymbe fertile stérile	blanc crème	S'agrippe seul. Feuilles opposées, ovales, dentées. Grimpant ramifié.
Thladiantha dubia 'Eva' Thladiantha 'Eva'	5 à 6m	1m	☀☁	Drainé, plutôt humide		7 à 9	Grosse trompette	jaune	Très rapide. Grosses feuilles en cœur de 10cm. A des vrilles. Gros fruit rouge.
Vistis riparia ⚜ Vigne des rivages	10m	1,5m	☀☁	Riche, profond, humide	3	6 et 7	Petite parfumée	blanc verdâtre	Raisin sauvage pour le bord des bois ou des rives.

VIVACES	H	L	☀	TYPE DE SOL	Z	MOIS ✿	FORME ✿	COULEUR ✿	REMARQUES
Achillea ptarmica Herbe à éternuer	50cm	50cm	☀☁	Frais à humide	2b	7 à 9	Grappe, pompons	blanc	Celle qui supporte le mieux la mi-ombre. Port buissonnant.
Aconitum napelus Casque de Jupiter	1m	60cm	☀☁	Riche, frais	2b	7 et 8	Hampes stables	bleu rose	Plantes toxiques. Rajeunir régulièrement. Feuillage découpé.
Actaea rubra ⚜ Poison de couleuvre	70cm	40cm	☁	Humifère, frais	2	5 et 6	Grappe compacte	blanc parfumé	Naturalisation. Fruit très décoratif, toxique. Feuillage abondant.
Actaea rubra neglecta Actée à fruits blancs	60cm	45cm	☁	Humifère, frais	2	5 et 6	Grappe compacte	blanc	Cousine de l'actée rouge. Pour sous-bois clair. Toxique aussi.
Actaea pachypoda Actée pachypoda	50cm	45cm	☁	Humifère, frais	3	6	Grappe compacte	blanc	Superbe grappe de fruits blancs à gros pédicelles rouge. Toxique.
Aceriphyllum rossii Aceriphylle	25cm	30cm	☁	Argileux, frais	5	5	Panicule de cyme	blanc rosé	Rare. Protéger l'hiver. Feuilles palmées 5 lobes. Touffe compacte.
Adenophora liliifolia 🌿 Adenophore	80cm	30cm	☀☁	Riche, humide	4	7 à 9	Grappe cloche	bleu	Famille des campanules. Port dressé, stable, vigoureux.
Aegopodium 🌿 Herbe aux goutteux	30cm	40cm	☀☁	Tous les sols	2b	—	Sans intérêt	—	Couvre-sol vert et blanc lumineux. Envahissante.
Ajuga sp. Bugle rampant	15cm	40cm	☀☁ ☁	Frais, humide	3	5	Petits épis	bleu, rose	Excellent couvre-sol pour site ombragé. Choix de feuillage coloré.
Alchemilla sp. Manteau de Notre-Dame	10 à 40cm	25 à 45cm	☀☁	Frais, humide	3	6 et 7	Grappe lâche	jaune vert	Ses belles feuilles forment un beau coussin. Très longue vie.
Amsonia tabernaemontana Amsonie étoile bleue	60cm	45cm	☀☁	Lourd, humide	4	5 à 7	Fleur étoilée	bleu	Accepte une ombre légère. Beau massif. Rougit l'automne.
Anemone canadensis ⚜ 🌿 Anémone du Canada	30cm	80cm	☀☁	Ordinaire	2	6 et 7	Solitaire, massif	blanc	Couvre-sol vigoureux à feuillage palmé attrayant.
Anemone nemorosa 🌿 Anémone anglaise des bois	10cm	20 à 30cm	☀☁	Riche, frais, drainé	5	5 et 6	Étoilée	blanc	Feuillage découpé disparaît en août. Sous-bois. Couvre-sol. ± envahissant.
Anemone sylvestris 🌿 Anémone des forêts	40cm	40cm	☀☁	Riche, drainé	4	6 et 7	Solitaire, massif	blanc léger parfum	Cultivar très vigoureux. Feuilles palmées, découpées. Facile.
Anemone hupehensis var. *japonica* Anémone d'automne	0,5 à 1m	45cm	☀☁	Peu exigeant, drainé	5	8 et 9	Grande, simple	blanc, rose	Port gracieux, souple. Feuilles type érable. Sépales colorées. Tailler !
Arnebia pulchra Fleur des prophètes	25cm	30cm	☁	Argileux, frais	5b	4 et 5	Grappe dressée	jaune tache noire	Coussinet à petites feuilles lancéolées. Semence rare.
Aquilegia canadensis ⚜ Ancolie du Canada	30 à 90cm	30cm	☀☁	Humide, drainé	3b	5 et 6	Munie d'éperon	écarlate et jaune	Fleur pendante. Feuillage lobé, vert grisâtre. Accepte l'ombre.

VIVACES (suite)	H	L	☀	TYPE DE SOL	Z	MOIS ✿	FORME ✿	COULEUR ✿	REMARQUES
Aralia nudicaule ⚜ Aralie à tige nue	60cm	50cm	☁	Acide, bien drainé	3	7	Ombelle	blanc vert	Feuille unique, composée, émergeant d'un rhizome. Fruit décoratif.
Aralia racemosa ⚜ Aralie à grappes	1,5m	1m	☁	Acide, bien drainé	4b	7	Grappe	blanc vert	Utiliser pour aromatiser la 'Rootbeer'. Feuillage découpé.
Arisaema atroruben ⚜ Petit prêcheur	60cm	30cm	☁	Humide, sous-bois	3b	5 et 6	Fleur en cornet	pourpre et vert	Beau en petit groupe. Feuillage découpé en 3 grands lobes.
Aruncus sp. Barbe de bouc	25 à 1,5m	30 à 90cm	☁	Riche, acide, frais	3	5 et 6	Panicule fournie	blanc crème	Rustique, facile, longue vie. Aspect léger, découpé.
Asarum sp. ⚜ Gingembre sauvage / Asaret	15cm	25cm	☁	Riche, humide	3b	5	Sans intérêt étrange	pourpre	Peu connu. Beau tapis persistant sous les arbres feuillus.
Astilbe sp. Astilbe	0,2 à 1,5m	20 à 80cm	☀☁	Riche, frais	4 et 5	var.	Panicule plume	var.	Plante très populaire. Pour toutes situations. Feuillage attrayant, découpé.
Astilboïdes tabularis Syn.: *Astilboïdes rodgergia*	1,2m	1m	☁	Acide, riche	4	6 et 7	Panicule plume	blanc	Immenses feuilles rondes de 60cm de diamètre presqu'en parapluie.
Astrantia major Astrance	70cm	40cm	☁	Riche, frais	4	6 à 8	Ombelle, bractée	blanc à pourpre	Intéressante pour sa longue floraison. Feuille 3 à 5 lobes.
Bergenia sp. Bergénie	20 à 40cm	50cm	☀☁	Tous sols frais	3	5 et 6	Grappe	rosé	Possède un beau feuillage lustré, pourpre à l'automne.
Boykinia sp. Boykinia	15 à 80cm	30 à 50cm	☁	Humifère, nutritif	4	5 ou 7	Grappe	blanc, rose	Peu connu, elle forme de grands tapis ou gros coussins.
Brunnera macrophila Myosotis du Caucase	40cm	50cm	☀☁	Tous sols frais à sec	3	5 et 6	Petite nombreus	bleu	Grosses feuilles rugueuses. Fleurit avant la feuillaison. Couvre-sol.
Calamintha sp. Calament	40cm	40cm	☀☁	Léger, drainé,	4b	7 à 9	Tubulée verticillée	blanc, rose	Feuillage aromatique vert ou panaché. Tolère l'ombre des arbres.
Caltha palustris ⚜ Caltha des marais	30cm	30cm	☀☁	Riche, humide	2	5 et 6	Corymbe	blanc, jaune	Aime les bords de pièce d'eau marécageux. Feuilles attrayantes.
Campanula sp. ⚜ Campanules	var.	var.	☀☁	Tous les sols	var.	var.	Clochette	blanc, bleu	Préfère le soleil, supporte l'ombre. Texture souvent délicate.
Cardamine sp. Cardamines	20 à 40cm	40cm	☁	Argileux, frais		5 et 6	Simple, double	blanc, rose	Robuste, élégante. Pour lieux humide, sous-bois clair.
Cerastigma plumbago Plumbago / Dentelaire	25cm	40cm	☀☁	Meuble, drainé	5	7 à 10	Groupé simple	bleu gentiane	Le sol doit être chaud et cailloteux à l'ombre. Superbe tapis.
Chiastophyllum 'Goldtrup' *Chiastophyllum* 'Goldtrup'	20cm	30cm	☁	Riche, humide	5	5 à 7	Épi retombant	jaune or	Feuillage semblable aux succulents. Auge, muret.
Chelone obliqua ⚜ Galane / Tête de tortue	60cm	50cm	☁	Ordinaire, humide	3	8 à 10	Épi dense	blanc, rose	Rustique, très beau sur le bord de pièce d'eau. Port érigé, droit, dense.
Chrysogonum virginianum Étoile d'or	20cm	40cm	☀☁	Riche, frais	5	6 à 9	Capitule étoilée	jaune or	Méconnue. Éclaire les coins sombres. Feuilles charnues. Fleurs abondantes.
Cimicifuga spp. Cierge d'argent	1 à 2m	0,6 à 1m	☀☁	Profond, humide	3b	var.	Long épi	blanc	Plante majestueuse pour sous-bois ou ombre. Feuillage découpé.
Claytonia caroliniana ⚜ Claytonie de Caroline	25cm	20cm	☁	Humifère, frais	3b	4 et 5	Grappe lâche	blanc veiné rose	Pour coin ombragé d'un jardin printanier. Feuillage luisant.
Clintonia borealis ⚜ Clintonie boréale	20cm	15cm	☁	Très acide, humide	3b	5 et 6	Ombelle	jaune vert	Sous-bois de conifère. Feuilles larges, lustrées en coupe. Fruit.
Convalaria majalis 🌿 Muguet	20cm	30cm	☀☁	Frais, humide	3	5	Clochettes	blanc, rose	Très parfumée. Peut devenir envahissante. Feuilles larges ovales.
Coptis groenlandica Savoyane	3cm	50cm	☁	Acide, frais, léger	3	5 et 6	Minuscule	blanc	Couvre-sol pour sous-bois de conifères. Persistant lustré.
Cornus canadensis ⚜ Quatre-temps	20cm	30cm	☀☁	Acide, drainé	2	5 et 6	Bractée	blanc	Sous-bois ou rocaille ombrés. Feuillage unique en rosette surélevée. Fruit.

ENSOLEILLEMENT

VIVACES (suite)	H	L	☀	TYPE DE SOL	Z	MOIS ✿	FORME ✿	COULEUR ✿	REMARQUES
Corydalis sp. Corydale	30cm	30cm	☀☁	Humide, drainé	4b	5 à 10	Grappe dégagé	bleu, jaune	Plante à floraison remontante. Feuilles très délicates, bleutées.
Cryptotaenia japonica Syn. : *Cryptotaenia* 'Atropurpurea'	50cm	60cm	☀☁	Riche, humide	4	6 et 7	Sans intérêt	blanc, rose	Feuilles lustrées, trifoliées pourpre bronze. Jolie mais peu connue.
Cymbalaria muralis Linaire	10cm	30cm	☁	Frais à sec	4b	7 à 9	Petites, masse	lilas	Jolie cascade aux flancs des murs ombragés. Tapis délicat.
Darmera peltata Plante ombrelle	80cm	60cm	☀☁	Humide	2	4 et 5	Ombelle hâtive	blanc rosé	Grosses feuilles circulaires de 45cm de diamètre. Pièce d'eau.
Dicentra sp. Cœur saignant	var.	var.	☀☁	Frais, humide	3	var.	Grappe pendante	blanc, rose	Jolie dans les jardins mi-ombre. Texture délicate, port arqué.
Digitalis sp. Digitales	var.	var.	☀☁	Frais, drainé	4	var.	Cloches en épi	rosé crème	Supporte mal la chaleur. Imposante. Spectaculaire bisannuelle.
Disporum pullum 'Variegata' Disporum panaché	45cm	60cm	☀☁	Tourbeux, humide	6	5	Clochettes pendante	vert et blanc	Feuilles type Sault de Salomon avec bordure nette, blanche.
Disporum smilacinum Disporum	45 à 60cm	30 à 60cm	☀☁	Tourbeux, humide	6	5	Clochettes pendante	blanc vert	Inverse de *pullum*, feuilles blanches avec striures ou lignes vertes.
Doronicum sp. Doronics	45cm	40cm	☀☁	Consistant, drainé	4	5 et 6	Capitule rayon	jaune or	Parmi les premières à fleurir. Beau feuillage lustré. Illumine !
Dracocephalum Tête de dragon	30cm	30cm	☁	Sableux, frais à sec	3	7 et 8	Épi ou racème	bleu violacé	À l'ombre, s'assurer que le sol est sec. Ressemble à la sauge bleu.
Duchesnea Faux-fraisier	10cm	30cm	☀☁	Humide, perméable	4	5 à 7	Fleur simple	jaune	Couvre-sol pour sous-bois ombragé. Fruit sans saveur.
Eoemecon chionantum Pavot de neige	40cm	60cm	☀☁	Frais à humide, drainé	6	7	Simple	blanc	Fleurs bien au dessus du feuillage rond, luisant. S'étale.
Epimedium sp. Fleur des Elfes	25cm	30cm	☁	Humide, drainé	3b	5 et 6	Petite, éperon	blanc, rose jaune	Peu connu, fleurit au printemps, beau feuillage veiné bronze.
Eupatorium sp. Eupatoires	0,8 à 2m	0,4 à 1m	☀☁	Riche, frais	4b	var.	Panicule large	rose	Plante imposante. Foraison prolongée. Pour jardins d'automne.
Fallopia japonica 🌿 Renouée / Polygonum	1m+	1m	☀☁	Humide à frais	3	8 et 9	Panicule lâche	crème	À introduire prudemment. Envahissant ! Complément d'arbuste.
Fillipendula sp. Fillipendule	0,3 à 1,8m	30 à 50cm	☀☁	Riche, frais	3	var.	Panicule, corymbe	blanc rose	Mi-ombre légère. Floraison vaporeuse. Textures fines.
Fougères sp. ⚜ Fougères	var.	var.	☀☁	Meuble, riche	var.	—	Sans intérêt	—	Plusieurs variétés, plantes idéales pour lieux ombragés.
Galium odoratum Aspérule odorante	15cm	30cm	☀☁	Ordinaire, frais	4	5 et 6	Nombreuse	blanc	Éclaire les sous-bois. Parfume les vins blancs. Feuilles verticillées.
Gentiana asclepiadea Gentiane asclepiadea	50cm	60cm	☀☁	Meuble, frais, acide	3	8 et 9	Clochettes, groupée aisselle	bleu, violet	Rare, difficile, mais fleurit à l'ombre. Longue tige arquée, feuilles opposées.
Geranium sp. Géranium presque tous	var.	var.	☀☁	Ordinaire, drainé	var.	var.	Coussin lâche	var.	Les plus tolérant à l'ombre : Clarkei, Macrorrhizum, Phaeum. Odorants.
Geum sp. Benoîte	50cm	40cm	☀☁	Riche, meuble	4	6 et 7	Simple, semi-double	orange, jaune rouge	Plus vigoureux si divisé aux 3 ans. Gros coussin persistant.
Gillenia trifoliata Spirée trifoliée	90cm	65cm	☁	Acide, humide	4	7 et 8	Étoile, calice rouge	blanc laiteux	Port érigé, gracieux. Fleurs aériennes. À découvrir, vaporeux.
Glegoma hederacea ⚜🌿 Lierre terrestre	10cm	1m	☀☁	Frais, poreux	3	5 et 6	Petites, éparses	bleu, lavande	Utile comme couvre-sol envahissant. Naturaliser.
Glaucidium palmatum Glaucidium	30 à 60cm	70cm	☀☁	Humifère, frais	5	4 et 5	Coupe 4 pétales	rose lilas	Culture délicate. Coussin glauque et palmé. Beau, peu connue.
Globularia repens Globulaire rampante	10cm	30cm	☀☁	Sec, caillouteux	5	5 et 6	Capitule	bleu	Couvre-sol qui demande à être protégé l'hiver.
Hacquetia epipactis Hacquetia	15cm	15 à 20cm	☀☁	Sec à frais	3	4	Petite touffe	jaune doré	Les fleurs se retrouvent entourées d'une couronne de feuilles. Jardin alpin.

VIVACES (suite)	H	L	☼	TYPE DE SOL	Z	MOIS	FORME	COULEUR	REMARQUES
Hedera helix 'Baltica' Lierre anglais	20cm	45cm	☁	Riche, drainé	4b	—	Sans intérêt	—	Surtout utilisé comme couvre-sol pour ombre. Feuilles angulaires.
Helleborus sp. Rose de Noël	30cm	30cm	☁	Calcaire, humide	5	4 et 5	Large inclinée	crème, rose, vert	Feuilles persistantes, pour jardin de printemps. Très jolies.
Hemerocallis sp. Lis d'un jour	var.	var.	☼	Riche, frais	var.	var.	Montée sur hampe	teintes chaudes	Préfèrent le soleil, supportent l'ombre. Touffe, feuilles rubanées.
Hepatica sp. Hépatique	15cm	25cm	☁	Humifère, frais	3	4 et 5	Solitaire	blanc, rose, rouge	Feuilles trilobées, étranges, épaisses. Ne pas déranger une fois établie.
Hesperis matronalis Julienne des dames	70cm	40cm	☼☁	Riche, frais	3	6 et 7	Grappe terminale	blanc, mauve	Embaume les soirées. Rajeunir aux 2 à 3 ans. Touffe dressée.
Heuchera sp. Heuchères	var.	var.	☼☁	Riche, frais	3	7 et 8	Grappe, brouillard	blanc, rouge	Feuillage très décoratif. Ondulé, découpé, coloré. Rajeunir régulièrement.
Heucherella sp. Heucherelle	40cm	30cm	☼☁	Riche, frais	3	6 à 9	Grappe, brouillard	rosé crème	Croisement entre Heuchère et Tiarelle. Très jolie feuillage lobé.
Hosta sp. Lis plantain	20 à 90cm	30 à 80cm	☁	Riche, frais	3 et 4	7 et 8	Hampe, cloche	blanc, lilas	Plante par excellence pour l'ombre. Feuillage attrayant.
Houstonia caerulea Étoile bleue	5cm	20cm	☁	Humide, siliceux	3	4 à 6	Étoile lâche	bleu	Idéal pour rocaille humide et les auges. Coussin ramifié.
Houttuynia Plante caméléon	50cm	55cm	☼☁	Riche, humide	4b	7 et 8	Sans intérêt	blanc	Feuilles rouges, jaunes et vertes. Odeur ferreuse. Couvre-sol.
Hylomecon japonica Hylomecon	30 à 50cm	30 à 50cm	☁	Sec à frais	5	5 et 6	Simple 5 pétales	jaune	Coussin de feuilles, palmées, pointues. Gros bouton d'or.
Iris cristata Iris à crête charnue	20 à 25cm	30 à 60cm	☼☁	Riche, toujours frais	4	5	Grosse étoile	bleu, lilas	Originaire des sous-bois. Fleurs ne dépassent pas les feuilles. Bordure, tapis.
Iris foetidissima Iris fétide / Iris gigot	70cm	50cm	☼☁	Ordinaire, frais à sec	5b	6	Sans intérêt	lilas	Supporte bien l'ombre. Fruits décoratifs. Feuilles larges, 2cm.
Iris versicolor Iris versicolore	80cm	50cm	☼☁	Humide à sec	3	6	Pétales sépales larges	violet lavande	Préfère le soleil, supporte bien l'ombre. Feuilles rubanées longues, fines.
Jasione laevis Jasione	25cm	30cm	☼☁	Riche, humide	4	6	Pompon	bleu mauve	Fleur campanulée en boule. Émet des stolons. Coussin persistant.
Jeffersonia diphylla Jefferson à deux feuilles	25cm	15cm	☁	Frais, humifère	4	4 et 5	Simple, 8 pétales	blanc pur	Grandes feuilles 40cm divisées en 2 en forme de papillon. Dôme.
Kalimeris incisa Aster japonais simple	60cm	30cm	☼	Ordinaire	4 et 5	9 et 10	Capitule	blanc, lilas	Démontre une grande robustesse. Touffe légère.
Kirengeshoma sp. Clochette jaune	0,9 à 1,5m	65cm	☁	Riche, frais, acide	4 et 5	8 et 9	Cloches pendantes	jaune crème	Ne pas déranger une fois établie. Toxique. Feuilles palmées, duvet.
Knautia dipsacifolia Knautie	20 à 45cm	30 à 50cm	☼☁	Humide, drainé	4	6 à 9	Capitule en dôme	lilas pâle	Feuilles basales lancéolées pointues. Long pétiole floraux.
Lamiastrum galeobdolon Faux lamier argenté	20cm	45cm	☁	Frais, drainé	3	5 et 6	Épi lâche	jaune	Décoratif, feuilles argentées et vertes. Rampant.
Lamiastrum galeobdolon variegatum Faux lamier rampant	25cm	90cm	☁	Frais, drainé	3	5 et 6	Épi lâche	jaune	Grand rameau à feuilles larges, vert et argent. Rampant, rapide.
Lamium maculatum Lamier	20cm	40cm	☁	Frais, drainé	3	5 et 6	Épi dense	blanc, rose	Feuillage argenté bordé de vert. Couvre-sol. Aime l'ombre.
Ligularia sp. Ligulaire	0,5 à 1,5m	50 à 90cm	☼☁	Riche, humide	4	8 et 9	Épi ou capitule	jaune	Grandes feuilles rondes ou découpées très décoratives. Imposante.
Linnaea borealis Linnée boréale	10cm	30cm	☁	Acide, humifère	1	7 et 8	Clochettes penchées	rose odorante	Persistant classé vivace. Grand sous-bois. Petites feuilles rondes, chapelet.
Liriope sp. Liriope	30 à 40cm	30 à 40cm	☁	Acide, frais, drainé	5	8	Épi dense	violet	Longues feuilles rubanées d'où émergent les longs épis de fleurs.

ENSOLEILLEMENT

VIVACES (suite)	H	L	☀	TYPE DE SOL	Z	MOIS	FORME	COULEUR	REMARQUES
Lobelia sp. Lobélies	70 à 90cm	30 à 60cm	☀☁	Riche, humide	4b	7 à 9	Grappe dense	rouge, bleu	Touffe dressée, très florifères, mais n'ont pas une grande rusticité.
Lunaria annua Monnaie du pape	80cm	50cm	☀☁	Ordinaire, frais	4	6	Sans intérêt	lilas pâle	Bisannuelle cultivée surtout pour ses fleurs séchées.
Lysimachia japonica 'Minutissima' Lysimaque 'Minutissima'	2cm	20cm	☁	Frais, humide	4	7 à 9	Coupe évasée	jaune vif	Plante tapissante, très petites feuilles ovales, lisses. Auge.
Lysimachia nummularia Herbe aux écus	5cm	45cm	☀☁	Riche, humide	3	6 et 7	Solitaire à l'aisselle	jaune	Supporte le soleil si le sol est humide. Rampante doré ou vert.
Lythrum salicaria Salicaire pourpre	90cm	60cm	☀☁	Ordinaire, humide	3	7 à 9	Groupé en verticille	pourpre	Supporte ombre, mais les tiges feuillées sont plus grêle. Colonie.
Meconopsis betonicifolia Pavot bleu	1m	35cm	☁☀	Acide, frais, drainé	4	6 et 7	Grosse, inclinée	bleu ciel	Culture très délicate. Ne pas déranger. Longues feuilles ovales.
Meconopsis napaulensis Pavot à fleurs rouges	1,5 à 3m	50cm	☁☀	Graveleux, frais, drainé	4	6 et 7	Grande, simple	rouge vin	Cousin du pavot bleu. Feuilles très découpées à poil roux. Massif.
Melittis melissophyllum Mélitte des bois	50cm	50cm	☁☀	Riche, humifère	5	5 et 6	Grosse, tubulée	rosé à pourpre	Prend quelques années à s'installer. Beau en massif. Touffe arrondie.
Mertensia maritima Mertensia maritime	15cm	40cm	☁☀	Sableux, rocailleux	3b	6 et 7	Grappe panicule	bleu rose	Feuillage glauque persistant en rosette sur le littoral maritime.
Mertensia pulmonarioides Cloche bleue de Virginie	40cm	50cm	☁☀	Acide, riche, frais	2	var.	Tubulée, évasée	bleu ciel	Ses grandes feuilles ovales disparaissent après la floraison.
Mertensia virginica Mertensia de Virginie	60cm	30cm	☁☀	Sableux, rocailleux	3	5	grappe panicule	bleu rose	Petites feuilles, rondes, bleu-vert. Rentre en dormance l'été.
Mitchella repens Pain de perdrix	5 à 15cm	20 à 40cm	☀☁	Riche, frais, acide	4	5 et 6	Clochette penchée	blanc	Sous-ligneux, souvent confondu avec la *Linnaea borealis*. Rampant.
Monarda didyma sp. Monardes	1m	55cm	☀☁	Riche, frais, drainé	3	7 et 8	Couronne ébouriffée	var.	Préfère la mi-ombre aux sites trop chauds. Gros massif.
Myosotis sp. Myosotis / Ne m'oubliez pas	30cm	40cm	☁☀	Riche, frais	4	5 à 8	Petites grappes	bleu ciel	Supporte le soleil si le sol est toujours humide. Touffe lâche.
Oenanthe javanica Oenanthe à feuilles de céleri	30cm	40cm	☀☁	Tous sols humide	4b	7 et 8	Étoilé	blanc	Feuillage rose, blanc et vert. Croît moins rapidement à l'ombre.
Omphalodes sp. Omphalodes	15cm	30cm	☁	Frais, jamais sec.	5	5 et 6	Grappe lâche	blanc, bleu	Plante de sous-bois, à petites fleurs de myosotis. Coussin.
Ophiopogon sp. Ophiopogons	15cm	30cm	☁☀	Limoneux, riche	5b	7 et 8	Pompon éparse	blanc rosé	Feuilles linéaires vertes ou noires, en touffe. À protéger à tout prix.
Pachysandra terminalis Pachysandre	20cm	35cm	☁☀	Acide, frais	4	5	Sans intérêt	blanc	Couvre-sol en rosette, lustrée, semi-persistant. Très beau.
Paeonia sp. Pivoines	var.	var.	☀☁	Riche, profonde	3 et 4	5 et 6	Grosse simple ou double	var.	L'ombre doit être légère. Ne pas planter profondément.
Petasites sp. Pétasites	0,8 à 1,5m	1,2m	☀☁☁	Ordinaire, humide	4	4	Sans intérêt	—	Pour garnir de grands espaces humides. Feuilles 1m diamètre.
Phlox divaricata Phlox du Canada	35cm	40cm	☀☁	Riche, frais	3	5 et 6	Grappe étoilée	blanc, bleu, lilas	Pousse très bien à la mi-ombre. Sous-bois. Port lâche, couché.
Phlox stolonifera Phlox rampant à stolon	10cm	40cm	☀☁	Acide, humifère	4	5 et 6	Corymbe	blanc rose violet	Coussin persistant, feuilles arrondies à plat sur le sol. Sous-bois.
Phyteuma sp. Phyteuma	15 à 30cm	15 à 40cm	☀☁☁	Riche, bien drainé	5	var.	Épi, bracté	bleu, blanc, rose	Feuilles linéaires en rosette. Gracieuse, méconnue, exotique.
Phytolacca americana Raisin d'Amérique	1,8 à 2,5m	1 à 2m	☀☁	Consistant, profond	3	6 à 9	Épi dense	blanc, rosé	Touffe imposante. À l'orée du bois. Fruits toxiques. Oiseaux.
Podophyllum sp. Pomme de mai	60cm	50cm	☁☀	Humifère, riche	4	6 et 7	Coupe, solitaire	blanc rosé	Sous-bois clair. Étrange. Gros fruits. Grosses feuilles lobées.
Polemonium sp. Bâton de Jacob	var.	var.	☀☁	Léger, frais	3b	6	Tige érigée	blanc lilas	Une des Très vivaces à sortir au printemps. Très texturée.

VIVACES (suite)	H	L	☼	TYPE DE SOL	Z	MOIS	FORME	COULEUR	REMARQUES
Polygonatum sp. Sceau de Salomon	60cm	40cm		Frais, humifère	3	5 et 6	Pendente à l'axe des feuilles	blanc crème	Accompagne bien la fougère, sous-bois. Port arqué, jolie.
Polygonum sp. Renouée / Persicaire	0,1 à 1,2m	25 à 80cm		Riche, frais	var.	var.	Épi ou racème	var.	Vaste choix. Presque tous à feuillage intéressant. ± rustique.
Primula sp. Primevères	var.	var.		Riche, frais	5	var.	Ombelle épi ou verticille	var.	N'aiment pas les endroits trop chauds. Feuillage souvent gaufré.
Pulmonaria sp. Pulmonaires	var.	var.		Riche, humide	3	5	Clochette en cyme	bleu rose	En bordure des massifs. Feuillage très décoratif, picoté, marbré.
Pyrole elliptica Pyrole élliptique	20cm	15cm		Acide, sec, riche	2b	7	Grappe penchée	blanc odorant	Feuilles ovales, minces, mates. Pour sous-bois conifère, jardin sauvage.
Renonculus montanus Renoncule de montagne	15cm	30cm		Tous sol frais	3	5 et 6	Simple	jaune	Pour coins mi-ombragés et bord de l'eau.
Rheum palmatum Rhubarbe ornementale	2m	1m		Riche, frais	4	6 et 7	Inflorescence	blanc rouge	Imposante pour ombre légère ou soleil. Grandes feuilles découpées.
Rodgersia sp. Rodgersia	1m	1m		Riche, frais	4	6 et 7	Panicule plume	crème	Unique. Grosses feuilles palmées, folioles de 25cm de long. Lent.
Roscoea sp. Fausse orchidée	40cm	50cm		Humifère, riche	5	var.	Hampe dressée	blanc, jaune, rose	Plante méconnue, cousine du gingembre. À protéger.
Sanguinaria canadensis Sanguinaire du Canada	20cm	40cm		Riche, humide	3	4 et 5	Simple ou double	blanc	Rentre en dormance au milieu de l'été. Tapis printanier. Médicinale.
Saxifraga exarata Syn.: *Saxifraga moshata*	15cm	30cm		Riche, frais, drainé	5	5 à 7	Coussin de fleurs	jaune	Tapis de rosettes bronze d'aspect mousseux. Persistant.
Saxifraga umbrosa Désespoir du peintre	20cm	30cm		Humide	5	5	Coussin de fleurs	blanc taché rose	Rosettes aplaties, plus velues et coriaces que *S. urbium*.
Saxifraga urbuim 'Aureopunctata' Saxifrage 'Aureopunctata'	30cm	40cm		Humifère, frais	5	5 et 6	Hampe, étoilée	rosé	Vigoureux. Feuilles en rosette ± moustachées de jaune-crème.
Saxifraga urbium Saxifrage	20cm	30cm		Ordinaire, drainé	5b	5 et 6	Coussin de fleurs	blanc taché rose	Celui qui tolère le mieux les endroits ombragés.
Scrophularia umbrosa 'Variegata' Scrofulaire des lieux ombragés	1m	75cm		Riche, bien drainé	5	6 et 9	Sans intérêt Épi-mince	brun pourpre	Tige carrée. Feuillage panaché plus décoratif que la fleur. Longue floraison.
Sedum spectabilis Orpin remarquable	40cm	50cm		Consistant, drainé	3	8 et 9	Étoilé en cyme	rose	Plante succulente, résiste à la sécheresse. Accepte l'ombre.
Semiaquilegia ecalcarata Fausse colombine	20cm	25cm		Humifère	4	5 et 6	Pendante	rose pourpré	Ressemble à l'Ancolie, mais en plus délicat. Feuillage gris-vert.
Smilacina racemosa Faux sceau 'Salomon'	30cm	60cm		Profond, frais	3b	5 et 6	Panicule terminale	blanc crème	Aime à être cultivé sous les feuillus. Massif. Feuilles lancéolées.
Spigelia marilandica Spigélie du Maryland	30 à 60cm	30cm		Fertile, frais, drainé	5	6 à 8	trompette étoilée	rouge et jaune	Buissonnant, feuilles opposées. Peu connu mais très jolie. Semis.
Stylophorum diphyllum Pavot chélidoine	40 à 70cm	35 à 45cm		Riche, humide	4	6 et 7	Larges pétales	jaune	Feuilles profondément lobées. Vert clair. Se ressème.
Symphytum grandiflora Consoude	30cm	50cm		Frais, drainé	4b	5 et 6	Grappe penchée	crème	Couvre-sol implacable, massif de sous-bois. Tapis dense.
Tellima grandiflora Fausse heuchère	60cm	40cm		Frais	4	6	Cloche, hampe	blanc, rouge	Belle couverture de sous-bois d'ombre dense. Feuilles veinées.
Thalictrum aquilegifolium Pigamon	1,2m	50cm		Léger, frais	4	6 et 7	Inflorescence	blanc, rose, pourpre	Jolie à l'orée des bois, avec arrière-fond vert. Feuillage léger, bleuté.
Thalictrum rochebrunianum Pigamon rochebrunianum	1,7m	50cm		Riche, humide	4	7 8	Dressé, vaporeux	pourpre liliacé	Très vaporeuse. Plus rare mais mieux adaptée. Feuilles vert-bleu.
Thalictrum kiusianum Pigamon	10cm	30cm		Léger, humifère	5b	7 à 9	Petite légère	rose mauve	Accompagne bien les hostas nains dans les sous-bois.
Tiarella cordifolia sp. Tiarelles	30cm	30cm		Riche, léger	3	5 et 6	Grappe dressée	crème rosé	Feuilles type érable décoratives, fleurs vaporeuses. Tapis.

ENSOLEILLEMENT

VIVACES (suite)	H	L	☀	TYPE DE SOL	Z	MOIS	FORME	COULEUR	REMARQUES
Tradescantia x *andersoniana* Éphémère de Virginie	45cm	55cm	☀	Riche, frais	4	7 à 9	Dispersée	blanc, bleu, rose	Longue floraison. Rabattre pour renforcir le feuillage lorsque couché.
Tricyrtis formosa Tricyrtis	60cm	50cm	☀☁	Riche, frais	4b	8 et 9	Cyme, étoile	blanc, rose pourpre	Leur feuillage est intéressant, lustré, tacheté. Port lâche.
Tricyrtis hirta Lis crapaud	60cm	60cm	☀☁	Riche, frais	4b	9 et 10	À l'aisselle	blanc lilas	Touche d'exotisme, fleurs tachetées. Port lâche.
Tricyrtis macropoda 'Tricolor' Syn. : *Tricyrtis tricolore*	60cm	45cm	☀☁	Riche, frais	5	8 et 9	Cyme	blanc et rouge	Feuillage strié vert et rose taché de gris.
Tricyrtis 'Togen' Tricyrtis 'Togen'	90cm	60cm	☁	Riche, frais	5	8 et 9	Type orchidée	blanc et rose	Tiges hautes et arquées. Feuillage lustré. Tuteuré.
Trillium grandiflorum ⚜ Trille à grandes fleurs	35c	25cm	☀☁	Profond, riche	5	5	Pétales ouvertes ondulées	blanc rosé	3 feuilles verticillées. Ne pas prélever dans les bois. Unique.
Trollius sp. Trolles	60cm	50cm	☀☁	Riche, humifère	3	5 et 6	Hampe dressée	jaune	Les nouveaux hybrides fleurissent longtemps. Palmé, luisant.
Uvularia grandiflora ⚜ 🌿 Uvule à grandes fleurs	30cm	30cm	☁	Humifère, drainé	4	5 et 6	Effilochée pendante	jaune	Pour sous-bois ou ombre. Tiges feuillées. Beau en massif.
Vernonia crinita Vernonie	1,3m	0,8m	☀	Lourd, humide	4b	8 et 9	Tubulaire sur cyme	pourpre	Ressemble à l'Eupatoire. Vigoureuse, jolie.
Vinca minor Petite pervenche	15cm	40cm	☀☁	Riche, humide	4	5	Étoilé, solitaire	bleu violet	Longs rameaux, luisant, persistant. Fleurs bleu violet.
Viola sp. Violettes	15cm	30cm	☀☁	Riche, frais	3	5	Simple, maculée	blanc bleu	Attention quelques-unes sont envahissantes. Feuilles en cœur.
Wulfenia carinthiaca Wulfenia de Carinthie	25cm	15cm	☀☁	Calcaire, humide	5	6 et 7	Grappe, unilatérale	bleu violacé	Large rosette brillante d'où jaillissent des fleurs bleues.

GRAMINÉES	H	L	☀	TYPE DE SOL	Z	MOIS	FORME	COULEUR	REMARQUES
Arrhenatherum Avoine à chapelet	40cm	50cm	☀☁	Maigre, plutôt frais	4	6 et 7	Sans intérêt	vert	Feuillage glauque, panaché de blanc.
Arundinaria murielae / *Thamnocalamus* Bambou	2m	1m	☀☁	Léger, frais, drainé	4b	—	Sans intérêt	vert	Grand bambou rustique. Tiges surmontées d'un fin feuillage cascade.
Arundinaria nitida / *Fargesia* Bambou fontaine	1 à 2m	2m	☀☁	Tous sols humides	4	—	Sans intérêt	vert	Touffe compacte, évasé, légèrement pleureur. Protéger l'hiver.
Arundinaria veitchii / *Sasa* 🌿 Bambou nain	40cm	40cm	☁	Tous sols humides	5	—	Sans intérêt	vert ou panaché	Attention où il sera planté car il est agressif. Effet exotique.
Calamagrostis brachytricha Syn. : *Achnatherum* / *Stipa*	1,2m	50cm	☀☀☁	Perméable, sec	4a	6 à 8	Épi lâche beige	vert-gris	Plantation en isolé ou massif, comme vedette. Touffe. Tourne au jaune vif.
Carex buchananii Laîche 'Buchananii'	25 à 50cm	60cm	☀☁	Ordinaire, frais, drainé	5	7	Épillet brun rosé	Rouge cuivré	Port touffu érigé, évasé. Feuilles d'aspect desséché.
Carex divulsa 'Daga-Nishiki' Laîche 'Daga-Nishiki'	45cm	30cm	☀☁	Riche, frais, drainé	5	7	Épillet spiralé, cuivre	dorée lignée vert	Spécimen très élégant. Feuillage souple, arqué, en fontaine.
Carex glauca / *Carex flacca* Laîche bleutée	20cm	25cm	☀☀☁	Tous les sols	5	6 et 7	Épillet brun	bleuté	Tolère bien les racines des arbres. Couvre-sol ± envahissant.
Carex morrowii sp. Laîche japonaise	30cm	40cm	☀☁	Humifère, frais	5b	4 et 5	Épi verdâtre	vert ou panaché	Supporte le soleil en sol humide. Touffe dense érigé, retombant.
Carex muskinguemensis Laîche à feuilles de palmier	60cm	60cm	☀☀☁	Ordinaire, humide	5	—	Sans intérêt	vert clair	Excellent couvre-sol pour bord de ruisseau ou bassin.
Carex ornithopoda Laîche pied d'oiseau	25cm	25cm	☀☁	Humifère, léger	5b	—	Sans intérêt	vert strié blanc	Feuillage très décoratif, ornée d'une ligne crème.
Carex petriei Laîche petriei	20cm	20cm	☀☀☁	Fertile, drainé	5b	6	Épillet sans intérêt	bronze	Touffe originale avec le bout des feuilles spiralé. Rocaille.

GRAMINÉES (suite)	H	L	☀	TYPE DE SOL	Z	MOIS ✿	FORME ✿	COULEUR ✿	REMARQUES
Carex plantaginea ⚜ Laîche-plantain	15 à 35cm	35cm	☀☁	Riche, frais, drainé	4	4 et 5	Épi distant	vert clair	Garniture de sous-bois. Feuillage large, persistant en rosette.
Carex sideroticha 'Variegata' Laîche panachée	30cm	40cm	☀☁	Riche, humide	4	6	Panicule lâche	vert bordure blanche	Coussin rampant, non envahissant. Panaché, jeunes pousses roses.
Chasmanthium latifolium Syn. : *Uniola latifolia*	1,2m	40cm	☀☁	Meuble, humide	5	9 et 10	Épi plat, large	brun violacé	Pour sites chauds. Originale, style bambou. Fleurs séchées.
Dactylis glomerata 'Variegata' Dactyle pelotonné panaché	0,8 à 1,2m	50cm	☀☁	Fertile	5	—	Rare	vert et blanc	Touffe érigée à bouts retombants. Couvre-sol pour petit espace.
Deschampsia caespidosa Deschampsie cespiteuse	0,6 à 1m	50cm	☀☁	Riche, humide	4b	7 à 9	Panicule pyramide	vert à doré	Vraiment un bel effet de légèreté. Intéressante. Sous-bois.
Deschampsia sp. Deschampsie / Canche	0,6 à 1m	50cm	☀☁	Riche, humide	4	7 à 9	Panicule pyramide	vert à doré	Belle gerbe régulière à inflorescence vaporeuse et haute.
Festuca scoparia / *F. gautieri* Fétuque crin d'ours	10cm	30cm	☀☁	Ordinaire, poreux	3b	6 et 7	Épi	vert foncé	Peut couvrir des endroits ombrés avec le temps. Port hérissé.
Hakonechloa macra 'Aureola' Herbe du Japon	45cm	40 à 60cm	☀☁	Fertile, frais, drainé	4	8 et 9	Épillet mince	panaché doré	Feuilles lignées vertes et jaunes peignées dans le même sens. Sous-bois clair.
Hystrix patula Hystris étalé	1m	40cm	☀☁	Fertile, frais, drainé	5	6 et 7	Brosse à bouteille	vert foncé	Touffe de feuilles larges. Inflorescence décorative. Tolère le sec.
Luzula sp. Luzules ⚜	20 à 40cm	30cm	☀☁	Riche à ordinaire	4 à 5	5 et 6	Épis, flocon	vert ou panaché	Pousse même sous les arbres. Épis décoratifs. Feuillage fin.
Millium effusum 'Aureum' Millet diffus doré	60cm	50cm	☀☁	Humifère, frais	4b	6	Épis lâche jaune	ruban doré	Touffe lâche, retombante, d'un très beau jaune à vert lime.
Molinia caerulea 'Variegata' Molinie panachée	0,6 à 2m	0,5 à 0,9m	☀☁	Fertile, frais	4	8 et 9	Épis vaporeux bronze	vert puis doré	Touffe érigée retombante, ordonnée. Doré à l'automne.
Phalaris arundinacea Ruban de bergère 🍀	90cm	50cm	☀☁	Tous les sols	3	5 et 6	Panicule compacte	vert ou panaché	Souvent utilisé pour fixer les talus, les berges. Port dressé, bouts arqués.
Pleioblastus variegatus Bambou panaché	35cm	30cm	☀☁	Frais, humique	5	—	—	—	Un petit bambou rustique pour rocaille ombragée. Aussi doré.
Poa chaixii Pâturin chaixii	80cm	80cm	☀☁	Maigre, frais à sec	5	6 et 7	Épis vaporeux	vert clair	Donne du relief aux jardins ombragés. Port dressé, commun.
Sesleria automnalis Seslérie	30 à 45cm	40cm	☀☁	Ordinaire, sec	4	8 et 9	Épis élancés	vert jaunâtre	Touffe dressée, jaunâtre. Pousse bien sous les arbres.
Sasa veitchii / *Arundinaria* Bambou nain 🍀	40cm	40cm	☀☁	Tous sols humides	5	—	Sans intérêt	vert ou panaché	Attention où vous le plantez car il est agressif. Effet exotique.

ENSOLEILLEMENT

ANNUELLES	H	L	☀	TYPE DE SOL	Z	MOIS ✿	FORME ✿	COULEUR ✿	REMARQUES
Adonis vernalis Adonis du printemps	25cm	30cm	☀☁	Léger, enrichi	—	6 à 9	Simple composé	jaune	Cette variété accepte les sous-bois de feuillus.
Alstroemeria Alstroemeria	80cm	30cm	☁	Riche, humide	—	6 à 9	Petite coupe	jaune, rose, rouge	Pour fleurs coupées, culture délicate.
Anagalis monellii Mouron des champs	40cm	30cm	☀☁	Sol ombragé, frais	—	5 à 10	Épi tombant	bleu cœur rouge	Les racines ne doivent pas avoir chaud. Feuilles linéaires, tige cascade.
Asparagus densiflor Asperge de maison	60cm	40cm	☀☁	Léger, drainé, frais	—	—	Sans intérêt	—	Plante d'intérieur utilisée pour potées mixtes. Port arqué, feuillage très fin.
Asperula orientalis Aspérule azurée	30cm	30cm	☁	Humide	—	6 à 9	Ombelle	bleu pâle	Beau en massif. Fleurs rampantes. Semis direct. Léger parfum.
Impatiens balsamina Balsamine	25 à 75cm	15 à 25cm	☀☁	Riche, léger, frais	—	6 à 9	Tige dressée	blanc au rouge	Fleurit abondamment à l'ombre. Ancienne fleur. Port droit.
Begonia 'Escargot' Bégonia 'Escargot'	40cm	40cm	☀☁	Riche, humide	—	—	Sans intérêt	—	Superbe feuillage argenté, à ourlet pourpre. Enroulé comme un escargot.

ANNUELLES (suite)	H	L	☼	TYPE DE SOL	Z	MOIS ✿	FORME ✿	COULEUR ✿	REMARQUES
Begonia grandis ssp. *evansiana* **Bégonia d'Evans**	50cm	40cm	☁	Riche, humide	—	7 à 9	Grappe tombante	rose pâle	Bégonia à feuilles pointues, vert pâle. Parsemé de fleurs.
Begonia semperflora **Bégonia fibreux**	20cm	20cm	☼☁	Riche, frais, drainé	—	6 à 9	Ombelle pendante	blanc, rose, rouge	Fleurit même sous des conditions adverses. Port solide.
Browalia speciosa **Browalie à grandes fleurs**	var.	var.	☼☁	Riche, frais, drainé	—	6 à 9	Trompette	bleu	Pincer en début de culture pour les faire élargir.
Brugmensia **Brugmensie**	1 à 5m	2m	☼☁	Terreau riche, d'empotage	—	7 à 9	trompette tombante 30cm	rosé, jaune	Le soleil du matin lui convient très bien. Grandes feuilles.
Caladium bicolor **Caladium bicolor**	35cm	30cm	☁	Riche, humide	—	—	—	—	Feuilles très décoratives. Rentrer à l'intérieur l'hiver.
Chlorophytum variegata **Araignée panachée**	30cm	30cm	☁	Constamment frais	—	—	—	—	Plante d'intérieur utilisée pour potées mixtes.
Collinsia heterophyla **Collinsia bicolore**	30 à 60cm	30cm	☼	Frais, drainé	—	6 à 9	Épi dense	blanc, pourpre	Réussit bien sur les versants ombragés des montagnes.
Cuphea **Plante cigare**	30cm	25cm	☼	Tous les sols	—	6 à 9	Tube, cigare	rouge, lilas	Culture intérieur ou extérieur. Très jolie. Port dressé.
Felicia sp. **Felicia**	30cm	20cm	☼☁	Ordinaire, sec, drainé	—	7 et 8	Capitule rayon	bleu, violet	Une des rares fleurs type marguerite à tolérer la mi-ombre. Tailler fleurs fanées.
Fuchsia **Pendant d'oreille**	60cm	40cm	☼☁	Riche, frais, drainé	—	6 à 9	Cloches double	var.	Craint les endroits exposés aux vents. Érigé ou retombant.
Godetia grandiflora **Godétia à fleurs de satin**	var.	var.	☼☁	Pas trop riche, léger	—	7 à 9	Coupe satiné	blanc, rose	N'aime pas les endroits trop chauds. Coussin lâche.
Hedera sp. **Lierre d'intérieur**	var.	var.	☼☁	Terreau léger, frais	—	—	—	—	Leurs feuillages font de belles compositions. Cascade ou rampant.
Helichrysum petiolatum **Immortelle argentée**	60cm	60cm	☼☁	Bien drainé	—	—	—	—	Feuillage attrayant d'aspect duveteux, gris. Cascade ou rampant.
Impatiens auricoma 'Jungle Gold' **Impatiente dorée**	35 à 45cm	50 à 60cm	☁	Riche, plutôt sec	—	6 à 9	Grappe cornet	jaune doré	Très différente, ses fleurs coquillages surmontent les feuilles.
Impatiens balfourii **Impatiente de Balfour**	1,25m	60cm	☼☁	Riche, humide, acide	—	6 à 9	Cornet	rose foncé	Très belle impatiente qui se propage trop facilement. Contôler.
Impatiens glandulifera **Impatiente de l'Himalaya**	1 à 2,5m	30 à 45cm	☼☁	Riche, humide, drainé	—	7 à 9	Cornet à lèvre	teintes de roses	Culture très facile, se ressème allégrement. Port élancé.
Impatiens hawkeri **Impatiente 'Nouvelle-Guinée'**	var.	20cm	☼☁	Riche, meuble, drainé	—	6 à 9	Simple, grande	var.	Choisir les variétés les plus trapues pour un effet tapis.
Impatiens walleriana **Impatientes**	35cm	25cm	☼☁	Riche, léger, frais	—	6 à 9	Simple, double	var.	L'annuelle par excellence pour l'ombre. Massif, coloré.
Lobelia erinus **Lobélie**	var.	var.	☼☁	Riche, frais, drainé	—	6 à 9	Masse	bleu lilas	Préfère le soleil, mais supporte bien l'ombre. Massif, dense de fleurs.
Matthiola longipetala ssp. *bicornis* **Giroflée grecque**	30 à 45cm	15 à 20cm	☼☁	Peu fertile, drainé	—	7 à 9	Grappes éparses	lilas, violet	Une giroflée à parfum et fleurs nocturnes. Feuilles grisâtres, tiges entremêlées.
Melianthus major **Mélianthe**	1,5m	1m	☼☁	Riche, frais, drainé	—	—	—	—	Grandes feuilles composées, type fougère, bleutées. Port évasé.
Mimulus **Mimule**	25 à 50cm	30 à 50cm	☼☁	Humide	—	5 à 10	Grande maculée	jaune, rouge	Fleurit abondamment sous toutes conditions.
Nemophila maculata **Némophile maculée**	15 à 20cm	30cm	☁	Léger, frais, humide	—	6 à 9	Petite coupe	lilas maculé violet	Annuelle retombante, plutôt fragile. Gracieux, florifère.
Nemophila menziesii / *N. punctata* **Némophile ponctuée**	15 à 20cm	30cm	☼	Léger, frais, humide	—	6 à 9	Coupe 2,5cm	blanc, bleu, pourpre	Tiges rampantes, couvre-sol qui s'étale en touffe gracieuse.
Nicotiana affinis / *Nicotiana alata* **Nicotine odorante**	var.	var.	☼☁	Riche, frais	—	6 à 9	Grande étoile	blanc, rose, rouge	N'aime pas les endroits trop chaud. Odorante. Tolère la mi-ombre.

ANNUELLES (suite)	H	L	☼	TYPE DE SOL	Z	MOIS	FORME	COULEUR	REMARQUES
Nierembergia Niérembergie	20cm	20cm	☼☁	Riche, humide	—	5 à 10	Touffe, cloche	blanc, lilas	Fleurit très tard jusqu'à l'automne. Coussin léger.
Pelargonium peltatum Géranium-lierre	var.	var.	☼☁	Riche, léger, drainé	—	5 à 10	Vaporeux	rosé	Facile d'entretien, éviter les excès d'eau. Tapis coloré ou poté.
Pelargonium sp. Géranium des jardins	var.	var.	☼☁	Riche, léger, drainé	—	5 à 10	Grappe serrée	blanc rose rouge	Fleurit abondamment même à la mi-ombre.
Pelargonium odoratum Géraniums odorants	50 à 80cm	40 à 70cm	☼☁	Drainé, frais à sec	—	6 et 7	Groupée	violet	Vaste choix à odeur d'agrume, épice, pin, menthe, fruit ou rose. Texturé.
Plectostachys serphyllifolia Plectostachys	40cm	40cm	☼☁	Ordinaire, drainé	—	—	Sans intérêt	—	Plus petit que l'*helichrysum petiolaris*. Tout aussi argenté.
Plectranthus sp. Plectranthe	30 à 60cm	60 à 90cm	☼☁	Riche, léger, frais	—	—	Sans intérêt	—	Cultiver pour leurs beaux feuillage velouté, coloré.
Reseda odorata Mignonnette	35cm	30cm	☼☁	Riche, bien drainé	—	6 à 9	Grappe serrée	jaune vert	La plus parfumée des annuelles. Endroit frais.
Ricinus communis Ricin commun	2m	1,5m	☼☁	Riche, frais, drainé	—	7 à 9	Sans intérêt	brun rouge	Préfère le soleil, accepte mi-ombre. Grosses feuilles palmées.
Scaevola multiflora Scaevola multifleurs	40cm	40cm	☼☁	Riche, toujours frais	—	6 à 10	Épi tombant	blanc bleu	Supporte tout aussi bien la mi-ombre que le soleil.
Senecio cineraria Cinéraire argenté	25cm	25cm	☼☁	Frais, drainé	—	—	Sans intérêt	—	Beau feuillage blanc, duveteux. Tolère l'ombre.
Solenostemons Coléus	var.	var.	☼☁	Riche, frais, drainé	—	—	Sans intérêt	—	Forment de beaux massifs aux feuillages colorés.
Thunbergia alata Thunbergie	1,5m	40cm	☼☁	Riche, frais	—	6 à 9	Grande, solitaire	jaune gorge noire	Très belle plante retombante en suspendu.
Torenia baillonii 'Suzie Wong' Torénie 'Suzie Wong'	25cm	20cm	☼☁	Riche, humide	—	6 à 9	Trompette bicolore	Doré coeur pourpre	C'est la variété idéale pour couvrir un sol dénudé.
Torenia fournieri Torénie	30cm	20cm	☁	Riche, humide	—	6 à 9	Trompette avec lèvres	blanc, jaune, lilas	Pour pots, rocaille et même sous-bois. Fleurs bicolores.
Vinca rosea / *Catharanthus* Pervenche de Madagascar	25cm	20cm	☼☁	Riche, drainé	—	7 à 9	Simple, grande	blanc, bleu, rose	N'aime pas les endroits venteux et trop froid. Tapis, feuilles lustrées.
Viola sp. Violette / Pensée	var.	var.	☼☁	Riche, frais	—	5 à 10	Simple maculée	var.	Plantes très résistantes aux gels. Planter tôt.

BULBES	H	L	☼	TYPE DE SOL	Z	MOIS	FORME	COULEUR	REMARQUES
Allium cernuum Ail penché	35cm	20cm	☼☁	Drainé, sec	3	6	Boule	rosée	Nettoyer les fleurs fanées, sinon elles se ressèment. Sous-bois clair.
Allium flavum Ail jaune	15 à 40cm	15cm	☼☁	Sec, meuble, drainé	4	7 et 8	Ombelle très lâche	jaune	Feuilles tubulaires. Ombelle à clochettes retombantes.
Allium tricoccum Ail des bois	30cm	20cm	☼☁	Humifère	4	5	Ombelle dressée	blanc vert	Interdit de récolter dans les bois, faites vos semis. Sous-bois.
Allium schoenoprasum Ciboulette	40cm	30cm	☼☁	Riche, drainé	3	5 et 6	Boule	rose pourpre	Sa floraison est très décorative. Se ressème.
Allium victorialis Ail de Victoria	20 à 40cm	20 à 40cm	☁	Riche en humus	3	6 et 7	Ombelle sphérique	blanc jaunâtre	Feuilles elliptiques plutôt large. Convient au sous-bois.
Anemone 'Blanda' Anémone de Grèce	15cm	25cm	☼☁	Surélevé, chaud	4	5	Capitule étoilée	blanc, rose, bleu	Non rustique. Cultivé à l'abri des roches. Tapis de marguerites.
Arum italicum Gouet	30cm	30cm	☁	Riche, frais	5	5	Sans intérêt	blanc	Fruits plus intéressants que les fleurs. Sous-bois.
Begonia tuberosa Bégonia tubéreux	30cm	30cm	☼☁	Riche, frais, drainé	—	4 à 9	Simple, double	tout sauf bleu	Plante vedette annuelle. Pot, jardinière, bordure. Préfère mi-ombre.

ENSOLEILLEMENT

BULBES (suite)	H	L	☀	TYPE DE SOL	Z	MOIS	FORME	COULEUR	REMARQUES
Bletilla striata Orchidée terrestre	30cm	40cm	☀☁	Humide, perméable	5b	5 et 6	Épi étagé	rose carmin	Pseudo-bulbe peu rustique. Élégante.
Calochortus Lis 'Mariposa'	35cm	30cm	☀☁	Bien drainé	5	6 et 7	Grande coupe	violet, blanc	Culture délicate. Bulbe original. Feuillage effilé, fleur superbe.
Camassia Camassie	40 à 60cm	30 à 50cm	☀☁	Humide, marécage	4	5 et 6	Long épi	blanc, violet	N'est pas aimé des cerfs. Touffe érigée, feuilles étroites.
Camassia leichtlinii 'Variegata' Camassia de Leichtlin panaché	70 à 90cm	40 à 60cm	☀☁	Plutôt humide	3b	5	Épis hauts, étoilées	bleu, pourpre	Fleurs et feuilles toxiques, bulbes comestible. Touffe feuilles étroites.
Chionodoxa luciliae Gloire des neiges	20cm	15cm	☀☁	Drainé, meuble	4	4 et 5	Grappe étoilée	bleu œil blanc	Se naturalise facilement. Feuilles dressées, effilées. Trapu. Se ressème.
Crocus aureus Crocus de printemps	var.	var.	☀☁	Riche, drainé	3	4 et 5	Coupe évasée	blanc, jaune, violet	Très beau en colonie, à l'orée des sous-bois. Port dressé, raide.
Crocus sp. Crocus	15cm	10cm	☀☁	Drainé	3	4 et 5	Tube évasé	jaune, violet	Souvent utilisé en couvre-sol dans la pelouse. Port dressé.
Eranthis cilicica Éranthe / Aconite d'hiver	15cm	20cm	☀☁	Consistant, drainé	4	4 et 5	Pétales simples	jaune citron	Sous-bois clair. Les cerfs n'y touchent pas. Floraison très hâtive.
Erythronium americanum Érythrone d'Amérique / Ail doux	15 à 20cm	10cm	☁	Riche en humus	4b	4 et 5	Étoilée recourbée penchée	jaune or	1 à 2 feuilles élancées, tachées de brun. Dans nos érablières.
Erythronium dens-canis sp. Étrythrone dent-de-chien	15cm	8cm	☁☀	Frais, humifère	4	4 et 5	Étoilée penchée	blanc, lilas, bleu	Feuillage décoratif, vert brillant taché de brun. Ne pas déranger.
Fritillaria imperialis Couronne impériale	var.	var.	☀☁	Très bien drainé !	5	5	Couron-ne	pourpre jaune rouge	Odeur qui déplait aux cerfs de Virginie et rongeurs.
Galianthus nivalis Perce-neige	10cm	10cm	☀☁	Drainé	3	3 et 4	Cloche pendante	blanc	Feuilles élancées d'où émergent des cloches pendantes. Très hâtif.
Hyacinthe orientalis Jacinthe odorante	30cm	15cm	☀☁	Riche, drainé	4	5	Épi dense	blanc rose bleu	À la mi-ombre changer les bulbes aux 2 ans. Odorant.
Leucojum aestivum Nivéole d'été	35cm		☀☁	Peu exigeant	4	5 et 6	Grappe clochette pendante	blanc bordé vert	Groupe de 3 à 5 clochettes. À diviser tous les 3 ans.
Lilium cordatum glenhii Lis des sous-bois	1,2m	60cm	☁	Profond, riche, frais	4		Grosse trompette	blanc verdâtre	Très parfumé. Grande tige épaisse. Feuillage moucheté.
Lilium martagon Lis martagon	1 à 1,2m	30cm	☀☁	Acide à alcalin	4	7	Lis penché	blanc, rose, rouge	Le + résistant à l'ombre. Grandes tiges à feuilles verticillées.
Lithophragma parviflora Lithophragme à petites fleurs	10 à 20cm	10 à 30cm	☁	Acide, tourbeux	5	4 et 5	Grappe, coupe frangée	rose pâle	Cap de roche. Feuilles basales type érable surmontées de hampes florales.
Muscari armeriacum Muscari	20cm	15cm	☀☁	Consistant, drainé	3	5 et 6	Épi dense	blanc, bleu, mauve	Se multiplient rapidement si non dérangés. Feuilles effilées, grappe pointue.
Narcissus sp. Narcisse / Jonquille	var.	var.	☀☁	Riche, léger, drainé	3	5 et 6	Trompette hampe	jaune, blanc	Se naturalise facilement. Aimé des cerfs de Virginie.
Ornithogalum sp. Dame-d'onze-heures	var.	var.	☀☁	Riche, léger, drainé	5	5 et 6	Étoile	blanc vert	À la mi-ombre, changer les bulbes aux 2 ans.
Scilla sibirica Scille de Sibérie	15cm	10cm	☀☁	Riche, frais, drainé	3	5 et 6	Grappe lâche	bleu	Se ressème. Aussi pour sous-bois, pelouse.
Scilla turbergeniana Scille Turbergie	15cm	10cm	☀☁	Peu exigent	3	4 et 5	Grappe lâche	bleu ligné	Son feuillage flétrit tôt. Utile sous des arbustes.
Zantedeschia Calla	45cm	45cm	☀☁	Riche, frais, drainé	—	7 à 10	Cornet	var.	Pour potée, bassin d'eau, sous-bois, fleur coupée.

⚜ indique plante indigène ou naturalisée.
☘ indique plante potentiellement envahissante !

PLANTES QUI PEUVENT VIVRE SOUS LES ARBRES

ARBUSTES	H	L	☀	TYPE DE SOL	Z	MOIS ✿	FORME ✿	COULEUR ✿	REMARQUE
Amorpha canescens Amorpha blanchâtre	90cm	90cm	☀☁	Calcaire, pauvre	3a	6 et 7	Épi érigé	bleu foncé	Son feuillage fin et ses fleurs bleues la démarque.
Abelia mosanensis abélia parfumée	1,5m	1,25m	☀☁	Acide, frais, drainé	5	5 et 6	Trompette étoilée	rose	Vert lustré virant orange rouge à l'automne. Sous conifère humide.
Aronia melanocarpa Aronie noire	1,5m	1,5m	☀☁	Tous sols drainés	4	5 et 6	Corymbe	blanc rosé	La variété 'Autumn Magic' est plus ornementale que l'espèce.
Ceanothus americanus Céanothe d'Amérique	1m	1,5m	☀☁	Pauvre, drainé	4	6 et 7	Panicule plumeux	blanc	Convient aux endroits chauds et secs. Ressemble à un lilas.
Clethra alnifolia Clèthre à feuilles d'aulne	1,2m	2m	☀☁☁	Acide, drainé	4	8 et 9	Épi érigé recourbé	blanc rose	Aime les milieux acide des conifères. Taillez tôt au printemps. Odorant.
Comptonia peregrina Comptonia voyageuse	60cm	1m	☀☁	Acide, sablonneux	2	—	Chaton	—	En naturalisation plutôt qu'en aménagement. Feuilles type fougère.
Diervilla lonicera Diervillée chèvrefeuille	1m	1m	☁	Peu exigeant	3	7 et 8	Clochette par 3	jaune	Culture facile, il s'adapte partout. Buisson drageonneant.
Eleutherococcus sieboldianus Syn.: *Acanthopanax sieboldiana*	2m	2m	☀☁	Tous sols drainés	5	6	Sans intérêt	—	Si facile qu'il pousse même près des solages drainés.
Euonymus nanus Fusain nain	50cm	50cm	☀☁	Tous sols drainés	2a	5 et 6	Sans intérêt	pourpre brunâtre	Pousse sous les arbres, si le site est ensoleillé. Texture fine.
Genista sp. Genêt	10 à 80cm	0,6 à 1m	☀	Pauvre, sec	4	6	Épi érigé	jaune	Pour lieux secs et bien éclairés. Texture fine.
Hedera helix 'Bulgaria' Lierre arbustif 'Bulgaria'	20cm	2m	☀☁☁	Peu exigeant	5b	—	Sans intérêt	—	Le plus rustique des lierres. Résiste au sec.
Hydrangea arborescens Hydrangée arborescente	1,2m	1,2m	☀☁☁	Léger, frais, riche	3	7 et 8	Corymbe	blanc	Feuilles larges. Un peu moins florifère sous les arbres.
Ligustrum amurense Troène de l'Amour	2m	1,5m	☀☁	Peu exigeant, drainé	5	6 et 7	Panicule poilue	blanc crème	Plus souvent utilisé en haie. Tolère sol compact.
Lonicera tatarica Chèvrefeuille de Tartarie	2m	1,5m	☀☁	Bien drainé	4	5	Peu nombreuse	rose	Dommage qu'il soit souvent malade, s'adapte facilement.
Lonicera xylosteoides 'C. Dwarf' Chèvrefeuille 'Clavey's Dwarf'	1m	1m	☀☁	Peu exigeant	4	5	Sans intérêt	blanc crème	Petit arbuste intéressant par sa forme arrondie, douce.
Myrica pennsylvanica Myrique de Pennsylvanie	2m	2m	☀☁	Acide, sablonneux	5	5	Chaton	brun doré	Grande facilité à s'adapter aux conditions difficiles. Port diffus.
Physocarpus opulifolius Physocarpe à feuilles d'obier	2m	2m	☀☁☁	Équilibré, drainé	4	6	Corymbe	blanc	Réussi à pousser partout, même sous des arbres, mais plus frêle.
Potentilla fruticosa Potentille frutescente	0,5 à 1m	0,5 à 1m	☀☁	Peu exigeant	2	6 à 10	Fleur simple	blanc, jaune	En lisière des arbres, si le sol est frais. Feuillage délicat.
Prunus sp. Cerisiers sauvages	var.	var.	☀☁	Peu exigeant, drainé	2 à 5	5 et 6	Fleur simple	blanc rosé	Pour créer des sous-étage sous la couronne de vos arbres.
Rhodotypos scandens Rhodotypos	1,2m	1,5m	☀☁	Tous sols drainés	4b	6 et 7	Simple	blanc	Ressemble à un *Kerria* mais blanc. Fruits noirs. Port diffus.
Rhododendron ssp. *azalea* Azalées hybrides	1 à 2m	1 à 2m	☀☁	Acide, organique	2 à 5	5 et 6	Trompette en grappe	var.	Les variétés 'Lights' sont parfaites pour notre climat.
Rhus aromatica Sumac aromatique	0,8 à 1,5m	2 à 3m	☀	Tous sols secs	4	4 et 5	Chaton	jaune	Un couvre-sol pour grands espaces. Mâle et femelle.
Ribes sp. Gadelier alpin / G. doré	1,5m	1,5m	☀☁☁	Riche, sec	3	5	Grappe	jaune	Surtout utilisé pour haie ou massif à l'ombre. Tolère sous-bois.
Rubus odoratus Ronce odorante	2m	2m	☀☁☁	Fertile et sec	4	6	Fleur simple	rose	Framboisier pour naturalisation, fleurs et fruits intéressants.
Sorbaria sorbifolia Sorbaria à feuilles de sorbier	1,5m	1,8m	☀☁☁	Fertile, humide	2	6 à 8	Panicule érigé	blanc crème	Préfère de meilleurs conditions mais s'adapte bien. Texture fine.

ENSOLEILLEMENT

ARBUSTES (suite)	H	L	☀	TYPE DE SOL	Z	MOIS ✿	FORME ✿	COULEUR ✿	REMARQUES
Sorbaria tomentosa angustifolia Sorbaria d'Aitchison	2m	1,5m	☀☁	Frais, drainé	4a	7	Panicule plumeux	blanc crème	Feuillage très découpé. Rabattre au printemps. Peu exigeant.
Spiraea trilobata 'Sawn Lake' Spirée 'Sawn Lake'	1,5m	2,5m	☀☁	Peu exigeant.	3a	5	Panicule	blanc	Probablement la variété qui supporte le mieux de telles conditions.
Stephanandra incisa 'Crispa' Stephanandra crispé	50cm	1,3m	☀☁	Acide, fertile, drainé	4	6 et 7	Sans intérêt	vert blanc	Étalé, gracieux. À l'orée d'un sous-bois. Tailler au printemps.
Symphoricarpos albus Symphorine blanche	1m	1m	☀☁	Peu exigeant	2	6	Grappe	rosé	Fruits décoratifs. S'adapte facilement sous les arbres, conifères.
Symphoricarpos orbiculatus Symphorine à feuilles rondes	1m	1m	☀☁	Peu exigeant	2b	6	Grappe	jaune rosé	Ses fruits sont pourpres. Plus belle que la blanche.
Tamarix pentendra ramosissima Tamaris de Russie	1,5m à 2m	1 à 2m	☀	Tous les sols	3	7 et 8	Panicule vaporeux	rose	Autant en sol marécageux, que très sec. Aspect plumeux. Orée.
Viburnum sp. Viornes	var.	var.	☀☁	Peu exigeant, fertile	var.	5 et 6	Corymbe cyme	blanc	Très grands choix, pour toutes situations. Fruits.

ARBUSTES PERSISTANTS	H	L	☀	TYPE DE SOL	Z	MOIS ✿	FORME ✿	COULEUR ✿	REMARQUE
Arctostaphylos 'Uva-Ursi' ⚜ Raisin d'ours	15cm	1m	☀☁	Acide, rocheux	2	5	Bouquet	blanc rosé	Plante passe-partout. Beau feuillage lustré. Fruits rouges.
Buxus sp. Buis	0,5 à 1,5m	0,5 à 1m	☀☁	Riche, drainé	5	—	Sans intérêt	vert	Culture délicate. Croît lentement. À protéger l'hiver.
Calluna vulgaris Bruyère commune	30cm	60cm	☀☁	Acide, riche, drainé	5	8 et 9	Grappe serrée	Teintes roses	Beau couvre-sol coloré même sous les grands conifères.
Cotoneaster nanshan / *C. praecox* Cotonéaster rampant précoce	40cm	1m	☀	Frais, drainé	5	5	Groupe de 1 à 2	rosé	Persistant rampant arqué, luisant Fruits, feuilles rouges à l'automne.
Daphne mezereum Daphné 'Bois-joli'	80cm	80cm	☁	Peu exigeant, frais	4	5 et 6	Grappe odorante	Teintes de roses	Semi-persistant. Buisson plutôt étalé, branches raides. Vert-gris.
Euonymus fortunei sp. Fusain de fortune	50 à 80cm	0,5 à 1m	☀☁	Fertile, drainé	4 et 5	—	Sans intérêt	—	Plusieurs variétés, teintes dorés, argentés ou vertes. À protéger.
Gaultheria procumbens ⚜ Thé des bois	10cm	60cm	☁	Acide, frais	2b	5	Peu apparent	rosé	Couvre-sol aromatique, pousse très bien au pied des conifères. Fruits.
Mahonia aquifolium Mahonie à feuilles de houx	1m	1m	☁	Frais, drainé	5a	5 et 6	Épi érigé	jaune	Peut être planté au pied des arbres. Feuilles, fruit attrayants.
Mahonia repens Mahonie rampant	30cm	1,5m	☁	Peu exigeant, frais	4b	5	Grappe érigé	jaune or	Beau couvre-sol bleu-vert entre les arbustes. Fruit noir.
Paxistima canbyi Pachistima 'Canbyi'	30cm	30cm	☀	Acide, léger, drainé	3	—	Sans intérêt	—	Idéal sous les conifères. Petites feuilles linéaires vert foncé puis cuivré.
Pieris floribunda Piéris des montagnes	1,5m	1,5m	☁	Acide, frais, drainé	5b	5	Clochette parfumée	blanc	Un *Pieris* rustique sous notre climat. Feuilles et fruit attrayants.
Pieris japonica Andromède du Japon	1,5m	1,5m	☁	Acide, frais, drainé	6	5	Cloche	blanc	Feuillage bicolore de toute beauté Jeune pousse rougeâtre. Fragile.
Rhododendron élépidote Rhododendron à grosses feuilles	1 à 1,5m	1 à 1,5m	☁	Acide, riche, drainé	5	5	Grosse grappe	var.	Peuvent pousser sous de grands conifères. Protéger.
Rhododendron lépidote Rhododendron à petites feuilles	1 à 1,5m	1 à 1,5m	☀☁	Acide, riche, drainé	3b	5	Grosse grappe	var.	Plus rustique que les précédents. Très populaire.
Vaccinium 'Vistis Idaea' ⚜ Airelle rouge	20cm	50cm	☁	Acide, léger, sableux	1a	5 et 6	Grappe cloche	blanc rosé	Couvre-sol sous les conifères. Beau feuillage lustré. Fruit rouge.

CONIFÈRES	H	L	☀	TYPE DE SOL	Z	MOIS ✿	FORME ✿	COULEUR ✿	REMARQUE
Juniperus sabina 'Skandia' Genévrier sabina 'Skandia'	40cm	1m	☀☁	Peu exigeant, drainé	2	—	—	—	Bon couvre-sol sous forêts basses. Feuillage vert sombre.

CONIFÈRES (suite)	H	L	☀	TYPE DE SOL	Z	MOIS ❀	FORME ❀	COULEUR ❀	REMARQUES
Microbiota decussata Cyprès de Sibérie / C. de Russie	40cm	2m	☀☁	Calcaire et sec	3	—	—	—	Résiste au froid, maladies, piétinement, sécheresse.
Picea abies 'Pumila glauca' Épinette de Norvège 'Globe'	1m	1m	☀☁	Sol plutôt humide	3a	—	—	—	Supporte l'ombre passagère d'arbres plus gros.
Pinus aristata Pin à cônes épineux	2,5m	2m	☀	Sec, pauvre	3	—	—	—	En bordure de boisé car il a besoin de soleil.
Pinus densiflora 'Umbraculifera' Pin rouge japonais parasol	2m	3,5m	☀	Sableux, acide	5	—	—	—	La présence d'arbre le protège des vents et insolations.
Pinus mugo 'Gnom' Pin mugo nain	1m	1m	☀☁	Peu exigeant, drainé	2	—	—	—	Si le lieu est ensoleillé, il supporte les autres arbres.
Taxus canadensis ⚜ If du Canada	2m	2,5	☁	Calcaire, riche, frais	3	—	—	—	Beau couvre-sol permanent de sous-bois.
Taxus cuspidata 'Nana' If du Japon nain	1m	1,5m	☁	Calcaire, frais, drainé	4	—	—	—	Les autres arbres ne le gêne pas si le sol est frais.
Taxus media 'Densiformis' If hybride 'Densiformis'	1m	2m	☀☁	Frais, bien drainé	5	—	—	—	Pour haie basse, massif, rocaille et sous-bois frais.
Tsuga canadensis 'Albo Spica' Pruche 'Albo Spica'	2m	1,2m	☀☁	Ordinaire, humide	4	—	—	—	Pyramide arrondie. Jeunes pousses blanches dirigées vers le bas.

VIVACES	H	L	☀	TYPE DE SOL	Z	MOIS ❀	FORME ❀	COULEUR ❀	REMARQUE
Acaena sp. Acaena	10cm	35cm	☀	Sec, bien drainé	4	7 et 8	Sans intérêt	Blanc	Garni bien le pied de petits arbustes. Tapis, feuillage fin.
Actaea rubra ⚜ Poison de couleuvre	70cm	40cm	☀☁	Humifère, frais	3	5 et 6	Sans intérêt	blanc crème	Fruit très décoratif mais toxique. Feuillage abondant. Naturalisation.
Aegopodium podagraria 'Variegatum' Herbe aux goutteux 🍃	30cm	40cm	☀☁	Tous les sols	3	6 et 7	Sans intérêt	blanc	Supporte un sol sec, pousse mieux en sol frais. Panaché.
Ajuga reptans sp. 🍃 Bugles	15cm	40cm	☀☁	Frais, humide, drainé	3	5	Petits épis	bleu, rose	S'accomode de sol sec. Beau feuillage bronze, panaché.
Alchemilla sp. Manteau de Notre-Dame	10 à 40cm	25 à 45cm	☀☁	Frais, humide	3	6 et 7	Grappe lâche	jaune vert	Ses belles feuilles forment un beau coussin. Très longue vie.
Anemone canadensis ⚜ 🍃 Anémone du Canada	30cm	80cm	☀☁	Ordinaire	2	6 et 7	Solitaire, massif	blanc	Couvre-sol vigoureux même sous les arbres à racines voraces. Coussin.
Anemone nemorosa 🍃 Anémone anglaise des bois	10cm	20 à 30cm	☀☁	Riche, frais, drainé	5	5 et 6	Étoilée	blanc	Feuillage découpé disparaît en août. Sous-bois. Couvre-sol. ± envahissant.
Anemone x hybrida Anémone japonaise	90cm	55cm	☀☁	Riche, frais	5	9 et 10	Grande, simple	var.	Port érigé, fleurs portées sur de grandes hampes. Gracieuse.
Aquilegia canadensis ⚜ Ancolie du Canada	30 à 90cm	30cm	☀☁	Humide, drainé	3b	5 et 6	Munie d'éperon	rouge et jaune	Accepte l'ombre et un sol relativement sec. Feuillage fin.
Aquilegia vulgaris ⚜ Gants de Notre-Dame	65cm	50cm	☀☁	Léger, frais	3	5 et 6	Munie d'éperon	blanc, bleu, pourpre	Robuste, même sous les arbres. Fleur bicolore penchée.
Aralia nudicaule ⚜ Salsepareille	15 à 30cm	30 à 90cm	☁	Riche, frais	4	5 et 6	Ombelle	blanc verdâtre	Long rhizome d'où sortent fleurs et feuilles composées. Bois riche.
Arenaria montana Sabline	15cm	45cm	☀☁	Sableux, bien drainé	3	5 et 6	Tapis de fleurs	blanc	Superbe coussin blanc. Rocaille, cascade, muret.
Arisaema atroruben ⚜ Petit prêcheur	60cm	30cm	☁	Humide, sous-bois	3b	5 et 6	Fleur en cornet	pourpre et vert	Beau en petit groupe. Feuillage découpé en 3 grands lobes.
Armeria formosa Arméria formosa	20 à 30cm	10 à 20cm	☀☁	Plutôt sec	3	6 à 8	Pompon, boule	blanc, rose	Feuilles différentes, type plantain. Longue floraison.
Aruncus sp. Barbe de bouc	0,3 à 1,5m	90cm	☀☁	Riche, acide, frais	3	5 et 6	Panicule fournie	blanc crème	Rustique, facile, longue vie. Aspect léger, découpée.

ENSOLEILLEMENT

VIVACES (suite)	H	L	☼	TYPE DE SOL	Z	MOIS ✿	FORME ✿	COULEUR ✿	REMARQUES
Asarum canadense ⚜ Gingembre sauvage	15cm	25cm	☁	Ordinaire, frais à sec	3b	5	Sans intérêt	pourpre étrange	Pousse naturellement dans nos érablières. Vigoureuse.
Asarum sp. Asarets sauvages	15cm	25cm	☁	Riche, humide	3b	5	Sans intérêt	étrange	Peu connu. Beau tapis persistant sous les arbres feuillus.
Astilbe chinensis pumila Astilbe nain	30cm	40cm	☼☁	Ordinaire, même sec	4	7 et 8	Panicule plume dense	rose malvacé	Ne craint pas la sécheresse des arbres. Touffe basse.
Astilboïdes tabularis Syn.: *Astilboïde rodgergia*	1,2m	1m	☁	Acide, riche	4	6 et 7	Panicule plume	blanc	Immenses feuilles rondes de 60cm de diamètre presqu'en parapluie.
Astrantia major sp. Astrances	70cm	40cm	☁	Riche, frais	4	6 à 8	Ombelle, bractée	blanc à pourpre	Intéressante pour sa longue floraison. Feuilles 3 à 5 lobes.
Aubrieta deltoidea Aubriète	15cm	40cm	☼	Riche, frais à sec	3b	4 et 5	Tapis de fleurs	rose, lilas, mauve	Tapis dense, très florifère. Ne pas tailler à l'automne.
Bergenia sp. Bergenies	20 à 40cm	50cm	☼☁	Tous sols frais	3	5 et 6	Grappe	rosé	Préfère les endroits humides, supporte la sécheresse. Paillez.
Brunnera macrophyla Myosotis du Caucase	40cm	50cm	☼☁	Tous les sols	3	5 et 6	Petites fleurs	bleu ciel	Grosses feuilles rugueuses. Garni bien le pied des arbustes.
Calamintha sp. Calaments	40cm	40cm	☼☁	Léger, drainé	5	7 à 9	Tubulée, verticillée	blanc, rose	Feuillage aromatique vert ou panaché. Tolère l'ombre des arbres.
Campanula alliariifolia ⚘ Campanule 'Ivory Bells'	60cm	50cm	☼☁	Frais à sec	3	6 et 7	Cloches pendantes	blanc	Envahissante, les racines des arbres pourraient les contenir.
Campanula glomerata 'Superba' Campanule 'Superba'	40cm	50cm	☼☁	Tous les sols	3	6 à 8	Tubulée, grappe	blanc, bleu, violet	S'accomode de l'ombre et de la sécheresse sous les arbres.
Campanula persicifolia Campanule à feuilles de pêcher	60 à 1,2m	30 à 40cm	☼☁	Consistant, drainé	4	6 à 8	Cloches ouvertes	Blanc, bleu	Culture facile, même dans de telles conditions. Long épi raide.
Campanula poscharskyana Campanule poscharckyana	20cm	60cm	☼☁	Ordinaire	3	6 à 9	Étoilée	bleu cœur blanc	Peut s'étendre au pied des arbustes. Tapis vigoureux.
Campanula sarmatica Campanule sarmatica	45cm	40cm	☼☁	Drainé, plutôt sec	4	6 et 7	Clochettes lobées	bleu pâle	Velue, grisâtre. Croît sous les arbres si la lumière est vive.
Campanula trachelium ⚘ Campanule gantelée	90cm	55cm	☁	Ordinaire, drainé	3b	7 à 9	Longues clochettes	blanc, bleu	Supporte l'ombre sèche. Grand massif. Feuilles lancéolées irritantes.
Centaurea montana ⚘ Bleuet de montagne	50cm	45cm	☼☁	Ordinaire, calcaire	3b	5 à 7	Capitule solitaire	blanc, bleu	Touffe lâche. Supporte la compétition des racines. Assez rapide.
Cerastotigma plumbago Plumbago / Dentelaire	25cm	40cm	☼☁	Meuble, drainé	5	7 à 10	Groupé simple	bleu gentiane	Talus sec ou à la base des arbutes. Feuilles rouges à l'automne.
Chimaphila umbellata ⚜ Chimaphile à ombelle	30cm	30cm	☁	Acide, drainé	3	6 et 7	Ombelle	blanc, rosé	Convient bien pour jardin sauvage sous conifères.
Chrysogonum virginianum Étoile d'or	20cm	40cm	☼☁	Riche, frais	5	6 à 9	Capitule étoilée	jaune	Tapis dense qui peut accepter le sous-bois clair. Protéger l'hiver.
Cimicifuga spp. Cierge d'argent	1 à 2m	0,6 à 1m	☼☁	Profond, humide	4	var.	Long épi	blanc	Plante majestueuse pour sous-bois ou ombre. Beau feuillage.
Claytonia caroliniana ⚜ Claytonie de Caroline	25cm	20cm	☁	Humifère, frais	3b	4 et 5	Grappe lâche	blanc veiné rose	Pour coin ombragé d'un jardin printanier. Feuillage luisant.
Clintonia borealis ⚜ Clintonie boréale	20cm	15cm	☁	Très acide, humide	3b	5 et 6	Ombelle, cloche	jaune vert	Sous-bois de conifère. Feuilles larges, lustrées, ovales. Fruit bleu.
Convalaria majalis ⚘ Muguet	20cm	30cm	☼☁	Frais, humide, acide	3	5	Clochette	blanc, rose	Planter sous de grands arbres. Parfumé. Feuilles larges ovales.
Coptis groenlandica Savoyane	3cm	50cm	☁	Acide, frais, léger	3	5 et 6	Minuscule	blanc	Couvre-sol pour sous-bois de conifères. Persistant lustré.
Cornus canadensis ⚜ Quatre-temps	20cm	30cm	☼☁	Acide, drainé	2	5 et 6	Bractée	blanc	Sous-bois ou rocaille ombrés. Feuillage unique en rosette surélevée. Fruit.
Coronilla varia ⚘ Coronille	30cm	50cm	☼	Caillouteux	3	6 à 9	Réunie en ombelle	rose	Ses pousses peuvent atteindre 1 à 2 m. de long. Rampant. Peu exigeant.

VIVACES (suite)	H	L	☼	TYPE DE SOL	Z	MOIS	FORME	COULEUR	REMARQUES
Corydalis sp. Corydales	30cm	30cm	☼☁	Humide, drainé	4	5 à 10	Grappe dégagée	bleu, jaune	Plante à floraison remontante. Feuilles très délicates, bleutées.
Cymbalaria muralis Linaire	10cm	30cm	☁	Frais à sec	4	7 à 9	Coussin masse	lilas	Préfère les murets, mais peut servir de couvre-sol. Délicat.
Dicentra canadensis ⚜ Dicentre du Canada	15 à 25cm	10 à 15cm	☁	Riche, frais	4	5 et 6	Capuchon éperon	blanc verdâtre	Ressemble à *D. cuvullaria*. Sa fleur est également teinté de pourpre.
Dicentra cuvullaria ⚜ Dicentre à capuchon	15 à 30cm	10 à 20cm	☁	Riche, frais	4	5 et 6	Capuchon éperon	blanc et jaune	Texture très délicate, découpé. Pour abeilles et papillons à grande trompe.
Dicentra formosa Cœur saignant	35cm	50cm	☁	Frais, riche, drainé	3	5 à 9	Grappe pendante	blanc, rose	Jolie dans les jardins mi-ombre. Texture délicate.
Dicentra spectabilis Cœur saignant	60cm	50cm	☼☁	Frais, humide	3	5 et 6	Cœur pendant	blanc, rose	Feuillage glauque, profondément lobé. Entre en dormance.
Digitalis sp. Digitales	var.	var.	☁	Frais, drainé	4	var.	Cloche en épi	rosé crème	Supporte mal la chaleur. Imposante. Spectaculaire bisannuelle.
Epimedium sp. Fleur des Elfes	25cm	30cm	☁	Humide, acide, drainé	3b	5 et 6	Petite, éperon	blanc, rose jaune	Feuilles veinées bronze. Aime la compagnie des rhododendrons.
Epimedium x versicolor Épimédium 'Sulphureum'	35cm	45cm	☁	Humide, acide, drainé	4	5 et 6	Petite, éperon	jaune clair	Celle qui convient le mieux à l'ombre, sol sec. Veiné rouge.
Fillipendula vulgaris Fillipendule hexapetala	60cm	40cm	☼☁	Ordinaire à sec	3	6 à 8	Panicule légère	blanc crème	Pousse bien sous les arbres si la lumière est présente. Texturé.
Galium odoratum Aspérule odorante	15cm	30cm	☼☁	Ordinaire, frais	4	5 et 6	Nombreuse	blanc	Éclaire les sous-bois. Parfume les vins blanc. Feuilles verticillées.
Geranium cinereum Géranium vivace	15cm	30cm	☼☁	Ordinaire, drainé	4	6 à 8	Coussin lâche	rose, pourpre	Cultivars remarquables. Facile. Cœur foncé. Feuillage décoratif.
Geranium macrorrhizum Bec de grue	30 à 45cm	35 à 50cm	☼☁	Ordinaire à sec	4	5 et 6	Groupé simple	blanc, rose	La variété par excellence sous les arbres. Feuilles palmées, aromatiques.
Geranium nodosum Géranium noueux	35cm	50cm	☼☁	Ordinaire à sec	5		Simple 5 pétales	Lavande veiné indigo	Fleur dressée au dessus du feuillage type feuilles d'érable. Couverture de neige.
Geranium phaeum Géranium à fleurs noires	50cm	45cm	☼☁	Ordinaire, drainé	5	6 et 7	Groupée simple	marron foncé	Feuilles profondément divisées, avec zone pourpre-noir au centre.
Geranium sanguineum Géranium sanguin	30cm	50cm	☼☁	Ordinaire, sableux	3	5 à 8	Coussin lâche	rose magenta	Une des plus facile, qui s'accomode à toutes situations. Feuilles palmées.
Geranium thunbergii Bec de Grue	30cm	50cm	☼☁	Ordinaire, même sec	6b	7 à 9	Coussin étalé	blanc, rose	Réussit bien sous des arbustes. Se ressème. Plus tardive.
Geum sp. Benoîtes	30cm	30cm	☁	Frais, meuble	4	5 à 7	Solitaire, masse	rouge orangé	Rabattre à la mi-été pour une 2e floraison. Gros coussin.
Gillenia trifoliata Spirée trifoliée	90cm	65cm	☁	Acide, humide	4	7 et 8	Étoile, calice rouge	blanc laiteux	Port érigé, gracieux. Fleurs aériennes. À découvrir, vaporeux.
Glechoma hederacea 'Variegata' Lierre terrestre panaché 🌿	10cm	50cm	☼☁	Poreux, frais	3	5 et 6	Petit épi	bleu violacé	La variété panaché est plus jolie que l'espèce. Feuilles odorantes.
Hedera helix 'Baltica' Lierre anglais	20cm	45cm	☼☁	Riche, drainé	5b	—	Sans intérêt	—	Surtout utilisé comme couvre-sol pour ombre. Feuilles angulaires.
Helleborus orientalis Hellébore orientale	40cm	50cm	☁	Ordinaire	5	4 et 5	Panicule	Très variable	Garni bien la base des arbustes. Protection hivernale.
Hemerocallis sp. Hémérocalles	0,3 à 1,0m	50cm	☼☁	Riche, frais, profond	3 et 4	var.	3 pétales, 3 sépales	jaune rouge orange	Très versatile, plusieurs peuvent croître sous les arbres. Feuillage rubané.
Hepatica sp. ⚜ Hépatiques	15cm	25cm	☼☁	Humifère, frais	3	4 et 5	Solitaire	blanc, rose, rouge	Feuilles trilobées, étranges, épaisses. Ne pas déranger une fois établie.
Heuchera sp. Heuchères	20 à 50cm	25 à 60cm	☼☁	Riche, frais	3 et 4	7 et 8	Grappe, brouillard	blanc rouge	Feuillage très décoratif ondulé, découpé, coloré. Plusieurs variétés.
Heucherella Heucherelle	40cm	30cm	☼☁	Riche, frais	3 et 4	6 à 9	Grappe, brouillard	rosé crème	Croisement entre Heuchère et Tiarelle. Très joli feuillage lobé.

ENSOLEILLEMENT

VIVACES (suite)	H	L	☼	TYPE DE SOL	Z	MOIS	FORME	COULEUR	REMARQUES
Hosta sp. Hosta / Lis plantain	20 à 90cm	30 à 80cm	☼☁	Riche, frais	3 et 4	7 et 8	Hampe, cloche	blanc lilas	La majorité peuvent garnir le pied des arbres. Pailler. Feuilles attrayantes.
Iris foetidissima Iris fétide / Iris gigot	70cm	50cm	☼☁	Ordinaire, frais à sec	5b	6	Sans intérêt	lilas	Fruits décoratifs, graines écarlates en octobre.
Jovibarba sp. Joubarbe / Barbe de Jupiter	15cm	20cm	☼☁	Très peu de terre	3	7 et 8	Étoilée	jaune	Supporte la sécheresse, sous les arbres, si assez ensoleillé.
Knautia dipsacifolia Knautie	20 à 45cm	30 à 50cm	☼☁	Humide, drainé	4	6 à 9	Capitule en dôme	lilas pâle	Feuilles basales lancéolées, pointues. Long pétiole floraux.
Lamiastrum galeobdolon Faux lamier argenté	20cm	45cm	☁	Frais, drainé	3	5 et 6	Épi lâche	jaune	Forme un beau tapis argenté au pied des arbres, arbustes.
Lamiastrum galeobdolon variegatum Faux lamier rampant	25cm	90cm	☁	Frais, drainé	3	5 et 6	Épi lâche	jaune	Grand rameau à feuilles larges, vert et argent. Couvre-sol.
Lamium maculatum Lamier	20cm	40cm	☁	Frais, drainé	3	5 et 6	Épi dense	blanc, rose	Se contrôle mieux que le précédent. Superbe feuillage argenté.
Ligularia sp. Ligulaire	1 à 2m	60 à 90cm	☼☁	Riche, humide	4	8 et 9	Épi ou capitule	jaune	Grandes feuilles rondes ou découpées très décoratives.
Linnaea borealis Linnée boréale	10cm	30cm	☁	Acide, humifère	1	7 et 8	Clochettes penchées	rose odorante	Persistant classé vivaces. Grand sous-bois. Petites feuilles rondes, chapelet.
Liriope muscari Liriope muscari	30cm	30cm	☼☁	Acide, frais, drainé	5	8	Épi dense	violet	Longues feuilles rubanées groupées en rosettes dressées.
Lysimachia clethroïdes Cou d'oie	90cm	60cm	☼☁	Riche, frais	3	7 à 9	Épi courbé	blanc	Fleur curieusement coudée. Feuillage rouge en automne.
Lysimachia nummularia Herbe aux écus	5cm	45cm	☼☁	Riche, humide	3	6 et 7	Solitaire à l'aisselle	jaune	Ceux à feuillage doré sont très lumineux. Très tapissant. Rapide.
Maïanthemum canadense Maïanthème du Canada	15cm	20 à 30cm	☼☁	Acide, riche, humide	2	5 et 6	Petit épi	blanc	Sous les conifères. 2 feuilles ové-lancéolées. Fruits rouges.
Mitchella repens Pain de perdrix	5 à 15cm	20 à 40cm	☼☁	Riche, frais, acide	4	5 et 6	Clochettes penchées	blanc	Sous-ligneux, souvent confondu avec la *Linnaea borealis*. Rampant.
Myosotis sp. Myosotis / Ne m'oubliez pas	30cm	40cm	☼☁	Riche, frais	4	5 à 8	Petites grappes	bleu ciel	Supporte le soleil si le sol est toujours humide. Touffe lâche.
Omphalodes sp. Omphalodes	15cm	30cm	☁	Frais, jamais sec.	5	5 et 6	Grappe lâche	blanc, bleu	Plante de sous-bois, à petites fleurs de myosotis. Coussin.
Pachysandra terminalis Pachysandre	20cm	35cm	☼☁	Acide, frais	4	5	Sans intérêt	blanc	Beau couvre-sol sous les arbustes ou sous-bois clair.
Phlomis viscosa Syn. : *Plomis russeliana*	1m	90cm	☼	Ordinaire, drainé	4	7 et 8	Tubulée, verticillée	jaune	Épi de couronne superposée. Sol sec sous les arbres.
Phlox divaricata Phlox du Canada	35cm	40cm	☼☁	Riche, frais	3	5 et 6	Grappe étoilée	blanc, bleu, lilas	Pousse très bien à la mi-ombre. Sous-bois. Port lâche, couchée.
Phlox stolonifera Phlox rampant à stolon	10cm	40cm	☼☁	Acide, humifère	4	5 et 6	Corymbe	blanc, rose, bleu	Tapis pour sous-bois clair, modérément sec. Différent.
Phlox subulata Phlox mousse	15cm	45cm	☼☁	Ordinaire	3	5 et 6	Coussin	blanc, rose, bleu	Moins vigoureux dans un sol trop sec. Fleur étoilée. Soleil.
Physalis alkekengi Lanterne chinoise	80cm	50cm	☼	Ordinaire	3	7	Sans intérêt	blanc	Surtout cultivé pour ses fruits orange vif, texture papier.
Phytolaca americana Raisin d'Amérique	1,8m	2m	☼☁	Consistant, profond	3	6 à 9	Épi dense	blanc, rosé	Massif à l'orée des bois. Fruits toxiques, décoratifs.
Podophyllum sp. Pomme de mai	60cm	50cm	☼☁	Humifère, riche	4	6 et 7	Coupe, solitaire	blanc, rosé	Sous-bois clair. Étrange. Gros fruits. Grosses feuilles lobées.
Polygonatum sp. Sceau de Salomon	60cm	40cm	☼☁	Frais, humifère	3 et 4	5 et 6	Pendante à l'axe des feuilles	blanc crème	Accompagne bien la fougère, sous-bois. Port arqué, joli.
Primula sp. Primevère	var.	var.	☼☁	Riche, frais	4 et 5	var.	Ombelle épi ou verticille	var.	N'aiment pas les endroits trop chauds. Feuillage souvent gaufré.

VIVACES (suite)	H	L	☀	TYPE DE SOL	Z	MOIS ❀	FORME ❀	COULEUR ❀	REMARQUES
Pulmonaria saccharata **Pulmonaire**	30cm	40cm	☀☁	Riche, humide	3	5	Clochette en cyme	bleu rose	Mettre un paillis pour garder une certaine fraîcheur.
Pyrole élliptica ⚜ **Pyrole élliptique**	20cm	15cm	☁	Acide, sec	3	7	Grappe penchée	blanc odorant	Feuilles ovales, minces, mates. Pour sous-bois conifère, jardin sauvage.
Rodgersia sp. **Rodgersia**	1m	1m	☀☁	Riche, frais	4	6 et 7	Panicule plume	crème	Unique. Grosses feuilles palmées, folioles de 25cm de long. Lent.
Roscoea sp. **Fausse orchidée**	40cm	50cm	☀☁	Humifère, riche	5	var.	Hampe dressée	blanc, jaune, rose	Plante méconue, cousine du gingembre. À protéger.
Rudbeckia fulgida **Rudbéckie fulgida**	60 à 70cm	55cm	☀	Riche, sec, drainé	3	7 à 9	Capitule cône brun	jaune doré	Très jolie à la lisière d'un sous-bois ou sous un arbre éclairé.
Sanguinaria canadensis ⚜ **Sanguinaire du Canada**	20cm	40cm	☀☁	Riche, humide	3	4 et 5	Simple ou double	blanc	Rentre en dormance au milieu de l'été. Tapis printanier. Médicinale.
Saxifraga sp. **Saxigrages**	5 à 30cm	15 à 45cm	☀☁	Riche, drainé, sain	var.	var.	Masse ou panicule	var.	Nombreuses variétés pour tous les goûts et situations.
Sedum spectabilis **Orpin remarquable**	40cm	50cm	☀	Consistant, drainé	3	8 et 9	Étoilé en cyme	rose	Plante succulente, résiste à la sécheresse. Préfère le soleil.
Sedum spurium **Orpin spurium**	10cm	40cm	☀	Ordinaire, sec	3	7 et 8	Étoilée	rose, rouge	Réussit à pousser là où les autres ont de la difficulté.
Semiaquilegia **Fausse colombine**	20cm	25cm	☁	Humifère	4	5 et 6	Pendante	rose pourpré	Ressemble à l'Ancolie, mais en plus délicat. Feuillage gris-vert.
Smilacina racemosa ⚜ **Faux sceau** 'Salomon'	30cm	60cm	☁	Profond, frais	3b	5 et 6	Panicule terminale	blanc crème	Port érigé, en zigzag. Sous les arbres, le sol doit rester humide.
Symphytum grandiflora 🍃 **Consoude**	30cm	50cm	☁	Frais, drainé	4b	5 et 6	Grappe penchée	crème	Couvre-sol plus ou moins esthétique mais efficace. Vert ou panaché.
Tellima grandiflora **Tellima**	55cm	30cm	☁	Frais, humifère	4	6	Panicule délicate	verdâtre à rouge	Très résistante aux endroits sombres et secs. Feuilles veinées type érable.
Thalictrum aquilegifolium **Pigamon**	1,2m	50cm	☀☁	Léger, frais	4	6 et 7	Inflorescence	blanc, rose, pourpre	Joli à l'orée des bois, avec arrière-fond vert. Feuillage léger, bleuté.
Thalictrum rochebrunianum **Pigamon rochebrunianum**	1,7m	50cm	☁	Riche, humide	4	7 et 8	Dressé, vaporeux	pourpre liliacé	Très vaporeuse. Plus rare. Mais mieux adaptée. Feuilles vert-bleu.
Thalictrum kiusianum **Pigamon**	10cm	30cm	☁	Léger, humifère	5b	7 à 9	Petite légère	rose mauve	Accompagne bien les hostas nains dans les sous-bois.
Tiarella cordifolia **Tiarelle**	30cm	30cm	☁	Riche, léger	3	5 et 6	Grappe dressée	crème rosé	Feuilles type érable décoratives, fleurs vaporeuses. Tapis.
Trachystemon orientalis **Bourrache du Caucase**	25 à 50cm	60cm	☁	Ordinaire, frais à sec	6	4 et 5	Grappe étoilée	blanc, bleu	Peu connu. Pour endroit sec et ombragé. Hâtif.
Tricyrtis hirta **Lis crapaud**	60cm	60cm	☁	Riche, frais	5	9 et 10	À l'aisselle	blanc, lilas	Touche d'exotisme, fleurs tachetées. Port lâche.
Trillium grandiflorum ⚜ **Trille à grandes fleurs**	35cm	25cm	☁	Profond, riche	3	5	Pétales ouvertes ondulées	blanc rosé	3 feuilles verticillées. Ne pas prélever dans les bois. Unique.
Trollius sp. **Trolles**	60cm	50cm	☀☁	Riche, humifère	3	5 et 6	Hampe dressée	jaune	Les nouveaux hybrides fleurissent longtemps. Palmé, luisant.
Uvularia grandiflora ⚜ **Uvule à grandes fleurs**	30cm	30cm	☁	Humifère, drainé	4	5 et 6	Solitaire pendante	jaune	Préfère un sol frais mais accepte un sous-bois sec.
Veronica peduncularis 'Georgia Blue' **Véronique** 'Georgia Blue'	15cm	30cm	☀☁	Peu exigeant, frais	3	5 et 6	Petite grappe	bleu œil blanc	Vert foncé lustré puis pourpre bronze à l'automne. Sol frais.
Vinca minor **Petite pervenche**	15cm	40cm	☁	Riche, humide	5	5	Étoilé, solitaire	bleu violet	Souvent utilisée en tapis sous les arbres, arbustes. Persistant.
Viola labradorica ⚜ 🍃 **Violette du Labrador**	15cm	20cm	☀☁	Ordinaire, drainé	3	5 à 9	Simple	violet	Feuilles pourpres en forme de cœur. Se ressème.
Viola odorata 🍃 **Violette odorante**	15cm	20cm	☀☁	Riche, frais, drainé	4	4	Simple 2,5cm	blanc à violet	Culture facile, se ressème librement. Odorante.

ENSOLEILLEMENT

VIVACES (suite)	H	L	☀	TYPE DE SOL	Z	MOIS	FORME	COULEUR	REMARQUES
Viola pubescens ⚜ Violette pubescente	50cm	50cm	⛅	Riche, drainé	3	4 et 5	Simple	jaune ligné pourpre	Résistante aux conditions sèches et à la compétition des arbres.
Viola sororia ⚜ 🌿 Violette sororia	20cm	30cm	☀⛅	Ordinaire, drainé	3	4 et 5	Simple	blanc tacheté	Ses petites fleurs tachetées de violet sont gracieuses.
Waldsteinia ternata Waldsteinie	15cm	25cm	⛅	Frais	4	5	Fleur simple	jaune	Magnifique couvre-sol pour ombre. Feuilles type fraisier.

GRAMINÉES	H	L	☀	TYPE DE SOL	Z	MOIS	FORME	COULEUR	REMARQUE
Carex brunnescens ⚜ Laîche brunâtre	10cm	10cm	⛅	Sec et acide	4	5 et 6	Épillets sans intérêt	vert, brun	Un petit carex qui supporte la sécheresse des sous-bois.
Carex communis ⚜ Laîche commune	10cm	20cm	⛅	Sec, drainé	4	4	Chaton noir	vert	Un carex commun dans tout le Québec. Facile.
Carex glauca / *C. flacca* Laîche bleutée	20cm	25cm	☀⛅	Tous les sols	5	6 et 7	Épillets sans intérêt	bleu	Tolère bien les racines des arbres. Couvre-sol ± envahissant.
Carex grayi Laîche de Gray	30cm	30cm	⛅	Humide	5	6	Caboche épineuse	vert	Port érigé, semi arqué. Fruits originaux, épineux.
Carex plantaginea ⚜ Laîche à feuilles de plantain	15 à 35cm	35cm	⛅	Riche, drainé	4	4 et 5	Épi distant	vert clair	Un de nos plus beau carex. Première à fleurir. Feuilles larges en rosette.
Carex siderosticha 'Variegata' Laîche panachée	30cm	40cm	⛅	Riche, humide	4	6	Panicule lâche	vert bordure blanche	Coussin rampant, non envahissant. Panaché, jeunes pousses roses.
Hakonechloa macra 'Alba Striata' Herbe du Japon panaché	50cm	50cm	⛅	Argileux, frais, acide	5	4	Épillet mince	vert et crème	Feuillage large, retombant, strié vert et crème. Divisé aux 10 ans.
Hakonechloa macra 'Aureola' Herbe du Japon	45cm	60cm	⛅	Fertile, frais, drainé	4	8 et 9	Épillet mince	panaché doré	Feuilles lignées vertes et jaunes peignées dans le même sens. Esthétique.
Hystrix patula ⚜ Hystrix étalé	80cm	50cm	☀⛅	Sec à humide	4a	6 et 7	Brosse à bouteille	vert	Une indigène qui vaut la peine de découvrir. Feuillage étroit, dressé.
Luzula nivea Luzule argenté	40cm	40cm	⛅	Ordinaire	4	6 et 7	Flocon blanc	vert persistant	Réussit même à travers le feutre racinaire. Feuillage fin, ébouriffé.
Luzula sylvatica Luzule des forêts	30cm	30cm	⛅	Peu exigeant	5	5 et 6	Épillet brun	vert bordé jaune	Bon couvre-sol même sous les arbres, arbustes. Robuste.
Phalaris arundinacea 🌿 Ruban de bergère	90cm	50cm	☀⛅	Tous les sols	3	5 et 6	Sans intérêt	vert ou panaché	Culture très facile même sous couverture végétale.
Sesleria autumnalis Seslérie d'automne	40cm	30cm	☀⛅	Ordinaire, sec	4	8 et 9	Petit épi argenté	vert jaunâtre	Bon couvre-sol en massif. Robuste décorative et disciplinée.
Sesleria caerulea Seslérie bleuâtre	20cm	30cm	☀⛅	Ordinaire	4b	4 et 5	Bouton noir	bleu bicolore	Tolère la sécheresse apportée par les arbres.
Sesleria heufleriana Seslérie	30cm	30cm	☀⛅	Ordinaire	4b	4 et 5	Bouton noir, blanc	bleuté bicolore	Forme un beau tapis semi-persistant. Résistant.
Sesleria nitida Seslérie forme de nid	50cm	50cm	☀⛅	Ordinaire	4b	4 et 5	Bouton noir	gris bleuté	Croît facilement entre les arbustes. Semi-persistant.

FOUGÈRES	H	L	☀	TYPE DE SOL	Z	MOIS	FORME	COULEUR	REMARQUE
Adiantum pedatum ⚜ Capilaire du Canada	45cm	30cm	⛅	Riche, acide	2	—	—	vert, pétiole noir	Accompagne bien les rhododendrons. Feuillage fin, horizontal.
Asplenium platyneuron ⚜ Asplénium playtneuron	20 à 40cm	30 à 50cm	⛅	Plutôt sec	4	—	—	vert	Pour jardin alpin, auge ou sous-bois ouvert. Indigène rare.
Asplenium trichomanes ⚜ Fausse capilaire / Phyllitis	15cm	25cm	⛅	Tous sols drainés	5	—	—	vert, pétiole acajou	Éviter les situations trop chaudes. Frondes non découpées. Muret.
Athyrium nipponicum 'Burgundy Lace' Fougère peinte japonaise	45cm	45cm	⛅	Riche, humide	4b	—	—	rouge argenté	Encore plus rouge que la suivante. Magnifique.

FOUGÈRES (suite)	H	L	☼	TYPE DE SOL	Z	MOIS ✿	FORME ✿	COULEUR	REMARQUES
Athyrium nipponicum 'Pictum' Fougère peinte japonaise	50cm	40cm	☼☀☁	Riche, humide	4b	—	—	vert argenté rouge	Croît plus lentement sous les arbres. Feuillage riche de couleurs.
Athyrium pynocarpon Athyrie à sores denses	0,8 à 1,2m	50cm	☀☁	Riche, acide, drainé	4	—	—	vert pâle bleuté	Port droit, érigé, légèrement évasé. Frondes denses régulières.
Athyrium thelypteridoides Athyrie	1m	30cm	☀☁	Humide, riche	4	—	—	vert bleuté	Port évasé. Tiges foncées. Frondes longues, régulières. Facile.
Blechnum sp. Blechnum	10 à 50cm	30 à 50cm	☀☁	Acide, humifère	5	—	—	vert pâle lustré	Frondre droite découpée régulièrement. Tolère l'ombre des conifères.
Cystopteris bulbifera Cystoptéride bulbifère	35cm	50cm	☀☁	Calcaire, riche, frais	3b	—	—	vert léger	De pente rocheuse humide à sous-bois sec. Fronde mince, allongée.
Dennstaedtia punctilobula Dennstaedtie odeur de foin	40 à 60cm	45cm	☼☀☁	Meuble, sec, drainé	3b	—	—	vert pâle	Vigoureux, pour grands espaces. Frais : odeur fétide.
Dryopteris affinis 'Crispa Darkness' Fougère à écailles dorées crispée	30cm	40cm	☼☀☁	Riche, humide	4 et 5	—	—	vert pâle	Fronde dentelée, pâle. Port semi-érigé. Rosette évasée.
Dryopteris carthusiana Dryoptère carthusiana	50cm	45cm	☀☁	Riche, frais à sec	3	—	—	vert foncé	Ses frondes sont arquées. Supporte la sécheresse.
Dryopteris celsa Dryopère élevé	0,8 à 1,2m	1m	☀☁	Riche, frais	5	—	—	vert pâle	Frondes irrégulières, échevelées, érigées.
Dryopteris crassirhizoma Dryoptère à rhizomes épais	1m	60cm	☀☁	Riche, acide	5	—	—	vert moyen	Rosette évasée de frondes régulières et longues.
Dryopteris dilata 'Lepidota Cristata' Dryoptère 'Lepidota Cristata'	30 à 40cm	45cm	☀☁	Peu exigeant, frais	4	—	—	vert pâle	Fougère très délicate. Frondes rondes découpées.
Dryopteris erythrosora Dryoptère d'automne	30 à 40cm	45cm	☀☁	Frais, humide	5	—	—	vert et brun rosé	Port en vase relâché, frondes larges. Jeunes pousses cuivrées.
Dryopteris filix-mas Fougère-mâle	40cm	60cm	☀☁	Tous les sols	3	—	—	vert foncé	Fougère versatile, pousse même en sous-bois sec. Espèce menacée.
Dryopteris filix-mas 'Boltonii' Fougère-mâle de Bolton	80cm	60cm	☀☁	Peu exigeant, frais	5	—	—	vert pâle	Touffe très fournie, frondes régulières et évasées.
Dryopteris f.-m. 'Linearis Polyd.' Fougère-mâle 'Linearis Polydactyla'	1m	30cm	☀☁	Peu exigeant, frais	4	—	—	vert moyen	Port très érigé. Frondes très découpées, étroites.
Dryopteris filix-mas 'Ramosa' Fougère-mâle rameuse	80cm	60cm	☀☁	Peu exigeant, frais	5	—	—	vert pâle	Frondes triangulaires, texturée, régulières.
Dryopteris filix-mas 'Undulata Robusta' Fougère-mâle 'Crépue'	60cm	80cm	☀☁	Peu exigeant, frais	4	—	—	vert pâle	Belles frondes longues, arquées et régulières.
Dryopteris fragrans Dryoptère fragrante	10 à 20cm	30cm	☀☁	Riche, frais à sec	2	—	—	vert foncé	Petite fougère érigée, frondes coriaces. Auge aussi.
Dryoperis goldiana Dryoptère de Goldie	0,8 à 1,2m	0,6 à 1m	☀☁	Riche, acide	3	—	—	vert pâle bleuté	Rosette désordonnée, touffe ± évasée. Fronde très large.
Dryopteris marginalis Dryoptéride à sores marginaux	65cm	60cm	☀☁	Humifère, riche	3	—	—	vert-bleuâtre	Très commune au Québec elle hiverne sous la neige. Couronne persistante.
Dryopteris remota Dryoptère remota	0,8 à 1m	70cm	☀☁	Peu exigeant	5	—	—	vert pâle	Touffe dense. Frondes élégantes, légère inclinaison. Texture fine.
Dryopteris spinulosa Dryopère spinuleuse	75cm	70cm	☀☁	Peu exigeant, frais	3	—	—	vert moyen	Touffe dense, Frondes longues et pointues. Texturé. Odorante.
Gymnocarpium dryopteris Fougère-du-chêne	15 à 30cm	20 à 30cm	☀☁	Acide, humide à sec	2b	—	—	2 tons de verts	Colonie dense, même sous les conifères. Vert éclatant. Petite, évasée.
Phyllitis scolopendrium 'Cristata' Scolopendre crispé	40cm	40cm	☀☁	Sol calcaire	5	—	—	vert bleuté	Fronde irrégulière palmée. Plus crispée que la régulière.
Polypodium virginianum Polypode de Virginie	10 à 25cm	30 à 50cm	☀☁	Rocher sec	2	—	—	vert foncé	Résiste à des conditions de sécheresse extrêmes. Couvre-sol.
Polystichum acrostichoides Fougère de Noël	40 à 60cm	60cm	☀☁	Humifère, bien drainé	3	—	—	vert foncé lustré	Très beau port évasé. Très résistante, facile.

ENSOLEILLEMENT

FOUGÈRES (suite)	H	L	☀	TYPE DE SOL	Z	MOIS ✿	FORME ✿	COULEUR ✿	REMARQUES
Polystichum braunii Polystic de Braun	30 à 75cm	60cm	⛅	Sol frais	3	—	—	vert foncé	Belle fougère évasée en forme de couronne. Finement denté. Lente.
Polystichum setiferum 'Alaska' Polystic 'Alaska'	40cm	70cm	☁	Riche, frais	5	—	—	vert moyen	Feuillage très découpé, tige brune. Ne pas déranger. Paillis protecteur.
Polystichum tripteron Polystichum tripteron	60cm	90cm	⛅	Acide, humide	4	—	—	vert blanc	Fougère à frondre dressée, étroite et régulière.
Pteridum aquilinum Ptéridium des aigles	50 à 90cm	90cm	☀⛅	Sablonneux, acide	2b et 3	—	—	vert bleuté	Grande fougère pour lieu sec et ouvert. Éloigne les insectes.

BULBES	H	L	☀	TYPE DE SOL	Z	MOIS ✿	FORME ✿	COULEUR ✿	REMARQUE
Allium cernuum Ail penché	35cm	20cm	☀⛅	Drainé, sec	3	6	Boule	rosée	Nettoyer les fleurs fanées, sinon elles se ressèment. Sous-bois clair.
Allium cristophii Étoile de Perse	25 à 50cm	20 à 25cm	☀⛅	Sec, drainé	3	6 et 7	Étoilée globe	rose métallique	Ombelle étoilée spectaculaire. Très jolie avec des vivaces argentées.
Allium schoenoprasum Ciboulette	40cm	30cm	☀⛅	Sec, drainé	3	5 et 6	Pompon	rose lavande	Comestible et décorative. Attention se ressème. Dressé.
Allium senescens Ail de montagne	20 à 35cm	10 à 20cm	☀	Graveleux, sec	1	7 à 9	Pompon étamines	rose lavande	Touffe de feuilles linéaires éparses, drues. Fleur hérissée.
Anemone 'Blanda' Anémone 'Blanda'	15cm	20cm	☀⛅	Surélevé, chaud	4	5 et 6	Étoilée	blanc, rose, bleu	Non rustique. Cultivé à l'abri des roches. Tapis de marguerites.
Begonia tuberosa Bégonia tubéreux	30cm	30cm	⛅☁	Riche, drainé	—	6 à 9	Type rose double	var.	En massif ils donnent un effet de couvert saisissant. Annuelle.
Chionodoxa luciliae Gloire des neiges	20cm	15cm	☀⛅	Drainé, meuble	4	4 et 5	Grappe étoilée	bleu œil blanc	Se naturalise facilement. Peut aussi être forcée. Trapue.
Colchicum automnale Colchique d'automne	15 à 20cm	10 à 15cm	☀⛅	Drainé, meuble	4	9	Grosse coupe	rose lilas	Fleurs de 10cm, à l'automne feuillage peu attrayant au printemps suivant.
Crocus sp. Crocus	15cm	10cm	☀⛅	Drainé	3	4 et 5	Tube évasé	jaune, violet	Souvent utilisé en couvre-sol dans la pelouse.
Eranthis cilicica Éranthe	5cm	5 à 15cm	⛅	Drainé	5	4	Bouton d'or	jaune or	Feuilles en couronne sous les fleurs. Jolie, trapue. Tapis.
Erythronium americanum Érythrone d'Amérique / Ail doux	15 à 20cm	10cm	⛅	Riche en humus	4b	4 et 5	Étoilée recourbée penchée	jaune or	1 à 2 feuilles élancées, tachées de brun. Disparaît en juin.
Erythronium dens-canis sp. Étrythrone dent-de-chien	15cm	8cm	☁	Frais, humifère	4	4 et 5	Étoilée penchée	blanc, lilas, bleu	Feuillage décoratif, vert brillant taché de brun. Ne pas déranger.
Fritillaria meleagris Fritillaire méléagre	25cm	15cm	☀⛅	Tous sols, drainés	4	5 et 6	Cloche penchée	damier rose	Feuillage mince, rubané. Jolie en massif.
Hyacinthoides hispanica Scille campanulée	25cm	20cm	☀⛅	Frais, drainé	4	5	Épis lâche clochettes	bleu, lilas, rose, blanc	Fleurs gracieuses, penchées vers le bas. Redoute la sécheresse.
Ipheion uniflorum Ipheion à fleur unique	15cm	10cm	☀	Tous sols, drainés	6	4 et 5	Étoile 6 pointes	blanc, bleu	Peu connu. Ne pas déranger ses caïeux. Massif discipliné.
Iris danfordiae Iris jaune	10cm	5cm	☀	Ordinaire, drainé	4	5	3 sépales 3 pétales	jaune	Peu de feuilles, grosse fleur. Tige très courte. Planter densément.
Iris reticulata Iris rétuculé	15cm	10cm	☀	Drainé	4	4 et 5	3 sépales 3 pétales	bleu, violet	Iris très court, très hâtif. Feuilles élancées surmontées de fleurs.
Leucojum aestivum Nivéole d'été	35cm	25cm	☀⛅	Riche, frais	4	5 et 6	Grappe clochettes pendantes	blanc bordé vert	Groupe de 3 à 5 clochettes. À diviser tous les 3 ans.
Lilium cordatum glenhii Lis des sous-bois	1,2m	60cm	⛅	Profond, riche, frais	4	7	Grosse trompette	blanc verdâtre	Très parfumé. Grande tige épaisse. Feuillage moucheté.
Narcissus sp. Narcisse / Jonquille	20 à 40cm	20 à 40cm	☀⛅	Frais, drainé	4	5 et 6	Tompette couronne	crème à jaune	De culture facile, elles se logent facilement entre les pierres.

BULBES (suite)	H	L	☀	TYPE DE SOL	Z	MOIS	FORME	COULEUR	REMARQUES
Narcissus cyclamineus **Narcisse cyclamen**	20cm	20 à 30cm	☀☁	Frais, drainé	3	5 et 6	Trompette couronnée	blanc jaune	Petite, miniature, jolie. Unicolores ou bicolores.
Muscari botryoides 'Album' **Muscari raisin**	15cm	10 à 15cm	☀	Consistant, drainé	2b	5 et 6	Épi dense	blanc	Feuilles effilées, grappe dense, pointue. Peu exigeant.
Muscari armeniacum **Muscari**	20cm	15cm	☀☁	Consistant, drainé	3	5 et 6	Épi dense	blanc, bleu, mauve	Se multiplient rapidement si non dérangés. Feuilles effilées, grappe pointue.
Puschkinia scilloides **Puschkinia du Liban**	15cm	20cm	☀☁	Ordinaire, drainé	3	4 et 5	Grappe, clochettes	blanc, bleu pâle	Peu exigeante, se ressème et se divise. Gazon, rocaille.
Scilla bifolia **Scille bifoliée**	10 à 15cm	5cm	☀☁	Peu exigeant, drainé	3	4 et 5	Épi arqué, étoilé	blanc, bleu	Scille à 2 feuilles seulement. Naturalisation sous-bois ou pelouse.
Scilla turbergeniana **Scille 'Turbergie'**	15cm	10cm	☀☁	Peu exigeant, drainé	3	4 et 5	Grappe lâche	bleu ligné	Son feuillage flétrit tôt. Utile sous des arbustes. Se naturalise.
Tulipa **Tulipe naine**	15 à 75cm	25 à 30cm	☀☁	Drainé	3	5 et 6	Cornet	var.	Pour couvre-sol printanier. Spectaculaire, éphémère.
Tulipa tarda Syn.: *Tulipa dasystemon*	20cm	20cm	☀☁	Drainé	3	4 et 5	Étoilé	jaune et blanc	Pour endroit abrité. Longue vie. Longue floraison. Couvre-sol.

ANNUELLES	H	L	☀	TYPE DE SOL	Z	MOIS	FORME	COULEUR	REMARQUE
Adonis aestivalis **Adonide d'été**	35cm	40cm	☀☁	Léger, enrichi	—	6 à 9	Capitule	rouge	Bordure ou tapis sous les arbustes dégarnies.
Adonis vernalis **Adonis du printemps**	25cm	30cm	☀☁	Léger, enrichi	—	6 à 9	Simple composé	jaune	Cette variété accepte les sous-bois de feuillus.
Begonia semperflorens **Bégonia fibreux**	20cm	20cm	☀☁	Riche, frais, drainé	—	6 à 9	Ombelle	blanc, rose, rouge	Ne craint aucunement un site sous les arbres.
Cuphea ignea **Plante cigare**	30cm	25cm	☀☁	Tous les sols	—	6 à 9	Tube, cigare	rouge lilas	Culture intérieur ou extérieur. Très jolie.
Helichrysum petiolatum **Immortelle argentée**	60cm	60cm	☀☁	Bien drainé	—	—	—	—	Feuillage attrayant d'aspect duveteux, gris. Vigoureux.
Impatiens balfourii **Impatiente de Balfour**	1,25m	60cm	☀☁	Riche, humide, acide	—	6 à 9	Cornet	rose foncé	Très belle impatiente qui se propage trop facilement. Contôler.
Impatiens glandulifera **Impatiente de l'Himalaya Royale**	1,5 à 2,5m	30 à 45cm	☀☁	Riche, humide, drainé	—	7 à 9	Cornet à lèvre	Teintes de roses	Culture très facile, se ressème allégrement. Port élancé.
Impatiens walleriana **Impatiente**	35cm	25cm	☀☁	Riche, léger, frais	—	6 à 9	Simple, double	var.	Dans un tel milieu, on doit arroser régulièrement.
Lobelia erinus **Lobélie annuelle**	10 à 30cm	25 à 30cm	☀☁	Léger, frais, drainé	—	5 à 9	Très petites	blanc, bleu, rose	Ajouter de la mousse de tourbe au sol pour le garder frais.
Nemophila menziesii / *N. punctata* **Némophile ponctuée**	15 à 20cm	30cm	☀☁	Léger, frais, humide	—	6 à 9	Coupe 2,5cm	blanc, bleu, pourpre	Tiges rampantes, couvre-sol qui s'étale en touffe gracieuse.
Nierembergia hippomanica **Nierembergie**	15cm	15cm	☁	Ordinaire, drainé	—	6 à 9	Coupe étoilée	blanc, lilas, violet	Accepte bien les conditions sèches des arbres.
Pelargonium peltatum **Géranium-lierre**	var.	var.	☀☁	Riche, léger, drainé	—	5 à 10	Vaporeux	rosé	Facile d'entretien, éviter les excès d'eau. Site éclairé.
Plectostachys serphyllifolia **Plectostachys**	40cm	40cm	☀☁	Ordinaire, drainé	—	—	—	—	Feuilles grises plus petites que l'*helichrysum petiolatum*.
Senecio cineraria **Cinéraire argenté**	25cm	25cm	☀☁	Frais, drainé	—	—	—	—	Beau feuillage argenté, duveteux. Tolère l'ombre.

⚜ indique plante indigène ou naturalisée.
🗲 indique plante potentiellement envahissante !

ENSOLEILLEMENT

Choisir
selon la période de floraison

Lilium tigrinum / **Lis tigré** 'Yellow Star'

section 2

MOIS de floraison

En jardinerie, un des renseignements le plus fréquemment demandé est le mois de floraison de telle vivace ou de tel arbuste. C'est d'ailleurs l'une des premières classifications thématiques dont j'ai doté mon entreprise horticole. Plutôt que de regrouper les vivaces par ordre alphabétique seulement, je les classais par thèmes et les mois de floraison étaient parmi ceux qui prenaient le plus d'espace, car nous savions pertinemment que les clients aimaient pouvoir trouver, dans un même secteur, les plantes qui correspondaient à leur besoin.

CLASSEMENT BIEN UTILE

Nous aimons tous avoir des plates-bandes dans lesquelles la floraison se succède sans interruption de la fin avril à octobre. Si le choix des plantes qui fleurissent au cœur de l'été est vaste et qu'il est facile de trouver celles qui orneront nos parterres, il n'en est pas toujours ainsi pour le printemps ni l'automne.

Tôt au printemps, les bulbes fleurissent dans notre environnement. La disponibilité de vivaces à floraison hâtive est souvent moins bien connue. Nous devons alors faire quelques recherches pour trouver des catégories de plantes qui correspondent à nos besoins, surtout si nous aimons les plantes un peu plus rares. À l'automne, le même problème revient. Quoique certaines vivaces déploient toute leur splendeur après le mois d'août, c'est principalement parmi les vivaces à feuillage gris ou persistant, les plantes à feuillage automnal et les graminées que vous trouverez de quoi satisfaire vos besoins pour prolonger la beauté de votre jardin.

MOIS DE FLORAISON

Pour bien réussir cette suite ininterrompue de couleur, voici un outil très précieux, c'est-à-dire une série de tableaux de mois de floraison. Vous trouverez dans ce chapitre les arbres, arbustes, conifères, vivaces, annuelles, grimpantes et bulbes classés mois par mois.

Comment lire ces tableaux

Il est à noter que l'époque de floraison varie légèrement d'une région à l'autre au Québec. Par exemple, les fleurs en zone 5 fleuriront légèrement plus tôt que les mêmes fleurs plantées en zone 3. J'ai donc fait une moyenne pour cette classification, comme si nous étions tous en zone 4b. Les jardiniers qui habitent les autres zones devront en tenir compte lors de leurs planifications, surtout pour les plantes printanières car, le sol étant plus froid en cette période de l'année, la différence est alors plus marquée qu'en plein cœur de l'été. Notez également que le mois indiqué correspond au début de la floraison.

Donc, une fleur qui commence à fleurir généralement à la fin juin et poursuit sa floraison en juillet sera indiquée en juin et juillet, même si la grande partie de sa floraison s'effectue en juillet. La plupart des arbres et arbustes ont une durée de floraison de dix à quinze jours environ et les vivaces de quinze à vingt-cinq jours. Donc, même si vous voyez deux mois apparaître dans la colonne de période de floraison, dites-vous que c'est une période qui chevauche ces deux mois, mais qui ne dure que de deux à trois semaines environ pour la majorité des végétaux. Ainsi, à l'aide de ces tableaux, vous pourrez réaliser un jardin où les floraisons se succéderont sans laisser de « trou » dans la séquence.

TRUC

Carnet de bord

Tout jardinier devrait avoir son carnet de bord pour planifier efficacement ses travaux et s'assurer que les bons gestes seront posés et au bon moment. Le simple fait de noter vos observations dans un calepin vous sauvera bien du temps. À titre d'exemple si vous remarquez qu'il y a interruption dans la floraison entre la mi-juin et juillet, notez-le ! L'hiver venu vous pourrez choisir efficacement vos achats puisque vous saurez exactement la période et la couleur qui manquent à votre séquence. Ce petit geste peut faire toute la différence dans l'organisation de votre jardin.

PLANTES FLEURISSANT À PARTIR DU MOIS D'AVRIL

ARBRES	H	L	☀	TYPE DE SOL	Z	MOIS	FORME	COULEUR	REMARQUE
Acer rubrum ❦ / Érable rouge / Plaine	15 à 20m	11 à 15m	☀☁	Riche, acide, humide	3	4 et 5	Grappe	rouge	Port pyramidal à rond. Belle floraison. Tourne rouge vif, plus intense en milieu humide.
Cercidiphyllum japonica / Arbre de Katsura / A. caramel	10m	4m	☀☁	Riche, frais, drainé	5b	4 et 5	Discrète à l'aisselle	rouge	Port érigé. Tronc court. Feuillage changeant et odorant. Jardin oriental.
Cercis canadensis ❦ / Gainier rouge du Canada	3 à 6m	2 à 6m	☀	Riche, meuble, drainé	5	4	Grappe	pourpre, rose	Port arrondi, irrégulier. Feuillage léger. Pour jardinier averti.
Cotoneaster nanshan / *C. adpressus* 'Praecox' / Cotonéaster précoce	1 à 1,5m	0,6 à 1,5m	☀	Tous sols drainés	5	4 et 5	Petite	rose	Rampant sur tige. Fruits gros et hâtifs. Foncé luisant, puis rouge brillant.
Prunus nigra ❦ / Prunier noir	4 à 7m	3 à 4m	☀☁	Peu exigeant, drainé	4b	4 et 5	Grappe	rosé, léger parfum	Floraison spectaculaire. Utilisé pour la naturalisation. Fruits.
Prunus padus / Cerisier européen à grappes	12m	10m	☀☁	Peu exigeant, drainé	2b	4 et 5	Grappe parfumée	blanc	Feuillaison hâtive. Port arrondi. Drageonne. Fruits noirs. Rapide.
Prunus padus 'Colorata' / Cerisier à grappes 'Colorata'	8 à 10m	5 à 8m	☀☁	Peu exigeant, drainé	3	4 et 5	Grappe parfumée	blanc	Ovoïde, irrégulier. Feuillage vert, maron en été. Faible longévité.
Prunus padus 'Commutata' / Cerisier à grappes hâtif	10m	10m	☀☁	Peu exigeant	3b	4	Grande, en grappe	blanc parfumée	Plus régulier et moins drageonnant que le *P. padus*.
Prunus padus 'Skinner's Red' / Cerisier à grappes 'Skinner's Red'	7m	4m	☀☁	Peu exigeant, drainé	3	4 et 5	Grappe pendante	blanc parfumée	Port étalé, arrondi. Feuilles pourpres à l'été. Pas de fruits.
Prunus padus 'Sunstar' / Cerisier décoratif 'Sunstar'	9m	7m	☀☁	Peu exigeant, drainé	2	4 et 5	Grappe parfumée	blanc	Fait à partir de *P. padus commutata*. Donc plus régulier.
Prunus padus 'Watereri' / Cerisier à grappes 'Watereri'	12m	8m	☀☁	Peu exigeant, drainé	4b	4 et 5	Grappe de 20 cm	blanc parfumée	Ressemble au *P. padus* mais avec un port plus étroit, élancé.
Prunus pennsylvanica ❦ / Cerisier de Pennsyl. / Petit merisier	7 à 9m	4 à 6m	☀	Peu exigeant, drainé	2	4 et 5	Corymbe	blanc parfumée	Port ovoïde. Tronc droit, écorce rougeâtre. Faible longévité.
Prunus sargentii / Cerisier de Sargent	10m	10m	☀☁	Riche, frais, drainé	5a	4 et 5	Ombelle	rose pâle	Arrondi, régulier. Belle écorce rougeâtre. Écarlate en automne.
Prunus subhirtella 'Pendula' / Cerisier pleureur du Japon	4m	2m	☀	Peu exigeant, drainé	5	4 et 5	Corymbe	rose brillant	Greffé sur tige. Floraison avant les feuilles. Faible longévité.
Pyrus salicifolia 'Pendula' / Poirier décoratif pleureur	4m	2,5m	☀	Peu exigeant	5	4 et 5	Corymbe	blanc crème	Feuilles petites, linéaires, gris argenté. Fruit avec duvet argent.
Salix sp. / Saules	5 à 25m	4 à 20m	☀	Humide à innondé	var.	4 et 5	Chaton	blanc argenté	Port pleureur ou greffé sur tige. Plusieurs ont des chatons décoratifs.

ARBUSTES	H	L	☀	TYPE DE SOL	Z	MOIS	FORME	COULEUR	REMARQUE
Abeliophyllum distichum 'Roseum' / Forsythia rose	1,25m	1,25m	☀	Riche, frais, drainé	4	4	Grappe effilochée	rose pâle	Port compact. Fleurs avant les feuilles. Rougeâtre à l'automne.
Corylopsis spicata 'Golden Spring' / Corylopse à épis 'Golden Spring'	1,8m	2m	☀☁	Riche, meuble, acide	5b	4 et 5	Épis tombants	jaune parfumé	Pour jardinier averti. Les fleurs gèlent si mal protégées.
Cotoneaster nanshan / *C. praecox* / Cotonéaster précoce	40cm	1,5m	☀	Tous sols drainés	5	4 et 5	Petite	rose	Rampant. Fruits gros et hâtifs. Foncé luisant, puis rouge brillant.
Daphne mezereum / Daphné 'Bois joli'	80cm	80cm	☁	Fertile, frais	4	5 avant feuille	Grappe odorante	teintes roses	Feuilles en rosette, fruits toxiques aimés des oiseaux. Port raide.
Dirca palustris ❦ / Dirca des marais / Bois de plomb	1,5m	1,5m	☀☁	Acide, humide	4a	4 et 5	Tubulaire pendante	jaune verdâtre	Très beau port arrondi, régulier. Haie. Tourne jaune à l'automne. Fruits.
Forsythia intermedia x 'Fiesta' / Forsythia 'Fiesta'	1,25m	1,25m	☀	Fertile, frais	5	4 et 5	Abondant	jaune	Irrégulier. Panaché vert et jaune sur tige rouge. Superbe.

MOIS DE FLORAISON

ARBUSTES (suite)	H	L	☀	TYPE DE SOL	Z	MOIS ✿	FORME ✿	COULEUR ✿	REMARQUES
Forsythia intermedia x 'Flojor' **Forsythia** 'MiniGold'	1,25m	90cm	☀	Fertile, frais	4	4 et 5	Petites, abondantes	jaune	Port irrégulier. Vert foncé à nervures claires. Très florifère.
Forsythia ovata 'Happy Centennial' **Forsythia** 'Happy Centennial'	40 à 60cm	0,9 à 1,2m	☀	Léger, fertile	4	4 et 5	Grappe léger parfum	jaune clair	Couvre-sol printanier. Beau avec bulbes. Port enchevêtré. Tourne pourpre.
Forsythia virridissima 'Bronxensis' **Forsythia** 'Bronxensis'	60cm	1,2m	☀	Léger, fertile	5b	4 et 5	Rare au Québec	jaune clair	Petites feuilles, vert foncé, puis violacées à l'automne. Rampant.
Forsythia viridissima koreana 'K.' **Forsythia** 'Kumson'	1,25m	1,25m	☀☁	Fertile, frais	5	4 et 5	Abondantes	jaune	Port érigé, arqué. Feuillage vert veines argentées. Unique !
Fothergilla gardenii 'Blue Mist' **Fothergilla gardinii** 'Blue Mist'	75cm	75cm	☁	Acide, humide	6	4 et 5	Panicule	blanc odorant	Feuillage très bleuté. Plus petit que F.major. Peu rustique.
Hamamelis x *intermedia* sp. **Hamamélis hybride**	3 à 5m	2,5m	☀☁	Acide, riche	5b	4 et 5	Grappe frisée	cuivré, parfumée	Grands arbustes évasés peu rustiques. Tournent au rouge.
Hamamelis mollis **Hamamélis velouté**	2m	2m	☀☁	Acide, riche	5b	4	Pétales étroits	jaune parfumée	Plutôt rare et fragile. Port ovale. Jaune orangé à l'automne.
Hamamelis vernalis 'Sandra' **Hamamélis du printemps**	2m	2m	☀☁	Acide, riche	5b	4	Petite, ondulée	cuivré, parfumée	La variété la plus intéressante. Port évasé. Doré à l'automne. Rare.
Hippophae rhamnoides **Argousier** / Faux-nerprun	3 à 5m	3m	☀	Pauvre, sec	2b	4 et 5	Sans intérêt	jaunâtre	Mâle + femelle = Fruits orange. Feuilles argentées. Lieux inculte.
Lindera benzoin **Laurier benzoin** / Arbre à épice	1,5m	1,5m	☀☁	Frais mais drainé	5	4 et 5	Dioïque	jaune verdâtre	Port arrondi à ouvert, dense. Feuilles odorantes, tournent au doré.
Rhus aromatica ⚜ **Sumac aromatique**	0,8 à 1,5m	2 à 3m	☀	Tous sols secs	4	4 et 5	Chaton mâle	jaune odorante	Rampant trifolié pour grands espaces. Tourne orange. Fruits.
Rhus aromatica 'Grow-Low' **Sumac** 'Grow-Low'	1m	2m	☀	Acide, plutôt sec	3	4 et 5	Chaton mâle	jaune odorante	Rampant, vert lustré puis rouge flamboyant. Fruit rouge en juillet.
Salix arbuscula **Saule nain**	40cm	60cm	☁	Frais, pas trop riche	4	4 et 5	Chaton	gris	Pour endroit frais. Buisson noueux. Rameaux s'enracinant facilement.
Salix brachycarpa 'Blue Fox' **Saule** 'Blue Fox'	1m	60cm	☀☁	Humide	4	4	Chaton	jaunâtre	Port érigé, dense, compact. Longues feuilles minces argentées.
Salix helvetica **Saule suisse**	60cm	40cm	☀☁	Frais à humide	5b	4	Chaton	argenté	Petit saule à feuilles élancées, argentées, poilues. Rocaille.
Sambucus pubens ⚜ **Sureau pubescent** / Sureau rouge	4m	3m	☀☁☁	Frais, jamais sec	3b	4 et 5	Corymbe conique	blanc crème	Très joli fruit rouge en juin. Feuilles pennées. Port ovoïde. Écran.
Shepherdia argentea **Shépherdie argentée**	3m	3m	☀	Ordinaire, drainé	2	4 et 5	Petite, dioïque	jaunâtre	Port érigé. Feuilles étroites, argentées. Fruit orangé. S'adapte bien.
Spiraea prunifolia 'Plena' **Spirée à feuilles de prunier**	1,5m	2m	☀☁	Peu exigeant, frais	6	4 et 5	Groupe, double	blanc	Feuillage clairsemé tourne jaune et pourpre. Culture difficile.
Viburnum farreri 'Nanum' **Viorne parfumée naine**	50cm	60cm	☀☁	Peu exigeant, fertile	5b	4 et 5	Corymbe parfumé	blanc	Petite viorne parfumée lorsqu'elle fleurit. Rougeâtre à l'automne.

ARBUSTES PERSISTANTS	H	L	☀	TYPE DE SOL	Z	MOIS ✿	FORME ✿	COULEUR ✿	REMARQUE
Cassiope lycopodioides **Cassiopée**	10cm	50cm	☁	Acide, humide, froid	6	4 et 5	Clochette penchée	blanc et rouge	Arbuste qui ressemble à une mousse. Plante de collection. Rare, joli.
Cassiope hypnoides ⚜ Syn. : *Cassiope tetragona*	5 à 15cm	15 à 20cm	☁	Acide, humide, froid	3	4 et 5	Clochette penchée	blanc et rouge	Une indigène moins spectaculère que la précédente. Rare.
Euryops acreus **Euryops**	20cm	40cm	☀	Humifère, sec, drainé	5b	4 et 5	Capitule	jaune	Pour climat très doux. Peu disponible au Québec.
Glaucidium palmatum **Glaucidium**	30 à 60cm	70cm	☁	Humifère, frais	5	4 et 5	Coupe 4 pétales	rose lilas	Culture délicate. Coussin glauque, palmé. Beau, peu connu.
Ilex glabra **Houx glabre**	1m	1m	☀☁	Acide, léger, frais	5b	4 et 5	Petite, dioïque	blanc	Plants mâle+femelle=fruits noirs. Peut remplacer le buis. Protéger.

ARBUSTES PERSISTANTS (suite)	H	L	☼	TYPE DE SOL	Z	MOIS	FORME	COULEUR	REMARQUES
Epigaea repens ⚜ **Épigée rampante** / Fleur de mai	5 à 10cm	30cm		Toujours frais, acide	2	4 et 5	Grappe cloche	rosé, parfumée	Tapis ras. Culture délicate. Grandes feuilles décoratives.

VIVACES	H	L	☼	TYPE DE SOL	Z	MOIS	FORME	COULEUR	REMARQUE
Alyssum sp. / *Aurinia* **Corbeille d'or**	15 à 30cm	40cm	☼	Pauvre, sec, calcaire	3	4 et 5	Grappe corymbe	jaune or	Tailler après floraison. Ne pas trop engraisser. Feuilles grises.
Anacyclus pyrethrum 'Siver Kisses' **Anacyclus** 'Silver Kisses'	10cm	30cm	☼	Caillouteux, pauvre	5	4 à 6	Capitule petite	blanc revers rouge	Coussin gris-vert parsemé de fleurs blanches à revers pourpre.
Androsace sempervivoides **Androsace** toujours vivace	5cm	20cm		Pauvre, frais, drainé	3	4 et 5	Grappe de 4 à 10	Rose cœur rouge	Ses rosettes de feuilles sont vertes, luisantes.
Arabis bryoides **Arabette bryoides**	3 à 5cm	5cm		Ordinaire, drainé	3	4 et 5	Petites élevée	blanc	Beau feuillage très bleuté, en forme de rosette dense.
Arabis caucasica **Arabette du Caucase**	15cm	40cm		Ordinaire	3	4 et 5	Grappes courtes	blanc, rose	Feuilles vertes velues, dentelées. Rabattre après floraison. Rocaille, bordure.
Arabis caucasica 'Variegata' **Arabette du Caucase panachée**	15cm	50cm		Ordinaire, drainé	3	4 et 5	Grappes courtes	blanc, rose	Coussin panaché. ± vigoureux. Rabattre après la floraison.
Arabis procurrens **Arabette rampante**	10 à 15cm	15 à 20cm		Ordinaire, drainé	3	4 et 5	Petites grappes	blanc	Stolon, vigoureux. Aromatique. Beau avec pierres et bulbes. Résiste au sec...
Arisaema triphyllum **Petit prêcheur**	50cm	40cm		Riche, humide	3b	4 et 5	Fleur en cornet	pourpre, vert	Fleurs en forme de feuilles enroulées en cornet, pourpre strié de vert. Lent.
Armeria juniperifolia Syn. : *Armeria caespitosa*	8 à 10cm	10 à 20cm	☼	Maigre, drainé	3b	4 et 5	Pompon, court	rose pâle	Rosettes d'aiguilles persistantes en coussin dense. Fissure.
Arnebia pulchra **Fleur des prophètes**	25cm	30cm		Argileux, frais	5b	4 et 5	Grappe dressée	jaune tache noire	Coussinet à petites feuilles lancéolées. Semence rare.
Asphodeline lutea **Bâton de Jacob**	90cm	40cm		Riche, caillouteux	5b	4 et 5	Grappe longue	jaune	Son feuillage de graminé, bleuté se marie bien avec la pierre.
Aubrieta x *cultorum* **Aubriète**	15cm	30cm		Riche, frais	4	4 et 5	Tapis de fleurs	rose, lilas, mauve	Tapis de rosettes denses, très florifère. Tailler après floraison. Muret, rocaille.
Aubrieta deltoidea **Aubriète deltoïde**	10 à 15cm	60cm		Chaud, sec, alcalin	4	4 et 5	Tapis de fleurs	rose, lilas, mauve	Commune. Rosettes denses, florifères. Feuilles aromatiques.
Bergenia 'Bressingham' sp. **Bergenie** 'Bressingham'	30cm	30cm		Plutôt frais	3	4 et 5	Grappe, clochettes	blanc, rose	Compacts. Grosses feuilles rondes, lustrées, tournent au pourpre.
Claytonia caroliniana ⚜ **Claytonie de Caroline**	25cm	20cm		Humifère, frais	3b	4 et 5	Grappe lâche	blanc veiné rose	Pour coin ombragé d'un jardin printanier. Feuillage luisant.
Darmera peltata Syn. : *Peltiphyllum*	1m	60cm		Humide	2	4 et 5	Ombelle hâtive	blanc rosé	Grosses feuilles circulaires de 45cm de diamètre. Pièce d'eau.
Doronicum sp. **Doronics**	25 à 50cm	30cm		Peu exigeant, frais	3	4 et 5	Capitule ligulée	jaune or	Feuilles en cœur. Touffe plus ou moins lâche. Éclaire les massifs printaniers.
Draba sp. **Draves**	5 à 10cm	25cm	☼	Sablonneux, drainé	3	4 et 5	Grappe ronde	jaune	Tapis dense, raide. Comble les joints entre les pierres de rocailles.
Erinus alpinus **Érinus**	10cm	20cm	☼	Calcaire, drainé	3	4 et 5	Grappe petite	rose, violet	Coussin, tapisse les fissures des pierres de rocailles. Auge aussi.
Euphorbia palustris **Euphorbe des marais**	90cm	90cm		Ordinaire, humide	5	4 et 5	Bractée	vert jaunâtre	Feuillage décoratif le long de la tige spécialement au bord de l'eau.
Glaucidium palmatum **Glaucidium**	30 à 60cm	70cm		Humifère, frais	6	4 et 5	Coupe 4 pétales	rose lilas	Culture délicate. Coussin glauque et palmé. Beau, peu connu.
Hacquetia epipactis **Hacquetia**	15cm	15 à 20cm		Sec à frais	3	4	Petite touffe	jaune doré	Les fleurs se retrouvent entourées d'une couronne de feuilles. Jardin alpin.

MOIS DE FLORAISON

VIVACES (suite)	H	L	☼	TYPE DE SOL	Z	MOIS ✿	FORME ✿	COULEUR ✿	REMARQUES
Helleborus argutifolius Hellébore de Corse	50cm	45cm		Sec, drainé	4-5	4 et 5	Coupe large	blanc verdâtre	Fleurs au dessus du feuillage lustré, gris-vert, veiné ivoire.
Helleborus cyclophyllus Hellébore	40cm	45cm		Sec, drainé	5	4 et 5	Coupe large	blanc verdâtre	Feuilles argentées à émergence puis tournent au vert à l'été.
Helleborus foetidus Pied de Griffon	55cm	60cm		Drainé, même sec	4	4 et 5	Clochette pendante	verdâtre à marge rouge	Feuilles profondément palmées, vertes à reflet gris. Aime les lieux secs. Poison.
Helleborus niger Rose de Noël	20cm	30cm		Calcaire, humide	5	4 et 5	Large, inclinée	blanc, étamines jaunes	Feuilles épaisses, coriaces, très lobées. Sols secs en été.
Helleborus orientalis Hellébore orientale	40cm	50cm		Ordinaire	5	4 et 5	Panicule	très variable	Garni bien la base des arbustes. Protection hivernale.
Helleborus x sternii Hellébore	40cm	45cm		Riche, drainé	5	4 et 5	Coupe large	lime, rosé	Feuillage gris-vert avec quelques nervures argentées. Poison.
Hepatica sp. Hépatiques	15cm	25cm		Humifère, frais	3	4 et 5	Solitaire	blanc, rose, rouge	Feuilles trilobées, étranges, épaisses. Ne pas déranger une fois établie.
Houstonia caerulea Houstonie bleu	5cm	20cm		Humide, drainé	3	4 à 6	Croix, délicate	bleu	Grande colonie ramifiée, très légère. Souvent 2 floraisons. Rocaille, champ.
Jeffersonia diphylla Jeffersone à deux feuilles	25cm	15cm		Frais, humifère	4	4 et 5	Simple, 8 pétales	blanc pur	Grandes feuilles 40cm divisées en 2 en forme de papillon. Dôme.
Petasites fragrans Héliotrope d'hiver	80cm	1,5m		Ordinaire, humide	3	4	Grappe dense	rose parfumé	Feuilles 40cm plus pointues que la japonica. Odeur de vanille. Vigoureux.
Petasite japonicus giganteus Pétasite japonaise 'Giganteum'	0,9 à 1,8m	1m		Ordinaire, humide	4	4	Épi compact	verdâtre	Feuilles pouvant atteindre 1,5m de diamètre. Vert ou panaché. Grand espace humide.
Primula x allionii sp. Primevère d'allioni	4 à 8 cm	8cm		Frais, drainé	4	4	Simple	var.	Aime se retrouver entre les jointures des pierres. Feuilles lisses.
Primula auricula Primevère Oreille d'ours	15cm	25cm		Consistant, poreux	5	4 et 5	Groupée	rose à jaune	Coussinet dense aux feuilles coriaces. Certaines très rares.
Primula farinosa Primevère farineuse	20cm	20cm		Frais, drainé	4	4 et 5	Colorette	rose œil jaune	Courte vie. Faire des semis. Feuillage coriace, lustré.
Primula juliae Primevère 'Julia'	5cm	30cm		Consistant, frais	5	4 et 5	Masse, courte	var.	Feuilles crénelées, très belle floraison. Culture délicate. Auge, rocaille.
Pimula laurentiana Primevère laurentienne	20 à 30cm	15cm		Frais, calcaire	3	4 à 6	Grappe sommet	rose	Belle indigène, feuillage farineux. Hampe florale érigée. Fleurit longtemps.
Primula veris Primevère officinale / Coucou	10 à 30cm	10 à 20cm		Humifère, frais	4	4 et 5	Hampe, ombelle	jaune	Rosette de feuilles ridées. Longue hampe florale. Odorante.
Pulmonaria 'Silver Streamers' Pulmonaire 'Silver Streamers'	20cm	20cm		Riche, humide	5	4 et 5	Clochette en cyme	bleu puis rose	Feuillage ondulé, argent et mince. Résistant aux maladies.
Pulsatilla alpina ssp. *apiifolia* Anémone pulsatile alpin	30cm	40cm		Sableux, calcaire	5	4 et 5	Grande fleur	jaune	Fruit plumeux décoratif. Rare et peu rustique.
Sanguinaria canadensis Sanguinaire du Canada	30cm	40cm		Riche, humide	3	4 et 5	Simple ou double	blanc	Rentre en dormance au milieu de l'été. Tapis printanier glauque. Médicinale.
Soldanella alpina Soldanelle des Alpes	10 à 15cm	20cm		Humide, tourbeux	4	4 et 5	Cornet frangé incliné	blanc, améthyste	À protéger contre les limaces et l'hiver. Touffe, feuilles rondes.
Trachystemon orientalis Bourrache du Caucase	25 à 50cm	60cm		Ordinaire, frais à sec	6	4 et 5	Grappe étoilée	blanc, bleu	Couvre-sol très dense. Fleurit avant la feuillaison. Climat doux. Fragile.

GRAMINÉES	H	L	☼	TYPE DE SOL	Z	MOIS ✿	FORME ✿	COULEUR ✿	REMARQUE
Sesleria caerulea Seslérie	20cm	30cm		Tous sols, même secs	4b	4 et 5	Bouton noir	bleu bicolore	Couvre-sol entre les arbustes ou en bordure.

GRAMINÉES (suite)	H	L	☀	TYPE DE SOL	Z	MOIS ✿	FORME ✿	COULEUR ➤	REMARQUES
Sesleria heufleriana Seslérie	30cm	30cm	☀☁	Tolère la sécheresse	4b	4 et 5	Panicule	bicolore	Sa floraison en bouton noir et blanc est intéressante. Tapis semi-persistant.
Sesleria nitida Seslérie forme de nid	50cm	50cm	☀☁	Ordinaire	4b	4 et 5	Bouton noir	gris bleuté	Croît facilement entre les arbustes. Semi-persistant.

BULBES	H	L	☀	TYPE DE SOL		MOIS ✿	FORME ✿	COULEUR ✿	REMARQUE
Chionodoxa luciliae Gloire des neiges	20cm	15cm	☀	Drainé	4	4 et 5	Grappe	bleu œil blanc	Se naturalise facilement. Peut aussi être forcé. Trapu.
Crocus aureus Crocus de printemps	var.	var.	☀☁	Riche, drainé	3	4 et 5	Coupe évasée	blanc, jaune, violet	Très beau en colonie, à l'orée des sous-bois.
Crocus sp. Crocus	15cm	10cm	☀☁	Drainé	3	4 et 5	Tube évasé	jaune, violet	Souvent utilisé en couvre-sol dans la pelouse ou inséré dans les auges.
Eranthis cilicica Éranthe / Aconite d'hiver	15cm	20cm	☀☁	Consistant, drainé	4	4 et 5	Pétales simples	jaune citron	Sous-bois claire. Les chevreuils n'y touchent pas.
Eranthis hyemalis Éranthe	10cm	15cm	☁	Riche en compost	4	4 et 5	Simple, large	jaune vif	Éclaire les auges tôt au printemps puis en dormance.
Erythronium americanum ✤ Érythrone d'Amérique / Ail doux	15 à 20cm	10cm	☁	Riche en humus	4b	4 et 5	Étoilée recourbée penchée	jaune doré	1 à 2 feuilles élancées, tachées de brun. Colonie de sous-bois. Disparaît en juin.
Galianthus nivalis Perce-neige	10cm	10cm	☀☁	Riche, frais, drainé	3	4	cloche pendante	blanc	Feuilles élancées d'où émergent les cloches pendantes. Hâtif.
Ipheion uniflorum Ipheion à fleur unique	15cm	10cm	☀	Tous sols drainés	6	4 et 5	Étoile 6 pointes	blanc, bleu	Touffe arquée, feuilles étroites à odeur d'ail. Ne pas déranger ses caïeux.
Iris reticulata Iris rétuculé	15cm	10cm	☀	Drainé	5	4 et 5	3 sépales 3 pétales	bleu, violet	Iris très court, très hâtif. Feuilles élancées surmontées de fleurs.
Lithophragma parviflora ✤ Lithophragme à petites fleurs	10 à 20cm	10 à 30cm	☁	Acide, tourbeux	5	4 et 5	Grappe, coupe frangée	rose pâle	Cap de roche. Feuilles basales type érable surmonté de hampes florales.
Narcissus pseudonarcissus Narcisse	20 à 40cm	20 à 30cm	☀	Peu exigeant	4	4 et 5	Trompette solitaire	jaune	Feuillage et bulbe toxiques. Quelquefois confondu avec l'oignon.
Puschkinia scilloides Puschkinia du Liban	15cm	20cm	☀☁	Ordinaire, drainé	3	4 et 5	Grappe, clochettes	blanc, bleu pâle	Peu exigeante, se ressème et se divise. Gazon, rocaille.
Scilla tubergeniana Scille Turbergie	15cm	10cm	☀☁	Peu exigeant	5	4 et 5	Grappe lâche	bleu ligné	Son feuillage flétrit tôt. Utile sous des arbustes.
Tulipa tarda Syn. : *Tulipa dasystemon*	20cm	20cm	☀☁	Drainé	3	4 et 5	Étoilé	jaune et blanc	Pour endroit abrité. Longue vie. Longue floraison.

✤ indique plante indigène ou naturalisée.
✿ indique plante potentiellement envahissante !

MOIS DE FLORAISON

PLANTES FLEURISSANT À PARTIR DU MOIS DE MAI

ARBRES	H	L	☀	TYPE DE SOL	Z	MOIS ✿	FORME ✿	COULEUR ✿	REMARQUE
Aesculus carnea x 'Briotii' Marronnier à fleurs rouges	8 à 10m	8m	☀	Riche, profond, frais	5	5 et 6	Grosse, panicule	rouge	Globulaire, irrégulier. Grosses feuilles palmées. Quelques marrons.
Aesculus hippocastanum Marronnier d'Inde	16m	12m	☀☁	Riche, profond, frais	4b	5	Panicule érigée	blanc et rouge	Port globulaire. Feuilles palmées vert foncé tournant jaune doré.
Amelanchier canadensis ⚜ Amélanchier du Canada	7m	4m	☀☁	Acide, frais, drainé	2	5	Grappe	blanc	Greffé sur tige. Feuillage légèrement bleuté virant rouge. Fruits.
Amelanchier laevis ⚜ Amélanchier glabre	8m	5m	☀☁	Acide, frais, drainé	4	5	Grappe	blanc	Comme *canadensis* mais sans duvet sur les feuilles. Ovoïde.
Caragana arborescens 'Lorbergii' Caraganier de Loberg sur tige	3,5m	2,5m	☀☁	Fertile, plutôt sec	2b	5 et 6	Fleur de pois	jaune pâle	Plus arquées que pleureur. Très léger, vaporeux. Tuteurer.
Caragana arborescens 'Pendula' Caraganier pleureur sur tige	2m	1,5m	☀☁	Fertile, plutôt sec	2	5 et 6	Fleur de pois	jaune pâle	Bel effet cascade, jusqu'au sol. Populaire en espace restreint.
Caragana arborescens 'Walker' Caraganier 'Walker' sur tige	2m	1m	☀☁	Fertile, plutôt sec	2	5 et 6	Fleur de pois	jaune pâle	Tiges vaporeuses, texturées jusqu'au sol. Très pleureur.
Corylus avellana 'Contorta' Noisetier tortueux sur tige	2m	1,5m	☀☁	Riche, frais	5	5	Chaton mâle retombant	jaune verdâtre	Très décoratif. Branches tortueuses, enroulées.
Crataegus monogyna 'Compacta' Aubépine 'Compacta' sur tige	3m	2m	☀	Profond, frais	4	5	Corymbe	blanc parfumée	Greffé, nain. Port rond, dense. Sans épines. Très florifère.
Crataegus mordenensis 'Snowbird' Aubépine 'Snowbird'	6m	5m	☀	Profond, frais	3	5 et 6	Double en corymbe	blanc parfumée	Feuillage trilobé, foncé, lustré. Fruits rouges. Peu malade.
Crataegus viridis 'Winter King' Aubépine 'Winter King'	7m	6m	☀	Profond, frais	5b	5 et 6	Corymbe	blanc	Feuilles triangulaires. Port évasé peu épineux. Fruits oranges.
Euonymus turkestanica nana Fusain nain de Turkestan sur tige	1,5 à 2m	1 à 1,5m	☀☁	Riche, profond, frais	2b	5 et 6	Petite	blanc pourpre	Vert bleuté en été, rouge à l'automne. Port pleureur. Greffé.
Magnolia x *hybrida* Magnolia à fleurs jaunes	7 à 12m	4 à 5	☀	Un peu acide, humifère	5	5	Coupe ou étoile	Teintes de jaune	Plusieurs variétés. 'Élisabeth' est rustique et vigoureux.
Magnolia x *kewensis* 'W. Memory' Magnolia k. 'Wada's Memory'	8m	7m	☀	Riche en humus	4b	5	Grosse 15cm	blanc pur	Fleur à odeur d'orange. Feuilles teintées d'acajou au printemps.
Magnolia kobus Magnolia kobus	7m	7m	☀	Riche, frais, drainé	4	5	Grosse étoilée	blanc odorante	Petit arbre ou gros arbuste pyramidal. Vedette ± rustique. Tolère le sol alcalin !
Magnolia x *loebneri* 'Merrill' Magnolia loebneri 'Merrill'	4 à 8m	5 à 7m	☀	Riche, un peu acide	5	5	Grosse	blanc parfumé	Très florifère et parfumé. Port régulier conique à pyramidal.
Magnolia stellata 'Royal Star' Magnolia étoilé 'Royal Star'	3m	3m	☀	Riche, acide à alcalin	4b	5	Grosse, 30 pétales	blanc très parfumé	Souvent à troncs multiples. Plus lent que *kobus*. Dense, ovale.
Prunus cerasifera 'Newport' Prunier de Newport sur tige	5 à 8m	4 à 7m	☀☁	Franc, bien drainé	5	5 et 6	Petite, odorante	rose pâle	Pourpre foncé. Port érigé, arrondi. Résistant. Fruits comestibles.
Prunus maackii Cerisier de l'Amour	7m	7m	☀☁	Peu exigeant, drainé	2b	5	Grappe dense	blanc léger parfum	Cime ovale. Écorce brun doré brillant. Fruits noirs, oiseaux.
Prunus padus ⚜ Cerisier à grappes	8 à 10m	8 à 10m	☀	Tous les sols	3	5	Grappe	blanc	Un des rares arbres à fleurir à la mi-ombre. Port étalé.
Prunus triloba / *Prunus plena* Amandier sur tige	1,5 à 2m	1,2m	☀	Peu exigeant, drainé	4a	5	Double	rose clair	Port globulaire. Fleurs avant les feuilles. Très spectaculaire.
Prunus virginiana ⚜ Cerisier à grappes	6m	5m	☀	Sol calcaire, drainé	3	5	Simple	blanc	Petit arbre ou gros arbuste. Fruits pourpre comestibles. Naturalisation.
Prunus virginiana 'Canada Red' Cerisier 'Canada Red'	5 à 7m	4 à 5m	☀	Peu exigeant, drainé	2a	5	Grappe pendante	blanc parfumée	Vert tournant au rouge violacé. Plus rapide que Shubert. Fruits.
Prunus virgin. 'Halward's weeping' Cerisier pleureur 'Halward's w.'	3m	5m	☀	Peu exigeant, drainé	3	5	Grappe	blanc crème	Belle variété rustique ! Feuillage vert. Fruits noirs.

ARBRES (suite)	H	L	☼	TYPE DE SOL	Z	MOIS ✿	FORME ✿	COULEUR ✿	REMARQUES
Prunus virginiana 'Shubert' Cerisier de 'Shubert'	5m	4m	☼	Peu exigeant, drainé	2	5	Grappe pendante	blanc parfumée	Vert tournant au rouge violacé au début de l'été. Fruits comestibles.
Pyrus calleryana sp. Poiriers décoratifs	10m	6m	☼	Franc, profond, drainé	5b	5	Corymbe	blanc	Port pyramidal. Écorce foncée. Floraison spectaculaire. Lent.
Pyrus ussuriensis Poirier de Chine	15m	10m	☼	Profond, drainé	3	5	Abondante	blanc	Port ovale. Fruits 3cm. Tourne orange à l'automne. Rustique !
Pyrus ussuriensis 'Prairie Gem' Poirier décor. 'P. Gem' / 'Mordak'	6m	4m	☼	Peu exigeant	3	5	Corymbe	rosé puis blanc	Plus petit que la majorité des poiriers. Port rond. Fruit jaune 6mm.
Sorbus alnifolia Sorbier de Corée / Alisier	10 à 15m	8m	☼	Profond, léger	4b	5	Corymbe	blanc	Pyramidal à rond. Feuilles simples ovales. Pas maladif ! Fruit orangé.
Syringa juliana 'Hers' Lilas pleureur 'Hers' sur tige	1,25m	1m	☼☁	Léger, frais, drainé	2	5 et 6	Panicule abondante	lilas	Port pleureur. Petites feuilles. Floraison sporadique tout l'été.
Syringa meyeri 'Palibin' Lilas de Corée sur tige	2m	1m	☼	Léger, frais, drainé	4	5	Panicule érigée	rose violet	Port globulaire, dense. Plante vedette. Très parfumée. Lent.
Syringa vulgaris 'Prairie Petite' Lilas 'Prairie Petite' sur tige	1,25m	1,25m	☼	Léger, frais, drainé	3	5 et 6	Petite panicule	rose	Lilas commun nain, compact. Plus rustique que ceux à petites feuilles.
Syringa vulgaris 'Wedgewood Blue' Lilas 'Wedgewood Blue'	1,75m	2m	☼	Léger, frais, drainé	3	5 et 6	Grande panicule	lavande parfumé	Fleurs semblables à la glycine. Résistant au mildiou. Envoûtant.
Syringa vulgaris 'Wonderblue' Lilas 'Wonderblue' sur tige	1,5m	1,8m	☼	Léger, frais, drainé	2b	5 et 6	Panicule	lavande pâle	Une autre nouvelle variété semi-naine, rustique.
Syringa vulgaris 'Yankee Doodle' Lilas 'Yankee Doodle' sur tige	2m	2m	☼	Léger, frais, drainé	2b	5 et 6	Panicule	pourpre foncé	Semi-nain greffé, rustique. Port globulaire. Peu connu.
Viburnum carlcephalum Viorne odorante sur tige	2m	1m	☼☁	Riche, drainé	6	5	Corymbe parfumée	blanc rosée	Port irrégulier. Feuillage vert bleuté, lustré, puis rougeâtre.
Viburnum lantana 'Mohican' Viorne 'Mohican' sur tige	2,5m	2,5m	☼☁	Peu exigeant, fertile	2b	5 et 6	Corymbe	blanc	Compact, vert grisâtre puis rouge à l'automne. Fruit rouge puis noir.
Weigelia 'Red Prince' Weigelia 'Red Prince' sur tige	2m	1,5m	☼☁	Peu exigeant, fertile	4	5 et 6	Trompette	rouge	Floraison abondante début été, puis sporadique. Vert foncé.

ARBUSTES	H	L	☼	TYPE DE SOL	Z	MOIS ✿	FORME ✿	COULEUR ✿	REMARQUE
Abelia 'Edward Goucher' Abélia 'Edward Goucher'	60cm	1m	☼☁	Acide, frais, drainé	5	5 à 9	Trompette étoilée	rose pourpre	Feuillage reluisant vert foncé. Longue floraison. Rabattre tôt.
Abelia mosanensis abélia parfumée	1,5m	1,25m	☼☁	Riche, frais, acide	5	5 et 6	Trompette étoilée	rose parfumé	Le plus rustique ! Vert lustré virant orange rouge à l'automne.
Acer tataricum Érable de Tartarie	5m	4m	☼☁	Peu exigeant	3	5 et 6	Épi érigé	blanchâtre	Ressemble à l'érable de l'Amur mais à feuilles moins lobées.
Acer tataricum ssp. *ginnala* Érable de l'Amur	2,5	2m	☼☁	Peu exigeant	3a	5	Grappe	blanc parfumé	Samare rouge. Vert tournant jaune à rouge vif. Compact.
Acer palmatum sp. Érable du Japon	0,9 à 2,5m	1 à 2,5m	☼☁	Acide, riche, drainé	5b	5	Corymbe	rougeâtre	Jolie près de grosses pierres. Souvent à feuillage pourpre.
Amelanchier sp. Amélanchiers	4 à 8m	2 à 5m	☼☁	Acide, frais, drainé	2 à 4	5	Grappe	blanc	En fleurs avant les feuilles. Port diffus, irrégulier. Glauque puis rouge.
Aronia melanocarpa ⚜ Aronie noire	1,5m	1,5m	☼☁	Tous sols drainés	4	5 et 6	Corymbe	blanc rosé	La variété Autumn Magic est plus ornementale que l'espèce.
Aronia prunifolia Aronie à feuilles de prunier	1,5m	1,5m	☼☁	Acide, sablonneux	4b	5	Corymbe	blanc	Celui qui supporte le mieux un sol sec. Rougit à l'automne.
Berberis sp. Épine-vinette	0,6 à 1,3m	0,7 à 1,3m	☼☁	Peu exigeant, drainé	4	5 et 6	Clochette peu visible	jaune	Port dense, plutôt arrondi. Épineux. Pourpre, jaune ou vert.
Chamaecytisus purpureus Syn. : *Cytisus purpureus*	0,5m	1m	☼	Acide, fertile, léger	5b	5 et 6	Solitaire sur tiges	rose pourpre	Intéressante pour sa floraison. Peu rustique. 3 folioles.

MOIS DE FLORAISON

ARBUSTES (suite)	H	L	☀	TYPE DE SOL	Z	MOIS ✿	FORME ✿	COULEUR ✿	REMARQUES
Chaenomeles sp. **Cognassiers**	1 à 1,5m	1m	☀	Profond, riche, drainé	5b	5	Globulaire	rouge orangé	Tailler après la floraison. Étalé, dense. Protection hivernale.
Chaenomeles japonica 'Sargentii' **Cognassier** 'Sargentii'	1m	1m	☀	Profond, riche, drainé	5	5	Globulaire	saumon à orange	Plus rustique que l'espèce. Port étalé, divergeant. Drageonnant.
Cladastris lutea **Virgilier à bois jaune**	10m	10m	☀	Profond, drainé	5a	5 et 6	Grappe	blanc	Port globulaire, dense. Écorce décorative. Tourne jaune orangé.
Cornus alba **Cornouiller blanc**	2,5m	2,5m	☀⛅	Frais, drainé	2	—	Sans intérêt	—	Arbuste aux rameaux rouges. Port diffus, irrégulier. Drageons.
Cornus alternifolia **Cornouiller à feuilles alternes**	5m	6m	☀⛅☁	Frais, drainé	3b	5	Grappe corymbe	blanc	Écran dense en espalier. Tiges pourpre marron. Fruits bleu noir.
Cornus controversa **Cornouiller tabulaire**	15m	12m	☀⛅	Ordinaire, drainé	6	5 et 6	Cyme	blanc crème	Un cornus asiatique, à feuilles alternes panachées. Très rare.
Cornus florida sp. **Cornouiller fleuri**	2,5m	2,5m	☀⛅	Riche, humide, drainé	6	5 et 6	Grappe bractée	blanc, rose	Port arrondi. Superbe en fleur. Fragile, maladif. Vire rouge.
Cornus kousa chinensis **Cornouiller kousa**	2 à 7m	2 à 5m	☀⛅	Riche, humide, drainé	6	5	Grosse cyme	bractée blanche	Le plus rustique. Bractées pointues. ± résistant aux insectes.
Cornus pumila **Cornouiller nain**	0,6 à 1,2m	0,9 à 1,2m	☀⛅	Plutôt humide, acide	3	5	Grosse cyme	blanc	Feuilles vertes à pointes rouges. Tourne rouge à l'automne. Fruits noirs.
Cornus sanguinea **Cornouiller européen femelle**	2m	3m	☀⛅	Peu exigeant, frais	5	5 et 6	Cyme	blanc crème	Tiges colorées. Fruits pourpres. Port globulaire. Tourne pourpre.
Cotoneaster acutifolius **Cotonéaster de Pékin**	2 à 2,5m	1m	☀⛅	Tous sols drainés	2	5 et 6	Petite	rosé	Confondu avec lucidus. Duvet gris sous feuilles vertes. Fruits.
Cotoneaster horizontalis 'Perpusillus' **Cotonéaster horizontal nain**	50cm	1,5m	☀	Tous sols drainés	5a	5 et 6	Petite	rose	Couvre-sol entremêlé. Plus rustique mais maladif. Vire rouge.
Cotoneaster horizontalis 'Robusta' **Cotonéaster** 'Robusta'	80cm	1,5m	☀	Tous sols drainés	5a	5 et 6	Petite	rose	Ressemble à l'espèce mais en plus gros. Tourne rouge intense.
Cotoneaster integerrimus **Cotonéaster commun anglais**	2m	1,5m	☀⛅	Tous sols drainés	4	5 et 6	Petite, pendante	blanc rosé	Feuillage vert bleuté foncé avec dessous au duvet blanc. Gros fruits.
Cotoneaster lucidus **Cotonéaster lustré à haie**	2m	1m	☀⛅	Tous sols drainés	2b	5 et 6	Grappe	rosé	La plus vendue. Haie libre ou taillée, lustrée. Tourne rouge orangé. Fruits.
Cotoneaster melanocarpus **Cotonéaster à fruits noirs**	1,5m	1,5m	☀⛅	Tous sols drainés	5	5 et 6	Grappe	rosé	Dressé, arqué. Feuilles semblable à *lucidus* mais plus grosses. Protéger.
Cotoneaster tomentosus **Cotonéaster tomentueux**	2m	1,5m	☀⛅	Tous sols drainés	5b	5 et 6	Petite, pendante	rose	Ressemble à *integerrimus* mais à feuilles et fruits plus gros.
Crataegus crus-galli **Aubépine ergot-de-coq**	8m	8m	☀	Profond, humide	4	5 et 6	Corymbe	blanc	Haie épineuse, globulaire. Résistante aux maladies. Vire orange.
Crataegus crus-galli inermis **Aubépine ergot-de-doq inerme**	7m	7m	☀	Profond, humide	4	5 et 6	Corymbe	blanc	Ressemble à l'espèce, mais sans épines et moins rustique.
Crataegus monogyna 'Compacta' **Aubépine** 'Compacta'	1,5m	1,5m	☀	Profond, frais	4	5	Corymbe	blanc parfumée	Haie ou greffé sur tige. Très florifère. Sans épine. Rond, dense.
Crataegus rotundifolia / C. chrysocarpa **Aubépine à feuilles rondes**	3 à 5m	3 à 5m	☀⛅	Frais, drainé	4	5 et 6	Corymbe	blanc parfumé	Haie épineuse, érigée. Feuilles ovales luisantes. Fruits sucrés.
Cytisus beanii **Cytise beani**	20cm	80cm	☀	Sol sain, sableux	5b	5 et 6	Groupe de 3	jaune or	Branches d'abord montantes puis descendantes.
Cytisus decumbens **Cytise prostré**	15cm	40cm	☀	Pauvre, sableux	3	5 et 6	Groupe de 3	jaune clair	Les fleurs apparaissent avant les feuilles. Prostré.
Cytisus procumbens **Cytise rampant**	40cm	1m	☀	Sol sain, sableux	2b	5 et 6	Multitude à l'aisselle	jaune vif	Port prostré. Jeunes pousses arquées. Tailler fleurs fanées.
Cytisus praecox **Cytise précoce**	1m	1m	☀	Ordinaire, sec	5b	5 et 6	Grappe	crème	Protection hivernale. Très florifère. Peu disponible. Arrondi.
Elaeagnus sp. **Olivier** / Chalef / Gourmi	2 à 8m	2 à 8m	☀	Préfère sol sec	2 à 5	5 et 6	Petite	jaunâtre	Pour sites secs, bord de mer ou route salée. Feuilles argentées.

ARBUSTES (suite)	H	L	☼	TYPE DE SOL	Z	MOIS	FORME	COULEUR	REMARQUES
Elaeagnus umbellata **Chalef en ombelle**	4m	4m	☼	Peu exigeant, sec	5a	5 et 6	Profusion	blanc argenté	Port arqué, souvent épineux. Vert et argenté. Fruits écarlates.
Enkianthus campanulatus **Enkianthe en cloche**	1,5m	1,2m	☁	Acide, riche, humide	5	5 et 6	Clochette pendante	crème strié rouge	Port érigé, étroit. Aime le bord des boisés. Tourne rouge vif.
Forsythia intermedia 'Goldilocks' **Forsythia 'Goldilocks'**	90cm	90cm	☼☁	Tous sols frais	5	5	Multitude, étoilée	jaune doré	Croule sous les fleurs ! Coloration bourgogne à l'automne.
Forsythia x 'Marée d'or' / 'Courtasol' **Forsythia 'Marée d'or'**	40cm	1,25m	☼	Tous sols frais	4	5	Multitude, étoilée	jaune or	Port bien structuré, étalé. Teinte pourpre à l'automne.
Fothergilla major 'Mount Airy' **Fothergilla 'Mount Airy'**	1,5m	1,25m	☼☁	Acide, humide	5	5	Panicule	blanc odorant	Port ovoïde bleu-vert. Belle palette automnale. Peu rustique.
Gaylussacia baccata **Gaylussacia à fruits bacciformes**	0,3 à 1m	1m	☼☁	Acide, humide, drainé	1 à 4	5 et 6	Grappe cloche	blanc, rosé	Semblable au bleuetier mais à feuilles collantes et fruits noirs.
Genista tinctoria 'Lydia' / *G. spatulata* **Genêt de Lydie**	40cm	60cm	☼	Pauvre, pierreux	5	5 et 6	Épi	jaune or	Port étalé, lâche, arqué. Feuilles vert bleuté. Fleurs abondantes.
Genista pilosa **Genêt poilu**	30cm	80cm	☼	Léger, pauvre, sec	4b	5 et 6	Épi	jaune or	Joli couvre-sol pour talus secs et pauvres. Coussin poilu.
Halesia carolina **Arbre aux cloches d'argent**	4m	6m	☼☁	Riche, acide, frais	5b	5	Clochette pendante groupée	blanc	Rare, peu rustique. Floraison plus intéressant que son port.
Lonicera alpigena **Chèvrefeuille des Alpes**	1,5m	1,5m	☼☁	Frais, drainé	5b	5	Bi-tubulaire	jaunâtre	Haie plutôt irrégulière. Grosses feuilles. Différent des autres.
Lonicera alpigena 'Nana' **Chèvrefeuille nain des Alpes**	90cm	90cm	☼☁	Frais, drainé	5a	5	Bi-tubulaire	jaunâtre	Compact, irrégulier. Grosses feuilles. Fruits siamois rouges.
Lonicera caerulea dependens **Chèvrefeuille bleu dépendant**	2 à 3m	2 à 3m	☼	Frais, drainé	2a	5 et 6	Bi-tubulaire	jaunâtre	Plus grand que le *L. caerulea edulis*. Fruits bleus plus petits.
Lonicera caerulea edulis **Chèvrefeuille bleu**	1,5m	1,5m	☼	Frais, drainé	3a	5 et 6	Bi-tubulaire	jaunâtre	Beau port arrondi, régulier. Feuilles ovales, bleutées. Baie bleu foncé.
Lonicera canadensis **Chèvrefeuille du Canada**	2m	2m	☼☁	Peu exigeant	3	5	Réunie par 2	jaune vert	Plante intéressante pour ses qualités d'adaptation.
Lonicera involucrata **Chèvrefeuille involucré**	1 à 2m	1 à 2m	☼	Frais à humide	3	5 et 6	bractée, cloche	pourpre, jaune	Grosses feuilles. Rabattre chaque printemps. Baies comestibles.
Lonicera kamchatika **Chèvrefeuille kamchatika**	1,2 à 2m	1m	☁	Frais, drainé	4	5	Grappe de 3 à 4	blanc parfumé	Nouvelles variétés à fruits bleus comestibles ! Port érigé, évasé.
Lonicera korolkowii **Chèvrefeuille de Korolko**	2 à 3 m	2 à 3 m	☼	Peu exigeant	2	5 et 6	Tubulaire pétalée	rose odorante	Plus grisâtre que *L. Tartarica* et moins maladif. Port irrégulier.
Lonicera maackii **Chèvrefeuille de l'Amur**	4,5m	4,5m	☼	Frais, drainé	2b	5 et 6	Grappe de 4	blanc à jaune	Très large, fait un bon brise-vent. Port arqué. Fruits rouges.
Lonicera maximowiczii sachalinensis **Chèvrefeuille de Sachalin**	2,5m	2,5m	☼	Frais, drainé	4a	5	Tubulaire pétalée	rouge	Beau chèvrefeuille résistant et peu malade ! Haie dense, fournie.
Lonicera morrowii **Chèvrefeuille de Morrow**	2m	3m	☼☁	Frais, drainé	4a	5	Simple	blanc crème	Dôme étalé, tailler après floraison. Écran vigoureux. Maladif.
Lonicera tatarica **Chèvrefeuille 'Tartarie'**	2m	1,5 à 2m	☁	Peu exigeant	4	5	Panicule	rose	Plante classique pour haies à la mi-ombre. Souvent malade.
Lonicera tatarica 'Arnold Red' **Chèvrefeuille 'Arnold Red'**	2m	2m	☼☁	Peu exigeant	4a	5 et 6	Tubulaire pétalée	rouge	Variété résistante qui a peu ou pas de « balais de sorcière ».
Myrica gale **Myrique baumier**	1,2m	1m	☼☁	Acide, marécageux	2	5	Chaton	—	La feuille froissée dégage une odeur. Très commun. Port grêle.
Myrica pennsylvanica **Myrique de Pennsylvanie**	2m	2m	☼☁	Acide, sablonneux	5	5	Chaton dioïque	brun doré	Feuillage aromatique, vert dessous gris. Fruits bleu gris.
Philadelphus sp. **Seringats**	0,9 à 1,8m	1 à 1,2m	☼☁	Peu exigeant, frais	3 à 6	5	Simple ou double	blanc	Vaste choix sur le marché. Fleurs très parfumées mais ± rustiques. Haie libre.

MOIS DE FLORAISON

ARBUSTES (suite)	H	L	☼	TYPE DE SOL	Z	MOIS ✿	FORME ✿	COULEUR ✿	REMARQUES
Philadelphus lewisii sp. **Seringat de Lewis**	1 à 3m	1 à 1,5m	☼☁	Peu exigeant, frais	4	5	Simple	blanc	Haie libre, compacte, à fleurs + résistantes, moins parfumées.
Philadelphus x virginalis **Seringat virginal**	1,5 à 2m	1,2m	☼☁	Peu exigeant, frais	3	5 et 6	Grappe odorante	blanc pur	Un hybride très populaire. Vigoureux, irrégulier. Tailler après floraison.
Physocarpus opulifolius 'Nanus' **Physocarpe à feuilles d'obier nain**	1,25m	1,25m	☼☁	Peu exigeant, drainé	3	5 et 6	Corymbe	blanc rosé	Feuillage vert, sans entretien. Peu malade même à l'ombre.
Physocarpus opulifolius 'Snowfall' **Physocarpe 'Snowfall'**	2,5 à 3m	2,5 à 3m	☼☁	Peu exigeant, drainé	3	5 et 6	Corymbe	blanc	Haie libre semi-pleureuse. Fleurs plus visibles. Peu disponible.
Prunus besseyi **Cerisier des sables de l'Ouest**	1,5m	1,5m	☼	Sec, chaud, drainé	3	5	Multitude	blanc	Port irrégulier, diffus vert gris. Fruits comestibles. Naturalisation.
Prunus cerasifera 'Newport' **Prunier pourpre de Newport**	4m	4m	☼☁	Franc, bien drainé	5	5	Petite, odorante	rose pâle	Pourpre foncé. Port érigé, arrondi. Résistant. Fruits comestibles.
Prunus x cistena **Cerisier pourpre des sables**	2m	1,5m	☼☁	Poreux, frais, drainé	3	5	Petite, simple	rosée, parfumée	Un beau pourpre foncé, contrastant. Attention aux maladies.
Prunus depressa ⚜ **Cerisier des sables déprimé**	40cm	2m	☼	Sableux, plutôt sec	3b	5 et 6	Ombelle	blanc rosé	Rampant. Pousse sur le sable ou le gravier des rivages. Baies.
Prunus maritima **Cerisier des sables maritime**	0,9 à 1,5m	1 à 2m	☼	Sableux	4a	5 et 6	Ombelle	blanc	Un autre cerisier rampant qui aime les dunes.
Prunus tenella 'Fire Hill' **Amandier 'Fire Hill'**	1,5m	1m	☼☁	Peu exigeant, drainé	3a	5	Multitude de petites fleurs	rose brillant	Évasé, vert luisant, virant jaune orangé. Fleurit avant feuillaison.
Prunus tomentosa **Cerisier tomenteux**	2,5m	2,5m	☼☁	Sol sain et fertile	2	5	Petite, simple	rosé	Comestible et décoratif. Port globulaire irrégulier.
Prunus triloba 'Multiplex' **Amandier à fleurs doubles**	2m	1,25m	☼☁	Peu exigeant, drainé	3	5	Le long de la tige	rose double	Vert clair virant jaune. Port irrégulier. Explosion de fleurs ! Boutons fragiles.
Rhododendron ssp. *azalea* **Azalées hybrides**	1 à 2m	1 à 2m	☼☁	Acide, organique	2 à 5	5 et 6	Trompette en grappe	var.	Beau feuillage rouge cuivré à l'automne. Souvent parfumés.
Rhododendron 'Lights' **Azalée rustique série 'Lights'**	0,8 à 1,5m	0,9 à 1,2m	☼☁	Acide, friable, drainé	4	5	Trompette en groupe	Teintes chaudes	Port globulaire, feuilles caduques. En fleurs avant les feuilles. Rouge, cuivré.
Rhus aromatica ⚜ **Sumac aromatique**	1 à 2m	2 à 3m	☼☁	Peu exigeant, drainé	4	5 et 6	Chaton en grappe	jaune odorante	Couvre-sol haut à feuilles trilobées Plants dioïques. Tourne orange.
Ribes alpinum 'Smithii' / 'Schmidt' **Gadelier alpin 'Schmidt'**	1,5m	1,5m	☼☁	Riche, plutôt sec	3	5	Petite, abondante	jaune	Haie basse et ordonnée. Moins maladive que l'espèce. Dense.
Ribes aureum **Gadelier doré**	1 à 2m	1 à 2m	☼☁	Sec, plutôt riche	3	5	Trompette en grappe	jaune odorante	Port plutôt clairsemé, érigé. Très odorant. Feuilles petites, lobées.
Ribes odoratum **Gadelier odorant**	2m	2m	☼☁	Ordinaire, drainé	2	5	Trompette en grappe	jaune odorante	Ressemble au gadelier doré mais à parfum plus épicé.
Shepherdia canadensis ⚜ **Shépherdie du Canada**	1,5m	1m	☼	Ordinaire, drainé	2a	5	Épi dioïque	jaune	Feuillage argenté puis gris. Port dressé, arrondi. S'adapte à tout.
Sorbus decora ⚜ **Sorbier des montagnes**	7m	5m	☼	Acide, sableux	2	5 et 6	Corymbe	blanc	Arbuste ou petit arbre ovoïde. Feuilles vert bleuté. Fruit rouge. Pas malade !
Sorbus koehneana **Sorbier de Koehne**	2,5 à 5m	1m	☼☁	Tous sols drainés	4b	5 et 6	Corymbe	blanc	Nouveau cormier à feuilles composées plus petites. Fruit blanc !
Sorbus reducta **Sorbier nain**	35cm	50cm	☼☁	Bien drainé	3	5 et 6	Ombelle terminale	blanc	Couvre-sol nain, se pare de fleurs puis de baies. Tourne pourpre.
Spiraea arguta 'Compacta' **Spirée argenté naine**	60cm	60cm	☼☁	Peu exigeant, frais	4	5	Corymbe multitude	blanc	Pour petite haie libre printanière d'apparence champêtre.
Spiraea x cinerea 'Grefsheim' **Spirée 'Grefsheim'**	1m	1m	☼☁	Peu exigeant, frais	4a	5	Grappe	blanc	Ressemble à *S. arguta* mais plus hâtive et feuillaison plus vert.
Spiraea media sp. **Spirée soyeuse**	1,5m	1m	☼	Peu exigeant, frais	2	5	Grappe	blanc	Ancienne variété. Fleurs aux extrémités des tiges. Port arqué.

ARBUSTES (suite)	H	L	☼	TYPE DE SOL	Z	MOIS ✿	FORME ✿	COULEUR ✿	REMARQUES
Spiraea x 'Snow White' **Spirée** 'Snow White'	1,25m	1,25m	☼☁	Peu exigeant, frais	2b	5 et 6	Corymbe multitude	blanc	Comme 'Vanhoutte' mais fleurs plus grosses. Moins vigoureux.
Spiraea thunbergii sp. **Spirée de Thunberg**	1,25m	1,5m	☼☁	Peu exigeant, frais	4b	5 et 6	Grappe	blanc	Semblable à *arguta*. Port arqué. Tourne orangé à l'automne.
Spiraea thunbergii 'Fujino Pink' **Spirée** 'Fujino Pink'	1,25m	1,25m	☼☁	Peu exigeant, frais	4	5 et 6	Grappe	rose pâle	Spirée printanière rose ! Port arqué. Haie pour lieux protégés.
Spiraea trilobata sp. **Spirée trilobée**	0,9 à 1,5m	0,9 à 2m	☼☁	Peu exigeant, frais	3a	5 et 6	Corymbe multitude	blanc	Port arqué comme la 'Vanhoutte' Feuilles trilobées vert-bleu. Solide.
Staphylea trifolia ⚜ 🍀 **Staphylier à trois feuilles**	3m	2m	☼☁	Humide, drainé	4b	5 et 6	Panicule pendante, clochette	blanc verdâtre	Port arrondi. Fruits type lanterne chinoise. Écran drageonnant.
Syringa chinensis sp. **Lilas chinois**	2 à 3m	2m	☼☁	Léger, frais, drainé	4	5 et 6	Panicule parfumée	pourpre lilas	Feuilles étroites. Port arrondi. Rajeunir à l'occasion. Sans drageon. Écran.
Syringa x *deversifolia* **Lilas à feuilles diversement découpées**	1,5m	2m	☼	Ordinaire, frais, drainé	4b	5 et 6	Grappe pendante	lilas, parfumée	Hybride moins fragile que le suivant. Attire papillons, colibris.
Syringa x *hyacinthiflora* **Lilas à fleurs de jacinthes**	2 à 5m	2 à 3m	☼	Léger, frais, drainé	3	5 et 6	Panicule parfumée	blanc à pourpre	Plus hâtif et moins maladif que *S. vulgaris*. Port érigé. Tourne bronze.
Syringa laciniata **Lilas à feuilles en dentelles**	2m	2m	☼	Ordinaire, frais, drainé	6	5 et 6	Grappe pendante	lilas, parfumée	Boutons floraux fragiles au gel. Port arqué, globulaire.
Syringa meyeri 'Palibin' **Lilas** 'Palibin' / Lilas de Corée	1 à 1,5m	1,5m	☼☁	Léger, frais, drainé	4	5 et 6	Panicule érigée	rose violet	Souvent greffé en tête, aussi en arbuste pour petite haie dense et parfumée.
Syringa pubescens subsp. 'Miss Kim' **Lilas de Mandchourie** 'Miss Kim'	1,5 à 2m	1,5m	☼☁	Léger, frais, drainé	4	5 et 6	Panicule parfumée	lilas pâle	Floraison très uniforme sur tout le plant. Vire au pourpre. Lent.
Syringa x *persica* **Lilas de Perse**	2 à 3m	1,5 à 3m	☼☁	Léger, frais, drainé	4a	5 et 6	Panicule	lilas	Feuilles lancéolées. Floraison abondante au parfum léger.
Syringa vulgaris sp. **Lilas commun** / Lilas français	2,5 à 5m	2 à 4m	☼☁	Léger, frais, drainé	2	5 et 6	Abondante panicules	blanc rose bleu lilas	Parfumée ! Pour haie informelle ou écran. Fleur coupée.
Tamarix tetrandra **Tamarix du printemps**	3m	2m	☼	Peu exigeant	4	5 et 6	Panicule vaporeux	rose	Aujourd'hui *T. parviflora*. Floraison plutôt rare sous nos climats.
Vaccinium sp. ✿ **Airelles** / Bleuets	0,2 à 1,5m	0,5 à 1m	☁	Acide, humide, drainé	1-4	5 et 6	Grappe cloche	blanc, rosé	Comestible. Tous aiment un milieu humide. Beau feuillage.
Viburnum carlcephalum **Viorne odorante**	1,5m	1m	☼☁	Sol frais	6	5	Corymbe parfumé	blanc rosée	Feuillage épais, vert bleuté tourne rouge pourpre. Décoratif.
Viburnum carlesii **Viorne de Corée**	1,2m	1,5m	☼☁	Peu exigeant, frais	5b	5	Corymbe parfumé	blanc	Fleurs avant feuilles. Attire les oiseaux. Coloration rouge vin.
Viburnum dentatum sp. ⚜ **Viorne dentée**	2 à 4m	3m	☼☁	Frais, drainé	3	5 et 6	Corymbe	blanc	Vert lustré virant rouge pourpre. Fruits bleus à noirs. Globulaire, grosse haie.
Viburnum x *juddii* **Viorne de Judd**	1,5 à 2m	1,8 à 2m	☼☁	Peu exigeant, fertile	5a	5	Corymbe parfumé	blanc rosée	Issue de la viorne de Corée, elle lui ressemble. Fleur et port plus grand.
Viburnum lantana sp. **Viorne commune**	2,5 à 4m	3m	☼☁	Peu exigeant, fertile	2b	5 et 6	Corymbe	blanc	Port globe vert-grisâtre ou panaché. Belle couleur d'automne.
Viburnum lantana 'Mohican' **Viorne** 'Mohican' sur tige	2,5m	2,5m	☼☁	Peu exigeant, fertile	3	5	Corymbe	blanc	Compact, vert grisâtre puis rouge à l'automne. Fruit rouge puis noir.
Viburnum lantanoides / *V. alnifolia* ⚜ **Viorne à feuilles d'aulne**	2m	2m	☼☁	Acide, frais	3	5	Corymbe	blanc	Port ovoïde. Feuillage ovale vert tourne pourpre tôt. Fruit noir.
Viburnum opulus 'Kristy D.' **Viorne obier** 'Kristy D.'	1,5m	1,5m	☼☁	Tous sols frais	4a	5 et 6	Corymbe	blanc crème	Port compact, globulaire vert et crème. Fruit rouge.
Viburnum plicatum **Viorne plicatum**	2 à 3m	2,5m	☁	Peu exigeant, drainé	6	5 et 6	Corymbe aplati	blanc crème	Feuilles dentées, plissés. Port étagé arrondi. Tourne pourpre. Fruits.
Viburnum rafinesquianum ⚜ **Viorne de Rafinesque**	2m	2m	☼☁	Peu exigeant, fertile	2a	5 et 6	Corymbe	blanc	Indigène peu connu. Ressemble au *dentatum*. Feuilles soudées.

MOIS DE FLORAISON

ARBUSTES (suite)	H	L	☼	TYPE DE SOL	Z	MOIS ✿	FORME ✿	COULEUR ✿	REMARQUES
Viburnum x *rhytidophylloides* sp. **Viorne rhytidophylloïde**	2,5m	2,5m	☼☁	Peu exigeant, fertile	4 à 6	5 et 6	Corymbe	blanc	Superbe écran aux feuilles gaufrées. Choisir variétés rustiques. Fruits.
Viburnum sargentii 'Flavum' **Viorne de Sargent jaune**	2m	2m	☼☁	Frais à humide	3	5	Cyme stérile et fertile	blanc et rouge	Feuilles trilobées, vert à nervure jaune. Fruits et pédicelles jaunes.
Viburnum sargentii 'Onondaga' **Viorne** 'Onondaga'	2,5m	2m	☼☁	Frais à humide	4	5	Cyme stérile et fertile	blanc et rouge	Feuilles trilobées, vert pourpré. Fleurs et fruits très décoratifs. Superbe écran.
Weigela middendorffiana **Weigela de Middendorff**	1 à 1,5m	1 à 1,5m	☼	Peu exigeant, drainé	5	5	Clochette	jaune	Un des rare à fleurir jaune. Pour haie en région chaude.
Xanthorhiza simplicissima **Zanthorhiza à feuilles de céleri**	60cm	1m	☼☁	Lourd, frais, drainé	5	5 et 6	Panicule	brun rouge	Port compact. Feuille à 5 folioles tourne à l'écarlate. Drageonne.
Zanthoxylum americanum **Clavalier d'Amérique**	2 à 5m	3 à 4m	☼☁	Ordinaire à pauvre	4a	5 et 6	Grappe	verdâtre	Très particulier, très gosses épines. Arôme de citron. Haie.

ARBUSTES PERSISTANTS	H	L	☼	TYPE DE SOL	Z	MOIS ✿	FORME ✿	COULEUR ✿	REMARQUE
Andromeda polifolia **Andromède à feuilles romarin**	60cm	60cm	☼☁	Très humide, acide	2	5	Petit grelot	rosé	Pour rocaille située dans un endroit frais et humide. Lent.
Andromeda polifolia 'Blue Ice' **Andromède** 'Blue Ice'	30cm	50 à 80cm	☼☁	Acide, humide	2	5 et 6	Petit grelot	rose	Feuillage type romarin bleu argenté. Excellent couvre-sol.
Andromeda polifolia 'Glaucophylla' **Andromède glauque**	30 à 75cm	60 à 90cm	☼☁	Acide, humide	2a	5 et 6	Petit grelot	rose	Feuillage vert-bleuté à revers duveteux. Couvre-sol rustique.
Andromeda polifolia 'Nana' **Andromède nain**	30cm	40cm	☼☁	Acide, humide	2	5	Petit grelot	rose	Port dense, vert bleuté. Croît lentement. Couvre-sol.
Arctostaphylos 'Uva-Ursi' **Raisin d'ours**	15cm	1m	☼☁	Acide, rocheux	2	5	Bouquet	blanc rosé	Feuillage spatulé, persistant, lustré. Fruit rouge. Port étalé.
Chamaedaphne calycutala **Cassandre / Faux bleuets**	1m	1m	☼☁	Acide, humide	2a	5 et 6	Solitaire	blanc	Jardins d'éricacées, naturalisation. Texture fine, assymétrique.
Cotoneaster apiculatus sp. **Cotonéasters apiculatus**	0,5 à 1m	0,7 à 2m	☼	Fertile, drainé	4b	5 et 6	Solitaire	blanc	Port plutôt étalé. Nombreux fruits rouge écarlate. Oiseaux.
Cotoneaster 'Dammeri' sp. / *C. suecicus* **Cotonéaster** 'Dammeri'	40cm	2m	☼	Tous sols drainés	4	5 et 6	Solitaire	blanc	Port étalé. Feuilles petites, lustrées semi-persistantes. Fruit rouge vif.
Cotoneaster microphyllus **Cotonéaster escargot**	30cm	1m	☼	Fertile, poreux	5b	5	Solitaire	blanc	Luisant, prostré. La variété se prêtant le mieux à l'auge. Tailler.
Cotoneaster nanshan / *C. praecox* **Cotonéaster rampant précoce**	40cm	1m	☼	Frais, drainé	5	5	Groupe de 1 à 2	rosé	Persistant rampant arqué, luisant. Fruits, feuilles rouges à l'automne.
Empertrum 'Nigrum' **Camarine noire**	30cm	50cm	☼☁	Terre de tourbière	1a	5	Fleur simple	rose pourpre	Rampante de marécage, facile. Feuilles linéaires, denses. Fruit noir.
Erica carnea **Bruyère d'été**	30cm	30cm	☼☁	Acide, humifère,	5	5	Grappe	Blanc rose rouge	Feuilles en aiguilles d'allure hérissées. Coussin. Protéger l'hiver.
Gaultheria procumbens **Thé des bois**	10cm	60cm	☁	Acide, frais	2	5	Peu apparente	rosé	Sous-bois acide près de l'eau. Fruit et feuille comertibles.
Kalmia polifolia **Kalmia glauque**	1m	70cm	☼☁	Acide et humide	2	5 et 6	Corymbe terminal	rouse pourpre	Habitat naturel : tourbière. Rare. Feuilles étroites. Port arrondi.
Ledum groenlandicum **Thé du Labrador**	60cm	80cm	☼☁	Acide, meuble, frais	1a	5 et 6	Corymbe	blanc crème	Feuilles aromatiques aux bords récurvés. Pour milieux frais.
Mahonia aquifolium **Mahonie à feuilles de houx**	1m	1m	☁	Frais, drainé	5a	5 et 6	Épi érigé	jaune	Feuille, fleur et fruit attrayants. Tailler après floraison. Épineux.
Mahonia aquifolium 'Compacta' **Mahonie à feuilles de houx compact**	60cm	60cm	☁	Frais, drainé	5	5 et 6	Épi érigé	jaune léger parfum	Plus dense que le précédent. Même caractéristiques.
Mahonia aquifolium 'Smaragd' **Mahonie à feuilles de houx**	1m	1m	☁	Frais, drainé	5	5 et 6	Épi érigé	jaune léger parfum	Feuillage au riches tons de verts. Fruits bleus à noirs.

ARBUSTES PERSISTANTS (suite)	H	L	☀	TYPE DE SOL	Z	MOIS ✿	FORME ✿	COULEUR ✿	REMARQUES
Mahonia repens Mahonie rampant	30cm	1,5m	☁	Peu exigeant, frais	4b	5	Grappe érigée	jaune or	Couvre-sol bleu-vert, beau durant toute l'année. Fruit noir.
Pieris floribunda Piéris des montagnes	1,5m	1,5m	☀☁	Acide, frais, drainé	5b	5	Clochette parfumée	blanc	Un *Pieris* rustique sous notre climat. Feuille et fruit attrayants.
Pieris japonica Andromède du Japon	1 à 1,5m	1,2 à 2m	☀☁	Acide, frais, drainé	6	5	Cloche	blanc	Feuillage persistant vert avec de nouvelles pousses rouges.
Pieris japonica 'Variegata' Andromède panaché	1m	1m	☀☁	Acide, frais, drainé	6	5	Cloche	blanc	Nouvelles pousses panachées de rose et blanc, le reste blanc crème.
Pieris x 'Flaming Silver' Andromède du Japon 'F. Silver'	1 à 1,5m	1,2 à 2m	☀☁	Acide, frais, drainé	6	5	Cloche	blanc	Un *Pieris* panaché avec nouvelles pousses d'un beau rouge.
Pimelea coarctata Piméléa	5cm	30 à 60cm	☀☁	Humide, drainé	5	5	Groupée	blanc cireux	Minuscules feuilles gris-vert en rangé sur la tige Se marcotte facilement.
Pyracantha coccinea Buisson ardent	1m	1,5m	☀☁	Argileux, drainé	6a	5	Sans intérêt	blanc	Sous climat propice, il semble en feu avec ses fruits rouges.
Rhododendron canadensis ⚜ Rhododendron du Canada	1m	1,5m	☀☁	Marécageux à frais	2b	5	Agglomérée	blanc, rosé	Protéger les premières années. Port buisson, rougit à l'automne.
Rhododendron carolinianum Rhododendron de Caroline	1,25m	1,25m	☀☁	Acide, friable, drainé	5b	5	Corymbe	blanc à pourpre	Espèce utilisée pour plusieurs croisements. Tourne au pourpre.
Rhododendron élépidote Rhododendron à grosses feuilles	1 à 1,5m	1 à 1,5m	☀☁	Acide, riche, drainé	5	5	Grosse grappe	var.	Peut pousser sous de grands conifères. Protéger.
Rhododendron lépidote Rhododendron à petites feuilles	1 à 1,5m	1 à 1,5m	☀☁	Acide, riche, drainé	5	5	Grosse grappe	var.	Populaire. Plus rustique que les précédents. Tourne bronze.
Rhododendron mucronulatum Rhododendron de Corée	1 à 1,5m	1 à 1,5m	☀☁	Acide, friable, drainé	5b	5	Grosse 4cm	Rose-mauve	Ancienne variété, utile pour les croisements. Devient cuivré.
Vaccinium 'Vistis Idaea' Airelle rouge ⚜	20cm	50cm	☀☁	Acide, léger	1a	5 et 6	Grappe cloche	blanc, rosé	Pour sites tourbeux. Beau feuillage vert lustré puis pourpre.

GRIMPANTES (Vivaces)	H	L	☀	TYPE DE SOL	Z	MOIS ✿	FORME ✿	COULEUR ✿	REMARQUE
Actinidia kolomikta 'Artic Beauty' Kiwi ornemental mâle	5m	3m	☀☁	Riche, drainé	5	5 et 6	Petite, coupe	blanc parfumée	Panaché rose, blanc et vert, plus coloré au soleil. Protéger les racines. Fruit.
Lonicera caprifolium Chèvrefeuille des jardins	1 à 4m	1m	☀☁	Ordinaire, riche, frais	4	5 à 7	Grappe, tubulaire	rose parfumée	Feuilles opposées, soudées coriaces. Peu rustique au Québec.
Lonicera periclymenum 'Harlequin' Chèvrefeuille grimpant 'Harlequin'	1,5 à 3m	1,25m	☀	Fertile, drainé	4	5 à 7	Tubulaire	rose parfumée	Panaché de crème, rose et vert foncé. Couvre-sol ou grimpant.
Menispermum canadensis ⚜ Ménisperme du Canada	4m	1m	☀☁	Léger, sablonneux	3b	5	Panicule	blanc	Surtout pour naturaliser les boisés près des rivières.
Wisteria floribunda Glycine du Japon	5 à 10m	4 à 8m	☀	Frais, argileux, drainé	6	5 et 6	Grappe pendante	blanc, rose, bleu	Très odorant. Lente à s'établir. Fleurit peu au Québec. Toxique.
Wisteria sinensis Glycine de Chine	8m	6m	☀☁	Peu exigeant	6	5 et 6	Grappe pendante	bleu, violet	Fleurit avant que les feuilles bronzes apparaissent. Plant très massif.

VIVACES	H	L	☀	TYPE DE SOL	Z	MOIS ✿	FORME ✿	COULEUR ✿	REMARQUE
Aceriphyllum rossii Aceriphylle	25cm	30cm	☁	Argileux, frais	5	5	Panicule de cyme	blanc rosé	Rare. Protéger l'hiver. Feuilles palmées 5 lobes. Touffe compacte.
Actaea rubra ⚜ Poison de couleuvre	70cm	40cm	☀☁	Humifère, frais	3	5 et 6	Sans intérêt	blanc crème	Naturalisation. Fruit très décoratif, toxique. Feuillage abondant.
Actaea rubra neglecta Actée à fruits blancs	60cm	45cm	☀☁	Humifère, frais	2	5 et 6	Grappe compacte	blanc	Cousine de l'actée rouge. Pour sous-bois clair. Toxique aussi.

MOIS DE FLORAISON

VIVACES (suite)	H	L	☼	TYPE DE SOL	Z	MOIS ✿	FORME ✿	COULEUR ✿	REMARQUES
Adonis amurensis **Adonide de printemps**	30cm	20cm	☼☁	Riche, drainé	4	5	Capitule semi-double	jaune	Rentre en dormance à la fin de l'été. Feuillage fin.
Aethionema ssp. **Aethionema**	10 à 35cm	30cm	☼	Calcaire, sableux	4	5 et 6	Grappe dense	rose blanc	Coussin de feuilles élancées bleu grisâtre. Lieux chauds.
Ajuga sp. **Bugles**	15cm	20cm	☼☼ ☁	Frais à humide	3	5	Petit épi	bleu, rose, blanc	Vaste choix de feuillage coloré. Tapis dense, stolons. Facile.
Alchemilla ellenbeckii **Alchemille patte-de-lion**	10cm	40cm	☼☁	Humide mais drainé	3	5 et 6	Panicule légère	moutarde	Court par stolons. Feuilles brillantes, tige rouge.
Alyssum montanum 'Berggold' **Alyssum** 'Mountain Gold' / 'Berg.'	15cm	30cm	☼	Pauvre, sec, drainé	3	5	Ombelle	jaune	Port rampant, feuillage gris-vert. Tailler après la floraison.
Amsonia hubrectii **Amsonie d'Arkansas**	90cm	60cm	☼☁	Lourd, humide	5	5	Panicule étoilée	bleu pâle	Long feuillage effilé tourne vraiment doré à l'automne.
Amsonia tabernaemontana **Amsonie étoile bleue**	60cm	45cm	☼☁	Lourd, humide	4	5 à 7	Panicule étoilée	bleu	Transplantation difficile. Belle couleur d'automne. Vigoureux.
Anacyclus depressus **Anacyclus déprimé**	5cm	10cm	☼	Caillouteux, pauvre	4	5 à 7	Capitule petite	blanc revers rouge	Mettre cailloux près de la couronne pour drainer. Texture fine.
Anacyclus pyrethrum **Anacyclus pyrèthre**	15cm	30cm	☼	Caillouteux, pauvre	4	5 à 7	Capitule petite	blanc revers rouge	Ressemble à une camomille. Pétales se ferment le soir.
Androsace primuloides **Androsace sarmenteuse**	10cm	30cm	☼☁	Pauvre, frais, drainé	3	5 et 6	Simpe ou grappe	teintes rose	S'étend par stolons. Rosette velue argentée.
Androsace septentrionalis **Androsace septentriale**	20cm	40cm	☼	Frais, drainé	4	5	Rampante	blanc	Aime les fissures de roches. Fleurs rampantes.
Anemone nemorosa **Anémone anglaise des bois**	10cm	20 à 30cm	☼☁ ☁	Riche, frais, drainé	5	5 et 6	Étoilée	blanc	Feuillage découpé disparaît en août. Sous-bois. Couvre-sol. ± envahissant.
Antennaria dioica sp. **Pied de chat**	10cm	30cm	☼	Sec, bien drainé	3	5 à 7	Capitule	blanc, rose	Feuillage gris en rosette. Il en existe des indigènes. Rocaille, auge.
Anthyllis montana **Anthyllide de montagne**	10 à 25cm	30cm	☼	Sec, bien drainé	4	5 et 6	Ombelle globe	pourpre	Port étalé, semi dressé. Feuilles pennées attrayantes. Rabattre.
Aquilegia sp. **Ancolie** / Colombine	20 à 90cm	15 à 40cm	☼☼☁	Léger, humide	3	5 et 6	Grosse, éperon	var.	Beau feuillage texturé, lobé, glauque. Port élégant, gracieux.
Arabis fernadi coburgii 'Variegata' **Arabis Fernand panaché**	10cm	50cm	☼☁	Ordinaire, drainé	3	5	Grappes dressées	blanc	Feuilles panachées se teintant de rose à l'automne. Port tapissant.
Aralia nudicaule **Salsepareille**	15 à 30cm	30 à 90cm	☁☁	Riche, frais	3	5 et 6	Ombelle	blanc verdâtre	Long rhizome d'où sortent fleurs et feuilles composées. Bois riche.
Arenaria balearica **Arenarie balaerica**	5cm	20cm	☁☁	Tourbeux, humide	5	5	Simple	blanc	Tapis ras qui pousse sur la roche poreuse. Rare.
Arenaria montana **Sabline**	15cm	45cm	☼☁	Sableux, bien drainé	3	5 et 6	Tapis de fleurs	blanc	Superbe coussin blanc. Rocaille, cascade, muret.
Armeria maritima **Gazon d'Espagne**	20cm	40cm	☼	Pauvre, drainé	3	5 et 6	Pompons	blanc rose	Touffe de gazon d'où jaillissent des pompons. Tapis pour bordure.
Arnica montana **Arnica de montagne**	40cm	40cm	☼☁	Pauvre, drainé	5	5 à 7	Capitule	jaune or	Plante velue, aromatique. Rare. Rosette d'où émergent les fleurs.
Aruncus aethusifolius **Barbe de bouc nain**	30cm	30cm	☼☁	Riche, humide, acide	3	5 et 6	Panicule dense	blanc crème	Pour endroit ombragé. Rocaille, sous-bois. Feuilles de fougère.
Asarum sp. **Asarets**	15cm	25cm	☁☁	Riche, humide	3b	5	Sans intérêt	étrange pourpre	Feuillage persistant, coriace, décoratif pour jardin d'ombre.
Asarum canadense **Gingembre sauvage**	15cm	25cm	☁	Ordinaire, frais à sec	3b	5	Sans intérêt	pourpre étrange	Pousse naturellement dans nos érablières. Vigoureuse.
Asarum splendens **Asaret**	15cm	45cm	☁☁	Riche, humide	6	5	Énorme étrange	pourpre	Feuilles larges, vertes tachetées et ponctuées d'argent. Sous-bois.

VIVACES (suite)	H	L	☼	TYPE DE SOL	Z	MOIS ✿	FORME ✿	COULEUR ✿	REMARQUES
Asphodeline lutea **Bâton de Jacob**	90cm	50cm	☼	Caillouteux, drainé	5b	5 et 6	Grappe longue	étoile jaune	Effet de jet entre des vivaces plus basses. Feuilles linéaires.
Asphodelus albus **Asphodèle blanc**	1m	60cm	☼	Riche, frais	5b	5 et 6	Épi dense	blanc strié brun	Orne bien les massifs de scènes naturelles. Effet de jet.
Aster alpinus **Aster de printemps**	30cm	40cm	☼☁	Léger, drainé	3	5	Capitule, cœur jaune	rose à violet	Joli coussin tapissant. Aime les endroits aérés.
Aurinia saxatilis / *Alyssum* **Alyssum corbeil d'or**	30cm	35cm	☼	Pierreux, drainé	3	5 et 6	Grappe	jaune or	Rampant, argenté. Rabattre légèrement après la floraison.
Azorella trifurcata **Azorelle**	5cm	30 à 40cm	☼☁	Sol humifère, frais	4	5 et 6	Petites ombelles	jaune verdâtre	Les fleurs sont au ras du feuillage étoilé, serré, persistant. Couvre-sol.
Bergenia sp. **Bergenie**	20 à 40cm	50cm	☼☁☁	Tous sols frais	3	5	Grappe	rosé	Beau feuillage lustré. Grande colonie en sol humide. Rougit.
Boykinia sp. **Boykinia**	15 à 80cm	30 à 50cm	☁	Humifère, nutritif	4	5 ou 7	Grappe	blanc, rose	Forme de hauts coussins denses. Disponibilité faible.
Brunnera macrophyla sp. **Myosotis du Caucase**	40cm	50cm	☼☁☁	Tous les sols	3	5 et 6	Petites fleurs	bleu ciel	Feuilles en cœur, vertes ou panachées. En fleur avant les feuilles.
Caltha palustris ⚜ **Caltha des marais**	30cm	30cm	☼☁☁	Riche, humide	3	5 et 6	Corymbe	blanc jaune	Aime les bords de pièce d'eau marécageux. Feuilles attrayantes.
Campanula radeana **Campanule radeana**	15 à 25cm	15 à 30cm	☼	Riche, drainé	4	5 à 7	Coupe étoilée	lilas foncé	Fleur bleue foncée tachetée de rouge à la base. Coussin lâche.
Cardamine sp. **Cardamines**	20 à 40cm	40cm	☁	Argileux, frais	4b	5 et 6	Simple, double	blanc, rose	Robustes, élégantes, texturées. Pour lieux humide, sous-bois clair.
Centaurea montana **Bleuet de montagne**	50cm	45cm	☼☁	Ordinaire, calcaire	3b	5 à 7	Capitule solitaire	blanc, bleu	S'étend rapidement si elle se plaît. Facile. Touffe lâche.
Centaurea montana 'Gold Bukkion' **Centaurée 'Gold Bukkion'**	60cm	60cm	☼☁	Ordinaire	3b	5 à 8	Capitule solitaire	bleu cœur rouge	Feuilles éclatantes, allongées, chartreuses. Bordure recourbée.
Centaurea pulcherrima **Centaurée pulcherrima**	45cm	15cm	☼☁	Perméable, calcaire	3	5 à 7	Capitule solitaire	rose pourpre	Rare. Feuillage grisâtre, penné. Fleurs intéressantes. Dense.
Centaurea simplicicaulis **Centaurée tige simple**	30cm	40cm	☼☁	Pauvre, calcaire	3	5 à 7	Capitule solitaire	rose lilacé	Rare. Tige florale rigide au dessus d'un coussin gris.
Cerastium alpinum lanatum **Céraiste alpin**	5 à 10cm	30cm	☼	Graveleux, pauvre	2	5 et 6	Groupée 3 à 5	blanc	Tapissante et très dense. Beau feuillage gris laineux. Dense.
Cerastium tomentosum **Céraiste tomenteux**	10cm	40cm	☼	Sec, drainé	3	5 et 6	Groupée 3 à 5	blanc	Le plein soleil et un sol pauvre la rend plus dense. Feuilles grises.
Cheiranthus allioni **Giroflée des murailles**	45cm	30cm	☼	Pauvre, perméable	4b	5 et 6	Grappe	doré	Bisannuelle. L'excès d'azote diminue la floraison. Sol drainé !
Cheiranthus capitatum Syn.: *Erysimum capitatum*	45cm	30cm	☼	Perméable	4b	5 et 6	Épi lâche	orangé lustrée	La giroflée des murailles est bisannuelle, odorante.
Chiastophyllum 'Goldtrup' **Chiastophyllum 'Goldtrup'**	20cm	30cm	☼☁	Riche, humide	5	5 à 7	Épi retombant	jaune or	Feuillage semblable aux succulents. Auge, muret.
Clintonia borealis ⚜ **Clintonie boréale**	20cm	15cm	☁	Très acide, humide	3b	5 et 6	Ombelle, cloche	jaune vert	Sous-bois de conifères. Feuilles larges, lustrées, ovales. Fruits bleus.
Convalaria majalis **Muguet**	20cm	30cm	☼☁☁	Frais, humide, acide	3	5	Clochette	blanc, rose	Planter sous de grands arbres. Parfumé. Feuilles larges ovales.
Coptis groenlandica **Savoyane**	3cm	50cm	☁	Acide, frais, léger	3	5 et 6	Minuscule	blanc	Couvre-sol pour sous-bois de conifères. Persistant lustré.
Cornus canadensis ⚜ **Quatre-temps** / **Cornouiller**	20cm	30cm	☼☁	Acide, drainé	2	5 et 6	Bractée	blanc	Sous-bois ou rocaille ombrés. Feuillage unique en rosette surélevée.
Cortusa matthioli **Cortusa mathioli**	30cm	40cm	☁	Poreux, humifère	5	5 et 6	Clochette penchée	carmin	Belles feuilles rondes lobées, surmontées de hampes de petites fleurs.

MOIS DE FLORAISON

VIVACES (suite)	H	L	☀	TYPE DE SOL	Z	MOIS ✿	FORME ✿	COULEUR ✿	REMARQUES
Corydalis cheilanthifolia Corydale	30cm	30cm	☀☁	Humide, drainé	4b	5 et 6	Grappe dégagée	bleu, jaune	Rosette de feuilles type fougère gris-vert. Se ressème.
Corydalis flexuosa 'China Blue' Corydale 'China Blue'	30cm	30cm	☀☁	Humide, drainé	4b	5 à 7	Grappe dégagée	bleu cobalt	Feuillage type fougère, gris vert. Vigoureux. Léger parfum.
Corydalis flexuosa 'Purple Leaf' Corydale 'Purple Leaf'	30cm	30cm	☀☁	Humide, drainé	4b	5 à 7	Grappe dégagé	bleu	Beau feuillage bronze! Feuilles texturées. Peut rentrer en dormance.
Corydalis lutea Corydale doré	30cm	40cm	☀☁	Ordinaire, humide	4	5 à 10	Groupe de 16	jaune	Feuillage très découpé, bleuté. Délicat et joli. Ressemble au cœur saignant.
Corydalis ochroleuca Corydale blanc	30cm	45cm	☀☁	Humide, drainé	5	5 et 6	Grappe retombante	blanc crème	Coussinet texturé, feuilles type fougère gris-bleu. Se ressème.
Cypripede acaule ⚜ Sabot-de-la-Vierge	20 à 40cm	20 à 30cm	☀☁	Acide, humifère	2b	5 et 6	Sac gonflé 8 à 10cm	rose	Espèce menacée. Ne pas prélever dans les bois. 2 feuilles basales.
Dianthus grantiano politanus 'La B.' Œillet 'La Bourboule' / de la Bourbille	10cm	15cm	☀	Graveleux, drainé	4	5 et 6	Simple, coussin	rose vif	Coussin grisâtre, feuillage linéaire dense. Parfumé, hâtif.
Diapensia lapponica Diapensia arctique	5cm	30cm	☀	Sec, pauvre	2	5 à 7	Solitaire, clochette	rosée	Tapis très ras pour régions froides. Chaque tige porte une fleur.
Dicentra eximia Cœur saignant	30cm	40cm	☀☁	Riche, drainé	3	5 à 9	Grappe pendente	blanc	En situation chaude, elle peut rentrer en dormance. Feuillage bleuté, texturé.
Dicentra formosa Cœur de Jeannette	35cm	30cm	☀☁	Riche, drainé	3	5 à 10	Cœur étroit	rose	Jolie dans les jardins mi-ombre. Texture délicate. Feuilles bleutées.
Dicentra spectabilis Cœur saignant	90cm	50cm	☀☁	Frais, humide	3	5 et 6	Cœur pendant	blanc, rose	Saisissant au printemps en massif ombragé. Feuillage découpé.
Digitalis obscura Digitale obscure	50cm	30cm	☀	Perméable, drainé	3b	5	Tubulaire long épi	orange cuivré	Feuillage persistant. Plus compact que les autres.
Dionysia aretioides Dionysie	35cm	40cm	☁	Calcaire, poreux	3	5 et 6	Simple	jaune	Coussinet ultra dense de feuilles en rosette grise, entièrement recouverte de petites fleurs.
Dionysia involucrata Dionysie	20cm	20cm	☀	Graveleux, drainé	4	5	5 pétales, coussin	rose	Petit coussin dense. Les feuilles enrobent la tige et la fleur.
Disporum sp. Disporums	45 à 60cm	30 à 60cm	☁	Tourbeux, humide	6	5	Clochette pendante	blanc vert	Ressemble à un Sceau de Salomon. Feuilles décoratives panachées.
Dodecatheon meadia Étoile filante / Gyroselle	20cm	25cm	☀☁	Acide, frais, drainé	5	5 et 6	Forme papillon	blanc, carmin	Rentre en dormance en mi-été. Ressemble à un Cyclamen.
Doronicum sp. Doronics	45cm	40cm	☀☁	Consistant, drainé	3	5 et 6	Capitule, rayon	jaune or	Parmi les premières à fleurir. Beau feuillage lustré. Illumine!
Douglasia laevigata ciliolata Douglasia	5cm	10cm	☀☁	Sableux, pauvre	5	5	Tube évasée	rose carmin	Feuilles brillantes. Coussinet dense comme une saxifrage. Délicate.
Dryas octopetala Dryade à huits pétales	15cm	25cm	☀☁	Frais, perméable	3	5 et 6	Simple, ouverte	blanc cœur jaune	Feuilles persistantes, lustrées, plaquées au sol. Fruit en aigrette.
Duchesnea indica Fragaria faux-fraisier	10cm	30cm	☀☁	Humide, perméable	4	5 à 7	Fleur simple	jaune	Peut courir entre les fougères. Sous-bois. Fruit sans saveur.
Epimedium sp. Fleur des Elfes	25cm	30cm	☀☁	Humide, drainé	3b	5 et 6	Petite, éperon	blanc, rose, jaune	Croissance lente. Fleurs et feuillage veinés bronze décoratifs.
Erysimum linifolium Vélar	25 à 70cm	45cm	☀	Calcaire, drainé	4	5 et 6	Grappe rameaux	violet	Leurs feuilles panachées ou non sont attrayantes. Coussin.
Euphorbia sp. Euphorbe presque tous	var.	var.	☀☁	Ordinaire, drainé	3	5 et 6	Bractée	jaune	Grande famille, tous à feuillage décoratif. Peu d'entretien.
Galium odoratum Aspérule odorante	15cm	30cm	☀☁	Ordinaire, frais	4	5 et 6	Cyme	blanc	En colonie. Croissance rapide. Odorante. Feuilles verticillées.
Geranium macrorrhizum Bec de grue	30 à 45cm	35 à 50cm	☀☁	Ordinaire à sec	4	5 et 6	Groupé, simple	blanc, rose	La variété par excellence sous les arbres. Feuilles palmées, aromatiques.

VIVACES (suite)	H	L	☼	TYPE DE SOL	Z	MOIS ✿	FORME ✿	COULEUR ✿	REMARQUES
Geranium maculatum 'E. Ann' Géranium m. 'Elizabeth Ann'	50cm	50cm	☼☁	Ordinaire, drainé	4	5 et 6	Solitaire, simple	rose pâle	Feuilles découpées, pourpres, d'où émergent les fleurs. Coussin.
Geranium phaeum sp. Géranium phaeum	50cm	60cm	☁	Ordinaire, humide	5	5 et 6	Petite, simple	pourpre noir	Feuilles profondément divisées, avec zone pourpre-noir au centre.
Geranium pratense 'Black Beauty' Géranium des prés 'Black Beauty'	50cm	70cm	☼	Ordinaire, drainé	5	5 et 6	Solitaire, simple	lavande	Port tapissant, pourpre foncé velouté, couvert de fleurs.
Geranium pratense 'Purple Heron' Géranium des prés 'Purple Heron'	20cm	25cm	☼	Ordinaire, drainé	5	5 et 6	Solitaire, simple	lilas foncé	Coussin dense de petites feuilles pourpres parsemé de fleurs.
Geranium pratense 'Victor Reiter' Géranium des prés 'V. Reiter'	30cm	30cm	☼	Ordinaire, drainé	5	5 et 6	Grosse, simple	lilas foncé	Grosses feuilles pourpres au printemps puis vert bordé pourpre.
Geranium sanguineum Géranium sanguin	30cm	50cm	☼☁	Ordinaire, sableux	3	5 à 8	Coussin lâche	rose magenta	Une des plus facile, qui s'accomode à toutes situations. Feuilles palmées.
Geranium sanguineum 'Prostatum' Géranium de Lancaster	20cm	15cm	☼☁	Calcaire, drainé	3	5 et 6	Coussin dense	rosé veiné pourpre	Forme très miniature du géraniium sanguin. Coussin.
Geranium sessiliflorum Géranium sessiliflorum	5cm	10 à 20cm	☼	Calcaire, drainé	4	5 et 6	5 pétales coussin	isolée blanc	Coussin vert-grisâtre à pourpre parsemé de petites fleurs.
Geum sp. Benoîte	50cm	30cm	☁	Frais, meuble	4	5 à 7	Solitaire, masse	rouge orangé	Rabattre à la mi-été pour une 2ᵉ floraison. Gros coussin.
Glaucium flavum Pavot cornu	30cm	40cm	☼	Pauvre, perméable	5b	5 à 8	Simple	jaune brillant	Joli feuillage frisé, bleuté. Intéressante dans les sols secs.
Glegoma hederacea ⚜ Lierre terrestre	10cm	40cm	☼☁	Frais, poreux	3	5 et 6	Petites, éparses	bleu, lavande	Utile comme couvre-sol envahissant. Naturaliser.
Glechoma hederacea 'Variegata' Lierre terrestre panaché	10cm	50cm	☼☁	Poreux, frais	3	5 et 6	Petit épi	bleu violacé	La variété panachée est plus jolie que l'espèce.
Globularia sp. Globulaires	5 à 30cm	15 à 30cm	☼	Caillouteux	5	5 et 6	Pompon	bleu violacé	Facile et de longue vie. Feuilles spatulées au sol. Rare.
Gypsophila cerastoide Gypsophile cérastoïdes	10cm	30cm	☼	Calcaire, sec, drainé	4	5 et 6	Brouillard de fleurs	blanc veiné rose	Intéressante pour jardins alpins. Feuilles coriaces, ovales, vert-bleu.
Haberlea rodhopensis Haberlea rodhopensis	15cm	10cm	☁	Acide, humifère	4	5 et 6	Tubeleuse	lilas pâle	Rosette persistante, épaisse. Longue hampe de fleurs semi-couchée.
Hutchinsia alpina Hutchinsie des Alpes	20cm	20cm	☼☁	Ordinaire, léger	3	5 et 6	Grappe lâche	blanc	Coussinet, petites feuilles luisantes. Lieux frais. Aime le calcaire.
Hylomecon japonica Hylomecon	30 à 50cm	30 à 50cm	☁	Sec à frais	5	5 et 6	Simple, 5 pétales	jaune	Coussin de feuilles, palmées, pointues. Gros bouton d'or.
Hypericum rhodopaeum Millepertuis	10 à 15cm	20cm	☼☁	Ordinaire, léger	4	5 et 6	Simple, étamines	jaune	Espèce basse qui convient aux murets et rocailles.
Iberis sempervirens Iberide	15 à 25cm	30cm	☼	Riche, drainé, calcaire	4	5	Coussin dense	blanc rose	Aussi joli sur muret. Tailler les fleurs fanées. Persistant.
Iris barbata Iris barbus	55 à 90cm	60cm	☼☁	Riche, drainé	3	5	Grosse 10 à 15cm	var.	C'est un *Iris germanica* mais floraison remontante en septembre.
Iris x barbata nana Iris pumila / Iris nain	20 à 40cm	15 à 30cm	☼☁	Peu exigeant	3	5 et 6	3 pétales 3 sépales	jaune, violet, rose	Démontre une bonne adaptabilité en milieu sec. Touffe dressée.
Iris cristata Iris à crête charnue	20cm	30cm	☼	Riche, toujours frais	4	5	Grosse étoile	bleu, lilas	Originaire des sous-bois. Peu former de beau tapis.
Iris pseudacorus Iris des marais	1,3m	55cm	☼	Marécageux	4	5	3 pétales, 3 sépales	jaune	Le plus grand des iris. Bord de pièce d'eau. Touffe dressée.
Iris pseudacorus 'Variegata' Iris des marais panaché	1,1m	60cm	☼☁	Humide	4	5 et 6	3 sépales 3 pétales	jaune	Feuillage panaché au printemps puis vert en été. Bord de l'eau.
Iris pumila Iris nain	20 à 35cm	30 à 60cm	☼	Calcaire à neutre, drainé	3	5 et 6	Énorme, ondulée	bleu, lilas rose	Peut former de grand tapis. Port évasé raide. Feuilles larges en lame.
Kalmiopsis leachiana Rhododendron leachiana	30cm	30cm	☼☁	Acide, humide	6	5	Groupe de 6 à 9	rose	Très peu rustique. Pour jardinier averti en serre alpine.

MOIS DE FLORAISON

VIVACES (suite)	H	L	☀	TYPE DE SOL	Z	MOIS ✽	FORME ✽	COULEUR ✽	REMARQUES
Lamiastrum galeobdolon Lamier doré	20 à 40cm	40 à 60cm	☁	Tous sols drainés	3	5 et 6	Petit épi	jaune	Forme un beau tapis argenté au pied des arbres, arbustes.
Lamiastrum galeobdolon variegatum Faux lamier rampant	25cm	40cm	☁	Frais, drainé	3	5 et 6	Épi lâche	jaune	Grand rameau à feuilles larges, vert et argent. Rampant.
Lamium album 'Friday' Ortie blanche	30cm	50cm	☁	Tous sols fertiles	3b	5 et 6	Petit épi	blanc	Couvre-sol pour endroit ombragé. Feuillage vert éclaboussé d'or et d'argent.
Lamium maculatum Lamier maculé	20cm	40cm	☁	Frais, drainé	3	5 et 6	Épi dense	blanc, rose	À l'ombre, tolère bien le sec. Feuilles argentés bordées de vert.
Lamium maculatum 'Anne Greenway' Lamier 'Anne Greenway'	20cm	50cm	☁	Frais, drainé	3	5 à 8	Grappe	rose mauve	Très lumineux. Feuillage vert-olive et argent à marge doré.
Lamium maculatum 'Beedham's W.' Lamier 'Beedham's White'	20cm	50cm	☁	Frais, drainé	3	5 à 7	Grappe	blanc	Beau feuillage doré avec marbrure blanc-argent au centre.
Leucanthemopsis alpina Marguerite alpine	10 à 15cm	10 à 25cm	☀☁	Ordinaire, drainé	3	5 et 6	Capitule	blanc	Petite marguerite à feuillage découpé, dentelé argenté.
Lewisia sp. Lewisias	5 à 20cm	20 à 30cm	☀☁	Riche, drainé	5	5 et 6	Grappe étoilée	blanc à rose	Aspect de plante succulente. Rosette. Culture délicate.
Lithodora diffusa Grémil	20cm	60cm	☀	Riche, chaud, drainé	6	5 à 7	Grappe étoilée	blanc, bleu	Fleurs bleu gentiane, ne pas rabattre. Grand coussin étalé.
Lithospermum prupureocaerulea Grémil rouge-bleu	40cm	50cm	☀☁	Calcaire, sec	6	5 et 6	Grappe étoilée	bleu gentiane	Ne craint pas les racines d'arbres. Tapis vigoureux.
Lychnis flos-cuculi Fleur de coucou	50cm	40cm	☀	Frais et humide	3	5 et 6	Pétales laciniées	rose	Allure indiciplinée avec ses fleurs aux pétales étroites, frisées.
Maianthemum canadense Maïanthème du Canada	10 à 20cm	30 à 60cm	☀☁	Riche, acide	2	5 et 6	Épi	blanc	Floraison abondante et plus serrée au soleil. 2 feuilles élancées. Fruit rouge.
Mazus reptans Mazus rampant	15cm	20cm	☀	Humifère, drainé	4	5 et 6	Deux lèvres	pourpre maculé	S'enracine facilement au sol. Persistant attrayant, vert clair.
Melittis melissophyllum Mélitte des bois	50cm	50cm	☁	Riche, humifère	5	5 et 6	Grosse, tubulée	rosé à pourpre	Prend quelques années à s'installer. Beau en massif.
Mertensia pterocarpa v. yezoensis Mertensia yezoensis	30cm	30cm	☁	Sableux, rocailleux	3	5 et 6	Grappe panicule	bleu, rose	Beau feuillage bleuté à reflet violet. Ne rentre pas en dormance.
Mertensia virginica Mertensia de Virginie	60cm	30cm	☁	Sableux, rocailleux	3	5	Grappe panicule	bleu, rose	Feuilles de souris, rondes, bleu-vert. Rendre en dormance à l'été.
Meum athamanticum Fenouil des Alpes	40cm	40cm	☁	Humifère, frais	5b	5 et 6	Ombelle	blanc	Surtout utilisé pour son beau feuillage fin. Rare.
Minuartia juniperina Minuarte à feuilles de juniperus	15cm	15cm	☀	Tout sols bien drainés	3	5 et 6	Petites, simple	blanc vert	Feuilles en aiguilles, type genévrier. Longue hampe florale, mince, souple.
Minuartia verna Minuartia	15cm	15cm	☀	Tout sols bien drainés	1	5 et 6	Tapis de fleurs	blanc vert	Aussi pour murets, dallages. Feuilles étroites comme l'*Arenaria*.
Mitchella repens Pain de perdrix	5 à 15cm	20 à 40cm	☀☁	Riche, frais, acide	4	5 et 6	Clochette penchée	blanc	Sous-ligneux, souvent confondu avec la *Linnaea borealis*. Rampant.
Montia sibirica Montia de Sibéri	10cm	30cm	☁	Humifère, frais	2	5 et 6	Tapis de fleurs	blanc rosé	Rosette de feuilles charnues parsemée de fleurs délicates. Bisannuelle.
Morisia monanthos Morisie de Corse	5cm	30cm	☀	Caillouteux, drainé	6	5 et 6	Solitaire	jaune d'or	Longue rosette pennée, plaquée au sol. Vivace tendre.
Myosotis sp. Ne m'oubliez pas	30cm	40cm	☁	Riche, frais	4	5 à 8	Petites, grappes	bleu ciel	Supporte le soleil si le sol est toujours humide. Touffe lâche.
Omphalodes sp. Omphalodes	15cm	30cm	☁	Frais, jamais sec.	5	5 et 6	Grappe lâche	blanc, bleu	Plante de sous-bois, à petites fleurs de myosotis. Coussin.

VIVACES (suite)	H	L	☀	TYPE DE SOL	Z	MOIS ✿	FORME ✿	COULEUR ✿	REMARQUES
Ourisia coccinea Ourisia	20cm	45cm	☀	Tourbeux, drainé	3	5 et 6	Grappe, trompette	écarlate	Planté au nord d'un muret. Tige florale étagée de feuilles. Rare.
Pachysandra terminalis Pachysandre	20cm	35cm	☁	Acide, frais	4	5	Sans intérêt	blanc	Couvre-sol en rosette, lustré, semi-persistant. Très beau.
Paeonia officinalis Pivoine européenne	90cm	90cm	☀☁	Riche, profond, frais	4	5 et 6	Grosse double	blanc, rose, rouge	Très odorante et très hâtive. Feuillage décoratif.
Paeonia tenuifolia Pivoine à feuilles ténues	60cm	70cm	☀	Plutôt sec, chaud	5	5	Grande coupe	rouge	La seule variété qui résiste bien en sol sec. Feuilles segment fin.
Paradisea Lis de Saint-Bruno	40cm	40cm	☀	Riche, frais, drainé	3	5 et 6	Trompette	blanc odorant	Rare. Belle fleur odorante à couper. Grand feuillage rubané.
Peltoboykinia tellimoides Peltoboykinia	1m	60cm	☁	Humifère, humide	5	5 et 6	Petites, cornets	blanc crème	Rare et peu connu. Bord des pièces d'eau. Grandes feuilles dentées.
Phlox borealis Phlox boréale	10cm	30cm	☀	Perméable, frais	2b	5	Coussin	rose vif	Ressemble au *phlox subulata*. Compact.
Phlox divaricata Phlox du Canada	15 à 30cm	20 à 35cm	☀☁	Riche, frais	3	5 et 6	Grappe étoilée	blanc lilas	Presque 4 semaines en fleur. Parfumée. Touffe lâche, tapissante.
Phlox douglassii Phlox de Douglass	5 à 10cm	30cm	☀	Perméable, calcaire	3	5 et 6	Petite, étoilée	teintes de roses	Plus petit et compact que le Phlox mousse si connu. Coussin dense.
Phlox stolonifera Phlox rampant-stolon	10cm	40cm	☁	Acide, humifère	4	5 et 6	Corymbe	var.	Différente des autres phlox printaniers. Feuilles persistantes.
Phlox subulata Phlox mousse	15cm	45cm	☀☁	Ordinaire	3	5 et 6	Étoilée, coussin	blanc, rose, bleu	Surtout en bordure de massif. Populaire. Coussin feuilles étroites.
Podophyllum peltatum Pomme de mai	40cm	30cm	☀☁	Riche, humide	3	5 et 6	Simple, odorante	blanc cireux	Gros fruit toxique. Rare au Québec. Disparaît à la mi-été.
Polemonium reptans Valériane grecque	40cm	50cm	☀☁	Léger, frais, humifère	3	5 et 6	Têtes groupées	blanc à violet	Coussin de feuilles décoratives, composées, denses et lustrées.
Polygonatum sp. Sceau de Salomon	60cm	40cm	☁	Frais, humifère	3	5 et 6	Pendante à l'axe des feuilles	blanc crème	Accompagne bien la fougère, sous-bois. Port arqué, jolie.
Polygonum bistorta Persicaire / Renouée	70cm	50cm	☀	Riche, frais	3	5 à 7	Épis denses	teintes roses	Forme de belles colonies non envahissantes. Joli tapis dense.
Potentilla alba Potentille blanche	20cm	20cm	☀☁	Pauvre, sec, chaud	4b	5 à 7	Groupé par 3	blanc	Port coussiné non stolonifère, feuilles composées elliptiques.
Potentilla nitida Potentille nitida	15cm	30cm	☀	Pauvre, drainé	4	5 à 7	6 pétales coupe	rose	Petites feuilles 3 dents, très jolies. Étamines visibles. Superbe.
Potentilla verna / 'Crantzii' Potentille de Crantz	10cm	20cm	☀☁	Tous sols légers	3	5 et 6	Simple, évasée	jaune	Originaire des Alpes. Croît lentement et très jolie.
Primula auricula Primevère Oreille d'ours	15 à 20cm	20cm	☀☁	Calcaire, frais, drainé	4b	5 et 6	Groupée 4 à 12	var.	Rechausser les racines au printemps. Feuilles cirées. Jardiniers avertis. Éviter les sols secs.
Primula darialica Primevère darialica	5cm	20cm	☀☁	Frais, drainé	4	5 et 6	Simple, grappe	lilas	Coussin étoilé, feuilles allongées luisantes et grises.
Primula denticulata Primevère denticulata	25cm	30cm	☀☁	Frais, humide	4	5 et 6	Boule de fleurs	blanc, violet	Fleurit très tôt, même avant les feuilles. Touffe vigoureuse.
Primula frondosa Primevère frondosa	15cm	15cm	☁	Frais, tourbeux	4	5 et 6	Groupée	rose, pourpre	Vit sur des falaises ombragées. Délicate. Feuillage bleuté.
Primula halleri Primevère halleri	20cm	15cm	☀☁	Frais, humide, drainé	4	5	Groupée	rose, violet	Feuillage recouvert de poudre. Odorante.
Primula japonica Primevère japonaise	40 à 65cm	50cm	☀☁	Riche, frais	4b	5 et 6	Grappe verticillé	blanc à pourpre	Si son milieu est humide, peut se ressemer. Facile. Vigoureux.
Primula x polyantha Primevère polyantha	25cm	20cm	☀☁	Frais, léger	4b	5 et 6	Grappe en tête	var. avec œil	Populaire. Demande une couverture de neige. Rechausser.

MOIS DE FLORAISON

VIVACES (suite)	H	L	☀	TYPE DE SOL	Z	MOIS ✿	FORME ✿	COULEUR ✿	REMARQUES
Primula pubescens **Primevère pubescente**	15cm	10 à 15cm	☀⛅	Frais	4	5	Groupé, érigé	mauve cœur crème	Feuille rondes, lisses en rosettes désordonnées.
Primula saxatilis **Primevère des murailles**	25cm	20cm	☀⛅	Frais, léger	3b	5 et 6	Groupée	rose violacé	Supporte mieux le soleil que les autres. Feuilles gaufrées.
Primula sinopurpurea **Primevère pourpre de Chine**	10cm	5cm	☀⛅	Frais	5	5	Trompette étoilée, penchée	pourpre	Feuilles élancées, érigées d'où émergent des hampes de fleurs.
Pulmonaria sp. **Pulmonaires**	15 à 30cm	15 à 40cm	⛅	Riche, humide	3	5	Clochette en cyme	bleu, rose	En massif, forment un couvre-sol. Feuillage très décoratif.
Pulsatilla vulgaris **Anémone pulsatile**	25cm	40cm	⛅	Ordinaire, drainé	4	5 et 6	Coupe évasée	blanc, violet pourpre	Fleur, suivi de fruit argentée. Feuilles très découpées, velues.
Ramonda myconi **Ramonda des Pyrénées**	10 à 20cm	20cm	⛅	Rocher calcaire	5	5 et 6	Simple, lobée	violet-bleu	Coussin persistant vert mat, en rosettes. Fissures de pierre.
Ranunculus gramineus **Renoncule graminée**	25cm	40cm	☀	Graveleux, sec	6	5 et 6	Grande simple	jaune vif	Touffe gazon bleuté d'où jaillissent les fleurs. Rentre en dormance.
Ranunculus montanus **Renoncule de montagne**	15cm	30cm	⛅	Tous sol frais	3	5 et 6	Simple	jaune	Port assez lâche. Bord de l'eau. Convient aussi en auge.
Raconculus repens **Renoncule rampante**	20 à 40cm	40cm	⛅	Humide	3	5 et 6	Double	jaune	Pour couvrir rapidement une grande surface. Feuilles trilobées.
Ruta graveolens **Rue**	50cm	30cm	☀	Pauvre, sec	4	5 à 7	Sans intérêt	jaune	Odeur étrange, mais beau feuillage découpé, glauque.
Salvia x sylvestris 'May Night' **Sauge 'May Night'**	50cm	50cm	☀⛅	Frais, drainé	4	5 et 6	Épi court dense	pourpre	Masse de feuilles d'un beau gris-vert surmontées d'épis pourpre.
Saponaria lutea **Saponaire jaune**	10cm	10cm	☀	Ordinaire, drainé	3	5 et 6	Grappe, étoilée	jaune pâle	Minuscule coussin, feuilles allongées. Longe tige grappée fleurie.
Saponaria ocymoides **Saponaire rampante**	15cm	50cm	☀	Léger, frais	3	5 à 7	Cyme	rose	Rabattre après la floraison. Coussin pour muret, dallage.
Saxifraga exarata Syn.: *Saxigraga moshata*	15cm	30cm	⛅	Riche, frais, drainé	5	5 à 7	Coussin de fleurs	jaune	Tapis de rosettes bronze d'aspect mousseux. Persistant.
Saxifraga hostii **Saxifrage**	20cm	45cm	☀	Humifère, drainé	6	5 à 7	Corymbe paniculé	blanc, tache pourpre	Couvre rapidement à partir de stolons. Rosette persistante.
Saxifraga umbrosa **Désespoir du peintre**	10cm	30cm	⛅	Humide	5	5	Coussin de fleurs	blanc taché rouge	Rosettes aplaties, plus velues et coriaces que *S.urbium*.
Saxifraga urbium **Saxifrage**	20cm	30cm	☀⛅	Ordinaire, drainé	5	5 et 6	Coussin de fleurs	blanc taché rouge	Le plus tolérant à l'ombre. Rosettes souvent panachées.
Saxifraga urbuim 'Aureopunctata' **Saxifrage 'Aureopunctata'**	30cm	40cm	☀⛅	Humifère, frais	6	5 et 6	Hampe, étoilée	rosé	Vigoureux. Feuilles en rosette ± moustachées de jaune-crème.
Saxifraga virginiensis **Saxifrage de Virginie**	10 à 20cm	15cm	⛅	Acide, frais	4	5 et 6	Corymbe	blanc	Rosette de feuilles très denses, Hampes florales et feuilles charnues.
Scabiosa japonica alpina **Scabieuse japonaise alpine**	5 à 30cm	20cm	☀	Peu exigeant, drainé	3	5 à 8	Capitule en dôme	blanc et rouge	Feuillage en rosette. Coussin dense parsemé de fleurs.
Semiaquilegia ecalcarata **Fausse colombine**	20cm	25cm	⛅	Humifère	4b	5 et 6	Pendante	rose pourpré	Ressemble à l'Ancolie, mais en plus délicat. Feuillage gris-vert.
Senecio pauperculus **Sénéçon appauvri**	30 à 60cm	30 à 60cm	☀	Calcaire plutôt humide	2	5 et 6	Capitule rayon	jaune vif	Feuilles ovales à la base puis devenant dentées sur la tige. Massif.
Senecio subalpina **Sénéçon subalpin**	20 à 30cm	30cm	☀	Peu exigeant, drainé	3	5 et 6	Capituel ligulée	jaune vif	Feuilles ovales en dent de scie. Hampe florale ramifié.
Shivereckia doerfleri **Shivereckie**	15cm	15cm	☀	Bien drainé	5	5 et 6	Panicule solide	blanc	Feuillage gris vert, coriace, en rosette au sol. Tiges pourpres.
Silene alpestris **Silène des Alpes**	10 à 20cm	20 à 40cm	☀	Léger, drainé	4	5 à 7	Simple dentée	blanc	Coussin glauque parsemé de petites fleurs. Floraison prolongé.
Silene uniflora **Silène de thore**	10 à 20cm	20 à 40cm	☀⛅	Sable maritime	4	5 et 6	Simple, double	blanc	Tige étalée, rameuse, charnue. Feuilles glauques opposées, spatulées, imbriquées.

VIVACES (suite)	H	L	☼	TYPE DE SOL	Z	MOIS ✿	FORME ✿	COULEUR ✿	REMARQUES
Smilacina racemosa ⚜ Faux sceau 'Salomon'	30cm	80cm	☁	Profond, frais	3b	5 et 6	Panicule terminale	blanc crème	Port érigé, en zigzag. Sous les arbres, le sol doit rester humide.
Soldanella montana Soldanelle des montagnes	15 à 20cm	10cm	☼☁	Tourbeux, perméable	4	5 à 7	Clochette frangée	bleu-mauve	Rocaille aux abords des conifères. Touffe à feuilles cordées.
Stylophorum diphyllum Pavot chélidoine	70cm	45cm	☁	Riche, humide	4	5 et 6	Larges pétales	jaune	Feuilles profondément lobées. Vert clair. Se ressème.
Symphyandra wanneri Symphyandra	15 à 30cm	15 à 30cm	☁	Frais à sec	4b	5 et 6	Cloche penchée	Violet	Fissure. Rosette feuilles dentées, lancéolées. Longue tige florale.
Symphytum grandiflora Consoude	30cm	50cm	☁	Frais, drainé	4b	5 et 6	Grappe penchée	crème	Couvre-sol implacable, massif de sous-bois. Tapis dense.
Symphytum uplandicum 'A. Gold' Consoude 'Axminster Gold'	90cm	60cm	☁	Frais, drainé	4b	5 et 6	Grappe penchée	bleu-lilas	Feuilles largement panachées de jaune-crème. Très vigoureux.
Symphytum upland. x 'Variegatum' Consoude panaché	1,2m	60cm	☁	Riche, frais	5	5 et 6	Grappe tombante	lilas	S'impose par son feuillage abondant et panaché.
Tanacetum coccineum Tanaisie / Syn : *Chyrsanthemum c.*	70cm	45cm	☼	Riche, drainé	3	5 et 6	Capitule cœur jaune	rose, rouge	Attire les papillons. Rajeunir aux 2 ans. Feuilles en dentelle. Pyrèthre.
Teucrium aroanium Germandrée	5cm	20cm	☼	Léger, drainé	7	5 et 6	rose lilas	bleu pourpre	Feuillage soyeux, blanchâtre
Tiarella cordifolia Tiarelle	30cm	30cm	☁	Riche, léger	3	5 et 6	Épi léger	crème rosé	Feuilles d'érable décoratives, quelquefois veinées pourpre.
Townsendia alpina Townsendia Alpin	2 à 5cm	3cm	☼☁	Poreux, caillouteux	3	5 et 6	Ligulée, acaule	rose	Petite rosette de feuilles d'où émerge une large fleur acaule.
Townsendia rothrockii Syn. : *Townsendia formosa*	5cm	10cm	☼	Sableux, chaud	3	5 et 6	Ligulée, acaule	blanc, rose pâle	Ressemble à un aster nain. Très ras. Craint l'humidité l'hiver.
Trillium sp. Trille	35cm	25cm	☁	Profond, riche	3	5	Fleur unique	blanc à rouge	Ses 3 feuilles verticillées en font un beau couvre-sol printanier.
Trollius sp. Trolles	60cm	50cm	☼☁	Riche, humifère	3	5 et 6	Hampe dressée	jaune	Les nouveaux hybrides fleurissent longtemps. Palmé, luisant.
Uvularia grandiflora ⚜ Uvule à grandes fleurs	30cm	30cm	☁	Humifère, drainé	4	5 et 6	Effilochée, pendante	jaune	Tiges arquées feuillées tout le long. Beau en massif Sous bois.
Veronica armena Véronique d'Arménie	10cm	30cm	☼☁	Riche, frais	3b	5 à 7	Tapis de fleurs	bleu	Petites grappes de feuilles en aiguilles parsemées de fleurs.
Veronica cinerea Véronique cendrée	10cm	15cm	☼	Pauvre, sec, drainé	4	5 et 6	Petites grappes	bleu, rosé	Feuillage étroit, gris-vert. Coussin rampant. Culture facile.
Veronica filiformis 🌿 Véronique forme de fil	10cm	40cm	☁	Limoneux, frais	5	5 et 6	Massif, épi court	bleu cœur blanc	Tapis, couvre rapidement fissures, pierres. Feuillage persistant.
Veronica gentianoides Véronique fausse-gentiane	50cm	35cm	☼	Riche, frais	5	5 et 6	Épi dense	bleu strié	Différente des autres. Rosette érigée. Vert ou panaché.
Veronica peduncularis 'Georgia Blue' Véronique 'Georgia Blue'	15cm	30cm	☼☁	Peu exigeant, frais	3	5 et 6	Petite, grappe	bleu œil blanc	Couvre-sol vert foncé lustré puis pourpre bronze à l'automne.
Veronica pinnata 'Blue Feathers' Véronique 'Blue Feathers'	30cm	40cm	☼	Caillouteux, drainé	5	5 à 8	Épis nombreux	bleu pâle	Talle érigée. Feuillage finement découpé.
Veronica montana 'Corinne Tremaine' Véronique 'Corinne Tremaine'	5cm	30cm	☼☁	Riche, frais	6	5 et 6	Racème	bleu profond	Tiges de feuilles rondes, opposée vert bordé de crème. Couvre-sol.
Veronica 'Waterperry blue' Véronique 'Waterperry Blue'	15cm	25cm	☼☁	Peu exigeant, frais	5	5 et 6	Tapis, petite fleur	2 tons de bleus	Tapis de petites feuilles ovales couvert de fleurs. Vert et bronze.
Vinca minor Petite pervenche	15cm	40cm	☁	Riche, humide	4	5	Étoilé, solitaire	bleu violet	Tapis. Longs rameaux, luisant, persistant. Fleurs bleu violet.
Vinca minor 'Blue and Gold' Pervenche 'Blue and Gold'	10 à 20cm	30cm	☁	Léger, frais	4	5 et 6	Étoilée	bleu	couvre-sol entremêlé. Feuillage vert foncé, lustré bordé de jaune.
Vinca minor 'Illumination' Pervenche 'Illumination'	10 à 20cm	30 à 60cm	☁	Léger, frais	4	5 et 6	Étoilée	bleu	Vraiment doré, avec une mince bordure verte. Feuilles persistantes.

MOIS DE FLORAISON

	H	L		TYPE DE SOL	Z	MOIS	FORME	COULEUR	REMARQUES
VIVACES (suite)									
Vinca minor 'Sterling Silver' **Pervenche** 'Sterling Silver'	10 à 20cm	30cm		Léger, frais	2	5 et 6	Étoilée	bleu	Port beaucoup plus dressé, feuillage vert avec bordure blanche.
Viola sp. **Violettes**	15cm	30cm		Riche, frais	4	5	Simple, maculée	blanc, bleu	Attention quelques-unes sont envahissantes. Feuilles en cœur.
Viola cornuta **Violette cornue**	15cm	30cm		Riche, frais	4	5	Simple, maculée	var.	Aime les températures fraîches. En fleur tout l'été.
Viola x 'Dancing Geisha' **Violette** 'Dancing Geisha'	15cm	20cm		Riche, léger, frais	4	5	Simple, cornue	lavande, parfumée	Feuillage denté, vert, marbré d'argent durant toute la saison.
Viola grypoceras 'Sylettas' **Violette** 'Sylettas'	10cm	30cm		Riche, drainé	4	5 et 6	Simple, maculée	violet bleu	Très décorative par ses feuilles marbrées argent.
Viola labradorica 'Purpurea' **Violette du Labrador**	15cm	30cm		Riche, drainé	3	5 puis 9	Simple, maculée	violet	Beau feuillage pourpre en forme de cœur. S'étend rapidement.
Viola 'Mars' **Violette** 'Mars'	15cm	30cm		Riche, drainé	5	5 et 6	Simple maculé	lavande, violet	Belles feuilles en cœur, très pointues au centre pourpre. Unique.
Viola odorata **Violette odorante**	10cm	30cm		Riche, frais	4	5 et 6	Simple, maculée	blanc, bleu, rose	Vigoureuse et très feuillu. Feuilles persistantes.
Viola pubescens **Violette pubescente**	50cm	50cm		Riche, drainé	4	5	Simple	jaune ligné pourpre	Résistante aux conditions sèches et à la compétition des arbres.
Viola sororia **Violette sororia**	15cm	35cm		Riche, frais	4	5	Simple pur ou tacheté	blanc, lilas	Feuilles en cœur. Très vigoureuse. Sous-bois.
Waldsteinia ternata **Waldsteinie**	15cm	25cm		Frais	4	5	Fleur simple	jaune	Forme un beau tapis lustré, denté, trifolié. Persistant.
GRAMINÉES	H	L		TYPE DE SOL	Z	MOIS	FORME	COULEUR	REMARQUE
Carex brunnescens **Laîche brunâtre**	10cm	10cm		Sec et acide	4	5 et 6	Épillet	brun	Un petit carex qui supporte la sécheresse des sous-bois.
Carex firma 'Variegata' **Laîche firma panachée**	8cm	10cm		Graveleux, sec	5	5 et 6	Épillet rougeâtre	vert et jaune	Touffe enchevêtrée de feuilles raides, panachées. Compact.
Carex morrowii 'Variegata' **Laîche japonaise panachée**	30cm	30cm		Humifère, frais	5b	5 et 6	Épi verdâtre	vert strié blanc	Supporte le soleil en sol humide. Touffe dense érigé, retombant.
Carex plantaginea **Laîche à feuilles de plantain**	15 à 35cm	35cm		Riche, drainé	4	5 et 6	Épi distant	vert clair	Un de nos plus beau carex. Première à fleurir. Feuilles larges en rosette. Sous-bois.
Carex pseudacyperus **Laîche faux-souchet**	1m	80cm		Riche, très humide	5	5 à 7	Épi long dense	vert jaune vif	Touffe lumineuse, feuilles plutôt larges.
Koeleria glauca **Koéléria bleuté**	30cm	30cm		Pauvre, caillouteux	4	5 à 7	Épi doré	bleuté	Très érigé, compact. Joli contraste entre feuille et épis.
Luzula sylvatica **Luzule des forêts**	20cm	30cm		Peu exigeant	5	5 et 6	Épillet brun	vert bordé jaune	Bon couvre-sol même sous les arbres, arbustes. Robuste.
Melica ciliata **Mélique** / Herbe aux perles	30 à 50 cm	25 cm		Sec et pauvre	5	5 à 7	Épi dense argenté	vert	Feuillage fin. Pour jardin champêtre ou grande rocaille.
Phalaris arundinacea **Ruban de bergère**	1m	50cm		Marécageux à sec	3	5 et 6	Panicule compacte	vert et blanc	Couvre-sol. Stabilisateur de talus. Abri pour la faune.
BULBES	H	L		TYPE DE SOL		MOIS	FORME	COULEUR	REMARQUE
Allium oreohilum **Ail orophile**	25cm	10 à 15cm		Léger, sablonneux	3	5 et 6	Ombelle lâche	rose vif	2 feuilles linéaires dressées plus hautes que les courtes fleurs.
Allium karataviense **Ail ornemental**	30 à 60cm	30cm		Ordinaire, drainé	5	5 et 6	Une boule dense	beige	Beau feuillage arqué, vert bleuté à éclat métallique.

BULBES (suite)	H	L	☀	TYPE DE SOL	Z	MOIS ❀	FORME ❀	COULEUR ❀	REMARQUES
Allium tricoccum Ail des bois	30cm	20cm	☀☁	Humifère	4	5	Ombelle dressée	blanc vert	Interdit de récolter dans les bois, faites vos semis.
Anemone 'Blanda' Anémone de Grèce	15cm	25cm	☀☁	Surélevé, chaud	4	5	Capitule étoilé	blanc, rose, bleu	Non rustique. Cultivé à l'abri des roches. Tapis de marguerites.
Arum italicum Gouet	30cm	30cm	☁	Riche, frais	5	5	Sans intérêt	blanc	Feuillage vert lustré à nervures blanches. Grappe droite de fruits rouges en juillet.
Bletilla striata Orchidée terrestre	30cm	40cm	☀☁	Humide, perméable	5b	5 et 6	Épi étagé	rose carmin	Pseudo-bulbe peu rustique. Élégante.
Camassia Camassie	40 à 60cm	30 à 50cm	☀☁	Humide, marécage	4	5 et 6	Long épi	blanc, violet	N'est pas aimé des cerfs. Touffe érigée, feuilles étroites.
Camassia leichtlinii 'Variegata' Camassia de Leichtlin panaché	70 à 90cm	40 à 60cm	☀☁	Plutôt humide	3b	5 et 6	Épis hauts, étoilées	bleu, pourpre	Fleurs et feuilles toxiques, bulbes comestible. Touffe feuilles étroites.
Chionodoxa Gloire des neiges	20cm	15cm	☀☁	Meuble, riche	3	5	Masse, étoilée	bleu œil blanc	Très prolifique. Pour naturaliser sous-bois.
Fritillaria sp. Fritillaires	0,3 à 1,2m	15 à 45cm	☀☁	Léger, sableux, drainé	4b	5	Tubulaire, en couronne	pourpre, jaune, rouge	Plusieurs espèces : en couronne, en clochettes. Spectaculaire.
Galanthus nivalis Galanthe / Perce neige	15cm	10cm	☀☁	Riche, bien drainé	3	5	Solitaire, penchée	blanc	Sous-bois clair. Les cerfs de Virginie n'y touche pas.
Hyacinthe orientalis Jacinthe odorante	30cm	15cm	☀☁	Riche, drainé	4	5	Épi dense	blanc, rose, bleu	À la mi-ombre changer les bulbes aux 2 ans.
Iris danfordiae Iris jaune	10cm	5cm	☀	Ordinaire, drainé	4	5	3 sépales 3 pétales	jaune	Peu de feuilles, grosse fleur. Tige très courte. Planter densément.
Ixiolirion tataricum Lis de Sibérie	25 à 40cm	20cm	☀	Chaud, poreux	5	5 et 6	Entonnoir récurvé	bleu lilas	Feuilles linéaires, très étroites. Planter par groupe.
Leucojum aestivum Nivéole d'été	35cm	25cm	☀☁	Riche, frais	4	5 et 6	Grappe, clochettes pendantes	blanc bordé vert	Groupe de 3 à 5 clochettes. À diviser tous les 3 ans.
Muscari armeniacum Muscari	20cm	15cm	☀☁	Consistant, drainé	3	5 et 6	Épi dense	blanc, bleu, mauve	Se multiplient rapidement si non dérangés.
Muscari botryoides 'Album' Muscari raisin	15cm	10 à 15cm	☀	Consistant, drainé	2b	5 et 6	Épi dense	blanc	Feuilles effilées, grappe dense, pointue. Peu exigeant.
Narcissus sp. Narcisse / Jonquille	var.	var.	☀☁	Riche, léger, drainé	3	5 et 6	Trompette, hampe	jaune blanc	Belle trompette effilée avec corolle. Fleurs penchées.
Ornithogalum sp. Dame-d'onze-heures	var.	var.	☀☁	Riche, léger, drainé	5	5 et 6	Étoile	blanc vert	À la mi-ombre, changer les bulbes aux 2 ans.
Oxalis adenophylla Oxalide glanduleux	10cm	15cm	☀	Ordinaire, drainé	6	5 à 7	4 pétales striées	rose à violet	Feuilles segmentées, gris-bleu. Bulbe non rustique. Coussin.
Rhodohypoxis baurii Rhodohypoxis	10cm	10cm	☀	Tourbeux, drainé	—	5 et 6	3 sépales 3 pétales	rose vif	Petites feuilles érigées lancéo-lée chapeauté de grosses fleurs ouvertes.
Scilla sibirica Scille de Sibérie	15cm	10cm	☀☁	Riche, frais, drainé	4	5 et 6	Grappe lâche	bleu	Elle se ressème. Aussi pour sous-bois, pelouse.
Tulipa Tulipes naines	var.	var.	☀☁	Drainé	3	5 et 6	Cornet	var.	Pour couvre-sol printanier. Spectaculaire, éphémère.
Tulipa x hybrida Tulipes hybrides	var.	20cm	☀	Riche, drainé	3	5 et 6	Coupe	var.	Dure longtemps si vous plantez plusieurs variétés.

ANNUELLES	H	L	☀	TYPE DE SOL	Z	MOIS ❀	FORME ❀	COULEUR ❀	REMARQUE
Alyssum maritimum Alysse odorante	15cm	20cm	☀	Ordinaire, drainé	—	5 à 9	Tapis dense	blanc, mauve	Le meilleur couvre-sol annuel. Coussin parfumé.

MOIS DE FLORAISON

ANNUELLES (suite)	H	L	☀	TYPE DE SOL	Z	MOIS ✿	FORME ✿	COULEUR ✿	REMARQUES
Anagalis monelii **Mouron des champs**	40cm	30cm	☀☁	Sol ombragé, frais	—	5 à 10	Épi tombant	bleu cœur rouge	Les racines ne doivent pas avoir chaud. Rampant.
Begonia semperflorens **Bégonia fibreux**	15 à 20cm	15cm	☀☁	Riche, léger, frais	—	5 à 9	Grappe	blanc, rose, rouge	Très florifère et versatile, culture facile.
Brassica oleracea **Chou décoratif**	25 à 80cm	25 à 60cm	☀☁	Riche, profond	—	5 à 10	—	—	Ce sont leur feuillage décoratif qui les rendent populaires.
Calibrachoa 'Million Bells' **Calibrachoa** 'Million Bells'	20cm	90cm	☀☁	Riche, humide	—	5 à 10	Masse trompette	toutes couleurs	Exubérante et dense avec ses millions de petites fleurs. Rampant.
Diascia elegans **Diascia élégant**	30cm	30cm	☀☁	Riche, drainé,	—	5 à 10	Grappe longue	teintes roses	Surtout utilisé en pot, mais joli en couvre-sol. Rampant semi-érigé.
Fuchsia x hybrida **Fuchsia**	20 à 60cm	10 à 60cm	☀☁	Fertile, frais	—	5 à 9	Pendant d'oreille	blanc, rouge, violet	Certains ont un feuillage cuivré ou panaché. Cascade ou érigé.
Impatiens hawkeri **Impatiente** 'Nouvelle-Guinée'	25 à 40cm	15 à 30cm	☀☁	Souple, enrichi, frais	—	5 à 9	Simple, grande	var.	Plusieurs ont un feuillage panaché jaune ou pourpre.
Lotus maculatus 'Amazon Sunset' **Lotus** 'Amazon Sunset'	10 à 20cm	30 à 60cm	☀	Ordinaire, frais, drainé	—	5 et 6	Petite, pointue	orangé	Beau feuillage argenté, texture très fines. Aérien. Potée fleurie.
Nierembergia hippomanica **Niérembergie**	20cm	25cm	☀☁	Plutôt sec	—	5 à 10	Masse de fleurs	blanc violet	Surtout en bordure. Bel effet de légèreté. Aime climat frais.
Pelargonium brocade **Géranium brocade**	25 à 60cm	20 à 40cm	☀☁	Léger, riche, drainé	—	5 à 10	Groupée	teintes chaudes	Feuilles teintées de pourpre, jaune ou crème. Grandes variétés.
Pelargonium peltatum **Géranium / Lierre**	var.	var.	☀☁	Riche, léger, drainé	—	5 à 10	Vaporeux	rosé	Facile d'entretien, éviter les excès d'eau. Feuilles de lierre.
Pelargonium sp. **Géranium des jardins**	var.	var.	☀☁	Riche, léger, drainé	—	5 à 10	Grappe serrée	blanc rose rouge	Fleurit abondamment même à la mi-ombre. Feuilles odorantes.
Petunia 'Surfinia' **Pétunia végétatif**	20cm	90cm	☀☁	Riche, léger, drainé	—	5 à 10	Grosse, trompette	Toutes les couleurs	Plus souvent utilisé en couvre-sol que le pétunia. Rampant.
Phacelia campanularia **Phacélie campanulaire**	25cm	20cm	☀	Sablonneux, pauvre	—	5 à 9	Cloche ouverte	bleu lavande	Aime les journées chaudes et les nuits fraîches. Port coussiné.
Tagetes patula **Œillet d'inde** / Marigold	20cm	20cm	☀☁	Ordinaire	—	5 à 9	Pompon	Jaune orange	Couvert très coloré, pour grand massif. Plutôt compact.
Viola wittockiana **Pensée**	20cm	25cm	☀☁	Riche, frais	—	5 à 10	Simple maculée	Toutes les couleurs	Plante très résistante au gel. Pincer en été. Port plutôt lâche.
Viola sp. **Violette** / Pensée	var.	var.	☀☁	Riche, frais	—	5 à 10	Simple maculée	Toutes les couleurs	Plantes très résistantes aux gels. Planter tôt. Aime la fraîcheur.

GRIMPANTE (Annuelle)	H	L	☀	TYPE DE SOL	Z	MOIS ✿	FORME ✿	COULEUR ✿	REMARQUE
Asarina barclaiana **Maurandie de Barclay**	1,8m	5cm	☀☁	Fertile, souple	—	5 à 10	Trompette	pourpre, lilas	Pour couvrir la base d'ornement de parterre ou grimpant.

✿ indique plante indigène ou naturalisée.
✿ indique plante potentiellement envahissante !

PLANTES FLEURISSANT À PARTIR DU MOIS DE JUIN

ARBRES	H	L	☀	TYPE DE SOL	Z	MOIS ✿	FORME ✿	COULEUR ✿	REMARQUE
Aesculus hippocastanum **Marronnier d'Inde**	16 à 20m	12m	☀	Riche, profond, frais	4b	6	Long épi fleurs doubles	blanc et rouge	Port ovoïde, large. Feuilles palmées. Fruits toxiques.
Aesculus hippocastanum 'Plena' **Marronnier de Bauman**	15 à 20m	8 à 12m	☀	Riche, profond, frais	5	6	Long épi fleurs doubles	blanc et rouge	Port ovoïde large. Feuilles palmées. Pour endroit abrité et spacieux.
Caragana sp. **Caraganiers sur tige**	1,5 à 2m	1 à 1,5m	☀☁	Peu exigeant, sec	3b	6	fleur de pois, suspendue	teintes jaunes	Plusieurs variétés greffées en tête. Voir section arbuste ci-bas ou petit arbre.
Castanea dentata **Châtaignier d'Amérique**	10m	8m	☀☁☁	Sableux, acide, drainé	4b	6 et 7	Chaton	verdâtre	Presque disparu, malade. Pyramidal, feuille étroite de 25cm de long.
Catalpa bignonioides **Catalpa parasol**	7 à 10m	5 à 7m	☀	Riche, drainé	5b	6 et 7	Panicule, clochette	blanc taché pourpre	Très grandes feuilles en cœur. Panicule dressée.
Catalpa speciosa **Catalpa de l'Ouest**	15m	7m	☀	Calcaire, fertile	5b	6 et 7	Panicule, cloche	blanc jaunâtre	Conique. Larges feuilles. Fruits : longues gousses. Rapide.
Chitalpa x tashkentensis 'Pink Dawn' **Chitalpa 'Pink Dawn' sur tige**	5m	6m	☀	Très tolérant au sec	6	6 et 7	Trompette, panicule	rose lavande	Port irrégulier, dense. Longues feuilles alternes. Éviter l'humidité.
Cladastris kentukea **Virgilier à bois jaune**	10m	10m	☀	Profond, drainé	5a	6	Panicule pendante	blanc	Port arrondi, irrégulier. Tronc court. Tourne jaune orangé.
Cladastris lutea **Virgilier à bois jaune**	10m	10m	☀	Profond, drainé	5a	6	Grappe	blanc	Port globulaire, dense. Écorce décorative. Tourne jaune orangé.
Cotoneaster apiculatus **Cotonéaster apiculata sur tige**	1,5m	1,25m	☀	Peu exigeant, drainé	4b	6	fleur simple	rose	Beau feuillage foncé, luisant, lisse. Fruits rouges écarlate.
Crataegus lavallei / *C. carrieri* **Aubépine lavallei**	7m	6m	☀	Profond, frais	5b	6	Corymbe	blanc	Port ovoïde, compact. Feuilles ovales. Maladif. Rouge bronze.
Crataegus phaenopyrum **Aubépine de Washington**	7m	7m	☀	Profond, frais	4b	6	Corymbe	blanc	Petit arbre globulaire, très épineux. Aussi en haie défensive. Vire orange.
Elaeagnus angustifolia **Olivier de Bohème**	6m	6m	☀	Sec, éviter excès d'eau	2b	6	Sans intérêt	jaunâtre	Port ouvert, irrégulier. Rameaux et feuilles argentées. Rapide.
Halimodendron halodendron **Caragana argenté sur tige**	2m	1,5m	☀	Ordinaire, pauvre	3	6 et 7	Grappe parfumée	rose pourpré	Port évasé. Feuillage argenté, épines décoratives. Bord de mer.
Liriodendron tulipifera **Tulipier de Virginie**	10 à 16m	5 à 9m	☀	Riche, profond	5b	6 et 7	Grosse tulipe	jaunâtre odorante	Port conique à ovoïde. Feuilles à lobes tronqués tournant jaune or.
Physocarpus opulifolius 'Diabolo' **Physocarpe 'Diabolo' / 'Monlo'**	1,5 à 3m	1,5 à 3m	☀☁	Peu exigeant, drainé	2	6	Corymbe	blanc rosé	Rouge bourgogne foncé, fruit rosé contrastant. Greffé sur tige.
Prunus serotina **Cerisier tardif** / d'automne	20m	15m	☀	Profond, riche, frais	2b	6 et 7	Grappe pendante 15cm	blanc parfumée	Ovoïde irrégulier. Écorce foncée odorante. Fruits en automne.
Robinia ambiga x 'Idahoensis' **Robinier rose de l'Idaho**	8m	5m	☀	Riche, plutôt sec	5	6	Grappe parfumée	rose	Oval, irrégulier, bout de branche retombant. Grousses.
Robinia pseudoacacia **Robinier faux-acacia**	12m	8m	☀	Pauvre à fertile	4b	6	Grappe pendante	blanc parfumé	Port érigé, peu dense. Drageonne. Attention aux insectes. Pente.
Robinia pseudoacacia 'Frisia' **Robinier faux-acacia 'Frisia'**	10m	8m	☀	Pauvre à fertile	4b	6	Grappe pendante	blanc parfumé	Érigé. Feuillage léger, jaune début et fin saison. Insectes.
Robinia pseudoacacia 'Lace Lady' **Robinier tortueux 'Twisty Baby'**	2,5m	1,5m	☀	Peu exigeant	4	6	Grappe pendante	blanc	Greffé. Branches et tronc tortueux. Feuillage frisé vert moyen.
Robinia pseudoacacia 'Tortuosa' **Robinier tortueux sur tige**	10m	6m	☀☁	Peu exigeant	4b	6	Grappe éparse	blanc	Feuilles composées, retombantes. Débourre tard. Greffé. Lent.
Robinia x slavinii 'Hillieri' **Robinier 'Hillieri'**	4 à 8m	2 à 6m	☀	Peu exigeant, drainé	4b	6	Grappe lâche	rose parfumé	Port arrondi, gracieux, feuillage délicat. Parfum de légumineuse.
Rosa rugosa sp. **Rosier rugueux sur tige**	0,4 à 2m	0,6 à 2m	☀☁	Riche, drainé	2 à 3	6 à 9	Simple ou double	teintes chaudes	Érigé. Feuilles rugueuses. Tige épineuse. Se colore à l'automne. Fruit rouge.

MOIS DE FLORAISON

ARBRES (suite)	H	L	☀	TYPE DE SOL	Z	MOIS	FORME	COULEUR	REMARQUES
Sambucus nigra 'Guincho Purple' Sureau noir 'Guincho Purple'	2,5m	2m	☀	Peu exigeant, frais	4b	6	Grande, ombelle	crème, odorant	Pourpre printemps et automne, vert à l'été. Fruits comestibles.
Syringa microphylla 'Superba' Lilas microphyla 'Superba'	2m	1 à 2m	☀	Léger, frais, drainé	5b	6	Panicule odorante	rose rouge	Semi-nain. Parfois 2 floraisons. Petites feuilles. Léger parfum.
Syringa patula 'Cinderella' Lilas de Mandchourie sur tige	1,5 à 2m	1,5m	☀☁	Léger, frais, drainé	5b	6	Panicule parfumée	rose pâle	Ressemble à Miss Kim mais plus parfumée. Tourne rouge vin.
Syringa patula 'Miss Kim' Lilas 'Miss Kim' sur tige	2m	1,5m	☀☁	Léger, frais, drainé	4	6	Panicule parfumée	rose lilas pâle	Floraison très uniforme sur tout le plant. Vire au pourpre.
Syringa 'Tinkerbelle' Lilas 'Tinkerbelle' sur tige	1,5 à 2,5m	1,25m	☀☁	Léger, frais, drainé	3	6	Panicule parfumée	rose foncé	Port ordonné, compact. Nouvelle couleur.
Syringa x tribida 'Josée' Lilas 'Josée' sur tige	0,9 à 1,5m	1,5 à 3m	☀☁	Léger, frais, drainé	5b	6 à 9	Panicule parfumée	rose	Populaire car il fleurit plus d'une fois. Vigueur moyenne.
Syringa vulagirs 'Albert F. Holden' Lilas 'Albert F. Holden' sur tige	2,5m	2m	☀☁	Léger, frais, drainé	3	6 à 7	Panicule retombant	pourpre et lavande	Nouveau, cultivars semi-nain. Greffé, rustique. Fleurs aérées.
Syringa vulgaris 'Marie Frances' Lilas 'Marie Frances' sur tige	2,5m	2,5m	☀☁	Léger, frais, drainé	2b	6 à 7	Panicule parfumée	rose saumon	Semi-nain greffé. Parfum accentué. Rustique.
Syringa vulgaris sp. Lilas commun	2,5 à 5m	2 à 4m	☀☁	Léger, frais, drainé	2	6	Abondante panicule	blanc, rose, bleu, lilas	Très grand choix, tous odorant. La floraison varie de mai à juin.
Viburnum lentago ⚜ Viorne lentago / Alisier	5m	2,5m	☀☁	Tous sols drainés	2a	6	Corymbe, cyme	blanc	Arbuste monté en arbre. Vert lustré virant rouge. Non maladif.
Viburnum opulus compactum Viorne obier compact sur tige	1,5m	1,5m	☀☁	Tous sols frais	3a	6	Grosse, corymbe	blanc	Plus florifère et moins maladif que Roseum. Nombreux fruits.
Viburnum opulus 'Roseum' Viorne boule de neige tige	3m	2m	☀☁	Tous sols frais	3	6	Grosse, corymbe	blanc	Feuilles trilobées vertes en été, puis rouges. Pas de fruits. Maladif.

ARBUSTES	H	L	☀	TYPE DE SOL	Z	MOIS	FORME	COULEUR	REMARQUE
Amorpha canescens Amorpha blanchâtre	90cm	90cm	☀☁	Calcaire, pauvre	3a	6 et 7	Épi érigé	bleu foncé	Son feuillage fin et ses fleurs bleues la démarque.
Caragana sp. Caraganas	0,5 à 1m	0,8m	☀☁	Fertile, plutôt sec	2	6	Pendante	jaune orangé	Culture facile, Souvent à feuilles découpées. Fruit en gousse.
Caragana arborescens Caraganier de Sibérie	1 à 4m	1 à 2,5m	☀☁	Fertile à pauvre, plutôt sec	2	6	Parsemée, pendante	jaune pâle	Sur tige, en haie ou en écran. Vert clair. Fruit : gousse. Rapide.
Caragana aurantiaca Caraganier orangé	1m	80cm	☀☁	Peu exigeant	2	6 et 7	Simple, suspendue	jaune orangé	Port dégagé, arqué. Épineux, vert grisâtre. Pour lieu inculte.
Caragana frutex 'Globosa' Caraganier 'Globe'	1m	1m	☀	Tous sols secs	2a	6	Simple, rare	jaune	Port rond dense. Presque sans épines. Haie ou greffé sur tige.
Caragana pygmaea Caraganier pygmée	75cm	1,25m	☀☁	Peu exigeant	2	6 et 7	Simple, suspendue	jaune vif	Plus étalé que C aurantiaca. Haie basse ou greffé sur tige.
Ceanothus americanus ⚜ Céanothe d'Amérique	1m	1,5m	☀☁	Pauvre, drainé	4	6 et 7	Panicule plumeux	blanc	Convient aux endroits chauds et secs. Ressemble à un lilas.
Cladastris kentukea Virgilier à bois jaune	10m	10m	☀	Profond, drainé	5a	6	Panicule pendante	blanc	Port arrondi, irrégulier. Tronc court. Tourne jaune orangé.
Cornus amomum Cornouiller soyeux	2m	2m	☀☁	Humide, drainé	4a	6	Cyme	jaunâtre	Idéal pour aménager les berges. Port arrondi, dense. Plutôt rare.
Cornus racemosa / C. paniculata ⚜ Cornouiller à grappes	3m	3m	☀☁	Peu exigeant, frais	4	6 et 7	Panicule	blanc crème	Gris-vert virant pourpre à l'automne. Fruits blancs. Écrans.
Cornus rugosa / C. circinata ⚜ Cornouiller rugueux	1,5m	2m	☀☁	Frais, drainé	3a	6	Corymbe	blanc	Jeunes tiges vert clair. Pour jardin d'hiver. Port globulaire. Fruits bleus.
Cornus sericea / C. stolonifera ⚜ Cornouiller stolonifère	2m	3m	☀☁	Peu exigeant, frais	2	6	Grappe	blanc	Rapide. Tige rouge. Retient les sols en pente. Tourne bronze.

ARBUSTES (suite)	H	L	☼	TYPE DE SOL	Z	MOIS	FORME	COULEUR	REMARQUES
Cornus sericea 'Flaviramea' Cornouiller stolonifère jaune	2m	3m	☼☁	Peu exigeant, frais	2	6	Grappe	blanc	Rameaux jaune vif. Fruit blanc. Buisson vert foncé. Bel écran.
Cotinus coggygria Arbre à perruque	3m	3m	☼	Léger, neutre, sec	4b	6 et 7	Panicule chevelue	crème rose	Long panache vaporeux après la floraison. Pourpre ou vert.
Cotoneaster copperi Cotonéaster de Copper	1,5 à 2m	1 à 1,5m	☼	Peu exigeant, drainé	5	6	fleur simple	blanc	Port semi-arqué. Petites feuilles elliptiques. Fruits pourpre noir.
Cotoneaster dielsianus Cotonéaster de Diel's	1,5m	1,5m	☼	Tous sols drainés	3a	6	Grappe	rose	Port érigé, arqué. Gris-vert à l'été tournant rouge. Fruit rouge.
Crataegus phaenopyrum Aubépine de Washington	6m	6m	☼	Profond, frais	4b	6	Corymbe	blanc	Port globulaire, grêle. Feuilles triangulaires. Fruits rouges vifs.
Deutzia gracilis Deutzia gracile	70 à 90cm	90cm	☼☁	Riche, plutôt lourd	4	6 et 7	Grappe érigée	blanc pur	Port compact, arqué vert foncé à feuilles dentées. Haie fragile.
Deutzia parviflora Deutzia à petites fleurs	1,8m	1,5m	☼☁	Riche, plutôt lourd	5a	6 et 7	Grappe érigée	blanc pur	Port diffus, quelquefois en haie. Fleurs rares au Québec.
Diervilla sessilifolia Dièreville à feuilles sessiles	1m	1m	☼☁	Fertile, acide	4b	6 à 8	Clochettes de 3	jaune	Port arrondi, drageonnant. Feuilles sans pétioles. Facile.
Diervilla splendens Dièreville élégant	1,25m	1,25m	☼☁	Fertile, drainé	4b	6 à 8	Clochettes de 3	jaune soufre	Port arrondi. Le plus florifère. Haie, naturalisation. Pas maladif.
Elaeagnus angustifolia Olivier de Bohème	6m	6m	☼	Peu exigeant, sec	2	6	Petites, abondantes	jaune odorante	Feuillage argenté fin très contrastant. Rapide. Épineux.
Elaeagnus angustifolia caspica Syn. : *Elaeagnus* 'Quicksilver'	4m	4m	☼	Peu exigeant, sec	2b	6	Petites, abondantes	jaune odorante	Pyramidal, inerme. Plus résistant aux insectes, maladies. Argenté.
Elaeagnus commutata / *E. argentea* Chalef argenté	2m	2m	☼	Sol pauvre	4	6	Peu apparente	jaune très parfumée	Feuille et fruit argentés. Pour retenir talus. Drageonnant.
Elaeagnus multiflora / *E. edulis* Chalef multiflore / Gourmi	2m	2m	☼	Peu exigeant, sec	2	6	Petites, abondantes	jaunâtre parfumée	Port arqué. Feuilles dessus vert et dessous argenté. Haie. Fruits.
Euonymus atropurpurea Fusain noir	3m	3m	☁	Frais, léger, fertile	3b	6	Cyme	pourpre	Supportent très bien l'ombre. Feuilles rouges à l'automne. Dense.
Fothergilla major Fothergilla robuste	1m	1m	☁	Fertile, humifère	5b	6	Épi érigé	blanc parfumé	Plus ou moins rustique. Très grosses feuilles ovales.
Genista sp. Genêts	10 à 80cm	0,6 à 1m	☼	Pauvre, sec	4	6	Épi érigé	jaune	Port arrondi, texture fine. Pour endroit chaud et difficile.
Ilex verticillata Houx verticillé	2m	1,8m	☼☁	Riche, acide, frais	4	6	Cyme	jaune	Feuilles non persistantes. Fruits décoratifs. Jardin d'hiver.
Itea virginica sp. Itéa de Virginie	0,6 à 2m	0,7 à 1,5m	☼☁	Riche, humide	6	6	Épi étroit	blanc parfumé	Se colore rouge flamboyant en automne. Port peu ramifié.
Kerria japonica Corête du Japon	1,2m	1,5m	☼☁	Léger, fertile	5	6	Fleur simple	jaune or double	Plus ou moins rustique, protection hivernale. Port diffus.
Kolkwitzia amabilis Kolkwitzia aimable	2 à 3m	2 à 3m	☼	Riche, drainé	5b	6 et 7	Trompette Abondante	rose, rouge	Vert-grisâtre tournant jaune rouge. Port infléchi. Croule sous les fleurs.
Ligustrum amurense Troène de l'Amour	2m	1,5m	☼☁	Riche, frais, drainé	5	6 et 7	Panicule, étoilée	blanc odorant	Port érigé, dense, feuilles luisantes. Rapide. Haie taillée. Fruits noirs.
Ligustrum obtusifolium 'Regelianum' Troène de Regel	1,5m	2m	☼☁	Peu exigeant	5b	6 et 7	Petite, panicule	blanc	Port étalé, aplati. Moins rustique que *L. vulgare*. Tourne pourpre.
Lonicera tatarica Chèvrefeuille de Tartarie	2m	1,5m	☼☁	Bien drainé	4	6	Peu nombreuse	rose	Dommage qu'il soit souvent malade. Haie taillée.
Paeonia suffruticosa Pivoine arbustive	1,2m	1m	☼☁	Riche, poreux	5	6	Fleur simple	var.	Culture délicate, portection hivernale. Feuilles 3 à 5 lobes.
Philadelphus sp. Seringats	1 à 2m	1,5m	☼☁	Peu exigeant	4	6	Grappe, cyme	blanc	Arbuste très odorant. Belles fleurs doubles. Port irrégulier.
Physocarpus opulifolius Physocarpe à feuilles d'obier	2m	2m	☼☁	Équilibré, drainé	4	6	Corymbe	blanc	Très versatile, accepte bien un sol sec. Vert, doré ou pourpre.

MOIS DE FLORAISON

ARBUSTES (suite)	H	L	☼	TYPE DE SOL	Z	MOIS ✿	FORME ✿	COULEUR ✿	REMARQUES
Polygala chamaebuxus Polygale faux-buis	15cm	25cm	☁	Riche, humifère	5	6 et 7	Tube ailé	jaune, carmin	Originaire des Alpes. Éviter les coins chauds. Rare, fragile.
Potentilla sp. Potentilles	1m	1m	☼☁	Peu exigeant	3	6	Fleur simple	blanc, jaune	Un immense choix pour toutes conditions. Feuillage fin.
Ptelea trifoliata Orme de Virginie / O. à 3 feuilles	3m	3m	☼☁	Peu exigeant, drainé	4	6	Corymbe	blanc vert	Peu rustique, pour sous-bois, jardin d'ombre. Port irrégulier.
Rhodotypos scandens Rhodotypos	1m	1,5m	☼☁	Tous sols drainés	4b	6 et 7	Simple	blanc	Ressemble à un *Kerria* mais blanc. Fruits noirs. Port diffus.
Robinia hispida Acacia rose	2m	2m	☼	Pauvre, sec	4	6	Panicule pendante	rose foncé	Haie libre, épineuse. Retient les pentes sableuses. Lieu abrité.
Robinia pseudoacacia Robinier faux-acacia	4 à 10m	2 à 6m	☼	Peu exigeant, drainé	4b	6	Grappe pendante	blanc, rose	Port gracieux, feuillage délicat, fleurs au parfum léger.
Robinia viscosa Robinier visqueux	2,5m	3 à 4m	☼	Pauvre, sec	4a	6	Panicule pendante	rose foncé	Ressemble à *hispida* mais à tige collante. Plus rustique.
Rubus cockburnianus 'Goldenvale' Ronce De Cockvurn 'Goldenvale'	2m	1m	☼☁	Peu exigeant	6	6 et 7	Peu visible	rose foncé	Feuilles type fougère, doré. Port arrondi, arqué. Recéper. Fruits.
Rubus idaeus 'Aureus' Framboisier doré	30cm	50cm	☁	Riche, frais, drainé	3a	6	Simple	blanc	Haie lumineuse pour coin ombragé. Framboises rares. Recéper.
Rubus odoratus Ronce odorante	1 à 3m	2 à 3m	☼☁	Peu exigeant, drainé	4	6 et 7	Simple	rose odorante	Framboisier sans épine. buissonnant. Grosses feuilles. Écran.
Rubus thibetanus Ronce tibétaine	1 à 1,5m	1m	☼☁	Peu exigeant	5	6	Peu visible	rose vif	Port rond, arqué. Feuilles type fougère argentée. Recéper. Facile.
Sambucus canadensis Sureau du Canada	3m	3m	☼☁	Peu exigeant, frais	3	6	Corymbe aplati	blanc odorant	Érigé, arqué. Feuilles pennées Fruits noirs. Naturalisation, haie.
Sambucus canadensis 'Aurea' Sureau du Canada doré	3m	4m	☼☁	Peu exigeant, frais	3	6	Corymbe aplati	blanc	Érigé, arqué. Feuilles pennées d'un beau doré. Fruit rouge vif.
Sambucus canadensis 'Maxima' Sureau 'Maxima'	4m	4m	☼☁	Peu exigeant, frais	3	6	Corymbe aplati	blanc odorant	Énormes feuilles. Énorme cyme à pédicelles pourpres. Fruits noirs.
Sambucus nigra sp. Sureau noir / Sureau commun	1,5 à 4m	1,5 à 4m	☼☁	Peu exigeant, frais	4b	6	Corymbe aplati	blanc odorant	Plusieurs variétés intéressantes. Vert panaché ou pourpre. Fruits noirs.
Sambucus racemosa sp. Sureau rouge	1 à 1,8m	1 à 1,5m	☼☁	Peu exigeant, frais	4b	6	Panicule arrondie	blanc	Plusieurs vairétés . Vert, jaune à feuillage découpé. Fruits rouges.
Sorbaria sorbifolia Sorbaria à feuilles de sorbier	2m	2m	☼☁	Fertile, humide	2	6 à 8	Panicule érigé	blanc crème	Haie libre, à texture légère. Ressemble au vinaigrier. Drageonne.
Spiraea x arguta Spirée arguta / Spirée argenté	1,5m	1,5m	☼	Peu exigeant, frais	3	6	Grappe	blanc	Port arqué, gracieux, couvert de fleurs. Feuillage argenté.
Spiraea fritschiana sp. Spirée Coréenne	60 à 90cm	0,9 à 1,2m	☼☁	Peu exigeant, frais	3	6 et 7	Large corymbe	blanc parfumée	Dôme compact. Gros feuillage vert foncé tournant pourpre.
Spiraea japonica sp. Spirée japonaise	0,3 à 1,3m	0,7 à 1,3m	☼☁	Fertile, frais	4a	6 et 7	Large corymbe	Teintes rose	Plus intense au soleil. Plusieurs à feuillage coloré. Tiges raides.
Spiraea nipponica sp. Spirée nippon	0,9 à 1,5m	0,9 à 1,5m	☼☁	Peu exigeant, frais	4b	6	Multitude corymbes	blanc	Port gracieux, moins dense et plus tardive que 'Vanhoutte'.
Spiraea triloba Spirée 'Sawn Lake'	1,5m	2m	☼☁	Peu exigeant, frais	3	6	Corymbe	blanc	Moins fragile et plus compacte que Van Houtte. Port arqué.
Spiraea 'Van Houttei' Spirée de Van Houtte	2m	2m	☼☁	Tous sols riches	4	6	Grappe arquée	blanc	Floraison spectaculaire. Port arqué. Tailler après floraison.
Spiraea 'Vanhoutte Pink Ice' Spirée 'Vanhoutte Pink Ice'	1,2 à 2m	1,2 à 1,8m	☼☁	Peu exigeant, frais	4	6	Multitude corymbes	blanc	Pour jardinier averti. Plus fragile que l'espèce. Tourne pourpre. Panaché.
Symphoricarpos sp. Symphorines	1m	1m	☼☁	Peu exigeant,	3	6	Grappe	rosé	Utile pour arrière-fond. Fruits décoratifs l'hiver.
Symphoricarpos orbiculatus Symphorine à feuilles rondes	1m	1m	☼☁	Peu exigeant	2b	6	Grappe	jaune rosé	Ses fruits sont pourpres. Plus belle que la blanche.

ARBUSTES (suite)	H	L	☀	TYPE DE SOL	Z	MOIS ✿	FORME ✿	COULEUR ✿	REMARQUES
Syringa x *josiflexa* sp. Lilas josiflexa	3,5m	2m	☀☁	Léger, frais, drainé	3	6 et 7	Panicule parfumée	Teintes roses	Ressemble beaucoup au lilas de Preston. Croule sous les fleurs.
Syringa laciniata Lilas à feuilles découpées	1,5m	2m	☀☁	Léger, frais, drainé	6	6 et 7	Panicule parfumée	lilas pâle	Plutôt rare en haie. Les grappes de fleurs font arquées les branches.
Syringa meyeri 'Palibin' Lilas de corée nain	1,5m	1,5m	☁	Fertile, profond	4	6	Panicule érigée	rose violet	On le retrouve également greffé sur tige. Globulaire, très beau.
Syringa microphylla 'Superba' Lilas superbe	2,4m	2 à 3m	☀☁	Léger, frais, drainé	5b	6	Panicule lâche	rose foncé	Petites feuilles ovales. Parfois 2 floraisons. Léger parfum.
Syringa patula 'M. K.' / *S. pubescens* Lilas de Mandchourie 'Miss Kim'	1,5 à 2m	1,5m	☀☁	Léger, frais, drainé	4	6	Panicule parfumée	lilas pâle	Floraison très uniforme sur tout le plant. Vire au pourpre. Lent.
Syringa patula 'Cinderella' Lilas de Mandchourie 'Cinderella'	1,5 à 2m	1,5m	☀☁	Léger, frais, drainé	4	6	Panicule parfumée	rose pâle	Ressemble à Miss Kim mais plus parfumé. Tourne rouge vin.
Syringa prestoniae Lilas de Preston	1,5 à 2,5m	2m	☀☁	Peu exigeant,	3	6 et 7	Panicule	rose à pourpre	Celui qui tolère le mieux un sol humide. Parfum léger. Sans drageon.
Syringa reflexa Lilas à grappes retombantes	4m	3m	☀☁	Léger, frais, drainé	4	6 et 7	Panicule pendante	pourpre puis rose	Port érigé, peu connu mais fort joli avec ses grappes penchées.
Syringa tomentella Lilas tomenteux	3m	3m	☀☁	Léger, frais, drainé	5	6 et 7	Panicule lâche	blanc à violet	Feuilles avec léger duvet au revers. Port dense. Aussi doré.
Syringa x *tribida* 'Josée' Lilas 'Josée'	0,9 à 1,5m	1,5 à 3m	☀☁	Léger, frais, drainé	5b	6 à 9	Panicule parfumée	rose	Fleurit plus d'une fois. Vigueur moyenne. Lilas à petites feuilles.
Syringa villosa Lilas duveteux tardif	3m	2m	☀	Léger, frais, drainé	3	6 et 7	Panicule	rose lilas	Feuillage épais vert grisâtre de haut en bas. Haie libre ou écran.
Syringa villosa 'Aurea' Lilas duveteux doré	3m	2m	☀☁	Léger, frais, drainé	3	6 et 7	Panicule conique	blanc rosé	Parfum très prononcé. Port ovoïde, dense de la tête au pied.
Syringa yunnanensis Lilas de Yunnan	3,5m	3m	☀☁	Léger, frais, drainé	4	6 et 7	Panicule étroite	rose lilas	Port érigé, ouvert. Feuilles elliptiques. Très parfumées.
Vaccinum caespitosum Bleuetier rampant	15cm	1 à 2m	☀☁	Acide, humide, drainé	2	6	Clochette individuelle	rose	Croît rapidement. S'enracine aux nœuds. Fruit noir bleuté.
Vaccinium myrtilloides ⚜ Bleuetier fausse-myrtle	50cm	1 à 2m	☀☁	Acide, humide, drainé	2a	6	Clochette groupée	blanc verdâtre	Fruit bleu comestible individuel. Rampant, irrégulier. Vire pourpre.
Viburnum acerifolium ⚜ Viorne à feuilles d'érable	2m	2m	☀☁	Acide, humide	3a	6 et 7	Cyme aplatie	blanc crème	Ressemble à la viorne trilobée. Vire au rose, rouge et pourpre.
Viburnum cassinoides ⚜ Viorne cassinoïde	1,5m	1,2m	☀☁	Acide, humide à sec	2a	6 et 7	Cyme aplatie	blanc crème	Feuilles ovales, vert lustré tournent rouge orangé à pourpre. Fruits.
Viburnum lentago ⚜ Viorne lentago / Alisier	4m	2,5m	☀☁	Tous sols drainés	2a	6	Corymbe, cyme	blanc	Vert lustré virant rouge pourpre Fruit jaune, bleu. Port ouvert.
Viburnum opulus sp. Viorne obier	0,6 à 4m	4m	☀☁	Tous sols frais	3	6	Gros corymbe	blanc	Feuilles trilobées vertes en été, puis rouges. Pas de fruits. Maladif.
Viburnum opulus 'Harvest Gold' Viorne obier 'Harvest Gold'	3m	3m	☀☁	Tous sols frais	3a	6	Gros corymbe	blanc	Feuillage jaune marginé de rouge, devenant chartreuse en été.
Viburnum opulus 'Sterilis' / 'Roseum' Viorne boule de neige tige	2m	1m	☀☁	Tous sols frais	3	6	Gros corymbe	blanc	Feuilles trilobées vert en été, puis rouge. Pas de fruits. Maladif.
Viburnum prunifolium Viorne à feuilles de prunier	2 à 4m	2 à 3m	☀☁	Tous sols drainés	4a	6	Corymbe, cyme	blanc	Ressemble au *lentago* mais moins rustique. Vire pourpre.
Viburnum trilobum sp. ⚜ Viorne trilobée / Pimbina	1,5 à 3m	1,5 à 3m	☀☁	Peu exigeant, fertile	2	6	Cyme	blanc pur	Belle teinte rouge pourpre à l'automne. Fruits comestibles.
Weigelia Weigelia hybride	0,5 à 1,5m	0,5 à 1,5m	☀☁	Peu exigeant	4b	6	Cornet grappe	teintes rose	Plusieurs variétés plus ou moins compactes. Vert, pourpre, panaché.

ARBUSTES PERSISTANTS	H	L	☀	TYPE DE SOL	Z	MOIS ✿	FORME ✿	COULEUR ✿	REMARQUE
Daphne burkwoodii Daphné de Burkwood	80cm	80cm	☀☁	Fertile, humifère	5	6	Corymbe odorant	rosé	Tout est beau: feuilles gris-vert, fleurs, fruits et port arrondi.

MOIS DE FLORAISON

ARBUSTES PERSISTANTS (suite)	H	L	☼	TYPE DE SOL	Z	MOIS ✿	FORME ✿	COULEUR ✿	REMARQUES
Daphne cneorum Daphné canulé	20cm	1m	☼⛅	Acide, riche, drainé	2b	6 et 7	Grappe odorante	rose	Aussi pour bordure de conifères. Joli dôme persistant.
Erica tetralis Bruyère d'été	30cm	30cm	☼⛅	Acide, tourbeux	5	6 à 8	Tiges serrées	blanc, rose	Beau avec conifères. Feuilles linéaires. Persistant moins connu.
Kalmia angustifolia ⚜ Kalmia à feuilles étroites	1m	1m	⛅☁	Acide et humide	2	6	Corymbe terminal	rose foncé	Une des plus belles indigènes. S'adapte à toutes conditions.
Kalmia latifolia Kalmia des montagnes	1,5m	1m	☼⛅☁	Riche, acide, humide	5b	6 et 7	Corymbe terminal	rose tachée	Humide mais drainé ! À protéger. Feuilles étroites, port peu dense.
Leucothoe fontanesiana Leucothoë retombant	1m	1m	⛅	Riche, acide, frais	5	6	Grappe pendante	blanc	Fragile au Québec. Beau feuillage vert-rouge. Semi-pleureur.
Rhododendron impeditum Rhododendron impeditum	30cm	30cm	☼⛅☁	Acide, drainé	6	6	Grappe globe	pourpre	Le plus petit des rhododendrons. Relever le sol pour le drainage.

ROSIERS	H	L	☼	TYPE DE SOL	Z	MOIS ✿	FORME ✿	COULEUR ✿	REMARQUE
Rosa canina Églantier	1 à 1,8m	1 à 1,5m	☼⛅	Pauvre, calcaire	2	6 et 7	Simple	blanc	Rosier sauvage pouvant supporter toutes conditions. Odorant, comestible.
Rosa glauca / R. rubrifolia Rosier à feuilles rouges	1,75m	1,75m	☼⛅	Riche, drainé	2	6	Petite, simple	Rouge carmin pâle	Beau feuillage rouge bleuté. Érigé, arqué. Demande des soins.
Rosa rugosa sp. Rosier rugueux	0,4 à 2m	0,6 à 2m	☼⛅	Riche, drainé	2 à 3	6 à 9	Simple ou double	teintes chaudes	Forment des haies libres, fleuries, épineuses. Souvent parfumées !
Rosa ssp. Rosier arbustif	0,8 à 2,5m	1 à 2m	☼⛅	Riche, drainé	2 à 4	6 à 9	Simple ou double	teintes chaudes	Rosiers hybrides modernes. Moins maladifs que les anciens.

GRIMPANTES (Vivaces)	H	L	☼	TYPE DE SOL	Z	MOIS ✿	FORME ✿	COULEUR ✿	REMARQUE
Actinidia sp. Kiwi ornemental	4 à 9m	1m	☼⛅	Riche, drainé	5	6	Grappe	blanc	Protéger les racines les 1ers hivers. Blanc, rose, vert. Fruit.
Aristolochia sp. Arbre à pipe	8m	1m	⛅	Riche, drainé	4b	6	Forme de pipe	jaune	Pousse rapidement, ses fleurs sont étranges. Feuilles en cœur.
Clematis sp. Clématite à grandes fleurs	2 à 4m	1m	☼⛅	Riche, frais, drainé	4b	6 à 9	Grande, étoile	var.	Généralement en fleur plus de 4 semaines. Populaire.
Clematis virginiana ⚜ Clématite de Virginie	6m	4m	☼⛅	Peu exigeant, drainé	4	6 et 7	Panicule feuillée	blanc	Superbe clématite indigène. Très long rameaux. Aigrette argentée.
Lathyrus latifolius Pois de cent ans	2m	55cm	☼	Ordinaire, meuble	3	6 et 7	Groupée par 3 à 8	violet rose	Grimpant robuste, vivant longtemps. Feuilles linéaires. Non parfumé.
Lonicera grimpant Chèvrefeuille grimpant	4m	1m	☼⛅	Tous sols profonds	3	6	Bouquet tubulaire	rouge orangé	Non envahissant. Fleurit mieux au soleil. Pour endroit aéré.
Lonicera japonica 'Aureo-reticulata' Chèvrefeuille 'Aureo-reticulata'	2 à 5m	2m	☼⛅	Peu exigeant	5	6 à 8	Trompette pétalée	blanc odorant	Feuillage vert, marbré jaune, tournant rose durant l'été.
Lonicera x tellmanniana Chèvrefeuille 'Redgold'	4m	2m	☼⛅☁	Peu exigeant, drainé	5b	6 à 9	Grappe tubulaire	jaune orangé	Feuilles ovales vert clair, bleutées. Excellent à l'ombre. Facile.
Vistis riparia ⚜ Vigne des rivages	10m	1,5m	☼⛅	Humide à sec, profond	3	6 et 7	Petite, parfumée	blanc verdâtre	Raisin sauvage pour le bord des bois ou des rives.

VIVACES	H	L	☼	TYPE DE SOL	Z	MOIS ✿	FORME ✿	COULEUR ✿	REMARQUE
Achillea x 'Credo' Achillée 'Credo'	90cm	60cm	☼	Ordinaire	3	6 à 9	Ombelle parfumée	jaune	Port érigé, robuste. Feuillage gris-vert, aromatique.
Achillea fillipendula Achillée fillipendule	1m	60cm	☼⛅	Sec drainé	2b	6 à 8	Ombelle	jaune or	Préfère le soleil. Feuillage gris-vert aromatique.

VIVACES (suite)	H	L	☀	TYPE DE SOL	Z	MOIS ✿	FORME ✿	COULEUR ✿	REMARQUES
achillea millefolium Achillée millefeuilles	50cm	50cm	☀☁	Ordinaire	2b	6 à 8	Panicule corymbe	blanc à rose	Tailler fleurs séchées après la 1re floraison. Feuillage très fin.
Achillea tomentosa Achillée tomenteuse	20cm	30cm	☀	Sec, bien drainé	2	6	Ombelle dense	jaune	Couper fleurs fanées. Feuilles vert grisâtre, laineux.
Achillea umbelata Achillée ombelle	10cm	40cm	☀	Sec, chaud	3	6 et 7	Ombelle	blanc	Feuilles fines, grises. Dallage, muret. Disponibilité faible.
Adonis vernalis Adonide de printemps	35cm	15cm	☀☁	Riche, drainé	4	6	Capitule double	jaune doré	Fleur verdâtre en vieillissant. Ne pas diviser. Texture fine.
Agastache foeniculum 'Golden J.' Agastache 'Golden Jubilee'	50cm	30cm	☀	Sain, frais, drainé	4	6 à 8	Épi serré	bleu odorante	Port érigé, feuilles en cœur jaune sur tiges rigides. Odeur de menthe.
Alchemilla sp. Manteau de Notre-Dame	40cm	45cm	☀☁	Frais, humide	3	6 et 7	Grappe lâche	jaune vert	Ses belles feuilles forment un beau coussin. Très longue vie.
Anchusa azurea / A. italica Buglosse	1m	55cm	☀	Profond, drainé	3	6 et 7	Grappes ramifiées	bleu ciel	Forme des massifs imposants. Rabattre après la floraison.
Anchusa capensis 'Blue Angel' Buglosse 'Blue Angel'	40cm	30cm	☀	Humide, drainé	3	6 et 7	Grappes ramifiées	bleu ciel	Forme plus compacte que la précédente. Bisannuelle. Feuillage rugueux.
Androsace carnea Androsace carnea	15cm	20cm	☀	Frais, drainé	3	6 et 7	Grappe	blanc, rose	Rosette de feuilles garnie de jolies petites fleurs.
Androsace villosa Androsace velue	5cm	20 à 30cm	☀	Rocailleux, calcaire	6	6	Grappe	rose cœur pourpre	Pousse en groupes de coussins. Tiges et feuilles velues.
Anemone canadensis Anémone du Canada	30cm	40cm	☀☁	Ordinaire	3	6 et 7	Solitaire, massif	blanc	Couvre-sol vigoureux à feuillage palmé attrayant.
Anemone sylvestris Anémone sylvestre	40cm	40cm	☀☁	Riche, drainé	3	6 et 7	Solitaire, massif	blanc léger parfum	Cultivar très vigoureux. Feuilles palmées, découpées. Facile.
Antennaria cana Antennaire cana	15cm	30cm	☀	Sec, bien drainé	3	6	Capitule	blanchâtre	Feuillage gris argenté. Tolère sols pauvre, calcaire ou acide.
Aquilegia saxintontana x 'Jonesii' Ancolie 'Jonesii'	5 à 10cm	10cm	☁	Graveleux, drainé	4	6	Couronne Éperon	bleu et blanc	Aime la matière organique. Miniature, délicate. Feuillage glauque.
Arenaria verna Sagine	5cm	20cm	☀☁	Riche, drainé	3	6 et 7	Minuscule fleur	blanc	Effet de mousse délicate. Très jolie. Dalle, rocaille, auge.
Armeria alliacea Syn.: *Armeria plantaginea*	40cm	30cm	☀	Ordinaire, enrichi	3	6 et 7	Penchée vers le bas	rose	La plus haute. Convient bien en bordure. Feuilles type plantain.
Armeria x *formosa* Arméria	20 à 30cm	10 à 20cm	☀☁	Plutôt sec	3	6 à 8	Pompon, boule	teintes roses	Comme *maritima* mais en plus compact. Longue floraison.
Armeria 'Joystik' Gazon d'Espagne	40cm	30cm	☀	Ordinaire, enrichi	3	6 à 8	Pompon sur hampe	rose	Habille bien dallages, rocailles, bordures. Touffe de gazon.
Artemisia abrotanum Armoise aurone	1m	90cm	☀☁	Sec, drainé	3	6 à 8	Capitule pendant	jaunâtre	Arrière scène de massif. Vert-gris.Très aromatique.
Artemisia glacialis Armoise glaciale	5cm	15cm	☀	Ordinaire, enrichi	3	6 et 7	Grappe capitule	jaune	Pour petit espace, rocaille ou auge. Tapis soyeux, argenté.
Aruncus dioicus Barbe de bouc	1,25m	1m	☁	Riche, acide, frais	3	6 et 7	Panicule fournie	blanc crème	Pour grand massif ombragé. Impressionnant et gracieux.
Asclepias incarnata Asclépiade incarnate	1m	60cm	☀☁	Humide	3	6 à 8	Étoilée Cyme	crème ou rose	Grappe de fleurs étoilées, parfum de vanille. Touffe évasée.
Astilbe sp. Astilbes	20 à 90cm	15 à 40cm	☀☁	Riche, frais	4 et 5	6 et 8	Panicule plume	blanc à rouge	Plantes très populaires. Pour toutes situations. Feuillage attrayant.
Astilboïdes tabularis Syn.: *Astilboïde rodgergia*	1,2m	1m	☁	Acide, riche	4	6 et 7	Panicule plume	blanc	Immenses feuilles rondes, parapluie particulièrement décoratif.
Astrantia major sp. Astrances	70cm	40cm	☁	Riche, frais	3	6 à 8	Ombelle, bractée	blanc à pourpre	Intéressante pour sa longue floraison. Feuilles 3 à 5 lobes.
Astrantia maxima sp. Astrance maxima	60cm	40cm	☁	Riche, frais, humide	3	6 et 7	Ombelle, bractée	blanc, rose, rouge	Bractée plus large que *A. major*. Feuilles découpées. Pousse vite.

MOIS DE FLORAISON

VIVACES (suite)	H	L	☀	TYPE DE SOL	Z	MOIS ✿	FORME ✿	COULEUR ✿	REMARQUES
Baptista australia Lupin indigo	1,2m	75cm	☀☁	Meuble, frais à sec	3	6 et 7	Grappe	bleu	Port imposant, dressé, évasé et stable. Feuilles trifoliées, bleutées.
Bellis perennis sp. Pâquerettes	10cm	25cm	☀☁	Équilibré, frais	3	6 à 9	Capitule	blanc, rouge	Tous très florifères. Rajeunir aux 2 à 3 ans. Coussin, rosette.
Campanula alliariifolia 'Ivory Bells' Campanule 'Ivory Bells'	60cm	50cm	☀☁	Frais à sec	3	6 et 7	Cloche pendante	blanc	Envahissante, les racines des arbres pourraient les contenir.
Campanula alpina Campanule alpine	5 à 25cm	10 à 20cm	☀	Pauvre, graveleux	3	6 et 7	Longue Clochette	teintes de bleus	Petite rosette de feuilles surmontée de grosses fleurs. Aime les dallages et fissures.
Campanula barbata Campanule barbue	10 à 30cm	10 à 25cm	☀	Ordinaire, frais	4	6	Clochette laineuse	bleu, blanc	Rosette laineuse. Aime les fissures de roches.
Campanula bellidifolia Campanule bellidifolia	20cm	35cm	☀☁	Perméable	4	6 et 7	Clochette	bleu cœur blanc	Floraison prolongée. Facile de culture. Joli coussin dense.
Campanula x 'Dickson's Gold' Campanule 'Dickson's Gold'	15cm	30cm	☀☁	Ordinaire, drainé	5	6 et 7	Clochette	bleu	Rare avec son feuillage doré. Port étalé. Pour jardin alpin, auge.
Campanula formanekiana Campanule formanekiana	15 à 25cm	15cm	☀☁	Argileux, drainé	3b	6 et 7	Grosse cloche	blanc bleuté	Bisannuelle, se ressème facilement. Auge, fissure, rocaille.
Campanula garganica Campanule élatine	15cm	40cm	☀☁	Sec, drainé	3	6 et 7	Petites, étoilées	bleu violacé	Forme une couronne de fleurs étoilées. Très beau tapis.
Campanula glomerata sp. Campanule à fleurs agglomérées	20 à 50cm	30 à 60cm	☀☁☂	Tous les sols	3	6 à 8	Tubulée, grappe	blanc, bleu, violet	De culture facile. Croissance uniforme en coussin étalé.
Campanula hallii Campanule hallii	10cm	20cm	☀☁	Sec, drainé	3	6 et 7	Clochette	blanc	Charmante petite campanule à découvrir. Délicate.
Campanula incurva Campanule incurvée	30cm	20cm	☀☁	Bien drainé	3	6 et 7	Clochette gonflée	bleu glacé	Ressemble à *C. medium*. Bisannuelle. Grosse fleur.
Campanula lactiflora Campanule à fleurs laiteuses	1m	50cm	☀☁	Riche, frais	3	6 à 8	Grosse panicule	bleu, lilas, violet pâle	Floraison spectaculaire. Grande touffe dressée.
Campanula latifolia macrantha Campanule à cloches géantes	0,9 à 1,2m	30 à 60cm	☀☁	Riche, consistant	3	6 à 8	Grosse, tubulée	blanc, violet	Ce sont des plants robustes et solides pour fond de massif.
Campanula medium Campanule calycanthema	80cm	30cm	☀☁	Riche, frais	3	6 et 7	Grande, gonflée	Blanc, rose bleu, violet	Bisannuelle à très grosses fleurs gonflées. Spectaculaire.
Campanula persicifolia Campanule à feuilles de pêcher	0,6 à 1,2m	30 à 40cm	☀☁	Consistant, drainé	3	6 à 8	Cloche ouverte	Blanc, bleu	Croît lentement, attendre 3 à 5 ans pour diviser. Long épi raide.
Campanula portenschlagiana Campanule muralis	10cm	40cm	☀☁	Riche, drainé	4	6 et 7	Étoilé	bleu violet	Pour espace restreint, muret, dalles. Texture fine, robuste.
Campanula poscharskyana Campanule poscharckyana	20cm	60cm	☀☁	Ordinaire	3	6 à 9	Étoilée	bleu cœur blanc	Peut s'étendre au pied des arbustes. Tapis vigoureux.
Campanula pulla Campanule pulla	15cm	15cm	☁	Calcaire, frais, drainé	5	6 à 9	Clochette pendante	bleu violacé	Vraiment lumineux. Ses tiges sont trapues.
Campanula punctata Campanule ponctuée	30 à 70cm	30 à 60cm	☀☁	Léger, drainé	4	6 et 7	Longue cloche tombante	Blanc, rose	Très envahissant, tout comme la *C. takesimana*. Feuilles rudes.
Campanula punctata 'Milk Shake' Campanule 'Milk Shake'	60cm	40 à 80cm	☀☁	Léger, drainé	4	6 et 7	Grosse cloche pendante	rose	Feuillage doré parsemé de points verts. Extrêmement vigoureux !
Campanula pyramidalis Campanule pyramide	1,5m	60cm	☀☁	Poreux	4	6 et 7	Épi étoilé	bleu clair	Une campanule haute, originale. Rabattre après la floraison.
Campanula rotundifolia Campanule à feuilles rondes	30cm	30cm	☀☁	Léger, drainé	3	6	Clochette	bleu, blanc	Feuilles rondes à la base puis minces et allongées plus haut.
Campanula rotundifolia 'Mingan' Campanule des Îles de 'Mingan'	10cm	15cm	☀☁	Léger, poreux	3	6 à 8	Clochette	bleu lavande	Variété plus compacte que l'espèce, rustique et facile. Feuilles luisantes.
Campanula rotundifolia 'Tratrae' Campanule à feuilles rondes 'Tratrae'	15cm	10cm	☀☁	Léger, poreux	3	6 à 9	Clochette	bleu pourpre	Allure délicate et fine. Compacte, aime fissures. Feuillage luisant.
Campanula sarmatica Campanule sarmatica	45cm	40cm	☀☁	Drainé, plutôt sec	4	6 et 7	Clochette lobée	bleu pâle	Velue, grisâtre. Croît sous les arbres si la lumière est vive.

VIVACES (suite)	H	L	☼	TYPE DE SOL	Z	MOIS ✿	FORME ✿	COULEUR ✿	REMARQUES
Catananche caerulea **Cupidone**	50cm	40cm	☼	Pauvre, sec, drainé	4	6 à 9	Capitule	bleu	Elle vit plus longtemps en sol sec et pauvre. Feuilles vert-gris.
Centaurea bella **Centaurée bella**	20cm	30cm	☼	Perméable, calcaire	5	6 et 7	Semi-double	rose	Variété dense. Jolie et robuste. Feuillage gris, fleurs dressées.
Centaurea dealbata **Centaurée**	70cm	50cm	☼	Ordinaire, pauvre	3	6 et 7	Ligules frangées	rose lumineux	Feuillage tout aussi joli que ses fleurs. Grisâtre au revers.
Centrathus ruber **Valériane rouge**	70cm	60cm	☼	Ordinaire, sec, drainé	4	6 à 8	Panicule dense	rouge carmin	Port lâche, rabattre après la floraison. Mur de pierre, massif.
Cephalaria gigantea **Scabieuse tatarica**	2m	90cm	☼☁	Limoneux, riche	4b	6 et 7	Capitule double	jaune pâle	Tailler au printemps. Pour fond de massif. Gros bouquet.
Chiastophyllum oppositifolium **Goutte d'or**	15 à 20cm	25cm	☼☁	Humifère, frais	5	6 et 7	Panicule tombante	jaune or	Feuilles charnues, persistantes. Les fleurs dominent le feuillage.
Chimaphila umbellata ⚜ **Chimaphile à ombelle**	30cm	30cm	☁	Acide, drainé	3	6 et 7	Ombelle	blanc, rosé	Pour jardin sauvage sous conifères. Persistant. Feuilles lustrées.
Chrysogonum virginianum **Étoile d'or**	20cm	40cm	☼☁	Riche, frais	5	6 à 9	Capitule étoilée	jaune or	Méconnue. Éclaire les coins sombres. Feuilles charnues.
Coreopsis auriculata 'Nana' **Coréopsis auriculé**	30cm	30cm	☼	Ordinaire mais frais	3	6 et 7	Simple	jaune doré	Plus compact que *grandiflora* et vit plus longtemps.
Coreopsis grandiflora 'Calypso' **Coréopsis 'Calypso'**	40cm	40cm	☼	Peu exigeant	4	6 et 7	Capitule simple	jaune orangé	Feuilles panachées vertes et jaune crème. Résistant aux maladies.
Coreopsis grandiflora sp. **Coréopsis à grandes fleurs**	25 à 85cm	35cm	☼	Ordinaire, meuble	3	6 à 9	Simple ou double	jaune doré	Vivace de courte durée. Attire les papillons. Beau feuillage.
Coreopsis lanceolata **Œil de jeune fille** / Feuille de lance	30cm	35cm	☼	Ordinaire, meuble	4	6 à 9	Simple en Capitule	jaune	Vraiment très florifère, vie courte. Rabattre tôt à l'automne.
Coreopsis 'Tequila Sunrise' **Coréopsis 'Tequila Sunrise'**	40cm	50cm	☼	Peu exigeant	4	6 et 7	Capitule simple	jaune et rouge	Vert olive panaché crème et jaune. Remonte en septembre.
Coreopsis verticillata sp. **Coréopsis verticillé**	30cm	50cm	☼	Sec, meuble	3	6 à 9	Capitule	jaune	Très florifère. Feuillage très fin, particulièrement décoratif.
Coronilla varia **Coronille**	30cm	50cm	☼	Caillouteux	3	6 à 9	Réunie en ombelle	Rose	Rampant. Talus ou base des arbustes même en sol pauvre.
Crambe cordifolia **Chou géant**	1,8m	1m	☼☁	Riche, profond, frais	4b	6 et 7	Large vaporeuse	blanc parfumé	Plante imposante à fleurs délicates, vaporeuses. Grandes feuilles.
Crambe maritima **Chou marin**	75cm	70cm	☼☁	Sableux, humide	4b	6 et 7	Panicule dense	blanc	Aussi pour endroit salé et caillouteux. Grandes feuilles bleutées.
Cyananthus lobatus **Cyananthe lobée**	10 à 30cm	20 à 30cm	☁	Graveleux, humifère	4	6 et 7	Tubulaire, étoilée	violet foncé	Feuillage triangulaire. Pour auge plutôt humide.
Cyananthus microphyllus **Cyananthe à petites feuilles**	5 à 15cm	5 à 10cm	☁	Graveleux, humifère	5	6 et 7	Petite, étoilée	bleu violacé	Port rampant. Fleurs au dessus du tapis de feuilles lancéolées.
Delosperma sp. **Pourpier vivace**	10cm	40cm	☼	Pauvre, sec, drainé	5b	6 et 7	Capitule	jaune, rose	Feuillage de succulent, peu rustique mais décoratif.
Dianthus sp. **Œillet** plusieurs variétés	5 à 50cm	10 à 20cm	☼	Sec, chaud	3	6 à 8	Simple ou double	teintes roses	Vaste choix pour toutes situations. Souvent feuillage bleuté.
Dictamnus albus **Fraxinelle** / Plante à gaz	70cm	50cm	☼	Caillouteux, calcaire	3	6 et 7	Racème, étoilé	blanc, rose	Racine pivotante, lent à s'établir. Feuilles composées, cireuses.
Digitalis ferruginea **Digitale rouillée**	1,5m	50cm	☼☁	Perméable, drainé	4	6 à 8	Tubulaire, long épi	beige jaunâtre	Bisannuelle. Fleurs cireuses, serrées. Grandes feuilles élancées.
Digitalis grandiflora / *D. ambigua* **Digitale à grandes fleurs**	80cm	50cm	☼☁	Perméable, drainé	4	6 et 7	Tubulaire, long épi	jaune pâle	Bisannuelle. Très florifère. Feuilles allongées. Se ressème.
Digitalis lanata **Digitale lanata**	70cm	50cm	☼☁	Caillouteux, drainé	4	6 et 7	Tubulaire, long épi	abricot	Lèvre blanche cœur beige. Exotique. Bisannuelle.
Digitalis lutea **Digitale jaune**	70cm	50cm	☼☁	Calcaire	3	6 à 8	Tubulaire, long épi	jaune pâle	Moins spectaculaire que les autres. Feuilles étroites, luisantes.

VIVACES (suite)	H	L	☼	TYPE DE SOL	Z	MOIS ✿	FORME ✿	COULEUR ✿	REMARQUES
Digitalis x *mertonensis* **Digitale mertonensis**	0,8 à 1 m	30cm	☁	Profond, drainé	3	6 et 7	Tubulaire, long épi	rose saumoné	Très longue vie. Grandes feuilles ovales, vert foncé, lustrées.
Digitalis purpurea **Digitale pourprée**	0,8 à 1,5m	55cm	☼☁	Frais, drainé	4	6 et 7	Tubulaire, long épi	pourpre	Les Gants de Notre-Dame sont bisannuelles. Populaire. Érigé.
Dorycnium hirsutum **Dorycnie hirsute**	40cm	60cm	☼	Sec, drainé, chaud	6	6 à 8	Petite grappe	blanc à rosé	Aussi classé arbuste. Protéger des vents froids. Rosette grise.
Dracocephalum grandiflorum **Dracocephale à grandes fleurs**	20cm	30cm	☼	Frais, sablonneux	5	6 et 7	Tubulaire, grappe	bleu	Ressemble à la sauge bleu. En sol humide, placer au soleil.
Epilobium sp. **Épilobes**	0,2 à 1m	40cm	☼☁	Tous les sols	2	6 à 9	Longue grappe	blanc, rose	Aiment les lieux incultes et les clairières. Port érigé, dressé.
Erigeron alpinus **Érigéron alpin**	20cm	20cm	☼	Ordinaire, drainé	4	6	Capitule rayon	blanc, rose, lilas	Petite talle dressée, parsemée de délicates fleurs type Aster.
Erigeron aurantiacus **Érigéron / Vergette**	25cm	30cm	☼	Graveleux, drainé	5	6 et 7	Capitule ligulée	orange cuivré	D'une couleur rare pour une vergette. Vie courte.
Erigeron chrysopsidis 'Brevifolius' **Érigéron 'Brevifolius'**	5cm	15cm	☼	Caillouteux, drainé	4	6 et 7	Grande capitule	ligules et disque jaune	Feuilles épaisses type romarin. Coussin dense surmonté de fleurs.
Erigeron glaucus **Vergerette**	25cm	40cm	☼	Meuble, frais	3	6 à 8	Capitule ligulée	rose lilas	Coussin dense, florifère. Feuilles spatulées. Racines parfumées.
Erigeron leiomerus **Vergerette**	20cm	20cm	☼☁	Pauvre, drainé	2b	6 et 7	Capitule rayon	lilas, blanc	Ressemble à alpinus. Feuilles basales spatulées. Fleurs solitaires.
Erigeron speciosus **Vergerette**	45cm	40cm	☼	Meuble, frais	3	6 à 9	Capitule simple	bleu lilas	Populaire. Rabattre après la floraison. Port érigé.
Erigeron trifidus **Vergerette**	10 à 15cm	10 à 30cm	☼	Frais, léger, drainé	2	6 et 7	Panicule couchée	rouge brique	Coussin dense d'où émergent de très longues panicules couchées.
Erigeron uniflorus **Érigéron fleur unique**	20cm	20cm	☼	Ordinaire, drainé	2b	6 à 8	Capitule rayon	blanc, rose, lilas	Petite touffe de feuilles poilues d'où émergent 1 à 2 fleurs.
Eriogonum umbellatum **Ériogone ombelle**	20cm	40cm	☼	Caillouteux, chaud	4	6 à 8	Ombelle	jaune soufre	Se comporte vraiment très bien en sol chaud et sec. Vert-gris.
Eriophyllum lanatum **Ériophyle jaune**	35cm	20cm	☼	Sec, bien drainé	4	6 à 8	Capitule	jaune	Craint l'humidité l'hiver. Jolie en auge. Feuillage velu, vert-gris.
Erodium sp. **Érodiums**	5 à 30cm	30cm	☼	Chaud, drainé	5	6 à 9	Simple, maculée	blanc, rose	Ressemble aux géraniums. Coussin texturé et florifère.
Fillipendula purpurea **Fillipendule tige pourpre**	1m	40cm	☼☁	Riche, frais	3	6 et 7	Panicule plume	rose rougeâtre	Tige pourpre. Plate-bande près de l'eau. Feuillage découpé.
Fillipendula ulmaria sp. **Fillipendule**	0,6 à 1,2m	30cm	☼☁	Riche, frais	3	6 à 8	Panicule, corymbe	crème	Haute en milieu favorable. Feuillage découpé vert, panaché ou doré.
Fillipendula vulgaris **Fillipendule hexapetala**	50cm	30cm	☼☁	Riche, humide	3	6 à 8	Panicule, corymbe	crème	Aussi à fleur double, feuilles de fougère. Beau couvre-sol.
Fragaria chiloensis 'Variegata' **Fraisier panaché**	20cm	45cm	☼☁	Riche, drainé	4	6 à 8	Simple, grappe	blanc	Un fraisier déco et comestible. Feuilles vertes bordées de blanc.
Frankenia laevis **Frankenia**	5cm	40cm	☼☁	Humifère, léger	5b	6 et 7	Masse, petite	rose pâle	Protection hivernale. Rare. Tapis dense. Dallage.
Gaillardia grandiflorum sp. **Gaillarde à grandes fleurs**	20 à 75cm	20 à 30cm	☼☁	Riche, léger, drainé	3	6 à 9	Capitule solitaire	Rouge et jaune	Ôter fleurs fanées. Tuteurer les variétés hautes. Touffe lâche.
Geranium x 'Ann Folkard' **Géranium** 'Ann Folkard'	40cm	50cm	☼☁	Humide, drainé	5b	6 à 9	Coussin lâche	Rose cœur noir	Fleur très contrastante sur ce feuillage vert-doré. Coussin.
Geranium 'Brookside' **Géranium** 'Brookside'	60cm	60cm	☼☁	Ordinaire, drainé	4	6 à 8	Simple, grande	bleu violet	Dôme d'où émergent les fleurs. Belle coloration automnale.
Geranium cinereum sp. **Géranium cinereum**	15cm	30cm	☼☁	Ordinaire, drainé	5	6 à 8	Simple, veinée	rose, pourpre	Remarquables variétés à feuilles petites, découpées gris vert. Port dense.
Geranium x 'Katherine Adele' **Géranium** 'Katherine Adele'	45cm	60cm	☼☁	Ordinaire, drainé	4	6 à 8	Solitaire, simple	rose pâle	Coussin de feuilles tachetées de pourpre d'où émergent les fleurs.

VIVACES (suite)	H	L	☼	TYPE DE SOL	Z	MOIS ❀	FORME ❀	COULEUR ❀	REMARQUES
Geranium palustre Géranium des marais	45cm	50cm	☼☁	Riche, humide	5	6 à 8	Simple veinée	magenta	Celui qui accepte le mieux les sols détrempés. Feuilles palmées.
Geranium pratense Géranium des prés	60cm	1m	☼☁	Humide	5	6 et 7	Simple	bleu strié	Port dressé. Feuilles très découpées. Touffe vigoureuse.
Geranium pratense 'Okey Dokey' Géranium des prés 'Okey Dokey'	50cm	45cm	☼☁	Ordinaire, drainé	5	6 à 8	Grosse, simple	bleu	Beau feuillage pourpre foncé tout l'été. Résistant au mildiou.
Geranium x 'Philippe Vapelle' Géranium 'Philippe Vapelle'	40cm	45cm	☼☁	Ordinaire, drainé	4	6 à 9	Simple	violet, veiné	Coussin lâche, gris-argenté, doux couvert de fleurs veinées.
Geranium renardii Géranium renardii	30cm	30cm	☼☁	Ordinaire, drainé	5	6 et 7	Simple, grande	blanc veiné	Feuillage gris-vert, ondulé. Coussin couvert de fleurs veinées.
Geum chiloense Benoîte	50cm	40cm	☼☁	Riche, meuble	4	6 à 8	Simple, semi-double	orange, jaune rouge	Plus vigoureux si divisé aux 3 ans. Feuilles lobées, persistantes.
Gunnera sp. Rhubarbe géante	2 à 3m	2 à 3m	☼☁	Riche, humide	6	5b	Épi dense	rose	Rare. Immenses feuilles à pétiole coloré. Fragile.
Gypsophila repens Gypsophile rampante	10cm	40cm	☼	Sec, calcaire, drainé	3	6 à 8	Coussin brouillard	blanc, rose	Vivace tapissante pour auge, rocaille, muret Élégant, délicat.
Gypsophila x 'Rosenschleier' Syn.: *Gypsophila* 'Rosy Veil'	40cm	50cm	☼	Sec, calcaire, drainé	3	6 à 8	Coussin brouillard	rose double	Texture fine, très florifère. Peu d'entretien. Muret, rocaille.
Gypsophila tenuifolia 'Capillipes' Gypsophile 'Capillipes'	5 à 20cm	20cm	☼	Ordinaire, frais	4	6 à 8	Petites dispersées	blanc à rosé	Feuillage effilé en aiguille. Port très aérien et divergeant.
Hedysarum americanum Sainfoin alpin	30cm	60cm	☁	Pauvre, sec, drainé	4	6 à 8	Grappe	violet pourpre	Pour lieux incultes, bord de cap. Feuilles composées. Gousses.
Hedysarum coronarium Sainfoin	80cm	50cm	☼	Pauvre, drainé	4	6 à 8	Racème dense	rouge carmin	Forme des gousses. Feuilles composées. Pour lieux incultes.
Helenium hoopesii Hélénie hoopesii	70cm	40cm	☼	Ordinaire, meuble	3	6 et 7	Ligules ondulées	jaune orangé	Version hâtive des hélénies. Fleur coupée. Feuillage lustré.
Helianthemum mutabile Hélianthème	20cm	45cm	☼	Ordinaire, drainé	4b	6 à 8	Corymbe retombant	tous sauf bleu	Port étalé. Supporte vraiment la sécheresse. Éviter l'humidité.
Hemerocallis fulva Hémérocalle orange	1m	45cm	☼☁	Tous les sols	3	6 et 7	Montée sur hampe	orange	Naturalisée, supporte toutes conditions. Touffe rubanée.
Hemerocallis 'Mini Stella' Hémérocalle 'Mini Stella'	25cm	25cm	☼☁	Riche, frais	3	6 à 9	Montée sur hampe	jaune	Fleur jaune, œil orange brûlé. Remontante. Touffe naine.
Hemerocallis 'Siloam Baby Talk' Hémérocalle 'Siloam Baby Talk'	40cm	40cm	☼☁	Riche, frais	3	6 et 7	Montée sur hampe	rose	Fleur miniature, cœur jaune et gorge verte. Feuilles rubanées.
Hemerocallis 'Stella De Oro' Hémérocalle 'Stella De Oro'	35cm	35cm	☼☁	Riche, frais	3	6 à 10	Grande coupe	jaune doré	Reste en fleurs tout l'été. La plus populaire. Feuillage rubané.
Hesperis matronalis Julienne des dames	70cm	40cm	☼☁	Riche, frais, calcaire	3	6 et 7	Grappe terminale	blanc, mauve	Bisannuelle au port dressé. Odorante. Rajeunir aux 2 à 3 ans.
Heuchera sp. Heuchères	var.	var.	☼☁	Riche, frais, drainé	3	6 et 7	Hampes, clochettes	blanc à rouge	Grand choix de variétés, tous à feuillage très décoratif.
Heucherella hybrida Heucherelle	40cm	30cm	☼☁	Riche, frais	3	6 à 9	Longues grappes	rose vif	Croisement entre heuchère et tiarelle. Lent. Feuillage lobé.
Hieracium sp. Épervières	15 à 30cm	30cm	☼☁	Caillouteux, enrichi	2	6 à 8	Pompon plat	rouge, jaune	*H. aurantiacum* est indigène au Québec. Plante poilue, étrange.
Hieracium maculatum 'Leopard' Épervière 'Léopard'	30cm	45cm	☼	Riche à pauvre	5	6 et 7	Capitule composé	jaune	Feuilles allongées, pointues, vert-gris parsemées de taches pourpres.
Hieracium pilosella Épervière poilu	15cm	40cm	☼☁	Caillouteux, enrichi	3	6 à 8	Pompon plat	jaune clair	Peut convenir en auge. Feuillage argenté et poilu.
Horminum pyrenaicum Horminelle des Pyrénées	10 à 30cm	20 à 30cm	☼☁	Caillouteux, calcaire	4	6 et 7	Épi, tubulaire	bleu foncé	Feuilles basales gaufrées, nervurées, mince épi de fleurs.
Hosta 'Blue Ice' Hosta nain 'Blue Ice'	10cm	20cm	☁	Riche, frais	2	6 et 7	Hampe, cloche	lavande	Feuilles rondes, cordées, repliées en coupe, bleu verdâtre.

MOIS DE FLORAISON

VIVACES (suite)	H	L	☼	TYPE DE SOL	Z	MOIS	FORME	COULEUR	REMARQUES
Hosta 'Gosan Gold Midget' Hosta 'Gosan Gold Midget'	8cm	12cm	⛅	Riche, frais	2	6 et 7	Hampe, antonnoise	mauve	Feuilles ovales, cordées, lisses. Hampe florale ramifiée.
Hosta lancifolia Hosta à feuilles de lance	30cm	45cm	☼⛅☁	Peu exigeant	3	6	Entonnoir	violet	Cultivé depuis longtemps. Populaire, résistant. Feuillage lustré.
Hosta 'Lights Up' Hosta nain 'Lights Up'	10cm	15cm	⛅	Riche, frais	3	6 et 7	Hampe, antonnoise	pourpre rayé	Feuilles longues et lancéolées. Hampe feuillée avec fleurs.
Hosta 'Thumb Nail' Hosta 'Thumb Nail'	5cm	10cm	⛅	Riche, frais	2	6 et 7	Hampe, cloche	violet foncé	Très petites feuilles cordées, lisses, vert brillant.
Hosta 'Tiny Tears' Hosta 'Tiny Tears'	5cm	10cm	⛅	Riche, frais	2	6 et 7	Hampe, cloche	lilas	Petit, vert moyen brillant. Longue hampe florale.
Hypericum androsaemum Millepertuis pourpre	70cm	60cm	☼⛅	Caillouteux, profond	5	6 et 7	simple	jaune	Feuillage pourpre aux extrémités des tiges.
Iris sp. Iris	var.	var.	☼⛅	Humide à sec	3	6 et 7	3 pétales 3 sépales	var.	Leur port vertical apporte de la rigueur aux massifs.
Iris ensata 'Variegata' Iris japonais panaché	60cm	60cm	☼	Humide, puis sec	3	6 puis 9	3 sépales 3 pétales	bleu foncé	Feuillage érigé, en lame, vert et blanc toute la saison.
Iris foetidissima Iris fétide / Iris gigot	70cm	50cm	☼⛅	Ordinaire, frais à sec	5b	6	Sans intérêt	lilas	Supporte bien l'ombre. Fruit décoratif. Feuilles larges, 2cm.
Iris germanica Iris barbata eliator	0,8 à 1m	30 à 60cm	☼⛅	Riche, drainé	3	6	Grosse 10 à 15cm	var.	Feuilles larges, rigides en éventail. Très répandu dans tous les jardins.
Iris kaempferi / *I. ensata* Iris du Japon	50cm	30cm	☼⛅	Riche, humide	3	6	3 pétales 3 sépales	blanc, rouge, violet	Tolère la présence d'eau l'été mais pas l'hiver. Feuilles minces.
Iris pallida 'Argentea Variegata' Iris pallida panaché argent	70cm	30cm	☼⛅	Ordinaire, chaud	4	6 et 7	3 sépales 3 pétales	bleu lavande	Léger parfum. Feuillage vert grisâtre panaché de blanc argenté.
Iris pallida 'Aurea Variegata' Iris pallida doré	70cm	30cm	☼⛅	Ordinaire, chaud	4	6 et 7	3 sépales 3 pétales	bleu lavande	Léger parfum. Feuillage vert grisâtre panaché de jaune doré.
Iris pallida 'Variegata' Iris pallida panaché	70cm	30cm	☼⛅	Ordinaire, chaud	3	6 et 7	3 sépales 3 pétales	bleu lavande	Léger parfum. Feuillage vert grisâtre panaché de blanc crème.
Iris sibirica Iris de Sibérie	90cm	40cm	☼	Frais à sec	3	6	3 pétales 3 sépales	blanc, jaune violet	Tolère la présence d'eau l'été, pas l'hiver. Feuilles rubanées.
Iris versicolor Iris versicolore	80cm	50cm	☼⛅	Humide à sec	3	6	Pétales sépales larges	violet lavande	Préfère le soleil, mais supporte bien l'ombre. Feuilles rubanées.
Isatis tinctoria Pastel des teinturiers	0,5 à 1,5m	60 à 90cm	☼	Pauvre, chaud, sec	4	6	Grosse grappe vaporeuse	jaune moutarde	Bisannuelle. Feuilles type pissenlit, teinture bleu. Hampe florale 1,5m.
Kalimeris mongolica Aster japonais double	60cm	30cm	☼⛅	Ordinaire	4b	6 à 9	Capitule double	blanc, lilas	Facile de culture, très florifère. Feuillage léger, ramifier.
Leucanthemum maximum 'Silver P.' Chrysanthème 'Silver Princess'	40cm	30cm	☼⛅	Ordinaire, drainé	4	6 et 7	Capitule	blanc	Une marguerite cultivée pour rocaille ou massif dense.
Limonium latifolium Statice vivace	60cm	50cm	☼	Sableux	3	6 et 7	Voile de petites fleurs	blanc, lilas	Ne manque pas de charme dans un jardin plutôt sec. Feuilles épaisses.
Linaria alpina Linaire alpine	10cm	10cm	☼⛅	Léger, poreux, sec	3	6 à 8	Gueule de loup	Lilas et orange	Feuillage fin glauque allongé, rosette élevée. Tailler fleurs fanées.
Linaria purpurea 'Canon J. Went' Gueule de loup vivace	70cm	30cm	☼	Léger, drainé	5	6 à 9	Gueule de loup	rose violacé	Feuillage gris-vert, tige pourpre. Se ressème abondamment.
Linum perenne Lin vivace	25 à 50cm	50cm	☼	Ordinaire, drainé	4b	6 et 7	Petite fleur délicate	blanc, bleu	Touffe vaporeuse. Pour sol plutôt sec. Fleur ouvre au soleil.
Lithospermum officinale (*Lithodora*) Grémil / Herbe aux perles	30cm	30 à 90cm	☼	Calcaire, sec	4	6 et 7	Petite	blanc	Feuillage plutôt décoratif. Pour jardin de fleurs sauvages.
Lunaria annua Monnaie du pape	80cm	50cm	☼⛅	Ordinaire, frais	2	6	Sans intérêt	lilas pâle	Bisannuelle cultivée surtout pour ses fleurs séchées.
Lupinus sp. Lupin	35 à 60cm	35cm	☼	Léger, sec, acide	3	6 et 7	Long épi	var.	Populaire, belle masse colorée. Feuilles élancées, palmées.

VIVACES (suite)	H	L	☼	TYPE DE SOL	Z	MOIS ✿	FORME ✿	COULEUR ✿	REMARQUES
Lychnis alpina Syn. : *Viscaria alpina*	15cm	15cm	☼	Ordinaire, drainé	4	6 et 7	Globulaire étoilée	rose pourpre	N'aime pas les sols calcaires, trop secs. Touffe gazonnée.
Lychnis x arkwrightii 'Vesuvius' **Lychnide** 'Vesuvius'	45cm	35cm	☼	Léger, drainé	4	6 à 8	Cyme	orange vif	Feuillage pourpre spectaculaire vivace de courte vie, 3 à 4 ans.
Lychnis x haageana **Campion**	35cm	40cm	☼	Ordinaire	3	6 à 8	Tubulaire Cyme	orange	Fleurit plus longtemps que les deux autres. Port lâche, fragile.
Lychnis viscaria / *Viscaria vulgaris* **Attrape-mouches**	35cm	40cm	☼	Pauvre, sec	3	6	Panicule lâche	rose carmin	Coussin bas, fleurs sur tiges raides. Culture délicate.
Lysimachia atropurpurea 'Beaujolais' **Lysimaque** 'Beaujolais'	70cm	50cm	☼☁	Ordinaire	3	6 à 8	Grappe effilée	bourgogne	Feuillage gris-vert surmonté d'épis bourgognes. Courte vie.
Lysimachia japonica 'Minutissima' **Lysimaque** 'Minutissima'	2cm	20cm	☁	Humifère, frais	4	6	Solitaire, étoilée	jaune	Plante très tapissante. Feuillage lustré, vert foncé.
Lysimachia nummularia **Herbe aux écus**	5cm	45cm	☼☁	Riche, humide	3	6 et 7	Solitaire à l'aisselle	jaune	Supporte le soleil si le sol est humide. Rampante doré ou vert.
Lysimachia nummularia 'Aurea' **Herbe aux écus doré**	5cm	45cm	☼☁	Riche, humide	3	6 et 7	Solitaire à l'aisselle	jaune	Illumine les sous-bois, enjolive les pièces d'eau. Plaqué au sol.
Lysimachia punctata **Lysimaque ponctuée**	90cm	60cm	☼☁	Ordinaire, drainé	3	6 à 8	Épi dense	jaune	Se comporte très bien en sol humide. Port érigé touffu.
Lysimachia thyrsiflora **Lysimaque thyrsiflore**	70cm	60cm	☼	Marécageux	3	6 et 7	Grappe axilaire	jaune	Le bord sauvage des ruisseaux lui convient.
Lysimachia vulgaris **Chasse-bosse**	1m	70cm	☼☁	Humide	4	6 à 8	Grappe	jaune orné de rouge	Vague ressemblance à *L. punctata*. Riveraine.
Malva alcea **Mauve passerose**	1m	70cm	☼	Ordinaire, calcaire	3b	6 à 9	Grappe lâche	blanc, rose	Vie courte, mais fleurit longtemps. Touffe dressée, stable.
Malva moschata **Mauve musquée**	70cm	50cm	☼	Ordinaire, sec	3	6 à 9	Grappe lâche	blanc, rose	Naturalisée plutôt qu'indigène on la retrouve dans les milieux incultes.
Malva sylvestris **Grande mauve**	1,2m	60cm	☼	Ordinaire à riche	4	6 à 9	Grappe lâche	mauve, rose	Attention à la rouille en sol trop sec. Spectaculaire. Port stable.
Marrubium sp. **Marrube**	25cm	45cm	☼	Pauvre, sec, drainé	4	6 et 7	Pompon groupé	lilas	Feuillage intéressant, épais, vert-grisâtre. Coussin tapissant.
Meconopsis betonicifolia **Pavot bleu**	1m	35cm	☁	Acide, frais, drainé	4	6 et 7	Grosse, inclinée	bleu ciel	Culture très délicate. Ne pas déranger. Longues feuilles ovales.
Mertensia maritima **Mertensia maritime**	15cm	40cm	☁	Sableux, rocailleux	3b	6 et 7	Grappe, panicule	bleu rose	Feuillage persistant en rosette sur le littoral maritime.
Mertensia maritima ssp. *asiatica* **Mertensia maritime**	15cm	40cm	☁	Sableux, rocailleux	3b	6 et 7	Grappe, panicule	bleu rose	Feuillage plutôt rond, lisse gris-bleu. Rosette persistante.
Mertensia pulmonarioides **Cloche bleue de Virginie**	var.	var.	☁	Acide, riche, frais	2	var.	Tubulée, évasée	bleu ciel	Ses grandes feuilles ovales disparaissent après la floraison.
Myosotis alpestris **Myosotis** / Ne m'oubliez pas	15cm	15cm	☼☁	Frais à sec, acide	3	6 à 8	Petite	bleu	Bisannuelle, se ressème. Texture délicate. Floraison prolongée.
Oenothera fructicosa sp. **Onagres**	40cm	35cm	☼	Perméable	4	6 à 8	Simple, solitaire	jaune	Ajoute beaucoup d'éclat au jardin. Port érigé, à contrôler.
Oenothera fructicosa 'Spring Gold' **Onagre** 'Spring Gold'	40cm	45cm	☼	Perméable	4	6 à 8	Simple, solitaire	jaune	Très récente introduction sur le marché. Feuillage panaché.
Oenothera fremontii 'Silver Wings' **Oenothère** 'Silver Wings'	15cm	30cm	☼	Léger, drainé, pauvre	4	6 à 9	Coupe	jaune doré	Fleurs s'ouvrent en fin de journée. Feuille lancéolées gris-vert.
Oenothera missouriensis **Onoethère du Missouri**	20cm	40cm	☼	Perméable, drainé	4	6 à 9	Grosse fleur	jaune	La fleur s'ouvre dès le soir. Tapis aux feuilles vert-bleuté.
Onoethera speciosa **Onoethère rose**	45cm	50cm	☼	Perméable, drainé	4	6 à 9	Coussin	rose	Port lâche, fins rameaux, se ressème à profusion.
Opuntia humifusa **Cactus rustique**	30cm	40cm	☼	Sec, léger, drainé	4	6 à 9	Grande simple	jaune	Demande un endroit chaud et sec. Tige aplatie.

MOIS DE FLORAISON

VIVACES (suite)	H	L	☀	TYPE DE SOL	Z	MOIS ✿	FORME ✿	COULEUR ✿	REMARQUES
Paeonia lactiflora Pivoine de Chine	90cm	90cm	☀☁	Riche, profond, frais	4	6 et 7	Grosse, simple, double	blanc à rouge	Fort élégant. Tige forte. Port arbustif.
Papaver miyabeanum Syn.: *Paparer faurei*	15cm	30cm	☀	Tous sols drainés	3	6 à 9	Simple	jaune émeraude	Feuillage bleuté. Culture facile. En bordure. Vivace tendre.
Papaver nudicaule Pavot d'Islande	40cm	40cm	☀	Drainé	2	6 à 9	Grosse, simple	var.	Plus florifère en région froide. Se ressème. Rosette de feuilles lobées.
Papaver orientalis Pavot d'Orient	0,5 à 1m	40cm	☀	Profond, calcaire	3	6	Très grosse	blanc, rose, rouge	Supporte un sol pauvre et sec. Grandes feuilles pennées, poilues.
Papaver rhaeticum Pavot rhaeticum	10 à 15cm	20 à 30cm	☀	Calcaire, graveleux	5	6 et 7	Coupe ouverte	jaune	Touffe de feuilles découpées, velues.
Papaver 'Sendtneri' Pavot 'Sendtneri'	15cm	20cm	☀	Drainé	3	6	Simple	blanc	Petit pavot très rustique. Vraiment facile. Feuillage glauque.
Paradisea Lis de Saint-Bruno	40cm	40cm	☀	Calcaire, riche, drainé	3	6 et 7	Trompette odorante	blanc	Fleur odorante à couper. Grand feuillage rubané près de 1m.
Paronychia kapela Rue de muraille	3cm	40cm	☀	Sol poreux, drainé	3	6 et 7	Groupe dense	argenté	Non seulement en sol sec mais aussi rocheux. Tapis très serré.
Penstemon barbatus Penstemon barbu	80cm	30cm	☀	Riche, drainé, sain	4	6 et 7	Grappe tubulée	var.	Feuillage glauque et velu. Aime les endroits chauds. Remontant.
Penstemon cardwellii Penstemon de Cardwell	20cm	30cm	☀☁	Sec, bien drainé	5	6 et 7	Large en épis	rose lilas	Couper les fleurs fanées. Feuilles le long de la tige florale.
Penstemon digitalis ⚜ Penstemon digitale	1,2m	60cm	☀	Riche, profond, drainé	4	6 et 7	Grappe tubulée	blanc	Feuillage poupre, persistant. Port dressé, décoratif.
Penstemon fruticosus Penstemon 'Purple Haze'	20cm	60cm	☀	Sec, plutôt acide	3	6	Tubulaire groupée	rose pourpre	Port rampant. Très résistant aux maladies, insectes. Culture facile.
Penstemon hirsutus 'Pygmaeus' Penstemon nain	5 à 15cm	10cm	☀	Peu exigeant, drainé !	3	6	Épis	blanc à pourpre	Feuillage bronzé en dessous. Floraison abondante. Facile.
Penstemon 'Pink Chablis' Penstemon 'Pink Chablis'	30cm	15 à 25cm	☀	Riche, sain, drainé !	4	6 à 9	Grappe tubulée	rose	Rosette compacte de feuilles brillantes. Variété tolérant les sols argileux.
Phlox carolina Phlox de Caroline	70cm	55cm	☀	Riche, frais	3	6 à 9	Panicule lâche	blanc, rose	Fleurs petites et abondantes. Touffe résistante aux maladies.
Phlox maculata Phlox maculé	80cm	50cm	☀☁	Ordinaire, frais	3	6 à 8	Panicule étroite	var.	Plus résistante aux maladies que *paniculata*. Tiges dressées.
Phytolacca americana ⚜ Raisin d'Amérique	1,8m	2m	☀☁	Consistant, profond	3	6 à 9	Épi dense	blanc, rosé	Touffe imposante. À l'orée des bois. Fruits toxiques.
Pluberum ranunculoides Pluberum	15 à 30cm	20 à 25cm	☀	Drainé	3	6 et 7	Ombelle	jaune	Feuilles élancées en touffe basale. Hampe ramifié d'ombelle étoilée.
Podophyllum kaleidoscope Pomme de mai	50cm	30cm	☁☂	Humifère, riche	6	6 et 7	Solitaire, penché	blanc rosé	Feuilles hexagonales en parapluie, marbré de bronze et d'argent.
Podophyllum peltatum 🌿 Pomme de mai	45cm	50cm	☁☂	Humifère, riche	4	6 et 7	Solitaire, penché	blanc rosé	Grandes feuilles palmées, vertes, lustrées, en parapluie. Gros fruits.
Polemonium caeruleum Bâton de Jacob	70cm	50cm	☀☁	Léger, frais, drainé	3b	6 et 7	Panicule parfumée	blanc, violet	Jolie touffe dressée au feuillage très penné. Facile.
Polemonium c. 'Brise D'Anjou' Valériane grecque 'Brise d'Anjou'	60cm	50cm	☀☁	Riche, humide	4	6 et 7	Groupée cyme	bleu violet	Feuillage très découpé vert et jaune bordé de crème.
Polemonium caeruleum 'Lace Towers' Bâton de Jacob 'Lace Towers'	1,2m	90cm	☁	Léger, frais	3	6 et 7	Groupée cyme	bleu cobalt	Nouvelle variété vraiment haute. Très texturée et jolie.
Polemonium c. 'Snow & Sapphires' Valériane grecque 'S. & Sapphires'	70cm	50cm	☀☁	Riche, humide	3	6 et 7	Groupée cyme	bleu ciel	Feuillage découpé vert foncé entouré de panachure blanche.
Polemonium pauciflorum Polémonium fougère grise	40cm	45cm	☀☁	Frais, léger	5	6 et 7	Trompette tubulée	jaune et rouge	Variété à feuilles plutôt grisâtres et longues. La seule à fleur jaune.
Polemonium yezoense 'Purple Rain' Valériane grecque 'Purple Rain'	50cm	50cm	☀☁	Riche, humide	4b	6 et 7	Grappe parfumée	bleu lavande	Feuillage type fougère, pourpre-chocolat. Plus coloré au soleil.

VIVACES (suite)	H	L	☀	TYPE DE SOL	Z	MOIS ✿	FORME ✿	COULEUR ✿	REMARQUES
Polygonum polymorphum Persicaire polymorpha / Renouée	1,3m	1,2m	☀☁	Riche, frais	4	6 à 9	Panicule plume	blanc crème	Anciennement utilisée dans les grands jardins. Peu connu. Jolie.
Polygonum sp. Renouées / Persicaires	0,1 à 1,2m	25 à 80cm	☀☁	Riche, frais	var.	var.	Épi ou racème	var.	Plusieurs variétés. Presque tous à feuillage intéressant.
Potentilla atrosanguinea Potentille de l'Himalaya	40cm	50cm	☀	Ordinaire à pauvre	4	7 à 9	Grande	rouge	Feuillage gris-vert soyeux. Grandes fleurs. Touffe étalée.
Potentilla aurea Potentille 5 folioles jaune	10 à 20cm	15 à 25cm	☀	Ordinaire à lourd, drainé	4 à 6	6 et 7	6 pétales coupe	jaune doré	Feuilles palmées 5 folioles. Coussin érigé parsemé de fleurs.
Potentilla aurea 'Chrysoscrapeda' Potentille doré	5 à 10cm	5 à 10cm	☀	Sablonneux, léger	3	6 et 7	Simple	jaune taché	Plant compact, tapis dense. Feuilles dentées, luisantes. Auge.
Potentilla nepalensis Potentille du Népal	40cm	50cm	☀	Ordinaire à pauvre	2b	6 à 8	Moyenne	rose rouge	Rabattre après 1ère floraison. Touffe étalée, vert-grisâtre.
Pratia pedunculata Syn. : *Isotoma fluviatilis*	3cm	40cm	☀☁	Sol tourbeux	5b	6 à 8	Étoilée, vaporeuse	bleu clair	Tapis ras, dense. Rocaille, dalle tourbière. Protection hivernale.
Primula bulleyana Primevère bullesiana	60cm	50cm	☀☁	Riche, humide	3	6 à 8	Tiges verticillées	jaune, orangé	Dans les tons doux d'orangés. Grosses feuilles à pétiole rouge.
Primula chungensis Primevère chungensis	60cm	45cm	☀☁	Frais, humide	5	6 et 7	Verticillée	jaune cuivré	Peu connue au Québec. Farineuse. Plus tardive.
Primula florindae Primevère florindae	80cm	50cm	☀☁☁	Humide, tourbeux	4b	6 à 8	Ombelle, pendante	jaune, orangé	Fleurs pendantes, parfumées. Feuilles ovales, rétrécies, farineuses.
Primula helodoxa Primevère helodoxa	70cm	50cm	☀☁	Franc à humide	5	6 et 7	Verticillée	jaune claire	Souvent farineux. Espèce très robuste. Peu connue.
Primula pulverulenta Primevère pulvérulente	70cm	50cm	☀☁	Tourbeux, humide	5	6 à 8	Groupée, verticillée	carmin, pourpre	Hampe farineuse. Espèce très jolie en massif.
Primula viallii Primevère littoliana	30cm	20cm	☁	Riche, frais	5	6 et 7	Épi érigé	écarlate, lavande	Culture complexe, délicate. Longues feuilles étroites, dressées.
Prunella grandiflora Brunelle	20cm	30cm	☀☁	Frais, meuble, calcaire	3	6 à 8	Épi trapu dense	blanc, violet	Port prostré à épis floraux dressés. Demande peu de soin.
Prunella x 'Webbiana' Brunelle 'Webbiana'	30cm	30cm	☀☁	Riche, humide	3	6 à 8	Épi trapu dense	teintes roses	Feuilles rugueuses peu décoratives. Variété vigoureuse.
Ranunculus aconitifolium Renoncule à feuilles d'aconite	50cm	50cm	☀☁	Riche, humide	3	6 et 7	Double	blanc	Pour rocaille humide ou bord de ruisseau. Belles feuilles palmées.
Raoulia glabra Raoulia glabre	5cm	20 à 30cm	☀	Graveleux, sec	4	6	Rosette	blanc	Tapis. Minuscules rosette de feuilles persistantes d'où émerge une fleur.
Rheum palmatum 'Ace of Hearts' Rhubarbe ornementale 'Ace of H.'	1,2 à 2m	1 à 1,5m	☀☁	Lourd, humide, drainé	4	6 et 7	Panicule plume	rose pâle	Grosses feuilles. Port très érigé laissant paraître le dessous pourpre.
Rodgersia sp. Rodgersia	1 à 1,5m	1m	☀☁☁	Riche, frais	4	6 et 7	Panicule plume	crème, rose	Grosses feuilles lobées, palmées ou pennées. Massif texturé.
Roscoea sp. Fausse orchidée	40cm	50cm	☁	Humifère, riche	5	var.	Hampe dressée	blanc, jaune, rose	Belle méconue, touffe de feuilles étroites, dressées. Protéger.
Rudbeckia officinalis 'Black Beauty' Rudbéckie 'Black Beauty'	1,2m	60cm	☀	Riche, drainé	3	6 et 7	Capitule, cône noir	noir	Tout à fait unique. Cône orné d'or, sans pétale. Port érigé.
Rumex montanum 'Rubrifolia' Oseille vierge	30cm	30cm	☀☁	Léger, humide, drainé	4	6 et 7	Épi très fin	rouge	Couleur des feuilles brun rougeâtre, inhabituelle.
Rumex sanguineum Oseille vierge	70cm	50cm	☀☁	Léger, humide, drainé	4	6 et 7	Épi sans intérêt	rouge	Feuillage vert foncé fortement nervuré rouge marron.
Salvia argentea Sauge argentée	65cm	60cm	☀	Ordinaire, sec, drainé	3	6 et 7	Épi lâche	blanc	Attrayant feuillage épais, laineux, argenté. Courte vie.
Salvia officinalis Sauge commune	55cm	50cm	☀	Léger, sec, drainé	4b	6 à 8	Longue grappe	rose, violet	Fine-herbe à feuilles et fleurs décoratives.
Salvia officinalis 'Berggarten' Sauge de jardin 'Berggarten'	60cm	45cm	☀	Pauvre, sec	5	6 à 8	Sans intérêt	bleu lilas	Herbe fine utilisé pour son beau feuillage gris-vert, doux, large.

MOIS DE FLORAISON

VIVACES (suite)	H	L	☀	TYPE DE SOL	Z	MOIS	FORME	COULEUR	REMARQUES
Salvia officinalis 'Icterina' Sauge officinale panaché	60cm	40cm	☀	Sec, drainé	5	6 et 7	Longue grappe	violet clair	Forme panaché de la sauge de jardin. Lumineux, vert bordé jaune.
Salvia x sylvestris Sauge sylvestris	30 à 80cm	45cm	☀	Ordinaire, sec	4	6 à 8	Tiges verticillées	Rose à violet	Grande famille aux feuilles aromatiques et épis très colorés.
Saponaria caespitosa Saponaire gazonnante	10cm	30 à 70cm	☀	Ordinaire, drainé	3	6 et 7	Simple, grappe	rose pâle	Feuillage fin, allongé. Coussin très dense. À limiter en auge.
Saponaria oficinalis Saponaire officinale	60cm	40cm	☀	Fertile, drainé	3	6 et 7	Groupé en cyme	rose pâle	Port érigé, tiges feuillées surmontées des fleurs. Feuilles opposées.
Scabiosa caucasica Scabieuse du Caucase	70cm	30cm	☀☁	Riche, drainé	3	6 à 8	Capitule plat	blanc, rose, lilas	Touffe lâche. Les fleurs ressortent mieux devant un fond vert.
Scabiosa columbaria Scabieuse	25cm	25cm	☀	Riche, drainé	5	6 à 9	Capitule plat	lilas, rosé	De courte vie, mais fleurit longtemps. Coussin dense.
Scabiosa columbaria alpina Scabieuse columbaria Alpin	25cm	25cm	☀	Riche, drainé	5	6 à 9	Boule de fleurs	bleu violet	Scabieuse naine qui peut se plaire en auge. Coussin dense.
Scutellaria alpina Scutellaria des Alpes	20cm	30cm	☀	Sec, calcaire	3	6 à 8	Lèvres, racème	pourpre, jaune	Se développe rapidement. Feuillage épais, gris-vert.
Scutellaria baicalensis Scutellaire	25cm	40cm	☀	Sec, calcaire	4	6 à 8	Épi lâche	violet	Rare, culture difficile. Pour rocaille sèche. Port ± lâche.
Scutellaria scardifolia Scutellaire	20cm	35cm	☀	Caillouteux, calcaire	4	6 et 7	Épi court dense	violet pourpre	Craint l'humidité. Mettre cailloux à la base du plant. Touffe lâche.
Sedum acre Sedum acre	5cm	30 à 60cm	☀	Ordinaire, drainé	3	6 et 7	Épi dense étoilé	jaune vif	Tapis ras, dense. Tiges rampantes, feuillées. Se ressème.
Sedum album 'Murale' Sedum album 'Murale'	15cm	45cm	☀☁	Ordinaire, sec	4	6 à 8	Grappe dense	blanc	Couvre-sol lent aux tiges bronzes au printemps et à l'automne.
Sedum kamtschaticum 'Variegata' Orpin de Russie panaché	15cm	40cm	☀	Consistant, drainé	4	6 à 8	Étoilé en cyme	jaune et rouge	Rampant, feuillage épais, vert lustré, marginé de blanc-crème.
Sedum spathulifolium 'C. Blanco' Orpin 'Cape Blanco'	10cm	45cm	☀☁	Ordinaire, drainé	4	6 et 7	Grappe, étoilée	jaune	Rampant. Multitude de rosettes miniatures, denses, blanc-gris.
Sedum spurium 'Tricolor' Sedum spurium panaché	10cm	45cm	☀	Consistant, drainé	3	6 à 8	Étoilé en cyme	rose pâle	Rosette ± relâchée. Feuilles vertes panachées de blanc et rose.
Sedum telephium pluricaule Orpin pluricaule	3 à 5cm	30 à 60cm	☀	Consistant, drainé	4	6 et 7	Étoilée, étamines	pourpre	Un orpin rampant, multitude de rosettes rondes glauques et pourpres.
Sempervivum arachnoideum Joubarbe	15cm	20cm	☀☁	Peu de terre, riche	3	6 et 7	Épi allongé rare	rose	Rosette de feuilles succulentes couvertes de soie argenté.
Sempervivum sp. Poules et ses poussins	15cm	20cm	☀☁	Peu de terre, riche	3	6 et 7	Rosette, rare	jaune, rose, rouge	Rosette charnue, vert, gris, pourpre. Là où le sol est rare.
Silene dioica 'Clifford Moor' Silène 'Clifford Moor'	30cm	40cm	☀☁	Léger, drainé	4	6 et 7	Petites sur tige	rose	Coussin de feuilles étroites vert foncé marginées de crème doré.
Silene maritima 'Druett's Variegata' Silène 'Druett's Variegated'	15cm	30cm	☀☁	Léger, drainé	4	6 et 7	Grande, simple	blanc	Port érigé, relâché. Feuilles gris vert bordées de blanc.
Silene maritima sp. Silène maritime	20cm	40cm	☀☁	Léger, drainé	4	6 et 7	Grande, simple	blanc	Coussin dressé gris-vert. Fleurs ressemblent aux œillets.
Sisyrinchium angustifolium Bermudienne à feuilles étroites	25cm	25cm	☀	Caillouteux, drainé	3	6 et 7	Petite ombelle	violet oeil jaune	Rocaille et dallages. Feuilles type iris. Indigène très jolie, miniature.
Sisyrinchium sp. Bermudiennes	25 à 60cm	25 à 40cm	☀	Caillouteux, drainé	3	6 et 7	Petite ombelle	violet oeil jaune	Petit ou grand, ses feuilles filiformes sont décoratives.
Sisyrinchium striatum Sichyrinchium strié	60cm	40cm	☀	Caillouteux, drainé	4	6 et 7	Groupée	blanc jaunâtre	La plus grande. Ressemble un peu à un glaïeul.
Tanacetum densum ssp. *amani* Tanaisie dense	25cm	30cm	☀	Ordinaire, drainé!	4	6 à 8	Petit pompon	jaune	Cultivé pour son feuillage fin, argenté, velouté. Attire papillons.
Telekia speciosa Télékia	1,8m	1m	☀☁	Riche, humide	3	6 à 8	Capitule, ligules	jaune	Touffe massive couronnée de grands disques. Exotique.

VIVACES (suite)	H	L	☼	TYPE DE SOL	Z	MOIS ✿	FORME ✿	COULEUR ✿	REMARQUES
Tellima grandiflora / Tellima **Fausse heuchère**	55cm	30cm	☁	Frais, humifère	4	6	panicule délicate	verdâtre à rouge	Bonne résistance aux endroits plantés d'arbres. Feuilles veinées.
Thalictrum aquilegifolium **Pigamon à feuilles d'ancolies**	1,2m	50cm	☼☁	Léger, frais	4	6 et 7	Inflorescence	blanc, rose, pourpre	Feuillage glauque grâcieux et léger comme l'ancolie. Érigé.
Thalictrum flavum glaucum ssp. **Pigamon jaune**	1,5m	60cm	☼	Riche, frais à sec	5	6 à 8	Panicule large	jaune soufre	Vigoureuse, dressée. Feuillage glauque bleuté.
Thalictrum flavum 'Illuminator' **Pigamon jaune** 'Illuminator'	1 à 1,5m	60 à 90cm	☼☁	Léger, frais	5	6 à 8	Grappe aérienne	jaune	Feuillage texturé, vaporeux d'un beau vert-jaune.
Thermopsis lanceolata **Thermopsis faux lupin**	40cm	45cm	☼	Meuble, riche, drainé	3	6 et 7	Racème	jaune	Ne craint pas les lieux secs. Trifolioles, velues, argentées.
Thymus pseudolanuginosus **Thym laineux**	8cm	40cm	☼	Maigre, sec	3	6 et 7	Tubulaire, groupée	rose	Feuillage laineux donnant une allure plutôt bleutée à ce rampant.
Thymus serpyllum 'Coccineus' **Thym serpolet rouge**	5cm	35cm	☼	Maigre, sec	3	6	Masse de fleurs	rose pourpre	Coussin rampant, très dense. Feuillage petit, fin. Lent. Dallage.
Thymus serpyllum 'Minimus' **Thym serpolet nain**	2cm	10 à 20cm	☼	Maigre, sec	4	6 et 7	Masse de fleurs	rose	Ressemble au *Coccineus* mais à développement plus lent.
Thymus citriodorus 'Argenteus' **Thym citriodorus argenteus**	25cm	25cm	☼	Maigre, sec	5	6 et 7	Grappe terminale	rose, pourpre	Couvre-sol très tapissant, vert avec bordure blanc-argenté.
Tiarella cordifolia sp. **Tiarelles**	30cm	30cm	☼☁☾	Riche, léger	3	5 et 6	Pompon groupé	rosé	Surtout couvre-sol mais aussi pour grande rocaille ombragée.
Trifolium repens purpurea **Trèfle rampant pourpre**	20cm	30cm	☼	Riche, drainé	4	6 à 8	Groupée, pompon	rosé	Feuilles pourpres 4 à 5 folioles teintées d'argent tout l'été.
Trifolium rubens **Trèfle duveteux**	60cm	30cm	☼	Ordinaire, drainé	4	6 et 7	Groupée conique	rose	Couvre facilement de grands espaces incultes. Trifolié.
Valeriana sp. **Valérianes**	0,6 à 1m	60cm	☼☁	Riche, frais	4	6 et 7	Légère	blanc rosé	Aime la fraîcheur et l'humidité des rives. Feuilles découpées.
Vancouveria hexandra **Vancouveria**	40cm	30cm	☼☁	Humifère, meuble	5	6	Grappe aérienne	blanc	Tapis appréciée pour son feuillage léger, aérien, décoratif.
Verbascum bombyciferum 'Arctic S.' **Molène** 'Arctic Summer'	1,5m	50cm	☼	Pauvre, sec, chaud	4	6 et 7	Épi laineux	jaune vif	Bisannuelle. Feuillage argenté. Scène naturelle.
Verbascum x 'Jackie' **Verbascum** 'Jackie'	40 à 60cm	40 à 60cm	☼☁	Très sec, drainé	4	6 à 9	Épis ramifiés	rose ou saumon	Variété compacte. Feuilles duveteuses, plutôt grisâtres.
Verbascum x 'Letitia' **Molène**	30cm	50cm	☼☁	Très sec, drainé	4	6 à 8	Grappe lâche	jaune	Mettre à l'abri d'une roche, dans un endroit aéré.
Verbascum phoeniceum **Molène pourpre**	0,5 à 1m	45cm	☼☁	Tous sols drainés	4	6 et 7	Épi large	blanc, pourpre, violacé	Coloris intéressants. Très florifère, facile. Feuilles étalées.
Veronica austriaca **Véronique germandrée**	25cm	40cm	☼☁	Riche, sec	4	6 et 7	Grappe dressée	bleu	Tapis bleu en touffe lâche, intéressante. Bordure, rocaille.
Veronica austriaca 'Trehane' **Véronique germandrée** 'Trehane'	25cm	45cm	☼☁	Riche, frais	4	6 et 7	Racème	bleu profond	Rampant doré, contrastant avec ses fleurs. Tailler fleurs fanées.
Veronica chamaedrys **Véronique chamaedrys**	30cm	30cm	☼☁	Riche, frais	3	6	Racème	bleu	Feuilles panachées, persistantes, superbes.
Veronica pectinata 'Rosea' **Véronique pectine**	10cm	30cm	☼☁	Riche, frais, drainé	4	6	Grappe lâche	rose	Pousses couchées. Velu, vert grisâtre. Éviter excès d'eau.
Veronica prostata / *V. ruprestris* **Véronique prostrée**	5 à 10cm	20 à 30cm	☼	Pauvre, sec, drainé	4	6	Grappe courte	bleu, rose	Coussin de petites feuilles surmonté de grappes allongées.
Veronica prostata 'Aztec Gold' **Véronique rupestris** 'Aztec Gold'	15cm	45cm	☼☁	Riche, frais à sec	4	6 et 7	Épi court	bleu foncé	Feuilles opposées, dorées au soleil, chartreuses à l'ombre. Dense.I.
Veronica repens **Véronique rampante**	5cm	60cm	☼	Ordinaire, sec	4	6	Grappe élancée	bleu pâle	Petites feuilles ovales. Vivace tendre, à protéger.
Veronica repens 'Sunshine' **Véronique rampante** 'Sunshine'	5cm	30cm	☼☁	Riche, frais, drainé	6	6	Grappe lâche	bleu pâle	Très rampant, très petites feuilles dorées. Rocaille, auge, dallage.

MOIS DE FLORAISON

VIVACES (suite)	H	L	☀	TYPE DE SOL	Z	MOIS	FORME	COULEUR	REMARQUES
Veronica spicata Véronique en épi	25 à 60cm	30 à 40cm	☀	Caillouteux	4	6 à 8	Grands épis	blanc, bleu, rose	Plusieurs variétés durent près de 4 semaines. Pour site aéré.
Veronica spicata incana ssp. Véronique à duvet blanc	30cm	30cm	☀	Neutre et sec	4	6 et 7	Épi dressé	bleu violacé	Plus dense que *spicata*. Beau feuillage argenté.
Veronica x 'Sunny Border' Véronique 'Sunny Border'	55cm	30cm	☀☁	Riche, frais	3	6 à 8	Épis nombreux	violet	Gagnant d'un prix. Résistant au mildiou. Beau feuillage lustré.
Viola corsica / *V. bertolonii* Viola de Bertolone	15cm	30cm	☀☁	Riche, drainé	3	6 à 8	Simple, maculée	jaune, violet, blanc	Se ressème naturellement. Non envahissante. Feuillage dense.

GRAMINÉES	H	L	☀	TYPE DE SOL	Z	MOIS	FORME	COULEUR	REMARQUE
Briza media Hochet du vent	60cm	40cm	☀☁	Maigre	4	6 et 7	Épi pleureur	vert	Pour rocaille sauvage ou fleurs séchées.
Bromus inermis Brome inerme	30 à 60cm	30 à 40cm	☀	Peu exigeant, calcaire	2b	6 à 8	Épillets	vert et jaune	Feuillage panaché. Très robuste, étalé. Souvent réversion verte.
Calamagrostis x *acutiflora* sp. Calamagrostide	1,2 à 1,8m	60 à 90cm	☀☁	Tous sols drainés	4b	6 et 7	Épi doré	vert ou panaché	Port très droit comme des gerbes de blés. Tourne très tôt au doré.
Carex glauca / *Carex flacca* Laîche bleutée	20cm	25cm	☀☁ ☁	Tous les sols	5	6 et 7	Épillet sans intérêt	bleuté	Variété ornementale qui supporte la sécheresse.
Carex grayi Laîche de Gray	30cm	30cm	☁	Humide	4a	6	Caboche épineuse	vert	Port érigé, semi arqué. Fruits originals, épineux.
Deschampsia flexuosa Deschampsie flexueuse	30cm	20cm	☀☁	Rocailleux, sec	3b	6 et 7	Panicule	bronze	Moins connu mais parfaite pour les lieux rocheux et secs.
Festuca glauca Fétuque bleu	30cm	30cm	☀	Sec, calcaire	3b	6 et 7	Épi beige	bleu	Pour effet désertique et arride. Touffu et dru.
Festuca punctoria Fétuque piquante	15cm	30cm	☀	Ordinaire, sec	3b	6 et 7	Épi	vert grisâtre.	Aime les situations chaudes.
Festuca scoparia / *F. gautieri* Fétuque crin d'ours	10cm	30cm	☀☁	Ordinaire, poreux	3b	6 et 7	Épi	vert foncé	Peut finir par couvrir des endroits ombragés. Port hérissé.
Helictotrichon sempervirens Avoine bleue	90cm	40cm	☀	Tous sols drainés	4	6 et 7	Sans intérêt beige	bleu	Même en sol pauvre ils réussissent assez bien.
Lagurus ovatus Queue de lapin	35cm	30cm	☀	Chaud, drainé	—	6 à 9	Boule douce	vert	Pour une couverture originale. Massif annuelle.
Leymus sp. / *Elymus* Élyme bleu / Blé d'azur	80cm	40cm	☀	Sableux, frais	4	6 à 8	Gros épis paille	bleu métallique	Touffe large et retombante. Tolérant à la chaleur. Stabilisateur.
Luzula nivea Luzule argenté	40cm	40cm	☁	Ordinaire	4	6 et 7	Flocon blanc	vert persistant	Réussi même à travers le feutre des racines.
Millium effusum 'Aureum' Millet diffu doré	60cm	25cm	☀☁ ☁	Plutôt humide, frais	6	6	Épillet lâche	doré puis jaunâtre	Touffe lâche, ± régulière, feuilles rubanées plutôt larges et courtes.
Poa chaixii Pâturin chaixii	80cm	80cm	☁	Maigre, frais à sec	5	6 et 7	Épis	vert clair	Donne du relief aux jardins ombragés. Sous-bois, massif.
Stipa sp. Stipes	0,7 à 1m	40cm	☀	Ordinaire, sec	6	6 à 9	Épi lâche	crème	Cultiver comme une annuelle. Feuillage filiforme, très soyeux.

BULBES	H	L	☀	TYPE DE SOL	Z	MOIS	FORME	COULEUR	REMARQUE
Allium aflatunense Ail aflatunense	1m	30cm	☀	Ordinaire, drainé	5	6	Boule compacte	mauve, blanc	Floraison spectaculaire. Feuilles basales allongées. Port évasé.
Allium caeruleum Ail bleu	30 à 60cm	10cm	☀☁	Rocailleux, drainé	2	6 et 7	Sphère 2 à 5cm	bleu azure	Feuilles étroites, dressées. Différente par sa coloration.
Allium cernuum Ail penché	35cm	20cm	☀☁	Drainé, sec	3	6	Boule	rosée	Nettoyer les fleurs fanées, sinon elles se ressèment.

BULBES (suite)	H	L	☀	TYPE DE SOL	Z	MOIS ✿	FORME ✿	COULEUR ✿	REMARQUES
Allium cristophii Ail 'Étoile de Perse'	30cm	25cm	☀☁	Sec, drainé	3	6 et 7	Étoilée, globe	rose métallique	Ombelle étoilée spectaculaire. Très jolie avec des vivaces argentés.
Allium giganteum Ail géant	1,5m	30cm	☀	Ordinaire, drainé	4	6 et 7	Boule très dense	violet, blanc	Feuilles larges basales, grosses fleurs de 10cm.
Allium 'Moly' Ail doré	15cm	10 à 15cm	☀☁	Humide, bien drainé	4	6	Ombelle étoilée	jaune vif	Feuilles larges, élancées. Port évasé d'où émergent de grosses ombelles.
Allium schoenoprasum Ciboulette	40cm	30cm	☀☁	Riche, drainé	3	6	Boule	rose pourpre	Comestible, décorative. Feuilles cylindriques. Se ressème !
Allium shubertii Ail de Shubert	40 à 60cm	30 à 40cm	☀☁	Sec, drainé	4b	6 et 7	Grosse ombelle	rose	Ses ombelles type aiguilles semblent ébouriffées. Superbe !
Allium siculum / *Abulgaricum* Syn.: *Nectaroscordum siculum*	60 à 80cm	30 à 40cm	☀☁	Peu exigeant	3 à 5	6	Clochettes pendantes	verdâtre et blanc	Rosette de feuilles rubanées. Tiges dressées de fleurs.
Anthericum sp. Phalangère	60mc	35cm	☀	Sec, perméable	—	6	Épi léger	blanc	Pour rocaille naturelle. Feuilles graminiformes.
Begonia tuberosa Bégonia tubéreux	30cm	30cm	☀☁☁	Riche, drainé	—	6 à 9	Comme une rose double	var.	En massif il donne un effet de couvert saisissant. Facile. Annuelle.
Brodiaea laxa Syn.: *Tritelieia laxa*	45cm	15cm	☀	Sablonneux, chaud	—	6 et 7	Coupe étoilée	blanc, violet	Ressemble à un crocus. Peu connu, différent.
Calochortus Lis Mariposa	35cm	30cm	☀☁☁	Bien drainé	5	6 et 7	Grande coupe	violet	Culture délicate. Port élancé. Superbes fleurs en coupe.
Canna sp. Canna tropicale	1,5 à 1,8m	40cm	☀	Humide à innondé	—	6 à 9	Grosse	var.	Son sol doit être riche. Hiverner à l'intérieur. Bassin d'eau.
Dahlia Dahlia nain	10 à 35cm	20cm	☀☁	Souple, frais, drainé	—	6 à 9	Pompon	var.	Nouveaux cultivars denses et branchus. Les nains sont hâtifs.
Eremurus sp. Aiguille de Cléopâtre	1 à 2m	50 à 80cm	☀	Profond, drainé	5	6 et 7	Étoilée en épi	Surtout teintes cuivrées	Vivace vendue avec les bulbes. Feuilles rubanées. Très long épi duveteux.
Hymenocallis sp. Ismène / Lis araignée	40 à 80cm	20cm	☀☁	Riche, frais	—	6 à 8	Cornet très frangé	blanc, jaune	Préfère le soleil indirect. Arrosage régulier. Lis parfumé.
Liriope muscari Liriope muscari	20 à 30cm	25cm	☀☁☁	Riche, drainé	5	6 et 7	Long épi	blanc à mauve	Feuilles rubanées, luisantes en touffe dense. Épi droit au centre.
Ornithogalum thyrsoides Ornithogale	50cm	20 à 30cm	☀	Ordinaire, drainé	—	6 et 7	Gros épi 20 à 30 fleurs	blanc parfumé	Érigé. Arroser régulièrement en fleur. Planter au printemps.
Oxalis sp. Oxalide bulbeuse	10 à 20cm	30cm	☀☁	Frais, drainé	5b	6 à 9	Cyme	blanc, rose	Bulbe tendre. Croissance très rapide. Feuilles types trèfles.
Ranunculus asiaticus Renoncule tubéreux	30cm	20cm	☀	Riche, humide	—	6 et 7	Double	teintes chaudes	Plante capricieuse, vénéneuse mais tellement jolie.
Sparaxis tricolor Sparaxis tricolore	30cm	15cm	☀	Plutôt sec	—	6 et 7	Type tulipe	teintes chaudes	Les fleurs sont à gorge jaune et noir. Rocaille. Bulbe d'été.
Zantedeschia aethiopica Calla / Lis d'Éthiopie	0,6 à 1m	40cm	☁	Humide, innondée	—	6 à 8	Forme de spatule	blanche	Plus décorative que notre *Calla palustris*. Hiverner.

ANNUELLES	H	L	☀	TYPE DE SOL	Z	MOIS ✿	FORME ✿	COULEUR ✿	REMARQUE
Adonis aestivalis Adonide d'été	35cm	40cm	☀☁	Léger, enrichi	—	6 à 9	Capitule	rouge	Feuillage très découpé garni d'une multitude de fleurs. Tapis.
Adonis vernalis Adonis du printemps	25cm	30cm	☀☁	Léger, enrichi	—	6 à 9	Simple composé	jaune	Variété acceptant les sous-bois de feuillus. Feuillage très fin.
Ageratum houstoniana Agérate	20cm	30cm	☀☁	Tous sols drainés	—	6 à 9	Grappe pompon	blanc, bleu, rose	Pour massif, mosaïque et bordure. Lumineux et compact.
Agrostemma githago Nielle des blés	0,3 à 1,2m	50 à 80cm	☀	Peu exigeant	—	6 et 7	Coupe, lignée	blanc, rose	Ses graines sont toxiques. Port élancé, gracieux.

MOIS DE FLORAISON

ANNUELLES (suite)	H	L	☼	TYPE DE SOL	Z	MOIS ✿	FORME ✿	COULEUR ✿	REMARQUES
Alstroemeria Alstroeméria	80cm	30cm	⛅	Riche, humide	—	6 à 9	Petite coupe	jaune, rose, rouge	Pour fleurs coupées, culture délicate. Port très lâche.
Ammi majus Ammi élevé	80cm	30cm	☼	Peu exigeant, drainé	—	6 à 9	Dômes	blanc	Superbe dôme aérien blanc. Fleurs coupées. Semis successifs.
Anagalis monelli ssp. *linifolia* Anagalis à feuilles de lin	30cm	40cm	☼	Léger, drainé	—	6 à 10	Ombelle	bleu cœur rouge	Souvent utilisé en pot mais aussi pour rocaille. Rampant.
Anthirrhinum majus Muflier / Gueule de loup	30cm	20cm	☼	Léger à moyen	—	6 à 10	Grappe	var.	Joli coussin, si utilisé en massif. Odeur bonbon.
Arctotis 'Dimorphoteca' Souci du cap	40cm	60cm	☼	Sableux, chaud	—	6 à 9	Composé 10cm	Teintes orangées	Beau couvre-sol pour secteur chaud et sec. Port lâche.
Arctotis 'Osteospermum' Marguerite des Caps	25 à 40cm	25cm	☼	Ordinaire, drainé	—	6 à 10	Capitule, ligules	blanc, pêche, lilas	Fleurit mieux dans les régions aux nuits fraîches. Cœur bleu !
Argemone mexicana Pavot épineux / Chardon-béni	60cm	40cm	☼	Fertile, léger, sec	—	6 à 8	Semi-double	blanc, jaune, rosé	Ôter fleurs fanées. Feuilles bleutées épineuses.
Argyranthemum sp. Argyranthemum	60cm	40cm	☼	Léger, drainé	—	6 à 10	Capitule simple	Teintes pastels	Arbuste type marguerite traité en annuelle. Facile à hiverner.
Asperula orientalis Aspérule azurée	30cm	30cm	☼⛅	Humide	—	6 à 9	Ombelle	bleu pâle	Beau en massif. Fleurs rampantes. Semis direct.
Begonia semperflora Bégonia fibreux	20cm	20cm	☼⛅☁	Riche, frais, drainé	—	6 à 9	Ombelle	blanc, rose, rouge	Coussin fleuri même sous conditions adverses. Vert, bronze.
Bidens aurea Bidens	30 à 45cm	40cm	☼⛅	Riche, frais, drainé	—	6 à 9	Composé simple	jaune	Couvert saisonnier, lumineux. Texture fine. Tolère sol sec.
Brachycome iberidifolia Brachycome	25cm	25cm	☼⛅	Sain, riche, drainé	—	6 à 9	Petites capitules	blanc à violet	La texture légère des feuilles est aussi belle que la floraison.
Browalia speciosa Browalie	30cm	25cm	⛅	Frais, léger	—	6 à 9	Masse étoilée	bleu cœur blanc	Surtout utilisée en pot, quelquefois en tapis, bordure.
Calandrinia umbellata Calandrinie de rocaille	15cm	25cm	☼	Caillouteux, chaud	—	6 à 9	Ombelle	magenta	Surtout pour couvrir un petit espace très sec ou rocailleux.
Calendula officinalis Souci des jardins	30cm	30cm	☼⛅	Ordinaire, pauvre	—	6 à 9	Pompon plat	jaune orange	Une annuelle médicinale, comestible et facile. Dense.
Calliopsis sp. Coréopsis élégant	60cm	30 à 40cm	☼	Léger, drainé	—	6 à 9	Capitule simple	jaune et marron	C'est un coréopsis annuel jaune ou bicolore rouge et jaune.
Celosia cristata Célosie crête-de-coq	20 à 60cm	15cm	☼⛅	Fertile, drainé	—	6 à 9	Forme de cerveau	Teintes chaudes	Surtout utlisé pour des tapis monochrome, vif. Grosse crête.
Celosia plumosa Célosie plumeuse	25 à 75cm	20cm	☼⛅	Fertile, drainé	—	6 à 9	Forme de plume	rouge jaune	Choisir les variétés les plus trapues pour un effet tapis.
Cheiranthus cheri Giroflée des murailles	30cm	30cm	☼	Tous sols équilibrés	—	6 et 7	Grappe odorante	blanc, jaune, rouge	Peu utilisé, floraison de courte durée mais vive !
Collinsia heterophyla Collinsia bicolore	30 à 60cm	30cm	⛅	Frais, drainé	—	6 à 9	Épi dense	blanc, pourpre	Réussi bien sur les versants ombragés des montagnes.
Convolvulus sp. Ipomées	var.	var.	☼⛅	Tous sols drainés	—	6 à 9	var.	var.	Grimpantes peu capricieuses, Aiment toutefois le compost.
Cosmos bipinnatus Cosmos à grandes fleurs	0,3 à 1,2m	25 à 40cm	☼⛅	Tous sols drainés	—	7 à 9	Simple, grande	rose	Plus compacte et colorée en sol pauvre et sec. Texture fine.
Craspedia globosa Craspédia	75cm	30cm	☼⛅	Ordinaire, drainé	—	6 à 9	Petit pompon	jaune	Petit pompon sans ligule. Port érigé. Fleur coupée, séchée.
Cuphea Plante cigare	30cm	25cm	☼⛅	Tous les sols	—	6 à 9	Tube, cigare	rouge lilas	Culture intérieur ou extérieur. Très jolie. Port plutôt compact.
Cynoglossum amabile Langue de chien	50cm	25cm	☼⛅	Riche, frais à sec	—	6 à 9	Panicule lâche	bleu indigo	Très résistante aux conditions extrêmes.
Datura sp. Stramoises / Trompette des anges	0,5 à 1m	60cm	☼	Chaud, riche, sec	—	6 à 9	Trompette	blanc	Un bon compost l'aide à supporter la sécheresse. Très toxique !

ANNUELLES (suite)	H	L	☀	TYPE DE SOL	Z	MOIS ✿	FORME ✿	COULEUR ✿	REMARQUES
Dianthus haemathocalyx **Œillet de Parnassus**	20cm	30cm	☀	Chaud, riche, sec	—	6 et 7	Simple, large	pourpre-rouge	Vivace traitée en annuelle. Tapis de petites feuilles grisâtres.
Dyssodia tenuiloba **Dyssodia**	20cm	10cm	☀	Pauvre, froid	—	6 à 9	Petites, capitules	jaune	Minuscules marguerites sur des feuilles filiformes. Texture fine.
Echium plantagineum **Vipérine**	30cm	30cm	☀	Léger, pauvre, sec	—	6 à 9	Clochette tubulée	bleu à rose	Ne pas trop arroser lorsqu'installée. Rare.
Erigeron karvinskianus **Érigéron 'Profusion'**	20cm	30cm	☀	Ordinaire, drainé	—	6 à 9	Capitule, petite	blanc à rosé	Touffe légère et délicate. Se ressème. Cultivée en annuelle.
Eschscholtzia californica **Pavot de Californie**	15 à 40cm	20 à 35cm	☀	Ordinaire, pauvre	—	6 à 9	Coupe soyeuse	rose, jaune, orange	Beau feuillage finement découpé et bleuté.
Felicia bergeniana **Pâquerette bleue**	15cm	15cm	☀	Ordinaire, drainé	—	6	Composé, simple	bleu	Floraison courte. Surtout utilisée en bordure basse.
Gamolepsis tagetes **Gamolépide-tagète**	20cm	20cm	☀	Sol très sec	—	6 à 9	Composé, simple	jaune vif, orange	Joli coussin, si utilisée en massif. Rare.
Gazania splendens **Gazania**	25cm	20cm	☀	Ordinaire, drainé	—	6 à 9	Composé, simple	var.	Couvre bien un espace chaud, ensoleillé. La fleur se referme.
Gypsophila elegans **Souffle de bébé**	15cm	15cm	☀	Calcaire à neutre	—	6 à 10	Brouillard de fleurs	rosé	Des semis successifs prolongent la floraison. Texture fine.
Helichrysum bracteata **Immortelle à bractée**	20 à 80cm	10 à 40cm	☀	Sableux, sec, drainé	—	6 à 9	Capitule sec	teintes chaudes	Apprécie la chaleur. Pour jardinière ou au sol.
Heliotropium arborescens **Héliotrope du Pérou**	25 à 60cm	20cm	☀☁	Fertile, drainé	—	6 à 9	Corymbe	bleu marin	Massif buissonnant couvrant bien si rapproché. Odorant.
Hunnemannia fumariifolia **Hunnemannia à feuilles de fumeterre**	60 à 90cm	30 à 50cm	☀	Ordinaire, sec	—	6 à 9	Coupe soyeuse	jaune satiné	Parente à *Eschscholtzia* elle lui ressemble. Feuillage découpé.
Iberis umbellata **Thlaspi en ombelle**	30cm	25cm	☀	Ordinaire, équilibré	—	6 à 9	Ombelle	blanc rose	Faire plusieurs semis consécutifs. Joli coussin, peu utilisé.
Impatiens balsamina **Impatiente balsamine**	30 à 60cm	15cm	☀☁☁	Riche, léger, frais	—	6 à 9	Tige dressée	blanc au rouge	Fleurit abondamment à l'ombre. Ancienne fleur. Port très droit.
Impatiens capensis ⚜ **Impatiente du Cap**	0,5 à 1m	30cm	☀☁☁	Humide à innondé	—	6 à 9	Sac et éperon	jaune orangé	Très commune, mais très jolie près des cours d'eau.
Impatiens glandulifera ❦ **Impatiente de l'Himalaya**	1 à 2m	60cm	☀☁☁	Humide	—	6 à 9	Sac et éperon	rose	Géante imposante et prolifère. Se ressème. Port long, élancé.
Impatiens pallida ⚜ **Impatiente pâle**	0,5 à 1m	30cm	☀☁☁	Humide à innondé	—	6 à 9	Sac et éperon	jaune citron	Ses fleurs pâles la différencie de l'impatiente du Cap.
Impatiens walleriana **Impatiente**	35cm	25cm	☀☁☁	Riche, léger, frais	—	6 à 9	Simple, double	var.	L'annuelle par excellence pour l'ombre. Grand coussin.
Kochia scoparia **Cyprès d'été**	30 à 90cm	20 à 30cm	☀☁	Ordinaire à sec	—	—	—	—	Pour haie saisonnière en milieu plutôt sec. Feuillage très fin.
Lantana camara **Lantana à feuilles de mélisse**	30 à 75cm	30 à 50cm	☀	Fertile, drainé	—	6 à 9	Ombelle	Teintes orange	Arbustif ou sur tige. Ramifié. Odeur particulière. Papillon, colibri. Toxique.
Limnanthes douglasii **Limnanthe de Douglass**	20cm	30cm	☀☁	Ordinaire	—	6 à 9	Simple	jaune bordé blanc	Couvre bien les bordures d'allée. Attire les abeilles.
Lobelia erinus **Lobélie érine**	10 à 60cm	25cm	☁	Riche, léger, drainé	—	6 à 9	Masse de fleurs	bleu, blanc, rose	Peuvent convenir en couvre-sol. Fleurs et feuilles petites.
Lysimachia congestiflora **Lysimaque à fleurs congestionnées**	10cm	25cm	☀☁	Humide,	—	6 à 9	Grappe serrée	jaune doré	Feuillage vert-lime et jaune. Très contrastant. Rampant.
Malcolmia maritima **Julienne de Mahon**	30cm	15 à 20cm	☀☁	Peu fertile, drainé	—	6 à 9	Grappes éparses	blanc, rose jaune, lilas	Ressemble à *Matthiola longipetala* mais à floraison diurne.
Matthiola incana **Giroflée des jardins**	25 à 35cm	30cm	☀☁	Peu fertile, drainé	—	6 à 9	Grappe simple ou double	blanc, lilas, violet	Érigé, feuilles grises. Odeur clou de girofle. Taille régulière fleurs fanées.
Melampodium paludosum 'M. Gold' **Mélampodium 'Million Gold'**	20cm	20cm	☀	Plutôt sec, chaud	—	6 à 9	Nuage de fleurs	jaune doré	Bordure ou couvre-sol. Coussin dense et florifère.

MOIS DE FLORAISON

ANNUELLES (suite)	H	L	☀	TYPE DE SOL	Z	MOIS	FORME	COULEUR	REMARQUES
Mimulus x tigrinum **Mimulus**	25cm	20cm	☀☁	Ordinaire, humide	—	6 à 9	Grosse grappe	var. tacheté	Couvre-sol beau près des bassins d'eau. Résistant.
Mimulus x hybrida **Mimulus hybride**	20cm	30cm	☀☁	Humide	—	6 à 9	Simple, bicolore	jaune, orange, rouge	Trop peu utilisé mais tellement facile et jolie.
Nasturtium officinalis **Cresson de fontaine**	30 à 60cm	60cm	☀☁	Humide à innondé	—	6 et 7	4 pétales, grappe	blanc	Herbe fine intéressante à utiliser près des bassins.
Nemesia strumosa **Némésie**	25 à 40cm	20 à 30cm	☀☁	Humide, acide	—	6 à 9	Grappe	Teintes chaudes	Aime les lieux frais et bord de l'eau. Très colorée.
Nemophila maculata **Némophile maculée**	15 à 20cm	30cm	☁	Léger, frais, humide	—	6 à 9	Petite coupe	lilas maculé violet	Annuelle retombante, plutôt fragile. Gracieux, florifère.
Nemophila menziesii / N. punctata **Némophile ponctuée**	15 à 20cm	30cm	☁	Léger, frais, humide	—	6 à 9	Coupe 2,5cm	blanc, bleu, pourpre	Tige rampante, couvre-sol qui s'étale en touffe gracieuse.
Nerium oleander 'Variegata' **Laurier-rose panaché**	1 à 2m	1 à 2m	☀☁	Terreaux d'intérieur	—	6 à 10	Tubulaire grappe	Teintes chaudes	Variétés à feuilles panachées. Hiverner à l'intérieur. Arbustif.
Nicotiniana affinis **Nicotine odorante**	var.	var.	☀☁	Riche, frais	—	6 à 9	Étoile	blanc, rose, rouge	N'aime pas les endroits trop chauds. Odorante.
Nicotiana alata **Tabac odorant**	30 à 60cm	25cm	☀☁	Riche, léger, drainé	—	6 à 9	Grappe étoilée	blanc, rose, rouge	Dans de grands massifs pas trop chauds. Couvert très coloré.
Nierembergia hippomanica **Nierembergie**	15cm	15cm	☁	Ordinaire, drainé	—	6 à 9	Coupe étoilée	blanc, lilas, violet	Coussin à texture très délicate, vaporeuse mais dense.
Nigella damascena **Nigelle de Damas**	20 à 60cm	10 à 40cm	☀☁	Ordinaire, drainé	—	6 et 7	Plusieurs pointes	bleu, rose	Feuilles à texture délicate. Floraison courte. Fruit sec décoratif.
Origanum dictamnus **Dictamne de crète**	15cm	30cm	☀	Bien drainé	8	6 et 7	Bractée enfilée	rose lilas	Vivace tendre. Tiges arquées à feuilles laineuses gris-blanc.
Papaver rhoeas **Coquelicot**	45cm	25cm	☀	Fertile à pauvre	—	6 à 9	Grande, simple	blanc, rose, rouge	Un sol drainé mais pas trop chaud, plutôt frais.
Pelargonium x citrosum **Géranium citron**	50 à 80cm	40 à 70cm	☀☁	Drainé, frais à sec	—	6 et 7	Groupée	violet	Il existe une variété à feuilles panachées. Odeur de citron.
Pelargonium peltatum **Géranium lierre**	40cm	40cm	☀	Riche, drainé	—	6 à 10	Masse de fleurs	blanc, rose, rouge	Couvre bien les dessus de murets. Pour site ensoleillé.
Petunia hybride **Pétunia**	25 à 40cm	var.	☀☁	Riche, léger, drainé	—	6 à 10	Trompette	toutes les couleurs	Peu servir de tapis pour grandes surfaces. Très colorée.
Phlox drummondii **Phlox de Drummond**	20cm	20cm	☀	Riche, drainé	—	6 à 9	Corymbe	blanc, rose, rouge	Dans certaines situations font de beaux massifs. Buissonnant.
Portulaca grandiflora **Pourpier à grandes fleurs**	15cm	20cm	☀	Pauvre, drainé	—	6 à 9	Simple, double	var.	Souvent utilisé entre les pavés et pierres. Feuilles tubulaires.
Reseda odorata **Mignonnette**	35cm	30cm	☀☁	Riche, bien drainé	—	6 à 9	Grappe serrée	jaune vert	La plus parfumée des annuelles. Endroit frais.
Rudbeckia hirta sp. **Rudbéckia hérissé**	20 à 90cm	10 à 50cm	☀☁	Fertile à pauvre	—	6 à 10	Capitules ligulés	jaune, orange	Plusieurs cultivars issus de notre indigène. Facile.
Salvia horminium **Sauge 'Hormin'**	60cm	40cm	☀	Fertile, drainé	—	6 à 9	Bracté	rose, bleu violet	Différente et étonnante. Le bout des tiges est coloré.
Salvia splendens **Sauge écarlate**	30cm	20cm	☀	Riche, léger, drainé	—	6 à 9	Plume	écarlate	Pour de grands massfs monochromes. Lumineux.
Sanvitalia procumbens **Zinnia rampant**	15cm	20cm	☀	Riche en humus	—	6 à 9	Composé simple	jaune centre noir	Pour plate-bande où l'eau se fait rare. Coquette. Coussin lâche.
Scaevola multiflora **Scaevola multifleurs**	40cm	40cm	☀☁	Riche, toujours frais	—	6 à 10	Épi tombant	blanc bleu	Supporte tout aussi bien à la mi-ombre que le soleil. Rampant.
Tagetes erecta **Oeille d'Inde**	25 à 80cm	20 à 30cm	☀☁	ordinaire	—	6 à 9	Gros pompon	jaune, orange	Port très droit. Feuilles découpées. Pour grand massif coloré.
Talinum paniculatum **Talinum**	60cm	50cm	☀	Léger, enrichi	—	6 à 9	Ombelle, vaporeux	rose pâle	Feuillage doré, fleur rose suivit d'une gousse orange.

MOIS DE FLORAISON

ANNUELLES (suite)	H	L	☀	TYPE DE SOL	Z	MOIS ✿	FORME ✿	COULEUR ✿	REMARQUES
Torenia sp. **Torénias**	20 à 35cm	20 à 30cm	☁	Riche, humide	—	6 à 9	Trompette bicolore	blanc, jaune, lilas	Pour pots, rocailles et même sous-bois en couvre-sol.
Tropaeolum majus **Petite capucine grimpante**	30cm	60cm	☀☁	Souple, pauvre	—	6 à 9	Courte trompette	jaune à rouge	Ne pas trop fertiliser. Laisser sécher entre les arrosages.
Ursinia anethemoides **Ursinia faux-aneth**	30 à 50cm	30cm	☀	Ordinaire à sec	—	6 à 9	Capitule ligules	orange	Très florifère. Se ferme la nuit ou par temps couvert.
Verbena x hybrida **Verveine**	0,3 à 1,5m	30 à 90cm	☀	Fertile, meuble, sec	—	6 à 9	Masse grappe	var.	Plusieurs cultivars : rampant ou érigé. Potée, couvre-sol.
Verbena bonariensis 🌿 **Verveine de 'Buenos Aires'**	1,2m	70cm	☀☁	Chaud, sec	5b	6 à 9	Ombelle	pourpre lilas	Port vaporeux pour grands massifs. Se ressème.
Vinca rosea / *Catharanthus* **Pervenche**	25cm	20cm	☀☁	Riche, drainé	—	7 à 9	Simple, grande	blanc, bleu, rose	N'aime pas les endroits venteux et trop froid. Petit buisson.
Xeranthemum annuum **Immortelle de Provence**	50 à 80cm	30 à 50cm	☀	Pauvre	—	6 à 9	Capitule de papier	blanc, rose	Ressemble à l'*accroclinum*. Pour fleurs séchées.
Zinnia angustifolia / *Z. haageana* **Zinnia à feuilles étroites**	25cm	20cm	☀☁	Riche à pauvre drainé	—	6 à 9	Composé	blanc pur	En massif elle forme un beau couvert. Port dressé.
Zinnia elegans sp. **Zinnia élegant**	0,2 à 1m	20 à 60cm	☀	Ordinaire, enrichi	—	6 à 9	Pompons dense, plat	var.	Belle plante au port droit, grosses fleurs. Très colorée.
Zinnia interspecific **Zinnia 'Profusion'**	30cm	25cm	☀☁	Riche, frais, drainé	—	6 à 9	Composé	blanc jaune orange	Résistant. Ne pas trop arroser. Port érigé, buissonant. Florifère.

GRIMPANTES (Annuelles)	H	L	☀	TYPE DE SOL	Z	MOIS ✿	FORME ✿	COULEUR ✿	REMARQUE
Ipomoea pennata **Ipomée plume**	3m	10cm	☀	Fertile, drainé	—	6 à 9	Étoilée	écarlate	Plus rare que les autres variétés. Feuillage très fin.
Ipomoea quamoclit **Ipomée écarlate**	3m	10cm	☀	Fertile, drainé	—	6 à 9	Trompette	écarlate	S'enroule. Couvre moins que les autres Ipomées. Feuillage fin.
Ipomoea tricolor **Gloire du matin**	3m	25cm	☀☁	Fertile, drainé	—	6 à 9	En forme de coupe	var.	Fleur s'ouvrant le matin et se fermant l'après-midi.
Lathyrus odoratus **Pois de senteur**	1,5m	30cm	☀☁	Profond, frais	—	6 à 9	Grappe	blanc à violet	Vrille. Très odorante contrairement à la vivace.
Mina lobata **Ipomée à feuilles lobées**	3m	25cm	☀	Brune, drainé	—	6 à 9	Tubulaire	rouge à crème	Floraison plus abondante en jours courts. S'enroule.
Phaseolus coccineus **Haricot d'Espagne**	2,5m	35cm	☀	Substantiel, drainé	—	6 à 8	Grappe	rouge écarlate	Fèves comestibles. Peut couvrir le sol et grimper.
Solanum jasminoides **Étoile de Bethléem**	90cm	30cm	☀	Léger, fertile	—	6 à 10	Petite, étoilée	blanc, lilas	Surtout pour contenant mais peut couvrir le sol à l'occasion.
Thunbergia alata **Thunbergie**	1,5m	40cm	☀☁	Riche, frais	—	6 à 9	Grande, solitaire	jaune gorge noire	Très belle plante retombante en suspendu. Feuilles en cœur.
Tropaeolum peregrinum **Capucine des canaris**	2,5m	40cm	☀☁	Pauvre, souple	—	6 à 9	Pétale lacinié	jaune	Grimpante annuelle. Ne pas engraisser.

⚜ indique plante indigène ou naturalisée.
🌿 indique plante potentiellement envahissante !

PLANTES FLEURISSANT À PARTIR DU MOIS DE JUILLET

ARBRES	H	L	☀	TYPE DE SOL	Z	MOIS	FORME	COULEUR	REMARQUE
Hydrangea paniculata sp. **Hydrangée paniculée sur tige**	2m	1,5m	☀☁	Acide, léger, frais	4	7 et 8	Panicule	tournant au rose	Très populaire pour espace restreint. Très florifère.
Maackia amurensis **Maackia de l'Amur**	4 à 6m	3m	☀	Tous sols drainés	4b	7	Racème érigé	blanc parfumé	Port globulaire. Gousse. Feuilles composées. Curieux parfum.
Syringa reticulata 'Golden Eclipse' **Lilas japonais** 'Golden Eclipse'	6m	3,5m	☀☁	Léger, frais, drainé	4	7	Panicule parfumée	blanc crème	Ovoïde. Panaché 2 tons de verts puis vert et jaune doré à l'été.
Syringa reticulata 'Ivory Silk' **Lilas japonais** 'Ivory Silk'	8m	6m	☀☁	Léger, frais, drainé	2b	7	Panicule parfumée	blanc crème	Oval, compact, vigoureux. Peu malade. Pour petits terrains.

ARBUSTES	H	L	☀	TYPE DE SOL	Z	MOIS	FORME	COULEUR	REMARQUE
Abelia x *grandiflora* **Abélia vernissée**	80cm	1,2m	☀☁	Acide, riche	5b	7 et 8	Simple, évasée	rosé	Feuillage lustré. Globulaire, étalé. Rabattre au printemps.
Aesculus parviflora **Marronnier à petites fleurs**	2,5m	4,5m	☀☁	Peu exigeant, drainé	5	7	Gros épi de petites fleurs	blanc crème	Écran pour grand terrain. Belles feuilles palmées. Peut être rabattu.
Callicarpa bodinieri 'Profusion' **Callicarpa** 'Profusion'	2,5m	2,5m	☀☁	Frais, drainé	5b	7 et 8	Petite	lilas	Ses fruits violets pourprés sont spectaculaires en automne.
Callicarpa bodinieri giraldii **Callicarpa de Girald**	1,5m	0,7m	☀☁	Frais, drainé	5b	7 et 8	Étoilé, grappe	bleu lilas	Érigé. Feuilles élancées, vert foncé, tournant jaune violacé. Fruits violet.
Callicarpa dichotoma 'E. Amethyst' **Callicarpa** 'Early Amethyst'	1m	1m	☀☁	Frais, drainé	5	7 et 8	Petite	lavande rosée	Fruits mauves spectaculaires. Rabattre au printemps.
Cephalanthus occidentalis **Bois bouton** / Bois noir	2m	4m	☀☁	Humide à innondé	4	7 et 8	Capitule globuleux	blanc crème	Peu connu. Port ouvert. Floraison étrange. Feuillage lustré.
Cotinus coggygria sp. **Arbre à perruque** / Fustets	2 à 4m	1 à 4m	☀	Léger, neutre, sec	4b-5	7 à 9	Panicule chevelue	blanc à pourpré	Feuilles gris-vert ou pourpre tournant à l'orange. Port érigé.
Diervilla lonicera / *D. canadensis* **Dièreville chèvrefeuille**	1m	1m	☀☁	Acide, frais à sec	3	7 et 8	Clochettes de 3	jaune	Port arrondi. Feuilles élancées. Drageons à contenir.
Hibiscus syriacus **Ketmie de Syrie**	2m	2m	☀	Frais, riche, drainé	6	7 à 9	Simple, en coupe	rose, bleuté	Pour climat doux. Rabattre au printemps. Feuilles trilobées.
Holodiscus discolor **Holodiscus discolore**	1m	1m	☀☁	Tous sols frais	5	7	Panicule léger	blanc crème	Branche retombante. Taillez au printemps. Gris-vert.
Hydrangea arborescens **Hortensia de Virginie**	1,2m	1,2m	☀☁	Léger, fertile, acide	3	7 à 9	Corymbe aplati	blanc	Ancienne variété, remplacée par 'Annabelle'. Massif ancien, haie.
Hydrangea arborescens 'Annabelle' **Hydrangée** 'Annabelle'	1,2m	1,2m	☀☁	Léger, fertile, acide	2b	7 à 9	Gros corymbe rond	blanc crème	Port globulaire, drageonnant. Grosses feuilles. Immenses fleurs.
Hydrangea arborescens 'Grandiflora' **Hydrangée boule-de-neige**	1,2m	1m	☀☁	Léger, fertile, acide	3	7 à 9	Corymbe aplati	blanc	Très utilisé autrefois en massif ou haie. Port globulaire. Facile.
Hydrangea heteromalla **Hydrangée de l'Himalaya**	3m	3m	☀☁	Léger, fertile, acide	3b	7 à 9	Corymbe aplati	blanc, rosé	Port globulaire. Feuilles ovales, veinées jaunes. Écorce rouge.
Hydrangea macrophylla **Hortensia hybride**	80cm	80cm	☁	Riche, acide, frais	5	7 et 8	Corymbe	rose, bleu	Souvent associé avec les plantes acides. Port irrégulier.
Hydrangea quercifolia **Hydrangée à feuilles de chêne**	1,5m	1 à 1,5m	☀☁	Riche, acide, frais	6	7 à 9	Panicule érigée rare	blanc, rosé	Feuilles lobées décoratives. Fleurs rares. Tourne rouge.
Hydrangea quercifolia 'Sike's Dwarf' **H. à feuilles de chêne** 'Sike's Dwarf'	70cm	1,2m	☀☁	Riche, frais, drainé	6	7 à 9	Panicule érigée	blanc, rosé	Variété naine, résistant mieux à nos climats. Fleurs rares, fragiles.
Hypericum frondosum / *H. aureum* **Millepertuis doré**	1m	1m	☀	Rocailleux à sec	4b	7 et 8	Solitaire, étamines	jaune orangé	Port arrondi, irrégulier, dense. Feuilles glauques. Bonne floraison.
Hypericum frondosum 'Sunburst' **Millepertuis** 'Sunburst'	80cm	80cm	☀	Rocailleux à sec	4b	7 et 8	Solitaire, étamines	jaune orangé	Plus dense et vraiment plus florifère que la précédente.

ARBUSTES (suite)	H	L	☼	TYPE DE SOL	Z	MOIS	FORME	COULEUR	REMARQUES
Hypericum kalmianum Millepertuis de Kalm	90cm	90cm	☼☁	Léger, frais, chaud	3b	7 et 8	Grappe	jaune	Teinture végétale. Feuilles étroites. Rocaille naturelle, oiseaux.
Hypericum prolificum Millepertuis prolifère	90cm	90cm	☼	Rocailleux	4	7 et 8	Grappe	jaune brillant	Ressemble à notre *kalmianum* indigène, à fleurs plus grosses.
Ligustrum 'Vicaryi' Troène doré	45cm	60cm	☼	Peu exigeant	5	7	Grappe	blanc	Port étalé, évasé. Jeune pousse jaune. Taille de nettoyage.
Ligustrum 'Hillside' Troène panaché 'Hillside'	45cm	60cm	☼	Peu exigeant	5	7	Grappe	blanc	Port érigé. Feuilles jaunes à centre vert irrégulier. Taille printanière.
Lonicera x 'Novso' / 'Honey Baby' Chèvrefeuille 'Honey Baby'	80cm	1,2m	☼	Peu exgeant	4	7 à 10	Grosse tubulaire	jaune et crème	Variété grimpante cultivée en haie en la rabattant au printemps. Fruit rouge.
Rhus typhina Vinaigrier	5m	4m	☼☁	Sec, pauvre, rocheux	3	6	Panicule dioïque	verdâtre	Port et feuillage exotique ! Fruit duveteux très décoratif.
Sambucus canadensis Sureau du Canada	4m	3m	☼☁	Peu exigeant, frais	3	7	Corymbe	blanc	Pour sous-bois, écran, naturalisation, massif. Port évasé.
Sambucus nigra Sureau noir	4m	4m	☼☁	Peu exigeant, frais	4b	7	Grand Corymbe	blanc	Port irrégulier. Croissance très rapide. Odorant, adaptable.
Sambucus racemosa Sureau racemosa	2m	2m	☁	Fertile, consistant	4b	7	Corymbe	blanc	Feuillage très découpé, crée des contrastes. Fruit écarlate.
Sorbaria tomentosa angustifolia Sorbaria d'Aitchison	1,5 à 2m	1m	☼	Peu exigeant	4	7	Panicule conique	blanc crème	Sans drageon. Plus érigé et léger que *sorbifolia*. Rabattre.
Spiraea betulifolia aemiliana Spirée à feuilles de bouleau	80cm	80cm	☼	Acide, humide	3	7 et 8	Corymbes, multitude	blanc	Port dense. Boutons floraux roses. Rougeâtre à l'automne.
Spiraea x billiardii Spirée de Billiard	1,5 à 2m	1,5 à 2m	☼	Acide, humide	4	7 à 9	Panicule étroite	rose foncé	Évasé, diffus. Haie libre ou rabattre au printemps. Drageons.
Spiraea japonica sp. / *S. bumalda* Spirée du Japon	0,3 à 1,5m	0,3 à 1,5m	☼	Tous sols drainés	2 à 4	7 à 9	Corymbe large	blanc à rose rouge	Immense famille au feuillage coloré. Haie fleurie. Port arrondi.
Spiraea x 'Summer Snow' Spirée 'Summer snow'	60cm	80cm	☼☁	Peu exigeant, frais	3	7 et 8	Corymbes, multitude	blanc	Port plutôt aplati. Pour petite haie à fleurs blanches à l'été !
Syringa reticulata Lilas du Japon	10m	8m	☼	Léger, frais, drainé	2	7	Panicule	blanc crème	Imposant écran érigé. Léger parfum. Le plus tardif des lilas.
Syringa reticulata 'Cameo's Jewel' Lilas du Japon 'Cameo's Jewel'	4 à 7m	3 à 5m	☼☁	Léger, frais, drainé	3a	7	Grande panicule	blanc crème	Panachure irrégulière jaune puis crème. Attention aux réversions.
Syringa reticulata 'Chantilly Lace' Lilas du Japon 'Chantilly Lace'	4 à 7m	3 à 5m	☁	Léger, frais, drainé	3a	7	Grande panicule	blanc crème	Panachure régulière blanc crème. Le soleil peut le brûler.
Syringa reticulata 'China Gold' Lilas du Japon 'China Gold'	4 à 7m	3 à 5m	☼☁	Léger, frais, drainé	3a	7	Grande panicule	blanc crème	Passe du doré au printemps au vert-lime à l'été. Floraison tardive.
Syringa reticulata 'Golden Eclipse' Lilas du Japon 'Golden Éclipse'	4 à 7m	3 à 5m	☼☁	Léger, frais, drainé	3a	7	Grande panicule	blanc crème	Ovoïde. Panaché 2 tons de vert puis vert et jaune doré à l'été.
Syringa reticulata 'Ivory Silk' Lilas japonais 'Ivory Silk'	6 à 8m	3m	☼☁	Léger, frais, drainé	2	7	Panicule	blanc ivoire	Plus compact et plus parfumé que l'espèce. Talle érigée.
Tamarix pentendra ramosissima Tamaris de Russie	1,5 à 2m	1 à 2m	☼☁	Ordinaire à pauvre	3	7 à 9	Panicule vaporeuse	rose brillant	Port très désordonné mais feuilles et fleurs très vaporeuses. Différent.

ARBUSTES PERSISTANTS	H	L	☼	TYPE DE SOL	Z	MOIS	FORME	COULEUR	REMARQUE
Leucothoe fontanesiana Leucothoë retombant	80cm	1,5m	☁	Acide, riche	5b	7	Grappe	blanc	Très fragile au Québec. Lent. Dôme arqué, tourne bronze.
Yucca filamentosa Yucca filamenteux	1m	60cm	☼	Sableux, chaud	4	7 et 8	Grande grappe	blanc jaunâtre	Feuillage élancé, rigide vert bleuté en rosette. Léger parfum.
Yucca flaccida 'Golden Sword' Yucca panaché 'Golden Sword'	80cm	60cm	☼	Sablonneux, chaud	4	7 et 8	Épi clochette	blanc crème	Feuilles étroites linéaires, rigides vertes au centre jaune.

MOIS DE FLORAISON

ARBUSTES PERSISTANTS (suite)	H	L	☀	TYPE DE SOL	Z	MOIS	FORME	COULEUR	REMARQUES
Yucca flaccida 'Ivory Tower' Yucca 'Ivory Tower'	1m	1m	☀	Sableneux, chaud	4	7 et 8	Épi clochette	blanc ivoire	Feuillage en forme d'épée, vert pâle à bordure argentée. Léger parfum.
Yucca glauca Yucca baïonnette	80cm	1m	☀	Sec, chaud	4b	7 et 8	Grande hampe	blanc verdâtre	Ôter la hampe florale après la floraison. Feuilles raides, pointues.

GRIMPANTES (Vivaces)	H	L	☀	TYPE DE SOL	Z	MOIS	FORME	COULEUR	REMARQUE
Ampelopsis glandulosa 'Variegata' Ampelope élégant	5m	2m	☀☁	Consistant, frais	5	7 et 8	cyme sans intérêt	vert	Feuilles vert marbré rose et blanches. Baies lustrées multicolores.
Clematis virginiana ⚜ Clématite de Virginie	6m	4m	☀☁	Peu exigeant, drainé	3	6 et 7	Panicule feuillée	blanc	Superbe clématite indigène. Très long rameaux. Aigrette argentée.
Humulus lupulus Houblon d'Europe	5 à 7m	2m	☀	Riche, profond, frais	4	7 et 8	Femelle en cône	verdâtre	Rentre dans la composition de la bière. Gel au sol. À recéper.
Hydrangea anomala ssp. petiolaris Hydrangée grimpante panachée	8m	1,5m	☁	Léger, fertile, acide	5	7	Corymbe fertile, stérile	blanc	Nouveau, maintenant panaché. Vert marginé de jaune. ± rustique.
Hydrangea petiolaris Hydrangée grimpante	7m	1m	☀☁ ☁	Riche, drainé, acide	5	7	Corymbe fertile, stérile	blanc	Aime avoir un paillis au niveau des racines. Beau feuillage dense.
Lonicera periclymenum 'B. Jubilee' Chèvrefeuille des bois 'Berries J.'	5 à 7m	1 à 2m	☀☁	Riche, frais, drainé	4b	7 et 9	Tubulaire pétalée	jaune crème	Feuillage bleu-vert au revers glauque. Baies rouges. Parfumé.
Polygonum aubertii ⚜ Renouée du Turkestan	8m	1m	☀☁ ☁	Tous sols profonds	5b	7 à 9	Fine grappe	blanc	Abondante floraison. Peu vite devenir envahissante.
Polygonum baldschuanicum ⚜ Renouée de Boukhara	10 à 15m	3 à 4m	☀☁	Frais, riche, drainé	4	7	Grappe vaporeuse	blanc puis rose	Croissance rapide. Fruits rouge brun, décoratifs.
Thladiantha dubia 'Eva' Thladiantha 'Eva'	5 à 6m	1m	☀☁	Drainé, plutôt humide	3	7 à 9	Grosse trompette	jaune	Très rapide. Grosses feuilles en cœur de 10cm. A des vrilles. Gros fruit rouge.

VIVACES	H	L	☀	TYPE DE SOL	Z	MOIS	FORME	COULEUR	REMARQUE
Acaena sp. Acaénas	10cm	35cm	☁	Sec, bien drainé	4b	7 et 8	Sans intérêt	Blanc	Feuilles finement dentées. Fruit épineux. Tapis en sol frais à sec.
Acantholimon glumaceum Acantholimon	15cm	30cm	☀	Calcaire, perméable	4	7 et 8	Épi	rouge carmin	Petit coussinet, hérissé, dur et vert foncé. Fissure de rocher.
Acanthus sp. Acanthes	1m à 1,5m	1m	☀☁	Riche, profond	5	7 et 8	Long épi	lilas, rose	Plante imposante, surtout en fleur. Feuillage découpé.
Acanthus spinosus Acanthe	1,5m	1m	☀☁	Léger, drainé,	5	7 et 8	Bractée long épi	blanc, rouge	Géante, résiste très bien en milieu sec. Feuillage découpé.
Achillea ageratifolia Achillée à feuilles agérate	15cm	30cm	☀	Cailloutteux, calcaire	2	7	Corymbe	blanc	Feuillage moyen, gris, laineux, aromatique. Couvre-sol étalé.
Achillea clypeolata Achillée clypéolate	75cm	55cm	☀☁	Ordinaire	3	7 et 8	Ombelle plate.	jaune	Feuillages grisâtres, odorants.
Achillea ptarmica Herbe à éternuer	50cm	50cm	☀☁	Frais à humide	2b	7 à 9	Grappe, pompons	blanc	Souvent naturalisé dans les fossés. Feuilles dentelées. Buisson.
Aconitum napelus Casque de Jupiter	1m	60cm	☀☁	Riche, frais	2b	7 et 8	Hampes stables	bleu, rose	Plantes toxiques. Rajeunir régulièrement. Feuillage découpé.
Aconitum x 'Spark' Capuchon de moine	1,3m	50cm	☀☁ ☁	Riche, frais	2	7 et 8	Hampes stables	bleu, rose	Variété à longue floraison. Toxique. Feuillage découpé.
Adenophora liliifolia 🍀 Adenophore	80cm	30cm	☀☁	Riche, humide	3	7 à 9	Grappe, cloches	bleu	Famille des campanules. Port dressé, stable, vigoureux.
Adenophora tashiroi 🍀 Adenophore tashiroi	30cm	30cm	☀☁	Cailloutteux, riche	3	7	Épi de clochettes	bleu violacé	Quoique peu utilisée, elle aime les rocailles. Envahissante !
Alcea rosea Rose trémière	2m	60cm	☀	Riche, meuble	3b	7 et 8	Longue hampe	var.	Bisannuelle. Plusieurs ont des fleurs doubles. Grosses feuilles.

VIVACES (suite)	H	L	☀	TYPE DE SOL	Z	MOIS ❀	FORME ❀	COULEUR ❀	REMARQUES
Anaphalis margaritace ⚜ Immortelle indigène	65cm	50cm	☀☁	Pauvre, cailloteux	2b	7 à 9	Capitule corymbe	blanc crème	Fleur à texture sèche au touché. Feuilles linéaires vertes et grises. Colonie.
Angelica archangelica Angélique commune	1,2 à 2m	1,2m	☁	Riche, humide	4	7 et 8	Grappe	blanc verdâtre	Bisannuelle géante, classé herbe-fine. Feuilles divisées.
Angelica atropurpurea Angélique	1,8m	1,2m	☁	Riche, humide	4	7 et 8	Grappe	blanc verdâtre	Ses tiges pourpres la rend très décorative. Feuilles divisées.
Angelica gigas Angélique	1,5m	1,2m	☀☁	Riche, humide	5	7 à 9	Grappe	pourpre	Feuilles divisées vertes mais tiges et fleurs pourpres.
Angelica pachycarpa Angélique pachycarpa	1m	1,2m	☁	Riche, humide	4	7 et 8	Grappe	blanc verdâtre	Espèce unique, aux feuilles pennées, lustrées. Nouveau.
Anthemis sp. Camomilles	15 à 70cm	40 à 60cm	☀	Maigre, drainé	3	7 et 8	Capitule	blanc, jaune	Feuillage fin. Rabattre en fin d'été. Vie courte, se ressème.
Anthemis cretica / A. punctata Camomille des carpates	20cm	40cm	☀	Maigre, drainé	3	7 et 8	Capitule	blanc cœur jaune	Florifère et lumineux. Feuillage vert-gris. Port plus compact.
Aralia nudicaule ⚜ Aralie à tiges nues	60cm	50cm	☀☁	Acide, bien drainé	3	7	Ombelle	blanc vert	Feuille unique, composée, émergeant d'un rhizome. Fruit décoratif.
Aralia racemosa ⚜ Aralie à grappes	1,5m	1m	☀☁	Acide, bien drainé	4b	7	Grappe	blanc vert	Utiliser pour aromatiser la 'Rootbeer' Feuillage découpée.
Artemisia lactiflora 'Quizo' Armoise 'Quizho' / 'Guizhou'	1,3m	90cm	☀	Riche, humide	3b	7 et 8	Grand panicule	blanc laiteux	Différent. Gros buisson vert à tige pourpre. Plumeaux lâches.
Aruncus sinensis Aruncus de Chine	1,3m	70cm	☀☁	Riche, acide, frais	4	7 et 8	Panicule léger	blanc crème	Élégante touffe dressée. Plus tardive et texturé que dioicus.
Asclepias tuberosa Herbe aux papillons	70cm	45cm	☀☁	Pauvre, bien drainé	4b	7 et 8	Étoilée, cyme	orange	Variété pour sol sec. Tardif. Touffe évasée, feuilles linéaires.
Astilbe arendsii 'Fanal' Astilbe 'Fanal'	50cm	50cm	☀☁	Riche, frais	4	7 et 8	Plume	rouge écarlate	Beau feuillage bronze pourpré. Port compact, texturé.
Astilbe arendsii 'Lollypop' Astilbe 'Lollypop'	50cm	55cm	☀☁	Riche, frais	4	7,9	Panicule plume	rose	Fleurit plus longtemps que les autres arendsii. Texture fine.
Astilbe chinensis pumila Astilbe nain	30cm	40cm	☀☁	Ordinaire, même sec	4	7 et 8	Panicule plume dense	rose malvacé	Touffe basse. Convient pour la rocaille, auge et sous-bois.
Astilbe chinensis superba Astilbe superba 'Taqueti'	1,2m	60cm	☀☁	Ordinaire, enrichi	4	7 et 8	Grande plume	rose malvacé	Pour massif haut, même en sol sec. Feuilles découpées, poilues.
Astilbe microphylla Astilbe à petites feuilles	1,5 à 1,8m	60 à 80cm	☀☁	Riche, humide	4	7 et 8	Grande plume	Teintes de roses	Variété plus rare. Supporte bien le soleil si le sol est humide.
Astilbe simplicifolia Astilbe à feuilles simples	30cm	30cm	☀☁	Riche, frais	4	7	Panicule plume	rose, saumon	Variétés aux inflorescences lâches. Feuilles vertes ou bronzes.
Astilbe thunbergii 'Ostrich Plume' Astilbe 'Ostrich Plume'	80cm	60cm	☀☁	Riche, frais	4	7 et 8	Plume pleureuse	rose brillant	Larges inflorescences pendentes. Feuillage découpée, lustrée.
Belamcanda chinensis Belamcanda de Chine	80cm	50cm	☀	Ordinaire, drainé	5	7 et 8	Coupe étoilée	orange cuivré	Fleur moustachée, se ressème. Longues feuilles glauques type iris.
Boltonia asteroides Aster à mille fleurs	2m	80cm	☀☁	Frais, riche	3	7 et 8	Ligules rayons	blanc	Voisine des asters. Même port dressé. Feuillage fin, glauque.
Boykinia sp. Boykinia	15 à 80cm	30 à 50cm	☀☁	Humifère, nutritif	4	5 ou 7	Grappe	blanc, rose	Peu connu, elle forme de grands tapis ou gros coussins.
Buphtalmum salicifolium Œil de bœuf	50cm	50cm	☀☁	Caillouteux, frais	3	7 à 9	Capitules, ligules	jaune doré	Très ramifié, feuillé jusqu'au sommet d'où jaillissent les fleurs.
Calamintha alpina / C. acino Calament alpine 🌿	5cm	30cm	☀☁	Léger, poreux	5	6 à 8	Panicule lâche	pourpre	Buissonnant. Vert ou panaché Un peu moins envahissant.
Calamintha sp. 🌿 Calament	40cm	40cm	☀☁	Léger, drainé,	5	7 à 9	Tubulée, verticillée	blanc, rose	Feuillage aromatique vert ou panaché. Tolère l'ombre des arbres.
Calamintha nepeta 🌿 Calament	40cm	40cm	☀☁	Léger, drainé, sec	3	7 à 9	Tubulée, verticillée	rose	Celle qui se comporte le mieux en sol sec. Buisson, aromatique.

MOIS DE FLORAISON

VIVACES (suite)	H	L	☀	TYPE DE SOL	Z	MOIS ✿	FORME ✿	COULEUR ✿	REMARQUES
Callirhoe involucrata Mauve-Pavot	15cm	20cm		Sec, cailloux	5	7 et 8	Coupe, simple	rose carmin	Cultiver comme une annuelle. Rampant, diffus. Auge, rocaille.
Campanula cochleariifolia Campanule pusila / C. fluette	5cm	40cm	☀	Ordinaire, drainé	3	7 et 8	Clochette penchée	blanc, violet	Feuillage rond, luisant. Très tapissant. Clochette délicate.
Campanula raineri Syn. : *Campanula tubinata*	5cm	10cm	☀	Riche, drainé	5	7 et 8	Étoile solitaire	lilas	Tapis de feuilles crispées parsemé d'étoiles. Auge, fissure.
Campanula takesimana Campanule 'Beautyful Trust'	70cm	90cm	☀☁	Léger, drainé	5	7 et 8	Pendante échevelée	blanc lilas	Nouvel hybride tout à fait unique. Limiter son expansion !
Campanula trachelium Campanule gantelée	60 à 90cm	30 à 60cm	☀☁	Sols frais à secs	4b	7 et 8	Longue clochette	blanc à violet	Long épi garni de grandes cloches évasées. Feuilles lancéolées. Irritante.
Campanula waldsteiniana Campanule de Waldstein	10 à 15cm	5 à 10cm	☀☁	Graveleux, pauvre	4	7 et 8	Clochette	lilas à violet	Feuillage filiforme surmonté de fleurs. Convient aux dallages.
Carlina acaulis Carline	10 cm	50cm	☀☁	Sec, cailloux	4	7 et 8	Capitule, bracté	blanc argenté	De courte durée. Épineux. Originale. Fleur coupée.
Centaurea hypoleuca 'John Coutts' Centaurée 'John Coutts'	50cm	50cm	☀☁	Ordinaire, pauvre	3	7 à 9	Ligules frangées	rose vif	Ressemble à *C. dealbata*. Floraison plus longue, tardive.
Centaurea macrocephala Centaurée gros cerveau	1,1m	60cm	☀☁	Ordinaire à calcaire	3b	7 et 8	Capitule, bractée	jaune	Grosse touffe imposante terminer par d'énormes capitules. Fleur séchée.
Centaurea sp. Centaurées	0,3 à 1,2m	30 à 60cm	☀	Pauvre, calcaire, sec	3	var.	Capitule	bleu, rose, jaune	Certains à port buissonnant, d'autres dressés. Facile.
Cephalaria alpina Scabieuse des Alpes	90cm	50cm	☀☁	Tous les sols	5	7 et 8	Capitule double	jaune pâle	Voisine de la scabieuse. Pour rocaille naturelle, champêtre.
Cerastotigma plumbago Plumbago / Dentelaire	25cm	40cm	☀☁	Meuble, drainé	5	7 à 10	Groupé simple	bleu gentiane	Rampant pour talus, base des arbustes. Rapide. Superbe.
Chelone glabra ⚜ Galane glabre	80cm	50cm	☀☁	Riche, humide	3	7 à 9	Tubulaire, épi dense	blanc à rosé	Touffe dressée, plus hâtive que *C. obliqua*. Culture facile.
Cimicifuga racemosa Cierge d'argent à grappes	1,2m	60cm	☁	Profond, humide	3	7 et 8	Très long épi	blanc, parfumé	Floraison hâtive. Peu ramifié. 3 cultivars à feuilles pourpres.
Coreopsis x hybrida Coréopsis	45 à 60cm	45cm	☀	Ordinaire, meuble	5b	7 à 9	Capitule	rose, rouge	Plusieurs nouveautés. Texture légère. Superbe ! Moins rustique.
Coreopsis rosea sp. Coréopsis rose	25cm	30cm	☀	Frais	3	7 et 8	Capitule	rose	Feuillage très fin. Aime voisiner les roches. Joli massif.
Cymbalaria muralis ⚜ Linaire	10cm	30cm	☁	Frais à sec	4	7 à 9	Coussin masse	lilas	Feuillage tout aussi intéressant que ses fleurs. Tapis délicat.
Cymbalaria pallida Ruine de Rome	3 à 5cm	20 à 30cm	☁	Frais à sec, drainé	4	7 à 9	Type muflier	lilas	Rampante lustrée, se dirigeant dans toutes les directions.
Delphinium grandiflorum Pied d'alouette nain	30cm	35cm	☀	Chaud, drainé	3	7 et 8	Épi lâche	bleu gentiane	Naine, intéressante en rocaille et dallage. Compacte, colorée.
Delphinium hybride Pied d'alouette	1 à 1,8m	60cm	☀	Riche, drainé	3	7	Longue grappe	var.	Ces géantes érigées doivent être tuteurées. Magnifique.
Dianthus amurensis Œillet rose	30cm	30cm	☀	Sec, chaud	5	7 à 9	Simple frangée	violacé	Coussin relâché gris-vert, feuilles élancées, rigides.
Digitalis parviflora Digitale à petites fleurs	20cm	30cm	☀☁	Perméable, drainé	4	7	Tubulaire long épi	marron	Différente avec ses petites fleurs et ses feuilles élancées le long de la tige.
Dipsacus fullonum Cardère sauvage	1 à 2m	70 à 90cm	☁	Ordinaire	4b	7 et 8	Capitule, fleurons	rose	Aussi appelé cabaret des oiseaux parce que les feuilles retiennent l'eau.
Dipsacus sylvestris ⚜ Cardère commune	1,2 à 1,8m	80cm	☁	Ordinaire	4b	7 et 8	Capitule, fleurons	lilas, rose	Bisannuelle. Port hérissé et majestueux. Pitoresque.
Dracocephalum sp. Tête de dragon	25 à 50cm	40cm	☀☁	Sableux, frais à sec	3	7 et 8	Tubulaire, grappe	bleu violet	Ressemble à la sauge bleu. En sol humide, placer au soleil.
Drosera sp. ⚜ Syn. : *Rossolis*	3 à 40cm	10 à 45cm	☀	Très acide, humide	4 à 6	7 et 8	Épillet unilatéral	rose	Plante carnivore de tourbière. Feuilles se refermant sur leur proie.

VIVACES (suite)	H	L	☀	TYPE DE SOL	Z	MOIS ✿	FORME ✿	COULEUR ✿	REMARQUES
Echinacea pallida Échinacée pâle	90cm	40cm	☀☁	Ordinaire, drainé	3	7 à 9	Ligule retombant	rose lilas cône brun	Pétales pendantes, déprimées. Port dressé, feuilles rugueuses.
Echinacea paradoxa Échinacée brauneria jaune	90cm	60cm	☀☁	Tous sols frais	3	7	Ligule retombant	jaune cône brun	Par sa couleur, ressemble à une *Rudbeckia*. Champêtre.
Echinacea purpurea spp. Échinacée pourpre	0,5 à 1m	40 à 60cm	☀☁	Ordinaire, frais	3	7 à 9	Ligule retombant	blanc, rose, cône brun	Plante solide, fiable et de longue floraison. Port dressé.
Echinacea tennesseensis Échinacée du Tennessee	80cm	60cm	☀☁	Ordinaire, frais	3	7 et 8	Ligule remontant	pourpre cône brun	Très résistante. Différente, pétales recourbées vers le haut.
Echinops bannaticus sp. Boule azurée	1,2m	80cm	☀☁	Profond, drainé	3	7 et 8	Capitule globulaire	bleu intense	Tige forte, grisâtre. Grosse fleur. Feuilles épineuses vert argenté.
Echinops ritro sp. Chardon bleu	90cm	60cm	☀	Meuble, profond	3	7 à 9	Grosse boule	bleu métalique	Feuilles épineuses grisâtres et fleur originale, longue durée.
Echinops sphaerocephalus 'A. Glow' Boule azurée 'Arctic Glow'	1m	70cm	☀☁	Profond, drainé	3	7 et 8	Capitule globulaire	blanc grisâtre	Feuilles épineuses. Tige rouge. Ressemble aux chardons.
Edraianthus graminifolius Édraianthe à feuilles de graminée	10cm	25cm	☀☁	Caillouteux, drainé	4b	7 à 9	Bouquet de cloches	bleu	Rosette de feuilles étroites. Cousine des campanules.
Edraianthus sp. Édraianthe	10 à 20cm	10 à 20cm	☀☁	Caillouteux, drainé	4b	7 à 9	Clochette	bleu, violet	Différente les unes des autres. Tous faciles en auge.
Eoemecon chionantum Pavot de neige	40cm	60cm	☁	Frais à humide, drainé	6	7	Simple	blanc	Fleurs bien au-dessus du feuillage rond, luisant. S'étale.
Epilobium dodonaei Épilobe à feuilles de romarin	60cm	35cm	☀☁	Caillouteux, frais	2	7 à 9	Épi lâche	rose magenta	Touffe dressée, feuilles linéaires, bleutées. Robuste.
Epilobium fleischeri Épilobe de Fleischer	25cm	30cm	☀☁	Caillouteux, frais	2	7 à 9	Épi lâche	rose magenta	Un petit épilobe résistant. Touffe lâche. Enjolive murets aussi.
Eriogonum umbellata Ériogone	20cm	40cm	☀	Tous sols drainés	3	7 à 9	Ombelle boule	jaune soufre	Feuillage très duveteux, pour situation chaude. Coussin lâche.
Eryngium sp. Panicaut / Chardon	70cm	35cm	☀	Sec, bien drainé	3	7 et 8	Capitule et bracté	bleu métal	Tous originaux avec leur fleurs bleu acier entourées de bractées. Argenté.
Erysimum pulchellum / Cheiranthus Vélar giroflée	40cm	60cm	☀☁	Frais, drainé	5	7 et 8	Grappe	rose, orangé	Coussin étalé, tiges nombreuses. Feuillage gris-vert. Rocaille.
Eupatorium maculatum Eupatoire maculée	2m	1m	☀☁	Riche, humide, lourd	3	7 à 9	Corymbe aplati	rose pourpre	Port imposant pour jardin sauvage. Tige maculée de pourpre.
Eupatorium purpureum Eupatoire tige pourpre	2m	1m	☀☁	Riche, humide	4	7 à 9	Corymbe aplati	rose mauve	Lorsque froissées, ses feuilles sentent la vanille. Imposant.
Eupatorium rugosum 'Chocolate' Eupatoire rugueux 'Chocolate'	80cm	40cm	☀☁	Riche, humide	5	7 et 8	Panicule lâche	blanc	Variété aux feuilles pourprées. Port buissonnant, décoratif.
Foeniculum vulgare Fenouil commun	1,5m	70cm	☀	Ordinaire	6	7 et 8	Ombelle légère	jaunâtre	Plante à stature haute et à feuillage léger, plumeux.
Foeniculum vulgare purpureum Fenouil commun pourpre	1,8m	90cm	☀	Ordinaire	5b	7 et 8	Sans intérêt	—	Feuillage pourpre. Fond de scène. Oter semences.
Fillipendula rubra Reine-des-prés rose	1,8m	60cm	☀☁	Riche, frais	3	7 et 8	Panicule, corymbe	rose	Fleurit presque 4 semaines. Port dressé, feuillage découpé.
Fillipendula rubra venusta Fillipendule 'Magnifique'	1,8m	70cm	☀☁	Riche, frais	3	7 et 8	Panicule plume	rose carmin	La plus majestueuse des fillipendules. Rare. Port dressé.
Galega officinalis Galéga / Rue des chèvres	1m	1m	☀☁	Profond, perméable	4	7 à 9	Racème dressé	blanc, rose lavande	Rabattre après floraison. Port buissonnant. Tuteurer parfois.
Gaura lindheimeri Gaura lindheimeri	0,6 à 1,2m	60 à 90cm	☀☁	Tous sols drainés	5	7 à 10	Épi gracieux	blanc rose	Vivace de courte durée, se ressème. Buissonnant, dressé.
Geranium thunbergii Bec de Grue	30cm	50cm	☀☁	Ordinaire, même sec	6b	7 à 9	Coussin étalé	blanc, rose	Se comporte très bien en sol sec. Plus tardive. Se ressème.
Gillenia trifoliata Spirée trifoliée	90cm	65cm	☁	Acide, humide	4	7 et 8	Étoile, calice rouge	blanc laiteux	Port érigé, gracieux. Fleurs aériennes. À découvrir, vaporeux.
Gypsophila paniculata Soupir de bébé	0,5 à 1m	55cm	☀	Ordinaire, consistant	3	7 et 8	Simple, double	blanc, rosé	Ajoute de la légèreté aux plate-bandes. Brouillard, monticule.

VIVACES (suite)	H	L	☼	TYPE DE SOL	Z	MOIS	FORME	COULEUR	REMARQUES
Hebe sp. Hebes	30 à 80cm	0,5 à 1,5m	☼	Poreux, drainé	5b	7 et 8	Épi ou grappe	Blanc à violet	Plusieurs variétés, toutes à feuillage attrayant. Sous-arbrisseau fragile.
Helenium x *hybrida* Hélénie d'automne hybride	0,8 à 1,2m	40cm	☼	Riche, frais	3	7 à 9	Capitule	jaune, rouge, brun	Fleurs lumineuses. Port stable. Rajeunir aux 2 à 3 ans.
Heliopsis helianthoides Héliopside faux soleil	1m	75cm	☼☁	Riche, meuble, frais	3	7 à 9	simple, double	jaune	Très florifère. Supprimer fleurs fanées. Masse imposante.
Heliopsis helianthoides 'Loraine S.' Héliopside 'Loraine Sunshine'	70cm	40 à 75cm	☼☁	Riche, meuble, frais	3b	7 et 8	Capitule simple	jaune doré	Feuillage crème nervuré vert. Port dressé. Plate-bande, massif.
Hemerocallis sp. Lis d'un jour	var.	var.	☼☁	Riche, frais	var.	7	Montée sur hampe	Teintes chaudes	Préfèrent le soleil, supportent l'ombre. Touffe, feuilles rubanées.
Hemerocallis 'Black Eyed Stella' Hémérocalle 'Black Eyed Stella'	60cm	30cm	☼☁	Riche, frais	4	7	Trompette	Jaune halo rouge	Floraison nocturne et très florifère. Miniature, remontante.
Heracleum mantegazzianum Grande Berce	2 à 3m	1,5m	☼☁	Riche, frais, profond	3	7 et 8	Grande ombelle	blanc	Port majestueux. Feuilles très découpées, irritantes. Placer en retrait.
Herniaria glabra Herniarie	5cm	30cm	☼☁	Perméable, sableux	3	7 et 8	Grappe discrète	vert jaunâtre	Très tapissante, vert tendre. Pousses plaquées au sol.
Heuchera sp. Heuchères	20 à 60cm	30 à 60cm	☼☁	Riche, frais, drainé	3	7 et 8	Grappe, brouillard	blanc rouge	Fabuleux. Pour tout jardin où le feuillage est à l'honneur.
Hosta sp. Hostas	0,1 à 1m	20 à 90cm	☁	Riche, frais	3 et 4	3 et 4	Hampe, florale, cloche	Teintes mauve	La majorité fleurissent en juillet. Plante vedette à feuillage coloré.
Houttuynia cordata Plante caméléon	50cm	55cm	☼☁☁	Riche, humide	4	7 et 8	Sans intérêt	blanc	Feuilles rouges, jaunes, vertes et crèmes. Odeur fereuse. Couvre-sol.
Hypericum calycinum Millepertuis	30cm	50cm	☼☁	Profond, drainé	5	7 et 8	Bouquet d'étamines	jaune	Ne pas rabattre au printemps. Semi-persistante, vert glauque.
Hypericum olympicum Millepertuis rampant	15cm	30cm	☼☁	Profond, drainé	4	7 et 8	Grande fleur+ étamines	jaune	Croissance rapide. Rabattre tôt au printemps. Persistant.
Hyssopus officinalis Hysope	60cm	30 à 50cm	☼	Sableux, léger, calcaire	5	7 et 8	Grappe	bleu	Les tiges, feuilles et fleurs sont comestibles. Feuillage fin.
Incarvillea delavayi Incarvillée	50cm	40cm	☼	Profond, riche, drainé	4b	7	Grosse trompette	rose carmin	Sa fleur est spectaculaire, feuilles pennées, luisantes.
Inula ensifolia Aunée	50cm	40cm	☼	Calcaire, riche, poreux	3	7	Capitule rayon	jaune orangé	Coussin très dense et feuillu parsemé de fleurs rayonnantes.
Inula helenium Aulnée hélénie	2m	1m	☼	Profond, riche, frais	3	7 et 8	Capitule rayonnante	jaune clair	Feuilles 80cm long. Vigoureuse. Fond de scène. Fleur en rayon.
Inula magnifica Aulnée magnifique	1,5m	80cm	☼	Profond, frais	3	7 et 8	Capitule rayonnante	jaune 12 cm	Moins grande que *Inula helenium* mais aussi jolie.
Jasione laevis / *J. perennis* Jasione	25cm	30cm	☼☁	Pauvre, acide	4	7 et 8	Pompon ébouriffé	bleu brillant	Coussin, feuilles lancéolées, velues. Craint l'excès d'humidité.
Jovibarba sp. Joubarbe / Barbe de Jupiter	10 à 15cm	15 à 20cm	☼☁	Très peu de terre	3	7 et 8	Étoilée	jaune	Comme la *sempervivum*, sa cousine, sa culture est facile.
Knautia macedonica Knautie	90cm	40cm	☼	Chaud, drainé	5	7 et 8	Capitule double	violet, rose	Fleurs type scabieuse, ressortent de la touffe de feuilles. Racine pivot.
Kniphofia sp. / *Tritoma* Tison de Satan	0,6 à 1m	40 à 60cm	☼	Riche, chaud, drainé	5	7	Long épi dense	Teintes orangés	Culture difficile. Protéger l'hiver Touffe érigée, linéaire.
Lavandula sp. Lavendes	60cm	50cm	☼	Sec, drainé, calcaire	4 et 5	7	Épi odorant	mauve, rose	Utiliser en bordure. Feuilles linéaires, grisâtres, odorantes.
Lavatera sp. Lavatères	1,8m	90cm	☼☁	Perméable, profond	4	7 à 9	Coupe échancré	blanc, rose	Arbuste dressé, classé parmi les vivaces. Pour climat doux.
Leontopodium alpinum Edelweiss	10 à 15cm	25cm	☼	Pauvre, sec, calcaire	4	7 et 8	Bractée laineuse	blanc	Alpine classique pour auge et rocaille. Feuilles linéaires grisâtres.
Leontopodium nivale Edelweiss nain	5 à 10cm	10 à 15cm	☼	Pauvre, sec, calcaire	4	7 et 8	Bractée laineuse	blanc	Forme très naine du *Leontopodium*. Auge - jardin alpin.
Leuzea rhapontica Leuzéa	1,2m	60cm	☼	Riche, profond	5	7 et 8	Bouton, bractée	rose lilacé	Type *centaurea* géante. Massif. Grandes feuilles basales 60cm long.

VIVACES (suite)	H	L	☼	TYPE DE SOL	Z	MOIS ❀	FORME ❀	COULEUR ❀	REMARQUES
Liatris pycnostachya Liatride du Kansas	1,5 à 1,8m	50cm	☼	Riche, sec, drainé	3	7 à 9	Long épi dense	pourpre virant blanc	Tiges feuillées comme une graminée. La plus haute des *liatris*.
Liatris spicata sp. Liatride à épi	60 à 90cm	50cm	☼☁	Riche, sec, drainé	3	7 à 9	Long épi dense	blanc, violet	Épi plumeux ouvrant par le sommet. Feuilles linéaires le long de la tige.
Ligularia macrophylla Ligulaire à grandes feuilles	1,5m	90cm	☼☁	Riche, humide	3	7 et 8	Épi conique	jaune vif	Le plus résistant aux sols secs. Feuilles elliptiques dentées bleu-vert.
Ligularia x palmatiloba Ligulaire à feuilles palmées	90cm	0,9 à 1,2m	☼☁	Riche, humide	4	7 et 8	Capitule rayon	jaune	Feuillage vert, rond, profondément lobé. Nouvelle variété.
Ligularia przewalskii Ligulaire de Przewalski	1,5m	1m	☼☁	Riche, humide	4	7 et 8	Longs épis étroits	jaune	Feuilles encore plus découpées que The Rocket.
Ligularia stenocephala 'The Rocket' Ligulaire 'The Rocket'	1,5 à 1,8m	1m	☼☁	Riche, humide	4	7 et 8	Longs épis étroits	jaune	Feuilles découpées en forme de fer de lance. Vert.
Ligularia tussilaginea 'Cristata' Ligulaire 'Cristata'	60cm	60cm	☁	Riche, humide	6	7 à 9	Type marguerite	jaune	Vivace tendre. Feuilles très ondulées, crispées, bleu-gris à nervures blanches.
Linnaea borealis Linnée boréale	10cm	30cm	☁	Acide, humifère	1	7 et 8	Clochettes penchées	rose odorante	Pour couvrir de grands espaces boisé. Petites feuilles rondes, chapelet.
Lobelia cardinalis Lobélie cardinale	90cm	30cm	☼☁	Riche, bien drainé	3	7 à 9	Grappe dense	rouge écarlate	Populaire mais capricieuse. Feuilles linéaires, vertes ou pourpres.
Lobelia fulgens 'Elmfeuer' Lobélie 'Elm Fire' / 'Elmfeuer'	90cm	50cm	☼☁	Riche, humide	5	7 à 9	Grappe dense	rouge	Port érigé d'où émergent de grands épis rouges. Feuillage bronze.
Lobelia fulgens sp. Lobélie splendens	90cm	60cm	☼☁	Riche, frais, drainé	5	7 à 9	Grappe dense	rouge écarlate	Feuillage pourpre. Courte vie. Rabattre après floraison.
Lobelia x gerardii Lobélie de Gérard	70cm	50cm	☼☁	Riche, frais, drainé	3	7 à 9	Longue grappe	violet foncé	Un des plus rustiques. Longues Feuilles vertes teintées de pourpre.
Lobelia siphilitica Lobélie bleue	90cm	60cm	☼☁	Riche, frais, drainé	3	7 à 9	Grappe dense	bleu violacé	Pour massif mi-ombragé. Floraison intéressante. Très feuillus.
Lobelia x speciosa Lobélie hybride	90cm	60cm	☼☁	Riche, frais, drainé	3	7 à 9	Grappe dense	rose, rouge	Variété présentant la plus longue floraison. Feuilles vertes ou bronzes.
Lotus corniculatus Lotier	15cm	30cm	☼	Sec, riche	3	7 et 8	Grappe de 3 à 6	jaune	Couvre-sol peu cultivé. Résistant au sel. Feuilles à 5 folioles.
Lychnis chalcedonica Croix de Jérusalem	1m	55cm	☼☁	Ordinaire	3	7	Cyme dense	blanc, rouge	Grosse touffe dressée d'où émergent les fleurs. Rabattre.
Lychnis coronaria Coquelourde	70cm	60cm	☼	Ordinaire	3	7 et 8	Dispersée	blanc, rose	Touffe très ramifiée, gris argenté, vagabonde par semis.
Lychnis flos-jovis Fleur de Jupiter	30 à 60cm	30cm	☼	Sol bien drainé	3	6 et 7	Groupée 4 à 10	rose pourpre	Coussin bas, gris. Fleurs sur tiges raides. Moins connu.
Lychnis flos-jovis 'Peggy' Silene de dieu / Fleur de Jupiter	25cm	40cm	☼	Sec, drainé	4	7 et 8	Pétale échancré	rose cerise	Feuillage laineux, gris-vert Variété compacte.
Lysimachia ciliata 'Firecracker' Lysimaque 'Firecracker'	70cm	50cm	☼	Riche, humide	3	7 et 8	Épi lâche	jaune	Pourpre foncé tournant jaune orangé vif à l'automne. Massif.
Lysimachia clethroïdes Cou d'oie	90cm	60cm	☼☁	Riche, frais à humide	3	7 à 9	Épi courbé	blanc	Port dressé, vigoureux. À contrôler. Fleur coudée.
Lythrum salicaria Salicaire pourpre	90cm	60cm	☼☁	Ordinaire, humide	3	7 à 9	Groupé en verticille	pourpre	On la retrouve en grande colonie là où le sol est humide.
Macleaya cordata Syn.: *Bocconia cordata*	2,5m	1,5m	☼☁	Riche, profond	3	7 et 8	Panicule plume	crème, beige	Feuilles arrondies, lobées dessous blanc. Fruits décoratifs. Pour grands espaces.
Monarda didyma Monarde	0,6 à 1m	55cm	☼☁	Riche, frais, drainé	3	7 et 8	Couronne ébouriffée	blanc à rouge	Nouveaux cultivars résistants au «blanc». Gros massif. Aromatique.
Nepeta x faassenii 'Six Hills Giant' Népéta 'Six Hills Giant'	30 à 50cm	50cm	☼	Léger, sec	4	7 et 8	Tiges verticillées	bleu	Rabattre en saison pour prolonger la floraison. Port dressé.

MOIS DE FLORAISON

VIVACES (suite)

	H	L	☼	TYPE DE SOL	Z	MOIS ✿	FORME ✿	COULEUR ✿	REMARQUES
Nepeta mussinii **Herbe aux chats**	20cm	40cm	☼	Léger, sec	4	7 et 8	Massif, épi court	Bleu violet	Rabattre légèrement en saison. Touffe étalée. Aromatique.
Oenanthe javanica **Oenanthe à feuilles de céleri**	30cm	40cm	☼☁	Tous sols humides	3	7 et 8	Étoilé	blanc	Variété commune à feuilles vertes type céleri. Aime bord de l'eau.
Oenanthe javanica 'Flamingo' **Céleri d'eau panaché**	25cm	30cm	☁	Riche, humide	5	—	Sans intérêt	—	Pour endroit très humide. Feuillage vert, blanc, rose.
Oenothera biennis **Onagre bisannuelle**	0,8 à 1,5m	60 à 80cm	☼☁	Peu exigeant, drainé	4	7 et 8	Groupée, simple	jaune odorante	Parfumée le soir. Port dressé, rigide, branché. Racine comestible.
Oenothera perennis **Onagre**	20 à 50cm	30 à 40cm	☼☁	Prairie sèche	3	7	Coupe évasée, jaune	jaune	Une indigène aimée des oiseaux. Port ramifié. Tiges feuillées.
Onopordum acanthium **Chardon écossais**	1,5 à 1,8m	1,2m	☼	Profond, sec, riche	4	7	Fleurs de chardon	rose vif	Feuilles épineuses, argentées. Tiges divergentes type cactus.
Ophiopogon sp. **Ophiopogon**	15cm	30cm	☁	Limoneux, riche	5b	7 et 8	Pompons éparses	blanc rosé	Feuilles linéaires vert ou noir, en touffe. À protéger à tout prix.
Ophiopogon palniscapus nigrum **Ophiopogon**	15cm	30cm	☁	Limoneux, riche	5b	7 et 8	Pompons éparses	blanc rosé	Feuillage type graminée pourpre noir contrastant. Sous-bois.
Papaver alpinum **Pavot alpin**	15 à 25cm	10 à 20cm	☼	Ordinaire, drainé	3	7	Simple, satiné	teintes chaudes	Feuillage vert bleuté très divisé. Vivace éphémère. Rocaille, auge.
Penstemon pinifolius **Penstemon pinifolius**	25 à 30cm	30cm	☼	Sec, drainé	3	7 et 8	Épis lâches	rouge orangé	Coussin. Tiges couvertes de feuilles en aiguilles. Colibri.
Perovskia abrotanoides **Sauge de Russie**	75cm	40cm	☼	Poreux, chaud	5	7 à 9	Longue grappe	bleu, lilas	La taille s'effectue au printemps. Dressé, branchu, texture fine.
Perovskia atriplicifolia 'Little Spire' **Sauge de Russie** 'Little Spire'	80cm	60cm	☼	Perméable	4	7 à 9	Longue panicule	bleu violacé	Plus compacte que l'espèce mais aussi aromatique et argentée.
Petrorhagia illyriaca Syn. : *Petrorhagia tunica*	30cm	25cm	☼	Sec, calcaire	4	7,8	Brouillard	rose veiné	Couvre-sol pour petit espace sec. Auge. Petit coussin léger.
Petrorhagia saxifraga **Fleur de Tunique**	30cm	25cm	☼	Sec, calcaire,	5	7,8	Coussin, petites fleurs	rosé	Ressemble à la gypsophile. Petit coussin ramifié. Florifère.
Phlomis viscosa Syn. : *Plomis russeliana*	1m	90cm	☼☁	Ordinaire, drainé	3	7 et 8	Tubulée, verticillée	jaune	Épi de couronne superposée. Sol sec sous les arbres.
Phlox paniculata **Phlox des jardins**	60 à 90cm	55cm	☼☁	Riche, frais	3	7 à 9	Grosse panicule	var., parfumé	Très populaire. Cultivé sur monticule drainé, en site aéré.
Physalis alkekengi **Lanterne chinoise**	80cm	50cm	☼☁	Ordinaire	3	7	Sans intérêt	blanc	Surtout cultivée pour ses fruits oranges vifs, texture papier.
Physostegia virg. 'Olympus Gold' **Physostégie** 'Olympus Gold'	70cm	60cm	☼☁	Riche, frais	3b	7 et 8	Épi 4 rangs	rose pâle	Panaché gris et jaune. Résistante aux maladies. Ordonnée, vigoureuse.
Phyteuma nigrum **Phyteuma noir**	25cm	20cm	☁	Riche, bien drainé !	3	7	Épi rond bracté	bleu, blanc, rose	Feuilles linéaires en rosette. Gracieuse, méconnue, exotique.
Phyteuma sibirrcum **Phyteuma de Sibérie**	15cm	15cm	☁	Riche, bien drainé !	3	7	Épi	bleu foncé	Plus rustique que *nigrum*. Monticule rond. Feuilles linéaires.
Platycodon grandiflorus **Platycodon à grandes fleurs**	70cm	40cm	☼☁	Riche, drainé	3	7 à 9	Grosse étoile	blanc, bleu	Bouton en ballon. 4 semaines de floraison. Lent à débourer.
Polemonium foliosissimum Syn. : *Polemonium filicinum*	85cm	60cm	☼☁	Riche, humide	3	7 et 8	Groupée, cyme	blanc à violet	Feuillage très texturé. Odorant. Vigoureux. Plus tardif.
Polygonum capitatum **Persicaire** 'Carpet' / Renouée	10cm	25cm	☼☁	Riche, frais	3	7 à 9	Épi ou racème	var.	Petites feuilles marquées d'un V brun. Se ressème facilement.
Polygonum filiforme 'Variegatum' **Persicaire panaché**	1,2m	70cm	☁	Riche, frais, drainé	5	7 et 8	Épi très fin	rose	Masse imposante de feuilles panachées vert et blanc. Originale.
Polygonum sp. **Renouée** / Persicaire	0,1 à 1,2m	25 à 80cm	☼☁	Riche, frais	var.	var.	Épi ou racème	blanc, rose, rouge	Plusieurs variétés. Presque toutes à feuillage intéressant.
Polygonum weyrichii **Persicaire** / Renouée	1m	80cm	☼☁☁	Riche, frais	4	7 et 8	Panicules vaporeux	crème	Pour grand massif. À isoler. Complément d'arbuste.

VIVACES (suite)	H	L	☀	TYPE DE SOL	Z	MOIS ✿	FORME ✿	COULEUR ✿	REMARQUES
Primula capitata Primevère capitata	20cm	20cm	☀☁	Frais, drainé	3	7 à 9	globuleux	bleu foncé	Surtout utilisée pour les jardins alpins et auges. Tardive.
Prunella vulgaris ⚜ Prunelle commune	10 à 20cm	30 à 70cm	☀☁	Sec à humide	3	7 à 9	Épi, aggloméré	violet, blanc	Plante rampante ± ordonnée. Très commune sur le bord des routes.
Pterocephallus perennis Syn. : *Pterocephallus parnassii*	5cm	30cm	☀	Calcaire, drainé	5	7 et 8	Capitule	rose pâle	Scabieuse naine qui tolère un sol maigre. Coussin grisâtre.
Ptilostemon afer Chardon d'Afrique du nord	30 à 50cm	30cm	☀☁	Peu exigeant	5b	7 et 8	Type chardon	lilas pâle	Beau feuillage piquant en rosette, vert nervuré gris. Bisannuelle.
Pyrole elliptica ⚜ Pyrole élliptique	20cm	15cm	☁☂	Acide, sec	3	7	Grappe penchée	blanc odorant	Feuilles ovales, minces, mates. Pour sous-bois conifères, jardin sauvage.
Raoulia australis Mouton végétal	2 à 5cm	20 à 90cm	☀	Graveleux, drainé	4	7 et 8	Capitules, petites	jaune soufre	Croît lentement. Beau tapis très dense, blanchâtre. Rare.
Ratibida columnaris Chapeau mexicain	90cm	45cm	☀	Fertile, drainé	3	7 à 9	Capitule haut, ligules tombants	Pourpre cœur brun	Très jolie dans un jardin champêtre. Port érigé. Feuillage fin. Peu connu.
Ratibida pinnata Chapeau mexicain	1 à 1,3m	45cm	☀	Fertile à pauvre, drainé	3	7 à 9	Capitule haut, ligules tombants	jaune cœur brun	Jardin champêtre. Tolère sols pauvres. Léger parfum d'anis.
Rhodiola sp. Faux sédum roseum	25cm	30cm	☀	Tous sols légers	1	7 et 8	Dense, étoilée	blanc, rose, jaune	Souvent confondu comme un sédum moins charnu.
Rosularia alba Joubarbe naine	5cm	20cm	☀	Ordinaire, drainé	3	7 et 8	Étoilée	blanche	Ressemble à un croisement d'un sédum et d'une joubarbe.
Rudbeckia fulgida Rudbeckie jaune	75cm	55cm	☀☁	Riche, drainé	3	7 à 9	Capitule cône brun	jaune doré	Belle touffe arrondie. Feuilles rugueuses. Très longue floraison.
Rudbeckia hirta ⚜ Rudbeckie hisurde	10 à 90cm	55cm	☀☁	Riche, drainé	4	7 à 9	Capitule cône brun	jaune orange	Bisannuelle, se ressème à profusion. Cultivars très variés. Touffes arrondies.
Rudbeckia laciniata ⚜ 🌿 Rudbéckie laciniée	1,5m	65cm	☀☁	Riche, drainé	2	7 à 9	Capitule cône vert	jaune	Fond de grand massif ou bord de pièce d'eau. Grande touffe dressée.
Rudbeckia nitita 'Herbstonne' Rudbeckia 'Herbstonne'	1,5m	80cm	☀☁	Riche, drainé	3	7 à 9	Capitule cône vert	jaune citron	Beaucoup plus facile à contrôler que *R. laciniata*. Glauque.
Salvia x superba / *S. nemorosa* Sauge superbe	40 à 80cm	60cm	☀	Ordinaire, sec	3b	7 et 8	Épi verticillé	bleu, rose	Végétation dense, bractée très colorée. Aromatique.
Salvia nipponica 'Fuji Snow' Sauge 'Fuji Snow'	50cm	40cm	☀	Ordinaire, fertile, sec	5	7 et 8	Épis longs	blanc crème	Très beau feuillage pointu, panaché, aromatique. Épis gracieux.
Salvia pratensis (*transsylvanica*) Sauge des prés	70cm	50cm	☀	Riche, calcaire, sec	4	7 et 8	Grappe longue	bleu violet	Touffe dressée. Feuilles larges, rugueuses. Rabattre en août.
Salvia sclarea Sauge sclarée	1m	60cm	☀	Ordinaire, sec	5	7 et 8	Épi lâche	blanc, rose, lilas	Bisannuelle. Bractées très apparentes. Parfume les vins.
Salvia verticillata Sauge verticillée	55cm	50cm	☀	Ordinaire, sec	5	7 à 9	Racème verticillée	blanc, violet	Port étalé. Très florifère. Supprimer les fleurs fanées.
Sanguisorba sp. Sanguisorbes	1,1m	70cm	☀☁	Riche, frais, profond	3b	7 à 9	Épi retombant	blanc à pourpre	Longs épis arqués émergeant des belles feuilles découpées, glauques.
Santolina chamaecyparissus Santoline / Lavande coton	50cm	60cm	☀	Sec, bien drainé	5b	7 et 8	Sans intérêt	jaune	Beau feuillage de dentelles argentées. Mosaïque, bordure.
Scabiosa graminifolia Scabieuse à feuilles de graminée	60cm	45cm	☀	Sec, calcaire, chaud	4	7 à 9	Pompon	bleu lilas	Feuilles minces, argentées. Dallage, muret. La seule en sol sec.
Scabiosa columbaria var. *ochroleuca* Scabieuse à fleurs jaunes	70cm	40cm	☀	Riche, drainé	5	7 à 9	Capitule	jaune crème	Bisannuelle, feuillage persistant. Multitude de fleurs. Méconnue.
Scrophularia buergeriana 'L. and L.' Scrophulaire 'Lemon and Lime'	60 à 90cm	60 à 80cm	☀☁	Riche, drainé	4b	7 et 8	Cyme sans intérêt	jaune verdâtre	Monticule dense. Utilisé pour ses feuilles jaune-lime au centre vert.
Sedum alboroseum 'Mediovarigata' Orpin panaché	50cm	50cm	☀☁	Ordinaire, drainé	3	7 à 9	Corymbe	rose pâle	Feuillage vert-bleuté panaché irrégulièrement de blanc. Beau à mi-ombre.

MOIS DE FLORAISON

VIVACES (suite)	H	L	☀	TYPE DE SOL	Z	MOIS ✿	FORME ✿	COULEUR ✿	REMARQUES
Sedum x 'Lynda Windsor' **Orpin** 'Lynda windsor'	40cm	60cm	☀☁	Consistant, drainé	3	7 à 9	Grappe dense	rouge rubis	Feuilles pourpres foncées brillantes. Parmi les plus foncés.
Sedum spectabilis 'African Sunset' **Orpin** 'African Sunset'	50cm	50cm	☀☁	Consistant, drainé	2	7 à 9	Grappe dense	rouge ardent	Nouvelle variété très foncée, feuillage lustré, brillant, pourpre.
Sedum telephium ssp. *maximum* 'Atropurpureum' / **Orpin pourpre**	50cm	35cm	☀	Consistant, drainé	3	7 à 9	Étoilé en cyme	teintes rouges	Feuillage pourpre plus ou moins prononcé. Jolie feuillage épais.
Sedum telephium ssp. *ruprechtii* **Orpin telephium ruprechtii**	40cm	60cm	☀	Ordinaire, drainé	3	7 et 8	Grappe dense	crème rosé	Port semi-érigé. Larges feuilles rondes bleutées à fine marge rouge.
Sidalcea sp. **Fausse mauve**	0,7 à 1m	40cm	☀☁	Riche, drainé !	4	7,8	Épi satiné	teintes rose	Ressemble à des roses trémières (*alcea*) miniatures.
Silene schafta **Silène**	50cm	30cm	☀☁	Léger, drainé	5	7 à 9	Masse de fleurs	rose	Très jolies feuilles glauques. Se ressème abondamment.
Silphium laciniatum **Silphium** / Plante compas	2m	75cm	☀	Chaud, drainé	3	7 à 9	Capitule, rayon	jaune	Fleur de tournesol sur un feuillage dirigée nord-sud.
Silphium perfoliatum **Silphium**	2,2m	75cm	☀☁	Riche, profond, frais	3	7 à 9	Capitule, rayon	jaune	Plante puissante et spectaculaire. Ses feuilles recueillent la rosée.
Solidago canadensis **Verge d'or du Canada**	1,2m	60cm	☀	Ordinaire	2	7 à 9	Panicule lâche	jaune	Indigène négligée au Canada, utilisée en Europe. Gros massif.
Solidago x *hybride* **Verge d'or hybride**	30 à 80cm	30cm	☀	Tous les sols	3	7 à 9	Panicule	jaune	Plusieurs hybrides ont une très longue floraison. Non envahissant.
Solidaster luteus **Solidaster jaune**	60cm	60cm	☀	Ordinaire, enrichi	4	7 à 9	Capitule, ligules	jaune	Beau croisement d'un solidago et d'un aster. Feuilles linéaires.
Sphaeralcea coccinea **Fausse mauve** / Malvastrum	30cm	50cm	☀	Graveleux, drainé	2	7 à 9	Groupe de 2	orangé à rouge	Plante des Rocheuses pour rocaille sèche. Feuilles glauques.
Stachys byzantina lanata **Oreille d'ours**	40cm	50cm	☀	Sec, drainé, chaud	4	7 et 8	Épi lâche laineux	rose	Végétation dense. Feuillage d'un beau gris laineux, lustré.
Stachys grandiflora / *S. machrantha* **Épiaire à grandes fleurs** / É. robuste	50cm	50cm	☀☁	Ordinaire	3b	7 et 8	Épi court	rose pourpre	Superbe ! Couvre moins que *lanata*. Grandes feuilles en cœur.
Stachys monnieri **Stachys à fleurs denses**	50cm	45cm	☀☁	Sec, bien drainé	4	7	Épi dense	rose mauve	Feuillage vert foncé et rugueux en rosette très dense.
Stachys officinalis **Bétoine commune**	50cm	30cm	☀	Sec, ordinaire	3b	7 et 8	Gros épis	rose rougeâtre	Pour lieu inculte. Feuilles en cœur, gaufrée. Très florifère.
Stachys palustris **Épiaire des marais**	0,3 à 1m	60cm	☀☁	Humide	4	7 et 8	Épi interrompu	rose, mauve	Feuillage devenant rouge maron en automne. Masse d'épis.
Stokesia laevis **Stokesia**	40cm	40cm	☀☁	Meuble, drainé	5	7 et 8	Capitule, ligules	blanc, violet	Fleur de centaurée. Feuilles étroites à nervure centrale blanche.
Symphyandra sp. **Symphyandras**	25 à 40cm	25 à 45cm	☀☁	Meuble, riche, frais	4	7	Clochettes gonflées	Teintes de bleus	Proche parente des campanules, même culture.
Tanacetum 'Beth Chatto' **Tanaisie** 'Beth Chatto'	20cm	30cm	☀	Ordinaire, drainé	6	7 et 8	Petit bouton	jaune	Coussin de feuillage très découpé, en fine dentelle grise.
Tanacetum niveum **Tanaisie blanche**	60cm	60cm	☀	Ordinaire, drainé	3	7 à 9	Brouillard capitule	blanc	Masse impressionnante de fleurs blanches et feuilles grises.
Tanacetum parthenium Syn. : *Matricaria parthenium*	30cm	30cm	☀	Léger, drainé	4	7 et 8	Simple, double	blanc, jaune	Matricaire bisannuelle. Feuilles découpées, odorantes. Bordure.
Tanacetum vulgare **Tanaisie commune**	90cm	60cm	☀	Ordinaire, drainé	3	7 et 8	Capitule pompon	jaune	Très vigoureuse, aromatique. Pousse en grande colonie.
Teucrium chamaedrys **Germandrée**	30cm	30cm	☀	Ordinaire, drainé	4	7 et 8	Tubulaire, racème	rose	Sous-arbrisseau persistant. Peu rustique. Petites feuilles.
Teucrium chamaedrys 'Nanum' **Germandrée petit-chêne**	10cm	20 à 40cm	☀	Ordinaire, drainé	4	7 et 8	Tubulaire, racème	rose	Variété convenant mieux que la régulière. Beau feuillage dense.
Teucrium chamaedrys 'Summer S.' **Germandrée** 'Summer Sunshine'	40cm	40cm	☀☁	Ordinaire, drainé	4	7 et 8	Tubulaire, racème	rose	Port arrondi, feuilles dorées ornées de fleurs roses tard à l'automne.

VIVACES (suite)	H	L	☀	TYPE DE SOL	Z	MOIS ✿	FORME ✿	COULEUR ✿	REMARQUES
Teucrium hyrcanicum Germandrée	45cm	45cm	☀☁	Ordinaire, drainé	5	7 et 8	Épi serré	rose pourpre	Hampe florale feuillée. Gros coussin. Feuilles allongées.
Teucrium pyrenaicum Teucrium des Pyrénés	5 à 8cm	30cm	☀	Léger, drainé	3	7 et 8	Capuchon grappe	lilas et crème	Tapis régulier, feuilles plutôt rondes laineuses et froissées.
Thalictrum alpinum Pigamon alpin	15cm	30cm	☀	Meuble, profond	3	7 et 8	Cloche, étamines	violet et rose	Tige stolonifère à feuilles trilobées, lustrées avec épi floral. Très petit.
Thalictrum delavayi sp. Pigamon delavayi	1,2m	70cm	☁	Riche, léger, humide	5	7 et 8	Dispersée ramifiée	mauve, lilas	Feuillage bleuté, gracieux. Tuteurer. ± vigoureux.
Thalictrum kiusianum Pigamon	10cm	30cm	☀☁	Léger, humifère	5b	7 à 9	Petite légère	rose mauve	Feuillage bleu-vert teinté pourpre. Sous-bois, rocaille, auge.
Thalictrum rochebruneanum Thalictrum Rochebrunianum	1,3 à 1,7m	60cm	☁	Riche, humifère	4	7 et 8	Dispersée ramifiée	Lavande pourpre	Grandes feuilles découpées en folioles lobées, arrondies, gracieux. Glauque.
Thymus sp. 🍀 Thyms plusieurs	5 à 20cm	15 à 40cm	☀	Maigre, sec	3	7	Masse, petite	blanc à pourpre	Bien choisir leur endroit, car elles peuvent envahir ! Tapis.
Tracescantia andersoniana Éphémère de Virginie	50cm	50cm	☀☁	Riche, frais	4	7 à 9	Dispersée	blanc, bleu, rose	Longue floraison, rabattre pour renforcir. Feuilles effilées.
Tradescantia 'Blue and Gold' Éphémère 'Bleu et Gold'	50cm	50cm	☀	Riche, frais	4	7 à 9	Dispersée	bleu violacé	Contrastante par son feuillage doré brillant. Rabattre à la mi-saison.
Tradescantia 'Sweet Kate' Éphémère 'Sweet Kate'	50cm	50cm	☀	Riche, frais	3	7 à 9	Dispersée	bleu violacé	Longues feuilles rubanées jaune doré durant toute la saison. Rabattre.
Valeriana officinalis Héliotrope de jardin	1 à 1,8m	80cm	☀☁	Riche, humide	4	7 et 8	Corymbe parfumé	blanc, rosé	Feuillage composé, 25 folioles. Pour lieux humides. Médicinale.
Veratrum nigrum Vérâtre / Fausse hélébore	1 à 2m	60cm	☀	Profond, riche, frais	5	7 et 8	Panicule pyramide	brun pourpré	Étranges hampes raides. Grandes feuilles à nervures parallèles.
Verbascum olympicum Verbascum olympic	2m	1m	☀	Sec, chaud	3	7 et 8	Épis ramifiés	jaune	Bisannuelle. Immenses épis ramifiés. Feuilles larges, grisâtres.
Veronica bombycina Véronique bombycina	5 à 10cm	20 à 60cm	☀	Pauvre, calcaire, drainé	4	7 et 8	Clochette 4 pétales	bleu	Feuillage blanc laineux en rosettes rampantes. Manicule dense.
Veronica longifolia Véronique longifolia	90cm	50cm	☀☁	Tous sols humide	3	7 et 8	Épis dressés	bleu	Pousse naturellement sur le bord des cours d'eau.
Veronica spicata sp. Véronique épi	25 à 60cm	30 à 40cm	☀	Caillouteux	4	7 et 8	Grandes épis	blanc, bleu, rose	Un grand choix pour toutes les situations. Feuilles élancées.
Veronicastrum virginicum Véronicastrum	1,5m	1m	☀☁	Riche, humide	4	7 à 9	Grands épis	blanc, rose	Feuilles linéaires le long des tiges. Port très élancé, raide.
Wulfenia carinthiaca Wulfenia de Carinthie	25cm	15cm	☀☁	Calcaire, humide	5	7 et 8	Grappe, unilatérale	bleu violacé	Large rosette brillante d'où jaillissent des fleurs bleues.

MOIS DE FLORAISON

GRAMINÉES	H	L	☀	TYPE DE SOL	Z	MOIS ✿	FORME ✿	COULEUR ✿	REMARQUE
Bouteloua sp. Bouteloua	25cm	40cm	☀	Sec, poreux	3b	7 à 9	Épi couché	vert	Convient aux rocailles, auges, dallages. Craint l'humidité.
Carex buchananii Laîche 'Buchananii'	25cm	60cm	☀☁	Ordinaire, frais, drainé	5	7	Épillet brun rosé	rouge cuivré	Port touffu érigé, évasé. Feuilles semi-persistantes.
Carex divulsa 'Kaga-Nishiki' Laîche 'Kaga-Nishiki'	45cm	30cm	☀☁	Riche, frais, drainé	4	7	Épillet spiralé, cuivre	dorée lignée vert	Spécimen très élégant en fontaine. Feuillage souple, arqué. Sous-bois.
Deschampsia caespidosa Deschampsie cespiteuse	0,6 à 1m	50cm	☀☁	Riche, humide	4b	7 à 9	Panicule pyramide	jaune doré	Vraiment un bel effet de légèreté. Intéressante. Sous-bois.
Glyceria aquatica Glycérie aquatique	0,6 à 1m	30cm	☁	Humide à innondé	4b	7 à 9	Sans intérêt	panaché	Plus beau sans épi, c'est sa panachure qui décore.
Hystrix patula ⚜ Hystrix étalé	80cm	50cm	☀☁	Sec à humide	4a	7	Épillets étalées	vert	Une indigène qui vaut la peine d'être découverte. Épis originaux.
Molinia arundinacea 'Skyracer' Molinie 'Skyracer'	2m	90cm	☀	Riche, acide, humide	4	7 et 8	Épis vaporeux bronze	vert puis doré	Feuillage délicat surmonté d'inflorescences sur tiges très fermes.

GRAMINÉES (suite)	H	L	☀	TYPE DE SOL	Z	MOIS ✿	FORME ✿	COULEUR ✿	REMARQUES
Pennisetum sp. **Pennisétum**	75cm	40cm	☀	Frais, drainé	—	7 à 10	Épi pleureur	vert, pourpre	La plupart sont annuelles. Forme une fontaine. Jolie.
Sorghum bicolore **Sorgho bicolore**	2,5m	90cm	☀	Ordinaire, drainé	—	7 à 9	Épi	vert brun	Annuelle vigoureuse pour centre massif ou arrière-plan.

BULBES	H	L	☀	TYPE DE SOL	Z	MOIS ✿	FORME ✿	COULEUR ✿	REMARQUE
Agapanthus 'Tinkerbell' **Agapanthe** 'Tinkerbell'	30cm	30cm	☀	Sol frais, drainé	—	7 et 8	Ombelle étoilée	lilas strié mauve	Plus compacte que les variétés régulières. Feuilles effilées bordées crème.
Allium cernuum **Ail cernuum**	30 à 60cm	40cm	☁	Sec, enrichi	4	7 et 8	Cloche, grappe	rose pourpre	Ses fleurs pendantes attirent l'attention. Bulbe bisannuel.
Allium flavum **Ail jaune**	15 à 40cm	15cm	☀☁	Sec, meuble, drainé	4	7 et 8	Ombelle très lâche	jaune	Feuilles tubulaires. Ombelle à clochettes retombantes.
Allium senescens **Ail de montagne**	20 à 35cm	10 à 20cm	☀	Graveleux, sec	1	7 à 9	Pompon, étamines	rose lavande	Touffe de feuilles linéaires éparses, drues.
Allium senescens 'Glaucum' **Ail de montagne bleu**	30cm	30cm	☀	Drainé	3	7 et 8	Boule dense	lilas rose	Ail ornemental à feuillage frisé tordu et d'un beau bleu glauque.
Allium sphaerocephalon **Ail du Caucase**	40 à 60cm	10 à 20cm	☀☁	Ordinaire, drainé	3	7 8	Sphère ovoïde	rouge carmin	Feuilles cylindriques, hampes de 50 à 80cm. Planter en massif.
Alocasia amazonica **Oreille d'éléphant**	90cm	50 à 90cm	☀☁	Humide à innondé	—	7 et 8	Sans intérêt	—	Immenses feuilles décoratives. Pour bassin d'eau et potées.
Canna x *hybrida* **Cannas**	0,6 2m	50cm	☀	Léger, drainé	—	7 à 9	Gros épi	rouge, jaune, orange	Plusieurs variétés. Grandes feuilles pourpres ou vertes.
Colocasia antiquorum **Taro impérial**	1 à 1,5m	60 à 90cm	☀	Humide à innondé	—	7 et 8	Sans intérêt	jaune pâle	Très grosses feuilles en cœur. À hiverner à l'intérieur.
Commelina tuberosa Syn. : *C. coelestis*	50cm	40cm	☀☁	Humide, frais	—	7 et 8	3 pétales	bleu pur	L'hiverner comme un dahlia. Magnifique.
Cosmos atrosanguineus 'Chocolate' **Cosmos** 'Chocolate'	70cm	50cm	☀	Perméable	6b	7 et 10	Capitule odorant	pourpre	Entreposer la racine comme un dahlia. Parfum de chocolat.
Croscomia x *hybrida* **Croscomia**	0,6 à 1m	40 à 60cm	☀	Léger, drainé	5	7 et 8	Tubulaire, étoilée	rouge, orange, jaune	Très longue tige arquée garnie de nombreuses fleurs tubulaires.
Dahlia sp. **Dahlias**	0,3 à 1m	30 à 75cm	☀☁	Léger, drainé	—	7 à 9	Double ou simple	Teintes chaudes	Plusieurs variétés, de toutes tailles et de toutes couleurs.
Galtonia **Jacinthe du Cap**	0,9 à 1,2m	30 à 75cm	☀	Riche, léger, frais	5	7 à 9	Grosses cloches penchées	blanc taché de vert	Touffe érigée, longues feuilles élancées. Très parfumée.
Lillium sp. **Lis**	0,6 à 1,5m	30cm	☀☁	Meuble, bien drainé	var.	7 à 9	Coupe ou trompette	var.	Longue floraison. Plusieurs sont odorantes.
Pardancanda norrisii **Pardancanda**	80cm	30cm	☀	Riche, drainé	4	7 à 9		blanc, jaune rouge	Diviser aux 2 à 3 ans. Arroser sans détremper.
Zantedeschia **Calla**	45cm	45cm	☀☁	Riche, frais, drainé	—	7 à 10	Cornet	var.	Pour potée, bassin d'eau, sous-bois, fleur coupée.

ANNUELLES	H	L	☀	TYPE DE SOL	MOIS ✿	FORME ✿	COULEUR ✿	REMARQUE
Amaranthus gangeticus **Amarante du Gange**	90cm	30cm	☀	Tous sols enrichis	7 à 9	Épi dense	rouge, jaune, vert	Surtout utilisé pour son feuillage pourpre ou tricolore.
Amaranthus tricolor **Amarante tricolore**	45 à 90cm	30cm	☀	Tous sols enrichis	7 à 9	Épi, plumaux	rouge, jaune, vert	Plusieurs variétés aux teintes chaudes. Beau feuillage.
Ammobium alatum **Immortelle** / Ammobium élevé	40 à 70cm	30cm	☀	Sableux, aéré	7 à 9	Capitule sec	blanc et jaune	Surtout cultivé pour ses fleurs séchées. Port dressé.
Borago officinalis **Bourrache**	60cm	30cm	☀☁	Léger, drainé	7 à 10	Étoilée, grappe	bleu vif	Fine herbe intéressante dans un jardin sec. Feuilles grossières.
Brugmensia **Brugmensia**	2 à 3m	1 à 2m	☀	Riche, frais	7 à 9	Trompette tombante	blanc, rose, jaune	Grandes feuilles. Très exotique, spectaculaire. Aime la chaleur.

ANNUELLES (suite)	H	L	☀	TYPE DE SOL	Z	MOIS ✿	FORME ✿	COULEUR ✿	REMARQUES
Cerinthe major 'Purpurescens' **Grande Cerinthe** / Mélinet	60cm	60cm	☀☁	Ordinaire, drainé	—	7 et 8	Grappe pendante	bleu et pourpre	Bractées bleu ciel contrastant avec les fleurs bleu pourpre.
Cleome spinosa **Cléome épineux**	1 à 1,5m	60 à 90cm	☀☁	Tous sols drainés	—	7 à 9	Grosse ombelle	blanc, rose, pourpre	En massif, crée un effet géant intéressant. Feuilles palmées.
Cosmos bipinnatus **Cosmos**	0,6 à 1,2m	40cm	☀☁	Tous sols drainés	—	7 à 9	Simple, grande	rose	Feuillage vaporeux, texturé qui ajoute à sa beauté.
Cosmos sulphureus **Cosmos jaune**	40 à 60cm	20 à 25cm	☀	Tous sols drainés	—	7 et 9	Capitule semi-double	orange, jaune	Feuillage découpé. Couleurs vives. Port.
Cotula barbata **Cotula barbu**	10 à 20cm	10cm	☀	Ordinaire, sec	—	7 à 9	Petits pompons	jaune	Comme des marguerites effeuillées. Bordure.
Crepis rubra Syn. : *Barkhausia rubra*	30cm	20cm	☀	Pauvre, drainé	—	7 à 9	Capitule, pompon	rose, rouge	Ressemble à un pissenlit rose. Bordure de rocaille.
Dianthus chinensis **Œillet de chine**	20 à 30cm	20cm	☀	Alcalin à neutre	—	7 à 9	Simple, dentée	blanc rose rouge	Floraison abondante en milieu pas trop chaud. Coussin.
Emilia coccinea **Cacalie écarlate**	50cm	40cm	☀	Ordinaire, sec	—	7 à 9	Pompons	jaune à écarlate	Se plait en bordure de mer. Peu connue, éclatante.
Felicia sp. **Felicias**	30cm	20cm	☀	Ordinaire, drainé	—	7 et 8	Petites capitules	bleu violet	Pour emplacements secs des rocailles. Texture fine.
Foeniculum vulgare **Fenouil commune**	1,5m	70cm	☀	Ordinaire	6	7 et 8	Ombelle légère	jaunâtre	Plante à stature haute et à feuillage léger, plumeux.
Foeniculum vulgare 'Purpureum' **Fenouil commune pourpre**	1,8m	90cm	☀	Ordinaire	5b	7 et 8	Sans intérêt	—	Encore plus attrayante par son feuillage vaporeux pourpre.
Gaillarda pulchella **Gaillarde annuelle**	30 à 60cm	30cm	☀	Plutôt sec	—	7 à 9	Capitule, pompon	jaune, rouge	Très florifère. Apprécie la chaleur. Beau en massif.
Gilia tricolor **Gilia tricolore**	30 à 45cm	30cm	☀	Riche, drainé	—	7 à 10	Grappe, trompette	lavande cœur jaune	Parfum sucré de chocolat. Feuilles type fougère. Beau en massif.
Godetia grandiflora **Godétia fleur satin**	var.	var.	☀☁	Pas trop riche, léger	—	7 à 9	Coupe satiné	blanc rose	N'aime pas les endroits trop chauds. Coussin lâche.
Gomphrena globosa **Trèfle immortel**	20 à 60cm	10 à 40cm	☀	Ordinaire, drainé	—	7 à 10	Capitule globuleux	blanc, rose violet	Bien connu pour les arrangements floraux. Port dressé.
Helianthus annuus **Tournesol annuel**	0,3 à 5 m	0,3 à 1m	☀	Riche, frais à sec	—	7 à 9	Grosse capitule	teintes orange	Préfère sols frais, tolère le sec. Annuelle gigantesque. Oiseaux.
Helipterum manglesii **Accroclinium** / Immortelle	45cm	15cm	☀	Relativement sec	—	7 à 9	Capitule inclinée	blanc, rose	Une immortelle délicate et vaporeuse. Fleur séchée.
Impatiens balfourii **Impatiente de Balfour**	1,2m	30cm	☀☁	Riche, humide, drainé	—	7 à 9	Trompette à lèvre	rose, blanc	Plus compacte que *glandulifera*. Se ressème.
Impatiens glandulifera **Impatiente de l'Himalaya Royale**	1,5 à 2,5m	30 à 45cm	☀☁	Riche, humide, drainé	—	7 à 9	Cornet à lèvre	teintes de roses	Culture très facile, se ressème allégrement. Port élancé.
Leonotis leonurus **Léonotis**	1m	70cm	☀	Riche, bien drainé	—	7 à 9	Tubulée verticillée	orange vermillon	Cultivé en annuelle, pour lieux secs et chauds. Érigé.
Ligularia tussilaginea 'Cristata' **Ligulaire tussilaginea**	60cm	60cm	☁	Riche, humide	7	7 à 9	Capitule étrange	jaune	Vivace tendre. Feuilles très ondulées, crispées, bleu-gris à nervures blanches.
Limonium sinuatum / *dumosum* / *tatarica* / *suworowii* / **Statices**	var.	var.	☀	Riche, sableux	—	7 à 9	var.	var.	Tous les *Limoniums* se cultivent bien en sol sec. Fleurs sèches.
Linaria maroccana **Linaire du Maroc**	30cm	25cm	☀	Ordinaire, graveleux	—	7 à 9	Gueule de loup	var.	Pour climat frais, sinon les fleurs se font rares.
Linum grandiflorum 'Rubrum' **Lin rouge annuelle**	50 à 60cm	15cm	☀	Peu exigeant, riche	—	7 à 9	Simple	rouge vif	Sous utilisé de nos jours. Port très délicat, gracieux.
Matthiola longipetala ssp. *bicornis* **Giroflée grecque**	30 à 45cm	15 à 20cm	☀☁	Peu fertile, drainé	—	7 à 9	Grappes éparses	blanc, lilas violet	Une giroflée à parfum et fleurs nocturnes. Feuilles grisâtres, tiges entremêlées.
Mesembryanthemum **Lunette** / Plante cailloux	15cm	20cm	☀	Pauvre, drainé	—	7 à 9	Composé rayon	var. brillante	Beau en couvre-sol entre les pavés. Feuillage succulent.

MOIS DE FLORAISON

ANNUELLES (suite)	H	L	☀	TYPE DE SOL	Z	MOIS ✿	FORME ✿	COULEUR ✿	REMARQUES
Moluccella laevis Cloche d'Irlande	60cm	25cm	☀	Riche, léger, frais	—	7 à 9	Long épi de cloches	vert	Chaque petite fleur est entourée d'un calice vert en forme de cloche.
Nicandra physaloides Nicandre	1 à 2,5m	0,5 à 1,2m	☀☁	Riche, drainé	—	7 à 9	Trompette	bleu-violet cœur blanc	Peut devenir géant dans de grands espaces. Capsules décoratives. Type lanterne.
Nicotine sylvestris 'Only the L.' Tabac 'Only the Lonely'	1,5m	80cm	☀☁	Tous sols	—	7 à 9	Étoilée, tombante	blanc	Grappes odorantes, retombantes. Centre de massif.
Nicotine x 'Tinkerbell' Tabac 'Tinkerbell'	1,1m	80cm	☀☁	Tous sols	—	7 à 9	Petite, étoilée	saumon rouge	Nouvelle variété élégante. Robuste. Fleurs retombantes.
Nolana humifusa Nolana	30cm	75cm	☀	Ordinaire, sec	—	7 à 9	en forme de coupe	bleu ciel	Ôter fleurs fanées pour prolonger la floraison. Port lâche.
Origanum laevigatum 'Herrenhausen' Oregano ornemental 'Herrenhausen'	45cm	30cm	☀	Pierreux, drainé	8	7 et 8	Grappe	lilas pâle à pourpre	Feuillage pourpre-rougeâtre, s'accentuant à l'automne.
Phygelius aequalis Fuchsia du Cap	1 à 2m	1m	☀	Rocailleux, humide	—	7 à 10	Tubulée pendante	rouge, saumon	Longs épis tubulés émergeants en fond de scène.
Plumbago auriculata Dentelaire du Cap	0,9 à 1,5m	60 à 90cm	☀	Ordinaire, plutôt sec	—	7 à 10	Panicule	bleu, lilas ou blanc	Buissonnant, semi-persistant. Très longue floraison.
Polygonum orientalis Renouée / Bâton de St-Joseph	1,5 à 2,5m	60 à 90cm	☀☁	Humide, bien drainé	—	7 à 9	Épis pleureurs	rose vif	Port diffus, gracieux, plus ou moins discipliné. Se ressème.
Ricinus communis Ricin commun	2 à 4m	1,5m	☀☁	Riche, frais, drainé	—	7 à 9	Sans intérêt	brun rouge	Préfère le soleil, accepte mi-ombre. Grosses feuilles palmées.
Silybum marianum Chardon marie	2m	90cm	☀	Ordinaire, sec	7	7 à 9	Fleur de chardon	rose pourpre	Vivace tendre aux feuilles dentelées, épineuses, marbrées d'argent.
Solanum quitoense Morelle de Quito	1m	1m	☀	Fertile, frais à sec	—	7 à 9	Grappe lâche	violet	Moins épineuse que la Balbis, feuilles teintées violet. Fruit comestible.
Solanum sisymbrifolium Morelle de Balbis / Tomate litchi	1,5m	1,5m	☀	Fertile, frais à sec	—	7 à 9	Grappe lâche	blanc, rose, violet	Tropical à tiges et feuilles garnies d'épines orange. Fruit comestible.
Strobilanthes dyerianus Strobilantes	1,5m	1m	☀☁	Riche, frais	5	7 à 9	Brouillard dressé	pourpre	Tranche bien à l'arrière-plan de nos plate-bandes.
Tithonia rotundifolia Soleil du Mexique	0,8 à 1,8m	70cm	☀	Tous sols	—	7 à 9	Grosse capitule	rouge orangé	Imposante et décorative. Pour grands espaces. Tiges velues.
Trachelium rumelicum Trachelie	10cm	20cm	☀	Frais à sec, drainé	—	7 à 9	Capitule rond	bleu-mauve	Port rampant. Aime les murets, les fissures.
Tradescantia purpurea Setcréaséa pourpre	25cm	60cm	☀☁	Léger, riche, drainé	—	7 et 8	Groupée à l'extrémité	rose vif	Superbe plante d'intérieur à feuilles allongées. Contrastante.
Vinca rosea Pervenche de Madagascar	30cm	30cm	☀☁	Riche, drainé, chaud	—	7 à 9	Simple	blanc à pourpre	Joli tapis au pied des arbustes. Capricieuse.

GRIMPANTES (Annuelle)	H	L	☀	TYPE DE SOL	Z	MOIS ✿	FORME ✿	COULEUR ✿	REMARQUE
Cardiosperme halicacabum Pois de cœur	3m	10cm	☀	Peu exigeant	—	7	Simple, petite	blanc	Vrille : s'accroche sur tout. Graines décorent les colliers.
Cobae scandens Cobée	5m	30cm	☀☁	Frais mais drainé	—	7 à 9	Grande cloche	bleu violacé	Vrille : s'accroche sur tout. Mettre à l'abri du vent.
Dolichos lablab Dolique d'Égypte	2,5m	25cm	☀☁	Ordinaire, drainé	—	7 à 9	Grappe lâche	pourpre ou blanc	Pour endroit bien abrité, ensoleillé et chaud.
Eccremocarpus scaber Bignone du Chili	2m	90cm	☀☁	Chaud, riche, humide	—	7 à 9	Grappe, poisson	rouge orangé	Surtout utilisé en pot. Feuilles bipennées en vrille.
Rhodochiton astrosanguinea Clochette pourpre	2 à 3m	30 à 50cm	☀☁	Fertile, drainé	—	7 à 9	Clochette, coupole	pourpre lilas	Masse de grosses feuilles et grosses fleurs. S'agrippe.
Thunbergia alata Suzanne aux yeux noirs	1,5m	20cm	☀☁	Profond, frais, léger	—	7 à 9	Masse	crème à orange	S'enroule. Fleurit plus longtemps à la mi-ombre.

❋ indique plante indigène ou naturalisée.
❋ indique plante potentiellement envahissante !

PLANTES FLEURISSANT À PARTIR DU MOIS D'AOÛT

ARBRES	H	L	☀	TYPE DE SOL	Z	MOIS ✿	FORME ✿	COULEUR ✿	REMARQUE
Hydrangea paniculata sp. **Hydrangée sur tige**	2m	1,5m	☀☁	Acide, léger, frais	4	7 et 8	Grosses panicules	tournant au rose	Plusieurs variétés à petites ou énormes panicules. Culture facile.

ARBUSTES	H	L	☀	TYPE DE SOL	Z	MOIS ✿	FORME ✿	COULEUR ✿	REMARQUE
Aesculus parviflora **Marronnier petites fleurs**	3m	4m	☀☁	Acide, frais, riche	5	8	Panicule érigée	blanc	Longue floraison. Feuilles palmées. Sensible au gel. Supporte la taille.
Aralia elata **Angélique du Japon**	3m	2m	☀☁	Riche, léger, frais	5	8 et 9	Grosse panicule	blanc crème	Port en pagode. Épineux. Fruits. Feuilles découpées. Écran exotique.
Aralia elata 'Aureo variegata' **Aralie du Japon panachée**	3m	2m	☀☁	Riche, léger, frais	6	8 et 9	Grosse panicule	blanc crème	Variété moins vigoureuse. Feuilles vertes panachées de jaune. Fragile.
Aralia elata 'Variegata' **Aralie du Japon panachée**	3m	2m	☀☁	Riche, léger, frais	5b	8 et 9	Grosse panicule	blanc crème	Grosses feuilles vert gris bordées de blanc crème. Pour jardinier averti.
Aralia spinosa **Aralie canne du diable**	5m	2,5m	☀☁	Riche, léger, frais	6	8 et 9	Grosse panicule	blanc crème	Feuilles plus grosses que *A. elata* et tournent jaunes. Plus fragile. Épineux.
Buddleia davidii **Arbre aux papillons**	1,5m	1,2m	☀	Fertile, drainé !	5	8 et 9	Épi courbé	bleu, violet	Rabattre à 10 cm au printemps. Abriter du vent. Port arqué.
Caryopteris clandonensis **Caryoptéris clandonensis**	60cm	60cm	☀	Ordinaire, drainé	6	8 et 9	Cyme, tubulaire	bleu odorante	Plutôt rare et fragile. Rabattre au sol au printemps. Port diffus.
Caryopteris clandonensis 'Dark K.' **Caryopteris 'Dark Knight'**	75cm	75cm	☀	Ordinaire, chaud, drainé	5	8 et 9	Cyme, tubulaire	bleu odorante	Nouveau, plus rustique. Port diffus, feuilles étroites gris-vert aromatiques.
Caryopteris clandonensis 'W. G.' **Caryopteris 'Worcester Gold'**	60cm	60cm	☀	Peu exigeant, frais	6	8	Cyme, tubulaire	bleu ciel	Feuilles jaunes claires, effilées, dentées. Rabattre au printemps. Beau mais fragile.
Clethra alnifolia **Clèthre à feuilles d'aulne**	1,2m	2m	☀☁☁	Acide, drainé	4	8 et 9	Épi érigé recourbé	blanc rose	Aime le milieux acide des conifères. Taillez tôt au printemps. Odorant.
Heptacodium miconoides **Heptacodium**	2 à 4m	1,5 à 3m	☀☁	Riche, drainé	4b	8 à 10	Grappe	blanc	À découvrir. Beau en été, apothéose en automne. Port arqué.
Hydrangea paniculata sp. **Hydrangée paniculée**	2m	2m	☀☁	Léger, fertile, acide	3	8 et 9	Panicule érigée	blanc à rose	Érigé à évasé, irrégulier. Pour massif, fleur coupée et quelquefois en haie.
Lespedeza bicolor **Lespedeza**	1,5 à 2m	2m	☀	Léger, pauvre, sec	5	8 et 9	Panicule lâche	rose pourpre	Globulaire. Feuilles trifoliées vert foncé et vert-gris. Plus florifère en sol sec.
Spiraea latifolia ⚜🍃 **Spirée à larges feuilles**	1,5m	1,5m	☀☁	Humide, acide	2b	8 et 9	Panicule terminale	blanc, rose	Aussi appelé « Thé du Canada ». Diffus. Drageonne. Berge.

ARBUSTE PERSISTANT	H	L	☀	TYPE DE SOL	Z	MOIS ✿	FORME ✿	COULEUR ✿	REMARQUE
Calluna sp. **Bruyère commune**	35cm	45cm	☀☁	Frais, acide, drainé	5	8	Grappe	var.	Couvre-sol coloré. Feuillage et fleurs décoratives.

GRIMPANTE (Vivace)	H	L	☀	TYPE DE SOL	Z	MOIS ✿	FORME ✿	COULEUR ✿	REMARQUE
Campsis radicans **Bignone**	8m	1m	☀☁	Riche, frais, drainé	5b	8 et 9	Trompette	rouge orangé	Culture délicate. Rusticité faible. Feuilles composées. Rapide.

VIVACES	H	L	☀	TYPE DE SOL	Z	MOIS ✿	FORME ✿	COULEUR ✿	REMARQUE
Alcea ficifolia **Rose trémière**	2m	60cm	☀	Riche, humide	3	8	Longue hampe	var.	Résistante aux maladies. Fleurs simples. Érigé. Fond de scène.

MOIS DE FLORAISON

VIVACES (suite)	H	L	☼	TYPE DE SOL	Z	MOIS ✿	FORME ✿	COULEUR ✿	REMARQUES
Anemone hupehensis 'Praecox' **Anémone précoce**	60cm	45cm	☼☁	Peu exigeant, drainé	5	8 et 9	Grande simple	rose foncé	La plus hâtive de toutes. Plus compacte. Gracieuse en massif.
Anemone hupehensis var. *japonica* **Anémone d'automne**	0,5 à 1m	45cm	☼☁	Peu exigeant, drainé	5	9 et 10	Grande, simple	blanc, rose	Port gracieux, souple. Feuilles type érable. Sépales colorées. Pailler !
Anemone x 'Margarete' **Anémone d'automne** 'Margarete'	60cm	45cm	☼☁	Peu exigeant, drainé	5	8 et 9	Double	rose foncé	Très hâtives. Très florifère. Tiges robustes branchées.
Anemone vitifolia **Anémone d'automne**	85cm	50cm	☼☁	Ordinaire, frais	4	8 à 10	Simple, coupe ouverte	blanc, rose	Envahissante, mais se contrôle bien. Feuillage gris-vert.
Anemone vitifolia 'Robustissima' **Anémone** 'Robustissima'	45 à 90cm	45	☼☁	Riche, frais	4	8 et 9	Grande simple	rose pâle	Une des plus facile pour le Québec. Fleurit tôt. Longue floraison.
Aster novae-angliae **Aster d'automne**	1,2m	70cm	☼	Ordinaire, frais	3	8 à 10	Capitule	violet rose	Port imposant, dressé, évasé et stable. Feuilles trifoliées, bleutées.
Astilbe x *chinensis* sp. **Astilbe**	0,4 à 1,2m	20 à 75cm	☼☁☂	Riche, frais	4	8 et 9	Panicule plume	var.	Plante très populaire. Pour toutes situations. Feuilles découpées.
Chelone obliqua ⚜ **Galane** / Tête de tortue	60cm	50cm	☁☂	Ordinaire, humide	3	8 à 10	Épi dense	blanc, rose	Rustique, très beau sur le bord de pièce d'eau. Port érigé.
Chrysanthemum articum 🌿 Syn. : *Dendranthema yezoense*	30cm	50cm	☼☁	Meuble, sec	2	8 à 10	Capitule cœur jaune	rose, jaune	D. 'Red Chimo' est la plus populaire. Drageonne.
Chrysanthemum morifolium Syn. : *Dendranthema zawadskii*	60 à 90cm	60cm	☼☁	Profond, perméable	4	8 à 10	Capitule double	var.	Rabattre les touffes après la floraison. Touffe dense. Tardif.
Chrysanthemum x *rubellium* 'Clara C.' Syn. : *Dendranthema* 'Clara Curtis' 🌿	70cm	60cm	☼☁	Fertile, frais, calcaire	4b	8 et 9	Capitule cœur jaune	rose clair	Très florifère, massif imposant. Pincer en juin pour ramifier.
Chrysanthemum x *rubellium* 'Mary S.' Syn. : *Dendrathema* 'Mary Stoker'	60 à 75cm	40cm	☼☁	Fertile, frais, calcaire	4b	8 et 9	Capitule cœur jaune	jaune tendre	Un peu plus fragile que la précédente mais très jolie.
Chrysanthemum 'Duchess of Edingurg' Syn. : *Dendrathema* 'D. of Edingurg'	40 à 60cm	30 à 60cm	☼☁	Fertile, frais, calcaire	4b	8 et 9	Capitule cœur jaune	rouge	Pétales étroites et nombreuses. Feuillage dentelé, vert foncé.
Chrysopsis villosa var. *rutteri* Syn. : *Chrysopsis heterotheca*	20cm	60cm	☼☁	Sec	5	8	Capitule type aster	jaune	Celle qui a le feuillage le plus argenté. Rocaille.
Cimicifuga racemosa var. *cordifolia* **Cierge d'argent à feuilles cordées**	1,6m	40cm	☼☁☂	Profond, humide	3	8	Long épi	blanc parfumé	Inflorescence ramifiées, longues. Feuilles trilobées vert clair.
Cimicifuga ramosa 'Atropurpurea' **Cierge d'argent pourpré**	1,5 à 2m	60cm	☼☁☂	Profond, frais	4	8 à 10	Long épi	blanc rosé	Feuillage très découpé, pourpre-cuivré. Plus coloré au soleil.
Cimicifuga ramosa 'Brunette' **Cierge d'argent** 'Brunette'	1m	60 à 90cm	☼☁☂	Profond, frais	4	8 à 10	Long épi	blanc rosé	Maintient sa couleur pourpre toute la saison. Feuilles découpées.
Cimicifuga ramosa 'H. B. B.' **Cierge d'argent** 'Hillside Black Beauty'	1,2m	70cm	☼☁☂	Profond, frais	4	8 à 10	Long épi	blanc rosé	Le plus foncé à ce jour. Feuilles pourpre-cuivré soutenu.
Fallopia japonica 🌿 **Renouée** / Reynoutria	1m+	1m	☼☁	Humide à frais	3	8 et 9	Panicule lâche	crème	L'introduire prudemment. Complément d'arbuste. Envahissant !
Fallopia japonica 'Variegata' 🌿 *Polygonum cuspidatum* / **Renouée**	1,2m	90cm	☼☁	Humide, frais	4	8 et 9	Panicule vaporeux	blanc rosé	Renouée très décorative, blanc taché de vert. Moins envahissant.
Gentiana sino-ornata **Gentiane ornée de Chine**	15cm	30cm	☼	Acide, humifère	4	8 et 9	Grande, coupe	bleu clair	Elle a des feuilles linéaires, décoratives. Auge, jardin alpi.
Heteroppapus meyendorffii **Hétéroppapus**	30cm	25cm	☼	Meuble, drainé	5	8 et 9	Capitule simple	bleu mauve	Ressemble à un chrysanthème, mais plus délicat. Masse de fleurs.
Hibiscus moscheutos **Ketmie des Marais**	1 à 2m	1m	☼	Riche, humide	5	8 à 10	Simple, immense	blanc, rose, rouge	Fleurit longtemps si le gel n'arrive pas trop tôt. Spectaculaire. Imposant.
Hosta 'Blue Moon' **Hosta** 'Blue Moon'	20cm	25cm	☁☂	Riche, frais	3	8	Hampe, cloche	blanc, lilas	Croît lentement. Bon couvre-sol compact. Coussin bleuté.
Hosta 'Hadspen Blue' **Hosta** 'Hadspen Blue'	20cm	35cm	☁☂	Frais, drainé	2	8	Hampe, cloche	teinte lavande	Un petit hosta bleu à feuilles lisses régulières en cœur.

VIVACES (suite)	H	L	☀	TYPE DE SOL	Z	MOIS ✿	FORME ✿	COULEUR ✿	REMARQUES
Hosta 'Hi Ho Silver' **Hosta** 'Hi Ho Silver'	15cm	25cm	☀☁	Riche, frais	3	8	Hampe, cloche	mauve foncé	Feuilles lancéolées vertes à large marge blanche.
Hosta sieboldiana 'Kabitan' **Hosta** 'Kabitan'	20cm	25cm	☀☁	Riche, frais	3	8	Hampe, cloche	Violette	Forme des stolons. Couvre rapidement.
Hosta 'Snowstorm' **Hosta** 'Snowstorm'	20cm	30cm	☀☁	Riche, frais	3	8	Hampe, cloche	blanc	Feuilles petites, vertes et très étroites. Floraison abondante.
Hosta 'Stiletto' **Hosta** 'Stiletto'	20cm	20cm	☀☁	Riche, frais	3	8	Hampe, cloche	violet strié pourpre	Hosta nain, feuilles élancées, marge ondulée avec fine ligne crème.
Hosta 'Sugar Plum Fairy' **Hosta** 'Sugar Plum Fairy'	10cm	20cm	☀☁	Riche, frais	3	8	Hampe, cloche	pourpre strié	Croissance compacte. Lisse, ondulée, vert lustré.
Hosta 'Vera Verde' **Hosta nain** 'Vera Verde'	10cm	30cm	☀☁	Riche, frais	3	8	Hampe, cloche	pourpre strié	Port dressé. Feuillage lisse, vert marginé de blanc crème.
Kirengeshoma sp. **Clochette jaune**	0,9 à 1,5m	65cm	☀☁	Riche, frais, acide	4 et 5	8 et 9	Cloches pendantes	jaune crème	Ne pas déranger une fois établie. Toxique. Feuilles type érable, jolie.
Kitaibelia vitifolia **Kitaibelia**	2m	1m	☀☁	Ordinaire, profond	5	8 à 10	Simple, aisselle	blanc	Imposant, rapide. Arrière-plan de massif. Grandes feuilles type érable.
Ligularia dentata 'B.-M. Crawford' **Ligulaire** 'Britt-Marie Crawford'	60 à 90cm	60 à 90cm	☀☁	Riche, humide	4	8 et 9	Capitule	orange doré	Larges feuilles rondes, lustrées, chocolat foncé tout l'été. Nouveau.
Ligularia dentata 'Desdemona' **Ligulaire** 'Desdemona'	1,2m	90cm	☀☁	Riche, humide	3b	8 et 9	Capitule	orangé	Larges feuilles en cœur, bronze vert en dessus, pourpre en dessous.
Ligularia dentata 'Othello' **Ligulaire** 'Othello'	1m	90cm	☀☁	Riche, humide	4	8 et 9	Capitule	jaune orangé	Larges feuilles en coeur pourpre sur les 2 côtés. Remarquable.
Liriope muscari **Liriope à feuilles rubanées**	45cm	45cm	☀☁	Acide, frais, drainé	5	8	Épi dense	violet	Longues feuilles rubanées, longs épis de fleurs. Moins envahissante que *spicata*.
Liriope spicata **Liriope à épis**	30cm	30cm	☀☁	Acide, frais, drainé	5	8	Épi étroit	violet	Longues feuilles rubanées d'où émergent les longs épis de fleurs.
Physostegia virginiana sp. **Plante obéissante**	90cm	50cm	☀☁	Riche, frais	3	8 et 9	Épi rangé	blanc, rose	Forme de jolis massifs. Port dressé. Vigoureuse.
Physostegia virginiana 'Variegata' **Physostegia panaché**	90cm	50cm	☀☁	Riche, frais	3	8 et 9	Épi 4 rangs	blanc, rose	Port dressé. Tiges carrées, feuillées tout le long, vert et blanc.
Pterocephallus perennis Syn.: *Pterocephallus parnassii*	5cm	30cm	☀	Calcaire, drainé	5	7 et 8	Capitule	rose pâle	Scabieuse naine qui tolère un sol maigre. Coussin grisâtre.
Romneya coulteri **Pavot blanc de Californie**	1,8m	1m	☀	Profond, caillouteux	6a	8 et 9	Très grande	blanc parfumée	Fleur froissée large de 15cm sur longue tige. Feuilles vert bleuté. Fragile et capricieuse.
Rudbeckia laciniata 'Godstrahll' Syn.: *Rucbeckia l.* 'Golden Glow'	2m	60cm	☀☁	Riche, drainé	3	8 et 9	Boule double	jaune or	Boules d'or d'autrefois. Tiges plutôt fragiles. Pas de graines.
Rudbeckia maxima **Rudbéckie maximum**	1,8m	90cm	☀	Riche, frais, drainé	5	8 et 9	Capitule cône noir	jaune	Illumine les fonds de grands massifs naturels. Glauque. Moins rustique.
Rudbeckia subtomentosa **Rudbéckie odorante**	1,3 à 2m	60cm	☀	Riche, léger ou lourd	4	8 à 10	Capitule disque noir	jaune clair	Une autre géante un peu moins connue mais jolie. Port dense.
Rudbeckia triloba **Rudbéckie à trois lobes**	1,1m	80cm	☀	Profond, riche, drainé	3	8 et 9	Capitule cône brun	jaune doré	Fleurs plus petites se tenant au dessus du feuillage. Mignone.
Salvia uliginosa **Sauge des marais**	1,5m	80cm	☀	Humide à sec	6a	8 à 10	Grappe serrée	bleu azur	Une des rares sauges qui aime l'humidité. Port arbustif, indiciplné.
Sedum x 'Arthur Branch' **Orpin** 'Arthur Branch'	60cm	60cm	☀	Consistant, drainé	3	8 à 10	Grappe dense	rose	Plus compact, mais plus résistant que *Mohrchen*. Feuillage pourpre.
Sedum x 'Bertram Anderson' **Orpin** 'Bertram Anderson'	20cm	45cm	☀	Ordinaire, drainé	3	8 et 9	Grappe dense	rose sombre	Coussin de feuilles rondes, bleu-pourpre, fleurit tardivement.
Sedum cauticola 'Lidakense' **Orpin cauticola** 'Lidakense'	15cm	25cm	☀	Ordinaire, drainé	3	8 et 9	Grappe, étoilée	rose, rouge	Variété à feuilles rondes bleu-vert et à tiges rougeâtres. Auge, alpin.

MOIS DE FLORAISON

VIVACES (suite)	H	L	☀	TYPE DE SOL	Z	MOIS ✿	FORME ✿	COULEUR ✿	REMARQUES
Sedum sieboldii Orpin de Siebold	10cm	25cm	☀☁	Ordinaire, drainé	5	8 et 9	Étoilé en cyme	rosé	Tige rampante, feuillage rond épais, gris bleuté bordé rouge.
Sedum spectabilis sp. Orpin remarquable	40cm	50cm	☀☁	Consistant, drainé	3	8 et 9	Étoilé en cyme	rose	Plante succulente, résiste à la sécheresse. Port dressé. Grosse cyme.
Sedum telephium 'Autumn Joy' Orpin 'Autumn Joy'	60cm	30 à 45cm	☀	Consistant, drainé	3	8 et 9	Étoilé en cyme	rose foncé	Joli feuillage épais, vert. Port solide, droit.
Sedum telephium 'Matrona' Orpin 'Matrona'	45 à 70cm	30 à 60cm	☀☁	Consistant, drainé	3	8 et 9	Étoilé en cyme	rose pâle	Feuillage gris-vert à contour rose, tiges rouges reluisantes. Port dressé.
Sedum telephium sp. Orpin telephium	30 à 60cm	30 à 45cm	☀	Consistant, drainé	3	var.	Cyme dense	Teintes rouges	Feuillage pourpre plus ou moins prononcé. Jolie.
Sedum x 'Frosty Morn' Orpin glacé 'Frosty Morn'	30 à 40cm	20 à 30cm	☀☁	Consistant, drainé	3	8 et 9	Étoilé en cyme	blanc rosé	Feuilles épaisses vertes à large marge blanc pur. Port érigé.
Sedum x 'Mohrchen' Orpin 'Mohrchen'	50cm	45cm	☀	Consistant, drainé	3	8 et 9	Étoilé en cyme	rose foncé	Feuilles et tiges bourgognes contrastantes. Port érigé.
Tricyrtis formosa Tricyrtis	60cm	50cm	☁	Riche, frais	4b	8 et 9	Cyme	blanc, rose pourpre	Leur feuillage est intéressant, lustré, tacheté. Port lâche.
Tricyrtis formosana 'Gilt Edge' Tricyrtis 'Gilt Edge'	60cm	45cm	☁	Riche, frais, humide	4	8 à 10	Cyme dressée	lavande picoté	Grosses feuilles lustrées, vert foncé avec bordure irrégulière crème.
Tricyrtis formosana 'Gilty Pleasure' Lis crapaud 'Gilty Pleasure'	70cm	50cm	☁	Riche, frais, humide	5	8 à 10	Cyme dressée	rose picoté	Feuillage allongé doré. Variété plus vigoureuse.
Tricyrtis macropoda 'Tricolor' Tricyrtis 'Tricolor'	60cm	45cm	☁	Riche, frais, humide	5	8 et 9	Cyme	blanc et rouge	Feuillage plutôt oval, strié vert, crème et rose, marbré argent. Port lâche.
Verbena hastata Verveine hastée	1 à 2m	30 à 50cm	☀☁	Ordinaire, humide	3	8	Épis terminaux	pourpre violet	Feuilles basales en forme de fer. Nombreux épis ramifiés. Jolie.
Vernonia crinita Vernonie	1,3m	80cm	☀☁	Lourd, humide	4b	8 et 9	Tubulaire sur cyme	pourpre	Tige feuillée à l'horizontale. Surmontée de cyme type chardon. Vigoureuse, jolie.

GRAMINÉES	H	L	☀	TYPE DE SOL	Z	MOIS ✿	FORME ✿	COULEUR ✿	REMARQUE
Andropogon gerardii Barbon de Gérard	1 à 2m	75 à 90cm	☀	Sableux, frais à sec	4	8 à 10	Épi pourpre puis argent	vert bleuâtre	Indigène majestueuse, rare. Supporte la sécheresse. Écran naturel, haie.
Calamagrostis brachytricha Syn. : *Achnatherum* / *Stipa*	1,2m	50cm	☀☁	Perméable, sec	4a	8 à 10	Panicule rose pourpre	vert-gris	Plantation en isolé ou massif, comme vedette. Touffe. Tourne au jaune vif.
Erianthus ravennae Syn. : *Saccharum ravennae*	2 à 3m	90cm	☀	Plutôt humide	5b	8 à 10	Plume argentée	vert foncé	Feuillage érigé, puis arqué vert foncé puis bronze. Ressemble à *Cortaderia*.
Holcus lanatus 'Variegatus' Houque panaché	20cm	35cm	☀	Ordinaire, frais à sec	5	8 et 9	Épi	blanc ligné vert	Plus jolie sans épis. Tondre ou couper. Couvre-sol rapide.
Miscanthus sp. Roseaux	0,8 à 2,5m	40 à 75cm	☀	Riche, drainé	4b	8 et 9	Panicule plume	vert ou panaché	Tous des géants. Aspect tropical. Écran, haie, massif.
Miscanthus purpurascens Roseau	1,8m	75cm	☀	Fertile, humide	3	8 et 9	Panicule plume	vert puis orangé	Port souple, dressé, imposant. Se plaît au bord de l'eau. Superbe à l'automne.
Miscanthus sacchariflorus Eulalie	1,2 à 2m	80cm	☀	Riche, frais, drainé	3b	8 et 9	Panicule plume	vert	Pour grands espaces. Comme écran ou massif. Se propage par stolons.
Miscanthus sinensis 'Blütenwunder' Roseau de Chine 'Blütenwunder'	1,5m	90cm et +	☀	Riche, humide	5	8 à 10	Plume vaporeuse	vert-bleuté	Nouvelle forme au feuillage teinté de bleu. Plume sur tige haute.
Miscanthus sinensis 'Cabaret' Roseau de Chine 'Cabaret'	1,5 à 1,8m	90cm	☀	Tous sols drainés	6	8 à 10	Plumeau pourpre	vert centre blanc	Le plus apparent des *Miscanthus* panaché. Port évasé.

GRAMINÉES (suite)	H	L	☀	TYPE DE SOL	Z	MOIS ✿	FORME ✿	COULEUR ✿	REMARQUES
Miscanthus sinensis 'Cosmopolitan' Roseau 'Cosmopolitan'	1,5 à 2m	0,9 à 1,2m	☀	Riche, humide	6	8 à 10	Plumeau	vert bordé blanc	Feuilles très larges. Port robuste à croissance rapide.
Miscanthus s. 'Kleine Fontäne' Eulalie 'Petite fontaine'	1,1m	50 à 80cm	☀	Riche, humide	4	8 à 10	Plume rosé	vert argenté	Port évasé en fontaine. Fleurit tôt. Mince nervure argentée.
Miscanthus sinensis 'Pünktchen' Syn.: *Miscanthus s.* 'Little Dot'	0,9 à 1,2m	60 à 90cm	☀	Riche, humide	5b	8 à 10	Rares plumes	vert et jaune	Compact, érigé. Feuilles vertes avec bandes horizontales jaunes.
Miscanthus sinensis 'Strictus' Roseau de Chine 'Strictus'	1,2 à 1,5m	75 à 90cm	☀	Fertile, frais	5b	8 à 10	Rares plumes	vert et jaune	Comme le précédent mais plus grand et érigé. Moins robuste.
Molinia caerulea sp. Molinie	0,6 à 2m	0,5 à 0,9m	☀☁	Riche, acide, humide	4	8 à 10	Épi pourpre	vert ou panaché	Pour rocaille ordonnée. Doré en automne.
Molinia caerulea 'Variegata' Molinie panachée	0,6 à 2m	0,5 à 0,9m	☀☁	Fertile, frais	4	8 et 9	Épis vaporeux bronze	vert et blanc	Pour rocaille ou bordure ordonnée. Doré en automne. Vedette.
Molinia caerulea ssp. *arundinacea* Molinie géante	1 à 2m	0,8 à 1m	☀	Frais, fertile	4b	8	Panicule jaune	doré puis jaune	Beau port érigé en touffes hérissées, panicules ramifiées. Gracieux.
Panicum virgatum 'Rotstrahlbusch' Panic 'Rotstrahlbusch'	0,9 à 1,2m	70cm	☀	Sec ou humide	4	8 et 9	Épi léger paille	vert puis rouge	Touffe érigée puis retombante. Tourne rouge. Fleur coupée.
Panicum virgatum 'Shenandoah' Panic pourpre	90cm	60cm	☀☁	Sec ou humide	4	8 et 9	Épi léger, aérien	vert puis rouge	Passe du vert au rouge dès juillet pour finir rouge vin en septembre.
Panicum virgatum 'Squaw' Panic 'Squaw'	1,2m	90cm	☀	Sec ou humide	4	8 et 9	Épi léger, aérien	vert puis rouge	Inflorescences teintées de rose. Tourne rouge. Touffe érigée arquée.
Panicum virgatum sp. Panic raide / P. effilé	0,9 à 1,8m	60 à 80cm	☀	Frais, drainé	4	8 et 9	Panicule aérienne	vert	Robuste, dressé. Accepte les lieux secs. Inflorescence jaune doré.
Phragmites communis ⚜ 🌿 Syn.: *Phragmites australis*	3 à 3,5m	70 à 90cm	☀☁	Marécageux	4	8 à 10	Plume pourpré	vert puis brun	Une indigène de fossés. Feuilles raides, planes, horizontales. Commune.
Schizachyrium scoparium ⚜ Syn.: *Andropogon scoparius*	75 à 90cm	90cm	☀	Tous sols drainés	3b	8 et 9	Épi sans intérêt	bleu pâle	Port très érigé, robuste, gracieux, rougeâtre à l'automne. Prairies fleuries.
Sesleria automnalis Seslérie d'automne	40cm	30cm	☀☁	Peu exigeant	4b	8 et 9	Épi	blanc, pourpre	Bon couvre-sol en massif, même sous les arbres. Robuste.
Sorghastrum nutans ⚜ Faux sorgho penché	1,2 à 1,8m	90cm	☀☁	Fertile, humide	4	8 et 9	Panicule	jaune	Vigoureuse, imposante si on l'installe en massif. Naturalisation.
Sorghastrum nutans 'Indian Steel' Faux sorgho penché 'Indian Steel'	1,5m	90cm	☀☁	Fertile, humide	4	8	Plume	bleu métallique	Port touffu, érigé, arqué en fontaine. Tourne au pourpre.
Spartina pectinata ⚜ Foin de grève	1,5m	75cm	☀	Sec ou humide	4	8 et 9	Grappe d'épis	vert pourpré	La variété *S. aureomarginata* est élégante. Naturalisation.
Spodiopogon sibiricus Spodiopogon de Sibérie	1,5m	50cm	☀	Humide ou sec	4	8 et 9	Panicule élancé	vert	Préfère les sols humides, tolère sols secs. Ressemble à un petit bambou.
Sporobolus heterolepis ⚜ Sporobole à glumes inégales	30cm	40cm	☀	Sols secs	4b	8 et 9	Panicule ouvert	bleu-vert	Couvre-sol ou comme vedette dans les jardins secs. Odorant. Vire doré.

BULBES	H	L	☀	TYPE DE SOL		MOIS ✿	FORME ✿	COULEUR ✿	REMARQUE
Allium tuberosum Ciboulette à l'ail	30 à 40cm	30 à 40cm	☀☁	Ordinaire, drainé	3b	8 et 9	Ombelle aplatie	blanc étoilé	Comestible et décorative. Touffe de feuilles très étroites.
Gladionus x hortulanus Glaïeul	0,5 à 1,2m	15 à 25cm	☀	Profond, drainé	—	8 et 9	Grosse tubulaire évasé	var.	Feuilles en lame étroite, dressées. Long épi chargé de grosse fleurs.
Liriope sp. Liriopes	30cm	30cm	☁	Acide, frais, drainé	5	8	Épi dense	violet	Longues feuilles rubanées groupées en rosettes dressées. Souvent classé avec les vivaces.

⚜ indique plante indigène ou naturalisée.
🌿 indique plante potentiellement envahissante !

MOIS DE FLORAISON

PLANTES FLEURISSANT À PARTIR DU MOIS DE SEPTEMBRE ET OCTOBRE

ARBUSTES	H	L	☼	TYPE DE SOL	Z	MOIS	FORME	COULEUR	REMARQUE
Hamamelis virginiana Hamamélis de Virginie	3m	3m	☼☁	Riche, acide, frais	4b	10	Grappe frisée	jaune parfumée	Fleurit après la chute des feuilles. Naturalisation.
Vitex agnus-castus Gattilier / Petit poivre	2m	1,5 à 2m	☼	Humide à sec	5	9	Long épi odorant	bleu violacé	Port ouvert, évasé. Rabattre au printemps. Odeur de verveine poivrée.
Vitex negundo heterophylla Gattilier en arbre	2m	2,5m	☼	Léger, chaud, sec	5b	9	Panicule fine lâche	lilas clair	Les fleurs donnent une texture fine. Haie pour lieux chauds.

VIVACES	H	L	☼	TYPE DE SOL	Z	MOIS	FORME	COULEUR	REMARQUE
Ajania pacifica Ajania argent et or	45cm	45cm	☼☁	Tous sols drainés	5	9 et 10	Pompon, corymbe	jaune doré	Superbe feuillage en rosette glauque avec fine bordure blanche. Sol sec.
Anemone hupehensis var. japonica Anémone d'automne	0,5 à 1m	45cm	☼☁	Peu exigeant, drainé	5	9 et 10	Grande, simple	blanc, rose	Port gracieux, souple. Feuilles type érable. Sépales colorés. Pailler !
Anemone h. japonica 'Honorine J.' Anémone 'Honorine Jobert'	1,2 à 1,5m	45cm	☼☁	Peu exigeant, drainé	5	9 et 10	Grande, simple	blanc	Fond de scène souple. Feuilles type érable. Ancienne variété.
Anemone h. japonica 'Prince Henry' Anémone 'Prince Henry'	90 à 1,2m	45cm	☼☁	Peu exigeant, drainé	5	9 et 10	Semi-double	rose carmin	Nombreuses fleurs plus petites que les variétés modernes. Dense.
Anemone h. japonica 'Sept. Charm' Anémone 'September Charm'	50 à 75cm	45cm	☼☁	Peu exigeant, drainé	5	9 et 10	Grande simple	rose pâle	Forme des touffes. Ancienne variété performante. Tiges noires.
Aster ericoides Aster d'automne	0,8 à 1,2m	60cm	☼	Léger, drainé	3 à 5	9 et 10	Capitule rayon	blanc, rose, bleu	Se comporte très bien en sol sec. Un nuage de fleurs.
Aster lateriflorus Aster 'Lady in Black' ou 'Prince'	60 à 90cm	45 à 60cm	☼	Ordinaire, drainé	4	9 et 10	Petites, capitules	blanc cœur rose	Feuilles pourpres foncés, très contrastantes. Variétés vigoureuses.
Chrysanthemum serotinum Syn. : Chrysanthemum uliginosum	1,5m	80cm	☼	Frais à humide	6	9 et 10	Capitule	blanc	Tailler au printemps. Fond de massif. Touffe dressée, stable.
Chrysanthemum weyrichii Syn. : Dendranthema weyrichii	30cm	60cm	☼	Profond, drainé	3	9 et 10	Capitule court	blanc, rose	Jolie aussi en rocaille. Vigoureuse, drageonne.
Cimicifuga acerina Cierge d'argent japonais	1,2m	50 à 80cm	☁	Profond, frais	3	9 et 10	Long épi	blanc crème	Feuilles très découpées vertes mais tiges pourpres. Contrastant, rare.
Cimicifuga dahurica Cierge d'argent de Dahurie	1,6m	40cm	☼☁	Profond, humide	4	9 et 10	Long épi	blanc, parfumé	Ses épis longs, étroits sont très ramifiés. Plante dioïque.
Cimicifuga simplex 'White Pearl' Cierge d'argent 'White Pearl'	1,2m	40cm	☼☁	Profond, humide	3	10	Épi effilé	blanc parfumé	Nombreux épis plus courts que les autres. Le plus tardif.
Dendranthema articum Marguerite du Groenland	25cm	30cm	☼☁	Riche, drainé	2	9 et 10	Capitule rayon	blanc	Arrive tard en saison. Contrôler son expension.
Gentiana triflora var. japonica Gentiane du Japon	1m	40cm	☼	Profond, drainé	4b	9 et 10	Long épi	bleu royal	Une gentiane géante et facile. Tige dressée et feuillée.
Helenium puberulum Hélénie duveteuse	60cm	30cm	☼	Riche, frais	3	9 et 10	Gros cône petit rayon	brun et jaune	Curiosité, ses fleurs étranges ont plus ou moins d'impact.
Helianthus sp. Soleil vivace	1,5 à 2,5m	45 à 90cm	☼	Riche, frais, calcaire	4	9 et 10	Simple, double	jaune	Haute, imposante. Choisir variétés nouvelles moins agressives.
Hosta plantaginea Hosta plantain	75cm	75cm	☁	Peu exigeant	3	9	Entonnoire hampe	blanc	Très robuste. Tolère très bien la chaleur et la sécheresse.
Hosta 'Sitting Pretty' Hosta nain 'Sitting Pretty'	10cm	20cm	☁	Riche, frais	4	9	Hampe, cloche	pourpre strié	Hosta lisse, jaune, marginé de 2 tons de vert.
Kalimeris incisa Aster japonais simple	60cm	30cm	☼☁	Ordinaire	4 et 5	9 et 10	Capitule cœur jaune	blanc, lilas	Grande robustesse. Touffe légère de fleurs blanches.
Ligularia tussilaginea 'Aureomaculata' Ligulaire 'Léopard'	60cm	60cm	☁	Riche, humide	5b	9 et 10	Capitule	jaune	Grandes feuilles en cœur rond parsemées de taches jaunes.
Physalis alkekengi Lanterne chinoise	80cm	50cm	☼☁	Ordinaire	3	7	Sans intérêt	blanc	Cultivée pour ses fruits orange vif en septembre. Texture papier.

MOIS DE FLORAISON

VIVACES (suite)	H	L	☀	TYPE DE SOL	Z	MOIS	FORME	COULEUR	REMARQUES
Rosularia sempervivum Rosularia	5 à 10cm	20cm	☀	Léger, frais, drainé	3	9 et 10	Grappe dense	rose foncé	Feuillage vert, luisant et arrondi. Rocaille, couvre-sol, dalle.
Rosularia serrata Rosularia	5 à 10cm	20cm	☀	Léger, frais, drainé	4	9	Épi	rose-pourpre	Rosette de feuilles épaisses spatulées très bleutées. Dense.
Sedum telephium sp. *telephium* Orpin téléphium	60cm	30cm	☀	Consistant, sec	4	9 et 10	Étoilé en cyme	pourpre	Port dressé, robuste. Feuilles vert grisâtre. Se propage facilement.
Thalictrum minus Thalictrum à feuilles de fougère	35cm	35cm	☀☁	Léger, humifère	3	9	Sans intérêt	jaune verdâtre	Surtout utilisé pour son feuillage texturé, très délicat.
Tricyrtis hirta Lis crapaud	60cm	60cm	☀☁	Riche, frais	4b	9 et 10	À l'aisselle	blanc lilas	Touche d'exotisme, fleurs tachetées. Port lâche.
Tricyrtis hirta 'Variegata' Lis crapaud panaché	50cm	45cm	☀☁	Riche, frais, humide	4	9 et 10	Cyme	lilas picoté	Feuillage allongé, élancé bordé de blanc-crème.
Tricyrrtis hirta 'Miyazaki Gold' Lis crapaud 'Miyazaki Gold'	90cm	45cm	☀☁	Riche, frais, humide	5	9 et 10	Cyme	blanc maculé lilas	A un port plutôt arqué d'un beau jaune doré. Touche d'originalité.
Tricyrtis hirta 'Moonlight' Lis crapaud 'Moonlight'	50cm	60cm	☀☁	Riche, frais, humide	4	9 et 10	Cyme	lilas picoté	Feuilles allongées, entremêlées, chartreuses. Variété plutôt compacte.
Viola labradorica purpurea Violette du Labrador	15cm	30cm	☀☁	Riche, drainé	3	5 et 9	Simple, maculée	violet	Beau feuillage pourpre en forme de cœur. S'étend rapidement.

GRAMINÉES	H	L	☀	TYPE DE SOL	Z	MOIS	FORME	COULEUR	REMARQUE
Calamagrostis brachytricha Syn. : *Stipa Calamagrostis*	0,9 à 1,2m	90cm	☀☁	Peu exigeant	4	9 et 10	Panicule rose argenté	bleu puis doré	Grande touffe de feuilles vertes. Belle vedette, même à l'ombre.
Chasmanthium latifolium Syn. : *Uniola latifolia*	1,2m	40cm	☀☁	Meuble, humide	5	9 et 10	Épi plat, large	brun violacé	Pour sites chauds. Originale, style bambou. Fleurs séchées.
Cortaderia selloana Herbe de Pampas	2m	1m	☀	Riche, frais, drainé	6b	9 et 10	Panicule plume	vert	Très imposante mais peu rustique. Érigé. Panicule argenté.
Imperata cylindrica 'Red Baron' Imperata 'Red Baron'	30 à 70cm	25cm	☀	Humide, drainé	5b	9 et 10	Panicule étroite	vert et rouge	Feuillage bicolore spectaculaire. À protéger. Panicule argenté.
Miscanthus sinensis 'Malepartus' Miscanthus 'Malepartus'	2m	1m	☀	Peu exigeant, drainé	4	9	Épis plumeux	bleu-vert	Fleurs et tiges pourprées. Bien touffu.
Miscanthus sinensis 'Morn. Light' Eulalie 'Morning Light'	0,9 à 1,2m	50 à 90cm	☀☁	Riche, humide	4	9 et 10	Rares plumes	panaché bleuté	Feuilles étroites avec bandes fines verticales blanches et bleu-vert.
Miscanthus sinensis 'Variegata' Eulalie panaché	1,2 à 1,8m	0,9 à 1,2m	☀	Fertile, frais	5	10 et 11	Rares plumes	Panaché verticale	Un classique. Très beau port arqué, élégant. Protéger l'hiver.
Miscanthus sinensis 'Zebrinus' Roseau de Chine Zébré	1,5 à 2m	1m	☀	Fertile, frais	5	10 et 11	Rares plumes	Panaché horizontal	Comme *Strictus* mais avec un port arqué, évasé. Feuilles rubanées.
Panicum virgatum 'Heavy Metal' Panic 'Heavy Metal'	0,9 à 1,2m	50 à 80 cm	☀	Sec ou humide	5	9 et 10	Plume rosé, doré	bleu métalique	Port érigé, étroit rigide d'un beau bleu métallique.
Panicum virgatum 'Prairie Sky' Panic 'Prairie Sky'	1,25m	60cm	☀	Sec ou humide	4	9 et 10	Épi bronzé	bleu ciel	Bonne rusticité, vigoureuse et dense. Port retombant.

BULBES	H	L	☀	TYPE DE SOL	Z	MOIS	FORME	COULEUR	REMARQUE
Colchicum automnale Colchique d'automne	15 à 20cm	10 à 15cm	☀☁	Drainé, meuble	4	9	Grosse coupe	rose lilas	Fleurs à l'automne de 10cm, feuillage peu attrayant au printemps suivant.
Crocus sativus Safran	5cm	5cm	☀	Drainé	5	9	Grosse corolle	violet	Étamines orange sur fond violet. Se comporte très bien en pot.
Allium japonica 'Ozawa' Allium thunbergii 'Ozawa'	20cm	30cm	☀☁	Drainé	4	10 et 11	Boule ouverte	pourpre rose	Ail tardif. Feuilles effilées tournant au rouge-bronze à l'automne.
Schizostylis coccinea Lis des Cafres	60cm	50cm	☀	Riche, profond, frais	5b	9 et 10	Coupe étoilée	teintes rose	Pour climat doux. Le gel écourte sa floraison.

✤ indique une plante indigène ou naturalisée.
✤ indique une plante potentiellement envahissante !

233

Choisir selon la plante

section 3

Helleborus orientalis / **Rose d'hiver**

ARBRES

Qu'est-ce qu'un arbre ? Quelquefois, les arbustes de grande dimension sont confondus avec les petits arbres parce qu'ils atteignent la même hauteur. Pour mieux les différencier, disons que ce qui caractérise un arbre, c'est qu'il est constitué d'un seul tronc, libre de branches à la base. Le dégagement entre le sol et les premières branches se situe généralement entre un et deux mètres.

Les arbustes, quant à eux, possèdent plusieurs tiges issues de la base et portent des rameaux près du sol. Mais comme dans toutes les règles, il y a des exceptions. Lorsque deux ou trois arbres émergent du même point ont dit qu'ils ont poussé en « talle ». Malgré le fait qu'ils ressemblent alors à de grands arbustes, ils gardent tout de même leur statut d'arbre. Par contre, il arrive qu'on donne à certains arbustes une forme d'arbre soit par greffe, (greffé sur tige) soit par taille (monté sur tige). Ces arbustes, souvent choisis pour leur floraison spectaculaire ou leur feuillage attrayant, passent alors au rang de petit arbre vedette.

DIMENSION

Connaître la bonne dimension des arbres et leurs caractéristiques permet d'éviter bien des erreurs. Se rendre compte après quelques années que l'arbre que nous avions choisi doit être taillé et même déformé pour qu'il s'ajuste au milieu que nous lui avions assigné est

bien désolant. En plus de diminuer la valeur esthétique de l'arbre, nous nous astreignons à un travail laborieux et bien souvent onéreux.

Le port et la dimension d'un arbre en disent long sur l'impact qu'il aura sur son environnement. Si vous désirez un arbre de petite dimension et de forme ronde, il ne faut pas choisir un arbre ovale ou pyramidal de grande dimension en vous disant qu'en le taillant régulièrement vous le garderez rond et petit. D'accord, vous parviendrez pendant quelques années à le contrôler mais, la nature étant ce qu'elle est, tôt ou tard elle réagira à vos agressions et vous aurez perdu temps et argent.

Que ce soit pour récolter des fruits, former un écran, vous protéger des regards indiscrets des voisins, profiter de sa fraîcheur, attirer les oiseaux ou simplement pour en admirer la beauté, il existe un arbre pour chacun de vos besoins. Mais, en plus de connaître vos besoins, il faut connaître le milieu dans lequel vous voulez l'implanter, car les arbres ont eux aussi leurs propres besoins écologiques.

Nous savons tous que certains arbres préfèrent un sol constamment humide alors que d'autres aiment les sols plutôt secs ; que certains arbres ne peuvent survivre aux agressions répétées des vents hivernaux et que d'autres encore ne peuvent vivre à l'ombre. Il faut donc tenir compte de tous ces facteurs avant de faire notre choix.

FORME

Les arbres feuillus et les conifères ont des formes particulières qui les caractérisent. Qu'il soit de forme pyramidale, ovoïde, arrondie, irrégulière, verticale ou pleureuse, le port des arbres donne un rythme et une dimension aux aménagements paysagers. Deux formes retiennent souvent l'attention et peuvent être promues au titre d'éléments vedettes. Ce sont les formes fastigiées et les formes pleureuses. Elles sont utilisées à des fins très différentes et elles valent la peine qu'on s'y arrête.

ARBRES À PORT ÉTROIT ET VERTICAL (FASTIGIÉ)

Lorsqu'il est question d'arbres à port étroit, l'image qui nous vient souvent en tête est celle d'une rangée de peupliers de Lombardie. Ces arbres sont depuis très longtemps utilisés comme arbres d'alignement. Il suffit de se promener dans nos campagnes pour les voir encore orner plusieurs fonds de terrain en écran ou se dresser le long d'anciennes allées. Toutefois, le peuplier de Lombardie est une plante peu appropriée à notre climat, c'est pourquoi cet arbre est souvent malade et dégarni. Sa valeur ornementale est ainsi largement diminuée et laisse une bien piètre impression des arbres fastigiés. Heureusement, il existe maintenant plusieurs espèces d'arbres à port élancé qui peuvent avantageusement remplacer ce vieux peuplier.

COMMENT LES UTILISER

Ces arbres étroits et verticaux ne passent pas inaperçus, ils font facilement figure de vedettes, car ils attirent le regard. Leurs lignes droites brisent la monotonie et accrochent l'œil, lui permettant de se reposer. Utilisés en groupe de trois, ils créent un point focal; en rang, ils servent d'alignement; seuls, ils conviennent très bien aux espaces exigus. Mais plus encore, ils peuvent servir de haies, d'écran ou de brise-vent. Quelle que soit l'utilité pour laquelle on les destine, ils produisent toujours un impact sur le paysage et c'est avec discernement que nous devons les intégrer à nos décors.

FORMES PLEUREUSES

Contrairement aux formes fastigiées, les formes pleureuses ne sont pas utilisées en groupe, ce sont des vedettes solitaires. Placées seules, bien en vue dans un décor, elles déploient un charme qui plaît à plusieurs. Qu'il s'agisse des branches du romantique saule pleureur qui s'inclinent et pendent au-dessus d'un étang, d'une petite épinette qui cascade entre deux roches ou encore d'un mûrier pleureur greffé sur tige, leur présence est souvent recherchée pour attirer l'œil vers un point stratégique de l'aménagement. On les utilise comme élément accrocheur pour obtenir un effet particulier. Il faut s'assurer qu'elles sont très bien intégrées à l'ensemble de l'aménagement sinon on pourrait se retrouver avec l'effet contraire et le résultat serait désastreux.

Les tableaux qui suivent vous en feront voir de toutes les formes et de toutes les couleurs. Conifère ou feuillu, il existe un pleureur pour chaque situation : rocaille, étang, auge, plate-bande et même comme couvre-sol.

RUSTICITÉ

Malheureusement, plusieurs arbres et conifères pleureurs éprouvent de la difficulté avec nos hivers. Le verglas et les vents glaciaux rendent leurs premiers hivers souvent hasardeux. Il faut donc être très vigilant les premières années. Mais une fois établis, leur vigueur naturelle devrait suffire, si vous respectez leur zone de rusticité, bien entendu.

Vous devrez toutefois voir à leurs soins réguliers qui consistent principalement à tailler les branches cassées ou gelées de façon à conserver leur beau port pleureur. Si certaines branches érigées surgissent, il faut les éliminer. Assurez-vous de les cultiver dans un sol vivant et qui leur convient. Les arbres et conifères pleureurs sont d'une grande valeur et ils méritent une attention toute particulière. Consultez le chapitre sur les sols pour savoir comment garder un sol bien en vie.

Note : certains arbres peuvent causer des dommages avec leurs racines (saule pleureur, peuplier, érable argenté, etc.). Vérifiez auprès de votre municipalité pour connaître les restrictions et les normes concernant ces arbres.

ARBRES

EMPLACEMENT

Si vous avez en main un plan d'aménagement où chaque secteur de votre terrain possède sa vocation, vous pourrez plus facilement déterminer quel type d'arbre conviendra le mieux à chacun de ces secteurs. Sinon, avant de planter un arbre, vous devrez tenir compte de ces quelques facteurs :

Pensez électricité : nuira-t-il aux fils électriques du quartier ou de votre propre résidence dans quelques années ? [1]

Pensez voisinage : les branches, racines ou déchets de fruits ou fleurs viendront-ils troubler l'harmonie qui existe entre vous et vos voisins ?

Pensez espace : la dimension de votre arbre à maturité correspond-elle à l'espace que vous lui assignez aujourd'hui ? Les racines causeront-elles des dommages ?

Pensez environnement : l'arbre choisi pourra-t-il vivre sans stress dans le sol ou le corridor de vent où vous prévoyez le planter ? Résistera-t-il au verglas sans causer de dommages aux voitures garées en dessous ? Sera-t-il propre à votre zone de rusticité ?

Autant de questions que vous êtes tenu de vous poser si vous voulez que votre investissement vous apporte, après quelques années, plus de plaisir que de désagréments.

Notes : envahisseurs potentiels ! Un mot sur l'érable de Norvège (Acer platinoïdes). Introduits d'Europe aux États-Unis dès le début de la colonisation, ces érables très résistants à la pollution et aux conditions adverses ont été implantés dans toutes les régions du Québec et se sont très bien adaptés à notre environnement. De croissance très rapide et d'une adaptabilité remarquable, une fois introduits dans nos forêts, ces érables finissent par occuper tous les étages du boisé. Étant présents du sous-bois jusqu'à la canopée, ils créent une ombre dense et finissent par empêcher les diverses essences indigènes à croissance plus lentes de prendre place. Le sol alors se dénude et nous assistons à la naissance de l'érosion de nos forêts et l'établissement d'une monoculture. On dit dans le milieu qu'un seul érable de Norvège peut perturber sérieusement une forêt naturelle d'érables à sucre se trouvant à proximité. C'est un pensez-y bien. Donc, si vous habitez à proximité d'un boisé dans une région où la forêt est déjà compromise et limitée par la construction résidentielle ou encore si vous avez la chance d'habiter près d'une riche forêt d'arbres indigènes variés, soyez vigilant dans le choix de vos arbres pour ne pas provoquer de graves dommages à votre environnement.

[1] Répertoire des arbres et arbustes ornementaux (Hydro-Québec).

COMMENT PLANTER UN ARBRE

1- Creusez un trou ayant la même profondeur que la motte de racines et au moins deux fois le diamètre du contenant ou si votre arbre est à racines nues, la fosse doit avoir un diamètre de deux fois la largeur des racines déployées. Réservez la terre prise en surface. Ameublissez légèrement le fond et les parois du trou sans retourner la terre.

2- Préparez un mélange de terre contenant 2 parties de terre équilibrée pour 1 partie de compost ou fumier composté et 1 partie de mousse de tourbe. Ajoutez à ce mélange la terre de surface extraite lors du creusage. Vous pouvez facultativement y ajouter un biostimulant tel mycorhize ou os moulu ou engrais organique riche en phosphore. La terre prise en surface devrait représenter la majeure partie de votre sol de remplissage, le but n'étant pas de changer entièrement la terre dans la fosse de plantation mais de l'améliorer légèrement pour aider à la reprise.

3- Déposez la motte au fond de la fosse (le collet de l'arbre doit être au même niveau que le sol). Si nécessaire, ajustez le niveau en rajoutant un peu de terre tassée sous la motte. Dégagez et étaler les racines.

4- Remplissez la fosse par couches successives en tassant sans écraser les racines. Si votre arbre est à racines nues, faites bien pénétrer la terre entre les racines.

5- Créez une cuvette de rétention d'eau en périphérie de la fosse de plantation afin d'y conserver l'eau d'arrosage et l'eau de pluie. Arrosez abondamment en laissant pénétrer l'eau graduellement en profondeur.

6- Installez une bonne épaisseur de paillis sur toute la surface de la cuvette pour aider à la reprise en diminuant l'évaporation excessive de l'eau. S'assurer que le tronc est libre de paillis sur un rayon de 10 à 15cm.

7- Placez un tuteur assez long pour qu'il puisse s'enfoncer dans le sol non remanié. Installez-le du côté des vents dominants. Vérifiez annuellement les attaches de tuteurs pour éviter les blessures au tronc et enlevez-les dès que leur fonction de soutien n'est plus nécessaire.

Arbres de petites dimensions

Pour vous faciliter la tâche, les arbres ont été classés en trois catégories : à petit, moyen et grand déploiements. Alors qu'à la campagne il est encore possible de planter un majestueux chêne, une grande épinette ou un imposant tilleul, la dimension des terrains de banlieue et de ville nous oblige bien souvent à nous tourner vers les arbres de petites dimensions.

Soucieux de répondre à la demande de plus en plus grandissante du consommateur, les producteurs offrent un très vaste choix d'arbres à petit déploiement. Il est très avantageux de planter de petits arbres car, au lieu de se contenter d'un seul arbre, vous pouvez en augmenter le nombre et multiplier ainsi leurs avantages et leurs qualités. En plus, on trouve maintenant sur le marché de très petits arbres greffés sur tige. Leur forme tout à fait unique attire l'attention. Ils peuvent facilement prendre place dans une petite plate-bande, de quoi ravir les propriétaires de très petits terrains de ville et même de copropriété, car certains arbres sur tige peuvent prendre place sur les balcons et les terrasses.

TRUCS

1- Les arbres à racines nues

Un arbre arraché du sol pour être replanté ailleurs voit ses racines mises à nu et exposées à l'air libre. Même si le délai est court entre la sortie de terre et la plantation, les racines peuvent subir des dommages pouvant limiter la reprise. Pour réduire les dégâts, il existe une vieille méthode toujours très efficace qui consiste à praliner les racines.

Comment praliner : dans une brouette ou un grand contenant (ou encore dans un grand trou pratiqué à même le sol), mélangez de la terre, de la mousse de tourbe, du fumier (frais ou non) et de l'eau. Mettez assez d'eau pour que votre mélange ait la consistance de la pâte à crêpe. Plongez les racines de vos végétaux dans ce mélange afin de bien les enrober. Le film formé autour des racines empêchera l'évaporation excessive lors du transport et continuera à agir même après la mise en terre, limitant grandement les pertes d'eau.

Comme plusieurs racines ont été perdues à l'arrachage, celles qui demeurent dans la motte doivent pouvoir agir efficacement en attendant que les nouvelles racines se forment. Cette technique est particulièrement efficace pour les arbres et arbustes qui portent du feuillage et plus encore lorsque vous prévoyez transporter vos végétaux sur une longue distance.

Ce petit effort vaut son pesant d'or, après tout, lorsque nous plantons un arbre, nous avons toujours espoir de le voir grandir et venir combler nos attentes !

2- Forme pleureuse pour les arbres fruitiers

Les arbres fruitiers produisent mieux lorsque la sève circule à l'horizontale ou vers le bas plutôt que vers le haut tel les branches érigées. C'est pourquoi plusieurs producteurs taillent leurs fruitiers en donnant une allure plutôt pleureuse aux pommiers ou aux poiriers.

Comme ce sont des arbres aux branches souvent érigées, on peut également, dès leur jeunesse, les aider à courber leurs branches vers le bas en attachant quelques pesées à leurs extrémités. Ces légers poids dirigeront les branches vers le sol et les empêcheront de pointer vers le ciel. Avec le temps elles se solidifieront et garderont leur position facilitant ainsi la circulation de la sève et augmentant du même coup la production.

ARBRES À GRAND DÉPLOIEMENT

ARBRES	H	L	☀	TYPE DE SOL	Z	MOIS ✿	FORME ✿	COULEUR ✿	REMARQUES
Acer nigrum Érable noir	20m	18m	☀☁	Tous sols frais	4a	5	Corymbe sans intérêt	jaunâtre	Port ovoïde, lâche. Feuilles 3 à 5 lobes. Disponibilité faible.
Acer rubrum Érable rouge / Plaine	15 à 20m	15m	☀☁	Acide, humide, lourd	3	4 et 5	Grappe avant feuilles	rouge	Intéressante pour lieu très humide. La pollution l'affecte. Pyramidal.
Acer rubrum 'October Glory' Érable rouge 'October Glory'	18 à 20m	10m	☀	Acide, riche, humide	5	—	Sans intérêt	—	Passe du vert brillant au rouge cramoisi plus persistant.
Acer saccharinum Érable argenté	25m	23m	☀☁	Tous les sols	2b	—	Sans intérêt	—	Port arrondi, irrégulier. Attention à ses racines. Pour grand parc.
Acer saccharinum 'Laciniatum Wieri' Érable argenté lacinié 'Wieri'	18 à 20m	8m	☁☀	Riche, frais	3b	—	Sans intérêt	—	Semi-pleureur. Aspect léger diffus gracieux. Tourne jaune pâle.
Acer saccharum Érable à sucre	15 à 25m	10 à 18m	☀☁	Riche, profond, drainé	4a	5	Corymbe sans intérêt	jaune verdâtre	Supporte mal la pollution. Port oval. Utilisé pour sa sève.
Acer saccharum 'Fastigiata' Érable à sucre pyramidal	13cm	3m	☀☁	Tous sols frais	3	—	Sans intérêt	—	Plus pyramidal qu'étroit. Peu servir d'écran.
Acer saccharum 'Green Mountain' Érable à sucre 'G. Mountain'	18 à 20m	11m	☀☁	Riche, profond, léger	4	—	Sans intérêt	—	Port ovoïde. N'aime pas les vents secs. Tourne orange à l'automne.
Betula albo sin. 'Septentrionalis' Bouleau blanc de Chine	20m	13m	☀☁	Profond, frais, drainé	5b	4 et 5	Chaton	blanc	Port globulaire. Feuilles vert jaunâtre. Tronc orangé. Lieu abrité.
Betula alleghaniensis / B. lutea Bouleau jaune / Merisier	20 à 25m	12 à 15m	☀☁	Profond, fertile, drainé	3b	4 et 5	Chaton	verdâtre	Port étalé, irrégulier. Écorce dorée, odorante. Résistant.
Betula lenta Bouleau flexible / Merisier rouge	20m	12m	☀☁	Riche, acide, frais	4b	4 et 5	Chaton	verdâtre	Port dressé, régulier. Écorce rougeâtre, odorante. Sensible à la pollution.
Carya cordiformis Caryer cordiforme / Noix amère	20 à 25m	10 à 15m	☁☀	Riche, frais, drainé	4a	5	Chaton	jaunâtre	Port ovoïde. Écorce fissurée. Pivot. Feuilles composées. Peu utilisé.
Carya glabra Caryer glabre / Noyer à balais	25m	12m	☀	Riche, frais, drainé	5a	—	Chaton	jaunâtre	Port allongé, irrégulier. Pivot. Feuilles composées. Noix allongées.
Carya ovata Caryer ovale à noix douces	20 à 25m	12 à 17m	☁☀	Riche, frais, drainé	4b	—	Chaton	jaunâtre	Noix comestibles. Port ovoïde irrégulier. Feuilles composées. Pivot.
Fagus grandifolia Hêtre à grandes feuilles / H. d'amérique	18 à 22m	12 à 18m	☀☁	Acide, riche, frais	4	4 et 5	grappe avant les feuilles	brunâtre sans intérêt	Port ovoïde. Feuilles vert bleuté puis caramel, persistant l'hiver.
Fraxinus americana Frêne d'Amérique / Frêne blanc	20m	12 à 17m	☀	Profond, riche, drainé	3b	5	Grappe	verdâtre	Ovoïde, dense, gracieux. Feuilles composées. Tourne pourpre.
Fraxinus americana 'Autumn Blaze' Frêne blanc 'Autumn Blaze'	20m	10m	☀	Profond, drainé	3b	—	Sans intérêt	—	Port régulier, ovoïde. Samares. Feuilles composées, tourne pourpre.
Gymnocladus dioica Chicot du Canada	22 à 28m	15 à 22m	☀	Plutôt humide	5	—	Grappe étoilée	—	Port ovoïde, irrégulier, ouvert. Gousse. Beau feuillage vert bleuté foncé.
Juglans nigra Noyer noir	25m	18 à 20m	☀	Profond, riche, frais	3b	5	Chaton	jaunâtre	Ovoïde, irrégulier, dense. Grandes feuilles composées. Bonnes noix. Pivot.
Populus balsamifera Peuplier baumier	20m	10m	☀	Peu exigeant	1a	—	Sans intérêt	—	Surtout utilisé comme plante colonisatrice. Odorante.
Populus x berolinensis Peuplier de Berlin	20m	5 à 8m	☀	Peu exigeant, frais	2a	—	Sans intérêt	—	Fastigié plus large qu'Italica pour région froide. Brise-vent. Racine traçante.
Populus x canadensis 'Eugenii' Peuplier de Caroline 'Eugenii'	20m	12m	☀	Peu exigeant, frais	2a	—	Sans intérêt	—	Colonnaire, très rapide. Feuilles triangulaires. Racines puissantes.

ARBRES

ARBRES (suite)	H	L	☼	TYPE DE SOL	Z	MOIS ✿	FORME ✿	COULEUR ✿	REMARQUES
Populus x canadensis 'Robusta' Peuplier de Caroline 'Robusta'	20m	11m	☼	Peu exigeant, frais	3	—	Sans intérêt	—	Colonnaire. Grandes feuilles triangulaires. Très rapide.
Populus deltoides ⚜ Peuplier deltoïde	28m	20m	☼	Humide	2b	—	Très salissante	—	Pour naturalisation, écran très imposant. Attention aux racines.
Populus grandidentata ⚜ Peuplier à grandes dents	20m	12m	☼	Humide, fertile	2b	—	Sans intérêt	—	Feuilles ovales, dentées, vert argenté. Écorce décorative. Pyramidal.
Populus nigra 'Afghanica' / 'Thevestina' Peuplier de Thèves	18 à 20m	3 à 5m	☼	Ordinaire, humide	3	—	Sans intérêt	—	Port colonnaire, tronc rectiligne. Croissance rapide. Non maladif.
Populus nigra 'Italica' Peuplier de Lombardie	20m	2m	☼	Peu exigeant, frais	4	—	Sans intérêt	—	Port colonnaire à croissance très rapide. Fragile au Québec. Racines traçantes.
Prunus serotina ⚜ Cerisier tardif / Cerisier d'automne	20m	10m	☼	Profond, riche, frais	2b	6 et 7	Grappe pendante 15cm	blanc parfumée	Ovoïde irrégulier. Écorce foncé odorante. Fruits en automne.
Quercus alba ⚜ Chêne blanc	25m	25m	☼	Profond, frais, drainé	4a	5	Chaton	jaune	Pivot à arrondi. Reprise difficile. Peu malade. Robuste, lent. Glands.
Quercus bicolor ⚜ Chêne bicolor / Chêne bleu	20 à 25m	16m	☼	Profond, humide	4b	5	Chaton	verdâtre	Ovoïde, régulier. Rare. Transplantation difficile. Feuilles sinuées. Glands.
Quercus coccinea Chêne écarlate	20 à 25m	15 à 20m	☼	Acide, frais, sableux	4b	5	Chaton	jaune verdâtre	Ovoïde irrégulier. Feuilles lobées, très découpées. Glands.
Quercus macrocarpa ⚜ Chêne à gros fruits	20m	18m	☼	Profond, frais, drainé	2b	5	Chaton	verdâtre	Port globulaire. Feuilles lobées. Orangé à l'automne. Glands.
Quercus palustris Chêne des marais	18 à 20m	12m	☼	Riche, humide	4	5	Chaton	verdâtre	Port conique. Feuilles lobées. Écarlate à l'automne. Glands.
Quercus robur Chêne pédonulé / Chêne anglais	20 à 25m	18 à 22m	☼	Riche, frais, drainé	5	5	Chaton	jaunâtre	Pour plant acclimaté, acheter dans votre zone. Port arrondi. Feuilles lobées.
Quercus rubra ⚜ Chêne rouge / Chêne boréal	24m	18 à 22m	☼	Riche, sableux, acide	3	—	Chaton sans intérêt	—	Port pyramidal. Feuillage dense virant rouge vif. Rapide ! Glands.
Salix alba Saule blanc / Saule argenté	20 à 25m	20m	☼	Plutôt lourd, frais	4	—	Chatons salissants	—	Pour grands espaces et lieux humides. Attention aux racines !
Salix nigra ⚜ Saule noir	25m	20m	☼	Acide, humide	2	—	Chaton	—	Port irrégulier, ouvert. Grands espaces. Attention aux racines.
Tilia americana ⚜ Tilleul d'Amérique	23 à 25m	12 à 18m	☼ ☁	Profond, riche, frais	3	6 et 7	cymes pendantes	jaunâtre parfumée	Grandes feuilles cordées. Port pyramidal, dense. Tisane.
Ulmus americana ⚜ Orme blanc d'Amérique	30m	20m	☼	Plutôt argileux, frais	2a	—	Sans intérêt	—	Large éventail, majestueux. Sujet à la maladie hollandaise.
Ulmus carpinifolia Orme à feuilles de charme	30m	15m	☼	Riche, calcaire, frais	5	—	Sans intérêt	—	Port conique. Branches horizontales. Résistant aux maladies.
Ulmus 'Morton' Orme 'Accolade' / 'Morton'	21m	12m	☼	Riche, calcaire, frais	4	—	Sans intérêt	—	Port évasé, gracieux. Résistant et vigoureux. Jaune vif automne.
Ulmus japonica 'Jacan' Orme japonais 'Jacan'	18 à 25m	10 à 12m	☼ ☁	Peu exigeant	2b	—	Sans intérêt	—	Port évasé, feuillage brillant. Résistant à la maladie hollandaise.

CONIFÈRES	H	L	☼	TYPE DE SOL	Z	MOIS ✿	FORME ✿	COULEUR ✿	REMARQUES
Abies balsamea ⚜ Sapin baumier	20m	7m	☼ ☁	Sableux, frais	2	—	—	—	Port conique, étroit. Utilisé en naturalisation ou sapin de Noël.
Abies concolor Sapin blanc du Colorado	15m	6m	☁	Frais, drainé	4	—	—	—	Très grand conifère pyramidal, élancé, aux feuilles bleu argent.
Larix decidua Mélèze d'Europe	20m	8m	☼	Profond, frais, drainé	3b	—	—	—	Conique, irrégulier, caduque. Facile. Grand espace. Écran.

CONIFÈRES (suite)	H	L	☀	TYPE DE SOL	Z	MOIS ✿	FORME ✿	COULEUR ✿	REMARQUES
Larix laricina / Larix americana ⚜ **Mélèze Laricin d'Amérique**	20 à 25m	6m	☀	Humide à sec	2	—	—	—	Pyramidal, étroit. Rosette d'aiguille caduque tournant doré. Brise vent.
Picea abies / Picea excelsa **Épinette de Norvège**	20 à 25m	9 à 12m	☀	Humide, drainé	2b	—	—	—	La plus grande et la plus gracieuse. Port pyramidal, rameaux pendants. Rapide.
Picea glauca / Picea alba ⚜ **Épinette blanche**	20 à 25m	5 à 10m	☀	Frais, drainé	2	—	—	—	Port pyramidal. Jeunes pousses vert éclatant. Aromatique.
Picea omorika **Épinette de Serbie**	15 à 25m	3 à 5m	☀☁	Riche, profond	3b	—	—	—	Conique, étroit presqu'en colonne. Vert foncé. Très décoratif.
Picea pungens **Épinette du Colorado**	18 à 20m	4m	☀	Frais, profond	2	—	—	—	Port conique uniforme, piquant, vert bleuâtre. Brise-vent, écran.
Picea pungens 'Glauca' **Épinette bleue du Colorado**	20m	5 à 8m	☀	Frais, profond	2	—	—	—	Port conique. Vert bleuté avec jeunes pousses bleu vif.
Picea pungens 'Moerheimii' **Épinette bleue de Moerheim**	20m	5m	☀	Frais, profond	3a	—	—	—	Conique, étroit, couronne large à la base. Glauque bleuté.
Pinus nigra 'Austriaca' **Pin noir d'Autriche**	18 à 22m	8 à 10m	☀	Peu exigeant	4a	—	—	—	Pyramidal, dense. Tolérant à la salinité. Écran, brise-vent.
Pinus resinosa ⚜ **Pin rouge**	24m	12m	☀	Acide, sableux	2b	—	—	—	Port ovoïde, droit. Aiguilles par 2, longues, flexibles. ± décoratif.
Pinus strobus ⚜ **Pin blanc**	20 à 25m	7 à 10m	☀☁	Peu exigeant, frais	2b	—	—	—	Pyramidal, irrégulier. Aiguilles souples groupées par 5. Rapide.
Pinus strobus 'White mountain' **Pin blanc** 'White Mountain'	20m	7m	☀☁	Peu exigeant, drainé	4b	—	—	—	Beau feuillage bleu argenté. Pyramidale. 5 aiguilles. Rapide.
Tsuga canadensis ⚜ **Pruche du Canada**	15 à 20m	9 à 12m	☀☁	Acide, frais, drainé	4	—	—	—	Pyramidal élégant, souple. Vert foncé luisant. Naturalisation.

⚜ indique une plante indigène ou naturalisée.
☠ indique une plante potentiellement envahissante !

ARBRES À MOYEN DÉPLOIEMENT

ARBRES	H	L	☀	TYPE DE SOL	Z	MOIS ✿	FORME ✿	COULEUR ✿	REMARQUES
Acer x freemanii 'Armstrong' Érable freeman 'Armstrong'	13 à 15m	5 à 8m	☀⛅	Peu exigeant	4b	5	Sans intérêt	blanc	Port colonnaire. Branches dressées. Feuilles 5 lobes vert. Lent.
Acer x freemanii 'Celzam' Érable freeman 'Célébration'	15m	8m	☀⛅	Peu exigeant, acide	4b	5	Grappe	rouge	Port pyramidal, compact. Feuilles lobées. Toune rouge et or.
Acer x freemanii 'Jeffersred' Érable freeman 'Autumn Blaze' / 'Jeffersred'	15m	12m	☀	Peu exigeant, sec	4	—	Sans intérêt	—	Croissance rapide, forme ovale. Tournant au rouge orangé.
Acer x freemanii 'Marmo' Érable freeman 'Marmo'	12 à 15m	13m	☀	Peu exigeant, même argileux	4	—	—	—	Branches érigées, port plutôt ovale . Rapide. Tourne rouge et vert.
Acer x freemanii 'Scarsen' Érable 'Scarlet Sentinel'	13m	7m	☀⛅☁	Peu exigeant, acide	5b	5	Grappe	rouge	Port ovoïde vert tourne orange. Branches ascendantes. Écran.
Acer nigrum 'Greencolumn' Érable noir 'Greencolumn'	13m	7m	☀⛅	Riche, drainé,	5b	5	Corymbe sans intérêt	jaunâtre	Port érigé, puis ovoïde. Peu disponible. Supporte mal la ville.
Acer platanoides 'Cleveland' Érable de Norvège 'Cleveland'	13m	10m	☀⛅	Frais, calcaire, drainé	4b	—	Corymbe	jaunâtre	Attention aux racines . Sert aussi d'écran. Port ovoïde.
Acer platanoides 'Columnare' Érable de Norvège colonnaire	15m	5m	☀⛅	Tous sols frais, drainé	4	—	Sans intérêt	—	D'un beau vert très foncé. Pour espace restraint. Très résistant.
Acer platanoides 'Conquest' Érable de Norvège 'Conzam'	10m	2,5m	☀⛅	Frais, drainé	4	—	Sans intérêt	—	Port érigé, très étroit. Passe du marron au vert puis rouge vif.
Acer platanoides 'Crimson King' Érable de Norvège 'Crimson King'	12m	8m	☀	Riche, frais, drainé	4 à 5	—	Sans intérêt	—	Port globulaire, régulier, dense. Supporte la taille. Feuilles pourpres.
Acer platanoides 'Deborah' Érable de Norvège 'Deborah'	15m	12m	☀⛅	Frais, calcaire, drainé	4b	5	Sans intérêt	rouge	Plus vert bronzé que pourpre. Élancé, ovoïde. Grand jardin.
Acer platanoides 'Pond' Érable de Norvège 'Pond'	16m	10m	☀⛅	Peu exigeant, drainé	5b	—	Sans intérêt	—	Peu rustique, sensible aux maladies. Attention aux racines.
Acer platanoides 'Emerald Queen' Érable de Norvège 'E. Queen'	15m	12m	☀	Calcaire, drainé	4b	—	Sans intérêt	—	Port ovoïde, tronc vigoureux. Feuilles lobées vert foncé. Rapide.
Acer platanoides 'Parkway' Érable de N. 'Columnarebroad'	12m	7m	☀⛅	Frais, calcaire, drainé	5	—	Sans intérêt	—	Ressemble à Columnare en plus large. Attention aux racines.
Acer platan. 'Princeton Gold' 'Prigo' Érable de Norvège 'Princeton Gold'	10 à 14m	10m	☀	Frais, calcaire, drainé	4b	—	Sans intérêt	—	D'un beau jaune vif tout l'été. Virant jaune doré à l'automne.
Acer platanoides 'Royal Red' Érable de Norvège 'Royal Red'	10 à 12m	10m	☀	Tous sols drainé	4b	—	Sans intérêt	—	Croissance lente. Port large, arrondi. Rouge foncé reluisant.
Acer platanoides 'Schwedleri' Érable de Norvège 'Schwedleri'	15m	10m	☀	Calcaire, drainé	4b	—	Sans intérêt	—	Port ovoïde devenant plus large avec le temps. Rapide. Se taille.
Acer platanoides 'Summershade' Érable de Norv. 'Summershade'	15m	7 à 10m	☀	Calcaire, drainé	5a	—	Sans intérêt	—	Port ovale, large, diffus. Arbre d'ombrage. Rapide.
Acer platanoides 'Superform' Érable de Norvège 'Superform'	15m	13m	☀⛅	Calcaire, drainé	4	5	Sans intérêt	jaunâtre	Très beau port pyramidal, régulier, plus ou moins dense.
Acer rubrum 'Armstrong' Érable rouge 'Armstrong'	13m	5m	☀⛅	Acide, humide, lourd	4b	—	—	—	Port érigé, colonnaire. Feuilles 3 lobes. Tourne rouge vif. Rapide.
Acer rubrum 'Autumn Flame' Érable rouge 'Autumn Flame'	13m	13m	☀⛅	Peu exigent, acide	4b	5	Grappe	rouge	Port ovoïde. Feuilles petites, lobées. Tourne jaune, puis rouge.
Acer rubrum 'Bowhall' Érable rouge 'Bowhall'	15m	5m	☀⛅	Acide, riche, humide	3b	—	Sans intérêt	—	Arbre d'alignement par excellence. Colonnaire virant rouge.
Acer rubrum 'Columnare' Érable rouge colonnaire	12m	3m	☀⛅	Acide, humide, lourd	5a	—	Sans intérêt	rouge	Port très fastigié, colonnaire. Supporte la pollution. Écran.
Acer rubrum 'Morgan' Érable rouge 'Morgan'	15m	10m	☀	Acide, riche, humide	4	4 et 5	Grappe	rouge	Belle teinte rouge à l'automne même sur les sujets jeunes.

ARBRES (suite)	H	L	☀	TYPE DE SOL	Z	MOIS ✿	FORME ✿	COULEUR ✿	REMARQUES
Acer rubrum 'Northwood' Érable rouge 'Northwood'	15m	10m	☀	Acide, humide, lourd	4	—	Sans intérêt	rouge	Intéressant par sa rusticité et son rouge écarlate à l'automne.
Acer rubrum 'Red Sunset' Érable rouge 'Red Sunset'	15m	5 à 10m	☀	Acide, humide, lourd	4	4 et 5	Grappe	rouge	Feuillage dense, vert clair lustré tournant rouge brillant. Rapide.
Acer rubrum 'Scarlet Sentinel' Érable rouge 'Scarlet Sentinel'	13m	7m	☀⛅	Acide, riche, humide	5	—	Sans intérêt	rouge	Port oval, à croissance rapide. Tournant à l'orange rouge.
Acer rubrum 'Schlesingeri' Érable rouge 'Schlesingeri'	15m	15m	☀	Acide, humide, lourd	4a	5	Grappe	rouge	Port globulaire. La pollution l'affecte. Grandes feuilles. Écarlate.
A. saccharinum 'Born's Gracious' Érable argenté à feuilles découpées	12m	12m	☀⛅	Peu exigeant, humide	3	—	Sans intérêt	—	Feuillage découpé comme l'Érable du Japon. Port étalé, arqué.
Acer saccharinum 'Pyramidale' Érable argenté pyramidal	15 à 18m	5 à 10m	☀⛅☁	Peu exigeant, humide	3b	—	Sans intérêt	—	Système racinaire moins vigoureux que l'espèce. Rapide. Écran.
Acer saccharinum 'Silver Queen' Érable argenté 'Siver Queen'	25m	23m	☀⛅	Peu exigeant, humide	3	—	Sans intérêt	—	Port ovoïde, vert moyen. Rapide Sans semence. Belle sélection.
Acer sacc. 'Laciniatum Skinner's' Érable argenté lacinié 'Skinner's'	15m	12m	☀⛅	Peu exigeant, humide	3	—	Sans intérêt	—	Port oval sans semence (Mâle). Aspect léger, découpé. Rapide.
Acer saccharum 'Bonfire' Érable à sucre 'Bonfire'	15m	12m	☀⛅	Riche, bien drainé	4a	—	Corymbe Sans intérêt	—	Ressemble à l'espèce mais plus compact. Plus tolérant aux vents.
Acer saccharum 'Commemoration' Érable à sucre 'Commemoration'	15m	10m	☀⛅	Riche, profond, léger	4	—	Sans intérêt	—	Port ovale. Peu disponible au Québec. Tourne orangé. Rapide.
Acer saccharum 'Green Mountain' Érable à sucre 'Green Mountain'	15 à 20m	10 à 15m	☀⛅	Riche, profond, léger	4	—	Sans intérêt	—	Port ovale. Bien connu pour sa résistance et ses couleurs.
Acer saccharum 'Legacy' Érable à sucre 'Legacy'	16m	10m	☀⛅	Riche, profond, léger	5	—	Sans intérêt	—	Moins rustique mais supporte mieux la pollution. Tourne orange.
Acer saccharum 'Monton' Érable à sucre 'Crescendo' / 'Monto'	15 à 20m	10 à 15m	☀⛅	Riche, profond, léger	5	—	Sans intérêt	—	Très résistant à la sécheresse. Passe du vert foncé au rouge orangé.
Aesculus hippocastanum Marronnier d'Inde	16 à 20m	12m	☀	Riche, profond, frais	4b	6	Grappe	blanc et rouge	Port ovoïde, large. Feuilles palmées. Fruits toxiques.
Aesculus hippocastanum 'Plena' Marronnier de Bauman	15 à 20m	8 à 12m	☀	Riche, profond, frais	5	6	Grappe fleur double	blanc et rouge	Port ovoïde large. Feuilles palmées. Pour endroit abrité et spacieux.
Betula nigra Bouleau noir	15m	11m	☀	Fertile, acide, frais	4b	4 et 5	Chaton	verdâtre	Port ovoïde. Tronc unique ou en talle. Résiste à l'agrille. Lent.
Betula nigra 'Cully' / 'Heritage' Bouleau noir 'Cully'	13m	10m	☀	Fertile, acide, frais	5	—	Sans intérêt	verdâtre	Port semi-pyramidal. Écorce aux teintes blanc, rose, orange et brun.
Betula papyrifera ⚜ Bouleau blanc / Bouleau à papier	18m	10m	☀⛅	Acide, siliceux, frais	2a	4 et 5	Chaton	jaunâtre	Port ovoïde. Souvent en talle. Écorce blanc pur. Sensible à la pollution.
Betula pendula / verrucosa / alba Bouleau européen pleureur	13 à 18m	10m	☀	Profond, sec, drainé	2	5	Chaton sans intérêt	brun	Port irrégulier. Écorce blanc argenté. Rameaux pendants.
Betula pendula 'Crimson Frost' Bouleau 'Crimson Frost'	10m	7m	☀	Riche, frais, léger	3	—	Sans intérêt	—	Feuilles pourpre foncé. Écorce blanche et canelle. Texture fine.
Betula pendula 'Fastigiata' Bouleau européen fastigier	12m	4m	☀	Profond, sec, drainé	2	5	Chaton sans intérêt	brun	Port colomnaire plus ou moins étroit. Branches érigées tronc court.
Betula pendula 'Laciniata' / 'Gracilis' Bouleau à feuilles laciniées	10 à 15m	10m	☀	Sableux, frais à sec	2b	—	Sans intérêt	—	Semi-pleureur comme l'espèce mais à feuilles très découpées. Très sensible aux insectes.
Betula pendula 'Tristis' Bouleau européen triste	11m	1m	☀	Sableux, frais à sec	2	—	Sans intérêt	—	Port semi-pleureur, arrondi, gracieux. Tuteurer jeunes plants.

ARBRES

ARBRES (suite)	H	L	☼	TYPE DE SOL	Z	MOIS ✿	FORME ✿	COULEUR ✿	REMARQUES
Betula pendula purp. 'Royal Frost' Bouleau 'Royal Frost'	10m	5m	☼	Riche, frais, léger	3	—	Sans intérêt	—	Port pyramidal dense. Feuilles bourgognes tournant à l'orangé.
Betula platyphylla japonica Bouleau japonais	10m	6m	☼	Peu exigeant, frais	4	—	Sans intérêt	—	Port pyramidal. Plus résistant aux insectes que le bouleau blanc.
Betula platyphylla 'Whitespire' Bouleau 'Whitespire'	10m	7m	☼	Peu exigeant, frais	4	—	Sans intérêt	—	Une autre variété résistante aux perceurs du bouleau. Pyramidal.
Betula populifolia ⚜ Bouleau à feuilles de peuplier	10m	5m	☼	Pauvre, sableux, frais	3a	5	Chaton	verdâtre	Port colonnaire, irrégulier. Feuilles triangulaires. Écran, naturalisation.
Betula utilis jacquemontii Bouleau 'Jacquemontii'	13m	10m	☼	Sableux, frais à sec	5a	—	Sans intérêt	—	Port pyramidal. Peu sensible à la mineuse. À l'abri des vents.
Catalpa speciosa Catalpa de l'Ouest	15m	7m	☼	Calcaire, fertile	5b	6 et 7	Panicule, cloche	blanc jaunâtre	Conique. Larges feuilles. Fruits : longues gousses. Rapide.
Celtis occidentalis ⚜ Micocoulier occidental	15m	12m	☼☁	Profond, riche	4	5	Simple sans intérêt	verdâtre	Arrondi, irrégulier. Peu malade. Tourne jaune or. Résistant. Fruit.
Celtis occidentalis 'Prairie Pride' Micocoulier occ. 'Prairie Pride'	13m	13m	☼☁	Peu exigeant, riche	4b	5	Simple sans intérêt	verdâtre	Port globulaire, dense. Fruit pourpre foncé. S'adapte bien.
Cladastris kentukea Virgilier à bois jaune	10m	10m	☼	Profond, drainé	5a	6	Panicule pendante	blanc	Port arrondi, irrégulier. Tronc court. Tourne jaune orangé.
Cladastris lutea Virgilier à bois jaune	10m	10m	☼	Profond, drainé	5a	5 et 6	Grappe	blanc	Port globulaire, dense. Écorce décorative. Tourne jaune orangé.
Corylus colurna Noisetier de Byzance	12m	4m	☼☁	Riche, frais, drainé	4b	5	Chaton épineux	jaune	Port pyramidale. Résistant à la pollution. Pour petits espaces.
Diospyros virginiana Plaqueminier de virginie	15m	20m	☼	Profond, frais	5b	6	Petit lobes courbés	crème	Abri des vents. Rare, bois dur. Fruit comestible orange (kaki) ovoïde, étalé.
Fagus sylvatica 'Asplenifolia' Hêtre à feuilles de fougère	15m	12m	☼☁	Acide, drainé	5b	—	Sans intérêt	—	Beau feuillage vert foncé découpé, gracieux. Tourne caramel.
Fagus sylvatica 'Purpurea Tricolor' Hêtre d'Europe 'Tricolor'	8 à 14m	2 à 5m	☼☁	Acide, frais, drainé	5b	—	Sans intérêt	—	Érigé à globulaire. Feuillage vert-pourpre bordé de rose et blanc.
Fraxinus americ. 'Autumn Applause' Frêne blanc 'Autumn Applause'	15m	10m	☼	Profond, drainé	4b	—	Sans intérêt	—	Port ovoïde. Feuilles composées Tourne rouge vin.
Fraxinus americ. 'Autumn Purple' Frêne blanc 'Autumn Purple'	13 à 16m	10m	☼	Profond, drainé	4	—	Sans intérêt	—	Arrondi, irrégulier. Feuillage fin, léger. Tourne orange, pourpre.
Fraxinus americ. 'Champaing County' Frêne blanc 'Champaing Country'	15m	10m	☼	Profond, drainé	5	—	Sans intérêt	—	Ovïde, dense. Feuilles vertes, composées. Tourne violet jaune.
Fraxinus americana 'Empire' Frêne blanc 'Empire'	15m	7m	☼	Profond, drainé	5	—	Sans intérêt	—	Beau port pyramidal avec tronc très droit. Tourne orange rouge.
Fraxinus americana 'Kleinburg' Frêne blanc 'Kelinburg'	15 à 20mm	8m	☼	Profond, frais, drainé	4a	—	Sans intérêt	—	Port ovoïde, plus fastigié que l'espèce. Vire jaune à pourpre.
Fraxinus americana 'Manitou' Frêne blanc 'Manitou'	12m	6m	☼	Profond, frais, drainé	4	—	Sans intérêt	—	Conique, irrégulier Tourne jaune puis pourpe. Pour lieux exigus.
Fraxinus americana 'Northern Gem' Frêne blanc 'Northern Gem'	11m	8m	☼	Profond, frais, drainé	3b	—	Sans intérêt	—	Port arrondi, très dense. Taille de formation en fin d'hiver.
Fraxinus americ. 'Northern Treasure' Frêne 'Northern Treasure'	12 à 15m	7m	☼☁	Profond, frais, drainé	3	—	Sans intérêt	—	Oval, lustré. Variété résistante aux maladies. Jaune orangé.
Fraxinus excelsior Frêne d'Europe	12m	10m	☼	Profond, frais	4b	5	Grappe	verdâtre	Plus fragile que le *F. americana* Ovoïde, irrégulier, peu dense.
Fraxinus excelsior 'Kimberley' Frêne 'Kimberly'	15m	6m	☼	Profond, frais	4b	—	Sans intérêt	—	Pyramidal à arrondi. Feuilles composées petites. Sans fruits.
Fraxinus excelsior 'Westhof's Glorie' Frêne 'Westhof's Glorie'	12m	12m	☼	Riche, profond, frais	5	—	—	—	Port arrondi. Feuilles composées. Ne produit pas de fruits.

ARBRES (suite)	H	L	☼	TYPE DE SOL	Z	MOIS ❀	FORME ❀	COULEUR ❀	REMARQUES
Fraxinus mandshurica Frêne de mandchourie	15m	7m	☼	Peu exigeant	3b	—	Sans intérêt	—	Port ovoïde, ouvert, compact. Samares. Résistant et rustique.
Fraxinus nigra ⚜ Frêne noir	15 à 20mm	10m	☼	Acide, humide	2b	5	grappe	verdâtre	Port ovoïde. Feuilles composées Résistant à la pollution. Fruits.
Fraxinus nigra 'Fallgold' Frêne noir 'Fall Gold'	16m	7m	☼	Acide, humide	4	—	Sans intérêt	—	Port pyramidal. Pour régions froides, humides. Maladif. Doré.
Fraxinus nigra 'Nothern Gem' Frêne 'Northem Gem'	12m	8m	☼	Profond, acide, humide	3	—	—	—	Ne produit pas de fruits. Port ovoïde à arrondi. Résistant.
Fraxinus ornus Frêne d'Orno-frêne à fleurs	12m	9m	☼	Peu exigeant	5	5 et 6	Panicule parfumée	blanc crème	Nouveau. Utilisé surtout pour plantations en ligne. Port ovoïde.
Fraxinus pennsylvanica ⚜ Frêne rouge de Pennsylvanie	17 à 20m	7 à 10m	☼	Peu exigeant	3	5	grappe	verdâtre	Port arrondi, dense. Rapide. Rustique. Bon brise vent.
Fraxinus pennsylvanica 'Cimmzam' Frêne de pennsylvanie 'Cimmaron'	15 à 20m	7 à 10m	☼	Peu exigeant	3b	—	Sans intérêt	—	Beau port érigé bien branché. Tourne rouge brique à l'automne.
Fraxinus pennsylvanica 'Harlequin' Frêne Penn. panaché 'Harlequin'	12m	8m	☼	Peu exigeant	3	—	Sans intérêt	—	Port ovale. Feuillage composée vert et blanc. Rustique.
Fraxinus penn. 'Marshall's Seedless' Frêne vert 'Marshall's Seedless'	15m	9m	☼	Peu exigeant	4a	—	—	—	Plant mâle, sans fruits. Résistant à la pollution. Port ovoïde.
Fraxinus pennsylvanica 'Patmore' Frêne vert 'Patmore'	12m	5 à 8m	☼	Peu exigeant	2b	—	—	—	Conique, régulier, dense. Rustique, rapide et résistant. Ombrage.
Fraxinus penn. 'Prairie Spire' Frêne vert 'Prairie Spire' / 'Rugby'	15m	4m	☼	Peu exigeant	3	—	—	—	Port érigé, étroit. Rapide, peu malade, résistant. Rapide.
Fraxinus pennsylvanica 'Summit' Frêne vert 'Summit'	15m	10m	☼	Peu exigeant	3b	—	—	—	Port érigé, droit. Feuillaison hâtive. Résistant, vigoureux.
Fraxinus pennsylvanica lanceolata Frêne vert de Pennsylvanie ⚜	15 à 20m	7 à 10m	☼	Peu exigeant	3	5	Grappe	verdâtre	Ressemble beaucoup au précédent. Rustique. Pyramidal. Écran.
Fraxinus quadrangulata Frêne bleu	15m	10m	☼	Calcaire, sableux, drainé	5b	—	Sans intérêt	—	Rameaux liégeux, quadrangulaires. Port Ovoïde. Peu rustique.
Ginkgo biloba Arbre aux quarante écus	15 à 20m	10m	☼	Profond, léger, frais	4	—	Arbre dioïque	—	Port conique. Choisir plant mâle sans fruits. Feuilles en éventail bilobées. Unique.
Ginkgo biloba 'Lakeview' Arbre aux quarante écus 'Lakeview'	15m	8m	☼	Profond, léger	5a	—	Fleurs mâles	—	Port conique, irrégulier. Feuilles en éventail. Protéger des vents.
Ginkgo biloba 'Princeton Sentry' Arbre aux quarante écus 'P. Sentry'	12 à 18m	4 à 7m	☼	Profond, léger	5	—	Fleurs mâles	—	Port colonnaire. Feuilles en éventail tourne doré vif. Résistant.
Gleditsia triacanthos inermis Févier d'Amérique sans épines	12 à 18m	12 à 18m	☼	Profond, fertile	4b	—	Sans intérêt	verdâtre	Port étalé, ouvert. Feuillage léger. Ombre diffuse. Gousses.
Gleditsia triacanthos 'Imperial' Févier 'Imperial'	10m	9m	☼	Profond, sec, fertile	5a	—	Sans intérêt	—	Beau port globulaire, régulier, horizontal. Protéger des vents.
Gleditsia triacanthos 'Moraine' Févier 'Moraine'	15m	15m	☼	Profond, sec, fertile	5a	—	Sans intérêt	—	Port évasé, arrondi plus dense que les autres. Moins disponible.
Gleditsia triacanthos 'Ruby Lace' Févier pourpre 'Ruby Lace'	12m	9m	☼	Profond, sec, fertile	5	—	Sans intérêt	—	Port parasol, feuillage composé, apparence vaporeuse. Bronze. Fragile.
Gleditsia triacanthos 'Shademaster' Févier 'Shademaster'	15m	11m	☼	Profond, sec, fertile	4b	—	Sans intérêt	—	Port rectangulaire, beau vert tendre. Ombre légère.
Gleditsia triacanthos 'Skyline' Févier 'Skyline'	15m	8m	☼	Profond, sec, fertile	4b	—	Sans intérêt	—	Port érigé, étroit, irrégulier. Feuillage fin, léger. Espace restreint.
Gleditsia triacanthos 'Speczam' Févier sans épine 'Spectrum'	10m	9m	☼ ☁	Peu exigeant	5	—	Sans intérêt	—	Beau jaune doré intense toute la saison. Port aplati irrégulier.

ARBRES

ARBRES (suite)	H	L	☀	TYPE DE SOL	Z	MOIS ✿	FORME ✿	COULEUR ✿	REMARQUES
Gleditsia triacanthos 'Sunburst' Févier sans épine 'Sunburst'	12m	10m	☀	Profond, sabloneux	5	—	Sans intérêt	—	Nouvelles pousses dorées. Contrastant. Port aplati irrégulier.
Gymnocladus dioïcus Chicot du Canada / Gros févier	15 à 18m	10 à 15m	☀	Peu exigeant, frais	5	—	Sans intérêt	verdâtre parfumé	Port ovoïde, noueux. Grandes feuilles doublement composées.
Juglans cinerea Noyer cendré	15 à 20m	14 à 16m	☀	Profond, riche, calc.	3b	5	Chaton	jaunâtre	Port globulaire, aplatie. Grandes feuilles composées. Noix comestible.
Juglans regia 'Carpathian' Noyer des carpates / N. commun	15m	12m	☀	Profond, riche, frais	5	5	Chaton	jaunâtre	Utilisé pour ses noix. Les noyers sécrètent une toxine qui inhibe les semis.
Kalopanax septemlobus Acanthopanax ricinifolius	10m	10m	☀	Ordinaire, frais	5	7 et 8	Grosse panicule aplatie	blanc	Grandes feuilles palmées de 25 cm! Peu connu, allure exotique.
Liriodendron tulipifera Tulipier de Virginie	10 à 16m	5 à 9m	☀	Riche, profond	5b	6 et 7	Grosse tulipe	jaunâtre odorante	Port conique à ovoïde. Feuilles à lobes troqués. Cônes écailleux.
Magnolia x *hybrida* Magnolia à fleurs jaunes	7 à 12m	4 à 5m	☀	Un peu acide, humifère	4b	5	Coupe ou étoile	Teintes de jaunes	Plusieurs variétés. Élisabeth est rustique et vigoureux.
Ostrya virginiana Ostryer de Virginie	12 à 18m	7 à 9m	☀☁	Riche, frais, drainé	4	5	Chaton	verdâtre	Conique. Tronc tortueux. Feuilles ovales vert-jaune. Pas malade.
Phellodendron amurense Phellodendron de l'Amour	12 à 15m	12 à 14m	☀	Fertile, frais, drainé	3b	5	Panicule peu visible	verdâtre	Pyramide renversée. Feuilles composées. Fruits tachent les pavés.
Phellodendron amurense 'Macho' Phellodendron de l'Amour 'Macho'	9 à 12m	9 à 12m	☀	Fertile, frais, drainé	4	5	Panicule peu visible	verdâtre	Comme le précédent, sauf qu'il ne fait pas de fruits. Écorce décorative.
Platanus occidentalis Platane de Virginie	10 à 15m	10m	☀	Profond, frais, drainé	5b	—	Sans intérêt	—	Très grandes feuilles dentées. Pyramidal. Rapide, mais courte vie.
Populus alba 'Nivea' Peuplier argenté	15m	12m	☀	Profond, sableux	2b	—	—	—	Feuilles 3 à 5 lobes au revert très argentées. Port irrégulier. Rapide.
Populus alba 'Pyramidalis' (Peuplier blanc pyramidal)	15m	2 à 4m	☀	Profond, sableux,	4a	—	—	—	Feuilles à lobes très découpées. Port étroit, régulier. Brise-vent. Racines traçantes.
Populus x *berolinensis* Peuplier de Berlin	20m	5 à 8m	☀	Peu exigeant, frais	2a	—	Sans intérêt	—	Fastigié plus large qu'Italica Pour région froide. Brise-vent.
Populus canescens 'Tower' Peuplier gris 'Tower'	12m	2m	☀	Ordinaire, humide	3	—	—	—	Port collonnaire très ornemental Vert luisant au revers argenté.
Populus deltoides 'Siouxland' Peuplier 'Siouxland'	18 à 20m	10m	☀	Tous sols humides	4	—	—	—	Plus petit et moins salissant que l'espèce indigène. Pyramidal.
Populus simonii 'Fastigiata' Peuplier de Simon fastigié	12m	5m	☀	Peu exigeant, frais	2b	—	—	—	Colonne plus large qu'Italica mais moins malade. Attention aux racines.
Populus tremula 'Erecta' Tremble fastigier	12 à 16m	3,5m	☀	Sol ordinaire	2b	5	Chaton mâle	gris	Port étroit, feuilles frémissantes au revers argenté. Haie, Écran.
Populus tremuloides Peuplier faux-tremble	12m	8m	☀	Léger, drainé	1b	—	Sans intérêt	—	Surtout pour la naturalisation, faible longévité. Port pyramidal.
Prunus padus Cerisier européen à grappes	12m	10m	☀☁	Peu exigeant, drainé	2b	4 et 5	Grappe parfumée	blanc	Feuillaison hâtive. Port arrondi. Drageonne. Fruits noirs. Rapide.
Prunus padus 'Colorata' Cerisier à grappes 'Colorata'	8 à 10m	5 à 8m	☀☁	Peu exigeant, drainé	2a	4 et 5	Grappe parfumée	blanc	Ovoïde, irrégulier. Feuillage vert, marron en été. Faible longévité.
Prunus padus 'Commutata' Cerisier à grappes hâtif	10m	10m	☀☁	Peu exigeant	3b	4	Grande, en grappe	blanc parfumée	Plus régulier et moins drageonnant que le *P. padus*.
Prunus sargentii 'Rancho' Cerisier à grappes 'Rancho'	6m	4m	☀	Peu exigeant, drainé	3	4 et 5	Grappe pendante	blanc parfumée	Port arborescent arrondi, branches érigées. Vert foncé, sans drageon.

ARBRES (suite)	H	L	☀	TYPE DE SOL	Z	MOIS ✿	FORME ✿	COULEUR ✿	REMARQUES
Prunus padus 'Sunstar' Cerisier décoratif 'Sunstar'	8 à 10m	7m	☀☁	Peu exigeant, drainé	2	4 et 5	Grappe parfumée	blanc	Fait à partir de *P. padus* 'commutata'. Donc plus régulier.
Prunus padus 'Watereri' Cerisier à grappes 'Watereri'	12m	8m	☀☁	Peu exigeant, drainé	4b	4 et 5	Grappe de 20 cm	blanc parfumée	Ressemble au *P. padus* mais avec un port plus étroit, élancé.
Pyrus ussuriensis Poirier de Chine	15m	10m	☀	Profond, drainé	3	5	Abondante	blanc	Port ovale. Fruits 1 1/4". Tourne orange à l'automne. Rustique !
Quercus imbricaria Chêne à lattes	15m	13m	☀	Profond, riche, frais	4b	5	Chaton	jaunâtre	Ovoïde. Branches horizontales. Feuilles lancéolées. Petit gland.
Quercus robur 'Crimson Spire' Chêne 'Crimson Spire'	14m	4,5m	☀	Riche, frais, drainé	5	—	Sans intérêt	—	Port fastigié et couleur rouille à l'automne. Résultat d'hybridation.
Quercus robur 'Fastigiata' Chêne pyramidal	12 à 15m	3 à 5m	☀	Riche, frais, drainé	4b	5	Chaton	jaunâtre	Port colonnaire, étroit. Feuilles lobées persistantes. Décoratif.
Quercus robur 'Fastigiata Skyrocket' Chêne pyramidal 'Skyrocket'	14m	3m	☀	Riche, frais, drainé	5	5	Chaton	jaunâtre	Port très étroit, branches très près du tronc. Tronc fissuré.
Quercus robur 'Regal Prince' Chêne 'Regal Prince'	15m	7m	☀	Sec à humide	5	—	Sans intérêt	—	Port érigé, ovale. Feuillage foncé résistant au mildiou.
Robinia pseudoacacia Robinier faux-acacia 🍃	12m	8m	☀	Pauvre à fertile	4b	6	Grappe pendante	blanc parfumé	Port érigé, peu dense. Branches cassantes. Attention aux insectes. Pente.
Robinia x slavinii 'Purple Crown' Robinier 'Purple Crown' 🍃	15m	6 à 8m	☀	Calcaire, frais à sec	3	6	Grappe pendante	pourpre parfumé	Port érigé, rapide. Feuillage composé, léger. Sans épine.
Salix alba 'Tristis' Saule pleureur doré 🍃	15 à 18m	15 à 18m	☀	Riche, humide	4	4 et 5	Chaton	gris	Un classique pour grands espaces. Racines envahissantes.
Salix pentandra Saule laurier	10m	8 à 10m	☀	Acide, humide	4	4	Chaton	doré	Feuilles ovales, très lustrées, odorantes si froissées. Aussi en haie.
Salix x 'Prairie Cascade' Saule pleureur 'Prairie Cascade'	12 à 18m	12 à 15m	☀	Riche, humide	3	—	Chaton	—	Feuilles étroites, très lustrées. Tige jaune doré. Bord de l'eau.
Sorbus alnifolia Sorbier de Corée / Alisier	10 à 15m	8m	☀	Profond, léger	4b	5	Corymbe	blanc	Pyramidal à rond. Feuilles simples ovales. Pas maladif ! Fruit orangé.
Sorbus aria 'Magnifica' Alisier blanc 'Magnifica'	12m	8m	☀	Peu exigeant	4a	5	Corymbe	blanc	Ovoïde. Feuilles ovales vert à l'été, or à l'automne. Fruit orangé.
Sorbus aucuparia Sorbier des oiseaux	10 à 12m	7m	☀☁	Un peu acide, riche	3a	5	Corymbe	blanc	Érigé. Feuilles composées. Fruit rouge. Automne vire au rouge.
Sorbus aucuparia 'Asplenifolia' Sorbier à feuilles découpées	12m	5m	☀	Un peu acide, riche	2b	5	Corymbe	blanc	Port érigé, étroit. Feuilles tournant au roux à l'automne. Fruit orange.
Sorbus aucuparia 'Fastigiata' Sorbier des oiseaux fastigié	10 à 12m	3m	☀	Un peu acide, riche	4	5	Corymbe	blanc	Vert foncé à orange bronzé. Chargé de fruits écarlates. Lent.
Sorbus aucuparia 'Rossica' Sorbier des oiseaux 'Rossica'	12m	7m	☀☁	Peu exigeant	3	5	Corymbe	blanc	Port pyramidal, évasé. Spectaculaire coloris rouge à l'automne. Fruits.
Sorbus intermedia Alisier blanc de Suède	11m	6,5m	☀☁	Riche, léger, drainé	4	5	Corymbe	blanc	Cime arrondi, plutôt grisâtre, tourne au rouge. Fruit rouge.
Tilia americana 'Fastigiata' Tilleul d'Amérique fastigié	15m	8m	☀	Riche, profond, frais	3a	6 et 7	Cyme pendante	jaunâtre parfumée	Pyramidal, régulier mais plus étroit que l'espèce. Grandes feuilles.
Tilia americana 'Redmond' Tilleul à grandes feuilles 'Redmond'	15m	10m	☀☁	Riche, profond, frais	3b	6 et 7	Cyme pendante	jaunâtre parfumée	Pyramidal, régulier, dense, vert luisant. Résistant à la pollution.
Tilia americana 'Wandell' Tilleul d'Amérique 'Legend'	15m	10m	☀☁	Riche, profond, frais	3b	6 et 7	Cyme pendante	jaunâtre parfumée	Ressemble à Redmond. Moins résistant à la pollution. Rapide.
Tilia cordata sp. Tilleul à petites feuilles	10 à 15m	6 à 9m	☀☁	Tous sols riches	3	6 et 7	Cyme pendante	jaunâtre parfumée	Conique à ovoïde. Plusieurs variétés intéressantes. Feuilles en cœur.

ARBRES

ARBRES (suite)	H	L	☀	TYPE DE SOL	Z	MOIS ✿	FORME ✿	COULEUR ✿	REMARQUES
Tilia euchlora Tilleul de Crimée	13m	6m	☀	Riche, profond, frais	5b	7	Cyme pendante	verdâtre parfumée	Pyramidal, régulier, dense. Rameaux retombants. Grandes feuilles cordées.
Tilia europaea x 'Pallida' Tilleul à feuilles pâles	15m	12m	☀	Tous sols riches	4	7	Cyme pendante	verdâtre parfumée	Port conique. Feuillage vert bleuté. Résistant à la pollution.
Tilia flavescens x 'Dropmore' Tilleul 'Dropmore'	10m	7m	☀	Riche, profond, frais	3	6 et 7	Cyme pendante	jaunâtre parfumée	Pyramidal, dense, très foncé. Plus vigoureux que *T. cordata*.
Tilia flavescens x 'Glenleven' Tilleul 'Glenleven'	13m	9m	☀	Riche, profond, frais	3	6 et 7	Cyme pendante	jaunâtre parfumée	Conique, régulier, vert foncé. Supporte bien la taille.
Tilia mongolica 'Harvest gold' Tilleul 'Harvest gold'	10m	8m	☀	Tous sols riches	2	—	Sans intérêt	—	Port érigé, oval. Écorce exfoliante. Résistant aux maladies.
Tilia tomentosa / Tilia argentea Tilleul argenté	15m	9m	☀ ⛅	Tous sols riches	5b	6 et 7	Cyme pendante	jaunâtre parfumée	Port pyramidal, ± régulier. Résistant. Feuilles à revers argenté.
Ulmus x 'Discovery' Orme 'Discovery'	10m	10m	☀	Riche, frais	3	—	Sans intérêt	—	Développé au Manitoba. Résiste à la maladie hollandaise. Évasé.
Ulmus x 'Homestead' Orme 'Homestead'	15m	10m	☀	Riche, frais	4	—	Sans intérêt	—	Variété résistante à la maladie hollandaise. Érigé, arqué.
Ulmus pumila Orme de Sibérie	18m	10m	☀ ⛅ ☁	Peu exigeant	3b	—	Sans intérêt	—	Port diffus, irrégulier ± beau. Très petites feuilles. Très rapide.
Ulmus pumila 'Park Royal' Orme de Sibérie 'Park Royal'	18m	10m	☀ ⛅ ☁	Peu exigeant	4b	—	Sans intérêt	—	Port diffus, plus régulier que l'espèce. Pour ombrage rapide.
Ulmus sapporo 'Autumn Gold' Orme sapporo 'Autumn Gold'	15m	12m	☀ ⛅	Peu exigeant	5	—	Sans intérêt	—	Port pyramidal, irrégulier, dense. Variété encore peu connu.
Ulmus x 'Urban' / 'Ohio' Orme 'Urban'	15m	10m	☀ ⛅	Peu exigeant	5a	—	Sans intérêt	—	Autre variété développée pour la résistance à la maladie hollandaise.
Ulmus wilsoniana 'Prospector' Orme 'Prospector'	10 à 13m	10m	☀ ⛅	Peu exigeant	5	—	Sans intérêt	—	Orme plus petit à développemet modéré, pour endroit restreint.

CONIFÈRES	H	L	☀	TYPE DE SOL	Z	MOIS ✿	FORME ✿	COULEUR ✿	REMARQUES
Abies concolor 'Aurea' Sapin blanc du Colorado / S. doré	9 à 15m	4 à 5m	☀	Acide, humide, drainé	3	—	—	—	Pyramidal. Nouvelles pousses dorées puis argentées. Rapide.
Abies concolor 'Candicans' / 'Argentea' Sapin bleu argentée	9 à 15m	4 à 5m	☀	Acide, humide, drainé	3	—	—	—	Pyramidale puis colonnaire. Parmis les plus argentés.
Abies koreana Sapin de Corée	10m	3m	☀	Riche, frais	4	—	—	—	Pyramidal, très régulier, dense. Cônes violets, décoratifs. Très lent.
Chamaecyparis nootkatensis 'Pendula' Faux-cyprès de Nootka	5m	2m	☀ ⛅	Peu exigeant	4	—	—	—	Tolère sols humides. Branches horizontales, rameaux pleureurs.
Larix kaempferi / Larix leptolepis Mélèze du Japon	18m	10m	☀	Léger, frais, drainé	2b	—	—	—	Conique élancé, caduque. Vert bleuté à glauque, tourne orangé.
Metasequoia glyptostroboides Métaséquoia du Sichuan	12m	8m	☀	Profond, frais	5	—	—	—	Plus rare. Port gracieux, délicat, vert clair tourne or, brun rouge. Caduque.
Picea glauca engelmanii Épinette d'Engelmann	15m	6m	☀ ⛅ ☁	Riche, profond	5	—	—	—	Port très conique, régulier. Vert bleuté. Écran ou en isolée.
Picea mariana ⚜ Épinette noire	12m	5m	☀ ⛅	Acide, humide	1a	—	—	—	Peu utilisé en ornemental, pour naturalisation. Feuillage gris vert.
Picea pungens 'Bakeri' Épinette du Colorado 'Bakeri'	16m	4m	☀	Frais, profond	2b	—	—	—	Port conique, étroit dense, étagé à l'horizontal. Bleuté. Lent.
Picea pungens 'Hoopsii' Épinette bleue de Hoopse	15m	4m	☀	Frais, profond	3	—	—	—	Conique, ± régulier particulièrement bleu argenté vif. Populaire.

CONIFÈRES (suite)	H	L	☼	TYPE DE SOL	Z	MOIS ✿	FORME ✿	COULEUR ✿	REMARQUES
Picea pungens 'Koster' **Épinette bleue de** 'Koster'	10m	3m	☼	Frais, profond	2b	—	—	—	Conique, étroit, dense. Nouvelles pousses pleureuses. Bleu argenté.
Picea pungens 'Tompsen' **Épinette du Colorado** 'Tompsen'	15m	5m	☼	Frais, profond	3	—	—	—	Très belle épinette conique aux branches érigées, gris-bleu.
Pinus banksiana / *Pinus divaricata* **Pin gris** ⚜	15m	10m	☼ ☁	Pauvre, sec, sableux	2	—	—	—	Peu utilisé en ornemental, pour la naturalisation. Aiguilles par 2.
Pinus cembra **Pin cembro**	10m	4m	☼ ☁	Acide, sableux	4	—	—	—	Port étroit, régulier. Vert foncé luisant. 5 aiguilles. Amandes.
Pinus flexilis **Pin blanc de l'Ouest**	12m	6m	☼ ☁	Pauvre, drainé	4	—	—	—	Port pyramidal à arrondi. Vert foncé bleuâtre. Lent. 5 aiguilles.
Pinus koraiensis / *P. mandshurica* **Pin de Corée**	12m	7m	☼ ☁	Sableux, drainé	4b	—	—	—	Pyramidal, robuste, étalé. 5 aiguilles revers argent. Pignon pin.
Pinus nigra 'Austriaca' **Pin noir d'Autriche**	15m	8m	☼ ☁	Consistant, sec	4	—	—	—	Majestueux port dyramidal, dense. Beau vert foncé.
Pinus sylvestris **Pin sylvestre** / Pin d'Écosse	15 à 18m	6 à 10m	☼	Légèrement acide	2b	—	—	—	Port arrondi, irrégulier. Écorce orangée. 2 aiguilles tordues.
Pseudotsuga menziesii glauca **Sapin de Douglas bleu**	15m	5m	☼	Ordinaire, frais	4	—	—	—	Conique à rameaux ± pendants. Gris bleuté. Protéger des vents.
Thuya occidentalis ⚜ **Cèdre blanc du Canada**	5 à 12m	2 à 4m	☼ ☁	Profond, frais, calcaire	2	—	—	—	Pyramidal, large. Atmosphère humide. Haie, écran, naturalisation.
Thuya occidentalis 'Lutea' **Cèdre doré**	10m	3m	☼	Peu exigeant, frais	3	—	—	—	Pyramidal. Doré puis vert jaunâtre. À l'abri des vents l'hiver.
Thuya occidentalis 'Pyramidalis' **Cèdre pyramidal**	15m	2m	☼ ☁	Peu exigenat, frais	3	—	—	—	Conique, étroit, régulier. En association ou en haie. Peu vendu.
Thuya standshii **Cèdre du Japon**	10m	10m	☼ ☁	Profond, argileux, frais	5b	—	—	—	Port ± conique, large. Jeunes pousses ± retombantes. Abriter.

⚜ indique une plante indigène ou naturalisée.
🌿 indique une plante potentiellement envahissante !

ARBRES À PETIT DÉPLOIEMENT

ARBRES	H	L	☼	TYPE DE SOL	Z	MOIS	FORME	COULEUR	REMARQUES
Acer campestre sp. Érable champêtre	4 à 7m	2 à 6m	☼☁	Tous, même pauvre	4b, 5b	5	Sans intérêt	blanc	Reste petit au Québec. Port arrondi. Aussi utilisé en haie. Lent.
Acer campestre 'Carnival' Érable champêtre panaché	4 à 7m	2 à 6m	☼☁	Tous, même pauvre	4b, 5b	5	Sans intérêt	blanc	Variété rare au Québec. Lent. Feuillage vert, blanc et rose.
Acer campestre 'Postolense' Érable champêtre 'Postolense'	4 à 7m	2 à 6m	☼☁	Tous, même pauvre	4b, 5b	5	Sans intérêt	blanc	Passe du jaune doré au vert jaunâtre en été, puis jaune or.
Acer campestre 'Royal Beauty' Érable champêtre 'Royal Beauty'	4 à 7m	2 à 6m	☼☁	Tous, même pauvre	4b, 5b	5	Sans intérêt	blanc	Feuillage poupre brillant durant tout l'été. Pour endroits abrités.
Acer campestre 'Royal Ruby' Érable champêtre 'Royal Ruby'	4 à 7m	2 à 6m	☼☁	Tous, même pauvre	4b, 5b	5	Sans intérêt	blanc	Variété au feuillage pourpre moins intense en été. Lent.
Acer campestre 'Schwerinii' Érable champêtre 'Schwerinii'	4 à 7m	2 à 6m	☼☁	Tous, même pauvre	4b, 5b	5	Sans intérêt	blanc	Pourpre au printemps, puis vert foncé, et tourne orange cuivre.
Acer griseum Érable griseum	4 à 7m	2 à 5m	☼	Peu exigeant, drainé	5	4 et 5	Sans intérêt	jaune verdâtre	Petit arbre arrondi souvent utilisé en arbuste. Écorce cuivré.
Acer negundo 'Kelly's Gold' Érable à Giguère 'Kelly's Gold'	6m	4m	☼☁	Tous sauf humide	5b	—	Sans intérêt	—	Petit arbre cultuvé en arbuste. Feuillage doré surtout au printemps. Tailler.
Acer pennsylvanicum ⚜ Érable de Pennsylvanie	5 à 7m	5m	☁	Acide, riche, aéré	3	5	Grappe	jaune verdâtre	Peu utilisé en arbre, plus en arbuste. Beau bois rayé blanc. Port irrégulier.
Acer plata. 'Crimson Sentry' Érable de Norvège 'Crimson S.entry'	7 à 9m	6m	☼	Frais, drainé	4 et 5b	—	Sans intérêt	—	Compact, irrégulier. Feuillage dense, rouge vin. Lent.
Acer platanoides 'Drummondii' Érable de Norvège 'Drummondii'	9m	6m	☼	Calcaire, drainé	5	—	Sans intérêt	—	Port arrondi, d'un beau panache. Taillez toutes les pousses vertes.
Acer platanoides 'Globosum' Érable de Norvège 'Globe'	5m	5m	☼	Peu exigeant, calcaire	5	—	Sans intérêt	—	Arbre greffé, globulaire, dense. Feuilles trilobées, lustrées. Lent.
Acer saccharum 'Monumentale' Érable à sucre 'Monumentale'	60 à 80m	4 à 7m	☼	Riche, drainé	4	—	Sans intérêt	—	Le plus étroit de tous les érables. Croissance très lente.
Acer spicatum ⚜ Érable à épis / Plaine bâtarde	7m	4m	☁	Acide, humide, drainé	2	6	Épi érigé	jaune verdâtre	Petit arbre ou arbrisseau. Port diffus. Sensible à la pollution.
Acer tataricum Érable de Tartarie	5m	4m	☼☁	Peu exigeant	3	5 et 6	Épi érigé	blanchâtre	Ressemble à l'érable de l'Amur mais à feuilles moins lobées.
Acer tataricum ssp. *ginnala* Érable de l'Amur sur tige	7m	6m	☼☁☁	Peu exigeant, sec	2	5	—	blanc parfumé	Samare rouge. Tourne au jaune à rouge vif. Quelquefois en arbre.
Aesculus carnea x 'Briotii' Marronnier à fleurs rouges	8 à 10m	8m	☼	Riche, profond, frais	5	5 et 6	Grosse panicule	rouge	Port globulaire. Grosses feuilles palmées. Quelques marrons.
Aesculus glabra Marronnier de l'Ohio	8 à 10m	7m	☼	Riche, frais, drainé	3b	5 et 6	Épi	jaune verdâtre	Port ovoïde. Feuilles palmées. Fruits toxiques. Tourne orange.
Alnus glutinosa 'Incisa' / 'Imperialis' Aulne à feuilles découpées	4m	2m	☼☁☁	Humide, pauvre	4b	5	chaton	jaunâtre	Petit arbre pyramidal. Feuillage à lobes étroits, découpées. Joli.
Amelanchier arborea ⚜ Amélanchier arbre	10m	5m	☼☁	Acide, frais, drainé	5b	5	Grappe	blanc	Dégager le tronc pour le garder en arbre. Port ovide, régulier.
Amelanchier canadensis ⚜ Amélanchier du Canada	7m	4m	☼☁	Acide, frais, drainé	2	5	Grappe	blanc	Greffé sur tige. Feuillage légèrement bleuté virant rouge. Fruits.
Amelanchier laevis ⚜ Amélanchier glabre	8m	5m	☼☁	Acide, frais, drainé	4	5	Grappe	blanc	Comme canadensis mais sans duvet sur les feuilles. Ovoïde.
Betula pendula 'Filigree Lace' Bouleau pleureur 'Filigree Lace'	6 à 8m	4 à 5m	☼	Légèrement humide	2	—	—	—	Cascade. Feuillage d'aspect plumeux. Écorce blanche.
Betula pendula 'Trost's Dwarf' Bouleau à feuilles découpées	1,25m	1,25m	☼	Sableux, sec, drainé	3	—	—	—	Nain sur tige. Port retombant avec l'âge. Feuilles d'aspect plumeux.

ARBRES (suite)	H	L	☼	TYPE DE SOL	Z	MOIS ✿	FORME ✿	COULEUR ✿	REMARQUES
Betula pendula 'Youngii' Bouleau pleureur de Young	4 à 6m	6m	☼	Riche, drainé	2b	5	Chaton	vert	Port irrégulier, gracieux. Jaune vif à l'automne. Très pleureur.
Caragana arborescens 'Lorbergii' Caraganier de Loberg sur tige	3,5m	2,5m	☼☁	Fertile, plutôt sec	2b	5 et 6	Fleur de pois	jaune pâle	Plus arqué que pleureur. Très léger, vaporeux. Tuteurer.
Caragana arborescens 'Pendula' Caraganier pleureur sur tige	2m	1,5m	☼☁	Fertile, plutôt sec	2	5 et 6	Fleur de pois	jaune pâle	Bel effet cascade, jusqu'au sol. Populaire en espace restreint.
Caragana arborescens 'Walker' Caraganier 'Walker' sur tige	2m	1m	☼☁	Fertile, plutôt sec	2	5 et 6	Fleur de pois	jaune pâle	Tiges vaporeuses, texturées jusqu'au sol. Bois mou à tuteurer.
Caragana aurantiaca Caraganier orangé	1m	80cm	☼☁	Peu exigeant	2	6 et 7	Fleur de pois, suspendue	jaune orangé	Port dégagé, arqué. Épineux, vert grisâtre. Greffé sur tige.
Caragana frutex 'Globosa' Caraganier 'Globe' sur tige	1,5 à 2m	40 à 60cm	☼	Tous sols secs	2a	5 et 6	Fleur de pois	jaune	Port rond dense. Presque sans épines. Haie ou greffé sur tige.
Caragana pygmaea Caraganier pygmée sur tige	1,5m	1,25m	☼☁	Peu exigeant, sec	3b	6	Fleur de pois, suspendue	jaune vif	Plus étalé que *C. aurantiaca*. Haie basse ou greffé sur tige.
Caragana roborovskyi Caraganier de Roborovsky	2m	1,25m	☼☁	Peu exigeant, sec	3b	6	Fleur de pois	jaune vif	Greffé sur tige, globulaire argenté. Moins maladif que *Pygmea*.
Caragana rosea Caraganier rouge	1m	50cm	☼☁	Peu exigeant, sec	2	5 et 6	Fleur de pois	jaune et rose	Port en dôme étalé, épineux. Boutons rouges. Peu connu.
Caragana tragacanthoides Caragana à dessus plat	1,5m	1,25m	☼☁	Peu exigeant, sec	3b	6	Fleur de pois	jaune	En forme de parasol. Épines rouges contrastantes.
Carpinus caroliniana ✿ Charme de Caroline / Bois de fer	8m	7m	☁☁	Profond, riche, acide	3b	5	Chaton	vert rougeâtre	Port globulaire, régulier. Tronc tordu, sillonné. Tourne écarlate.
Castanea dentata Châtaignier d'Amérique	10m	8m	☼☁☁	Sableux, acide, drainé	4b	6 et 7	Chaton	jaunâtre	Presque disparue, malade. Pyramidale, feuilles étroites de 25cm de long.
Catalpa bignonioides Catalpa parasol	7 à 10m	5 à 7m	☼	Riche, drainé	5b	6 et 7	Panicule, clochette	blanc taché pourpre	Très grandes feuilles en cœur. Panicule dressée de 25cm.
Catalpa bignonioides 'Nana' Catalpa parasol sur tige	5m	4m	☼	Profond, fertile	5	—	—	—	Greffé. Port rond à cime aplatie. Grandes feuilles cordiformes.
Cercidiphyllum japonica Arbre de Katsura / A. caramel	10m	4m	☼☁	Riche, frais, drainé	5b	4 et 5	Discrète à l'aisselle	rouge	Port érigé. Tronc court. Feuillage changeant et odorant. Jardin oriental.
Cercis canadensis ✿ Gainier rouge du Canada	3 à 6m	2 à 6m	☼	Riche, meuble, drainé	5	4	Grappe	pourpre, rose	Port arrondi, irrégulier. Feuillage léger. Pour jardinier averti.
Chitalpa x tashkentensis Chitalpa 'Pink Dawn' sur tige	2,5m	1,5m	☼	Très tolérant au sec	6	6 et 7	Trompette, panicule	rose lavande	Variété compacte sur tige. Port irrégulier. Longues feuilles alternes.
Cornus alba 'Elegantissima' Cornouiller argenté sur tige	2m	1m	☼☁	Sec à humide	2	5 et 6	Cyme	blanc crème	Panaché à port ouvert. Tiges rouges décoratives. Tourne rose à l'automne. Malade.
Corylus avellana 'Contorta' Noisetier tortueux sur tige	2m	1,5m	☼☁	Riche, frais	5	5	Chaton mâle retombant	brun	Très décoratif. Branches tortueuses, enroulées.
Cotoneaster apiculatus Cotonéaster apiculatus sur tige	1,5m	1,25m	☼	Peu exigeant, drainé	4b		Fleur simple	blanc rosé	Beau feuillage foncé, luisant, lisse. Fruits rouges écarlate.
Cotoneaster copperi Cotonéaster de Copper	1,5 à 2m	1 à 1,5m	☼	Peu exigeant, drainé	4b	6	Fleur simple	blanc	Port semi-arqué. Petites feuilles elliptiques. Fruits pourpre noir.
Cotoneaster nanshan / *Cotoneaster adpressus* 'Praecox' Cotonéaster précoce	1 à 1,5m	0,6 à 1,5m	☼	Tous sols drainés	5	4 et 5	Petite	rose	Rampant sur tige. Fruits gros et hâtifs. Foncé luisant, puis rouge brillant.
Crataegus crus-galli Aubépine ergot de coq	6 à 8m	6 à 8m	☼	Profond, frais	2b	5 et 6	Corymbe	blanc	Port étalé, cime aplatie. Fruits abondants. Très longues épines.
Crataegus laevigata 'Crimson Cloud' Aubépine 'Crimson Cloud'	5 à 7m	5m	☼	Profond, frais	4b	5	Étoile	rouge et blanc	Port oval, vert luisant. Fruits rouges. Résistant aux maladies.

ARBRES (suite)	H	L	☀	TYPE DE SOL	Z	MOIS ✿	FORME ✿	COULEUR ✿	REMARQUES
Crataegus lavallei / *Carrieri* Aubépine lavallei	7m	6m	☀	Profond, frais	5b	6	Corymbe	blanc	Port ovoïde, compact. Feuilles ovales. Maladif. Rouge bronze.
Crataegus monogyna 'Compacta' Aubépine 'Compacta' sur tige	3m	2m	☀	Profond, frais	4	5	Corymbe	blanc parfumée	Greffé, nain. Port rond, dense. Sans épine. Très florifère.
Crataegus mordenensis 'Snowbird' Aubépine 'Snowbird'	6m	5m	☀	Profond, frais	3	5 et 6	Double en corymbe	blanc parfumée	Feuillage trilobée, foncé, lustré. Fruits rouges. Peu malade.
Crataegus phaenopyrum Aubépine de Washington	6m	6m	☀	Profond, frais	5	6	Corymbe	blanc	Port globulaire, grêle. Feuilles triangulaires. Fruits rouges vifs.
Crataegus viridis 'Winter King' Aubépine 'Winter King'	7m	6m	☀	Profond, frais	5b	5 et 6	Corymbe	blanc	Feuilles triangulaires. Port évasé peu épineux. Fruits oranges.
Elaeagnus angustifolia Olivier de Bohème	6m	6m	☀	Riche, profond, frais	2b	6	Sans intérêt	jaunâtre	Port ouvert, irrégulier. Rameaux et feuilles argentées. Rapide.
Euonymus alatus 'Compactus' Fusain ailé nain sur tige	1m	1,5m	☀	Riche, profond, frais	2b	6	Sans intérêt	jaunâtre	Greffé. Port dense. Fruit rouge et orange. Rouge vif à l'automne.
Euonymus europaeus 'Red Cascade' Fusain d'Europe sur tige	4m	1,5 à 3m	☀☁	Tous sols drainés	4b	5	Sans intérêt	jaune verdâtre	Port dense. Tourne rouge violacé. Fruits roses et rouges.
Euonymus fortunei 'Sunrise' Fusain 'Sunrise' sur tige	0,5 à 1m	1,5m	☀☁	Riche, drainé	5b	—	Sans intérêt	—	Petites feuilles persistantes, vertes tachées de jaune clair.
Euonymus turkestanica 'Nana' Fusain nain de Turkestan sur tige	1,5 à 2m	1 à 1,5m	☀☁	Riche, profond, frais	2b	5 et 6	Petite	blanc pourpre	Vert bleuté en été, rouge à l'automne. Port pleureur. Greffé.
Fagus sylvatica 'Atropunicea' Hêtre d'Europe pourpre	8 à 10m	10m	☀☁	Riche, frais, drainé	5b	—	Sans intérêt	—	Rare et peu rustique, protéger des vents. Port rond, pourpre.
Fagus sylvatica 'Purpurea pendula' Hêtre pleureur pourpre	5 à 10m	2 à 4m	☀	Acide, frais, drainé	5b	—	Sans intérêt	—	Rouge pourpre tout l'été. Branches retombantes. Protéger des vents.
Fagus sylvatica 'Purple Fountain' Hêtre pleureur pourpre	6 à 12m	4m	☀☁	Acide, drainé	5b	—	Sans intérêt	—	Un pleureur à feuillage mauve. Garde sa couleur tout l'été.
Forsythia intermedia sp. Forsythia intermedia sur tige	2,5m	1m	☀☁	Fertile, frais	5b	4 et 5	Étoilé, grappe	jaune or	Plusieurs variétés, greffés sur tige. Fleurit avant les feuilles.
Forsythia x 'Northern Gold' Forsythia sur tige	2,5m	1m	☀☁	Fertile, frais	4b	4 et 5	Étoilé, grappe	jaune	Fleurit avant la feuillaison. Greffé. Rameaux jaunâtres. Port étroit.
Fraxinus excelsior 'Crispa' Frêne à feuilles crispées	4m	4m	☀	Profond, frais	4b	—	Sans intérêt	—	Greffé sur tige de 2 m. Cime ronde, feuilles petites. Lent.
Fraxinus excelsior 'Golden Desert' Frêne excelsior 'Golden Desert'	7m	5m	☀	Profond, frais	5	—	Sans intérêt	—	Feuillage doré au printemps et à l'automne. Vert en été. Arrondi.
Fraxinus excelsior 'Nana' ou 'Globe' Frêne commun nain	4m	4m	☀	Profond, frais	4b	—	Sans intérêt	—	Sur tige, cime en boule ± dense. Très petites feuilles. Très lent.
Fraxinus excelsior 'Pendula' Frêne d'Europe pleureur	4m	4m	☀	Profond, frais	5	4 et 5	Grappe	verdâtre	Greffé sur tige, branches retombantes. Peu utilisé, fragile.
Fraxinus pennsylvanica 'Johnson' Frêne vert 'Leprechaun' / 'Johnson'	5m	4m	☀	Profond, frais, drainé	4	—	Sans intérêt	—	Greffé sur tige. Forme naine du frêne vert. Port arrondi.
Ginkgo biloba 'Pendula' Arbre aux quarante écus pleureur	2m	2m	☀☁	Profond, léger	4	—	Sans intérêt	—	Greffé en tête. Feuilles en éventail tournant doré. Port semi-pleureur.
Gleditsia t. inermis 'Elegantissima' Févier d'Amérique 'Elegant'	8m	7m	☀	Profond, fertile	4b	—	Sans intérêt	verdâtre	Port colonnaire, ± étroit. Feuillage léger. Ramure dense.
Gleditsia triac. 'Emerald Kascade' Févier 'Emerald Kascade'	3m	3m	☀	Profond, fertile	4	—	Sans intérêt	—	Variante pleureuse des féviers. Différent et exotique. Sur tige.
Halesia carolina Arbre aux cloches d'argent	4 à 6m	6m	☀☁	Riche, profond	5	6	Grappe, cloche	blanc très parfumé	Rarement en arbre, sur tronc court. Souvent arbuste irrégulier.
Halimodendron halodendron Caragana argenté	2m	1,5m	☀	Ordinaire, pauvre	3	6 et 7	Grappe parfumée	rose pourpré	Greffé sur tige. Port évasé. Feuillage argenté. Bord de mer.

ARBRES (suite)	H	L	☀	TYPE DE SOL	Z	MOIS ✿	FORME ✿	COULEUR ✿	REMARQUES
Hippophae rhamnoides **Argousier Faux-nerprun**	3 à 5m	3m	☀	Pauvre, sec	3	4 et 5	Sans intérêt	jaunâtre	Arbuste argenté que l'on peut tailler pour le garder en petit arbre. Épineux.
Hydrangea paniculata sp. **Hydrangée paniculée sur tige**	2m	1,5m	☀☁	Acide, léger, frais	4	7 et 8	Panicule	tournant au rose	Très populaire pour espace restreint. Très florifère.
Maackia amurensis **Maackia de l'Amur**	4 à 6m	3m	☀	Tous sols drainés	4b	7	Racème érigé	blanc parfumé	Petit arbre ou arbrisseau, port globulaire. Feuilles composées.
Magnolia x kewensis **Magnolia k.** 'Wada's Memory'	8m	7m	☀	Riche en humus	4b	5	Grosse 15cm	blanc pur	Fleur à odeur d'orange. Feuilles teintées d'acajou au printemps.
Magnolia kobus **Magnolia de kobé**	7m	7m	☀	Riche, frais, drainé	4b	5	Grosse étoilée	blanc léger parfum	Petit arbre ou gros arbuste pyramidale. Vedette ± rustique. Tolère sol alcalin !
Magnolia x loebneri 'Merrill' **Magnolia loebneri** 'Merrill'	4 à 8m	5 à 7m	☀	Riche, un peu acide	5	5	Grosse	blanc parfumé	Très florifère et parfumé. Port régulier conique à pyramidal.
Magnolia salicifolia **Magnolia à feuilles de saule**	7m	6m	☀	Riche, frais, drainé	4b	5	Grosse 6 pétales	blanc pur et rouge	Fleurs odorantes, feuilles à odeur d'anis. Port pyramidal.
Magnolia x soulangiana **Magnolia de Soulange**	5m	4m	☀☁	Riche, frais	5b	5	Grosse type tulipe	blanc et rose	Port globulaire, étalé. Boutons fragiles aux gels. Tolère sol pauvre.
Magnolia stellata **Magnolia étoilé**	3m	3m	☀☁	Acide, frais, fertile	5b	5	Grande double étoilée	blanc pur	Port étalé, dense ramifié, le plus rustique. Autres variétés parfumés.
Magnolia stellata 'Royal Star' **Magnolia étoilé** 'Royal Star'	3m	3m	☀	Riche, acide à alcalin	4b	5	Grosse 30 pétales	blanc très parfumé	Souvent à troncs multiples. Plus lent que de Kobé. Dense, ovale.
Malus sp. **Pommetiers décoratifs**	2 à 7m	2 à 5m	☀	Fertile, frais, drainé	2 à 5a	5 et 6	Simple ou double	blanc rose rouge	Très populaires pour endroits restreints. Attirent les oiseaux.
Malus x 'Almey' **Pommetier décoratifs** 'Almey'	6m	6m	☀	Fertile, frais, drainé	2b	5	Cyme, simple	rose veiné blanc	Port arrondi. Feuillage pourpre violacé puis vert bronzé.
Malus x 'American Beauty' **Pommetier décoratifs** 'A. Beauty'	7m	5m	☀	Fertile, frais, drainé	4b	5 et 6	Double	rouge clair	Port allongé, branches verticales. Rouge bronzé puis vert bronzé.
Malus baccata 'Columnaris' **Pommetier colonnaire** 'Erecta'	7m	2 à 2,5m	☀	Fertile, frais, drainé	2b	5	Cyme simple	blanc	Étroit. Doré en automne. Fruits persistants. Floraison prolongée.
Malus baccata 'Gracilis' **Pommetier décor.** 'Gracilis' **sur tige**	2m	2m	☀	Fertile, frais, drainé	2b	5	Simple étoilée	blanc	Semi-pleureur gracieux, feuillage vert denté, découpé.
Malus baccata 'Rosthern' **Pommetiers décoratifs** 'Rosthern'	5m	2m	☀	Fertile, frais, drainé	3	5	Cyme simple	blanc	Vert foncé. Pommette jaune. Très résistant aux maladies.
Malus x 'Branzam' **Pommetier décoratif** 'Brandywine'	5m	4m	☀	Fertile, frais, drainé	4	5	double	rose, parfumée	Vert à dessous bronze, tourne pourpre à l'automne. Résistant.
Malus x 'Camzam' **Pommetier décor.** 'Camelot sur tige'	2m	1,5m	☀	Fertile, frais, drainé	5a	5	Cyme, simple	blanc	Port arrondi. Bouton rose fuchsia. Résistant. Feuilles bronze.
Malus x 'Centzam' **Pommetier décoratif** 'Centurion'	7m	5m	☀	Fertile, frais, drainé	5	5	Cyme simple	rose rouge	Étroit, érigé, devenant ouvert. Vigoureux, vert bronzé.
Malus x 'Colonnade' **Pommier** 'Colonnade'	2m	0,5m	☀	Fertile, frais, drainé	4	5	simple	blanc, rose	Série de petits pommiers nains pour culture sur balcon.
Malus x 'Echtermeyer' **Pommetier décor.** 'Echtermeyer'	5m	5m	☀	Fertile, frais, drainé	5a	5	Simple	blanc	Port pleureur, vert bronzé tournant rouge. Fragile à la tavelure.
Malus x 'Guinzam' **Pommetier décor.** 'Guinevere' **sur tige**	2m	1,5m	☀	Fertile, frais, drainé	5a	5	Cyme, simple	blanc et mauve	Port arrondi. Pommettes persistantes. Feuilles vertes et pourpres.
Malus x 'Indian Magic' **Pommetier décoratifs** 'Indian Magic'	5m	5m	☀	Fertile, frais, drainé	5	5	Cyme, simple	rose foncé	Port évasé. Peu malade. Fruits dorés persistants. Vire rouge orangé.
Malus x 'Indian Summer' **Pommetier décor.** 'Indian Summer'	5m	5m	☀	Fertile, frais, drainé	5	5	Cyme, simple	rose foncé	Port évasé. Peu malade. Fruits rouges persistants. Feuillage vert bronzé.

ARBRES

ARBRES (suite)	H	L	☼	TYPE DE SOL	Z	MOIS	FORME	COULEUR	REMARQUES
Malus x 'Ioensis Plena' Pommetier décoratif 'Bechtel'	8m	5m	☼	Fertile, frais, drainé	4a	5	Double	rose clair	Globulaire, régulier. Sensible à la rouille. Tourne orange bronze.
Malus x 'Kelsey' Pommetier décoratif 'Kelsey'	5m	4m	☼	Fertile, frais, drainé	2	5	Cyme, simple	rose foncé	Arrondi, régulier. Feuilles pourpre bronzé puis vert bronzé.
Malus x 'Liset' Pommetier décoratif 'Liset'	5m	5m	☼	Fertile, frais, drainé	4	5	Cyme, simple	rouge pourpre	Parmi les plus pourpre. Port érigé. Tourne jaune à l'automne.
Malus x 'Lollipop' Pommetier décor. 'Lollipop' sur tige	2m	1m	☼☁	Fertile, frais, drainé	3b	5	Cyme, simple	Boutons rouges, fleurs blanches	Port globulaire. Fruit jaune doré. Très résistant aux maladies.
Malus x 'Madonna' Pommetier décoratif 'Madonna'	5m	3m	☼	Fertile, frais, drainé	3	5	Double	rosée, parfumée	Port érigé et compact. Très longue floraison. Résistant.
Malus x 'Makamik' Pommetier décoratif 'Makamik'	7m	6m	☼	Fertile, frais, drainé	3	5	Cyme, simple	rose à pourpre	Fruits abondants, persistants. Feuilles bronze-vert virant rouge.
Malus x 'Maypole' Pommetier décoratif 'Maypole'	2m	50cm	☼	Fertile, frais, drainé	4	5	Cyme simple	rose	Très étroit. Bonne gelée. Bon pollinisateur. Feuilles rougeâtres.
Malus x 'Molten Lava' Pommetier décoratif 'Molten Lava'	4m	5m	☼	Fertile, frais, drainé	4	5	Cyme simple	blanc	Un pleureur au feuillage vert. Bonne résistance aux maladies.
Malus x 'Morning Princess' Pommetier décor. 'Morning Princess'	4m	2m	☼	Fertile, frais, drainé	3	5	Simple	rose	Particulier, semi-pleureur avec tronc érigée. Reflets cuivre.
Malus x 'Pink Perfection' Pommetier décor. 'Pink Perfection'	8 à 10m	6m	☼	Fertile, frais, drainé	4	5	Double, abondante	rose	Port arrondi, irrégulier d'un beau vert bleuté. Protéger des vents.
Malus x 'Pink Spires' Pommetier décoratif 'Pink Spires'	5m	1,5 à 2m	☼	Fertile, frais, drainé	4	5	Cyme, simple	rose lavande	Très étroit. Feuillage mauves, puis vert bronzé. Résistant aux maladies.
Malus x 'Pom'zai' Pommetier décoratif 'Courtabri'	1,2 à 2m	1,5m	☼	Fertile, frais, drainé	5a	5	Cyme, simple	blanc	Très nain, lent. Pommettes orangés. Résistant aux maladies.
Malus x 'Prairifire' Pommetier décoratif 'Prairifire'	6m	4m	☼	Fertile, frais, drainé	3	5	Cyme, simple	rouge pourpre	Floraison tardive. Fruits rouge violacé. Très résistant aux maladies.
Malus x 'Profusion' Pommetier décoratif 'Profusion'	6m	5m	☼	Fertile, frais, drainé	4	5	Cyme, simple	rouge puis rose	Feuillage rouge violacé, puis vert bronzé en été, puis fini rouge vif.
Malus purpurea 'Eleyi Compacta' Pommetier décor. 'Eleyi Compacta'	4m	6m	☼	Fertile, frais, drainé	3b	5	Cyme, simple	rouge à pourpre	Feuillage rougeâtre persistant. Port arrondi, régulier. Lent.
Malus x 'Radiant' Pommetier décoratif 'Radiant'	6m	6m	☼	Fertile, frais, drainé	3b	5	Cyme, simple	rose foncé	Port globulaire, symétrique. Sensible à la tavelute. Tourne bronze.
Malus x 'Red Jade' Pommetier décoratif 'Red Jade'	4m	4m	☼	Fertile, frais, drainé	4	5 et 6	Cyme, simple	blanc	Vraiment très pleureur. Vert lustré. Fruits persistent longtemps.
Malus x 'Red Splendor' Pommetier décor. 'Red Splendor'	7m	7m	☼	Fertile, frais, drainé	3	5	Cyme, simple	rose	Feuillage rouge-vert lustré. Ne cause pas de déchets sur le sol.
Malus x 'Royal Beauty' Pommetier déco. 'Royal Beauty'	3m	1,5m	☼	Fertile, frais, drainé	2b	5	Cyme, simple	rose foncé	Pleureur compact jusqu'au sol. Résistant. Feuilles rougeâtres.
Malus x 'Royal Splendor' Pommetier décoratif 'Royal Splendor'	5m	5m	☼	Fertile, frais, drainé	3	5	Cyme, simple	rose rouge	Feuillage rouge lustré, nuance verte, puis tourne au rouge. Très résistant.
Malus x 'Royalty' Pommetier décoratif 'Royalty'	4 à 6m	5m	☼	Fertile, frais, drainé	3	5	Cyme, simple	rouge vif	Feuillage rouge lustré, nuance verte, puis tourne au rouge. Croît lentement.
Malus x 'Rudolph' Pommetier décoratif 'Rudolph'	6m	5m	☼	Fertile, frais, drainé	2b	5	Cyme, simple	rouge clair	Beau feuillage bronzé. Résistant aux maladies. Rustique.
Malus x 'Selkirk' Pommetier décoratif 'Selkirk'	7m	7m	☼	Fertile, frais, drainé	2b	5	Cyme, simple	rose foncé	Port érigé puis évasé. Rustique et vigoureux. Vert puis pourpre.
Malus x 'Sir Lancelot' Pommetier déco. 'Sir Lancelot' sur tige	2,5m	2m	☼☁	Fertile, frais, drainé	3	5	Simple, abondant	blanc	Boutons floraux rouge. Fruit jaune doré. Résistant. Compact.

ARBRES (suite)	H	L	☼	TYPE DE SOL	Z	MOIS ✿	FORME ✿	COULEUR ✿	REMARQUES
Malus x 'Thunderchild' Pommetier décoratif 'Thunderchild'	6m	5m	☼☁	Fertile, frais, drainé	3	5	Cyme, simple	rose	Feuillage pourpre foncé. Résistant à la brûlure bactérienne.
Malus toringo 'Tina' Pommetier décoratif 'Tina'	2m	1,5 à 2,5m	☼	Fertile, frais, drainé	3b	5	Simple parfumée	blanc rosé	Greffé sur tige. Port largement étalé. Résistant aux maladies.
Morus alba Mûrier blanc	9m	10m	☼☁	Calcaire, léger, frais	3b	6	chaton	verdâtre	Port dense, irrégulier. Feuilles lobées. Produit des mûres en été.
Morus alba 'Chaparral' Mûrier pleureur sans fruit	3m	1,5m	☼☁	Sableux, léger, frais	4 à 5	—	—	—	Pleureur à feuillage très brillant, lobée et vert pâle. Tourne jaune.
Morus alba 'Globosa' Murier blanc nain	4m	1,5m	☼☁	Sableux, léger, frais	4	6	chaton	verdâtre	Cime globulaire. Feuilles régulièrement lobées. Fruits violets.
Morus alba 'Greenwave' Mûrier 'Greenwave'	1,75m	1,5m	☼☁	Sableux, léger, frais	4	—	—	—	Très pleureur. Pas 2 feuilles identiques. Lent et résistant.
Morus alba 'Macrophylla' Mûrier à feuilles de Platane	2m	2,5m	☼☁	Sableux, léger, frais	4	6	Petite, simple	verdâtre	Semi-pleureur formant un dôme. Larges feuilles brillantes, vert foncé.
Morus alba 'Pendula' sur tige Mûrier pleureur sur tige	1,75 à 2m	1,5 à 2m	☼☁	Sableux, léger, frais	4 à 5	6	Simple	verdâtre	Très pleureur. Feuilles lobées, luisantes, tardives. Fruit comestible.
Physocarpus opulifolius 'Diabolo' Physocarpe 'Diabolo' / 'Monlo'	1,5 à 3m	1,5 à 3m	☼☁	Peu exigeant, drainé	2	6	Corymbe	blanc rosé	Rouge bourgogne foncé, fruit rosé contrastant. Greffé sur tige.
Populus x *euroamericana* 'Prairie Sky' Populus 'Prairie Sky'	10m	2 à 3m	☼	Peu exigeant, drainé	2	—	Sans intérêt	—	Port colonnaire, très résistant aux maladies et intempéries.
Populus tremuloides 'Pendula' Peuplier faux-tremble pleureur	3m	2m	☼	Léger, drainé	2b	—	Sans intérêt	—	Petit pleureur pour endroits défavorables. Faible longévité.
Prunus cerasifera 'Hessei' Prunier 'Hessei' sur tige	1,5m	1,5m	☼☁	Peu exigeant, drainé	5	5 et 6	Petite, simple	blanc	Feuilles irrégulières, bronze pourpre, bordées crème puis rose.
Prunus cerasifera 'Newport' Prunier pourpre de 'Newport'	5 à 8m	4 à 7m	☼☁	Franc, bien drainé	5	5	Petite odorante	rose pâle	Pourpre foncé. Port érigé, arrondi. Résistant. Fruits comestibles.
Prunus x *cistena* sur tige Cerisier pourpre des sables	1,75m	1,5m	☼☁	Poreux, frais, drainé	3	5	Petite, simple	rosée, parfumée	Un beau pourpre foncé, contrastant. Attention aux maladies.
Prunus maackii Cerisier de l'Amour	7m	7m	☼☁	Peu exigeant, drainé	2b	5	Grappe dense	blanc léger parfum	Cime ovale. Écorce brun doré brillant. Fruits noirs, oiseaux.
Prunus nigra Prunier noir	4 à 7m	3 à 4m	☼☁	Peu exigeant, drainé	4b	4 et 5	Grappe	rosé, léger parfum	Floraison spectaculaire. Utilisé pour la naturalisation. Fruits.
Prunus padus 'Colorata' Cerisier à grappes 'Colorata'	8 à 10m	5 à 8m	☼☁	Peu exigeant, drainé	3	4 et 5	Grappe parfumée	blanc	Ovoïde, irrégulier. Feuillage vert, maron en été. Faible longévité.
Prunus padus 'Skinner's Red' Cerisier à grappes 'Skinner's Red'	7m	4m	☼☁	Peu exigeant, drainé	3	4 et 5	Grappe pendante	blanc parfumée	Port étalé, arrondi. Feuilles pourpres à l'été. Pas de fruits.
Prunus pennsylvanica Cerisier de Pen. / Petit merisier	7 à 9m	4 à 6m	☼	Peu exigeant, drainé	2	4 et 5	Corymbe	blanc parfumée	Port ovoïde. Tronc droit, écorce rougeâtre. Faible longévité.
Prunus sargentii Cerisier de Sargent	10m	10m	☼☁	Riche, frais, drainé	5a	4 et 5	Ombelle	rose pâle	Arrondi, régulier. Belle écorce rougeâtre. Écarlate en automne.
Prunus subhirtella 'Pendula' Cerisier pleureur du Japon	4m	2m	☼	Peu exigeant, drainé	5	4 et 5	Coryombe	rose brillant	Greffé sur tige. Floraison avant les feuilles. Faible longévité.
Prunus triloba	*P. plena* Amandier sur tige	1,5 à 2m	1,2m	☼	Peu exigeant, drainé	4a	5	Double	rose clair	Port globulaire. Fleurs avant les feuilles. Très spectaculaire.
Prunus virginiana 'Canada Red' Cerisier 'Canada Red'	5 à 7m	4 à 5m	☼	Peu exigeant, drainé	2a	5	Grappe pendante	blanc parfumée	Vert tournant au rouge violacé. Plus rapide que Shubert. Fruits.
Prunus virg. 'Halward's weeping' Cerisier pleureur 'Halward'	3m	5m	☼	Peu exigeant, drainé	2b	5	Grappe	blanc crème	Belle variété rustique ! Feuillage vert. Fruits noirs.
Prunus virginiana 'Shubert' Cerisier de 'Shubert'	5 à 7m	4 à 5m	☼	Peu exigeant, drainé	2	5	Grappe pendante	blanc parfumée	Vert tournant au rouge violacé. Fruits comestibles. Oiseaux.
Ptelea trifoliata Orme à 3 feuilles sur tige	3 à 5m	3m	☼☁☂	Peu exigeant, franc	4	6 et 7	Étoilée, peu visible	blanc verdâtre	Haie ou arbre sur tige. Samarres visibles. Port érigé. Parfumé.

ARBRES (suite)	H	L	☀	TYPE DE SOL	Z	MOIS ✿	FORME ✿	COULEUR ✿	REMARQUES
Pyrus calleryana sp. **Poirier décoratif**	10m	6m	☀	Franc, profond, drainé	5b	5	Corymbe	blanc	Port pyramidal. Écorce foncée. Floraison spectaculaire. Lent.
Pyrus salicifolia 'Pendula' **Poirier décoratif pleureur sur tige**	4m	2,5m	☀	Peu exigeant	5	4 et 5	Corymbe	blanc crème	Feuilles petites, linéaires, gris argenté. Fruit avec duvet argent.
Pyrus ussuriensis 'Prairie Gem' **Poirier déco. 'P. Gem' ou 'Mordak**	6m	4m	☀	Peu exigeant	3	5	Corymbe	rosé puis blanc	Plus petit que la majorité des poiriers. Port rond. Fruit jaune 1/4".
Rhus glabra ⚜ 🍃 **Sumac glabre** / Vinaigrier	3m	2 à 3m	☀⛅	Tous sols drainés	3a	6 et 7	Panicule dioïque	verdâtre	Comme le vinaigrier de Virginie mais sans les poils. Petit arbre ou arbuste.
Rhus typhina ⚜ 🍃 **Sumac de Vriginie** / Vinaigrier	5m	4m	☀⛅	Tous sols drainés	3	6	Panicule dioïque	verdâtre	Petit arbre ou arbuste au feuillage exotique ! Fruits duveteux, décoratifs.
Rhus typhina 'Laciniata' / 'Dissecta' **Vinaigrier à feuilles découpées** 🍃	2,5m	2m	☀⛅	Tous sols drainés	4b	6	Panicule dioïque	verdâtre	Parasol aux feuilles pennées finement découpées. Tourne rouge orange.
Rhus x pulvinata **Vinaigrier pulvinata**	3m	5m	☀⛅	Tous sols drainés	3a	6 et 7	Panicule dioïque	verdâtre	Croisement naturel entre *glabra* et *typhina*. Tourne écarlate.
Robinia ambiga x 'Idahoensis' **Robinier rose de l'Idaho**	8m	5m	☀	Riche, plutôt sec	5	6	Grappe parfumée	rose	Ovale, irrégulier, bout de branches retombant. Grousses.
Robinia pseudoacacia 'Bessoniana' **Robinier faux-acacia de Besson**	4 à 6m	4 à 6m	☀	Peu exigeant	4b	—	Grappe rare	—	Cime ± ovoïde. Feuillage composé, d'aspect léger. Sans épines.
Robinia pseudoacacia 'Frisia' **Robinier faux-acacia 'Frisia'** 🍃	10m	8m	☀	Pauvre à fertile	4b	6	Grappe pendante	blanc parfumé	Érigé. Feuillage léger, jaune en début et fin saison. Insectes.
Robinia pseudoacacia 'Lace Lady' **Robinier tortueux 'Twisty Baby'** 🍃	2,5m	1,5m	☀	Peu exigeant	4	6	Grappe pendante	blanc	Greffé. Branches et tronc tortueux. Feuillage frisé vert moyen.
Robinia pseudoacacia 'Tortuosa' **Robinier tortueux sur tige**	10m	6m	☀⛅	Pauvre à fertile	4b	6	Grappe éparse	blanc	Feuilles composées, retombantes. Débourre tard. Greffé. Lent.
Robinia pseudoacacia 'Umbraculifera' **Robinier faux-acacia en boule**	6m	6m	☀	Peu exigeant, drainé	4b	—	—	—	Cime ronde, très dense. Feuilles composées, vert foncé.
Robinia slavinii 'Hillieri' **Robinier 'Hillieri'**	4 à 8m	2 à 6m	☀	Peu exigeant, drainé	4b	6	Grappe lâche	rose parfumé	Port arrondi, gracieux, feuillage délicat. Parfum de légumineuse.
Rosa spp. **Rosier sur tige**	1 à 2,5m	0,6 à 1m	☀⛅	Riche, profond, frais	2 à 6	6 à 9	Simple ou double	var.	Souvent utilisé en pot sur les patios. Les rustiques en sol.
Salix babylonica 'Tortuosa' **Salix matsudana** 'Tortuosa'	10m	5m	☀	Profond, frais	5	—	Chaton	—	Tige en spirale, vert olive. Port ovoïde, allongé. Tourne au doré.
Salix caprea 'Pendula' **Saule Marsault pleureur**	2m	1,5m	☀	Peu exigeant	4b	4	Chatons décoratifs	argenté	Spectaculaire en chatons avant les feuilles. Vedette printanière.
Salix caprea 'Pendula Tortuosa' **Saule pleureur tortueux**	2m	1m	☀	Peu exigeant	5	4	Chatons décoratifs	argenté	Pleureur avec tiges tortueuses. Variante intéressante.
Salix cinerea 'Tricolor' **Saule cendré panaché sur tige**	2m	2m	☀	Peu exigeant, frais	4b	4	Chatons décoratifs	argenté	Feuillage panaché vert blanc et rose rouge. Vedette printanière.
Salix x cottetii **Saule prostré de Banker sur tige**	1,5m	1 à 2m	☀⛅	Humide	4	4	Chaton	argenté	Rampant greffé, port pleureur. Feuilles étroites, vert brillant. Taille.
Salix elaengnos / *S. incarna* **Saule drapé** / Saule chalef	3 à 4m	2m	☀⛅	Lourd, humide	4a	4 et 5	Chaton	jaunâtre	Arbre sur petit tronc, si non rabattu. Feuillage vert et argent.
Salix x 'Erythroflexuosa' **Saule tortueux doré**	4m	2,5m	☀	Peu exigeant, frais	5	—	—	—	Petit arbre ou arbuste. Tige tortueuse jaune bronze. Feuilles luisantes enroulées.
Salix exigua 'Coyote' **Saule Coyote sur tige**	2,5m	1,5m	☀	Peu exigeant	2	5	Chaton long	doré	Rameaux érigés brun rosé avec feuillage argenté. Drageonne.
Salix integra 'Hakuro-Nishiki' **Saule maculé sur tige**	2m	1m	☀⛅	Peu exigeant, frais	4	—	—	—	Non greffé, donc plus rustique. Panachée teintée de rose. Taille.

ARBRES (suite)	H	L	☀	TYPE DE SOL	Z	MOIS ❀	FORME ❀	COULEUR ❀	REMARQUES
Salix purpurea 'Pendula' Saule arctique sur tige	2m	2m	☀⛅	Peu exigeant, frais	2b	4 et 5	Petits chatons	jaune	Greffé. Aspect léger, gracieux. Feuilles vert-bleuté. Tige pourpre.
Salix repens argentea Saule rampant arenaria sur tige	1 à 1,5m	0,7 à 1,5m	☀⛅	Humide	4	4	Chaton	jaunâtre argenté	Rampant greffé, arqué, argenté, velouté. Beau tout l'été.
Salix x 'Silver Falls' Saule prostré 'Silver Falls'	1,25m	1,25m	☀⛅	Humide	3	4 et 5	Chaton	jaunâtre	Rampant greffé, port pleureur. Beau feuillage argenté. Taille.
Sorbus aria 'Lutescens' Alisier blanc 'Lutescens'	7 à 10m	5m	☀	Peu exigeant, frais	4a	5	Corymbe	blanc	Pyramidal. Feuilles vert jaune à l'été, or à l'automne. Fruit rouge.
Sorbus aria 'Majestica' Alisier blanc 'Majestica'	8 à 12m	5 à 8m	☀	Peu exigeant	4a	5	Corymbe	blanc	Pyramidal argenté puis vert, vire orangé. Fruit orange. Maladif.
Sorbus aucuparia 'Pendula' Sorbier des oiseaux pleureur	3 à 6m	3m	☀⛅	Un peu acide, riche	5b	5	Corymbe	blanc	Pleureur, irrégulier enchevêtré. Feuilles composées. Fruits rouges.
Sorbus hupehensis 'Pink Pagoda' Sorbier 'Pink Pagoda'	8 à 10m	6 à 8m	☀⛅	Tous sols drainés	5	5 et 6	Corymbe	blanc	Superbe fruits roses persistant l'hiver. Feuilles composées bleutées.
Sorbus decora ⚜ Sorbier des montagnes	7m	5m	☀	Acide, sableux	2	5 et 6	Corymbe	blanc	Arbuste ou petit arbre ovoïde. Feuilles vert bleuté. Fruit rouge. Pas malade !
Sorbus x 'Pink Veil' Sorbier 'Pink Veil'	4m	3m	☀	Peu exigeant, drainé	3	5	Corymbe	blanc	Couronne compacte, dense, feuillage lustré. Fruits roses.
Sorbus x 'Red Robin' Sorbus 'Red Robin'	4m	3m	☀	Peu exigeant, drainé	3	5	Corymbe	blanc	Comme le précédent. Fruits rouges. Pour petit terrain.
Sorbus thuringiaca 'Fastigiata' Sorbier à feuilles de chêne	8m	5m	☀	Un peu acide, riche	4	5	Corymbe	blanc	Port étroit, régulier. Tronc court Fruits rouges. Vire à l'écarlate.
Sorbus x 'White Swan' Sorbus 'White Swan'	4m	3m	☀	Peu exigeant, drainé	3	5	Corymbe	blanc	Un sorbier compact à fruits blancs. Dense, feuilles lustrées.
Styrax japonica Styrax du Japon	3 à 6m	3 à 6m	☀⛅	Fertile, frais, drainé	5b	6	Clochette pendante	blanc parfumée	Port étalé, buissonnant. Feuilles oblongues 6cm. Tourne orangé.
Syringa 'Juliana Hers' Lilas pleureur 'Hers' sur tige	1,25m	1m	☀⛅☁	Léger, frais, drainé	2	5 et 6	Panicule abondante	lilas	Port pleureur. Petites feuilles. Floraison sporadique tout l'été.
Syringa meyeri 'Palibin' Lilas de Corée sur tige	2m	1m	☀	Léger, frais, drainé	4	5	Panicule érigée	rose violet	Port globulaire, dense. Plante vedette. Très parfumée. Lent.
Syringa microphylla 'Superba' Lilas microphyla 'Superba'	2m	1 à 2m	☀	Léger, frais, drainé	5b	6	Panicule odorante	rose rouge	Semi-nain. Parfois 2 floraisons. Petites feuilles. Léger parfum.
Syringa patula 'Cinderella' sur tige Lilas de Mandc. 'Cinderella' sur tige	1,5 à 2m	1,5m	☀⛅	Léger, frais, drainé	5b	6	Panicule parfumée	rose pâle	Ressemble à Miss Kim mais plus parfumée. Tourne rouge vin.
Syringa patula 'Miss Kim' sur tige Lilas de Mandchourie 'Miss Kim'	2m	1,5m	☀	Léger, frais, drainé	4	5	Panicule parfumée	rose lilas pâle	Floraison très uniforme sur tout le plant. Vire au pourpre.
Syringa reticulata 'Golden Eclipse' Lilas japonais 'Golden Eclipse'	6m	3,5m	☀	Léger, frais, drainé	4	7	Panicule parfumée	blanc crème	Ovoïde. Panaché 2 tons de vert puis vert et jaune doré à l'été.
Syringa reticulata 'Ivory Silk' Lilas japonais 'Ivory Silk'	8m	6m	☀⛅	Léger, frais, drainé	2b	7	Panicule parfumée	blanc crème	Oval, compact, vigoureux. Peu malade. Pour petits terrains.
Syringa x 'Tinkerbelle' Lilas 'Tinkerbelle' sur tige	1,5 à 2,5m	1,25m	☀⛅	Léger, frais, drainé	3	6	Panicule parfumée	rose foncé	Port ordonné, compact. Nouvelle couleur.
Syringa x *tribida* 'Josée' Lilas 'Josée' sur tige	0,9 à 1,5m	1,5 à 3m	☀⛅	Léger, frais, drainé	5b	6 à 9	Panicule parfumée	rose	Populaire car il fleuri plus d'une fois. Vigueur moyenne.
Syringa vulgaris 'Albert F. Holden' Lilas 'Albert F. Holden' sur tige	2,5m	2m	☀⛅	Léger, frais, drainé	3	6 et 7	Panicule retombant	Pourpre et lavande	Nouveau, cultivars semi-nain. Greffé, rustique. Fleurs aérées.
Syringa vulgaris 'Marie Frances' Lilas 'Marie Frances' sur tige	2,5m	2,5m	☀⛅	Léger, frais, drainé	2b	6 et 7	Panicule parfumée	rose saumon	Semi-nain greffé. Parfum accentué. Greffé, rustique.
Syringa vulgaris 'Prairie Petite' Lilas 'Prairie Petite' sur tige	1,25m	1,25m	☀	Léger, frais, drainé	3	5 et 6	Petite panicule	rose	Lilas commun nain, compact. Plus rustique que ceux à petites feuilles.

ARBRES

ARBRES (suite)	H	L	☀	TYPE DE SOL	Z	MOIS ✿	FORME ✿	COULEUR ✿	REMARQUES
Syringa vulgaris 'Wedgewood Blue' Lilas 'Wedgewood Blue'	1,75m	2m	☀	Léger, frais, drainé	3	5 et 6	Grande panicule	lavande parfumé	Fleurs semblable à la glycine. Résistant au mildiou. Envoûtant.
Syringa vulgaris 'Wonderblue' Lilas 'Wonderblue' sur tige	1,5m	1,8m	☀	Léger, frais, drainé	2b	5 et 6	Panicule	lavande pâle	Une autre nouvelle variété semi-naine, rustique.
Syringa vulgaris 'Yankee Doodle' Lilas 'Yankee Doodle' sur tige	2m	2m	☀	Léger, frais, drainé	2b	5 et 6	Panicule	pourpre foncé	Semi-nain greffé, rustique. Port globulaire. Peu connu.
Tilia cordata 'Green Globe' Tilleul à petites feuilles 'Green Globe'	5m	4m	☀	Riche, profond, frais	4a	—	—	—	Arrondie. Petites feuilles en cœur. Éviter les endroits trop venteux.
Tilia cordata 'Lico' Tilleul à petites feuilles 'Lico'	3 à 4m	1m	☀	Riche, profond, frais	3	—	Sans intérêt	—	Greffé sur tige. Port globulaire, très régulier, très dense. Lent.
Tilia cordata 'Ronald' Tilleul à petites feuilles 'Ronald'	10m	8m	☀⛅	Riche, profond, frais	3	—	Sans intérêt	—	Port pyramidal ouvert. Bonne résistance aux maladies.
Tilia cordata 'Simone' Tilleul 'Simone' sur tige	2,5m	2m	☀⛅	Riche, profond, frais	3	—	Sans intérêt	—	Greffé sur tige. Port dense, globulaire. Vert foncé.
Tilia flavescens 'Wascana' Tilleul 'Wascana'	10m	2m	☀⛅	Peu exigeant, riche	2b	6 et 7	Cyme pendante	jaunâtre parfumée	Port symétrique, étroit. De culture facile. Très rustique.
Ulmus glabra 'Camperdownii' Orme pleureur sur tige	6m	8m	☀⛅	Consistant, frais	4b	—	Sans intérêt	—	Greffé. Port parasol. Grandes feuilles. À protéger des vents.
Ulmus parviflora 'Geisha' Orme de Chine à petites feuilles	1 à 3m	1 à 3m	☀⛅	Peu exigeant, drainé	5	—	Sans intérêt	—	Port irrégulier, un peu arqué. Très petit arbre greffé sur tige. Gris-vert panaché.
Ulmus pumila 'Globe' Orme nain de Sibérie	4m	4m	☀⛅	Peu exigeant	3b	—	Sans intérêt	—	Souvent taillé en boule. Très résistant à la sécheresse.
Viburnum x carlcephalum Viorne carlcephalum sur tige	2m	1m	☀⛅	Riche, drainé	5	5 et 6	Corymbe parfumé	blanc rosée	Port irrégulier. Feuillage vert bleuté, lustré, puis rougeâtre.
Viburnum lantana 'Mohican' Viorne 'Mohican' sur tige	2,5m	2,5m	☀⛅	Peu exigeant, fertile	2b	5 et 6	Corymbe	blanc	Compact, vert grisâtre tourne rouge à l'automne. Fruit rouge puis noir.
Viburnum lentago ✤ Viorne lentago / Alisier	5m	2,5m	☀⛅☁	Tous sols drainés	2a	6	Corymbe, cyme	blanc	Arbuste monté en arbre. Vert lustré virant rouge. Non maladif.
Viburnum opulus 'Compactum' Viorne obier compact sur tige	1,5m	1,5m	☀⛅	Tous sols frais	3a	6	Gros corymbe	blanc	Plus florifère et moins maladif que *Roseum*. Nombreux fruits.
Viburnum opulus 'Roseum' Viorne boule de neige sur tige	3m	2m	☀⛅	Tous sols frais	3	6	Gros corymbe	blanc	Feuilles trilobées vertes en été, puis rouges. Pas de fruits. Maladif.
Weigelia 'Red Prince' *Weigelia* 'Red Prince' sur tige	2m	1,5m	☀⛅	Peu exigeant, fertile	4	5 et 6	Trompette	rouge	Floraison abondante début été, puis sporadique. Vert foncé.

CONIFÈRES	H	L	☀	TYPE DE SOL	Z	MOIS ✿	FORME ✿	COULEUR ✿	REMARQUES
Abies concolor 'Compacta' Sapin blanc du colorado compact	2m	2m	☀	Profond, drainé	4	—	—	—	Port conique, dense, touffu à cause de ses grandes aiguilles glauque.
Abies koreana 'Hortsmann's Silberlocke' Sapin de Corée 'Hortsmann's S.'	3m	1m	☀⛅	Riche, frais	4	—	—	—	Forme pyramidale à texture et apparence unique. Aiguilles retroussées.
Abies lasiocarpa 'Compacta' Sapin de l'Ouest compact	3m	2m	☀	Équilibré, frais	4b	—	—	—	Conique, rigide, dense d'un bleu argenté. Croissance très lente.
Chamaecyparis lawsoniana 'Elwoodii' Faux-cyprès de Lawson 'Elwoodii'	3m	50cm	☀	Profond, frais, acide	5	—	—	—	Forme pyramidale dense bleu grisâtre. Pour petits jardins.
Chamaecyparis nootkatensis 'B. W.' Faux-cyprès 'Blue Weeping'	4m	2m	☀	Léger un peu acide	5	—	—	—	Tige principale avec ramures étalées retombantes. Vert bleuté.
Chamaecyparis obtusa 'Aurea' Faux-cyprès jaune 'Hinoki'	4m	2m	☀⛅	Frais, drainé, acide	4b	—	—	—	Extérieur des feuilles jaune doré, intérieur vert foncé. Texturé.

CONIFÈRES (suite)	H	L	☼	TYPE DE SOL	Z	MOIS ✿	FORME ✿	COULEUR ✿	REMARQUES
Chamaecyparis obtusa 'Crippsii' **Faux-cyprès** 'Crippsii'	3m	2m	☼☁	Frais, drainé, acide	5	—	—	—	Pyramidale, chartreuse, extrémités jaunes. Étages ondulés.
Chamaecyparis pisifera 'Boulevard' **Faux-cyprès** 'Boulevard'	2m	1,75m	☼	Frais, drainé, acide	4	—	—	—	Feuillage plumeux, bleu argenté. Port conique arrondi. Doux.
Chamaecyparis pisifera 'Filifera' **Faux-cyprès de Sawara**	3m	1,5m	☼☁	Frais, drainé, acide	4b	—	—	—	Port conique, branches étalées, rameaux filiformes retombants.
Chamaecyparis p. 'Plumosa Aurea' **Faux-cyprès plumeux doré**	3m	1,5m	☼	Frais, drainé, acide	4b	—	—	—	Port conique, branches ascendantes. Doré puis jaunâtre.
Chamaecyparis thyoides 'Rubicon' **Faux-cyprès** 'Red Star' / 'Rubicon'	1,5m	60cm	☼	Frais, drainé, acide	4	—	—	—	Feuillage doux, vert bleuté, ondulé. Lent. Port collonnaire.
Juniperus chinensis 'Blaauw' **Genévrier** 'Blaauw'	1,25m	1m	☼	Peu exigeant	4	—	—	—	En forme d'entonnoir irrégulier, d'apparence crépu. Gris bleuté.
Juniperus chinensis 'Blue Alps' **Genévrier** 'Blue Alps'	4m	1,2m	☼	Peu exigeant, drainé	4	—	—	—	En forme d'entonnoir pleureur, irrégulier. Vert bleuté. Différent.
Juniperus chinensis 'Blue Point' **Genévrier** 'Blue Point'	3m	2m	☼	Peu exigeant	4	—	—	—	Port large pyramidal naturel. Vert légèrement bleuté.
Juniperus chinensis 'Fairview' **Genévrier** 'Fairview'	3 à 5m	90cm	☼	Peu exigeant, frais	4	—	—	—	Port conique, étroit, vert clair. Baies bleues, aimées des oiseaux.
Juniperus chinensis 'Iowa' **Genévrier** 'Iowa'	3m	1m	☼	Peu exigeant	4	—	—	—	Port pyramidal, ± large. Fruits bleus nombreux. Rapide.
Juniperus chinensis 'Mountbatten' **Genévrier** 'Mountbatten'	4m	1,5m	☼	Peu exigeant	4	—	—	Fruit bleu	Port vigoureux, pyramidal dense vert bleuté, tournant pourpre.
Juniperus chinensis 'Robusta Green' **Genévrier** 'Robusta Green'	3m	1m	☼	Peu exigeant	5	—	—	—	Forme conique torsadée, distinctive, belle. Dense, vert brillant.
Juniperus chinensis 'Spartan' **Genévrier** 'Spartan'	4m	1m	☼	Ordinaire, plutôt sec	5a	—	—	—	Port conique, compact sans taille. Vert foncé. Rapide.
Juniperus communis 'Gnom' **Genévrier** 'Gnom'	3 à 5m	3m	☼	Peu exigeant	3	—	—	—	Port colonnaire, jeunes feuilles gris-vert, reflet bleuté. Compact.
Juniperus communis 'Suecica' **Genévrier de Suède**	2,5m	80cm	☼	Peu exigeant	4b	—	—	—	Colonne étroite. Branches et rameaux ascendants. Protéger des vents.
Juniperus scopulorum 'Blue Heaven' **Genévrier** 'Blue Heaven'	4m	1,5m	☼	Rocailleux, drainé	4	—	—	—	Port pyramidal large, ouvert. Vraiment bleu. Tailler en juin.
Juniperus scopulorum 'Gray Gleam' **Genévrier** 'Gray Gleam'	3m	80cm	☼	Rocailleux, drainé	3b	—	—	—	Conique, étroit, régulier. Vert grisâtre. Croissance lente.
Juniperus scopulorum 'Greenspire' **Genévrier** 'Greenspire'	4m	1m	☼	Peu exigeant, drainé	4	—	—	—	Colonne étroite, dense, vert clair. Croissance moyenne.
Juniperus scopulorum 'Medora' **Genévrier** 'Medora'	4m	1m	☼	Pauvre, sec	4b	—	—	—	Colonne plutôt étroite, serrée. Gris bleuté. Peu de taille.
Juniperus scopulorum 'Moffat Blue' **Genévrier** 'Moffat Blue'	3,5m	90cm	☼	Pauvre, sec	3	—	—	—	Port conique étroit, compact. Bleu argenté, dense.
Juniperus scopul. 'Montana Green' **Genévrier** 'Montana Green'	3,5m	1,25m	☼	Peu exigeant	4	—	—	—	Port pyramidale très dense, vert bleuté. Résistant aux maladies.
Juniperus scopulorum 'Moonglow' **Genévrier virginiana** 'Moonglow'	3m	80cm	☼☁	Peu exigeant	4	—	—	—	Port pyramidal dense. Bleu argenté très vif. Pour lieu restreint.
Juniperus scopulorum 'Moonlight' **Genévrier** 'Moonlight'	5m	1m	☼	Peu exigeant	4b	—	—	—	Pyramidal, étroit, diffus puis dense. Bleu argenté. Tailler.
Juniperus scopulorum 'Pathfinder' **Genévrier** 'Pathfinder'	4m	80cm	☼	Pierreux, sec	3	—	—	—	Conique, régulier. Port ± lâche. Gris bleuté. Croissance rapide.
Juniperus scopulorum 'Skyrocket' **Genévrier virginiana** 'Skyrocket'	4m	90cm	☼☁	Perméable	3	—	—	—	Port élancé en forme de fusée. Bleu argenté, fin, doux.
Juniperus scopulorum 'Springbank' **Genévrier** 'Springbank'	4m	1,5m	☼	Perméable	4	—	—	—	Port conique, large, bleu cendré. L'hiver l'affecte beaucoup.

ARBRES

CONIFÈRES (suite)	H	L	☀	TYPE DE SOL	Z	MOIS ✿	FORME ✿	COULEUR ✿	REMARQUES
Juniperus scopulorum 'Tolleson's' **Genévrier** 'Tolleson's' / 'Blue Weeping'	3 à 5m	1,5m	☀	Perméable	4b	—	—	—	Port pleureur, arqué, bleu gris argenté. Magnifique spécimen.
Juniperus scopulorum 'Welchii' **Genévrier de Welch**	3m	1,2m	☀	Perméable, sec	3	—	—	—	Pyramidal plutôt large, dense. Vert argenté à bleuté. Tailler.
Juniperus scopulor. 'Wichita Blue' **Genévrier** 'Wichita Blue'	3,5m	1m	☀	Perméable	3b	—	—	—	Port pyramidal dense. Bleu vif très coloré. Très beau.
Juniperus virginiana 'Blue Arrow' **Genévrier** 'Blue Arrow'	4m	80cm	☀⛅	Perméable	3	—	—	—	Port pyramidal étroit. Bleu intense. Pour endroit restreint.
Juniperus virginiana 'Burkii' **Genévrier de Virginie** 'Burkii'	5m	1m	☀	Perméable à sec	3	—	—	—	Port conique, collonaire. Ancienne variété vert bleuté à bleuté.
Juniperus virginiana 'Canaertii' **Genévrier de Virginie** 'Canaertii'	4m	1,5m	☀	Perméable à sec	4b	—	—	—	Port érigé, diffus, pointé vers l'extérieur. Vert foncé.
Juniperus virginiana 'Mahattan Blue' **Genévrier** 'Mahattan Blue'	3m	80cm	☀	Peu exigeant, sec	4	—	—	—	Port conique, compact, dense. Vert bleuté plutôt foncé. Tailler.
Larix decidua 'Hostman's Recurva' **Mélèze d'Europe** 'H. R.'	5m	1,5m	☀⛅	Équilibré, drainé	3	—	—	—	Port pleureur tortueux unique. Remarquable en hiver. Caduque.
Larix decidua 'Pendula' **Mélèze pleureur sur tige**	2m	1m	☀	Équilibré, drainé	3	—	—	—	Port très retombant. Caduque. Vert tendre tournant jaune doré.
Larix decidua 'Pulii' **Mélèze pleureur** 'Pulii'	2m	0,6 à 1,2m	☀⛅	Équilibré, drainé	3	—	—	—	Port pleureur très étroit. Vert tendre tournant doré. Caduque.
Larix decidua 'Varied Directions' **Mélèze** 'Varied Directions'	1,5 à 2,5m	1,5 à 2,5m	☀⛅	Équilibré, drainé	3	—	—	—	Branches dans toutes les directions. Vert tournant doré.
Larix kaempferi 'Blue Dwarf' **Mélèze sur tige** 'Bleu Dwarf'	1,25m	60cm	☀⛅	Frais, drainé	4	—	—	—	Port globulaire, vert très bleuté. Vire doré à l'automne. Caduque.
Larix kaemp. 'Jacobsen's Pyramid' **Mélèze** 'Jacobsen's Pyramid'	8m	1,5m	☀⛅	Frais, drainé	3	—	—	—	Rappelle le port du peuplier de Lombardie. Pour espace limité.
Larix kaempferi 'Stiff Weeper' **Mélèze** 'Stiff Weeper'	2m	90cm	☀	Frais, drainé	3	—	—	—	Ressemble au *Larix decidua* Pendula mais plus compact.
Larix laricina 'Little Blue Ball' **Mélèze** 'Little Blue Ball' **sur tige**	1,25 à 2m	1m	☀⛅	Équilibré, drainé	3	—	—	—	Feuillage soyeux, vert bleuté. Tourne doré en automne.
Metasequoia glyptostroboides **Métaséquoia**	8m	3m	☀⛅	Frais, plutôt acide	5b	—	—	—	Buissonnant. Feuilles persistantes et caduques. Pour lieu abrité !
Picea abies 'Acrocona' **Épinette** 'Acrocona'	3 à 4m	1 à 3m	☀	Plutôt argileux, frais	4	—	—	—	Port conique large, Ramure dense, retombante. Cônes rouges.
Picea abies 'Cupressina' **Épinette de Norvège** 'Cupressina'	10m	2m	☀	Sablo-argileux	4	—	—	—	Port très étroit. Passe du vert foncé au vert bleuté en hiver.
Picea abies 'Ohlendorffii' **Épinette de Norvège** 'Ohlendorffii'	2m	1m	☀	Plutôt humide	2b	—	—	—	Arrondi à pyramidal, vert foncé. Croissance très lente. Rocaille.
Picea abies 'Pendula' / 'Inversa' **Épinette de Norvège pleureuse**	3 à 5m	3m	☀	Peu exigeant, frais	3	—	—	—	Si tuteuré, port pleureur, sinon étalé. Jeunes pousses vert pâle.
Picea abies 'Sherwood Compact' **Épinette** 'Sherwood Compact'	5m	2,5m	☀		4	—	—	—	Épinette conique, compacte et étroite. Pour lieux exigus.
Picea glauca albertiana 'Conica' **Épinette naine d'Alberta**	2m	80cm	☀⛅	Perméable, frais	4b	—	—	—	Port conique très régulier et compact. Vedette populaire.
Picea glauca 'Pendula' **Épinette blanche pleureuse**	5 à 10m	2m	☀⛅	Acide, frais, drainé	3	—	—	—	Forme conique étroite, dense, vert bleuté. Port uniforme, pleureur.
Picea glauca 'Rainbows End' **Épinette blanche** 'Rainbows End'	3m	1m	⛅☁	Pauvre, caillouteux	3	—	—	—	Pyramidal, dense, trapus. Nouvelles pousses jaunes puis crème.
Picea omorika 'Pendula' **Épinette de Serbie pleureuse**	5 à 7m	3m	☀⛅	Profond, frais	4	—	—	—	Remarquable port étroit, branches et rameaux pendants. Lent.

CONIFÈRES (suite)	H	L	☼	TYPE DE SOL	Z	MOIS ✿	FORME ✿	COULEUR ✿	REMARQUES
Picea pungens 'Fat Albert' Épinette 'Fat Albert'	4m	2m	☼	Frais, profond	3	—	—	—	Beau port conique, régulier. Feuillage bleu intense. Lent.
Picea pungens 'Iseli Fastigiata' Épinette bleue 'Iseli Fastigiata'	3m	1m	☼	Acide, frais, drainé	3	—	—	—	Port colonnaire, branches dirigées vers le haut. Bleu argenté.
Pinus flexilis 'Extra Blue' Pin blanc de l'Ouest 'Extra Blue'	4 à 6m	1,5m	☼⛅	Ordinaire, drainé	4	—	—	—	Pyramidal. Superbe teinte gris bleu, reflets métalliques. Rapide.
Pinus flexilis 'Vanderwolf's Pyramid' Pin pyramidal 'Vanderwolf's P.'	5m	3m	☼	Poreux, pauvre, drainé	4	—	—	—	Pyramidal. Bleur vert. Branches ascendantes. 5 aiguilles.
Pinus peuce Pin de Macédoine	9m	5m	☼	Frais, drainé	5b	—	—	—	Buissonnant, étroit. Utilisé dans les régions chaudes seulement.
Pinus strobus 'Pendula' Pin blanc pelureur	3 à 5m	2m	☼⛅	Plutôt acide, drainé	4	—	—	—	Très pleureur. Branches et aiguilles en cascade. À tuteurer.
Pinus sylvestris 'Fastigiata' Pin Sylvestre fastigié	10m	8m	☼	Peu exigeant, même sec	5	—	—	—	Pin greffé. Port pyramidal. Lent à croître. Pour site protégé.
Pinus sylvestris 'Watereri' Pin Sylvestre 'Watereri'	3m	2m	☼	Plutôt acide, drainé	3	—	—	—	Pyramidal puis arrondi dense. Gris bleuté puis gris. Lent.
Taxus cuspidata capitata If du Japon	3m	2m	☼⛅☁	Peu exigeant, frais	4	—	—	—	Pyramidal compact, régulier, vert foncé reluisant. Beau taillé.
Taxus media x 'Hicksii' If hybride de Hicks	3m	0,3 à 0,6m	☼⛅☁	Peu exigeant, frais	4	—	—	—	Colonne étroite vert foncé luisant. Baies rouges toxiques.
Thuya occidentalis 'Degroot's Spire' Cèdre 'Degroot's Spire'	2,5m	60cm	☼⛅	Profond, riche, frais	3	—	—	—	Pyramidal étroit, compacte. Vert foncé avec bout en spirale.
Thuya occidentalis 'Europa Gold' Cèdre 'Europa Gold'	3m	1m	☼	Profond, riche, frais	4	—	—	—	Port pyramidal compact. Beau jaune doré. Croissance lente.
Thuya occidentalis 'Fastigiata' Cèdre fastigié	4 à 8m	1,5m	☼⛅	Profond, frais, calcaire	3b	—	—	—	Colonnaire et fastigié, 2 à 3 têtes. Dense. Protéger des vents.
Thuya occidentalis 'Nigra' Cèdre noir	6m	3m	☼⛅	Peu exigeant, calcaire	3	—	—	—	Grand conifère conique, large. Branche semi-érigée. Tailler.
Thuya occidentalis 'Pendula' Cèdre pleureur	2,5m	3m	☼⛅	Riche, frais	4	—	—	—	Port pyramidal, étroit. Rameaux pendants à la base. Originale.
Thuya occidentalis 'Rheingold' Cèdre 'Rheingold'	2m	1,5m	☼	Profond, riche, frais	4b	—	—	—	Port globulaire irrégulier. Plus jaune au soleil. Croissance lente.
Thuya occidentalis 'Shogholm' Cèdre 'Shogholm'	4 à 6m	1,5 à 2,5m	☼	Profond, riche, frais	3	—	—	—	Beau port pyramidal plutôt étroit. À protéger des vents.
Thuya occ. 'Smaragd' / 'Emerald' Cèdre 'Smaragd Emeraude'	4m	0,6 à 1m	☼⛅	Profond, riche, frais	3	—	—	—	Port conique, dense, uniforme. Vert émeraude. Protéger hiver.
Thuya occidentalis 'Spiralis' Cèdre 'Spiralis'	3 à 6m	1 à 1,5m	☼⛅	Profond, riche, frais	3b	—	—	—	Pyramidal, étroit, foncé. Jeunes pousses disposées en spirale.
Thuya occidentalis 'Sunkist' Cèdre 'Sunkist'	2m	0,8 à 1,5m	☼	Profond, riche, frais	3	—	—	—	Feuillage doré aux pointes jaune vif. Pyramidal. Lent. Rocaille.
Thuya occidentalis 'Techny' Cèdre 'Techny' / 'Mission'	3 à 4m	2m	☼⛅	Profond, riche, frais	3a	—	—	—	Conique, très dense. Plusieurs têtes. Protection hivernale. Haie.
Thuya occidentalis 'Unicorn' Cèdre 'Unicorn'	3m	70cm	☼⛅	Profond, riche, frais	3	—	—	—	Port colonnaire mince. Sans taille. Vert très foncé en été.
Thuya occidentalis 'Wareana' 'Robusta' / Cèdre de Sibérie	5m	2m	☼⛅	Profond, riche, frais	2a	—	—	—	Pyramidal large. Très résistant. Pour endroit non protégé.
Thuya occidentalis 'Yellow Ribbon' Cèdre 'Yellow Ribbon'	2m	1m	☼⛅☁	Profond, riche, frais	4	—	—	—	Port pyramidal semi-nain. Lent. Dense, doré brillant. Rocaille.
Tsuga canadensis 'Pendula' Pruche de l'Est pleureuse	2m	4m	☼⛅☁	Acide, frais, drainé	4b	—	—	—	Pleureur si tuteuré. Branches et rameaux longuement arqués.

❀ indique une plante indigène ou naturalisée.
✻ indique une plante potentiellement envahissante !

ARBRES À PORT PLEUREUR

ARBRES	H	L	☼	TYPE DE SOL	Z	MOIS ✿	FORME ✿	COULEUR ✿	REMARQUES
Acer saccharinum 'Laciniatum Wieri' Érable argenté lacinié 'Wieri'	18 à 20m	8m	☼☁	Riche, frais	3b	—	Sans intérêt	—	Semi-pleureur. Aspect léger diffus gracieux. Tourne jaune pâle.
Alnus glutinosa 'Incisa' / 'Imperialis' Aulne à feuilles découpées	2,5m	2m	☼☁☂	Humide, pauvre	3	5	chaton	jaunâtre	Arbre ou arbuste pleureur. Écorce noirâtre décorative. Lent.
Betula pendula / verrucosa / alba Bouleau européen pleureur	13 à 18m	10m	☼	Profond, sec, drainé	2	5	Chaton sans intérêt	brun	Port irrégulier. Écorce blanc argenté. Rameaux pendants.
Betula pendula 'Filigree Lace' Bouleau pleureur 'Filigree Lace'	6 à 8m	4 à 5m	☼	Légèrement humide	2	—	—	—	Cascade. Feuillage d'aspect plumeux. Écorche blanche.
Betula pendula 'Laciniata' / 'Gracilis' Bouleau à feuilles laciniées	10 à 15m	10m	☼	Sableux, frais à sec	2b	5	Chaton sans intérêt	—	Semi-pleureur comme l'espèce mais à feuilles très découpées.
Betula pendula 'Tristis' Bouleau européen triste	11m	10m	☼	Sableux, frais à sec	2	5	Chaton sans intérêt	—	Port semi-pleureur, arrondi, gracieux. Tuteurer jeunes plants.
Betula pendula 'Trost's Dwarf' Bouleau à feuilles découpées	1,25m	1,25m	☼	Sableux, sec, drainé	3	—	—	—	Sur tige. Port retombant avec l'âge. Feuilles d'aspect plumeux.
Betula pendula 'Youngii' Bouleau pleureur de Young	4 à 6m	6m	☼	Riche, drainé	2b	5	Chaton sans intérêt	—	Port irrégulier, gracieux. Jaune vif à l'automne. Très pleureur.
Caragana arborescens 'Pendula' Caraganier pleureur sur tige	2 à 4m	1,5m	☼☁	Fertile, plutôt sec	2	5 et 6	Fleur de pois	jaune pâle	Bel effet cascade, jusqu'au sol. Populaire en espace restreint.
Caragana arborescens 'Walker' Caraganier 'Walker' sur tige	2m	1m	☼☁	Fertile, plutôt sec	2	5 et 6	Fleur de pois	jaune pâle	Tiges vaporeuses, texturées. jusqu'au sol. Port étroit.
Cercidiphyllum japonica 'Pendula' Arbre de Katsura pleureur	5 à 8m	4m	☼☁	Riche, frais, drainé	5b	4 et 5	Discrète à l'aisselle	rouge	Greffé. Pleureur. Taille de nettoyage au printemps. Fragile.
Cercidiphyllum japonica magnificum 'Pendulum' Arbre de Katsura pleureur	8m	4m	☼☁	Riche, frais, drainé	5b	4 et 5	Discrète à l'aisselle	rouge	Feuilles plus grandes que C.japonica. très bleutées. Peu rustique. Coloration automnale.
Corylus avellana 'Pendula' Noisetier d'Europe pleureur	2 à 3m	4m	☼☁	Riche, frais, drainé	5	5	Chaton	jaune	Pleureur, type coupe renversée Larges feuilles lobées, poilues.
Cotoneaster nanshan / *C. praecox* Cotonéaster rampant précoce	1m	1m	☼	Frais, drainé	5	5	Groupe de 1 à 2	rosé	Persistant rampant, greffé sur tige. Port arqué, luisant. Fruits.
Euonymus turkestanica 'Nana' Fusain nain de Turkestan	1,7m	1,5m	☼☁	Riche, profond, frais	2b	5 et 6	Petite peu visible	blanc pourpre	Vert bleuté en été, rouge à l'automne. Port pleureur. Greffé. Fruits visibles.
Fagus sylvatica 'Purple Fountain' Hêtre pleureur pourpre	6 à 12m	4m	☼☁	Acide, drainé	5b	—	Sans intérêt	—	Un pleureur à feuillage mauve. Garde sa couleur tout l'été.
Fraxinus excelsior 'Aureo Pendula' Frêne d'Europe jaune pleureur	4m	4m	☼	Profond, frais	5	4 et 5	Grappe	verdâtre	Branches étalées, rameaux pendants. Feuilles composées dorées.
Fraxinus excelsior 'Pendula' Frêne d'Europe pleureur	4m	4m	☼	Profond, frais	5	4 et 5	Grappe	verdâtre	Greffé sur tige, branches retombantes. Peu utilisé, fragile.
Ginkgo biloba 'Pendula' Arbre aux quarante écus pleureur	2m	2m	☼☁	Profond, léger	4	—	Sans intérêt	—	Greffé en tête. Feuilles en éventail tournant doré. Port pleureur.
Gleditsia triacanthos inermis 'Emerald Kascade' Févier 'Emerald Kascade'	3m	3m	☼	Profond, fertile	4	—	Sans intérêt	—	Variante pleureuse des féviers. Différent et exotique.
Malus x 'Autumn Delight' Pommetier décoratif 'Autumn Delight'	4,5m	3m	☼	Fertile, frais, drainé	3	5	Grappe	blanc	Semi-pleureur. Très petits fruits, abondants, rouges tachés jaunes.
Malus x 'Autumn Gold' Pommetier décoratif 'Autumn Gold'	4,5m	3m	☼	Fertile, frais, drainé	3	5	Grappe	blanc	Ressemble au précédent mais à fruits entièrement jaune orangé.
Malus baccata 'Gracilis' Pommetier décor. 'Gracilis' sur tige	2m	2m	☼	Fertile, frais, drainé	2b	5	Simple étoilée	blanc	Semi-pleureur gracieux, feuillage vert denté, découpé.

ARBRES (suite)	H	L	☼	TYPE DE SOL	Z	MOIS	FORME	COULEUR	REMARQUES
Malus x 'Cheal's Weeping' **Pommetier décor.** 'Cheal's Weeping'	4m	3m	☼	Fertile, frais, drainé	3	5	Simple	rouge pâle	Nettement pleureur. Feuillage vert bronzé. Attire les oiseaux.
Malus x 'Echtermeyer' **Pommetier décoratif** 'Echtermeyer'	5m	3 à 6m	☼	Fertile, frais, drainé	5a	5	Simple	blanc	Port pleureur, vert bronzé tournant rouge. Fragile à la tavelure.
Malus x 'Louisa' **Pommetier décoratif** 'Louisa'	4m	2,5 à 3,5m	☼	Fertile, frais, drainé	4	5	Simple	rose	Très pleureur. Feuillage vert foncé, lustré. Résistant à la tavelure.
Malus x 'Molten Lava' **Pommetier décoratif** 'Molten Lava'	4m	5m	☼	Fertile, frais, drainé	4	5	Simple	blanc	Un pleureur au feuillage vert. Bonne résistance aux maladies.
Malus x 'Morning Princess' **Pommetier décoratif** 'Morning P.'	4m	2m	☼	Fertile, frais, drainé	3	5	Simple	rose	Particulier, semi-pleureur avec tronc érigé. Reflets cuivrés.
Malus x 'Red Jade' **Pommetier décoratif** 'Red Jade'	4m	4m	☼	Fertile, frais, drainé	4	5 et 6	Simple	blanc	Vraiment très pleureur. Vert lustré. Les fruits persitent longtemps.
Malus x 'Royal Beauty' **Pommetier décoratif** 'Royal B.'	3m	1,5m	☼	Fertile, frais, drainé	2b	5	Simple	rose foncé	Pleureur compact jusqu'au sol. Résistant. Feuilles rougeâtres.
Malus x 'Weeping Candied Apple' **Pommetier pleureur** 'Cand. Apple'	4,5m	4,5m	☼	Fertile, frais, drainé	3	5 et 6	Simple	rose	Spectaculaire port horizontal, large et retombant. Fruits rouges.
Malus x 'White Cascade' **Pommetier décoratif** 'White Cascade'	4,5m	2,5m	☼	Fertile, frais, drainé	3	5	Simple	blanc	Branches retombantes, vertes. Fruits jaunes. Résistant à la tavelure.
Morus alba 'Chaparral' **Mûrier pleureur sans fruit**	3m	1,5m	☼☁	Sableux, léger, frais	4 à 5	—	—	—	Pleureur à feuillage très brillant, lobée et vert pâle. Tourne jaune.
Morus alba 'Greenwave' **Mûrier** 'Greenwave'	1,75m	1,5m	☼☁	Sableux, léger, frais	4	—	—	—	Très pleureur. Pas 2 feuilles identiques. Lent et résistant.
Morus alba 'Macrophylla' **Mûrier à feuilles de Platane**	2m	2,5m	☼☁	Sableux, léger, frais	4	6	Petite, simple	verdâtre	Semi-pleureur formant un dôme. Larges feuilles brillantes, vert foncé.
Morus alba 'Pendula' sur tige **Mûrier pleureur sur tige**	1,75 à 2m	1,5 à 2m	☼☁	Sableux, léger, frais	4 à 5	6	Simple	verdâtre	Très pleureur. Feuilles lobées, luisantes, tardives. Fruits comestibles.
Populus tremuloides 'Pendula' **Peuplier faux-tremble pleureur**	3m	2m	☼	Léger, drainé	2b	—	Sans intérêt	—	Petit pleureur pour endroits défavorables. Faible longévité.
Prunus serrulata 'Kanzan' **Cerisier asiatique** 'Kanzan'	4m	2m	☼	Peu exigeant, drainé	6	5	double	rose foncé	Pleureur lorsque greffé. Feuilles lustrées. Protection hivernale !
Prunus subhirtella 'Pendula' **Cerisier pleureur du Japon**	4m	2m	☼	Peu exigeant, drainé	5	4 et 5	Corymbe	rose brillant	Greffé sur tige. Floraison avant les feuilles. Faible longévité.
Prunus virgin. 'Halward's weeping' **Cerisier pleureur** 'Halward'	3m	5m	☼	Peu exigeant, drainé	2b	5	Grappe	blanc crème	Belle variété rustique ! Feuillage vert. Fruits noirs. Belle floraison.
Pyrus salicifolia 'Pendula' **Poirier décoratif pleureur sur tige**	4m	2,5m	☼	Peu exigeant	5	4 et 5	Corymbe	blanc crème	Feuilles petites, linéaires, gris argenté. Fruit avec duvet argent.
Robinia pseudoacacia 'Tortuosa' **Robinier Tortueux sur tige**	10m	6m	☼☁	Pauvre à fertile	4b	6	Grappe éparse	blanc, parfumé	Feuilles composées, retombantes. Débourre tard. Greffé. Lent.
Salix alba 'Tristis' **Saule pleureur doré**	15 à 18m	15 à 18m	☼	Riche, humide	4	4 et 5	Chatons pendants	gris	Un classique pour grands espaces. Racines envahissantes.
Salix x 'Prairie Cascade' **Saule pleureur** 'Prairie Cascade'	12 à 18m	12 à 15m	☼	Riche, humide	3	—	Chaton	—	Feuilles étroites, très lustrées. Tige jaune doré. Bord de l'eau.
Salix caprea 'Pendula' **Saule Marsault pleureur**	2m	1,5m	☼	Peu exigeant	4b	4	Chatons décoratifs	argenté	Spectaculaires chatons avant les feuilles. Vedette printanière.
Salix caprea 'Pendula Tortuosa' **Saule pleureur tortueux**	2m	1m	☼	Peu exigeant	5	4	Chatons décoratifs	argenté	Pleureur avec tiges tortueuses. Variante intéressante.
Salix x 'Cottetii' / 'Banker' **Saule prostré de** 'Banker' sur tige	1,5m	1 à 2m	☼☁	Humide	4	4	Chaton	argenté	Rampant greffé, port pleureur. Feuilles ± étroites, vert brillant. Taille.
Salix x 'Silver Falls' **Saule prostré** 'Silver Falls'	1,25m	1,25m	☼☁	Humide	3	4 et 5	Chaton	jaunâtre	Rampant greffé, port pleureur. Beau feuillage argenté. Taille.

ARBRES (suite)	H	L	☀	TYPE DE SOL	Z	MOIS	FORME	COULEUR	REMARQUES
Salix repens argentea Saule rampant sur tige	1 à 1,5m	0,7 à 1,5m	☀☁	Humide	4	4	Chaton	jaunâtre argenté	Rampant greffé sur tige. Arqué, argenté, velouté. Beau tout l'été.
Sorbus aucuparia 'Pendula' Sorbier des oiseaux pleureur	3 à 6m	3m	☀☁	Un peu acide, riche	5b	5	Corymbe	blanc	Pleureur, irrégulier enchevêtré. Feuilles composées. Fruits rouges.
Sorbus folgneri 'Pendula' Sorbier asiatique pleureur	5 à 7m	4m	☀☁	Peu exigeant, drainé	5	5	Peu visible	blanc	Fortes branches retombantes. Feuillage argenté. Fruits rouges.
Syringa 'Juliana Hers' Lilas pleureur 'Hers' sur tige	1,25m	1m	☀☁	Léger, frais, drainé	2	5 et 6	Panicule abondante	lilas	Port pleureur. Petites feuilles. Floraison sporadique tout l'été.
Tillia cordata 'Golden Cascade' Tilleul 'Golden Cascade'	12m	7m	☀	Fertile, neutre	2	—	—	—	Port semi-pleureur. Feuilles moyennes. Très rustique.
Tilia euchlora Tilleul de Crimée	13m	6m	☀	Riche, profond, frais	5b	7	Cyme pendante	verdâtre parfumée	Pyramidal, régulier, dense. Rameaux retombants. Grandes feuilles cordées.
Tilia tomentosa 'Pendula' Tilleul tomentueux pleureur	10 à 15m	7 à 9m	☀	Riche, profond, frais	4b	7	Cyme pendante	verdâtre parfumée	Semi-pleureur, feuilles argentées, dessous poilu. Plutôt rare.
Ulmus glabra 'Camperdownii' Orme pleureur sur tige	6m	8m	☀☁	Consistant, frais	4b	—	Sans intérêt	—	Greffé. Port parasol. Grandes feuilles. À protéger des vents.

ARBUSTES	H	L	☀	TYPE DE SOL	Z	MOIS	FORME	COULEUR	REMARQUES
Acer japonica sp. Érable du Japon	1 à 1,5m	1 à 3m	☀☁	Riche, drainé	5a	—	Sans intérêt	—	Ressemble beaucoup à Palmatum mais à feuilles plus larges.
Acer palmatum sp. Érable du Japon	0,9 à 3m	1 à 3m	☀☁	Riche, drainé	5a	—	Sans intérêt	—	Port globulaire, semi-pleureur. Feuillage souvent très coloré.
Alnus glutinosa 'Incisa' / 'Imperialis' Aulne à feuilles découpées	2,5m	2m	☀☁	Sols humides	3	5	chaton	jaunâtre	Arbuste pleureur à petit développement. Très texturé. Lent.
Alnus incana 'Pendula' Aulne pleureur	5 à 15m	4 à 8m	☀☁	Peu exigeant, humide	2	5	chaton	jaunâtre	Port plus petit au Québec qu'en Europe. Retombant. Vert et gris.
Betula pendula 'Trost's Dwarf' Bouleau à feuilles découpées	1,25m	1,25m	☀	Sableux, sec, drainé	3	—	—	—	Port retombant avec l'âge. Feuilles d'aspect plumeux. Rocaille.
Crataegus monogyna 'Pendula' Aubépine blanche pleureuse	5m	3 à 4m	☀	Profond, drainé	4	5	Petites abondantes	blanc parfumé	Maladif. Semi-pleureur. Fruits rouges. Feuilles très lobées lustrées.
Euonymus bungeanus 'Pendulus' Fusain de Bunge pleureur	3m	3m	☀☁	Tous sols drainés	5a	6	Sans intérêt	blanc crème	Arbuste aux branches très arquées, semi-pleureur. Lent.
Euonymus turkestanica 'Nana' Fusain nain de Turkestan	1,7m	1,5m	☀☁	Riche, profond, frais	2b	5 et 6	Petite	blanc pourpre	Vert bleuté en été, rouge à l'automne. Port pleureur.
Prinsepia sinensis Prinsepia chinois	2m	2m	☀	Riche, humide, drainé	3	5 et 6	Petite, cachée	jaune pâle	Semi-pleureur, feuilles pennées. Très épineux. Fruits rouges.
Physocarpus opulifolius 'Snowfall' Physocarpe 'Snowfall'	2,5 à 3m	2,5 à 3m	☀☁	Peu exigeant, sec	3	5 et 6	Corymbe	blanc	Branches semi-pleureuse. Fleurs plus visibles. Peu connu.
Salix nakamurana 'Yezoalpina' Saule alpin nain	10cm	1,5m	☀☁	Tous sols humides	5	4 et 5	Chaton dressé	gris et jaune	Prostré ou cascade. Grandes feuilles luisantes, nervurées. Tiges pourpres.
Syringa x *deversiflolia* Lilas à feuilles diversement découpées	1,5m	2m	☀	Ordinaire, frais, drainé	4b	5 et 6	Grappe pendante	lilas, parfumée	Hybride moins fragile que le suivant. Attire papillons, colibris.
Syringa x *laciniata* Lilas à feuilles en dentelles	1,5m	2m	☀	Ordinaire, frais, drainé	6	5 et 6	Grappe pendante	lilas, parfumée	Boutons floraux fragiles au gel. Port arqué, globulaire.

CONIFÈRES	H	L	☀	TYPE DE SOL	Z	MOIS	FORME	COULEUR	REMARQUES
Abies alba 'Pendula' Sapin pleureur	10m	3m	☀	Léger un peu acide	4	—	—	—	Peu disponible. Port étroit, pleureur, retroussé. Vert lustré.

CONIFÈRES (suite)	H	L	☀	TYPE DE SOL	Z	MOIS ✿	FORME ✿	COULEUR ✿	REMARQUES
Chamaecyparis nootkatensis Faux-cyprès 'Blue Weeping'	4m	2m	☀☁	Léger un peu acide	5	—	—	—	Port très pleureur et pyramidal. Croissance lente. Vert glauque.
Chamaecyparis nootkatensis 'Pendula' Faux-cyprès de Nootka	5m	2m	☀☁	Peu exigeant	4	—	—	—	Tolère les sols humides. Branches horizontales, rameaux pleureurs.
Chamaecyparis pisifera 'Filifera' Faux-cyprès de Sawara	2,5m	1,5m	☀	Frais, drainé	4b	—	—	—	Protéger des vents dominants. Pyramidal pleureur.Vert glauque.
Chamaecyparis p. 'Filifera Aurea' Faux-cyprès doré de Sawara	2m	1,5m	☀	Frais, drainé	4b	—	—	—	Protéger des vents dominants. Pyramidal pleureur. Jaune doré.
Chamaecyparis p. 'Filifera Nana' Faux-cyprès nain de Sawara	1,25m	1m	☀	Frais, drainé	4b	—	—	—	Protéger des vents dominants. Ramilles pleureuses. Vert foncé.
Juniperus rigida 'Pendula' Genévrier rigide pleureur	5m	4m	☀	Normal à lourd, frais	5	—	—	—	Branches étalées à rameaux pendants, retroussés. Gracieux.
Juniperus scopulorum 'Tolleson's' Genévrier 'Tolleson's' / 'Blue Weeping'	3 à 5m	1,5m	☀	Perméable	4b	—	—	—	Port pleureur, arqué, bleu gris argenté. Magnifique spécimen. À protéger l'hiver.
Larix decidua 'Blue Pendula' Mélèze d'Europe pleureur bleu	2m	1,5m	☀	Équilibré, drainé	4	—	—	—	Moins rustique. Feuillage un peu plus bleuté que le précédent.
Larix decidua 'Hostman's Recurva' Mélèze d'Europe 'Hostman's R.'	5m	1,5m	☀☁	Équilibré, drainé	3	—	—	—	Port pleureur tortueux. Effet remarquable en hiver. Caduque.
Larix decidua 'Pendula' Mélèze pleureur sur tige	2m	1m	☀	Équilibré, drainé	3	—	—	—	Port très retombant. Feuillage vert tendre tournant jaune doré.
Larix decidua 'Pulii' Mélèze pleureur 'Pulii'	2m	0,6 à 1,2m	☀☁	Équilibré, drainé	3	—	—	—	Port pleureur très étroit. Vert tendre tournant doré. Caduque.
Larix decidua 'Varied Directions' Mélèze 'Varied Directions'	1,5 à 2,5m	1,5 à 2,5m	☀☁	Équilibré, drainé	3	—	—	—	Branches dans toutes les directions Vert tendre tournant doré. Caduque.
Larix kaempferi 'Blue Rabbit' Mélèze sur tige 'Blue Rabbit'	1,75m	1,25m	☀☁	Frais, drainé	4	—	—	—	Port retombant. Branches rougeâtres, feuillage vert bleuté.
Larix kaempferi 'Blue Weeping' Mélèze sur tige 'Blue Weeping'	1,5m	1m	☀☁	Frais, drainé	2b	—	—	—	Greffé sur tige. Un des plus bleu. Cascade jusqu'au sol.
Larix kaempferi 'Stiff Weeper' Mélèze 'Stiff Weeper'	2m	90cm	☀	Frais, drainé	3	—	—	—	Ressemble au *Larix decidua* Pendula mais plus compact.
Picea abies / *P. excelsa* Épinette de Norvège	20 à 25m	9 à 12m	☀	Humide, drainé	2b	—	—	—	La plus grande et la plus gracieuse. Port pyramidal, rameaux pendants. Rapide.
Picea abies 'Acrocona' Épinette de Norvège 'Acrocona'	3 à 5m	2m	☀	Peu exigeant, frais	3b	—	—	—	Port conique, large. Branches descendantes, rameaux pendants.
Picea abies 'Inversa' / 'Pendula' Épinette de Norvège pleureuse	5m	3m	☀	Peu exigeant, frais	3b	—	—	—	Rameaux souples, lustrés qui s'empilent les uns sur les autres.
Picea abies 'Frohburg' Épinette prostrée 'Frohburg'	50cm	3 à 4m	☀	Peu exigeant, frais	3b	—	—	—	Cultivar pleureur, rampant avec centre plus haut. Tuteurer. Vert.
Picea abies 'Reflexa' Épinette de Norvège pleureuse	0,5 à 3m	3 à 4m	☀	Peu exigeant, frais	3	—	—	—	Si tuteuré, port pleureur, sinon port étalé. Jeunes pousses vert pâle.
Picea asperata 'Pendula' Épinette de Chine pleureuse	5m	2m	☀	Humide	4	—	—	—	Port inégal, branches dans toutes directions avec rameaux pleureurs.
Picea glauca 'Pendula' Épinette blanche pleureuse	5 à 10m	2m	☀☁	Acide, frais, drainé	3	—	—	—	Port conique étroit, dense, vert bleuté. Port uniforme, pleureur.
Picea omorika 'Pendula' Épinette de Serbie pleureuse	5 à 7m	3m	☀☁	Profond, frais	4	—	—	—	Remarquable port étroit, branches et rameaux pendants. Lent.
Picea pungens 'Glauca Pendula' Épinette du Colorado bleue pleureuse	1,5 à 2m	1m	☀☁	Frais, drainé	3	—	—	—	Beau spécimen en rocaille ou isolé. Bleu-gris. Tuteurer. Lent.

ARBRES

CONIFÈRES (suite)	H	L	☀	TYPE DE SOL	Z	MOIS ✿	FORME ✿	COULEUR ✿	REMARQUES
Pinus strobus 'Pendula' **Pin blanc pelureur**	3 à 5m	2m	☀☁	Plutôt acide, drainé	4	—	—	—	Très pleureur. Branches et aiguilles en cascade. À tuteurer.
Pinus strobus 'Prostata' **Pin blanc rampant**	0,5 à 2m	1,5m	☀☁	Plutôt acide, drainé	3	—	—	—	Rampant, devient pleureur si tuteuré. Branches souples.
Pseudotsuga menziesii 'Glauca Pendula' **Sapin de Douglas pleureur bleu**	15m	5m	☀	Ordinaire, frais	5	—	—	—	Conique à rameaux ± pleureurs. Gris bleuté. Protéger des vents.
Pseudotsuga menziesii 'Pendula' **Sapin de Douglas pleureur**	4m	1,5m	☀	Ordinaire, frais	5	—	—	—	Branches et rameaux pendants le long de la tige. À tuteurer.
Thuya occidentalis 'Filiformis' **Cèdre filiforme nain**	1,5 à 3m	1,25m	☀☁	Fertile, frais	3	—	—	—	Semi-pleureur par ses rameaux filiformes plus ou moins arqués
Thuya occidentalis 'Pendula' **Cèdre pleureur**	2,5m	3m	☀☁	Riche, frais	4	—	—	—	Port pyramidal, étroit. Rameaux pendants à la base. Originale.
Tsuga canadensis 'Cloud Prune' **Pruche 'Cloud Prune'**	0,6m	0,8m	☀☁☁	Humide, drainé	4	—	—	—	Port étalé, couronne aplatit, branches retombantes. Rocaille ombre.
Tsuga canadensis 'Golden Splendor' **Pruche 'Golden Splendor'**	1 à 1,8m	1 à 1,8m	☁☁	Sols frais, drainé	4	—	—	—	Port retombant, élégant. Aiguilles jaune or. Croissance lente.
Tsuga canadensis 'Pendula' **Pruche de l'Est pleureuse**	2m	4m	☀☁☁	Acide, frais, drainé	4b	—	—	—	Pleureur si tuteuré. Branches et rameaux longuement arqués.

✤ indique une plante indigène ou naturalisée.
✤ indique une plante potentiellement envahissante !

ARBRES À PORT ÉTROIT

ARBRES	H	L	☀	TYPE DE SOL	Z	MOIS ✿	FORME ✿	COULEUR ✿	REMARQUES
Acer freemanii x 'Armstrong' Érable freeman 'Armstrong'	13 à 15m	5 à 8m	☀☁	Peu exigeant	4b	5	Sans intérêt	blanc	Port colonnaire. Branches dressées. Feuilles 5 lobes verts. Lent.
Acer platanoides 'Columnare' Érable de Norvège colonnaire	15m	5m	☀☁	Tous sols frais, drainé	4	—	Sans intérêt	—	D'un beau vert très foncé. Pour espace restreint. Très résistant.
Acer platanoides 'Conquest' Érable de Norvège 'Conquest'	10m	2,5m	☀☁	Frais, drainé	4	—	Sans intérêt	—	Port érigé, très étroit. Passe du marron au vert puis rouge vif.
Acer plat. 'Columnarebroad' Érable de Norvège 'Parkway'	12m	7m	☀☁	Frais, drainé	5	—	Sans intérêt	—	Ressemble à Columnare en plus large. Attention aux racines.
Acer plat. 'Crimson Sentry' Érable de Norv. 'Crimson Sentry'	9m	6m	☀	Frais, drainé	4 et 5b	—	Sans intérêt	—	Compact, irrégulier. Feuillage dense rouge vin. Lent.
Acer rubrum 'Armstrong' Érable rouge 'Armstrong'	13m	5m	☀☁	Acide, humide, lourd	4b	—	—	—	Port érigé, colonnaire. Feuilles 3 lobes. Rapide, tourne rouge vif.
Acer rubrum 'Bowhall' Érable rouge 'Bowhall'	15m	5m	☀☁	Acide, riche, humide	3b	—	Sans intérêt	—	Arbre d'alignement par excellence. Colonnaire virant rouge.
Acer rubrum 'Columnare' Érable rouge colonnaire	12m	3m	☀☁	Acide, humide, lourd	5a	—	Sans intérêt	rouge	Port très fastigié, colonnaire. Supporte la pollution. Écran.
Acer saccharum 'Monumentale' Érable à sucre 'Monumentale'	60 à 80cm	4 à 7m	☀	Riche, drainé	4	—	Sans intérêt	—	Le plus étroit de tous les érables. Croissance très lente.
Acer sac. ssp. *nigrum* 'T. Upright' Érable à sucre 'Temple Upright'	15m	5m	☀	Riche, drainé	4b	—	Sans intérêt	—	Port colonnaire dense. Tourne jaune. Orangé à l'automne. Larges feuilles lobées vert foncé.
Acer nigrum 'Greencolumn' Érable noir 'Greencolumn'	13m	7m	☀☁	Riche, drainé	5b	5	Corymbe sans intérêt	jaunâtre	Port érigé, puis ovoïde. Peu disponible. Supporte mal la ville.
Bétula pendula 'Fastigiata' Bouleau européen fastigier	12m	4m	☀	Profond, sec, drainé	2	5	Chaton sans intérêt	brun	Port érigé plus ou moins étroit. Branches dressées sur tronc court.
Corylus colurna Noisetier de Byzance	12m	4m	☀☁	Riche, frais, drainé	4b	5	Chaton	jaune	Port pyramidal. Résistant à la pollution. Pour petits espaces.
Fraxinus penns. 'Prairie Spire' Frêne de P. 'Prairie Spire' / 'Rugby'	15m	4m	☀	Peu exigeant	3	—	—	—	Port érigé, étroit. Rapide, peu malade, résistant.
Ginkgo biloba 'Princeton Sentry' Arbre aux quarante écus 'P. Sentry'	12m	4m	☀	Profond, léger	5	—	fleurs mâles	—	Port colonnaire. Feuilles en éventail, tournent doré vif. Résistant.
Gleditsia t. inermis 'Elegantissima' Févier d'Amérique 'Elegant'	8m	7m	☀	Profond, fertile	4b	—	Sans intérêt	verdâtre	Port colonnaire, ± étroit. Feuillage léger. Ramure dense.
Malus x 'American Beauty' Pommetier décor. 'American Beauty'	7m	5m	☀	Fertile, frais, drainé	4b	5 et 6	Double	rouge clair	Port allongé, branches verticales. Rouge bronzé puis vert bronzé.
Malus baccata 'Columnaris' Pommetier colonnaire 'Erecta'	7m	2 à 2,5m	☀	Fertile, frais, drainé	2b	5	Cyme simple	blanc	Étroit. Doré en automne. Fruits persistants. Floraison prolongée.
Malus baccata 'Rosthern' Pommetier décoratif 'Rosthern'	5m	2m	☀	Fertile, frais, drainé	3	5	Cyme simple	blanc	Vert foncé. Pommettes jaunes. Très résistant aux maladies.
Malus x 'Centzam' Pommetier décoratif 'Centurion'	7m	5m	☀	Fertile, frais, drainé	5	5	Cyme simple	rose rouge	Étroit, érigé, devenant ouvert. Vigoureux, vert bronzé.
Malus x 'Jan Kuperus' Pommetier décoratif 'Jan Kuperus'	4,5m	1,5m	☀☁	Supporte sol argilé	2	5	Simple	rouge violacé	Port très étroit, vigoureux. Vert teinté de bronze. Fruit rouge.
Malus x 'Madonna' Pommetier décoratif 'Madonna'	5m	3m	☀	Fertile, frais, drainé	3	5	Double	rosée, parfumée	Port érigé et compact. Très longue floraison. Résistant.
Malus x 'Maypole' Pommetier décoratif 'Maypole'	2m	50cm	☀	Fertile, frais, drainé	4	5	Cyme simple	rose	Très étroit. Bonne gelée. Bon pollinisateur. Feuilles rougeâtres.
Malus x 'Pink Spires' Pommetier décoratif 'Pink Spires'	5m	1,5 à 2m	☀	Fertile, frais, drainé	4	5	Cyme, simple	rose lavande	Très étroit. Feuillage mauve, puis vert bronzé. Résistant aux maladies.
Malus x 'Prince Charming' Pommetier décor. 'Prince Charming'	5,5m	3m	☀	Fertile, frais, drainé	3	5 et 6	Simple en coupe	rouge violacé	Port érigé étroit. Lent. Feuillage bronze-vert tourne à l'orange.

ARBRES (suite)	H	L	☼	TYPE DE SOL	Z	MOIS ✿	FORME ✿	COULEUR ✿	REMARQUES
Populus alba 'Pyramidalis' 🍀 **Peuplier blanc pyramidal**	15m	2 à 4m	☼	Profond, sableux, frais	4a	—	—	—	Feuilles à lobes très découpées. Port étroit, régulier. Brise-vent.
Populus x berolinensis **Peuplier de Berlin**	20m	5 à 8m	☼	Peu exigeant, frais	2a	—	Sans intérêt	—	Fastigié plus large qu'Italica. Pour région froide. Brise-vent.
Populus canescens 'Tower' **Peuplier gris** 'Tower'	12m	2m	☼	Ordinaire, humide	3	—	—	—	Port colonnaire très ornemental Vert luisant au revers argenté.
Populus x euramericana **Populus** 'Prairie Sky'	10 à 15m	2 à 3m	☼	Ordinaire, humide	2b	—	—	—	Port colonnaire, très résistant aux maladies et intempéries.
Populus nigra 'Afghanica' / 'Thevestina' **Peuplier de Thèves**	18 à 20m	3 à 5m	☼	Ordinaire, humide	3	—	Sans intérêt	—	Port colonnaire, tronc rectiligne. Croissance rapide. Non maladif.
Populus nigra 'Italica' **Peuplier de Lombardie / P. d'Italie**	20m	2m	☼	Peu exigeant, frais	4	—	Sans intérêt	—	Port colonnaire à croissance très rapide. Fragile au Québec.
Populus simonii 'Fastigiata' **Peuplier de Simon fastigié**	12m	5m	☼	Peu exigeant, frais	2b	—	—	—	Colonnaire puis ovale. Plus large qu'Italica mais moins maladif.
Populus tremula 'Erecta' 🍀 **Tremble fastigier**	12 à 16m	3,5m	☼	Sol ordinaire	2b	5	Chaton mâle	gris	Port étroit, feuilles frémissantes au revers argenté. Haie, Écran.
Quercus robur 'Crimson Spire' **Chêne** 'Crimson Spire'	14m	4,5m	☼	Riche, frais, drainé	5	—	Sans intérêt	—	Port fastigié et couleur rouille à l'automne. Résultat d'hybridation.
Quercus robur 'Fastigiata' **Chêne pedonculé fastigié**	12 à 15m	3 à 5m	☼	Riche, frais, drainé	4b	5	Chaton	jaune verdâtre	Port colonnaire, étroit. Feuilles lobées persistantes. Décoratif.
Quercus r. 'Fastigiata Skyrocket' **Chêne pyramidal** 'Skyrocket'	14m	3m	☼	Riche, frais, drainé	5	5	Chaton	jaunâtre	Port très étroit, branches très près du tronc. Tronc fissuré.
Sorbus aucuparia 'Asplenifolia' **Sorbier à feuilles découpées**	12m	5m	☼	Un peu acide, riche	2b	5	Corymbe	blanc	Port érigé, étroit. Feuilles virant roux à l'automne. Fruits orangés.
Sorbus aucuparia 'Fastigiata' **Sorbier des oiseaux fastigié**	10m	3m	☼	Un peu acide, riche	4	5	Corymbe	blanc	Vert foncé à orange bronzé. Chargé de fruits écarlates. Lent.
Sorbus thuringiaca 'Fastigiata' **Sorbier à feuilles de chêne**	8m	3m	☼	Un peu acide, riche	4	5	Corymbe	blanc	Port étroit, régulier. Tronc court. Fruits rouges. Vire à l'écarlate.
Tillia americana 'Fastigiata' **Tilleul d'Amérique fastigié**	15m	8m	☼	Riche, profond, frais	3a	6 et 7	Cyme pendante	jaunâtre parfumée	Pyramidal, régulier mais plus étroit que l'espèce. Grandes feuilles.
Tilia flavescens 'Wascana' **Tilleul** 'Wascana'	10m	2m	☼ 🍀	Peu exigeant	2b	6 et 7	Cyme pendante	jaunâtre parfumée	Port symétrique, étroit. De culture facile. Très rustique.

CONIFÈRES	H	L	☼	TYPE DE SOL	Z	MOIS ✿	FORME ✿	COULEUR ✿	REMARQUES
Chamaecyparis thyoides 'Rubicon' **Faux-cyprès** 'Red Star'	1,5m	60cm	☼	Léger, profond, frais	4	—	—	—	Feuillage doux, vert bleuté, ondulé. Lent. Port collonnaire.
Juniperus chinensis 'Fairview' **Genévrier** 'Fairview'	3 à 5m	90cm	☼	Peu exigeant, frais	4	—	—	—	Port conique, étroit, vert clair. Baies bleues aimées des oiseaux.
Juniperus chinensis 'Iowa' **Genévrier** 'Iowa'	3m	1m	☼	Peu exigeant	4	—	—	—	Port pyramidal, ± large. Fruits bleus nombreux. Rapide.
Juniperus chinensis 'Robusta Green' **Genévrier** 'Robusta Green'	3m	1m	☼	Peu exigeant	5	—	—	—	Forme conique torsadée, distinctive, belle. Dense, vert brillant.
Juniperus chinensis 'Spartan' **Genévrier** 'Spartan'	4m	1m	☼	Ordinaire, plutôt sec	5a	—	—	—	Port conique, compact sans taille. Vert foncé. Rapide.
Juniperus communis 'Gnom' **Genévrier** 'Gnom'	3 à 5m	3m	☼	Peu exigeant	3	—	—	—	Port colonnaire, jeunes feuilles gris-vert, reflet bleuté. Compact.
Juniperus communis 'Suecica' **Genévrier de Suède**	2,5m	80cm	☼	Peu exigeant	4b	—	—	—	Colonne étroite. Branches et rameaux ascendants. Protéger des vents.
Juniperus scopulorum 'Blue Heaven' **Genévrier** 'Blue Heaven'	4m	1,5m	☼	Rocailleux, drainé	4	—	—	—	Port pyramidal large, ouvert. Vraiment bleu. Tailler en juin.
Juniperus scopulorum 'Gray Gleam' **Genévrier** 'Gray Gleam'	3m	80cm	☼	Rocailleux, drainé	3b	—	—	—	Conique, étroit, régulier. Vert grisâtre. Croissance lente.

CONIFÈRES (suite)	H	L	☀	TYPE DE SOL	Z	MOIS ❀	FORME ❀	COULEUR ❀	REMARQUES
Juniperus scopulorum 'Greenspire' **Genévrier** 'Greenspire'	4m	1m	☀	Peu exigeant, drainé	4	—	—	—	Colonne étroite, dense, vert clair. Croissance moyenne.
Juniperus scopulorum 'Medora' **Genévrier** 'Medora'	4m	1m	☀	Pauvre, sec	4b	—	—	—	Colonne plutôt étroite, serrée. Gris bleuté. Peu de taille.
Juniperus scopulor. 'Moffat Blue' **Genévrier** 'Moffat Blue'	3,5m	90cm	☀	Pauvre, sec	3	—	—	—	Port conique étroit, compact. Bleu argenté, dense.
Juniperus scopulorum 'Moonglow' **Genévrier virginiana** 'Moonglow'	3m	80cm	☀⛅	Peu exigeant, perméable	4	—	—	—	Port pyramidal dense. Bleu argenté très vif. Pour lieu restreint ou isolé.
Juniperus scopulorum 'Silver C.' **Genévrier** 'Silver Column'	10m	1 à 4m	☀⛅	Peu exigeant, perméable	2	—	—	—	Se taille facilement pour le garder étroit et petit. Vert et argent.
Juniperus scopulorum 'Skyrocket' **Genévrier** 'Skyrocket'	4m	90cm	☀⛅	Perméable	3	—	—	—	Port élancé en forme de fusée. Bleu argenté, fin, doux. Vedette.
Juniperus virginiana 'Blue Arrow' Syn.: *J. scopulorum* 'Blue A.' **Genévrier** 'Blue Arrow'	4m	80cm	☀⛅	Perméable	3	—	—	—	Port pyramidal étroit. Bleu intense. Endroit restreint ou vedette.
Juniperus virginiana 'Burkii' **Genévrier de Virginie** 'Burkii'	5m	1m	☀	Perméable à sec	3	—	—	—	Port conique, collonaire. Ancienne variété vert bleuté à bleuté.
Larix decidua 'Pendula' **Mélèze pleureur sur tige**	2m	1m	☀	Équilibré, drainé	3	—	—	—	Port très retombant et étroit. Feuillage vert tendre puis jaune doré.
Larix decidua 'Pulii' **Mélèze pleureur** 'Pulii'	2m	60cm	☀⛅	Équilibré, drainé	3	—	—	—	Port pleureur très étroit. Vert tendre tourne doré à l'automne.
Larix kaempferi 'Jacobsen's Pyramid' **Mélèze** 'Jacobsen's Pyramid'	8m	1,5m	☀⛅	Frais, drainé	3	—	—	—	Rappelle le port du peuplier de Lombardie. Pour espace limité.
Picea abies 'Cupressina' **Épinette de Norvège** 'Cupressina'	10m	2m	☀	Sablo-argileux	4	—	—	—	Port très étroit. Passe du vert foncé au vert bleuté en hiver.
Picea omorika **Épinette de Serbie**	15 à 25m	3 à 5m	☀⛅	Riche, profond	3b	—	—	—	Conique, étroit presqu'en colonne. Vert foncé. Très décoratif.
Picea pungens 'Iseli Fastigiata' **Épinette** 'Iseli Fastigiata'	3m	1m	☀	Acide, frais, drainé	3	—	—	—	Port colonnaire, branches dirigées vers le haut. Bleu argenté.
Pinus peuce **Pin de Macédoine**	9m	5m	☀	Frais, drainé	5b	—	—	—	Port buissonnant étroit ou colonnaire. Aiguilles par 5, rigides. Protection hivernale.
Pinus sylvestris 'Fastigiata' **Pin sylvestre fastigié**	10m	8m	☀	Peu exigeant, même sec	5	—	—	—	Pin greffé. Port pyramidal. Lent à croître. Pour site protégé.
Taxus media x 'Hicksii' **If hybride de Hicks**	3m	0,3 à 0,6m	☀⛅☁	Peu exigeant, frais	4	—	—	—	Colonne étroite vert foncé luisant. Baies rouges toxiques.
Thuya occidentalis 'Degroot's Spire' **Cèdre** 'Degroot's Spire'	2,5m	60cm	☀⛅	Profond, riche, frais	3	—	—	—	Pyramidale étroite, compacte. Vert foncé avec bout en spirale.
Thuya occidentalis 'Fastigiata' **Cèdre occidental fastigié**	4 à 8m	1,5m	☀⛅	Profond, frais, calcaire	3b	—	—	—	Colonnaire et fastigié, 2 à 3 têtes. Dense. Protéger des vents.
Thuya occidentalis 'Pyramidalis' **Cèdre pyramidal**	15m	2m	☀⛅	Peu exigeant, frais	3	—	—	—	Conique, étroit, régulier. En association ou en haie. Peu vendu.
Thuya occidentalis 'Shogholm' **Cèdre** 'Shogholm'	4 à 6m	1,5 à 2,5m	☀	Profond, riche, frais	3	—	—	—	Beau port pyramidal plutôt étroit. À protéger des vents.
Thuya occ. 'Smaragd' / 'Emerald' **Cèdre** 'Smaragd Emeraude'	4m	0,6 à 1m	☀⛅	Profond, riche, frais	3	—	—	—	Port conique, dense, uniforme. Vert émeraude. Protéger hiver.
Thuya occidentalis 'Spiralis' **Cèdre** 'Spiralis'	3 à 6m	1 à 1,5m	☀⛅	Profond, riche, frais	3b	—	—	—	Pyramidal, étroit, foncé. Jeunes pousses disposées en spirale.
Thuya occidentalis 'Unicorn' **Cèdre** 'Unicorn'	3m	70cm	☀⛅	Profond, riche, frais	3	—	—	—	Port colonnaire mince. Sans taille. Vert très foncé en été.

⚜ indique une plante indigène ou naturalisée.
🌿 indique une plante potentiellement envahissante !

Haies

Une haie est une série de végétaux qui, regroupés sur une ligne plus ou moins large, forme un mur, une clôture végétale, un écran ou encore un brise-vent. Plusieurs espèces de végétaux conviennent au type de haie que vous choisissez.

Le choix des végétaux est déterminé par l'emplacement, le climat, l'ensoleillement, la texture du sol et le but recherché. Il va de soi que le lieu physique apportera des contraintes dont vous devrez tenir compte.

Après avoir noté les contraintes physiques des lieux, vous devez également réfléchir au but visé. Votre haie servira-t-elle, de cloison, de division, de clôture, de fond de scène ou encore d'abri pour les oiseaux ? Servira-t-elle à protéger les rives contre l'érosion ou d'écran visuel ou sonore ?

Malgré les contraintes observées et le but recherché, votre choix doit également répondre à vos goûts :

- Voulez-vous une haie à feuillage persistant qui joue son rôle durant toute l'année ou une haie saisonnière, c'est-à-dire à feuilles caduques ?

- Quelle hauteur de haie désirez-vous ? Voulez-vous une haie basse (de 50 cm à 2 m) ou haute (plus de 2 m) ? Attention ! Selon la localisation de votre haie, certaines contraintes municipales peuvent s'appliquer.

- Finalement, voulez-vous une haie taillée ? Avez-vous le temps d'entretenir une telle haie ? Où souhaitez-vous avoir une haie d'allure plus souple, une haie libre ne nécessitant pas de taille répétée ? Ce type de haie demande toutefois plus d'espace que la première.

Tous ces points sont à considérer lorsque vous désirez planter une haie ! Toujours en tenant compte de vos caractéristiques et de vos contraintes physiques, demandez-vous ce que vous souhaitez obtenir avec votre haie et pensez au temps dont vous disposez pour

l'entretenir. Lorsque vous avez répondu à toutes ces questions vous êtes prêt à faire votre choix.

TYPES DE HAIES

HAIE TAILLÉE

Souvent faite de conifères ou d'arbustes à feuillage dense, la haie taillée doit être choisie parmi les plantes pouvant supporter la taille répétée. D'allure classique, plutôt rigide et formelle, elle est souvent utilisée pour remplacer une clôture et fermer un espace ou encore comme mur de séparation ou arrière-plan pour les massifs de vivaces. Une taille répétée au cours de l'été permet de garder son allure disciplinée et dense. La haie taillée demande plus de plants à l'achat, car elle est souvent plantée plus densément pour fermer rapidement la rangée.

HAIE LIBRE

Principalement constituée d'arbustes à feuilles caduques, la haie libre respecte plus le rythme et la forme naturelle des végétaux choisis, elle donne une allure plus souple aux aménagements (par opposition à la rigidité des haies taillées classiques). La couleur du feuillage et la floraison sont des éléments importants dans le choix de ces plantes et de l'effet escompté. Elle demande moins de travail puisque l'on n'y pratique que la taille de nettoyage ou de rajeunissement exécuté au printemps. Toutefois, elle demande plus d'espace, car elle atteindra sa taille maximale à maturité. Elle exige souvent moins de plants à l'achat, car la distance requise entre ceux-ci est plus grande que pour une haie taillée.

HAIE BRISE-VENT

Cette haie est généralement constituée d'arbres et d'arbustes sur deux ou trois hauteurs différentes, ce qui lui permet d'avoir du feuillage plus ou moins dense de la tête au pied. Elle est souvent plus haute que les précédentes. Elle sert à ralentir les vents et à protéger les bâtiments ou des portions de terrain. La distance protégée égale environ dix à vingt fois la hauteur de la haie selon sa densité et son angle par rapport aux vents dominants. Le brise-vent doit s'étendre sur une distance assez large pour éviter que le vent ne pénètre par les côtés. Il doit être orienté le plus perpendiculairement possible aux vents dominants ou encore entourer complètement l'espace à protéger (voir la section sur les brise-vent à la fin de ce chapitre).

HAIE COMPLEXE OU HAIE MIXTE

Sous-utilisé, ce type de haie est particulièrement intéressant lorsque vous désirez fermer un espace sans donner l'impression d'installer une haie. En regroupant différents massifs de végétaux formels et informels, vous créez un écran rythmé qui donne de l'intimité aux lieux tout en apportant diversité et harmonie. Vous pouvez même, avec ce type de haie, vous permettre de mélanger feuillus, conifères et arbustes fruitiers. Par sa diversité elle forme un excellent refuge pour la faune et offre en plus une grande résistance aux maladies et aux insectes. En effet, en mélangeant plusieurs essences vous créez une barrière naturelle aux attaques massives qui pourraient survenir. Seul un faible pourcentage de votre haie pourrait être endommagé en cas d'invasion.

ÉCRAN

Généralement planté sur une distance plus courte qu'une haie, ou encore en massif plutôt qu'en rang, l'écran regroupe quelques végétaux et a pour but de masquer ou d'obstruer la vue d'un secteur, de faire obstacle au bruit ou au vent ou de délimiter des zones distinctes à l'intérieur de notre terrain, un peu comme avec des paravents. Ils sont très souvent constitués d'arbustes à port large et plutôt dense.

Autres

Il y a presque autant de types de haies que de buts visés : haies défensives et piquantes contre les animaux, haies de sol humide pouvant contrer les érosions ou de sols secs pouvant retenir les pentes. On peut également vouloir des haies pour jardins d'hiver qui décorent par leur tiges ou leurs écorces décoratives ou pour jardins odorants, et même des haies comestibles autour d'un potager... et la liste pourrait se prolonger. L'important est que vous ayez bien déterminé vos besoins et compris votre milieu pour qu'une fois installée, votre haie vous apporte un maximum de bien-être et de confort pour un minimum de problèmes. On le sait, lorsque nous choisissons la bonne plante et que nous la plaçons à l'endroit approprié, les risques d'échecs et de maladies sont grandement réduits.

PLANTATION

Sommairement, disons qu'à la plantation il est bon de s'assurer que le sol soit amendé de façon à bien nourrir les jeunes plants et voir à ce que le départ se fasse bien (voir le chapitre sur les sols).

Dans la tranchée, les plantes peuvent être alignées sur une seule rangée ou encore plantées en quinconce, c'est-à-dire en « W ». Cette dernière méthode ferme plus rapidement l'espace, mais donne une haie plus large.

ENTRETIEN

L'entretien passe par l'arrosage, la fertilisation et les tailles.

ARROSAGE

Lors de l'établissement d'une haie, les premières semaines sont cruciales sur le plan de l'irrigation. Voyez à ce que l'apport en eau se fasse régulièrement les premiers temps, puis espacez les arrosages afin de permettre aux racines de plonger dans le sol pour bien s'ancrer.

FERTILISATION

Tel que mentionné au chapitre des sols, le secret des plantes en santé repose sur un sol nourricier et équilibré. Bâtissez votre tranchée de façon à ce que le sol existant puisse être amendé et enrichi selon les besoins de vos plantes. Un compost et un peu d'engrais organique assureront un bon départ et maintiendront le sol vivant. Vu la densité des végétaux plantés, le sol doit pouvoir répondre aux besoins immédiats de la haie. De plus, pour les haies taillées, la taille répétée cause des blessures qui doivent vite se cicatriser, il est donc important de bien la nourrir.

> Les engrais recommandés sont, pour le printemps, un engrais granulaire organique riche en azote du type 8-4-4, suivi d'un engrais d'automne de type 4-4-8. Le potassium que renferme ce dernier augmente la résistance des végétaux au froid, au stress des tailles, aux insectes et aux maladies. N'oubliez pas d'ajouter à la base de vos plants, chaque printemps ou à l'automne, un peu de compost pour garder le sol vivant. Une bonne pratique consiste également à faire quelques applications foliaires d'algues liquides ou d'émulsion de poisson au cours de la première année (de mai à juillet) ou lorsque vous remarquez que vos plants montrent une certaine faiblesse.

TAILLE

- **TAILLE DE DÉPART :** taille assez sévère qui a pour but de ramifier dès le départ les arbustes à feuilles caduques.
- **TAILLE DE FORMATION :** taille printanière qui consiste à raccourcir de moitié les tiges principales et à diminuer quelque peu les tiges latérales afin de maintenir un développement dense et ramifié.

> Dans le cas d'une haie taillée, une attention particulière doit être apportée à la forme finale qui consiste à garder la base légèrement plus large que le sommet. Cette forme (mi-ovoïde, conique ou trapézoïdale) permet à la lumière d'atteindre uniformément toutes les parties de la haie et offre une meilleure résistance au poids de la neige. Donc, pratiquez votre taille de formation de façon à atteindre, avec le temps, l'une de ces formes.

> Pour ce qui est des haies libres, comme la forme finale doit respecter le port naturel du plant, il faut procéder au début comme pour la haie taillée afin d'aider à la ramification et la rendre plus dense, mais par la suite seuls les rameaux faibles et cassés seront éliminés afin de conserver une structure plus naturelle.

- **TAILLE D'ENTRETIEN :** elle concerne les haies taillées et consiste, par taille répétée, à maintenir la forme géométrique choisie. Cette taille s'effectue durant la période de croissance et s'applique autant aux conifères qu'aux arbustes à feuilles caduques. Vous devez donc raccourcir les nouvelles pousses de quelques centimètres (1 cm à 10 cm) une ou plusieurs fois durant l'été, selon la vitesse de croissance de l'arbuste.

> Pour ce qui est des haies libres, vous n'avez pas de taille répétée à faire durant l'été. Vous pouvez toutefois vous permettre au cours de la saison quelques retouches sur les rameaux latéraux pour les aider à se ramifier ou encore tailler les quelques tiges rebelles qui viennent déséquilibrer leur port.

- **TAILLE DE RAJEUNISSEMENT :** elle peut s'effectuer de deux façons. La première méthode consiste à enlever à la base, tôt au printemps, sur des arbustes âgés de trois ans et plus, le cinquième des rameaux les plus vieux, c'est-à-dire une branche sur cinq. En procédant ainsi chaque année, le vieux bois sera remplacé par de jeunes tiges et votre arbuste ou votre haie ne sera jamais âgé de plus de cinq ans. Vous éviterez ainsi de vous retrouver avec de grosses branches dégarnies et défleuries. Par ailleurs, la taille de rajeunissement peut consister à rabattre à quelques centimètres du sol pour repartir à zéro et reprendre la taille de formation.

Avant et après un rabattage sévère, il est important de bien fertiliser les plants avec un engrais organique granulaire et d'ajouter un peu de compost à la base pour aider à la cicatrisation et favoriser de nombreuses repousses.

> Le rabattage s'applique aux arbustes qui ont la faculté de faire des rejets au niveau du sol, comme le lilas commun. Ceux dont les bourgeons ne repartent pas du sol, ne devraient pas subir une taille aussi sévère.

Un mot sur les brise-vent

Jusqu'à l'avènement de la machinerie agricole lourde et à l'industrialisation de nos fermes, les brise-vent naturels faisaient partie du décor des campagnes québécoises. Que ce soit en bordure des routes, des cours d'eau ou encore sur les terres agricoles pour subdiviser les lots, les brise-vent étaient préservés. Mais, depuis peu, ces haies composites sont disparues soit pour augmenter les surfaces de culture et pour laisser plus de place à la grosse machinerie ou encore pour faire une grande percée pour mieux voir le lac ou la rivière. Plusieurs problèmes sont alors apparus : l'érosion éolienne des champs, l'appauvrissement des terres et son évaporation excessive, la dégradation des rives et tout ce qui s'en suit sur le plan de la pollution, sans oublier les cultures, animaux, bâtiments, serres et maisons mal protégés.

Il n'est donc pas surprenant de voir le concept de haie brise-vent refaire surface non seulement dans les milieux agricole et riverain, mais également partout où l'homme prend conscience que le fragile équilibre de son milieu passe par le respect des arbres. Qu'il s'agisse de la déforestation planétaire ou de celle de notre environnement immédiat, les conséquences se font toujours sentir à moyen ou à long terme.

Les brise-vent augmentent les qualités physiques, le rendement et la protection du milieu. Mieux encore, ils comportent un avantage économique en réduisant les coûts de chauffage et en permettant la production, à petite échelle, de bois d'œuvre et de bois de chauffage, sans oublier tous ces petits bienfaits qui rendent notre vie quotidienne plus agréable comme la diminution de la poussière, du bruit et des odeurs.

Quels que soient les travaux à exécuter autour de son chez-soi, le fait de conserver un minimum d'arbres permet de préserver la qualité des lieux. Détruire un petit boisé ne prend que quelques jours, mais rebâtir un microclimat à l'aide d'un brise-vent peut prendre plusieurs années. C'est un « pensez-y bien ».

Quelques notions sommaires sur les brise-vent

Il existe plusieurs ouvrages qui traitent du sujet, ainsi que sur Internet et dans des brochures offertes par différents ministères. Si le sujet vous intéresse, consultez-les, ce sont d'excellentes sources d'information.

Pour vous guider sommairement, voici un bref résumé des principaux points à retenir :

- Une porosité de 30 à 50 % en été peut freiner efficacement les vents (pourcentage de vides apparents). Si votre haie est trop dense et forme un mur opaque, une zone de turbulences et d'accélération des vents est alors créée avant et après la haie. La porosité est donc un élément très important.

- Une seule rangée d'arbres permet de freiner des vents, mais les brise-vent constitués de deux ou trois rangées sont beaucoup plus efficaces. Par contre ils prennent plus d'espace. De plus, un brise-vent qui couvre toute la longueur du terrain et qui est rattaché à un boisé ou à une bande riveraine est plus efficace et offre, en plus, un corridor écologique à la faune présente.

- Pour une protection optimale de votre haie, optez pour la diversité des végétaux (moins d'insectes et des maladies, comme mentionné précédemment).

TRUC

Haie de saule tressée

Depuis la nuit des temps, le saule est utilisé en vannerie, ses tiges souples se tressent facilement. Nous pouvons profiter de cette qualité dans nos jardins en créant des haies de saules tressés (charmille de saules). Elles sont utiles, écologiques et hautement esthétiques. Ces rameaux, tous de même longueur que vous enfoncerez dans le sol en les tressant en losange, prendront vite racine et formeront en deux ou trois ans un écran qui vous charmera.

Dans les tableaux suivants, vous trouverez des informations vous permettant de créer plusieurs types de haies, de la plus classique à la plus originale. Si le cœur vous en dit et que vous voulez vous démarquer, oubliez les stéréotypes et faites preuve d'imagination pour faire de votre milieu un coin unique !

HAIES HAUTES (PLUS DE 2 MÈTRES)

ARBRES	H	L	☀	TYPE DE SOL	Z	MOIS ✿	FORME ✿	COULEUR ✿	REMARQUES
Acer campestre sp. Érable champêtre	4 à 7m	2 à 6m	☀☁	Tous, même pauvres	4b, 5b	5	Sans intérêt	blanc	Reste petit au Québec. Port arrondi. Aussi utilisé en haie.
Acer freemanii sp. Érables Freeman hybrides	13 à 17m	5 à 12m	☀☁☁	Peu exigeant, acide	5	5	Grappe	rouge	Plusieurs sont utilisés comme arbre d'alignement ou pour écran.
Acer negundo Érable à Giguère	15m	10 à 15m	☀☁	Peu exigeant	2b	5	Grappe	verdâtre	Globulaire, étalé. Peu servir d'écran aux endroits défavorables.
Acer platanoides Érable de Norvège	13m	10m	☀☁	Peu exigeant	4b	5	Corymbe	jaunâtre	Les variétés à feuillage vert sont quelquefois utilisées en écran.
Acer rubrum 'Columnare' Érable rouge colonnaire	12m	3m	☀☁	Acide, humide, lourd	5a	—	Sans intérêt	rouge	Port fastigié, colonnaire. Écran pour lieux humides ou exigus.
Acer saccharinum fastigiata Érable argenté pyramidal	18m	10m	☀☁☁	Peu exigeant, humide	4b	5	Sans intérêt	—	Peu disponible. Plus pyramidal qu'étroit. Peu servir d'écran.
A. arborea x 'Automne Brilliance' Amélanchier 'Autumn Brilliance'	7m	5m	☀☁	Acide, frais, drainé	5b	5	Grappe	blanc	Dégager le tronc pour le garder en arbre. Port ovïde, régulier.
Amelanchier canadensis Amélanchier du Canada	7m	4m	☀☁	Acide, frais, drainé	2s	5	Grappe	blanc	Greffé sur tige. Feuillage légèrement bleuté virant rouge. Fruits.
Bétula pendula 'Fastigiata' Bouleau européen fastigier	12m	4m	☀	Profond, sec, drainé	2	5	Chaton sans intérêt	brun	Port colonnaire ± étroit. Écorce blanche. Écran rapide pour lieux exigus.
Betula populifolia Bouleau à feuilles de peuplier	10m	5m	☀	Pauvre, sableux, frais	3a	5	Chaton	verdâtre	Colonaire, irrégulier. Feuilles en triangle. Grand écran en lieux défavorables.
Fagus grandifolia Hêtre à grandes feuilles	18 à 22m	12 à 18m	☀☁	Acide, riche, frais	4	4 et 5	Grappe avant les feuilles	—	Ovoïde. Attrayant en hiver. Naturalisation, écran, alignement.
Fraxinus pennsylvanica Frêne rouge de Pennsylvanie	17 à 20m	7 à 10m	☀	Peu exigeant	3	5	Grappe	verdâtre	Port arrondi, dense. Rapide. Rustique. Bon brise vent.
Fraxinus pennsylvanica lanceolata Frêne vert de Pennsylvanie	17 à 20m	7 à 10m	☀	Peu exigeant	3	5	Grappe	verdâtre	Ressemble beaucoup au précédent. Rustique. Pyramidal. Écran.
Populus alba 'Pyramidalis' Peuplier blanc pyramidal	15m	2 à 4m	☀	Profond, sableux, frais	4a	—	—	—	Feuilles à lobes très découpées. Port étroit, régulier. Brise-vent Racines traçantes
Populus x berolinensis Peuplier de Berlin	20m	5 à 8m	☀	Peu exigeant, frais	2a	—	Sans intérêt	—	Fastigié plus large qu'*Italica*. Pour région froide. Brise-vent.
Populus canescens 'Tower' Peuplier gris 'Tower'	12m	2m	☀	Ordinaire, humide	3	—	—	—	Port collonaire très ornemental Vert luisant au revers argenté.
Populus deltoides Peuplier deltoïde	28m	20m	☀	Humide	2b	—	Très salissante	—	Pour naturalisation, écran très imposant. Attention aux racines.
Populus x euroamericana 'P. Sky' Populus 'Prairie Sky'	10 à 15m	2 à 3m	☀	Ordinaire, humide	2	—	—	—	Port colonnaire, très résistant aux maladies et intempéries.
Populus nigra 'Afghanica' / 'Thevestina' Peuplier de Thèves	18 à 20m	3 à 5m	☀	Ordinaire, humide	3	—	Sans intérêt	—	Colonnaires, très droit. Écran ou brise-vent rapide. Non maladif.
Populus nigra 'Italica' Peuplier de Lombardie	20m	2m	☀	Peu exigeant, frais	4	—	Sans intérêt	—	Port colonnaire très rapide. Brise-vent classique. Fragile au Québec. Racines traçantes
Populus simonii 'Fastigiata' Peuplier de Simon fastigié	12m	5m	☀	Peu exigeant, frais	2b	—	—	—	Colonne plus large qu'*Italica* mais moins malade. Attention aux racines !

ARBRES (suite)	H	L	☀	TYPE DE SOL	Z	MOIS ✿	FORME ✿	COULEUR ✿	REMARQUES
Populus tremula 'Erecta' **Tremble fastigié**	16m	3,5m	☀	Sol ordinaire	2b	5	Chaton mâle	gris	Port étroit, feuilles frémissantes au revers argenté. Haie, écran.
Quercus imbricaria **Chêne à lattes**	15m	13m	☀	Profond, riche, frais	4b	5	Chaton	jaunâtre	Ovoïde. Branches horizontales. Feuilles lancéolées. Haie, écran.
Quercus robur 'Fastigiata' **Chêne pyramidal**	12 à 15m	3 à 5m	☀	Riche, frais, drainé	4b	5	Chaton	jaunâtre	Port colonnaire, étroit. Feuilles lobées persistantes. Écran.
Salix caprea **Saule marsault** / Saule à chatons	5m	4m	☀	Profond frais	4b	4	Chaton	blanc argenté	Ovoïde, irrégulier. Utile comme écran pour limiter l'érosion des berges.
Tilia cordata 'De Groot' **Tilleul petites feuilles** 'De Groot'	20m	15m	☀☁	Tous sols riches	3	6 et 7	Cyme pendante	jaunâtre parfumée	Parfait pour alignement, écran ou haie. Supporte très bien la taille.

ARBUSTES	H	L	☀	TYPE DE SOL	Z	MOIS ✿	FORME ✿	COULEUR ✿	REMARQUES
Acer negundo 'Aureo-variegata' **Érable à Giguère panaché jaune**	5m	5m	☀☁	Tous sauf humide	5b	—	Sans intérêt	—	Petit arbre cultivé en arbuste. Vert foncé bordé jaune. Tailler.
Acer negundo 'Kelly's Gold' **Érable à Giguère** 'Kelly's Gold'	5m	5m	☀☁	Tous sauf humide	4b	—	Sans intérêt	—	Naturellement arbustif. Jaune vif à chartreuse. Haie, massif.
Acer tataricum **Érable de Tartarie**	5m	4m	☀☁	Peu exigeant	3	5 et 6	Épi érigé	blanchâtre	Ressemble à l'érable de l'Amour mais à feuilles moins lobées.
Acer tataricum ssp. *ginnala* **Érable de l'Amour**	2,5m	2m	☀☁	Peu exigeant	3a	5	Grappe	blanc parfumé	Samares rouges. Teintes vives à l'automne. Haie libre, compacte.
Acer tataricum 'Bailey Compact' **Érable de l'Amour** 'Bailey Compact'	3m	2m	☀☁	Peu exigeant, sec	3a	5	Grappe	blanc parfumé	Port globulaire. Rapide. Tourne rouge vif à l'automne. Haie.
Acer tataricum 'Flame-ginnala' **Érable de l'Amour** 'Flame'	4m	4m	☀☁	Peu exigeant	2b	5	Grappe	blanc parfumé	Variété la plus spectaculaire à l'automne. Pour grande haie.
Aesculus parviflora **Marronnier à petites fleurs**	2,5m	4,5m	☀☁	Peu exigeant, drainé	5	7	Gros épi de petites fleurs	blanc crème	Écran pour grand terrain. Belles feuilles palmées. Peut être rabattu.
Alnus crispa / *A. viridis* **Aulne crispé** / Aulne vert	3m	1,5m	☀☁	Humide, pauvre	1a	4 et 5	Chaton	jaune verdâtre	Petit arbre ou arbuste si taillé. Haie libre. Lieux humides ou difficiles.
Alnus glutinosa **Aulne noir** / Aulne glutineux	8m	4m	☀☁☂	Humide, pauvre	4b	4 et 5	Chaton	jaunâtre	Haies libres. Stabilise les sols humides et pauvres. Fixe l'azote.
Alnus glutinosa 'Aurea' **Aulne noir doré**	6 à 8m	3 à 4m	☀☁	Humide, pauvre	5	4 et 5	Chaton	jaunâtre	Variété au feuillage jaune. Disponibilité faible. Croît lentement.
Alnus rugosa **Aulne rugueux**	5 à 7m	3 à 4m	☀☁	Humide, pauvre	1a	4 et 5	Chaton	jaune verdâtre	Ressemble à *crispa* mais à feuilles mates et plus dentées.
Amelanchier alnifolia **Amélanchier à feuilles d'aulne**	4m	3m	☀☁	Tous sols frais	2b	5	Grappe	blanc	Peut servir de haie à proximité d'un jardin par ses fruits sucrés.
Amelanchier canadensis **Amélanchier du Canada**	6m	3m	☀☁	Acide, frais, drainé	2b	5	Grappe	blanc	Fruits comestibles. Feuillage bleuté tournant rouge orangé.
Amelanchier laevis **Amélanchier glabre**	8m	5m	☀☁☂	Acide, frais, drainé	4	5	Grappe	blanc	Supporte la taille. Pour haie libre ou taillée. Port plus régulier.
Amelanchier lamarckii Syn. : *Amelanchier grandiflora*	7m	5n	☀☁	Riche, frais, drainé	4	5	Grappe	blanc	Une variété d'origine ± connue. Port globulaire. Écran, massif.
Aralia elata **Angélique du Japon**	3 à 6m	2 à 4m	☀☁	Riche, léger, frais	5	8 et 9	Grosse panicule	blanc crème	Port en pagode. Épineux. Fruits. Feuilles découpées. Écran exotique.
Betula nigra 'Little King' / 'Fox Valley' **Bouleau noir** 'Fox Valley'	3m	3m	☀	Acide, humide, drainé	2a	5	Chaton sans intérêt	jaunâtre	Gros arbuste arrondi. Écorce très décorative l'hiver. Résistant.
Betula pumila **Bouleau nain americain**	2m	2m	☀	Acide, humide	2a	5	Chaton sans intérêt	jaunâtre	Haie pour régions froides. Feuillage délicat. Port arrondi, diffus.

ARBUSTES (suite)	H	L	☼	TYPE DE SOL	Z	MOIS ✿	FORME ✿	COULEUR ✿	REMARQUES
Caragana arborescens Caraganier de Sibérie	1 à 4m	1 à 2,5m	☼☁	Fertile, plutôt sec	2	6	Parsemée, pendante	jaune pâle	Haie ou écran vert clair. Libre ou taillé. Fruit : gousse. Rapide.
Chitalpa x tashkentensis 'Pink Dawn' Chitalpa 'Pink Dawn'	5m	6m	☼	Très tolérant au sec	6	6 et 7	Trompette, panicule	rose lavande	Variété arbustive, port irrégulier, dense. Longues feuilles alternes.
Cornus alba sp. Cornouiller blanc de Sibérie	2,5m	2,5m	☼☁	Frais, drainé	2	—	Sans intérêt	—	Plus utilisé en écran qu'en haie. Port diffus, irrégulier. Drageons.
Cornus alba sp. 'Variegata' Cornouiller panachées / C. colorées	2,5m	2,5m	☼☁	Frais, drainé	2	—	Sans intérêt	—	Beau feuillage qui se découpe bien sur fond sombre. ± régulier.
Cornus amomum Cornouiller soyeux	2,5m	2,5m	☼☁	Tous sols humide	4b	6	Cyme	jaunâtre	Ressemble à *sirecea* mais moins envahissant. Plutôt rare.
Cornus florida sp. Cornouiller fleuri	2,5m	2,5m	☼☁	Riche, humide, drainé	6	5	Grappe, bractée	blanc, rose	Arrondi. Superbe en fleur. Pour région chaude. Plutôt maladif.
Cornus kousa chinensis Cornouiller kousa	2 à 7m	2 à 5m	☼☁	Riche, humide, drainé	6	5	Grosse cyme	bractée blanche	Le plus rustique. Bractées pointues. + ou - résistant aux insectes.
Cornus racemosa / *C. paniculata* Cornouiller à grappes	3m	2m	☼☁	Peu exigeant, frais	2b	6 et 7	Panicule	blanc crème	Gris-vert virant pourpre. Fruits blancs. Écran là où il peut s'étendre. Oiseaux.
Cornus sanguinea Cornouiller européen femelle	2m	3m	☼☁	Peu exigeant, frais	5	5 et 6	Cyme	blanc crème	Tiges colorées. Fruits pourpres. Port globulaire. Tourne pourpre.
Cornus sericea / *C. stolonifera* Cornouiller stolonifère	2m	3m	☼☁☂	Peu exigeant, frais	3	5	Grappe	blanc	Rapide. Tige rouge. Retient les sols en pente. Tourne bronze.
Cornus sericea 'Flaviramea' Cornouiller stolonifère jaune	2m	3m	☼☁	Peu exigeant, frais	3	5	Grappe	blanc	Rameaux jaune vif. Fruit blanc. Buisson vert foncé. Bel écran.
Corylus americana Noisetier d'Amérique	3m	1,5m	☼☁	Sableux, frais	4a	5	Chaton	jaunâtre	Port dense, érigé. Croissance rapide. Écran, tournant orangé.
Corylus avellana Noisetier commun	3 à 4m	1,5 à 2m	☼☁	Riche, frais, drainé	5	5	Chaton	jaune verdâtre	Noisetier européen formant lentement un écran en lieu abrité.
Cotinus coggygria Arbre à perruque / Fustets	3m	3m	☼	Léger, neutre, sec	4b	6 et 7	Panicule chevelu	crème rose	Long panache vaporeux après la floraison. Pourpre ou vert.
Cotoneaster acutifia / *Pekinensis* Cotonéaster de Pékin	2 à 2,5m	1m	☼☁	Tous sols drainés	4	5 et 6	Petite	rosé	Confondu avec *lucidus*. Duvet gris sous feuilles vertes. Fruits.
Cotoneaster dielsianus Cotonéaster de Diel's	2m	1,5m	☼	Tous sols drainés	3a	6	Grappe	rose	Haie libre, érigée, arquée. Gris-vert tournant rouge. Fruit rouge.
Cotoneaster integerrimus Cotonéaster commun anglais	2m	1,5m	☼☁	Tous sols drainés	4	5 et 6	Petite, pendante	blanc rosé	Feuillage vert bleuté foncé avec dessous au duvet blanc. Gros fruits.
Cotoneaster lucidus Cotonéaster lustré à haie	2m	1m	☼☁	Tous sols drainés	2b	5 et 6	Grappe	rosé	La plus vendue. Haie libre ou taillée, lustrée. Tourne rouge orangé. Fruits.
Cotoneaster tomentosus Cotonéaster tomentueux	2m	1,5m	☼☁	Tous sols drainés	5b	5 et 6	Petite, pendante	rose	Ressemble à *integerrimus* mais à feuilles et fruits plus gros.
Crataegus crus-galli Aubépine ergot-de-coq	8m	8m	☼	Profond, humide	2b	5 et 6	Corymbe	blanc	Haie épineuse, globulaire. Résistant aux maladies. Vire orange.
Crataegus crus-galli inermis Aubépine ergot-de-doq inerme	7m	7m	☼	Profond, humide	4a	5 et 6	Corymbe	blanc	Ressemble à l'espèce, mais sans épines et moins rustique.
Crataegus phaenopyrum Aubépine de Washington	7m	7m	☼	Profond, frais	4b	6	Corymbe	blanc	Port globulaire, très épineux. Haie défensive. Tourne orange.
Crataegus rotundifolia / *C. chrysocarpa* Aubépine à feuilles rondes	3 à 5m	3 à 5m	☼☁	Frais, drainé	3	5 et 6	Corymbe	blanc parfumé	Haie épineuse, érigée. Feuilles ovales luisantes. Fruits sucrés.
Elaeagnus angustifolia sp. Olivier de Bohème	6m	6m	☼	Peu exigeant, sec	2	6	Petites abondantes	jaune odorante	Feuillage argenté, fin. Épineux. Attention plus maladif en groupe.

ARBUSTES (suite)	H	L	☼	TYPE DE SOL	Z	MOIS	FORME	COULEUR	REMARQUES
Elaeagnus commutata / E. argentea **Chalef argenté**	2m	3m	☼	Sol pauvre	2	6	Peu apparente	jaune très parfumée	Feuilles et fruits argentés. Haie ou pour retenir talus. Résistant.
Elaeagnus multiflora / E. edulis **Chalef multiflore** / Gourmi	2m	2m	☼	Peu exigeant, sec	2	5	Petites abondantes	jaunâtre parfumée	Port arqué. Feuilles dessus vert et dessous argenté. Haie. Fruits.
Elaeagnus umbellata **Chalef en ombelle**	4m	4m	☼	Peu exigeant, sec	5	5 et 6	Profusion	blanc argenté	Port arqué, souvent épineux. Vert et argenté. Fruits écarlates.
Eleutherococcus sieboldianus Syn. : *Acanthopanax sieboldiana*	2m	2m	☼☁	Peu exigeant, sableux	5	6	Sans intérêt	verdâtre	Buisson érigé, épineux. Feuilles palmées, lustrées. Haie libre.
Euonymus alatus sp. **Fusain ailé**	3m	2,5m	☼☁	Riche, profond, frais	3	5	Peu apparente	rose pourpre	Tiges ailées. Fruit rose rouge. Vert foncé, tourne rouge feu.
Euonymus europaeus **Fusain d'Europe**	2 à 4m	1,5 à 3m	☼☁	Tous sols drainés	4b	5	Sans intérêt	jaune verdâtre	Grosse taille érigée, dense. Tourne rouge violacé. Écran.
Halimodendron halodendron **Caragana argenté**	2m	1,5m	☼	Ordinaire, pauvre	3	6 et 7	Grappe parfumée	rose pourpré	Pour lieux incultes, même pour dunes près des eaux salées.
Hippophae rhamnoides **Argousier Faux-nerprun**	3 à 5m	3m	☼	Pauvre, sec, calcaire	2b	4 et 5	Sans intérêt	jaunâtre	Feuillage argenté, fruits orange. Tailler pour le garder compact ou haie libre.
Hydrangea heteromalla **Hydrangée de l'Himalaya**	3m	3m	☼☁	Léger, fertile, acide	5	7 à 9	Corymbe aplati	blanc, rosé	Port globulaire, Feuilles ovales, veinées jaunes. Écorce rouge.
Hydrangea paniculata **Hydrangée paniculée**	2 à 5m	2 à 4m	☼☁	Léger, fertile, acide	4	8 et 9	Panicule	blanc à rose	Érigé à évasé, irrégulier. Pour massif, fleur coupée et quelquefois en haie.
Ilex verticillata **Houx verticillé**	2m	1,75m	☼☁	Acide, humide	3b	5	Petite, dioïque	jaune avant feuilles	Haie pour jardin d'oiseaux, pour lieux humides. Fruits rouges.
Ligustrum amurense **Troène de l'Amour**	2m	1,5m	☼☁	Riche, frais, drainé	5	6 et 7	Panicule, étoilée	blanc odorant	Port érigé, dense, feuilles luisantes. Rapide. Haie taillée. Fruits noirs.
Ligustrum vulgare **Troène d'Europe**	2 à 3m	1,75m	☼☁	Frais, drainé	5	6 et 7	Sans intérêt	blanc	Port dressé, vigoureux. Feuilles élancées vert olive. Fruits noirs.
Lonicera caerulea dependens **Chèvrefeuille bleu dépendant**	2 à 3m	2 à 3m	☼	Frais, drainé	2a	5 et 6	Bi-tubulaire	jaunâtre	Plus grand le *L. caerulea edulis*. Fruits bleus plus petits.
Lonicera korolkowii **Chèvrefeuille de Korolko**	2 à 3m	2 à 3m	☼	Peu exigeant	4a	5 et 6	Tubulaire pétalée	rose odorante	Plus grisâtre que *L. Tartarica* et moins maladif. Irrégulier. Écran.
Lonicera maackii **Chèvrefeuille de l'amur**	4,5m	4,5m	☼	Frais, drainé	2b	5 et 6	Grappe de 4	blanc à jaune	Très large, fait un bon brise-vent. Port arqué. Fruits rouges.
Lonicera maximowiczii sachalinensis **Chèvrefeuille de Sachalin**	2,5m	2,5m	☼	Frais, drainé	4a	5	Tubulaire pétalée	rouge	Beau chèvrefeuille résistant et peu malade ! Haie dense, fourni.
Lonicera morrowii **Chèvrefeuille de Morrow**	2m	3m	☼☁	Frais, drainé	4a	5	Simple	blanc crème	Dôme étalé, tailler après floraison. Écran vigoureux. Maladif.
Lonicera tatarica **Chèvrefeuille de Tartarie**	2m	2m	☼☁	Peu exigeant	4a	5 et 6	Tubulaire pétalée	teintes de roses	Choisir les nouvelles variétés moins maladives. Taille fréquente.
Lonicera tatarica 'Arnold Red' **Chèvrefeuille** 'Arnold Red'	2m	2m	☼☁	Peu exigeant	4a	5 et 6	Tubulaire pétalée	rouge	Variété résistante qui a peu ou pas de « balais de sorcière ».
Lonicera xylosteum **Chèvrefeuille d'Europe**	2,5m	3,5m	☼☁	Peu exigeant	4a	5	Tubulaire rare	blanc crème	Feuillage doux vert bleuté. Port arrtondi, arqué. Voir haie basse.
Philadelphus lewisii 'Waterton' **Seringat de Lewis** 'Waterton'	2 à 3m	1 à 1,5m	☼☁	Peu exigeant, frais	3b	5	Simple	blanc	Fleurs plus rustiques que les autres variétés mais moins parfumées.
Physocarpus opulifolius **Physocarpe à feuilles d'obier**	2,5 à 3m	2,5 à 3m	☼☁	Peu exigeant, drainé	2	6	Corymbe	blanc	Haie érigée, facile, non malade. Fruits décoratifs si non taillés.
Physocarpus opulifolius 'Diabolo' **Physocarpe** 'Diabolo' / 'Monlo'	1,5 à 3m	1,5 à 3m	☼☁	Peu exigeant, drainé	2	6	Corymbe	blanc rosé	Rouge bourgogne foncé. Haie haute si laissée libre. Superbe.

HAIES

ARBUSTES (suite)	H	L	☀	TYPE DE SOL	Z	MOIS ✿	FORME ✿	COULEUR ✿	REMARQUES
Physocarpus opulifolius 'Luteus' **Physocarpe doré**	2 à 3m	2 à 3m	☀☁	Peu exigeant, drainé	4	6	Corymbe	blanc	Ancienne variété pour haie ou massif. Moins cassant au soleil.
Physocarpus opulifolius 'Snowfall' **Physocarpe 'Snowfall'**	2,5 à 3m	2,5 à 3m	☀☁	Peu exigeant, drainé	2b	5 et 6	Corymbe	blanc	Haie libre semi-pleureuse. Fleurs plus visibles. Peu disponible.
Prunus padus sp. **Cerisier à grappes**	8 à 10m	5 à 8m	☀☁	Peu exigeant, drainé	2a	4 et 5	Grappe parfumée	blanc	Feuillage vert, maron en été. Faible longévité.
Prunus tomentosa **Cerisier tomenteux**	2,5m	2,5m	☀	Sol sain et fertile	3	5	Simple, seule	rosé parfumé	Port arrondi, irrégulier. Beau feuillage doux. Cerise sucrée.
Prunus virginiana sp. **Cerisier de Virginie**	5 à 7m	4 à 5m	☀	Peu exigeant, drainé	2a	5	Grappe pendante	blanc parfumée	Vert tournant au rouge violacé au début de l'été. Fruits comestibles.
Ptelea trifoliata **Ptéléa trifoliée** / Orme à 3 feuilles	3m	3m	☀☁	Peu exigeant, franc	4	6 et 7	Étoilée, peu visible	blanc verdâtre	Jolies haies pour ombre. Samarres visibles. Port érigé. Parfumé.
Rhamnus frangula 'Asplenifolia' **Nerprun à feuilles de capillaire**	2m	2m	☀☁	Frais, drainé, pauvre	4	—	Sans intérêt	jaune verdâtre	Port globulaire, évasé. Feuilles étroites, rubanées. Fruit toxique.
Rhus copallina **Sumac brillant**	7m	7m	☀☁	Peu exigeant, drainé	5	6 et 7	Panicule dioïque	verdâtre	Ressemble à *typhina*. Feuilles plus petites, lustrées. Vire pourpre.
Rhus glabra **Sumac glabre** / Vinaigrier	3m	2 à 3m	☀☁	Tous sols drainés	3a	6 et 7	Panicule dioïque	verdâtre	Ressemble au vinaigrier de Virginie mais sans les poils et plus compact.
Rhus x pulvinata **Vinaigrier pulvinata**	3m	2 à 3m	☀☁	Tous sols drainés	3a	6 et 7	Panicule dioïque	verdâtre	Croisement naturel entre *glabra* et *typhina*. Tourne écarlate.
Rhus typhina **Sumac de Virginie** / Vinaigrier	5m	4m	☀☁	Tous sols drainés	3	6	Panicule dioïque	verdâtre	Port parasol et feuillage exotique ! Fruits duveteux décoratifs. Vire rouge.
Rhus typhina 'Laciniata' / *Dissecta* **Vinaigrier à feuilles découpées**	2,5m	4m	☀☁	Tous sols drainés	4b	6 et 7	Panicule dioïque	verdâtre	Parasol aux feuilles pennées finement découpées. Tourne rouge orange.
Robinia hispida **Acacia rose**	2m	2m	☀	Pauvre, sec	5	6	Panicule pendante	rose foncé	Haie libre, épineuse. Retient les pentes sableuses. Lieu abrité.
Rubus idaeus 'Aureus' **Framboisier doré**	3m	3m	☁☀	Riche, frais, drainé	3a	6	Simple	blanc	Haie lumineuse pour coin ombragé. Framboises rares. Recéper.
Rubus odoratus **Ronce odorante**	1 à 3m	2 à 3m	☀☁	Peu exigeant, drainé	4	6 et 7	Simple	rose	Tige sans épine. Port buissonnant. Grosses feuilles. Écran.
Salix alba 'Flame' **Saule flamboyant**	1,5 à 3m	1,5 à 3m	☀	Peu exigeant, humide	4	—	Chaton	—	Petit arbre taillé régulièrement pour le garder en haie. Tiges rouges.
Salix babylonica 'Tortuosa' **Salix mahudana** 'Tortuosa'	10m	5m	☀	Profond, frais	4b	—	Chaton	—	Tige en spirale, vert olive. Ovoïde, allongé. Écran, jardin d'hiver.
Salix elaengnos / *S. incarna* **Saule drapé** / Saule chalef	3 à 4m	2m	☀☁	Lourd, humide	4a	4 et 5	Chaton	jaunâtre	Forme une haie si rabattu au 3 ans. Feruillage vert et argent.
Salix humilis **Saule humble**	3m	3m	☀☁	Peu exigeant, humide	3a	4 et 5	Chaton	gris	Port arqué. Feuilles duveteuses, épaisses. Naturalisation, haie.
Salix pentandra **Saule laurier**	3 à 10m	5 à 10m	☀☁	Peu exigeant, humide	2	4	Chaton	jaunâtre	Arbre ou arbuste si taillé. Belle haie lustrée, non malade en région froide.
Salix viminalis **Saule des Vanniers**	6m	3,5m	☀☁	Peu exigeant, frais	4	4 et 5	Chaton	argenté	Vigoureux, flexible. Feuilles étroites, grises puis vert olive. Haies tressées.
Sambucus canadensis **Sureau du Canada**	3m	3m	☀☁	Peu exigeant, frais	3	6	Corymbe aplati	blanc odorant	Érigé, arqué. Feuilles pennées. Fruits noirs. Naturalisation, haie.
Sambucus canadensis 'Aurea' **Sureau du Canada doré**	3m	4m	☀☁	Peu exigeant, frais	3	6	Corymbe aplati	blanc	Érigé, arqué. Feuilles pennées d'un beau doré. Fruit rouge vif.

ARBUSTES (suite)	H	L	☀	TYPE DE SOL	Z	MOIS	FORME	COULEUR	REMARQUES
Sambucus canadensis 'Maxima' Sureau 'Maxima'	4m	4m	☀☁	Peu exigeant, frais	3	6	Corymbe aplati	blanc odorant	Énormes feuilles. Énorme cyme à pédicelles pourpres. Fruits noirs.
Sambucus nigra Sureau noir / Sureau commun	1,5 à 4m	1,5 à 4m	☀☁	Peu exigeant, frais	5	6	Corymbe aplati	blanc odorant	Plus frileux que le *canadensis* mais croissance très rapide. Fruits noirs.
Sambucus nigra laciniata Sureau noir à feuilles laciniées	1,5 à 4m	1,5 à 4m	☀☁	Peu exigeant, frais	5	6	Corymbe aplati	blanc odorant	Feuilles très découpées et décoratives. Isolée ou en haie.
Sambucus pubens Sureau pubescens / Sureau rouge	4m	3m	☀☁	Sableux, drainé	3a	4 et 5	Corymbe conique	blanc, léger parfum	Port ovoïde, irrégulier. Feuilles pennées. Fruits rouges. Écran.
Shepherdia argentea Shépherdie argentée	4m	3m	☀	Ordinaire, drainé	2	4 et 5	Petite, dioïque	jaunâtre	Rabattre pour la garder en haie. Feuilles argentées. Fruit orangé.
Spiraea x vanhouttei Spirée 'Van Houtt'	2m	1,75m	☀☁	Peu exigeant, frais	4	6	Multitude corymbe	blanc	Un classique. Haie libre, gracieuse, arquée ou haie taillée.
Staphylea trifolia Staphylier à trois feuilles	3m	2m	☀☁	Humide, drainé	4b	5 et 6	Panicule pendante, clochette	blanc verdâtre	Port arrondi. Fruits type lanterne chinoise. Écran drageonnant.
Syringa chinensis sp. Lilas chinois	2 à 3m	2m	☀☁	Léger, frais, drainé	2b	5 et 6	Panicule parfumée	pourpre, lilas	Feuilles étroites. Port arrondi. Rajeunir à l'occasion. Sans drageons. Écran.
Syringa x hyacinthiflora Lilas à fleurs de jacinthes	2 à 5m	2 à 3m	☀☁	Léger, frais, drainé	3	5 et 6	Panicule parfumée	blanc à pourpre	Plus hâtif et moins maladif que *S. vulgaris*. Peu drageonnant.
Syringa x josiflexa sp. Lilas josiflexa	3,5m	2m	☀☁	Léger, frais, drainé	2a	6 et 7	Panicule parfumée	Teintes roses	Ressemble beaucoup au lilas de Preston. Croule sous les fleurs.
Syringa x laciniata Lilas à feuilles découpées	1,5m	2m	☀☁	Léger, frais, drainé	6	6 et 7	Panicule parfumée	lilas pâle	Plutôt rare en haie. Les grappes de fleurs font arquer les branches.
Syringa x persica Lilas de Perse	2 à 3m	1,5 à 3m	☀☁	Léger, frais, drainé	4a	5 et 6	Panicule parfumée	lilas	Feuilles lancéolées. Floraison abondante au parfum léger.
Syringa prestoniae sp. Lilas de Preston	2 à 3m	1,25 à 2m	☀	Riche, plutôt lourd	2	6 et 7	Panicule parfumée	teintes roses	Pas pour longue haie mais pour un bel écran. Ne drageonne pas.
Syringa reflexa Lilas à grappes retombantes	3m	3m	☀☁	Léger, frais, drainé	3	6 et 7	Panicule pendante	Pourpre puis rose	Port érigé, peu connu mais fort joli avec ses grappes penchées.
Syringa reticulata Lilas du Japon	10m	8m	☀	Léger, frais, drainé	2	7	Panicule	blanc crème	Imposant écran érigé. Léger parfum. Le plus tardif des lilas.
Syringa reticulata 'Ivory Silk' Lilas japonais 'Ivory Silk'	6 à 8m	3m	☀☁	Léger, frais, drainé	2	7	Panicule	blanc ivoire	Plus compact et plus parfumé que le précédent. Talle érigée.
Syringa tomentella Lilas tomenteux	3m	3m	☀☁	Léger, frais, drainé	5	6 et 7	Panicule lâche	blanc à violet	Feuilles avec léger duvet au revers. Port dense.
Syringa villosa Lilas duveteux tardif	3m	2m	☀	Léger, frais, drainé	2	6 et 7	Panicule	rose lilas	Feuillage épais vert grisâtre de haut en bas. Haie libre ou écran.
Syringa vulgaris sp. Lilas commun / français	2,5 à 5m	2 à 4m	☀☁	Léger, frais, drainé	2	5 et 6	Abondante panicules	blanc, rose, bleu, lilas	Parfumée ! Pour haie informelle ou écran. Fleur coupée. Drageonne.
Syringa yunnanensis Lilas de Yunnan	3,5m	3m	☀☁	Léger, frais, drainé	4	6 et 7	Panicule étroite	rose, lilas	Port érigé, ouvert. Feuilles elliptiques. Très parfumées.
Ulmus pumila Orme de Sibérie	18m	10m	☀☁	Peu exigeant	3b	—	Sans intérêt	—	Haie souvent disgracieuse, dû aux tailles répétées la rendant malade.
Viburnum cassinoides Viorne cassinoïde	2m	1,8m	☀☁	Humide à innondé	2a	6 et 7	Cyme dense	blanc crème	Indigène sous utilisée, vraiment décorative. Pourpre à l'automne.
Viburnum dentatum sp. Viorne dentée	2 à 4m	3m	☀☁	Frais, drainé	3	5 et 6	Corymbe	blanc	Vert lustré virant rouge pourpre. Fruits bleus à noirs. Globulaire, grosse haie.
Viburnum lantana sp. Viorne commune	2,5 à 4m	3m	☀☁	Peu exigeant, fertile	2b	5 et 6	Corymbe	blanc	Port globulaire, large. Forme rapidement un écran. Vire pourpre. Fruits.

HAIES

ARBUSTES (suite)	H	L	☀	TYPE DE SOL	Z	MOIS	FORME	COULEUR	REMARQUES
Viburnum lantana 'Mohican' Viorne 'Mohican'	2,5m	2,5m	☀☁	Peu exigeant, fertile	2b	5 et 6	Corymbe	blanc odorant	Compact, vert grisâtre. Écran résistant aux maladies et insectes. Fruit orange.
Viburnum lantanoides / V. alnifolia Viorne à feuilles d'aulne	2m	2m	☀☁☁	Acide, frais	3	5	Corymbe	blanc	Port ovoïde. Feuillage tourne au pourpre tôt. Fruit noir. Écran.
Viburnum lentago Viorne lentago / Alisier	5m	2,5m	☀☁	Tous sols drainés	2a	6	Corymbe, cyme	blanc	Vert lustré virant rouge pourpre Haie non maladive. Port ouvert.
Viburnum plicatum Viorne plicatum	2 à 3m	2,5m	☀☁	Peu exigeant, drainé	6	5 et 6	Corymbe aplati	blanc crème	Feuilles dentées, plissées. Port étagé arrondi. Haie pour lieux abrités.
Viburnum prunifolium Viorne à feuilles de pruniers	2 à 3m	2 à 3m	☀☁☁	Tous sols drainés	4a	6	Corymbe, cyme	blanc	Ressemble au *lentago* mais moins rustique. Tailler pour haie.
Viburnum rafinesquianum Viorne de Rafinesque	2m	2m	☀☁☁	Peu exigeant, fertile	2a	5 et 6	Corymbe	blanc	Indigène peu connu. Ressemble au *dentatum*. Écran naturel.
Viburnum x rhytidophylloides sp. Viorne rhytidophylloïde	2,5m	2,5m	☀☁	Peu exigeant, fertile	4 à 6	5 et 6	Cyme 8-10cm	blanc	Superbe écran aux feuilles gaufrées. Choisir variétés rustiques. Fruit rouge.
Viburnum sargentii 'Onondaga' Viorne 'Onondaga'	2,5m	2m	☀☁☁	Frais à humide	3	5	Cyme stérile et fertile	blanc et rouge	Feuilles trilobées, vert pourpré. Fleurs et fruits très décoratifs. Superbe écran.
Viburnum trilobum Viorne trilobée / Pimbina	1,5 à 3m	1,5 à 3m	☀☁	Peu exigeant, fertile	3	6	Cyme	blanc pur	Belle teinte rouge pourpre à l'automne. Fruits. Écran naturel.
Vitex negundo heterophylla Gattilier en arbre	2m	2,5m	☀	Léger, chaud, sec	5b	9	Panicule fine lâche	lilas clair	Les fleurs donnent une texture fine. Haie pour région clémente.
Zanthoxylum americanum Clavalier d'Amérique	2 à 5m	3 à 4m	☀☁	Ordinaire à pauvre	4a	5 et 6	Grappe	verdâtre	Très particulier, très grosses épines. Arôme de citron. Haie.

CONIFÈRES	H	L	☀	TYPE DE SOL	Z	MOIS	FORME	COULEUR	REMARQUES
Juniperus chinensis 'Fairview' Genévrier 'Fairview'	3 à 5m	90cm	☀	Peu exigeant, frais	4	—	—	—	Conique, étroit. Vert clair. Baies. Se taille facilement : écran.
Juniperus chinensis 'Spartan' / 'Helle' Genévrier virginiana 'Spartan'	4m	1m	☀	Ordinaire, plutôt sec	4	—	—	—	Conique, compact sans taille. Vert foncé. Écran, brise-vent.
Juniperus scopulorum Genévrier des Rocheuses	var.	var.	☀	Peu exigeant	3 à 4b	—	—	—	Plusieurs variétés à port érigé forment de beaux écrans.
Juniperus virginiana Genévrier de Virginie	10m	5m	☀	Tous sols même sec	3a	—	—	—	Plutôt pyramidal et large. Bleuté. La taille le garde plus dense.
Larix decidua Mélèze d'Europe	20m	8m	☀	Profond, frais, drainé	3b	—	—	—	Conique, irrégulier, caduque. Facile. Grand espace. Écran.
Larix kaempferi / Larix leptolepis Mélèze du Japon	18m	10m	☀	Léger, frais, drainé	2b	—	—	—	Conique élancé, régulier. Vert bleuté à glauque, tourne orangé.
Larix laricina / L. Americana Mélèze Laricin d'Amérique	20 à 25m	6m	☀	Humide à sec	2	—	—	—	Pyramidal, étroit. Rosette d'aiguilles caduques tournant doré. Brise-vent.
Picea abies / Picea excelsa Épinette de Norvège	20 à 25m	9m	☀	Peu exigeant, frais	2b	—	—	—	La plus grande et la plus rapide. Port semi-retombant Brise-vent.
Picea glauca engelmanii Épinette d'Engelmann	15m	6m	☀☁☁	Riche, profond	3a	—	—	—	Port très conique, régulier. Vert bleuté. Écran ou en isolée.
Picea glauca / Picea alba Épinette blanche	20m	4m	☀	Frais, drainé	2	—	—	—	Port pyramidal. Jeunes pousses vert éclatant. Écran rustique.
Picea pungens Épinette verte du Colorado	18 à 20m	4m	☀	Frais, profond	2	—	—	—	Port conique uniforme, piquant, vert bleuâtre. Brise-vent, écran.

CONIFÈRES (suite)	H	L	☀	TYPE DE SOL	Z	MOIS ✿	FORME ✿	COULEUR ✿	REMARQUES
Pinus mugo mughus **Pin de montagne mughus**	2,5m	2,5m	☀⛅	Peu exigeant,	2	—	—	—	Buissonnant, étalé. Aiguilles courtes, par 2. Pas maladif.
Pinus nigra 'Austriaca' **Pin noir d'Autriche**	18 à 22m	8 à 10m	☀	Peu exigeant	4a	—	—	—	Pyramidal, dense. Tolérant à la salinité. Écran, brise-vent.
Pinus resinosa ⚜ **Pin rouge**	24m	12m	☀	Acide, sableux	3	—	—	—	Ovoïde, droit. Aiguilles par 2, longue, flexible. Écran, brise-vent.
Pinus strobus ⚜ **Pin blanc**	20 à 25m	7 à 10m	☀⛅	Peu exigeant, frais	2b	—	—	—	Pyramidal, irrégulier. Aiguilles souples par 5. Rapide. Écran.
Pinus sylvestris **Pin sylvestre** / **P. d'Écosse**	15 à 18m	6 à 10m	☀	Légèrement acide	2b	—	—	—	Arrondi, irrégulier. Écorce orangée. 2 aiguilles tordues. Écran.
Pseudotsuga menziesii **Sapin de Douglas**	15m	5m	☀	Ordinaire, frais	4	—	—	—	Conique à rameaux ± pendants. Gris bleuté. Protéger des vents.
Taxus cuspidata 'Capitata' **If du Japon**	3m	2m	☀⛅☁	Peu exigeant, frais	4	—	—	—	Pyramidal compact, régulier, vert foncé reluisant. Beau taillé, haie.
Thuya occidentalis **Cèdre blanc du Canada**	1m	2,5m	☀⛅	Calcaire, frais	2b	—	—	—	Plant uniforme, plus dense si cultivé. Haies basses ou hautes.
Thuya occidentalis 'Fastigiata' **Cèdre occidental fastigié**	4 à 8m	1,5m	☀⛅	Profond, frais, calcaire	3b	—	—	—	Colonnaire et fastigié. Quelquefois utilisé en haie. Plus dense.
Thuya occidentalis 'Holmstrup' **Cèdre 'Holmstrup'**	1,5 à 3m	60 à 90cm	☀⛅	Profond, frais	3	—	—	—	Port très compact, conique et dense. Pour haies formelles.
Thuya occidentalis 'Nigra' **Cèdre noir**	3 à 5m	2 à 3m	☀⛅	Peu exigeant, calcaire	3	—	—	—	Grand conifère conique, large. Vert très foncé. Supporte très bien la taille.
Thuya occidentalis 'Pyramidalis' **Cèdre occidental pyramidal**	15m	2m	☀⛅	Peu exigeant, frais	3	—	—	—	Conique, étroit, régulier. Utilisé en haie à l'occasion. Protéger des vents.
Thuya occ. 'Smaragd' / 'Emerald' **Cèdre 'Smaragd Emeraude'**	4m	0,6 à 1m	☀⛅	Profond, riche, frais	3	—	—	—	Port conique, dense, uniforme. Vert émeraude. Protéger hiver.
Thuya occidentalis 'Techny' **Cèdre 'Techny' / 'Mission'**	3 à 4m	2m	☀⛅	Profond, riche, frais	3a	—	—	—	Conique, très dense. Plusieurs têtes. Protection hivernale. Haie.
Thuya occidentalis 'Wareana' **Cèdre de Sibérie 'Robusta'**	5m	2m	☀⛅	Profond, riche, frais	2a	—	—	—	Pyramidal large. Très résistant. Haie pour endroit non protégé.
Tsuga canadensis ⚜ **Pruche du Canada**	15 à 20m	9 à 12m	☀⛅☁	Acide, frais, drainé	4	—	—	—	Pyramidal élégant, souple. Vert foncé luisant. Naturalisation.

⚜ indique plante indigène ou naturalisée.
🌿 indique plante potentiellement envahissante !

HAIES

HAIES BASSES (MOINS DE 2 MÈTRES)

ARBUSTES	H	L	☀	TYPE DE SOL	Z	MOIS ✿	FORME ✿	COULEUR ✿	REMARQUES
Abelia 'Edward Goucher' Abélia 'Edward Goucher'	60cm	1m	☀⛅	Acide, frais, drainé	5	5 à 9	Trompette étoilée	rose pourpre	Feuillage reluisant vert foncé. Longue floraison. Rabattre tôt.
Abelia mosanensis abélia parfumée	1,5m	1,25m	☀⛅	Riche, frais, acide	4b	5	Trompette étoilée	rose parfumé	Le plus rustique ! Vert lustré virant orange rouge à l'automne.
Acer campestre 'Nanum' Érable champêtre nain	1,2m	2m	☀⛅	Tous, même pauvre	5b	—	Sans intérêt	—	Peu connu au Québec, pour haie libre, feuilles 3 à 5 lobes.
Aronia melanocarpa ⚜ Aronie noire	1,5m	1,5m	☀⛅	Tous sols drainés	4	5 et 6	Corymbe	blanc rosé	La variété 'Autumn Magic' est plus ornementale que l'espèce.
Berberis thunbergii sp. Épine-Vinette	0,3 à 1,5m	0,3 à 1,5m	☀⛅	Peu exigeant, drainé	4	—	Sans intérêt	—	Haie basse, verte, jaune ou pourpre, garnie d'épine. Dense.
Betula glandulosa ⚜ Bouleau glanduleux	1,5m	1,5m	☀	Acide, humide	2a	5	Chaton sans intérêt	jaunâtre	Feuilles un peu plus grandes que *B. nana*. Haie pour lieux humides.
Betula nana ⚜ Bouleau nain / Bouleau arctique	0,6 à 1,25m	0,6 à 1,25m	☀	Tous sols humides	2	5	Chaton sans intérêt	jaunâtre	Port globulaire. Intéressant en auge, haie ou milieu humide. Rare.
Caragana aurantiaca Caraganier orangé	1m	80cm	☀⛅	Peu exigeant	2	6 et 7	Simple, suspendue	jaune orangé	Haie libre dégagée, arquée. Épineux, vert grisâtre. Lieu inculte.
Caragana frutex 'Globosa' Caraganier 'Globe'	40cm	40cm	☀	Tous sols secs	2a	6	Simple, rare	jaune	Port rond dense. Presque sans épines. Haie ou greffé sur tige.
Caragana pygmaea Caraganier pygmée	75cm	1,25m	☀⛅	Peu exigeant	2	6 et 7	Simple, suspendue	jaune vif	Plus étalé que *C. aurantiaca*. Haie basse ou greffé sur tige.
Chaenomeles japonica 'Sargentii' Cognassier 'Sargentii'	0,6m	1m	☀	Profond, riche, drainé	4b	5	Globulaire	saumon à orange	Plus rustique que l'espèce. Port étalé, divergent. Drageonnant.
Clethra alnifolia Clèthre à feuilles d'aulne	1,2m	2m	☀⛅☁	Acide, drainé	4	8 et 9	Épi érigé	blanc, rose	Aime le milieu acide des conifères. Odorant.
Cornus pumila Cornouiller nain	0,6 à 1,2m	0,9 à 1,2m	☀⛅	Plutôt humide, acide	4	5	Grosse cyme	blanc	Feuilles vertes à pointes rouges. Tourne rouge à l'automne. Fruits noirs.
Cornus sericea 'Flaviramea' Cornouiller stolonifère jaune	2m	3m	☀⛅☁	Peu exigeant, frais	2	5	Grappe	blanc	Rameaux jaune vif. Fruit blanc. Buisson vert foncé. Bel écran.
Cotoneaster apiculatus Cotonéaster apiculatus	90cm	1,25m	☀	Peu exigeant, drainé	4b	6	Fleur simple	rose	Plant étalé, foncé, luisant, lisse. Fruits écarlates. Plusieurs tailles.
Cotoneaster melanocarpus Cotonéaster à fruits noirs	1,5m	1,5m	☀⛅	Tous sols drainés	5	5 et 6	Grappe	rosé	Dressé, arqué. Feuilles semblables à *lucidus* mais plus grosses. Protéger.
Crataegus monogyna 'Compacta' Aubépine 'Compacta' sur tige	1,5m	1,5m	☀	Profond, frais	4	5	Corymbe	blanc parfumée	Haie ou greffé sur tige. Très florifère. Sans épine. Rond, dense.
Deutzia gracilis Deutzia gracile	50 à 90cm	70 à 90cm	☀⛅	Argileux, frais, drainé	4	6 et 7	Grappe érigée	blanc pur	Port compact, arqué vert foncé à feuilles dentées. Peu florifère.
Deutzia parviflora Deutzia à petites fleurs	1,8m	1,5m	☀⛅	Riche, plutôt lourd	5a	6 et 7	Grappe érigée	blanc pur	Port diffus, quelquefois en haie. Fleurs rares au Québec.
Deutzia x hybrida 'Pink-a-Boo' Deutzia 'Pink-a-Boo'	1m	1m	☀⛅	Riche, plutôt lourd	4b	6 et 7	Grappe ronde	rose et blanc	Port compact, branches arquées floraison abondante. Haie libre.
Diervilla lonicera / *D. canadensis* ⚜ Dièreville chèvrefeuille	1m	1m	☀⛅☁	Acide, frais à sec	3	7 et 8	Clochettes de 3	jaune	Port arrondi. Haie pour lieux difficiles. Drageons à contenir.
Diervilla sessilifolia ⚜ Dièreville à feuilles sessiles	1m	1m	☀⛅☁	Fertile, acide	4b	6 à 8	Clochettes de 3	jaune	Port arrondi, drageonnant. Feuilles sans périoles. Facile.
Diervilla splendens Dièreville élégant	1,25m	1,25m	☀⛅	Fertile, drainé	4b	6 à 8	Clochettes de 3	jaune soufre	Port arrondi. Le plus florifère. Haie, naturalisation. Pas maladif.
Dirca palustris ⚜ Dirca des marais 'Bois de plomb'	1,5m	1,5m	☀⛅☁	Acide, humide	4a	4 et 5	Tubulaire pendante	jaune verdâtre	Très beau port arrondi, régulier. Haie pour sous-bois humide.

ARBUSTES (suite)	H	L	☼	TYPE DE SOL	Z	MOIS	FORME	COULEUR	REMARQUES
Eleuterococcus sieboldianus Syn. : *Acanthopanax sieboldiana*	2m	2m	☼☁	Peu exigeant, sableux	5	6	Sans intérêt	verdâtre	Buisson érigé, épineux. Feuilles palmées, lustrées. Tailler à 1,5m.
Euonymus alatus 'Timber Creek' **Fusain** 'Chicago Fire' / 'T. Creek'	1,5m	1,5m	☼☁	Riche, profond, frais	3 et 4	5	Peu apparente	rose pourpre	Port uniforme, équilibré. Tourne rouge cramoisi. Fruit orangé.
Euonymus alatus 'Compactus' **Fusain ailé**	1,5m	1,5m	☼☁	Fertile, drainé	4	5	Peu apparente	rose pourpre	Font de très belles haies taillées ou libres, dense même à l'ombre. Tourne rouge.
Forsythia sp. **Forsythias**	0,4 à 1,3m	0,8 à 1,3m	☼	Fertile, frais	4 et 5	4 et 5	Abondant	jaune	Plus utilisé comme écran ou obstacle, port très irrégulier.
Hydrangea arborescens **Hortensia de Virginie**	1,2m	1,2m	☼☁	Léger, fertile, acide	3	7 à 9	Corymbe aplati	blanc	Ancienne variété, remplacé par Annabelle. Massif ancien, haie.
Hydrangea arborescens 'Annabelle' **Hydrangée** 'Annabelle'	1,2m	1,2m	☼☁	Léger, fertile, acide	3	7 à 9	Gros corymbe rond	blanc crème	Port globulaire, drageonnant. Grosses feuilles. Immenses fleurs.
Hydrangea arborescens 'Grandiflora' **Hydrangée boule-de-neige**	1,2m	1m	☼☁	Léger, fertile, acide	3	7 à 9	Corymbe aplati	blanc	Très utilisé autrefois en massif ou haie. Port globulaire. Facile.
Hydrangea quercifol. 'Sike's Dwarf' **H. à feuilles de chêne** 'S. Dwarf'	70cm	1,2m	☼☁	Riche, frais, drainé	6	7 à 9	Panicule pyramidale	blanc, rosé	Variété naine, résistant mieux à nos climats. Fleurs rares, fragile.
Lespedeza bicolor **Lespedeza**	1,5m	1,5m	☼	Léger, sec, pauvre	5a	8 et 9	Panicule lâche	rose violacé	Port arrondi à feuilles de trèfles. ± rustique, protéger la souche.
Ligustrum obtusifolium 'Regelianum' **Troène de Regel**	1,5m	2m	☼☁	Peu exigeant	5b	6 et 7	Petite, panicule	blanc	Port étalé, aplati. Moins rustique que *L. vulgare*. Tourne pourpre.
Ligustrum vulgare 'Cheyenne' **Troène** 'Cheyenne'	2m	1m	☼☁	Peu exigeant	5	—	Sans intérêt	—	Port dressé, dense. Feuilles étroites, lustrées. Plusieurs tailles.
Ligustrum vulgare lodense **Troène Iodens**	90cm	60cm	☼☁	Peu exigeant	4b	6 et 7	Sans intérêt	blanc	Variété naine, rampante. Feuilles étroites. Supporte bien la taille.
Lonicera alpigena **Chèvrefeuille des Alpes**	1,5m	1,5m	☼☁	Frais, drainé	5b	5	Bi-tubulaire	jaunâtre	Tailler pour garder régulier. Feuilles différentes des autres.
Lonicera alpigena 'Nana' **Chèvrefeuille nain des Alpes**	90cm	90cm	☼☁	Frais, drainé	5a	5	Bi-tubulaire	jaunâtre	Compact, irrégulier. Grosses feuilles. Fruits siamois rouges.
Lonicera caerulea edulis **Chèvrefeuille bleu**	1,5m	1,5m	☼	Frais, drainé	3a	5 et 6	Bi-tubulaire	jaunâtre	Belle haie régulière bleutée. Feuilles ovales. Baie bleue, sucrée.
Lonicera involucrata **Chèvrefeuille involucré**	1 à 2m	1 à 2m	☼	Frais à humide	4	5 et 6	Bractée, cloche	pourpre, jaune	Grosses feuilles. Rabattre chaque printemps. Baies comestibles.
Lonicera tatarica **Chèvrefeuille de Tartarie**	2m	2m	☼☁	Peu exigeant	4a	5 et 6	Tubulaire pétalée	teintes de roses	Choisir les nouvelles variétés moins maladives. Taille fréquente.
Lonicera x 'Novso' / 'Honey Baby' **Chèvrefeuille** 'Honey Baby'	80cm	1,2m	☼	Peu exgeant	4	7 à 10	Grosse, tubulaire	jaune et crème	Variété grimpante cultivée en haie en la rabattant au printemps. Fruit rouge.
Lonicera xylosteoides 'Clavey's D.' **Chèvrefeuille nain** 'Clavey's Dwarf'	0,8 à 1,5m	1,25m	☼☁	Peu exgeant	4	5	Peu apparente	blanc crème	Port arrondi, dense. Feuillage doux, vert bleuté. Pas malade !
Lonicera xylosteoides 'Mini Globe' **Chèvrefeuille nain** 'Mini Globe'	0,6 à 1m	1m	☼☁	Peu exigeant	2b	5	Tubulaire rare	blanc crème	Port arrondi, très régulier, très dense, vert bleuâtre. Fruit rouge.
Lonicera xylosteum 'Compacta' **Chèvrefeuille** 'Emerald Mound'	80cm	80cm	☼☁	Peu exigeant	4a	5	Tubulaire rare	blanc crème	Dôme aplati, uniforme, vert bleuté. Belle haie dense. Tailler.
Malus 'Pom'zai' / 'Courtabri' **Pommier décoratif** 'Courtabri'	2m	1,5m	☼	Fertile, frais, drainé	5a	5	Simple	blanc	Très nain. Pour haie de jardin potager. Résistant aux maladis.
Myrica gale **Myrique baumier**	1,2m	2m	☼☁	Acide, marécageux	2	5	Chaton	brun doré	La feuille froissée dégage une odeur. Naturalisation. Port grêle.
Philadelphus coronarius 'Aureus' **Seringat doré**	1 à 2m	1m	☁	Peu exigeant, frais	3b	6	Grappe rare	blanc parfumé	Feuilles jaune vif puis vert jaunâtre. Érigé. Haie libre ou taillée.
Philadelphus x. lemoinei sp. **Seringat de Lemoine**	2m	2m	☼☁	Peu exigeant, frais	5	5	Simple	blanc parfumé	Port dense, vert foncé, fourni. Haie libre, écran. Choisir les variétés naines.

HAIES

ARBUSTES (suite)	H	L	☼	TYPE DE SOL	Z	MOIS	FORME	COULEUR	REMARQUES
Philadelphus lewisii 'Blizzard' Seringat de Lewis	1 à 1,5m	1m	☼☁	Peu exigeant, frais	3b	5	Simple	blanc	Haie libre, compacte, à fleurs résistantes, moins parfumées.
Philadelphus sp. Seringats	0,7 à 1,8m	1 à 1,2m	☼☁	Peu exigeant, frais	3 à 6	5	Simple ou double	blanc	Vaste choix sur le marché. Fleurs très parfumées mais ± rustiques. Haie libre.
Physocarpus opulifol. 'Dart's Gold' Physocarpe doré 'Dart's Gold'	1,25m	1,25m	☼☁	Peu exigeant, drainé	3	6 et 7	Corymbe	blanc rosé	Variété naine à feuilles jaunes doré puis jaune vif en automne.
Physocarpus opulifolius 'Nanus' Physocarpe à feuilles d'obier nain	1,25m	1,25m	☼☁	Peu exigeant, drainé	2	5 et 6	Corymbe	blanc rosé	Feuillage vert, sans entretien. Peu malade même à l'ombre.
Physocarpus opulifolius 'Nugget' Physocarpe nain 'Nugget'	1,2 à 1,5m	1,2 à 1,5m	☼☁	Peu exigeant, drainé	2	6	Corymbe	blanc	Plus fourni que Dart's Gold. Feuilles type érable, saines.
Physocarpus opuli. 'Summer Wine' Physocarpe 'Summer Wine'	1,25m	1,25m	☼☁	Peu exigeant, drainé	2	6 et 7	Corymbe	blanc rosé	Superbe feuillage rouge vin foncé. Plus compact que Diabolo.
Potentilla fruticosa sp. Potentilles	0,6 à 1,2m	0,6 à 1,5m	☼☁	Peu exigeant	2 à 4	6 à 9	Simple	jaune, blanc, orange	Font toutes de très jolies haies libres ou taillées, fleuries et régulières.
Prinsepia sinensis Prinsepia chinois	2m	2m	☼	Riche, humide, drainé	2b	5 et 6	Petite, cachée	jaune pâle	Semi-pleureur, feuilles pennées. Haie très épineuse. Fruits rouges.
Prunus x cistena Cerisier pourpre des sables	1,75m	1,5m	☼	Poreux, frais, drainé	3	5	Petite, simple	rosée, parfumée	Autrefois très populaire pour des haies pourpres. Maladif.
Prunus tenella 'Fire Hill' Amandier 'Fire Hill'	1,5m	1m	☼	Peu exigeant, drainé	3a	5	Multitude de petites fleurs	rose brillant	Amandier rustique ! Évasé, ± dense, lustrée virant à l'orangé.
Ribes alpinum Gadelier alpin	1 à 2m	1 à 2m	☼☁	Riche, plutôt sec	2b	4 et 5	Petite	jaune	Le classique pour la haie basse taillée. Feuilles type érable, petites.
Ribes alpinum aureum Gadelier alpin doré	60cm	90cm	☼☁	Riche, plutôt sec	3b	4 et 5	Petite	jaune	Variété aux feuilles jaunes puis jaune verdâtre à l'été. Dense.
Ribes alpinum 'Smithii' / 'Schmidt' Gadelier alpin 'Schmidt'	1,25m	1,5m	☼☁	Riche, plutôt sec	3	5	Petites, abondante	jaune	Haie basse et ordonnée. Moins maladive que l'espèce. Dense.
Ribes aureum Gadelier doré	1 à 2m	1 à 2m	☼	Ordinaire, drainé	2a	5	Trompette en grappe	jaune odorante	Port plutôt clairsemé, érigé. Très odorant. Feuilles petites, lobées.
Ribes odoratum Gadelier odorant	1 à 2m	1 à 2,5m	☼	Ordinaire, drainé	2a	5	Trompette en grappe	jaune odorante	Ressemble au gadelier doré mais à parfum plus épicé. Érigé, arqué.
Rosa rugosa sp. Rosier rugueux	0,4 à 2m	0,6 à 2m	☼	Riche, drainé	2 à 3	6 à 9	Simple ou double	Teintes chaudes	Forment des haies libres, fleuries, épineuses. Souvent parfumées !
Rosa spp. Rosier arbustifs	0,8 à 2,5m	1 à 2m	☼	Riche, drainé	2 à 4	6 à 9	Simple ou double	Teintes chaudes	Rosiers hybrides modernes. Moins maladifs que les anciens.
Salix brachycarpa sp. Saule bleu	0,5 à 1m	0,5 à 1m	☼	Peu exigeant, frais	1	4	Chaton	jaunâtre	Port globulaire. Feuilles étroites, argentées, velues. Haie, rives.
Salix purpurea 'Nana' Saule arctique	1 à 2m	1,5m	☼☁	Peu exigeant, frais	2b	4 et 5	Petits chatons	jaunâtre	Aspect souple, gracieux. Feuilles vert-bleuté. Haie libre ou taillée.
Sambucus racemosa 'Goldenlock' Sureau 'Goldenlock'	1m	1m	☼☁	Peu exigeant, frais	4b	6	Panicule arrondie	blanc	Intéressant par son port nain. Plus facile à protéger. Fruits.
Shepherdia canadensis ✿ Shépherdie du Canada	1,5m	1m	☼	Ordinaire, drainé	2a	5	Épi dioïque	jaune	Feuillage argenté puis gris. Port dressé, arrondi. S'adapte à tout.
Sorbaria sorbifolia 🍀 Sorbaria à feuilles de sorbier	1,8m	1,5m	☼☁	Peu exigeant	2	6 à 8	Panicule vaporeuse	blanc crème	Haie libre, à texture légère. Ressemble au vinaigrier. Drageonne.
Sorbaria tomentosa angustifolia Sorbaria d'Aitchison	1,5 à 2m	1m	☼☁	Peu exigeant	4	7	Panicule conique	blanc crème	Ne drageonne pas. Plus érigé et moins dense que *sorbifolia*.
Spiraea x arguta Spirée arguta / Spirée argenté	1,5m	1,5m	☼	Peu exigeant, frais	4a	6	Grappe	blanc	Port arqué, gracieux, couvert de fleurs. Feuillage argenté.
Spiraea x arguta 'Compacta' Spirée argentée naine	60cm	60cm	☼☁	Peu exigeant, frais	4	5 et 6	Corymbe, multitude	blanc	Pour petite haie libre printanière d'apparence champêtre.

ARBUSTES (suite)	H	L	☀	TYPE DE SOL	Z	MOIS ✿	FORME ✿	COULEUR ✿	REMARQUES
Spiraea betulifolia aemiliana Spirée à feuilles de bouleau	75cm	0,8 à 1,2m	☀☁	Acide, humide, drainé	3b	6 et 7	Corymbe, multitude	blanc	Globulaire. Boutons floraux roses. Haie automnale. Feuillage gris vert.
Spiraea x billiardii Spirée de Billiard	1,5 à 2m	1,5 à 2m	☀☁	Acide, humide	5a	7 à 9	Panicule étroite	rose foncé	Évasé, diffus. Haie libre ou rabattre au printemps. Drageons.
Spiraea x cinerea 'Grefsheim' Spirée 'Grefsheim'	1m	1m	☀☁	Peu exigeant, frais	4a	5 et 6	Grappe	blanc	Ressemble à *S. arguta* mais plus hâtive et feuillage plus vert.
Spiraea fritschiana sp. Spirée Coréenne	60 à 90cm	0,9 à 1,2m	☀☁	Peu exigeant, frais	3	6 et 7	Corymbe large	blanc parfumée	Dôme compact. Gros feuillage vert foncé, différent. Haie libre.
Spiraea japonica sp. / *S. bumalda* Spirée du Japon	0,3 à 1,5m	0,3 à 1,5m	☀☁	Tous sols drainés	2 à 4	7 à 9	Corymbe large	blanc à rose foncé	Immense famille au feuillage coloré. Haie fleurie. Port arrondi.
Spiraea media sp. Spirée soyeuse	1,5m	1m	☀	Peu exigeant, frais	4	5	Grappe	blanc	Ancienne variété. Fleurs aux extrémités des tiges. Port arqué.
Spiraea nipponica sp. Spirée nippon	0,9 à 1,5m	0,9 à 1,5m	☀☁	Peu exigeant, frais	4b	6	Corymbe, multitude	blanc	Port gracieux, moins dense et plus tardive que 'Vanhoutte'.
Spiraea 'Snow White' Spirée 'Snow White'	1,25m	1,25m	☀☁	Peu exigeant, frais	2b	5 et 6	Corymbe, multitude	blanc	Comme 'Vanhoutte' mais fleurs plus grosses. Moins vigoureux.
Spiraea x 'Summer Snow' Spirée 'Summer snow'	60cm	80cm	☀☁	Peu exigeant, frais	3	7 et 8	Corymbe, multitude	blanc	Port plutôt aplati. Pour petite haie à fleurs blanches à l'été !
Spiraea thunbergii sp. Spirée de Thunberg	1,25m	1,5m	☀☁	Peu exigeant, frais	4b	5 et 6	Grappe	blanc	Semblable à *arguta*. Port arqué. Tailler après la floraison.
Spiraea thunbergii 'Fujino Pink' Spiraea 'Fujino Pink'	1,25m	1,25m	☀☁	Peu exigeant, frais	5b	5 et 6	Grappe	rose pâle	Spirée printanière rose ! Port arqué. Haie pour lieux protégés.
Spiraea trilobata sp. Spirée trilobée	0,9 à 1,5m	0,9 à 2m	☀	Peu exigeant, frais	3a	5 et 6	Corymbe, multitude	blanc	Port arqué comme la 'Vanhoutte'. Feuilles trilobées vert-bleu. Solide.
Stephanandra incisa 'Crispa' Stephanandra crispé	0,5m	1,3m	☀☁	Acide, fertile, drainé	4	6 et 7	Sans intérêt	vert blanc	Peut aussi retenir les talus. Rabattre au printemps.
Symphoricarpos albus Symphorine blanche	1,5m	1,5m	☀☁☁	Tous sols drainés	2	6	Petite	rose	Port irrégulier ± intéressant. Taille fréquente. Baies blanches.
Symphoricarpos doorenbosii sp. Symphorine de Doorenbos	0,9 à 2m	1,2 à 1,5m	☀☁☁	Tous sols drainés	4a, 5a	6	Petite	rose	Plusieurs hybrides, certaines très intéressant et joli. Fruit blanc à pourpre.
Symphoricarpos orbiculatus Symphorine à feuilles rondes	1,25m	1 à 1,5m	☀☁☁	Tous sols drainés	2b	6	Petite, grappe	jaune, rose	Plus attrayant que *S.albus*. Fruit corail. Coloration automnale.
Symphoricarpos orbiculatus 'Follis' Symphorine 'Follis' panaché	80cm	1m	☀	Peu exigeant, frais	4	6 et 7	Petite	jaune rosé	Feuillage vert, bordé jaune puis crème. Spécimen ou haie basse.
Syringa meyeri 'Palibin' Lilas 'Palibin'/ Lilas de Corée	1 à 1,5m	1,5m	☀☁	Léger, frais, drainé	3a	5	Panicule érigée	rose violet	Souvent greffé en tête, aussi en arbuste pour petite haie dense et parfumé.
Syringa microphylla 'Superba' Lilas superbe	1,5m	2 à 3m	☀☁	Léger, frais, drainé	5	6	Panicule lâche	rose foncé	Petites feuilles ovales. Parfois 2 floraisons. Léger parfum. Tailler.
Syringa patula 'Miss Kim' Lilas de Mandchourie 'Miss Kim'	1,5 à 2m	1,5m	☀☁	Léger, frais, drainé	4	6	Panicule parfumée	lilas pâle	Floraison très uniforme sur tout le plant. Vire au pourpre. Lent.
Syringa patula 'Cinderella' Lilas de Mandchourie 'Cinderella'	1,5 à 2m	1,5m	☀☁	Léger, frais, drainé	4	6	Panicule parfumée	rose pâle	Ressemble à Miss Kim mais plus parfumée. Tourne rouge vin.
Syringa x tribida 'Josée' Lilas 'Josée'	0,9 à 1,5m	1,5 à 3m	☀☁	Léger, frais, drainé	5b	6 à 9	Panicule parfumée	rose	Fleurit plus d'une fois. Vigueur moyenne. Lilas à petites feuilles.
Syringa vulgaris 'Prairie Petite' Lilas français 'Prairie Petite'	1,25m	1,25m	☀	Léger, frais, drainé	3	5 et 6	Petite panicule	rose	Un lilas commun nain, compact. Plus rustique que ceux à petites feuilles.
Syringa vulgaris 'Wedgewood Blue' Lilas français 'Wedgewood Blue'	1,75m	2m	☀	Léger, frais, drainé	3	5 et 6	Grande panicule	lavande parfumé	Fleurs semblables aux glycines. Résistant au mildiou. Envoûtant.

HAIES

ARBUSTES (suite)	H	L	☀	TYPE DE SOL	Z	MOIS ✿	FORME ✿	COULEUR ✿	REMARQUES
Tamarix pentendra ramosissima **Tamaris de Russie**	1,5 à 2m	1 à 2m	☀⛅	Ordinaire à pauvre	3	7 à 9	Panicule vaporeuse	rose brillant	Haie très désordonnée mais à feuilles et fleurs très vaporeuses. Différent.
Vaccinium angustifolium **Airelles** / **Bleuets** ❦	20 à 60cm	60cm	⛅☁	Acide, humide, drainé	1-4	5 et 6	Grappe, cloche	blanc, rosé	Beau feuillage luisant. Fruits. Haie basse autour d'un potager.
Viburnum opulus 'Compactum' **Viorne obier compacte**	1,5m	1,5m	☀⛅	Tous sols frais	2	6	Grosse, corymbe	blanc	Port compact, globulaire vert tendre tourne rouge. Fruit rouge.
Viburnum opulus 'Nanum' **Viorne obier nain**	60cm	60cm	☀⛅☁	Tous sols frais	3	6	Rare	blanc	Port dense. Aucune taille nécessaire. Lent. Feuilles type érable.
Viburnum trilobum 'Alfredo' **Viorne trilobée** 'Alfredo'	1,5m	1,5m	☀⛅	Fertile, lourd, frais	2a	6	Cyme	blanc pur	Port arrondi, dense. Feuilles type érable. Belle haie résistante.
Vibrunum trilobum 'Bailay compact' **Vione trilobé** 'Bailay compact'	1,5m	1,5m	☀⛅	Fertile, lourd, frais	2a	6	Cyme	blanc pur	Belle haie plus intéressante et plus colorée que *Compactum*.
Viburnum trilobum compactum **Viorne trilobée compacte**	1,5m	1m	☀⛅	Fertile, lourd, frais	2a	6	Cyme rare	blanc pur	Populaire pour haie libre. Peu stable et plutôt maladif.
Weigela sp. **Weigela** variétés rustiques	0,6 à 1m	0,6 à 1m	☀	Peu exigeant, fertile	3 à 4b	6 puis 9	Clochette	rose, rouge	Les variétés basses sont plus rustiques. Vert ou pourpre.
Weigela middendorffiana **Weigela de Middendorff**	1 à 1,5m	1 à 1,5m	☀	Peu exigeant, drainé	5	5	Clochette	jaune	Un des rare à fleurir jaune. Pour haie en région chaude.

ARBUSTES PERSISTANTS	H	L	☀	TYPE DE SOL	Z	MOIS ✿	FORME ✿	COULEUR ✿	REMARQUES
Buxus microphylla 'Pincussion' Syn. : *Buxus sinica* 'Cushion'	50cm	50cm	☀⛅	Tous sols drainés	5a	—	Sans intérêt	—	Supporte bien la taille printanière. Port globulaire à l'état naturel.
Buxus microphylla 'Tall Boy' **Buis de Corée** 'Tall Boy'	1m	60cm	☀⛅☁	Riche, drainé	5	—	Sans intérêt	—	Port colonnaire. Petites feuilles à bord enroulé. Haie ou colonne.
Buxus microphylla 'Winter Beauty' **Buis de Corée** 'Winter Beauty'	1m	1m	☀⛅☁	Riche, drainé	5	—	Sans intérêt	—	Port globulaire. Petites feuilles vert foncé. Haie, massif, rocaille.
Buxus microphylla 'Winter Gem' **Buis de Corée** 'Winter Gem'	1m	1m	☀⛅	Tous sols drainés	5	—	Sans intérêt	—	Pour haie basse uniforme et dense. Vert bronze à l'automne.
Buxus x 'Green Gem' **Buis** 'Green Gem'	50cm	50cm	☀⛅	Tous sols drainés	5b	—	Sans intérêt	—	Port naturellement arrondi, trapu. Surtout rocaille ou haie basse.
Buxus x 'Green Mound' **Buis** 'Green Mound'	90cm	80cm	☀⛅	Tous sols drainés	5	—	Sans intérêt	—	Port ± globulaire. Un beau vert foncé. Protéger.
Buxus x 'Green Mountain' **Buis** 'Green Mountain'	1,25m	1m	☀⛅	Tous sols drainés	5	—	Sans intérêt	—	Port pyramidale, régulier, dense. Aménagement classique ou haie.
Buxus x 'Green Velvet' **Buis** 'Green Velvet'	60cm	60cm	☀⛅☁	Tous sols drainés	5	—	Sans intérêt	—	Trapu, vigoureux. Beau tout l'hiver si protéger des vents.
Buxus sempervirens 'Mont Bruno' **Buis** 'Mont Bruno'	20 à 25cm	20 à 25cm	☀⛅	Tous sols drainés	4	—	Sans intérêt	—	Développé au Québec, il est résistant, compact et dense.
Buxus sempervirens 'Variegata' **Buis anglais panaché**	1,5m	90cm	☀⛅☁	Meuble, frais, drainé	5b	—	Sans intérêt	—	Port arrondi, large. Feuilles persistantes vertes et blanc-crème.
Calluna vulgaris **Bruyère commune**	30cm	60cm	☀⛅	Acide, riche, drainé	5	8 et 9	Grappe serrée	Teintes roses	Forme de beau couvre-sol sous les grands conifères.
Cotoneaster horizontalis sp. **Cotonéaster rampant**	15 à 80cm	1 à 1,5m	☀	Fertile, drainé, calcaire	5	5 et 6	Petites, simple	rosé	Pour régions clémentes. Petites feuilles rondes, lustrées. Fruits.
Daphne cneorum **Daphné canulé**	10 à 25cm	50 à 90cm	☀⛅	Riche, drainé	2b	6 et 7	Grappe odorante	rose	Aussi pour bordure de conifères. Joli dôme persistant. Tolère l'acidité.
Euonymus fortunei 'Sarcoxie' **Fusain** 'Sarcoxie'	1,5m	1,5m	⛅☁	Consistant, drainé	5	4 et 5	Petite	blanc	Port érigé, vigoureux. Peut aussi grimper. Vert foncé.

ARBUSTES PERSISTANTS (suite)	H	L	☼	TYPE DE SOL	Z	MOIS ✿	FORME ✿	COULEUR ✿	REMARQUES
Ilex glabra Houx glabre	1m	1m	☼☁	Acide, léger, frais	5b	4 et 5	Petite, dioïque	blanc	Plants mâle+femelle=fruits noirs. Peut remplacer le buis. Protéger.
Pieris japonica Andromède du Japon	1,5m	1,5m	☁☁	Acide, frais, drainé	6	5	Cloche	blanc	Son feuillage bicolore est de toute beauté. Fragile!

CONIFÈRES	H	L	☼	TYPE DE SOL	Z	MOIS ✿	FORME ✿	COULEUR ✿	REMARQUES
Juniperus virginiana Genévrier de Virginie	3 à 5m	1 à 1,5m	☼	Perméable	3b	—	—	—	Lorsque taillé forme de beaux écrans ou haies.
Pinus mugo pumilio Pin de montagne pumilio	1,5m	2m	☼☁	Peu exigeant	2	—	—	—	Port buissonnant, compact. Aiguilles groupées par 2. Lent.
Taxus media x 'Brownii' If de Brown	1,5 à 2m	1,5m	☼☁ ☁	Peu exigeant, drainé	4	—	—	—	Port touffu, évasé devenant globulaire. Se taille facilement.
Taxus media x 'Dark Green' If 'Dark Green'	1,5m	1,2m	☼☁ ☁	Peu exigeant, drainé	4	—	—	—	Port globulaire Vert foncé. Beau en spécimen mais aussi en haie.
Taxus media x 'Densiformis' If hybride dense	1m	2m	☼☁ ☁	Frais, drainé	4	—	—	—	Globulaire si taillé. Vert foncé avec pousses vert émeraude.
Taxus media x 'Hicksii' If hybride de Hicks	3m	0,3 à 0,6m	☼☁ ☁	Peu exigeant, frais	5	—	—	—	Colonne étroite vert foncé luisant. Baies rouges toxiques.
Thuya occidentalis ⚜ Cèdre blanc du Canada	2m	2,5m	☼☁	Profond, frais, calcaire	2b	—	—	—	Plant uniforme, plus dense si cultivé. Haie basse ou haute.
Thuya occidentalis 'Danica' Cèdre globulaire 'Danica'	1m	1m	☼☁	Profond, frais, calcaire	3	—	—	—	Cèdre nain, dense, vert clair. Peu servir à faire des haies basses.
Thuya occidentalis 'Holmstrup' Cèdre 'Holmstrup'	1,5 à 3,0m	60 à 90cm	☼☁	Profond, frais	3	—	—	—	Port très compact, conique et dense. Pour haies formelles.
Thuya occidentalis 'Little Giant' Cèdre globulaire 'Little Giant'	90cm	90cm	☼☁	Profond, frais, calcaire	3	—	—	—	Compact et uniforme. Aussi, intéressant pour remplacer haie de buies.
Thuya occidentalis 'Rheingold' Cèdre 'Rheingold'	2m	1,5m	☼	Profond, riche, frais	4	—	—	—	Plus jaune au soleil. Port globu- laire dressé, large. Plutôt lent.
Thuya occidentalis 'Woodwardii' Cèdre boule 'Woodwardii'	1,5m	2m	☼☁	Profond, riche, frais	3a	—	—	—	Boule plus large que haute. Très beau en isolé ou en haie basse.

⚜ indique une plante indigène ou naturalisée.
🍁 indique une plante potentiellement envahissante!

HAIES

PLANTES
au *feuillage*
coloré

La couleur dans un aménagement joue un rôle très important. Généralement, nos jardins regorgent de fleurs colorées, leur impact au niveau des émotions est grand. On peut, avec des couleurs vives ou contrastantes, choquer ou provoquer ou, à l'opposé, avec des couleurs pâles ou pastel, apaiser, calmer. Plusieurs végétaux ont un feuillage attrayant. Les feuilles sont une source de couleur tout autant que les fleurs. L'environnement étant généralement constitué de différents tons de vert, il faut pouvoir les mettre en valeur en apportant des contrastes ou des compléments avec des fleurs ou des feuillages colorés.

COULEURS ET HARMONIE

La notion de couleur et d'harmonie peut varier grandement d'un individu à l'autre, selon les personnalités. L'emploi des couleurs n'est pas gouverné par des règles strictes. Mais disons qu'une trop grande variété de couleurs est plus difficile à gérer qu'une variété plus faible mais choisie judicieusement. Il est plus facile d'atteindre l'équilibre et l'unité lorsque vous répétez la même couleur à quelques endroits de votre jardin et en nombre assez grand pour former des massifs. Une masse de couleur qui se répète attire davantage le regard que quelques petites taches éparpillées. Le même principe s'applique aussi à vos potées et paniers fleuris : un mélange excessif de fleurs colorées égare l'œil. En intercalant quelques plantes au feuillage vert, gris ou pourpre, vous adoucissez les contrastes et harmonisez le tout.

PSYCHOLOGIE DES COULEURS

Pour bien comprendre l'impact des couleurs sur nos sens, il faut avoir quelques notions de psychologie des couleurs.

Certaines couleurs sont dites chaudes (le jaune, l'orangé et le rouge) et d'autres froides (vert, bleu, violet). Les couleurs chaudes apportent énergie, vibration, joie, exubérance en plus de donner l'impression de rapprocher. Les couleurs froides quant à elles donnent l'impression d'éloignement, d'espace, de calme et de repos. Tandis que le blanc unit, les couleurs foncées, comme le pourpre, dramatisent et font ressortir les verts, les bleus et les jaunes environnants.

COMMENT INTÉGRER DES COULEURS

Sommairement, si vous voulez apporter un peu de lumière, d'éclat et de gaieté à un massif ou à un coin sombre, recherchez les végétaux aux feuilles de couleur chartreuse, lime, jaune, crème ou encore apportez quelques touches panachées. Au contraire, si vous avez de grands espaces et que vous voulez des teintes fortes qui garderont leur intensité même au soleil et qui produiront un effet plus dramatique, les feuillages de couleur bronze et pourpre sauront répondre à vos besoins. Mais attention, une trop grande quantité de couleurs foncées peut devenir monotone et triste, il en faut juste assez pour mettre leurs voisines en évidence, sans prendre la vedette, à moins que ce ne soit votre thème.

Deux autres types de feuillage peuvent être intéressants à intégrer dans nos aménagements : le bleu et le gris. Plutôt sobre et discret, le bleu se perd un peu dans la nature. Souvent, ce n'est que lorsque nous l'associons à d'autres couleurs, comme le jaune ou l'orangé, qu'il devient plus vibrant et attirant. Sinon, il se marie discrètement aux couleurs environnantes et devient un élément plutôt subtil, il fait ressortir quand même les autres verts, mais se fond plus facilement dans la composition. Quant au gris, se rapprochant plus du blanc que du bleu, il est beaucoup plus visible, il peut même jouer le rôle de plante lien tout comme le blanc, c'est-à-dire qu'il peut être associé à toutes les couleurs sans choquer, d'où l'intérêt de l'introduire entre deux couleurs fortes pour les adoucir.

PLANTES AUX FEUILLAGE COLORÉ

Parce qu'omniprésent dans tous les jardins, nous oublions facilement le vert pour ne pas dire que nous le négligeons carrément. Pourtant celui-ci est reposant et la nature regorge de ses nuances. Nous en retrouvons toute la subtilité dans les jardins d'inspiration orientale ou encore dans les classiques jardins français. Mais comme mentionné précédemment, c'est en jouant avec des feuillages bleus, jaunes, pourpres ou panachés que nous faisons ressortir les qualités des verts environnants.

En massif au travers des plates-bandes ou comme plantes d'accompagnement dans les paniers fleuris, n'hésitez pas à introduire des végétaux aux feuillages colorés. Les fleurs auront toujours leur place dans un jardin, mais faisons un peu plus honneur aux feuillages colorés pour profiter au maximum de la beauté de la nature.

TRUC

Taille pour éliminer la réversion

Il faut savoir que les feuillages panachés sont, bien souvent, moins vigoureux que les feuillages verts. Il arrive parfois que le vert veuille reprendre le dessus sur le panaché. Dès que vous voyez cet effet de réversion et que des feuilles vertes apparaissent, il faut aussitôt les supprimer pour qu'elles n'envahissent pas le plant et fassent disparaître toute la panachure.

FEUILLAGES PANACHÉS

ARBRES	H	L	☀	TYPE DE SOL	Z	MOIS ❀	FORME ❀	COULEUR ❀	REMARQUES
Acer campestre 'Carnival' **Érable champêtre panaché**	4 à 7m	2 à 6m	☀☁	Tous, même pauvre	4b, 5b	5	Sans intérêt	blanc	Variété rare au Québec. Lent. Feuillage vert, blanc et rose.
Acer platanoides 'Drummondii' **Érable de Norvège** 'Drummondii'	9m	6m	☀	Calcaire, drainé	5	—	Sans intérêt	—	Port arrondi, d'un beau panaché. Taillez toutes pousses vertes !
Cornus alba 'Elegantissima' **Cornouiller argenté sur tige**	2m	1m	☀☁	Frais, drainé	2	—	Sans intérêt	—	Panaché à port ouvert. Tiges rouges décoratives. Tourne rose à l'automne.
Fagus sylvatica 'Purpurea Tricolor' **Hêtre d'Europe** 'Tricolor'	14m	4 à 8m	☀☁	Acide, drainé	5b	—	Sans intérêt	—	Port érigé. Feuilles vert crème et roses. Protéger des vents.
Fraxinus pennsylvanica 'Harlequin' **Frêne Penn. panaché** 'Harlequin'	12m	8m	☀	Peu exigeant	3	—	Sans intérêt	—	Port ovale. Feuillage composé vert et blanc. Rustique, résistant.
Malus 'Rainbow' **Pommetier décoratif** 'Rainbow'	3m	2 à 3m	☀	Riche, fertile, frais	3	5	Simple	blanc	Cultivé pour son feuillage vert, blanc, rose. Fruits petits. Lent.
Prunus cerasifera 'Hessei' **Prunier** 'Hessei' **sur tige**	1,5m	1,5m	☀☁	Peu exigeant, drainé	5	5 et 6	Petite, simple	blanc	Feuilles irrégulières, bronze pourpre, bordées crème puis rose.
Salix cinerea 'Tricolor' **Saule cendré panaché sur tige**	2m	2m	☀	Peu exigeant, frais	4b	4	Chatons décoratifs	argenté	Feuillage panaché vert blanc et rose rouge. Vedette printanière.
Salix integra 'Hakuro-Nishiki' **Saule maculé sur tige**	2m	1m	☀☁	Peu exigeant, frais	4	—	—	—	Non greffé, donc plus rustique. Panachée teintée de rose. Taille.
Syringa reticulata 'Golden Eclipse' **Lilas japonais** 'Golden Eclipse'	6m	3,5m	☀☁	Léger, frais, drainé	4	7	Panicule parfumée	blanc crème	Ovoïde. Panaché 2 tons de vert puis vert et jaune doré à l'été.

ARBUSTES	H	L	☀	TYPE DE SOL	Z	MOIS ❀	FORME ❀	COULEUR ❀	REMARQUES
Acer negundo 'Flamingo' **Érable à Giguere** 'Flamingo'	8m	7m	☀	Tous sauf humide	5	—	Sans intérêt	—	Feuilles roses, blanches. Croissance rapide. Abrité du vent. Fragile.
Acer negundo 'Kelly's Gold' **Érable à Giguere** 'Kelly's Gold'	5m	5m	☀☁	Tous sauf humide	5b	—	Sans intérêt	—	Petit arbre cultivé en arbuste. Vert foncé bordé jaune. Tailler.
Acer palm. 'Beni-Schichihenge' **Érable du Japon** 'Beni-Schichihenge'	1,5m	1,5m	☀☁	Riche, drainé	5b	—	Sans intérêt	—	Culture difficile. Panaché vert bleu, blanc et rose. Érigé, évasé.
Acer palmatum 'Butterfly' **Érable du Japon** 'Butterfly'	1,5m	1,5m	☀☁	Riche, drainé	5	—	Sans intérêt	—	Port dressé. Panaché, vert, rose et crème. Tourne rouge rosé.
Acer palmatum 'Versicolor' **Érable du Japon** 'Versicolor'	1,5m	1,5m	☀☁	Riche, drainé	5	—	Sans intérêt	—	Les feuilles sur le bois de l'année sont entièrement rose et blanc.
Aralia elata 'Aureo-variegata' **Aralie du Japon doré**	3 à 6m	2 à 4m	☀☁	Riche, léger, frais	6	8 et 9	Grosse panicule	blanc crème	Variété moins vigoureuse. Feuilles vertes panachées de jaune. Fragile.
Aralia elata 'Variegata' **Aralie du Japon panachée**	3 à 6m	2 à 4m	☀☁	Riche, léger, frais	5b	8 et 9	Grosse panicule	blanc crème	Grosses feuilles vert gris bordées de blanc crème. Pour jardinier averti.
Berberis thunbergii 'Rose Glow' **Épine-Vinette** 'Rose Glow' / 'Ida'	1,5m	1,5m	☀☁	Peu exigeant, drainé	5	5 et 6	Clochettes peu visible	jaune	Rouge tacheté de rose. Rouge pourpre à l'automne. ± rustique.
Buddleja davidii 'Santana' **Arbre aux papillons** 'Santana'	2,3m	2m	☀	Fertile, drainé	5	8 et 9	Épi courbé	pourpre	Lumieux feuillage panaché vert et jaune doré.
Cornus alba 'Bailhalo' / 'Ivory Halo' **Cornouiller** 'Ivory Halo'	1,5m	1m	☀☁	Sec à humide, drainé	2b	5 et 6	Cyme	blanc crème	Port arrondi, dense, uniforme. Vert et ivoire. Tiges rouges.
Cornus alba 'Elegantissima' **Cornouiller argenté**	2m	1,5m	☀☁	Sec à humide	2	5 et 6	Cyme	blanc crème	Panaché à port ouvert. Tiges rouges décoratives. Tourne rose à l'automne.
Cornus alba 'Gouchaultii' **Cornouiller de Gouchault**	2m	1,5m	☀☁	Sec à humide	2	5 et 6	Cyme	blanc crème	Panaché de vert, jaune et rose. Rameaux rouges. Rapide.
Cornus alba 'Sibirica Variegata' **Cornouiller de Sibérie panaché**	2,5m	2,5m	☀☁	Sec à humide	2	5 et 6	Cyme	blanc crème	Feuilles gris-vert bordées blanc. Feuilles et bois rouge en automne.

PLANTES AU FEUILLAGE COLORÉ

ARBUSTES (suite)	H	L	☀	TYPE DE SOL	Z	MOIS ✿	FORME ✿	COULEUR ✿	REMARQUES
Cornus controversa **Cornouiller** tabulaire	15m	12m	☀⛅	Ordinaire, drainé	6	5 et 6	Cyme	blanc crème	Un cornus asiatique, à feuilles alternes panachées. Très rare.
Cornus florida 'Tricolor' **Cornouiller fleuri** 'Tricolor'	2,5m	2,5m	☀⛅	Riche, humide, drainé	6	5 et 6	Grappe bractéée	blanc, rose	Port arrondi. Spectaculaire en fleur. Fragile. Vire rouge pourpre.
Cornus kousa 'Limon Ripple' **Cornouiller kousa** 'Limon Ripple'	3m	3m	☀⛅	Riche, humide, drainé	6	5	Grosse cyme	bractée blanche	Feuillage panaché chartreuse et vert. Le gel le rend plus compact.
Cornus mas 'Variegata' **Cornouiller mâle panaché**	6m	5m	☀⛅	Riche, humide, drainé	5b	4 et 5	Petite, bouquet	jaune	Grand arbuste à feuillage vert et blanc. Abrité du vent.
Cornus sericea 'S. & G.' / *C. stolonifera* **Cornouiller** 'Silver and Gold'	2m	2m	☀⛅	Sol humide	3	5	Grappe	blanc	Vert irrégulier bordé blanc crème. Tiges jaunes. Supporte la chaleur.
Cotoneaster horizon. 'Variegata' **Cotonéaster rampant panaché**	80cm	2,5m	☀⛅	Léger, neutre, sec	6b	5 et 6	Petite, simple	blanc rosé	Tapissant. Non recommandé au Québec. Vert bordé crème puis rose.
Eleutherococcus sieboldianus 'Variegata' **Acanthopanax panaché**	1,2m	1,5m	☀⛅⛅	Peu exigent, sableux	5	6	Sans intérêt	verdâtre	Arbuste érigé, épineux. Feuilles palmées vertes et blanc crème. Très jolie.
Eleutherococcus s. 'Aureo marginata' **Aralie de Siebold marginé**	2m	2m	☀⛅⛅	Tous sols drainés	5	6	Sans intérêt	—	Feuilles palmées vertes à bordure jaune irrégulière. Méconnue.
Forsythia intermedia x 'Fiesta' **Forsythia** 'Fiesta'	1,25m	1,25m	☀	Fertile, frais	5	4 et 5	Abondant	jaune	Irrégulier. Panaché vert et jaune sur tige rouge. Superbe floraison.
Forsythia intermedia x 'Flojor' **Forsythia** 'MiniGold' / 'Flojor'	1,25m	90cm	☀	Fertile, frais	4	4 et 5	Petite, abondant	jaune	Port irrégulier. Vert foncé à nervures plus claires. Très florifère.
Forsythia interm. 'Golden Times' **Forsythia** 'Golden Times'	1,25	1m	☀	Fertile, frais	5	4 et 5	Abondant	jaune	Port nain, compact, panaché vert et jaune brillant.
Forsythia viridissima koreana 'Kumson' **Forsythia** 'Kumson'	1,25m	1,25m	⛅⛅	Fertile, frais	5	4 et 5	Abondant	jaune	Port érigé, arqué. Feuillage vert veines argentées. Unique !
Hydrangea macrophylla 'Maculata' **Hortensia** 'Maculata'	80cm	80cm	⛅	Riche, acide, frais	5	7 et 8	Corymbe arrondi	blanc	Floraison rare. Utilisé pour son beau feuillage vert, gris et blanc.
Hydrangea macro. 'Lemon Wave' **Hortensia** 'Lemon Wave'	80cm	80cm	⛅	Riche, acide, frais	5b	7 et 8	Corymbe arrondi	mauve	Beau feuillage lustré vert foncé bordé de jaune lumineux.
Ligustrum 'Hillside' **Troène panaché** 'Hillside'	45cm	60cm	☀	Peu exigent	5	7	Grappe	blanc	Port érigé. Feuilles jaunes à centre vert irrégulier. Taille printanière.
Philadelphus coronarius 'Variegatus' **Seringat panaché** 'Bowle'	1,2m	1,2m	☀⛅	Peu exigent, frais	5a	6	Grappe rare	blanc parfumé	Plus utilisé pour ses feuilles ourlées de blanc crème que ses fleurs. Globulaire.
Philadelphus x lemoinei 'Innocence' **Seringat Lemoine** 'Innocence'	1m	75cm	☀⛅	Peu exigent, frais	4	6	Simple	blanc parfumé	Vert à panachure blanc et jaune peu stable. Sublime parfum ! Érigé.
Potentilla fruticosa 'A. Silver' **Potentille** 'Abbottswood Silver'	75cm	75cm	☀⛅	Peu exigent	2a	6 à 9	Simple	blanc	Un cultivar panaché d'une mince ligne blanche en bordure. Faible.
Prunus cerasifera 'Hessei' **Prunier** 'Hessei'	5m	3m	☀⛅	Peu exigent, drainé	4	5 et 6	Petite, simple	blanc	Feuilles irrégulières, bronze pourpre, bordées crème puis rose.
Salix cinerea 'Tricolor' **Saule cendré panaché sur tige**	1 à 4m	1,5m	☀	Peu exigent, frais	4b	4	Chatons décoratifs	argenté	Feuillage panaché vert blanc et rose rouge. Vedette printanière.
Salix integra 'Flamingo' **Saule maculé** 'Flamingo'	1,5m	1,5m	☀⛅	Peu exigent, frais	3b	—	—	—	Comme le suivant mais ses nouvelles pousses sont plus rouge.
Salix integra 'Hakuro-Nishiki' **Saule maculé** 'Hakuro-Nishiki'	1,5m	1m	☀⛅	Peu exigent, frais	4	—	—	—	Panaché vert et blanc teinté de rose. Tailler fréquemment. Souple.
Sambucus nigra 'Aureo marginata' **Sureau noir panaché doré**	1,5m	2m	☀⛅	Peu exigent, frais	4b	6	Corymbe aplati	blanc odorant	Port arrondi. Feuilles composées bordées jaune or. Fruit noir.
Sambucus nigra 'Madonna' **Sureau noir** 'Madonna'	1,5 à 2m	1,5 à 2m	☀⛅	Peu exigent, frais	4	6	Corymbe aplati	crème, odorant	Feuilles panachées et marbrées de jaune. Plus vif que le précédent.
Sambucus nigra 'Pulvurentula' **Sureau** 'Pulvurentula'	1,25 à 3m	1,25 à 5m	☀⛅	Peu exigent, frais	5b	6	Corymbe aplati	blanc odorant	Semble toujours en fleurs à cause de ses feuilles tachées de blanc. Compact.

ARBUSTES (suite)	H	L	☼	TYPE DE SOL	Z	MOIS ✿	FORME ✿	COULEUR ✿	REMARQUES
Spiraea 'Vanhoutte Pink Ice' **Spirée** 'Vanhoutte Pink Ice'	1,2 à 2m	1,2 à 1,8m	☼☁	Peu exigeant, frais	4	6	Multitude corymbe	blanc	Pour jardinier averti. Plus fragile que l'espèce. Tourne pourpre.
Symphoricarpos orbiculatus 'Follis' **Symphorine** 'Follis' panaché	80cm	1m	☼	Peu exigeant, frais	4	6 et 7	Petite	jaune rosé	Feuillage vert, bordé jaune puis crème. Spécimen ou haie basse.
Symphoricarpos o. 'Taff's Silveredge' **Symphoricarpos** 'T. S. Edge'	1m	1m	☼	Peu exigeant, frais	4	6 et 7	Petite	jaune rosé	Port dense, vert brillant, bordé blanc argenté à crème.
Syringa reticulata 'Cameo's Jewel' **Lilas du Japon** 'Cameo's Jewel'	4 à 7m	3 à 5m	☼☁	Léger, frais, drainé	3a	7	Grande panicule	blanc crème	Panachure irrégulière jaune puis crème. Attention aux réversions.
Syringa reticulata 'Chantilly Lace' **Lilas du Japon** 'Chantilly Lace'	4 à 7m	3 à 5m	☁	Léger, frais, drainé	3a	7	Grande panicule	blanc crème	Panachure régulière blanc crème. Le soleil peut le brûler.
Syringa reticulata 'Golden Eclipse' **Lilas du Japon** 'Golden Éclipse'	4 à 7m	3 à 5m	☼☁	Léger, frais, drainé	3a	7	Grande panicule	blanc crème	Ovoïde. Panaché 2 tons de vert puis vert et jaune doré à l'été.
Syrnga vulgaris 'Dappled Dawn' **Lilas** 'Dappled Dawn'	2m	2m	☼	Léger, frais, drainé	2	5 et 6	Panicule	Mauve pâle	Un petit lilas commun à feuilles panachées jaunes et vertes.
Ulmus parviflora 'Geisha' **Orme de Chine** 'Geisha'	1 à 3m	1,5 à 3,5m	☼☁	Tous sols drainés	5	—	Sans intérêt	—	Feuillage gris vert, panaché de crème. Port ouvert, étalé. Lent.
Viburnum lantana 'Variegata' **Viorne commune panachée**	3m	1,5m	☼☁	Peu exigeant, fertile	3	5 et 6	Corymbe	blanc crème	Vert-grisâtre panaché de jaune Très beau colori automnal.
Viburnum opulus 'Kristy D.' **Viorne obier** 'Kristy D.'	1,5m	1,5m	☼☁	Tous sols frais	4a	5 et 6	Corymbe	blanc crème	Port compact, globulaire vert et crème. Fruits rouges.
Weigela florida 'Suzanne' **Weigela panaché** 'Suzanne'	1m	1m	☼	Peu exigeant, fertile	4a	5 et 6	Clochette	blanc rosé	Feuillage vert et blanc tourne rouge en automne. Remontant.
Weigela florida nana 'Variegata' **Weigela panaché nain**	1m	60cm	☼	Peu exigeant, fertile	4b	5 et 6	Clochette plutôt rare	teintes roses	Vert bordé crème ou jaune. Contrastant. Port compact.
Weigela florida 'Variegata' **Weigela panaché**	1,75m	1,75m	☼	Peu exigeant, fertile	4b	5 et 6	Clochette	teintes roses	Ancienne variété panachée. N'a pas de floraison remontante.
Weigela x 'Sunny Princess' **Weigela** 'Sunny Princess'	1m	1m	☼	Peu exigeant, fertile	4b	5 et 6	Clochette	rose foncé	Port nain. Feuillage vert et jaune intense. Conserve sa couleur.

ARBUSTES PERSISTANTS	H	L	☼	TYPE DE SOL	Z	MOIS ✿	FORME ✿	COULEUR ✿	REMARQUES
Buxus sempervirens 'Variegata' **Buis anglais panaché**	1,5m	90cm	☼☁	Meuble, frais, drainé	5b	—	Sans intérêt	—	Port arrondi, large. Feuilles persistantes vertes et blanc-crème.
Daphne x burkwoodii 'Brigg's Moonlight' **Daphné** 'Brigg's Moonlight'	80cm	70cm	☁	Fertile, humifère	5a	6	Corymbe odorante	rosé	Tout est beau : feuilles jaunes à bordure verte, fleurs, fruits et son port arrondi.
Daphne cinerea 'Ruby Glow' **Daphné panaché** 'Ruby Glow'	15 à 30cm	60 à 90cm	☼☁	Riche, drainé	3b	6 et 7	Grappe odorante	rose odorant	Tiges feuillées. Bordure de conifères. Joli dôme persistant.
Euonymus fortunei 'Emerald' **Fusain** 'Emerald Gaiety'	1,25m	1m	☼☁	Riche, drainé	4	—	Sans intérêt	—	Panaché vert et blanc. Se taille facilement. Peu aussi grimper.
Euonymus fortunei 'Emerald Gold' **Fusain** 'Emerald Gold'	1,25m	1m	☼☁	Riche, drainé	5	—	Sans intérêt	—	Panaché jaune or en été, rose à l'automne. Port irrégulier. Grimpe.
Euonymus fortunei 'Harlequin' **Fusain de fortune** 'Harlequin'	10 à 20cm	30 à 40cm	☼☁	Fertile, drainé	6	—	Sans intérêt	—	Feuilles panachées tournant au rosée à l'automne.
Euonymus fortunei ssp. **Fusain de fortune**	0,2 à 1,2m	1 à 3m	☼☁	Riche, drainé	4 et 5	—	Sans intérêt	—	Plusieurs variétés à panachure doré ou crème. Peu rustique.
Pieris x 'Flaming Silver' **Andromède du Japon** 'F. Silver'	1 à 1,5m	1,2 à 2m	☁	Acide, frais, drainé	6	5	Cloche	blanc	Un pierris panaché avec nouvelles pousses d'un beau rouge.
Pieris japonica 'Variegata' **Andromède panaché**	1m	1m	☁	Acide, frais, drainé	6	5	Cloche	blanc	Nouvelles pousses panachées de rose et blanc, le reste blanc crème.
Yucca flaccida 'Golden Sword' **Yucca panaché** 'Golden Sword'	80cm	60cm	☼	Sablonneux, chaud	4	7 et 8	Épi clochette	blanc crème	Feuilles étroites linéaires, rigides vertes au centre jaune.

ARBUSTES PERSISTANTS (suite)	H	L	☀	TYPE DE SOL	Z	MOIS ✿	FORME ✿	COULEUR ✿	REMARQUES
Yucca flaccida 'Ivory Tower' **Yucca** 'Ivory Tower'	80cm	60cm	☀	Sablonneux, chaud	4	7 et 8	Épi clochette	blanc ivoire	Feuillage en forme d'épée, vert pâle à bordure argentée. Léger parfum.

CONIFÈRES	H	L	☀	TYPE DE SOL	Z	MOIS ✿	FORME ✿	COULEUR ✿	REMARQUES
Chamaecyparis pisif. 'Cream Puff' **Faux-cyprès** 'Cream Puff'	80cm	80cm	☀	Frais, drainé	4	—	—	—	Feuillage vert panaché de blanc crème. Port globulaire, dense.
Chamaecyparis pisifera 'Gold Dust' **Faux-cyprès** 'Gold Dust'	90cm	80cm	☀	Frais, drainé, acide	5	—	—	—	Feuillage vert panaché de jaune doré.
Juniperus sabina 'Variegata' **Genévrier panaché**	30 à 50cm	1,2m	☀	Meuble, drainé	4	—	—	—	Plutôt évasé, branches retombantes, vert foncé taché de blanc.
Picea abies 'Argenteospica' **Épinette** 'Argenteospica'	15 à 20m	9 à 12mm	☀	Riche, frais, drainé	4	—	—	—	Les pousses de l'année sont blanches puis tournent vertes.
Picea glauca 'Rainbows End' **Épinette blanche** 'Rainbows End'	3m	1m	☀☁	Pauvre, caillouteux	3	—	—	—	Pyramidale, dense, trapus. Nouvelles pousses jaunes puis crème.
Thuya occident. 'Sherwood Frosty' **Cèdre** 'Sherwood Frosty'	80cm	60cm	☀	Profond, frais, calcaire	3	—	—	—	Port érigé. Feuillage vert aux jeunes pousses blanc crème !
Thuya occidentalis 'Snowtip' **Cèdre** 'Snowtip'	5m	2m	☀	Profond, frais	4	—	—	—	Port pyramidal large. Vert foncé, nouvelles pousses blanches.
Tsuga canadensis 'Albo Spica' **Pruche** 'Albo Spica'	2m	1,2m	☀☁	Ordinaire, humide	4	—	—	—	Pyramide arrondie. Jeunes pousses blanches dirigées vers le bas.
Tsuga canadensis 'Gentsch White' **Pruche** 'Gentsch White'	0,5 à 1m	90cm	☀☁	Acide, frais, drainé	4	—	—	—	Gracieux, vert foncé aux pousses blanc crème. Éclatant à l'ombre.
Tsuga canadensis 'S. Snow' **Pruche** 'Summer Snow'	1,75m	1m	☀☁	Acide, frais, drainé	—	—	—	—	Port compact, conique puis arrondi. Branches vertes à bouts blanc crème. Lent.

GRIMPANTES (Vivaces)	H	L	☀	TYPE DE SOL	Z	MOIS ✿	FORME ✿	COULEUR ✿	REMARQUES
Actinidia kolomikta 'Artic Beauty' **Kiwi ornemental mâle**	5m	3m	☀☁	Riche, drainé	5	5 et 6	Petite, coupe	blanc parfumée	Panaché rose, blanc et vert, plus coloré au soleil. Protéger les racines. Fruits.
Ampelopsis glandulosa 'Variegata' **Ampelope élégant**	5m	2m	☀☁	Consistant, frais	5	7 et 8	Cyme sans intérêt	vert	Feuilles vertes marbrées rose et blanc. Baies lustrées multicolores.
Euonymus fortunei 'Harlequin' **Fusain de fortune** 'Harlequin'	20cm	40cm	☀☁	Fertile, drainé	6	—	Sans intérêt	—	Feuilles persistantes, panachées tournant au rosée à l'automne.
Hedera colchica 'Denata Variegata' **Lierre Persan** 'Dentata variegata'	15cm	45cm	☀☁	Peu exigeant	5b	—	Sans intérêt	—	Feuilles en cœur, vertes à marge irrégulière crème et jaune.
Hedera colchica 'Sulphur Heart' **Lierre Persan** 'Sulphur Heart'	15cm	45cm	☀☁	Peu exigeant	5b	—	Sans intérêt	—	Feuilles en delta à centre irrégulièrement éclaboussées de jaune.
Hedera helix 'Baltica' **Lierre anglais** 'Baltica'	15cm	45cm	☀☁	Peu exigeant, drainé	5b	—	Sans intérêt	—	Feuilles pointues et lustrées. Vert foncé avec nervures argentées.
Hedera helix 'Goldheart' **Lierre anglais** 'Goldheart'	15cm	45cm	☀☁	Peu exigeant	5b	—	Sans intérêt	—	Feuilles brillantes, au centre parsemées de taches irrégulières jaune or.
Hedera helix 'Ivalace' **Lierre anglais** 'Ivalace'	15cm	45cm	☀☁	Peu exigeant	5b	—	Sans intérêt	—	Feuilles frisées à rebord retroussé type érable. Vert veiné jaune.
Hydrangea anomala ssp. *petiolaris* **Hydrangée grimpante panachée**	8m	1,5m	☁	Léger, fertile, acide	5	7	Ombelle	blanc	Nouveau, maintenant panaché. Vert marginé de jaune. ± rustique.
Lonicera periclymenum 'Harlequin' **Chèvrefeuille des bois** 'Harlequin'	1,5 à 3m	1,25m	☀	Ordinaire, frais	4	5 à 7	Tubulaire	rose parfumée	Panaché de crème, rose et vert foncé. Couvre-sol ou grimpant.
Parthenocissus quinquefolia 'Elegans' **Vigne vierge** 'Elegans'	3m	1,5m	☀☁	Consistant, frais	5	—	Sans intérêt	—	Feuilles petites, grimpantes dense, panachées vert et blanc.

PLANTES AU FEUILLAGE COLORÉ

GRIMPANTES (suite)	H	L	☀	TYPE DE SOL	Z	MOIS	FORME	COULEUR	REMARQUES
Parthenocissus quin. 'Star Shower' Vigne vierge 'Star Shower'	12m	1,5m	☀☁	Consistant, frais	3	—	Sans intérêt	—	Plus vigoureux que le précédent. Panaché vert et blanc puis rosit.

VIVACES	H	L	☀	TYPE DE SOL	Z	MOIS	FORME	COULEUR	REMARQUES
Acorus calamus 'Variegatus' Acore panaché	0,7 à 1m	60cm	☀	Humide	4b	—	Sans intérêt	—	Ses feuilles vertes lignées jaunes ressemblent à ceux de l'iris.
Acorus gramineus 'Argenteostriatus' Acore g. 'Argenteostriatus'	25 à 30cm	15cm	☀	Humide	4	—	Sans intérêt	—	Feuilles + étroites que calamus. Variété naine pour couvre-sol.
Aegopodium podagraria 'Variegatum' Herbe aux goutteux	30cm	40cm	☀☁	Tous les sols	2b	6 et 7	sans intérêt	Blanc	Son feuillage panaché illumine les endroits sombres. Facile.
Ajuga reptans 'Burgundy Glow' Bugle 'Burgundy Glow'	15cm	40cm	☀☁	Frais, humide	3	5	Petits épis	bleu pourpre	Feuillage vert tacheté blanc et rose. Excellent couvre-sol.
Ajuga reptans 'Silver Beauty' Bugle 'Silver Beauty'	15cm	40cm	☀☁	Frais, humide	3	5	Petits épis	bleu pourpre	Couvre-sol rampant, persistant, feuillage vert et blanc.
Arabis caucasica 'Variegata' Arabette du Caucase panachée	15cm	50cm	☀	Ordinaire, drainé	3	4 et 5	Grappes courtes	blanc rose	Coussin panaché. ± vigoureux. Rabattre après la floraison.
Arabis fernadi coburgii 'Variegata' Arabis Fernand	10cm	50cm	☀	Ordinaire, drainé	4	5	Grappes dressées	blanc	L'arabis au feuillage le plus attrayant. Panaché, teinté rose à l'automne.
Artemisia vulgaris 'Janlim' Armoise 'Oriental Limelight'	50 à 80cm	40cm	☀	Sec, drainé	4	—	Sans intérêt	—	Feuilles dentelées, panachées jaune-citron et vert. Tailler régulièrement.
Astrantia major 'Sunningdale V.' Astrance 'S. Variegata' panachée	50cm	45cm	☀☁	Riche, frais, humide	4	6 à 8	Ombelle, bractée	verdâtre	Belles feuilles très découpées, marbrées de jaune et crème surtout au printemps.
Bergenia cordifolia 'T. Andrews' Bergenia 'Tubby Andrews'	20 à 40cm	30cm	☀☁	Tous sols frais	3	5	Grappe	rosé	Feuilles épaisses lustrées panachées de taches jaunes et vert pâle.
Brunnera macro. 'Hadspen Cream' Myosotis du Caucase 'H. Cream'	40cm	45cm	☀☁	Peu exigeant	3	5 et 6	Petites fleurs	bleu ciel	Ressemble à B. variegata mais à bordure plus jaune-crème.
Brunnera macrophylla 'Variegata' Myosotis du Caucase panaché	40cm	50cm	☀☁	Peu exigeant	3	5 et 6	Petites fleurs	bleu vif	Feuilles en cœur, imposantes, rugueuses, vertes bordées crème.
Calamintha alpina / Acino Calament alpine	5cm	30cm	☀☁	Léger, poreux	5	6 à 8	Panicule lâche	pourpre	À coincer entre les pierres. Buissonnant, vert ou panaché.
Calamintha sp. Calaments	40cm	40cm	☀☁	Léger, drainé,	5	7 à 9	Tubulée verticillée	blanc, rose	Feuillage aromatique vert ou panaché. Tolère l'ombre des arbres.
Coreopsis 'Tequila Sunrise' Coréopsis 'Tequila Sunrise'	40cm	50cm	☀	Peu exigeant	4	6 et 7	Capitule simple	jaune et rouge	Vert olive panaché crème et jaune. Remonte en septembre.
Coreopsis grandiflora 'Calypso' Coréopsis 'Calypso'	40cm	40cm	☀	Peu exigeant	4	6 et 7	Capitule simple	jaune orangé	Feuilles panachées vertes et jaune crème. Résistant aux maladies.
Disporum pullum 'Variegata' Disporum panaché	45cm	60cm	☀☁	Tourbeux, humide	6	5	Clochettes pendantes	blanc vert	Feuilles type Sault de Salomon avec bordure nette, blanche.
Disporum smilacinum Disporum smilacinum	45 à 60cm	30 à 60cm	☀☁	Tourbeux, humide	6	5	Clochettes pendantes	blanc vert	Inverse de pullum, feuilles blanches avec striures ou lignes vertes.
Echinacea purpurea 'Sparkler' Echinacée 'Sparkler'	50cm	45cm	☀	Ordinaire, frais	4	7 à 9	Capitule 10cm	rose	Feuillage panaché de blanc surtout au printemps, puis vert.
Erysimum linifolium Vélar	25 à 70cm	45cm	☀	Calcaire, drainé	4	5 et 6	Grappe, rameaux	violet	Leurs feuilles panachées ou non sont attrayantes. Superbe coussin.
Euphorbia polychroma Euphorbe 'First Blush'	40cm	45cm	☀☁	Sec, drainé	4	5 et 6	Bractée	jaune	Feuillage vert bordé jaune teinté de rose au printemps. Rocaille.
Fallopia japonica 'Variegata' / Polygonum cuspidatum Renouée japonaise	1,2m	90cm	☀☁	Humide, frais	5	8 et 9	Panicule vaporeuse	blanc rosé	Renouée très décorative, blanc taché de vert. Moins envahissante que l'espace.

VIVACES (suite)	H	L	☀	TYPE DE SOL	Z	MOIS ✿	FORME ✿	COULEUR ✿	REMARQUES
Fargugium japonica 'Aureomaculata' **Ligulaire / Plante léopard**	30cm	30cm	☁	Humide	6	—	Sans intérêt	—	Beau feuillage rond, lustré parsemé de taches jaunes type léopard.
Fillipendula ulmaria 'Variegata' **Fillipendule ulmaria panaché**	0,9 à 1,2m	30cm	☀☁	Riche, frais	3	6 à 8	Panicule, corymbe	crème	Le panache jaune crème est au centre des folioles.
Fragaria chiloensis 'Variegata' **Fraisier panaché**	20cm	45cm	☀☁	Riche, drainé	4	6 à 8	Simple, grappe	blanc	Un fraisier déco et comestible. Feuilles vertes bordées de blanc.
Gaura lindheimeri 'Corries Gold' **Gaura 'Corries Gold'**	70cm	90cm	☀☁	Riche, drainé	5	7 à 9	Long épi aérien	blanc rosé	Vivace tendre à feuilles élancées bordées de blanc. Gracieux.
Geranium macrorrhizum 'Variegatum' **Géranium panaché**	35cm	45cm	☀☁	Ordinaire, frais à sec	4	5 et 6	Groupé simple	blanc, rose	Feuillage aromatique, palmé, panaché irrégulier. Lent à s'établir.
Geranium phaeum 'Springtime' **Géranium à fleurs noires**	60cm	60cm	☀☁	Ordinaire, drainé	4b	5 et 6	Simple, penchée	pourpre noir	Un *phaem* panaché crème au printemps. Puis tourne au vert.
Glechoma hederacea 'Variegata' **Lierre terrestre panaché**	10cm	50cm	☀☁	Poreux, frais	3	5 et 6	Petit épi	bleu violacé	La variété panachée est plus jolie que l'espèce.
Heliopsis helianthoides 'L.S.' **Héliopside 'Loraine Sunshine'**	70cm	40 à 75cm	☀	Riche, meuble, frais	3	7 et 8	Capitule simple	jaune doré	Feuillage crème nervuré vert. Port dressé. Plate-bande, massif.
Heuchera sp. **Heuchères**	20 à 60cm	30 à 60cm	☀☁	Riche, frais, drainé	3	7 et 8	Grappe, brouillard	blanc, rouge	Fabuleux. Pour tout jardin où le feuillage est à l'honneur.
Heuchera x 'Frosty' **Heuchère 'Frosty'**	25 à 45cm	40cm	☀☁	Riche, frais, drainé	3	7 et 8	Hampes, clochettes	rouge	Feuilles plutôt rondes, lobées, parsemées de points verts et blancs.
Heuchera sanguinea 'Snow Angel' **Heuchère sanguinea 'Snow Angel'**	70cm	60cm	☀☁	Riche, frais, drainé	3	5 à 7	Hampes, clochettes	rose foncé	Feuillage crème maculé de taches vertes. Oiseaux-mouches.
Heuchera sanguinea 'Snow Storm' **Heuchère sanguinea 'Snow Storm'**	10 à 30cm	30cm	☀	Riche, humide	4	7 à 9	Hampes, clochettes	rose vif	Coussin de feuilles crème bordées de vert. Fleurs très contrastantes.
Heuchera sanguinea 'Splish Splash' **Heuchère s. 'Splish Splash'**	25cm	60cm	☀☁	Riche, frais, drainé	4	6	Hampes, clochettes	rouge vif	Feuilles presqu'entièrement blanches bordées de taches vertes.
Heuchera x 'White Marbles' **Heuchère 'White Marbles'**	40cm	60cm	☀☁	Riche, frais, drainé	3	6	Hampes, clochettes	blanc double	Hampes hautes. Feuilles type érable, bronze argenté. Rapide.
Hosta sp. **Hostas**	0,15 à 1m	25cm	☁	Riche, frais	3 et 4	8	Hampe, cloches	mauve foncé	Très vaste choix de panachés. Un incontournable à l'ombre.
Houttuynia cordata **Plante caméléon**	50cm	55cm	☀☁ ☁	Riche, humide	5	7 et 8	Sans intérêt	blanc	Rampant tout à fait particulier. Feuilles marbrées de jaune rouge, rose et vert.
Iris ensata 'Variegata' **Iris japonais panaché**	60cm	60cm	☀	Humide, puis sec	3	6 et 9	3 sépales 3 pétales	bleu foncé	Feuillage érigé, en lame, vert et blanc toute la saison.
Iris pallida 'Argentea Variegata' **Iris pallida panaché argent**	70cm	30cm	☀☁	Ordinaire, chaud	4	6 et 7	3 sépales 3 pétales	bleu lavande	Léger parfum de raisin. Feuillage vert grisâtre panaché de blanc argenté.
Iris pallida 'Aurea Variegata' **Iris Dalmatien doré**	70cm	30cm	☀☁	Ordinaire, chaud	4	6 et 7	3 sépales 3 pétales	bleu lavande	Léger parfum de raisin. Feuillage vert grisâtre panaché de jaune doré.
Iris pallida 'Variegata' **Iris Dalmatien panaché**	70cm	30cm	☀☁	Ordinaire, chaud	3	6 et 7	3 sépales 3 pétales	bleu lavande	Léger parfum. Feuillage vert bleuté panaché de blanc crème. Tolère sol humide.
Iris pseudacorus 'Variegata' **Iris des marais panaché**	1,1m	60cm	☀☁	Humide	4	5 et 6	3 sépales 3 pétales	jaune	Feuillage panaché au printemps puis vert en été. Bord de l'eau.
Lamium maculatum 'A. Greenway' **Lamier 'Anne Greenway'**	20cm	50cm	☁	Frais, drainé	3	5 à 8	Grappe	rose mauve	Très lumineux. Feuillage vert-olive et argent à marge doré.
Lavandula angustifolia 'Goldburg' **Lavande panaché 'Goldburg'**	30cm	30cm	☀	Pauvre, sec	5	7	Épi odorant	bleu intense	Feuilles étroites, originales vertes bordées blanc. Touffe compacte.
Lysimachia clethroïdes 'Geisha' **Cou d'oie 'Geisha'**	70cm	50cm	☀☁	Riche, frais	3	7 à 9	Épi courbé	blanc	Feuillage gris-vert bordé de jaune crème. Moins vigoureux que l'espèce.

PLANTES AU FEUILLAGE COLORÉ

VIVACES (suite)	H	L	☼	TYPE DE SOL	Z	MOIS	FORME	COULEUR	REMARQUES
Lysimachia punctata 'Alexander' Lysimaque panachée	60cm	30cm	☼☁	Ordinaire, drainé	4	6 à 8	Épi	jaune doré	Beau panaché vert, crème et rose. Port érigé, robuste.
Melissa officinalis 'Variegata' Mélisse panachée	50 à 70cm	30 à 60cm	☼☁	Riche, humide	5b	6 à 8	Sans intérêt	blanc	Beau feuillage vert bordé jaune or. Feuillage à odeur de citron.
Mentha arvensis 'Variegata' Menthe gingembre panachée	40cm	60cm	☼☁	Riche, humide	4	—	Sans intérêt	—	Feuilles éclaboussées irrégulièrement de blanc. Vigoureux.
Mentha suaveolens 'Variegata' Menthe ananas panachée	50cm	40 à 80cm	☼☁	Riche, humide	4	—	Sans intérêt	—	Menthe au goût d'ananas. Feuilles à larges panachures blanches.
Oenanthe javanica 'Flamingo' Céleri d'eau panaché	30cm	40cm	☼☁	Tous sols humide	5	7 et 8	Étoilé sans intérêt	blanc	Feuillage rose, blanc, vert. Aime les bassins d'eau. Couvre-sol.
Oenothera fruticosa 'Camel' Onagre 'Camel'	35cm	40cm	☼	Ordinaire	4	7 et 8	Grande groupée	jaune	Semblable à l'espèce mais à feuilles panachées de jaune crème.
Oenothera fructicosa 'Spring Gold' Onagre 'Spring Gold'	40cm	45cm	☼	Perméable	4	6 à 8	Simple, grappe	jaune	Très récente introduction sur le marché. Feuillage panaché.
Origanum vulgare 'Variegatum' Orégan commun panaché	20cm	30cm	☼	Léger, drainé	4b	7 à 9	Sans intérêt	blanc, rose	Herbe-fine, joliment décorative avec sont feuillage aromatique vert et crème.
Pachysandra terminalis 'Silveredge' Pachysandra 'Silveredge'	20cm	20cm	☁	Acide, frais	4	5	Sans intérêt	blanc	Couvre-sol en rosette, lustrée, semi-persistant, bordé de crème.
Petasite japonicus 'Variegata' Pétasite japonaise	1,2m	1,2m	☼☁	Ordinaire, humide	4	4	Sans intérêt	—	Moins agressive que l'espèce. Grandes feuilles moustachées de crème.
Phlox paniculata 'Becky Towe' Phlox paniculé 'Becky Towe'	70cm	60cm	☼☁	Riche, frais	3a	7 à 9	Panicule parfumée	rouge saumon	Feuilles non malades, vertes panachées de doré puis blanc crème.
Phlox paniculata 'Crème de Menthe' Phlox pan. 'Crème de Menthe'	70cm	50cm	☼	Riche, frais	3	7 à 9	Panicule	blanc et rose	Beau panaché vert et blanc contrastant. Peu malade.
Phlox paniculata 'Dawin's Joyce' Phlox paniculé 'Darwin's Joyce'	75cm	60cm	☼	Riche, frais	4	7 à 9	Panicule	rose et carmin	Feuillage vert à large marge crème. Masse de fleurs à œil carmin.
Phlox paniculata 'Harlequin' Phlox paniculé 'Harlequin'	70cm	50cm	☼	Riche, frais	3	7 à 9	Panicule	rose fuchsia	Feuillage vert bordé de jaune, très contrastant avec les fleurs.
Phlox paniculata 'Nora Leigh' Phlox paniculé 'Nora Leigh'	70cm	60cm	☼	Riche, frais	4	7 à 9	Panicule	blanc œil rose	Un autre panaché résistant au mildiou. Vert bordé de blanc.
Physostegia virg. 'Olympus Gold' Physostégie 'Olympus Gold'	70cm	—	☼☁	Riche, frais	3b	7 et 8	Épi 4 rangs	rose pâle	Panaché gris et jaune. Résistant aux maladies. Ordonné.
Physostegia virginiana 'Variegata' Plante obéissante panachée	90cm	50cm	☼	Riche, frais	3	8 et 9	Épi 4 rangs	blanc rose	Port dressé. Tiges carrées, feuillées tout le long, vert et blanc.
Polemonium caeruleum 'B. d'Anjou' Polémonium 'Brise d'Anjou'	60cm	45cm	☼☁	Riche, humide	4	6 et 7	Groupée cyme	violet	Tout à fait spectaculaire et originale. Panachée. Peu florifère.
Polemonium caeruleum 'Snow & S.' Polémonium 'Snow & Sapphires'	70cm	60cm	☼☁	Riche, humide	4	6 et 7	Groupée cyme	violet odorant	Unique et récent. Panaché plus éclatant que 'Brise d'Anjou' et + florifère.
Polemonium c. 'White Ghost' Valériane grecque 'White Ghost'	60cm	50cm	☼☁	Riche, humide	5	6 et 7	Groupée cyme	bleu violet	Beau feuillage panaché blanc et rose mais moins rustique.
Polemonium reptans 'Epic C. Pearl' Polémonium 'Epic Creamy Pearl'	40cm	45cm	☼☁	Riche, humide	3	5 et 6	Groupée cyme	bleu pâle	Valérianne au port lâche. Feuilles découpées, marge blanc-crème.
Polemonium reptans 'S. to Heaven' Valériane 'Stairway to Heaven'	60cm	50cm	☼☁	Riche, humide	3b	5 et 6	Épi	bleu violet	Feuilles type fougère vert grisâtre bordées de crème teintées de rose. Exotique.
Polygonatum x variegatum Sceau de Salomon panaché	60cm	30cm	☁	Riche, humide à sec	5	6	Cloches pendantes par 4	blanc odorant	Tige arquée vert glauque marginé de blanc. Fleurs à l'aisselle des feuilles.
Polygonum filiforme 'Variegatum' Persicaire panaché	1,2m	70cm	☁	Riche, frais, drainé	5s	7 et 8	Épi très fin	rose	Ornemental et décoratif. Panaché de blanc. Feuilles ovées. Pailler.

PLANTES AU FEUILLAGE COLORÉ

VIVACES (suite)

	H	L	☼	TYPE DE SOL	Z	MOIS	FORME	COULEUR	REMARQUES
Primula polyantha 'Campfire' Primevère 'Campfire'	10cm	10cm	☼	Riche, frais	4b	4 et 5	Ombelle, épi, ou verticelle	magenta	Port en rosette. Vigoureux feuillage bordé d'une large ligne doré.
Primula polyantha 'Snow cap' Primevère 'Snow Cap'	10cm	10cm	☼	Riche, frais	4b	4 et 5	Ombelle, épi, ou verticelle	bleu foncé	Rosette de feuilles à veinures profondes, éclaboussées de blanc.
Pulmonaria sp. Pulmonaires	var.	var.	☁	Riche, humide	3	5	Clochette en cyme	bleu rose	Feuilles allongées, plusieurs tachetées ou panachées.
Salvia officinalis 'Icterina' Sauge officinale panaché	60cm	40cm	☼	Sec, drainé	5	6 et 7	Longue grappe	violet clair	Forme panaché de la sauge de jardin. Lumineux, vert bordé jaune.
Salvia nipponica 'Fuji Snow' Sauge 'Fuji Snow'	50cm	40cm	☼	Ordinaire, fertile, sec	5	7 et 8	Épis longs	blanc crème	Très beau feuillage pointu, panaché, aromatique. Épis gracieux.
Salvia officinalis 'Tricolor' Sauge commune 'Tricolor'	60cm	45cm	☼	Pauvre, sec	5	6 à 8	Sans intérêt	bleu lilas	Classé fine-herbe, mais tellement décorative. Vert, blanc et pourpre.
Saxifraga x urbuim 'Aureopunctata' Saxifrage 'Aureopunctata'	30cm	40cm	☼☁	Humifère, frais	5	5 et 6	Hampe, étoilée	rosé	Vigoureux. Feuilles en rosettes ± moustachées de jaune-crème.
Scripus tabernaemontani 'Zebrinus' Scirpe à zébrures	0,4 à 1,2m	20 à 30cm	☼	Humide	3b	—	Sans intérêt	—	Sous-espèce de *S. lacustris*. Tige annelée blanc et vert. Bassin d'eau.
Scrophularia buergeriana 'L. and L' Scrophularia 'Lemon and Lime'	60 à 90cm	60 à 80cm	☼☁	Riche, drainé	4b	—	Cyme sans intérêt	jaune verdâtre	Port dense. Utilisé pour ses feuilles opposées jaune lime à centre vert.
Sedum alboroseum mediovarigata Orpin panaché	50cm	50cm	☼☁	Ordinaire, drainé	3	7 à 9	Corymbe	rose pâle	Feuillage vert-bleuté panaché irrégulièrement de blanc. Beau à la mi-ombre.
Sedum x 'Frosty Morn' Orpin glacé 'Frosty Morn'	30 à 40cm	20 à 30cm	☼☁	Consistant, drainé	3	8 et 9	Étoilé en cyme	blanc rosé	Feuilles épaisses vertes à large marge blanc pur. Port érigé.
Sedum kamtschaticum 'Variegata' Orpin de Russie panaché	15cm	40cm	☼	Consistant, drainé	3	6 à 8	Étoilé en cyme	jaune et rouge	Rampant, feuillage épais, vert lustré, marginé de blanc-crème.
Sedum spurium 'Tricolor' Sédum spurium panaché	10cm	45cm	☼	Consistant, drainé	3	6 à 8	Étoilé en cyme	rose pâle	Rosette ± relâchée. Feuilles vertes panachées de blanc et rose.
Silene dioica 'Clifford Moor' Silène 'Clifford Moo'r	30cm	40cm	☼☁	Léger, drainé	4	6 et 7	Petites, sur tige	rose	Coussin de feuilles étroites vert foncé marginé de crème doré.
Silene maritima 'Druett's Variegata' Silène 'Druett's Variegated'	15cm	30cm	☼	Léger, drainé	4	6 et 7	Grande, simple	blanc	Port érigé, relâché. Feuilles gris vert bordées de blanc.
Symphytum grandiflorum 'Goldsm.' Consoude 'Goldsmith'	30cm	45cm	☼☁	Frais, drainé	5	5 et 6	Grappe penchée	blanc crème	Couvre-sol implacable de feuilles vertes marginées de blanc-crème.
Symphytum x uplandicum 'A. Gold' Consoude 'Axminster Gold'	90cm	70cm	☼☁	Frais, drainé	4	5 et 6	Grappe penchée	mauve	Coussin dense feuilles vertes largement bordées de jaune doré.
Symphytum x uplandicum 'Variegatum' Consoude panachée	120cm	60cm	☼☁	Riche, frais	4	5 et 6	Grappe tombante	liliacée	S'impose par son feuillage abondant et panaché. Couvre-sol.
Tellima grandiflora Tellima	55cm	30cm	☼☁	Frais, humifère	4	6	panicule délicate	verdâtre à rouge	Ressemble un peu à la *Tiarella*. Existe une variété pourpre aussi.
Thymus citriodorus 'Aureus' Thym citron Doré	25cm	25cm	☼	Pauvre, sec	4	7 et 8	Tubulaire, grappe	rose	Tapis de thym brillant avec sa panachure jaune doré. Aromatique.
Tiarella wherryi 'Heronswood Mist' Tiarelle 'Heronswood Mist'	20 à 30cm	20 à 30cm	☼☁	Riche, frais, drainé	4	5 et 6	Grappe dressée	crème rosé	Feuillage lobé, vert jaune, tacheté crème et rose. Tapis sous-bois.
Tricyrtis formosanan 'Gilt Edge' Tricyrtis formosanan 'Gilt Edge'	60cm	45cm	☼☁	Riche, frais, humide	4	8 à 10	Cyme dressée	lavande picoté	Grosses feuilles lustrées, vert foncé avec bordure irrégulière crème.
Tricyrtis hirta 'Variegata' Lis crapaud panaché	50cm	45cm	☼☁	Riche, frais, humide	4	8 à 10	Cyme	lilas picoté	Feuillage allongé, élancé bordé de blanc-crème.
Tricyrtis macropoda 'Tricolor' Tricyrtis macropoda 'Tricolor'	60cm	45cm	☼☁	Riche, frais, humide	5	8 et 9	Cyme	blanc et rouge	Feuillage plutôt oval, strié vert, crème et rose, marbré argent.
Veronica chamaedrys Véronique chamaedrys	30cm	30cm	☼☁	Riche, frais	3	6 à 8	Racème	bleu	Feuilles panachées, persistantes. Joli couvre-sol couvert de fleurs.
Veronica gentianoides 'Variegata' Véronique fausse gentiane	35cm	35cm	☼	Riche, frais	3	5 et 6	Épis	bleu strié	Feuilles lancéolées panachées de crème. Rosette érigée.

VIVACES (suite)	H	L	☀	TYPE DE SOL	Z	MOIS ✿	FORME ✿	COULEUR ✿	REMARQUES
Veronica iongifolia 'Noah Williams' Véronique iongif. 'Noah Williams'	50cm	45cm	☀⛅	Riche, frais, drainé	4	7 et 8	Grands épis	blanc	Port érigé. Feuillage panaché de blanc crème en fine bordure.
Veronica montana 'Corinne Tremaine' Véronique 'Corinne Tremaine'	5cm	30cm	☀⛅	Riche, frais	6	5 et 6	Racème	bleu profond	Tiges de feuilles rondes, opposées vert bordées de crème. Couvre-sol.
Vinca minor 'Aureo marginata' Pervenche dorée panachée	10 à 20cm	30 à 90cm	⛅☁	Léger, frais	3	5 et 6	Étoilée	bleu pâle	Rampant aux feuilles lustrées panachées de blanc et doré.
Vinca minor 'Blue and Gold' Pervenche 'Blue and Gold'	10 à 20cm	30 à 90cm	⛅☁	Léger, frais	4	5 et 6	Étoilée	bleu	Couvre-sol entremêlé. Feuillage vert foncé, lustré bordé de jaune.
Vinca minor 'Golden' Pervenche 'Golden'	10 à 20cm	30 à 60cm	⛅☁	Léger, frais	4	5 et 6	Étoilée	blanc	Couvre-sol éclatant. Beau feuillage à marges et fleurs blanches.
Vinca minor 'Minor's Gold' Pervenche 'Minor's Gold'	10 à 20cm	30 à 60cm	⛅☁	Léger, frais	4	5 et 6	Étoilée	bleu foncé	Son feuillage très brillant est éclaboussé de taches dorées.
Vinca minor 'Ralph Shugert' Pervenche 'Ralph Shugert'	10 à 15cm	60 à 90cm	⛅☁	Léger, frais	3	5 et 6	Étoilée	bleu œil blanc	Vert foncé et brillant, finement marginé de blanc. Vigoureux.
Vinca minor 'Sterling Silver' Pervenche 'Sterling Silver'	10 à 20cm	30 à 90cm	⛅☁	Léger, frais	2	5 et 6	Étoilée	bleu foncé	Port beaucoup plus dressé, feuillage vert avec bordure blanc crème.

GRAMINÉES	H	L	☀	TYPE DE SOL	Z	MOIS ✿	FORME ✿	COULEUR ✿	REMARQUES
Acorus gramineus 'Variegatus' Acorus à feuilles de graminées	30cm	15cm	☀⛅	Humide	4	—	Sans intérêt	vert et blanc	Feuilles semi-persistantes. Port évasé. Bord de l'eau.
Arrhenatherum bulbosum 'Variegatum' Avoine à chapelet	40cm	50cm	☀⛅☁	Pauvre, frais	4	6 et 7	Sans intérêt	vert et blanc pur	Feuilles rubanées, érigées puis arquées. Diviser régulièrement.
Arundinaria pumila 'Variegata' Bambou nain panaché	30cm	60cm	☀⛅	Plutôt frais	3b	—	Sans intérêt	vert et blanc	Feuilles effilées, raides, couchées à l'horizontale le long de la tige.
Arundo donax 'Versicolor' Canne de Provence	3m	1 à 1,5m	☀	Riche, frais	6	8 et 9	Rare	vert et blanc	Ressemble à un plant de maïs strié vert et blanc. Pour climat chaud !
Bromus inermis 'Skinner's Golden' Brome inerme panaché	60 à 90cm	40 à 60cm	☀	Peu exigeant	3	6 à 8	Épi doré	vert et jaune	Belle graminée de plate-bande. Facile, imposante et colorée.
Calamagrostis x acutiflora 'Avalanche' Calamagrostide 'Avalanche'	1,2m	60 à 90cm	☀	Tous sols drainés	4b	6 et 7	Épi doré	vert et blanc	Nouvelle variété panachée. Ressemble à Overdam.
Calamagrostis x acutiflora 'Overdam' Calamagrostide 'Overdam'	1,25m	50cm	☀⛅	Tous sols drainés	4b	6 et 7	Épi doré	vert et blanc	Très beau port érigé, compact et structuré. Vert bordé de blanc.
Carex conica 'Marginata' Laîche panachée	20cm	40cm	⛅☁	Riche, humide	4b	—	Sans intérêt	vert marge blanche	Pour rocaille ombragée. Touffe plus large que haut.
Carex conica 'Snowline' Laîche 'Snowline'	30cm	50cm	⛅☁	Riche, humide	5	—	Sans intérêt	vert foncé ligne blanche	Croissance très lente. Touffe plus large que haute. Fine panachure.
Carex divulsa 'Kaga-Nishiki' Laîche 'Gold Fountains'	45cm	30cm	⛅☁	Riche, humide	5	—	Sans intérêt	dorée lignée vert	Port gracieux, feuilles rubanées recourbées, souples. Sous-bois.
Carex morrowii 'Ice Dance' Laîche japonaise 'Ice Dance'	30cm	60cm	⛅☁	Riche, humide	5	—	Sans intérêt	vert marges crèmes	Le plus efficace comme couvre-sol. Feuilles striées plutôt larges.
Carex morrowii 'Variegata' Laîche japonaise panachée	30cm	40cm	⛅☁	Humifère, frais	5b	4 et 5	Épi verdâtre	vert strié blanc	Supporte le soleil en sol humide. Touffe dense érigée, retombant.
Carex ornithopoda 'Variegata' Laîche pied d'oiseau	25cm	25cm	⛅☁	Humifère, léger	5b	—	Sans intérêt	vert strié blanc	Feuillage persistant très décoratif. Couvre-sol au port coussiné.
Carex oshimensis 'Evergold' Laîche hachijoensis 'Evergold'	20cm	30cm	⛅☁	Ordinaire, humide	5	—	Rare	vert bordé crème	Feuilles rubanées, en cascade. Superbe variété à panachure.
Carex siderosticha 'Island Brocade' Laîche 'Island Brocade'	30cm	30cm	⛅☁	Riche, humide	5	—	Sans intérêt	vert bordure doré	Rampant, très grosses feuilles d'aspect exotique.
Carex siderosticha 'Variegata' Laîche panachée	30cm	40cm	⛅☁	Riche, humide	4	6	Panicule lâche	vert bordure blanche	Coussin rampant, non envahissant Panaché, jeunes pousses roses.

GRAMINÉES (suite)	H	L	☼	TYPE DE SOL	Z	MOIS ✿	FORME ✿	COULEUR ➤	REMARQUES
Carex x 'Silver Sceptre' Laîche 'Silver Sceptre'	30cm	45cm	☼☁	Riche, humide	5	—	Sans intérêt	vert et blanc pur	Masse dense de longues et larges feuilles rubanées, arquées.
Dactylis glomerata 'Variegata' Dactyle pelotonné panaché	0,8 à 1,2m	50cm	☼	Fertile	5	—	Sans intérêt	vert et blanc	Touffe érigée à bouts retombants. Couvre sol pour petit espace.
Glyceria aquatica / *G. maxima* Glycérie aquatique	0,6 à 1m	30cm	☼	Humide à innondé	4b	7 à 9	Sans intérêt	—	Surtout utilisé pour son feuillage panaché.
Glyceria maxima 'Variegata' Glycérie panachée	50 à 90cm	30cm	☼	Sec ou humide	4	8	Panicule lâche	blanc ligné vert	Culture facile, vigoureux mais non envahissant. Bord de l'eau ou jardin sec.
Hakonechloa m. 'Albo Striata' Herbe du Japon	40cm	40cm	☁	Fertile, frais, drainé	5	8 et 9	Épillet mince	panaché blanc	Vraiment très belle cascade de feuilles rubanées, panachées.
Hakonechloa macra 'Aureola' Herbe du Japon	40cm	60cm	☼☁	Fertile, frais, drainé	4b	8 et 9	Épillet mince	panaché doré	Touffe érigée, retombante. Lent. Parfait pour sous-bois. Superbe.
Holcus lanatus 'Variegatus' ✿ Houque panaché	20cm	35cm	☼	Ordinaire, frais à sec	5	8 et 9	Épi	blanc ligné vert	Plus jolie sans épis. Tondre ou couper. Couvre-sol rapide.
Luzula sylvatica 'Marginata' Luzule des forêts	30cm	30cm	☼☁	Peu exigeant à acide	5	5 et 6	Épillet brun	vert bordé jaune	Bon couvre-sol même sous les arbres, arbustes.
Miscanthus sinensis 'Cabaret' Roseau de Chine 'Cabaret'	1,5 à 1,8m	90cm	☼	Tous sols drainés	6	8 à 10	Plumeau pourpre	vert centre blanc	Le plus apparent des *Miscanthus* panaché. Port évasé.
Miscanthus sin. 'Cosmopolitan' Roseau 'Cosmopolitan'	1,5 à 2m	0,9 à 1,2m	☼	Riche, humide	6	8 à 10	Plumeau	vert bordé blanc	Feuilles très larges. Port robuste à croissance rapide.
Miscanthus sinensis 'Pünktchen' Roseau de Chine 'Little Dot'	0,9 à 1,2m	60 à 90cm	☼	Riche, humide	5b	8 à 10	Rares plumes	vert et jaune	Compact, érigé. Sa feuille verte a des bandes horizontales jaunes.
Miscanthus sinensis 'Strictus' Roseau de Chine 'Strictus'	1,2 à 1,5m	75 à 90cm	☼	Fertile, frais à humide	5	8 à 10	Rares plumes	panaché horizontal	Comme le précédent mais plus grand et érigé. Moins robuste.
Miscanthus sinensis 'Variegata' Eulalie panaché	1,2 à 1,8m	0,9 à 1,2m	☼☁	Fertile, frais	5	10 et 11	Rares plumes	panaché verticale	Un classique. Très beau port arqué, élégant. Protéger l'hiver.
Miscanthus sinensis 'Zebrinus' Roseau de Chine Zébré	1,5 à 2m	1m	☼	Fertile, frais	5	10 et 11	Rates plumes	panaché horizontal	Comme *Strictus* mais avec un port arqué, évasé. Feuilles rubanées.
Molinia caerulea 'Variegata' Molinie panachée	0,6 à 2m	0,5 à 0,9m	☼☁	Fertile, frais	4	8 et 9	Épis vaporeux bronze	vert puis doré	Touffe érigée retombante, ordonnée. Doré à l'automne.
Molinia caerulea 'Aureo variegata' Molinie panachée jaune	0,6 à 2m	0,5 à 0,9m	☼☁	Fertile, frais	4	8 et 9	Épis vaporeux bronze	vert et jaune	Ressemble à la 'Variegata' mais plus doré. Souvent confondu.
Phalaris arundinacea ✿ Ruban de bergère	75cm	50cm	☼☁	Tous les sols	3	5 et 6	Sans intérêt	vert et blanc	Couvre-sol robuste, vigoureux, stabilisant les talus.
Phalaris arundinacea 'Feesey' Ruban de bergère 'Feesey' ✿	90cm	—	☼	Tous les sols	4	5 et 6	Sans intérêt	panaché 3 teintes	Strié vert et blanc délavé de rose. Fixe berge, talus. Tapis vigoureux.
Phalaris arundinacea 'Picta' Ruban de bergère 'Picta' ✿	80cm	—	☼☁	Tous les sols	3	5 et 6	Panicule pourprée	vert bordé de blanc	Port diffus, indiscipliné. Vigoureux même en eau peu profonde.
Phragmites australis 'Variegatus' Roseau commun ✿	3m	70cm	☼☁	Marécageux	5	8 à 10	Panicule plume	vert et blanc	Bordure de grande pièce d'eau. Feuilles raides, horizontales.
Sasa veitchii / *Arundinaria* Bambou nain ✿	40cm	40cm	☼☁	Tous sols humides	5	—	Sans intérêt	vert ou panaché	Attention où vous le plantez car il est agressif. Effet exotique.
Scirpus lacustris 'Albescens' Scirpe blanc	0,8 à 1,5m	30 à 45cm	☼☁	Humide à innondée	3b	—	Sans intérêt	—	Sous-espèce de *S.lacustris*. Tige presque blanche, rayé verte. Aquatique.
Scirpus tavernaemontani 'Zebrinus' Scirpe zébré	0,9 à 1,2m	30 à 45cm	☼☁	Humide à innondée	3b	—	Sans intérêt	—	Tige ronde, lustrée, panachée à l'horizontale. Très décorative.
Sesleria caerulea Seslérie bleuâtre	20cm	30cm	☼☁☂	Ordinaire	4b	4 et 5	Bouton noir	bleu bicolore	Tolère la sécheresse. Touffe verte à la base, bleu aux pointes.
Spartina pectinata ✿ ✿ Foin de grève	1,5m	75cm	☼	Humide à un peu sec	4	8 et 9	Grappe d'épis	vert ou panaché	La variété *S.Aureo marginata* est élégante. Naturalisation.

PLANTES AU FEUILLAGE COLORÉ

313

BULBES	H	L	☼	TYPE DE SOL	MOIS ✿	FORME ✿	COULEUR ✿	REMARQUES
Agapanthus 'Tinkerbell' Agapanthe 'Tinkerbell'	30cm	30cm	☼	Sol frais, drainé	7 et 8	Ombelle étoilée	lilas strié mauve	Plus compacte que les variétés régulières. Feuilles effilées bordées crème.
Alocasia amazonica 'Hilo Beauty' Oreille d'éléphant érigé 'H. Beauty'	90cm	40cm	☼☁	Humide	—	Sans intérêt	—	Belles grosses feuilles en cœur, vertes tachetées crème. Aquatique.
Caladiums x *hybrida* Caladiums hybrides	30 à 40cm	30cm	☁	Peu exigeant, léger	—	Sans intérêt	—	Superbes feuilles. Merveilleusement colorées d'argent, rouge, rose.
Calla x 'Red Sox' Calla 'Red Sox'	30 à 50cm	30 à 40cm	☼	Riche, drainé	7 et 8	Grosse coupe	rose et jaune	Un calla à feuilles vertes, texture épaisse, marbré de points blancs.
Canna x *generalis* 'Bengal Tiger' Canna 'B. Tiger' / C. 'Pretoria'	1,5m	50cm	☼	Léger, drainé	—	7 à 9	Gros épi	Orange melon	Feuilles bordées marron et panachées crème, jaune et vert.
Canna x *generalis* 'Stuttgart' Canna 'Stuttgart'	1,5m	70cm	☼	Léger, drainé	—	7 à 9	Gros épi	orange et jaune	Feuilles vert foncé striées de bandes irrégulières blanches.
Camassia leichtlinii 'Variegata' Camassia de Leichtlin panaché	70 à 90cm	40 à 60cm	☼☁	Plutôt humide	3b	5	Épis hauts, étoilées	bleu, pourpre	Fleurs et feuilles toxiques, bulbes comestibles. Touffe feuilles étroites.
Tulipe praestans 'Unicum' Tulipe hosta 'Unicum'	35cm	10 à 20cm	☼	Riche, frais, drainé	4	5	3 à 5 coupes	rouge vif	Beau feuillage panaché qui survit longtemps après la floraison.

ANNUELLES	H	L	☼	TYPE DE SOL	Z	MOIS ✿	FORME ✿	COULEUR ✿	REMARQUES
Alternanthera ficoides 'T. Aurea' Alternathera 'Tricolore Aurea'	15 à 25cm	15 à 25cm	☼☁	Équilibré	—	—	Sans intérêt	—	Tapis dense, mosaïculture. Petites feuilles étroites vertes, blanches, roses.
Amaranthus tricolor Amarante tricolore	45 à 90cm	30cm	☼	Tous sols enrichis	—	7 à 9	Épi, plumeux	rouge, jaune, vert	Plusieurs variétés aux teintes chaudes. Beau feuillage.
Begonia semperfl. 'Lotto Murano' Bégonia des jardins 'L. Murano'	20cm	20cm	☼☁	Riche, frais, drainé	—	6 à 9	Ombelle pendante	rouge	Grandes feuilles lustrées vertes puis maculées de blancs.
Capsicum annuum 'Jegsaw' Piment décoratif 'Jegsaw'	10 à 25cm	10 à 20cm	☼☁	Léger, riche, drainé	—	7 à 9	Très petite	blanc	Piments pourpres décoratifs, feuillage picoté blanc et pourpre.
Chlorophytum comosum Plante araignée panachée	40cm	30cm	☁	Léger, frais, drainé	—	—	Sans intérêt	—	Plante d'intérieur utilisée comme plante d'accompagnement.
Euphorbia marginata Euphorbe panachée	50cm	35cm	☼	Sablonneux, chaud	—	—	Sans intérêt	feuillage panaché	Beau feuillage vert bordé de blanc pur. Latex toxique.
Hedera helix 'Variegata' Lierre anglais	20cm	45cm	☁	Riche, drainé	4b	—	Sans intérêt	—	Beau feuillage type feuilles d'érable, plusieurs variétés panachées.
Impatiens hawkeri Impatiente 'Nouvelle-Guinée'	25 à 40cm	15 à 30cm	☼☁	Souple, enrichi, frais	—	5 à 9	Simple, grande	var.	Plusieurs ont un feuillage panaché jaune ou pourpre.
Impatiens walleriana Impatiente des jardins	30 à 75cm	20 à 30cm	☼☁	Souple, enrichi, frais	—	5 à 9	Simple, double	var.	Quelques cultivars à feuilles panachées. Série Ice.
Ipomoea batata 'Tricolore' Patate douce 'Tricolore'	20 à 60cm	40 à 60cm	☼☁	Souple, frais, drainé	—	—	Sans intérêt	—	Beau feuillage rampant, triangulaire, vert crème et rose.
Iresine herbssii 'Tricolore' Irésine 'Aureo-reticulata'	40 à 90cm	60cm	☼☁	Ordinaire, souple	—	—	Sans intérêt	—	Feuillage crispé vert nervuré jaune parsemé de rouge.
Nerium oleander 'Variegata' Laurier-rose panaché	1 à 2m	1 à 2m	☼☁	Terreaux d'intérieur	—	6 à 10	Tubulaire grappe	teintes chaudes	Son panaché ajoute à sa beauté. Hiverner à l'intérieur.
Lysimachia congestiflora Lysimaque à fleurs congestionnées	10cm	25cm	☼☁	Humide,	—	6 à 9	Grappe serrée	jaune doré	Feuillage vert-lime et jaune. Très contrastant. Rampant.
Osteospermum x 'Lime Splice' Ostéospérum 'Lime Splice'	30cm	20cm	☼	Léger, un peu sec	—	6 à 9	Capitule rayon	rose pâle à œil foncé	Vigoureux. Feuillage discrètement panaché de blanc.
Nicandra physaloides Nicandre	1 à 2,5m	45 à 1,2m	☼☁	Riche, drainé	—	7 à 9	Trompette, lanterne	bleu-violet cœur blanc	Peut devenir géant dans de grands espaces. Variété panachée.
Pelargonium peltatum Géranium-lierre	20 à 40cm	20 à 40cm	☼☁	Riche, léger, drainé	—	5 à 10	Vaporeux	rosé	Facile d'entretien, éviter les excès d'eau. Site éclairé.

PLANTES AU FEUILLAGE COLORÉ

ANNUELLES (suite)	H	L	☀	TYPE DE SOL	Z	MOIS	FORME	COULEUR	REMARQUES
Pelargonium odoratum 'Variegatum' Géranium odorant panaché	30 à 80cm	40 à 70cm	☀☁	Drainé, frais à sec	—	6 et 7	Groupée, aérienne	blanc à violet	Beau feuillage texturé. Feuilles odorantes lorsque froissées.
Pelargonium 'Lady Plymouth' Géranium 'Lady Plymouth'	30 à 60cm	25 à 40cm	☀☁	Drainé, frais à sec	—	6 et 7	Groupée, aérienne	rose lavande	Feuilles très divisées, argentées à marge blanche. Odeur de menthe.
Pelargonium 'P. Rupert Variegata' Géranium panaché 'Prince Rupert'	40 à 70cm	30 à 45cm	☀☁	Drainé, frais à sec	—	6 et 7	Groupée, aérienne	rose	Feuilles plutôt rondes, frisées, marge crème. Doux parfum d'agrume.
Pelargonium 'Nutmeg Variegata' Géranium panaché 'Nutmeg'	30 à 40cm	30 à 40cm	☀☁	Drainé, frais à sec	—	6 et 7	Groupée, aérienne	rose pâle	Petites feuilles rondes, lobées, irrégulièrement panachée crème. Odeur épicé.
Pelargonium brocade Géranium brocade	25 à 60cm	20 à 40cm	☀☁	Léger, riche, drainé	—	5 à 10	Groupée	teintes chaudes	Feuilles teintées de pourpre, jaune ou crème. Grands choix.
Plectranthus sp. Plectranthes	30 à 60cm	0,5 à 1m	☀☁	Riche, léger, frais	—	—	Sans intérêt	—	Cultiver pour leur feuillage lustré ou velouté, coloré.
Plectranthus fosteri 'Marginatus' Plectranthe de Forster	60cm	30cm	☁	Riche, léger, frais	—	—	Sans intérêt	—	Un plectranthus à port érigé. Grosses feuilles veloutées ondulées, panachées.
Plectranthus 'Miller's White' Plectranthe 'Miller's White'	30cm	1m	☁	Riche, léger, frais	—	—	Sans intérêt	—	Port rampant ou cascade. Beau feuillage bordé de blanc pur.
Phormium 'Cream Delight' Lin de Nouvelle Zélande 'Cream D.'	90cm	90cm	☀	Sableux, drainé	8	—	Sans intérêt	—	Comme un gros dracéna. Feuilles érigées puis arquées, crème et vertes.
Solanum jasminoides 'Variegatum' Étoile de Bethléem	30 à 40cm	50 à 90cm	☀☁	Fertile humide	—	5 à 9	Petite étoilée	blanc	Plantes retombantes de type liane. Variété interessante par ses feuilles panachées.
Solenostemon scutellarioides Coléus	25 à 60cm	20 à 40cm	☀☁	Riche, frais, drainé	—	—	Sans intérêt	—	Tous leurs feuillages sont colorés et variés.
Tropaeolum majus Petite capucine grimpante	30cm	60cm	☀☁	Souple, pauvre	—	6 à 9	Courte trompette	jaune à rouge	La variété Alaska a un beau feuillage panaché. Dôme.
Vinca major 'Wojo's Jem' Vinca 'Wojo's Jem'	10 à 20cm	30 à 60cm	☁	Léger, frais	4	5 et 6	Étoilée	bleu foncé	Grosses feuilles ondulées, crème brodées de vert foncé.

GRIMPANTES (Annuelles)	H	L	☀	TYPE DE SOL	Z	MOIS	FORME	COULEUR	REMARQUES
Hedera helix 'Variegata' Lierre anglais	20cm	45cm	☁	Riche, drainé	4b	—	Sans intérêt	—	Beau feuillage type feuilles d'érable, plusieurs variétés panachées.
Ipomoea batatas 'Tricolor' Patate douce 'Tricolore'	20 à 60cm	40 à 60cm	☀☁	Souple, frais, drainé	—	—	Sans intérêt	—	Port rampant. Feuilles vertes, crème, et roses. Aussi rampant.
Mikania scandens 'Variegata' Mikania panaché	25cm	60 à 90cm	☁	Léger, frais, drainé	—	—	Sans intérêt	jaunâtre	Rampant ou cascade à croissance rapide. Feuilles triangulaires jaunes à bordure verte.

Si des feuilles vertes apparaissent parmi vos feuilles panachées, il faut les supprimer dès que possible car les gênes verts sont génétiquement plus forts que les gênes panachés et un effet de réversion peut survenir.

✿ indique une plante indigène ou naturalisée.
🍃 indique une plante potentiellement envahissante !

FEUILLAGES JAUNES

ARBRES	H	L	☼	TYPE DE SOL	Z	MOIS ✿	FORME ✿	COULEUR ✿	REMARQUES
Acer campestre 'Postolense' Érable champêtre 'Postolense'	4 à 7m	2 à 6m	☼	Tous, même pauvres	4b, 5b	5	Sans intérêt	blanc	Passe du jaune doré au vert jaunâtre en été, puis jaune or.
Acer platan. 'Princeton Gold' Érable de Norvège 'Princeton G.'	10 à 14m	10m	☼	Frais, calcaire, drainé	4b	—	Sans intérêt	—	Jaune vif tout l'été, puis virant jaune doré. Résistant aux brûlures.
Fraxinus excelsior 'Golden Desert' Frêne excelsior 'Golden Desert'	7m	5m	☼	Profond, frais	5	—	Sans intérêt	—	Feuillage doré au printemps et à l'automne. Vert en été. Arrondi.
Ginkgo biloba 'Princeton Sentry' Arbre aux quarante écus 'P. Sentry'	12m	4m	☼	Profond, léger	4	—	Fleurs mâles	—	Port colonnaire. Feuilles en éventail tournent doré vif. Résistant.
Gleditsia triacanthos 'Speczam' Févier sans épine 'Spectrum'	10m	9m	☼☁	Peu exigeant	5	—	Sans intérêt	—	Beau jaune doré intense toute la saison. Port aplati irrégulier.
Gleditsia triacanthos 'Sunburst' Févier 'Sunburst'	12m	10m	☼	Profond, sablonneux	5	—	Sans intérêt	—	Port arrondi, irrégulier. Jaune puis vert jaunâtre. Aspect léger.
Ostrya virginiana Ostryer de Virginie	12 à 18m	7 à 9m	☼☁	Riche, frais, drainé	4	5	Chaton	verdâtre	Conique. Tronc tortueux. Feuilles ovales vert-jaunâtre. Pas malade.
Robinia pseudoacacia 'Frisia' Robinier faux-acacia 'Frisia'	10m	8m	☼	Pauvre à fertile	4b	6	Grappe pendante	blanc parfumé	Érigé. Feuillage léger, jaune début et fin saison. Insectes.
Sorbus aria 'Lutescens' Alisier blanc 'Lutescens'	7 à 10m	5m	☼	Peu exigeant, frais	4a	5	Corymbe	blanc	Pyramidal. Feuilles vert jaune à l'été, or à l'automne. Fruit rouge.
Syringa reticulata 'Golden Eclipse' Lilas japonais 'Golden Eclipse'	6m	3,5m	☼☁	Léger, frais, drainé	4	7	Panicule parfumée	blanc crème	Ovoïde. Panaché 2 tons de vert puis vert et jaune doré à l'été.
Tilia x europaea 'Wratislaeviensis' Tilleul 'Wratislaeviensis'	15m	7m	☼	Tous sols riches	4	7	Cyme pendante	verdâtre parfumée	Variété à feuillage jaunâtre. Port pyramidal. Feuilles petites.

ARBUSTES	H	L	☼	TYPE DE SOL	Z	MOIS ✿	FORME ✿	COULEUR ✿	REMARQUES
Acer negundo 'Aureo-variegata' Érable à Giguère panaché jaune	5m	3 à 5m	☼☁	Tous sauf humide	5b	—	Sans intérêt	—	Petit arbre cultivé en arbuste. Vert foncé bordé jaune. Tailler.
Acer negundo 'Kelly's Gold' Érable à Giguère 'Kelly's Gold'	5m	5m	☼☁	Tous sauf humide	4b	—	Sans intérêt	—	Naturellement arbustif. Feuilles trifoliées, jaune vif à chartreuse. Haie.
Acer japonica 'Aureum' Érable du Japon doré	1,25m	1,25m	☁	Riche, drainé	5b	4 et 5	Corymbe	pourpre	Port arrondi, assez dense. Feuilles découpées. Endroit abrité.
Acer palmatum dissectum 'Aureum' Érable du Japon doré	1,25m	1,25m	☁	Riche, drainé	5	—	Sans intérêt	—	Port arqué, feuilles laciniées, jaune verdâtre ponctuées crème.
Acer shirasawanum 'Aureum' Érable shirasawanum doré	2m	2m	☁	Frais à sec	5	—	Sans intérêt	—	Peu connu. Superbe feuillage en éventail soudé, doré à jaune-vert.
Aralia elata 'Aureo marginata' Angélique du Japon panaché	2 à 3m	2 à 3m	☼☁	Riche, léger, frais	5	8 et 9	Grosse panicule	blanc crème	Port en pagode. Épineux. Longues feuilles bipennées lime et dorées. Fruit.
Berberis thunbergii 'Aurea Nana' Épine-Vinette t. 'Bonanza Gold'	70cm	70cm	☼☁	Peu exigeant, drainé	4	5 et 6	Clochette peu visible	jaune	Compact, dense. Feuilles jaunes clair très vif. Rouge à l'automne.
Berberis thunbergii 'Monlers' Épine-Vinette t. 'Golden Nugget'	40cm	60cm	☼☁	Peu exigeant, drainé	4b	5 et 6	Clochette peu visible	jaune	Très dense et compact avec feuillage orange puis doré à l'été.
Berberis thunbergii 'Monry' Épine-Vinette t. 'Sunsation'	1m	1,2m	☼☁	Peu exigeant, drainé	4b	5 et 6	Clochette peu visible	jaune	Variété verte devenant jaune vif à l'été. Port dressé, évasé.
Buddleja davidii 'Santana' Arbre aux papillons 'Santana'	2,3m	2m	☼	Fertile, drainé	5	8 et 9	Épi courbé	pourpre	Lumineux feuillage panaché vert et jaune doré.
Caryopteris clandonensis 'W. Gold' Caryopteris 'Worcester Gold'	60cm	60cm	☼	Peu exigeant, frais	6	8	Grappe tubulaire	bleu ciel	Feuilles jaunes claires, effilées, dentées. Rabattre au printemps. Beau mais fragile.
Cornus alba 'Gouchaultii' Cornouiller de Gouchault	2m	1,5m	☼☁	Sec à humide	2	5 et 6	Cyme	blanc crème	Panaché de vert, jaune et rose. Rameaux rouge. Rapide.
Cornus kousa 'Limon Ripple' Cornouiller kousa 'Limon Ripple'	3m	3m	☼☁	Riche, humide, drainé	6	5	Grosse cyme	bractée blanche	Feuillage panaché chartreuse et vert. Le gel le rend plus compact.

PLANTES AU FEUILLAGE COLORÉ

ARBUSTES (suite)	H	L	☀	TYPE DE SOL	Z	MOIS ✿	FORME ✿	COULEUR ✿	REMARQUES
Cornus mas 'Aurea' Cornouiller mâle doré	6m	4,5m	☀☁	Riche, humide, drainé	5	4 et 5	Petite, bouquet	jaune	Érigé. Cultivé en Europe pour ses fruits rouges comestibles. Abriter du vent.
Corylopsis spicata 'Golden Spring' Corylopse à épis 'Golden Spring'	1,8m	2m	☀☁	Riche, meuble, acide	5b	4 et 5	Épis tombants	jaune parfumé	Pour jardinier averti. Les fleurs gèlent si mal protégé. Port évasé.
Corylus avellana 'Aurea' Noisetier commun doré	1,5m	75cm	☀☁	Riche, frais	5a	5	Chaton pendant	jaune verdâtre	Port irrégulier, moins vigoureux que l'espèce. Fruit comestible.
Cotinus cog. 'Ancot' / 'G. Spirits' Arbre à perruque 'Golden Spirits'	1,5 à 3m	1,5 à 3m	☀☁	Léger, neutre, sec	5	6 à 8	Panicule chevelue	crème rose	Encore très rare. Feuillage rond, doré. Port érigé, évasé.
Deutzia gracilis 'Aurea' (Variegata) Deutzia gracilis 'Aurea'	70cm	1m	☀☁	Riche, plutôt lourd	4	6 et 7	Grappe érigée	blanc	Feuillage vert, largement et irrégulièrement bordé de jaune verdâtre.
Ligustrum 'Variegatum' Troène panaché	1m	1m	☀☁	Frais, drainé	5	6 et 7	Panicule sans intérêt	blanc	Port buissonnant. Très beau feuillage panaché jaune et vert.
Ligustrum 'Vicaryi' Troène doré	45cm	60cm	☀	Peu exigeant	5	7	Grappe	blanc	Port étalé, évasé. Jeune pousse jaune. Taille de nettoyage.
Lonicera x 'Marble King' Chèvrefeuille 'Marble King'	1,5m	1,2m	☀☁	Ordinaire, drainé	3	6	Petite	blanc crème	Port arrondi. Feuilles tachetées de jaune et crème. Fruits rouge.
Philadelphus coronarius 'Aureus' Seringat doré	1 à 2m	1m	☁	Peu exigeant, frais	5	6	Grappe rare	blanc parfumé	Feuilles jaune vif puis vert jaunâtre. Érigé. Haie libre ou taillée.
Philadelphus x virg. 'Yellow Hill' Seringat 'Yellow Hill'	2m	1,2m	☁	Peu exigeant, frais	4	6	Grappe rare	blanc parfumé	Feuillage jaune vif supérieur au précédent. Nouveauté.
Physocarpus opulifol. 'Dart's Gold' Physocarpe doré 'Dart's Gold'	1,25m	1,25m	☀☁	Peu exigeant, drainé	3	6 et 7	Corymbe	blanc rosé	Variété naine à feuilles jaune dorées puis jaune vif en automne.
Physocarpus opulifolius 'Luteus' Physocarpe doré	2 à 3m	2 à 3m	☀☁	Peu exigeant, drainé	4	6	Corymbe	blanc	Supporte l'ombre, mais plus cassant. Ancienne variété.
Physocarpus opulif. 'Gloden Nugget' Physocarpe nain 'Gloden Nugget'	1,2 à 1,5m	1,2 à 1,5m	☀☁	Peu exigeant, drainé	2	6	Corymbe	blanc	Plus dense que Dart's Gold. Feuilles type érable, saines.
Ptelea trifoliata 'Aurea' Ptéléa trifolié / Orme à 3 feuilles	3 à 5m	3m	☀☁	Peu exigeant, franc	4	6 et 7	Étoilée, peu visible	blanc verdâtre	Cultivar rare, jaune. Haie ou petit arbre greffé. Samarres visibles.
Rhus typhina 'Tiger Eyes' Vinaigrier doré feuilles découpées	2m	1,75m	☀☁	Tous sols drainés	4	6	Panicule dioïque	verdâtre	Feuilles dorées. Ne fait pas de drageons ! Fruits veloutés rouges.
Ribes alpinum 'Aureum' Gadelier alpin doré	60cm	90cm	☀☁	Riche, plutôt sec	3b	4 et 5	Petite	jaune	Variété aux feuilles jaunes puis jaune verdâtre à l'été. Dense.
Rubus cockburnianus 'Goldenvale' Ronce De Cockvurn 'Goldenvale'	2 à 2,5m	2m	☀☁	Peu exigeant	6	6 et 7	Peu visible	rose foncé	Feuilles type fougère, dorées. Port arrondi, arqué. Récéper. Fruits.
Rubus idaeus 'Aureus' Framboisier doré	2 à 3m	2 à 3m	☁	Riche, frais, drainé	3a	6	Simple	blanc	Haie lumineuse pour coin ombragé. Framboises rares. Récéper.
Sambucus canadensis 'Aurea' Sureau du Canada doré	3m	4m	☀☁	Peu exigeant, frais	3	6	Corymbe aplati	blanc	Érigé, arqué. Feuilles pennées d'un beau doré. Fruit rouge vif.
Sambucus nigra 'Aureo marginata' Sureau noir panaché doré	1,5m	2m	☀☁	Peu exigeant, frais	4b	6	Corymbe aplati	blanc odorant	Port arrondi. Feuilles composées bordées jaune or. Fruit noir.
Sambucus nigra 'Madonna' Sureau noir 'Madonna'	1,5 à 2m	1,5 à 2m	☀☁	Peu exigeant, frais	4	6	Corymbe aplati	crème, odorant	Feuilles panachées et marbrées de jaune. Plus vif que le précédent.
Sambucus racemosa 'Goldenlock' Sureau 'Goldenlock'	1m	1m	☀☁	Peu exigeant, frais	4b	6	Panicule arrondie	blanc	Intéressant par son port nain. Plus facile à protéger. Fruits.
Sambucus racemosa 'Goldfinch' Sureau 'Goldfinch'	3m	2m	☀☁	Peu exigeant, frais	4b	6	Panicule arrondie	blanc	Ressemble au Sutherland Gold mais en plus grand. Fruit rouge.
Sambucus racem. 'Plumosa Aurea' Sureau rouge 'Plumosa Aurea'	1,5m	1,5m	☁	Peu exigeant, frais	4	6	Panicule arrondie	blanc	Beau feuillage découpé, jaune vif puis jaunâtre. Fruit rouge.
Sambucus rac. 'Sutherland Gold' Sureau 'Sutherland Gold'	1,75m	1m	☀	Peu exigeant, frais	5	6	Panicule arrondie	blanc	Étroit, très découpé. Plus résistant que Plumosa Aurea. Fruit rouge vif.
Spiraea japonica 'Candlelight' Spirée bumalda 'Candlelight'	75cm	75cm	☀☁	Tous sols drainés	4a	6 et 7	Corymbe large	rose	Port arrondi. Feuillage doré puis vert-lime. Rouge en automne.
Spiraea japonica 'Fire Light' Spirée bumalda 'Fire Light'	90cm	1,2m	☀☁	Tous sols drainés	4a	6 et 7	Corymbe large	rose foncé	Dôme compact. Feuillage orange puis jaune. Rouge vif à l'automne.

ARBUSTES (suite)	H	L	☼	TYPE DE SOL	Z	MOIS	FORME	COULEUR	REMARQUES
Spiraea japonica 'Flaming Elf' **Spirée bumalda** 'Flaming Elf'	15cm	60cm	☼☁	Tous sols drainés	3	6 et 7	Corymbe	rose	Un couvre-sol lumineux pour rocaille. Jaune puis vert-lime.
Spiraea japonica Flaming Mound **Spirée bumalda** 'Flaming Mound'	60cm	60cm	☼☁	Tous sols drainés	3	6 et 7	Corymbe	rose foncé	Port dense, orangé au printemps jaune à lime en été puis bronze.
Spiraea japonica 'Golden Carpet' **Spirée bumalda** 'Golden Carpet'	25cm	40cm	☼☁	Tous sols drainés	4a	6 et 7	Quelques Corymbes	rose	Naine, arrondie. Feuillage jaune or à l'été puis doré. Bordure.
Spiraea japonica 'Golden Elf' **Spirée bumalda** 'Golden Elf'	20cm	60cm	☼☁	Tous sols drainés	3	7 à 9	Corymbe	rose	Un beau jaune stable. Port rampant, ouvert.
Spiraea japonica 'Golden Princess' **Spirée bumalda** 'Golden Princess'	60cm	80cm	☼☁	Tous sols drainés	3	6 et 7	Corymbe	rose pourpre	Beau feuillage jaune tout l'été. Pourpre à l'automne. Haie basse.
Spiraea japonica 'Goldflame' **Spirée bumalda** 'Goldflame'	75cm	1m	☼☁	Tous sols drainés	4a	6 et 7	Corymbe	rose foncé	Toujours populaire. Coloration moins stable que les nouvelles.
Spiraea japonica 'Goldmound' **Spirée bumalda** 'Goldmound'	70cm	80cm	☼	Tous sols drainés	3	6	Corymbe	rose foncé	Port arrondi, jaune doré puis vert clair. Haie basse populaire.
Spiraea japonica 'Lemon Princess' **Spirée bumalda** 'Lemon Princess'	60cm	80cm	☼☁	Tous sols drainés	4a	6	Corymbe	rose foncé	Port arrondi, compact. Reste jaune intense tout l'été.
Spiraea japonica 'Limemound' **Spirée bumalda** 'Limemound'	75cm	75cm	☼☁	Tous sols drainés	4a	6	Corymbe	rose foncé	Arrondi, compact. Reste jaune tout l'été puis tourne rouge.
Spiraea j. 'Lips Golden Princess' **Spirée b.** 'Lips Golden Princess'	60cm	80cm	☼☁	Tous sols drainés	4a	6	Corymbe	rose pourpre	Printemps : jaune et rouge. Été jaune vif. Automne : rouge vif.
Spiraea japonica 'Magic Carpet' **Spirée bumalda** 'Magic Carpet'	40cm	50cm	☼☁	Tous sols drainés	3	6	Corymbe	rose pourpre	Cultivar nain. Feuillage doré parsemé de pousses rouges.
Spiraea japonica 'Sparkling Carpet' **Spirée bumalda** 'Sparkling Carpet'	20cm	35cm	☼☁	Tous sols drainés	3	7	Quelques Corymbes	rose	Cultivar très nain. Jaune lime, tourne pourpre. Mosaïculture.
Spiraea japonica 'White Gold' **Spirée bumalda** 'White Gold'	70cm	80cm	☼	Tous sols drainés	3	6 et 7	Corymbe	blanc	Unique ! fleurs blanches sur feuillage doré. Port arrondi.
Symphoricarpos orbiculatus 'Follis' **Symphorine** 'Follis' **panaché**	80cm	1m	☼	Peu exigeant, frais	4	6 et 7	Petite	jaune rosé	Feuillage vert, bordé jaune puis crème. Spécimen ou haie basse.
Syringa reticulata 'China Gold' **Lilas du Japon** 'China Gold'	4 à 7m	3 à 5m	☁	Léger, frais, drainé	3a	7	Grande panicule	blanc crème	Passe du doré au printemps au vert-lime à l'été. Floraison tardive.
Syringa tomentella 'Kum Bum' **Lilas tomenteux** 'Kum Bum'	3m	2,5m	☼☁	Léger, frais, drainé	5	6 et 7	Panicule lâche	violet	Variété à feuillage doré au printemps puis vert-lime en été.
Syringa villosa 'Aurea' **Lilas duveteux doré**	3m	2m	☼☁	Léger, frais, drainé	2b	6 et 7	Panicule conique	blanc rosé	Parfum très prononcé. Port ovoïde, dense de la tête au pied.
Viburnum opulus 'Aureum' **Viorne obier doré**	4m	3m	☼☁	Tous sols frais	3a	6	Grosse, corymbe	blanc	Plus ou moins vigoureux. Feuilles jaunes puis vert-lime. Fruit rouge.
Viburnum opulus 'Harvest Gold' **Viorne obier** 'Harvest Gold'	3m	1,5 à 3m	☼☁	Tous sols frais	3a	6	Grosse, corymbe	blanc	Feuillage jaune marginé de rouge, devenant chartreuse en été. Fruits rouges.
Viburnum sargentii 'Flavum' **Viorne de Sargent jaune**	2m	2m	☼☁☂	Frais à humide	3	5	Cyme stérile et fertile	blanc et rouge	Feuilles trilobées, vertes à nervure jaune. Fruits et pédicelles jaunes.
Weigela x 'Briant Rubidor' **Weigela** 'Briant Rubidor'	1,8m	1,2m	☁	Peu exigeant, fertile	5	5 et 6	Grappe, cornet	rouge rubis	Remarquable feuillage jaune doré. Port irrégulier. Très contrastant.
Weigela x 'Looymanssi Aurea' **Weigela** 'Looymanssi Aurea'	1,5m	1,5m	☁	Peu exigeant, fertile	5	5 et 6	Grappe, cornet	rose foncé	Ancien cultivar à feuilles jaunes bordées d'un filet rouge.

ARBUSTES PERSISTANTS	H	L	☼	TYPE DE SOL	Z	MOIS	FORME	COULEUR	REMARQUES
Calluna 'Cuprea' **Bruyère d'été** 'Cuprea'	30cm	50cm	☼☁	Frais, acide, drainé	4b	8 et 9	Grappe serrée	lavande	Feuillage doré tournant au bronze à l'automne. Assez large.
Calluna 'Multicolore' **Bruyère d'été** 'Multicolore'	35cm	45cm	☼☁	Frais, acide, drainé	4b	8 et 9	Grappe serrée	mauve	Jaune virant orange et cuivre. Tailler la hampe florale au printemps.
Calluna 'Yvette Gold' **Bruyère d'été** 'Yvette Gold'	35cm	45cm	☼☁	Frais, acide, drainé	4b	8 et 9	Grappe serrée	blanc	Variété intéressante ses feuilles restent jaunes même en automne.

ARBUSTES PERSISTANTS (suite)	H	L	☀	TYPE DE SOL	Z	MOIS ✿	FORME ✿	COULEUR ✿	REMARQUES
Euonymus fortunei 'Blondy' Fusain 'Blondy'	50cm	60cm	☀☁	Riche, drainé	5b	—	Sans intérêt	—	Mutation de Sunspot. Feuilles jaune clair avec fine bordure vert foncé.
Euonymus fortunei 'Canadale Gold' Fusain 'Canadale Gold'	60cm	1,2m	☀☁	Riche, drainé	5	—	Sans intérêt	—	Vert pâle bordées d'or. Jeunes pousses plus foncées. Robuste.
Euonymus fortunei 'Country Gold' Fusain 'Country Gold'	1,2m	1m	☀☁	Riche, drainé	5b	—	Sans intérêt	—	Port dressé. Feuilles rondes vertes avec marge dorée.
Euonymus fortunei 'Emerald Gold' Fusain 'Emerald Gold'	1,25m	1m	☀☁	Riche, drainé	5	—	Sans intérêt	—	Panaché jaune ou en été, rose à l'automne. Port irrégulier.
Euonymus fortunei 'E.T.' Fusain 'E.T. Gold' / 'E.T.'	1,2m	1m	☀☁	Riche, drainé	6	—	Sans intérêt	—	Port dressé, arrondi. Feuilles vertes à marge jaune, rose en automne.
Euonymus fortunei 'Gold Tip' Fusain 'Gold Tip' / F. 'Golden Prince'	0,5 à 1m	1,5m	☀☁	Riche, drainé	5b	—	Sans intérêt	—	Grandes feuilles panachées jaune. Peu rustique, irrégulier.
Euonymus fortunei 'Mor Gold' Fusain 'Mor Gold'	1,2m	1m	☀☁	Riche, drainé	5	—	Sans intérêt	—	Vert avec grandes taches jaunes. Belle coloration automnale.
Euonymus fortunei 'Sheridan Gold' Fusain 'Sheridans Gold'	1,3m	1,3m	☀☁	Riche, drainé	5	—	Sans intérêt	—	Feuilles entièrement jaunes puis vert éclatant en mi-été. Port irrégulier.
Euonymus fortunei 'Sungold' Fusain 'Sungold'	0,5 à 1m	1,2m	☀☁	Riche, drainé	5b	—	Sans intérêt	—	Beau feuillage jaune or avec un peu de vert.
Euonymus fortunei 'Sunny Lane' Fusain 'Sunny Lane'	60cm	90cm	☀☁	Riche, drainé	5	—	Sans intérêt	—	Type rampant, compact. Feuilles vertes et jaunes puis chartreuses.
Euonymus fortunei 'Sunrise' Fusain 'Sunrise'	0,5 à 1m	1,5m	☀☁	Riche, drainé	5b	—	Sans intérêt	—	Petites feuilles vertes tachées de jaune clair. Port dressé.
Euonymus fortunei 'Sunspot' Fusain 'Sunspot'	1m	1,2m	☀☁	Riche, drainé	5b	—	Sans intérêt	—	Grandes feuilles vertes tachées de jaune au centre. Port arrondi.
Euonymus fortunei 'Surespot' Fusain 'Surespot'	1m	1m	☀☁	Peu exigeant	4b	—	Sans intérêt	—	Issus de Sunspot, il est plus petit. Feuilles tachées de jaune vif. Lent.
Yucca flaccida 'Golden Sword' Yucca panaché 'Golden Sword'	80cm	60cm	☀	Sec, chaud	4	7	Épi clochette	blanc crème	Feuilles étroites linéaires, rigides vertes au centre jaune.

CONIFÈRES	H	L	☀	TYPE DE SOL	Z	MOIS ✿	FORME ✿	COULEUR ✿	REMARQUES
Chamaecyparis ob. 'Aurea' / 'Hinoki' Faux-cyprès 'Hinoki' **jaune**	4m	2m	☀☁	Frais, drainé, acide	5	—	—	—	Extérieur des feuilles jaune doré, intérieur vert foncé. Texturé.
Chamaecyparis obtusa 'Crippsii' Faux-cyprès 'Crippsii'	4m	2,5m	☀☁	Frais, drainé, acide	5	—	—	—	Pyramidale, chartreuse, extrémités jaunes. Étages ondulées.
Chamaecyparis obtusa 'F. Gold' Faux-cyprès 'Fernspray Gold'	1,25m	1,5m	☀☁	Frais, drainé, acide	5	—	—	—	Port pyramidal, jaune citron à pointes recourbées. Lent.
Chamaecyparis obtusa 'Nana Aurea' Faux-cyprès 'Kamaeni Hibi'	60cm	60cm	☀	Frais, drainé	5	—	—	—	Branche tordue, frisée. Feuillage doré. Port globe.
Chamaecyparis lawsonia 'M. Aurea' Faux-cyprès 'Minima Aurea'	80cm	80cm	☀☁	Frais, drainé, acide	5	—	—	—	Feuillage jaune pâle. Texture agréable. Globulaire.
Chamaecyparis p. 'Filifera Aurea' Faux-cyprès doré de Sawara	2m	1,5m	☀	Frais, drainé	5	—	—	—	Protéger des vents dominants. Pyramidal pleureur. Jaune doré.
Chamaecyparis p. 'Filif. Aurea Nana' Faux-cyprès filiforme nain doré	80cm	80cm	☀	Frais, drainé	5	—	—	—	Plus compact que le précédent. Même caractéristiques.
Chamaecyparis pisifera 'F. Mops' Faux-cyprès 'Filifera Mops'	1m	1m	☀	Frais, drainé, acide	5	—	—	—	Port étalé, arqué et filiforme. Jaune doré tournant bronze.
Chamaecyparis pisifera 'Gold Dust' Faux-cyprès p. 'Gold Dust'	90cm	80cm	☀	Frais, drainé, acide	5	—	—	—	Feuillage vert panaché de jaune doré.
Chamaecyparis pisifera 'L. Thread' Faux-cyprès 'Lemon Thread'	1m	1m	☀☁	Frais, drainé, acide	4	—	—	—	Gracieux, pyramidal, retombant. Feuilles filiformes jaune citron.
Chamaecyparis p. 'Plumosa Aurea' Faux-cyprès plumeux doré	2m	1m	☀	Frais, drainé	4b	—	—	—	Port conique, branches ascendantes. Doré puis jaunâtre.

PLANTES AU FEUILLAGE COLORÉ

CONIFÈRES (suite)	H	L	☀	TYPE DE SOL	Z	MOIS ✿	FORME ✿	COULEUR ✿	REMARQUES
Chamaecyparis pisifera 'Sungold' Faux-cyprès 'Sungold'	50 à 1m	80 à 1,5m	☀	Frais, drainé	4	—	—	—	Port globulaire, feuillage filiforme. Jaune doré puis lime.
Juniperus chinensis 'Gold Coast' Genévrier 'Gold Coast'	40cm	2m	☀	Tous sols calcaires	4	—	—	—	Forme de beaux contrastes avec les autres végétaux.
Juniperus chinensis 'Golden Glow' Genévrier 'Golden Glow'	60cm	1,5m	☀	Peu exigeant	4	—	—	—	Port étalé, compact. Jaune or éclatant. Beau toute l'année.
Juniperus chinensis 'Gold Lace' Genévrier 'Gold Lace'	60cm	1,2m	☀	Humide, drainé	3	—	—	—	Port étalé, texture fine et doux au toucher, jaune brillant.
Juniperus chinensis 'Paul's Gold' Genévrier 'Paul's Gold'	60cm	1,2m	☀	Humide, drainé	3	—	—	—	Port étalé, jaune brillant. Garde sa coloration tout l'hiver.
Juniperus chinensis 'Old Gold' Genévrier 'Old Gold'	80cm	1,5m	☀☁	Peu exigeant, drainé	4	—	—	—	Résiste à la mi-ombre, mais moins coloré qu'au soleil.
Juniperus chinensis 'Saybrook Gold' Genévrier 'Saybrook Gold'	90cm	1,5m	☀	Peu exigeant, drainé	4	—	—	—	Port semi-étalé. Beau feuillage jaune or persistant. Tolère sol sec.
Juniperus com. 'Depressa Aurea' Genévrier commun doré	40cm	1,25m	☀	Peu exigeant, sec	3b	—	—	—	Étalé, centre bleu pousses dorées virant rouge à l'automne. Rapide.
Juniperus communis 'Depressa' ⚜ Genévrier commun 'Depressa'	60cm	1,5m	☀	Peu exigeant, sec	2b	—	—	—	Plus grand que le précédent et moins doré. Tourne brun à l'hiver.
Juniperus communis 'Gold Cone' Genévrier commun 'G. Cone'	1,25m	50cm	☀	Peu exigeant	4	—	—	—	Port conique, compact. Fond bleuté à pointes jaune canari.
Juniperus horizontalis 'Limeglow' Genévrier 'Limeglow'	30cm	1,25m	☀☁	Peu exigeant, drainé	3	—	—	—	Rameaux érigés jaune doré à lime en été puis doré, bronze, pourpre orange à l'automne.
Juniperus horizontalis 'Mother Lod' Genévrier 'Mother Lod'	15cm	1,2m	☀	Peu exigeant, drainé	4	—	—	—	Port étalé. Dense, jaune éclatant puis jaune orangé. Peu disponible.
Juniperus media x 'Gold Coast' Genévrier 'Armstrong Gold'	1m	1,5m	☀	Frais, alcalin, drainé	5	—	—	—	Port étalé, bouts retombants. Jeunes pousses filiformes dorées.
Juniperus media x 'Gold Star' Genévrier 'Gold Star'	50cm	1,25m	☀	Perméable	3	—	—	—	Port étalé, compact. Centre bleuté à bouts jaune doré.
Juniperus media 'Old Gold' Genévrier 'Old Gold'	80cm	1,5m	☀☁	Perméable	4	—	—	—	Port régulier et trapus. Effet contrastant. Croissance lente.
Juniperus m. 'Pfitzerianna Aurea' Genévrier de Pfitzer 'Gold Lace'	1,2 à 1,5m	2,5m	☀	Perméable	3b	—	—	—	Port étalé irrégulier, plus découpé que Gold Star ou Old Gold.
Picea omorika 'Nana' Épinette omorika naine	1,5m	1,5m	☀	Riche, profond	4	—	—	—	Port conique arrondi, très nain. Aiguilles denses, jaune vert.
Pinus contorta 'Taylor's Sunburst' Pin tordu 'Taylor's Sunburst'	5m	2m	☀	Peu exigeant, drainé	5	—	—	—	Feuilles entortillées verdâtres, aux nouvelles pousses doré, brillant.
Taxus cuspidata 'Bright Gold' If miniature 'Bright Gold'	50cm	50cm	☀☁	Frais, drainé	4	—	—	—	Étalé, jaune puis vert. Tolérant aux tailles répétées.
Taxus x media 'Marguarita' Syn. : *Taxus x. m. Geers*	1,5m	1,2m	☀☁	Frais, drainé	4	—	—	—	Beau if à feuillage vert lime durant toutes les saisons, même au soleil.
Thuya occ. 'Douglassi Aurea' Cèdre de Douglas doré	10m	2m	☀☁	Profond, frais, calcaire	4	—	—	—	Pyramidal, irrégulier, touffu. Peu disponible. Protéger des vents.
Thuya occidentalis 'Europa Gold' Cèdre 'Europa Gold'	3m	1m	☀	Profond, riche, frais	4	—	—	—	Port pyramidal compact. Beau jaune doré. Croissance lente.
Thuya occidentalis 'Golden Globe' Cèdre doré en boule	1m	1m	☀	Profond, frais, calcaire	4	—	—	—	Port globulaire dense, jaune doré vif au soleil. Peu de taille.
Thuya occidentalis 'Golden Tuffet' Cèdre 'Golden Tuffet'	1m	1,5m	☀☁	Profond, riche, frais	4	—	—	—	Issu de Rheingold, il est plus rustique et d'un jaune teinté d'orange.
Thuya occidentalis 'Lutea' Cèdre doré	10m	3m	☀	Peu exigeant, frais	4b	—	—	—	Pyramidal. Doré puis vert jaunâtre. À l'abri des vents l'hiver.
Thuya occidentalis 'Rheingold' Cèdre 'Rheingold'	1,5 à 2m	1m	☀	Profond, frais, calcaire	4	—	—	—	Port globulaire, dressé, large, orange doré à croissance lente.

	H	L	☀	TYPE DE SOL	Z	MOIS ✿	FORME ✿	COULEUR ✿	REMARQUES
CONIFÈRES (suite)									
Thuya occidentalis 'Sunkist' Cèdre 'Sunkist'	2m	0,8 à 1,5m	☀	Profond, riche, frais	4	—	—	—	Feuillage doré aux pointes jaune vif. Pyramidal. Lent. Rocaille.
Thuya occ. 'Yellow Ribbon' Cèdre 'Yellow Ribbon'	2m	1m	☀☁	Profond, riche, frais	4	—	—	—	Port pyramidale semi-nain. Lent. Dense, doré brillant. Rocaille
Tsuga can. 'Golen Splendor' Pruche 'Golden Splendor'	1 à 1,8m	1 à 1,8m	☁	Sols frais, drainé	4	—	—	—	Port retombant, élégant. Aiguilles jaune or. Croissance lente.
GRIMPANTES (Vivaces)	H	L	☀	TYPE DE SOL	Z	MOIS ✿	FORME ✿	COULEUR ✿	REMARQUES
Humulus lupulus 'Aureus' Houblon doré	5 à 7m	2m	☀☁	Riche, profond, frais	4	7 et 8	Femelle en cône	verdâtre	Non ligneux, repart à la base au printemps. Rapide. Treillis, clôture.
Lonicera japonica 'Aureo-reticulata' Chèvrefeuille 'Aureo-reticulata'	2 à 5m	2m	☀☁	Peu exigeant	5	6 à 8	Trompette pétalée	blanc odorant	Feuillage vert, marbré jaune, tournant rose durant l'été.
Parthenocissus tricuspidata 'G. Walls' Vigne 'Golden Walls'	3 à 5m	1,5 à 2m	☁	Indiférent à riche	3	—	Sans intérêt	—	Tout nouveau cultivar résistant et rustique. Feuillage jaune lumineux.
VIVACES	H	L	☀	TYPE DE SOL	Z	MOIS ✿	FORME ✿	COULEUR ✿	REMARQUES
Agastache foeniculum 'Golden Jubilee' Agastache 'Golden Jubilee'	50cm	30cm	☀	Sain, frais, drainé	4	6 à 8	Épi serré	bleu odorante	Port érigé, feuilles en cœur jaune sur tiges rigides. Odeur de menthe.
Ajuga reptans 'Goldens Beauty' Bugle rampant 'Goldens Beauty'	15cm	20cm	☀☁	Frais à humide	3	5	Petit épi	bleu	Nouveau cultivar au feuillage doré. Donne un éclat de lumière.
Aquilegia vulgaris 'Woodside Gold' Syn.: *Aquilegia* 'Woodside Strain'	60cm	30cm	☀☁	Léger, frais	3	5 et 6	Munie d'éperon	bleu	Feuillage plutôt jaune au printemps et à l'automne, pâlit à l'été.
Arenaria verna 'Aurea' Sagine doré	5cm	20cm	☀☁	Riche, frais, drainé	4	6 et 7	Minuscule fleur	blanc	Plus utilisé pour son coussin de mousse doré que pour ses fleurs.
Artemisia vulgaris 'Janlim' Armoise 'Oriental Limelight'	50 à 80cm	40cm	☀☁	Sec, drainé	4	—	Sans intérêt	—	Feuilles dentelées, panachées jaune-citron et vert. Tailler régulièrement.
Bergenia cordifolia 'T. Andrews' Bergenia 'Tubby Andrews'	20 à 40cm	30cm	☀☁	Tous sols frais	3	5	Grappe	rosé	Feuilles épaisses lustrées panachées de taches jaunes et vert pâle.
Campanula x 'Dickson's Gold' Campanule 'Dickson's Gold'	15cm	30cm	☀☁	Ordinaire, drainé	5	6 et 7	Clochettes	bleu	Rare avec son feuillage doré. Port étalé. Pour jardin alpin, auge.
Campanula persicif. 'Kelly's Gold' Campanule 'Kelly's Gold'	70cm	60cm	☀☁	Consistant, drainé	3	6 et 7	Épis de clochettes	blanc, bleuté	Feuilles élancées, d'un beau jaune brillant. Vit ± longtemps.
Campanula punctata 'Milk Shake' Campanule 'Milk Shake'	60cm	40 à 80cm	☀☁	Léger, drainé	4	6 et 7	Grosses cloches pendantes	rose	Feuillage doré parsemé de points verts. Extrêmement vigoureux !
Centaurea montana 'Gold Bukkion' Centaurée mont. 'Gold Bukkion'	60cm	60cm	☀☁	Ordinaire	4	5 à 8	Capitule solitaire	bleu cœur rouge	Feuilles éclatantes, allongées, chartreuses. Bordure recourbée.
Dicentra spectabilis 'Gold Heart' Cœur saignant 'Gold heart'	70cm	45cm	☁	Frais, humide	3	5 et 6	Grappe pendante	rose foncé	Nouvelle sélection de cœur saignant à feuillage doré. Port arqué et délicat.
Fillipendula ulmaria 'Aurea' Fillipendule doré	0,9 à 1,2m	40 à 70cm	☀☁	Riche, frais	3	6 à 8	Panicule, corymbe	blanc	Feuillage élancé, aérien d'un beau jaune doré. Tailler les fleurs.
Fillipendula ulmaria 'Variegata' Fillipendule panaché	60cm	30cm	☀☁	Riche, frais	3	6 à 8	Panicule, corymbe	crème	Le panache jaune crème est au centre des folioles.
Geranium x 'Ann Folkard' Géranium 'Ann Folkard'	40cm	50cm	☀☁	Humide, drainé	5b	6 à 9	Coussin lâche	Rose cœur noir	Fleurs très contrastantes sur ce feuillage vert-doré. Coussin.
Helleborus foetidus 'Gold Bullion' Hellébore 'Gold Bullion'	60cm	60cm	☀☁	Drainé, même sec	4	4 et 5	Clochettes pendantes	verdâtre à marge rouge	Feuillage à longs lobes étroits, brillant, doré. Toxique. Accompagne *hosta*, *heuchère*.
Heuchera 'Amber Waves' Heuchère 'Amber Waves'	25cm	35cm	☀☁	Riche, frais	4	6 et 7	Hampes clochettes	rose léger	Feuillage ambre et or tout à fait unique et spectaculaire !
Heuchera 'Dolce Crème Brûlé' Heuchère 'Crème Brûlé'	30 à 40cm	35cm	☁	Riche, frais	4	6 et 7	Hampes clochettes	blanc crème	Feuillage doré à orange brûlé. Feuilles découpées à marge ondulée.

PLANTES AU FEUILLAGE COLORÉ

VIVACES (suite)	H	L	☀	TYPE DE SOL	Z	MOIS ✿	FORME ✿	COULEUR ✿	REMARQUES
Heuchera 'Dolce Key Lime Pie' Heuchère 'Key Lime Pie'	30 à 40cm	35cm	⛅	Riche, frais	4	6 et 7	Hampes clochettes	blanc crème	Feuillage vert limette, découpée, lobée, nervurée et ondulée.
Heuchera 'Dolce Peach Melba' Heuchère 'Peach Melba'	30 à 40cm	35cm	☀⛅	Riche, frais	4b	6	Hampes clochettes	blanc	Feuillage pêche doré et orange rouge. Rapide.
Heuchera 'Lime Rickey' Heuchère 'Lime Rickey'	30cm	40cm	☀⛅	Riche, frais	4	6 et 7	Hampes clochettes	blanc	Émerge chartreuse puis tourne vert lime. Vigoureux. Ondulé.
Heuchera 'Marmalade' Heuchère 'Marmalade'	35cm	40cm	☀⛅	Riche, frais	4	6 et 7	Hampes clochettes	brun rouge	Ressemble à 'Amber Waves' mais avec plus de rose rouge que de doré.
Heucherella x 'Stoplight' Heucherelle 'Stoplight'	45cm	45cm	⛅	Riche, frais	4	6 à 8	Hampe, clochettes	blanc	Plus large, plus doré au centre pour pre plus prononcé que 'Sunspot'.
Heucherella x 'Sunspot' Heucherelle 'Sunspot'	20cm	30cm	⛅	Riche, frais	4	6	Hampes clochettes	rose	Feuilles triangulaires, lobées, jaune vif avec centre rouge.
Hosta 'August Moon' Hosta 'August Moon'	50cm	1m	☀⛅	Riche, frais	4	7	Hampe, cloches	blanc	Feuillage nervuré, bosselé. Jaune, chartreuse.
Hosta 'Birchwood Gold' Hosta 'Birchwood Gold'	45cm	75cm	☀⛅	Riche, frais	4	7	Hampe, cloches	lavande	Beau feuillage en cœur, jaune clair, lisse. Tolère bien le soleil.
Hosta 'Feither Boa' Hosta 'Feither Boa'	15cm	30cm	⛅	Riche, frais	4	7	Hampe, cloches	améthyste	Feuilles lancéolées, ondulées, jaunes à fine marge verte. Compacte.
Hosta 'Gold Drop' Hosta nain 'Gold Drop'	15 à 25cm	25cm	☀⛅	Riche, frais	2	7	Hampe, cloches	mauve	Feuillage lisse et cireux. Petit hosta compact.
Hosta 'Gold Standard' Hosta 'Gold Standard'	50cm	90cm	☀⛅	Riche, frais	3	7	Hampe, cloches	lavande	Feuillage lisse jaune crème, bordé de vert. Superbe, rapide.
Hosta 'Golden Scepter' Hosta 'Golden Scepter'	30cm	45cm	⛅	Riche, frais	3	7	Hampe, cloches	violet strié pourpre	Beau feuillage lisse, cordiforme, jaune or. Brûle au soleil.
Hosta 'Golden Sunburst' Hosta 'Golden Sunburst'	50cm	1,2m	⛅	Riche, frais	3	7	Hampe, cloches	blanc	Feuilles larges, cordiformes, bosselées, chartreuses. Floraison abondante.
Hosta 'Hydon Sunset' Hosta nain 'Hydon Sunset'	10cm	20cm	⛅	Riche, frais	3	7	Hampe, cloches	pourpre	Feuillage vagué-ondulé, jaune chartreux.
Hosta 'Illumination' Hosta 'Illumination'	60cm	80cm	⛅	Riche, frais	3	7	Hampe, cloche	lavande	Beau feuillage en cœur, lustré, jaune clair.
Hosta 'Janet' Hosta 'Janet'	35cm	60cm	⛅	Riche, frais	3	8	Hampe, cloches	lavande	Passe du jaune au blanc crème marginé de vert. Feuilles allongées.
Hosta 'Kabitan' Hosta 'Kabitan'	30cm	50cm	⛅	Riche, frais	3	7	Hampe, cloches	lavande	Feuilles étroites jaunes, fine marge verte.
Hosta 'Lemon Lime' Hosta 'Lemon Lime'	45cm	30cm	⛅	Riche, frais	3	7	Hampe, cloches	violet strié pourpre	Feuilles élancées dorées puis chartreuses. Touffe érigée, serrée. Lent.
Hosta montana 'Aureo marginata' Hosta des montagnes 'Aureo mar.'	1,5m	80cm	⛅	Riche, frais	3	8	Hampe entonnoires	blanc	Gros hosta à feuilles vertes, marge irrégulière jaune. Rapide.
Hosta 'Paul's Glory' Hosta 'Paul's Glory'	55cm	70cm	⛅	Riche, frais	3	7	Hampe, cloches	blanc lavande	Feuilles gaufrées, jaunes claires à marge verte. Lumineux.
Hosta 'Piedmont Gold' Hosta 'Piedmont Gold'	50cm	1m	⛅	Riche, frais	3	7	Hampe, cloches	blanc	Grosses feuilles nervurées, chartreuses. Croissance rapide.
Hosta 'Shade Fanfare' Hosta 'Shade Fanfare'	40cm	60cm	☀⛅	Riche, frais	3	7	Hampe, cloches	lavande	Feuillage vert pâle à jaune avec large marge crème. Hâtif, florifère.
Hosta 'Sitting Pretty' Hosta nain 'Sitting Pretty'	10cm	20cm	⛅	Riche, frais	4	9	Hampe, cloches	pourpre strié	Hosta lisse, jaune, marginé de 2 tons de vert.
Hosta x hybrida 'Sum and Substance' Hosta 'Sum and Substance'	75cm	150cm	☀⛅	Riche, frais	3	7 et 8	Hampe, cloches	blanc	Un hosta bien connu pour son port gigantesque. Jaune lime.
Hosta 'Sun Power' Hosta 'Sun Power'	60cm	90cm	☀⛅	Riche, frais	3	7	Hampe, cloches	lavande	Hosta jaune citron aux longues feuilles tordues. Joli au soleil.
Hosta 'Touch of Class' Hosta 'Touch of Class'	40cm	60cm	⛅	Riche, frais	3	6 à 8	Hampes cloche	lavande	Feuilles larges, cordiformes d'un beau doré entourées d'une large marge bleue.

PLANTES AU FEUILLAGE COLORÉ

VIVACES (suite)	H	L	☼	TYPE DE SOL	Z	MOIS	FORME	COULEUR	REMARQUES
Hosta 'Zounds' / Hosta 'Zounds'	40cm	30cm		Riche, frais	3	7	Hampe, cloches	blanc	Feuillage tordu, bosselé et épais. Jaune lumineux.
Houttuynia cordata / Plante caméléon	50cm	55cm		Riche, humide	5	7 et 8	Sans intérêt	blanc	On retrouve du vert, jaune, rouge et crème sur sa feuille ! Rampant.
Hypericum calycinum 'Briggadoom' / Hillepertuis 'Briggadoom'	45cm	45cm		Léger, profond, cailllouteux	5	6 à 7	Grande, étamines	jaune vif	Couvre-sol vigoureux. Feuilles doré jaune. Teinté de rouge.
Iris pallida 'Aurea Variegata' / Iris pallida doré	70cm	30cm		Ordinaire, chaud	4	6 et 7	3 sépales 3 pétales	bleu lavande	Léger parfum. Feuillage vert grisâtre panaché de jaune doré.
Lamium album 'Friday' / Ortie blanche 'Friday'	30cm	50cm		Tous sols fertiles	3b	5 et 6	Petit épi	blanc	Couvre-sol pour endroit ombragé. Feuillage vert éclaboussé d'or et d'argent.
Lamium maculatum 'A. Greenway' / Lamier 'Anne Greenway'	20cm	50cm		Frais, drainé	3	5 à 7	Grappe	rose mauve	Très lumineux. Feuillage vert-olive, argent et marge doré.
Lamium maculatum 'Aureum' / Lamier maculé doré	20cm	50cm		Frais, drainé	3	5 à 7	Grappe	rose mauve	Fleurs rose foncé parsemées sur un feuillage doré, lumineux.
Lamium mac. 'Beedham's White' / Lamier 'Beedham's White'	20cm	50cm		Frais, drainé	3	5 à 7	Grappe	blanc	Beau feuillage doré avec marbrure blanc-argent au centre.
Ligularia tussilaginea 'Aureomaculata' / Ligulaire 'Léopard'	60cm	60cm		Riche, humide	5	9 et 10	Capitule	jaune	Grandes feuilles en cœur arrondi parsemées de taches jaunes.
Lysimachia nummularia 'Aurea' / Herbe aux écus doré	5cm	45cm		Riche, humide	3	6 et 7	Solitaire à l'aisselle	jaune	Illumine les sous-bois, enjolive les pièces d'eau. Tapissant.
Melissa officinalis 'All Gold' / Baume mélisse 'All Gold'	50cm	45cm		Profond, humide, drainé	5	6 à 8	Sans intérêt	blanc	Fine-herbe à feuillage décoratif, jaune brillant à odeur de citron.
Mentha arvensis 'Banana' / Menthe banane	50cm	60 à 80cm		Riche, humide	4	—	Sans intérêt	—	Menthe à saveur de banane. Beau feuillage jaune lime.
Origanum vulgare 'Aureum' / Orégan doré	20cm	30cm		Léger, drainé	4b	7 à 9	Sans intérêt	blanc, rose	Herbe-fine, joliment décorative avec son feuillage aromatique lime à doré.
Phlox paniculata 'Goldmine' / Phlox paniculé 'Goldmine'	70cm	60cm		Riche, frais	4	7 à 9	Panicule	rouge magenta	Superbe feuillage vert tendre irrégulièrement bordé de jaune.
Physostegia virg. 'Olympus Gold' / Physostégie 'Olympus Gold'	70cm	60cm		Riche, frais	3b	7 et 8	Épi 4 rangs	rose pâle	Panaché gris et jaune. Résistant aux maladies. Ordonné, vigoureux.
Salvia officinalis 'Icterina' / Sauge officinale panaché	60cm	40cm		Sec, drainé	5	6 et 7	Longue grappe	violet clair	Forme panaché de la sauge de jardin. Lumineux, vert bordé jaune.
Scrophularia buergeriana / Scrophularia 'Lemon and Lime'	60 à 90cm	60 à 80cm		Riche, drainé	4b	7 et 8	Cyme sans intérêt	jaune verdâtre	Monticule dense. Utilisé pour ses feuilles jaune-lime au centre vert.
Sempervivum sp. / Poules et ses poussins	15cm	20cm		Peu de terre, riche	3	6 et 7	Rosette rare	Jaune, rose rouge	Rosette charnue, lisse ou poilue. Certaines variétés jaune orangé.
Symphytum x uplandicum 'A. Gold' / Consoude 'Axminster Gold'	90cm	70cm		Frais, drainé	4	5 et 6	Grappe penchée	mauve	Coussin dense, feuilles vertes largement bordées de jaune doré.
Tanacetum parthenium 'G. Moss' / Tanacetum 'Golden Moss'	30cm	30cm		Bien drainé	4	—	Sans intérêt	—	Feuillage compact, très découpé, d'un beau jaune-lime. Oter fleurs.
Teucrium chamaedrys 'Summer S.' / Germandrée 'Summer Sunshine'	40cm	40cm		Ordinaire, drainé	4	7 et 8	Tubulaire, racème	rose	Port arrondi, feuilles dorées ornées de fleurs roses tard à l'automne.
Thalictrum flavum 'Illuminator' / Pigamon jaune 'Illuminator'	1 à 1,5m	60 à 90cm		Léger, frais	5	7 et 8	Grappe aérienne	jaune	Feuillage texturé, vaporeux d'un beau vert-jaune.
Thymus x 'Doone Valley' / Thym 'Doone Valley'	20cm	30cm		Pauvre, sec	3b	6 et 8	Tubulaire, grappe	rose lilas	Tapis vert foncé éclaboussé de jaune brillant. Aromatique.
Thymus citriodorus 'Aureus' / Thym citron Doré	25cm	25cm		Pauvre, sec	5	6 et 8	Tubulaire, grappe	rose	Tapis de thym brillant avec sa panachure jaune doré. Aromatique.
Tracescantia andersoniana / Éphémère de Virginie	50cm	50cm		Riche, frais	4	7 à 9	Dispersée	blanc, bleu, rose	Longue floraison, rabattre pour renforcir. Feuilles effilées.
Tradescantia 'Blue and Gold' / Éphémère 'Bleu and Gold'	50cm	50cm		Riche, frais	4	7 à 9	Dispersée	bleu violacé	Contrastant par son feuillage doré brillant. Rabattre à la mi-saison.

VIVACES (suite)	H	L	☀	TYPE DE SOL	Z	MOIS ❀	FORME ❀	COULEUR ❀	REMARQUES
Tradescantia 'Sweet Kate' Éphémère 'Sweet Kate'	50cm	50cm	☀☁	Riche, frais	3	7 à 9	Dispersée	bleu violacé	Longues feuilles rubanées jaune doré durant toute la saison. Rabattre.
Tricyrtis formosana 'Gilty Pleasure' Lis crapaud 'Gilty Pleasure'	70cm	50cm	☀☁	Riche, frais, humide	5	8 à 10	Cyme dressée	rose picoté	Feuillage allongé doré. Variété vigoureuse.
Tricyrrtis hirta 'Miyazaki Gold' Lis crapaud 'Miyazaki Gold'	90cm	45cm	☀☁	Riche, frais, humide	5	9 et 10	Cyme	blanc, maculé lilas	A un port plutôt arqué d'un beau jaune doré. Touche d'originalité.
Tricyrtis hirta 'Moonlight' Lis crapaud 'Moonlight'	50cm	60cm	☀☁	Riche, frais, humide	4	9 et 10	Cyme	lilas picoté	Feuilles allongées, entremêlées, chartreuses. Variété plutôt compacte.
Tricyrtis 'Lightning Strike' Lis crapaud 'Lightning Strike'	70cm	50cm	☀☁	Riche, frais, humide	5	8 et 9	Cyme	Lavande	Feuilles chartreuses striées de vert foncé et crème.
Veronica austriaca 'Trehane' Véronique germandée 'Trehane'	25cm	45cm	☀☁	Riche, frais	4	6 et 7	Racème	bleu profond	Rampant doré, contrastant avec ses fleurs. Tailler fleurs fanées.
Veronica montana 'Corinne T.' Véronique 'Corinne Tremaine'	5cm	30cm	☀☁	Riche, frais	6	5 et 6	Racème	bleu profond	Tiges de feuilles rondes, opposée vert bordé de crème. Couvre-sol.
Veronica prostata 'Aztec Gold' Syn.: *Veronica rupestris*	15cm	45cm	☀☁	Riche, frais à sec	4	6 et 7	Épi court	bleu foncé	Feuilles opposées, dorées au soleil, chartreuses à l'ombre. Couvre-sol.
Veronica repens 'Sunshine' Véronique rampante 'Sunshine'	5cm	30cm	☀☁	Riche, frais, drainé	6	6	Grappe lâche	bleu pâle	Très rampant, très petites feuilles dorées. Rocaille, auge, dallage.
Vinca minor 'Aureo marginata' Pervenche doré panaché	10 à 20cm	30 à 90cm	☀☁	Léger, frais	3	5 et 6	Étoilée	bleu pâle	Rampant aux feuilles lustrées panachées de blanc et doré.
Vinca minor 'Blue and Gold' Pervenche 'Blue and Gold'	10 à 20cm	30 à 90cm	☀☁	Léger, frais	4	5 et 6	Étoilée	bleu	Couvre-sol entremêlé. Feuillage vert foncé, lustré bordé de jaune.
Vinca minor 'Golden' Pervenche 'Golden'	10 à 20cm	30 à 60cm	☀☁	Léger, frais	4	5 et 6	Étoilée	blanc	Couvre-sol éclatant. Beau feuillage à marges or et fleurs blanches.
Vinca minor 'Illumination' Pervenche 'Illumination'	10 à 20cm	30 à 60cm	☀☁	Léger, frais	4	5 et 6	Étoilée	bleu	Vraiment doré, avec une mince bordure verte. Feuilles persistantes.
Vinca minor 'Valley Glow' Pervenche 'Valley Glow'	10 à 20cm	30 à 60cm	☀☁	Léger, frais	4	5 et 6	Étoilée	bleu	Variété à tiges jaunes et feuilles fortement striées d'or. Lumineux !

GRAMINÉES	H	L	☀	TYPE DE SOL	Z	MOIS ❀	FORME ❀	COULEUR ❀	REMARQUES
Alopecerus pratensis 'Aureus' Vulpin des prés doré	30 à 45cm	30cm	☀	Plutôt frais	5b	5 et 6	Épis	vert ligné jaune	Donne un effet de vert lime. Joli avec bulbes printemps. Traçant.
Bromus inermis 'Skinner's Golden' Brome inerme 'S. Golden'	60 à 90cm	40cm	☀	Peu exigeant	5	6 à 8	Épis jaune or	vert et jaune	Feuilles larges à marges jaunâtres. Robuste, peu exigeant. Contrôler.
Carex divulsa 'Kaga-Nishiki' Laîche 'Kaga-Nishiki'	45cm	30cm	☀☁	Riche, frais, drainé	5	7	Épillet spiralé, cuivre	dorée lignée vert	Spécimen très élégant. Feuillage souple, arqué. Sous-bois.
Carex elata 'Aurea' Laîche élevée 'Bowles Golden'	40 à 75cm	60cm	☀☁	Plutôt humide	5	—	Épillet sans intérêt	jaune bordé vert	Touffe dense, feuilles rubanées, arquées. Apporte de la lumière.
Carex morrowii 'Aureo Variegata' Laîche japonaise dorée	30cm	40cm	☀☁	Humifère, frais	5b	4 et 5	Épi verdâtre	vert strié jaune	Supporte le soleil en sol humide. Touffe dense érigé, retombant.
Carex siderosticha 'Lemon Zest' Laîche 'Lemon Zest'	30cm	45cm	☀☁	Sol plutôt humide	5	5 à 6	Épillet	jaune	Un beau feuillage citron-lime vibrant. Jolie avec Hosta et heuchère.
Glyceria maxima 'Variegata' Glyceria maxima 'Variegata'	30cm	40 à 80cm	☀	Humide à sec	4	—	Sans intérêt	—	Port tapissant, vert lime strié blanc crème, rosé.
Hakonechloa macra 'All Gold' Herbe du Japon 'All Gold'	40cm	40cm	☀☁	Fertile, frais, drainé	5	8 et 9	Épillet mince	jaune doré	Nouvelle variété entièrement jaune. Plus érigé que cascade.
Hakonechloa macra 'Aureola' Herbe du japon doré	40cm	40cm	☀☁	Fertile, frais, drainé	5	8 et 9	Épillet mince	panaché doré	Touffe érigée, retombante. Lent. Parfait pour sous-bois. Superbe.
Luzula sylvatica 'Marginata' Luzule des forêts	30cm	30cm	☀☁	Peu exigeant	5	5 et 6	Épillet brun	vert bordé jaune	Bon couvre-sol même sous les arbres, arbustes.
Millium effusum 'Aureum' Millet diffus doré	60cm	60mc	☀☁	Plutôt humide, frais	6	6	Épillet lâche	doré puis jaunâtre	Touffe lâche, ± régulière, feuilles rubanées plutôt larges et courtes.

PLANTES AU FEUILLAGE COLORÉ

GRAMINÉES (suite)	H	L	☼	TYPE DE SOL	Z	MOIS	FORME	COULEUR	REMARQUES
Miscanthus sinensis 'Strictus' Roseau de Chine porc-épic	1,2 à 1,5m	75 à 90cm	☼	Fertile, frais à humide	5	8 à 10	Rares plumes	Panaché horizontal	Port érigé. Les bandes jaunes claires sont horizontales.
Miscanthus sinensis 'Zebrinus' Roseau de Chine Zébré	1,5 à 2m	1m	☼	Fertile, frais	5	10 et 11	Rares plumes	Panaché horizontal	Comme Strictus mais avec un port arqué, évasé. Feuilles rubanées.
Molinia caerulea ssp. arundinacea Molinie caerulea arundinacea	1 à 1,5m	0,8 à 1m	☼	Frais, fertile	5	8	Panicule jaune	doré puis jaune	Beau port érigé en touffes hérissées, panicules ramifiées.
Phalaris arundinacea var. lutea 'Picta' Ruban de bergère 'Picta' ✿	80cm	—	☼☁	Tous les sols	3	5 et 6	Panicule pourprée	Vert bordé de jaune	Port diffus, indiscipliné. Vigoureux même en eau peu profonde.
Phyllostachys aurea Bambou doré ✿	1,8m	1m	☼☁	Ordinaire, drainé	5		Sans intérêt	Doré ou panaché	Feuillage abondant, diffus. Un bambou haut. Aussi en panaché.
Sesleria automnalis Seslérie	30 à 45cm	40cm	☼☁	Ordinaire, sec	4	8 et 9	Épis élancés	vert jaunâtre	Touffe dressé plutôt jaunâtre. Pousse bien sous les arbres.
Spartina pectin. 'Aureo marginata' ✿ Foin de grève	1,5 à 1,9m	75cm	☼	Humide à un peu sec	4	8 et 9	Grappe d'épis	vert et doré	Forme érigée puis arquée. La ligne doré ne paraît que de près.
Sporobolus heterolepis ✿ Sporobole à glumes inégales	30cm	40cm	☼	Sols secs	4b	8 et 9	Panicule ouvert	vert puis doré	Couvre-sol ou comme vedette dans les jardins secs. Odorant.
Stipa tenuissima Queue de cheval	40cm	25cm	☼	Ordinaire, sec	—		Épi souple blond	vert doré	Gracieux, se balance au vent. Annuelle. Tourne tôt doré.

BULBES	H	L	☼	TYPE DE SOL	Z	MOIS	FORME	COULEUR	REMARQUES
Canna x generalis 'Bengal Tiger' Canna 'Bengal Tiger' / C. 'Pretoria'	1,2 à 1,5m	50cm	☼	Léger, drainé	—	7 à 9	Gros épi	Orange melon	Feuilles bordées marron et panachées crème, jaune et vert.

FOUGÈRES	H	L	☼	TYPE DE SOL	Z	MOIS	FORME	COULEUR	REMARQUES
Dryopteris affinis 'Crispa Barnes' Fougère crispé doré 'Barnes'	60 à 90cm	60cm	☁	Riche, humide	5			vert doré	Beau feuillage lumineux, légèrement frisé. Fougère haute et fournie.

ANNUELLES	H	L	☼	TYPE DE SOL	Z	MOIS	FORME	COULEUR	REMARQUES
Fuchsia magellanica 'Aurea' Fuchsia de Magellan 'Aurea'	50cm	80cm	☁	Riche, humide, drainé	—	6 à 9	Pendant d'oreille	violet et magenta	Son feuillage tire sur le jaune verdâtre. Port dressé, large.
Phormium 'Ranbow Queen' Lin de Nouvelle Zélande 'R. Queen'	90cm	90cm	☼	Sableux, drainé	8	—	Sans intérêt	—	Comme un gros dracéna à feuilles jaunes et oranges à cœur vert.
Phormium 'Sunset' Lin de Nouvelle Zélande	1,2m	90cm	☼	Sableux, drainé	8		Sans intérêt	—	Larges feuilles érigées puis arquées au centre abricot, dorées à marge verte.
Plectranthus 'Gold Leaf' Plectranthes 'Gold Leaf'	25cm	1m	☁	Riche, léger, frais			Sans intérêt		Port érigé puis rampant ou cascade. Longue tige dorée.
Plectranthus 'Green and Gold' Plectranthes 'Green & Gold'	25cm	1m	☁	Riche, léger, frais			Sans intérêt		Port érigé puis rampant. Feuillage jaune à centre vert.
Solenostemon scutellarioides Coléus	20 à 50cm	30 à 50cm	☼☁	Riche, frais, drainé			Sans intérêt		Feuillage très texturé ou découpé. Couleurs vives et variées.
Talinum paniculatum Talinum paniculé	60cm	50cm	☼	Léger, enrichi		6 à 9	Panicule, vaporeux	rose pâle	Feuillage chartreux, fleur rose suivi d'une gousse orange.

GRIMPANTES (Annuelles)	H	L	☼	TYPE DE SOL	Z	MOIS	FORME	COULEUR	REMARQUES
Ipomoea batatas 'Terra Lime' Patate douce 'Terra Lime'	20 à 60cm	40 à 60cm	☼☁	Souple, frais, drainé			Sans intérêt		Feuillage triangulaire, rampant ou grimpant, d'un beau jaune lime.
Hedera helix Lierre commun	60 à 90cm	40 à 60cm	☼☁	Sol plante intérieur			Sans intérêt		Lierre palmé vert, jaune ou panaché. Accompagne.

✿ indique une plante indigène ou naturalisée.
✿ indique une plante potentiellement envahissante !

FEUILLAGES BLEUTÉS ET GRIS

ARBRES	H	L	☼	TYPE DE SOL	Z	MOIS ✿	FORME ✿	COULEUR ✿	REMARQUES
Acer griseum Érable griseum	4 à 7m	2 à 5m	☼	Peu exigeant, drainé	5	—	Sans intérêt	—	Petit arbre arrondi souvent utilisé en arbuste. Feuilles glauques.
Amelanchier arborea Amélanchier arbre	10m	5m	☼☁	Acide, frais, drainé	5b	5	Grappe	blanc	Ovoïde, régulier, gris argent à l'éclosion puis vert. Fruits.
Amelanchier canadensis Amélanchier du Canada	7m	4m	☼☁	Acide, frais, drainé	2	5	Grappe	blanc	Greffé sur tige. Feuillage légèrement bleuté virant rouge. Fruits.
Caragana roborovshyi Caraganier de Roborovsky	2m	1,25m	☼☁	Peu exigeant, sec	3b	6 et 7	Fleur de pois	jaune vif	Greffé sur tige, globulaire argenté. Moins maladif que *Pygmea*.
Élaeagnus angustifolia Olivier de Bohème	6m	6m	☼	Riche, profond, frais	2b	6	Sans intérêt	jaunâtre	Port ouvert, irrégulier. Rameaux et feuilles argentées. Rapide.
Euonymus turkestanica 'Nana' Fusain nain de Turkestan	1,7m	1,5m	☼☁	Riche, profond, frais	2b	5 et 6	Petite	blanc pourpre	Vert bleuté en été, rouge à l'automne. Port pleureur. Greffé.
Halimodendron halodendron Caragana argenté sur tige	2m	1,5m	☼	Ordinaire, pauvre	3	6 et 7	Grappe parfumée	rose pourpré	Port évasé. Feuillage argenté, épines décoratives. Bord de mer.
Hippophae rhamnoides Argousier Faux-nerprun	3 à 5m	3m	☼	Pauvre, sec	3	4 et 5	Sans intérêt	jaunâtre	Arbuste argenté que l'on peut tailler pour le garder en petit arbre. Épineux.
Malus 'Pink Perfection' Pommetier décor. 'Pink Perfection'	10m	6m	☼	Fertile, frais, drainé	4	5	Double, abondante	rose	Port arrondi, irrégulier d'un beau vert bleuté. Protéger des vents.
Populus alba 'Nivea' Peuplier argenté	15m	12m	☼	Profond, sableux	2b	—	—	—	Feuilles 3 à 5 lobes au revers très argenté. Port irrégulier. Rapide.
Populus canescens 'Tower' Peuplier gris 'Tower'	12m	2m	☼	Ordinaire, humide	3	—	—	—	Port collonnaire très ornemental. Vert luisant au revers argenté.
Populus tremula 'Erecta' Peuplier tremble fastigier	12 à 16m	3,5m	☼	Sol ordinaire	2b	5	Chaton mâle	gris	Port étroit, feuilles frémissantes au revers argenté. Haie, Écran.
Pyrus salicifolia 'Pendula' Poirier décoratif pleureur	4m	2,5m	☼	Peu exigeant	5	4 et 5	Corymbe	blanc crème	Feuilles petites, linéaires, gris argenté. Fruit avec duvet argent.
Quercus alba Chêne blanc	25m	25m	☼	Profond, frais, drainé	4a	5	Chaton	jaune	Pyramidal, arrondi. Feuilles lobées vert-bleu. Tourne rouge-violet. Glands.
Salix elaengnos / S. incarna Saule drapé / S. chalef	3 à 4m	2m	☼☁	Lourd, humide	4a	4 et 5	Chaton	jaunâtre	Arbre sur petit tronc, si non rabattu. Feuillage vert et argent.
Salix exiqua 'Coyote' Saule 'Coyote' sur tige	2,5m	1,5m	☼	Peu exigeant	2		Chaton long	doré	Rameaux érigés brun rosé avec feuillage argenté. Drageonne.
Salix purpurea 'Pendula' Saule arctique sur tige	2m	2m	☼☁	Peu exigeant, frais	2b	4 et 5	Petits chatons	jaune	Greffé. Aspect léger, gracieux. Feuilles vert-bleuté. Tige pourpre.
Salis repens argentea sur tige Saule rampant arenaria	1 à 1,5m	0,7 à 1,5m	☼☁	Humide	4	4	Chaton	jaunâtre argenté	Rampant greffé, arqué, argenté, velouté. Beau tout l'été.
Salix x 'Silver Falls' Saule prostré 'Silver Falls'	1,25 à 2m	1,25m	☼☁	Humide	3b	4 et 5	Chaton	jaunâtre	Rampant greffé, port pleureur. Beau feuillage argenté. Tailler.
Sorbus decora Sorbier des montagnes	7m	5m	☼	Acide, sableux	2	5 et 6	Corymbe	blanc	Arbuste ou petit arbre ovoïde. Feuilles vert glauque. Fruit rouge. Pas malade !
Sorbus folgneri 'Pendula' Sorbier asiatique 'Pendula'	5 à 7m	4m	☼☁	Peu exigeant, drainé	5	5	Peu visible	blanc	Fortes branches retombantes. Feuillage argenté. Fruits rouges.
Sorbus intermedia Alisier blanc de Suède	11m	6,5m	☼☁	Riche, léger, drainé	4	5	Corymbe	blanc	Cime arrondie, plutôt grisâtre, tourne au rouge. Fruit rouge.
Tilia europaea x 'Pallida' Tilleul à feuilles pâles	15m	12m	☼	Tous sols riches	4	7	Cyme pendante	verdâtre parfumée	Port conique. Feuillage vert bleuté. Résistant à la pollution.
Tilia tomentosa / Tilia argentea Tilleul argenté	15m	9m	☼☁	Tous sols riches	5b	6 et 7	Cyme pendante	jaunâtre parfumée	Port pyramidal, ± régulier. Résistant. Feuilles au revers argenté.

ARBRES (suite)	H	L	☀	TYPE DE SOL	Z	MOIS ✿	FORME ✿	COULEUR ✿	REMARQUES
Viburnum carlcephalum Viorne odorante sur tige	2m	1m	☀☁	Riche, drainé	5	5	Corymbe parfumé	blanc rosée	Feuillage épais, vert bleuté tourne rouge pourpre. Décoratif.
Viburnum lantana 'Mohican' Viorne 'Mohican' sur tige	2,5m	2,5m	☀☁	Peu exigeant, fertile	2b	5 et 6	Corymbe	blanc	Compact, vert grisâtre puis rouge à l'automne. Fruit rouge puis noir.

ARBUSTES	H	L	☀	TYPE DE SOL	Z	MOIS ✿	FORME ✿	COULEUR ✿	REMARQUES
Acer griseum Érable griseum	4m	2m	☀	Frais, drainé	5	—	Sans intérêt	—	Port arrondi. Feuilles composées bleu-gris. Tourne rouge orange.
Amelanchier canadensis Amélanchier du Canada	6m	3m	☀☁	Acide, frais, drainé	2b	5	Grappe	blanc	Fruits comestibles. Feuillage bleuté tournant rouge orangé.
Amorpha canescens Amorpha blanchâtre	90cm	80cm	☀	Pauvre, calcaire	3	6	Épis érigés	bleu foncé	Feuillage gris-vert à texture très fine. Port large, arrondi.
Caragana aurantiaca Caraganier orangé	1m	80cm	☀☁	Peu exigeant	2	6 et 7	Simple, suspendue	jaune orangé	Jeunes pousses rouge-brun sur feuillage vert grisâtre foncé.
Cornus racemosa / C. paniculata Cornouiller à grappes	3m	2m	☀☁	Peu exigeant, frais	4	6 et 7	Panicule	blanc crème	Gris-vert virant pourpre à l'automne. Fruits blancs. Écrans.
Cotinus coggygria Arbre à perruque	3 à 4m	2 à 3m	☀	Léger, neutre, sec	4b	7 à 9	Panicule chevelue	crème rose	Long panache vaporeux après la floraison. Pourpre ou gris-vert.
Cotinus coggygria 'Young Lady' Arbre à perruque 'Young Lady'	1,5 à 2m	1 à 2m	☀☁	Léger, neutre, sec	5b	6 à 8	Panicule chevelue	rose clair	Vert-bleuté. Le plus florifère de tous ! Orange rouge à l'automne.
Cotinus obovatus Arbre à perruque américain	8m	6m	☀	Léger, neutre, sec	5	6 et 7	Panicule chevelue	rose à beige	Un beau vert-bleuté. Puis jaune, orange, rouge et pourpre à l'automne.
Cotoneaster integerrimus Cotonéaster commun anglais	2m	1,5m	☀☁	Tous sols drainés	4	5 et 6	Petite, pendante, cachée	blanc rosé	Feuillage vert bleuté foncé avec dessous au duvet blanc. Gros fruits.
Elaeagnus angustifolia Olivier de Bohème	6m	6m	☀	Peu exigeant, sec	2	6	Petite, abondante	jaune odorante	Feuillage argenté fin très contrastant. Rapide. Épineux.
Elaeagnus angustifolia caspica Syn.: *Elaeagnus* 'Quicksilver'	4m	4m	☀	Peu exigeant, sec	2b	6	Petite, abondante	jaune odorante	Pyramidal, inerme. Plus résistant aux insectes, maladies. Argenté.
Elaeagnus commutata / E. argentea Chalef argenté	2m	2m	☀	Sol pauvre	4	6	Peu apparente	jaune très parfumée	Feuilles et fruits argentés. Pour retenir talus. Drageonnant.
Elaeagnus multiflora / E. edulis Chalef multiflore / Gourmi	2m	2m	☀	Peu exigeant, sec	2	6	Petite, abondante	jaunâtre parfumée	Port arqué. Feuilles dessus vert et dessous argenté. Haie. Fruits.
Elaeagnus umbellata 'Cardinal' Chalef en ombelle 'Cardinal'	4m	4m	☀	Peu exigeant, sec	5a	5 et 6	Profusion	blanc argenté	Port arqué, souvent épineux. Vert et argenté. Fruits écarlates.
Euonymus nanus turkestanicus Fusain nain de Turkestan	1m	1m	☀☁	Riche, profond, frais	4	5 et 6	Petite	blanc pourpre	Vert bleuté virant rouge à l'automne. Fruits étoilés roses.
Fothergilla gardenii 'Blue Mist' Fothergilla 'Blue Mist'	75cm	75cm	☁	Acide, humide, fertile	6	4 et 5	Épi en brosse	blanc odorant	Feuilles ovales, nervurées, très bleutées, odorantes. Compact.
Fothergilla major 'Mount Airy' Fothergilla 'Mount. Airy'	1,5m	1,25m	☀☁	Acide, humide, fertile	5	5	Épi en brosse	blanc odorant	Port ovoïde bleu-vert. Belle palette automnale. Feuilles ovales nervurées.
Genista tinctoria 'Lydia' / *G. spatulata* Genêt de Lydie	40cm	60cm	☀	Pauvre, pierreux	5	5 et 6	Épi	jaune or	Port étalé, lâche, arqué. Feuilles vert bleuté. Fleurs abondantes.
Halimodendron halodendron Caragana argenté	1,7 à 2m	1 à 1,5m	☀☁	Ordinaire, pauvre	3	6 et 7	Grappe parfumée	rose odorante	Port évasé. Feuilles argentées, petites, épines décoratives. Pour lieux incultes.
Hippophae rhamnoides Argousier Faux-nerprun	3 à 5m	3m	☀	Pauvre, sec	2b	4 et 5	Sans intérêt	jaunâtre	Mâle + femelle = Fruits orange. Feuilles argentées. Lieux incultes.
Hippophae rhamnoides 'Sprite' Argousier 'Sprite'	1m	1m	☀	Pauvre, sec	2b	4 et 5	Sans intérêt	jaunâtre	Variété naine. Rare sur le marché. Feuillage argenté dense.
Holodiscus discolor Holodiscus discolore	1m	1m	☀☁	Tous sols frais	5	7	Panicule léger	blanc crème	Branche retombante. Taillez au printemps. Feuillage gris-vert.

PLANTES AU FEUILLAGE COLORÉ

ARBUSTES (suite)	H	L	☼	TYPE DE SOL	Z	MOIS ✿	FORME ✿	COULEUR ✿	REMARQUES
Hypericum frondosum / *H. aureum* **Millepertuis doré**	1m	1m	☼	Rocailleux à sec	4b	7 et 8	Solitaire, étamines	jaune orangé	Port arrondi, irrégulier, dense. Feuilles glauques. Bonne floraison.
Hypericum frondosum 'Sunburst' **Millepertuis 'Sunburst'**	80cm	80cm	☼	Rocailleux à sec	4b	7 et 8	Solitaire, étamines	jaune orangé	Plus dense et vraiment plus florifère que la précédente. Feuillage bleuté.
Lespedeza bicolor **Lespedeza**	2m	2m	☼	Léger, pauvre, sec	4	8 et 9	Panicule lâche	rose pourpre	Globulaire. Feuilles trifoliées vert foncé et vert-gris. Plus florifère en sol sec.
Lonicera caerulea edulis **Chèvrefeuille bleu**	1,5m	1,5m	☼	Frais, drainé	3a	5 et 6	Bi-tubulaire	jaunâtre	Beau port arrondi, régulier. Feuilles ovales, bleutés. Baie bleu foncé.
Lonicera korolkowii **Chèvrefeuille de Korolko**	2 à 3m	2 à 3m	☼	Peu exigeant	4a	5 et 6	Tubulaire pétalée	rose odorante	Plus grisâtre que *L. Tartarica* et moins maladif. Port irrégulier.
Lonicera xylosteoides 'Clavey's D.' **Chèvrefeuille nain 'C. Dwarf'**	1,5m	1,25m	☼	Peu exigeant	4	5	Peu apparente	blanc crème	Port arrondi, dense. Feuillage doux, vert bleuté. Pas malade !
Myrica pennsylvanica **Myrique de Pennsylvanie**	2m	2m	☼☁	Acide, sablonneux	4b	5	Chaton dioïque	brun doré	Feuillage aromatique, vert dessous gris. Fruits bleu gris.
Pimelea coarctata **Piméléa**	5cm	30 à 60cm	☼☁	Humide, drainé	5	5	Groupée	blanc cireux	Rare. Minuscules feuilles gris-vert en rangé sur la tige Se marcotte facilement.
Potentilla fruticosa 'Goldstar' **Potentille 'Goldstar'**	80cm	1,2m	☼☁	Tous sols drainés	2	6 à 9	Grosse, simple	jaune vif	Port dressé. Feuilles gris-vert. Résistant au blanc. Fleur de 5 cm.
Potentilla fruticosa 'K. Dykes' **Potentille 'Katharine Dykes'**	80cm	1m	☼☁	Tous sols drainés	2	6 à 9	Grande, simple	jaune pâle	Port érigé à semi-pleureur. Feuillage vert gris. Très florifère.
Potentilla fruticosa 'Moonlight' **Potentille 'Moonlight'**	90cm	90cm	☼☁	Tous sols drainés	2	6 à 9	Grande, simple	jaune à crème	Port érigé, dense. Plutôt argenté. Croissance moyenne.
Potentilla fruticosa 'Yellow Gem' **Potentille 'Yellow Gem'**	40cm	90cm	☼☁	Tous sols drainés	2	6 à 9	Grande, simple	jaune	Port plutôt rampant. Feuillage grisâtre. Tiges rougeâtres.
Ptelea trifoliata 'Glauca' **Ptéléa trifoliée / Orme à 3 feuilles**	3 à 5m	3m	☼☁	Peu exigeant, franc	4	6 et 7	Étoilée, peu visible	blanc verdâtre	Cultivar à feuilles bleutées. Haie ou petit arbre. Samarres visibles.
Prunus besseyi **Cerisier des sables de l'Ouest**	1,5m	1,5m	☼	Sec, chaud, drainé	2b	5	Multitude	blanc	Port irrégulier, diffus vert gris. Fruits comestibles. Naturalisation.
Pyrus salicifolia 'Pendula' **Poirier décoratif pleureur sur tige**	4m	2,5m	☼	Peu exigeant	5b	4 et 5	Corymbe	blanc crème	Feuilles petites, linéaires, gris argenté. Fruit avec duvet argent.
Rubus thibetanus **Ronce tibétaine**	1 à 1,5m	1m	☼☁	Peu exigeant	5	5 et 6	Peu visible	rose vif	Port rond, arqué. Feuilles de fougère argentées. Recéper. Facile.
Salix bebbiana **Saule de Bebb**	8m	4m	☼	Profond, humide	2a	4 et 5	Chatons nombreux	jaunâtre	Port étroit. Feuilles larges, argentées au printemps puis vertes. Rives, berges.
Salix brachycarpa 'Blue Fox' **Saule 'Blue Fox'**	1m	60cm	☼☁	Humide	4	4	Chatons	jaunâtre	Port érigé, dense, compact. Longues feuilles minces argentées.
Salix caprea **Saule Mardault**	2m	2m	☼	Peu exigeant	4	4 et 5	Chatons décoratifs	argent, odorant	Ce sont ses chatons argentés qui le classe ici. Feuillage vert foncé.
Salix elaengnos / *S. incarna* **Saule drapé / Saule chalef**	3 à 4m	2m	☼☁	Lourd, humide	4b	4 et 5	Chaton étroit	jaunâtre	Arbre sur petit tronc, si non rabattu. Feuillage vert et argent.
Salix exigua 'Coyote' **Saule 'Coyote' sur tige**	2,5m	1,5m	☼	Peu exigeant	2	—	—	—	Rameaux érigés brun rosé avec feuillage argenté. Rapide. Beau.
Salix geyeriana **Saule argenté**	2 à 3m	2m	☼☁	Humide	4	4	Chaton	—	Port arrondi. Feuilles étroites argentées. Tige argent puis noire.
Salix helvetica **Saule suisse**	60cm	40cm	☼☁	Frais à humide	5b	4	Chaton	argenté	Petit saule à feuilles élancées, argentées, poilues. Rocaille.
Salix koriyanagi 'Rubykins' **Saule à chatons rouges**	1,75m	1,75m	☼☁	Peu exigeant, frais	4b	4 et 5	Petit chaton	rouge	Feuilles étroites, émergent rouges puis deviennent vert bleuté. Souple.
Salix lanata **Saule laineux**	0,6 à 1,2m	0,9 à 1,5m	☼☁	Humide	3	5	Chaton dressé	gris-jaune	Dôme arrondi, lent. Feuilles en cœur vertes et grises.

ARBUSTES (suite)	H	L	☀	TYPE DE SOL	Z	MOIS	FORME	COULEUR	REMARQUES
Salix lapponica Saule du Lappon	1m	2m	☀☁	Humide	3	4 et 5	Chaton	argenté soyeux	Port prostré, lent. Feuilles ovales gris-vert. Couvre-sol haut.
Salix purpurea 'Nana' / 'Gracilis' Saule arctique	1 à 2m	1,5m	☀☁	Peu exigeant, frais	2b	4 et 5	Petits chatons	jaunâtre	Aspect léger, souple gracieux. Feuilles vert-bleuté. Tige pourpre.
Salix repens argentea Saule rampant arenaria	0,6 à 1m	2 à 3m	☀☁	Humide	4	4	Chaton	jaunâtre argenté	Rampant arqué, argenté. Beau tout l'été. Muret, couvre-sol haut.
Salix salicola 'Polar Bear' Saule à chaton arctique	3m	3m	☀	Humide	1a	4 et 5	Gros chaton	gris blanchâtre	Tiges, chatons et feuilles poilus donnent un effet de givre. Rare.
Shepherdia argentea Shépherdie argentée	3m	3m	☀	Ordinaire, drainé	2	4 et 5	Petite, dioïque	jaunâtre	Port érigé. Feuilles étoiles, argentées. Fruit orangé. S'adapte bien.
Shepherdia canadensis ⚜ Shépherdie du Canada	1,5m	1m	☀	Ordinaire, drainé	2	5	Épi dioïque	jaune	Feuillage argenté puis gris. Port dressé, arrondi. S'adapte à tout.
Spiraea x arguta Spirée arguta / Spirée argenté	1,5m	1,5m	☀	Peu exigeant, frais	4	6	Grappe	blanc	Port arqué, gracieux, couvert de fleurs. Feuillage argenté.
Spiraea betulifolia aemiliana Spirée à feuilles de bouleau	75cm	0,8 à 1,2m	☀☁	Acide, humide	3	6 et 7	Corymbe multitude	blanc	Globulaire. Boutons floraux roses. Haie automnale. Feuillage gris vert.
Symphoricarpos orbiculatus Symphorine à feuilles rondes	1,25m	1 à 1,5m	☀☁	Tous sols drainés	2b	6	Petite, grappe	jaune, rose	Port arrondi, vert bleuté. Fruits rouge corail persistants.

ARBUSTES PERSISTANTS	H	L	☀	TYPE DE SOL	Z	MOIS	FORME	COULEUR	REMARQUES
Andromeda polifolia 'Blue Ice' Andromède 'Blue Ice'	30cm	50 à 80cm	☀☁	Acide, humide, drainé	2	5 et 6	Petits grelots	rose	Feuillage type romarin bleu argenté. Excellent couvre-sol.
Andromeda pol. 'Glaucophylla' Andromède glauque ⚜	30 à 75cm	60 à 90cm	☀☁	Acide, humide	2a	5 et 6	Petits grelots	rose	Feuillage vert-bleuté à revers duveteux. Couvre-sol rustique.
Andromeda polifolia 'Nana' Andromède nain	30cm	40cm	☀☁	Acide, humide	2	5 et 6	Petits grelots	rose	Port dense, vert bleuté. Croît lentement. Couvre-sol.
Calluna 'Silver Knight' Bruyère d'été 'Silver Knight'	40cm	50cm	☀	Frais, acide, drainé	5	8 et 9	Grappe serrée	lavande	Coussin au port érigé, vigoureux. Feuillage argenté.
Daphne burkwoodii Daphné de Burkwood	80cm	80cm	☁	Fertile, humifère	5	6	Corymbe odorant	rosé	Tout est beau : feuilles gris-vert, fleurs, fruits et son port arrondi.
Euonymus fortunei 'Emerald' Fusain 'Emerald Gaiety'	1,25m	1m	☀☁	Riche, drainé	4	—	Sans intérêt	—	Panaché vert et blanc. Se taille facilement. Peut aussi grimper.
Euonymus fortunei 'Harlequin' Fusain 'Harlequin'	10 à 20cm	30 à 40cm	☀☁	Riche, drainé	5b	—	Sans intérêt	—	Port compact, petites feuilles vertes tachetées de blanc. Protéger.
Euonymus fortunei 'Ivory Jade' Fusain 'Ivory Jade'	90cm	90cm	☀☁	Riche, drainé	5b	—	Sans intérêt	—	Port plutôt rond, dense. Feuillage vert bordé blanc.
Glaucidium palmatum Glaucidium	30 à 60cm	70cm	☁	Humifère, frais	6	4 et 5	Coupe 4 pétales	rose lilas	Coussin. Léger reflet bleuté, palmé. Grosse fleur. Délicat.
Mahonia repens Mahonie rampant	30cm	1,5m	☁	Peu exigeant, frais	4b	5	Grappe érigé	jaune or	Rare mais plus rustique que *M. aquifolia*. Feuilles bleu-vert. Fruit.
Pimelea coarctata Piméléa	5cm	30 à 60cm	☀☁	Humide, drainé	5	5	Groupée	blanc cireux	Rare. Minuscules feuilles gris-vert en rangé sur la tige. Se marcotte facilement.
Ptilotrichum spinosum Alyssum épineux	20 à 30cm	40cm	☀	Ordinaire, chaud, drainé	6	5 et 6	Grappe globe	blanc, rose	Arbrisseau ramifié. Ressemble à l'alyssum annuelle. Feuilles linéaires grises.
Rhododendron 'Crete' Rhododendron 'Crete'	1m	1m	☀☁	Acide, humide	4	5 et 6	Grand corymbe	blanc rosé	Monticule écrasé. Nouvelles pousses avec verni argenté.
Yucca filamentosa Yucca filamenteux	1m	60cm	☀	Sableux, chaud	4	7 et 8	Grande grappe	blanc jaunâtre	Feuillage élancé, rigide vert bleuté en rosette évasée. Léger parfum.

PLANTES AU FEUILLAGE COLORÉ

CONIFÈRES	H	L	☼	TYPE DE SOL	Z	MOIS ✿	FORME ✿	COULEUR ✿	REMARQUES
Abies concolor **Sapin bleu du Colorado**	20m	4m	☼☁	Frais, drainé	4	—	—	—	Très grand conifère pyramidal élancé aux feuilles bleu argent.
Abies concolor 'Aurea' **Sapin bleu** / S. doré	9 à 15m	4 à 5m	☼	Acide, humide, drainé	3	—	—	—	Pyramidal. Nouvelles pousses dorées puis argentées. Rapide.
Abies concolor 'Candicans' **Sapin bleu** 'Argentea' / 'Candicans'	9 à 15m	4 à 5m	☼	Acide, humide, drainé	3	—	—	—	Pyramidale puis colonnaire. Parmi les plus argentés.
Abies concolor 'La Veta' **Sapin bleu** 'La Veta'	75cm	1 à 1,5m	☼	Acide, humide, drainé	4	—	—	—	Très lent, globe aplati compact. Bleu gris.
Abies koreana 'Silbetlocke' **Sapin de Corée** 'Hortsmann's' / 'Silbetlocke'	3m	1m	☼☁	Riche, frais	4	—	—	—	Forme pyramidale à texture et apparance unique. Aiguilles retroussées.
Abies koreana 'Strarker' **Sapin b. nain** 'Strarker'	60cm	1m	☼	Sablonneux, frais	4b	—	—	—	Bleuté. Aussi pour rocaille de collection miniature.
Abies lasiocarpa 'Compacta' **Sapin de l'Ouest compacte**	3m	2m	☼	Équilibré, frais	4b	—	—	—	Conique, rigide, dense d'un bleu argenté. Croissance très lente.
Chamaecyparis lawsoniana 'Elwoodii' **Faux-cyprès** 'Elwoodii'	3m	50cm	☼	Profond, frais, acide	5	—	—	—	Forme pyramidale dense bleu grisâtre. Pour petit jardin.
Chamaecyparis law. 'Minima Glauca' **Faux-cyprès** 'Minima Glauca'	80cm	80cm	☼☁	Frais, drainé, acide	5	—	—	—	Feuillage glauque. Texture agréable. Globulaire.
Chamaecyparis nootkatensis **Faux-cyprès pleureur de Nootka**	8m	2m	☼☁	Léger un peu acide	5	—	—	—	Port très pleureur et pyramidal. Croissance lente. Vert glauque.
Chamaecyparis nootkatensis 'Blue W.' **Faux-cyprès** 'Blue Weeping'	4m	2m	☼	Léger un peu acide	5	—	—	—	Tige principale avec ramures étalées retombantes. Bleuté.
Chamaecyparis obtusa 'Blue F.' **Faux-cyprès** 'Blue Feathers'	1m	90cm	☼☁	Frais, drainé, acide	5	—	—	—	Compact et dense. À plumeaux bleu gris. Très lent à croître.
Chamaecyparis pisifera 'Boulevard' **Faux-cyprès** 'Boulevard'	2m	1,5m	☼	Frais, drainé, acide	5	—	—	—	Feuillage plumeux, bleu argenté. Port conique arrondi. Doux.
Chamaecyparis pisifera 'Compacta' **Faux-cyprès de sawara compact**	30 à 80cm	50 à 90cm	☼	Frais, drainé	5	—	—	—	Rampant, vert bleuté à revers argenté. Très lent.
Chamaecyparis pisifera 'Curly Tops' **Faux-cyprès** 'Curly tops'	1,5m	1m	☼	Frais, drainé	5	—	—	—	Port érigé. Feuillage bleuté, tortueux qui frise dans les pointes.
Chamaecyparis pisifera 'S. Intermedia' **Faux-cyprès** 'Squarrosa Intermedia'	0,8 à 1,5m	0,8 à 1,5m	☼☁	Frais, drainé, acide	5	—	—	—	Le soleil le rend bleu argent. Forme arrondie puis très irrégulier.
Chamaecyparis p. 'S. Lombards' **Faux-cyprès** 'Squarrosa Lombards'	80cm	80cm	☼	Tous sauf calcaires	5	—	—	—	Feuillage dense, vert bleuté tourne au bronze. Port globulaire.
Chamaecyparis thyoides 'Heath.' **Faux-cyprès** 'Healtherbun'	0,8 à 1m	60 à 90cm	0	Frais à humide, drainé	5	—	—	—	Vraiment beau avec son jeune feuillage prune bleuté. Compact.
Chamaecyparis thyoides 'Rubicon' **Faux-cyprès** 'Red Star' / 'Rubicon'	1,5m	60cm	☼	Sol toujours frais	5	—	—	—	Feuillage doux, vert bleuté, ondulé. Très lent. Port collonnaire.
Juniperus chinensis 'Angelica Blue' **Genévrier** 'Angelica Blue'	1m	1,8m	☼	Peu exigeant	3	—	—	—	Texture très fine différente des autres chinensis. Port étalé, dense. Bleu gris.
Juniperus chinensis 'Blaauw' **Genévrier** 'Blaauw'	1,25m	1m	☼	Peu exigeant	4	—	—	—	En forme d'entonnoir irrégulier, d'apparence crépu. Gris bleuté.
Juniperus chinensis 'Blue Alps' **Genévrier** 'Blue Alps'	4m	1,2m	☼	Peu exigeant, drainé	4	—	—	—	En forme d'entonnoir pleureur, irrégulier. Vert bleuté. Différent.
Juniperus chinensis 'Blue Point' **Genévrier** 'Blue Point'	3m	2m	☼	Peu exigeant	4	—	—	—	Port large pyramidal naturel plutôt lâche, légèrement bleuté.
Juniperus chinensis 'Mountbatten' **Genévrier** 'Mountbatten'	4m	1,5m	☼	Peu exigeant	4	—	—	Fruit bleu	Port vigoureux, pyramidal dense vert bleuté, tournant pourpre.
Juniperus chinensis 'San José' **Genévrier** 'San José'	0,5m	1,5m	☼	Perméable	4	—	—	—	Port nettement prostré, dense, vert grisâtre. Se taille facilement.
Juniperus conferta 'Blue Pacific' **Genévrier** 'Blue Pacific'	15 à 30cm	1à 2m	☼	Très bien drainé, sec	5	—	—	—	Peu connu, port rampant, feuillage épineux gris-bleu.

CONIFÈRES (suite)	H	L	☼	TYPE DE SOL	Z	MOIS ✿	FORME ✿	COULEUR ✿	REMARQUES
Juniperus communis 'Gnom' Genévrier 'Gnom'	3 à 5m	3m	☼	Peu exigeant	3	—	—	—	Port colonnaire, jeunes feuilles gris-vert, reflet bleuté. Compact.
Juniperus hor. 'Andorra Compacta' Genévrier 'Andorra Compact'	50cm	1,25m	☼	Peu exigeant, drainé	3	—	—	—	Port étalé, étoilé, doux. Vert bleuté, tourne pourpre.
Juniperus horizontalis 'Bar Harbor' Genévrier rampant 'Bar Harbor'	20cm	3m	☼	Peu exigeant, drainé	3	—	—	—	Port rampant. Vert de gris tournant mauve. Rapide, uniforme.
Juniperus horizontalis 'Blue Acres' Genévrier rampant 'Blue Acres'	20cm	1,5m	☼	Peu exigeant, drainé	2	—	—	—	Très tapissant. Bleu en été, pourpre en hiver.
Juniperus horizontalis 'Blue Chips' Genévrier rampant 'Blue Chips'	30cm	1,5m	☼	Peu exigeant, drainé	3b	—	—	—	Tapis bleuté aux extrémités recourbées. Tourne pourpre.
Juniperus horizont. 'Blue Forest' Genévrier rampant 'Blue Forest'	30cm	0,5 à 1m	☼	Peu exigeant, drainé	3b	—	—	—	Pousses dressées, plumeuses, vert bleuté. Port étalé rond.
Juniperus horizontal. 'Blue Prince' Genévrier 'Blue Prince'	15cm	1,2m	☼	Peu exigeant, drainé	3	—	—	—	Bleu intense. Compact et très tapissant. Lent, sans taille.
Juniperus horizontalis 'Douglasii' Genévrier rampant 'Dougalss'	50cm	2m	☼	Peu exigeant, drainé	3b	—	—	—	Prostré au feuillage vert bleuté acier. Tourne pourpre argenté.
Juniperus horizontalis 'Hughes' Genévrier rampant 'Hughes'	30cm	3m	☼	Peu exigeant, drainé	2b	—	—	—	Bleu argenté l'été, pourpre l'hiver. Ramifié. Rampant.
Juniperus horizontalis 'Monber' Genévrier 'Monber' / G. 'Icee blue'	15cm	1,5m	☼	Peu exigeant, drainé	2	—	—	—	Port dense, uniforme. Feuillage fin argent tourne violacé. Tapis.
Juniperus horiz. 'Prince of Wales' Genévrier 'Prince of Wales'	20cm	1,3m	☼	Peu exigeant, drainé	3	—	—	—	Rampant et plat. Dense, vert bleuâtre, tournant au pourpre.
Juniperus horizontalis 'Sugar Blue' Genévrier 'Sugar Blue'	15cm	1,2m	☼	Peu exigeant, drainé	2	—	—	—	Rameaux très étalés. Feuillage bleu, reflets d'argent.
Juniperus hor. 'Turquoise Spreader' Genévrier 'Turquoise Spreader'	25cm	1,8m	☼	Peu exigeant, drainé	2	—	—	—	Couvre-sol prostré, vigoureux. Feuillage vert-bleu.
Juniperus horizontalis 'Wiltonii' Genévrier 'Blue Rug'	15cm	1,5m	☼	Peu exigeant, drainé	2b	—	—	—	Parmi les plus rampantes. Forme irrégulière. Populaire.
Juniperus media x 'Angelica Blue' Genévrier 'Angelica Blue'	60cm	1,5m	☼	Perméable	4	—	—	—	Port étalé en forme de vase. Bleu intense, fin et doux.
Juniperus m. x 'Glauca compacta' Genévrier 'Glauca compacta'	80cm	1m	☼	Meuble, drainé	4	—	—	—	Branches d'abord érigées puis retombantes. Feuillage bleuté.
Juniperus media x 'Pfitzer. Glauca' Genévrier 'Pfitzer bleu'	1 à 1,5m	2m	☼	Perméable	4	—	—	—	Port étalé, vigoureux. Bleu argenté. Taille facile.
Juniperus sabina 'Blue Danube' Genévrier 'Blue Danube'	1m	1,5 à 2m	☼	Perméable	2a	—	—	—	Port étalé, uniforme aux bouts semi-redressées. Vert bleuté.
Juniperis x 'Shimpaku' Syn : *Juniperus chinensis* 'Sargenti'	30cm	60cm	☼	Plutôt acide, drainé	4b	—	—	—	Vert-gris persistant. Ressemble au *Juniperus squamata prostata*.
Juniperus scopulorum 'Blue Arrow' Genévrier virginiana 'Blue Arrow'	4m	80cm	☼☁	Perméable	4	—	—	—	Port pyramidal étroit. Bleu intense. Pour endroit restreint.
Juniperus scopulorum 'Blue Creeper' Genévrier 'Blue Creeper'	30 à 60cm	1,5m	☼	Perméable	3	—	—	—	Rampant bleu argenté. Texture fine. Moins maladif que Blue Chip.
Juniperus scopulorum 'Blue Heaven' Genévrier 'Blue Heaven'	4m	1,5m	☼	Rocailleux, drainé	4	—	—	—	Port pyramidal large, ouvert. Vraiment bleu. Tailler en juin.
Juniperus scopulorum 'Gray Gleam' Genévrier 'Gray Gleam'	3m	80cm	☼	Rocailleux, drainé	3b	—	—	—	Conique, étroit, régulier. Vert grisâtre. Croissance lente.
Juniperus scopulorum 'Medora' Genévrier 'Medora'	4m	1m	☼	Pauvre, sec	4b	—	—	—	Colonne plutôt étroite, serrée. Gris bleuté. Peu de taille.
Juniperus scopulorum 'Moffat Blue' Genévrier 'Moffat Blue'	3,5m	90cm	☼	Pauvre, sec	3	—	—	—	Port conique étroit, compact. Bleu argenté, dense.
Juniperus scopulorum 'Moonglow' Genévrier virginiana 'Moonglow'	3m	80cm	☼☁	Peu exigeant, sec	4	—	—	—	Port pyramidal dense. Bleu argenté très vif. Pour lieu restreint.
Juniperus scopulorum 'Moonlight' Genévrier 'Moonlight'	5m	1m	☼	Peu exigeant, sec	4b	—	—	—	Pyramidal, étroit, diffus puis dense. Bleu argenté. Tailler.

PLANTES AU FEUILLAGE COLORÉ

CONIFÈRES (suite)	H	L	☼	TYPE DE SOL	Z	MOIS ✿	FORME ✿	COULEUR ✿	REMARQUES
Juniperus scopulorum 'Pathfinder' **Genévrier** 'Pathfinder'	4m	80cm	☼	Pierreux, sec	3	—	—	—	Conique, régulier. Port ± lâche. Gris bleuté. Croissance rapide.
Juniperus scopulorum 'Skyrocket' **Genévrier virginiana** 'Skyrocket'	4m	90cm	☼☁	Perméable	3	—	—	—	Port élancé en forme de fusée. Bleu argenté, fin, doux.
Juniperus scopulorum 'Springbank' **Genévrier** 'Springbank'	4m	1,5m	☼	Perméable	4	—	—	—	Port conique, large, bleu cendré. L'hiver l'affecte beaucoup.
Juniperus scopulorum 'Table Top' **Genévrier** 'Table Top'	1,5m	2,5m	☼	Perméable	3	—	—	—	Buisson étalé, semi-érigé. Gris argenté. À protéger l'hiver.
Juniperus scopulorum 'T. Blue W.' **Genévrier** 'Tolleson's' / 'Blue Weeping'	3 à 5m	1,5m	☼	Perméable	3	—	—	—	Port pleureur, arqué, bleu gris argenté. Magnifique spécimen.
Juniperus scopulorum 'Welchii' **Genévrier de Welch**	3m	1,2m	☼	Perméable, sec	3	—	—	—	Pyramidal plutôt large, dense. Vert argenté à bleuté. Tailler.
Juniperus scopulorum 'Wichita Blue' **Genévrier** 'Wichita Blue'	3,5m	1m	☼	Perméable	3b	—	—	—	Port pyramidal dense. Bleu vif très coloré. Très beau.
Juniperus scopulorum 'Winter Blue' **Genévrier** 'Winter Blue'	80cm	1,2m	☼	Perméable	3	—	—	—	Semi-rampant dense, bleu argenté, brillant.
Juniperus squamata 'Blue Carpet' **Genévrier** 'Blue Carpet'	30 à 50cm	1,2m	☼	Frais, léger, drainé	5	—	—	—	Port étalé, arrondi, irrégulier. Bleu-gris. Protection hivernale.
Juniperus squamata 'Blue Star' **Genévrier** 'Blue Star'	60cm	0,8m	☼	Frais, léger, drainé	5	—	—	—	Port arrondi, irrégulier. Bleu acier en forme d'étoile. Lent.
Juniperus squamata 'Holger' **Genévrier** 'Holger'	20 à 50cm	1m	☼	Frais, léger, drainé	4	—	—	—	Prostré. Feuillage gris bleu avec nouvelles pousses jaunes.
Juniperus squamata 'Meyeri' **Genévrier** 'Meyeri'	2 à 4m	1,5 à 3m	☼	Frais, léger, drainé	4	—	—	—	Bleu acier. Port irrégulier, évasé aux branches ascendantes.
Juniperus virginiana 'Burkii' **Genévrier de Virginie** 'Burkii'	5m	1m	☼	Perméable à sec	3	—	—	—	Port conique, collonaire. Ancienne variété vert bleuté à bleuté.
Juniperus virginiana 'Grey Owl' **Genévrier** 'Grey Owl'	1,8m	3,5m	☼☁	Tous sols drainés	2b	—	—	—	Pour grandes rocailles. Forme espalier. Bleuté. Différent.
Juniperus virginiana 'Hetz' **Genévrier** 'Hetz'	3m	3m	☼	Pierreux, sec	3b	—	—	—	Port buissonnant semi-érigé. Bleu argenté. Fruits bleus.
Juniperus virginiana 'Mahattan Blue' **Genévrier** 'Mahattan Blue'	3m	80cm	☼	Peu exigeant, sec	4	—	—	—	Port conique, compact, dense. Vert bleuté plutôt foncé. Tailler.
Larix kaempferi / *L. leptolepis* **Mélèze du Japon**	18m	10m	☼	Léger, frais, drainé	2b	—	—	—	Conique élancé, régulier. Vert bleuté à glauque, tourne orangé.
Larix kaempferi 'Blue Dwarf' **Mélèze sur tige** 'Bleu Dwarf'	1,25m	60cm	☼☁	Frais, drainé	4	—	—	—	Port globulaire, vert très bleuté. Vire doré à l'automne. Caduque.
Larix kaempferi 'Blue Rabbit' **Mélèze sur tige** 'Blue Rabbit'	1,75m	1,25m	☼☁	Frais, drainé	4	—	—	—	Port retombant. Branches rougeâtres, feuillage vert bleuté,.
Larix laricina 'Newport Beauty' **Mélèze** 'Neuport Beauty'	40cm	40cm	☼	Plutôt humide	4	—	—	—	Petit mélèze nain, très lent. Feuillage bleuté, gracieux, dense.
Picea abies 'Formanek' **Épinette** 'Formanek'	40cm	60cm	☼☁	Léger, frais, drainé	3	—	—	—	Port vraiment étalé, rampant. Feuillage bleuté.
Picea abies 'Pumila glauca' **Épinette de Norvège** 'Globe'	1,2m	1,2m	☼☁	Tous sols humides	3a	—	—	—	Compact. Vert bleuâtre. Protéger des vents d'hiver.
Picea glauca engelmanii **Épinette d'Engelmann**	15m	6m	☼☁	Riche, profond	3a	—	—	—	Port très conique, régulier. Vert bleuté. Écran ou en isolée. Lent.
Picea glauca 'Echiniformis' **Épinette blanche** 'Hérisson'	30cm	30cm	☼☁	Léger, frais, drainé	1	—	—	—	Feuillage vert-bleu grisâtre, fin et dense. Très lent.
Picea glauca 'pendula' **Épinette blanche pleureuse**	5 à 10m	2m	☼☁	Acide, frais, drainé	2b	—	—	—	Port conique étroit, dense, vert bleuté. Port uniforme, pleureur.
Picea glauca 'Sander's Blue' **Épinette blanche** 'Sander's Blue'	2m	1m	☼☁	Léger, frais, drainé	3	—	—	—	Port élancé, dense, branches courtes bleu gris. Rocaille.
Picea mariana 'Ericoides' **Épinette noire à feuilles d'Érica**	30cm	1m	☼☁	Humide mais drainé	3	—	—	—	D'un beau bleu gris profond. Très lente. Aiguilles très fines.

CONIFÈRES (suite)	H	L	☼	TYPE DE SOL	Z	MOIS ✿	FORME ✿	COULEUR ✿	REMARQUES
Picea mariana 'Globosa Nana' **Épinette noire** 'Globe'	60cm	80cm	☼☽	Léger, perméable	3	—	—	—	Forme ronde, un peu plus large que haute. Bleuté.
Picea mariana 'Nana' **Épinette noire naine**	60cm	80cm	☼☽	Léger, perméable	3	—	—	—	De forme conique, son feuillage est bleu-gris.
Picea pungens **Épinette verte du Colorado**	18 à 20m	4m	☼	Frais, profond	2	—	—	—	Port conique uniforme, piquant, vert bleuâtre. Brise-vent, écran.
Picea pungens 'Baby Blue Eyes' **Épinette du Colorado** 'Baby Blue Eyes'	10m	5m	☼	Frais, profond	4	—	—	—	Feuillage plutôt gris, grosses aiguilles raides. Pyramidale.
Picea pungens 'Bakeri' **Épinette du Colorado** 'Bakeri'	16m	4m	☼	Frais, profond	2b	—	—	—	Port conique, étroit dense, étagé à l'horizontal. Bleuté. Lent.
Picea pungens 'Blue Pearl' **Épinette du Colorado** 'Blue Pearl'	40cm	60cm	☼	Profond, frais	3	—	—	—	Port arrondi, grosses aiguilles gris-bleu. Compacte.
Picea pungens 'Fat Albert' **Épinette** 'Fat Albert'	4m	2m	☼	Frais, profond	3	—	—	—	Beau port conique, régulier. Feuillage bleu intense. Lent.
Picea pungens 'Glauca' **Épinette bleue du Colorado**	20m	5 à 8m	☼	Frais, profond	2	—	—	—	Port conique. Vert bleuté avec jeunes pousses bleu vif.
Picea pungens 'G. Globosa' **Épinette bleue naine**	1m	1,5m	☼	Tous sols frais	3	—	—	—	D'un beau bleu gris. Très ornemental. Lent à croître.
Picea pungens 'Glauca Pendula' **Épinette du Colorado bleue pleureuse**	5m	4m	☼☽	Frais, drainé	3	—	—	—	Port compact, retombant. Beau feuillage bleu métallique.
Picea pungens 'Glauca Procumbens' **Épinette bleue** 'Procumbens'	0,6 à 1m	2m	☼☽	Frais, drainé	2	—	—	—	Branches courant au sol avec petits monticules qui retombent.
Picea pungens 'Glauca Prostata' **Épinette bleue prostrée**	60cm	1 à 2m	☼☽	Frais, drainé	2	—	—	—	Branches courant au sol avec extrémités relevées, dirigées.
Picea pungens 'Hoopsii' **Épinette bleue de Hoopse**	15m	4m	☼	Frais, profond	3	—	—	—	Conique, ± régulier particulièrement bleu argenté vif. Populaire.
Picea pungens 'Iseli Fastigiate' **Épinette bleue colonnaire**	3m	1m	☼	Acide, frais, drainé	3	—	—	—	Port colonnaire, branches dirigées vers le haut. Bleu argenté.
Picea pungens 'Koster' **Épinette bleue de** 'Koster'	15 à 20m	5m	☼	Frais, profond	2b	—	—	—	Conique, étroit, dense. Nouvelles pousses pleureuses. Bleu argenté.
Picea pungens 'Montgomery' **Épinette** 'Montgomery'	1,5 à 2m	1,5m	☼	Profond, frais	2	—	—	—	Port rond, nain, compact devenant pyramidal. Bleu vif. Lent.
Picea pungens 'Pendula' **Épinette bleue pleureuse**	1,8m	1m	☼	Tous sol frais	3	—	—	—	Beau spécimen en rocaille ou isolé. Bleu-gris.
Picea pungens 'St-Mary's Broom' **Épinette** 'St-Mary's Broom'	30cm	60cm	☼☽	Léger, perméable	3	—	—	—	Vraiment bombée, avec une belle couleur bleue. Auge.
Picea pungens 'Thuem' **Épinette du Colorado** 'Thuem'	2m	1,5m	☼	Profond, frais	4	—	—	—	Port dense, en forme de nid, gris bleuté.
Picea pungens 'Tompsen' **Épinette du Colorado** 'Tompsen'	15m	5m	☼	Frais, profond	3	—	—	—	Très belle épinette conique aux branches érigées, gris-bleu.
Pinus aristata **Pin à cônes épineux**	2,5m	2m	☼	Sec, pauvre	3s	—	—	—	Port très particulier, irrégulier. Protection hivernale. Bleuâtre.
Pinus banksiana 'Broom' **Pin banksiana** 'Broom'	60cm	40cm	☼☽	Profond, drainé	2	—	—	—	De forme plutôt irrégulière. Feuillage gris.
Pinus flexilis **Pin blanc de l'Ouest**	12m	6m	☼☽	Pauvre, drainé	2b	—	—	—	Port pyramidal à arrondi. Vert foncé bleuâtre. Lent. 5 aiguilles.
Pinus flexilis 'Extra Blue' **Pin blanc de l'Ouest** 'Extra Blue'	4 à 6m	1,5m	☼☽	Ordinaire, drainé	4	—	—	—	Superbe pin aux teintes gris bleuté aux reflets métalliques.
Pinus flexilis 'Glauca Pendula' **Pins blanc de l'Ouest pleureur**	2 à 3m	3 à 4m	☼☽	Peu exigeant, drainé	4a	—	—	—	Port pleureur, feuillage bleu-vert. À tuteurer ou en couvre-sol.
Pinus flexilis 'Vanderwolf's Pyramid' **Pin pyramidal** 'Vanderwolf's'	5 à 10m	4 à 6m	☼	Peu exigeant	4	—	—	—	Branches ascendantes. Plus bleu que l'espèce. Vigoureux.
Pinus parviflora 'Glauca Nana' **Pin blanc du Japon**	2 à 4m	1 à 2m	☼	Léger, frais, drainé	4	—	—	—	Port original. Branches en verticilles sur le tronc. Vert et bleu.

PLANTES AU FEUILLAGE COLORÉ

CONIFÈRES (suite)	H	L	☀	TYPE DE SOL	Z	MOIS ✿	FORME ✿	COULEUR ✿	REMARQUES
Pinus strobus 'Blue Shag' Pin blanc 'Blue Shag'	1m	1m	☀	Sols bien drainés	2	—	—	—	Port globuleux, compact. Doux feuillage bleu ciel. Très lent.
Pinus strobus 'Sea Urchin' Pin blanc 'Sea Urchin'	30cm	30cm	☀☁	Profond, drainé	3	—	—	—	Très nain, texture fine. Feuillage bleuté, pousses vertes.
Pinus strobus 'White Mountain' Pin blanc 'White Mountain'	20m	7m	☀☁	Profond, drainé	4b	—	—	—	Pin érigé, vigoureux. Feuillage bleu argenté inhabituel.
Pinus sylvestris glauca 'Nana' Pin sylvestre nain	2m	2m	☀	Acide, peu exigent	3	—	—	—	Aiguilles courtes teintées de bleu. Dense, compact.
Pinus sylvestris 'Watereri' Pin sylvestre 'Watereri'	3m	2m	☀	Acide, drainé	3a	—	—	—	Pyramide puis arrondie dense. Gris bleuté puis gris. Lent.
Pseudotsuga menziesii glauca Sapin de Douglas bleu	15m	5m	☀	Ordinaire, frais	4	—	—	—	Conique à rameaux ± pleureurs. Gris bleuté. Protéger des vents.
Thuya plicata 'Pygmaea' Cèdre pygmé	60cm	40cm	☀☁	Profond, riche	3	—	—	—	Demande peu de taille. Feuillage bleuté.

GRIMPANTES (Vivaces)	H	L	☀	TYPE DE SOL	Z	MOIS ✿	FORME ✿	COULEUR ✿	REMARQUES
Hedera helix 'Baltica' Lierre anglais	20cm	45cm	☀☁	Riche, drainé	4b, 5b	—	Sans intérêt	—	Couvre-sol pour ombre. Feuilles angulaires, vert bleuté.
Lonicera tellmanniana 'Redgold' Chèvrefeuille 'Redgold'	4m	2m	☀☁	Riche, frais, drainé	4	6 à 9	Grappe tubulaire	jaune orangé	Feuilles ovales vert bleuté. Excellent à l'ombre. Facile.
Lonicera periclymenum 'B. Jubilee.' Chèvrefeuille des bois 'Berries J.'	7m	1 à 2m	☁	Riche, frais, drainé	4b	7 et 9	Tubulaire pétalée	jaune crème	Feuillage bleu-vert au revers glauque. Baies rouges. Parfumé.

VIVACES	H	L	☀	TYPE DE SOL	Z	MOIS ✿	FORME ✿	COULEUR ✿	REMARQUES
Acaena glaucophylla Acaena magellanica	10cm	30cm	☁	Sec, bien drainé	4b	7 et 8	Sans intérêt	Blanc	Forme un tapis bleuté orné de fruits épineux, décoratifs.
Achillea ageratifolia Achillée à feuilles agérates	15cm	30cm	☀	Caillouteux, calcaire	2	7	Corymbe	blanc	Feuillage moyen, gris, laineux, aromatique. Couvre-sol étalé.
Achillea clypeolata 'Moonshine' Achilé 'Moonshine'	75cm	55cm	☀☁	Ordinaire	3	7 et 8	Ombelle plate.	jaune	Feuillage grisâtre, odorant.
Achillea x 'Credo' Achillée 'Credo'	90cm	60cm	☀	Ordinaire	3	6 à 9	Ombelle parfumée	jaune	Port érigé, robuste. Feuillage gris-vert, aromatique.
Achillea filipendulina Achillée fillipendule	1m	60cm	☀☁	Sec drainé	2b	6 à 8	Ombelle	jaune or	Préfère le soleil. Feuillage gris-vert aromatique.
Achillea clavennae Achillée blanche	15cm	20 à 20cm	☀	Sec, bien drainé	3	6	Grappe	blanc	Feuilles allongées, dentelées, grisâtres. Longues hampes florales.
Achillea tomentosa Achillée tomenteuse	20cm	30cm	☀	Sec, bien drainé	2	6	Ombelle dense	jaune	Couper fleurs fanées. Feuilles vert grisâtre, laineux.
Achillea umbelata Achillée ombelle	10cm	40cm	☀	Sec, chaud	3	6 et 7	Ombelle		Feuilles fines, grises. Dallage, muret. Disponibilité faible.
Ajania pacifica Syn.: *Chrysanthemum pacificum*	45cm	45cm	☀☁	Tous sols drainés	5b	9 et 10	Pompon, corymbe	jaune doré	Superbe feuillage en rosette glauque avec fine bordure blanche.
Alyssum montanum 'Berggold' Syn.: *Alyssum* 'Mountain Gold'	15cm	40cm	☀	Pauvre, sec, drainé	3	5	Ombelle	jaune	Port rampant, feuillage gris-vert. Tailler après la floraison.
Anacyclus depressus Anacyclus déprimé	5cm	10cm	☀	Caillouteux, pauvre	4	5 à 7	Capitule petite	blanc revers rouge	Mettre cailloux près de la couronne pour drainer. Texture fine., vert argent.
Anacyclus pyrethrum 'Silver Kisses' Anacyclus 'Silver Kisses'	10cm	30cm	☀	Caillouteux, pauvre	5	4 à 6	Capitule petite	blanc revers rouge	Coussin gris-vert parsemé de fleus blanches à revers pourpre.
Anaphalis sp. Anaphalis	20 à 60cm	30 à 50cm	☀	Pauvre, caillouteux	2b	7 à 9	Capitule corymbe	blanc crème	Immortelle. Choisir les variétés compactes. Feuillage fin, gris.

PLANTES AU FEUILLAGE COLORÉ

VIVACES (suite)	H	L	☼	TYPE DE SOL	Z	MOIS	FORME	COULEUR	REMARQUES
Androsace primuloides Androsace sarmenteuse	10cm	30cm		Pauvre, frais, drainé	3	5 et 6	Simpe ou grappe	teintes roses	S'étend par stolons. Rosette velue argentée. Auge, dallage.
Antennaria dioica 'Rosea' Pied de chat	10cm	30cm	☼	Sec, bien drainé	3	5 à 7	Capitule	blanc, rose	Feuillage gris en rosette. Auge, bordure, rocaille. Rampant.
Anthemis cretica / A. punctata Camomille des carpates	20cm	40cm	☼	Maigre, drainé	3	6 à 8	Capitule	blanc cœur jaune	Florifère et lumineux. Feuillage vert-gris. Port compact.
Anthemis marschalliana Camomille rudolphie	40cm	50cm	☼	Maigre, drainé	3	6 à 8	Capitule	jaune	Coussin soyeux, argenté. Rabattre après floraison.
Anthemis x 'Susanna Mitchell' Anthemis 'Susanna Mitchell'	50cm	60cm	☼	Maigre, drainé	3	6 à 8	Capitule	crème cœur jaune	Nouvelle variété au fleurs blanc-crème sur feuillage argenté.
Aquilegia alpina Ancolie des Alpes	20 à 50cm	20 à 40cm		Léger, humide	3	5 et 6	Grosse, éperon	bleu violet	Préfère les situations fraîches. Feuillage découpé glauque.
Aquilegia chrysantha 'Yellow Queen' Ancolie 'Yellow Queen'	30 à 90cm	30cm		Humide, drainé	3b	5 et 6	double munie d'éperon	jaunes 2 tons	Fleur dressée, feuillage élégant glauque. Vigoureux.
Aquilegia longissima Ancolie à long éperon	20 à 50cm	20 à 25cm		Humide, drainé	3b	5 et 6	double munie d'éperon	jaunes 2 tons	Beau massif de feuilles bleutées, dense. Belle floraison hâtive.
Artemisia abrotanum Aurone	75cm	45cm		Sec, drainé	3	6 à 8	Capitule pendant	jaunâtre	Arrière scène de massif ou haie. Vert-gris. Très aromatique.
Artemisia absinthium Armoise absinthe	75cm	40 à 60cm		Sec, drainé	4	—	Sans intérêt	—	Feuillage doux au touché. Argenté. Touffe dense.
Artemisia glacialis Armoise glaciale	5cm	15cm	☼	Ordinaire, enrichi	3	6 et 7	grappe capitule	jaune	Pour petit espace, rocaille ou auge. Tapis soyeux, argenté.
Artemisia lanata Armoise pedemontana	10cm	10cm	☼	Sec, calcaire	5b	7	Sans intérêt	blanc-jaune	Coussin dense, gris argenté, velu. Supporte la sécheresse.
Artemisia ludoviciana sp. Armoise de Louisiane	45 à 75cm	40 à 55cm	☼	Sec, drainé	3	—	Sans intérêt	—	Feuillage argenté. Met en valeur les autres plantes.
Artemisia michauxiana Armoise discolore	50cm	40cm	☼	Sec, drainé	3	—	Sans intérêt	—	Couvre-sol prostré, feuillage linéaire, gris.
Artemisia pontica Absinthe romaine	30 à 75cm	40 à 55cm	☼	Sec, drainé	4	7	Sans intérêt	jaune crème	Tailler pour la garder compact. Parfumé. Couvre-sol gris, très texturé.
Artemisia schmidtiana 'Silver M.' Armoise 'Silver Mound'	25cm	40cm	☼	Sec, drainé	3	—	Sans intérêt	—	La plus connue et la plus populaire de tous. Arôme.
Artemisia 'Stelleriana' / 'Silver B.' Artémise 'Silver Brocade'	30cm	40cm	☼	Ordinaire, enrichi	5	—	Sans intérêt	—	Jolis rameaux en dentelles argentées. Aussi utilisé en bac.
Artemisia x 'Powis Castle' Artémise 'Powis Castle'	75cm	60cm	☼	Sec, drainé, chaud	5	—	Sans intérêt	—	Feuillage plumeux gris-vert. Arbustif. Peu rustique.
Asarum splendens Asaret	15cm	45cm		Riche, humide	6	5	Énorme étrange	pourpre	Feuilles larges en flèche, vertes tachetées d'argent. Sous-bois.
Asphodeline lutea Bâton de Jacob	90cm	40cm		Riche, caillouteux	5b	4 et 5	Grappe longue	jaune	Son feuillage de graminé, bleuté se marie bien avec la pierre.
Aurinia saxatilis Alyssum corbeil d'or	30cm	35cm	☼	Pierreux, drainé	3	5 et 6	Grappe	jaune or	Rampant, argenté. Rabattre légèrement après la floraison.
Ballota pseudodictamnus Ballote	50cm	50cm	☼	Maigre, poreux	6	7 à 9	Sans intérêt	blanc	Rare. Surtout estimé pour son feuillage à duvet argenté.
Belamcanda chinensis Belamcanda de Chine	80cm	50cm	☼	Ordinaire, drainé	4	7 et 8	Coupe étoilée	orange cuivré	Longues feuilles glauques rappellant celles de l'iris. Fleurs moustachées.
Boltonia asteroides Aster à mille fleurs	2m	80cm		Frais, riche	5	7 et 8	Ligules rayons	blanc	Voisine des asters. Même port dressé. Feuillage fin, glauque.
Brunnera macrophila 'Jack Frost' Brunnera 'Jack Frost'	35cm	40cm		Tous sols frais	3	5 et 6	Petites, nombreuse	bleu	Feuillage argenté à nervure verte. Feuilles en cœur.

VIVACES (suite)	H	L	☼	TYPE DE SOL	Z	MOIS ✿	FORME ✿	COULEUR ✿	REMARQUES
Brunnera macrophylla 'Langtrees' Brunnera 'Langtrees'	40cm	45cm	☁☁	Tous sols frais	3	5 et 6	Petites, nombreuse	bleu	Larges feuilles en cœur, vert foncé recouvertes de petites plaques argentées.
Brunnera macroph. 'Looking Glass' Brunnera 'Looking Glass'	40cm	45cm	☁☁	Tous sols frais	3	5 et 6	Petites, nombreuse	bleu	Encore plus argenté que Jack Frost. Feuilles devenant rondes.
Brunnera macroph. 'Silver Wings' Brunnera 'Silver Wings'	40cm	45cm	☁☁	Tous sols frais	3	5 et 6	Petites, nombreuse	bleu	Beau feuillage en cœur, régulièrement marbré d'argent sur toute la surface.
Campanula sarmatica Campanule sarmatica	45cm	40cm	☼☁	Drainé, plutôt sec	4	6 et 7	Clochettes lobées	bleu pâle	Velue, grisâtre. Croît sous les arbres si la lumière est vive.
Catananche caerulea Cupidone	50cm	40cm	☼	Pauvre, sec, drainé	4	6 à 9	Capitule	bleu	Elle vit plus longtemps en sol sec et pauvre. Feuilles vert-gris.
Centaurea bella Centaurée bella	20cm	30cm	☼	Perméable, calcaire	5	6 et 7	Semi-double	rose	Variété dense. Jolie et robuste. Feuillage gris, fleurs dressées.
Centaurea pulcherrima Centaurée pulcherrima	45cm	50cm	☼	Perméable, calcaire	3	6 et 7	Capitule solitaire	rose pourpre	Rare. Feuillage grisâtre, penné. Fleurs intéressantes. Dense.
Centaurea simplicicaulis Centaurée tige simple	30cm	40cm	☼	Pauvre, calcaire	3	5 à 7	Capitule solitaire	rose lilacé	Rare. Tige florale rigide au dessus d'un coussin gris.
Cerastium alpinum lanatum Céraïste alpin	5 à 10cm	30cm	☼	Graveleux, pauvre	3	5 et 6	Groupée 3 à 5	blanc	Tapissante et très dense. Beau feuillage gris laineux. Dense.
Cerastium tomentosum 🌿 Céraïste laineux	10cm	40cm	☼	Sec, drainé	3	5 et 6	Groupée 3 à 5	blanc	Le plein soleil et un sol pauvre la rend plus dense. Feuilles grises.
Chrysopsis villosa var. rutteri Syn.: Chrysopsis heterotheca	20cm	60cm	☼☁	Sec	4b	8	Capitule	jaune	Celle qui a le feuillage le plus argenté. Rocaille.
Corydalis cheilanthifolia Corydale	30cm	30cm	☼☁☁	Humide, drainé	4b	5 et 6	Grappe dégagée	bleu, jaune	Rosette de feuilles type fougère gris-vert. Se ressème.
Corydalis flexuosa 'China Blue' Corydale 'China Blue'	30cm	30cm	☼☁☁	Humide, drainé	4	5 à 7	Grappe dégagée	bleu cobalt	Feuillage type fougère, gris vert. Vigoureux. Léger parfum.
Corydalis lutea Corydale jaune	30cm	40cm	☼☁☁	Ordinaire, humide	4	5 à 10	Groupe de 16	jaune	Feuillage très découpé, bleuté. Délicat et joli. Ressemble au cœur saignant.
Corydalis ochroleuca Corydale blanc	30cm	45cm	☼☁☁	Humide, drainé	5	5 et 6	Grappe retombante	blanc crème	Coussinet texturé, feuilles type fougère gris-bleu. Se ressème.
Corydalis 'Silver Scepter' Corydale 'Silver Scepter'	30cm	45cm	☁	Humide, drainé	5	5 à 6	Grappe	lavande pâle	Le centre des feuilles devient argent à maturité. Peut rentrer en dormance.
Crambe maritima Chou marin	75cm	70cm	☼☁	Sableux, humide	4b	6 et 7	Panicule dense	blanc odorant	Grandes feuilles ressemblant au chou. Pruineuse, bleutée.
Dianthus amurensis Œillet rose	30cm	30cm	☼	Sec, chaud	5	7 à 9	Simple, frangée	violacé	Coussin relâché gris-vert, feuilles élancées.
Dianthus arenarius Œillet des sables	20 à 50cm	35cm	☼	Sec, chaud	3	6 à 8	Simple, frangée	blanc	Beau feuillage linéaire, bleuté. Coussin lâche. Fleur dressée.
Dianthus caryophyllus Œillet des fleuristes	50cm	35cm	☼	Sec, chaud	5	6 à 8	Double	teintes de roses	Œillet de fleuriste le plus connu. Feuilles élancées gris-vert.
Dianthus gratianopolitanus Œillet bleuâtre	20cm	30cm	☼	Sec, bien drainé	3	6 à 8	Simple, double	rose, rouge	Ses feuilles linéaires forment un beau coussin bleuté.
Dianthus sp. Œillets	20 à 50cm	35cm	☼	Sec, chaud	3	6 et 7	Simple à double	blanc à rouge	La plupart ont un feuillage gris-bleu décoratif.
Dicentra sp. Cœur saignant	30 à 60cm	40cm	☼☁	Riche, frais, drainé	3	var.	Cœurs pendants	blanc, rose	Feuillage vert-grisâtre, découpé, délicat et léger. Port aérien.
Dicentra eximia Cœur saignant	30cm	40cm	☼☁☁	Riche, drainé	3	5 à 9	Grappe pendante	blanc	En situation chaude, elle peut rentré en dormance. Feuillage bleuté, texturé, compact.

VIVACES (suite)	H	L	☼	TYPE DE SOL	Z	MOIS	FORME	COULEUR	REMARQUES
Dicentra formosa sp. **Cœur saignant formosa**	35cm	40cm	☁	Riche, frais, drainé	3	5 à 9	Clochettes pendantes	blanc, rose, rouge	Feuillage bleuté très découpé, délicat et léger. Jardin mi-ombre.
Dicentra spectabilis **Cœur saignant**	60cm	50cm	☼ ☁	Frais, humide	3	5 et 6	Cœurs pendants	blanc, rose	Feuillage glauce, profondément lobé. Entre en dormance.
Dorycnium hirsutum **Dorycnie hirsute**	40cm	60cm	☼	Sec, drainé, chaud	6	6 à 8	Petite grappe	blanc à rosé	Aussi classé arbuste. Protéger des vents. Rosette grise hérissée.
Dryas octopetala **Dryade à huits pétales**	15cm	25cm	☁	Frais, perméable	3	5 et 6	Coupe ouverte	blanc cœur jaune	Aigrettes plumeuses argentées, décoratives. Beau feuillage.
Echinops bannaticus sp. **Boule azurée**	1,2m	80cm	☼ ☁	Profond, drainé	3	7 et 8	Capitule globulaire	bleu intense	Port original. Feuilles épineuses vert argenté. Grosse fleur épineuse.
Echinops ritro **Boule azurée**	0,6 à 1,2m	40 à 60cm	☼ ☁	Meuble, pauvre	3	7 à 9	Capitule globulaire épineux	bleu acier	Feuillage grisâtre, d'allure piquant, aride.
Echinops sphaerocephalus **Boule azurée 'Arctic Glow'**	1,3m	70cm	☼ ☁	Profond, drainé	3	7 et 8	Capitule globulaire épineux	blanc grisâtre	Grand massif. Feuilles épineuses grisâtres, tige rouge.
Epilobium dodonaei **Épilobe feuilles de romarin**	60cm	35cm	☼ ☁	Caillouteux, frais	2	7 à 9	Épi lâche	rose magenta	Touffe dressée, feuilles linéaires, bleutées. Robuste.
Eriophyllum lanatum **Ériophyle jaune**	35cm	20cm	☼	Sec, bien drainé	4	6 à 8	Corymbe capitule	jaune	Plante adaptée aux situations sèches, arides. Velu, vert-gris.
Eryngium sp. **Panicaut / Chardon**	0,5 à 1m	30 à 50cm	☼	Sec, bien drainé, profond	4	7 et 8	Ovoïde, bracté	gris-bleu	Feuillage très découpé, grisâte, d'allure piquant. Aime la chaleur.
Eryngium amethystinum **Panicaut améthyste**	45cm	40cm	☼	Profond, drainé	3	7 et 8	Conique, bracté	bleu améthyste	Très robuste. Feuillage gris-vert, épineux à bractées bleues intense.
Eryngium bourgatii **Panicaut / Chardon**	50cm	35cm	☼	Sec, bien drainé, profond	4	7 et 8	Capitule et bracté	bleu métal	Fleur bleu acier avec bractées argentée. Feuillage veiné blanc.
Eryngium giganteum **Panicaut géant**	75cm	50cm	☼	Sec, bien drainé, profond	4	7 et 8	Cylindrique, bracté	argenté	Feuillage gris-vert, piquant. Bractée argenté. Imposant.
Eryngium planum **Chardon bleu**	0,5 à 1m	30 à 50cm	☼	Sec, bien drainé profond	4	7 et 8	Ovoïde, bracté	gris-bleu	Sa couleur est plus intense au froid. Feuillage gris-vert doux.
Eryngium variifolium **Panicaut / Chardon bleu**	45cm	30cm	☼	Sec, bien drainé profond	4	7 et 8	Ovoïde, bracté	bleu argenté	Feuillage épineux, veiné argent, glacé. Un des plus gris.
Euphorbia x 'Blue Haze' **Euphorbe 'Blue Haze'**	45cm	45cm	☼	Ordinaire à riche	6	5 et 6	Grappe	jaune	Coussin de tiges érigées et feuillées bleu-gris ressortant à travers les grappes de fleurs.
Euphorbia x 'Froeup' Syn.: *Euphorbia* 'Excalibur'	80cm	60cm	☼ ☁	Ordinaire à riche	5	5 et 6	Grappe émergeante	jaune	Feuillage bleu et rouge au printemps puis tourne au gris vert.
Euphorbia myrsinites Syn.: *Euphorbia cyrsinite*	20cm	30cm	☼ ☁	Sec, drainé	3	5 et 6	Bractée	jaune	Compact en sol pauvre. Retombant, bleuté. Limiter l'expansion.
Euphorbia rigida **Euphorbe rigide**	40cm	60cm	☼	Sec, drainé, chaud	4	5 à 7	Bractée	jaune, cuivré	Touffe buissonnante, étalée. Feuilles bleutées en pointes rigides.
Geranium cinereum sp. **Géranium cinereum**	15cm	30cm	☼ ☁	Ordinaire, drainé	3 à 5	6 à 8	Simple, veinée	rose, pourpre	Variété à feuilles petites, découpées gris vert. Port dense.
Geranium x 'Philippe Vapelle' **Géranium 'Philippe Vapelle'**	40cm	45cm	☼ ☁	Ordinaire, drainé	4	6 à 9	Simple	violet, veiné	Coussin lâche, gris-argenté, doux couvert de fleurs veinées.
Geranium renardii **Géranium renardii**	45cm	45cm	☼ ☁	Ordinaire, drainé	5	6 et 7	Simple, grande	blanc	Feuillage particulier, doux, denté et légèrement grisâtre.
Geranium sessiliflorum 'Stanhoe' **Géranium 'Stanhoe'**	10cm	20 à 30cm	☼	Ordinaire, drainé	5	7 à 9	Simple, petite	rose pâle	Petites feuilles argentées au reflet noirâtre. Coussin bas.
Glaucium flavum **Pavot cornu**	30cm	40cm	☼	Pauvre, perméable	5b	5 à 8	Simple	jaune brillant	Joli feuillage frisé, bleuté. Intéressante dans les sols secs.
Helleborus argutifolius **Hellébore de Corse**	50cm	45cm	☁	Drainé, même sec	6	4 et 5	Coupe large penchée	blanc verdâtre	Fleurs au dessus du feuillage lustré, gris-vert, veiné ivoire.
Helleborus cyclophyllus **Hellébore**	40cm	45cm	☁	Drainé, même sec	5b	4 et 5	Coupe large penchée	verdâtre	Feuilles argentées à émergence puis tournent au vert à l'été.

PLANTES AU FEUILLAGE COLORÉ

VIVACES (suite)	H	L	☀	TYPE DE SOL	Z	MOIS	FORME	COULEUR	REMARQUES
Helleborus foetidus Pied de Griffon	55cm	60cm	⛅	Drainé, même sec	4	4 et 5	Clochettes pendantes	verdâtre à marge rosé	Feuilles profondément palmées, vertes à reflet gris. Poison.
Helleborus x sternii Hellébore	40cm	45cm	☀⛅	Drainé, même sec	6	4 et 5	Clochettes pendantes	lime, rosé	Feuillage gris-vert avec quelques nervures argentées. Poison.
Heuchera americana 'Mint Frost' Heuchère americana 'Mint Frost'	20cm	40cm	☀⛅	Riche, frais, drainé	3	6 et 7	Hampes clochettes	jaune et blanc	Feuilles dentées, vert menthe teintées d'argent. Pétiole rouge.
Heuchera americana 'Ring of Fire' Heuchère 'Ring of Fire'	20cm	40cm	☀⛅	Riche, frais, drainé	3	6 et 7	Hampes clochettes	crème rose	Feuilles argentées à nervures pourpres. Bordure corail en automne.
Heuchera 'Amethyst Myst' Heuchère 'Amethyst Myst'	50cm	50cm	☀⛅	Riche, frais, drainé	3	6 et 7	Hampes clochettes	rose	Port arrondi. Feuilles lustrées, améthyste teintées d'un peu d'argent.
Heuchera 'Can Can' Heuchère 'Can Can'	40cm	50cm	☀⛅	Riche, frais, drainé	3	6 et 7	Hampes clochettes	rose	Port désordonné, frisé. Argent strié de nervures vert grisâtre.
Heuchera 'Checkers' Heuchère 'Checkers'	20cm	40cm	☀⛅	Riche, frais, drainé	3	6 et 7	Grandes clochettes	ivoire	Feuillage très épais, d'apparence métallique. Bordure, massif.
Heuchera 'Eco Magnifolia' Heuchère 'Eco Magnifolia'	40cm	40cm	☀⛅	Riche, frais, drainé	3	6 et 7	Hampes clochettes	crème rose	Passe du vert argenté au rouge brillant à l'automne. Nervures vertes.
Heuchera 'Green Spice' Heuchère 'Eco-Improved' / 'G. Spice'	45cm	45cm	☀⛅	Riche, frais, drainé	4	6 et 7	Hampes clochettes	rose crème	Grandes feuilles argentées, veinées vertes et pourpres.
Heuchera 'Gypsy Dancer' Heuchère 'Gypsy Dancer'	50cm	45cm	☀⛅	Riche, frais, drainé	4	6 et 7	Hampes clochettes	teintes de roses	Feuillage argenté veiné pourpre-violet. Longue hampe florale.
Heuchera 'Jade Gloss' Heuchère 'Jade Gloss'	50cm	50cm	☀⛅	Riche, frais, drainé	4	6 et 7	Hampes clochettes	rose pâle	Presqu'entièrement argenté, veinés verts, reflets pourpres. Beau en automne.
Heuchera 'Oakington Jewel' Heuchère 'Oakington Jewel'	60cm	60cm	☀⛅	Riche, frais, drainé	3	6 et 7	Hampes clochettes	rose corail	Beau feuillage métallique, changeant avec les saisons.
Heuchera 'Pewter Moon' Heuchère 'Pewter Moon'	40cm	50cm	☀⛅	Riche, frais, drainé	3	6 et 7	Hampes clochettes	rose	Feuillage gris argenté marbré de gris étain avec nuance marron.
Heuchera 'Silver Scrolls' Heuchère 'Silver Scrolls'	30cm	40mc	☀⛅	Riche, frais, drainé	3	5 et 6	Hampes clochettes	blanc	Compact, argenté à fini métallique et à nervure pourpre foncé.
Heuchera 'Silver Shadow' Heuchère 'Silver Shadow'	30cm	45cm	☀⛅	Riche, frais, drainé	3	6 et 7	Hampes clochettes	rosé crème	Très grandes feuilles argent foncé, lustrées, épaisses. Teinté rose.
Heuchera 'Strawberry Candy' Heuchère 'Strawberry Candy'	40cm	45cm	☀⛅	Riche, frais, drainé	4	6 et 7	Hampes clochettes	rose	Feuillage vert marbré d'argent. Impact visuel très joli en fleurs.
Heuchera sanguinea 'Monet' Heuchère 'Monet'	35cm	35cm	☀⛅	Riche, frais, drainé	3	5 et 6	Hampes clochettes	rouge vif	Donne l'impression de bleu argent par ses nombreux points blancs.
Heuchera 'Venus' Heuchère 'Venus'	40cm	40cm	☀⛅	Riche, frais, drainé	4	5 et 7	Hampes clochettes	rose crème	Parmi les plus argenté-gris. Veiné vert-gris. Dense.
Heucherella 'Kimono' Heucherelle 'Kimono'	45cm	45cm	☀⛅	Riche, frais	4	6 à 8	Grappe, brouillard	rosé crème	Feuilles très découpées, presque palmées, vertes, argentées et pourpres.
Heucherella 'Viking Ship' Heucherelle 'Viking Ship'	45cm	45cm	☀⛅	Riche, frais	3	5 à 8	Panicule étroite	rose corail	Feuillage type érable, vert argenté. Fleur au dessus porté sur des tiges foncées.
Hieracium mixtum Épervière intermédiaire	10 à 15cm	30cm	☀	Rocher sec	3	6 et 7	Capitule ligulé	jaune vif	Tiges et feuilles très velues. Rosettes grises. Forment de beaux tapis.
Hieracium pilosella Épervière poilue	15cm	40cm	☀⛅	Caillouteux, enrichi	2	6 à 8	Pompon plat	jaune clair	Peut convenir en auge. Feuillage vert-grisâtre.
Hosta 'Blue Angel' Hosta 'Blue Angel'	90cm	120cm	⛅	Frais, drainé	3	7	Hampe, cloches	blanc	Feuilles cordées, épaisses, fortement bosselées. Résistante aux limaces.
Hosta 'Blue Moon' Hosta nain 'Blue Moon'	20cm	25cm	⛅	Riche, frais	3	8	Hampe, cloches	blanc, lilas	Croît lentement. Bon couvre-sol compact. Coussin bleuté.
Hosta 'Crown Jewel' Hosta 'Crown Jewel'	10cm	20cm	⛅	Riche, frais	3	7	Hampe, cloches	lavande	Petit hosta miniature, gris bleu. Feuilles cordées.
Hosta 'Fragrant Blue' Hosta 'Fragrant Blue'	20 à 50cm	30cm	☀⛅	Riche, frais	3	7	Clochette parfumée	blanc et bleu	Feuilles cordées lisses, épaisses, bleues puis bleu clair, gardent leur couleur.

VIVACES (suite)	H	L	☼	TYPE DE SOL	Z	MOIS ✿	FORME ✿	COULEUR ✿	REMARQUES
Hosta 'Hadspen Blue' Hosta 'Hadspen Blue'	20cm	35cm	⛅	Frais, drainé	2	8	Hampe, cloches	blanc	Un petit hosta bleu à feuilles régulières en cœur.
Hosta 'Halcyon' Hosta 'Halcyon'	50cm	95cm	⛅	Frais, drainé	3	7	Hampe, cloches	blanc	D'un beau bleu soutenu dès sa jeunesse. Petites feuilles pointues.
Hosta 'Krossa Regal' Hosta 'Krossa Regal'	70cm	75cm	⛅	Frais, drainé	3	7	Hampe, cloches	lavande	Beau port en forme de fontaine. Grandes feuilles pointues grises.
Hosta sieboldiana Hosta sieboldiana	75cm	120cm	⛅	Peu exigeant	3	7	Entonnoire	blanc	Pointe tôt au printemps. Résiste aux limaces. Bleu-vert, bosselé.
Hosta sieboldiana 'Elegans' Hosta sieboldiana 'Elegans'	70cm	90cm	⛅	Frais, drainé	3	7	Entonnoire	lavande pâle	Feuilles bosselés, puineuses, bleu-gris. Fleurs près du feuillage. Résistant aux limaces.
Lamiastrum galeobdolon Faux lamier argenté	20cm	45cm	⛅	Frais, drainé	3	5 et 6	Épi lâche	jaune	Décoratif, feuilles argentées et vertes. Rampant, couvre-sol.
Lamiastrum galeobdolon variegatum Faux lamier rampant	25cm	90cm	⛅	Frais, drainé	3	5 et 6	Épi lâche	jaune	Grand rameau à feuilles larges, vert et argent. Rapide.
Lamium maculatum Lamier maculé	20cm	40cm	⛅	Frais, drainé	3	5 et 6	Épi dense	blanc, rose	À l'ombre, tolère bien le sec. Feuilles argentées bordées de vert.
Lavandula sp. Lavandes	60cm	50cm	☼	Sec, drainé, calcaire	4 et 5	7	Épi odorant	mauve, rose	Aspect grisâtre, fin et texturé. Odorante. Tailler au printemps.
Leontopodium alpinum Edelweiss	10cm	25cm	☼	Pauvre, sec, calcaire	4	7 et 8	Bractée laineuse	blanc	Ne pas trop arroser. Aspect velu. Feuilles linéaires, grisâtres.
Linaria purpurea 'Canon J. Went' Gueule de loup vivace	70cm	30cm	☼	Léger, drainé	5	6 à 9	Gueule de loup	rose violacé	Feuillage gris-vert, tige pourpre. Se ressème abondamment.
Linum perenne sp. Lin vivace	30cm	30cm	☼	Sec, drainé	4	6 à 8	Petite, simple	bleu, blanc	Tiges érigées, chargées de feuilles linéaires glauques.
Lychnis coronaria Coquelourde	70cm	60cm	☼⛅	Ordinaire	3	7 et 8	Dispersée	blanc, rose	Touffe très ramifiée, gris argenté, vagabonde par semis.
Lychnis flos-jovis Fleur de Jupiter	30 à 60cm	30cm	☼⛅	Sol bien drainé	3	6 à 8	Groupée 4 à 10	rose-rouge	Coussin bas, laineux, gris. Fleurs sur tiges raides.
Lychnis flos-jovis 'Peggy' Silene de dieu / Fleur de Jupiter	25cm	40cm	☼⛅	Sec, drainé	4	6 à 8	Pétale écrhancré	rose cerise	Feuillage laineux, gris-vert Variété compacte.
Lysimachia atropurpurea 'Beaujolais' Lysimaque 'Beaujolais'	50 à 70cm	50cm	☼⛅	Ordinaire	3	6 à 8	Grappe effilée	bourgogne	Feuillage gris-vert surmonté d'épis bourgogne. Courte vie.
Macleaya cordata Bocconia	2,5m	1,5m	☼⛅	Riche, profonde	3	7 et 8	Panicule plume	crème, beige	Absolument pour grand espace. Feuilles arrondies, glauques, revers blanc.
Marrubium sp. Marrube	25cm	45cm	☼	Pauvre, sec, drainé	4	6 et 7	Pompon groupé	lilas	Tapis velu, épais, grisâtre. Meilleure allure en sol sec.
Mertensia maritima ssp. asiatica Mertensia maritime	15cm	40cm	⛅	Sableux, rocailleux	3b	6 et 7	Grappe	bleu rose	Feuillage plutôt rond, lisse gris-bleu. Rosette persistante.
Mertensia pterocarpa var. yezoensis Mertensia yezoensis	30cm	30cm	⛅	Sableux, rocailleux	3	5 et 6	Grappe	bleu rose	Beau feuillage bleuté à reflet violet. Ne rentre pas en dormance.
Mertensia virginica Mertensia de Virginie	60cm	30cm	⛅	Sableux, rocailleux	3	5	Grappe	bleu rose	Petites feuilles, rondes, bleu-vert. Entre en dormance à l'été.
Nepeta faassenii 'Six Hills Giant' Népéta 'Six Hills Giant'	50 à 70cm	50cm	☼	Léger, sec	4	7,8	Tiges verticillées	bleu	Rabattre en saison pour prolonger la floraison. Dressé, glauque.
Oenothera fremontii Oenothère fremontii 'Silver Wings'	15cm	30cm	☼	Léger, drainé, pauvre	5	6 à 9	Coupe	jaune doré	Fleurs s'ouvrant en fin de jour née. Feuilles lancéolées gris-vert.
Oenothera missouriensis Onoethère du Missouri	20cm	40cm	☼	Perméable, drainé	4	6 à 8	Grosse, simple	jaune	La fleur s'ouvre dès le soir. Tapis, feuilles vert-bleuté.
Onopordum acanthium Chardon écossais	1,5 à 1,8m	1,2m	☼	Profond, sec, riche	4	7	Fleurs de chardon	rose vif	Feuilles épineuses, argentées. Tiges divergentes, allure cactus.
Papaver miyabeanum Pavot miyabanum	15cm	30cm	☼	Drainé	5b	6 à 9	Grosse, simple	jaune tendre	Vivace tendre. Feuillage bleuté. Culture facile.

PLANTES AU FEUILLAGE COLORÉ

VIVACES (suite)	H	L	☼	TYPE DE SOL	Z	MOIS ✿	FORME ✿	COULEUR ✿	REMARQUES
Papaver 'Sendtneri' **Pavot** 'Sendtneri'	15cm	20cm	☼	Drainé	3	6	Simple	blanc	Petit pavot très rustique. Vraiment facile. Feuillage glauque.
Penstemon barbatus **Penstemon barbu**	80cm	30cm	☼	Riche, drainé, sain	4	6 et 7	Grappe tubulée	var.	Feuillage glauque et velu. Aime les endroits chauds.
Perovskia abrotanoides **Sauge de Russie**	75cm	40cm	☼	Poreux, chaud	5	7 à 9	Longue grappe	bleu, lilas	La taille s'effectue au printemps. Dressé, branchu, texture fine. Argenté.
Perovskia atriplicifolia sp. **Sauge de Russie**	90cm	60cm	☼	Perméable	4	8 et 9	Épis minces	bleu	Sous-arbrisseau, argenté, dressé, évasé. Aromatique.
Perovskia atriplicifolia 'Blue Spire' **Sauge de Russie** 'Blue Spire'	1m	80cm	☼	Tolère la sécheresse	4	8 à 10	Longue panicule	bleu clair	Feuillage aromatique vert argenté finement découpé.
Perovskia atriplicifolia 'Little Spire' **Sauge de Russie** 'Little Spire'	80cm	60cm	☼	Perméable	4	7 à 9	Longue panicule	bleu violacé	Plus compact que l'espèce mais aussi aromatique et argentée.
Podophyllum kaleidoscope **Pomme de mai**	50cm	30cm	☁	Humifère, riche	6	6 et 7	Grappe, penchée	rouge	Feuilles hexagonales 40 à 60cm de diamètre. Marbré de bronze et d'argent.
Polemonium pauciflorum **Polémonium fougère grise**	40cm	45cm	☼☁	Frais, léger	4	6 et 7	Trompettes tubulées	jaune et rouge	Variété à feuilles plutôt grisâtres et longues. La seule à fleur jaune.
Potentilla atrosanguinea **Potentille de l'Himalaya**	40cm	50cm	☼	Ordinaire à pauvre	4	7 à 9	Grande	rouge vif	Feuillage gris-vert soyeux. Grandes fleurs. Touffe étalée.
Potentilla nepalensis **Potentille du Népal**	40cm	50cm	☼	Ordinaire à pauvre	3	6 à 8	Moyenne	rose rouge	Rabattre après 1ère floraison. Touffe étalée, vert-grisâtre.
Primula frondosa **Primevère frondosa**	15cm	15cm	☁	Frais, tourbeux	4	5 et 6	Groupée	rose, pourpre	Vit sur des falaises ombragées. Délicate. Feuillage bleuté.
Pterocephalus perennis **Pterocephallus parnassii**	5cm	30cm	☼	Calcaire, drainé	5	7 et 8	Capitule	rose pâle	Scabieuse naine qui tolère un sol maigre. Coussin grisâtre, serré.
Ptilostemum afer **Chardon d'Afrique du nord**	30 à 50cm	30cm	☼☁	Peu exigeant	5b	7 et 8	Type chardon	lilas pâle	Beau feuillage piquant en rosette, vert nervuré gris. Bisannuelle.
Pulmonaria sp. **Pulmonaires**	var.	var.	☁	Riche, humide	3	5	Clochettes en cyme	bleu puis rose	En massif, forment un couvre-sol. Feuillage très décoratif.
Pulmonaria x 'Apple Frost' **Pulmonaire** 'Apple Frost'	50cm	35cm	☁	Riche, humide	4	5	Clochettes en cyme	bleu puis rose	Feuillage fortement éclaboussé d'argent. Couvre-sol tapissant.
Pulmonaria x 'Baby Blue' **Pulmonaire** 'Baby Blue'	30cm	20cm	☁	Riche, humide	3	5	Clochettes en cyme	rosé puis bleu	Port compact, feuillage ponctué de taches argent.
Pulmonaria x 'Berries & Cream' **Pulmonaire** 'Berries & Cream'	20cm	20cm	☁	Riche, humide	3	5	Clochettes en cyme	rouge framboise	Feuilles argentées, ondulées. Coussin arrondi.
Pulmonaria x 'Cotton Cool' **Pulmonaire** 'Cotton Cool'	30cm	45cm	☁	Riche, humide	3	5	Clochettes en cyme	bleu puis rose	Feuillage allongé, effilé, hautement argenté. Coussin tapissant.
Pulmonaria x 'Excalibur' **Pulmonaire** 'Excalibur'	30cm	40cm	☁	Riche, humide	4	5	Clochettes en cyme	bleu puis rose	Feuillage vigoureux, allongé, argenté avec mince bordure verte.
Pulmonaria x 'Majesty' **Pulmonaire** 'Majesty'	25cm	40cm	☁	Riche, humide	3	5	Clochettes en cyme	bleu pâle	Feuilage élancé marbré d'argent sur presque toute la surface.
Pulmonaria x 'May Bouquet' **Pulmonaire** 'May Bouquet'	30cm	45cm	☁	Riche, humide	3	5	Clochettes en cyme	bleu puis rose	Profusion de fleurs et de feuilles larges. Vert éclaboussé de taches argentées.
Pulmonaria x 'Northern Lights' **Pulmonaire** 'Northern Lights'	30cm	45cm	☁	Riche, humide	3	5	Clochettes en cyme	bleu, pourpre	Masse de feuilles, givrées, argentées d'où émerge une multitude de fleurs.
Pulmonaria x 'Samurai' **Pulmonaire** 'Samurai'	25cm	40cm	☁	Riche, humide	3	5	Clochettes en cyme	pourpre foncé	Très longues feuilles entièrement argentées. Port élégant.
Pulmonaria x 'Silver Shimmers' **Pulmonaire** 'Silver Shimmer'	30cm	45cm	☁	Riche, humide	3	5	Clochettes en cyme	bleu métal	Feuilles argentées, élancées, dirigées vers le haut, avec bordure ondulée.
Pulmonaria x 'Silver Streamers' **Pulmonaire** 'Silver Streamers'	30cm	45cm	☁	Riche, humide	3	5	Clochettes en cyme	bleu puis rose	Feuillage ondulé, argent et mince. Résistant aux maladies.

PLANTES AU FEUILLAGE COLORÉ

VIVACES (suite)	H	L	☼	TYPE DE SOL	Z	MOIS ✿	FORME ✿	COULEUR ✿	REMARQUES
Pulmonaria x 'Trevi Fountain' **Pulmonaire 'Trevi Fountain'**	30cm	45cm		Riche, humide	3	5	Clochettes en cyme	bleu vif	Monticule de feuilles éclatantes de picots argentés.
Pulmonaria x 'Victorian Brooch' **Pulmonaire 'Victorian Brooch'**	30cm	45cm		Riche, humide	3	5	Clochettes en cyme	magenta corail	Feuillage plutôt arrondi, parsemé de points argents. Résistant.
Pulmonaria longifolia sp. **Pulmonaire à longues feuilles**	25cm	35cm		Riche, humide	3b	5	Clochettes en cyme	Teintes de bleus	Grandes feuilles étroites, vert foncé pointillées d'argent brillant.
Pulmonaria officinalis 'S. White' **Pulmonaire 'Sissinghurst White'**	35cm	55cm		Riche, humide	3	5	Clochettes en cyme	blanc pur	Touffe de feuilles larges, vertes, tachetées de blanc-argenté.
Pulmonaria saccharata 'Mrs Moon' **Pulmonaire 'Mrs Moon'**	30cm	40cm		Riche, humide	3	5	Clochettes en cyme	rose puis bleu	Larges feuilles tachetées d'argent. Beau coussin pour ombre.
Pulsatilla vulgaris/Anemone pulsatilla **Anémone pulsatile**	25cm	40cm		Ordinaire, drainé	4	5 et 6	Coupe évasée	blanc, violet pourpre	Feuilles très découpées, velues. Aigrette argentée.
Ranunculus gramineus **Renoncule graminée**	25cm	40cm		Graveleux, sec	6	5 et 6	Grande, simple	jaune vif	Touffe gazon bleuté d'où jaillissent les fleurs. Rentre en dormance.
Raoulia australis **Mouton végétal**	2 à 5cm	20 à 90cm		Graveleux, drainé	4	7 et 8	Capitules, petites	jaune soufre	Croît lentement. Beau tapis très dense, blanchâtre. Rare.
Ruta graveolens **Rue**	50cm	30cm		Pauvre, sec	4	5 à 7	Sans intérêt	jaune	Odeur désagréable, mais beau feuillage découpé, glauque.
Salvia aethiopis **Sauge d'Éthiopie**	20cm	30 à 40cm		Ordinaire, sec, drainé	6	—	Sans intérêt	—	Utilisé comme une annuelle. Larges feuilles dentées, velues, grises.
Salvia argentea **Sauge argentée**	65cm	60cm		Ordinaire, sec, drainé	4	6 et 7	Épi lâche	blanc	Attrayant feuillage large, épais, laineux et argenté. Courte vie.
Salvia officinalis 'Berggarten' **Sauge de jardin 'Berggarten'**	60cm	45cm		Pauvre, sec	5	6 à 8	Sans intérêt	bleu lilas	Herbe fine utilisée pour son beau feuillage gris-vert, doux, large.
Salvia x *sylvestris* 'May Night' **Sauge 'May Night'**	50cm	50cm		Frais, drainé	4	5 et 6	Épi court dense	pourpre	Masse de feuilles d'un beau gris-vert surmontée d'épis pourpres.
Sanguinaria canadensis **Sanguinaire du Canada** ⚜	20cm	40cm		Riche, humide	3	4 et 5	Simple ou double	blanc	Rentre en dormance à la mi-été. Tapis printanier glauque. Superbe.
Sanguisorba sp. **Sanguisorbes**	1,1m	70cm		Riche, frais, profond	4	7 à 9	Épi retombant	blanc à pourpre	Pour massif de scène naturelle. Feuilles découpées, glauques.
Santolina chamaecyparisus **Santoline**	50cm	60cm		Sec, bien drainé	5b	7 et 8	Sans intérêt	jaune	Beau feuillage très fin, argenté. Peu rustique. Se taille. Mosaïque.
Sedum x 'Bertram Anderson' **Orpin 'Bertram Anderson'**	20cm	45cm		Ordinaire, drainé	3	8 et 9	Grappe dense	rose sombre	Coussin de feuilles rondes, bleutées à l'ombre, pourpre au soleil.
Sedum cauticola 'Lidakense' **Orpin cauticole 'Lidakense'**	15cm	25cm		Ordinaire, drainé	3	8 et 9	Grappe, étoilée	rose, rouge	Variété à feuilles rondes bleu-vert et à tiges rougeâtres. Auge, alpin.
Sedum hispanicum 'Blue Carpet' **Orpin 'Blue Carpet'**	3cm	30cm		Ordinaire, drainé	5	8 et 9	Grappe dense	rose	Tapis ras. Minuscules feuilles bleu grisâtre. Joli en auge.
Sedum x 'Matrona' **Orpin 'Matrona'**	45cm	30cm		Consistant, drainé	3	8 et 9	Étoilé en cyme	rosé	Feuillage gris-vert bordé rouge. Tige rougeâtre.
Sedum sieboldii **Orpin de Siebold**	10cm	25cm		Ordinaire, drainé	5	8 et 9	Étoilé en cyme	rosé	Tige rampante, feuillage rond épais, gris bleuté bordé rouge.
Sedum spathulifolium **Orpin s. 'Cape Blanco'**	10cm	45cm		Ordinaire, drainé	4	6 et 7	Grappe, étoilée	jaune	Tapis dense de jolies rosettes miniatures, denses, blanc-gris.
Sedum 'Sunset Cloud' **Orpin 'Sunset Cloud'**	30cm	60cm		Ordinaire, drainé	4	7 et 8	Étoilée en cyme	rousse	Tiges de 30cm, arquées. Feuilles rondes grises teintées de rose.
Sedum telephium 'Matrona' **Orpin 'Matrona'**	45 à 70cm	30 à 60cm		Consistant, drainé	3	8 et 9	Étoilée en cyme	rose pâle	Feuillage gris-vert à contoure rose, tiges rouges reluisantes. Port dressé.
Sedum telephium ssp. *ruprechtii* **Orpin telephium ruprechtii**	40cm	60cm		Ordinaire, drainé	3	7 et 8	Grappe dense	crème rosé	Port semi-érigé. Larges feuilles rondes bleutées à fine marge rouge.
Semiaquilegia **Fausse colombine**	20cm	25cm		Humifère	4	5 et 6	Pendante	rose pourpré	Ressemble à l'Ancolie, mais en plus délicat. Feuillage gris-vert.

VIVACES (suite)

	H	L	☼	TYPE DE SOL	Z	MOIS	FORME	COULEUR	REMARQUES
Semiaquilegia ecalcarata **Fausse colombine**	20cm	25cm	☼☁	Humifère	5	5 et 6	Pendante	rose pourpre	Une ancolie miniature à feuillage gris-vert. Port aérien.
Sempervivum arachnoideum **Joubarbe**	15cm	20cm	☼☁	Peu de terre, riche	3	6 et 7	Épi allongé rare	rose	Rosette de feuilles succulentes couvertes de soie argenté.
Shivereckia doerfleri **Shivereckie**	15cm	15cm	☼	Bien drainé	5	5 et 6	Panicule solide	blanc	Feuillage gris vert, coriace, en rosette au sol. Tiges pourpres.
Silene sp. **Silènes**	20 à 45cm	30cm	☼	Léger, drainé	4	var.	var.	blanc, rose	Feuillage bleuté, glauque, panaché ou marginé.
Silene maritima sp. **Silène maritime**	20cm	40cm	☼☁	Léger, drainé	4	6 et 7	Grande, simple	blanc	Coussin dressé gris-vert. Fleurs ressemblent aux œillets.
Sisyrinchium angustifolium ⚜ **Bermudienne feuilles étroites**	20cm	30cm	☼	Caillouteux, drainé	3	6 et 7	Groupe de 6 à 8	bleu violacé	Feuilles bleutées, allongées comme celui d'un Iris mais miniatures.
Sphaeralcea coccinea **Fausse mauve / Malvastrum**	30cm	50cm	☼	Graveleux, drainé	2	7 à 9	Groupe de 2	orangé à rouge	Plante des Rocheuses pour rocaille sèche. Feuilles glauques.
Stachys byzantina lanata **Oreille d'ours / Épiaire**	35cm	45cm	☼	Sec, drainé, chaud	4	7 et 8	Épi laineux	rose	Par son feuillage gris, il met en valeur les autres vivaces.
Tanacetum 'Beth Chatto' **Tanaisie** 'Beth Chatto'	20cm	30cm	☼	Ordinaire, drainé	6	7 et 8	Petit bouton	jaune	Coussin de feuillage très découpé, en fines dentelles grises.
Tanacetum densum amanii **Tanaisie dense**	25cm	30cm	☼	Ordinaire, drainé	5	6 à 8	Petit pompon	jaune	Cultivé pour son feuillage fin, argenté, velouté. Éviter sol humide.
Tanacetum niveum **Tanaisie blanche**	60cm	60cm	☼	Ordinaire, drainé	3	7 à 9	Brouillard capitule	blanc	Masse impressionnante de fleurs et feuilles blanches. Dôme.
Thalictrum aquilegifolium **Pigamon à feuilles d'ancolie**	1,2m	50cm	☼☁	Léger, frais	4	6 et 7	Inflorescence	blanc, rose, pourpre	Jolie à l'orée des bois, avec arrière-fond vert. Feuillage léger, bleuté.
Thalictrum delavayi sp. **Pigamon delavayi**	1,2m	70cm	☁	Riche, léger, humide	4b	7 et 8	Dispersée ramifiée	mauve, lilas	Feuillage bleuté, gracieux. Tuteurer. ± vigoureux.
Thalictrum flavum ssp. glaucum **Pigamon jaune**	1,5m	60cm	☼	Riche, frais à sec	5	6 à 8	Panicule large	jaune soufre	Vigoureuse, dressée. Feuillage glauque bleuté à texture fine.
Thalictrum kiusianum **Pigamon**	10 à 15cm	30cm	☼☁	Léger, humifère	5b	7 à 9	Petite légère	rose mauve	Pour rocaille ombragé. Feuilles bleu-vert teintées de pourpre.
Thalictrum pubescens ⚜ **Pigamon polygomum**	1 à 2m	60cm	☼☁	Riche, frais	3	6 et 7	Longue panicule	blanc	Feuillage découpé glauque et fleurs vaporeuses. Gracieux.
Thalictrum rochebruneanum **Pigamon bruine**	1,3m	60cm	☁	Riche, humifère	4	7 8	Dispersée ramifiée	Lavande pourpre	Grandes feuilles découpées en foliole lobée, arrondie, gracieux. Glauque.
Thermopsis lanceolata **Thermopsis faux lupin**	40cm	45cm	☼	Meuble, riche, drainé	3	6 et 7	Racème	jaune	Possède des feuilles velues, argentées et trifoliées. Touffe dense.
Thymus pseudolanuginosus **Thym laineux**	8cm	40cm	☼	Maigre, sec	3	6 et 7	Tubulaire groupée	rose	Feuillage laineux donnant une allure plutôt bleuté à ce rampant.
Thymus citriodorus 'argenteus' **Thym citriodorus argenteus**	25cm	25cm	☼	Maigre, sec	5	6 et 7	Grappe terminale	rose, pourpre	Couvre-sol très tapissant, vert avec bordure blanc-argenté.
Tricyrtis macropoda 'Tricolor' **Tricyrtis** 'Tricolor'	60cm	45cm	☼☁	Riche, frais	5	8 et 9	Cyme	blanc et rouge	Feuillage strié vert et rose taché de gris. Peu commun.
Verbascum bombyciferum 'A. Summer' **Molène** 'Arctic Summer'	1,5m	50cm	☼	Pauvre, sec, chaud	4	6 et 7	Épi laineux	jaune vif	Dressé, hauteur imposante. Couleur argenté, laineux.
Verbascum 'Dark Eyes' **Verbascum** 'Dark Eyes'	30cm	25cm	☼	Sec à frais	5	6 à 9	Épis coniques	marron foncé	Port très court. Épis à la même hauteur que les larges feuilles grises.
Verbascum 'Jackie' **Verbascum** 'Jackie'	40 à 60cm	40 à 60cm	☼☁	Très sec, drainé	4	6 à 9	Épis ramifiés	rose ou saumon	Variété compacte. Feuilles duveteuses, plutôt grisâtres.
Verbascum olympicum **Verbascum olympic**	2m	1m	☼	Sec, chaud	3	7 et 8	Épis ramifiés	jaune	Bisannuelle. Immenses épis ramifiés. Feuilles larges, grisâtres.
Verbascum x 'Silver Candelabra' **Molène** 'Silver Candelabra'	1,5 à 2m	60cm	☼	Sec à frais	5	6 à 9	Haute tige ramifiée	jaune	Superbe feuillage argenté d'où émerge un haut chandelier de fleur.
Veronica austriaca **Véronique gemandrée**	25cm	40cm	☼☁	Riche, frais	4	6 et 7	Grappe dressée	bleu	Tapis bleu qui souligne bien les autres vivaces. Feuilles gris-vert.

VIVACES (suite)	H	L	☼	TYPE DE SOL	Z	MOIS ✿	FORME ✿	COULEUR ☙	REMARQUES
Veronica bombycina Syn. : *Véronica Bolkardaghensis*	5 à 10cm	20 à 60cm	☼	Pauvre, calcaire, drainé	4	7 et 8	clochette 4 pétales	bleu	Feuillage blanc laineux en rosette rampante.
Veronica cinerea **Véronique cendrée**	10cm	15cm	☼	Pauvre, sec, drainé	4	5 et 6	Petites grappes	bleu, rosé	Feuillage étroit, gris-vert. Coussin rampant. Culture facile.
Veronica pectinata 'Rosea' **Véronique pectine**	10cm	30cm	☼☁	Riche, frais, drainé	4	6	Grappe lâche	rose	Pousses couchées. Velu, vert grisâtre. Éviter excès d'eau.
Veronica spicata ssp. *incana* **Véronique à duvet blanc**	30mc	30mc	☼	Neutre et sec	4	6 et 7	Épi dressé	bleu violacé	Plus dense que *spicata*. Beau feuillage argenté.
Viola 'Dancing Geisha' **Violette** 'Dancing Geisha'	15cm	20cm	☼☁	Riche, léger, frais	5	4	Simple, cornue	lavande, parfumée	Feuillage dentelé, vert, marbré d'argent durant toute la saison.
Viola grypoceras 'Sylettas' **Violette** 'Sylettas'	10cm	30cm	☁	Riche, drainé	4	4 et 5	Simple maculée	violet bleu	Très décorative par ses feuilles marbrées argent. Couvre-sol.

GRAMINÉES	H	L	☼	TYPE DE SOL	Z	MOIS ✿	FORME ✿	COULEUR ☙	REMARQUES
Andropogon gerardii **Barbon de Gérard**	1 à 2m	75cm	☼	Sableux, frais à sec	4	8 à 10	Épi pourpre puis argent	vert bleuâtre	Majestueuse. Supporte la sécheresse. Écran naturel, haie.
Andropogon scoparius **Barbon** / Schizachyrium	50 à 90cm	40cm	☼	Peu exigeant, sec	3	7 et 8	Épillets épars	vert bleuâtre	Rare. Port gracieux. Rougeâtre à l'automne. Couvre-sol érigé.
Bouteloua gracilis **Bouteloua** / Chondrosum	25cm	40cm	☼	Sec, poreux	3b	7	Épi pourpre horizontal	vert argenté	Convient bien aux auges, dallages, rocailles. Aspect particulier.
Calamagrostis brachytricha Syn. : *Stipa Calamagrostis*	0,9 à 1,2m	90cm	☼☁	Peu exigeant	4	9 et 10	Panicule rose argenté	bleu puis doré	Grande touffe de feuilles vertes Belle vedette, même à l'ombre.
Carex albula 'Frosty Curls' **Laîche** 'Frosty Curls'	30cm	60cm	☼	Frais, drainé	6	—	Épillets sans intérêt	gris-vert	Monticule de fines feuilles gris-vert à pointes frisées tombant en cascade.
Carex glauca 'Blue Zinger' **Laîche bleutée** 'Blue Zinger'	20cm	25 à 40cm	☼☁	Peu exigeant	4	—	Épillets sans intérêt	bleu acier	Couvre-sol lent Port retombant Tolérant à la sécheresse.
Carex glauca / Carex flacca **Laîche bleutée**	20cm	25cm	☼☁	Tous les sols	5	6 et 7	Épillets sans intérêt	bleu	Variété décorative qui supporte la sécheresse. ± envahissant.
Corynephorus 'Spiky Blue' **Corynephorus** 'Spiky Blue'	15cm	35cm	☼	Drainé, tolérant au sec	4	6 à 9	Épillets	bleu lumineux	Touffe hérissée, feuillage fin bleu. Massif ou en pot.
Festuca amethystina **Fétuque amethystina**	30cm	30cm	☼	Frais drainé	4	6 et 7	Épi bleu puis doré	bleuté	Feuilles fines, bleutées, retombant aux extrémités. Couvre-sol.
Festuca glauca sp. **Fétuque bleue**	30cm	30cm	☼	Sec, frais, calcaire	4 à 5	6 et 7	Épi bleu puis doré	bleuté	Pour effet désertique et arride. Touffe fine, dru et arrondi.
Helictotrichon sempervirens **Avoine bleue** / Avena	90cm	60cm	☼	Tous sols drainés	4a	5 et 6	Épi brunâtre	bleu gris	Port touffu, érigé, rigide et évasé. Plus gros que la fétuque.
Helictotrichon s. 'Saphirsprudel' Syn. : *Helic.* 'Jaillissement d'Azur'	70cm	60cm	☼	Tous sols drainés	4	6 et 7	Sans intérêt	bleu intense	Variété améliorée. Un beau bleu brillant. Résistant à la rouille.
Holcus lanatus 'Variegatus' **Holcus lanatus panaché**	0,5 à 1m	30cm	☼☁	Plutôt humide	5	7 et 8	Épi blanc	laineux panaché	Feuilles d'aspect doux, ôter fleurs fanées pour ne pas rentrer en dormance.
Koeleria glauca **Koéléria bleuté**	30cm	30cm	☼	Pauvre, caillouteux	4	5 à 7	Épi doré	bleuté	Très érigé, compact. Joli contraste entre feuilles et épis.
Leymus sp. / Elymus **Élyme bleue** / Blé d'azur	80cm	60 à 90cm	☼	Sableux, frais	4	6 à 8	Gros épis paille	bleu métal, coupante	Touffe large et retombante. Tolérant à la chaleur. Stabilisateur.
Leymus arenarius **Élyme des sables**	1m	60cm	☼	Sableux, frais	4	6 à 8	Gros épis paille	bleu métal, coupante	Pour grande rocaille sableuse. Fixe les dunes. Touffe large.
Leymus arenarius 'Blue Dune' **Blé d'azur** 'Blue Dune'	70cm	90cm	☼☁	Sableux, frais	4	6 à 8	Gros épis paille	bleu métalique	Belle touffe retombante, envahissante. Fixe les dunes.
Miscanthus sinensis 'Blütenwunder' **Roseau de Chine** 'Blütenwunder'	1,5m	90cm et +	☼	Riche, humide	5	8 à 10	Plume vaporeuse	vert-bleuté	Nouvelle forme au feuillage teinté de bleu. Plume sur tige haute.
Miscanthus sinensis 'Morning Light' **Eulalie** 'Morning Light'	0,9 à 1,2m	50 à 90cm	☼☁	Riche, humide	4	9 et 10	Rares plumes	panaché bleuté	Feuilles étroites avec bandes fines verticales blanche et bleu-vert.

PLANTES AU FEUILLAGE COLORÉ

GRAMINÉES (suite)	H	L	☀	TYPE DE SOL	Z	MOIS ✿	FORME ✿	COULEUR ✿	REMARQUES
Miscanthus sinensis 'Kleine Fontäne' Eulalie 'Petite Fontaine'	1,1m	50 à 80cm	☀	Riche, humide	4	8 à 10	Plume rosé	vert argenté	Port évasé en fontaine. Fleurit tôt. Mince nervure argentée.
Panicum virgatum 'Heavy Metal' Panic 'Heavy Metal'	0,9 à 1,2m	50 à 80cm	☀	Sec ou humide	5	9 et 10	Plume rosé, doré	bleu métalique	Port érigé, étroit, rigide. Beau bleu métallique. Fond de scène.
Panicum virgatum 'Prairie Sky' Panic 'Prairie Sky'	1,25m	60cm	☀	Sec ou humide	4	9 et 10	Épi bronzé	bleu ciel	Bonne rusticité, vigoureuse et dense. Port retombant.
Sesleria caerulea Seslérie	20cm	30cm	☀☁	Tous sols, même sec	4b	4 et 5	Bouton noir	bleu bicolore	Couvre-sol entre les arbustes ou en bordure. Dessous vert, pointes bleu.
Sesleria heufleriana Seslérie bicolore	30cm	30cm	☀☁	Ordinaire	4b	4 et 5	Bouton noir, blanc	bleuté bicolore	Tapis semi-persistant. Résistant. Tolère la sécheresse.
Sesleria nitida Seslérie nitida	50cm	50cm	☀☁	Ordinaire	4b	4 et 5	Bouton noir	gris bleuté	Croît facilement entre les arbustes. Semi-persistant.
Sorghastrum nutans 'Indian Steel' Faux sorgho penché	1,5m	90cm	☀	Fertile, humide	4	8	Plume	bleu métallique	Variété bleue, touffue, érigée, arquée. Tourne au pourpre.
Stipa pulcherrima 'Wildfeuer' Stipa pulcherrima 'Wildfeuer'	0,5 à 1m	40cm	☀	Ordinaire, drainé	5	6 à 9	Panicule filigrane	bleuâtre puis doré	Port très souple, gracieux, très fin. Se balance sous le vent.

FOUGÈRES	H	L	☀	TYPE DE SOL	Z	MOIS ✿	FORME ✿	COULEUR ✿	REMARQUES
Athyrium 'Branford Beauty' Fougère 'Branford Beauty'	45 à 60cm	50cm	☁	Humifère, riche, frais	4	—	—	vert argenté	Fronde érigée argentée à tiges rouges. Sous-bois, vedette.
Athyrium filix-femina 'Erika Silver' Athyrium 'Erika Silver'	90cm	60 à 80cm.	☁	Humide à sec	4	—	—	vert argenté	Imposante fougère rustique. Délicate fronde qui illumine.
Athyrium 'Ghost' Fougère peinte géante	80cm	90cm	☁	Humifère, riche, frais	4	—	—	gris-vert	Ressemble à *A. n.* 'Pictum' mais en plus grand, plus vigoureux.
Athyrium 'Pewter Lace' Fougère 'Pewter Lace'	45cm	60cm	☁	Humifère, riche, frais	4	—	—	métallique	Très belles frondes métaliques à centre pourpre.
Athyrium nipponicum 'Pictum' Fougère peinte japonaise 'Pictum'	50cm	40cm	☁	Riche, humide	4b	—	—	vert argenté rouge	Couleur unique. Auge si les conditions du sol sont respectées.
Athyrium nip. 'Pictum Applecourt' Fougère peinte 'Applecourt'	50cm	60cm	☁	Riche, humide	4	—	—	vert argenté rouge	Même teintes que Pictum mais feuilles plus découpées, crispées à l'extrémité. Superbe.
Athyrium nip. 'Pictum Silver Falls' Fougère peinte 'Silver Falls'	40cm	30cm	☁	Riche, humide	4	—	—	vert argenté rouge	La teinte argent de ce cultivar s'intensifie au fil de la saison.
Athyrium nipponicum 'Ursula's Red' Fougère peinte 'Ursula 's Red'	40cm	40cm	☁	Riche, humide	4	—	—	vert argenté	Feuillage métallique aux tiges rougeâtres. Frondres dressées.
Dryopteris marginalis Dryoptéride à sores marginaux	65cm	60cm	☁	Humifère, riche	3b	—	—	vert-bleuté	Très commune au Québec elle hiverne sous la neige. Bleutée à l'ombre.
Pteridum aquilinum Ptéridium des aigles	50 à 90cm	90cm	☀☁	Sablonneux, acide	2b	—	—	vert bleuté	Grande fougère pour lieu sec et ouvert. Éloigne les insectes.

BULBES	H	L	☀	TYPE DE SOL	MOIS ✿	FORME ✿	COULEUR ✿	REMARQUES
Allium karataviense Ail ornemental	30 à 40cm	30cm	☀	Ordinaire, drainé	4	5 et 6	Boule au creu des feuilles	beige	Beau feuillage arquée 10 x30cm vert bleuté à éclat métallique.
Allium senescens 'Glaucum' Ail de montagne bleu	30cm	30cm	☀	Drainé	3	7 et 8	Boule dense	lilas rose	Ail ornemental à feuillage frisé tordu et d'un beau bleu glauque.
Arum italicum Arum	45cm	45cm	☁	Drainé	5b	4 et 5	Épi dense, érigée	blanc-crème	Feuillage vert lustré à nervures blanches. Grappe droite de fruits rouges.
Caladium sp. Caladium bicolor	35cm	30cm	☁	Riche, humide	—	—	—	—	Très grande variété aux teintes pourpre, rouge, argent et vert.
Colocasia affinis 'Jenningsii' Oreille d'éléphant / Taro	60cm	50cm	☀☁	Humide	—	—	—	—	Feuilles vertes en cœur, recouvertes d'une couche gris noirâtre.

	H	L	☀	TYPE DE SOL	Z	MOIS ✿	FORME ✿	COULEUR ✿	REMARQUES
BULBES (suite)									
Oxalis adenophylla Oxalide glanduleux	10cm	15cm	☀	Ordinaire, drainé	—	5 à 7	4 pétales striées	rose à violet	Feuillage gris-bleu, segmenté, palmé. Se ferme le soir.
ANNUELLES	H	L	☀	TYPE DE SOL	Z	MOIS ✿	FORME ✿	COULEUR ✿	REMARQUES
Argemone mexicana Pavot épineux / Chardon-béni	60cm	40cm	☀	Fertile, léger, sec	—	6 à 8	Semi-double	blanc, jaune, rosé	Tailler fleurs fanées. Feuilles bleutées, épineuses.
Cerinthe major 'Purpurescens' Grande Cerinthe / Mélinet	60cm	60cm	☀☁	Ordinaire, drainé	—	7 et 8	Grappe pendante	bleu pourpre	Bractées bleu ciel contrastant avec les fleurs bleu pourpre.
Cynara cardunculus Cardon / Artichaud déco	85cm	80cm	☀	Riche, frais, drainé	6	—	Sans intérêt	—	Cultivé comme une annuelle. Grand feuillage gris, découpé.
Dianthus haemathocalyx Œillet de Parnassus	20cm	30cm	☀	Chaud, drainé	7	6 et 7	Simple large	pourpre-rouge	Vivace traitée en annuelle. Beau coussin de fleurs frangées.
Eschscholtzia californica Pavot de Californie	15 à 40cm	20 à 35cm	☀	Ordinaire, pauvre	—	6 à 9	Coupe soyeuse	rose jaune orange	Beau feuillage finement découpé et bleuté.
Eucalyptus globulus Eucalyptus	var.	var.	☀	Léger, riche, drainé	—	—	Sans intérêt	—	Feuillage gris arténté aromatique et médicinal.
Gazania splendens Gazania	25cm	20cm	☀	Ordinaire, drainé	—	6 à 9	Capitule simple	teintes chaudes	La variété 'Talent' a un feuillage découpé, argenté. Aime la chaleur.
Helichrysum petiolatum Immortelle argentée	60cm	60cm	☀☁	Bien drainé, ordinaire	6	—	—	—	Feuillage attrayant d'aspect duveteux, gris. Vigoureux.
Helichrysum thianschanicum 'Icicles' Hélichrysum 'Icicles'	30cm	30cm	☀☁	Bien drainé, ordinaire	6	—	—	—	Port dressé, comme un porc-épic argenté. Résistant. Différent.
Hunnemannia fumariifolia Hunnemannia à feuilles de fumeterre	60 à 90cm	30 à 50cm	☀	Ordinaire, sec	—	6 à 9	Coupe soyeuse	jaune satiné	Parente à *Eschscholtzia* elle lui ressemble. Feuilles glauques.
Ligularia tussilaginea 'Cristata' Ligulaire crispée	60cm	60cm	☁	Riche, humide	6	7 à 9	capitule étrange	jaune	Vivace tendre. Feuilles très ondulées, crispée, bleu-gris à nervures blanches.
Lotus berthelottii Lotus Berthelot	10cm	25 à 80cm	☀	Ordinaire, drainé	—	5 et 6	Bec dressé	orange, rouge	Feuillage très fin, gris. Texturé. Retombant ou rampant.
Lotus maculatus 'A. Sunset' Lotus 'Amazon Sunset'	10 à 20cm	30 à 60cm	☀	Ordinaire, frais, drainé	—	5 et 6	Petite, pointue	orangé	Beau feuillage argenté, texture très fine. Aérien. Potée fleurie.
Melianthus major Mélianthe	1,5m	1m	☀☁	Riche, frais, drainé	—	—	—	—	Grandes feuilles composées, bleutées. Port évasé.
Origanum dictamnus Dictane de Crète	15cm	30cm	☀	Bien drainé	8	6 et 7	bractée enfilée	rose lilas	Vivace tendre. Tiges arquées à feuilles laineuses gris-blanc.
Plectostachys serphyllifolia Plectostachys	40cm	40cm	☀☁	Ordinaire, drainé	—	—	—	—	Feuilles grises plus petites que l'*helichrysum petiolatum*.
Plectranthus 'Silver Leaf' Plectranthe 'Silver Leaf'	30cm	80cm	☀☁	Riche, léger, frais	—	—	—	—	Supporte bien le soleil. Feuillage rond, gris, velouté.
Senecio cineraria Cinéraire argenté	30cm	20cm	☀☁	Ordinaire, sec	—	—	Sans intérêt	—	Feuillage argenté qui souligne et fait ressortir ses voisines.
Silybum marianum Chardon marie	2m	90cm	☀	Pauvre, calcaire, sec	7	7 à 9	fleur de chardon	rose pourpe	Vivace tendre aux feuilles dentelées, épineuses, marbrées d'argent. Dressé.
Strobilanthes dyerianus Strobilanthes	75 à 1m	50 à 80cm	☀☁	Léger, riche, drainé	—	—	Sans intérêt	—	Longues feuilles violet pâle veinées pourpre avec reflets métalliques.
GRIMPANTE (Annuelles)	H	L	☀	TYPE DE SOL	Z	MOIS ✿	FORME ✿	COULEUR ✿	REMARQUES
Dichondra argentea Dichondre 'Silver Falls'	5cm	90cm	☀☁	Ordinaire, drainé	—	—	Sans intérêt	—	Cascade ou rampant argenté, résistant à la chaleur et la sécheresse.

Les feuillages gris et bleus présentés à ce chapitre sont de différentes intensités. Alors que certains sont fortement contrastants d'autres sont plus subtils et ont une légère teinte de vert-bleu ou de vert-gris (glauque).

✤ indique une plante indigène ou naturalisée.
🌿 indique une plante potentiellement envahissante !

PLANTES AU FEUILLAGE COLORÉ

FEUILLAGES POURPRES

ARBRES	H	L	☀	TYPE DE SOL	Z	MOIS ❀	FORME ❀	COULEUR ❀	REMARQUES
Acer campestre 'Royal Beauty' **Érable champêtre** 'Royal Beauty'	4 à 7m	2 à 6m	☀☁	Tous, même pauvre	4b, 5b	5	Sans intérêt	blanc	Feuillage poupre brillant durant tout l'été. Pour endroits abrités.
Acer campestre 'Royal Ruby' **Érable champêtre** 'Royal Ruby'	4 à 7m	2 à 6m	☀☁	Tous, même pauvre	4b, 5b	5	Sans intérêt	blanc	Variété au feuillage pourpre moins intense en été. Lent.
Acer platanoides 'Crimson King' **Érable de Norvège** 'Crimson King'	12m	8m	☀	Riche, frais, drainé	4 à 5	—	Sans intérêt	—	Globulaire, régulier, dense. Supporte la taille. Vieux cultivar pourpre.
Acer platanoides 'Crimson Sentry' **Érable de Norvège** 'Cr. Sentry'	9m	6m	☀	Frais, drainé	4 et 5b	—	Sans intérêt	—	Compact, irrégulier. Feuillage dense, rouge vin. Lent.
Acer platanoides 'Deborah' **Érable de Norvège** 'Deborah'	16m	12m	☀☁	Frais, drainé	4b	5	Sans intérêt	rouge	Plus vert bronzé que pourpre. Élancé, ovoïde. Grand jardin.
Acer platanoides 'Royal Red' **Érable de Norvège** 'Royal Red'	10m	8m	☀	Tous sols drainés	4b	—	Sans intérêt	—	Croissance lente. Port large, arrondi. Rouge foncé reluisant.
Betula pendula 'Crimson Frost' **Bouleau** 'Crimson Frost'	10m	7m	☀	Riche, frais, léger	3	—	Sans intérêt	—	Feuilles pourpre foncé. Écorce blanc et canelle. Texture fine.
Betula pendula 'Royal Frost' **Bouleau** 'Royal Frost'	10m	5m	☀	Riche, frais, léger	3	—	Sans intérêt	—	Port pyramidal dense. Feuilles bourgognes tournant à l'orangé.
Cercis canadensis 'Forest Pansy' **Gainier rouge** 'Forest Pansy'	4 à 6m	4 à 6m	☀	Riche, meuble, drainé	5	4	Grappe	pourpre, rose	Nouveau cultivar. Feuilles en cœur rouge pourpre tout l'été.
Fagus sylvatica 'Atropurpurea' **Hêtre d'Europe pourpre**	10m	10m	☀☁	Riche, frais, drainé	5b	—	Sans intérêt	—	Rare et peu rustique, protéger des vents. Port rond, pourpre.
Fagus sylvatica 'Purpurea pendula' **Hêtre pleureur pourpre**	8m	4m	☀	Acide, frais, drainé	5b	—	Sans intérêt	—	Un beau rouge pourpre tout l'été. À protéger des vents.
Fagus sylvatica 'Purpurea Tricolor' **Hêtre d'Europe** 'Tricolor'	8 à 14m	2 à 5m	☀☁	Acide, frais, drainé	5b	—	Sans intérêt	—	Érigé à globulaire. Feuillage vert-pourpre bordé de rose et blanc.
Fagus sylvatica 'Purple Fountain' **Hêtre pleureur pourpre**	6 à 12m	4m	☀☁	Acide, drainé	5b	—	Sans intérêt	—	Un pleureur à feuillage mauve. Garde sa couleur tout l'été.
Gleditsia triacanthos 'Ruby Lace' **Févier pourpre** 'Ruby Lace'	12m	9m	☀	Profond, sec, fertile	4	—	Sans intérêt	—	Port parasol, feuillage composé, apparence vaporeuse. Bronze.
Malus x adstringens 'S. Cohen' **Pommetier décor.** 'Shaulnessy C.'	7m	7m	☀	Fertile, frais, drainé	3	5	Cyme, simple	rose violacé	Pommetier pourpre résistant aux maladies. Superbe floraison.
Malus 'Almey' **Pommetier décoratif** 'Almey'	6m	6m	☀	Fertile, frais, drainé	2b	5	Cyme, simple	rose veiné blanc	Port arrondi. Feuillage pourpre violacé puis vert bronzé.
Malus x 'Brandywine' **Pommetier décoratif** 'Brandywine'	5m	4m	☀	Fertile, frais, drainé	4b	5	Double	rose, parfumée	Vert à dessous bronze puis pourpre à l'automne. Résistant.
Malus x 'Camelot sur tige' / 'Camzam' **Pommetier décoratif** 'Camzam'	2m	1,5m	☀	Fertile, frais, drainé	5a	5	Cyme, simple	blanc	Port arrondi. Bouton rose fuchsia. Résistant. Feuilles bronze.
Malus x 'Centzam' / M. 'Centurion' **Pommetier décoratif** 'Centurion'	6m	3,5m	☀	Fertile, frais, drainé	4	5	Cyme simple	rose rouge	Étroit, érigé, devenant ouvert. Vigoureux, vert bronzé.
Malus x 'Echtermeyer' **Pommetier décoratif** 'Echtermeyer'	5m	5m	☀	Fertile, frais, drainé	5a	5	Cyme, simple	blanc	Port pleureur, vert bronzé tournant rouge. Fragile à la tavelure.
Malus x 'Guinevere sur tige' **Pommetier décoratif** 'Guinzam'	2m	1,5m	☀	Fertile, frais, drainé	5a	5	Cyme, simple	blanc et mauve	Port arrondi. Pommettes persistantes. Feuilles vertes et pourpres.
Malus x 'Indian Summer' **Pommetier décoratif** 'Indian Summer'	5m	5m	☀	Fertile, frais, drainé	5	5	Cyme, simple	rose foncé	Port évasé. Peu malade. Fruits rouges persistants. Feuillage vert bronzé.
Malus x 'Kelsey' **Pommetier décoratif** 'Kelsey'	5m	4m	☀	Fertile, frais, drainé	2	5	Cyme, simple	rose foncé	Arrondi, régulier. Feuilles pourpre bronzé puis vert bronzé.
Malus x 'Liset' **Pommetier décoratif** 'Liset'	5m	5m	☀	Fertile, frais, drainé	4	5	Cyme, simple	rouge pourpre	Parmi les plus pourpre. Port érigé. Tourne jaune à l'automne.

ARBRES (suite)	H	L	☀	TYPE DE SOL	Z	MOIS ✿	FORME ✿	COULEUR ✿	REMARQUES
Malus x 'Makamik' Pommetier décoratif 'Makamik'	7m	6m	☀	Fertile, frais, drainé	3	5	Cyme, simple	rose à pourpre	Fruits abondants, persistants. Feuilles bronze-vert virant rouge.
Malus 'Maypole' Pommetier décoratif 'Maypole'	2m	50cm	☀	Fertile, frais, drainé	4	5	Cyme simple	rose	Très étroit, très décoratif. Bon pollinisateur. Feuilles rougeâtres.
Malus x 'Pink Spires' Pommetier décoratif 'Pink Spires'	5m	2m	☀	Fertile, frais, drainé	4	5	Cyme, simple	rose lavande	Port pyramidal, érigé. Feuillage mauve, puis vert bronzé. Lent.
Malus 'Prairifire' Pommetier décoratif 'Prairifire'	6m	4m	☀	Fertile, frais, drainé	3	5	Cyme, simple	rouge pourpre	Floraison tardive. Fruit rouge violacé. Très résistant aux maladies.
Malus x 'Profusion' Pommetier décoratif 'Profusion'	6m	5m	☀	Fertile, frais, drainé	4	5	Cyme, simple	rouge puis rose	Feuillage rouge violacé, puis vert bronzé en été, puis fini rouge vif.
Malus purpurea 'Eleyi Compacta' Pommetier décoratif 'Eleyi Compacta'	4m	6m	☀	Fertile, frais, drainé	3b	5	Cyme, simple	rouge à pourpre	Feuillage rougeâtre persistant. Port arrondi, régulier. Lent.
Malus 'Radiant' Pommetier décoratif 'Radiant'	6m	6m	☀	Fertile, frais, drainé	3b	5	Cyme, simple	rose foncé	Cime arrondi, compacte, rougeâtre puis vert bronzé. Rapide.
Malus 'Red Splendor' Pommetier décoratif 'Red Splendor'	7m	7m	☀	Fertile, frais, drainé	3	5	Cyme, simple	rose	Feuillage rouge-vert lustré. Ne cause pas de déchets sur le sol.
Malus 'Royal Beauty' Pommetier décoratif 'Royal Beauty'	3m	1,5m	☀	Fertile, frais, drainé	2b	5	Cyme, simple	rose foncé	Pleureur compact jusqu'au sol. Résistant. Feuilles rougeâtres.
Malus 'Royal Splendor' Pommetier déco. 'Royal Splendor'	5m	5m	☀	Fertile, frais, drainé	3	5	Cyme, simple	rose rouge	Feuillage rouge lustré, nuance verte, puis tourne au rouge. Très résistant.
Malus x 'Royalty' Pommetier décoratif 'Royalty'	4 à 6m	5m	☀	Fertile, frais, drainé	3	5	Cyme, simple	rouge vif	Feuillage rouge lustré, nuance verte, puis tourne au rouge. Croît lentement.
Malus x 'Rudolph' Pommetier décoratif 'Rudolph'	6m	5m	O	Fertile, frais, drainé	2b	5	Cyme, simple	rouge clair	Beau feuillage bronzé. Résistant aux maladies. Rustique.
Malus x 'Thunderchild' Pommetier décoratif 'Thunderchild'	6m	5m	☀ ☁	Fertile, frais, drainé	3	5	Cyme, simple	rose	Feuillage pourpre foncé. Résistant à la brûlure bactérienne.
Physocarpus opulifolius 'Diabolo' Physocarpe 'Monlo' sur tige	1,5 à 3m	1,5 à 3m	☀ ☁	Peu exigeant, drainé	2	6	Corymbe	blanc rosé	Rouge bourgogne foncé, fruit rosé contrastant. Greffé sur tige.
Prunus cerasifera 'Hessei' Prunier 'Hessei' sur tige	1.5m	1,5m	☀ ☁	Peu exigeant, drainé	5	5 et 6	Petite, simple	blanc	Feuilles irrégulières, bronze pourpre, bordées crème puis rose.
Prunus cerasifera 'Newport' Prunier de Newport sur tige	5 à 8m	4 à 7m	☀ ☁	Franc, bien drainé	4	5 et 6	Petite odorante	rose pâle	Feuilles rouge pourpre aux extrémités rouge vif. Port arrondi.
Prunus x *cistena* Cerisier pourpre des sables sur tige	1,75m	1,5m	☀ ☁	Poreux, frais, drainé	3	5	Petite, simple	rosée, parfumée	Un beau pourpre foncé, contrastant. Attention aux maladies.
Prunus padus 'Colorata' Cerisier à grappes 'Colorata'	8 à 10m	5 à 8m	☀ ☁	Peu exigeant, drainé	3	4 et 5	Grappe parfumée	blanc	Ovoïde, irrégulier. Feuillage vert, maron en été. Faible longévité.
Prunus padus 'Skinner's Red' Cerisier à grappes 'Skinner's Red'	7m	4m	☀ ☁	Peu exigeant, drainé	3	4 et 5	Grappe parfumée	blanc parfumée	Port étalé, arrondi. Feuilles pourpres à l'été. Pas de fruits.
Prunus virginiana 'Canada Red' Cerisier 'Canada Red'	5 à 7m	4 à 5m	☀	Peu exigeant, drainé	2a	5	Grappe pendante	blanc parfumée	Vert tournant au rouge violacé. Plus rapide que Shubert. Fruits.
Prunus virginiana 'Shubert' Cerisier de 'Shubert'	5m	4m	☀	Peu exigeant, drainé	2	5	Grappe pendante	blanc parfumée	Vert tournant au rouge violacé au début de l'été. Fruits comestibles.

ARBUSTES	H	L	☀	TYPE DE SOL	Z	MOIS ✿	FORME ✿	COULEUR ✿	REMARQUES
Acer palmatum 'Bloodgood' Érable du Japon 'Bloodgood'	2,5m	1,75m	☀ ☁	Riche, drainé	5	—	Sans intérêt	—	Feuillage léger, denté pourpre. Rouge cramoisi en automne.
Acer palmatum 'Red Emperor' Syn.: *Acer palmatum* 'Emperor 1'	2,5m	1,75m	☀ ☁	Riche, drainé	5	—	Sans intérêt	—	Feuillaison plus tardive donc moins gellitif. Grandes feuilles pourpres. Rapide.

PLANTES AU FEUILLAGE COLORÉ

ARBUSTES (suite)	H	L	☀	TYPE DE SOL	Z	MOIS ✿	FORME ✿	COULEUR ✿	REMARQUES
Acer p. dissectum 'Crimson Queen' **Érable du Japon** 'Crimson Queen'	1m	2m	☀☁	Riche, drainé	5	—	Sans intérêt	—	Port arqué, bas. Feuilles très découpées. Garde sa couleur.
Acer p. dissectum 'Garnet' **Érable du Japon** 'Garnet'	1,5m	1,5m	☀☁	Riche, drainé	5	—	Sans intérêt	—	Rouge pourpre verdissant à l'ombre. Feuilles découpées. Lent.
Acer p. dissectum 'Inaba-shidare' **Érable** 'J. Inaba-shidare'	1m	2m	☀☁	Riche, drainé	5	—	Sans intérêt	—	Port étalé arqué. Cramoisi à l'automne. Lent à moyen.
Acer p. dissectum 'Ornatum' **Érable Japon** 'Ornatum'	1m	2m	☀☁	Riche, drainé	5	—	Sans intérêt	—	Passe du bronze au pourpre puis au rouge. Arrondi, arqué.
Acer p. dissectum 'Red Dragon' **Érable Japon** 'Red Dragon'	90cm	2m	☀☁	Riche, drainé	5	—	Sans intérêt	—	Feuilles très découpées pourpres. Cramoisi à l'automne. Compact.
Acer p. dissectum 'Red Pygmy' **Érable Japon** 'Red Pygmy'	75cm	1,5m	☀☁	Riche, drainé	5	—	Sans intérêt	—	Port plutôt compact, très découpé, rouge foncé.
Acer palmatum heptalobum **Érable du Japon à 7 lobes**	2,5m	2,5m	☀☁	Riche, drainé	5b	5	Sans intérêt	rouge	Le plus gros et érigé. Port arrondi. Vert pourpré tourne rouge.
Berberis thunbergii 'Bailone' **Épine-Vinette** 'Ruby Carousel'	90cm	1m	☀☁	Peu exigeant, drainé	4b	5 et 6	clochettes peu visible	jaune	Port arrondi. Plutôt lent. Feuillage rouge pourpre intense. Fruits.
Berberis thunbergii 'Concorde' **Épine-Vinette** 'Concorde'	50cm	60 à 90cm	☀☁	Peu exigeant, drainé	4	5 et 6	clochettes peu visible	jaune	Port globulaire nain. Feuillage pourpre avec pousses rouges.
Berberis thunbergii 'Gentry' **Épine-Vinette** 'Royal Burgundy'	60cm	90cm	☀☁	Peu exigeant, drainé	4	5 et 6	clochettes peu visible	jaune	Port dense, arrondi. Bourgogne foncé. Lent. Rouge à l'automne.
Berberis thunbergii 'Monomb' **Épine-Vinette** 'Cherry Bonb'	1m	1m	☀☁	Peu exigeant, drainé	4b	5 et 6	clochettes peu visible	jaune	Port ouvert, diffus, irrégulier. Feuillage pourpre. Fruits rouges.
Berberis thunbergii 'Rose Glow' **Épine-Vinette** 'Rose Glow' / 'Ida'	1,5m	1,5m	☀☁	Peu exigeant, drainé	5	5 et 6	clochettes peu visible	jaune	Rouge tacheté de rose. Rouge pourpre à l'automne. ± rustique.
Berberis thunbergii 'Tara' **Épine-Vinette** 'Emerald Carousel'	1,25m	1,25m	☀☁	Peu exigeant, drainé	4a	5 et 6	clochettes peu visible	jaune	Vert en début de saison, puis pourpre à l'été. Port arqué. Fruit.
Berberis thunbergii 'Royal Cloak' **Épine-Vinette** 'Royal Cloak'	1,25m	1,25m	☀	Peu exigeant, drainé	4	5 et 6	clochettes peu visible	jaune	Port large, érigé aux branches arquées. Pourpre foncé.
Cercidiphyllum japonica 'Ruby' **Arbre de Katsura** / A. caramel	5 à 8m	4m	☀☁	Riche, frais, drainé	5b	4 et 5	Discrète à l'aisselle	rouge	Port érigé. Tronc court. Feuillage changeant et odorant. Jardin oriental.
Corylus maxima 'Purpurea' **Noisetier pourpre**	5m	6m	☀	Riche, humide, drainé	5	5	Chaton	rouge pourpre	Grand, érigé. Feuillage pourpre à bronze, texturé. Peu rustique.
Cotinus coggygria 'Black Velvet' **Arbre à perruque** / Fustet noir	2m	2m	☀	Léger, neutre, sec	5	6 et 7	Panicule chevelue	pourpre	Le plus noir sur le marché actuel. Port arrondi. Feuilles lisses.
Cotinus coggygria x 'Grace' **Arbre à perruque** 'Grace'	4m	4m	☀	Léger, neutre, sec	5	6 et 7	Panicule chevelue	rose violet	Feuilles vert bronzé à pousses rouge pourpré. Tourne rouge.
Cotinus coggygria 'Pink Champagne' **Arbre à perruque** 'P. Champagne'	1,5 à 3m	1,5 à 3m	☀	Léger, neutre, sec	5	6 et 7	Panicule chevelue	rose	Passe du pourpre au vert en été. Pour site protégé.
Cotinus coggygria purprueus **Arbre à perruque** 'Atropurpureus'	3m	3m	☀	Léger, neutre, sec	5	6 et 7	Panicule chevelue	rose	Ancienne variété vert pourpré. Port touffu, étalé. Lent à moyen.
Cotinus coggygria 'Royal Purple' **Arbre à perruque** 'Royal Purple'	2m	2m	☀	Léger, neutre, sec	5	6 et 7	Panicule chevelue	crème rose	Superbes feuilles ovales pourpres. Belle vedette pour grand terrain.
Cotinus coggygria 'Rubrifolius' Syn. : *Coninus c.* 'Foliis Purpureis'	2,5m	1m	☀	Léger, neutre, sec	5	6 et 7	Panicule chevelue	rose	Buisson arrondi, tige pourpre, feuillage pourpre vert. Rapide.
Cotinus coggygria 'Velvet Cloak' **Arbre à perruque** 'Velvet Cloak'	1,5 à 3m	1,5 à 3m	☀	Léger, neutre, sec	5	6 et 7	Panicule chevelue	rose pourpré	Très similaire à Royal Purple. Pourpre foncé l'été, puis rouge.
Hydrangea serrata 'Acuminata' **Hortensia des montagnes** 'Acuminata'	1m	1m	☀☁	Acide, frais, drainé	5	6 et 7	Corymbe plats	blanc taché de roses	Feuilles prennent une belle coloration pourpre au moment de la floraison.
Malus 'Coccinella' **Pommier décoratif** 'Coccinella'	5m	3m	☀	Riche, fertile, drainé	4a	5	Simple	rose pourpré	Grand arbuste résistant aux maladies. Feuillage rouge bronze.
Malus 'Camelot' **Pommier décoratif** 'Camzam'	2 à 4m	2 à 4m	☀	Fertile, frais, drainé	5a	5	Simple	blanc	Port arrondi. Bouton rose fuchsia. Résistant. Feuilles bronze.

ARBRES (suite)	H	L	☀	TYPE DE SOL	Z	MOIS ❀	FORME ❀	COULEUR ❀	REMARQUES
Physocarpus opulifolius 'Diabolo' **Physocarpe** 'Diabolo' / 'Monlo'	1,5 à 3m	1,5 à 3m	☀☁	Peu exigeant, drainé	3	6	Corymbe	blanc rosé	Rouge bourgogne foncé, puis rouge vif à l'automne. Superbe.
Physocarpus opulif. 'Summer Wine' **Physocarpe** 'Summer Wine'	1,25m	1,25m	☀☁	Peu exigeant, drainé	3	6 et 7	Corymbe	blanc rosé	Superbe feuillage rouge vin foncé. Plus compact que Diabolo.
Prunus cerasifera 'Hessei' **Prunier** 'Hessei'	5m	3m	☀☁	Peu exigeant, drainé	4	5 et 6	Petite, simple	blanc	Feuilles irrégulières, bronze pourpre, bordées crème puis rose.
Prunus cerasifera 'Newport' **Prunier pourpre de Newport**	5 à 8m	4 à 7m	☀☁	Franc, bien drainé	4b	5	Petite odorante	rose pâle	Pourpre foncé. Port érigé, arrondi. Résistant. Fruits comestibles.
Prunus x cistena **Cerisier pourpre des sables**	1,75m	1,5m	☀☁	Poreux, frais, drainé	3	5	Petite, simple	rosée, parfumée	Un beau pourpre foncé, contrastant. Attention aux maladies.
Rosa glauca / *R. rufrifolia* **Rosier à feuilles rouges**	1,75m	1,75m	☀☁	Riche, drainé	2	6	Petite simple	rouge carmin pâle	Beau feuillage rouge bleuté. Érigé, arqué. Demande des soins.
Sambucus nigra 'Black Beauty' **Sureau noir** 'Gerta' / 'Black Beauty'	2,5m	2,5m	☀	Peu exigeant, frais	4	6	Grande ombelle	rose odorante	Pourpre presque noir. Souvent plus court car les tiges gèlent.
Sambucus nigra 'Black Lace' **Sureau noir** 'Eva' / 'Black Lace'	2,5m	2m	☀	Peu exigeant, frais	4b	6	Large ombelle	rose	Feuilles finement découpées, rouge noir ou un peu comme un érable japonais.
Sambucus nigra 'Guincho Purple' **Sureau noir** 'Guincho Purple'	2,5m	1,5m	☀	Peu exigeant, frais	4b	6	Grande ombelle	crème odorant	Pourpre printemps et automne, vert à l'été. Fruits comestibles.
Sambucus nigra 'Purpurea' **Sureau noir pourpre**	1,5m	1,5m	☀	Peu exigeant, frais	4b	6	Grande ombelle	crème odorant	Ancienne variété pourpre peu stable. Fruits comestibles.
Viburnum sargentii 'Onondaga' **Viorne** 'Onondaga'	2,5m	2m	☀☁	Frais à humide	4	5	Cyme stérile et fertile	blanc et rouge	Feuilles trilobées, vert pourpré. Fleurs et fruits très décoratifs.
Weigela x 'Alexandra' Syn. : *Weigela* 'Wine & Roses'	1,25m	1,25m	☀	Peu exigeant fertile	4	5 et 6	Clochette	rose foncé	Port dense. Pourpre foncé s'intensifiant en été. Remontant.
Weigela x 'Java Red' **Weigela** 'Java Red'	1,25m	1,25m	☀	Peu exigeant fertile	3b	5 et 6	Clochette	rouge rosé	Feuilles pourpres puis vert pourpre. Floraison peu remontante.
Weigela x 'Midnight Wine' **Weigela** 'Midnight Wine'	60cm	60cm	☀	Peu exigeant fertile	4	5 et 6	Clochette	rose foncé	Feuillage pourpre bourgogne très foncé. Port très compact.
Weigela x 'Rumba' **Weigela** 'Rumba'	1m	1,25m	☀	Peu exigeant fertile	3	6	Clochette	rouge gorge jaune	Vert pâle, lisière pourpre. Compact. Très florifère et remontant.
Weigela x 'Samba' **Weigela** 'Samba'	90cm	50 à 80cm	☀	Peu exigeant fertile	3	6	Clochette	rouge gorge jaune	Dense. Vert foncé rehaussé de pourpre, reflet gris. Résistant.
Weigela x 'Tango' **Weigela** 'Tango'	90cm	90cm	☀	Peu exigeant fertile	3	6 et 7	Clochette	rouge gorge jaune	Port compact vert nuancé de bronze foncé. Remontant.
Weigela x 'Victoria' **Weigela** 'Victoria'	1m	1m	☀	Peu exigeant fertile	4	6	Clochette	rose foncé	Maintient son rouge bronzé tout l'été. Compact, lent.
Weigela hybride **Weigela** 'Minuet'	0,7m	0,7m	☀	Peu exigeant fertile	3 et 4	5 et 6	Clochette léger parfum	magenta et violet	Feuilles vertes à reflet violacé. Fleurit très longtemps. Compact.

ARBUSTES PERSISTANTS	H	L	☀	TYPE DE SOL	Z	MOIS ❀	FORME ❀	COULEUR ❀	REMARQUES
Leucothoe fontanesiana **Leucothoë retombant**	1m	1m	☁	Riche, acide, frais	6	6	Grappe pendante	blanc	Protéger des vents. Beau feuillage vert-rouge. Semi-pleureur.
Leucothoe x 'Scarletta' **Leucothoë** 'Scarletta'	80cm	1,5	☀☁	Riche, meuble, acide	6	6 et 7	Épis pendants	blanc parfumé	Très fragile au Québec. Lent. Dôme arqué pourpre violacé.
Pieris floribunda **Piéris des montagnes**	1,5m	1,5m	☁	Acide, frais, drainé	5b	5	Clochette parfumée	blanc	Un *Pieris* moins fragile sous notre climat. Feuilles et fruit attrayants.
Pieris japonica **Andromède du Japon**	1 à 1,5m	1,2 à 2m	☁	Acide, frais, drainé	6	5	Cloche	blanc	Feuillage persistant vert avec de nouvelles pousses rouges.

PLANTES AU FEUILLAGE COLORÉ

GRIMPANTES	H	L	☀	TYPE DE SOL	Z	MOIS	FORME	COULEUR	REMARQUES
Clematis recta 'Purpurea' Clématite pourpre	1,5m	45cm	☀☁	Riche, profond, drainé	4	6 à 8	Étoile, odorante	blanc	Beau feuillage grimpant pourpre au printemps, pâlissant en été.
Wisteria sinensis Glycine de Chine	8m	6m	☀☁	Peu exigeant	5b	5 et 6	Grappe pendante	bleu violet	Fleurit avant que les feuilles bronzes apparaissent. Plant très massif.

VIVACES	H	L	☀	TYPE DE SOL	Z	MOIS	FORME	COULEUR	REMARQUES
Ajuga sp. Bugle rampant	15cm	40cm	☀☁☁	Frais, humide	3	5	Petits épis	bleu, rose	Excellent couvre-sol pour site ombragé. Choix de feuillage.
Ajuga pyramidalis 'Metalica Crispa' Bugle 'Metalica Crispa'	15cm	30cm	☀☁	Frais, humide	3b	5 et 6	Épi compact	bleu foncé	Feuillage unique, ondulé, crispé. Pourpre avec teintes métalliques.
Ajuga tenorii 'Valfredda' / 'C. Chip' Bugle 'Chocolate Chip'	10cm	35cm	☀☁	Frais, humide	3b	5	Petits épis	bleu violacé	Port dense, vigoureux. Magnifique couvre-sol brun chocolat.
Ajuga reptans 'Calhin's Giant' Bugle 'Catlin's Giant'	20cm	30cm	☀☁	Frais, humide	3b	5 et 6	Épi compact	bleu pourpre	Feuillage plutôt large, vert-bronze. Fleurs contrastantes.
Ajuga reptans 'Multicolor' Bugle rampant 'Multicolor'	10cm	15cm	☀☁☁	Frais, drainé	3b	5 et 6	Épi compact	bleu pourpre	Feuillage bronze, crème et jaune. Se contrôle bien.
Ajuga reptans 'Royalty' Bugle rampant 'Royalty'	15cm	30cm	☀☁	Frais, humide	3	5 et 6	Petits épis	bleu pourpre	Nouvelle variété, feuilles foncées, pourpre noir, bordure dentelée.
Angelica atropurpurea Angélique	1,8m	1,2m	☁	Riche, humide	4	7 et 8	Grappe	blanc verdâtre	Port gigantesque mais aérien. Feuilles vertes, tiges pourpres contrastantes.
Angelica gigas Angélique	1,5m	1,2m	☁☁	Riche, humide	5	7 à 9	Grappe	pourpre	Feuilles divisées vertes mais tiges et fleurs pourpres. Géant.
Arisaema triphyllum Petit prêcheur	50cm	40cm	☁	Riche, humide	3b	4 et 5	Fleur en cornet	pourpre, vert	Fleurs en forme de feuilles enroulées en cornet, pourpre strié de vert. Lent.
Artemisia lactiflora 'Quizho' Armoise 'Quizho'	1,3m	90cm	☀☁	Riche, humide	3b	7 et 8	Grand panicule	blanc laiteux	Très différent des autres avec ses feuilles vertes à tiges noires !
Aster lateriflorus 'Prince' Aster 'Lady in Black' / 'Prince'	60 à 90cm	45 à 60cm	☀	Ordinaire, drainé	4	9 et 10	Petites capitules	blanc cœur rose	Feuilles pourpre foncé, très contrastantes. Variétés vigoureuses.
Astilbe arendsii 'Fanal' Astilbe 'Fanal'	50cm	50cm	☀☁☁	Riche, frais	4	7 et 8	Plume	rouge écarlate	Beau feuillage bronze pourpré. Port compact, texturé.
Astilbe 'Crispa Perkeo' Astilbe 'Crispa Perkeo'	20cm	25cm	☁	Riche, frais	4	6 et 7	Plume	rose foncé	Astile nain, compact. Feuillage foncé vert bronze et crispé.
Astilbe simplicifolia 'B. Elegans' Astilbe 'Bronce Elegans'	30cm	30cm	☁	Riche, frais	4	7	Plume lâche	rose	Astilbe tardif au feuillage bronze. Plumes plutôt divergentes.
Astrantia major 'Hadspen Blood' Astrance 'Hadspen Blood'	65cm	45cm	☀☁	Riche, frais	4	6 à 8	Ombelle, bractée	rouge foncé	Légère teinte de pourpre sur les feuilles. Variété à fleur vive.
Cimicifuga acerina Cierge d'argent japonais	1,2m	50 à 80cm	☁☁	Profond, frais	4b	9 et 10	Long épi	blanc crème	Feuilles très découpées vertes mais tiges pourpres. Contrastant, rare.
Cimicifuga ramosa 'Atropurpurea' Cierge d'argent pourpré	1,5 à 2m	60cm	☀☁☁	Profond, frais	4	8 à 10	Long épi	blanc rosé	Feuillage très découpé, pourpre-cuivré. Plus coloré au soleil.
Cimicifuga ramosa 'Brunette' Cierge d'argent 'Brunette'	1m	60 à 90cm	☀☁☁	Profond, frais	4	8 à 10	Long épi	blanc rosé	Maintient sa couleur pourpre toute la saison. Feuilles découpées.
Cimicifuga ramosa 'Black Beauty' Hillside 'Black Beauty'	1,2m	70cm	☀☁☁	Profond, frais	4	8 à 10	Long épi	blanc rosé	Le plus foncé des cimicifugas. Feuilles pourpre-cuivré soutenu.
Corydalis flexuosa 'Purple Leaf' Corydale 'Purple Leaf'	30cm	30cm	☀☁☁	Humide, drainé	4b	5 à 7	Grappe dégagé	bleu	Un corydale à feuilles bronze ! Feuilles texturées. Peut rentrer en dormance.
Cryptotaenia japonica 'Atropurpurea' Persil japonais	50cm	60cm	☀☁	Riche, humide	4	6 et 7	Sans intérêt	blanc, rose	Feuillage pourpre bronze, accompagne les hostas.

VIVACES (suite)	H	L	☀	TYPE DE SOL	Z	MOIS ✿	FORME ✿	COULEUR ✿	REMARQUES
Echinops sphaerocephalus 'A. Glow' Boule azurée 'Arctic Glow'	1m	70cm	☀☁	Profond, drainé	4	7 et 8	Capitule globulaire	blanc grisâtre	Feuilles épineuses. Tige rouge. Ressemble aux chardons.
Epimedium sp. Fleur des Elfes	25cm	30cm	☁	Humide, drainé	4	5 et 6	Petite, éperon	blanc, rose jaune	Croissance lente. Fleurs et feuillage veiné bronze décoratifs.
Epimedium rubrum Fleur des Elfes	25cm	30cm	☁	Humide, drainé	4	5 et 6	Petite, éperon	blanc, rose jaune	Croissance lente. Fleurs et feuillage décoratifs.
Epimedium x versicolor 'Sulphureum' Épimédium 'Sulphureum'	35cm	45cm	☁	Humide, acide, drainé	4	5 et 6	Petite, éperon	jaune clair	Celle qui convient le mieux à l'ombre, sol sec. Veiné rouge.
Eupatorium rugosum 'Chocolate' Eupatoire 'Chocolate'	80cm	40cm	☀☁	Riche, humide	5	7 et 8	Panicule lâche	blanc	Variété aux feuilles chocolat. Port buissonnant, décoratif.
Euphorbia amygdaloides 'Purpurea' Euphorbe amygdaloides 'Purpurea'	40cm	30cm	☀☁	Tous sols drainés	5b	5 et 6	Groupée bracté	jaune clair	Buissonnant, feuillage vert teinté de pourpre, tiges rouges et bractée jaune.
Euphorbia dulcis Euphorbe douce 'Chameleon'	30 à 50cm	30cm	☀☁	Tous sols drainés	5	5 et 6	Cloche pendante	jaune verdâtre	Entièrement rouge pourpre surtout au début et fin de saison. Tailler à mi-été.
Euphorbia polychroma 'Purpurea' Euphorbe pourpre	45cm	45cm	☀☁	Tous sols drainés	4	5 et 6	Groupée bracté	jaune vif	Feuillage teinté de pourpre au printemps mais qui pâli en été.
Foeniculum vulgare purpureum Fenouil commune pourpre	1,8m	90cm	☀	Ordinaire	5b	7 et 8	Sans intérêt	—	Port vaporeux, fin attrayant. Variété de fenouil pourpre.
Geranium 'Chocolate Candy' Géranium 'Chocolate Candy'	10cm	30cm	☀☁	Ordinaire, drainé	5	6 et 7	Simple	blanc rosé	Petit dôme, feuilles arrondies, lobée couleur chocolat. Rocaille.
Geranium maculatum 'E. Ann' Géranium 'Elizabeth Ann'	50cm	50cm	☀☁	Ordinaire, drainé	4	5 et 6	Solitaire, simple	rose pâle	Feuilles découpées, pourpres, d'où émergent les fleurs. Coussin.
Geranium x 'Katherine Adele' Géranium 'Katherine Adele'	45cm	60cm	☀☁	Ordinaire, drainé	4	6 à 8	Solitaire, simple	rose pâle	Coussin, feuilles largement tachées de pourpre d'où émergent les fleurs.
Geranium phaeum 'Samobor' Géranium à fleurs noires 'Samobor'	50cm	45cm	☀☁	Ordinaire, drainé	5	6 et 7	Groupée simple	marron foncé	Feuilles profondément divisées, avec zone pourpre-noir au centre.
Geranium pratense 'Okey Dokey' Géranium 'Okey Dokey'	50cm	45cm	☀☁	Ordinaire, drainé	4	6 à 8	Grosse simple	bleu	Beau feuillage pourpre foncé tout l'été. Résistant au mildiou.
Geranium pratense 'Victor Reiter' Géranium des prés 'Victor Reiter'	30cm	30cm	☀	Ordinaire, drainé	5	5 et 6	Grosse simple	lilas foncé	Grosses feuilles pourpres au printemps puis vert bordé pourpre.
Geranium pratense 'Purple Heron' Géranium des prés 'Purple Heron'	20cm	25cm	☀	Ordinaire, drainé	4b	5 et 6	Solitaire, simple	lilas foncé	Coussin dense de petites feuilles pourpres parsemé de fleurs.
Geranium pratense 'Black Beauty' Géranium des prés 'Black Beauty'	50cm	70cm	☀☁	Ordinaire, drainé	4b	5 et 6	Solitaire, simple	lavande	Port tapissant, pourpre foncé velouté, couvert de fleurs.
Heliopsis heliant. 'Summer Nights' Héliopside scabra 'Summer Nights'	1,2m	70 à 90cm	☀	Riche, meuble, frais	4	7 à 9	Capitule	jaune foncé	Superbe variété aux tiges pourpres et aux fleurs vives.
Heuchera americ. 'Montrose Ruby' Heuchère 'Montrose Ruby'	30cm	30cm	☁	Riche, frais, drainé	5	6 et 7	Hampes clochettes	jaune-vert	Feuillage bronze foncé strié d'argent. Rouge à l'automne.
Heuchera americ. 'Ruby Ruffles' Heuchère 'Ruby Ruffles'	25cm	40cm	☀☁	Riche, frais, drainé	3	6 et 7	Hampes clochettes	jaune-vert	Feuilles ondulées rouges avec nervures roses.
Heuchera americ. 'Velvet Night' Heuchère 'Velvet Night'	30 à 60cm	30 à 45cm	☀☁	Riche, frais, drainé	4	6 à 8	Hampes clochettes	jaune-vert	Un des plus foncé avec feuillage chatoyant pourpre-noir à reflet violet.
Heuchera 'Can-Can' Heuchère 'Can-Can'	40cm	40cm	☀☁	Riche, frais, drainé	4	6 et 7	Hampes clochettes	jaune-vert	Feuillage découpé, frisé à dessous et nervure pourpre et lustre argenté.
Heuchera 'Cappuccino' Heuchère 'Cappuccino'	20 à 40cm	40cm	☀☁	Riche, frais, drainé	3	6 et 7	Hampes clochettes	blanc crème	Feuillage découpé, reluisant, couleur café crème. Résistant au soleil.
Heuchera 'Cherries Jubilee' Heuchère 'Cherries Jubiliee'	30cm	40cm		Riche, frais, drainé	4	6 et 7	Hampes clochettes	rouge cerise	Feuillage ondulé brun-chocolat à dessous pourpre.

PLANTES AU FEUILLAGE COLORÉ

VIVACES (suite)	H	L	☼	TYPE DE SOL	Z	MOIS ✿	FORME ✿	COULEUR ✿	REMARQUES
Heuchera 'Chocolate Ruffles' **Heuchère** 'Chocolate Ruffles'	25cm	30cm	☼☁	Riche, frais, drainé	3	6 et 7	Hampes clochettes	blanc pourpré	Fortement ondulé bourgogne, puis chocolat. Hampes robustes.
Heuchera 'Chocolate Veil' **Heuchère** 'Chocolate Veil'	40cm	50cm	☼☁	Riche, frais, drainé	3	6 et 7	Hampes clochettes	blanc crème	Très grosses feuilles ondulées chocolat noir teinté de pourpre.
Heuchera 'Frosted Violet' **Heuchère** 'Frosted Violet'	30cm	30cm	☁	Riche, frais, drainé	5	6 à 8	Hampes clochettes	blanc crème	Vigoureux. Pourpre bronzé rayé violet argenté. Tourne bleu à l'automne.
Heuchera 'Gypsy Dancer' **Heuchère** 'Gypsy Dancer'	50cm	45cm	☼☁	Riche, frais, drainé	4	6 et 7	Hampes clochettes	rose pâle	Feuillage argenté veiné pourpre-violet surmonté de fleurs roses.
Heuchera 'Obsidian' **Heuchère** 'Obsidian'	35cm	35cm	☼☁☂	Riche, frais, drainé	4	6 et 7	Hampes clochettes	blanc sur tige rouge	Feuilles découpées, lustrées, lobes arrondis. Pourpre violacé.
Heuchera 'Peach Flambe' **Heuchère** 'Peach Flambe'	40cm	35cm	☁	Riche, frais, drainé	4	6 et 7	Clochettes sur hampes rouges	blanc	Feuillage unique rouge pêche, brillant puis prune à l'automne.
Heuchera 'Petite Pearl Fairy' **Heuchère** 'Petite Pearl Fairy'	10 à 20cm	30 à 45cm	☼☁	Riche, frais, drainé	4	6 à 8	Hampes clochettes	rose vif	Feuillage foncé, marbré d'argent violacé surmonté d'un brouillard de fleurs.
Heuchera 'Pewter Veil' **Heuchère** 'Pewter Veil'	30 à 40cm	30 à 40cm	☼☁☂	Riche, frais, drainé	4	6 à 8	Hampes clochettes	blanc crème	Feuilles arrondies, rouge-cuivré au printemps puis étain-argenté.
Heuchera 'Plum Pudding' **Heuchère** 'Plum Pudding'	30 à 50cm	50cm	☼☁	Riche, frais, drainé	3	6 et 7	Hampes clochettes	blanc crème	Feuilles découpées, lustrées prune pourpre à nervures argentées. Ordonnée.
Heuchera 'Purple Mountain Majesty' **Heuchère** 'Purple Mountain Majesty'	20cm	30cm	☼☁	Riche, frais, drainé	4	6 et 7	Hampes clochettes	blanc	Beau feuillage pourpre surmonté de très grandes fleurs. Compact.
Heuchera 'Purple Petticoats' **Heuchère** 'Purple Petticoats'	55cm	55cm	☼☁	Riche, frais, drainé	4	6 et 7	Hampes clochettes	blanc crème	Feuillage découpé, très ondulé. Brun pourpre à dessous bourgogne.
Heuchera 'Regal Robe' **Heuchère** 'Regal Robe'	50cm	50cm	☼☁	Riche, frais, drainé	3	6 et 7	Hampes clochettes	jaune-vert	Pourpre marbré argent et gris. Forme un beau monticule.
Heuchera 'Silver Shadow' **Heuchère** 'Siver Shadow'	30cm	40cm	☼☁	Riche, frais, drainé	4	6 et 7	Hampes clochettes	jaune-vert	Feuillage ressemblant à Plum Pudding. Bordure dentelée.
Heuchera 'Silver Scrolls' **Heuchère** 'Silver Scrolls'	30cm	40cm	☼☁	Riche, frais, drainé	3	5 et 6	Hampes clochettes	blanc	Compact, argenté à fini métallique et à nervure pourpre foncé.
Heuchera 'Smokey Rose' **Heuchère** 'Smokey Rose'	40cm	40cm	☼☁	Riche, frais, drainé	4	6 et 7	Hampes clochettes	rose	Feuillage pourpre à reflet argenté.
Heuchera 'Stormy Seas' **Heuchère** 'Stormy Seas'	30 à 50cm	40cm	☼☁	Riche, frais, drainé	3	6 et 7	Hampes clochettes	blanc crème	Feuilles crispées, brun acajou à reflet rouge vin, trace d'argent.
Heuchera micrantha 'Palace Purple' **Heuchère m.** 'Palace Purple'	50cm	30cm	☼☁	Riche, frais, drainé	3	6 à 8	Hampes clochettes	blanc crème	Beau feuillage pourpre acajou tout au long de l'été.
Heuchera villosa 'Purpruea' **Heuchère villosa** 'Purpurea'	60cm	60cm	☼☁	Riche, frais, drainé	6	6 à 8	Hampes clochettes	blanc crème	D'allure tropicale. Feuilles épaisses, lustrées teintées de pourpre.
Heucherella x 'Burnished Bronze' **Heucherelle** 'Burnished Bronze'	30 à 45cm	30 à 45cm	☁	Riche, frais, drainé	4	6 à 8	Panicule étroite	blanc crème	Le plus pourpre. Ressemble plus à un heucher qu'à un heucherella.
Heucherella 'Heart of Darkness' **Heucherelle** 'Heart of Darkness'	30cm	30cm	☁	Riche, frais, drainé	4	6 à 8	Panicule étroite	blanc	Feuillage vert pâle nuancé d'argent avec centre marron.
Hieracium maculatum 'Leopard' **Épervière** 'Leopard'	30cm	45cm	☼	Riche à pauvre	5	6 et 7	Capitule composé	jaune	Feuilles allongées, pointues, vert-gris parsemées de taches pourpres.
Houttuynia cordata **Plante caméléon**	50cm	55cm	☼☁☂	Riche, humide	5	7 et 8	Sans intérêt	blanc	On retrouve du vert, jaune, rouge et crème sur sa feuille !
Jovibarba hirta 'Rax' **Joubarbe** / Barbe de Jupiter	15cm	20cm	☼☁	Très peu de terre	3	7 et 8	Étoilée	jaune	Rosette charnue pourpre. Ressemble à un sempervivum.
Ligularia dentata 'B.-M. Crawford' **Ligulaire** 'Britt-Marie Crawford'	60 à 90cm	60 à 90cm	☼☁	Riche, humide	4	8 et 9	Capitule	orange doré	Larges feuilles rondes, lustrées, chocolat foncé tout l'été. Nouveau.
Ligularia dentata 'Desdemona' **Ligulaire** 'Desdemona'	1m	90cm	☼☁	Riche, humide	3b	8 et 9	Capitule	orangé	Larges feuilles en cœur, bronze vert en dessus, pourpre en dessous.

PLANTES AU FEUILLAGE COLORÉ

VIVACES (suite)	H	L	☼	TYPE DE SOL	Z	MOIS	FORME	COULEUR	REMARQUES
Ligularia dentata 'Othello' **Ligulaire** 'Othello'	1m	90cm	☼☁	Riche, humide	3	8 et 9	Capitule	jaune orangé	Larges feuilles en cœur pourpre sur les 2 côtés. Remarquable.
Ligularia tussilaginea 'Cristata' **Ligulaire japonais**	60cm	60cm	☼☁	Riche, humide	5	8 et 9	Capitule	jaune	Feuilles en spirale, crispées, ondulées légèrement bronzées.
Lobelia fulgens 'Elmfeuer' **Lobélie** 'Elm Fire' / 'Elmfeuer'	90cm	90cm	☼☁	Riche, humide	5	7 à 9	Grappe dense	rouge	Port érigé d'où émergent de grands épis rouges. Feuillage bronze.
Lobelia x speciosa 'Fan' **Lobélie spéciosa** 'Fan'	90cm	60cm	☼☁	Riche, humide	3	7 à 9	Grappe dense	rose, rouge	Belle variété vigoureuse à feuillage pourpre.
Lychnis x arkwrightii **Lychis** 'Vesuvius'	45cm	35cm	☼	Léger, drainé	3	6 à 8	Cyme	orange vif	Feuillage pourpre spectaculaire vivace de courte vie, 3 à 4 ans.
Lysimachia ciliata **Lysimaque** 'Firecracker' 🌿	70cm	50cm	☼☁	Riche, humide	3	7 et 8	Épi lâche	jaune	Pourpre foncé tournant jaune orangé vif à l'automne. Massif.
Ophiopogon palniscapus nigrum **Ophiopogon**	15cm	30cm	☁	Limoneux, riche	5b	7 et 8	pompon éparse	blanc rosé	Son feuillage pourpre noir contraste. Sous-bois, couvre-sol.
Penstemon digitalis 'Husker Red' **Penstemon** 'Husker Red'	90cm	40cm	☼☁	Riche, profond, drainé	4	6 et 7	Épi	blanc rosé	Très beau feuillage violacé. Les boutons floraux sont décoratifs.
Penstemon hirsutus 'Pygmaeus' **Penstemon nain**	5 à 15cm	10cm	☼	Peu exigeant, drainé	3	6	Épis	blanc à pourpre	Feuillage bronzé rougeâtre. Floraison abondante. Facile.
Podophyllum kaleidoscope **Pomme de mai**	50cm	30cm	☁	Humifère, riche	6	6 et 7	Solitaire, penché	blanc rosé	Feuilles hexagonales en parapluie, marbrées de bronze et d'argent.
Polemonium yezoense 'Purple Rain' **Valériane grecque** 'Purple Rain'	50cm	50cm	☼☁	Riche, humide	4b	6 et 7	Grappe parfumée	bleu lavande	Feuillage type fougère, pourpre-chocolat. Plus coloré au soleil.
Polygonum capitatum **Persicaire** 'Carpet'	10cm	25cm	☼☁	Riche, frais	5	7 à 9	Épi ou racème	var.	Petites feuilles marquées d'un V brun. Se ressème facilement. Rampant.
Polygonum filiforme **Persicaire** 'Painter's Palette'	60cm	60cm	☁	Riche, frais, drainé	5	7 et 8	Épi très fin	rouge sang	Grandes feuilles panachées, marquées d'un V. Se ressème.
Polygonum microcephal 'R. Dragon' **Persicaire** 'Red Dragon'	60cm	45cm	☼☁	Riche, frais, drainé	5	7 et 8	Sans intérêt	crème	Très beau feuillage argent pourpre. Peu rustique.
Rheum palmatum 'Ace of Hearts' **Rhubarbe ornementale** 'Ace of H.'	1,2 à 2m	1 à 1,5m	☼☁	Lourd, humide, drainé	4	6 et 7	Panicule plume	rose pâle	Grosses feuilles. Port très érigé laissant parraître le dessous pourpre.
Rheum palmatum **Rhubarbe ornementale**	1,2 à 2m	1 à 1,5m	☼☁	Lourd, humide, drainé	4	6 et 7	Panicule plume	blanc, rouge	Grandes feuilles palmées, dentées, vertes. Pourpre au printemps.
Rodgersia pinnata 'Chocolate W.' **Rodgersia** 'Chocolate Wings'	1m	1m	☼☁	Riche, frais, drainé	4	6 et 7	Panicule plume	rose	Très beau feuillage palmé pourpre au printemps, bronze à l'été.
Rodgersia podophylla 'Rotlaub' **Rodgersia** 'Rotlaub'	1m	1,2m	☼☁	Riche, frais, drainé	5	6 et 7	Panicule plume	blanc crème	Feuilles lobées comme un chêne Pourpre intense, toute la saison odorant.
Rumex montanum 'Rubrifolia' **Oseille vierge**	30cm	30cm	☼☁	Léger, humide, drainé	4	6 et 7	Épi sans intérêt	rouge	Couleur des feuilles brun rougeâtre, inhabituelle. Touffe dressée.
Rumex sanguineum **Oseille pourpre**	70cm	50cm	☼☁	Léger, humide, drainé	4	6 et 7	Épi sans intérêt	rouge	Feuillage vert foncé fortement nervuré rouge marron.
Salvia officinalis purpurascens **Sauge commune pourpre**	60cm	45cm	☼	Pauvre, sec, calcaire	5b	6 à 8	Sans intérêt	bleu lilas	Une autre herbe fine à utiliser pour décorer nos jardins. Feuilles ovales.
Sanicula caerulescens **Sanicle bleu**	20cm	30cm	☁	Peu exigeant	5	5 à 7	Petite cloche	bleu vibrant	Monticule de feuilles trifoliées vert-bronze couvertes de fleurs.
Sedum x 'Arthur Branch' **Orpin** 'Arthur Branch'	60cm	60cm	☼	Consistant, drainé	3	8 à 10	Grappe dense	rose	Plus compact et plus résistant que Mohrchen. Feuilles pourpres.
Sedum atroppurpureum **Orpin pourpre**	50cm	35cm	☼	Consistant, drainé	3	8 et 9	Grappe dense	rose sombre	Feuillage pourpre foncé. Feuilles épaisses, lisses, lustrées. Érigé.
Sedum x 'Bertram Anderson' **Orpin** 'Bertram Anderson'	20cm	45cm	☼	Ordinaire, drainé	3	8 et 9	Grappe dense	rose sombre	Coussin de feuilles rondes, bleutés à l'ombre, pourpre au soleil.
Sedum x 'Black Jack' **Orpin** 'Black Jack'	60cm	60cm	☼	Consistant, drainé	3	8 à 10	Grappe cyme	rose pourpre	Beau feuillage pourpre-noir. Port érigé, dense.

VIVACES (suite)	H	L	☀	TYPE DE SOL	Z	MOIS ✿	FORME ✿	COULEUR ✿	REMARQUES
Sedum x 'Karfunkelstein' Orpin 'Karfunkelstein'	45cm	60cm	☀	Consistant, drainé	3	7 à 9	Grappe terminale	rose foncé	Beau feuillage bronze teinté de rose et bleu. Port dense, dressé.
Sedum x 'Lynda Windsor' Orpin 'Lynda windsor'	40cm	60cm	☀☀	Consistant, drainé	3	7 à 9	Grappe dense	rouge rubis	Feuilles pourpre foncé brillant. Parmi les plus foncés.
Sedum x 'Mohrchen' Orpin 'Mohrchen'	50cm	45cm	☀	Consistant, drainé	3	8 et 9	Étoilé en cyme	rose foncé	Feuilles et tiges bourgognes contrastantes. Port érigé.
Sedum x 'Purple Emperor' Orpin 'Purple Emperor'	50cm	50cm	☀	Consistant, drainé	3	8 à 10	Grappe dense	rose rouge	Beau feuillage brillant pourpre noirâtre. Vraiment foncés.
Sedum spectabilis 'African Sunset' Orpin 'African Sunset'	50cm	50cm	☀☀	Consistant, drainé	2	7 à 9	Grappe dense	rouge ardent	Nouvelle variété très foncé, feuillage lustré, brillant, pourpre.
Sedum telephium 'Matrona' Orpin 'Matrona'	70cm	60cm	☀☀	Consistant, drainé	3	8 et 9	Grappe dense	rose pâle	Feuillage gris-vert à contoure rose, tiges rouges reluisantes.
Sedum telephium pluricaule Orpin pluricaule	3 à 5cm	30 à 60cm	☀	Consistant, drainé	4	6 et 7	Étoilée, étamines	pourpre	Un orpin rampant, multitude de rosettes rondes glauques et pourpres.
Sedum telephium 'Ruby Glow' Orpin 'Ruby Glow'	25cm	45cm	☀	Consistant, drainé	4	7 à 9	Grappe dense	rouge rubis	Coussin de feuilles vertes devenant pourpre au soleil.
Sedum telephium 'Vera Jameson' Orpin 'Vera Jameson'	30cm	40cm	☀	Consistant, drainé	3	8 et 9	Grappe dense	rose rouge	Feuillage particulier, rose pourpre teinté de bleu. Port étalé.
Sempervivum 'Atroviolaceum' Poules et ses poussins	5cm	15cm	☀	Peu de terre, riche	3	6 et 7	Rosette, rare	rose	Rosette charnue, pourpre. Pour couvrir des espaces en pente.
Sempervivum 'Pacific Deep' Joubarbe 'Pacific Deep'	5cm	15cm	☀	Peu de terre, riche	3	6 et 7	Rosette, rare	rose	Rosette charnue rouge vin foncé aux rebords ciliés blanc.
Tellima grandiflora 'Purpurteppich' Syn. : *Tellima* 'Purple Carpet'	40cm	45cm	☀☁	Frais, humifère	4	6	Panicule délicate	rose	Cousin des tiarelles, même type de feuillage mais pourpre.
Tiarella x 'Black Snowflake' Tiarelle 'Black Snowflake'	30cm	30cm	☁	Riche, léger	4	5 et 6	Panicule étroite	blanc	Feuilles palmées, finement découpées. Vert marbré pourpe.
Tiarella x 'Candy Striper' Tiarelle 'Candy Striper'	35cm	40cm	☁	Riche, léger	4	5 et 6	Épi vaporeux	blanc rosé	Feuilles vert émeraude, très découpée, rouge au centre des lobes.
Tiarella x 'Crow Feather' Tiarelle 'Crow Feather'	25cm	25cm	☁	Riche, léger	4	5 et 6	Grands épis	rose parfumé	Feuilles type érable vert vif maculées au centre de pourpre.
Tiarella x 'Dark Eyes' Tiarelle 'Dark Eyes'	30cm	30cm	☁	Riche, léger	5	5 et 6	Profusion panicule	blanc rosé	Compact. Feuilles type érable foncées avec taches pourpres.
Tiarella x 'Dark Star' Tiarelle 'Dark Star'	40cm	40cm	☀☁	Riche, léger, humifère	4	5 et 6	Grappes hautes	blanc crème	Feuilles en forme d'étoile à centre très foncé. Supporte le soleil.
Tiarella x 'Freckles' Tiarelle 'Freckles'	35cm	35cm	☀☁	Riche, humifère	3	5 et 6	Profusion panicule	rose pourpre	Feuillage légèrement découpé, vert, tacheté de mauve.
Tiarella x 'Inkblot' Tiarelle 'Inkblot'	30cm	30cm	☁	Riche, léger	4	5 et 6	Épis larges	rose	Feuillage légèrement découpé, vert, tacheté pourpre noir.
Tiarella x 'Iron Butterfly' Tiarelle 'Iron Butterfly'	40cm	30cm	☁	Riche, léger	4	5 et 6	Grands épis	blanc parfumé	Feuillage profondément découpé avec centre noir pourpre.
Tiarella x 'Ninja' Tiarelle 'Ninja'	35cm	35cm	☁	Riche, léger	3	5 et 6	Épis larges	blanc corail	Feuilles palmées, étoilées vert marbrer de pourpre tôt en saison.
Tiarella x 'Pink Bouquet' Tiarelle 'Pink Bouquet'	30cm	30cm	☁	Riche, léger	5	5 et 6	Épis larges	rose	Très tolérant à l'ombre, feuillage découpé avec centre chocolat.
Tiarella x 'Pink Skyrocket' Tiarelle 'Pink Shyrocket'	30cm	30cm	☁	Riche, léger	4	5 et 6	Éisi vaporeux	rose	Fabuleuse floraison ! Feuilles très découpées tachées de pourpre.
Tiarella x 'Spring Symphony' Tiarelle 'Spring Symphony'	25cm	30cm	☁	Riche, léger	4	5 et 6	Grands épis	rose parfumé	Compact. Floraison prolongée, dense. Palmé à nervures noires.
Tiarrella x 'Sugar and Spice' Tiarelle 'Sugar and Spice'	35cm	30cm	☁	Riche, léger	4	5 et 6	Épis larges	rose	Feuillage très découpé taché de bourgogne. Léger parfum.

VIVACES (suite)	H	L	☀	TYPE DE SOL	Z	MOIS ❀	FORME ❀	COULEUR ❀	REMARQUES
Tiarella x 'Tiger Stripe' Tiarelle 'Tiger Stripe'	35cm	30cm	☁	Riche, léger	4	5 et 6	Épis larges	rose	Feuillage plus luisant que les autres. Tacheté de pourpre.
Trifolium repens purpurascens Trèfle rampant pourpre	20cm	30cm	☀	Riche, drainé	4	6 à 8	Groupée pompon	rosé	Pourpre, 4 à 5 folioles souvent marquées d'argent.
Viola labradorica purpurea Violette du Labrador	15cm	30cm	☀☁	Riche, drainé	3	5 et 9	Simple, maculée	violet	Beau feuillage pourpre en forme de cœur. S'étend rapidement.
Viola 'Mars' Violette 'Mars'	15cm	30cm	☁	Riche, drainé	5	5 et 6	Simple maculé	lavende, violet	Belles feuilles en cœur, très pointues au centre pourpre.
Zea mays Maïs ornemental	1,5 à 1,8m	50cm	☀	Fertile, drainé	—	—	Sans intérêt	—	Feuillage pourpre à orangé. Épi séché décoratif.

GRAMINÉES	H	L	☀	TYPE DE SOL	Z	MOIS ❀	FORME ❀	COULEUR ❀	REMARQUES
Carex buchananii Laîche 'Buchananii'	25 à 50cm	60cm	☀☁	Ordinaire, frais, drainé	5	7	Épillet brun rosé	Rouge cuivré	Port touffu érigé, évasé. Feuilles d'aspect desséché, cuivré.
Carex comans 'Bronze' Laîche 'Bronze'	30 à 60cm	60cm	☀☁	Ordinaire, humide	6	6	Épillet sans intérêt	bronze	Touffe dense. Feuilles étroites, souples et cascade.
Carex petriei Laîche petriei	20cm	20cm	☀☁☁	Fertile, drainé	5b	6	Épillet sans intérêt	bronze	Port original avec le bout des feuilles spiralé. Rocaille.
Imperata cylindrica 'Red Baron' Imperata 'Red Baron'	40cm	30cm	☀	Riche, humide, drainé	5	9 et 10	Panicule étroite argenté	verte pointe rouge	Feuilles vertes à pointe rouge tournant rouge feu. Point focal.
Miscanthus sinens. 'Purpurascens' Roseau de Chine pourpre	1,25m	90cm	☀	Fertile, frais, drainé	4	9 et 10	Plume argenté	vert puis rouge	Beau feuillage vert tournant rouge orangé à l'automne. Très joli.
Panicum virgatum 'Rotstrahlbusch' Panic 'Rotstrahlbusch'	0,9 à 1,2m	70cm	☀	Riche, frais	4	8 à 10	Épi aérien	vert et rouge	Touffe érigé puis arqué, vert à bout rougeâtre. Tourne rouge vin.
Panicum virgatum 'Shenandoah' Panic pourpre	90cm	60cm	☀☁	De sec à humide	4	8 et 9	Panicule ramifiée	vert puis rouge	Passe du vert au rouge dès juillet pour finir rouge vin en sept.
Panicum virgatum 'Squaw' Panic 'Squaw'	1,2m	90cm	☀	Sec ou humide	4	8 et 9	Épi léger, aérien	vert puis rouge	Feuillage vert, inflorescences teintées de rose. Tourne rouge.
Pennisetum glaucum 'Jester' Millet ornemental 'Jester'	1,1m	90cm	☀☁	Profond, léger	—	7 à 9	Long épi raide	pourpré	Plus compact et plus fournis que 'P. Majesty' Feuilles chartreuses puis bourgognes.
Pennisetum glaucum 'P. Majesty' Millet ornemental 'Purple Majesty'	1,8m	60cm	☀☁	Profond, léger	—	7 à 9	Long épi raide	pourpré	Une magnifique annuelle en touffe arquée larges feuilles pourpres.
Pennisetum set. 'Burgundy Giant' Pennisetum 'Burgundy Giant'	1,8m	1 à 1,2m	☀☁	Humide, fertile, drainé	—	7 à 10	Plumeaux souples	rouge foncé	Ressemble au suivant, mais plus imposant.
Pennisetum setaceum 'Red Rubrum' Pennisetum 'Red Rubrum'	0,8 à 1m	75 à 90cm	☀☁	Humide, fertile, drainé	—	7 à 9	Petit épi duveteux	rose	Érigé puis arqué, vert foncé rehaussé de reflets bourgognes.

FOUGÈRES	H	L	☀	TYPE DE SOL	Z	MOIS ❀	FORME ❀	COULEUR ❀	REMARQUES
Athyrium 'Branford Rambler' Fougère femelle 'B. Rambler'	40cm	60cm	☁	Humifère, riche, frais	4	—	—	vert et acajou	Feuillage abondant, très découpé. Ses teintes acajou la démarque.
Athyrium 'Pewter Lace' Fougère 'Pewter Lace'	45cm	60cm	☁	Humifère, riche, frais	4	—	—	métallique	Très belles frondes métaliques à centre pourpre.
Athyrium filix-femina 'Lady in Red' Fougère femelle 'Lady in Red'	50cm	60cm	☁	Humifère, riche, frais	2	—	—	Vert	Feuilles vertes avec tiges d'un beau rouge vif. Texturé, facile.
Athyrium nipponicum 'Burgundy Lace' Fougère peinte japonaise	45cm	45cm	☁	Riche, humide	4b	—	—	rouge argenté	Fougère argenté et pourpre. Plus intense que 'Pictum'.
Athyrium nipponicum 'Pictum' Fougère peinte japonaise	50cm	40cm	☀☁	Riche, humide	4b	—	—	vert argenté rouge	Feuillage vert argenté avec teintes pourpres.
Dryopteris erythrosora Fougère d'automne	30 à 40cm	45cm	☁	Frais, humide, drainé	5	—	—	vert et brun rosé	Port en vase relâché, frondes larges. Jeunes pousses cuivrées.

PLANTES AU FEUILLAGE COLORÉ

BULBES	H	L	☀	TYPE DE SOL	Z	MOIS ✿	FORME ✿	COULEUR ✿	REMARQUES
Caladium sp. Caladium bicolor	35cm	30cm	☀☁	Riche, humide	—	—	—	—	Très grande variété aux teintes pourpre, rouge, argent et vert.
Canna x *hybrida* Canna à feuilles pourpres	0,6 à 2m	50cm	☀	Léger, drainé	—	7 à 9	Cornet, long épi	rouge, orange	Plusieurs variétés ont un beau feuillage pourpre cuivré.
Colocasia antiquorum Taro impérial	1 à 1,5m	60 à 90cm	☀	Riche, Humide	—	7 et 8	Sans intérêt	jaune pâle	Demande un sol riche. À hiverner à l'intérieur.
Colocasia 'Black Magic' Taro 'Black Magic'	90cm	60cm	☀	Riche, Humide	8	—	Sans intérêt	—	Grosses feuilles en cœur d'un pourpre noir très foncé.
Colocasia esculenta 'Fontanessi' Taro 'Fontanessi'	90cm	60cm	☀	Riche, Humide	8	—	Sans intérêt	—	Feuilles en cœur vert veinées pourpre, tiges pourpres aussi.
Colocasia esculenta 'Illustris' Taro 'Illustris'	90cm	60cm	☀	Riche, Humide	8	—	Sans intérêt	—	Plant érigé surmonté de grandes feuilles vertes et pourpres.
Dahlia sp. Dahlia à feuilles pourpres	0,3 à 1m	30 à 75cm	☀☁	Léger, drainé	—	7 à 9	Double ou simple	teintes chaudes	Choisir les variétés au feuillage pourpre ou cuivre.
Erythronium americanum ⚜ Érythrone d'Amérique / Ail doux	15 à 20cm	10cm	☁	Riche en humus	—	4 et 5	Étoilée recourbée penchée	jaune or	1 à 2 feuilles élancées, tachées de brun. Dans nos érablières.
Oxalis triangularis Oxalide à feuilles pourpres	20 à 30cm	20 à 30cm	☀	Ordinaire, drainé	—	6 à 10	5 pétales étoilées	rose pâle	Feuilles type trèfle, segmentées, palmées pourpres. Aussi en vert.

ANNUELLES	H	L	☀	TYPE DE SOL	Z	MOIS ✿	FORME ✿	COULEUR ✿	REMARQUES
Aeoium arboreum 'Schwarzkof' Aéonium	30 à 60cm	30 à 60cm	☀	Sableux, sec	—	5	Hampe, grappe	jaune	Un crassula décoratif par ses feuilles presque noires. Potées.
Alternanthera dentata Alternanthéra	45cm	40cm	☀☁	Ordinaire, drainé	—	—	Sans intérêt	—	Beau feuillage pourpre foncé. Tolère la chaleur. Forme un dôme.
Alternanthera elegant Alternanthéra	15 à 30cm	20 à 30cm	☀☁	Ordinaire, drainé	—	—	Sans intérêt	—	Le vert, or, orange, rouge et rose se retrouve sur la même feuille. Tapissant.
Amaranthus gangeticus Amarante du Gange	90cm	30cm	☀	Tous sols enrichis	—	7 à 9	Épi dense	rouge, jaune, vert	Surtout utilisé pour son feuillage pourpre ou tricolore. Plusieurs variétés.
Atriplex hortensis Arroche	1,2 à 1,8m	60 à 90cm	☀	Tous les sols	—	—	Sans intérêt	pourpre	Beau feuillage pourpre. Pour haie, écran temporaire. Rapide.
Begonia semperflorens Bégonia fibreux	20cm	20cm	☀☁	Riche, frais, drainé	—	6 à 9	Ombelle	blanc, rose, rouge	Plusieurs variétés ont un feuillage pourpre-cuivré. Versatile.
Beta vulgaris Betterave ornementale	45cm	20cm	☀	Léger, profond	—	—	Sans intérêt	—	Plante potagère ornementale par son feuillage pourpre, luisant.
Brassica oleracea 'Redbor' Chou décoratif 'Redbor'	25 à 80cm	25 à 60cm	☀☁	Riche, profond	—	5 à 10	—	—	Ce sont leur feuillage décoratif, frisé qui les rend populaire. Imposant.
Celosia cristata 'Amigo Mahogany Red' Célosie crête-de-coq 'Mahohany Red'	15cm	15cm	☀	Riche, profond, drainé	—	6 à 9	Crête de coq	rouge acajou	Différent avec son beau feuillage bronzé, gaufré. Fleur en forme de crête de coq.
Celosia plumosa Célosie 'New Look'	35cm	25cm	☀	Léger, frais à sec	—	6 à 9	Plume	écarlate	Une variété à plume écarlate et à feuillage pourpre. Facile.
Cordyline australis Dracéna pourpre	0,3 à 1,5m	20 à 80cm	☀☁	Sableux, drainé	—	—	Sans intérêt	—	Feuilles très étroites, pointues érigées en éventail. Fouette.
Foeniculum vulgare purpureum Fenouil commun pourpre	1,8m	90cm	☀	Ordinaire	5b	7 et 8	Sans intérêt	—	Feuillage vaporeux, pourpre, texturé et imposant.
Fuchsia triphylla Fuchsia triphylla	80cm	50cm	☁	Riche, léger	—	6 à 9	Longue clochette simple	rouge, orangé	Port érigé. Plusieurs cultivars au feuilles pourpres, bronze.
Impatiens hawkeri Impatiente 'Nouvelle-Guinée'	25 à 40cm	15 à 30cm	☀☁	Souple, enrichi, frais	—	5 à 9	Simple, grande	var.	Plusieurs ont un feuillage panaché jaune ou pourpre.

ANNUELLES (suite)	H	L	☀	TYPE DE SOL	Z	MOIS ✿	FORME ✿	COULEUR ✿	REMARQUES
Impatiens walleriana **Impatiente des jardins**	35cm	25cm	☀☁	Riche, léger, frais	—	6 à 9	Simple, double	var.	Grand massif coloré. Variétés à feuilles pourpres aussi.
Ipomoea batatas 'Blacky' **Patate douce** 'Blacky'	20 à 60cm	40 à 60cm	☀☁	Souple, frais, drainé	—	—	Sans intérêt	—	Rampant, feuillage trilobé pointu, pourpre presque noir.
Iresine herbsii **Irésine**	20 à 90cm	60 à 90cm	☀☁	Ordinaire, souple	—	—	Sans intérêt	—	2 variétés pourpres. Une basse (mosaïculture) et une haute. Veiné rouge.
Hibiscus acetosella **Hibiscus Jamaïcain**	1,2 à 1,8m	60cm		Drainé, frais à sec	—	—	Sans intérêt	—	Feuilles type érable, découpées, pourpres. Pincez pour ramifier.
Ocinum basilicum 'Kasar' **Basilic bleu africain**	90cm	90cm	☀☁	Ordinaire, drainé	—	—	Sans intérêt	—	Gros plant bleuté teinté de pourpre au centre. Facile.
Ocinum basilicum 'Rubin' **Basilic pourpre** 'Rubin'	60cm	45cm	☀☁	Ordinaire, drainé	—	—	Sans intérêt	—	Basilic doux, à feuilles lustrées, pourpres. Ne pas laisser fleurir.
Oplismenus hirtellus Syn : *Panicum hirtellum*	25cm	60cm	☁	Riche, léger, frais	—	—	—	—	Plante d'intérieur retombante panaché de crème et pourpre.
Origanum laevigatum 'Herrenhausen' **Oregano ornemental** 'Herrenhausen'	45cm	30cm	☀	Pierreux, drainé	8	7 et 8	Grappe	lilas pâle à pourpre	Feuillage pourpre-rougeâtre, s'accentuant à l'automne.
Pelargonium odoratum **Géranium à feuilles aromatiques**	30 à 60cm	30 à 50cm	☀☁	Drainé, frais à sec	—	6 et 7	Groupée, aérienne	Teintes de rose	'Chocolate mint' et 'Royal Oak' ont un beau feuillage veiné pourpre.
Perilla frutescens **Périlla crispé**	60cm	40cm	☀☁	Peu exigeant	—	—	Épi sans intérêt	—	Feuilles dentelées pourpres ou panaché rose. Comestible.
Phormium tenax 'Purpureum' Syn. : *Phormium tenax* 'Bronze'	2,4m	90cm	☀	Sableux, drainé	8	—	—	—	Ressemble à un grand dracenna à feuilles pourpre foncé.
Ricinus communis **Ricin commun**	2m	1m	☀☁	Chaud, riche, drainé	—	—	Sans intérêt	—	Plante haute à feuillage énorme, découpée. Vert ou pourpre.
Solenostemon scutellarioides **Coléus**	var.	var.	☀☁	Riche, frais, drainé	—	—	Sans intérêt	—	Ont tous des feuillages colorés et variés. Plusieurs dans les teintes pourpres.
Tradescantia purpurea **Setcréaséa pourpre**	25cm	60cm	☀☁	Léger, riche, drainé	—	7 et 8	Groupée à l'extrémité	rose vif	Superbe plante d'intérieur à feuilles allongées. Contrastante. Pour portée mixte.

❋ indique une plante indigène ou naturalisée.
❋ indique une plante potentiellement envahissante !

PLANTES AU FEUILLAGE COLORÉ

VIVACES
pour *massifs*
colorés

Parmi les différents styles d'aménagement, la plate-bande à l'anglaise aussi appelée « Mixed Border » est sans doute celle qui fait le plus l'unanimité chez les amateurs. Nous pouvons dire que c'est une plate-bande « accrocheuse ». Personne ne reste indifférent devant un massif harmonieux de couleurs qui se succèdent de mai à octobre.

PLATE-BANDE À L'ANGLAISE

L'origine de la plate-bande à l'anglaise remonte au temps de la colonisation. Les anglais propriétaires de nombreux territoires conquis rapportaient leurs trouvailles horticoles dans leur pays et les testaient en plate-bande.

Avec les années elle est passée de plate-bande expérimentale à plate-bande mixte où se côtoient principalement des vivaces entrecoupées d'annuelles, de bulbes et d'arbustes. De nos jours nous voyons même apparaître quelques graminées disciplinées dans ces grands massifs.

Ces nouvelles plates-bandes à l'anglaise plus contemporaines sont très agréables à regarder et faciles à entretenir. De plus elles offrent l'occasion d'avoir un massif anglais qui peut changer de couleurs à chaque année en variant les annuelles. Cette façon de faire les rend moins monotones année après année.

CARACTÉRISTIQUES

Les principales caractéristiques d'une plate-bande à l'anglaise sont :

Une **forme rectangulaire rectiligne ou légèrement ondulée**. Plus elle sera longue plus l'effet sera saisissant. La longueur doit correspondre à environ huit fois sa largeur.

Généralement le massif est **adossé à un mur végétal ou un mur construit** et celui-ci doit dépasser de un quart les plus hautes plantations. Un fond vert ou foncé fait ressortir les fleurs. Si votre arrière-scène est pâle, prévoyez y faire pousser une plante grimpante.

Souvent on y retrouve un **sentier à caractère rustique** tout le long de la plate-bande. Mais celui-ci est facultatif.

Qui dit plate-bande à l'anglaise dit mélange de couleurs, mais le mélange doit être réfléchi et calculé pour ne pas qu'il y ait confusion. Trop de couleurs fini par choquer l'œil. Pour conserver l'harmonie et maintenir l'intérêt vous devez également respecter ces quelques principes.

- Plantez toujours les mêmes végétaux à 3 ou 5 endroits dans votre plate-bande, pour créer une stabilité. En procédant de cette façon, votre œil aura l'impression de se reposer à chaque fois qu'il rencontrera un élément connu. Sinon vos yeux se promèneront d'un bout à l'autre de la plate-bande sans s'arrêter, d'où la confusion.

- Jouez avec les formes, les contrastes et les feuillages colorées pour maintenir l'intérêt.

- Formez de grands massifs de même plantes, l'impact sera plus grand que si vous éparpillez quelques fleurs par-ci, par-là.

- Disposez les petits plants en avant et les plus grands vers l'arrière mais pas nécessairement en rang d'oignon. Un mouvement peut être créé en allant porter quelques plants plus petits vers le centre et en faisant également descendre quelques grandes vivaces. Ainsi vous n'aurez pas un effet rectiligne mais des courbes plus naturelles.

VIVACES POUR MASSIFS COLORÉS

- On peut aussi choisir une plante-lien qui s'étalera sur toute la plate-bande du début à la fin en s'intercalant entre vos massifs de vivaces, parfois en grandes taches et d'autres fois en touches subtiles. Cette plante-lien unira l'ensemble et stabilisera votre massif. Les annuelles se prêtent bien à ce rôle, car elles peuvent être changées à chaque année et apporter une nouvelle dimension à votre plate-bande.

- Si vous avez de la difficulté à harmoniser le tout, sachez que le blanc et le gris unissent. Vous pouvez les intercaler entre deux couleurs vives ou deux contrastes trop violents.

Comment créer nos plates-bandes de façon harmonieuse et du premier coup.

Pour ne pas avoir à reprendre vos plantations ou à déplacer sans cesse vos végétaux vous pouvez utiliser la technique suivante :

- Premièrement choisissez les fleurs que vous voulez retrouver chez vous et qui correspondent à votre zone, à votre sol et à l'ensoleillement de votre plate-bande. Notez les hauteurs et largeurs maximales pour déterminer la quantité de plants à mettre dans l'espace que vous leur assignerez.

- Sur 5 feuilles de papier décalque, dessinez, à l'échelle, la courbe de votre plate-bande.

- Sur la première feuille, tracez les « bulles » ou espaces qui recevront vos vivaces préférées et qui fleuriront en mai. Formez des bulles de grandes dimensions pour recevoir un nombre assez grand de plants, l'impact n'en sera que plus intéressant. Coloriez chaque « bulle » de la couleur de vos fleurs choisies. Ainsi vous verrez du premier coup d'œil si vos couleurs sont équilibrées. (Par exemple, vous verrez si vous avez mis trop de jaune dans un coin et pas assez à l'autre bout.)

- Déposez une deuxième feuille transparente sur celle de mai et dessinez à côté des « bulles » de mai les « bulles » qui recevront vos choix de juin. Souvenez-vous que les fleurs de mai seront probablement encore là lorsque les fleurs de juin débuteront leur floraison. Sur votre papier décalque, vous les verrez d'ailleurs en transparence.

- Pour juillet, vous rajoutez une troisième feuille sur juin et vous continuez vos « bulles » de juillet colorés à côté des bulles de juin et de mai que vous distinguerez de plus en plus faiblement sous les épaisseurs. Poursuivez ainsi jusqu'en septembre.

Note : il n'est pas nécessaire de poursuivre tous les mois dans les mêmes teintes. Vous pouvez introduire de nouvelles couleurs dès juillet puisque certaines fleurs de mai auront disparu.

UN BEL AGENCEMENT

Une difficulté souvent rencontrée est l'agencement des vivaces entre-elles. En plaçant plusieurs plantes de forme et de taille trop identiques (par exemple trop de fleurs types marguerites), malgré les couleurs choisies, la plate-bande risque de paraître monotone. Il faut pouvoir regrouper des plantes au port et à texture différente. La « méthode des bulles » vous donnera un bon coup de pouce pour la répartition des couleurs, mais si vous avez de la difficulté à agencer les formes et textures voici un truc qui pourra contourner le problème :

Gribouillez sur une feuille des formes simples représentant votre plante, par exemple des lignes verticales pour les plantes érigées et droites, des triangles pour des conifères, des cercles pour les plantes à grandes feuilles, ainsi de suite. Vous découvrirez rapidement si les formes et contours de vos plantes sont bien réparties. Si trop de végétaux apparentés se retrouvent dans le même secteur il vous sera loisible de les rééquilibrer.

Note : si certaines vivaces, les Bergenias par exemple, redeviennent colorées en septembre, vous devez colorer la « bulle » rose en mai lors de sa floraison et en rouge en septembre lorsque les feuilles tournent au bourgogne à l'automne. Une fleur qui a deux périodes attrayantes devrait être représentée deux fois.

VIVACES POUR MASSIFS COLORÉS

Nul besoin d'être bon dessinateur pour ce petit exercice, il suffit simplement de représenter vos plantes en symbole simple pour mieux apercevoir leur rythme.

Il existe des centaines de combinaisons toutes plus jolies les unes que les autres. La Maison des fleurs vivaces à St-Eustache a produit un livre (Plantes vivaces – Guide pratique Répertoire illustré), qui peut faciliter la tâche à ceux qui en sont à leur première combinaisons. Pour chacune des fleurs on vous suggère des plantes compagnes pour le printemps, l'été et l'automne. Vous pouvez partir avec ces suggestions puis donner libre cours à votre imagination et créer tel un artiste votre propre tableau.

Souvenez-vous également de ces notions importantes d'aménagement :

1.- Avant de placer vos fleurs, installez toujours, s'il y a lieu, vos éléments de structure, c'est-à-dire les arbres, arbustes, conifères, roches ou accessoires, qui serviront de pilier à votre aménagement.

2.- Dans vos calculs, tenez toujours compte de la hauteur et de la largeur de vos plants à maturité et non de la hauteur et largeur à l'achat des plants.

3- Il faut se souvenir que les plantes prennent environ 3 ans à atteindre leur taille maximale, il faut donc être patient et respecter l'espace prévu. Si la première année, les espaces libres entre les plants vous dérangent, comblez-les avec des annuelles.

VIVACES POUR MASSIFS COLORÉS

VIVACES	H	L		TYPE DE SOL	Z	MOIS	FORME	COULEUR	REMARQUES
Acanthus spc. **Acanthes**	1 à 1,5m	1m		Riche, profond	5	7 à 8	Long épi	lilas, rose	Grandes feuilles découpées. Pour jardin protégé. Massif.
Achillea filipendulina **Achillée jaune**	1m	60cm		Sec drainé	2b	6 à 8	Ombelle	jaune or	Feuillage gris vert aromatique, découpé. Massif, fleur séchée.
achillea millefolium **Achillée millefeuilles**	50cm	50cm		Ordinaire	2b	6 à 8	Panicule, corymbe	blanc à rose	Tailler les fleurs séchées après la 1ère floraison. Feuillage très fin.
Aconitum spp. **Aconites**	0,8 à 1,5 m	60cm		Riche, frais	2 à 4	var.	Long épi	crème, bleu, rose	Toxique. Tous intéressants pour de grands massifs. Érigé. Lent.
Adenophora liliifolia Syn.: *Adenophora suaveolens*	75cm	30cm		Riche, léger, humide	3	7 à 8	Épi de clochettes	bleu violacé	Surtout pour massif naturel. Port dressé, stable, très vigoureux.
Ajania pacifica **Ajania argent et or**	45cm	45cm		Tous sols drainés	5	9 à 10	Pompon, corymbe	jaune doré	Feuillage en rosette coriace, denté et marginé d'argent.
Alcea ficifolia **Rose trémière**	2m	60cm		Riche, humide	3	8	Longue hampe	var.	Fleur simple. Feuilles palmées. Port érigé. Résistant aux maladies.
Alcea rosea **Rose trémière**	2m	60cm		Riche, meuble	3b	6 à 8	Longue hampe	var.	Bisannuelle. Plusieurs à fleurs doubles. Grosses feuilles ondulées.
Alchemilla mollis **Manteau de Notre-Dame**	40cm	45cm		Frais, humide	3	6 à 7	Grappe lâche	jaune verdâtre	Feuillage attrayant, lobé, glauque. Massif, rocaille, bordure.
Alyssum saxatile **Corbeille d'or**	25cm	45cm		Pauvre, sec, calcaire	3	5 et 6	Grappe, corymbe	jaune or	Feuilles grises persistantes. Bordure, rocaille. Ne pas trop fertiliser.
Amorpha nana **Faux indigo odorant**	1m	40cm		Plutôt sec, chaud	3	6	Épi dense effilé	rose pourpre	Port buisson. Longues feuilles pennées type fougère. Odorante.
Amsonia tabernaemontana **Amsonie étoile bleue**	60cm	45cm		Lourd, humide à sec	4	5 à 7	Fleur étoilée	bleu	Beau en massif. Belle couleur d'automne. Port évasé, dense.
Anaphalis sp. **Immortelles**	20 à 60cm	30 à 50cm		Pauvre, caillouteux	2	7 à 9	Capitule, corymbe	blanc crème	Donne une allure sauvage au massif. Feuillage fin, grisâtre.
Anchusa azurea / Italica **Buglosse d'Italie**	1m	55cm		Profond, drainé	3	6 à 7	Grappes ramifiées	bleu ciel	Port dressé. Massif imposant. Feuilles rugueuses. Se ressème.
Anchusa capensis 'Blue Angel' **Buglosse** 'Blue Angel'	40cm	30cm		Humide, drainé	3	6 à 7	Grappes ramifiées	bleu ciel	Port arrondi, compact. Feuilles rugueuses poilues. Bisannuelle.
Anemone hupehensis var. *japonica* **Anémone d'automne**	0,5 à 1m	45cm		Peu exigeant, drainé	5	9 à 10	Grande, simple	blanc, rose	Port gracieux, souple. Feuilles type érable. Sépales colorées.
Anemome Pulsatilla vulgaris **Anémone pulsatile**	25cm	40cm		Ordinaire, drainé	4	5 à 6	Coupe évasée	blanc, violet pourpre	Fleur, suivi d'aigrettes argentés. feuilles très découpées, velues, douces.
Anemone vitifolia **Anémone tomenteux**	80cm	60cm		Riche, frais	4	8 à 9	Grande, simple	rose lilas	Feuillage gris-vert, découpé. Rapide. Se ressème.
Anthemis 'Sancti-Johannis' **Camomille** 'St-John's'	55cm	50cm		Tous sols légers	3	6 à 8	Capitule simple	jaune orangé	Touffe ramifiée. Feuillage fin aromatique. Bisannuelle.
Anthemis tinctoria **Camomille des teinturiers**	60cm	50cm		Pauvre, caillouteux	3	6 à 8	Capitule simple	jaune	Port lâche. Feuilles très découpées. Utilisé pour la teinture.
Aquilegia spp. **Ancolies**	20 à 80cm	25 à 40cm		Léger, humide	3	5 à 6	Munie d'éperon	var.	Feuillage découpé, glauque. Plus jolie en grands massifs.
Arabis caucasica **Arabette du Caucase**	15cm	50cm		Ordinaire	3	4 à 5	Grappes courtes	blanc, rose	Feuilles vertes velues, dentelées. Port coussiné. Rocaille, bordure.
Armeria alliacea **Armeria plantaginea**	40cm	30cm		Ordinaire, enrichi	3	6 à 7	Penchée vers le bas	rose	Feuilles type plantain. Rosette persistante. Bordure, massif.
Artemisia abrotanum **Armoise aurone**	0,8 à 1,2m	45 à 80cm		Sec, drainé	3	6 à 8	Capitule pendant	jaunâtre	Feuillage très fin, aromatique, verdâtre. Port dressé, imposant.

VIVACES POUR MASSIFS COLORÉS

VIVACES (suite)	H	L	☼	TYPE DE SOL	Z	MOIS	FORME	COULEUR	REMARQUES
Artemisia lactifolia 'Quizho' Armoise 'Quizho'	1,3m	90cm		Riche, humide	3b	7 à 8	Plumeaux lâches	blanc laiteux	Gros buisson dressé. Feuillage vert, lobé, à tiges pourpres.
Artemisia x 'Powis Castle' Armoise 'Powis Castle'	75cm	60cm		Sec, drainé, chaud	5	—	Sans intérêt	—	Feuillage plumeux gris-vert. Port buisson arrondi. Peu rustique.
Artemisia schmidtiana 'S. Mound' Armoise 'Silver Mound'	25cm	40cm		Sec, drainé	3	—	Sans intérêt	—	La plus connue. Très populaire. Joli dôme argenté, soyeux, doux.
Artemisia 'Stelleriana' / 'S. Brocade' Armoise 'Silver Brocade'	30cm	40cm		Ordinaire, enrichi	5	—	Sans intérêt	—	Feuilles alternes, en dentelles argentées. couvre-sol, bacs.
Aruncus dioicus Barbe de bouc	1,25m	1m		Riche, acide, frais	3	6 à 7	Panicule fournie	blanc crème	Port gracieux, comme un astilbe géant. Pour massifs ombragés.
Asclepias incarnata Asclépiade incarnate	1m	60cm		Riche, marécageux	3	6 à 8	Plusieurs cymes	crème ou rose	Massif naturel. Sent la vanille. Touffe érigée, évasée. Fruits décoratifs.
Asclepias tuberosa Asclépiade tubéreuse	70cm	50cm		Drainé, chaud.	3b	7 à 8	Cyme large	orangé à rouge	Buissonnant. Tiges feuillées. Lent à émerger. Protéger l'hiver.
Asphodeline lutea Bâton de Jacob	90cm	50cm		Drainé, caillouteux	5b	5 à 6	Grappe longue	étoile jaune odorante	Jaillit entre des vivaces basses. Feuilles linéaires, gris-bleuté.
Asphodelus albus Asphodèle blanc	1m	60cm		Riche, frais à sec	5b	5 à 6	Grappe longue	blanc et brun	Feuilles larges type yucca. Fleurs étoilées blanches à nervures brunes.
Aster spp. Aster	0,2 à 1,5m	30 à 90cm		Léger, drainé	3	var.	Capitules simples	blanc, rose à violet	Plusieurs variétés, Coussin ou érigé. Bordure, massif, rocaille.
Astilbes spp. Astilbes	var.	var.		Riche, frais	4	var.	Panicule plume	blanc, rose, rouge	Beau gros massif aérien, texturé en milieu ombragé.
Astrantia major spp. Astrance radiaire	50 à 70cm	45cm		Riche, frais, humide	4	6 à 8	Ombelle, bractée	verdâtre à rose	Port discipliné. Feuilles palmées, luisantes. Massif ombragé.
Astrantia maxima sp. Astrance maxima	60cm	40cm		Riche, frais, humide	5	6 à 7	Ombelle, bractée	blanc, rose, rouge	Bractée plus large que *A. major*. Rapide. Massif, bordure.
Aubrieta x *cultorum* Aubriète	15cm	40cm		Riche, frais	3b	4 à 5	Tapis de fleurs	rose, lilas, mauve	Feuilles dentées, coriaces, en rosette. En bordure de massif.
Baptisia australis Lupin indigo	1m	85cm		Meuble, frais à sec	3	6 à 7	Grappe simple	bleu violacé	Plus robuste que le lupin. Beau feuillage trifolié, vert-bleu.
Belamcanda chinensis Belamcanda de Chine	80cm	50cm		Ordinaire, drainé	4	7 à 8	Coupe étoilée	orange cuivré	Pour secteur pauvre. Longues feuilles glauques type Iris.
Bergenia cordifolia Bergenie à feuilles cordées	40cm	50cm		Tous les sols	3	4 à 5	Grande panicule	Teintes de roses	Ont un beau feuillage ovale, lustré, dressé. Tourne pourpre.
Boltonia asteroides Aster à mille fleurs	2m	80cm		Frais, riche	4	7 à 8	Ligules, rayons	blanc	Voisine des asters. Même port dressé. Feuillage fin, glauque.
Buphtalmum salicifolium Œil de bœuf	50cm	50cm		Caillouteux, frais	3	7 à 9	Capitules, ligules	jaune doré	Tiges ramifiées, feuillées jusqu'au sommet. Peu exigeante.
Campanula nana spp. Campanules basses	20cm	40cm		Perméable	3	7 à 9	clochette ou étoile	blanc, bleu, violet	Les variétés basses en bordure. Jolies coussins étoilés.
Campanula glomerata Campanule à fleurs agglomérées	20 à 50cm	30 à 60cm		Tous les sols	3	6 à 8	Tubulée, grappe	blanc, bleu, violet	Croissance uniforme, coussin étalé. Feuilles rugueuses. Facile.
Campanula lactiflora Campanule à fleurs laiteuses	1m	50cm		Riche, frais	4	6 à 8	Gros panicule	bleu, lilas, violet pâle	Grande touffe dressée fortement ramifiée. Feuilles rugueuses.
Campanula lactiflora var. *macrantha* Campanule à cloches géantes	0,9 à 1,2m	30 à 60cm		Riche, consistant	3	6 à 8	Grosse, tubulée	blanc, violet	Robustes, solides pour fond de massif. Feuilles vert clair.
Campanula medium Syn. : *Campanula calycanthema*	80cm	30cm		Riche, frais	3	6 à 7	Grande, gonflée	blanc, rose bleu, violet	Bisannuelle. Grosses fleurs gonflées. Port dressé.
Campanula persicifolia Campanule à feuilles de pêcher	60 à 1,2m	30 à 40cm		Consistant, drainé	3	6 à 8	Cloche ouverte	blanc, bleu	Attendre 3 à 5 ans pour diviser. Long épi raide. Feuilles luisantes.
Campanula punctata Campanule ponctuée	30 à 70cm	30 à 60cm		Léger, drainé	4	6 à 7	Longue cloche tombante	blanc, rose	Feuilles en cœur rudes poilues. À contrôler, talle rapidement.

VIVACES (suite)	H	L	☼	TYPE DE SOL	Z	MOIS ✿	FORME ✿	COULEUR ✿	REMARQUES
Campanula pyramidalis Campanule pyramide	1,5m	60cm	☼☁	Poreux	4	6 à 7	Épi étoilée	bleu clair	Rabattre après la floraison. Rosette de feuilles lancéolées.
Campanula takesimana 'B. Trust' Campanule 'Beautiful Trust'	70cm	90cm	☼☁	Léger, drainé	5	6 à 8	Pendante échevelée	blanc lilas	Limiter son expension ! Étalé. Nouveaux hybridre intéressant.
Campanula trachelium Campanule gantelée	60 à 90cm	30 à 60cm	☼☁	Sols frais à secs	4b	7 à 8	Longue clochette	blanc à violet	Feuilles lancoliées surmontées d'épis de clochettes. Irritante.
Catananche caerulea Cupidone	50cm	40cm	☼	Pauvre, sec, drainé	4	6 à 9	Capitule	bleu	Feuillage vert-gris, pointu. De courte vie mais très florifère.
Centaurea dealbata Centaurées	70cm	60cm	☼	Ordinaire, pauvre	3	6 à 7	Ligules frangées	rose lumineux	Grandes feuilles lobées, poilues, grisâtres au revers. Port buisson
Centaurea hypoleuca Centaurée 'John Coutts'	50cm	50cm	☼	Ordinaire, pauvre	3	7 à 9	Ligules frangées	rose vif	Ressemble à C.dealbata mais plus florifère et tardive. Massif.
Centaurea macrocephala Centaurée gros cerveau	1,1m	60cm	☼	Ordinaire à calcaire	4	7 à 8	Capitule, bractée	jaune	Tiges dressées terminées par d'énormes capitules.
Centaurea montana Bleuet de montagne	50cm	45cm	☼☁	Ordinaire, calcaire	3b	5 à 7	Capitule solitaire	blanc, bleu	Touffe lâche, s'étend rapidement. Feuilles étroites, dressées.
Centrathus ruber Valériane rouge	70cm	60cm	☼	Ordinaire, sec, drainé	4	6 à 8	Tubulaire panicule	rouge carmin	Rabattre après floraison. Port lâche et dressé. Se ressème.
Cephalaria gigantea Scabieuse tatarica	2m	90cm	☼☁	Limoneux, riche	4b	6 à 7	Capitule double	jaune pâle	Grandes feuilles composées. Tailler au printemps. Massif champêtre.
Cheiranthus capitatum Syn.: *Erysimum capitatum*	45cm	30cm	☼	Perméable	4b	5 à 6	Épi lâche	orangée lustrée	Bisannuelle à port dressé, étalé. Odorant. Giroflée des murailles.
Chelone glabra Galane glabre	80cm	50cm	☼☁	Riche, humide	3	7 à 9	Tubulaire, épi dense	blanc à rosé	Touffe dressée, hâtive. Culture facile. Feuilles élancées.
Chelone obliqua Galane / Tête de tortue	60 à 90cm	50cm	☁☁	Ordinaire, humide	3	8 à 10	Épi dense	blanc, rose	Port érigé. Très dense. Rustique. Forme de très grand massif.
Chelone obliqua 'Praecox Nana' Chelone naine précoce	30cm	20cm	☁☁	Riche en humus	3	7 à 8	Épi dense	rose	Touffe dressée, naine. Rocailles et bordures. Beau en massif.
Chrysanthemum articum Dendranthema yezoense	30cm	50cm	☼	Meuble, sec	2	8 à 10	Capitule, cœur jaune	rose, jaune	*D. Red Chimo* est populaire. Feuille lustrée, coriace. À contrôler.
Chrysanthemum coccineum Pyrèthre / *Tanacetum coccineum*	70cm	45cm	☼	Riche, drainé	3	5 à 6	Capitule, cœur jaune	rose, rouge	Rajeunir aux 2 ans. Feuillage aromatique, en dentelle. Papillon.
Chrysanthemum maximum Syn.: *Leucanthemum x superbum*	30 à 90cm	30 à 50cm	☼	Meuble, drainé	3	var.	Capitule, cœur jaune	blanc	Port érigé, droit. Massifs. Grand choix de marguerites.
Chrysanthemum x rubellium 'Clara C.' Syn.: *Dendrathema* 'Clara Curtis'	70cm	60cm	☼☁	Fertile, frais, calcaire	4b	8 à 9	Capitule, cœur jaune	rose clair	Variété facile et rapide. Florifère, massif imposant, à contrôler.
Chrysanthemum x rubellium 'Mary S.' Syn.: *Dendrathema* 'Mary Stoker'	60 à 75cm	40cm	☼☁	Fertile, frais, calcaire	4b	8 à 9	Capitule, cœur jaune	jaune tendre	Plus fragile que la précédente Port étalé. Aromatique. Jolie.
Chrysanthemum 'Duchess of Edinburg' Syn.: *Dendrathema* 'D. of Edingurg'	40 à 60cm	30 à 60cm	☼☁	Fertile, frais, calcaire	4b	8 à 9	Capitule, cœur jaune	rouge	Pétales étroites et nombreuses. Feuillage dentelé, vert foncé. Port étalé.
Chrysanthemum morifolium Syn.: *Dendranthema zawadskii*	60 à 90cm	60cm	☼☁	Profond, perméable	4	8 à 10	Capitule double	var.	Rabattre en juin pour rendre dense. Florifère, tardive.
Chrysogonum virginianum Étoile d'or	20cm	40cm	☼☁	Riche, frais	5	6 à 9	Capitule étoilée	jaune	Feuilles cordiformes, rugueuses. Port ordonné. En bordure.
Chrysopsis villosa Syn.: *Chrysopsis heterotheca*	20 à 80cm	60cm	☼☁	Sec	4	8	Capitule	jaune	Feuillage poilu, élancé grisargenté. Port trapu ou relâché.
Cimicifuga spp. Cierge d'argent	1 à 2m	0,6 à 1m	☼☁	Profond, humide	3b	var.	Long épi	blanc	Beau feuillage découpé. Massif ombragé. Majestueuse. Odorant.
Coreopsis auriculata 'Nana' Coréopsis auriculé	30cm	30cm	☼	Ordinaire mais frais	3	6 à 7	Simple	jaune doré	Joli coussin, plus compact que 'Grandiflora'. Vit plus longtemps.

VIVACES (suite)	H	L	☀	TYPE DE SOL	Z	MOIS	FORME	COULEUR	REMARQUES
Coreopsis grandiflora / Coréopsis à grandes fleurs	25 à 85cm	35cm	☀	Ordinaire, meuble	3	6 à 9	Simple ou double	jaune doré	Belles feuilles lancéolées, trilobées. Attire les papillons. Vie courte.
Coreopsis x 'Ruby' / Coréopsis 'Ruby'	45	45cm	☀	Ordinaire, meuble	5b	7 à 9	Capitule	rose, rouge	Nouveaux, moins rustique mais tellement jolies. Texture délicate.
Coreopsis x 'Sweet Dreams' / Coréopsis 'Sweet Dreams'	50cm	45cm	☀	Ordinaire, meuble	5b	6 à 8	Capitule	rose 2 tons	Nouvelle introduction. Feuillage très fin. Cultivé comme une annuelle.
Coreopsis lanceolata / Coréopsis à feuilles élancées	30cm	35cm	☀	Ordinaire, meuble	4	6 à 9	Simple ou double	jaune doré	Feuilles trilobées. Très florifère. Vie courte. Rabattre à l'automne.
Coreopsis rosea nana / Coréopsis rose naine	25cm	30cm	☀	Frais	3	7 à 8	Capitule	rose	Aime voisiner les roches. Texture fine. Massif à contrôler.
Coreopsis verticillata sp. / Coréopsis verticillé	30cm	50cm	☀	Sec, meuble	3	6 à 9	Capitule	jaune	Touffe buissonnante, d'aspect léger et délicat. Lumineux.
Corydalis lutea / Corydale jaune	30cm	30cm	☀☁	Ordinaire, humide	4	5 à 10	Groupe de 16	jaune	Feuillage délicat, découpé, glauque. Intéressante en massif.
Delphinium spp. / Pied d'allouettes	0,3 à 1,8m	30 à 50cm	☀	Riche, profond	3	7	Grand épi	blanc, rose, bleu	Conviennent tout à fait à ce genre de plantation. Port érigé, imposant.
Dianthus spp. / Œillets	20 à 50cm	35cm	☀	Sec, chaud	3	6 à 7	Simple à double	blanc à rouge	Port souvent coussiné, feuillage grisâtre. Massif, rocaille.
Dicentra eximia / Cœur de Marie	30cm	40cm	☀☁	Riche, drainé	3	5 à 10	Cœur étroit	blanc, rose	Feuillage bleuté, délicat. Port compact. En bordure de massif.
Dicentra formosa / Cœur de Jeannette	35cm	50cm	☀☁	Riche, drainé	3	5 à 10	Cœur étroit	rose	Très florifère et texturé. Longue floraison. Massif ombragé.
Dicentra spectabilis / Cœur saignant	60cm	50cm	☀☁	Frais, humide	3	5 à 6	Cœur pendant	blanc, rose	Feuilles découpées. Port arqué. Très décoratif au printemps.
Dictamnus albus / Fraxinelle / Plante à gaz	70cm	50cm	☀	Caillouteux, calcaire	3	6 à 7	Racème étoilé	blanc rose	Feuillage penné, cireux. Touffe dressée. Lent ne pas déranger.
Digitalis ferruginea / Digitale rouillée	1,5m	50cm	☀☁	Perméable, drainé	4	6 à 8	Tubulaire long épi	beige jaunâtre	Fleurs cireuses, serrées. Tiges pourpres. Bisannuelle.
Digitalis grandiflora / D. ambigua / Digitale à grandes fleurs	80cm	50cm	☀☁	Perméable, drainé	3b	6 à 7	Tubulaire long épi	jaune pâle	Feuilles allongées. Se ressème. Port érigé. Bisannuelle. Florifère.
Digitalis lanata / Digitale laineuse	70cm	50cm	☀☁	Caillouteux, drainé	5	6 à 7	Tubulaire long épi	abricot	Lèvre blanche cœur beige. Port érigé. Feuillage grisâtre, laineux.
Digitalis lutea / Digitale jaune	70cm	50cm	☀☁	Calcaire	3	6 à 8	Tubulaire long épi	jaune pâle	Feuilles étroites, luisantes. Port élancé. Moins imposant.
Digitalis x *mertonensis* / Digitale mertonensis	0,8 à 1m	50cm	☁	Profond, drainé	3	6 à 7	Tubulaire long épi	rose saumoné	Feuilles ovales, lustrées, vert foncé. Vie plus longtemps. Bisannuelle.
Digitalis obscura / Digitale obscure	50cm	30cm	☀	Perméable, drainé	3b	5	Tubulaire long épi	orange cuivré	Feuillage persistant. Plutôt compact. Massif ou fleurs coupées.
Digitalis parviflora / Digitale à petites feuilles	40 à 60cm	30cm	☀☁	Perméable, drainé	4	7	Tubulaire long épi	marron	Petites fleurs et feuilles élancées le long de la tige. Florifère.
Digitalis purpurea / Digitale pourprée	0,8 à 1,5m	55cm	☀☁	Frais, drainé	4	6 à 7	Tubulaire long épi	pourpre	Longues feuilles basales. Se ressème. La plus connue. Bisannuelle.
Doronicum x *hybrida* / Doronic hybride	35cm	40cm	☀☁	Riche, consistant	4	5	Capitule rayon	jaune or	Les nouveaux cultivars sont plus compacts et prometteurs.
Doronicum orientale / Doronic du Caucase	45cm	40cm	☀☁	Consistant, drainé	4	5 à 6	Capitule rayon	jaune or	Éviter les excès d'eau. Jolies feuilles en cœur, dentées.
Echinacea 'Art's Pride' / Échinacée 'Art's Pride'	30 à 40cm	25cm	☀☁	Tous sols frais	4	7	Ligule fine tombante	orange tangerine	Croisement entre purpurea et paradoxa. Couleur originale.
Echinacea 'Harvest Moon' / Échinacée 'H. Moon' / 'Matthew Saul'	70cm	60cm	☀	Ordinaire, drainé	4	7 à 9	Ligule retombant	doré cône orange	Dernier né de la série 'Big Sky'. Couleur terreuse. Port dressé.

VIVACES POUR MASSIFS COLORÉS

VIVACES (suite)	H	L	☼	TYPE DE SOL	Z	MOIS	FORME	COULEUR	REMARQUES
Echinacea pallida **Échinacée pâle**	90cm	40cm	☼☁	Ordinaire, drainé	3	7 à 9	Ligule retombant	rose lilas cône brun	Pétales effilés, pendants, déprimés. Port dressé, feuilles rugueuses.
Echinacea paradoxa **Échinacée brauneria jaune**	90cm	60cm	☼☁	Tous sols frais	3	7	Ligule retombante	jaune clair cône brun	Par sa couleur, ressemble à une *Rudbeckia* jaune. Champêtre.
Echinacea purpurea spp. **Échinacée pourpre**	0,5 à 1m	40 à 60cm	☼☁	Ordinaire, frais	3	7 à 9	Ligule retombante	blanc, rose, cône brun	Port dressé, raide. Très grand choix de variétés.
Echinacea purpurea 'Doubledecker' **Échinacée 'Doubledecker'**	1m	60cm	☼	Ordinaire, drainé	3	7 à 9	Ligule retombante	pourpre	Nouveau. Deuxième série de pétales sur le dessus du cône !
Echinacea purpurea 'Razzmatazz' **Échinacée 'Razzmatazz'**	80cm	60cm	☼	Ordinaire, drainé	3	7 à 9	Pompon double	pourpre	Fleur double sans cône entourée de ligules tombantes.
Echinacea 'Sundown' **Échinacée 'Sundown' / 'Evan saul'**	40 à 50cm	30 à 40cm	☼	Ordinaire, drainé	4	7 à 9	Ligule retombante	Orange foncé	De la série Big Sky. Érigé, solide. Très florifère. Papillons.
Echinacea 'Sunrise' **Échinacée 'Sunrise'**	80cm	40 à 60cm	☼	Ordinaire, drainé	4	7 à 9	Ligule retombante	jaune citron, cône doré	La première de la série Big Sky. Port érigé. Aimée des papillons.
Echinacea 'Sunset' **Échinacée 'Sunset'**	80cm	40cm	☼	Ordinaire, drainé	4	7 à 9	Ligule retombante	Orange intense	Série Big Sky. Port dressé. Cône arrondi. Attire les papillons.
Echinacea tennesseensis **Échinacée du Tennessee**	80cm	60cm	☼☁	Ordinaire, frais	3	7 à 8	Ligule remontante	pourpre cône brun	Très résistante. Différente, pétales recourbés vers le haut.
Echinacea 'Twilight' **Échinacée 'Twilight'**	90cm	60cm	☼	Ordinaire, drainé	4	7 à 9	Ligule retombante	orange-rouge brillant	Série 'Big Sky'. Port érigé, solide. Cône arrondi. Papillons.
Echinops bannaticus **Boule azurée**	1,2m	80cm	☼☁	Profond, drainé	3	7 à 8	Capitule globulaire	bleu intense	Feuilles épineuses vert argenté. Tige forte, grisâtre. Fleur séchée.
Echinops ritro **Chardon bleu**	0,6 à 1,2m	40 à 60cm	☼☁	Meuble, pauvre	3	7 à 9	Capitule globulaire	bleu acier	Feuilles grisâtres, épineuses, aromatiques. Port ramifié, contrastant.
Echinops sphaerocephalus 'A. Glow' **Boule azurée 'Arctic Glow'**	70cm	30cm	☼☁	Profond, drainé	3	7 à 8	Capitule globulaire	blanc grisâtre	Feuilles épineuses grisâtres, tige rouge. Grosse inflorescence.
Epilobium angustifolium ⚜ **Épilobe feuilles étroites**	1,5m	50cm	☼☁	Tous les sols	2	6 à 8	Long épi	rose magenta	Supprimer graines après floraison Port dressé. À contrôler.
Epilobium dodonaei **Épilobe feuilles de romarin**	60cm	35cm	☼☁	Caillouteux, frais	2	7 à 9	Grappe lâche	rose magenta	Touffe dressée, feuilles linéaires, bleutées. Se propage par stolons.
Erigeron karvinskianus **Vergerette 'Profusion'**	20cm	35cm	☼☁	Ordinaire, frais	6	6 à 9	Capitule délicate	blanc à rose	Touffe légère, vaporeuse. Se ressème. Cultivée en annuelle.
Erigeron speciosus Syn.: *Erigeron macranthus*	45cm	40cm	☼	Meuble, frais	3	6 à 9	Capitule simple	bleu lilas	Rabattre après la floraison. Port érigé. Floraison prolongée.
Erigeron x hybrida **Vergerettes hybrides**	50cm	40cm	☼	Meuble, frais	3	6 à 9	Capitule simple	var.	Plusieurs belles variétés. Port érigé. Fleur ligulée à cœur jaune.
Eryngium amethystinum **Panicaut améthyste**	45cm	40cm	☼	Profond, drainé	3	7 à 8	Conique, bracté	bleu améthyste	Très robuste. Feuillage gris-bleu, épineux. Attire les oiseaux.
Eryngium bourgatii **Chardon des Pyrénées**	50cm	35cm	☼	Sec, bien drainé	4	7 à 8	Conique, bracté	bleu métal	Feuillage coriace, divisé, veiné blanc. Rocaille, bordure, massif.
Eryngium giganteum **Panicaut géant**	75cm	50cm	☼	Sec, bien drainé	4	7 à 8	Cylindrique, bracté	argenté	Dressé. Feuillage cordé, gris, piquant. Bractées larges.
Eryngium planum **Chardon bleu**	0,5 à 1m	30 à 50cm	☼	Sec, bien drainé	4	7 à 8	Ovoïde, bracté	gris-bleu	Plus coloré au froid. Feuillage gris-bleu doux. Longue floraison.
Eryngium variifolium **Panicaut chardon bleu**	45cm	30cm	☼	Sec, bien drainé	4	7 à 8	Ovoïde, bracté	bleu argenté	Feuillage vert glacé persistant, épineux, veiné argent.
Erysimum linifolium **Vélar**	25 à 70cm	45cm	☼	Calcaire, drainé	4	5 à 6	Grappe, rameaux	violet	Coussin arbustif. Feuilles linéaires vertes ou vert et jaune lumineux.
Eupatorium maculatum ⚜ **Eupatoire maculée**	2m	1m	☼☁	Riche, humide, lourd	3	7 à 9	Corymbe aplati	rose pourpre	Pour jardins sauvages. Tige maculée de pourpre. Imposant.
Eupatorium purpureum **Eupatoire à tige pourpre**	2m	1m	☼☁	Riche, humide	4	7 à 9	Corymbe aplati	rose mauve	Feuilles ovales, étroites à odeur de vanille. Imposant.

VIVACES (suite)	H	L	☀	TYPE DE SOL	Z	MOIS ✿	FORME ✿	COULEUR ✿	REMARQUES
Eupatorium rugosum 'Chocolate' **Eupatoire rugueux 'Chocolate'**	80cm	40cm	☀☁	Riche, humide	4	7 à 8	Panicule lâche	blanc	Variété au feuillage couleur chocolat. Port buissonnant.
Euphorbia griffithii 'Fire Glow' **Euphorbe 'Fire Glow'**	80cm	60cm	☀☁	Ordinaire à riche	5	5 à 7	Groupée, bracté	rouge orangé	Coussin dense aux fleurs cuivrées. Limiter l'expansion !
Euphorbia polychroma **Euphorbe polychrome**	40cm	45cm	☀☁	Ordinaire, sec	4	5 à 6	Groupée, bracté	jaune	Coussin ordonné. Tiges étoilées dressées. Parmi la 1ère à fleurir.
Fillipendula purpurea **Fillipendule à tige pourpre**	1m	40cm	☀☁	Riche, frais	4	6 à 7	Panicule plume	rose rougeâtre	Tige pourpre. Feuilles découpées. Massif naturel près de l'eau.
Fillipendula rubra venusta **Fillipendule 'Magnifique'**	1,8m	70cm	☀☁	Riche, frais	3	7 à 8	Panicule plume	rose carmin	Port dressé. Grandes feuilles dentées. Majestueuse.
Foeniculum vulgare 'Purpureum' **Fenouil commune pourpre**	1,8m	90cm	☀	Profond, riche, drainé	5b	—	Sans intérêt	—	Feuillage très vaporeux, pourpre. Supprimer les semences.
Gaillardia grandiflorum **Gaillarde à grandes fleurs**	20 à 75cm	20 à 30cm	☀☁	Riche, léger, drainé	3	6 à 9	Capitule solitaire	rouge et jaune	Port étalé, arrondi. Oter fleurs fanées. Tuteurer variétés hautes.
Galega officinalis **Galéga / Rue des chèvres**	1m	1m	☀☁	Profond, perméable	4	7 à 9	Racème dressé	blanc, rose lavande	Rabattre après floraison. Port buissonnant. Tuteurer parfois.
Gaura lindheimeri **Gaura lindheimeri**	0,6 à 1,2m	60 à 90cm	☀☁	Tous sols drainés	5	7 à 10	Racème dressé	blanc, rose	Fond de scène. Buisson dressé, un peu arqué. Vie courte.
Geranium spp. **Géranium vivace**	var.	var.	☀☁	Ordinaire, drainé	3 à 5	var.	Coussin lâche	var.	Jolie en bordure de grands massifs. Grands coussins. Facile.
Geum chiloense **Benoîte**	50cm	40cm	☀☁	Riche, meuble	4	6 à 8	Simple, semi-double	orange, jaune, rouge	À diviser aux trois ans. Longues feuilles lobées, poilues.
Gillenia trifoliata **Spirée trifoliée**	90cm	65cm	☁	Acide, humide	4	7 à 8	Étoile	blanc laiteux	Massif ombragé. Type buisson arrondi gracieux. Longue vie.
Gypsophila paniculata **Soupir de bébé**	0,5 à 1m	55cm	☀	Ordinaire, consistant	3	7 à 8	Simple, double	blanc, rosé	Ajoute de la légèreté aux plate-bandes. Brouillard, monticule.
Helenium hoopesii **Hélénie hoopesii**	70cm	40cm	☀	Ordinaire, meuble	3	6 à 7	Ligules ondulées	jaune orangé	Fleur coupée. Feuillage lustré. Port ramifié. Variété hâtive.
Helenium x hybrida **Hélénie d'automne hybride**	0,8 à 1,2m	40cm	☀	Riche, frais	3	7 à 9	Capitule	jaune, rouge, brun	Bruno, Moerheim Beauty sont populaires. Port stable, érigé.
Helenium puberulum **Hélénie duveteuse**	60cm	30cm	☀	Riche, frais	3	9 à 10	Gros cône, petit rayon	brun et jaune	Les fleurs étranges ont plus ou moins d'impact. Port dressé.
Helianthus spp. **Soleil vivace**	1,5 à 2,5m	45 à 90cm	☀	Riche, frais, calcaire	3 et 4	9 à 10	Simple, double	jaune	Pour grand massif. Hautes et imposantes. Aussi en écran.
Heliopsis helianthoides **Héliopside faux soleil**	1m	75cm	☀☁	Riche, meuble, frais	3	7 à 9	Simple, double	jaune	Très florifère. Supprimer fleurs fanées. Masse imposante.
Hemerocallis spp. **Hémérocalles**	0,3 à 1,0m	50cm	☀☁	Riche, frais, profond	3 et 4	var.	3 pétales, 3 sépales	jaune, rouge, orange	Un classique. Odorante. Touffe de feuilles linéaires en cascade.
Hesperis matronalis **Julienne des dames**	70cm	40cm	☀☁☁	Riche, frais, calcaire	3	6 à 7	Grappe terminale	blanc, mauve	Rajeunir aux 2-3 ans. Bisannuelle dressée. Se ressème. Odorant.
Heteroppapus meyendorffii **Hétéroppapus**	30cm	25cm	☀	Meuble, drainé	5	8 à 9	Capitule simple	bleu mauve	Port coussiné parsemé de fleurs délicates. Très tolérant au froid.
Heuchera spp. **Heuchères**	20 à 60cm	30 à 60cm	☀☁	Riche, frais, drainé	3	7 à 8	Grappe, brouillard	blanc, rouge	Superbe feuillage décoratif type érable. Beau en massif ombragé.
Hibiscus moscheutos **Hibiscus palustris**	1m	90cm	☀	Riche, humide	5	8 à 9	Grande simple	blanc, rose, rouge	Spectaculaire fleur de 25cm. Protection hivernale. Très érigé.
Hosta spp. **Lis plantain**	20 à 90cm	30 à 80cm	☁	Riche, frais	3	7 à 8	Hampe, cloche	blanc, lilas mauve	Utilisé pour ses feuilles décoratives. Sous-bois, massifs.
Hypericum olympicum **Millepertuis rampant**	15cm	30cm	☀☁	Profond, drainé	4b	7 à 8	Grande fleur + étamines	jaune	Feuilles elliptiques, persistantes. Rabattre tôt au printemps. Rapide.
Iberis sempervirens **Ibéride**	15 à 25cm	50cm	☀☁	Riche, drainé	4	5 à 6	Coussin dense	blanc	Tailler fleurs fanées. Coussin dense, persistant. Muret, massif.

VIVACES POUR MASSIFS COLORÉS

VIVACES (suite)	H	L	☼	TYPE DE SOL	Z	MOIS	FORME	COULEUR	REMARQUES
Incarvillea delavayi Incarvillée	50cm	40cm	☼	Profond, riche, drainé	4b	7	Grosse, trompette	rose carmin	Feuilles pennées, luisantes. Fleurs portées sur de grandes hampes.
Inula spp. Aunées	0,2 à 1,5m	0,4 à 1m	☼	Riche, frais	3	7 à 8	Capitule solitaire	jaune orangé	Coussin ou dressé. Courtes en bordure, grandes en arrière-plan.
Iris spp. Iris	var.	var.	☼☁	Humide à sec	3	6 à 7	3 pétales 3 sépales	var.	Port vertical, feuilles lancéolées apporte de la rigueur au massif.
Knautia macedonica Oreille d'âne	50 à 90cm	40cm	☼	Chaud, drainé	5	7 à 8	Capitule double	violet rose	Cousine de la scabieuse. Courte vie. Port ramifié. Rabattre en juin.
Kniphofia spp. / *tritoma* Tritomas	0,6 à 1m	45cm	☼	Chaud, drainé	5	7 à 9	Tubulaire, racème	teintes orangés	Protéger les souches contre l'humidité. Feuilles linéaires à 3 côtés.
Lavandula spp. Lavendes	60cm	50cm	☼	Sec, drainé, calcaire	4 et 5	7	Épi odorant	mauve, rose	Feuilles linéaires, grisâtres, odorantes. Coussin dense pour bordure.
Lavatera thuringiaca Lavatère vivace	1,8m	90cm	☼☁	Perméable, profond	6	7 à 9	Coupe échancrée	blanc, rose	Rabattre à 15 cm au printemps. Port dressé et ramifié. Fragile.
Liatris spicata Liatride à épi	60 à 90cm	50cm	☼☁	Riche, drainé	3	7 à 9	Long épi dense	blanc, violet	Épis plumeux ouvrant par le sommet. Feuilles linéaires le long de la tige.
Liatris pycnostachya Liatride du Kansas	1,5 à 1,8m	50cm	☼	Riche, sec, drainé	4	7 à 9	Long épi dense	pourpre virant blanc	La plus haute. Feuilles linéaires le long des tiges non ramifiées.
Liatris scariosa Liatris rugueuse	90cm	50cm	☼	Riche, sec, drainé	4	7 à 9	Long épi, poil dispersé	pourpre marge blanche	Tiges chargées feuilles linéaires 45cm long. Port dressé.
Ligularia spp. Ligulaires	1 à 2m	0,8 à 1,5m	☼☁	Riche, humide	4	8 à 9	Épi ou capitule	jaune	Variétés aux feuilles décoratives rondes, lobées ou cordées.
Lilium spp. Lis	0,3 à 1,5m	30 à 40cm	☼☁	Riche, drainé	4	var.	3 pétales 3 sépales	var.	En massif, donnent de l'éclat au jardin. Attention aux insectes.
Limonium latifolium Statice vivace	60cm	50cm	☼	Sableux	3	6 à 7	Voile de petites fleurs	blanc, lilas	Port rigide, vaporeux. Feuilles coriaces basales. Vire rouge.
Linum perenne Lin vivace	25 à 50cm	50cm	☼	Ordinaire, drainé	4	6 à 7	Grappe délicate	blanc, bleu	Touffe gracieuse et vaporeuse. Fleurs s'ouvrant en plein soleil.
Lobelia cardinalis Lobélie cardinale	90cm	50cm	☼☁	Riche, bien drainé	3	7 à 9	Grappe dense	rouge écarlate	Feuilles linéaires teintées de pourpre. Culture capricieuse.
Lobelia cardinalis x *siphilitica* 'L. D.' Lobélie 'Lilac Dream'	1 à 1,2m	50cm	☼☁	Ordinaire, humide	4	6 à 9	Longue grappe	Teintes de bleus	Grosse touffe garnie de longues grappes florales. Peu disponible.
Lobelia fulgens / *splendens* Lobélie	90cm	60cm	☼☁	Riche, frais, drainé	5	7 à 9	Grappe dense	rouge écarlate	Feuillage lustré, pourpre. Courte vie. Rabattre après floraison.
Lobelia siphilitica Lobélie bleu	90cm	60cm	☼☁	Riche, frais, drainé	4	7 à 9	Grappe dense	bleu violacé	Belle floraison. Très feuillu et dressé. Massif mi-ombragé.
Lobelia x *speciosa* Lobélie rouge	90cm	60cm	☼	Riche, frais, drainé	3	7 à 9	Grappe dense	rose, rouge	Variétés vigoureuses. Maintenant en plusieurs couleurs.
Lupinus spp. Lupin	35 à 60cm	35cm	☼	Léger, acide	3	6 à 7	Gros épi	var.	Belle masse colorée. Feuilles élancées, palmées. Se ressème.
Lychnis chalcedonica Croix de Jérusalem	1m	55cm	☼☁	Ordinaire	3	7	Cyme dense	blanc, rouge	Touffe dressée surmontée de fleurs. Rabattre après floraison.
Lychnis coronaria Coquelourde	70cm	60cm	☼☁	Ordinaire	3	7 à 8	Dispersé, simple	blanc, rose	Touffe dressée, très ramifiée, gris-argenté, se ressème.
Lysimachia atropurpurea 'Beaujolais' Lysimaque 'Beaujolais'	70cm	50cm	☼☁	Peu exigeant	3	6 à 8	Grappe effilée	Bourgogne	Épi gracieux, arqué. Feuilles glauques à nervure centrale grise.
Lysimachia ciliata 'Firecracker' Lysimaque 'Firecracker'	80cm	60cm	☼☁	Riche, humide	4b	7 à 9	Grappe lâche	jaune	Feuillage pourpre. À contrôler, car souvent trop vigoureux.

VIVACES (suite)	H	L	☼	TYPE DE SOL	Z	MOIS	FORME	COULEUR	REMARQUES
Lysimachia clethroïdes Cou d'oie	90cm	60cm	☼☁	Riche, frais	3	7 à 9	Épi courbé	blanc	Port dressé, vigoureux. À contrôler. Fleur coudée. Massifs.
Lysimachia punctata Lysimaque ponctuée	60 à 90cm	60cm	☼☁	Ordinaire, drainé	3	6 à 8	Épi dense	jaune	Variété 'Alexander' a un feuillage crème, vert et rose. Dressé.
Lythrum salicaria Salicaire pourpre	90cm	60cm	☼☁	Ordinaire, humide	3	7 à 9	Épi long, effilé	carmin, pourpre	Variété "Terra Nova" non envahissante. Tige feuillée. Dense.
Macleaya cordata Bocconia	2,5m	1,5m	☼☁	Riche, Profonde	3	7 à 8	Panicule plume	crème, beige	Feuilles palmées, lobées, glauques à revers gris. Pour grand espace.
Malva alcea Mauve passerose	1m	70cm	☼	Ordinaire, calcaire	3b	6 à 9	Grappe lâche	blanc, rose	Touffe dressée, stable. Feuilles découpées. Florifère. Vie courte.
Malva moschata Mauve musquée	70cm	50cm	☼	Ordinaire, sec	3	6 à 9	Grappe lâche	blanc, rose	Touffe ± stable. Se ressème abondamment. Feuilles découpées.
Malva sylvestris Grande mauve	1,2m	60cm	☼	Ordinaire à riche	4	6 à 9	Grappe lâche	mauve, rose	Port stable. Grandes feuilles lobées, lustrées. Malade en sol sec.
Meconopsis betonicifolia Pavot bleu	1m	35cm	☁	Acide, frais, drainé	4	6 à 7	Grosse, inclinée	bleu ciel	Culture très délicate. Feuilles ovales, dressées. Hampe florale haute.
Monarda didyma Monarde	0,6 à 1m	55	☼☁	Riche, frais, drainé	3	7 à 8	Couronne ébouriffée	blanc à rouge	Les nouveaux cultivars sont résistant au « blanc ». Touffe dense.
Myosotis sylvatica Myosotis des forêts	20cm	20cm	☁	Riche, frais	4	5 à 8	Petites, dispersées	blanc, bleu, rose	Bissannuelle. couvre-sol à contrôler. Jardins d'autrefois.
Nepeta x faassenii 'Six Hills Giant' Népéta 'Six Hills Giant'	50cm	50cm	☼	Léger, sec	4	7,8	Tiges verticillées	bleu	Rabattre en saison pour prolonger la floraison. Port dressé.
Oenothera fructicosa Onagre	40cm	35cm	☼	Perméable	4	6 à 8	Simple, solitaire	jaune	Ajoute beaucoup d'éclat au jardin. Port érigé, à contrôler.
Oenothera missouriensis Onoethere du Missouri	20cm	40cm	☼	Perméable, drainé	4	6 à 8	Grosse fleur	jaune	Fleur ouvre le soir. Tapis ± lâche. Feuilles élancées, vert-bleuté.
Oenothera speciosa Onoethere rose	45cm	50cm	☼	Perméable, drainé	4	6 à 9	Coussin	rose	Couvre-sol ± lâche, fins rameaux, se ressème à profusion.
Oenothera tetragona 'Fireworks' Oeonthere 'Fireworks'	35cm	40cm	☼☁	Ordinaire	4	7 à 8	Grande, groupée	jaune	Érigé. À contrôler dans un massif anglais. Tourne au rouge.
Oenothera versicolor 'S. Boulevard' Onagre 'Sunset Boulevard'	45cm	40cm	☼	Peu exigeant, drainé	4	6 à 8	Simple, grosse	abricot	Feuilles effilées. Touffe chargée de fleurs en grappes branchues.
Paeonia lactifolia Pivoine de Chine	90cm	90cm	☼☁	Riche, profond, frais	3	6 à 7	Grosse, simple ou double	blanc à rouge	Fort élégant dans ce type de plate-bande. Buissonnant.
Paeonia officinalis Pivoine européenne	90cm	90cm	☼☁	Riche, profond, frais	4	5 à 6	Grosse, double	blanc, rose, rouge	Très odorante, hâtive. Feuillage palmé, luisant. Buissonnant.
Paeonia suffruticosa Pivoine arbustive	1,3m	1m	☼	Profond, enrichi	5b	6	Semi double	var.	Protection hivernale. Feuilles découpées. Port arqué.
Paeonia tenuifolia Pivoine à feuilles ténues	60cm	70cm	☼	Plutôt sec, chaud	5	5	Grande coupe	rouge	Feuillage finement découpé en segments. Vaporeux, décoratif.
Papaver miyabeanum 'Pacino' Pavot faurei 'Pacino'	15cm	30cm	☼	Tous sols drainés	5b	6 à 9	Simple	jaune émeraude	Rosette basale bleutée en dentelle. En bordure. Facile.
Papaver nudicaule Pavot d'Islande	40cm	40cm	☼	Drainé	2	6 à 9	Grosse, simple	var.	Plus florifère en région froide. Se ressème. Rosette de feuilles lobées.
Papaver orientalis Pavot d'Orient	0,5 à 1m	40cm	☼	Profond, calcaire	3	6	Très grosse	blanc, rose, rouge	Floraison spectaculaire mais de courte durée. Camoufler feuillage.
Penstemon barbatus Penstemon barbu	80cm	30cm	☼	Riche, drainé, sain	4	6 à 7	Grappe tubulée	var.	Feuillage glauque et velu. Aime les endroits chauds. Remontant.
Penstemon digitalis Penstemon digitale	1,2m	60cm	☼	Riche, profond, drainé	4	6 à 7	Grappe tubulée	blanc	Feuilles teintées de poupre, persistantes. Port dressé, décoratif.

VIVACES POUR MASSIFS COLORÉS

VIVACES (suite)	H	L	☀	TYPE DE SOL	Z	MOIS	FORME	COULEUR	REMARQUES
Penstemon x hybrida Galane / Penstemon	var.	35cm	☀	Riche, drainé, sain	4	7 à 8	Grappe tubulée	var.	Plusieurs nouvelles variétées à floraison prolongée. Touffe ± dense.
Perovskia atriplicifolia Sauge de Russie	90cm	60cm	☀	Perméable	4	8 à 9	Épis minces	bleu	Sous-arbrisseau, argenté, dressé, ramifié. Texture très fine.
Phlomis tuberosa Phlomis	1,5m	1m	☀	Profond, drainé, chaud	4	6 à 7	Tubulée, verticillée	rose à blanc	Grandes feuilles coriaces, pointues. Port pyramidale. Épis étagés.
Phlox carolina Phlox de Caroline	70cm	55cm	☀	Riche, frais	3	6 à 9	Panicule lâche	blanc, rose	Fleurs abondantes. Touffe dense, érigée. Peu maladif.
Phlox maculata Phlox maculé / P. des prés	80cm	50cm	☀⛅	Ordinaire, frais	3	6 à 8	Panicule étroite	var.	Plus résistante aux maladies que paniculata. Port dense, dressé.
Phlox paniculata Phlox des jardins	60 à 90cm	55cm	☀	Riche, frais	3	7 à 9	Grosse panicule	varié, parfumé	Populaire. Port dressé, dense. Lieux aéré pour éviter le blanc.
Phlox subulata Phlox mousse	15cm	45cm	☀⛅	Ordinaire	3	5 à 6	Étoilée, coussin	blanc rose bleu	En bordure de massif. Coussin de petites feuilles étroites.
Physostegia virginiana Plante obéissante	90cm	50cm	☀⛅	Riche, frais	3	8 à 9	Épi rangé	blanc rose	La blanche fleurit + longtemps que la rose. Port dressé. S'étale.
Physostegia virginiana 'Miss M.' Physostégie 'Miss Manner'	50cm	30cm	☀⛅	Riche, frais, drainé	3	7 à 8	Épi rangé	blanc	Variété non envahissante ! Port érigé, touffe dense, lustrée.
Platycodon grandiflorus Platycodon à grandes fleurs	70cm	40cm	☀	Riche, drainé	3	7 à 9	Grosse étoile	blanc bleu	Boutons en ballon. Port plutôt érigé. Tardif au printemps.
Polemonium caeruleum Bâton de Jacob	0,6 à 1m	35 à 50cm	⛅	Léger, frais	3	6 à 7	Groupée, cyme	blanc à violet	Nouvelles variétés au feuillage penné panaché spectaculaire.
Polemonium foliosissimum Polemonium filicinum	85cm	60cm	☀⛅	Riche, humide	3	7 à 8	Groupée, cyme	blanc à violet	Feuilles pennées très texturées. Odorant. Vigoureux. Plus tardif.
Polemonium reptans Valérianne grecque	40cm	50cm	☀⛅	Léger, frais, humifère	3	5 à 6	Têtes groupées	blanc à violet	Port lâche ± rampant. Même feuilles pennées. Gros coussin.
Polygonum bistorta Renouée bistorte / Persicaine	70cm	50cm	☀⛅	Riche, frais	3	5 à 7	Épi dense	rose	Couvre-sol rapide mais non envahissant. Bassin, massif.
Polygonum polymorphum Persicaire polymorpha / Renouée	1,3m	1,2m	☀⛅	Riche, frais	4	6 à 9	Panicule plume	blanc crème	Port imposant, longues feuilles pointues. Redevient populaire.
Potentilla atrosanguinea Potentille de l'Himalaya	40cm	50cm	☀	Ordinaire à pauvre	4	7 à 9	Grande	rouge	Feuillage gris-vert soyeux, type fraisier. Grandes fleurs simples.
Potentilla Potentille hybride	20 à 40cm	30cm	☀	Ordinaire, frais	5	6 à 8	Grande	var.	Nouvelles variétés compactes et jolies. Feuilles douces type fraisier.
Potentilla nepalensis Potentille du Népal	40cm	50cm	☀	Ordinaire à pauvre	3	6 à 8	Moyenne	rose rouge	Touffe étalée plutôt relâchée, vert-grisâtre. Ôter la semence.
Primula spp. Primevères	10 à 75cm	10 à 30 cm	☀⛅	Riche, frais	5	3 à 6	Ombelle, épi ou verticelle	var.	Très vaste choix. Généralement à feuilles gaufrées. Jardin frais.
Pulmonaria spp. Pulmonaires	15 à 30cm	15 à 45cm	⛅	Riche, humide	3	5	Clochettes en cyme	bleu, rose	Feuillage panaché ou picoté très décoratif en touffe dressée, élancée.
Ratibida columnaris Chapeau mexicain	50 à 90cm	45cm	☀	Fertile, drainé	3	7 à 9	Capitule haut, ligule tombant	Pourpre cœur brun	Tolère sols pauvres. Feuilles fines en dentelles. Jardin champêtre.
Ratibida pinnata Ratibida à feuilles pennées	0,5 à 1m	45cm	☀	Fertile à pauvre, drainé	3	7 à 9	Capitule haut, ligule tombant	jaune cœur brun	Feuilles découpées, palmées. Léger parfum d'anis.
Rudbeckia fulgida Rudbeckie jaune	75cm	55cm	☀⛅	Riche, drainé	3	7 à 9	Capitule cône brun	jaune doré	Belle touffe arrondie. Feuilles rugueuses. Une incontournable.
Rudbeckia hirta Rudbeckie hisurde	10 à 90cm	55cm	☀⛅	Riche, drainé	4	7 à 9	Capitule cône brun	jaune orange	Bisannuelle. Très variés. Touffes arrondies, denses. Se ressème.
Rudbeckia laciniata Rudbéckie laciniée	1,5m	65cm	☀⛅	Riche, drainé	2	7 à 9	Capitule cône vert	jaune	Tailler fleurs fanées pour éviter les semis spontanés. Touffe dressée.

VIVACES (suite)	H	L	☼	TYPE DE SOL	Z	MOIS ✿	FORME ✿	COULEUR ✿	REMARQUES
Rudbeckia maxima **Rudbéckie maximum**	1,8m	90cm	☼	Riche, frais, drainé	5	8 à 9	Capitule cône noir	jaune	Feuilles ovales, bleutées, dressées. Port droit, raide, élancé.
Rudbeckia nitida 'Herbstonne' **Rudbeckia 'Herbstonne'**	1,5m	80cm	☼☁	Riche, drainé	3	7 à 9	Capitule cône vert	jaune citron	Géante, se contrôle mieux que R.laciniata. Feuillage glauque.
Rudbeckia officinalis 'Black Beauty' **Rudbéckie 'Black Beauty'**	1,2m	60cm	☼	Riche, drainé	3	6 à 7	Capitule cône noir	noir	Tout à fait unique. Cône orné d'or, sans pétales. Port érigé.
Rudbeckia triloba **Rudbéckie à trois lobes**	1,1m	80cm	☼	Profond, riche, drainé	3	8 à 9	Capitule cône brun	jaune doré	Fleurs coquettes au dessus du feuillage. Tiges pourpres.
Salvia argentea **Sauge argentée**	65cm	60cm	☼	Ordinaire, sec, drainé	3	6 à 7	Épi ramifié	blanc	Attrayant feuillage épais, laineux et argenté. Bisannuelle.
Salvia nemorosa x superba **Sauge superbe**	40cm	60cm	☼	Ordinaire, sec	3b	7 à 8	Épi verticillé	bleu, rose	Végétation dense, bracté très colorée. Aromatique.
Salvia officinalis **Sauge commune**	55cm	50cm	☼	Léger, sec, drainé	4	6 à 8	Grappe longue	rose, violet	Fine-herbe à feuillage vert, panaché ou tricolor. Aromatique.
Salvia pratensis **Sauge des prés**	70cm	50cm	☼	Riche, calcaire, sec	3b	7 à 8	Long épi	bleu violet	Touffe dressée, ramifiée. Feuilles larges, rugueuses. Ôter semence
Salvia sclarea **Sauge sclarée**	1m	60cm	☼	Ordinaire, sec	5	7 à 8	Épi lâche	blanc, rose, lilas	Nombreux épis à bractées apparente. Bisannuelle. Parfume vin.
Salvia x sylvestris **Sauge sylvestre**	30 à 80cm	45cm	☼	Ordinaire, sec	4	6 à 8	Épis verticillés	rose à violet	Grande famille aux feuilles aromatiques et épis très colorées.
Salvia verticillata **Sauge lilas**	55cm	50cm	☼	Ordinaire, sec	5	7 à 9	Long épi verticillé	blanc, violet	Port plutôt étalé. Très florifère. Supprimer les fleurs fanées.
Sanguisorba spp. **Sanguisorbes**	1,1m	70cm	☼☁	Riche, frais, profond	3b	7 à 9	Épi dressé, retombant	blanc à pourpre	Feuilles composées, glauques. Longue hampe florale aérienne.
Saponaria spp. **Saponaire / Plante savon**	10 à 70cm	40cm	☼	Léger, frais	3	var.	Grappe, cyme	rose	Attention peuvent se propager rapidement. Rampant ou érigé.
Scabiosa caucasica **Scabieuse du Caucase**	70cm	50cm	☼☁	Riche, drainé	3	6 à 8	Capitule plat	blanc, rose, lilas	Touffe lâche aérienne, ressort mieux devant un fond vert.
Scabiosa columbaria **Scabieuse colombaire**	25cm	25cm	☼	Riche, drainé	5	6 à 9	Capitule plat	lilas, rosé	De courte vie, mais fleurit longtemps. Coussin denté.
Sidalcea candida **Fausse mauve**	70cm	50cm	☼☁	Riche, léger, drainé	4	7 à 8	Grappe dressée	blanc satiné	Vigoureuse et plus résistante que les hybrides. Feuillage fin.
Sidalcea x hybrida **Fausse mauve hybride**	30 à 90cm	40	☼☁	Riche, léger, drainé	4	7 à 8	Grappe dressée	blanc à rouge	'Elsie Heugh' et 'Party girl' sont bien populaires. Feuilles découpées.
Sidalcea malviflora **Fausse mauve**	1m	50cm	☼☁	Léger, frais, drainé	4	7 à 8	Grappe dressée	Teintes de roses	Plusieurs hybrides à partir de cette variété. Rabattre après la floraison.
Silphium sp. **Silphium**	2m	1m	☼☁	Profond, riche, frais	3	7 à 9	Capitule rayon	jaune	Pour fond de massif. Imposante, spectaculaire. Fleurs dégagées.
Sisyrinchium striatum **Sisyrinchium strié**	60cm	40cm	☼	Caillouteux, drainé	5	6 à 7	Groupée	blanc jaunâtre	La plus grande des bermudiennes. Ressemble un peu à un glaïeul.
Solidago spp. **Verge d'or**	30 à 90cm	30cm	☼	Tous les sols	3	7 à 9	Panicule	jaune	Pour plate-bande d'allure « naturelle ». La *S. canadensis* est envahissante.
Solidaster luteus **Solidaster jaune**	60cm	60cm	☼	Ordinaire, enrichi	3	7 à 9	Capitule, ligules	jaune	Beau croisement d'un solidago et d'un aster. Touffe érigée.
Stachys grandiflora / S. machrantha **Épiaire à grandes fleurs**	50cm	50cm	☼☁	Ordinaire	4	7 à 8	Épi court	rose pourpre	Grandes feuilles vertes en cœur crénelé. Touffe disciplinée.
Stachys monnieri **Stachys à fleurs denses**	50cm	45cm	☼☁	Sec, bien drainé	4	7	Épi dense	rose mauve	Feuillage foncé, rugueux en rosette très dense. Discipliné.
Stachys officinalis **Bétoine commune**	50cm	30cm	☼	Sec, ordinaire	4	7 à 8	Gros épis	rose rougeâtre	Pour lieu inculte. Feuilles en cœur, gaufrées. Très florifère.

VIVACES POUR MASSIFS COLORÉS

VIVACES (suite)	H	L	☀	TYPE DE SOL	Z	MOIS	FORME	COULEUR	REMARQUES
Stokesia laevis Stokesia	40cm	40cm	☀⛅	Meuble, drainé	5	7 à 8	Capitule, ligules	blanc, violet	Fleur de centaurée. Feuilles étroites à nervure centrale blanche.
Symphyandra spp. Symphyandra	25 à 40cm	25 à 45cm	☀⛅	Meuble, riche, frais	3 à 5b	7	Clochettes	Teintes de bleus	Proche parente des campanules. Dôme de clochettes.
Tanacetum parthenium Matricaire	30cm	30cm	☀	Léger, drainé	4	7 à 8	Simple, double	blanc, jaune	Bisannuelle. Feuillage découpé, odorant. Massif. Bordure.
Tanacetum vulgare ⚜ Tanaisie commune	90cm	60cm	☀⛅	Ordinaire, drainé	3	7 à 8	Capitule pompon	jaune	Aromatique, grande colonie. À contrôler en massifs anglais.
Teucrium chamaedrys Germandrée	30cm	30cm	☀⛅	Ordinaire	4	7 à 9	Racème, tubulaire	rose	Moins discipliné que *T. hircanicum*. Tapis. Petites feuilles.
Teucrium hyrcanicum Germandrée	45cm	45cm	☀⛅	Ordinaire, drainé	5	7 à 8	Épi serré	rose pourpre	Hampe florale feuillée. Gros coussin. Feuilles allongées.
Thalictrum aquilegifolium Pigamon à feuilles d'ancolie	1,2m	50cm	☀⛅	Léger, frais	4	6 à 7	Bouquet d'étamines	blanc, rose, pourpre	Gracieux à l'orée des bois, avec arrière-fond vert. Feuillage léger, bleuté.
Thalictrum delavayi Pigamon delavayi	1,2m	70cm	⛅	Riche, léger, humide	4b	7 à 8	Dispersée, ramifiée	mauve, lilas	Feuillage bleuté, gracieux. Tuteurer. ± vigoureux. Vaporeux.
Thalictrum flavum ssp. *glaucum* Pigamon jaune	1,5m	60cm	☀	Riche, frais à sec	5	6 à 8	Panicule large	jaune soufre	Vigoureuse, dressée. Feuillage bleuté, nervures prononcées.
Thalictrum rochebruneanum Pigamon bruine	1,3m	60cm	☀	Riche, humifère	4	7 8	Dispersée, ramifiée	Lavande pourpre	Vigoureuse, érigée et rustique. Pour très grande plate-bande.
Thermopsis lanceolata Thermopsis faux lupin	40cm	45cm	☀	Meuble, riche, drainé	3	6 à 7	Racème	jaune	Beau feuillage glabre, trifolié Légumineuse. Rapide.
Tradescantia andersoniana Éphémère de Virginie	50cm	50cm	☀⛅	Riche, frais	4	7 à 9	Dispersée, simple	blanc, bleu, rose	Tailler en mi-saison. Longue floraison. Port semi-dressé.
Tricyrtis spp. Tricyrtis	40 à 80cm	45 à 60cm	⛅	Riche, frais, humide	4	8 à 9	Cyme	blanc, jaune, lavande	Feuillage souvent attrayant. Rocaille, Sous-bois, collection.
Trollius spp. Trolles	60cm	50cm	☀⛅ ⛅	Riche, humifère	3	5 à 6	Globulaire solitaire	jaune	Gros bouton d'or, feuillage palmé. Hampe florale haute.
Verbascum bombyciferum 'Arctic S.' Molène 'Arctic Summer'	1,5m	50cm	☀	Pauvre, sec, chaud	4	6 à 7	Épi laineux	jaune vif	Feuillage argenté. Scène naturelle. Port très érigé, imposant.
Verbascum olympicum Molène	2m	1m	☀	Sec, chaud	3	7 à 8	Épis ramifiés	jaune	Bisannuelle. Immenses épis ramifiés. Feuilles larges, grisâtres.
Verbascum phoeniceum Molène pourpre	0,5 à 1,5m	45cm	☀⛅	Tous sols drainés	4	6 à 7	Épi large	blanc, pourpre violacé	Tous très jolies. Rosette feuilles surmontées d'épis.
Vernonia crinita Vernonie	1,3m	0,8m	☀⛅	Lourd, humide	4b	8 à 9	Tubulaire sur cyme	pourpre	Port érigé surmonté de grappes de fleurs denses. Feuilles alternes.
Veronica gentianoides Véronique gentiane	35cm	35cm	☀	Riche, frais	3	5 à 6	Épi dressé	bleu strié	Différente, feuilles luisantes et larges épis. Vert ou panaché.
Veronica spicata Véronique épi	25 à 60cm	30 à 40cm	☀	Caillouteux	4	7 à 8	Grandes, épis	blanc, bleu, rose	Grand choix pour toutes situations. Feuilles élancées, mates.
Veronica spicata ssp. *incana* Véronique à duvet blanc	30cm	30cm	☀	Neutre et sec	4	6 à 7	Épi dressé	bleu violacé	Plus dense et compact que spicata. Feuillage argenté attrayant.
Veronicastrum virginicum Véronique de Virginie	1,5m	1m	☀⛅ ⛅	Riche, humide	4	7 à 9	Épi groupé	blanc, rose, lavande	Port vraiment élancé et droit. Fond de massif. Imposant.
Viola cornuta Violette cornue	15cm	30cm	☀⛅	Riche, frais	5	5 à 10	Simple, grande	var.	Petit coussin florifère, convient bien car moins envahissante.

BULBES	H	L	☀	TYPE DE SOL	Z	MOIS ✿	FORME ✿	COULEUR ✿	REMARQUES.
Allium cernuum **Ail penché**	30 à 60cm	40cm	⛅	Sec, enrichi	4	7 à 8	Cloche, grappe	rose pourpre	Ses fleurs pendantes attirent l'attention. Bulbe bisannuelle.
Canna x *hybrida* **Cannas**	0,6 à 2m	50cm	☀	Léger, drainé	—	7 à 9	Cornet, long épi	rouge, orange	Très grandes feuilles 30 à 60cm, pointues. Port dressé, imposant.
Croscomia x *hybrida* **Croscomia**	0,6 à 1m	40 à 60cm	☀	Léger, drainé	5	7 à 8	Tubulaire, étoilée	rouge, orange, jaune	Très longue tige arquée garnie de nombreuses fleurs tubulaires.
Dahlia spp. **Dahlias**	0,3 à 1m	30 à 75cm	☀⛅	Léger, drainé	—	7 à 9	Double ou simple	Teintes chaudes	Plusieurs variétés, de toutes tailles et de toutes couleurs.

Note : Vous pouvez mettre toutes les annuelles que vous désirez. Si vous désirez ajouter des graminées ou des arbustes, les choisir en fonction du type de sol et de l'ensoleillement.

⚜ indique une plante indigène ou naturalisée.
❀ indique une plante potentiellement envahissante !

Arbres

378

Arbres

Robinia pseudoacacia 'Frisia' / Robinier faux-acacia 'Frisia'

Sorbus intermedia / Alisier blanc de Suède

Ulmus glabra 'Camperdownii' / Orme pleureur sur tige

Robinia pseudoacacia / Robinier faux-acacia

Sorbus aucuparia / Sorbier des oiseaux

Ulmus americana / Orme blanc d'Amérique

Quercus rubra / Chêne rouge / C. boréal

Salix / Saules

Tilia cordata / Tilleul à petites feuilles

Quercus robur / Chêne pédonculé / C. anglais

Salix alba 'Tristis' / Saule pleureur doré

Syringa reticulata 'Ivory Silk' / Lilas japonais 'Ivory Silk'

Arbustes

382

Arbustes

383

Arbustes

386

Arbustes

Sambucus nigra 'laciniata' / **Sureau noir à feuille laciniée**
Sorbaria tomentosa angustifolia / **Sorbaria d'Aitchison**
Spiraea x vanhouttei 'Pink Ice' / **Spirée 'Van houtt' Pink Ice'**
Sambucus nigra 'Aureomarginata' / **Sureau noir panaché doré**
Sambucus racemosa 'Plumosa Aurea' / **Sureau rouge** 'Plumosa Aurea'
Spiraea trilobata 'Sawn Lake' / **Spirée 'Sawn Lake'**
Sambucus nigra 'Black Beauty' / **Sureau noir 'B. Beauty'** / 'Gerta'
Sambucus pubescens / **Sureau rouge** / S. rouge
Spiraea x cinerea 'Grefsheim' / **Spirée 'Grefsheim'**
Sambucus canadensis / **Sureau du Canada**
Sambucus nigra 'Pulvurentula' / **Sureau panaché**
Spiraea x vanhouttei / **Spirée 'Van Houtt'**

387

Persistants

- *Cotoneaster horizontalis* / **Cotonéaster rampant**
- *Empetrum Nigrum* / **Camarine noire**
- *Euonymus fortunei* 'Gold Tip' / **Fusain 'Gold Tip' / F. 'Golden Prince'**
- *Buxus sempervirens* 'Variegata' / **Buis anglais panaché**
- *Daphne cneorum* / **Daphné canulé**
- *Euonymus fortunei* 'Emerald Gold' / **Fusain 'Emerald Gold'**
- *Buxus microphylla* 'Winter Beauty' / **Buis de Corée 'Winter Beauty'**
- *Daphne cinerea* 'Ruby Glow' / **Daphné panaché 'Ruby Glow'**
- *Euonymus fortunei* 'Canadale Gold' / **Fusain 'Canadale Gold'**
- *Arctostaphylos* 'Uva-Ursi' / **Raisin d'ours**
- *Daphne burkwoodii* / **Daphné de Burkwood**
- *Erica carnea* / **Bruyère d'été**

Conifères

Abies concolor 'Compacta' / Sapin blanc du colorado compact

Chamaecyparis nootkatensis 'Bleu W.' / Faux-cyprès 'Bleu Weeping'

Chamaecyparis p. 'Plumosa Aurea' / Faux cyprès plumeux doré

Abies concolor 'Candicans' / Sapin bleu 'Candicans'

Abies koreana 'Silbellocke' / Sapin de Corée 'Silbellocke'

Chamaecyparis p. 'Filifera Aurea' / Faux cyprès doré de Sawara

Persistants

Gaultheria procumbens / Thé des bois

Rhododendron / Rhododendron à petites feuilles

Yucca / Bayonnet

Euonymus fortunei / Fusain de fortune

Mahonia aquifolium 'Compacta' / Mahonia à feuilles de houx compact

Yucca flaccida 'Golden Sword' / Yucca panaché 'Golden Sword'

Vivaces

Aster dumosus 'Nana' / Coréopsis rose naine
Coreopsis rosea 'Nana' / Coréopsis rose naine
Corydalis lutea / Fumeterre jaune
Dictamnus albus / Fraxinelle / Plante à gaz
Coreopsis grandiflora / Coréopsis à grandes fleurs
Coreopsis x 'Sweet Dreams' / Coréopsis 'Sweet Dreams'
Dicentra spectabilis / Cœur saignant
Convallaria majalis / Muguet
Coreopsis x 'Ruby' / Coréopsis 'Ruby'
Dicentra formosa / Cœur saignant formosa
Cimicifuga / Cierge d'argent
Coreopsis verticillata / Coréopsis verticillé
Delphinium grandiflorum / Pied d'alouette nain

Vivaces

402

Graminées

Bulbes

- *Allium schoenoprasum* / Ciboulette
- *Canna* / Canna tropicale
- *Colocasia* / Oreille d'éléphant
- *Allium giganteum* / Ail géant
- *Caladium* / Caladium bicolor
- *Colocasia* 'Black Magic' / Oreille d'éléphant / Taro
- *Agapanthus* 'Tinkerbell' / Agapanthe 'Tinkerbell'
- *Begonia tuberosa* / Bégonia tubéreux
- *Canna* / Canna

Fougères

- *Matteuccia struthiopteris* / Fougère-à-l'autruche
- *Onoclea sensibilis* / Onoclée sensitive
- *Polystichum braunii* / Polystic de Braun

Bulbes

422

Plantes paludéennes

Feuilles flottantes

Hydrocleys nymphoides / Hydrocleys / Pavot d'eau

Marsilea quadrifolia / Trèfle d'eau

Nelumbo nucifera / Lotus des Indes

Plantes paludéennes

Sagittaria sagittifolia / Flèche d'eau

Sium suave / Berle douce

Thypha angustifolia 'Variegata' / Quenouille panachée

Sagittaria latifolia / Sagittaire

Scirpus lacustris / Jonc des chaisiers

Typha angustifolia / Quenouille

Ranunculus lingua / Grande douve

Sarracenia / Petits cochons / Herbe-crapaud

Thalia dealbata / Thalia

424

Plantes immergées

Myriophyllum verticillatum / Myriophylle
Stratiote aloides / Faux aloès
Vue d'ensemble d'un bassin oxygéné

Plantes nageantes

Eichhornia crassipes / Jacinthe d'eau
Pistia stratiotes / Laitue d'eau
Salvinia auriculata / Salvinia auriculata

Feuilles flottantes

Nymphaea (tropicale) / Lis d'eau diurne
Nymphaea (rustique) / Nénuphar / Lis d'eau
Nymphoides indica / Faux nénuphar

Nelumbo nucifera / Lotus des Indes
Nymphaea (tropicale) / Lis d'eau nocturne
Nymphaea (rustique) / Nénuphar / Lis d'eau

BIBLIOGRAPHIE

Agriculture et agroalimentaire Canada. **Rosiers rustiques - Séries Explorateur et Parkland.** Publication 1922\F, 1996.

Aubert, Claude. **L'agriculture biologique - Pourquoi et comment la pratiquer.** Le courrier du livre, 1977.

Barone, Sandra et Oehmichen Friedrich. **Les graminées - au jardin et dans la maison.** Les éditions de l'Homme, 2001.

Beaulé, Bernard. **Un jardin aquatique au Québec.** Les éditions du Trécarré, 1994.

Bilodeau, Danielle. **Le jardin d'eau - une vision écologique.** Éditions de Mortagne, 2001.

Bougie, Jacques et Smeesters Édith. **Aménagement paysager adapté à la sécheresse.** Broquet, 2004.

Collection. **Guide des végétaux d'ornement et fruitiers.** Horticolore, 1980.

Corbeil, Michel et Laramée, Louisette. **Plantes vivaces - Guide pratique, répertoire illustré.** La Maison des fleurs vivaces, 1999.

Cordier, J.P. **Guide des plantes vivaces.** Horticolor, 1995.

Direction Projets de distribution. **Répertoire des arbres et arbustes ornementaux.** Hydro-Québec, 1998. (2006, Hydro-Québec/Broquet).

Dumont, Bertrand. **Guide des végétaux d'ornement pour le Québec, tome I Les conifères et arbustes à feuillage persistant.** Broquet inc., 1987 (1995).

Dumont, Bertrand. **Guide des végétaux d'ornement pour le Québec, tome II Les arbres feuillus.** Broquet inc., 1989 (1994-1998).

Dumont, Bertrand. **Guide des végétaux d'ornement pour le Québec, tome III Les arbustes.** Broquet inc., 1992 (1995).

Frère Marie-Victorin. **Flore Laurentienne.** Les presses de l'Université de Montréal, 1964.(Nouvelle édition 2002).

Gagnon, Yves. **Introduction au jardinage écologiques.** Yves Gagnon, Saint-Didace, 1990.

Gagnon, Yves. **La culture écologique pour petites et grandes surfaces.** Éditions Colloïdales, Saint-Didace, 1990.

Guide d'identification Fleurbec. **Plantes sauvages des villes, des champs et en bordure des chemins.** Fleurbec, 1983.

Hodgson, Larry. **Les annuelles.** Broquet, 1999.

Hodgson, Larry. **Les arbustes.** Broquet, 2002.

Hodgson, Larry. **Les vivaces.** Broquet, 1997.

Hosie, R. C. **Arbres indigènes du Canada.** Éditions Fides, 1978.

Köhlein, Fritz. **Le livre des plantes de rocaille.** Éditions Ulmer, 1996.

La Mère Michel. **Le jardin de fleurs - les annuelles, vivaces et bulbeuses.** Guy Sain-Jean, 1991.

Le Bret, Jean. **Les plantes vivaces de fraîcheur.** Édition Larousse, 1989.

Legge, Bob. **Plantes à fleurs - annuelles et bisannuelles.** Nathan, 1984.

Mondor, Albert. **Jardins d'ombre et de lumière.** Les éditions de l'Homme, 1999.

Mondor, Albert. **Les annuelles en pots et au jardin.** Les éditions de l'Homme, 2000.

Nessmann, Pierre. **Les jardins aquatiques - 100 plantes à découvrir.** Éditions S.A.E.P., 1990.

Phillips Sue, **Plantes vivaces.** Collection Savoir-Faire, Édition Solar, 1998.

Prieur, Benoit. **Guide des arbres et des plantes à feuillage décoratif.** Les éditions de l'Homme, 1996.

Prieur, Benoit. **Guide des fleurs pour les jardins du Québec.** Les éditions de l'Homme, 1994.

Soltner, Dominique. **Les bases de la production végétale tome I-Le sol.** Collection sciences et techniques agricoles, 1987.

Sous la direction de Caroline Boisset. **L'art d'aménager un jardin.** La Maison Rustique, 1993.

Underwood Crockett, James. **Plantes annuelles.** Édition Time-Life, 1980.

Underwood Crockett, James. **Plantes d'appartement à feuillage.** Éditions Time-Life, 1977.

Underwood Crockett, James. **Plantes vivaces.** Édition Time-Life, 1980.

Upward, Michael. **Plantes de rocailles - en montagne ou au jardin.** Nathan, 1982.

Revues et brochures consultées :

Collection terre à terre. **Choisir ses bulbes - les 115 meilleurs selon Larry Hodgson.** 2004.

Collection terre à terre. **Rosiers rustiques - les 150 plus beaux pour le Québec.** 2000.

Environnement Québec. **Délimitation de la ligne des hautes eaux – méthode botanique simplifiée.** 2002.

Faites la cour aux oiseaux. Fondation de la faune du Québec, 2001.

Fleurs, plantes et jardin. Vol 1 No1 1990 à Vol 16 no 6, 2005.

Québec Vert. Vol 11 no 8 à Vol 27 no 7, 1989 à 2005.

Catalogues consultés :

EPIC Plant company (Niagara-on-the-Lake, Ontario)

Norseco (Laval, Qc)

Pépinière Cramer (Dollard-des-Ormeaux, Qc)

Pépinière Dominique Savio (St-Jean-Baptiste, Qc)

Pépinière François Lemay (Lanauraie, Qc)

Pépinière Mori (Niagara-on-the-Lake, Ontario)

Pépinière Québec Multiplants (St-Apollinaire, Qc)

Pépinière Saint-Paul (Joliette, Qc)

Pépinière Sheridan (Ontario)

Sera Conseiller, **Comment entretenir mon bassin de jardin.** (Heinsberg, Allemagne)

Vanhof & Blokker (Mississauga, Ontario)

Sites Web consultés :

www.plantencyclo.com

GLOSSAIRE

Acaule. Sans tiges.

Acidophiles. Plantes qui préfèrent les sols acides pour se développer. Ex. : Rhododendron.

Aigrette. Faisceau ou couronne de poils, de soies ou d'écailles, qui terminent certains fruits. Ex. : Pulsatile vulgare.

Aisselle. Angle formé par la feuille et la tige ou le rameau qui la porte.

Alignement. Arbres utilisés en rangée le long des rues, des chemins ou des allées.

Alterne. Mode de groupement de feuilles où celles-ci sont insérées une à une, à des niveaux différents, autour de la tige. Ex. : *Cornus alternifolia*.

Annuel(le). Plante qui accompli son cycle vital complet en une seule année. De la graine à la graine.

Aromatique. Organe d'une plante qui dégage un parfum, un arôme. Ex. : feuille de menthe.

Ascendant. Couché à la base, puis redressé.

Baie. Fruit mou ou charnu à graines éparses dans la pulpe. Ex. : Cerisier.

Basal. Feuilles situées à la base d'une plante et formant souvent une rosette.

Bilobé(e). Divisé en deux lobes.

Bipennée. Deux fois pennée.

Bisannuel(le). Plante qui accompli son cycle vital complet en deux années. Produit ses graines la deuxième année. Ex. : *Digitalis*.

Blanc (Mildiou). Maladie provoquée par un champignon microscopique qui entraîne une couche blanche sous forme de poudre et qui recouvre les feuilles, tiges, fleurs ou fruits.

Bractée. Petites feuilles qui accompagnent les fleurs sessiles et qui diffèrent des autres feuilles par sa forme ou sa couleur. Ex. : *Astrantia major*.

Bulbe. Organe charnu, plus ou moins souterrain entre la tige et les racines. Ex. : Tulipe.

Caduque. Qui se détache et tombe en fin de saison. Ex. : arbre à feuilles caduques.

Campanulé. En forme de cloche.

Capillaire. Très fin et délié comme un cheveu.

Capitule. Inflorescence formée de nombreuse fleurs sessiles et serrées semblant former une seule fleur. Ex. : *Rudbeckia*.

Capsule. Fruit sec renfermant généralement plusieurs graines.

Charnu. Plante dont les feuilles, tiges ou fruits sont gonflés par des réserves nutritives. Ex. : Pourpier.

Chaton. Ensemble de fleurs réunies en épies flexibles et pendants, sans pédoncules. Ex. : *Salix* (saule à chatons).

Collet. Limite entre la tige et les racines.

Colonnaire. Qui est en forme de colonne.

Compact. Qui a un port dense et serré.

Conique. En forme de cône, de pyramide.

Cordé (cordiforme). En forme de cœur. Ex. : feuille de hosta.

Coriace. Qui a la consistance du cuir.

Corolle. Enveloppe intérieur de la fleur, située entre les étamines et le calice, et dont les pétales peuvent être libres ou soudées.

Corymbe. Inflorescence dans laquelle les axes secondaires partent de points différents sur l'axe et arrivent à peu près à la même hauteur, comme un parasol. Ex. : *Achillea millefolium*.

Coussin. Plante qui a un port bombé et serré.

Cultivar. Variété horticole obtenue par sélection artificielle, (sans reproduction spontanée comme dans la nature).

Cyme. Inflorescence formé d'axes terminaux aboutissant chacun à une seule fleur. Ex. : *Malus*.

Deltoïde. En forme de triangle, de delta. Ex. : *Populus deltoïde*.

Denté. Feuille munie de dents.

Déprimé. Plante de courte taille, couchée. Ex. : Cerisier déprimé.

Dioïque. La partie femelle et la partie mâle se retrouvent sur deux plants différents. Ex. : *Hippophae rhamnoides*.

Divergents. Qui se dirigent dans des sens différents.

Dragon. Tige issue directement d'une racine. Ex. : Lilas.

Drageonnant. Qui produit des drageons ou des rejets issus des racines.

Duveteux. Couvert de petits poils soyeux et fins.

Élagage. Action de supprimer partiellement ou complètement certaines branches de façon à alléger ou façonner la cime d'un arbre.

Élépidote. Feuille de rhododendron non couverte d'écailles à sa face inférieure.

Éperon. Appendice tubuleux ou conique du calice ou de la corolle au-dessous de la fleur. Ex. : *Aquilegia*.

Épi. Inflorescence dont les fleurs sessiles sont attachées à un axe commun, non ramifié allongé. Ex. : *Liatris spicata*.

Épillet. Petit épi formé par une ou plusieurs fleurs, et portant à la base une ou deux glumes.

Épine. Pointe dure et aiguë rencontrée sur les tiges, tronc ou feuilles.

Érigé. Qui a un port dressé.

Espèce. Groupe de plantes ayant des caractéristiques essentiellement identique parce que nées de parents communs et pouvant se reproduirent par semis.

GLOSSAIRE

Étalé. Qui a un port plus large que haut, plutôt horizontal.

Étamine. Organe mâle de certaines fleurs se situant généralement entre la corolle et le pistil.

Évasé. Qui a un port ouvert.

Exfolié(e). Écorce qui se détache par couches minces, par feuillets. Ex. : Bouleau blanc.

Fasciculé. Disposé en faisceau, souvent en parlant des racines.

Fastigié. Arbre ou arbuste à port vertical et étroit aux branches dressées le long de l'axe principal. Ex. : Peuplier de Lombardie.

Feuillu. Arbres à feuilles planes et généralement caduques.

Filiforme. Mince et allongé comme un fil.

Florifère. Qui produit beaucoup de fleurs.

Foliole. Petite feuille qui fait partie d'une feuille composée.

Forme. Contour caractéristique d'un arbre croissant en milieu favorable.

Fronde. Les feuilles de fougère portent le nom de fronde parce qu'elles portent les fructifications sur la face inférieure.

Gélif. Sensible au gel.

Glabre. Dépourvu de poils.

Glauque. Recouvert d'une pruine blanchâtre, donnant un aspect bleuâtre mat.

Globulaire. En forme de sphère.

Glutineux. Gluant, visqueux.

Gourmand. Pousse trop vigoureuse par rapport au plant.

Gousse. Fruit sec, allongé, s'ouvrant en deux et contenant plusieurs graines à l'intérieur. Ex. : Fruit du févier.

Graminiforme. Qui a la forme d'une feuille de graminée.

Grappe. Inflorescence formée d'un axe primaire portant des axes secondaires terminés par une fleur. Cette inflorescence porte par la suite une grappe de fruits.

Greffe. Plante qui a été soudée sur une autre plante.

Hampe. Pédoncule nu, droit et ferme, partant de la base de la plante, et portant une ou plusieurs fleurs. Ex. : Hosta, Hémérocalle.

Herbacé. Qui a la consistance molle de l'herbe ou qui n'a pas de tiges ligneuses.

Hirsute (Hérissé). Garni de poils. droits et un peu raide.

Humifère. Sol qui contient beaucoup de déchets végétaux et animaux en décomposition.

Humus. Terre formée par la décomposition de végétaux.

Hybride. Plante issu d'un croisement d'espèces ou de variétés génétiquement différents.

Indigène. Plante qui croît naturellement dans un pays sans l'intervention de l'homme.

Inerme. Sans épines.

Inflorescence. Façon dont les fleurs sont placées sur une même plante.

Lacinié. Découpé en lanières étroites et inégales.

Lancéolé. Feuille en forme de lance.

Latex. Suc laiteux blanc ou jaune que l'on retrouve à l'intérieur des tiges ou des feuilles de certaines plantes.

Lépidote. Feuilles de rhododendron couvert d'écailles à sa face inférieure.

Lèvre. Chacune des divisions supérieures et inférieures de la corolle de certaines fleurs labiées. Ex. : *Lamium maculatum*.

Ligneux. Qui a la consistance du bois.

Ligule. Languette blanche ou coloré dont sont munies les fleurs du pourtour d'un capitule. Ex. : les ligules blanches de la marguerite rayonnant autour du disque jaune.

Linéaire. Long, étroit, dont les bords sont parallèles entre eux dans leur longueur. Ex. : feuille de graminées.

Lobe. Feuille qui a des découpures arrondies.

Lobé. Divisé en lobes.

Maigre (sol). Qui contient peu d'humus et de limons.

Massif. Plantes regroupées et associées de façon à créer un ensemble décoratif.

Mellifère. Plantes à nectar aimées des abeilles.

Meuble (sol). Léger, friable, facile à travailler.

Mildiou (blanc). Maladie provoquée par un champignon microscopique qui entraîne une couche blanche sous forme de poudre et qui recouvre les feuilles, tiges, fleurs ou fruits.

Multicaule. À tiges nombreuses.

Naturalisé. Plante d'origine étrangère, mais acclimatée au point de faire partie intégrante de la flore d'un pays.

Naturaliser. Action de planter un végétal dans un milieu naturel afin de redonner au lieu une allure plus naturelle.

Nectar. Liquide sucré sécrété par certaines plantes.

Nervure. Chacun des faisceaux vasculaires qui constituent la charpente du limbe de la feuille.

Ombelle. Inflorescence dont les tiges partent du même point mais s'élèvent à la même hauteur comme un rayon.

Opposé(ée). Feuilles disposées face à face, par paires le long d'une tige.

GLOSSAIRE

Ovale. Qui a la forme d'un œuf.

Ovoïde. Forme proche de l'ovale.

Palmée. Se dit d'une feuille lobée dont la division rappelle la forme des doigts mais réunies à un centre commun.

Panachée. Feuille ou fleur tachés ou lignés de deux ou plusieurs couleurs.

Panicule. Inflorescence de forme pyramidale, composée de plusieurs grappes.

Pédoncule. Tige qui porte la fleur ou le fruit.

Penné. Feuille découpée en folioles disposées de part et d'autre de la nervure principale.

Persistant. Se dit d'une feuille ou d'un organe qui dure plus d'une année, au-delà d'un hiver.

Pétale. Chacun des éléments de la corolle.

Pétiole. Petite tige qui porte la feuille. Aussi appelée 'queue'.

Pincer. Couper l'extrémité des jeunes pousses afin de favoriser le développement des branches latérales.

Pivot. Racine qui s'enfonce verticalement dans le sol.

Pleureur. Arbre dont les branches retombent vers le sol, en cascade.

Plumeux. Garni de poils disposés comme les barbes d'une plume.

Port. Forme naturelle ou artificielle d'une plante. Silhouette.

Pousse. Partie nouvelle d'une branche ou d'un rameau.

Prostré. Couché, étalé sur le sol.

Pruine. Enduit blanchâtre ou bleuté qui revêt certains feuillages ou certains fruits.

Pubescent. Couvert de poils fins et duveteux.

Pyramidal. Forme d'un arbre à base large et à extrémité supérieure pointue.

Rabattre. Supprimer totalement une branche ou tailler presque au sol une plante pour provoquer de nouvelles repousses.

Racème. Synonyme de grappe.

Racines nues. Plante dont les racines ne sont pas protéger par une motte de terre.

Rajeunir. Favoriser de nouvelles repousses par rabattage ou refaire une plante à partir de jeunes pousses vigoureuses et saines.

Rameau. Ramification d'une branche.

Ramifié. Portant beaucoup de rameaux.

Rampant. Plante à port bas, étalé.

Recéper. Tailler un arbuste presque au sol pour supprimer les tiges gelées ou pour favoriser une repousse vigoureuse.

Recurvé. Courbé vers l'intérieur.

Rejet. Jeunes pousses qui naissent sur les racines. Syn. : Drageon, gourmand.

Remontant. Se dit d'une plante dont la floraison se répète au cours de la saison.

Rhizome. Tige épaisse souterraine ou à fleur de terre qui porte à la fois des bourgeons et des racines.

Rosette. Ensemble de feuilles, souvent basales, étalées en cercles et très rapprochées les unes des autres.

Rustique. Plante adaptée pour le climat de sa région. Qui résiste à l'hiver.

Semi persistant. Feuille qui, selon le climat, peut être persistante ou caduque.

Sessile. Feuille ou fleur sans pétiole, directement attachée sur la tige.

Souche. Dans un sens particulier, partie souterraine de la tige des plantes vivaces.

Spathe. Grande bractée membraneuse ou foliacée, enveloppant certaines inflorescences. Ex. : *Arisaema atrorubens*.

Spatulé. En forme de spatule.

spp. Abréviation de l'espèce au pluriel. Utilisé après un nom de genre pour indiquer plusieurs espèces.

ssp. Abréviation de sous espèce (Sub species).

Stérile. Qui ne peut se reproduire.

Stolon. Rejet rampant et mince, muni, à son extrémité d'une rosette de feuilles qui s'enracine sur le sol pour donner une nouvelle plante. Ex. : fraiser, *ajuga*.

Succulent. Organe épais, constitué de tissus gorgés d'eau. Aussi appelée plante grasse.

Tomenteux. Qui a un recouvrement laineux dense et fin.

Traçante. Plante qui émet de longues racines situées dans les premiers centimètres de terre.

Trifolié. Feuille à trois folioles.

Trilobée. Feuille à trois lobes.

Var. Abréviation de variété au sens botanique. Se dit aussi pour cultivar (abréviation de « cultivated variety »).

Variété. Plante légèrement différente de l'espèce type par la grosseur, la coloration, le port, la panachure... etc. (Syn. : cultivar).

Veines. Synonyme de nervures, en parlant des feuilles.

Verticillé. Feuilles ou fleurs disposées par étages autour d'une tige.

Zone de rusticité. Chiffre qui correspond à la rusticité d'une plante et qui indique sa résistance aux rigueurs de l'hiver. Par exemple le chiffre 1 indique une très grande résistance au froid, plantes de climat nordique supportant les -45 °C. Par contre le chiffre 6 indique une faible résistance au froid, plantes pouvant supporter des hivers ne descendant pas sous les -17 à -23 °C.

INDEX DES NOMS SCIENTIFIQUES

A

Abelia 'Edward Goucher', 74, 103, 171, 294
Abelia mosanensis, 74, 102, 146, 170, 292
Abelia x grandiflora, 74, 212
Abeliophyllum distichum 'Roseum', 74, 165
Abies alba 'Pendula', 270
Abies balsamea, 136, 246
Abies concolor, 40, 246, 330
  'Aurea', 254, 330
  'Candicans', 254, 330
  'Compacta', 264, 391
  'La Veta', 330
  'Argentea', 254, 330
Abies koreana, 67, 254
  'Horstmann's Silberlocke', 264, 330
  'Strarker', 330
Abies lasiocarpa 'Compacta', 264, 330
Abulgaricum, 207
Acaena, 41, 151, 214, 395
Acaena glaucophylla, 334
Acantholimon glumaceum, 87, 214
Acanthopanax sieboldiana, 37, 58, 133, 149, 289, 295, 382
Acanthus, 214, 364
Acanthus spinosus, 42, 214
Acer arborea x 'Automne Brilliance', 286
Acer campestre, 57, 256, 286
  'Carnival', 57, 256, 304
  'Nanum', 57, 294
  'Postolense', 57, 256, 316
  'Royal Beauty', 57, 256, 346
  'Royal Ruby', 57, 256, 346
  'Schwerinii', 57, 256
Acer freemanii, 73, 286,
  x 'Armstrong', 66, 273
  x 'Celzam', 73
  x 'Scarsen', 73
Acer griseum, 256, 326, 327
Acer japonica, 270
  'Aconitifolium', 74
  'Aureum', 316
Acer negundo, 34, 57, 66, 286
  'Aureo-Variegata', 287, 304, 316
  'Flamingo', 104
  'Kelly's Gold', 254, 287, 304, 316
Acer nigrum
  'Greencolumn', 248, 273
  'Temple Upright', 273, 376
Acer palmatum, 74, 132, 171, 270
  'Beni-Schichihenge', 304
  'Bloodgood', 347
  'Butterfly', 304
  'Emperor 1', 347
  'Red Emperor', 347
  'Versicolor', 304
Acer palmatum dissectum
  'Aureum', 316
  'Crimson Queen', 348

'Garnet', 348
'Inaba-shidare', 348
'Ornatum', 348
'Red Dragon', 348
'Red Pygmy', 348
Acer palmatum heptalobum, 348
Acer pennsylvanicum, 73, 132, 156
Acer platanoides, 286
  'Cleveland', 85
  'Columnare', 248, 273
  'Columnarebroad', 248, 273
  'Conquest', 248, 273
  'Crimson King', 248, 346
  'Crimson Sentry', 256, 273, 346
  'Deborah', 85, 248, 346
  'Drummondii', 85, 256, 304, 376
  'Emerald Queen', 85, 248
  'Globosum', 85, 256
  'Parkway', 85, 248, 273
  'Pond', 248
  'Prigo', 248
  'Princeton Gold', 85, 248, 316
  'Royal Red', 248, 346
  'Schwedleri', 85, 248
  'Summershade', 85, 248
  'Superform', 85, 248
Acer rubrum, 66, 73, 103, 165, 245
  'Armstrong', 66, 248, 273
  'Autumn Flame', 248
  'Bowhall', 73, 248, 273
  'Columnare', 66, 73, 248, 273, 286
  'Morgan', 248
  'Northwood', 66, 249
  'October Glory', 245
  'Red Sunset', 66, 249
  'Scarlet Sentinel', 249
  'Schlesingeri', 249
Acer saccharinum, 103, 132, 245, 376
  'Born's Gracious', 249
  'Laciniatum Wieri', 245, 268
  'Pyramidale', 249
  'Silver Queen', 249
Acer saccharinum 'Laciniatum Skinner's', 249
Acer saccharinum ssp. nigrum, 273, 376
Acer saccharinum 'Greencolumn', 248, 273
Acer saccharinum 'Laciniatum Wieri', 245, 268
Acer saccharinum, 245, 376
  'Bonfire', 249
  'Commemoration', 249
  'Crescendo', 34, 249
  'Fastigiata', 245
  'Green Mountain', 245, 249
  'Legacy', 249
  'Monton', 34, 249
  'Monumentale', 256, 273
Acer saccharum fastigiata, 245, 286
Acer shirasawanum 'Aureum', 316
Acer spicatum, 73, 103, 256

Acer tataricum, 171, 256, 287
  'Bailey Compact', 34, 36, 287
  'Flame-ginnala', 287
Acer tataricum ssp. ginnala, 256, 287
Acer x freemanii
  'Armstrong', 66, 248, 273
  'Autumn Blaze', 34, 248
  'Célébration', 73, 248
  'Celzam', 73, 248
  'Jeffersred', 34, 248
  'Marmo', 248
  'Scarsen', 73, 248
Aceriphyllum rossii, 68, 138, 177
Achillea, 42
Achillea clypeolata 'Moonshine', 334
Achillea millefolium, 195, 364, 395
Achillea ageratifolia, 87, 214, 334
Achillea clavennae, 334
Achillea x 'Credo', 194, 334
Achillea filipendulina, 334, 364
Achillea ptarmica, 107, 138, 214, 395
Achillea tomentosa, 195, 334
Achillea umbelata, 195, 334
Achnatherum, 50, 144, 230
Achnatherum calamagrostis, 49
Aconitum x 'Spark', 214
Aconitum, 364
Aconitum lamarckii, 107
Aconitum napelus, 107, 138, 214, 396
Aconitum pyreanicum, 107
  'Argenteostriatus', 308
Acorus calamus, 422
  'Variegatus', 308
Acorus gramineus 'Argenteostriatus', 308
  'Variegatus', 312
Actaea pachypoda, 78, 138, 396
Actaea rubra, 79, 138, 150, 176
Actaea ruber neglecta, 79, 138, 176
Actinidia, 194, 407
Actinidia arguta, 136
Actinidia kolomikta
  'Artic Beauty', 136, 176, 307, 407
Adenophora liliifolia, 138, 214, 364
Adenophora suaveolens, 364
Adenophora tashiroi, 214
Adiantum pedatum, 82, 156, 411
Adlumia fungosa, 121, 137
Adonis aestivalis, 159, 207
Adonis amurensis, 178
Adonis vernalis, 42, 60, 86, 144, 158, 194, 206
Aegopodium podagraria 'Variegatum', 42, 68, 79, 151, 308
Aeoium arboreum 'Schwarzkof', 52, 356

Aesculus carnea x 'Briotii', 170, 256, 376
Aesculus glabra, 256
Aesculus hippocastanum, 170, 189, 249, 376
  'Plena', 189, 249
Aesculus parviflora, 74, 104, 132, 212, 227, 287, 380
Aethionema, 86, 178
Agapanthus 'Tinkerbell', 224, 314, 412
Agastache 'Blue Fortune', 42
Agastache foeniculum, 42
  'Golden Jubilee', 194, 321
Agastache rupestris, 42
Ageratum houstoniana, 206, 414
Agrostemma githago, 206
Ajania pacifica, 42, 232, 364
Ajuga, 138, 178, 350
Ajuga pyramidalis, 42
  'Metalica Crispa', 350
Ajuga reptans, 68, 78, 106, 150, 396
  'Burgundy Glow', 308
  'Calhin's Giant', 350
  'Goldens Beauty', 321
  'Multicolor', 350
  'Royalty', 350
  'Silver Beauty', 308
Ajuga tenorii 'Chocolate Chip', 350
  'Valfredda', 350
Akebia quinata, 136
Alcea ficifolia, 226, 364
Alcea rosea, 214, 364
Alchemilla, 138, 150, 194
Alchemilla ellenbeckii, 178
Alchemilla erythropoda, 60
Alchemilla mollis, 42, 78, 364, 396
Alisma parviflora, 112
Alisma plantago-aquatica, 112
Allium, 50
  'Moly', 120, 206
Allium aflatunense, 50, 206
Allium albopilosum, 52
Allium caeruleum, 206
Allium cernuum, 146, 158, 206
Allium cristophii, 158, 207
Allium giganteum, 52, 207
Allium japonica 'Ozawa', 233
Allium oreohilum, 286
Allium schoenoprasum, 84, 207, 412
Allium senescens 'Glaucum', 224, 344
Allium shubertii, 207
Allium siculum, 207
Allium sphaerocephalon, 224
Allium thunbergii 'Ozawa', 233
Allium tricoccum, 147
Allium tuberosum, 231
Allium victorialis, 147
Alnus, 104
Alnus crispa, 57, 104, 286
Alnus glutinosa 'Aurea', 104, 287

'Imperialis', 57, 103, 132, 256, 268, 270
'Incisa', 57, 103, 132, 256, 268, 270
Alnus incana 'Pendula', 58, 270
Alnus rugosa, 287
Alnus viridis, 57, 104, 287
Alocasia amazonica 'Hilo Beauty', 120, 314
Alopecerus pratensis 'Aureus', 324
Alstroemeria, 145, 208
Alternanthera dentata, 356
Alternanthera elegant, 356
Alternanthera ficoides 'Tricolore Aurea', 314
Alyssum, 60, 88, 167, 179
'Mountain Gold', 334
Alyssum maritimum, 52, 187, 414
Alyssum montanum 'Berggold', 42, 178, 334
Alyssum saxatile, 43, 364
Amaranthus, 53, 64
Amaranthus caudatus, 72, 414
Amaranthus gangeticus, 224, 356
Amaranthus tricolor, 224, 314, 414
Amelanchier, 171
Amelanchier alnifolia, 287
Amelanchier arborea, 73, 256, 326
Amelanchier canadensis, 34, 73, 74, 170, 256, 286, 287, 326, 327, 376, 380
Amelanchier grandiflora, 74, 287
Amelanchier laevis, 74, 132, 256, 287, 376, 380
Amelanchier lamarckii, 287
Ammi majus, 53, 208
Ammobium alatum, 53, 224
Amorpha canescens, 36, 58, 86, 149, 190, 327
Amorpha nana, 364
Ampelopsis, 137
Ampelopsis glandulosa 'Variegata', 214, 307
Amsonia hubrectii, 68, 178
Amsonia tabernaemontana, 42, 68, 138, 178, 364
Anacyclus depressus, 42, 60, 178, 334
Anacyclus pyrethrum, 42, 60, 178
'Silver Kisses', 167, 334
Anagalis monelli ssp. linifolia, 53, 208
Anagalis monellii, 145, 188
Anaphalis, 42, 60, 334, 364, 396
Anaphalis margaritace, 60, 215
Anchusa azurea, 195, 364
Anchusa capensis 'Blue Angel', 195, 364
Anchusa italica, 195, 364
Andromeda polifolia, 77, 106, 135, 176

'Blue Ice', 77, 106, 176, 329
'Glaucophylla', 176, 329
'Nana', 176, 329
Andropogon gerardii, 49, 230, 343
Andropogon scoparius, 49, 63, 231, 343, 410
Androsace carnea, 60, 79, 195
Androsace primuloides, 60, 178, 335
Androsace sempervivoides, 60, 167
Androsace septentrionalis, 178
Androsace villosa, 88, 195
Anemone 'Blanda', 52, 147, 158, 187
Anemone canadensis, 42, 68, 138, 151, 195
Anemone hupehensis 'Praecox', 232
Anemone hupehensis var. japonica, 68, 138, 228, 232, 364, 396
'Honorine Jobert', 232
'Prince Henry', 232
'September Charm', 232
Anemone nemorosa, 72, 138, 151, 178
Anemone sylvestris, 138, 195
Anemone, 151
Anemone vitifolia, 228, 364
'Robustissima', 228
Anemone x 'Margarete', 228
Angelica archangelica, 215
Angelica atropurpurea, 108, 215, 350
Angelica gigas, 108, 215, 350
Angelica pachycarpa, 108, 215
Angelonia angustifolia, 53, 414
Antennaria cana, 60, 79, 88, 195
Antennaria dioica, 178
'Rosea', 42, 79, 335
Anthemis, 42, 60, 215, 396
'Sancti-Johannis', 364
'Susanna Mitchell', 335
Anthemis cretica, 60, 215, 335
Anthemis marschalliana, 60, 335
Anthemis punctata, 215, 335
Anthemis sancti-johannis, 60
Anthemis tinctoria, 60, 364
Anthericum 52, 207
Anthirrhinum majus, 53, 208, 414
Anthyllis montana, 42, 178
Apios americana, 68, 121
Apocynum cannabinum, 108
Aponogeton dystachyus, 114
Aquilegia, 178, 364
'Woodside Strain', 321
Aquilegia alpina, 79, 108, 335
Aquilegia canadensis, 151
Aquilegia chrysantha 'Yellow Queen', 108, 335
Aquilegia fragans, 88, 108

INDEX DES NOMS SCIENTIFIQUES

Aquilegia longissima, 335
Aquilegia saximontana x 'Jonesii', 195
Aquilegia vulgaris, 151
　'Woodside Gold', 321
Arabis, 42
Arabis bryoides, 167
Arabis caucasica, 167, 364
　'Variegata', 167, 308
Arabis fernadi coburgii
　'Variegata', 178, 308
Arabis procurrens, 60, 167
Aralia elata, 36, 227, 287
　'Aureo Variegata', 227
　'Variegata', 227, 304
Aralia nudicaule, 80, 139, 151, 178, 215
Aralia racemosa, 80, 139, 215
Aralia spinosa, 36, 227
Arctostaphylos
　'Uva-Ursi', 39, 59, 77, 106, 135, 150, 176, 390
Arctotis
　'Dimorpheteca', 53, 208
　'Osteospermum', 53, 208
Arenaria balearica, 178
Arenaria montana, 42, 151, 178
Arenaria verna, 195
　'Aurea', 321
Argemone mexicana, 53, 208, 345
Argyranthemum, 53, 208
Arisaema atroruben, 139, 151
Arisaema triphyllum, 108, 167, 350
Aristolochia, 137, 194, 407
Armeria, 42
　'Joystik', 195
Armeria alliacea, 195, 364
Armeria caespitosa, 61, 178
Armeria formosa, 151
Armeria juniperifolia, 61, 167
Armeria maritima, 61, 178
Armeria plantaginea, 195
Armeria x *formosa*, 195
Arnebia pulchra, 68, 138, 167
Arnica montana, 42, 61, 178
Aronia, 132
Aronia floribunda, 74
Aronia melanocarpa, 36, 104, 149, 171, 294, 380
Aronia prunifolia, 36, 74, 171
Arrhenatherum, 63, 144
Arrhenatherum bulbosum
　'Variegata', 63
Artemisia, 42
　'Silver Brocade', 335
　'Stelleriana', 335
　x 'Powis Castle', 335
Artemisia abrotanum, 88, 195, 335, 364
Artemisia absinthium, 335
Artemisia glacialis, 195, 335
Artemisia lactiflora
　'Quizho', 108, 215, 350
Artemisia lanata, 88, 335
Artemisia ludoviciana, 335
Artemisia michauxiana, 335
Artemisia pontica, 335
Artemisia schmidtiana
　'Silver Mound', 335, 365, 396

Artemisia vulgaris 'Janlim', 308, 321
Arum italicum, 344
Aruncus, 139, 151
Aruncus aethusifolius, 80, 178, 396
Aruncus dioicus, 68, 80, 108, 195, 365, 396
Aruncus sinensis, 80, 108, 215
Arundinaria, 118, 145, 313, 410
Arundinaria murielae, 144
Arundinaria nitida, 144
Arundinaria pumila
　'Variegata', 312
Arundinaria veitchii, 116, 144
Arundo donax, 116
　'Versicolor', 312
Asarina barclaiana, 188, 422
Asarum, 139, 152, 178
Asarum canadense, 152, 178
Asarum splendens, 108, 178, 334
Asclepias incarnata, 108, 195, 345
Asclepias tuberosa, 42, 215, 364, 396
Asparagus densiflor, 145
Asperula orientalis, 145, 208
Asphodeline lutea, 43, 177, 179, 335, 365
Asphodelus albus, 179, 365
Asplenium, 91
Asplenium platyneuron, 51, 156
Asplenium scolopendrium, 72, 91
Aster, 365
　'Lady in Black', 232, 350
　'Prince', 232, 350
Aster alpinus, 68, 179
Aster dumosus, 68
Aster ericoides, 43, 232
Aster lateriflorus, 232
　'Prince', 350
Aster novae-angliae, 68, 228
Astilbe, 80, 108, 139, 195, 364, 397
　'Crispa Perkeo', 350
Astilbe arendsii
　'Fanal', 215, 350
　'Lollypop', 215
Astilbe chinensis pumila, 43, 152, 215
Astilbe chinensis superba, 119, 215
Astilbe microphylla, 215
Astilbe simplicifolia, 215, 350
　'Bronce Elegans', 350
Astilbe thunbergii
　'Ostrich Plume', 215
Astilbe x *chinensis*, 228
Astilboides rodgergia, 139
Astilboides tabularis, 80, 108, 139, 152, 195
Astragalus canadensis, 43
Astragalus danicus, 43
Astrantia major, 68, 108, 139, 152, 195, 365, 397
　'Bressingham', 167
　'Hadspen Blood', 350
　'Sunningdale Variegata', 308
Astrantia maxima, 195, 365

Athyrium
　'Branford Beauty', 83, 344, 411
　'Branford Rambler', 83, 355
　'Erika Silver', 344, 411
　'Ghost', 83, 344
　'Pewter Lace', 83, 344, 355
Athyrium filix-femina, 118
　'Erika Silver', 344, 411
　'Lady in Red', 83, 355
Athyrium filix-femina minutissimum, 118
Athyrium nipponicum
　'Burgundy Lace', 156, 355
　'Pictum', 118, 157, 344, 355, 411
　'Pictum Applecourt', 118, 344
　'Pictum Silver Falls', 344
　'Ursula's Red', 344
Athyrium othophorum, 118
Athyrium pynocarpon, 83, 157
Athyrium thelypterioides, 118, 157
Atriplex hortensis, 356
Aubrieta deltoidea, 43, 88, 152, 167
Aubrieta x *cultorum*, 167, 365
Aurinia, 60, 88, 167
Aurinia saxatilis, 43, 179, 334
Avena, 50
Azolla caroliniana, 115
Azorella trifurcata, 179

B

Bacopa caroliniana, 115
Ballota pseudodictamnus, 335
Baptisia australis, 43
Barkhausia rubra, 53, 64, 225
Begonia 'Escargot', 145
Begonia grandis ssp. *evansiana*, 146
Begonia semperflorens, 53, 159, 188, 356
　'Lotto Murano', 314
Begonia tuberosa, 52, 147, 158, 207, 412
Belamcanda chinensis, 43, 61, 215, 335, 365
Bellis perennis, 196
Berberis, 171
Berberis thunbergii, 36, 294
　'Aurea Nana', 316
　'Bailone', 348
　'Emerald Carousel', 348
　'Gentry', 348
　'Ida', 348
　'Monlers', 316
　'Monomb', 348
　'Monry', 316
　'Rose Glow', 304
　'Tara', 348
　'Royal Cloak', 348
Bergenia, 139, 152, 179
Bergenia cordifolia
　'Tubby Andrews', 308, 321
Beta vulgaris, 256, 415
Betula albo sinensis

　'Septentrionalis', 245
Betula alleghaniensis, 103, 245
Betula glandulosa, 58, 74, 104, 294
Betula lenta, 73, 245
Betula lutea, 103
Betula nana, 104, 294
Betula nigra, 73, 103, 249, 377
　'Cully', 103, 249
　'Fox Valley', 74, 104, 287, 380
　'Heritage', 249
　'Little King', 74, 104, 287, 380
Betula papyrifera, 73, 249, 377
　'Winter Beauty', 298
　'Winter Gem', 298
Betula pendula, 34, 249
　'Crimson Frost', 249, 346
　'Fastigiata', 34, 249
　'Filigree Lace', 256, 268
　'Gracilis', 249, 268
　'Laciniata', 34, 249, 268
　'Royal Frost', 346
　'Tristis', 34, 249, 268
　'Trost's Dwarf', 34, 36, 256, 270
　'Youngii', 257, 268
Betula pendula 'Purpurea Royal Frost', 250
Betula platyphylla japonica, 250
Betula platyphylla 'Whitespire', 250
Betula populifolia, 34, 57, 250, 286
Betula pumila, 104, 287
Betula utilis jacquemontii, 34, 57, 66, 250
Betula verrucosa, 34, 249, 268
Bidens aurea, 53, 208, 415
Blechnum, 83, 157
Blechnum spicant, 51
Bletilla striata, 148, 187
Bocconia cordata, 219
Boltonia asteroides, 335, 397
Borago officinalis, 53, 224, 415, 368, 399
Bouteloua, 49, 223
Bouteloua gracilis, 343
Boykinia, 139, 179, 215
Brachycome iberidifolia, 53, 208
Brasenia schreberi, 114
Brassica oleracea
　'Redbor', 356, 415
　'Multicolore', 318
　'Silver Knight', 329
　'Yvette Gold', 318
Briza media, 50, 63, 116, 206
Brodieaea laxa, 52, 207
Bromus inermis, 71, 206
　'Skinner's Golden', 312, 324
Browalia speciosa, 146, 208
Brugmensia, 146, 224
Brunnera macrophylla, 179
　'Hadspen Cream', 308
　'Jack Frost', 335
　'Langtrees', 336
　'Looking Glass', 336
　'Silver Wings', 336
　'Variegata', 308
Campanula, 43, 139

Buddleia davidii, 36, 86, 227, 380
　'Santana', 304
Bulbocodium vernum, 120
Buphtalmum salicifolium, 215, 265
Butomus umbellatus, 112, 422
Buxus x, 87, 135, 155
　'Green Gem', 298
　'Green Mound', 298
　'Green Mountain', 298
　'Green Velvet', 298
Buxus microphylla
　'Pincussion', 298
　'Tall Boy', 298
Buxus sempervirens
　'Variegata', 298, 306, 390
　'Mont Bruno', 298
Buxus sinica 'Cushion', 298

C

Cabomba caroliniana, 116
Caladium, 120, 344, 356, 412
Caladium bicolor, 146
Calamagrostis brachytricha, 50, 144, 230, 233, 343
Calamagrostis x *aculiflora*, 50, 71
　'Overdam', 312
　'Avalanche', 312
Calamintha, 139, 152, 215, 308
Calamintha acino, 215, 308
Calamintha alpina, 215, 308
Calamintha nepeta, 43, 215
Calandrinia umbellata, 53, 208
Calendula officinalis, 53, 64, 208, 415
Calibrachoa 'Million Bells', 188, 415
Calla palustris, 69, 112
Calla x 'Red Sox', 314
Callicarpa bodinierei 'Profusion', 212
Callicarpa bodinierei giraldii, 212
Callicarpa dichotoma 'Early Amethyst', 212
Calliopsis, 53, 208
Callirhoe involucrata, 143, 216
Callitriche, 116
Calluna, 77, 227
　'Cuprea', 318
　'Multicolore', 318
　'Silver Knight', 329
　'Yvette Gold', 318
Calluna vulgaris, 135, 150, 298
Calochortus, 52, 148, 207
Caltha palustris, 69, 80, 139, 179
Calycanthus floridulus, 104
Camassia, 148, 187
Camassia cusckii, 72
Camassia leichtlinii
　'Variegata', 120, 148, 187, 314
Campanula, 43, 139

Campanula alliariifolia, 152
　'Ivory Bells', 196
Campanula allionii, 88
Campanula alpestris, 88
Campanula alpina, 196
Campanula barbata, 196
Campanula bellidifolia, 196
Campanula calycanthema, 365
Campanula cochleariifolia, 216
Campanula x 'Dickson's Gold', 196, 321
Campanula formanekiana, 69, 196
Campanula garganica, 196
Campanula glomerata, 196, 365, 397
　'Superba', 152
Campanula hallii, 196
Campanula incurva, 196
Campanula lactiflora, 196, 365
Campanula lactifolia var. *macrantha*, 69, 196, 365
Campanula medium, 196, 365
Campanula nana, 365
Campanula persicifolia, 69, 152, 196, 365
　'Kelly's Gold', 321
Campanula portenschlagiana, 69, 196
Campanula poscharskyana, 152, 196
Campanula pulla, 88, 196
Campanula punctata, 196, 365
　'Milk Shake', 196, 321
Campanula pyramidalis, 196, 366
Campanula radeana, 88, 179
Campanula raineri, 216
Campanula rotundifolia, 196
　'Mingan', 196
　'Tratrae', 196
Campanula sarmatica, 152, 196, 336
Campanula takesimana, 216
　'Beautyful Trust', 366
Campanula trachelium, 152, 216, 366
Campanula tubinata, 216
Campanula waldsteiniana, 216
Campsis radicans, 41, 227, 407
Canna, 207, 412
Canna x *generalis*
　'Bengal Tiger', 314, 325
　'Pretoria', 314, 325
　'Stuttgart', 314
Canna x *Hybrida*, 224, 356, 375
Capsicum annuum 'Jegsaw', 314, 415
Caragana, 66, 189, 190
Caragana arborescens, 36, 57, 58, 86, 190, 288, 380
　'Lorbergii', 34, 170, 257, 268
　'Pendula', 34, 170, 257, 268
　'Walker', 34, 170, 257, 268, 377

INDEX DES NOMS SCIENTIFIQUES

Caragana aurantiaca, 34, 190, 257, 294, 327, 381
Caragana frutex 'Globosa', 34, 36, 190, 257, 294
Caragana pygmaea, 34, 190, 257, 294, 381
Caragana roborovskyi, 34, 257, 326
Caragana rosea, 34, 36, 257
Caragana tragacanthoides, 34, 257
Cardamine, 69, 139, 179
Cardamine pradensis, 80, 108
Cardamine trifolia, 69
Cardiosperme halicacabum, 226
Carex albula 'Frosty Curls', 343
Carex brunnescens, 50, 82, 156, 186
Carex buchananii, 116, 144, 233, 355
Carex comans 'Bronze', 116, 355, 408
Carex communis, 50, 156
Carex conica
  'Marginata', 116, 312
  'Snowline', 116, 312
Carex divulsa 'Kaga-nishiki', 117, 144, 223, 312, 324
Carex elata
  'Aurea', 117, 324, 408
  'Bowles Golden', 117, 324, 408
Carex firma 'Variegata', 50, 186
Carex flacca, 50, 144, 206, 343
Carex glauca, 50, 144, 156, 206, 343
  'Blue Zinger', 343
Carex grayi, 156, 206
Carex hachijoensis 'Evergold', 117
Carex limosa, 117
Carex morrowii, 144
  'Aureo Variegata', 186, 324
  'Ice Dance', 117, 312
  'Variegata', 117, 312
Carex muskingumensis, 117, 144, 408
Carex ornithopoda, 117, 144 'Variegata', 312
Carex oshimensis 'Evergold', 117, 312
Carex pendula, 117
Carex petriei, 144, 355
Carex plantaginea, 145, 156, 186, 408
Carex pseudocyperus, 186
Carex siderosticha
  'Lemon Zest', 324
  'Island Brocade', 117, 312
  'Variegata', 117, 145, 156, 312
Carex x 'Silver Sceptre', 117, 313
Carlina acaulis, 43, 216
Carpinus caroliniana, 73, 103, 132, 257
Carya cordiformis, 132, 245
Carya glabra, 245
Carya ovata, 34, 132, 245
Caryopteris 'Dark Knight', 37, 58, 227

Caryopteris clandonensis, 36, 58, 227
  'Dark Knight', 37, 58, 227
  'Worcester Gold', 227, 316, 381
Cassia hebecarpa, 43
Cassiope hypnoides, 77, 135, 166
Cassiope lycopodioides, 77, 106, 135, 166
Cassiope tetragona, 77, 135, 166
Castanea dentata, 189, 257
Catalpa bignonioides, 189, 257
  'Nana', 257
Catalpa speciosa, 55, 85, 189, 250, 377
Catananche caerulea, 43, 61, 197, 336, 366
Catharanthus roseus, 53, 415
Ceanothus americanus, 37, 58, 132, 149, 190
Celastrus scandens, 41, 137
Celosia cristata, 208
  'Amigo Mahogany Red', 356
Celosia plumosa, 208, 356
Celtis occidentalis, 35, 85, 250
  'Prairie Pride', 250
Centaurea, 43, 61, 216
Centaurea bella, 88, 197, 336
Centaurea cyanus, 53, 415
Centaurea dealbata, 61, 197, 366, 397
Centaurea hypoleuca, 366
  'John Coutts', 61, 216
Centaurea macrocephala, 88, 216, 366
Centaurea montana, 88, 152, 179, 366
  'Gold Bukkion', 179, 321
Centaurea pulcherrima, 88, 179, 336
Centaurea simplicicaulis, 61, 88, 179, 336
Centranthus ruber, 43, 61, 88, 197, 366
Cephalanthus occidentalis, 104, 133, 212
Cephalaria alpina, 216
Cephalaria gigantea, 69, 197, 366
Cerastium alpinum lanatum, 61, 179, 336
Cerastium tomentosum, 43, 179, 336
Cerastotigma plumbago, 43, 139, 152, 216
Ceratophyllum demersum, 116
Cercidiphyllum japonicum, 73, 132, 165, 257, 268
  'Pendula', 268
  'Ruby', 348
Cercidiphyllum japonica magnificum 'Pendulum', 268
Cercis canadensis, 35, 165, 257
  'Forest Pansy', 346
Cerinthe major 'Purpurescens', 225, 345
Chaenomeles, 66, 172

Chaenomeles japonica 'Sargentii', 172, 294
Chamaecyparis lawsonia
  'Elwoodii', 264, 330
  'Minima Glauca', 319, 330
Chamaecyparis nootkatensis, 271, 330
  'Bleu Weeping', 40, 136, 264, 330, 391
  'Pendula', 254, 271
Chamaecyparis obtusa,
  'Aurea', 264
  'Blue Feathers', 330
  'Crippsii', 265, 319
  'Fernspray Gold', 319
  'Hinoki', 264, 319
  'Nana Aurea', 319
Chamaecyparis pisifera, 67
  'Boulevard', 265, 330, 392
  'Compacta', 330
  'Cream Puff', 307, 392
  'Curly Tops', 330
  'Filifera Aurea', 271, 319, 391
  'Filifera Aurea Nana', 271, 319
  'Filifera Mops', 319
  'Filifera Nana', 271
  'Filifera', 265, 271
  'Gold Dust', 307, 319
  'Lemon Thread', 319, 392
  'Plumosa Aurea', 265, 319, 391
  'Squarrosa Intermedia', 330
  'Squarrosa Lombards', 330
  'Sungold', 320
Chamaecyparis, 78
Chamaecyparis thyoides
  'Heatherbun', 330
  'Red Star', 265, 274, 392
  'Rubicon', 265, 274, 330
Chamaecytisus purpureus, 74, 171
Chamaedaphne calycutala, 77, 106, 176
Chasmanthium latifolium, 117, 145, 233
Cheiranthus, 88, 217
Cheiranthus allioni, 61, 179
Cheiranthus capitatum, 179, 366
Cheiranthus cheri, 208, 416
Chelone glabra, 216, 366
Chelone obliqua, 69, 108, 139, 228, 366, 397
  'Hokie Pink', 75
  'Praecox Nana', 366
Chiastophyllum 'Goldtrup', 139, 179
Chiastophyllum oppositifolium, 80, 197
Chimaphila umbellata, 80, 152, 197
Chionanthus virginicus, 75, 104, 381
Chionodoxa, 187
Chionodoxa luciliae, 52, 148, 158, 169
Chitalpa x tashkentensis, 35, 257
  'Pink Dawn', 189, 288
Chladophora aegagropila, 116
Chlorophytum comosum, 314
Chlorophytum variegata, 146
Chrysanthemum articum, 228, 466

Chrysanthemum coccineum, 366
Chrysanthemum 'Duchess of Edingurg', 228, 366
Chrysanthemum maximum, 366, 402
Chrysanthemum morifolium, 228, 366
Chrysanthemum pacificum, 334
Chrysanthemum serotinum, 80, 232
Chrysanthemum uliginosum, 80, 110, 232
Chrysanthemum weyrichii, 232
Chrysanthemum x rubellium
  'Clara Curtis', 228, 366
  'Mary Stoker', 228, 366
Chrysogonum virginianum, 139, 152, 197, 366
Chrysopsis heterotheca, 43, 228, 336, 366
Chrysopsis villosa, 43, 366
Chrysopsis villosa var. rutteri, 228, 336
Cimicifuga, 139, 152, 366, 398
Cimicifuga acerina, 232, 350
Cimicifuga dahurica, 232
Cimicifuga racemosa, 216
Cimicifuga racemosa var. cordifolia, 228
Cimicifuga ramosa
  'Atropurpurea', 228, 350
  'Black Beauty', 350
  'Brunette', 228, 350, 397
  'Hillside Black Beauty', 228
Cimicifuga simplex 'White Pearl', 69, 108, 232
Cladastris kentukea, 189, 190, 250
Cladastris lutea, 172, 189, 250
Clarkia elegans, 64
Claytonia caroliniana, 139, 152, 177
Clematis, 194, 407, 408
Clematis recta 'Purpurea', 350
Clematis virginiana, 41, 194, 214
Cleome spinosa, 53, 225
Clethra alnifolia, 75, 104, 133, 149, 227, 294, 381
  'Hokie Pink', 75
Clintonia borealis, 80, 139, 152, 179
Cobae scandens, 226
Coix lacrymae, 50
Colchicum automnale, 158, 233
Colchicum vernum, 120
Collinsia heterophyla, 146, 208
Colocasia affinis 'Jenningsii', 344
Colocasia antiquorum, 120, 224, 356
Colocasia 'Black Magic', 120, 356
Colocasia esculenta 'Fontaneisi', 120, 356
  'Illustris', 120, 356
Commelina coelestis, 120
Commelina tuberosa, 120, 224
Corydalis, 140, 153

Comptonia peregrina, 37, 58, 75, 133, 149, 381
Convalaria majalis, 43, 80, 139, 152, 179, 398
Convolvulus, 53, 208
Coptis groenlandica, 80, 139, 152, 179
Cordyline australis, 53, 356, 416
Coreopsis auriculata 'Nana', 197, 366
Coreopsis grandiflora, 197, 367, 398
  'Calypso', 197, 308
Coreopsis lanceolata, 197, 367
Coreopsis rosea, 216
  'Limerock Ruby', 43
Coreopsis rosea nana, 367, 398
Coreopsis 'Tequila Sunrise', 197, 308
Coreopsis verticillata, 43, 197, 67, 398
Coreopsis x
  'Ruby', 367, 398
  'Sweet Dreams', 367, 398
Coreopsis x hybrida, 216
Cornus alba, 37, 66, 172, 288, 381
  'Bailhalo', 104, 304
  'Elegantissima', 104, 257, 304, 381
  'Gouchaultii', 104, 133, 304, 316, 381
  'Ivory Halo', 104, 304
  'Siberian Pearl', 104, 381
  'Sibirica variegata', 104, 304
  'Variegata', 288
Cornus alternifolia, 172
Cornus amomum, 104, 133, 190, 288
Cornus canadensis, 40, 80, 108, 139, 152, 179
Cornus circinata, 190
Cornus controversa, 172, 305
Cornus florida, 172, 288
  'Tricolor', 104, 305, 381
Cornus kousa chinensis, 104, 172, 288
Cornus kousa 'Limon Ripple', 104, 305, 316
Cornus mas
  'Aurea', 105, 305
  'Variegata', 105, 305
Cornus paniculata, 37, 105, 190, 288, 327
Cornus pumila, 75, 105, 172, 294
Cornus racemosa, 37, 105, 190, 288, 327
Cornus rugosa, 133, 190
Cornus sanguinea, 172, 288
Cornus sericea, 105, 133, 190
  'Flaviramea', 191
  'Silver and Gold', 305
Cornus stolonifera, 105, 133, 190, 288, 316
Coronilla varia, 43, 152, 197
Cortaderia selloana, 233
Cortusa matthioli, 179
Corydalis, 140, 153

'Silver Scepter', 336
Corydalis cheilanthifolia, 108, 180, 336
Corydalis flexuosa
  'China Blue', 108, 180, 336
  'Purple Leaf', 108, 180, 350
Corydalis lutea, 109, 180, 336, 367, 398
Corydalis ochroleuca, 109, 180, 336
Corylopsis spicata 'Golden Spring', 75, 105, 165, 317
Corylus americana, 288
Corylus avellana, 37, 133, 288
  'Aurea', 77
  'Contorta', 170, 256
  'Pendula', 268
Corylus colurna, 250, 273
Corylus maxima 'Purpurea', 105, 348
Corynephorus 'Spiky Blue', 50, 343, 409
Cosmos atrosanguineus 'Chocolate', 224
Cosmos bipinnatus, 53, 208, 225
Cosmos sulphureus, 225
Cotinus coggygria, 37, 86, 191, 212, 288, 327, 382
  'Ancot', 317
  'Black Velvet', 348
  'Foliis Purpureis', 348
  'Golden Spirits', 317
  'Pink Champagne', 348
  'Royal Purple', 348, 382
  'Rubrifolius', 348
  'Velvet Cloak', 348
  'Young Lady', 327
Cotinus coggygria x 'Grace', 348
Cotinus cogg. purpureus, 348
Cotinus obovatus, 327
Cotoneaster acutifolius, 58, 172
Cotoneaster adpressus 'Praecox', 165, 257
Cotoneaster apiculatus, 37, 86, 176, 189, 294
Cotoneaster copperi, 191, 257
Cotoneaster 'Dammeri', 176
Cotoneaster dielsianus, 191, 288
Cotoneaster horizontalis, 40, 67, 87, 298
  'Perpusillus', 172
  'Robusta', 172
  'Variegata', 305
Cotoneaster integerrimus, 172, 288, 327
Cotoneaster lucidus, 172, 288
Cotoneaster melanocarpus, 172, 294
Cotoneaster microphyllus, 176
Cotoneaster nanshan, 150, 165, 176, 257, 268
Cotoneaster praecox, 150, 165, 176, 268
Cotoneaster suecicus, 176
Cotoneaster tomentosus, 172, 288
Cotula barbata, 53, 225
Crambe cordifolia, 197

INDEX DES NOMS SCIENTIFIQUES

Crambe maritima, 109, 197, 336
Craspedia globosa, 53, 208
Crassula recurva, 116
Crataegus, 35
Crataegus carrieri, 66, 189, 258, 377
Crataegus chrysocarpa, 172, 288
Crataegus crus-galli, 105, 172, 257, 288
Crataegus crus-galli inermis, 172, 288
Crataegus laevigata
  'Crimson Cloud', 257
Crataegus lavallei, 66, 189, 258, 377
Crataegus monogyna
  'Compacta', 170, 172, 258, 294
  'Pendula', 270
Crataegus mordenensis
  'Snowbird', 170, 258
Crataegus phaenopyrum, 189, 191, 258, 288
Crataegus rotundifolia, 172, 288
Crataegus viridis
  'Winter King', 170, 258
Crepis aurea, 69
Crepis rubra, 53, 225
Crocus, 52, 148, 158, 169
Crocus aureus, 148, 169
Crocus sativus, 233
Croscomia x hybrida, 224, 375
Crucianiella stylosa, 55
Cryptomeria japonica
  'Nana', 78
Cryptotaenia japonica, 140
  'Atropurpurea', 140, 350
Cuphea ignea, 159, 416
Cyananthus lobatus, 197
Cyananthus microphyllus, 197
Cymbalaria muralis, 140, 153, 216
Cymbalaria pallida, 216
Cynara cardunculus, 54, 345, 416
Cynoglossum amabile, 54, 208
Cyperus alternifolia, 112
Cyperus alternifolia gracilis, 112
Cyperus diffusus, 113
Cyperus haspan, 113
Cyperus isocladus, 113
Cyperus papyrus, 113
Cyperus rustique, 113
Cypripede acaule, 80, 180
Cystopteris bulbifera, 157, 191
Cytisus, 37, 58, 75, 86
Cytisus beanii, 172
Cytisus decumbens, 58, 172
Cytisus praecox, 172
Cytisus procumbens, 172
Cytisus purpureus, 74, 171

D

Dactylis glomerata
  'Variegata', 145, 313
Dahlia, 207, 224, 356, 375, 413

Daphne burkwoodii, 77, 135, 193
Daphne cinerea
  'Ruby Glow', 306, 390
Daphne cneorum, 77, 194
Daphne mezereum, 77, 133, 135, 150, 165
Daphne peltata, 109, 140, 167
Daphne x burkwoodii
  'Brigg's Moonlight', 306
Darmera peltata, 109, 140, 167
Datura, 54, 208
Delosperma, 44, 61, 197
Delphinium, 367
Delphinium grandiflorum, 216, 398
Delphinium hybride, 69, 216
Dendranthema
  'Clara Curtis', 228, 366
  'Duchess of Edingurg', 228, 366
  'Mary Stoker', 228, 366
Dendranthema articum, 232
Dendranthema weyrichii, 232
Dendranthema yezoense, 228
Dendranthema zawadskii, 228, 366
Dennstaedtia punctilobula, 51, 157
Deschampsia, 71, 145
Deschampsia caespidosa, 117, 145, 223, 409
Deschampsia flexuosa, 50, 82, 206
Deutzia gracilis, 37, 66, 86, 191, 294
  'Aurea', 77
Deutzia parviflora, 66, 191, 294
Deutzia x hybrida
  'Pink-a-Boo', 66, 294
Dianthus, 44, 197, 336, 367
Dianthus amurensis, 216, 336
Dianthus arenarius, 336
Dianthus caryophyllus, 336
Dianthus chinensis, 91, 225
Dianthus gratiano politanus, 336
  'La Bourboule', 180
Dianthus haemathocalyx, 209, 345
Diapensia lapponica, 44, 61, 180
Diascia elegans, 188, 416
Dicentra, 80, 109, 140
Dicentra canadensis, 153
Dicentra cuvullaria, 153
Dicentra eximia, 180
Dicentra formosa, 153, 180
Dicentra spectabilis, 153, 180
  'Gold Heart', 321
Dichondra argentea, 345
Dictamnus albus, 44, 88, 197, 367, 398
Diervilla, 133
Diervilla canadensis, 75, 212, 294
Diervilla lonicera, 75, 212, 294
Diervilla sessilifolia, 191, 294
Diervilla splendens, 191, 294
Digitalis, 140, 153
Digitalis ambigua, 197, 367
Digitalis ferruginea, 44, 197, 367

Digitalis grandiflora, 197, 367
Digitalis lanata, 197, 367
Digitalis lutea, 88, 191, 367
Digitalis obscura, 180, 367
Digitalis parviflora, 216, 367
Digitalis purpurea, 44, 80, 198, 367, 399
Digitalis x mertonensis, 198, 367
Dionysia aretioides, 88, 180
Dionysia involucrata, 180
Diospyros virginiana, 250
Dipsacus fullonum, 216
Dipsacus sylvestris, 216
Dirca palustris, 75, 105, 133, 165, 294, 382
Disporum, 180
Disporum pullum 'Variegata', 80, 109, 140, 308
Disporum smilacinum, 140, 308
Dissecta, 262, 290
Dodecatheon meadia, 80, 180, 399
Dolichos lablab, 226
Doronicum, 68, 88, 140, 167, 180
Doronicum orientale, 367
Doronicum x hybrida, 367
Dorycnium hirsutum, 44, 198, 337
Douglasia laevigata ciliolata, 61, 180
Draba, 44, 167
Dracocephalum, 44, 140, 216
Dracocephalum grandiflorum, 198
Drosera, 80, 216
Dryas octopelata, 44, 180, 337
Dryoperis goldiana, 157
Dryopteris affinis, 118
  'Crispa Barnes', 325
  'Crispa Darkness', 157
  'Stableri', 118
Dryopteris carthusiana, 51, 157
Dryopteris celsa, 157
Dryopteris crassirhizoma, 83, 157
Dryopteris cristata, 118
Dryopteris dilata
  'Lepidota Cristata', 157
Dryopteris erythrosora, 118, 157, 355
Dryopteris filix-mas, 51, 83, 118, 157, 411
  'Boltonii', 157
  'Linearis Polydactyla', 157
  'Ramosa', 157
  'Undulata Robusta', 157
Dryopteris fragans, 63, 91, 157
Dryopteris goldiana, 83
Dryopteris marginalis, 51, 83, 157, 344
Dryopteris noveboracensis, 51
Dryopteris remota, 157
Dryopteris spinulosa, 157
Duchesnea, 140
Duchesnea indica, 180
Dulichium arundinaceum, 113
Dyssodia tenuiloba, 54, 64, 209

E

Eccremocarpus scaber, 121, 226
Echinacea, 44
  'Art's Pride', 367
  'Evan saul', 368
  'Harvest Moon', 367
  'Matthew Saul', 367
  'Sundown', 368
  'Sunrise', 368
  'Sunset', 368
  'Twilight', 368
Echinacea pallida, 217, 368
Echinacea paradoxa, 217, 368
Echinacea purpurea, 217, 368
  'Doubledecker', 368
  'Razzmatazz', 368
  'Sparkler', 308
Echinacea tenneseensis, 217, 368
Echinops, 44
Echinops bannaticus, 217, 337, 368
Echinops ritro, 61, 337, 368, 399
Echinops sphaerocephalus, 337
  'Arctic Glow', 337, 351, 368
Echium plantagineum, 54, 64, 209
Edraianthus, 217
Edraianthus graminifolius, 44, 217
Eichlornia crassipes, 115, 425
Elaeagnus, 37, 86, 172
Elaeagnus 'Quicksilver', 191, 327
Elaeagnus angustifolia, 35, 58, 85, 189, 191, 258, 288, 327
Elaeagnus angustifolia caspica, 191, 327, 382
Elaeagnus argentea, 58, 191, 289, 327
Elaeagnus commutata, 58, 191, 289, 327
Elaeagnus edulis, 58, 190, 288, 326
Elaeagnus multiflora, 58, 190, 288, 326
Elaeagnus umbellata
  'Cardinal', 74, 326
Eleocharis, 112, 422
Eleutherococcus sieboldianus, 36, 58, 132, 148, 288, 294, 304
  'Aureo Marginata', 36, 304
  'Variegata', 304
Elodea canadensis, 116
Elymus, 50, 206, 342, 409
Emilia coccinea, 54, 224
Empertrum 'Nigrum', 76, 106, 134, 176
Enkianthus campanulace, 74, 132, 172
Ensata, 74, 132, 172
Eoemecon chionantum, 140, 216
Epigaea repens, 38, 76, 106, 135, 167
Epilobium, 44, 61, 198
Epilobium angustifolium, 368
Epilobium canunmgarretti, 49
Epilobium dodonaei, 217, 331, 368
Epilobium fleischeri, 217
Epimedium, 80, 109, 140, 153, 180, 351
Epimedium rubrum, 351, 399
Epimedium x versicolor
  'Sulphureum', 153, 351
Equisetum fluviatile, 113, 423
Equisimum hyemale, 113
Eranthis cilicica, 72, 148, 158, 169
Eranthis hyemalis, 169
Eremurus, 207, 413
Erianthus ravennae, 117, 230
Erica carnea, 77, 136, 176, 390
Erica tetralixis, 77, 194
Erigeron alpinus, 198
Erigeron aurantiacus, 198
Erigeron chrysopsidis
  'Brevifolius', 198
Erigeron glaucus, 198, 399
Erigeron karvinskianus, 209, 368
Erigeron leiomerus, 198
Erigeron macranthus, 198, 368
Erigeron speciosus, 198, 368
Erigeron trifidus, 198
Erigeron uniflorus, 198
Erigeron x hybrida, 368
Erinus alpinus, 88, 167
Eriogonum umbellatum, 44, 198, 217
Eriophorum, 113
Eriophyllum lanatum, 44, 198, 337
Eryngium, 44, 217, 337
Eryngium amethystinum, 337, 368
Eryngium bourgatii, 337, 368
Eryngium giganteum, 337, 368
Eryngium planum, 337, 368, 399
Eryngium variifolium, 337, 368
Erysimum capitatum, 179, 368
Erysimum linifolium, 44, 88, 180, 308, 368
Erysimum pulchellum, 88, 217
Erythronium americanum, 148, 158, 169, 356, 413
Erythronium dens-canis, 148, 158
Eschscholtzia californica, 54, 64, 209, 345
Eucalyptus globulus, 72, 345
Euonymus alatus, 86, 133, 289, 382
  'Compactus', 133, 258, 295
  'Chicago Fire', 295
  'Timber Creek', 295
Euonymus atropurpurea, 133, 191
Euonymus bungeanus
  'Pendulus', 270
Euonymus europaeus, 289
  'Red Cascade', 258
Euonymus fortunei, 136, 150, 306, 390, 391
  'Blondy', 319

'Canadale Gold', 319
'Country Gold', 319
'E.I. Gold', 319
'E.T.', 319
'Emerald Gaiety', 306, 329
'Emerald Gold', 306, 319, 390
'Gold Tip', 319, 390
'Golden Prince', 319, 390
'Harlequin', 306, 307, 329
'Ivory Jade', 329
'Mor Gold', 319
'Sarcoxie', 298
'Sheridan Gold', 319
'Sungold', 319
'Sunny Lane', 319
'Sunrise', 258, 319
'Sunspot', 319
'Surespot', 319
Euonymus nanus, 37, 149, 382, 383
Euonymus nanus turkestanicus, 327
Euonymus turkestanica
  'Nana', 170, 258, 268, 270, 326
Eupatorium, 109, 140
Eupatorium maculatum, 217, 368
Eupatorium perfoliatum, 69
Eupatorium purpureum, 69, 217, 368
Eupatorium rugosum
  'Chocolate', 217, 351, 369
Euphorbia, 44, 61, 180
Euphorbia amygdaloides
  'Purpurea', 351
Euphorbia cyrsinite, 337
Euphorbia dulcis, 351
Euphorbia griffithii
  'Fire Glow', 369
Euphorbia marginata, 54, 314
Euphorbia myrsinites, 337
Euphorbia palustris, 109, 167
Euphorbia polychroma, 308, 369
  'Purpurea', 351
Euphorbia rigida, 337
Euphorbia x
  'Blue Haze', 337
  'Froeup', 337
Euryal ferox, 114
Euryops acreus, 166

F

Fagus americana, 72, 132, 245, 286
Fagus grandifolia, 72, 132, 245, 286
Fagus sylvatica
  'Asplenifolia', 72, 250
  'Atropunicea', 377
  'Atropurpurea', 258, 346
  'Purple Fountain', 72, 258, 268, 346
  'Purpurea pendula', 258, 346
  'Purpurea Tricolor', 72, 250, 304, 346
Fallopia japonica, 140, 228
  'Variegata', 308, 109, 228
Fargesia, 144
Fargesia murieliae, 71

433

INDEX DES NOMS SCIENTIFIQUES

Fargugium japonica
 'Aureomaculata', 309
Felicia, 54, 146, 224
Felicia bergeniana, 209, 344
Festuca amethystina, 343
 'Superba', 50
Festuca gautieri, 145, 206
Festuca glauca, 50, 91, 206, 342, 409
Festuca puncticria, 206
Festuca scoparia, 145, 206
Fillipendula, 69, 109, 140
Fillipendula purpurea, 198, 369
Fillipendula rubra, 217
Fillipendula rubra venusta, 217, 369
Fillipendula ulmaria, 198
 'Aurea', 321
 'Variegata', 309, 321, 399
Fillipendula vulgaris, 44, 153, 198
Foeniculum vulgare, 44, 217, 225
 'Purpureum', 217, 225, 351, 356, 369
Forsythia, 86, 195
Forsythia intermedia x
 'Fiesta', 165
 'Flojor', 166
 'MiniGold', 166, 305
Forsythia ovata
 'Happy Centennial', 166
Forsythia viridissima
 'Bronxensis', 166
Forsythia viridissima koreana 'Kumson', 133, 166, 305, 383
Forsythia x
 'Courtasol', 173
 'Marée d'or', 173
 'Northern Gold', 258
Fothergilla gardenii
 'Blue Mist', 75, 105, 133, 166
Fothergilla major, 133, 191
 'Mount Airy', 75, 105, 173
Fragaria chiloensis
 'Variegata', 198, 309
Frankenia laevis, 198
Fraxinus americana, 245
 'Autumn Applause', 250
 'Autumn Blaze', 251
 'Autumn Purple', 250
 'Champaing County', 250
 'Empire', 250
 'Kleinburg', 250
 'Manitou', 250
 'Northern Gem', 250
 'Northern Treasure', 132
Fraxinus excelsior, 250
 'Aureo Pendula', 268
 'Crispa', 258
 'Globe', 258
 'Golden Desert', 258, 316
 'Kimberley', 250
 'Nana', 258
 'Pendula', 258, 268
 'Westhof's Glorie', 250
Fraxinus mandshurica, 251
Fraxinus nigra, 73, 103, 251
 'Fallgold', 73, 251
 'Nothern Gem', 251
Fraxinus ornus, 251

Fraxinus pennsylvanica, 35, 103, 251, 286
 'Cimmzam', 251
 'Harlequin', 251, 304
 'Johnson', 258
 'Leprechaun', 258
 'Marshall's Seedless', 251
 'Patmore', 251
 'Prairie Spire', 251, 273
 'Rugby', 251, 273
 'Summit', 251
Fraxinus pennsylvanica lanceolata, 251, 286
Fraxinus quadrangulata, 57, 251
Fritillaria imperialis, 52, 148, 413
Fritillaria meleagris, 158, 413
Fuchsia, 146,
Fuchsia magellanica
 'Aurea', 324
Fuchsia triphylla, 356
Fuchsia x *hybrida*, 188

G

Gaillarde pulchella, 54, 225, 416
Gaillardia grandiflorum, 44, 198, 368, 400
Galanthus nivalis, 186
Galega officinalis, 44, 216, 368
Galianthus nivalis, 148, 168
Galium odoratum, 44, 80, 108, 140, 152, 180, 400
Galtonia, 224
Gamolepsis tagetes, 54, 208
Gaultheria procumbens, 40, 77, 106, 136, 150, 176, 391
Gaura lindheimeri, 44, 216, 368
 'Corries Gold', 308
Gaylussacia baccata, 74, 104, 136, 172
Gazania splendens, 54, 208, 344, 416
Genista, 36, 58, 148, 190
Genista pilosa, 58, 172
Genista spatulata, 172, 326, 383
Genista tinctoria, 58
 'Lydia', 172, 326, 383
Gentiana asclepiadea, 140
Gentiana lutea, 68
Gentiana sino-ornata, 80, 228
Gentiana triflora var. *japonica*, 232
Geranium, 140, 188
 'Brookside', 198
 'Chocolate Candy', 351
Geranium macrorrhizum, 153, 180
 'Variegatum', 308
Geranium maculatum
 'Elizabeth Ann', 181, 350
Geranium nodosum, 153
Geranium palustre, 109, 199
Geranium phaeum, 153, 181
 'Samobor', 350
 'Springtime', 308
Geranium pratense, 88, 109, 199
 'Black Beauty', 181, 351
 'Okey Dokey', 199, 351

'Purple Heron', 181, 351
 'Victor Reiter', 181, 351
Geranium renardii, 199, 337
Geranium sanguineum, 152, 181, 400
 'Prostatum', 89, 181
Geranium sessiliflorum, 181
 'Stanhoe', 337
Geranium thunbergii, 217
Geranium x
 'Ann Folkard', 108, 198, 321
 'Katherine Adele', 198, 351
 'Philippe Vapelle', 199, 337
Geum, 45, 140, 153, 181
Geum chiloense, 199, 369
Gilia tricolor, 54, 225
Gillenia trifoliata, 80, 140, 153, 217, 369
Ginkgo biloba, 35, 251
 'Lakeview', 251
 'Pendula', 258, 268
 'Princeton Sentry', 251, 273, 316
Gladionus x *hortulanus*, 231, 413
Glaucidium palmatum, 77, 140, 166, 167, 329
 'Sulphur Heart', 307
Glaucium flavum, 45, 61, 181, 337
Glechoma hederacea
 'Variegata', 153, 181, 309
Gleditsia triacanchos
 'Sunburst', 316,
 'Emerald Kascade', 258
 'Imperial', 251
 'Moraine', 251
 'Ruby Lace', 251, 346
 'Shademaster', 251
 'Skyline', 251
 'Speczam', 251, 316
 'Sunburst', 252, 316
Gleditsia triacanthos inermis, 35, 251
 'Elegantissima', 258, 273
 'Emerald Kascade', 268
Glegoma hederacea, 140, 181
Globularia, 45, 181
Globularia repens, 140
Glyceria aquatica, 117, 223, 313
Glyceria maxima 'Variegata', 117, 313, 324, 409
Godetia grandiflora, 146, 225
Gomphrena globosa, 54, 225, 416
Gunnera, 109, 199
Gymnocarpium dryopteris, 51, 83, 119, 157
Gymnocladus dioica, 245
Gypsophila cerastoides, 89
Gypsophila elegans, 54, 209
Gypsophila muralis, 91
Gypsophila paniculata, 45, 69, 89, 217, 369
Gypsophila repens, 45, 89, 199
Gypsophila x
 'Rosenschleier', 89, 199
Gypsophila 'Rosy Veil', 89, 199
Gypsophila tenuifolia, 89
 'Capillipes', 199

H

Haberlea rodhopensis, 181

Hacquetia epipactis, 37, 140, 167
Hakonechloa macra
 'Alba Striata', 71, 156
 'All Gold', 324
 'Aureola', 145, 156, 313, 324, 409
Hakonechloa maxima
 'Albo Striata', 313
Halesia carolina, 75, 133, 173, 258, 383
Halimodendron halodendron, 37, 57, 58, 86, 189, 258, 289, 326, 327
Hamamelis intermedia, 75
Hamamelis mollis, 75, 133, 166, 383
Hamamelis vernalis
 'Sandra', 75, 166
Hamamelis virginiana, 73, 75, 133, 232
Hamamelis x *intermedia*, 166
Hebe, 40, 218
Hedera, 146
Hedera colchica
 'Denata Variegata', 307
 'Sulphur Heart', 307
Hedera helix, 325
 'Baltica', 69, 141, 153, 307, 334
 'Bulgaria', 41, 137, 149
 'Goldheart', 307
 'Ivalace', 307
 'Variegata', 314, 315
Hedysarum americanum, 45, 54, 61, 199
Helenium, 69
Helenium hoopesii, 199, 369
Helenium puberulum, 232, 369
Helenium x *hybrida*, 218, 369, 400
Helianthemum mutabile, 45, 199, 400
Helianthus, 89, 232
Helianthus annuus, 54, 225
Helianthus atrorubens, 45
Helichrysum bracteata, 54, 209, 416
Helichrysum petiolatum, 146, 159, 345
Helichrysum thianschanicum 'Icicles', 345
Helictotrichon 'Jaillissement d'Azur', 343
Helictotrichon sempervirens, 50, 206, 343, 409
 'Saphirsprudel', 343
Heliopsis helianthoides, 'Loraine Sunshine', 218, 309
 'Summer Nights', 69
Heliopsis scabra
 'Summer Nights', 69, 351
Heliotropium arborescens, 209, 417
Helipterum manglesii, 54, 225
Helleborus, 45, 89, 141, 400
Helleborus argutifolius, 89, 168, 337
Helleborus cyclophyllus, 168, 337
Helleborus foetidus, 45, 168, 338, 400

'Gold Bullion', 321
Helleborus niger, 168
Helleborus orientalis, 153, 168
Helleborus x *sternii*, 168, 338
Hemerocallis, 69, 109, 141, 153, 218, 369, 400, 401
 'Black Eyed Stella', 218
 'Mini Stella', 199
 'Siloam Baby Talk', 199
 'Stella De Oro', 199, 401
Hemerocallis fulva, 199
Hepatica, 141, 153, 168
Heptacodium miconoides, 133, 227
Heracleum mantegazzianum, 109, 218
Heteroppapus meyendorffii, 228, 369
Heuchera, 81, 141, 153, 199, 218, 309, 369, 401
 'Amber Waves', 321
 'Amethyst Myst', 338
 'Can Can', 338, 351
 'Cappuccino', 351
 'Checkers', 338
 'Cherries Jubilee', 351
 'Chocolate Ruffles', 352
 'Chocolate Veil', 352
 'Dolce Crème Brûlé', 321
 'Dolce Key Lime Pie', 322
 'Dolce Peach Melba', 322
 'Eco Magnifiolia', 338
 'Eco-Improved', 338
 'Frosted Violet', 352
 'Green Spice', 338
 'Gypsy Dancer', 338, 352
 'Jade Gloss', 338
 'Lime Rickey', 322
 'Marmalade', 322
 'Oakington Jewel', 338
 'Obsidian', 352
 'Peach Flambe', 352
 'Petite Pearl Fairy', 352
 'Pewter Moon', 338
 'Pewter Veil', 352
 'Plum Pudding', 352
 'Purple Mountain Majesty', 352
 'Purple Petticoats', 352
 'Regal Robe', 352
 'Silver Scrolls', 338, 352
 'Silver Shadow', 338, 352
 'Smokey Rose', 352
 'Stormy Seas', 352
 'Strawberry Candy', 338
 'Venus', 338
Heuchera americana
 'Mint Frost', 338
 'Montrose Ruby', 351
 'Ring of Fire', 338
 'Ruby Ruffles', 351
 'Velvet Night', 351
Heuchera micrantha
 'Palace Purple', 352
Heuchera sanguinea
 'Monet', 338
 'Snow Angel', 309
 'Snow Storm', 309
 'Splish Splash', 309
Heuchera villosa
 'Purpruea', 352
Heuchera x
 'Frosty', 309
 'White Marbles', 309

Heucherella, 141, 153
 'Heart of Darkness', 352
 'Kimono', 338
 'Viking Ship', 338
Heucherella hybrida, 199
Heucherella x
 'Burnished Bronze', 352
 'Stoplight', 322
 'Sunspot', 322
Hibiscus acetossella, 357, 407
Hibiscus moscheutos, 109, 228, 369, 401
Hibiscus syriacus, 212
Hieracium, 45, 199
Hieracium aurentiacum, 45
Hieracium maculatum
 'Leopard', 61, 199, 352
Hieracium mixtum, 338
Hieracium pilosella, 199, 338, 401
Hierochloa odorata, 117, 409
Hippophae rhamnoides, 35, 37, 57, 58, 86, 166, 259, 289, 326, 327, 383
Hippophae rhamnoides 'Sprite', 327
Hippuris vulgaris, 112, 423
Holcus lanatus 'Variegatus', 50, 230, 313, 343
Holodiscus discolore, 133, 212, 327
Hordeum jubatum, 50
Horminum pyrenaicum, 89
Hosta, 109, 141, 154, 218, 309, 369, 401
 'August Moon', 322
 'Birchwood Gold', 322
 'Blue Angel', 338
 'Blue Ice', 199
 'Blue Moon', 228, 338
 'Crown Jewel', 338
 'Feither Boa', 322
 'Fragrant Blue', 338, 339
 'Gold Drop', 322
 'Gold Standard', 322
 'Golden Scepter', 322
 'Golden Sunburst', 322
 'Gosan Gold Midget', 200
 'Hadspen Blue', 228, 339
 'Halcyon', 339
 'Hi Ho Silver', 229
 'Hydon Sunset', 322
 'Illumination', 322
 'Janet', 322
 'Kabitan', 229, 322
 'Krossa Regal', 339, 402
 'Lemon Lime', 322
 'Lights Up', 200
 'Paul's Glory', 200, 322
 'Piedmont Gold', 322
 'Shade Fanfare', 322
 'Sitting Pretty', 232, 322
 'Snowstorm', 229
 'Stiletto', 229
 'Sugar Plum Fairy', 229
 'Sun Power', 322
 'Thumb Nail', 200
 'Tiny Tears', 229
 'Touch of Class', 322
 'Vera Verde', 229
 'Zounds', 323
Hosta lancifolia, 45, 200

INDEX DES NOMS SCIENTIFIQUES

Hosta montana
  'Aureo Marginata', 322
Hosta plantaginea, 45, 232
Hosta sieboldiana, 45, 339
  'Elegans', 339
  'Kabitan', 229
Hosta x *hybrida*
  'Sum and Substance', 322
Hottonia palustris, 116
Houstonia caerulea, 141, 168
Houttuynia, 141
Houttuynia cordata, 69, 109, 113, 218
Humulus lupulus, 68, 214, 408
  'Aureus', 137, 321
Hunnemannia fumariifolia, 54, 209, 345
Hutchinsia alpina, 89, 181
Hyacinthe orientalis, 148, 187
Hyacinthoides hispanica, 158
Hydrangea anomala ssp. *petiolaris*, 79, 214, 307
Hydrangea arborescens, 75, 124, 149, 212, 295
  'Annabelle', 75, 212, 295, 383
  'Grandiflora', 75, 212, 295, 383
Hydrangea heteromalla, 75, 212, 289
Hydrangea macrophylla, 75, 134
  'Lemon Wave', 384
  'Maculata', 305
Hydrangea paniculata, 76, 134, 212, 227, 259, 289, 378, 384
Hydrangea petiolaris, 79, 137, 214, 408
Hydrangea quercifolia, 134, 212, 384
  'Sike's Dwarf', 76, 212
Hydrangea serrata, 76
  'Acuminata', 348
Hydrocharis morsus-ranae, 115
Hydrocleys nymphoides, 115, 424
Hydrocotyle vulgaris, 113, 423
Hylomecon japonica, 141, 181
Hymenocallis, 207
Hymenocallis caribaea, 120
Hypericum androsaemum, 86, 200
Hypericum aureum, 37, 212, 328
Hypericum calycinum, 37, 218
  'Briggadoom', 323
Hypericum frondosum, 37, 212, 328
  'Sunburst', 37, 212, 328
Hypericum kalmianum, 37, 105, 134, 213
Hypericum olympicum, 45, 218, 369
Hypericum prolificum, 37, 213
Hypericum rhodopaeum, 181
Hyssopus officinalis, 218
Hystrix patula, 50, 145, 156, 223

I

Iberis sempervirens, 45, 69, 89, 181, 369, 402
Iberis umbellata, 54, 209
Ilex glabra, 40, 77, 166, 299
Ilex meserveae, 77, 136
Ilex verticillata, 40, 105, 134, 191, 289, 384
Impatiens auricoma
  'Jungle Gold', 146, 417
Impatiens balfourii, 119, 146, 225
Impatiens balsamina, 119, 209
Impatiens capensis, 119, 209, 417
Impatiens glandulifera, 119, 146, 159, 209, 225, 417
Impatiens hawkeri, 146, 188, 314, 356, 417
Impatiens pallida, 119, 209
Impatiens walleriana, 119, 146, 159, 209, 314, 357, 417
Imperata cylindrica, 'Red Baron', 117, 233, 355, 409
Incarvillea delavayi, 218, 370
Inula, 370
Inula ensifolia, 45, 89, 218
Inula helenium, 218
Inula magnifica, 218, 402
Ipheion uniflorum, 52, 158, 169
Ipomeae batata,
  'Tricolore', 314
Ipomoea batatas
  'Blacky', 357, 422
  'Terra Lime', 325, 422
  'Tricolor', 314, 315
Ipomoea pennata, 212
Ipomoea quamoclit, 211, 422
Ipomoea tricolor, 211
Iresine herbsii, 357, 417
  'Tricolore', 314
Iris barbata, 181, 402
Iris cristata, 141, 181
Iris danfordiae, 158, 187
Iris ensata, 81, 109
  'Variegata', 200, 309, 109
Iris foetidissima, 141, 154, 200
Iris germanica, 45, 200
Iris kaempferi, 109, 200, 402
Iris laevigata, 113
Iris pallida
  'Argentea Variegata', 200, 309
  'Aurea Variegata', 200, 309, 323
  'Variegata', 110, 200, 309
Iris pseudacorus, 113, 181, 423
  'Variegata', 181, 309
Iris pumila, 89, 181
Iris reticulata, 52, 158, 169
Iris setosa, 45
Iris sibirica, 81, 110, 200
Iris, 200, 370
Iris versicolor, 81, 113, 141, 200
Iris x *barbata nana*, 45, 181
Isatis tinctoria, 45, 61, 89, 200
Isotoma fluviatilis, 203
Itea virginica, 105, 134, 191
Ixiolirion tataricum, 187

J

Jasione laevis, 46, 61, 81, 141, 218
Jasione perennis, 46, 61, 81, 218
Jeffersonia diphylla, 81, 141, 168
Jovibarba, 46, 154, 218
Jovibarba hirta 'Rax', 61, 352
Juglans cinerea, 35, 85, 252
Juglans nigra, 35, 85, 245
Juglans regia 'Carpathian', 252
Juncus effusus, 113
Juncus effusus spiralis, 113, 423
Juniperis x 'Shimpaku', 331
Juniperus 'Old Gold', 136
Juniperus chinensis, 40, 87
  'Angelica Blue', 330, 392
  'Blaauw', 265, 330
  'Blue Alps', 265, 330
  'Blue Point', 265, 330
  'Fairview', 265, 274, 292
  'Gold Coast', 320
  'Gold Lace', 320
  'Golden Glow', 320
  'Helle', 292
  'Iowa', 265, 274
  'Mountbatten', 265, 330
  'Old Gold', 320
  'Paul's Gold', 320
  'Robusta Green', 265, 274
  'San José', 40, 330
  'Sargenti', 78, 331
  'Saybrook Gold', 320
  'Spartan', 265, 274, 292
Juniperus communis, 40
  'Depressa Aurea', 392, 320
  'Depressa', 392, 320
  'Gnom', 59, 265, 274, 331
  'Gold Cone', 320, 392
  'Suecica', 265, 274
Juniperus conferta
  'Blue Pacific', 40, 330
Juniperus horizontalis
  'Andorra Compacta', 331
  'Bar Harbor', 331
  'Blue Acres', 331
  'Blue Chips', 331
  'Blue Forest', 331
  'Blue Prince', 331
  'Douglasii', 331
  'Hughes', 331
  'Icee blue', 331
  'Limeglow', 320
  'Monber', 331
  'Mother Lod', 320, 392
  'Prince of Wales', 331
  'Sugar Blue', 331
  'Turquoise Spreader', 331
  'Wiltonii', 331
Juniperus media
  'Old Gold', 320
  'Pfitzerianna Aurea', 320, 392
Juniperus media x
  'Angelica Blue', 331, 392
  'Glauca compacta', 331
  'Gold Coast', 87, 320
  'Gold Star', 320
  'Pfitzer Glauca', 331
Juniperus pftzeriana, 136
Juniperus procumbens
  'Nana', 78
Juniperus rigida 'Pendula', 67, 271
Juniperus sabina, 40
  'Blue Danube', 331
  'Skandia', 150
  'Variegata', 307
Juniperus scopulorum, 40, 292
  'Blue Arrow', 331
  'Blue Creeper', 331
  'Blue Heaven', 265, 274, 331, 393
  'Blue Weeping', 266, 271
  'Gray Gleam', 265, 274, 331
  'Greenspire', 265, 275
  'Medora', 265, 275, 331
  'Moffat Blue', 265, 275, 331
  'Montana Green', 265, 331, 393
  'Moonglow', 265, 275
  'Moonlight', 265, 331
  'Pathfinder', 265, 332
  'Silver Column', 275
  'Skyrocket', 265, 275, 332
  'Springbank', 265, 332
  'Table Top', 332
  'Tolleson's Blue Weeping', 332, 393
  'Tolleson's', 266, 271
  'Welchii', 266, 332
  'Wichita Blue', 266, 332
  'Winter Blue', 332
Juniperus squamata,
  'Blue Carpet', 332
  'Blue Star', 332, 393
  'Holger', 332
  'Meyeri', 332
Juniperus virginiana, 40, 292, 299
  'Blue Arrow', 266, 275
  'Burkii', 266, 275, 332
  'Canaertii', 266
  'Grey Owl', 332
  'Hetz', 332
  'Mahattan Blue', 266, 332
Juniperus x 'Shimpaku', 78
Justicia americana, 113

K

Kalimeris incisa, 46, 141, 323
Kalimeris mongolica, 200, 402
Kalmia angustifolia, 77, 106, 136, 194
Kalmia latifolia, 77, 106, 194
Kalmia polifolia, 77, 107, 176
Kalmiopsis leachiana, 77, 181
Kalopanax septemlobus, 252
Kerria japonica, 134, 191
Kirengeshoma, 81, 110, 141, 229, 402
Kitaibelia vitifolia, 46, 229
Knautia arvensis, 46, 89
Knautia dipsacifolia, 141, 154
Knautia macedonica, 46, 218, 370
Kniphofia, 46, 110, 218, 370
Kochia scoparia, 55, 209
Koeleria cristata, 63
Koeleria glauca, 50, 63, 186, 343, 409
Kolkwitzia amabilis, 37, 58, 191, 384

L

Lagurus ovatus, 50, 206, 409
Lamarckia aurea, 50
Lamiastrum galeobdolon, 46, 141, 154, 182, 339
Lamiastrum galeobdolon variegatum, 46, 141, 154, 182, 339
Lamium album, 'Friday' 182, 303
Lamium maculatum, 46, 70, 81, 141, 154, 182, 339, 402
  'Anne Greenway', 182, 309, 323
  'Aureum', 323
  'Beedham's White', 182, 323
Lantana camara, 55, 209, 417
Larix americana, 41, 247, 107, 292
Larix decidua, 41, 67, 246, 292
  'Blue Pendula', 271
  'Hostman's Recurva', 266, 271
  'Pendula', 271, 275, 266
  'Pulii', 266, 271, 275, 393
  'Varied Directions', 266, 271
Larix kaempferi, 254, 292, 332
  'Blue Dwarf', 266, 332
  'Blue Rabbit', 271, 332
  'Blue Weeping', 271
  'Jacobsen's Pyramid', 266, 275
  'Stiff Weeper', 266, 271
Larix laricina, 41, 107, 247, 292, 394
  'Little Blue Ball', 266
  'Newport Beauty', 332
Larix leptolepis, 254, 292, 332
Lathyrus latifolius, 60, 194
Lathyrus odoratus, 211
Lavandula, 46, 61, 89, 218, 339, 370, 402
Lavandula angustifolia
  'Goldburg', 309
Lavatera, 218
Lavatera thuringiaca, 61, 370
Lavatera trimestris, 55, 64
Ledum groenlandicum, 59, 77, 107, 136, 176
Lemna minor, 115
Leonotis leonurus, 55, 225
Leontopodium alpinum, 46, 62, 89, 218, 339
Leontopodium nivale, 62, 89, 218,
Lespedeza bicolor, 38, 58, 227, 295, 328, 384
Leucanthemopsis alpina, 182
Leucanthemum maximum
  'Silver Princess', 200
Leucanthemum serotinum, 110
Leucanthemum vulgare, 46, 403
Leucanthemum x *superbum*, 366
Leucojum aestivum, 148, 158, 187, 413
Leucothoe fontanesiana, 77, 194, 213, 349
Leucothoe x 'Scarletta', 78, 349
Leuzea rhapontica, 218
Lewisia, 182
Leymus arenarius, 343
Leymus arenarius
  'Blue Dune', 343
Liatris, 46
Liatris pycnostachya, 219, 370
Liatris scariosa, 370
Liatris spicata, 219, 370, 403
Ligularia dentata
  'Britt-Marie Crawford', 229, 352
  'Desdemona', 229, 352
  'Othello', 229, 353, 403
Ligularia macrophylla, 219
Ligularia przewalskii, 219
Ligularia, 81, 110, 141, 154, 370
Ligularia stenocephala
  'The Rocket', 219, 403
Ligularia tussilaginea
  'Aureomaculata', 232, 323
  'Cristata', 119, 219, 225, 345, 353
Ligularia x *palmatiloba*, 219
Ligustrum amurense, 38, 86, 149, 191, 289
Ligustrum obtusifolium
  'Regelianum', 191, 295, 384
Ligustrum vulgare, 86, 134, 289
Ligustrum vulgare
  'Cheyenne', 295
Ligustrum vulgare Iodense, 295
Ligustrum
  'Variegatum', 317
  'Vicaryi', 213, 317
  'Hillside', 213, 305
Lilium canadensis, 84, 120, 417
Lilium candidum, 91
Lilium cordatum glenhii, 148, 158
Lilium martagon, 84, 91, 148, 413
Lilium, 370
Limnanthes douglasii, 55, 209
Limnobium spongea, 115
Limnocharis flava, 113
Limonium dumosum, 55, 225, 418
Limonium latifolium, 46, 200, 370
Limonium sinuatum, 55, 225
Limonium suworowii, 55, 225
Limonium tatarica, 55, 225
Linaria alpina, 46, 200
Linaria maroccana, 55, 225
Linaria purpurea 'Canon J. Went', 46, 200, 339
Lindera benzoin, 166
Linnaea borealis, 81, 141, 154, 219
Linum grandiflorum
  'Rubrum', 55, 225
Linum perenne, 46, 200, 339, 370
Liriodendron tulipifera, 189, 252, 378
Liriope, 84, 141, 231
Liriope muscari, 81, 154, 207, 229
  'Big Blue', 46
Liriope spicata, 46, 81, 229
Lithodora diffusa, 182
Lithophragma parviflora, 184, 148, 169
Lithospermum officinale, 89, 200
Lithospermum prupureo-caerulea, 89, 182

INDEX DES NOMS SCIENTIFIQUES

Lobelia, 142
Lobelia cardinalis, 110, 219, 370
Lobelia cardinalis x *siphilitica* 'Lilac Dream', 370
Lobelia erinus, 146, 159, 209
Lobelia fulgens, 110, 219, 370
 'Elm Fire', 110, 219, 353
 'Elmfeuer', 110, 219, 353
Lobelia siphilitica, 110, 219, 370
Lobelia splendens, 370
Lobelia x *gerardii*, 219
Lobelia x *speciosa*, 110, 219, 370
Lobelia x *speciosa* 'Fan', 353
Lonicera, 38, 66, 86
Lonicera alpigena, 173, 295
Lonicera alpigena 'Nana', 173, 295
Lonicera caerulea dependens, 173, 289
Lonicera caerulea edulis, 173, 295, 328
Lonicera canadensis, 134, 173
Lonicera caprifolium, 177
Lonicera grimpant, 137, 194
Lonicera involucrata, 105, 173, 295
Lonicera japonica 'Aureo-reticulata', 194, 321
Lonicera kamchatika, 134, 173
Lonicera korolkowii, 173, 289, 328
Lonicera maackii, 173, 289
Lonicera maximowiczii sachalinensis, 173, 289
Lonicera morrowii, 173, 289
Lonicera periclymenum
 'Belgica Select', 137
 'Berries Jubilee', 137, 214, 334
 'Harlequin', 177, 307
Lonicera tatarica, 134, 149, 173, 191, 289, 295,384
 'Arnold Red', 173, 289
Lonicera tellmanniana
 'Redgold', 334
Lonicera x
 'Honey Baby', 212, 295
 'Marble King', 317
 'Novso', 212, 295
Lonicera x *brownii*
 'Dropmore Scarlet', 41
Lonicera x *heckrottii*
 'Gold Flame', 41
Lonicera x *tellmanniana*, 194
Lonicera xylosteoides, 134
 'Clavey's Dwarf', 149, 295, 328
 'Compacta', 295
 'Mini Globe', 295
Lonicera xylosteum, 289
Lotus berthelottii, 55, 345
Lotus corniculatus, 46, 70, 219
Lotus maculatus
 'Amazon Sunset', 188, 345
Luzula sylvatica, 156, 186
 'Marginata', 82, 313, 324
Ludwigia arcuata, 115
Ludwigia sedioides, 115
Lunaria annua, 142, 200
Lupinus, 46, 81, 200, 370, 403

Luzula, 71, 145
Luzula nivea, 156, 50, 206
Lychnis alpina, 201
Lychnis chalcedonica, 219, 370
Lychnis coronaria, 219, 370
Lychnis flos-cuculi, 110, 182
Lychnis flos-jovis, 46, 219, 339
 'Peggy', 46, 219, 339
Lychnis viscaria, 46, 62, 201
Lychnis x *arkwrightii*, 353, 403
 'Vesuvius', 201
Lychnis x *haageana*, 201
Lysichitum americanum, 113
Lysimachia ciliata, 353
 'Firecracker', 110, 219, 370
Lysimachia clethroïdes, 70, 110, 154, 219, 371, 403
 'Geisha', 309
Lysimachia congestiflora, 119, 209, 314, 418
Lysimachia fortunei, 110
Lysimachia japonica
 'Minutissima', 110, 142
Lysimachia nummularia, 110, 142, 154, 201
Lysimachia nummularia
 'Aurea', 201, 323
Lysimachia punctata, 70, 110, 201, 371
Lysimachia punctata
 'Alexander', 310
Lysimachia thyrsiflora, 110, 201
Lysimachia vulgaris, 110, 201
Lythrum salicaria, 70, 110, 142, 219, 371, 403

M

Maackia amurensis, 35, 212, 259
Maackia de l'Amur, 35, 212, 259
Macleaya cordata, 110, 219, 339, 371
Magnolia hybride, 76
Magnolia kobus, 85, 170, 259
Magnolia salicifolia, 259
Magnolia sieboldii, 58, 134
Magnolia stellata, 85, 259, 378
 'Royal Star', 74, 85, 170, 259
Magnolia tripetala, 134
Magnolia x *hybrida*, 73, 170, 252
Magnolia x *kewensis*, 259
 'Wada's Memory', 170
Magnolia x *loebneri*
 'Merrill', 74, 170, 259
Magnolia x *soulangiana*, 259
Mahonia aquifolium, 136, 150, 176
 'Compacta', 176, 391
 'Smaragd', 176
Mahonia repens, 136, 150, 177, 329
Maianthemum canadense, 81, 154, 182
Malcolmia maritima, 55, 64, 208

Malope trifida, 64
Malus, 66, 259
 'Almey', 346
 'Camelot', 348
 'Coccinella', 348
 'Courtabri', 295
 'Jan Kuperus', 64
 'Maypole', 347
 'Pink Perfection', 326
 'Pom'zai', 295
 'Prairifire', 349
 'Rainbow', 304
Malus baccata
 'Columnaris', 259, 273
 'Gracilis', 259, 268
 'Rosthern', 259, 273
Malus ioensis 'Plena', 76
Malus purpurea 'Eleyi Compacta', 260, 347
Malus toringo 'Tina', 261
Malus x
 'Almey', 259
 'American Beauty', 259, 273
 'Autumn Delight', 268
 'Autumn Gold', 268
 'Brandywine', 346
 'Branzam', 259
 'Camelot', 346
 'Camzam', 259
 'Centurion', 246
 'Centzam', 259, 273, 346
 'Cheal's Weeping', 269
 'Colonnade', 259, 378
 'Echtermeyer', 259, 269, 346
 'Guinevere', 346
 'Guinzam', 259
 'Indian Magic', 259
 'Indian Summer', 259, 346
 'Ioensis Plena', 260
 'Jan Kuperus', 273
 'Kelsey', 260, 346
 'Liset', 260, 346
 'Lollipop', 260
 'Louisa', 269
 'Madonna', 260, 273
 'Makamik', 260, 347
 'Maypole', 260, 273
 'Molten Lava', 260, 269
 'Morning Princess', 260, 269
 'Pink Perfection', 260
 'Pink Spires', 260, 273, 347
 'Pom'zai', 260
 'Prairifire', 260
 'Prince Charming', 273
 'Profusion', 260, 347
 'Radiant', 260, 347
 'Red Jade', 260, 269, 378
 'Red Splendor', 347
 'Royal Beauty', 260, 269, 347, 378
 'Royal Splendor', 260, 347
 'Royalty', 260, 347
 'Rudolph', 260, 347
 'Selkirk', 260
 'Sir Lancelot', 260
 'Thunderchild', 261, 347
 'Weeping Candied Apple', 269
 'White Cascade', 269
Malus x *adstringens*
 'Shaughnessy Cohen', 346
Malva alcea, 89, 201, 371
Malva moschata, 46, 62, 201, 371, 403

Malva sylvestris, 62, 201, 371
Marrubium, 46, 62, 201, 339
Marsilea quadrifolia, 115, 424
Matthiola incana, 64, 209
Matthiola longipetala ssp. *bicornis*, 64, 146, 225
Matricaria parthenium, 222
Matteuccia struthiopteris, 72, 91, 119, 411
 'Aureo variegata', 313
 'Variegata', 145, 231, 313
Mazus reptans, 182
Meconopsis betonicifolia, 81, 142, 201, 371
Meconopsis napaulensis, 142
Melampodium paludosum, 55
 'Million Gold', 209, 418
Melianthus major, 146, 345
Melica ciliata, 50, 63, 186
Melissa officinalis, 110
 'All Gold', 303
 'Variegata', 310
Melittis melissophyllum, 142, 182
Menispermum canadensis, 138, 177
Mentha aquatica, 113
Mentha arvensis
 'Banana', 323
 'Variegata', 310
Mentha suaveolens
 'Variegata', 310
Menyanthes trifoliata, 113
Mertensia maritima, 142, 201
Mertensia maritima ssp. *asiatica*, 62, 201, 339
Mertensia pterocarpa var. *yezoensis*, 62, 182, 339
Mertensia pulmonarioides, 81, 142, 201
Mertensia virginica, 62, 142, 182, 339
Mesembryanthemum, 55, 64, 225
Metasequoia glyptostroboides, 107, 254, 266
Meum athamanticum, 182
Microbiota decussata, 41, 87, 136, 151, 394
Mikania scandens
 'Variegata', 315
Millium effusum 'Aureum', 145, 206, 324, 410
Mimulus, 146, 418
Mimulus ringens, 113, 423
Mimulus x *hybrida*, 119, 210
Mimulus x *tigrinum*, 210
Mina lobata, 211
Minuartia juniperina, 47, 182
Minuartia verna, 47, 182
Miscanthus, 230
Miscanthus purpurascens, 117, 230, 410
Miscanthus sacchariflorus, 117, 230
Miscanthus sinensis, 117
 'Blütenwunder', 230, 343
 'Cabaret', 230, 313
 'Cosmopolitan', 231, 313
 'Kleine Fontäne', 231, 344
 'Little Dot', 231
 'Malepartus', 71, 233
 'Morning Light', 233, 343
 'Pünktchen', 231, 313
 'Purpurascens', 355, 410
 'Strictus', 231, 313, 325, 410

 'Variegata', 233, 313, 410
 'Zebrinus', 233, 313, 325, 410
Mitchella repens, 81, 142, 154, 182
Molinia arundinacea
 'Skyracer', 83, 223
Molinia caerulea, 81, 83, 117, 231
 'Aureo variegata', 313
 'Variegata', 145, 231, 313
Molinia caerulea ssp. *arun dinacea*, 71, 117, 231, 325
Moluccella laevis, 226
Monarda citriodora, 91
Monarda didyma, 70, 142, 219, 371, 403
Monarda fistulosa, 47
Monarda punctata, 47
Montia sibirica, 182
Morisia monanthos, 47, 182
Morus alba, 85, 261
 'Chaparral', 261, 269
 'Globosa', 261
 'Greenwave', 261, 269
 'Macrophylla', 261, 269
 'Pendula', 261, 269
Muscari armeniacum, 52, 72, 148, 159, 187
Muscari botryoides
 'Album', 159, 187, 414
Myosotis, 142, 154, 182, 404
Myosotis alpestris, 201
Myosotis palustris, 113
Myosotis sylvatica, 371
Myrica gale, 76, 105, 134, 173, 295
Myrica pennsylvanica, 76, 149, 173, 328
Myriophyllum proserpinacoides, 113, 423
Myriophyllum verticillatum, 116, 425

N

Narcissus, 148, 158, 187
Narcissus cyclamineus, 159
Narcissus pseudonarcissus, 169
Nasturtium officinalis, 119, 219
Nectaroscordum siculum, 207
Nelumbo nucifera, 115, 424, 425
Nemesia fruticans, 120
Nemesia strumosa, 84, 120, 210, 418
Nepeta faassenii 'Six Hills Giant', 47, 219, 339, 371
Nepeta mussinii, 220
Neptunia aquatica, 115
Nerium oleander
 'Variegata', 210, 314
Nicandra physaloides, 226, 314
Nicotiana affinis, 146, 210
Nicotiana alata, 146, 210, 418
Nicotiana sylvestris 'Only the Lonely', 226
Nicotine x 'Tinkerbell', 226

Nierembergia, 147
Nierembergia hippomanica, 55, 159, 188, 210, 418
Nigella damascena, 55, 210
Nolana humifusa, 55, 226, 418
Nuphar, 115
Nymphaea, 115, 425
Nymphaea rustique, 115
Nymphaea tropicale, 115
Nymphoides peltata, 415
Nyssa sylvatica, 35, 103

O

Ocinum basilicum
 'Kasar', 357
 'Rubin', 357
Oenanthe javanica, 142, 220
 'Flamingo', 110, 220, 310
Oenothera biennis, 220
Oenothera fremontii, 339
Oenothera fremontii
 'Silver Wings', 62, 201
Oenothera fructicosa, 201, 371
 'Camel', 310
 'Spring Gold', 201, 310, 404
Oenothera missouriensis, 201, 310 ,339, 371, 404
Oenothera perennis, 47, 220
Oenothera speciosa, 371
Oenothera tetragona
 'Fireworks', 371
Oenothera versicolor
 'Sunset Boulevard', 371
Omphalodes, 110, 142, 154, 182
Omphalodes cappadocica, 110
Omphalodes verna, 110
Onoclea sensibilis, 119
Onoethera, 47
Onoethera speciosa, 47, 201
Onopordum acanthium, 47, 220, 339
Ophiopogon, 142, 220
Ophiopogon palniscapus nigrum, 70, 220, 353, 404
Oplismenus hirtellus, 357
Opuntia humifusa, 47, 201
Origanum dictamnus, 62, 210, 345
Origanum laevigatum, 62
 'Herrenhausen', 226, 357
Origanum vulgare, 47
 'Aureum ', 323
 'Variegatum', 310
Orlaya grandiflora, 64
Ornithogalum, 148, 187
Ornithogalum thyrsoides, 207
Orontium aquaticum, 113
Osmunda cinnamomea, 83, 119,
Osmunda claytoniana, 83, 119
Osmunda regalis, 72, 83, 119
Osteospermum x
 'Lime Splice', 324
 'Passion', 419
Ostrya virginiana, 35, 132, 252, 316
Ourisia coccinea, 183
Oxalis, 207
Oxalis adenophylla, 187, 345
Oxalis depressa, 52
Oxalis inops, 52
Oxalis triangularis, 356
Oxytropis halleri, 62

INDEX DES NOMS SCIENTIFIQUES

P
Pachysandra terminalis, 81, 142, 154, 183
 'Silveredge', 310
Paeonia, 142
Paeonia lactiflora, 183, 202, 371, 404
Paeonia officinalis, 183, 371
Paeonia suffruticosa, 134, 191, 371
Paeonia tenuifolia, 47, 371
Panicum hirtellum, 357
Panicum virgatum, 50, 71, 118, 231, 410
 'Heavy Metal', 233, 244
 'Prairie Sky', 233, 244
 'Rotstrahlbusch', 231, 355
 'Shenandoah', 231, 355
 'Squaw', 231, 355
Paparer faurei, 202
Papaver alpinum, 220
Papaver miyabeanum, 202, 339
 'Pacino', 371
Papaver nudicaule, 47, 70, 202, 371
Papaver orientalis, 47, 89, 202, 371, 404
Papaver rhaeticum, 202
Papaver rhoeas, 55, 64, 210
Papaver 'Sendtneri', 202, 340
Papaver somniferum, 55
Paradisea, 89, 183, 202
Pardancanda norrisii, 224
Paronychia kapela, 47, 202
Parthenocissus quinquefolia
 'Elegans', 307
 'Star Shower', 308
Parthenocissus, 41, 138
Parthenocissus tricuspidata 'Golden Walls', 321
Paulownia tomentosa
 'Imperialis', 38, 58, 76
Paxistima canbyi, 78, 136, 150
Pelargonium, 147, 188, 419
 'Lady Plymouth', 315
 'Nutmeg Variegata', 315
 'Prince Rupert Variegata', 315
Pelargonium brocade, 188, 315, 419
Pelargonium odoratum, 147, 357
 'Variegatum', 315
Pelargonium peltatum, 55, 147, 188, 210, 314, 419
Pelargonium x citrosum, 55, 210
Pellaea atropoururea, 91
Peltanda virginica, 114, 423
Peltiphyllum, 109, 167
Peltoboykinia tellimoides, 111, 183
Pennisetum, 50, 118, 224
Pennisetum glaucum
 'Jester', 355
 'Purple Majesty', 355
Pennisetum setaceum
 'Red Rubrum', 355
 'Burgundy Giant', 355, 410
Penstemon, 47
Penstemon 'Pink Chablis', 70, 202

Penstemon barbatus, 202, 340, 371, 404
Penstemon cardwellii, 202
Penstemon digitalis, 202, 371
 'Husker Red', 353
Penstemon fruticosus, 202
Penstemon hirsutus
 'Pygmaeus', 202, 353
Penstemon pinifolius, 202
Penstemon x hybrida, 372
Penthorum sedoides, 114, 423
Perilla frutescens, 357
Perovskia abrotanoides, 47, 220, 340
Perovskia atriplicifolia, 47, 89, 340, 372, 404
 'Blue Spire', 220, 340
 'Little Spire', 340
Petasite fragrans, 168
Petasite japonicus giganteus, 168
Petasite japonicus 'Variegata', 310
Petrorhagia illyriaca, 47, 90, 220
Petrorhagia saxifraga, 90, 220
Petrorhagia tunica, 47, 90, 220
Petunia 'Surfinia', 188, 419
Petunia hybride, 210
Phacelia campanularia, 55, 64, 188, 419
Phalaris arundinacea, 118, 145, 156, 186, 313
 'Feesey', 118, 313
 'Picta', 71, 118, 313
Phalaris arundinacea var. *lutea* 'Picta', 325
Phaseolus coccineus, 72, 91, 211, 422
Phellodendron amurense, 252
 'Macho', 252
Philadelphus, 86, 134, 173, 191, 296, 385
Philadelphus coronarius
 'Aureus', 295, 317
 'Variegatus', 305, 385
Philadelphus lewisii, 174
 'Blizzard', 296
 'Waterton', 289
Philadelphus viginalis, 67, 86
Philadelphus x lemoinei, 295
 'Innocence', 305
Philadelphus x virginalis, 174
 'Yellow Hill', 317
Phlomis russeliana, 47, 154, 220
Phlomis tuberosa, 47, 372
Phlomis viscosa, 47, 154, 220
Phlox borealis, 183
Phlox carolina, 202, 372
Phlox divaricata, 142, 154, 183
Phlox douglassii, 90, 183
Phlox drummondii, 210, 419
Phlox maculata, 202, 372
Phlox paniculata, 220, 372, 404
 'Becky Towe', 310
 'Crème de Menthe', 310
 'Dawin's Joyce', 310
 'Goldmine', 323
 'Harlequin', 310
 'Nora Leigh', 310

Phlox stolonifera, 81, 142, 154
Phlox subulata, 154, 183, 372, 405
Phormium, 55
 'Cream Delight', 315
 'Ranbow Queen', 325
 'Sunset', 325
Phormium tenax
 'Bronze', 357, 419
 'Purpureum', 357, 419
Phragmites australis, 118, 231
 'Variegatus', 313
Phragmites communis, 118, 231
Phuopsis stylosa, 55
Phygelius aequalis, 226
Phyllitis scolopendrium, 91
 'Cristata', 91, 157
Phyllostachys aurea, 325
Physalis alkekengi, 154, 220, 232, 405
Physocarpus opulifolius, 38, 105, 134, 149, 191, 289
 'Dart's Gold', 317
 'Diabolo', 189, 261, 289, 347, 349, 385
 'Luteus', 290, 317
 'Monlo', 189, 261, 289, 347, 349, 385
 'Nanus', 174, 296
 'Golden Nugget', 317
 'Nugget', 296
 'Snowfall', 38, 174, 270, 290
 'Summer Wine', 349
Physostegia virginiana, 111, 229, 372
 'Miss Manner', 372
 'Olympus Gold', 220, 310, 323
 'Variegata', 310, 405
Phyteuma, 142
Phyteuma nigrum, 220
Phyteuma scheuchzeri, 90
Phyteuma sibirrcum, 220
Phytolacca americana, 70, 142, 154, 202, 405
Picea abies, 107, 136, 247, 271, 292
 'Acrocona', 67, 266, 271
 'Argenteospica', 307
 'Cupressina', 67, 266, 275
 'Formanek', 332
 'Frohburg', 67, 267, 271
 'Inversa', 78, 266, 271
 'Ohlendorffii', 266
 'Pendula', 78, 266, 271
 'Procumbens', 67
 'Prostrata', 67
 'Pseudoprostrata', 68
 'Pumila glauca', 151, 332
 'Pumila', 68
 'Reflexa', 78, 271
 'Sherwood Compact', 266
Picea abies nidiformis, 68, 136, 394
Picea alba, 247, 292
Picea asperata 'Pendula', 68, 271
Picea excelsa, 107, 271, 247, 292

Picea glauca, 247, 292
 'Echiniformis', 332
 'Pendula', 78, 266, 271, 332, 394
 'Pixie', 137
 'Rainbows End', 60, 137, 266, 307, 394
 'Sander's Blue', 332
Picea glauca albertiana, 136, 394
 'Conica', 266
Picea glauca engelmanii, 254, 292, 332
Picea mariana, 78, 107, 254
 'Ericoides', 332
 'Globosa Nana', 333
 'Nana', 107, 333
Picea omorika, 247, 275
 'Expansa', 107
 'Nana', 320
 'Pendula', 266, 271
Picea pungens, 41, 247, 292, 333
 'Baby Blue Eyes', 333
 'Bakeri', 254, 333
 'Blue Pearl', 333
 'Fat Albert', 267, 333
 'Glauca Globosa', 333
 'Glauca Pendula', 107, 271, 333
 Glauca Procumbens', 78, 333
 'Glauca Prostata', 78, 333
 'Glauca', 247, 333, 394
 'Hoopsii', 254, 333
 'Iseli Fastigiata', 78, 267, 275, 333
 'Koster', 255, 333
 'Moerheimii', 247
 'Montgomery', 333
 'Pendula', 107, 333
 'St-Mary's Broom', 333
 'Thuem', 333
 'Tompsen', 255, 333
Pieris floribunda, 78, 136, 150, 177, 349
Pieris japonica, 78, 136, 150, 177, 299, 349
 'Variegata', 177, 306
Pieris x 'Flaming Silver', 177, 306
Pinus aristata, 41, 60, 151, 333
Pinus banksiana, 41, 60, 255
 'Broom', 333
Pinus cembra, 41, 79, 255, 394
Pinus contorta 'Taylor's Sunburst', 320, 394
Pinus densiflora
 'Umbraculifera', 79, 151
Pinus divaricata, 41, 60, 255
Pinus flexilis, 41, 60, 255, 333
 'Extra Blue', 267, 333
 'Glauca Pendula', 333
 'Vanderwolf's Pyramid', 267, 333
Pinus koraiensis, 255
Pinus mandshurica, 255
Pinus mugo, 41, 137, 294
 'Gnom', 151
Pinus mugo mughus, 60, 87, 293, 395
Pinus mugo pumilio, 299

Pinus nigra 'Austriaca', 41, 87, 247, 255, 293
Pinus parviflora
 'Glauca Nana', 333
Pinus resinosa, 41, 79, 247, 293
Pinus strobus, 137, 247, 293
 'Blue Shag', 334
 'Pendula', 79, 267, 272
 'Prostata', 272
 'Sea Urchin', 334
 'White mountain', 247, 334
Pinus sylvestris, 79, 255, 293
 'Fastigiata', 275
 'Mitsch Weeping', 79
 'Nana', 79, 334
 'Watereri', 79, 334
Pinus sylvestris glauca
 'Nana', 334
Pistia stratiotes, 115, 425
Platanus occidentalis, 252
Platycodon grandiflorus, 47, 220, 372, 405
 'Baby Blue Eyes', 333
 'Bakeri', 254, 333
 'Blue Pearl', 333
 'Fat Albert', 267, 333
 'Gold Leaf', 345, 420
 'Green and Gold', 325
 'Miller's White', 315
 'Silver Leaf', 345, 420
Plectranthus fosteri
 'Marginatus', 315
Pleioblastus variegatus, 145
Plomis russeliana, 154, 220
Pluberum ranunculoides, 202
Plumbago auriculata, 55, 126, 420
Poa chaixii, 63, 145, 206
Podophyllum, 81, 142, 154, 405
Podophyllum kaleidoscope, 81, 202, 340, 353
Podophyllum peltatum, 81, 111, 183, 202
Polemonium, 142
Polemonium caeruleum, 70, 202, 372
 'Brise d'Anjou', 111, 202, 310
 'Lace Towers', 202
 'Snow & Sapphires', 111, 202, 310
 'White Ghost', 310
Polemonium filicinum, 220
Polemonium foliosissimum, 220, 372
Polemonium pauciflorum, 202, 340
Polemonium reptans, 183, 372
 'Epic Creamy Pearl', 111, 310
 'Stairway to Heaven', 111, 310
Polemonium yezoense
 'Purple Rain', 111, 202, 353
Polygala chamaebuxus, 38, 192
Polygonatum, 81, 143, 154, 183
Polygonatum x variegatum, 310
Polygonum, 143, 203, 405
Polygonum affine, 70
 'Dimity', 47
Polygonum amphibium, 114
Polygonum aubertii, 41, 138, 214
Polygonum baldschuanicum, 138, 214

Polygonum bistorta, 111, 183, 372
Polygonum capitatum, 220, 353
Polygonum cuspidatum, 109, 220, 308
Polygonum filiforme, 353
 'Variegatum', 310
Polygonum microcephal
 'Red Dragon', 353
Polygonum orientalis, 120, 226
Polygonum polymorphum, 203, 372, 405
Polygonum weyrichii, 11, 220
Polypodium virginianum, 51, 157
Polystichum acrostichoides, 83, 119, 57
Polystichum braunii, 119, 158, 412
Polystichum setiferum
 'Alaska', 158
Polystichum tripteron, 158
Polystichum tsus-simense, 83
Pontederia cordata, 114, 423
Populus, 57, 66
Populus alba
 'Nivea', 252, 326
 'Pyramidalis', 252, 274, 286
Populus balsamifera, 103, 245
Populus canescens 'Tower', 103, 252, 274, 286, 326
Populus deltoides, 103, 246, 286
'Siouxland', 103, 252
Populus grandidentata, 103, 246
Populus nigra
 'Afghanica', 103, 246, 274, 286
 'Italica', 246, 274, 286, 378
 'Thevestina', 103, 246, 274, 286
Populus simonii
 'Fastigiata', 252, 274, 286
Populus tremula 'Erecta', 252, 274, 287, 326
Populus tremuloides, 252
 'Pendula', 261, 269
Populus x berolinensis, 245, 252, 274, 286
Populus x canadensis
 'Eugenii', 245
 'Robusta', 246
Populus x euramericana, 274
 'Prairie Sky', 261, 286
Portulaca grandiflora, 55, 64, 210, 420
Potamogeton pectinatus, 116
Potentilla, 48, 134, 192, 372
Potentilla alba, 47, 62, 183
Potentilla atrosanguinea, 62, 203, 340, 372
Potentilla aurea, 70, 82
 'Chrysoscrapeda', 203
Potentilla crantzii, 82, 90, 183
Potentilla fruticosa, 38, 86, 149, 296, 385
 'Abbottswood Silver', 305
 'Goldstar', 328
 'Katharine Dykes', 328
 'Moonlight', 328
 'Yellow Gem', 328

437

INDEX DES NOMS SCIENTIFIQUES

Potentilla nepalensis, 62, 203, 340, 372
Potentilla nitida, 62, 183
Potentilla palustris, 111
Potentilla tridentata, 40, 78
 'Nuuk', 40, 78
Potentilla verna, 82, 90, 183
Pratia pedunculata, 203
Primula laurentiana, 90, 168
Primula, 70, 82, 143, 154, 372, 405
Primula auricula, 70, 90, 168, 183
Primula bulleyanala, 203
Primula capitata, 221, 203
Primula chungensis, 111, 203
Primula darialica, 183
Primula denticulata, 111, 183
Primula elatior, 70
Primula farinosa, 168
Primula florindae, 111, 203
Primula frondosa, 183, 340
Primula halleri, 183
Primula helodoxa, 111, 203
Primula japonica, 70, 111, 183
Primula juliae, 70, 168
Primula laurentiana, 168
Primula polyantha, 183
 'Campfire', 311
 'Snow cap', 311
Primula pubescens, 184
Primula pulverulenta, 111, 203
Primula saxatilis, 184
Primula sinopurpurea, 62, 184
Primula veris, 168
Primula vialli, 203
Primula x allionii, 168
Primula x. polyantha, 182
Prinsepia sinensis, 38, 270, 296
Prunella, 70
Prunella grandiflora, 90, 203
Prunella vulgaris, 48, 221
Prunella x
 'Webbiana', 90, 203
Prunus, 35, 149
Prunus besseyi, 38, 174, 328
Prunus cerasifera
 'Hessei', 261, 304, 305, 347, 349, 385
 'Newport', 170, 174, 261, 347, 349
Prunus depressa, 38, 174
Prunus maackii, 170, 261
Prunus maritima, 38, 174
Prunus nigra, 165, 261
Prunus padus, 132, 165, 170, 252, 290
 'Colorata', 165, 252, 261, 347
 'Commutata', 165, 252
 'Skinner's Red', 165, 261, 347
 'Sunstar', 165, 253
 'Watereri', 165, 253
Prunus pennsylvanica, 165, 261
Prunus plena, 170, 261
Prunus sargentii, 165, 261
 'Rancho', 252
Prunus serotina, 189, 246
Prunus serrulata
 'Kanzan', 269
Prunus subhirtella
 'Pendula', 165, 261, 269

Prunus tenella 'Fire Hill', 174, 296
Prunus tomentosa, 38, 174, 290
Prunus triloba, 170, 261
Prunus triloba 'Multiplex', 174
Prunus virginiana, 85, 170, 290
 'Canada Red', 170, 261, 347
 'Halward's weeping', 170, 261, 269
 'Shubert', 85, 171, 261, 347, 378
Prunus x cistena, 174, 296, 347, 349
Prunus x cistena, 261
Pseudotsuga menziesii, 293
 'Glauca Pendula', 272
 'Pendula', 272
Pseudotsuga menziesii glauca, 255, 234
Ptelea trifoliata, 38, 132, 134, 192, 261, 290
 'Aurea', 317
 'Glauca', 328
Pteridum aquilinum, 51, 83, 158, 344
Pterocephallus parnassii, 48, 90, 221, 229
Pterocephallus perennis, 48, 62, 90, 221, 229, 340
Ptilostemon afer, 221, 340
Ptilotrichum spinosum, 40, 329
Pulmonaria, 82, 111, 143, 184, 311, 340, 372
Pulmonaria longifolia, 341
Pulmonaria officinalis
 'Sissinghurst White', 341
Pulmonaria saccharata, 155
 'Mrs Moon', 341
Pulmonaria x
 'Apple Frost', 340
 'Baby Blue', 340
 'Berries & Cream', 340
 'Cotton Cool', 340
 'Excalibur', 340
 'Majesty', 340
 'May Bouquet', 340
 'Northern Lights', 340
 'Samurai', 340
 'Silver Shimmers', 340
 'Trevi Fountain', 341
 'Victorian Brooch', 341
Pulsatilla alpina ssp. *apiifolia*, 90, 168
Pulsatilla vulgaris, 184, 341
Puschkinia scilloides, 159, 169
Pyracantha angustifolia, 38, 136
Pyracantha coccinea, 67, 107, 177
Pyrole elliptica, 48, 82, 143, 155, 221
Pyrus calleryana, 171, 262
Pyrus salicifolia 'Pendula', 35, 165, 262, 269, 326, 328, 385
Pyrus ussuriensis, 171, 253
 'MordaK', 35, 171, 262
 'Prairie Gem', 35, 171, 262

Q

Quercus alba, 246, 326
Quercus bicolor, 103, 246

Quercus coccinea, 35, 74, 246
Quercus imbricaria, 253, 287
Quercus macrocarpa, 35, 246
Quercus palustris, 103, 246
Quercus robur, 246, 379
 'Crimson Spire', 253, 274
 'Fastigiata Skyrocket', 253, 274, 378
 'Fastigiata', 253, 274, 287
 'Regal Prince', 253
Quercus rubra, 35, 74, 246, 379
Quercus x 'Regal Prince', 35, 103

R

Raconculus repens, 184
Ramonda myconi, 90, 184
Ranunculus aconitifolium, 111, 203
Ranunculus aquatilis, 114
Ranunculus asiaticus, 120, 207
Ranunculus flammula, 114
Ranunculus gramineus, 48, 184, 341
Ranunculus lingua, 114, 424
Ranunculus montanus, 184
Raoulia australis, 48, 221, 341
Raoulia glabra, 48, 203
Ratibida columnaris, 48, 221, 372
Ratibida pinnata, 48, 62, 221, 372
Reseda odorata, 147, 210
Rhamnus cathartica, 38, 58
Rhamnus frangula
 'Asplenifolia', 58, 290, 385
Rheum palmatum, 70, 111, 143, 353
 'Ace of Hearts', 70, 111, 203, 353
Rhodiola, 48, 221
Rhodochiton astrosanguinea, 226
Rhododendron, 136, 391
 'Crete', 329
 'Lights', 174, 385
Rhododendron canadensis, 76, 107, 177
Rhododendron carolinianum, 78, 177
Rhododendron catawbiense, 40
Rhododendron impeditum, 78, 194
Rhododendron mucronulatum, 78, 177
Rhododendron ssp. *azalea*, 76, 149, 174, 385
Rhodohypoxis baurii, 187
Rhodotypos scandens, 38, 134, 149, 192
Rhus aromatica, 38, 134, 149, 166, 174, 386
 'Grow-Low', 76, 166
Rhus copallina, 290
Rhus glabra, 38, 262, 290
Rhus typhina, 35, 38, 57, 59, 213, 262, 290, 386
 'Dissecta', 262, 290
 'Laciniata', 262, 290, 386
 'Tiger Eyes', 317, 386
Rhus x pulvinata, 262, 290

Rhynchelytrum nerviglume, 50
Ribes, 134, 149
Ribes alpinum, 38, 296
 'Aureum', 174, 296
 'Schmidt', 39, 174, 296
 'Smithii', 39, 174, 296
Ribes alpinum aureum, 38, 296, 317
Ribes aureum, 174, 296
Ribes odoratum, 174, 296, 386
Riccia fluitans, 116
Ricinus communis, 147, 226, 357, 420
Robinia ambiga x
 'Idahoensis', 35, 189, 262
Robinia hispida, 39, 59, 192, 290
Robinia pseudoacacia, 36, 39, 57, 189, 192, 253, 379
 'Bessoniana', 262
 'Frisia', 189, 262, 316, 379
 'Lace Lady', 189, 262
 'Tortuosa', 36, 57, 189, 262, 269
 'Umbraculifera', 262
Robinia viscosa, 39, 59, 192
Robinia x slavinii
 'Hillieri', 189, 262
 'Purple Crown', 85, 253
Rodgersia, 111, 143, 155, 203, 405
Rodgersia pinnata
 'Chocolate Wings', 353
Rodgersia podophylla
 'Rotlaub', 353
Romneya coulteri, 48, 229
Rosa, 194, 262, 296
 'Blanc Double de Coubert', 59
 'Dart's Dash', 59
 'F. J. Grootendorst', 59
 'Flower Carpet', 59
 'George Will', 59
 'Hansa', 59
 'Jens Munk', 59
 'Mrs John McNab', 59
 'Pink Grootendorst', 59
Rosa canina, 86, 194
Rosa gallica versicolor, 59
Rosa glauca, 59, 194, 349, 386
Rosa nidita 'Defender', 105
Rosa rubrifolia, 59, 194, 349, 386
Rosa rugosa, 39, 86, 189, 194, 296, 386
Roscoea, 143, 155, 203
Rossolis, 216
Rosularia alba, 221
Rosularia sempervivum, 233
Rosularia serrata, 233
Rubus cockburnianus
 'Goldenvale', 192, 317, 386
Rubus idaeus 'Aureus', 192, 290, 317
Rubus odoratus, 39, 134, 149, 192, 290, 386
Rubus thibetanus, 192, 328, 386
Rudbeckia fulgida, 48, 155, 221, 372, 406
Rucbeckia 'Golden Glow', 329

Rudbeckia hirta, 56, 210, 221, 372, 420
Rudbeckia laciniata, 111, 221, 372, 406
 'Godstrahll', 229
Rudbeckia maxima, 229, 376
Rudbeckia nitida
 'Herbstonne', 70, 221, 373
Rudbeckia officinalis
 'Black Beauty', 203, 373
Rudbeckia subtomentosa, 70, 229
Rudbeckia triloba, 229, 373, 406
Rumex montanum
 'Rubrifolia', 111, 203, 353
Rumex sanguineum, 112, 203, 353
Ruta graveolens, 48, 62, 184, 341

S

Saccharum ravennae, 117, 230
Sagittaria, 114
Sagittaria graminea, 116
Sagittaria latifolia, 424
Sagittaria subuluta, 116
Salix, 103, 105, 165
Salix alba, 66, 246
 'Flame', 290
 'Tristis', 253, 269, 379
Salix arbuscula, 59, 166
Salix babylonica 'Tortuosa', 262, 290
Salix bebbiana, 328
Salix brachycarpa, 296
 'Blue Fox', 166, 328
Salix caprea, 287, 328
 'Pendula Tortuosa', 262, 269
 'Pendula', 262, 269
Salix cinerea 'Tricolor', 262, 304, 305
Salix discolor, 76
Salix eleangnos, 67, 262, 290, 326, 328
Salix exigua 'Coyote', 262, 326, 328
Salix geyeriana, 328
Salix helvetica, 166, 328
Salix humilis, 290
Salix incarna, 67, 262, 290, 326, 328
Salix integra
 'Flamingo', 305
 'Hakuro Nishiki', 135, 262, 304, 305, 386
Salix koriyanagi
 'Rubykins', 328
Salix lanata, 328, 386
Salix lapponica, 329
Salix nakamuranan
 'Yezoalpina', 270
Salix nigra, 74, 246
Salix pentandra, 74, 253, 290
Salix purpurea
 'Gracilis', 329
 'Nana', 296, 329
 'Pendula', 263, 329
Salix repens argentea, 270, 329, 363, 386
Salix repens argentea, 326

Salix salicola 'Polar Bear', 329
Salix viminalis, 290
Salix x
 'Banker', 269
 'Cottetii', 262, 269
 'Erythroflexuosa', 262
 'Prairie Cascade', 253, 269
 'Silver Falls', 263, 269, 326
Salvia, 48, 56
Salvia aethiopis, 341
Salvia argentea, 203, 341, 373
Salvia horminium, 212
Salvia nemorosa x superba, 221, 373, 406
Salvia nipponica 'Fuji Snow', 221, 311
Salvia officinalis, 90, 203, 373
 'Berggarten', 62, 90, 203, 341
 'Icterina', 204, 311, 323
 'Tricolor', 62, 90, 311
Salvia officinalis
 'Purpurascens', 62, 90, 353
Salvia pratensis, 221, 373
Salvia sclarea, 221, 373
Salvia splendens, 210, 420
Salvia transsylvanica, 90, 221
Salvia uliginosa, 112, 229
Salvia verticillata, 221, 373
Salvia x sylvestris, 204, 373
 'May Night', 184, 341
Salvinia auriculata, 115, 425
Sambucus canadensis, 39, 67, 105, 135, 192, 213, 290, 387
 'Aurea', 192, 290, 317
 'Maxima', 192, 291
Sambucus nigra, 67, 105, 135, 192, 213, 291
 'Aureo Marginata', 305, 317, 387
 'Black Beauty', 349, 387
 'Black Lace', 349
 'Eva', 349
 'Gerta', 349, 387
 'Guincho Purple', 190, 349
 'Madonna', 305, 317
 'Pulverentula', 305, 387
 'Purpurea', 349
Sambucus nigra laciniata, 291, 387
Sambucus pubens, 166, 291, 387
Sambucus racemosa, 135, 192, 213
 'Goldenlock', 296, 317
 'Goldfinch', 317
 'Plumosa Aurea', 317, 387
 'Sutherland Gold', 317
Sanguinaria canadensis, 143, 155, 168, 341
Sanguisorba, 112, 221, 341, 373
Sanicula caerulescens, 353
Santolina chamaecyparisus, 48, 221, 341
Sanvitalia procumbens, 56, 210, 420
Saponaria, 373
Saponaria caespitosa, 204
Saponaria lutea, 184
Saponaria ocymoides, 48, 184, 406
Saponaria oficinalis, 48, 204
Saponaria senegalis, 56, 64

INDEX DES NOMS SCIENTIFIQUES

Saponaria vaccaria, 56, 64
Sarracenia, 82, 114, 424
Sasa veitchii, 118, 145, 313, 410
Saururus cernuus, 114
Saxifraga, 155
Saxifraga exarata, 143, 184
Saxifraga hostii, 184
Saxifraga moshata, 143
Saxifraga paniculata, 48, 90
Saxifraga umbrosa, 71, 143, 184
Saxifraga urbium, 143, 184
  'Aureopunctata', 82, 143, 184
Saxifraga virginiensis, 82, 184
Saxifraga x *urbium*
  'Aureopunctata', 311
Scabiosa caucasica, 90, 204, 313
Scabiosa columbaria, 204, 313
Scabiosa columbaria alpina, 204
Scabiosa columbaria var. *ochroleuca*, 221
Scabiosa graminifolia, 48, 90, 221
Scabiosa japonica alpina, 48, 184
Scabiosa stellata 'Ping Pong', 56
Scaevola multiflora, 147, 210, 420
Schivereckia doerfleri, 48
Schizachyrium scoparium, 49, 63, 231, 410
Schizophrragma hydrangeoides, 68, 138
Schizostyle coccinea, 112, 120, 233
Scilla bifolia, 159
Scilla sibirica, 52, 148, 187
Scilla turbergeniana, 52, 148, 159, 169
Scirpus lacustris, 314, 424
  'Albescens', 114, 313
Scirpus tavernaemontani 'Zebrinus', 114, 311, 313
Scrophularia buergueriana 'Lemon and Lime', 221, 311, 323
Scrophularia umbrosa 'Variegata', 143
Scutellaria, 48
Scutellaria alpina, 90, 204
Scutellaria baicalensis, 90, 204
Scutellaria scardifolia, 90, 204
Sedum, 48
  'Sunset Cloud', 341
Sedum acre, 204
Sedum alboroseum 'Mediovarigata', 221, 311
Sedum album 'Murale', 204
Sedum atropurpureum, 353
Sedum cauticola 'Lidakense', 229, 341
Sedum hispanicum 'Blue Carpet', 341
Sedum kamtschaticum 'Variegata', 204, 311
Sedum repens, 406
Sedum sieboldii, 230, 341

Sedum spathulifolium, 341
  'Cape Blanco', 304
Sedum spectabilis, 71, 143, 155, 230, 406
  'African Sunset', 222, 354
Sedum spurium, 155
  'Tricolor', 204, 311
Sedum telephium, 71, 230
  'Autumn Joy', 230, 406
  'Matrona', 230, 354
  'Ruby Glow', 354
  'Vera Jameson', 354
Sedum telephium pluricaule, 204, 354
Sedum telephium ssp. *telephium*, 233
Sedum telephium ssp. *maximum* Atropurpureum', 222
Sedum telephium ssp. *ruprechtii*, 222, 341
Sedum x
  'Arthur Branch', 229, 353
  'Bertram Anderson', 229, 341, 353
  'Black Jack', 353
  'Frosty Morn', 71, 230, 311, 406
  'Karfunkelstein', 354
  'Lynda Windsor', 222, 354
  'Matrona', 71, 341
  'Mohrchen', 71, 230, 354
  'Purple Emperor', 354
Semiaquilegia, 82, 155, 341
Semiaquilegia ecalcarata, 82, 143, 184, 342
Sempervivum, 48, 204, 323
  'Atroviolaceum', 354
  'Pacific Deep', 354
Sempervivum arachnoideum, 204, 342
Senecio cineraria, 56, 147, 159, 345
Senecio maritima, 420
Senecio pauperculus, 90, 184
Senecio subalpina, 184
Sesleria, 51, 91
Sesleria automnalis, 145, 156, 231, 325, 411
Sesleria caerulea, 156, 168, 313, 344
Sesleria heufleriana, 156, 169, 344
Sesleria nitida, 156, 169, 344, 411
Shepherdia argentea, 39, 86, 174, 291, 329
Shepherdia canadensis, 39, 166, 296, 329
Shivereckia doerfleri, 184, 342
Sibbaldiopsis, 78
Sibbaldiopsis tridentata, 78
Sidalcea, 82, 222
Sidalcea candida, 373
Sidalcea x *hybrida*, 373
Sidalcea malviflora, 373
Silene, 342
Silene alpestris, 184
Silene dioica 'Clifford Moor', 204, 311
Silene maritima, 204, 342
  'Druett's Variegata', 204, 311
Silene schafta, 222
Silene uniflora, 184
Silphium, 373

Silphium laciniatum, 222
Silphium perfoliatum, 222
Silybum marianum, 56, 64, 91, 226, 345
Sisyrinchium, 204
Sisyrinchium angustifolium, 48, 62, 204, 342
Sisyrinchium striatum, 204, 373
Sium suave, 114, 424
Smilacina racemosa, 143, 155, 185
Solanum jasminoides, 211
  'Variegatum', 315
Solanum quitoense, 226
Solanum sisymbrifolium, 420, 226
Soldanella alpina, 168
Soldanella montana, 182, 185
Solenostemon, 147
Solenostemon scutellarioides, 315, 325, 357, 420
Solidago, 373
Solidago canadensis, 49, 82, 222
Solidago x *hybride*, 222
Solidaster luteus, 222, 373
Sorbaria sorbifolia, 39, 105, 149, 192, 296
Sorbaria tomentosa angustifolia, 150, 213, 393, 387
Sorbus alnifolia, 171, 253
Sorbus aria
  'Lutescens', 263, 316
  'Magnifica', 36, 253
  'Majestica', 263
Sorbus aucuparia, 74, 253, 379
  'Asplenifolia', 253, 274
  'Fastigiata', 253, 274
  'Pendula', 263, 270
  'Rossica', 66, 253
Sorbus decora, 36, 39, 74, 76, 103, 174, 263, 322
Sorbus folgneri 'Pendula', 270, 326
Sorbus hupehensis 'Pink Pagoda', 263
Sorbus intermedia, 253, 326, 379
Sorbus koehneana, 174
Sorbus reducta, 39, 105, 174
Sorbus thuringiaca 'Fastigiata', 74, 263, 274
Sorbus x
  'Pink Veil', 263
  'Red Robin', 263
  'White Swan', 263
Sorghastrum nutans, 51, 118, 231, 411
  'Indian Steel', 118, 231, 344
Sorghum bicolor, 118, 224
Sparaxis tricolor, 52, 207
Sparganium, 114
Spartina pectinata, 51, 71, 118, 231, 313
  'Aureo Marginata', 325
Sphaeralcea coccinea, 49, 62, 222, 342
Spigelia marilandica, 143
Spiraea, 39
  'Van Houttei', 135, 192
Spiraea arguta 'Compacta', 174, 296

Spiraea betulifolia aemiliana 76, 106, 213, 297, 329
Spiraea bumalda, 213, 297
  'Anthony Waterer', 135
Spiraea fritschiana, 192, 297
Spiraea japonica 192, 213, 297
  'Anthony Waterer', 135
  'Candlelight', 317
  'Fire Light', 317
  'Flaming Elf', 318
  'Flaming Mound', 318
  'Golden Carpet', 318
  'Golden Elf', 318
  'Golden Princess', 318
  'Goldflame', 318
  'Goldmound', 318
  'Lemon Princess', 318
  'Limemound', 318
  'Lips Golden Princess', 318
  'Magic Carpet', 318
  'Sparkling Carpet', 318
  'White Gold', 318
Spiraea latifolia 76, 106, 227
Spiraea media, 174, 297
Spiraea nipponica, 174, 297
Spiraea prunifolia 'Plena', 166
Spiraea thunbergii, 175, 297
  'Fujino Pink', 175, 297
Spiraea trilobata, 175, 192, 297
  'Sawn Lake', 135, 150, 387
Spiraea x *arguta*, 192, 329
Spiraea x *arguta* 'Compacta', 296
Spiraea x *billiardii*, 76, 106, 213, 297
Spiraea x *cinerea* 'Grefsheim', 174, 297, 387
Spiraea x 'Snow White', 175, 297
Spiraea x 'Summer Snow', 213, 297
Spiraea x *vanhouttei*, 291, 387
  'Pink Ice', 192, 306, 387
Spodiopogon sibiricus, 51, 72, 118, 231
Sporobolus heterolepis, 51, 231, 325, 411
Stachys, 49
Stachys byzantina lanata, 222, 342, 406
Stachys grandiflora, 222, 273
Stachys machrantha, 222, 273
Stachys monnieri, 222, 273
Stachys officinalis, 222, 273
Stachys palustris, 114, 222
Staphylea trifolia, 106, 135, 175, 291, 388
Stephanandra incisa, 76
  'Crispa', 76, 135, 150, 297, 388
Stephanandra tanakae, 76
Stipa, 50, 51, 146, 206, 230
Stipa Calamagrostis, 49, 233, 343
Stipa pulcherrima 'Wildfeuer', 51, 344
Stipa tenuissima, 325
Stokesia laevis, 82, 222, 374
Stratiote aloides, 114, 425
Strobilanthes dyerianus, 226, 345, 421
Stylophorum diphyllum, 143, 185

Styrax japonica, 74, 263
Symphoricarpos, 39, 106, 135, 192
Symphoricarpos albus, 150
Symphoricarpos doorenbosii, 297, 388
Symphoricarpos orbiculatus, 150, 192
  'Follis', 297, 306, 318
  'Taff's Silver Edge', 306
Symphyandra, 222, 374
Symphyandra wanneri, 49, 185
Symphytum grandiflorum 'Goldsmith', 311
Symphytum officinale, 71
Symphytum uplandicum 'Axminster Gold', 311
  'Variegatum', 311
Symplocarpus foetidus, 112
Syringa, 86
  Juliana Hers', 171, 263, 270
  'Tinkerbelle'
Syringa chinensis, 175, 291
Syringa laciniata, 175, 193, 270, 291
Syringa meyeri 'Palibin', 171, 175, 193, 263, 297, 388
Syringa microphylla 'Superba', 190, 193, 263, 297
Syringa patula
  'Cinderella', 190, 193, 297
  'Cinderella', 263
Syringa patula
  'Miss Kim', 190, 193, 297
  'Miss Kim', 263
Syringa prestoniae, 67, 106, 193, 291, 388
Syringa pubescens, 175, 193
Syringa reflexa, 193, 291
Syringa reticulata, 39, 213, 291
  'Cameo's Jewel', 213, 306
  'Chantilly Lace', 213, 306
  'China Gold', 213, 318
  'Golden Eclipse', 36, 212, 213, 263, 304, 306, 316
  'Ivory Silk', 36, 212, 213, 263, 291, 379, 388
Syringa tomentella 193 , 291
  'Kum Bum', 318
Syringa villosa, 193, 291
  'Aurea', 193, 318
Syringa vulgaris, 39, 175, 190, 291, 388
  'Albert F. Holden', 190, 263
  'Dappled Dawn', 306
  'Marie Frances', 190, 263
  'Prairie Petite', 171, 263, 297
  'Wedgewood Blue', 171, 264, 297
  'Wonderblue', 171, 264
  'Yankee Doodle', 171, 264
Syringa x 'Tinkerbelle', 190, 263
Syringa x *deversiflolia*, 175, 270
Syringa x *hyacinthiflora*, 175, 291, 388
Syringa x *josiflexa*, 193, 291
Syringa x *persica*, 175, 291
Syringa x *tribida* 'Josée',

190, 193, 263, 297
Syringa yunnanensis, 193, 291

T

Tagetes patula, 56, 188
Tagetes erecta, 210, 421
Talinum paniculatum, 210, 325
Tamarix pentendra ramosissima, 39, 59, 86, 106, 150, 213, 298, 388
Tamarix tetrandra, 175
Tanacetum, 49,
  'Beth Chatto', 222, 342
  'Golden Moss', 323
Tanacetum coccineum, 185, 366
Tanacetum densum ssp. *amanii*, 63, 204, 342
Tanacetum niveum, 63, 222, 342
Tanacetum parthenium, 222, 374
  'Golden Moss', 63, 323
Tanacetum vulgare, 63, 204, 342
Taxus canadensis, 87, 137, 151
Taxus cuspidata, 137
  'Bright Gold', 320
  'Capitata', 137, 267, 293
  'Nana', 87, 151
Taxus media
  'Densiformis', 151
Taxus media
  'Brownii', 299
  'Dark Green', 299
  'Densiformis', 151, 299
  x 'Hicksii', 137, 267, 275, 299
Taxus media
  'Geers', 320
  'Marguarita', 320
Telekia speciosa, 112, 204
Tellima, 205
Tellima 'Purple Carpet', 354
Tellima grandiflora, 143, 155, 205, 311
  'Purpurteppich', 354
Teucrium aroanium, 185
Teucrium chamaedrys, 49, 222, 374
  'Nanum', 222
  'Summer Sunshine', 222, 323
Teucrium hyrcanicum, 223, 374
Teucrium pyrenaicum, 223
Thalia dealbata, 114, 424
Thalictrum, 112
Thalictrum alpinum, 223
Thalictrum aquilegifolium, 143, 155, 205, 342, 374
Thalictrum delavayi, 223, 342, 374
Thalictrum flavum 'Illuminator', 205, 323
Thalictrum flavum ssp. *glaucum*, 205, 342, 374
Thalictrum kiusianum, 143, 155, 223, 342
Thalictrum minus, 233
Thalictrum pubescens, 112, 342

439

INDEX DES NOMS SCIENTIFIQUES

Thalictrum rochebruneanum, 143, 155, 223, 342, 374
Thamnocalamus, 144
Thelypteris connectilis, 83
Thelypteris decorsive, 83
Thelypteris noveboracensis, 51
Thelypteris palustris, 83, 119
Thelypteris phegopteris, 51, 83, 119
Thelypteris pinnata, 83
Thermopsis lanceolata, 49, 205, 342, 374
Thladiantha dubia 'Eva', 138, 214
Thunbergia alata, 147, 211, 226, 422
Thuya occidentalis, 87, 107, 137, 255, 293, 299, 395
 'Spiralis', 267, 275
 'Danica', 87, 299
 'Degroot's Spire', 267, 275
 'Douglassi Aurea', 87
 'Emerald', 275, 293
 'Europa Gold', 267, 320
 'Fastigiata', 87, 267, 275, 293
 'Filiformis', 272
 'Golden Globe', 87, 320
 'Golden Tuffet', 320
 'Holmstrup', 293, 299
 'Little Giant', 87, 299
 'Lutea', 255, 320
 'Mission', 267, 293
 'Nigra', 87, 267, 293
 'Pendula', 267, 272
 'Pyramidalis', 255, 275, 293
 'Rheingold', 87, 267, 299, 320
 'Sherwood Frosty', 87
 'Shogholm', 267, 275
 'Smaragd', 275, 293
 'Snowtip', 307
 'Sunkist', 267, 321
 'Techney', 267, 275
 'Unicorn', 267, 275
 'Wareana', 267, 293
 'Woodwardii', 87, 299
 'Yellow Ribbon', 267, 321
Thuya plicata 'Pygmaea', 334
Thuya standshii, 68, 255
Thuyopsis dolabrata 'Nana', 79
Thymus, 49, 63, 223, 406
Thymus citriodorus
 'Aureus', 311, 323
 'Argenteus', 205, 342
Thymus pseudolanu ginosus, 205, 342
Thymus serpyllum
 'Coccineus', 205
 'Minimus', 205
Thymus x 'Doone Valley', 323
Tiarella cordifolia, 82, 143, 155, 185, 205, 406
Tiarella wherryi
 'Heronswood Mist', 311
Tiarella x
 'Black Snowflake', 354
 'Candy Striper', 354
 'Crow Feather', 354
 'Dark Eyes', 354
 'Dark Star', 354
 'Freckles', 354
 'Inkblot', 354

 'Iron Butterfly', 354
 'Ninja', 354
 'Pink Bouquet', 354
 'Pink Skyrocket', 354
 'Spring Symphony', 354
 'Sugar and Spice', 354
 'Tiger Stripe', 355
Tilia americana, 132, 246
 'Fastigiata', 253
 'Redmond', 253
 'Wandell', 253
Tilia argentea, 36, 254, 326
Tilia cordata, 36, 253, 379
 'De Groot', 287
 'Green Globe', 264
 'Lico', 264
 'Ronald', 264
 'Simone', 264
Tilia euchlora, 254, 270
Tilia europaea x 'Pallida', 254, 326
Tilia flavescens
 'Dropmore', 254
 'Wascana', 264, 274
Tilia flavescens x
 'Glenleven', 254
Tilia mongolica
 'Harvest gold', 254
Tilia tomentosa, 36, 254, 326
 'Pendula', 270
Tilia x europaea
 'Wratislaeviensis', 316
Tillea aquatica, 116
Tillia americana
 'Fastigiata', 274
Tillia cordata
 'Golden Cascade', 270
Tithonia rotundifolia, 56
Torenia, 211
Torenia baillonii
 'Suzie Wong', 120, 147
Torenia fournieri, 120, 147, 421
Townsendia alpina, 49, 63, 185
Townsendia formosa, 49, 63, 185
Townsendia rothrockii, 49, 63, 185
Tracescantia andersoniana, 223, 323
Trachelium rumelicum, 56, 226, 421
Trachystemon orientalis, 155, 168
Tradescantia
 'Blue and Gold', 223, 323
 'Sweet Kate', 223, 324
Tradescantia purpurea, 226, 357
Tradescantia x andersoniana, 112, 144, 374
Trapa natans, 115
Tricyrtis, 112, 144, 374
Tricyrtis formosana, 144, 230
 'Gilt Edge', 230, 311
 'Gilty Pleasure', 230, 324
Tricyrtis hirta, 82, 144, 155, 233, 407
 'Miyazaki Gold', 233, 324
 'Moonlight', 233, 324
 'Variegata', 233, 311
Tricyrtis macropoda
 'Tricolor', 144, 311, 342

Trifolium repens
 'Purpurascens', 355
Trifolium rubens, 49, 205
Trigidia pavonia, 52
Trillium, 185
Trillium grandiflorum, 82, 144, 155, 407
Tritelieia laxa, 52, 207
Tritoma, 46, 218, 370, 402
Tritonia crocata, 52
Trollius, 71, 82, 112, 144, 155, 185, 342, 374
Tropaeolum majus, 56, 64, 211, 315, 421
 'Alaska', 64
Tropaeolum peregrinum, 65, 211
Tsuga canadensis, 79, 137, 247, 293, 395
 'Albo Spica', 151, 307
 'Cloud Prune', 107, 272
 'Coles's Prostrate', 107
 'Gentsch White', 107, 307
 'Golden Splendor', 272
 'Pendula', 79, 107, 267, 272, 395
 'Summer Snow', 307
Tulipa, 52, 159, 187, 441
Tulipa dasystemon, 159, 169
Tulipa tarda, 159, 169
Tulipa x hybrida, 187
Tulipe praestans
 'Unicum', 314
Typha angustifolia, 114, 424

U

Ulmus americana, 66, 246, 379
Ulmus carpinifolia, 85, 246
Ulmus glabra 'Camper downii', 264, 270, 379
Ulmus japonica 'Jacan', 246
Ulmus 'Morton', 85, 246
Ulmus parviflora 'Geisha', 264, 306
Ulmus pumila, 132, 154, 291
Ulmus pumila
 'Globe', 264
 'Park Royal', 254
Ulmus sapporo 'Autumn Gold', 254
Ulmus wilsoniana
 'Prospector', 254
Ulmus x
 'Discovery', 254
 'Homestead', 254
 'Ohio', 254
 'Urban', 254
Uniola latifolia, 117, 145, 233
Ursinia anethemoides, 211
Utricularia vulgaris, 116
Uvularia grandiflora, 71, 82, 144, 155, 185

V

Vaccinium, 76, 106, 175
 'Vistis Idaea', 78, 136, 150, 177
Vaccinium angustifolium, 298
Vaccinium myrtilloides, 193
Vaccinum caespitosum, 193
Valeriana, 112, 205
Valeriana officinalis, 223
Vallisneria americana, 116

Vancouveria hexandra, 205
Venidium fastuosum, 56
Veratrum nigrum, 112, 223
Verbascum, 49
 'Dark Eyes', 342
 'Jackie', 63, 205
 'Letitia', 49, 205
 'Silver Candelabra', 342
Verbascum bombyciferum
 'Arctic Summer', 63, 205
Verbascum olympicum, 63, 223
Verbascum phoeniceum, 63, 205
Verbena bonariensis, 56, 64, 211
Verbena hastata, 112, 230
Verbena rigida, 56, 421
Verbena venosa, 56, 421
Vernonia crinita, 71, 112, 144, 230, 374
Veronica
 'Waterperry blue', 185
Veronica americana, 114
Veronica armena, 185
Veronica austriaca, 205, 342
Veronica Bolkardaghensis, 343
Veronica bombycina, 223, 343
Veronica chamaedrys, 205, 311
Veronica cinerea, 49,63, 185, 343
Veronica filiformis, 71, 185
Veronica gentianoides, 185
 'Variegata', 311
Veronica longifolia, 112, 223
 'Noah Williams', 312
Veronica montana, 185
 'Corinne Tremaine', 312, 324
Veronica pectinata
 'Rosea', 205, 343
Veronica peduncularis
 'Georgia Blue', 155, 185
Veronica pinnata
 'Blue Feathers', 185
Veronica prostata, 63, 205
 'Aztec Gold', 205, 324, 407
Veronica repens, 49, 205
 'Sunshine', 205, 324
Veronica rupestris, 49, 63, 205, 324
Veronica spicata, 49, 206, 223, 374
Veronica spicata ssp. *incana*, 206, 343, 374
Veronica whittleyii, 49
Veronica x
 'Sunny Border', 206, 407
Veronicastrum virginicum, 71, 112, 223, 374
Viburnum, 135, 150
Vibrunum trilobum
 'Bailey compact', 67, 298
Viburnum acerifolium, 76, 106, 193
Viburnum alnifolia, 76, 175, 292
Viburnum carlcephalum, 171, 175, 327
Viburnum carlesii, 175, 388

Viburnum cassinoides, 39, 76, 106, 193, 291
Viburnum dentatum, 175, 291, 388
Viburnum farreri 'Nanum', 166, 389
Viburnum lantana, 39, 175, 291, 389
 'Mohican', 171, 175, 264, 292, 327
 'Variegata', 306
Viburnum lantanoides, 76, 175, 292
Viburnum lentago, 132, 190, 193, 264, 292
Viburnum opulus, 67, 193, 389
 'Aureum', 318
 'Compactum', 190, 264, 298
 'Harvest Gold', 106, 193, 318
 'Kristy D.', 175, 306, 389
 'Nanum', 298
 'Roseum', 190, 193, 264
 'Sterilis', 193
Viburnum plicatum, 175, 292, 389
Viburnum prunifolium, 193, 292
Viburnum rafines quianum, 175, 292
Viburnum sargentii
 'Flavum', 176, 318
 'Onondaga', 106, 176, 292, 349
Viburnum trilobum, 67, 193, 292, 389
 'Alfredo', 67, 298
 'Compactum', 67, 298, 389
Viburnum x carlcephalum, 264
Viburnum x juddii, 175
Viburnum x rhytidophylloides, 176, 292
Victoria amazonica, 115
Vinca major 'Wojo's Jem', 315
Vinca minor, 71, 82, 144, 155, 185
 'Aureo Marginata', 312, 324
 'Blue and Gold', 185, 312, 324
 'Golden', 312, 324
 'Illumination', 185, 324
 'Minor's Gold', 312
 'Ralph Shugert', 312
 'Sterling Silver', 186, 312
 'Valley Glow', 324
Vinca rosea, 53, 56, 147, 211, 226, 415
Viola
 'Dancing Geisha', 343
 'Mars', 355, 386
Viola bertolonii, 206
Viola cornuta, 186, 374, 407
Viola corsica, 206
Viola grypoceras
 'Syléttas', 186, 343
Viola labradorica, 155, 186
 'Purpurea', 233, 355, 407
Viola odorata, 155, 186
Viola pubescens, 156, 186
Viola sororia, 156, 186
Viola wittockiana, 188, 421
Viola x 'Dancing Geisha', 186
Viscaria alpina, 201
Viscaria vulgaris, 62, 201

Vistis riparia, 41, 121, 138, 194, 408
Vitex agnus castus, 39
Vitex negundo
 'Heterophylla', 39

W

Waldsteinia ternata, 49, 156, 186
Weigela, 67, 298, 389
Weigela x
 'Alexandra', 349
 'Briant Rubidor', 135, 318
 'Java Red', 349
 'Looymanssi Aurea', 318
 'Midnight Wine', 349
 'Minuet', 349
 'Rumba', 349
 'Samba', 349
 'Sunny Princess', 306, 389
 'Tango', 349
 'Victoria', 349
 'Red Prince', 171, 264
 'Wine & Roses', 349
Weigela florida
 'Suzanne', 306, 389
 'Variegata', 306, 389
Weigela florida nana
 'Variegata', 306
Weigela Hybride, 349
Weigela middendorffiana, 176, 298
Wisteria floribunda, 68, 177, 408
Wisteria sinensis, 177, 350
Woodsia ilvensis, 51, 119
Woodwardia virginica, 119
Wulfenia carinthiaca, 90, 144, 223

X

Xanthorhiza simplicissima, 67, 76, 106, 135, 176
Xeranthemum annuum, 64, 211

Y

Yucca, 59, 391
 'Ivory Tower',
Yucca filamentosa, 40, 213, 329
Yucca flaccida
 'Golden Sword', 40, 213, 306, 319, 391
 'Ivory Tower', 40, 214, 307
Yucca glauca, 214

Z

Zantedeschia, 148, 224
Zantedeschia aethiopica, 120, 207
Zanthoxylum america num, 39, 59, 176, 292, 389
Zauscheneria garretti, 49
Zea mays, 355
Zinnia angustifolia, 56, 65, 211
Zinnia elegans, 211, 422
Zinnia Haagena, 211
Zinnia Interspecific, 211, 422
Zizania, 114